数据库管理

大数据与小数据的存储、管理及分析实战

维尔弗里德·勒玛肖（Wilfried Lemahieu）
[比利时] 赛普·凡登·布鲁克（Seppe vanden Broucke）著
巴特·巴森斯（Bart Baesens）
李川 林旺群 郭立坤 龚勋 何军 等译

Principles of Database Management

The Practical Guide to Storing, Managing and Analyzing Big and Small Data

机械工业出版社
China Machine Press

图书在版编目（CIP）数据

数据库管理：大数据与小数据的存储、管理及分析实战 /（比）维尔弗里德·勒玛肖（Wilfried Lemahieu），（比）赛普·凡登·布鲁克（Seppe vanden Broucke），（比）巴特·巴森斯（Bart Baesens）著；李川等译．—北京：机械工业出版社，2020.10
（计算机科学丛书）
书名原文：Principles of Database Management: The Practical Guide to Storing, Managing and Analyzing Big and Small Data

ISBN 978-7-111-66519-9

I. 数… II. ① 维… ② 赛… ③ 巴… ④ 李… III. 关系数据库系统 IV. TP311.132.3

中国版本图书馆 CIP 数据核字（2020）第 174065 号

本书版权登记号：图字 01-2019-0931

本书全面讲解数据库管理的基础知识、技术热点及实践技巧，涵盖数据建模、关系型数据库、面向对象数据库、XML、分布式数据管理和 NoSQL 等内容。全书共四部分，第一部分对数据库和数据库设计进行初步介绍，第二部分对各种类型的数据库及 SQL 进行全面概述，第三部分讨论物理数据存储、数据管理以及数据库访问，第四部分论述数据仓库、数据治理、大数据和数据分析学。书中包括来自商业和学术领域的丰富实例，并通过贯穿全书的 Sober 汽车出租公司的案例带领读者体验数据库管理系统的开发过程。

本书不仅适合高等院校计算机或信息管理等相关专业的学生阅读，也适合数据库设计人员和管理人员等从业者参考。

出版发行：机械工业出版社（北京市西城区百万庄大街 22 号 邮政编码：100037）
责任编辑：朱秀英　　责任校对：殷　虹
印　　刷：北京市荣盛彩色印刷有限公司　　版　　次：2020 年 10 月第 1 版第 1 次印刷
开　　本：185mm × 260mm 1/16　　印　　张：38.75
书　　号：ISBN 978-7-111-66519-9　　定　　价：149.00 元

客服电话：（010）88361066 88379833 68326294　　投稿热线：（010）88379604
华章网站：www.hzbook.com　　读者信箱：hzjsj@hzbook.com

文艺复兴以来，源远流长的科学精神和逐步形成的学术规范，使西方国家在自然科学的各个领域取得了垄断性的优势；也正是这样的优势，使美国在信息技术发展的六十多年间名家辈出、独领风骚。在商业化的进程中，美国的产业界与教育界越来越紧密地结合，计算机学科中的许多泰山北斗同时身处科研和教学的最前线，由此而产生的经典科学著作，不仅擘划了研究的范畴，还揭示了学术的源变，既遵循学术规范，又自有学者个性，其价值并不会因年月的流逝而减退。

近年，在全球信息化大潮的推动下，我国的计算机产业发展迅猛，对专业人才的需求日益迫切。这对计算机教育界和出版界都既是机遇，也是挑战；而专业教材的建设在教育战略上显得举足轻重。在我国信息技术发展时间较短的现状下，美国等发达国家在其计算机科学发展的几十年间积淀和发展的经典教材仍有许多值得借鉴之处。因此，引进一批国外优秀计算机教材将对我国计算机教育事业的发展起到积极的推动作用，也是与世界接轨、建设真正的世界一流大学的必由之路。

机械工业出版社华章公司较早意识到“出版要为教育服务”。自 1998 年开始，我们就将工作重点放在了遴选、移译国外优秀教材上。经过多年的不懈努力，我们与 Pearson、McGraw-Hill、Elsevier、MIT、John Wiley & Sons、Cengage 等世界著名出版公司建立了良好的合作关系，从它们现有的数百种教材中甄选出 Andrew S. Tanenbaum、Bjarne Stroustrup、Brian W. Kernighan、Dennis Ritchie、Jim Gray、Afred V. Aho、John E. Hopcroft、Jeffrey D. Ullman、Abraham Silberschatz、William Stallings、Donald E. Knuth、John L. Hennessy、Larry L. Peterson 等大师名家的一批经典作品，以“计算机科学丛书”为总称出版，供读者学习、研究及珍藏。大理石纹理的封面，也正体现了这套丛书的品位和格调。

“计算机科学丛书”的出版工作得到了国内外学者的鼎力相助，国内的专家不仅提供了中肯的选题指导，还不辞劳苦地担任了翻译和审校的工作；而原书的作者也相当关注其作品在中国的传播，有的还专门为其书的中译本作序。迄今，“计算机科学丛书”已经出版了近 500 个品种，这些书籍在读者中树立了良好的口碑，并被许多高校采用为正式教材和参考书籍。其影印版“经典原版书库”作为姊妹篇也被越来越多实施双语教学的学校所采用。

权威的作者、经典的教材、一流的译者、严格的审校、精细的编辑，这些因素使我们的图书有了质量的保证。随着计算机科学与技术专业学科建设的不断完善和教材改革的逐渐深化，教育界对国外计算机教材的需求和应用都将步入一个新的阶段，我们的目标是尽善尽美，而反馈的意见正是我们达到这一终极目标的重要帮助。华章公司欢迎老师和读者对我们的工作提出建议或给予指正，我们的联系方法如下：

华章网站：www.hzbook.com
电子邮件：hzjsj@hzbook.com
联系电话：（010）88379604
联系地址：北京市西城区百万庄南街 1 号
邮政编码：100037

华章科技图书出版中心

尽管已经有很多数据库经典教材了，但由于技术发展突飞猛进，我们还是需要一本紧跟技术趋势的新教材，以涵盖大数据分析、NoSQL 等重要主题。本书满足了这一需求，是培养下一代数据管理人才的必选书目。

——Jian Pei，西蒙弗雷泽大学

这本与时俱进的教材令我眼前一亮，书中既包含常规的基础知识，也涵盖新的技术热点，如数据建模、关系型数据库、面向对象数据库、XML、分布式数据管理、NoSQL 和大数据等。三位作者将这些知识点完美融合，篇章结构合理且可读性强，对于导论课程和高级课程都非常有益。

——Martin Theobald，卢森堡大学

这是一本非常及时的书，不仅全面涵盖数据库的各大主题，而且对细节知识的讲解也特别出色。书中既深入讨论了数据建模和关系数据库等传统主题，也包含 XML 数据库、NoSQL 数据库、大数据和分析等新的前沿主题。对于数据库专业人员而言，这是一本不容错过的好书，可以在学习及工作中随时翻阅。

——J. Leon Zhao，香港城市大学

这是一本易于阅读且内容权威的书籍，书中介绍了数据管理中最重要的基本概念，并从实践的角度讨论了新的技术进展。对于数据领域的从业人员，这两方面都是必不可少的。

——Foster Provost，纽约大学斯特恩商学院

本书通过对基本原理和实际部署的讲解，指导读者学会管理大数据和小数据。书中讨论了一系列数据库及其与数据分析的关联。大量的案例研究、开源软件链接以及一个非常有用的数据分析抽象，将帮助读者更有效地选择解决方案，因此本书对于实践者颇具实用价值。同时，数据库原理是成功和可持续的数据科学的关键，本书对原理的清晰阐述有助于推动这些知识的传播，因此本书对于学术界也非常重要。

——Sihem Amer-Yahia，格勒诺布尔信息实验室，*VLDB Journal* 主编

本书几乎涵盖数据库实现和数据库设计课程的全部内容，通过对大数据、分析模型 / 方法和 NoSQL 等章节的学习，学生将紧跟发展趋势，了解数据管理方面的新技术。

——Han-fen Hu，内华达大学拉斯维加斯分校

译者序

数据库产生于20世纪60年代，其按照数据结构来组织、存储和管理数据，因此可被视为存放数据的仓库。随着信息技术和市场的发展，数据库已成为一门内容丰富的学科，并形成了总量达数百亿美元的软件产业。整体而言，数据库有多种类型，但无论是最简单的表格存储，还是能够进行海量数据存储的大型数据库系统，均在各个方面和领域获得了广泛应用。在信息化社会中，充分有效地管理和利用各类信息资源至关重要，而数据库技术作为管理信息系统、办公自动化系统、决策支持系统等各类信息系统的核心部分，已成为进行科学研究和决策管理的重要技术方式。因此，有大量的学者和技术人员积极投身于数据库技术的无涯探索之中。

本书共分为20章，依内容划分为四个部分。第一部分由第1～4章组成，主要对数据库和数据库设计进行初步介绍；第二部分包含第5～11章，深入讲解各种类型的数据库并对结构化查询语言（SQL）进行全面概述；第三部分由第12～16章组成，分别对物理数据存储、事务管理和数据库访问等内容进行讨论，且在第16章通过着重介绍数据分布和分布式事务管理对该部分进行总结；第四部分由第17～20章组成，主要对数据仓库及数据库新领域（如数据治理、大数据和数据分析学等内容）进行详细论述。总之，本书兼顾数据库相关知识的深度和广度，且通过一个贯穿始终的案例使各部分构成一个紧密联系的整体，再辅以丰富的图文信息，令读者的学习与理解更为深刻和透彻。因此，无论是对于初学者还是有经验的数据库从业人员，本书均可作为获取数据库知识的有力工具。

本书的翻译工作是在极其紧张的条件下，经过所有团队成员的艰辛拼搏而最终定稿的，其中凝聚着所有参与者的心血。本书的翻译工作由李川副教授统一协调，参与的人员还有林旺群、郭立坤、龚勋、何军、谢英杰、戴文鑫、李亚莹、丁云平、崔艺婵、陈荣、赵意如、胡振鑫、王聪、任景睿、曾严、刘江亭等。大家在节假日、在寒夜里加班工作，对译文字斟句酌，最终有了本书的诞生。特别是，林旺群、何军、郭立坤在工作非常紧张、繁忙的情况下，挤出时间在稿件校对与资料整理方面做了大量工作，在此表示衷心感谢！

此外，由衷感谢机械工业出版社的曲熠编辑和朱秀英编辑，感谢她们在本书成书过程中给予的支持与帮助！

尽管译者心正意诚，然则受限于自身水平，本书难免存在问题。期望各位读者给予批评、指正，使本书更趋完善。最后，真诚期望本书对大家有益，这是对我们翻译工作的最大认可！

译者

2020年7月

前　言

Principles of Database Management: The Practical Guide to Storing, Managing and Analyzing Big and Small Data

恭喜！当你拿起这本书的时候，你已经向数据库的奇妙世界迈出了第一步。正如你将在本书中看到的，数据库有许多不同的形式——不仅有简单的电子表格和其他基于文件的形式以及层次结构，还有关系的、面向对象的甚至面向图形的形式。世界上的各行各业都使用数据库来管理、存储和分析数据。

十多年来，我们一直在教授本科生的数据库管理课程，以及研究生的高级数据库管理课程，这本书就是教学成果的结晶。多年来，我们发现没有一本教科书能在既不涉及过多理论细节又不失去重点的情况下全面涵盖这些内容。因此，我们决定合著一本书。写这本书的目的是提供一份完整和实用的指南，涵盖数据库管理方面的所有指导原则，包括：

- 端到端覆盖知识点，从传统技术到大数据、NoSQL 数据库、分析学、数据治理等新兴趋势。
- 关于如何从过去的数据管理中吸取可能与今天的技术环境相关的教训的独特看法（如定位访问及其在 CODASYL 和 XML/OO 数据库中的风险）。
- 根据我们自己的经验，在实施所考虑的技术时，对数据和分析相关的项目进行批判性的反思并考虑相应的风险管理。我们的合作伙伴来自各行各业，包括银行、零售、政府以及文化部门。
- 理论和实践相结合，包括来源于多种多样的商业实践、科学研究和学术教学经验的练习、行业实例和案例研究。

这本书还包括一个附录[⊖]，阐述了我们的“online playground”环境，你可以用它尝试书中讨论过的许多概念。本书网站附加的资源中还包括一个在线考试题库，包含一些跨章节的问题和 YouTube 课程的参考资料。

我们希望你会喜欢这本书，并希望你在工作、学习或研究中存储、管理和分析小数据或者大数据时，会发现它是一份有用并且值得信赖的参考资料。

目标读者

我们试图让这本书对新手、有经验的数据库从业人员和学生都一样全面和有用。无论你是一个刚刚开始使用数据库管理系统的新手，一个有经验的旨在温习基础知识概念或理论的 SQL 用户，或者是希望学习更新、更现代的数据库方法的人，本书都将帮助你熟悉所有必要的概念。因此，这本书非常适合以下人群：

- 在信息管理或计算机科学的理学学士和理学硕士课程中学习数据库管理的本科生或研究生；
- 希望与时俱进学习数据库管理知识的专业人员；
- 信息架构师、数据库设计人员、数据所有者、数据管理员、数据库管理员或对该领域的新发展感兴趣的数据科学家。

由于本书包含贯穿各章节的练习和行业实例，因此也可以用于数据库管理原理、数据库

⊖ 附录为在线资源，请访问华章网站 www.hzbook.com 下载。——编辑注

建模、数据库设计、数据库系统、数据管理、数据建模和数据科学课程。此外，本书也对大学制定学位有帮助，例如大数据和分析学等课程或专业。

主要内容

本书由四部分组成。第1～4章是对数据库和数据库设计的初步介绍，首先在第1章介绍了基本概念，紧接着在第2章介绍了常用的数据库管理系统的类型及其架构。第3章讨论了概念数据建模，第4章是对数据管理中涉及的不同角色及其职责的概述。

第二部分将深入介绍各种类型的数据库，从以前的遗留数据库和关系数据库管理系统（第5～7章）到新的技术，如面向对象的、对象关系的和基于XML的数据库（第8～10章），最后在第11章中对NoSQL技术的可靠性和新进展进行概述。这部分还包括在第7章中对结构化查询语言（SQL）的全面概述。

在第三部分中，将深入讨论物理数据存储、事务管理和数据库访问的相关内容。第12章讨论了物理文件组织和索引，第13章讲述了关于物理数据库组织以及业务连续性的内容。接下来在第14章中概述了事务管理的基础知识。第15章介绍了数据库访问机制和各种数据库应用程序编程接口（API）。第16章通过着重介绍数据分布和分布式事务管理对这一部分进行了总结。

第17～20章是本书的最后一部分。在这一部分，我们缩小范围，详细介绍了数据仓库和人们感兴趣的新兴领域，如数据治理、大数据和分析学。第17章深入讨论了数据仓库和商务智能。第18章介绍了数据集成、数据质量和数据治理等管理概念。第19章对大数据进行了深入讨论，并展示了可靠的数据库设置如何成为现代分析环境的基石。第20章通过讨论不同类型的分析方法来总结这一部分和这本书。

看完这本书后，你将获得足以构建一个数据库管理系统的全面且深入的知识体系。你将能够辨别不同的数据库系统，并且对比它们的优缺点。你将能够通过概念、逻辑和物理数据建模，对大数据和分析应用程序做出最佳（投资）决策。你将对SQL有深刻的理解，并将了解数据库管理系统在物理层面上是如何工作的——包括事务管理和索引。你将了解如何从外部访问数据库系统，以及如何将它们与其他系统或应用程序集成。最后，你还将了解在使用数据库时所涉及的各种有关管理的内容，包括所涉及的角色、数据集成、质量和治理方面，你还会对如何将数据库管理系统的概念应用于大数据和数据分析有清晰的想法。

如何阅读本书

这本书既可以作为有针对性的参考手册，提供给希望温习某些方面知识和技能的较有经验的读者，也可以作为对整个数据库管理系统领域的概述，提供给入门阶段的读者。读者可以自由地从头到尾阅读，或者跳过某些章节直接从感兴趣的部分开始。我们把这本书清楚地分成了不同的部分和章节，所以读者应该不难理解这本书的整体架构并找到正确的阅读方向。当某个概念将在后面的章节中被扩展，或者重复使用前面章节介绍的概念时，我们会提供清晰的“知识关联”模块，这样读者可以在继续阅读之前快速复习一下前面的章节，或者到书中的其他地方继续学习。

下面的概述根据你可能感兴趣的领域提供了一些常见的“阅读路径”：

- 希望快速掌握关系数据库系统和SQL的新手：从第一部分开始看，然后阅读第6～9章。

- 有一定经验希望紧跟技术趋势学习新知识的读者：先阅读第 11 章，然后阅读第 15～20 章。
- 希望对数据库系统有更深入了解的数据库日常用户：阅读第一部分。
- 希望粗略了解一些基本概念以及管理相关内容的管理人员：从第一部分开始，然后继续阅读第 17～20 章。
- 数据库管理本科课程的教授：阅读第一和第二部分。
- 高级数据库管理研究生课程的教授：阅读第三和第四部分。

下表总结了每种对应身份的读者适合阅读的章节以及其他一些章节（将在第 4 章讨论）。

章节	新手	有一定经验的用户	数据库用户	管理人员	教授（本科课程）	教授（研究生课程）	信息架构师	数据库设计师	数据库管理员	数据科学家
1	X		X	X	X		X	X	X	
2	X		X	X	X		X	X	X	
3	X		X	X	X		X	X	X	
4	X		X	X	X		X	X	X	
5					X			X	X	
6	X				X			X	X	
7	X				X			X	X	
8	X				X			X	X	
9	X				X			X	X	
10					X			X	X	
11		X	X		X			X	X	X
12						X		X	X	
13						X		X	X	
14						X			X	
15		X				X				
16		X				X			X	
17		X		X		X			X	X
18		X		X		X			X	X
19		X		X		X			X	X
20		X		X		X				X

每一章内容都坚持理论与实践相结合的原则，因此书中的理论概念经常与来自行业的例子交替出现，在“知识延伸”模块中通过提供更多的背景知识或有趣的故事来说明概念。书中还包括对特定技术优缺点的理论讨论。每一章都有一些练习题来测试你的掌握程度，包括多项选择题和开放性问题。

跨章节的案例研究：Sober

在整本书中，我们使用了一个贯穿始终的案例（一个虚构的名为“ Sober”的自动驾驶汽车出租公司)，在每一章中都会重新回顾并对案例进行延伸扩展。因此，当你从头到尾阅读这本书的时候，你将仿佛在和 Sober 的数据库工程师一起学习，体验他们的数据库管理系统是如何从简单的小规模系统发展成更加现代化并且更加健壮的系统的。从实践的角度来看，不同的章节也形成了一个紧密联系的整体，你将看到如何把所有的技术和概念结合在一起。

补充材料

我们很乐意向你推荐本书网站 www.pdbmbook.com。该网页包括一些补充信息，如更新信息、幻灯片、视频讲座、附加资料和问答⊖。它还提供了一个可以动手操作的在线环境，读者可以使用 SQL 操作 MySQL 关系数据库管理系统、运行 NoSQL 数据库系统以及其他的小示例，而不需要安装任何工具。你可以在附录中了解相关信息，它会帮助你学会如何使用。

致谢

感谢各位同事、朋友和数据库管理爱好者在本书写作过程中的贡献和帮助。这本书是多年数据库管理研究和教学的成果。

首先要感谢我们的出版商——剑桥大学出版社在两年前接受了我们的出版计划。我们还要感谢 Lauren Cowles 对整个过程的监督。我们第一次见到 Lauren 是 2016 年 8 月在旧金山，我们一边吃着饭（蟹饼搭配纳帕白葡萄酒)，讨论这本书的细节，一边俯瞰着一群正在晒太阳的海豹。事实证明，这是一个可以促成成功伙伴关系的完美环境。我们也要感谢剑桥大学出版社在编辑、生产和营销此书的过程中所给予的帮助。

Gary J. O'Brien 也特别值得一提，他的仔细校对对书稿贡献巨大。尽管打开一份含有 Gary 评论的 Word 文档有时会让人感到担忧，但其中夹杂的一些切中要点的评论以及幽默的注释给文档修改增添了不少乐趣。

我们还要感谢 Jacques Vandenbulcke 教授，他是第一个向我们介绍数据库管理这个神奇世界的人。能超越 Jacques 精湛教学才能的只有他的旅游规划技能。他的影响贯穿全书，不仅涉及数据库专业知识（例如，数据库的概念和实例)，还涉及旅行经历（例如，英文版封面上的地下水宫和 Meneghetti 葡萄酒)。

我们也要感谢在过去几年中与我们合作的许多同事、教授、学生、研究人员、业务联系人和朋友所提供的直接和间接的帮助。非常感谢为我们提供了各种用户论坛、博客、在线讲座和教程的活跃的数据库管理社区，这给我们带来了很大的帮助。

最后，感谢伴侣、孩子、父母和家人给我们的爱、支持和鼓励！我们相信他们会从头到尾阅读这本书，这会给一日三餐带来很多生动有趣的话题。

我们尽可能使这本书完整、准确和有趣。当然，真正重要的是作为读者的你对它的看法。所以，请与我们分享你的观点。我们欢迎所有对本书的反馈和评论，所以不要犹豫，让我们知道你的想法吧。

封面：英文版封面图片描绘的是地下水宫，这是位于伊斯坦布尔的一个巨大的地下蓄水设施，由罗马人建于公元 6 世纪。为什么放这张图片？简单来说，它是那座宏伟城市的重要地标，在整个历史中一直是文化、文明甚至大陆的交汇点。然而，更重要的是，它是一个按行和列组织的存储结构，甚至包括复制和镜像结构，更不用说可以存储历史数据了。此外，

⊖ 也可访问华章网站 www.hzbook.com 下载教学 PPT。——编辑注

它还包含了有史以来最著名的主键之一——007，因为它在詹姆斯·邦德的电影 *From Russia With Love* 中有着重要意义。

Sober　1000‰技术驱动 Sober 是一家新的通过部署自动驾驶汽车来提供出租车服务的公司。虽然该公司拥有自己的自动驾驶出租车车队，但人们也可以将自己的汽车登记为 Sober 的出租车，并在不用车时让它们提供出租车服务。对于后者，Sober 还会与车主保持联系。

Sober 提供两种出租车服务：叫车和拼车。叫车服务是指顾客可以呼叫一辆出租车，然后乘车前往目的地，这项服务基于时间和距离进行计费。叫车是一种即时的、按需的服务，可以通过 Sober 的应用程序进行呼叫。用户只需在屏幕上轻轻一点，就可以在任何地方呼叫出租车，并且会看到估计等待时间，以及车辆到达通知。除了通过 Sober 应用程序来呼叫出租车，用户在看到 Sober 的出租车经过时还可以挥手叫车。此时，Sober 基于深度学习的图像识别系统将挥手动作识别为“出租车请求”。对于每次叫车业务，Sober 想要存储接上与送达乘客的时间、接上与送达乘客的地点、乘车时间、距离、乘客数量、乘车费用、乘车请求类型（通过 Sober 的应用程序或者挥手示意）以及主要客户（支付费用的人）的号码和姓名。叫车服务最多允许 6 位乘客。

拼车是另一项由 Sober 公司提供的服务，它需要更详细的设计。它也可以被称为顺风车，旨在降低成本，减少交通拥堵和碳排放。拼车服务支持灵活分配费用，即每辆出租车的顾客越多，每名顾客的费用就越低（定价灵活）。为了提供环保的激励政策，Sober 承诺为每位请求了 20 次拼车服务的顾客种一棵树。对于每次拼车业务，Sober 想要存储接上与送达乘客的时间、接上与送达乘客的地点、乘车时间、距离、所有客户的号码和姓名以及预付的费用。拼车服务最多允许 10 位乘客。

由于自动驾驶技术的不成熟，事故不能 100% 排除。Sober 也想要存储事故发生的日期、地点和每辆车的损失金额信息。

Wilfried 出生于比利时的蒂伦豪特。他会说荷兰语、英语和法语，能听懂一些德语、拉丁语和西佛兰芒语。由于不会用中文点啤酒，他已经练就了一种在任何语言中都适用的“看起来很渴”的面部表情。他娶了 Els Mennes，他们生了三个儿子——Janis、Hannes 和 Arne。除了家庭时光，Wilfried 最珍爱的消遣之一就是音乐。有人会说他的歌单仿佛停留在 20 世纪 80 年代，但他的品味很宽泛，贝多芬、亨德里克斯、科恩、治疗乐队他都喜欢。他还喜欢旅行，对阿拉斯加、巴厘岛、古巴、北京、瑞士阿尔卑斯山、罗马和伊斯坦布尔有着美好的回忆。他喜欢看很多不同类型的电影，但在某种程度上，他受到了妻子偏爱的在机场含泪亲吻场景的限制。他的运动手表上有关于跑步、游泳、骑自行车和滑雪的不定期更新的数据（当然不是大数据！）。Wilfried 对吸尘并没有直接的反感，但他的家庭成员声称他在这方面的经验主要是理论上的。

Wilfried 是比利时鲁汶大学经济与商业学院的全职教授。他的研究方向包括（大）数据存储、集成和分析，数据质量，业务流程管理，以及服务编排。他经常与行业伙伴展开合作。继担任经济与商业学院教学副院长后，他又在 2017 年当选为院长。更多详情请浏览网页 www.feb.kuleuven.be/wilfried.lemahieu。

Seppe 出生在比利时布鲁塞尔的耶特，但大部分时间生活在鲁汶。Seppe 会说荷兰语，以及一些法语和英语，他还懂德语，并且能用中文点啤酒（和 Bart 不同的是，他学了三年中文，可以用正确的语调进行交流）。他娶了 Xinwei Zhu（这解释了他为什么学了三年的中文）。除了和家人在一起，Seppe 还喜欢旅行、阅读（村上春树、布考斯基、阿西莫夫）、听音乐（布克・谢德、迈尔斯・戴维斯、克劳德・德彪西）、看电影和电视剧、玩游戏以及关注新闻。他不喜欢任何体育活动，除了在鲁汶快步走。Seppe 不喜欢吸尘（这似乎在数据库书籍作者中很常见）、官僚主义、开会、乘坐公共交通工具（尽管他没有车）或者在他教书或写书的时候更新 Windows。

Seppe 是比利时鲁汶大学经济与商业学院的助理教授。他的研究兴趣包括商业数据挖掘和分析、机器学习、过程管理和过程挖掘。他的研究成果已在国际知名期刊以及顶级会议上发表。Seppe 教授高级分析、大数据和信息管理课程。他还经常为工商管理学院授课。更多详情可以查看 www.seppe.net。

Bart 出生在比利时的布鲁日。他会说西佛兰芒语、荷兰语、法语，会一点德语以及英语，还能用中文点啤酒。除了享受和家人在一起的时光，他还是 Brugge 俱乐部的铁杆球迷。Bart 是一个美食家和业余厨师，喜欢一边喝着好酒，一边俯瞰着花园中正宗的红色英国电话亭。Bart 爱旅游，他喜欢的城市有旧金山、悉尼和巴塞罗那。他对第一次世界大战很感兴趣，读了很多关于这个主题的书。他不喜欢别人叫他“Baesens 教授”，不

喜欢购物、吸尘、开长时间的会议、打电话、做行政工作，也不喜欢学生在参加数据库管理的口试时嚼口香糖。他经常因为幽默受到人们的赞扬，但他通常对此比较谦虚。

Bart是比利时鲁汶大学的大数据和分析学教授，也是英国南安普顿大学的讲师。他在大数据和分析、信用风险建模、欺诈检测及营销分析方面做了大量研究。他已经写了200多篇科学论文和6本书。他获得过多种最佳论文奖和最佳演讲奖。他的研究汇总在网页www.dataminingapps.com上。

第三部分 物理数据存储、事务管理和数据库访问

第四部分 数据仓库、数据治理和大数据分析

⊖ 附录为在线资源，请访问华章网站 www.hzbook.com 下载。——编辑注

数据库与数据库设计

第 1 章 |

Principles of Database Management: The Practical Guide to Storing, Managing and Analyzing Big and Small Data

数据库管理的基本概念

本章目标 在本章中，你将学到：

- 理解数据管理方法中文件与数据库的区别；
- 识别数据库系统中的关键元素；
- 了解数据库系统和数据库管理的优点。

情景导入 Sober 是一家新兴公司，必须谨慎决定如何管理数据。该公司考虑将其数据全部放在 Word 文档、Excel 文件或其他文件（例如记事本）中。

在本章中，我们将讨论数据库管理的基本概念。许多本章提到的概念将在之后的章节中详细阐述。我们首先来回顾数据库技术的常见应用，然后定义关键概念，例如数据库和数据库管理系统（DataBase Management System，DBMS）。接着我们会讨论基于文件的数据管理方法，并与基于数据库的数据管理方法对比，之后我们深入了解数据库系统的各要素，最后总结归纳数据库设计的优点。

1.1 数据库技术的应用

数据无处不在，其形式和数量都各不相同，需要使用合适的数据管理或数据库技术来存储和管理。在为跟踪库存产品数量而开发的应用中，会考虑传统数字与字母数据的存储检索。对于每个产品，产品数量、产品名称和可用数量都需要被存储。一旦数量低于安全限制就应立即发出补货订单。每个补货订单都有订单号、订单日期、供应商编号、供应商名称以及一组产品编号、名称和数量。

数据库技术不仅仅适用于传统的数字和字母数据，也可以存储多媒体数据，例如图片、音频或视频——YouTube 和 Spotify 支持基于艺术家、专辑、体裁、播放列表或唱片标签查询音乐。生物特征数据，包括指纹、虹膜检测，通常被用于安全机制，例如当你进入一个国家时进行的边境管制。可穿戴式设备（例如 Fitbit 或 Apple Watch）也会收集信息，持续检测和分析你的健康状况。*地理信息系统*（GIS）应用程序，如 Google 地图，可存储和检索所有类型的空间或地理数据。

数据库技术还可以存储和检索*易失性*数据。高频交易就是一个典型案例，投资银行或对冲基金利用自动化算法平台，根据环境或宏观经济发生的事件，以极高的速度处理大量订单。另一个例子则是监测核反应堆关键参数的传感器，如果达到某些临界值，就可以自动关闭系统。

你或许听到过*大数据*这个术语，它指的是大公司（如 Google、Facebook、Twitter 等）会收集并分析巨量数据。参照美国最大零售商沃尔玛的营业状况，沃尔玛在全球拥有超过 11 000 个分支机构，年销售额达到 48 亿美元，每周有超过 1 亿的客户。它的销售点（POS）数据库系统存储了大量数据，例如哪个客户购买了什么产品、多少数量、在什么位置、什么时候购买。使用分析数据建模可以对这些数据进行智能分析，以揭示一些类似“经常一起购买的产品种类”这样的未知而有趣的消费模式，更有趣的是，某些分析技术可以使人们对未来做出预测（例如，哪些客户最有可能对促销产生积极反应），这部分内容我们将在第20章详细讨论。

这些仅仅是数据库技术应用的几个例子，此外还有更多案例。

知识延伸 物联网（IoT）提供了大数据应用程序的许多范例。Moocall是一家位于都柏林的初创公司，为农民提供可降低分娩时犊牛和母牛死亡率的传感器，这种传感器固定附着在牛尾上，他们测量产犊开始时由分娩收缩引起的尾巴的特定运动。之后这些传感器数据通过Vodafone物联网发送到农民的智能手机上。农民可以使用应用程序获取有关产犊过程的最新信息，并可以在需要时进行介入干预或通知兽医。该应用程序可以发出警报，还含有畜群管理工具。这项技术不仅提高了农民的生产率，而且提高了犊牛和母牛在分娩过程的生存率。

节后思考 请再举出一些数据库技术实际应用的例子。

1.2 关键定义

通过研究常见的数据库类型，我们简要介绍了数据库的概念。**数据库**可被定义为在特定业务流程或问题设定中的相关数据项的集合。对于一个采购订单系统，其中有诸如产品、供应商和采购订单之类的数据项。每个数据项都具有如下属性：产品具有产品编号、产品名称和产品颜色；供应商具有供应商名称和供应商地址；采购订单具有参考编号和日期。这些数据项之间相互关联：一件产品可以由一个或多个供应商提供，采购订单只对应关联到一个供应商，一个供应商可以提供一个或多个产品。这些都是数据库充分收集到的数据项之间的关系示例。数据库具有对应的目标用户和应用程序组。库存经理可使用我们的采购订单系统来管理库存和发出采购订单，而产品经理则使用它来监管产品销售趋势。

数据库管理系统（DBMS）是用来定义、创建、使用和维护数据库的软件包。它通常由几个软件模块组成，每个模块都有自己的功能，这是我们将在第2章讨论的内容。热门的DBMS供应商有Oracle、Microsoft和IBM。MySQL则是一个著名的开源DBMS。DBMS与数据库的结合通常被称为**数据库系统**。

知识关联 在第2章我们将讨论DBMS的内部架构。我们还将从多个维度对DBMS进行分类。

知识延伸 Gartner[⊖]估计2015年DBMS的总市场价值为359亿美元，与2014年相比增长了8.7%。根据IDC数据，到2018年，数据库管理解决方案的总体市场规模估值将超过500亿美元。

节后思考 请定义下列概念：数据库，DBMS，数据库系统。

1.3 基于文件与数据库的数据管理方法

在我们探索数据库技术之前，先回顾一下数据管理是如何发展的。这可以使我们正确理解许多公司仍面临的遗留问题。

1.3.1 基于文件的方法

在计算的早期，每个应用程序都将数据存储在自己的专用文件中。这种方式被称为基于文件的方法，如图1-1所示。

⊖ 参见 https://blogs.gartner.com/merv-adrian/2016/04/12/dbms-2015-numbers-paint-a-picture-of-slow-but-steady-change。

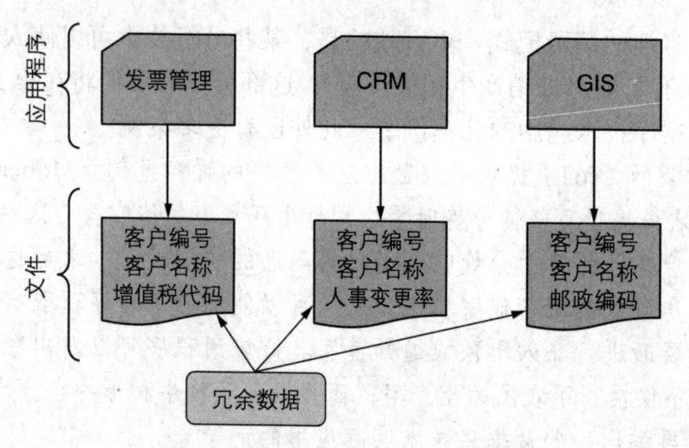

图 1-1　基于文件方法的数据管理

假设我们有一个使用 COBOL 或 C 之类的编程语言编写的传统的发票管理应用程序，该程序使用了诸如客户编号、客户名称、增值税代码等数据并存储在单独的文件中。客户关系管理（CRM）系统之类的单独应用程序则使用包含相同数据的不同文件。最后，第三个应用程序（GIS）在另一个文件中存储客户编号、客户名称和邮政编码等信息。数据文件仅包含数据本身，数据定义和描述分别包含在每个应用程序中，一个应用程序可以使用一个或多个文件。当有更多的应用程序使用对应的数据文件进行开发时，这种基于文件的数据管理方法将导致严重的问题。

由于每个应用程序都使用自己的数据文件，而许多应用程序使用的数据却很相似，这就会导致存储重复或冗余的信息，浪费存储资源。如果对此管理不当，则有可能仅在一个文件中更新客户数据，忽视了其他文件的数据更新，造成数据不一致。在这种基于文件的管理方法中，应用程序与数据之间存在强烈的耦合或依赖性。对数据文件的结构更改需要在使用该文件的所有应用程序中进行同步，但从维护的角度来看，人们并不期望出现这样的工作。并发控制很难管理（即不同用户或应用程序同时访问同一数据而不发生冲突）。例如，如果一个应用程序执行现金转移，而另一个应用程序计算账户余额，并且两个程序的数据操作交错进行以提高效率，那么在没有提供足够并发控制功能的情况下很容易导致数据不一致。由于每个程序都独立于各自的数据文件生态系统工作，所以旨在提供跨公司服务的应用程序集成工作都很困难且代价高昂。尽管这种文件管理方法具有严重劣势，但许多公司在当前的信息和通信技术（ICT）环境中仍在使用这种古董以挣扎求存。

1.3.2　基于数据库的方法

数据库技术的出现为数据管理提供了新的范式。在**基于数据库的方法**中，所有数据被 DBMS 集中存储和管理，如图 1-2 所示。

现在应用程序直接与 DBMS 而非自己的文件接口对接，DBMS 可存储和管理原始数据和元数据这两种数据类型，并根据每个应用程序请求发送对应数据。**元数据**是指存储在 DBMS 目录中的数据定义，这是与基于文件的方法的一个关键区别。元数据不再包含在应用程序中而是由 DBMS 本身正确管理。从效率、一致性、可维护角度来看，这是一种更为优越的方法。

基于数据库的方法的另一个优点是为数据查询和检索提供了便利。在基于文件的方法中，每个应用程序都必须显式地编写自己的查询和访问过程。考虑如下示例的伪代码：

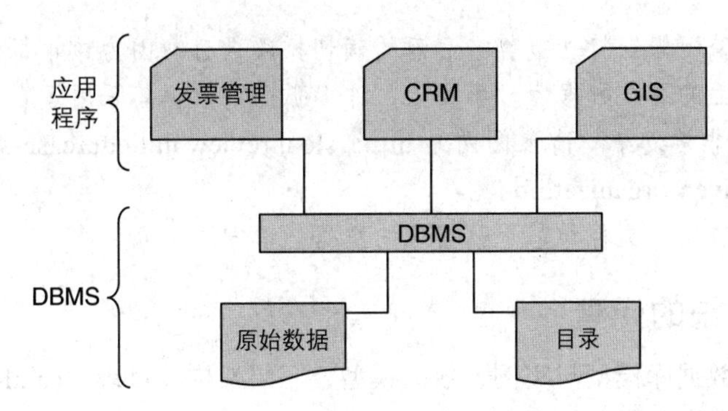

图 1-2　基于数据库方法的数据管理

```
Procedure FindCustomer;
Begin
      open file Customer.txt;
      Read(Customer)
      While not EOF(Customer)
           If Customer.name='Bart' Then
                display(Customer);
           EndIf
      Read(Customer);
      EndWhile;
End;
```

在代码中，我们首先打开一个名为 Customer.txt 的文件并读取第一条记录，然后，利用 while 循环遍历文件中的每个记录，到达文件末尾时（EOF（Customer）标识）停止，若找到所需信息（Customer.name='Bart'），则显示该信息。按照这种方式查找需要大量编程。由于数据和应用程序之间有紧密耦合，许多类似过程将在应用程序中重复进行，从维护角度出发也不够优雅。正如前文所述，DBMS 提供了有助于数据查询和访问的数据库语言。在第 7 章中我们将展开讨论这种常用的语言，即结构化查询语言（SQL）。SQL 可用于以结构化和用户友好的方式制定数据库查询，并且是业内使用最广泛的数据查询标准之一。与上述伪代码相同输出的示例 SQL 代码可以是如下形式：

```
SELECT *
FROM Customer
WHERE
name = 'Bart'
```

在 SQL 中，你只需指定所需信息即可。本案例显示我们希望获得有关客户 'Bart' 的所有信息，SQL 查询将由 DBMS 以透明方式执行。在基于数据库的方法中，我们只需要指定感兴趣的数据，而不再需要写明如何访问和检索它们，因此我们不再需要编写复杂的检索过程，这更有利于数据库应用程序的开发。

总之，基于文件的方法将导致应用程序和数据的强烈依赖，而基于数据库的方法可以使应用程序独立于数据和数据定义。

知识延伸 基于文件的管理方法的主要缺点之一是数据通常独立于整个组织，因此缺乏全面详尽的视角。例如，阿姆斯特丹市的数据分布在 12 000 个不同的数据集中，由于缺乏集成，没人知道横跨阿姆斯特丹市著名运河的确切桥梁数目，因为该市每个地区单独使用自己的数据而没有全面的综合数据库。事实上，许多孤立的数据集采用了自己的数据定义作为连接，让情况变得非常复杂。请参阅网站 http://sloanreview.mit.edu/case-study/lessons-from-becoming-a-data-driven-organization。

节后思考 比较基于文件和基于数据库的数据管理方法。

1.4　数据库系统的元素

本节我们讨论数据库模型与实例、数据模型、三层架构、目录（catalog）的作用、多种类型数据库用户和数据库语言。

1.4.1　数据库模型与实例

在任意数据库实现中，最重要的是区分数据描述（数据定义）和真实数据。**数据库模型**或**数据库模式**提供对数据库数据不同详细程度的描述，并指定各种数据项，以及它们的属性、关系、约束、存储详细信息等[⊖]。数据库模型是在数据库设计期间确定的，不应频繁变化，它存储在目录中，而目录是 DBMS 的核心。**数据库状态**表示特定时刻数据库中的数据，有时也称为当前实例集，根据数据操作（例如添加、更新或删除数据）的不同，数据通常会不断变化。

下面是数据定义的几个示例，作为数据库模型的重要部分存储在目录中。

数据库模型

学生（学号，姓名，地址，电子邮件）
课程（编号，名称）
建筑物（编号，地址）
……

我们有三个数据项，学生、课程和建筑物。每一个数据项都可以根据其属性来描述。学生的属性是学号、姓名、地址和电子邮件。课程用编号和名称标示，建筑物则用编号和地址标示。

图 1-3 显示了对应数据库状态的数据示例。可以看到数据库中包括了学生、课程、建筑物下的各三条数据。

学生

学号	姓名	地址	电子邮件
0165854	Bart Baesens	1040 Market Street, SF	Bart.Baesens@kuleuven.be
0168975	Seppe vanden Broucke	520, Fifth Avenue, NY	Seppe.vandenbroucke@kuleuven.be
0157895	Wilfried Lemahieu	644, Wacker Drive, Chicago	Wilfried.Lemahieu@kuleuven.be

课程

编号	名称
D0I69A	Principles of Database Management
D0R04A	Basic Programming
D0T21A	Big Data & Analytics

建筑物

编号	地址
0600	Naamsestraat 69, Leuven
0365	Naamsestraat 78, Leuven
0589	Tiensestraat 115, Leuven

图 1-3　示例数据库状态

⊖ 我们认为术语模型（model）和模式（schema）是同义词。

1.4.2　数据模型

数据库模型包括不同的数据模型，每个模型都从不同角度描述了数据。良好的数据模型是数据库应用程序的成功开始，它从特定角度提供了对数据项、数据项间关系以及各种数据约束的清晰明确的描述。在数据库设计过程中将开发如下几种类型的数据模型。

概念数据模型提供了对数据项（例如供应商、产品）及其属性（例如供应商名称、产品编号）和关系（例如供应商以及供应产品）的高级描述。它是信息架构师（请参阅第 4 章）与业务用户之间的一种通信工具，可以确保数据需求被正确获取和建模。因此，概念数据模型应独立于实现、用户友好且接近业务用户感知数据的方式。正如我们在第 3 章中讨论的，通常可使用扩展的实体关系（EER）模型或面向对象模型来表示。

逻辑数据模型是概念数据模型向现实特定环境的转换或映射。逻辑数据项非常接近物理数据组织，但仍可能被业务用户理解。根据可用的 ICT 环境，逻辑数据模型可以是分层的（请参阅第 5 章）、CODASYL（请参阅第 5 章）、关系的（请参阅第 6 章和第 7 章）、面向对象的（请参阅第 8 章）、扩展的关系式（请参阅第 9 章）、XML（请参阅第 10 章）或 NoSQL 模型（请参阅第 11 章）。

逻辑数据模型可以映射到内部数据模型中，内部数据模型表示数据的物理存储详细信息。它清楚地描述了哪些数据存储在什么位置，以什么形式存储，提供了哪些索引可加快检索速度，等等。因此，它具有很强的 DBMS 针对性。我们将在第 12 章和第 13 章中讨论内部数据模型。

外部数据模型包含逻辑模型中数据项的各种子集（也称为视图），这些子集针对特定应用程序或用户组的需求量身定制。

知识关联　在第 3 章中，我们将更详细地讨论 EER 和 UML 概念数据模型。后面的章节介绍逻辑（有时称外部）数据模型：第 5 章的层次结构和 CODASYL 模型，第 6 和 7 章的关系模型，第 8 章的面向对象模型，第 9 章的扩展关系模型，第 10 章的 XML 数据模型和第 11 章的各种 NoSQL 数据模型。第 12 和 13 章则详细介绍内部数据模型。

1.4.3　三层架构

三层架构是每个数据库应用程序必不可少的元素，它描述了不同的基础数据模型间的关系[⊖]，如图 1-4 所示。

我们从概念 / 逻辑层开始讲起，其中的概念和逻辑数据模型都集中在数据项、属性和关系上，不会被实际的 DBMS 物理模型实现干扰。概念数据模型应该是用户友好的、与实现无关的透明数据模型，应该在信息架构师和业务用户之间的密切协作中构建。根据实现环境可将概念数据模型精练为逻辑数据模型。

在外部层中，我们具有外部数据模型，该模型包括一些可为逻辑数据模型中专门选择的部分提供观察窗口的视图。**视图**描述了特定应用程序或用户组感兴趣的数据库部分，隐藏了数据库的其余部分。它用于控制数据访问和加强安全性，这些视图会根据应用程序或（一组）用户的数据需求量身定制，服务于一个或多个应用程序。可考虑仅向学生注册应用程序提供学生信息的视图，或仅向空间规划应用程序提供建筑物信息的视图。

⊖ 部分教材提到的是三模式架构（three-schema architecture），而不是三层架构（three layer architecture）。我们更偏向于使用后者，因为我们正在处理分布在三层的四个数据模型（概念数据模型、逻辑数据模型、内部数据模型和外部数据模型）。这不应与我们在第 15 章讨论的三层架构（three-tier architecture）混淆。

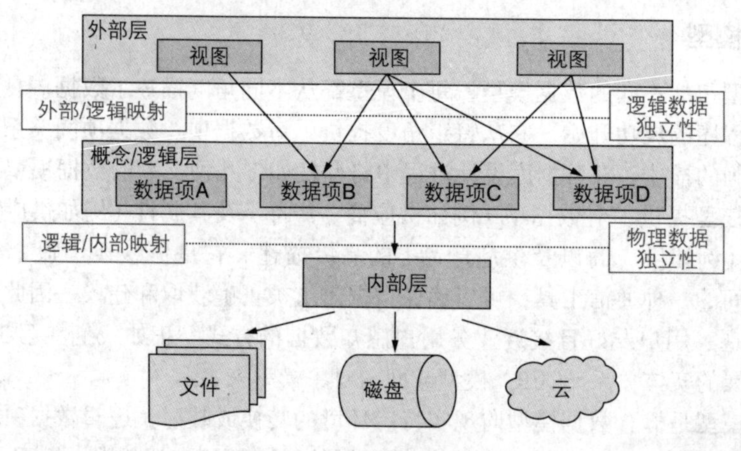

图 1-4　三层数据库架构

内部层包括**内部数据模型**，该模型指定如何在物理形式上存储或组织数据。理想情况下，一层的更改对其他层的影响应是最小的，应该有可能存在物理上重组数据，而对概念/逻辑或外部层几乎没有影响的方法（物理数据独立性）。同样，可以在对外部层的影响最小的情况下对概念/逻辑层进行更改（逻辑数据独立性）。我们将在 1.5.1 节详细介绍这两种类型的数据独立性。

图 1-5 说明了采购业务流程的三层架构。概念/逻辑层定义了数据项，例如产品、客户、发票和配送。内部层包含指定数据存储方式和存储位置的物理存储详细信息。外部层具有三个视图，可为财务、客户服务和物流部门提供特定信息。这种三层数据库架构在效率、维护、性能、安全性等多方面具有优势。

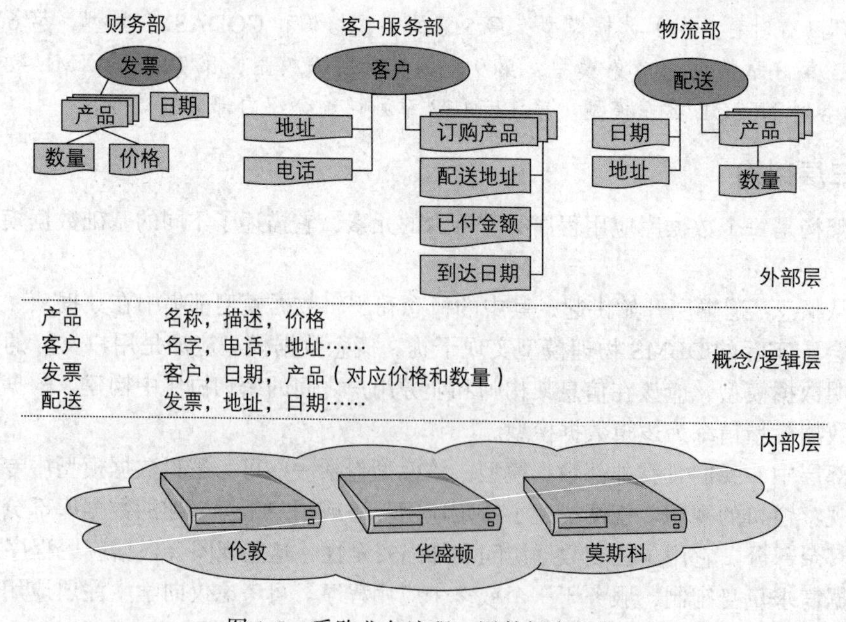

图 1-5　采购业务流程三层数据库架构

1.4.4　目录

目录是 DBMS 的核心，包含数据库应用程序的数据定义或元数据。它存储视图、逻辑和内部数据模型的定义，并同步这三个数据模型来保证它们的一致性[⊖]。

1.4.5　数据库用户

正如我们将在第 4 章广泛讨论的那样，存在各种类型的用户与数据库进行交互。信息架构师负责设计概念数据模型，他们可以与业务用户密切互动，以确保完全理解数据需求并充分建模。数据库设计人员则负责将概念数据模型转化为逻辑数据模型和内部数据模型。数据库管理员（DBA）负责数据库的实现和监管。他们负责建立数据库的基础结构，并通过关键性能指标（例如响应时间、吞吐量和存储空间占用）来持续监控其性能（请参阅 1.5.9 节）。应用程序开发人员使用通用编程语言（例如 Java 或 Python）开发数据库应用程序。他们负责提供数据需求，这些数据需求会由数据库设计人员或 DBA 转化为视图定义。业务用户将运行这些应用程序以执行特定的数据库操作。他们还可以使用交互式查询工具直接查询数据库来完成相关报告。

1.4.6　数据库语言

每个 DBMS 都带有一种或多种伴随的数据库语言。DBA 使用**数据定义语言**（DDL）来表达数据库的外部、逻辑和内部数据模型，这些定义都存储在目录中。**数据操作语言**（DML）用于检索、插入、删除和修改数据。DML 语句可以嵌入通用编程语言中，也可以通过前端查询工具交互式输入。SQL 为关系数据库提供 DDL 和 DML 语句（参见第 7 章）。

节后思考

- 数据库系统的关键要素有哪些？
- 举例阐述数据库应用程序的三层架构。
- 请解释什么是目录，为何需要使用目录？

1.5　数据库系统和数据库管理的优点

如果设计和管理得当，数据库具有如下优点：数据独立性，管理结构化、半结构化、非结构化数据，数据库建模，管理数据冗余，指定完整性约束，并发控制，备份和恢复设施，数据安全和性能实用工具。在这一节中我们会详细解释这些要素。

1.5.1　数据独立性

数据独立性意味着数据定义的变更对使用数据的应用程序影响微乎其微，这些变化可能发生在内部或概念 / 逻辑层中。**物理数据独立性**意味着内部数据模型中的数据存储规范有所变化时，应用程序、视图、逻辑数据模型都不必变更。跨不同的存储位置或介质存储数据，定义新的访问路径和索引等都是可以参考的例子。由于数据的物理重组，应用程序将可以继续成功运行且可能运行得更快。为了充分保持物理数据独立性，DBMS 应在逻辑数据模型和内部数据模型间提供接口。

逻辑数据独立性意味着软件应用程序受概念或逻辑数据模型变更影响最小，添加新数据项、属性或关系示例都属于这类变更。外部数据模型中的视图将充当保护屏障，并减轻这些修改对应用程序的影响。为了保证逻辑数据的独立性，DBMS 必须在概念 / 逻辑层和外部层

⊖　概念数据模型一般不存储于目录中。

间提供对应接口。

1.5.2 数据库建模

数据模型是数据项及其属性和关系的显式表达，它还可以包括完整性约束和功能要求。概念数据模型应严格完好地映射到业务流程数据需求上，并与业务用户密切协作。之后将其转化为逻辑数据模型，最终转换为内部数据模型。但不幸的是，具有完好映射的最佳方案往往是不现实的，数据模型的假设和缺点必须被清楚地记录下来。数据模型的常见示例有分层模型、CODASYL 模型、（E）ER 模型、关系模型和面向对象模型，我们将在第 5～8 章展开讨论这些问题。

1.5.3 管理结构化、半结构化、非结构化数据

需要着重注意的是，并不是所有类型的数据都可以根据严格的逻辑模型来描述。这种方法仅适用于**结构化数据**，而它是早期 DBMS 实现关注的唯一一种数据。使用结构化数据，可以识别和严格指定数据的各个属性，例如学生的学号、姓名、地址和电子邮件，或课程的编号和名称，其优点是能够表达完整性约束，并强制纠正数据。正如我们在第 7～9 章所讨论的，结构化数据也有助于搜索、处理和分析数据，因为 DBMS 和数据处理应采用程序都会对数据进行细粒度控制。例如，它们可以区分代表学生姓名和地址的一系列字符。这样就有可能进行如下检索：所有住在纽约的学生的名字。

对于**非结构化数据**，文件或一系列字符中并没有 DBMS 或应用程序能用有意义的方式解释的细粒度组件。假设有一个包含纽约著名市民的长文本文档，在这篇文档中，我们可以搜索到“姓名”“学生”“纽约”这三个词会一起出现，但我们不可能评估它们是否与居住在纽约的学生、出生在纽约的学生或是与文本描述的总是穿着相似的印着“纽约”毛衣的学生有关。此外，也不可能仅仅检索代表这些学生姓名的一系列字符。尽管如此，许多最近的数据库管理系统提供了有效存储和检索此类文档的工具。因为在大多数组织中，非结构化数据的数量远远超过结构化数据的数量，所以对它们的管理是非常重要的，如果能够有效提取这些非结构化数据，可以从中得到大量有用信息。可参考的例子是，通过存储和分析投诉信件、根据内容对法律文件进行分类或者通过分析提及产品的 tweets 来评估市场对新产品的情绪，从而改善与客户的互动。另外，现代 DBMS 不仅限于存储和管理非结构化文本数据，还包括其他类型的数据，如固定图像、视频和音频。

最后要强调的是，并非所有的数据都是完全结构化或完全非结构化的。在之后的章节中，我们将讨论最新的 DBMS 类型如何显式地有效处理**半结构化数据**，比如 XML 数据库（第 10 章）和 NoSQL 数据库（第 11 章）。这些数据具有一定的结构，但这种结构可能很不规则且高度不稳定。典型的例子有大型社交媒体平台上的个人用户网页，或者人力资源数据库中的简历文档，它们可能宽松地展示相似结构，但并不完全符合单一、严格的格式。

1.5.4 管理数据冗余

基于文件的数据管理方法的一个主要缺点是无法预估的重复数据，这很容易导致数据不一致。在基于数据库的方法中，可以成功地管理冗余数据。在分布式环境中，通过提供对数据的本地访问而非使用资源密集型网络连接，可以复制数据来提高数据检索性能。DBMS 现在负责通过提供同步工具管理冗余来保护数据一致性。例如，本地数据副本的更新将自动传

播到其他位置的所有重复数据副本。与文件方法相比，DBMS 保证了数据正确性，也不需要用户干预，而且效率更高且更不容易出错。

1.5.5 指定完整性约束

数据完整性约束还可以显式定义，这些约束可用于确保数据的正确性。语法约束指定数据的表示和存储方式。例如，customerID 应表示为整数（例如，100、125 和 200 是正确的，但 1.20 或 2a 不正确）；出生日期应存储为月、日和年（例如，02/27/1975 是正确的，而 27/02/1975 则不正确）。语义约束关注数据的语义正确性或意义。有如下例子：customerID 应是唯一的；账户余额应大于 0；如果客户有待处理的发票，则不能删除该客户。在基于文件的方法中，这些完整性约束必须嵌入应用程序中。在基于数据库的方法中，它们被指定为概念 / 逻辑数据模型的一部分，并集中存储在目录中，这大大提高了应用程序的效率和可维护性，因为现在只要有任何更新，DBMS 就强制执行完整性约束。但在基于文件的方法中，应用程序本身必须显式地管理所有完整性约束，从而导致大量代码重复，并伴随着不一致性。

1.5.6 并发控制

DBMS 有内置工具来支持数据库程序的并发或并行执行，可使 DBMS 具有良好性能。其中一个关键概念是数据库事务，事务是一系列读 / 写操作，可被视为一个原子单元（原子性），要么执行所有操作，要么所有操作都不执行（关于事务的更多细节参见第 14 章）。这些读 / 写操作通常可以由 DBMS 同时执行，但是，应仔细监督这些操作以避免不一致发生，我们用如下例子来进行说明（表 1-1）。

表 1-1 说明并发控制

Time	T1	T2	余 额	Time	T1	T2	余 额
t1		开始事务	100 美元	t4	余额 = 余额 - 50	写入（余额）	220 美元
t2	开始事务	读取（余额）	100 美元	t5	写入（余额）	结束事务	50 美元
t3	读取（余额）	余额 = 余额 + 120	100 美元	t6	结束事务		50 美元

表 1-1 中显示了两个数据库事务：T1 和 T2。T1 通过提取 50 美元更新账户余额，T2 存款 120 美元，起始余额为 100 美元。若两个事务都按顺序依次进行，而不是并行执行，则最后余额数应为 100 - 50 + 120 = 170 美元。若 DBMS 交叉处理两个事务的操作，我们将得到下述结果。T2 在 t2 时刻读取余额，发现当前余额为 100 美元。T1 在 t3 时刻读取余额为 100 美元，而 T2 此时将余额更新为 220 美元，不过它需要写入（存储）这个值。在 t4 时刻，T1 将余额减去 50 美元，而 T2 则保存余额为 220 美元。然后，T1 在 t5 时刻将余额保存为 50 美元，用 50 美元覆盖了 220 美元的值，之后两个事务依次结束。由于 T1 读取了 T2 更新余额之前的值，而在 T2 完成操作后写入自己更新后的值，因此事务 T2 的更新效果将丢失，就好像 T2 从未发生过一样，这种错误通常称为更新丢失问题。DBMS 应避免由于同时发生的事务之间的干扰而产生的不一致。

为了确保以可靠的方式处理数据库事务，DBMS 必须支持 ACID（原子性、一致性、隔离性、持久性）属性。*原子性*（或 all-or-nothing）属性，要求事务要么完整执行，要么完全不执行；一致性确保事务将数据库从一个一致状态转到另一个一致状态；隔离性确保并发事务的效果应与它们被隔离执行时的效果相同；而持久性确保任何情况下，一个成功完成的事务所产生的数据库变更影响是永久的。

知识关联 第14章介绍了事务、事务管理、恢复和并发控制的基础知识，描述了这些概念之间的相互作用如何保证不同用户对共享数据的并发访问。第16章通过回顾分布式事务管理进一步阐述了这一点。

1.5.7　备份和恢复设备

使用数据库的一个关键优势是可用备份和恢复设备。这些设备可用于处理由于硬件或网络错误，或者系统或应用软件中的错误而导致的数据丢失的影响。通常，备份设备可以执行完全备份或增量备份，后者只考虑上次备份以后的更新。恢复设备允许数据在丢失或损坏后恢复到以前的状态。

1.5.8　数据安全性

DBMS可以直接施行数据安全。在一些现有的应用程序中，一些用户具有读访问权限，而另一些用户具有对数据的写访问权限（基于角色的功能）。这可以进一步细化到数据的某些部分。电子商务、B2B（企业对企业）、B2C（企业对消费者）和CRM趋势强调了数据安全的重要性，因为它们越来越多地将数据库暴露给内部和外部各方团体。以供应商管理库存（VMI）为例，在VMI中，公司可以访问其下游供应链合作伙伴的库存详细信息。使用正确的安全策略应强制只提供读取访问权限，并且不能从竞争对手的产品中检索到任何信息。数据访问可以通过分配给用户或用户账号的登录名与密码来管理。每个账户都有自己的授权约束，它们可以再次存储在目录中。

1.5.9　性能分析工具

DBMS的三个关键性能指标（KPI）是响应时间、吞吐量和空间利用率。响应时间表示从发出数据库请求（例如，查询或更新）到成功结束请求之间的时间间隔；吞吐量表示DBMS每单位时间中可以处理的事务数；空间利用率是指DBMS用来存储原始数据和元数据的空间。高性能DBMS的特点是响应时间快、吞吐量高且空间利用率低。

DBMS附带了各种旨在改进以上三个KPI的分析工具。这些工具有如下作用，分配和优化数据存储、优化索引以加快查询执行、优化查询以提高程序性能或者优化缓冲区管理（缓冲区有助于内部内存和磁盘存储之间的数据交换和更新），通常DBA会来管理这些工具。

节后思考

- 数据库系统和数据管理的优点是什么？
- 请解释什么是数据独立性，为什么需要保证数据独立性？
- 什么是完整性约束？请举例说明。
- 结构化、半结构化和非结构化数据的区别是什么？
- 请在事务管理环境中定义ACID。

总结

本章首先总结了一些数据库技术的关键应用，定义了数据库、DBMS和数据库系统的概念；然后回顾了基于文件的数据管理方法，并将其与基于数据库的方法进行了对比；接着解释了数据库系统的关键要素，并且讨论了数据库系统和数据库管理的优点。

情景收尾　现在，Sober充分了解了数据存储在文件中的危险和使用数据库的好处，已经开始向数据库技术投资。

关键术语表

ACID
catalog（目录）
conceptual data model（概念数据模型）
data definition language（DDL，数据定义语言）
data independence（数据独立性）
data manipulation language（DML，数据操作语言）
database（数据库）
database approach（基于数据库的方法）
database management system（DBMS，数据库管理系统）
database model（数据库模型）
database schema（数据库模式）
database state（数据库状态）
database system（数据库系统）
external data model（外部数据模型）
file-based approach（基于文件的方法）
internal data model（内部数据模型）
internal layer（内部层）
logical data independence（逻辑数据独立性）
logical data model（逻辑数据模型）
metadata（元数据）
physical data independence（物理数据独立性）
semi-structured data（半结构化数据）
structured data（结构化数据）
three-layer architecture（三层架构）
unstructured data（非结构化数据）
view（视图）

思考题

1.1　下列哪句陈述**不正确**？
　a. 基于文件的数据管理方法可以使相同的信息分别存储在不同的应用程序中。
　b. 在基于文件的数据管理方法中，数据定义分别包含在每个应用程序中。
　c. 在基于文件的数据管理方法中，不同应用程序可使用相同数据的不同版本（新老版本）。
　d. 在基于文件的数据管理方法中，很容易处理数据文件结构的变更，因为每个应用程序都有自己的数据文件。

1.2　下列哪句陈述**不正确**？
　a. 在基于数据库的管理方法中，应用程序没有自己的文件，但所有的应用程序都通过连接DBMS获得相同版本的数据。
　b. 在基于数据库的管理方法中，数据定义或元数据存储在访问相应数据的应用程序中。
　c. 在基于数据库的管理方法中，存储所需占用的空间比基于文件的方法更少。
　d. 在基于数据库的管理方法中，维护数据与元数据更容易。

1.3　下列哪句陈述**不正确**？
　a. 在基于文件的方法中，每个应用程序都有自己的查询和访问步骤，即使它们需要访问相同数据。
　b. SQL是一种管理DBMS的数据库语言，不需要编写大量的程序代码。
　c. SQL是一种关注如何访问和检索数据的数据库语言。
　d. SQL数据库语言允许不同应用程序访问每个应用程序所需的不同数据子集。

1.4　下列哪句陈述**不正确**？
　a. 在概念数据模型中，数据需求应从业务中获取并建模。

b. 概念数据模型是实现独立的。

c. 逻辑数据模型将概念数据模型翻译成具体的实现环境。

d. 逻辑数据模型实现示例有层次、CODASYL、关系或面向对象模型。

1.5　填充下列句子，选择合适的词放入 A 和 B 位置。__A__数据模型是__B__数据模型的映射，用来描述什么数据以何种格式存储在哪里。

a. A：内部，B：逻辑　　b. A：概念，B：内部

c. A：逻辑，B：内部　　d. A：逻辑，B：概念

1.6　什么概念指定了各种数据项及其属性、关系、约束、存储等细节，并且是在数据库设计期间指定？

a. 数据库模型　　b. 目录

c. 数据库状态　　d. 以上都不是

1.7　下列关于数据库状态的陈述哪句**正确**？

a. 数据库状态表示首次创建数据库时数据库中的数据。

b. 更新或删除数据时，数据库状态将更改。

c. 数据库状态在数据库设计期间指定各种数据项及其属性和关系。

d. 数据库状态存储在目录中。

1.8　请补全这句话：在三层架构中，外部层和概念 / 逻辑层间，有______。

a. 物理数据独立性　　b. 逻辑数据独立性

c. 没有独立性，它们本质是同样的事物　　d. 内部层

1.9　下列哪句陈述**正确**？

描述 A：三层架构的中间层由概念数据模型和逻辑数据模型组成。逻辑数据模型在内部层物理实现。

描述 B：三层架构的顶层是外部层。一个或多个应用程序的视图总是提供完整逻辑模型的窗口。

a. 只有陈述 A 正确　　b. 只有陈述 B 正确

c. A 和 B 都正确　　d. A 和 B 都不正确

1.10　下列哪句陈述**正确**？

描述 A：DDL 是用于定义逻辑数据模型的语言，但不能用来定义其他数据模型。

描述 B：SQL 是一种用于检索、插入、删除和修改数据的 DML 语言。它存储在目录中。

a. 只有 A 正确　　b. 只有 B 正确

c. A 和 B 都正确　　d. A 和 B 都不正确

1.11　下列哪句陈述**正确**？

描述 A：物理数据独立性意味着当对内部数据模型中的数据存储规范进行更改时，应用程序、视图或逻辑数据模型都不必更改。

描述 B：逻辑数据独立性意味着软件应用程序受概念或逻辑数据模型更改的影响最小。

a. 只有 A 正确　　b. 只有 B 正确

c. A 和 B 都正确　　d. A 和 B 都不正确

1.12　请思考这条约束："一个部门的员工不会比这个部门的经理赚得更多。"这个例子属于：

a. 语法完整性约束　　b. 语义完整性约束

问题和练习

1.1E　请举例描述一些数据库应用程序。

1.2E　基于文件的数据管理方法和基于数据库的数据管理方法的关键区别是什么？

1.3E　请说明数据库系统的元素有哪些。

1.4E　数据库系统和数据库管理的优点有哪些？

数据库管理系统的架构与分类

本章目标 在本章中，你将学到：

- 了解DBMS架构中的重要组件；
- 了解这些组件是如何在数据存储、数据处理和数据管理方面协同工作的；
- 根据数据模型、同时访问的程度、架构和使用方法对DBMS进行分类。

情景导入 Sober最近推出了出租车业务，为了更好地开展商业活动，该企业购买了Mellow Cab的用户数据库。不幸的是，该数据库是以CODASYL（Conference on Data System Languages，数据系统语言会议）过去所规定的形式移交的，而Sober对这种形式并不熟悉。Sober还需要一个新的数据库来存储用户叫车或拼车时的交易明细。除此之外，其他数据（如多媒体数据）也是他们感兴趣的。Sober想要存储车辆的实时位置，并定期统计热门的上下车地点。他们正在寻找管理这些数据的最佳方法。

我们在第1章中讨论过，DBMS支持数据库的创建、使用和维护。它由几个模块组成，每个模块都有特定的功能，并按照预先定义好的架构协同工作。在本章中，我们对DBMS的内部架构进行了详细的介绍，并提供了在不同维度上对DBMS的分类。本章的脉络十分明确，我们首先讨论组成DBMS的组件，再根据数据模型、同时访问的程度、架构和使用方法对DBMS进行分类。

2.1 DBMS的架构

我们之前讨论过，DBMS需要支持对各种类型数据的管理活动，例如查询和存储。与此同时，它还必须向外界提供接口。为了实现这两个目标，DBMS由各种相互作用的模块组成，这些模块共同构成了**数据库管理系统的架构**。图2-1展示了DBMS架构中的关键组件。下面我们会更详细地介绍每个组件。

图2-1所展示的并不是全部组件，在不同的供应商和实现方式下，可能会增加或减少一些组件。在左边，你可以看到DBMS的各种交互方式。**DDL语句**创建存储在目录中的数据定义。**交互式查询**通常是由前端工具执行的，例如命令行界面、简单的用户图形界面或基于表单的界面。应用程序使用**嵌入式DML语句**与DBMS进行交互。最终，数据库管理员（DBA）可以使用各种数据库工具来维护或调整DBMS。为方便这些用法，DBMS提供了调用其组件的各种接口。最重要的组件是：连接管理器、安全管理器、DDL编译器、各种数据库工具、查询处理器以及存储管理器。查询处理器由DML编译器、查询解析器、查询重写器、查询优化器和查询执行器组成。存储管理器包括事务管理器、缓冲区管理器、锁管理器和恢复管理器。根据执行的数据库任务的不同，所有这些组件都以不同的方式交互。数据库本身包含原始数据或数据库状态以及具有数据库模型和其他元数据的目录，包括作为内部数据模型一部分的索引，这些索引提供对数据的快速访问。在本节的后面中，我们将更详细地讨论每个组件。

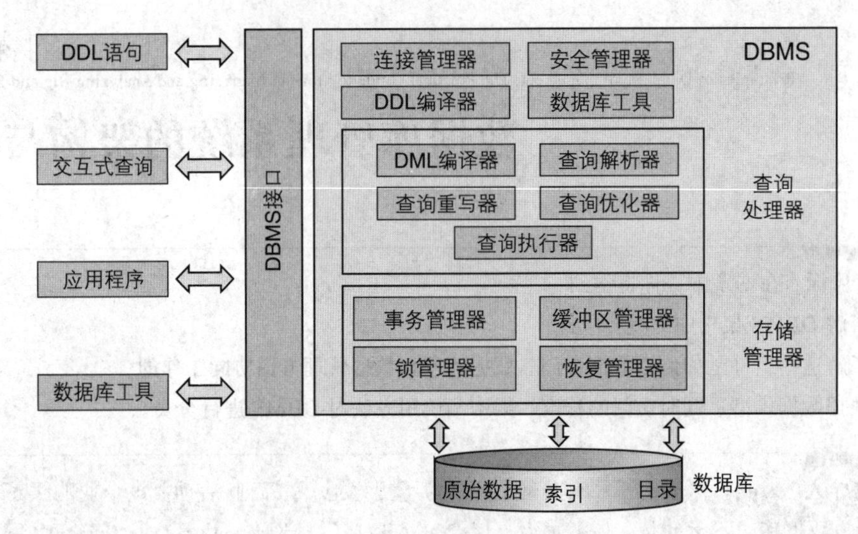

图 2-1　数据库管理系统的体系结构

2.1.1　连接管理器和安全管理器

连接管理器提供建立数据库连接的设备。它可以在本地或通过网络设置，后者更常见。它验证登录凭据，如用户名和密码，并返回连接句柄。数据库连接可以作为单个进程运行，也可以作为进程中的线程运行。请记住，线程表现了进程的内部执行路径，是处理器调度的最小单位。一个进程可包含多个线程，这些线程之间可以资源共享（如内存）。安全管理器验证用户是否具有执行所需的数据库操作的相应权限。例如，某些用户拥有数据读取权限，另一些用户拥有数据写入权限。安全管理器从目录中检索这些权限。

2.1.2　DDL 编译器

DDL 编译器编译 DDL 中的数据定义。理想情况下，DBMS 应该提供三个 DDL：一个用于内部数据模型，一个用于逻辑数据模型，一个用于外部数据模型。然而，对于使用 SQL 作为 DDL 的关系数据库来说，多数情况下都是具有三个不同指令集的单个 DDL。DDL 编译器首先解析 DDL 定义并检查其语法正确性。然后，它将数据定义转换为内部形式，并在出错时输出错误提示。编译成功后，它会在目录中注册数据定义，数据库管理系统的所有其他组件都可以通过目录使用这些定义。

知识关联　第 7 章讨论如何在关系模式中使用 SQL 定义逻辑和外部数据模型。第 13 章回顾了如何使用 SQL 来定义内部数据模型。

2.1.3　查询处理器

查询处理器是 DBMS 最重要的组成部分之一。它帮助我们进行与数据库查询相关的操作，如检索数据、插入数据、更新数据和从数据库中删除数据。大多数 DBMS 供应商都有自己的专用查询处理器，它通常包括 DML 编译器、查询解释器、查询重写器、查询优化器和查询执行器。

1. DML 编译器

DML 编译器编译 DML 中指定的数据操作语句。在解释其功能之前，我们需要详细说明不同的数据类型。正如在第 1 章中所讨论的，DML 是数据操作语言，它包含了一系列用于选择、插入、更新和删除数据的语句。

第一种数据操作语言是**过程 DML**。这些 DML 语句明确指定如何在数据库中定位和修改数据。它们通常首先定位在一个特定的记录或数据实例上，然后使用内存指针导航到其他记录。过程 DML 也称为 record-at-a-time DML，带有过程 DML 的 DBMS 没有查询处理器。换句话说，应用程序开发人员必须明确定义查询优化并亲自执行。为了实现高效的查询，开发人员必须了解 DBMS 的所有细节。这不是我们想要的实现方式，因为它降低了数据库应用程序的效率和透明度，使维护更加复杂。不幸的是，由于老式的 DBMS 仍在使用中，许多公司仍然需要使用过程 DML。

声明 DML 是一种更有效的实现方式。声明 DML 所指定的是哪些数据应该被检索或修改，而不是应该如何运行。然后，DBMS 根据访问路径和导航策略自主地确定物理执行方式。换句话说，DBMS 向应用程序开发人员隐藏了实现细节，这有助于数据库应用程序的开发。声明 DML 是一种 set-at-a-time DML，可以一次检索一组记录或数据实例，并将其提供给应用程序。根据实际的数据库状态——0、1 或符合条件的多条记录，只向 DBMS 提供选择标准。声明性 DML 的一个典型例子是 SQL，我们将在第 7 章中进行详细讨论。

许多应用程序的运行依赖于存储在数据库中的数据。DML 语句可直接嵌入主语言中，从而对数据库进行访问和使用。主语言是通用编程语言，它包含（非数据库相关）应用程序逻辑。显然，主语言和 DML 应该能够成功地交互和进行数据交换。

例如，一个基于 Java 开发的应用程序可以通过使用 SQL 来实现数据库中员工数据的检索，SQL 是目前业界最常用的数据库操作语言之一。在以下 Java 程序中，以粗体突出显示的就是 SQL 语句。

```
import java.sql.*;
public class JDBCExample1 {
public static void main(String[] args) {
try {
  System.out.println("Loading JDBC driver...");
  Class.forName("com.mysql.jdbc.Driver");
  System.out.println("JDBC driver loaded!");
} catch (ClassNotFoundException e) {
  throw new RuntimeException(e);
}
String url = "jdbc:mysql://localhost:3306/employeeschema";
String username = "root";
String password = "mypassword123";
String query = "select E.Name, D.DName " +
"from employee E, department D " +
"where E.DNR = D.DNR;";
Connection connection = null;
Statement stmt = null;
try {
  System.out.println("Connecting to database");
  connection = DriverManager.getConnection(url, username, password);
  System.out.println("MySQL Database connected!");
```

```
    stmt = connection.createStatement();
    ResultSet rs = stmt.executeQuery(query);
    while (rs.next()) {
      System.out.print(rs.getString(1));
      System.out.print("");
      System.out.println(rs.getString(2));
    }
    stmt.close();
  } catch (SQLException e) {
    System.out.println(e.toString());
  } finally {
    System.out.println("Closing the connection.");
    if (connection != null) {
    try {
    connection.close();
  } catch (SQLException ignore) {}}}}
```

在不涉及任何语言或语法细节的情况下，这个 Java 应用程序首先使用给定的用户名和密码进行数据库连接。接下来，该应用程序执行一个 SQL 查询，查询员工姓名及其部门名称。通过遍历数据库，员工名称和相应的部门名称都显示在屏幕上。

将 DML 语句嵌入主语言中并不像看起来那么简单。DBMS 和 DML 的数据结构可能与主语言的数据结构不同。在我们的示例中，使用了面向对象的主语言 Java，并将其与使用 SQL DML 的关系数据库管理系统 MySQL 相结合。面向对象和关系概念之间的映射通常被称为元组失配问题。元组失配问题有很多种解决方式。首先，我们可以选择具有类似数据结构的主语言和 DBMS，换句话说，我们将 Java 与允许透明地检索和存储数据的面向对象的 DBMS 结合起来。或者，我们也可以选择使用中间件将数据结构从 DBMS 映射到主机语言，反之亦然。这两种选择各有优缺点，本书在第 8 章中进行了更全面的讨论。

图 2-2 展示了元组失配问题。左侧是一个名为 Employee 的 Java 类，包含 EmployeeID、Name、Gender 和 DNR（部门号）等属性，以及“getter”和“setter”方法来实现面向对象的信息隐藏。右侧是相应的 SQL DDL 语句，它实际上以表格形式存储信息。

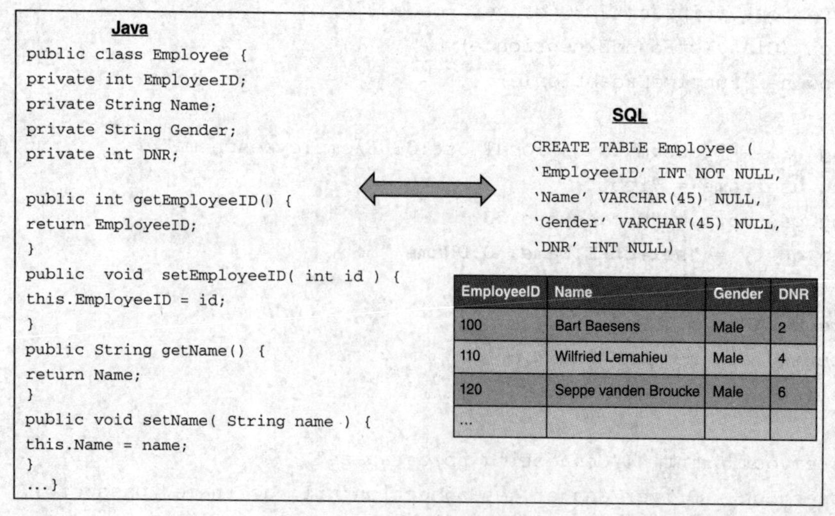

图 2-2　元组失配问题

DML 编译器首先从主语言中提取 DML 语句。然后与查询解析器、查询重写器、查询优化器和查询执行器密切协作以执行 DML 语句。如有必要，将生成并报告错误。

知识关联 第 5 章介绍了层次数据模型和 CODASYL 数据模型，这两种模型都采用了过程式的、每次处理一个记录的 DML。第 7 章回顾了 SQL，它是一种声明性的、set-at-a-time DML。

2. 查询解析器和查询重写器

查询解析器将查询解析为内部表示形式，然后由系统进一步评估，检查查询的语法和语义的正确性。为此，它使用目录来验证所引用的数据概念是否正确，并查看其是否遵守完整性约束。同样，如有必要，将生成并报告错误。**查询重写器**独立于当前数据库状态来优化查询。它使用一组特定于 DBMS 的预定义规则和启发来对其进行简化。在关系数据库管理系统中，嵌套查询可能会被重新构造或转化成连接查询。我们将在第 7 章中更全面地讨论这两种类型的查询。

3. 查询优化器

查询优化器是查询处理器的一个非常重要的组件，它根据当前数据库状态对查询进行优化。它可以使用内部数据模型中的预定义索引，并实现对数据的快速访问。查询优化器提出各种查询执行计划，并预估操作成本（资源方面）——计算输入 / 输出成本和 CPU 处理成本，并将计划的估计执行时间转化为总估计响应时间。好的执行计划应该有较低的响应时间，当然，响应时间是估计的，而不是精确的，是通过目录信息和统计推理过程进行预估的。数据的经验分布是用均值、标准差等来衡量的，在查询优化器中，给出准确的估计是至关重要的。可以使用动态规划等技术来解决寻找最优执行路径这个经典的搜索或优化问题。如前所述，查询优化器的实现取决于 DBMS 的类型和供应商，并且十分关键。

4. 查询执行器

查询优化器确定最终的执行计划，然后交给查询执行器。**查询执行器**负责进行实际的查询操作，对存储管理器进行访问，检索请求的数据。

2.1.4　存储管理器

存储管理器管理物理文件访问，保证数据的正确和高效存储。它由事务管理器、缓冲区管理器、锁管理器和恢复管理器组成。下面将进行详细的介绍。

1. 事务管理器

事务管理器负责管理数据库事务的执行。请记住，数据库事务是原子操作，不可分割。事务管理器能够同时进行读 / 写操作，以提高总体效率和执行性能。它还用来保证多用户环境中原子性（Atomicity）、一致性（Consistency）、隔离性（Isolation）和持久性（Durability），也就是 ACID（参见第 1 章）。事务管理器在成功执行后将进行“提交”，因此，在执行不成功时，可以将其影响消除，并将事务“回滚”，因此不一致的数据或坏数据是可以避免的。

2. 缓冲区管理器

缓冲区管理器负责管理 DBMS 的缓冲区内存。缓冲区内存是内部存储的一部分，当需要检索数据时，DBMS 首先访问内存。从缓冲区中检索数据要比从基于外部磁盘的存储中检索数据快得多。缓冲区管理器管理高速缓存中的数据，从而实现快速访问。缓冲区管理器需要持续监视缓冲区，并决定应该删除哪些内容以及应该添加哪些内容。如果缓冲区中的数据已更新，还必须在磁盘上同步相应的物理文件，以确保更新是持久的，不会丢失。一种简单的缓冲策略基于数据的局部性，即最近检索的数据很可能再次被检索。另一种策略使用20/80规则，也就是说80%的事务只读取或写入20%的数据。当缓冲区已满时，缓冲区管理器需要采取智能替换策略来决定应删除哪些内容。此外，它必须能够同时兼顾多个事务。因此，它与锁管理器密切交互，以提供并发控制支持。

3. 锁管理器

锁管理器是提供并发控制的重要组件，用于确保数据在任何时候的完整性。事务在读取或写入数据库对象之前，必须先请求锁定，以指定事务可以执行哪些类型的数据操作。两种常见的锁定类型是读取锁定和写入锁定。**读取锁定**允许事务读取数据库对象，而**写入锁定**允许事务更新数据库对象。为了保证事务原子性和一致性，锁定的数据库对象可以防止其他事务使用它，因此避免了涉及相同数据的事务之间的冲突。锁管理器负责在目录中分配、释放和记录锁定。它使用了一个锁定协议（描述了锁定规则）和一个带有锁定信息的锁定表。

4. 恢复管理器

恢复管理器监督数据库事务的正确执行。它跟踪日志文件中的所有数据库操作，并将被调用以撤销中止事务的操作或崩溃恢复期间的操作。

知识关联 第14章进一步阐述了事务管理器、缓冲区管理器、锁管理器和恢复管理器的活动。

2.1.5 DBMS工具

除了前面讨论过的组件之外，DBMS还附带了各种工具。**加载工具**支持对各种来源（例如其他DBMS、文本文件、Excel文件等）的信息加载数据库。**重组工具**自动重组数据以提高性能。**性能监视工具**报告各种关键性能指标，例如占用的存储空间、查询响应时间和事务吞吐量，以对数据库管理系统进行监管。**用户管理工具**支持创建用户组或账户，并为它们分配权限。DBMS工具通常还包括一个**备份和恢复工具**。

2.1.6 DBMS接口

DBMS需要与多方成员进行交互，例如数据库设计人员、数据库管理员、应用程序和最终用户。为了促进这些交互，它提供各种**用户接口**，如基于网络的接口、独立的查询语言接口、命令行接口、基于表单的接口、用户图形界面、自然语言接口、应用程序编程接口(API)、管理界面和网络接口。

图2-3显示了MySQL Workbench接口的一个示例，从图中可以看到具有管理、实例、性能和架构部分的导航器窗口。查询窗口提供了编写SQL查询的编辑器。我们编写了一个简单的SQL查询来查询产品表中的所有信息，结果窗口显示了执行查询的结果，日志窗口显示有可能出现的错误。

节后思考

- DBMS的关键组件是什么？
- 过程性DML和声明性DML之间有什么区别？
- 给出DBMS工具和接口的一些示例。

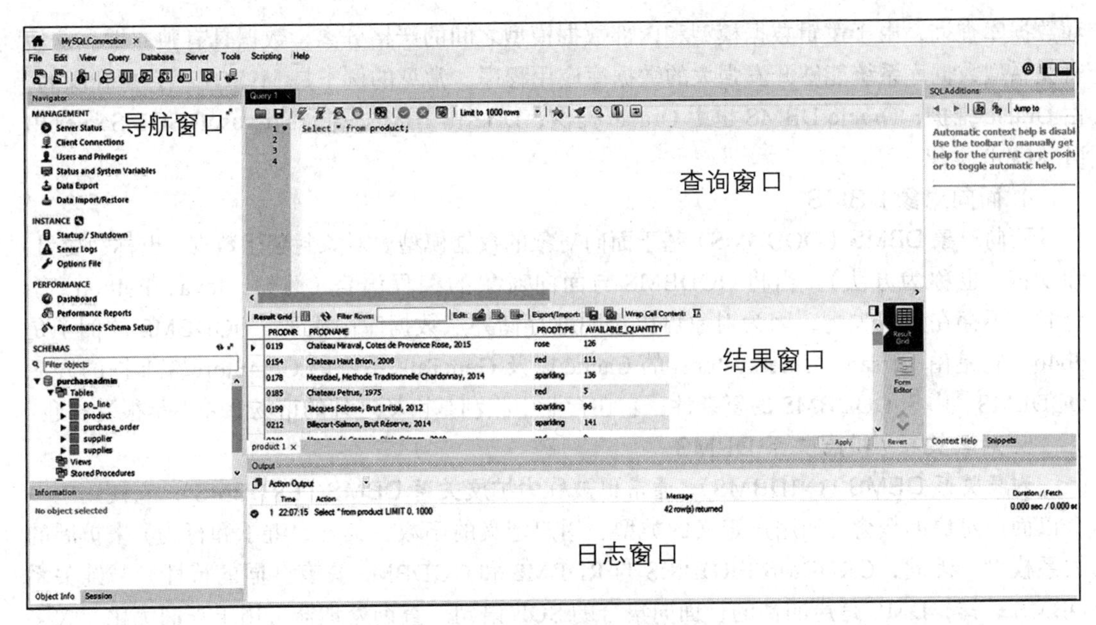

图 2-3　MySQL 接口

2.2　DBMS 分类

由于可使用的 DBMS 的激增，在本节中，我们将根据不同的标准对 DBMS 进行分类。我们讨论了基于数据模型、同步访问、架构和使用方法的 DBMS 的分类。请注意，我们的分类并不是详尽无遗的，DBMS 可以同时属于多个类别。

2.2.1　基于数据模型的分类

在过去的几十年中，各种类型的数据模型被引入，用于建立概念和逻辑数据模型。我们在这里对它们进行简要概括，并在后面的章节中进行更加全面的介绍。

1. 分层 DBMS

分层 DBMS 是最早开发的 DBMS 类型之一，并采用了类似树的数据模型。DML 是面向过程及记录的。分层 DBMS 不包含查询处理器，其逻辑数据模型和内部数据模型的定义是交织在一起的，从可用性、效率和可维护性的角度来看，这是不可取的。常见的例子是来自 IBM 的 IMS 和 Microsoft Windows 中的 Registry。

2. 网络 DBMS

网络 DBMS 使用的是网络数据模型，它比树状数据模型更灵活。最常见的类型之一是 CODASYL DBMS，它采用了 CODASYL 数据模型。和分层 DBMS 相同，DML 也是面向过程和面向记录的，没有查询处理器。因此，逻辑数据模型和内部数据模型的定义也相互交织在一起。常见的例子有来自计算机协会的 CA-IDMS、来自西门子 Nixdorf 的 UDS、来自优利系统的 DMS 1100 和来自惠普的 Image。分层 DBMS 和 CODASYL DBMS 都是带有继承性的数据库软件。

3. 关系型 DBMS

关系型 DBMS（RDBMS）使用关系数据模型，是业界使用最广泛的 DBMS。其通常将 SQL 用于 DDL 和 DML 操作，SQL 是声明式的，并且是面向集合的。查询处理器执行优化和数据库查询，由于逻辑数据模型和内部数据模型之间的严格分离，数据具有独立性。这使得关系型数据库系统能够开发强大的数据库应用程序。常见的例子是MySQL，它是开源的，由Oracle维护；Oracle DBMS也由Oracle提供；DB2由IBM提供；Microsoft SQL Server由Microsoft提供。

4. 面向对象DBMS

面向对象DBMS（OODBMS）基于面向对象的数据模型。对象封装了数据（也称为变量）和功能（也称为方法）。当将OODBMS与面向对象的编程语言（例如，Java、Python）结合时，不存在元组失配，因为对象可以透明地存储并从数据库中检索。OODBMS的例子是db4o，它是由Versant、Intersystems的Caché以及GemTalk系统的GemStore/S维护的开源OODBMS。由于OODBMS的复杂性，它在行业中除利基市场之外的市场上并不是很受欢迎。

5. 对象关系/扩展关系DBMS

对象关系DBMS（ORDBMS），通常也被称为**扩展关系DBMS**（ERDBMS），它使用了一个以面向对象的概念（如用户定义的类型、用户定义的函数、集合、继承和行为）来扩展的关系模型。因此，ORDBMS/ERDBMS与RDBMS和OODBMS具有共同的特性。与纯关系DBMS一样，DML是声明性的，面向集合的SQL语句。查询处理器可用于查询优化。大多数关系型DBMS（如Oracle、DB2和Microsoft SQL Server）都包含对象关系扩展。

6. XML DBMS

XML DBMS使用XML数据模型来存储数据。XML是数据表示标准，下面是XML片段的示例。

```
<employee>
     <firstname>Bart</firstname>
     <lastname>Baesens</lastname>
     <address>
           <street>Naamsestraat</street>
           <number>69</number>
           <zipcode>3000</zipcode>
           <city>Leuven</city>
           <country>Belgium</country>
     </address>
     <gender>Male</gender>
</employee>
```

你可以看到各种各样的标签，比如雇员、名、姓，等。地址标签进一步细分为街道、号码、邮政编码、城市和国家标签。重要的是，每个<tag>都以</tag>的形式进行关闭。XML规范本质上以分层的方式表示数据，图2-4显示了对应于我们的XML规范的树状图。

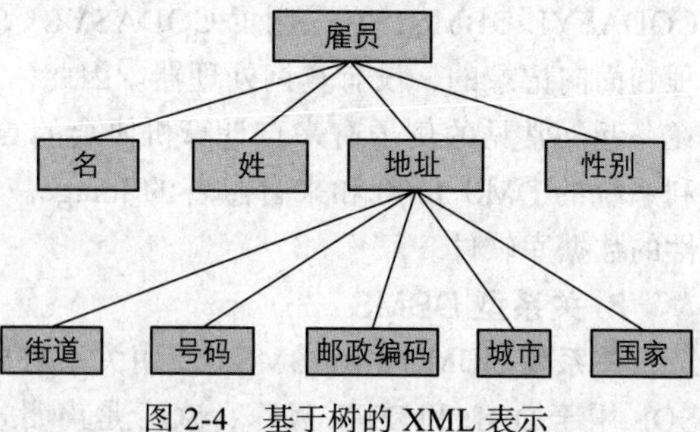

图2-4　基于树的XML表示

XML是在各种应用程序之间交换数据的一种非常流行的标准。原生XML DBMS（例如BaseX、eXist）通过使用XML文档的逻辑、内在结构来存储XML数据。更具体地说，它们将XML文档的层次结构或树结构映射到物理存储结构。支持XML的DBMS（如Oracle、

IBM DB2）是现有的 RDBMS 或 ORDBMS，它们经过扩展，以集成和透明的方式存储 XML 数据和结构化数据。这两种 DBMS 都提供了查询 XML 数据的功能。

7. NoSQL DBMS

近几年我们面临一个新的数据库技术领域，其目标是存储大而非结构化的数据。一些出名的例子诸如 Apache Hadoop 或 Neo4j，都使用了涵盖性术语："Not-only SQL"（NoSQL）数据库。第 11 章中将会介绍，NoSQL 数据库可以根据数据模型分为键值存储、元组或文档存储、面向列的数据库和图形数据库。然而，即使在这些亚类中，成员的异质性也相当高。所有 NoSQL 数据库的共同点是试图弥补相关 DBMS 在可扩展性方面的一些缺点，以及应对不规则或高度易失性数据结构的能力。

知识关联 第 5 章回顾了分层 DBMS 和网络 DBMS。第 6 章和第 7 章讨论关系型 DBMS。面向对象 DBMS 将在第 8 章中讨论，而第 9 章则讨论对象关系 DBMS。第 10 章介绍了 XML DBMS。第 11 章讨论 NoSQL DBMS。

2.2.2 基于同步访问的分类

DBMS 也可以根据**同时访问**的程度进行分类。在**单用户系统**中，一次只允许一个用户使用 DBMS，这在网络环境中是不可取的。**多用户系统**允许多个用户在分布式环境中与数据库同时交互，如图 2-5 所示，三个客户端由三个服务器实例或线程提供。

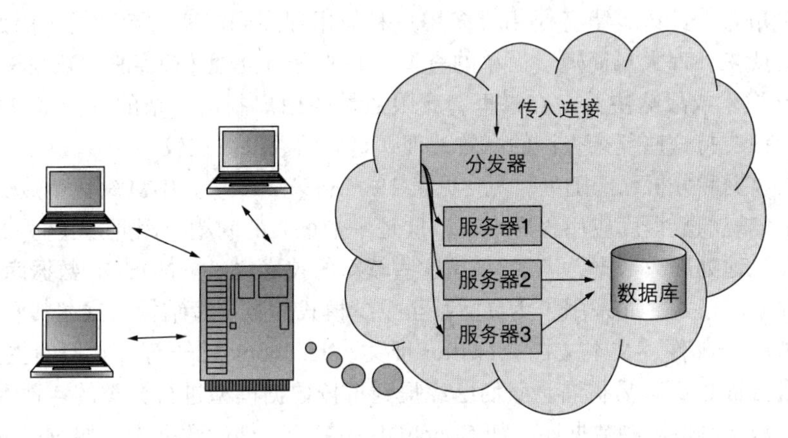

图 2-5 同时访问 DBMS

因此，DBMS 应该支持多线程，并提供并发控制设备。然后，分发器组件通常在服务器实例或线程之间分发传入的数据库请求。

2.2.3 基于架构的分类

DBMS 的架构发展与计算机系统的总体发展是相似的。在**集中式 DBMS 架构**中，数据被维护在集中式主机上，例如主机系统。然后，所有查询都必须由该主机进行处理。

在**客户端 – 服务器 DBMS 架构**中，主动客户端从被动服务器请求服务。胖客户端变体在客户端上存储更多的处理功能，而胖服务器变体则在服务器上存储更多的处理功能。

***n* 层 DBMS 架构**是客户端 – 服务器架构的直接扩展。常见的例子是具有 GUI（图形用户界面）功能的客户端、具有各种应用程序的应用服务器、具有 DBMS 和数据库的数据库服务器和基于网络访问的 Web 服务器，紧接着，由中间件处理这些不同服务器之间的通信。

在**云 DBMS 架构**中，DBMS 和数据库由第三方云提供商托管，数据可以分布在网络中的多台计算机上。虽然在大多数情况下，这是一个成本效益高的解决方案，但其效果取决于上下文，并且在处理查询或其他数据库事务方面的执行效率较低。最常见的例子是 Apache Cassandra 项目和 Google 的 Big Table。

联合 DBMS 为多个底层数据源（如其他 DBMS、文件系统、文档管理系统等）提供统一的接口。通过这样做，它隐藏了底层存储细节（特别是数据格式和数据管理功能的分布和可能的异构性），以方便数据访问。

内部存储 DBMS 将所有数据存储在内部内存中，而不是较慢的外部存储（如基于磁盘的存储）中。它通常用于实时系统，例如 Telco 或国防应用程序，可以对外部存储进行定期快照，以支持数据持久性。一个常见的内存 DBMS 的例子是 SAP 的 Hana 产品。

2.2.4　基于使用方法的分类

DBMS 也可以根据使用情况进行分类。在下面的内容中，我们将介绍操作和使用策略、大数据和分析、多媒体 DBMS、空间 DBMS，传感器 DBMS，移动 DBMS 以及开源 DBMS。

联机事务处理（OLTP）DBMS 侧重于管理操作或事务数据。想象一下超市中的 POS 机应用程序，在该应用程序中，需要存储关于每笔购买交易的数据，如客户信息、购买的产品、支付的价格、购买地点和购买时间。在这些设置中，数据库服务器必须能够每单位时间处理大量简单事务。此外，事务是由许多用户和应用程序同时实时启动的，因此 DBMS 必须有良好的支持来处理大量简短、简单的查询。**联机分析处理（OLAP）DBMS** 侧重于使用操作数据进行战术或战略决策。在这里，有限数量的用户制定复杂的查询来分析大量的数据。DBMS 应该支持这些复杂查询的高效处理，它们的数量往往较小。

如今，大数据和分析已经随处可见（见第 19 章和第 20 章）。IBM 每天生成 2500 兆字节的数据，对于传统的数据库应用程序来说，这是一个很大的问题。因此，我们采用了新的数据库技术来有效地处理大数据，NoSQL 是这些较新的技术之一。**NoSQL 数据库**放弃了众所周知的关系数据库模式，而采用了更灵活甚至更少模式的数据库结构。这尤其便于存储非结构化信息，如电子邮件、文本文档、Twitter 推文、Facebook 帖子等。它们的主要优势之一是在存储容量方面也更容易扩展。我们已经提到了按数据模型进行分类的 4 种 NoSQL 数据库技术类型：基于键值对的数据库，如 CouchDB；基于文档的数据库，如 MongoDB；基于列的数据库，如 Cassandra；基于图表的数据库，如 Neo4j。我们将在第 11 章中更详细地讨论这些问题。

多媒体 DBMS 允许存储多媒体数据，如文本、图像、音频、视频、3D 游戏、CAD 设计等。它们应该提供基于内容的查询工具，例如“查找 Bart 的图像”或“查找看起来像 Bart 的人的图像”，还应包括流设施以支持流多媒体输出。这些都是高度资源密集型的事务，可能需要特定的硬件支持。请注意，多媒体数据通常存储为二进制大对象（BLOB），大多数现代商业 DBMS 都支持 BLOB。

空间 DBMS 支持空间数据的存储和查询。这可以包括 2D 对象（例如点、线和多边形）和 3D 对象。包括计算对象之间的距离或关系（例如，一个对象是否包含在另一个对象中，是否与另一个对象相交，是否与另一个对象分离，等等）在内的各种空间操作都可以被执行。空间数据库是地理信息系统（GIS）的关键组成部分。大多数商用 DBMS 供应商提供空间数据管理工具。

传感器 DBMS 管理传感器数据，例如从可穿戴设备获取的生物特征数据，或持续记录驾驶行为的远程信息处理数据。理想情况下，它有能力制定对特定应用程序的查询，例如时空查询，在给定当前流量状态的情况下，请求两个位置之间的最短路径。大多数现代 DBMS 为存储传感器数据提供支持。

移动 DBMS 是运行在智能手机、平板电脑和其他移动设备上的 DBMS。它们应始终在线，占地面积小，有有限的处理能力、存储和电池寿命。根据上下文的不同，它们可以连接并同步到中央 DBMS。理想情况下，他们应该能够自主处理查询和进行管理，而不需要 DBA 的干预。一些流行的例子包括 Oracle Lite、Sybase SQL Anywhere、Microsoft SQL Server Compact、SQLite 和 IBM DB2 Everyplace。

最后，**开源 DBMS** 是代码公开的 DBMS，任何人都可以对其进行扩展。这有一个优点，就是有一个大型的开发组织来处理这个产品，因此在小企业和预算有限的发展中国家非常受欢迎。大部分开源 DBMS 都可以从一个著名的开源软件网站 www.sourceforge.net 获得。一些例子是：MySQL 是 Oracle 维护的关系 DBMS；PostgresSQL 也是关系型的，由 PostgresSQL 全球发展集团维护；Twig 是 Google 维护的面向对象 DBMS；Perst 是 McObject 维护的 OODBMS。

知识延伸 Spotify 向全球超过 4000 万的用户提供超过 2400 万首歌曲，它需要一个数据库解决方案，以确保任何时候的数据可用性，即使是在崩溃或错误的情况下。它选择 Apache Cassandra 作为数据库技术，因为其基于云的架构可确保高可用性。

Gartner[⊖]预计，到 2018 年，超过 70% 的新应用程序将使用开源 DBMS 开发。这清楚地表明，开放源码解决方案已经十分成熟，成为其商业同行相关产品的可行和健壮的替代方案。

节后思考

- 如何根据数据模型对 DBMS 进行分类?
- 如何根据使用情况对 DBMS 进行分类?

总结

在本章中，我们首先详细介绍了 DBMS 的架构。我们讨论了 DBMS 的组件，演示了它们如何协作进行数据存储、处理和管理。

接下来，我们提供了 DBMS 在数据模型、同时访问程度、架构和使用方面的分类。这些分类并不完整，DBMS 可以同时支持各种功能。这些为后面的章节中更详细的介绍做好了准备。

情景收尾 Mellow Cab 所提供的 CODASYL 客户数据库 Sober，是网络数据库的一个示例。要检索客户信息，Sober 将不得不使用效率较低的过程性 DML。另一种选择是，Sober 可以将数据加载到 RDBMS 中，在 RDBMS 中可以使用 SQL 以更友好的声明性 DML 访问数据。如果还想存储出租车和其他多媒体数据的图像，甚至可以考虑使用 ORDBMS。存储出租车的位置是典型的大数据应用程序，NoSQL 数据库可以派上用场。或者，还可以考虑能够存储传感器数据的 DBMS。为了持续监测出租车的位置，Sober 不妨考虑开发建立在空间数据库之上的地理信息系统。有关叫车和拼车的事务信息可以使用 OLTP 数据库存储，而利用 OLAP 设备可以实现对热点上下车位置的分析。

⊖ 参见 www.forbes.com/sites/benkerschberg/2016/03/08/how-postgres-and-open-source-are-disrupting-the-market-for-databasemanagement-systems/#1d9cca320a3d。

关键术语表

backup and recovery utility（备份和恢复工具）
buffer manager（缓冲区管理器）
centralized DBMS architecture（集中式 DBMS 架构）
client-server DBMS architecture（客户端 – 服务器 DBMS 架构）
cloud DBMS architecture（云 DBMS 架构）
connection manager（连接管理器）
database management system architecture（数据库管理系统架构）
DDL compiler（DDL 编译器）
DDL statements（DDL 语句）
declarative DML（声明性 DML）
DML compiler（DML 编译器）
embedded DML statements（嵌入式 DML 语句）
extended relational DBMS（ERDBMS，扩展关系 DBMS）
federated DBMS（联合 DBMS）
hierarchical DBMS（分层 DBMS）
in-memory DBMS（内部存储 DBMS）
interactive queries（交互式查询）
loading utility（装载工具）
lock manager（锁管理器）
mobile DBMS（移动 DBMS）
multimedia DBMS（多媒体 DBMS）
multi-user systems（多用户系统）
network DBMS（网络 DBMS）
Not-only SQL（NoSQL）
n-tier DBMS architecture（*n* 层 DBMS 架构）
object-oriented DBMS（OODBMS，面向对象数据库管理系统）
object-relational DBMS（ORDBMS，对象关系数据库管理系统）
on-line analytical processing（OLAP）DBMS（联机分析处理 DBMS）
on-line transaction processing（OLTP）DBMS（联机事务处理 DBMS）
open-source DBMS（开源 DBMS）
performance monitoring utilities（性能监测工具）
procedural DML（过程性 DML）
query executor（查询执行器）
query optimizer（查询优化器）
query parser（查询解析器）
query processor（查询处理器）
query rewriter（查询重写）
read lock（读锁）
record-at-a-time DML
recovery manager（恢复管理器）
relational DBMS（RDBMS，关系型 DBMS）
reorganization utility（重组工具）
sensor DBMS（传感器 DBMS）
set-at-a-time DML
simultaneous access（并行存取）
single-user system（单用户系统）
spatial DBMS（空间 DBMS）
storage manager（存储管理器）
transaction manager（事务管理器）
user interface（用户界面）
user management utilities（用户管理工具）
write lock（写锁）
XML DBMS

思考题

2.1 以下哪一项是 DBMS 架构中的查询处理器的一部分？
a. DDL 编译器 b. DML 编译器 c. 事务管理器 d. 安全管理器

2.2 以下哪一项**不是** DBMS 架构中的存储管理器的一部分？
a. 连接管理器 b. 事务管理器 c. 缓冲区管理器 d. 恢复管理器

2.3 哪个陈述是正确的？
陈述 A：DDL 编译器编译 DDL 中指定的数据定义。有可能只有一个 DDL 和三个指令集。
陈述 B：DDL 编译器的第一步是转换 DDL 定义。
a. 只有 A b. 只有 B c. A 和 B d. A、B 都不对

2.4 哪个陈述是正确的？
陈述 A：在过程 DML 中，没有可用的查询处理器。

陈述 B：使用过程 DML，DBMS 确定访问路径和导航策略，以定位和修改查询中指定的数据。

a. 只有 A　b. 只有 B　c. A 和 B　d. A、B 都不对

2.5 判断以下陈述：

1. record-at-a-time DML 指的是在用户输入查询时从用户那里获取记录查询，然后再进行处理。
2. record-at-a-time DML 指的是导航数据库首先定位在一个特定的记录上，然后从那里到其他记录。
3. set-at-a-time DML 意味着预先设置查询，然后由 DBMS 进行处理。
4. set-at-a-time DML 意味着可以在一条 DML 语句中检索多条记录。

a. 1、3 正确　b. 2、3 正确　c. 1、4 正确　d. 2、4 正确

2.6 哪个陈述是正确的?

陈述 A：用中间件来映射 DBMS 和 DDL 语句之间的数据结构可以解决阻抗失配问题。

陈述 B：面向对象的主机语言（如 Java）与面向文档的 DBMS（如 MongoDB）不需要将对象映射到文档，反之亦然。

a. 只有 A　b. 只有 B　c. A 和 B　d. A、B 都不对

2.7 哪个陈述是正确的?

陈述 A：查询解析器优化并简化查询，然后将其传递到查询执行器。

陈述 B：在 DBMS 架构中，存储管理器负责并发控制。

a. 只有 A　b. 只有 B　c. A 和 B　d. A、B 都不对

2.8 填补以下句子中的空白：

在崩溃恢复期间，需要撤销中止的事务时，这是___A___。

存储管理器中保证 ACID 属性的部分是___B___。

a. A：锁管理器，B：恢复管理器　b. A：锁管理器，B：锁管理器

c. A：恢复管理器，B：缓冲区管理器　d. A：恢复管理器，B：事务管理器

2.9 CODASYL 是一个：

a. 分层 DBMS　b. 网络 DBMS　c. 关系型 DBMS　d. 面向对象的 DBMS

2.10 以下哪些 DBMS 类型**不是**基于数据模型的分类?

a. 分层 DBMS　b. 网络 DBMS　c. 云 DBMS　d. 对象关系 DBMS

2.11 哪个陈述是正确的?

陈述 A：在分层 DBMS 中，DML 是声明式的，并且是面向查询处理器的集合。

陈述 B：在关系型 DBMS 中，概念和内部数据模型之间存在数据独立性。

a. 只有 A　b. 只有 B　c. A 和 B　d. A、B 都不对

2.12 如果要使用能够访问多个数据源本身并提供隐藏低级详细信息的统一接口的 DBMS 架构，最适合的 DBMS 将是：

a. *n* 层 DBMS　b. 云 DBMS

c. 客户机 – 服务器 DBMS　d. 联合 DBMS

2.13 哪个陈述是正确的?

陈述 A：OLTP 系统能够处理数据库服务器能够大量处理的实时、同时的事务。

陈述 B：OLAP 系统使用大量的操作数据来运行复杂的查询并提供对战术和战略决策的见解。

a. 只有 A　b. 只有 B　c. A 和 B　d. A、B 都不对

2.14 哪个陈述是正确的?

陈述 A：原生 XML DBMS 将 XML 文档的层次结构映射到物理存储结构，因为它们能够使用 XML 文档的内部结构。

陈述 B：启用 XML 的 DBMS 能够以集成和透明的方式存储 XML 数据，因为它们能够使用 XML 文档的固有结构。

a. 只有 A　b. 只有 B　c. A 和 B　d. A、B 都不对

问题和练习

2.1E　DBMS 架构的关键组件是什么？它们是如何协作的？

2.2E　过程性 DML 和声明性 DML 之间有什么区别？

2.3E　为什么查询优化器对 DBMS 很重要？

2.4E　给出 DBMS 工具和接口的一些示例。

2.5E　如何按照以下几个方面对 DBMS 进行分类？

- 数据模型
- 同时访问的程度
- 架构
- 使用方法

使用（E）ER 模型和 UML 类图进行概念数据建模

本章目标 在本章中，你将学到：

- 了解数据库设计的不同阶段：概念设计、逻辑设计和物理设计；
- 使用 ER 模型建立概念数据模型并了解其局限性；
- 使用 EER 模型建立概念数据模型并了解其局限性；
- 使用 UML 类图建立概念数据模型并了解其局限性。

情景导入 Sober 决定买入新的数据库并开始数据库设计过程。第一步，它希望在概念数据模型中形式化数据需求。Sober 要求你为其业务设置建立 EER 和 UML 数据模型。它还希望你评论这两种模型并正确指出它们的缺点。

在本章中，我们首先聚焦并回顾数据库设计过程。我们将详细介绍数据库的概念设计、逻辑设计和物理设计。我们以概念设计继续本章，该概念设计旨在以形式化的方式阐明业务流程的数据需求。我们讨论了三种类型的概念数据模型：ER 模型、EER 模型和 UML 类图。首先，每个模型根据其基本构件进行定义，再以各种示例进行说明。我们还将讨论这三个概念数据模型的局限性，并根据它们的表达能力和建模语义进行对比。后续章节以本章的概念数据模型为基础，并将它们映射到逻辑数据模型和内部数据模型。

3.1 数据库设计阶段

设计数据库是一个多步骤的过程，如图 3-1 所示。从**业务流程**开始，例如考虑一下 B2B 采购应用、发票处理流程、物流流程或者薪酬管理。第一步是**需求收集与分析**，目的是仔细了解流程的不同步骤和数据需求。信息架构师（请参考第 4 章）将与业务用户协作，以阐明数据库需求。这可以使用各种方法，如与终端用户进行访谈或问卷调查，检查当前流程中使用的文档等。在概念设计期间，双方都试图将**概念数据模型**中的数据需求形式化。如前所述，这应该是一个高级模型，意味着对于业务用户而言，它应该易于理解，对于下一步使用它的数据库设计者而言，它应该足够形式化。概念数据模型必须是用户友好的，并且最好具有图形表示，以便作为信息架构师和业务用户之间便利的交流和讨论工具。它应该足够灵活，以便可以轻松地将新的或更改的数据需求添加到模型中。最后，它必须是 DBMS 无关的或单独实现，因为它的唯一目标是充分、准确地收集和分析数据需求。此概念模型也有其局限性，应在应用程序开发期间对其进行明确记录和跟踪。

一旦各方都同意了概念数据模型，则数据库设计者可以在逻辑设计步骤中将其映射到逻辑数据模型。逻辑数据模型是基于实现环境使用的数据模型。尽管在此阶段已经确定将使用哪种类型的 DBMS（例如 RDBMS、OODBMS 等），但是尚未确定产品本身（例如 Microsoft、IBM、Oracle）。由于该数据库将使用 RDBMS 来实现，因此需要考虑将要映射到逻辑关系模型的 EER 模型。映射可能会导致语义丢失，应在应用程序开发期间对其进行适当记录和跟踪。可以添加其他语义以进一步丰富逻辑数据模型。同样，可以在此逻辑设计步骤中设计外部数据模型的视图。

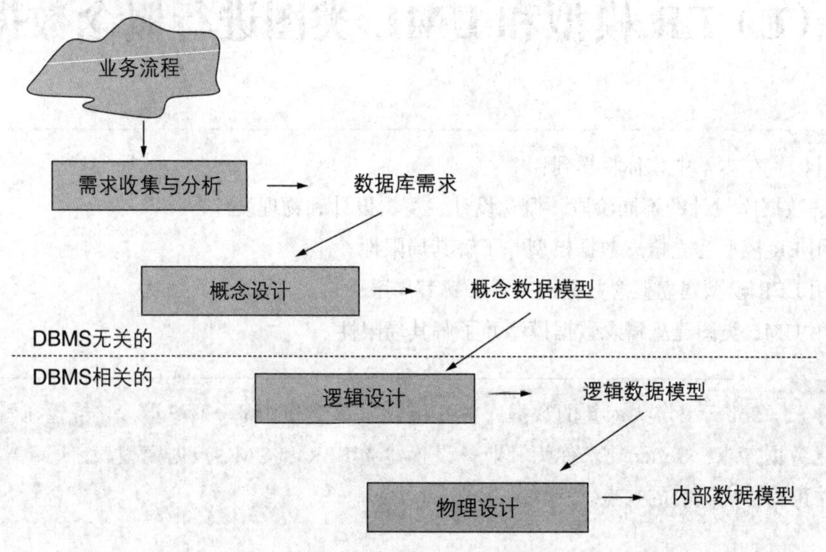

图 3-1 数据库设计流程

最后一步，数据库设计者将逻辑数据模型映射到内部数据模型。DBA 还可以就物理设计步骤中的性能给出一些建议。在这一步骤中，DBMS 已知，DDL 生成，数据定义存储在目录中。然后，可以用数据填充数据库以准备使用。同样在此映射步骤中丢失或添加的任何语义应被记录和跟踪。

在本章中，我们详细阐述用于概念数据建模的 ER 模型、EER 模型和 UML 类图。后续章节将讨论数据库逻辑设计与物理设计。

知识关联 我们将在第 5 章（分层和 CODASYL 模型）、第 6 章和第 7 章（关系模型）、第 8 章（面向对象模型）、第 9 章（扩展关系模型）、第 10 章（XML 模型）以及第 11 章（NoSQL 模型）讨论逻辑数据模型。第 12 章和第 13 章将讨论内部数据模型。

3.2 实体关系模型

实体关系（ER）模型由 Peter Chen 于 1976 年提出并形式化。它是用于概念数据建模的最受欢迎的数据模型之一。ER 模型具有吸引人的和用户友好的图形界面。因此，它具有构建概念数据模型的理想特性。它具有三个构件：实体类型、属性类型和关系类型。我们将在后面详细说明。我们还将介绍弱实体类型，并提供 ER 模型的两个示例。本节结尾将讨论 ER 模型的局限性。

知识延伸 Peter Pin-Shan Chen 是一位美籍华裔计算机科学家，于 1976 年开发了 ER 模型。他在哈佛大学获得了计算机科学 / 应用数学博士学位，并在加州大学洛杉矶分校的管理学院、麻省理工学院的斯隆管理学院、路易斯安那州立大学、哈佛大学和台湾"清华大学"担任过各种职位。他目前是卡内基梅隆大学的杰出职业科学家和教授。他的开创性论文"The Entity-Relationship Model: Toward A Unified View of Data"于 1975 年发表在 *ACM Transactions on Database Systems* 中。它被认为是计算机软件领域中最具影响力的论文之一。他的工作开创了概念建模的研究领域。

3.2.1　实体类型

实体类型表示对特定的一组用户具有明确含义的业务概念。实体类型的示例是：供应商、学生、产品或员工。实体是实体类型的一个特定事件或实例。Deliwines、Best Wines 和 Ad Fundum 是实体类型供应商的实体。换句话说，实体类型定义具有相似特征的实体集合。在构建概念数据模型时，我们关注实体类型，而不关注单个实体。在 ER 模型中，实体类型使用矩形描绘，如图 3-2 所示的实体类型供应商（SUPPLIER）。

SUPPLIER

图 3-2　实体类型供应商（SUPPLIER）

3.2.2　属性类型

属性类型表示实体类型的属性。例如，名称和地址是实体类型供应商的属性类型。一个特定的实体（例如 Deliwines）对其每种属性类型都有一个值（例如，其地址是美洲大道 240 号）。属性类型是相似属性的集合，属性是属性类型的实例，如图 3-3 所示。实体类型供应商（SUPPLIER）具有属性类型供应商编号（SUPNR）、供应商名称（SUPNAME）、供应商地址（SUPADDRESS）、供应商城市（SUPCITY）和供应商状态（SUPSTATUS）。然后实体对应于特定供应商，例如供应商编号 21、Deliwines 以及所有其他属性。

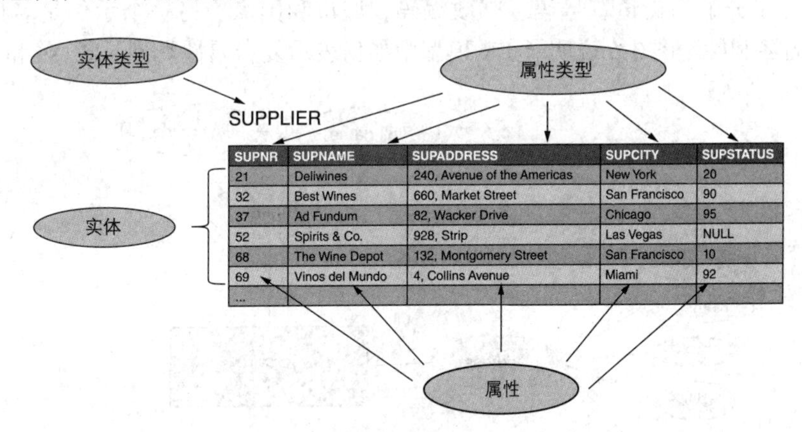

图 3-3　实体关系模型：基本概念

在 ER 模型中，我们关注属性类型并用椭圆表示，如图 3-4 中的实体类型供应商（SUPPLIER）和属性类型供应商编号（SUPNR）、供应商状态（STATUS）和出生日期（DATE OF BIRTH）。

下面将详细介绍属性类型并讨论域、键属性类型、简单属性与复合属性类型、单值属性与多值属性类型以及派生属性类型。

1. 域

域指定可以分配给每个单个实体的属性的一组值。可以将性别域指定为仅具有两个值：男（male）和女（female）。同样，日期域可以将日期定义为天（day）、月（month）、年（year）。域也可以包含空值。空值表示该值未知、不适用或不相关。因此，它与值 0 或空字符串 “” 不同。考虑电子邮件地址的域，如果该电子邮件地址未知，则允许使用空值。按照

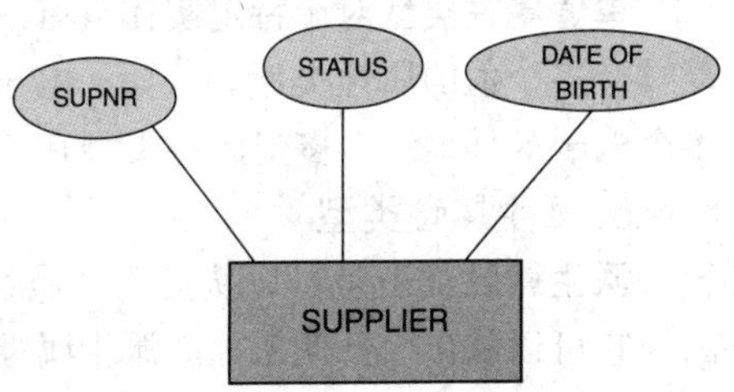

图 3-4　具有属性类型 SUPNR、STATUS 和 DATE OF BIRTH 的实体类型 SUPPLIER

约定，域不会显示在 ER 模型中。

2. 键属性类型

键属性类型是一种属性类型，其值对于每个单个实体都是不同的。换句话说，键属性类型可用于唯一地标识实体。例如，供应商编号对每个供应商唯一；产品编号对每个产品唯一；社保号对每个员工唯一。键属性类型可以是属性类型的组合。例如，假设一个航班由航班号标识，但是每天使用相同的航班号标识特定的航班。在这种情况下，需要结合航班号和出发日期来唯一标识航班实体。从此示例可以明显看出，键属性类型的定义取决于业务设置。ER 模型中的键属性类型带有下划线，如图 3-5 所示。

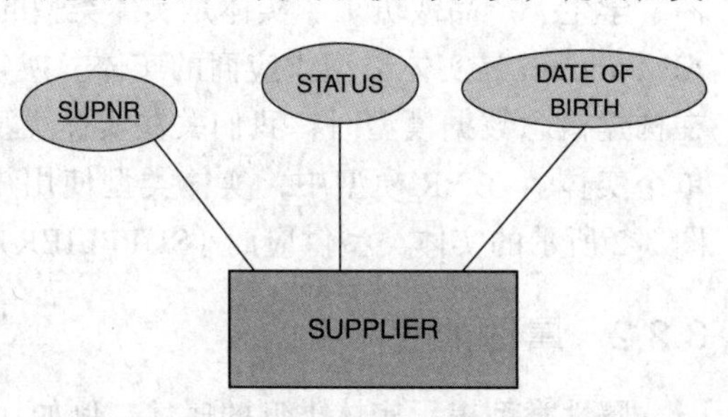

图 3-5　具有键属性类型 SUPNR 的实体类型 SUPPLIER

3. 简单属性类型与复合属性类型

简单属性类型或**原子属性类型**不能进一步分为多个部分。例如供应商编号或供应商状态。**复合属性类型**可以分解为其他有意义的属性类型。考虑一下地址（address）属性类型，可以将其进一步分解为街道、号码、邮政编码、城市和国家。另一个示例是名称（name），可以将其分为名和姓。图 3-6 说明了 ER 模型中如何表示复合属性类型 address 和 name。

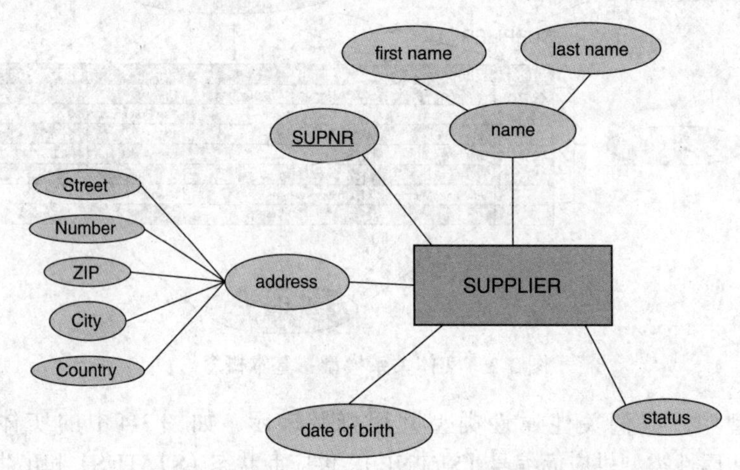

图 3-6　具有复合属性类型 address 和 name 的实体类型 SUPPLIER

4. 单值属性类型与多值属性类型

单值属性类型对于特定实体只有一个值。例如产品编号或产品名称。**多值属性类型**是可以具有多个值的属性类型。例如，电子邮件地址可以是多值属性类型，因为供应商可以具有多个电子邮件地址。多值属性类型在 ER 模型中使用双椭圆表示，如图 3-7 所示。

5. 派生属性类型

派生属性类型是可以从另一个属性类型派生的属性类型。例如，年龄是派生属性类型，因为它可以从出生日期派生。派生属性类型使用虚线椭圆表示，如图 3-8 所示。

3.2.3　关系类型

关系表示两个或多个实体之间的关联。考虑一个特定的供应商（例如 Deliwines）供应一系列产品(例如产品编号0119、0178、0289等)。

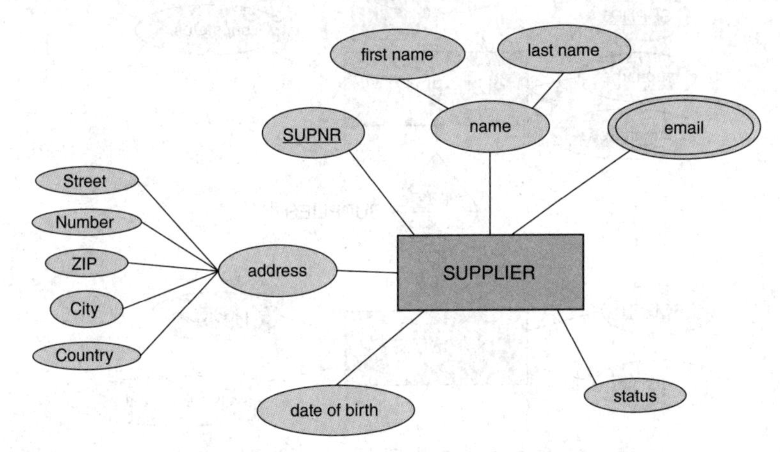

图3-7　具有多值属性类型email的实体类型SUPPLIER

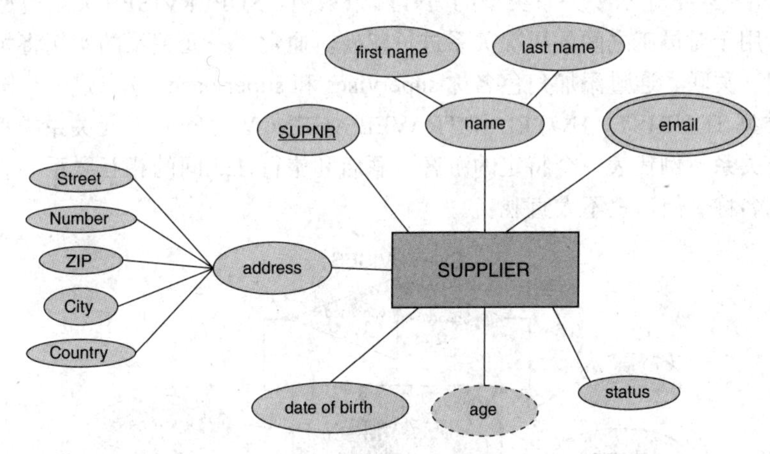

图3-8　具有派生属性类型age的实体类型SUPPLIER

关系类型定义一个、两个或多个实体类型实例之间的一组关系。在ER模型中，关系类型使用菱形符号表示(请参见图3-9)。可以将菱形看作两个相邻的箭头，分别指向可以解释关系类型两个方向的实体类型。图3-9显示了实体类型SUPPLIER和PRODUCT之间的关系类型SUPPLIES。供应商可以提供产品(如向下箭头所示)，而产品可以由供应商提供(如向上箭头所示)。SUPPLIES关系类型的每个关系实例都将一个特定的供应商实例与一个特定的产品实例相关联。但是，类似于实体和属性，在ER模型中不表示单个关系实例。

在以下小节中，我们将详细介绍关系类型的各种特征，例如度和角色，基数和关系属性类型。

1. 度和角色

关系类型的**度**对应于参与该关系类型的实体类型的数量。一元或递归关系类型具有一种参与实体类型。二元关系类型具有两种参与实体类型，而三元关系类型具有三种参与实体类型。关系类型的**角色**表示可以用来解释它的各种方向。图3-9表示二元关系类型，因为它具有两个参与实体类型(SUPPLIER和PRODUCT)。请注意我们在组成菱形符号的每个箭头中添加的角色名称(supprod和prodsup)。

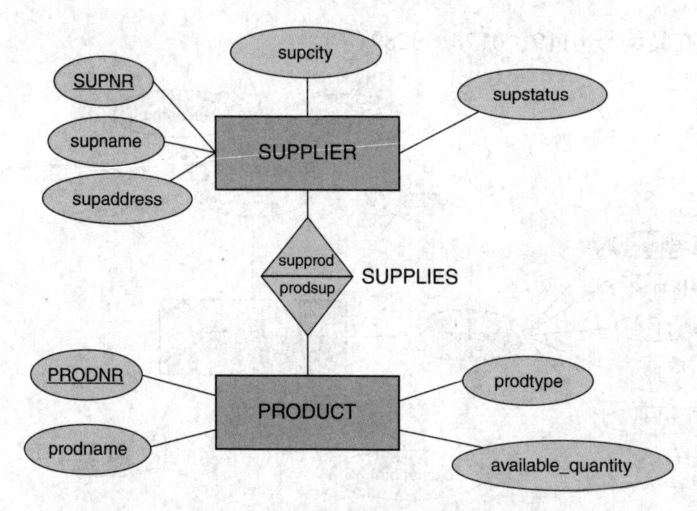

图 3-9 ER 模型中的关系类型

图 3-10 和图 3-11 显示了关系类型的另外两个示例。SUPERVISES 关系类型是一元或递归关系类型，用于对员工之间的层次关系进行建模。通常，一元关系的实例将相同实体类型的两个实例相互关联。通过添加角色名称 supervises 和 supervised by 以进一步阐明。第二个示例是实体类型 TOURIST、HOTEL 和 TRAVEL AGENCY 之间的三元关系类型 BOOKING 的示例。每个关系实例代表一个特定的游客、酒店和旅行社之间的相互联系。该关系类型也可以添加角色名称，但这里不太直观。

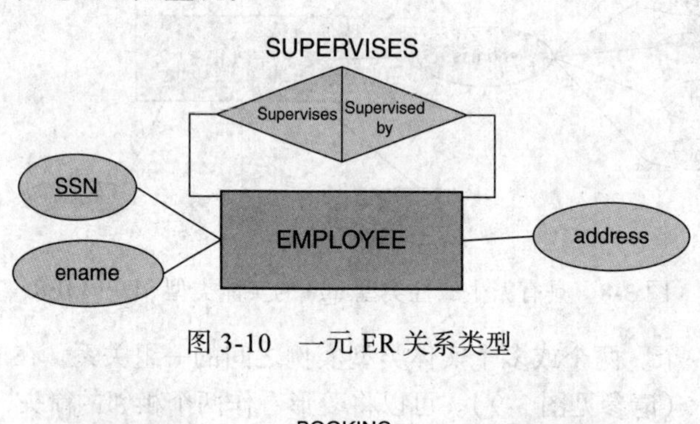

图 3-10 一元 ER 关系类型

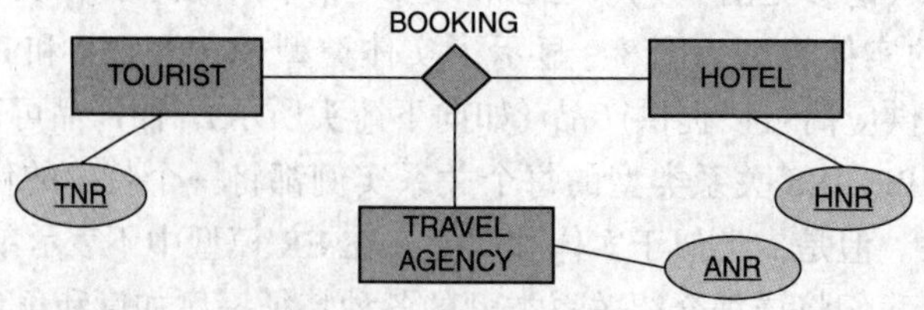

图 3-11 三元 ER 关系类型

2. 基数

每种关系类型都可以通过其**基数**来描述，基数指定单个实体可以参与的关系实例的最小或最大数量。最小基数可以为 0 或 1。如果为 0，则意味着一个实体可以在不通过关系类型连接到另一个实体的情况下存在。这可以称为**部分参与**，因为一些实体可能不参与关系。如果最小基数为 1，则必须始终通过关系类型的实例将一个实体连接到至少一个其他实体。这被称为**完全参与**或**存在依赖**，因为所有实体都需要参与关系，换句话说，实体的存在依赖于另一个实体的存在。

最大基数可以为 1 或 N。在最大基数为 1 的情况下，一个实体只能参与该关系类型的一个实例。换句话说，它可以通过该关系类型最多连接到另一个实体。如果最大基数为 N，则一个实体可以通过该关系类型最多连接到 N 个其他实体。请注意，N 表示大于 1 的任意整数。

关系类型通常根据其每个角色的最大基数来描述。对于二元关系类型，有四个选项：1 : 1、1 : N、N : 1 和 M : N。

图 3-12 展示了二元关系类型及其基数的一些示例。一名学生可以注册至少一门课程，最多 M 门课程。相反，一门课程可以招收最少 0 名和最多 N 名学生。这是 N : M 关系类型（也称为多对多关系类型）的示例。一名学生可以被分配最少 0 篇和最多一篇硕士论文。一篇硕士论文分配给最少 0 名和最多一名学生。这是 1 : 1 关系类型的示例。一位员工可以管理最少 0 个和最多 N 个项目。一个项目由最少一位且最多一位（也就是只由一位）员工来管理。这是 1 : N 关系类型（也称为一对多关系类型）的示例。

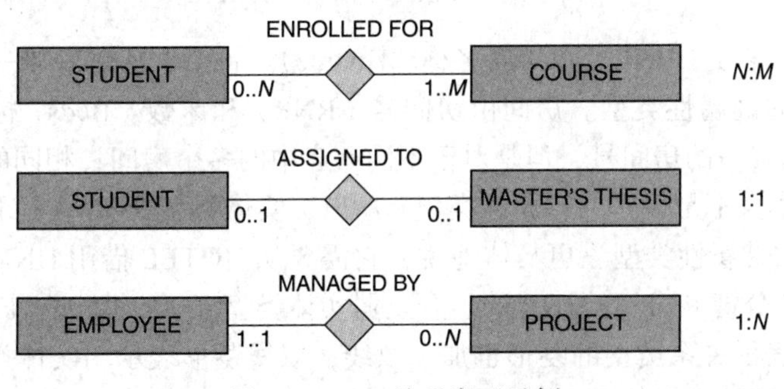

图 3-12　ER 关系类型示例

3. 关系属性类型

与实体类型一样，关系类型也可以具有属性类型。在 1 : 1 或 1 : N 关系类型中，可以将这些属性类型迁移到某一个参与实体类型中。但是，在 M : N 关系类型中，需要将属性类型明确指定为关系属性类型。

如图 3-13 所示，属性类型小时（hours）表示员工在项目上工作的小时数。它的值不能被视为员工或项目的单独属性，它是由员工实例和项目实例的组合唯一确定的。因此，需要将其建模为连接员工和项目的 WORKS ON 关系类型的属性类型。

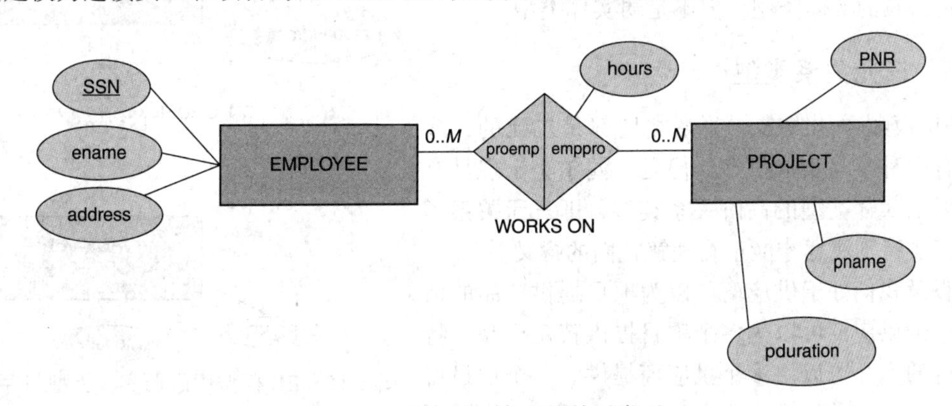

图 3-13　具有属性类型的关系类型

3.2.4　弱实体类型

强实体类型是具有键属性类型的实体类型。相反，**弱实体类型**是没有自己的键属性类型的实体类型。更具体地，属于弱实体类型的实体通过与来自**所有者实体类型**的特定实体相关联来标识，该所有者实体类型是它们从中借用属性类型的实体类型。然后，借用的属性类型与弱实体自己的某些属性类型（也称为部分键）组合为键属性类型。图 3-14 显示了酒店管理部门的 ER 模型。

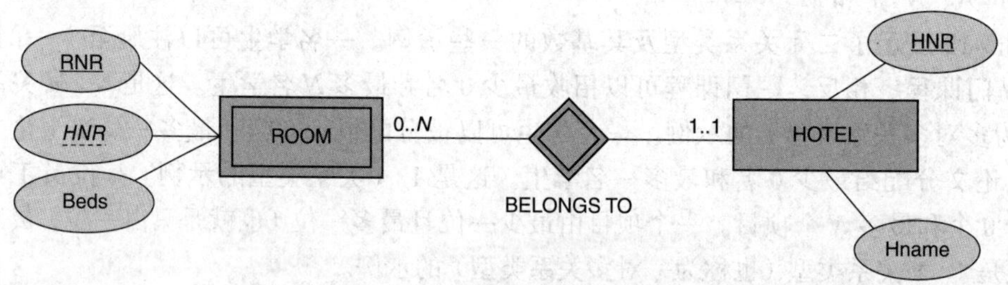

图 3-14　ER 模型中的弱实体类型

酒店具有酒店编号（HNR）和酒店名称（Hname）。每个酒店都有唯一的酒店编号。因此，HNR 是酒店的键属性类型。房间由房间号（RNR）和床数（Beds）标识。在特定酒店中，每个房间都有唯一的房间号，但是对于不同酒店中的多个房间，相同的房间号可能会出现。因此，RNR 本身不足以作为键属性类型。所以，实体类型 ROOM 是弱实体类型，因为它无法产生自己的键属性类型。更具体地说，它需要从 HOTEL 借用 HNR 来组成键属性类型，该类型是其部分键 RNR 和 HNR 的组合。弱实体类型在 ER 模型中使用双线矩形表示，如图 3-14 所示。表示关系类型的菱形也加了双线，双线菱形表示弱实体类型通过其借用键属性类型，借用的属性类型使用虚线下划线。

由于弱实体类型需要从另一实体类型借用属性类型，因此它的存在将始终依赖于后者。例如，在图 3-14 中，ROOM 依赖于 HOTEL 存在，这也由最小基数 1 表示。但是，请注意，存在依赖实体类型不一定就是弱实体类型。考虑图 3-15 中的示例，最小基数 1 表示采购订单 PURCHASE ORDER 实体类型依赖于供应商 SUPPLIER。但是，在这种情况下，采购订单 PURCHASE ORDER 具有自己的键属性类型，即采购订单号（PONR）。换句话说，PURCHASE ORDER 是存在依赖的实体类型，但不是弱实体类型。

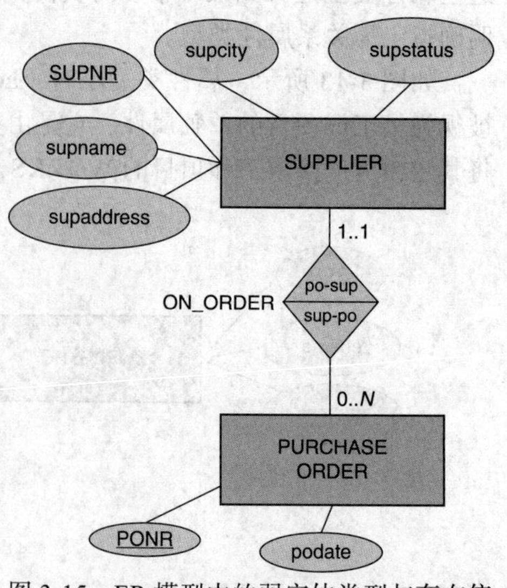

图 3-15　ER 模型中的弱实体类型与存在依赖实体类型

3.2.5　三元关系类型

ER 模型中的大多数关系类型都是二元的，或者只有两种参与实体类型。但是，偶尔会出现具有两种以上实体类型的高阶关系类型，即**三元关系类型**，需要特别注意才能正确理解它们的含义。

假设我们处于供应商可以为项目提供产品的情况。一个供应商可以为多个项目提供特定产品。特定项目的产品可以由多个供应商提供。一个项目可以由一个特定的供应商来提供多种产品。该模型还必须包括特定供应商向特定项目提供特定产品的数量和交付日期。这种情况可以使用三元关系类型完美建模，如图 3-16 所示。

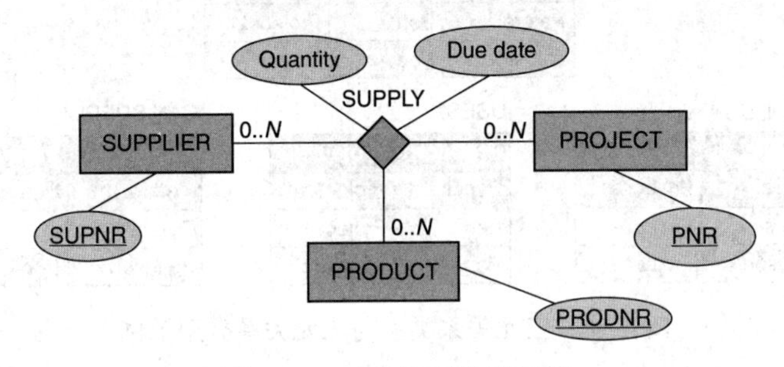

图 3-16　三元关系类型示例

供应商可以为 0 到 N 个项目提供特定的产品。特定项目的产品可以由 0 到 N 个供应商提供。供应商可以为特定项目提供 0 到 N 个产品。关系类型还包括数量和交付日期属性类型。[⊖]

这里存在一个明显的问题，我们是否也可以将此三元关系类型建模为一组二元关系类型，如图 3-17 所示。

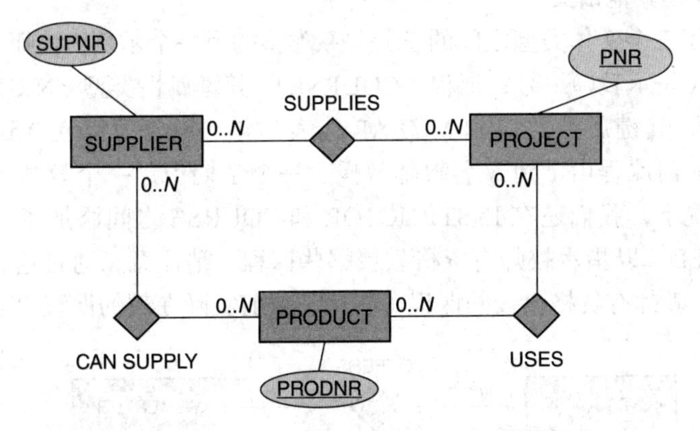

图 3-17　三元关系类型与二元关系类型

我们将三元关系类型分解为供应商（SUPPLIER）和项目（PROJECT）之间的二元关系类型“供应”(SUPPLIES)，供应商（SUPPLIER）和产品（PRODUCT）之间的二元关系类型“可供应”(CAN SUPPLY）以及产品（PRODUCT）和项目（PROJECT）之间的二元关系类型“使用”（USES)。现在我们想知道这些二元关系类型是否保留了三元关系类型的语义。为了正确理解这一点，我们需要写下一些关系实例。假设我们有两个项目：项目 1 使用一支铅笔和一支钢笔，项目 2 使用一支钢笔。供应商 Peters 为项目 1 提供铅笔，为项目 2 提供钢笔，而供应商 Johnson 为项目 1 提供钢笔。

图 3-18 显示了两种情况的关系实例。在图的顶部是在三元关系类型“ SUPPLY ”中使用的关系实例。可以将其解构为三种二元关系类型：“供应”（SUPPLIES)，“使用”（USES）和“可供应”(CAN SUPPLY）。

⊖ 一些教科书将每种实体类型的基数放在实体类型本身旁边，而不是像我们那样放在相反的一侧。对于三元关系类型，这使表示法的模糊性降低。但是，本书继续使用我们的符号，因为这是最常用的符号。

SUPPLY

Supplier	Product	Project
Peters	Pencil	Project 1
Peters	Pen	Project 2
Johnson	Pen	Project 1

SUPPLIES

Supplier	Project
Peters	Project 1
Peters	Project 2
Johnson	Project 1

USES

Product	Project
Pencil	Project 1
Pen	Project 1
Pen	Project 2

CAN SUPPLY

Supplier	Product
Peters	Pencil
Peters	Pen
Johnson	Pen

图 3-18 三元关系类型与二元关系类型示例

从“供应”（SUPPLIES）关系类型中，我们可以看到 Peters 和 Johnson 都向项目 1 供应。从“可供应”（CAN SUPPLY）关系类型中，我们看到两者也都可以供应钢笔。“使用”（USES）关系类型表示项目 1 需要一支钢笔。因此，从二元关系类型中，不清楚是谁为项目 1 提供钢笔。但是，在三元关系类型中，这一点很清楚，可以看出 Johnson 为项目 1 提供了钢笔。将三元关系类型转换为二元关系类型，我们显然会丢失语义。此外，当使用二元关系类型时，也不清楚应在何处添加关系属性类型，例如数量和交付日期（见图 3-16）。但是，可以使用二元关系类型来建模其他语义。

图 3-19 显示了三个实体类型之间的三元关系类型的另一个示例：教师（INSTRUCTOR），其键属性类型 INR 表示教师编号；课程（COURSE），其键属性类型 CNR 表示课程编号；学期（SEMESTER），其键属性类型 SEMYEAR 代表学年。教师可以在 0 到 N 个学期教授课程。一个学期的一门课程由 1 到 N 名教师教授。一个学期中，一个教师可以教授 0 到 N 门课程。在这种情况下，我们还在 INSTRUCTOR 和 COURSE 之间添加了一个额外的二元关系类型 QUALIFIED，以指示教师有资格教授哪些课程。请注意，通过这种方式，可以对以下事实进行建模：教师有资格教授的课程可能比其目前实际在教的课程更多。

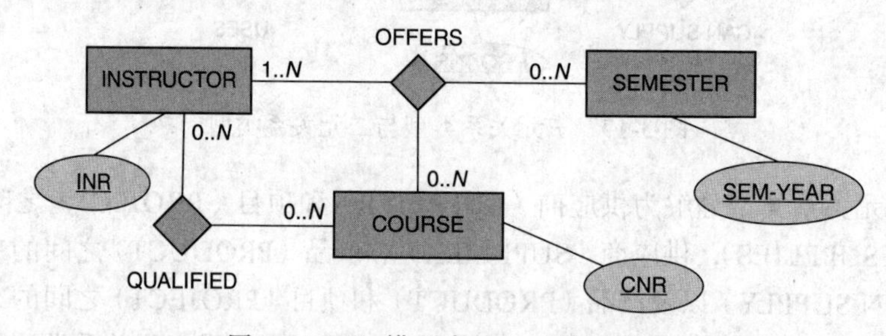

图 3-19 ER 模型中的三元关系类型

建模三元关系类型的另一种方法是使用弱实体类型，如图 3-20 所示。弱实体类型 SUPPLY 依赖于 SUPPLIER、PRODUCT 和 PROJECT 的存在，最小基数为 1。其键是供应商编号、产品编号和项目编号的组合。它还包括属性类型数量（quantity）和到期日期（due date）。如果数据库建模工具仅支持一元关系类型和二元关系类型，以这种方式表示三元关系类型将非常方便。

3.2.6 ER 模型示例

图 3-21 显示了人力资源（HR）管理的 ER 模型。它具有三种实体类型：员工（EMP-

LOYEE)、部门(DEPARTMENT)和项目(PROJECT)。让我们来看一些关系类型。一名员工至少在一个且最多在一个,也就是在一个部门工作。一个部门至少有一名员工,最多*N*名员工。一个部门仅由一名员工管理。一名员工可以管理零个或一个部门。一个部门负责0到*N*个项目。一个项目仅分配给一个部门。一名员工参与0到*N*个项目。一个项目由0到*M*名员工参与。关系类型WORKS ON也具有属性类型小时(hours),表示员工参与项目的小时数。还要注意递归关系类型来建模员工之间的管理关系。一名员工管理0到*N*名员工。一名员工由0名或一名员工管理。

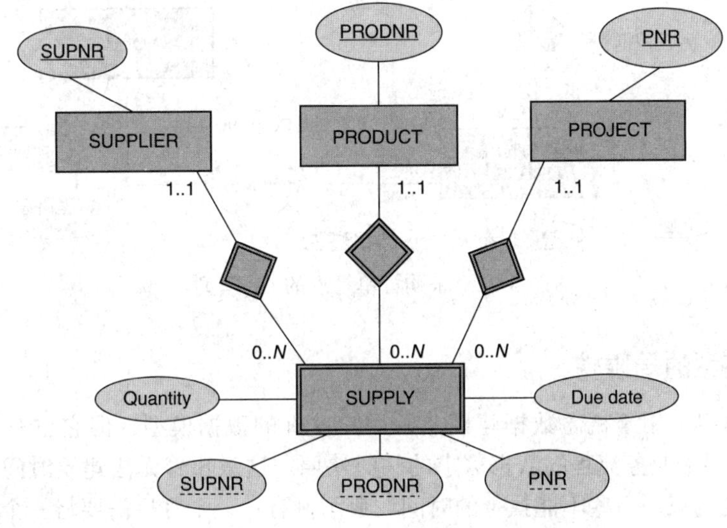

图3-20　将三元关系类型建模为二元关系类型

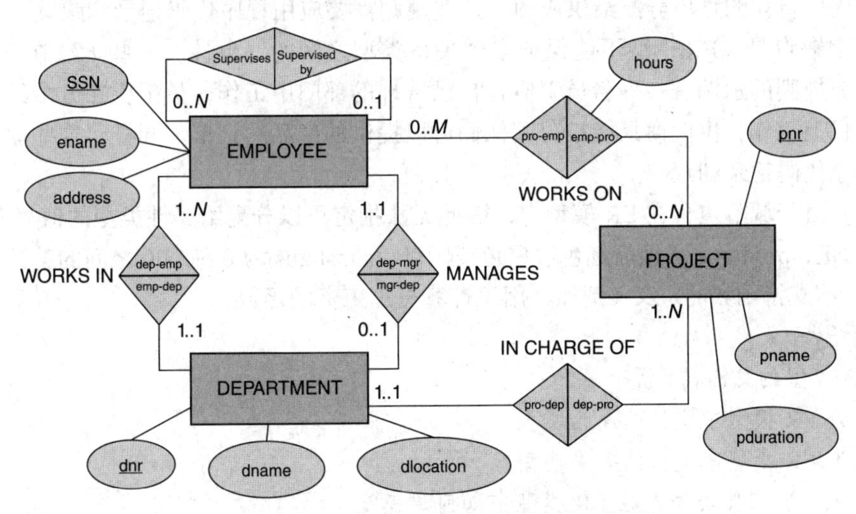

图3-21　人力资源(HR)管理的ER模型

图3-22显示了采购订单管理的ER模型的示例。它具有三种实体类型:供应商(SUPPLIER)、采购订单(PURCHASE ORDER)和产品(PRODUCT)。一个供应商可以提供0到*N*个产品。一个产品可以由0到*M*个供应商提供。关系类型SUPPLIES还包括属性类型purchase_price和deliv_period。一个供应商可以有0到*N*个采购订单。一个采购订单始终分配给一个供应商。一个采购订单可以有1到*N*个产品的采购订单行。相反,一个产品可以

包含在 0 到 M 个采购订单中。另外，关系类型 PO_LINE 包含订单数量。还要注意每种实体类型的属性类型和键属性类型。

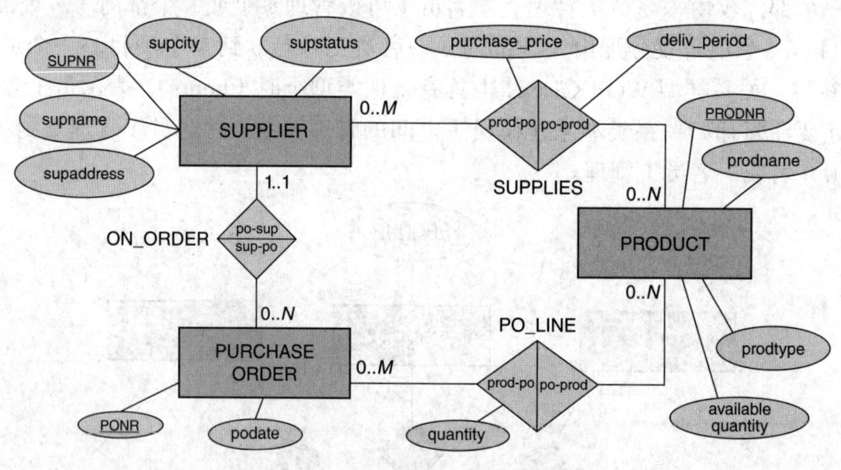

图 3-22　采购订单管理的 ER 模型

3.2.7　ER 模型的局限性

尽管 ER 模型是用于概念数据建模非常用户友好的数据模型，但它也有其局限性。首先，ER 模型提供了业务流程的数据需求的临时快照。这意味着无法建模**时间约束**，即跨越特定时间间隔的约束。一些不能执行的时间约束示例有：一个月后需要将一个项目分配到一个部门，一名员工不能回到他以前管理的部门，六个月后需要将一名员工分配到一个部门，必须在两周后将采购订单分配给供应商。这些规则需要应用程序代码记录和跟踪。

另一个缺点是，ER 模型不能保证多个关系类型之间的一致性。一些无法在 ER 模型中执行的业务规则的示例有：一名员工应在自己管理的部门中工作，员工应在分配给员工所属部门的项目上工作，供应商只能被分配他们可以提供的产品的订单。同样，这些业务规则需要应用程序代码记录和跟踪。

此外，由于域不包含在 ER 模型中，因此无法指定可以分配给属性类型的值集合（例如，hours 应为正，prodtype 必须为红色、白色或闪烁，supstatus 为 0 到 100 之间的整数）。最后，ER 模型也不支持函数的定义（例如，用于计算员工工资的函数）。

节后思考

- ER 模型的关键构件是什么？
- 讨论 ER 模型中支持的属性类型。
- 讨论 ER 模型中支持的关系类型。
- 什么是弱实体类型？在 ER 模型中如何建模？
- 讨论 ER 模型的局限性。

3.3　扩展的实体关系模型

扩展的实体关系模型或 **EER 模型**是 ER 模型的扩展。它包括 ER 模型的所有建模概念（实体类型、属性类型、关系类型），以及三个新的附加语义数据建模概念：特化 / 泛化、分类和聚集。我们将在以下小节中详细讨论这些内容。

3.3.1　特化 / 泛化

特化是指定义实体类型的一组子类的过程。形成特化的子类集是根据超类中实体的一些区别性特征定义的。例如，超类艺术家（ARTIST）具有子类歌手（SINGER）和演员（ACTOR）。特化过程定义了一个“IS A”关系。换句话说，歌手是艺术家，演员也是艺术家。反之则不适用。一位艺术家不一定是歌手。同样，一位艺术家不一定是演员。特化可以为每个子类建立其他特定的属性类型。歌手可以具有音乐风格属性类型。在特化期间，还可以在每个子类与其他实体类型之间建立其他特定的关系类型。演员可以在电影中表演。歌手可以是乐队的成员。子类从其超类继承所有属性类型和关系类型。

泛化，也称为**抽象**，是特化的逆过程。特化对应于概念细化的自顶向下的过程。例如，ARTIST实体类型可以在子类SINGER和ACTOR中进行特化或细化。相反，泛化对应于概念综合的自底向上的过程。例如，可以在超类ARTIST中泛化子类SINGER和ACTOR。

图3-23显示了如何在EER模型中表示特化。艺术家具有唯一的艺术家编号和艺术家名称。ARTIST超类在子类SINGER和ACTOR中被特化。子类SINGER和ACTOR都继承ARTIST的属性类型ANR和aname。歌手有音乐风格。演员可以在0到*N*部电影中表演。相反，在一部电影中，可以有1到*M*个演员表演。电影具有唯一的电影编号和电影标题。

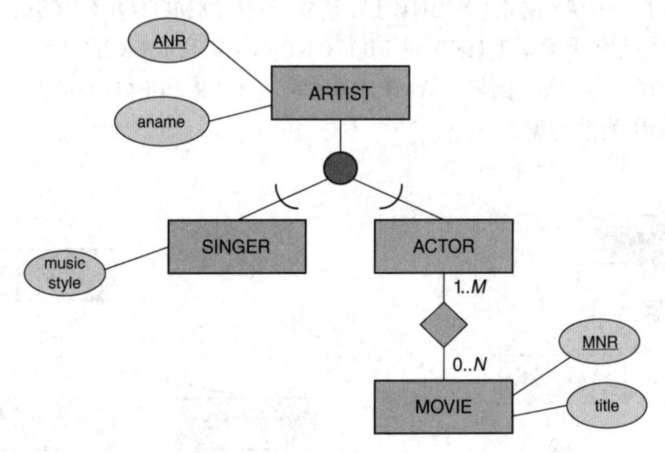

图3-23　EER模型特化示例

可以根据其不相交约束和完整性约束来进一步限定特化。**不相交约束**指定超类的实体可以属于哪些子类。可以将其设置为不相交或重叠。**不相交特化**指一个实体最多是一个子类的成员。**重叠特化**指同一实体可以是多个子类的成员。**完整性约束**指超类的所有实体是否应属于子类之一。可以将其设置为完全或部分。**完全特化**是指超类中的每个实体都必须是某个子类的成员。**部分特化**允许实体仅属于超类，而没有子类。不相交约束和完整性约束可以独立设置，从而给出四种可能的组合：不相交和完全、不相交和部分、重叠和完全、重叠和部分。让我们用一些例子来说明这一点。

图3-24给出了重叠部分特化的示例。因为不是所有的艺术家都是歌手或演员，所以特化是部分的。例如，请考虑一下我们的EER模型中未包括的画家。因为某些艺术家既可以是歌手又可以是演员，所以特化是重叠的。

图3-25说明了完全不相交的特化。特化是完全的，因为根据我们的模型，所有人不是学生就是教授。特化是不相交的，因为学生不能同时担任教授。

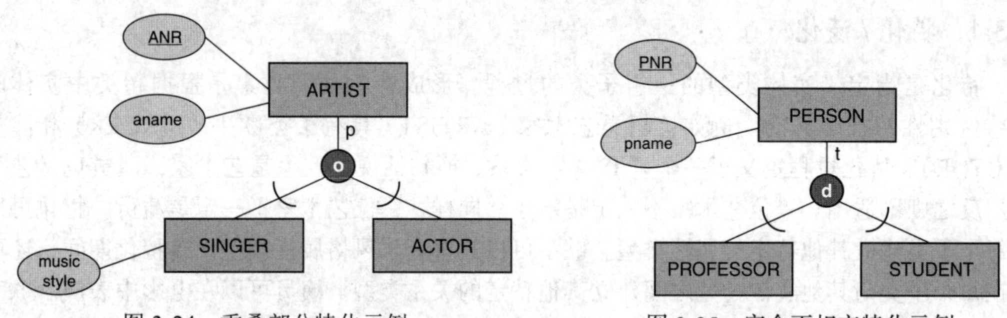

图 3-24　重叠部分特化示例　　图 3-25　完全不相交特化示例

特化可以深入几个层次：一个子类可以是另一个特化的超类。在特化层次结构中，每个子类只能有一个超类，并且继承其前任超类所有的属性类型和关系类型，直到层次结构的根。图 3-26 显示了特化层次结构的示例。STUDENT 子类进一步特化为子类 BACHELOR、MASTER 和 PHD。这些子类中的每个子类都从 STUDENT 继承属性类型和关系类型，而 STUDENT 则从 PERSON 继承属性类型和关系类型。

在特化格中，子类可以具有多个超类。具有多个父类的共享子类或子类从其所有父类继承的概念称为多重继承。让我们用一个例子来说明。

图 3-27 显示了一个特化格。VEHICLE 超类特化为 MOTORCYCLE、CAR 和 BOAT。特化是部分的，并且有重叠。TRIKE 是 MOTORCYCLE 和 CAR 的共享子类，并且从这两者继承属性类型和关系类型。同样，AMPHIBIAN 是 CAR 和 BOAT 的共享子类，并且从这两者继承属性类型和关系类型。

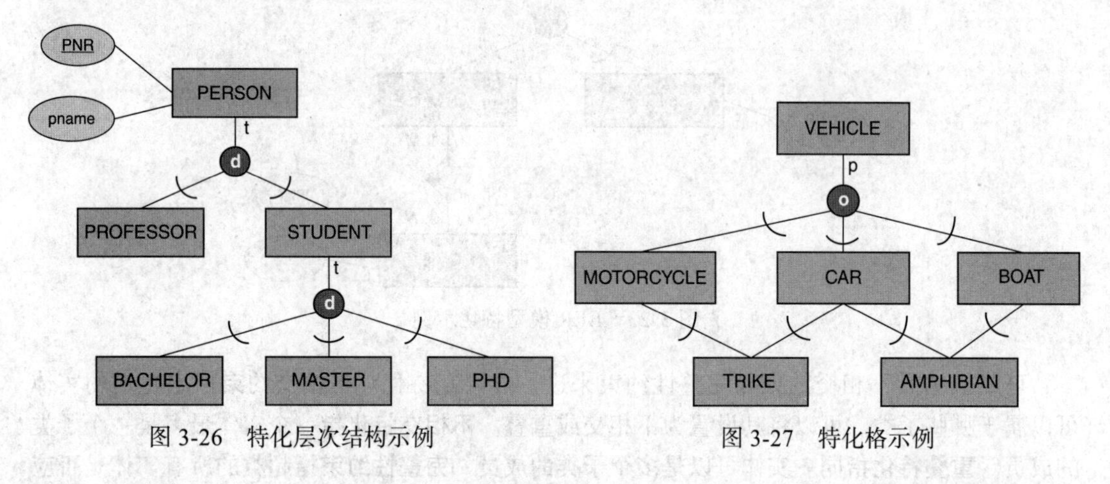

图 3-26　特化层次结构示例　　图 3-27　特化格示例

3.3.2　分类

分类是 EER 模型的第二个重要建模扩展。有一个类别是子类，它具有多个可能的超类。每个超类表示不同的实体类型。然后，这个类别表示超类并集的子集的实体集合。因此，在 EER 模型中，分类用包含字母 “u”（来自并集）的圆圈表示（请参见图 3-28）。

在分类的情况下，**继承**对应于仅继承其所属超类的属性和关系的实体。这也称为**选择性继承**。类似于特化，分类可以是完全的或部分的。在**完全分类**中，超类的所有实体都属于子类。在**部分分类**中，并非超类的所有实体都属于子类。让我们用一个例子来说明。

图 3-28 显示了如何将超类 PERSON 和 COMPANY 分类为子类 ACCOUNT HOLDER。换句话说，账户持有人实体是个人和公司实体并集的子集。在此示例中，选择性继承意味

着某些账户持有人从个人继承其属性和关系，而其他账户持有人则从公司继承它们。如字母“p”所示，分类是部分的。这意味着并非所有人或公司都是账户持有人。如果分类是完全的（用字母“t”代替），则这意味着所有个人和公司实体都是账户持有人。在这种情况下，我们还可以使用特化来建模此分类，其中将 ACCOUNT HOLDER 作为超类，将 PERSON 和 COMPANY 作为子类。

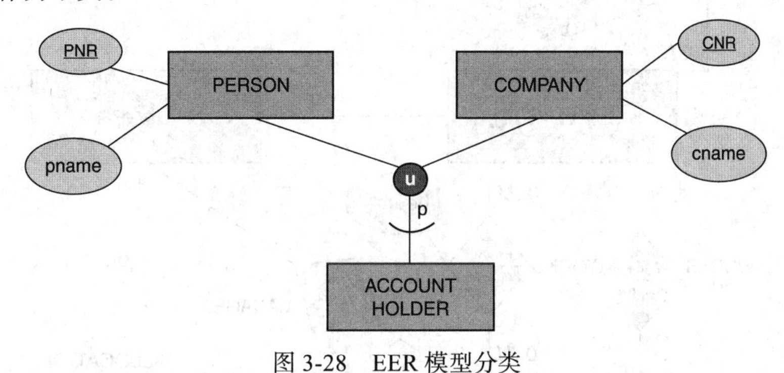

图 3-28　EER 模型分类

3.3.3　聚集

聚集是 EER 模型提供的第三个建模扩展。聚集的思想是，由特定关系类型关联的实体类型可以组合或聚集为更高级别的聚集实体类型。当聚集实体类型具有自己的属性类型和关系类型时，这尤其有用。

图 3-29 提供了一个聚集示例。一名顾问参与 0 到 *N* 个项目。一个项目由 1 到 *M* 个顾问参与。现在，实体类型和对应的关系类型都可以聚集到聚集概念 PARTICIPATION 中。该聚集具有自己的属性类型，即日期（date），表示顾问开始参与项目的日期。该聚集还参与了与 CONTRACT 的关系类型。参与应生成最少一份且最多一份合同。相反，一份合同可以建立在 1 到 *M* 个顾问参与项目的基础上。

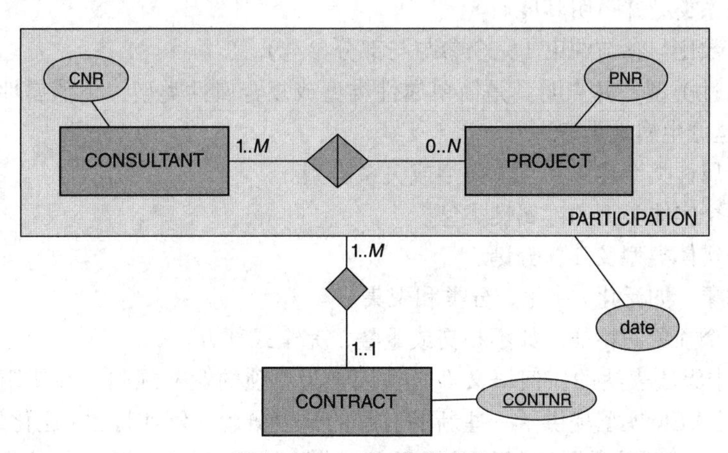

图 3-29　EER 模型聚集

3.3.4　EER 模型的示例

图 3-30 展示了我们较早的 HR 管理示例（请参见图 3-21），但现在丰富了一些 EER 建模概念。更具体地说，我们将员工（EMPLOYEE）部分特化为经理（MANAGER）。然后，关

系类型 MANAGES 将 MANAGER 子类连接到 DEPARTMENT 实体类型。DEPARTMENT 和 PROJECT 聚集成 ALLOCATION。然后，此聚集参与了与 EMPLOYEE 的关系类型 WORKS ON[⊖]。

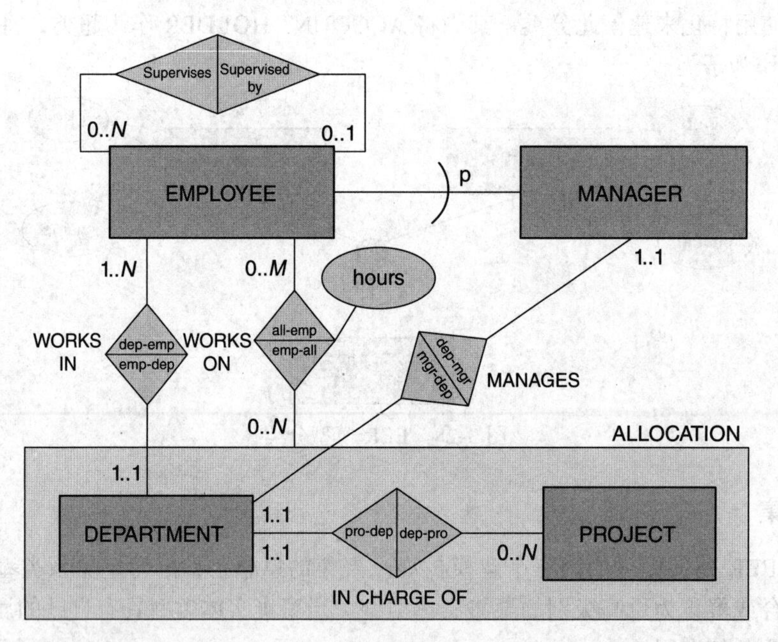

图 3-30　人力资源管理的 EER 模型

3.3.5　设计 EER 模型

综上所述，可以按照以下步骤设计 EER 概念数据模型：

1）确定实体类型。

2）确定关系类型并声明其度。

3）声明基数比与参与约束（完全参与与部分参与）。

4）确定属性类型，并声明其是简单属性类型或复合属性类型，单值属性类型或多值属性类型，是否是派生属性类型。

5）将每个属性类型连接到实体类型或关系类型。

6）表示每个实体类型的键属性类型。

7）确定弱实体类型及其部分键。

8）应用抽象，如泛化 / 特化、分类和聚集。

9）声明每个抽象的特征，如不相交或重叠，完全或部分。

EER 模型中无法表达的任何语义都必须记录为单独的业务规则，并使用应用程序代码进行跟踪。尽管 EER 模型提供了一些新的有趣的建模概念，例如特化 / 泛化、分类和聚集，但不幸的是，ER 模型的局限性仍然适用于 EER 模型。因此，时间约束仍然无法建模，多个关系类型之间的一致性无法得到保证，属性类型域或函数也无法指定。其中一些缺点在 UML 类图中得到了解决，这将在下一节中讨论。

⊖ 为了说明目的，我们在 EER 模型中引入了聚集。但是，由于每个项目仅分配给一个部门，因此我们也可以删除聚集 ALLOCATION，并在 EMPLOYEE 和 PROJECT 之间绘制关系类型。

节后思考

- EER模型提供了哪些建模扩展？举例说明。
- EER模型的局限性是什么？

3.4 UML类图

统一建模语言（UML）是一种建模语言，有助于对软件系统的构件进行规范化、可视化、结构化和文档化[㊀]。UML本质上是一种面向对象的系统建模符号，它不仅着重于数据需求，而且还涉及行为建模、流程和应用程序架构。它于1997年被对象管理小组（OMG）认可为标准，并于2005年被批准为ISO标准。最新版本是2015年推出的UML2.5。为了对信息系统的数据和流程方面进行建模，UML提供了各种图，例如用例图、序列图、包图、部署图等。从数据库建模的角度来看，类图是最重要的。它将类及其关联可视化。在更详细地讨论这一点之前，让我们首先回顾一下面向对象（OO）。

3.4.1 面向对象概述

OO的两个重要组成部分是类和对象。**类**是一组对象的蓝图定义。相反，**对象**是类的实例。换句话说，OO中的类对应于ER中的实体类型，而对象对应于实体。每个对象都由变量和方法描述[㊁]。在EER模型中变量对应于属性类型，变量值对应于属性。EER模型中没有等效的方法。可以考虑一个示例类Student和一个示例对象学生Bart。对于学生对象，示例变量可以是学生的姓名、性别和出生日期。示例方法可以是calcAge，它根据出生日期计算学生的年龄；isBirthday验证学生的生日是否是今天；hasPassed（courseID），它验证学生是否通过了由输入参数CourseID所表示的课程。

信息隐藏（也称为封装）指出，只能通过getter或setter方法访问对象的变量。getter方法用于检索变量的值，而setter方法则为其分配值。其想法是在对象周围提供保护性屏蔽，以确保始终通过显式定义的方法正确检索或修改值。

与EER模型类似，OO支持继承。一个超类可以具有一个或多个子类，这些子类从该超类继承变量和方法。例如，学生（Student）和教授（Professor）可以是Person超类的子类。在OO中，还支持方法重载。这意味着同一个类中的不同方法可以具有相同的名称，但是输入参数的数量或类型不同。

知识关联 我们将在第8章更详细地讨论面向对象。

3.4.2 类

在UML类图中，一个类表示为具有三个部分的矩形。图3-31展示了一个UML类SUPPLIER。上半部分表示类的名称（例如SUPPLIER），中半部分表示变量（例如SUPNR、Supname），而下半部分表示方法（例如getSUPNR）。你可以将其与图3-2中相应的ER表示进行比较。

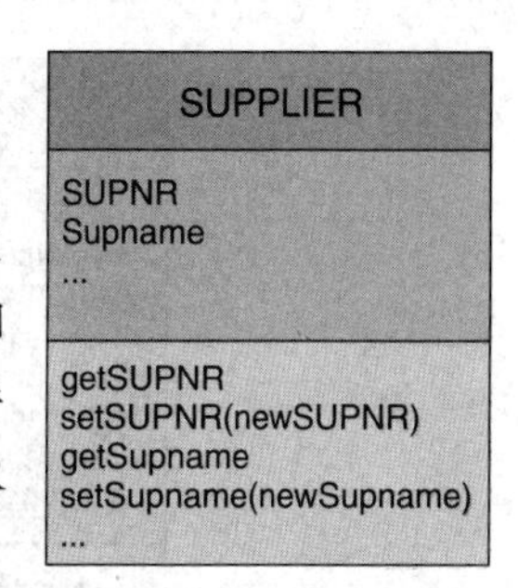

图3-31 UML类

示例方法是每个变量的getter和setter方法。方法getSUPNR获

㊀ 有关最新版本，请参见www.omg.org/spec/UML/2.5。

㊁ 在UML模型中，变量也称为属性，方法也称为操作。但是，为了避免与ER模型（属性代表属性类型的实例）混淆，我们将坚持使用术语变量和方法。

取特定供应商对象的供应商编号，而方法 setSUPNR（newSUPNR）将值 newSUPNR 分配给供应商对象的 SUPNR 变量。

3.4.3　变量

UML 不直接支持具有唯一值的变量（类似于 ER 模型中的键属性类型）。因为假定 UML 类图使用 OODBMS 实现，在 OODBMS 中，为每个新建对象分配一个在其整个生命周期中保留的唯一且不变的对象标识符（OID）（请参见第 8 章）。因此，这个 OID 可用于唯一地标识对象，并且不需要其他变量作为键。要显式强制变量的唯一性约束，可以使用 OCL，正如我们在 3.4.9 节讨论的。

UML 提供了一组基本数据类型，例如字符串、整型和布尔型，可用于在类图中定义变量。你也可以定义自己的数据类型或域来使用。如图 3-32 所示，变量 SUPNR 和 status 定义为整型。使用域 Address_Domain 定义变量 address。

复合变量（类似于 ER 模型中的复合属性类型）可以通过两种方式来处理。第一种方法是将它们分解成各个部分。在我们的示例中，我们将 Supname 分解为名字（first name）和姓氏（last name）。另一种方法是创建一个新域，就像我们为 address 变量所做的那样。

多值变量也可以通过两种方式建模。第一种方法是指示变量的多重性。这指定了实例化对象时将创建多少个变量值。在我们的示例中，我们指定供应商可以具有 0 到 4 个电子邮件地址。可以将无限数量的电子邮件地址定义为“email:String[*]”。另一种方法是使用聚集，如下所述。

最后，派生变量（例如，年龄）之前必须加正斜杠。

3.4.4　访问修饰符

在 UML 中，**访问修饰符**可用于指定谁可以访问变量或方法。例如，private（用符号“–”表示），在这种情况下，变量或方法只能由类本身访问；public（用符号“+”表示），在这种情况下，任何其他类都可以访问该变量或方法；protected（用符号“#”表示），在这种情况下，该类或它的子类都可以访问该变量或方法。为了实现信息隐藏的概念，建议将所有变量声明为私有变量，并使用 getter 和 setter 方法访问它们。如图 3-33 所示，其中所有变量都是私有的，所有方法都是公共的。

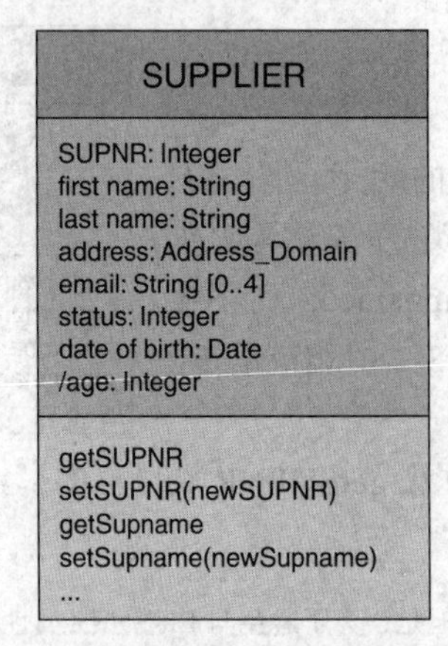

图 3-32　具有精确变量定义的 UML 类

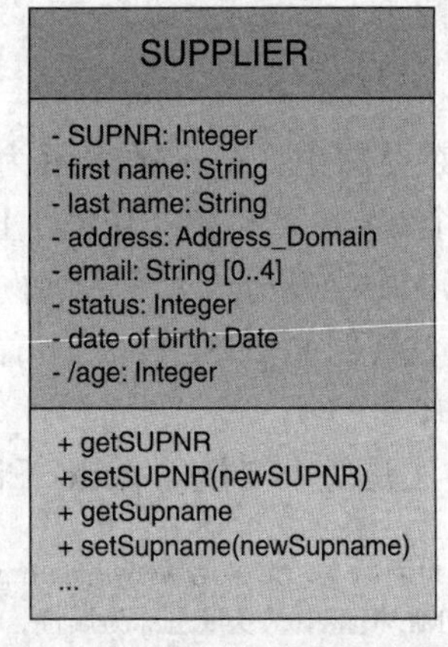

图 3-33　UML 中的访问修饰符

你可以将其与图 3-2 中相应的 ER 表示进行比较。通过这种比较，很明显，UML 模型比其 ER 模型建模了更多的语义。

3.4.5　关联

与 ER 模型中的关系类型类似，可以使用 UML 中的**关联**来关联类。可以在相同的类之间定义多个关联。同样，一元（或自反）和 *n* 元（例如三元）关联也是可能的。关联对应于 ER 模型中的关系类型，而关联的特定出现被称为与 ER 模型中的关系相对应的链接。

关联的特点是多重性，它表示关联中相应类的最小和最大参与数。因此，这对应于我们在 ER 模型中讨论的基数。表 3-1 列出了可用的选项，并将它们与相应的 ER 模型基数进行了对比。引入星号（*）表示最大基数 *N*。

表 3-1　UML 多重性与 ER 模型基数对比

UML 类图多重性	ER 模型基数	UML 类图多重性	ER 模型基数
*	0..*N*	1..*	1..*N*
0..1	0..1	1	1..1

在下文中，我们进一步详细说明关联并讨论关联类、单向关联与双向关联，以及限定关联。

1. 关联类

如果关联本身具有变量和方法，则可以将其建模为**关联类**。然后，此类的对象表示关联的链接。考虑供应商（SUPPLIER）和产品（PRODUCT）之间的关联，如图 3-34 所示。关联类 SUPPLIES 具有两个变量：供应商提供的每种产品的购买价格和交付期。对于这些变量，它也可以具有如 getter 和 setter 的方法。关联类使用连接到关联的虚线表示。

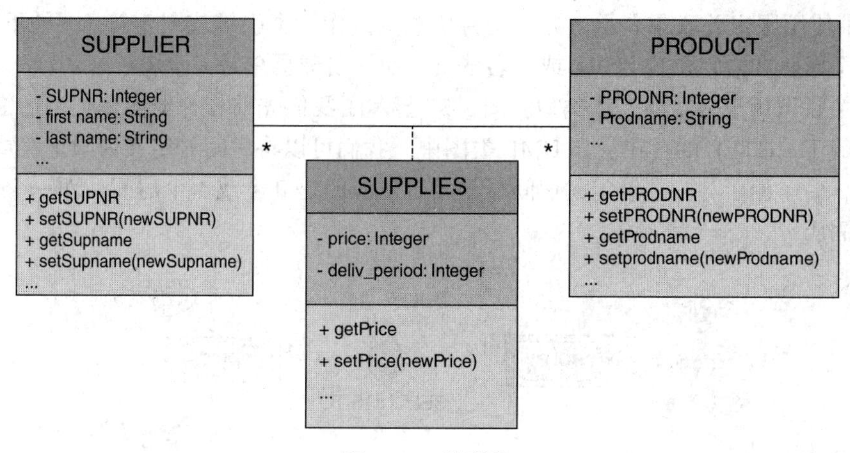

图 3-34　关联类

2. 单向关联与双向关联

可以使用方向读取箭头来增强关联，该方向读取箭头指定查询或导航的方向。在**单向关联**中，只有一种导航方式，如箭头所示。图 3-35 给出了类 SUPPLIER 和 PURCHASE_ORDER 之间的单向关联的示例。这意味着可以通过供应商对象检索所有采购订单。因此，根据该模型，不可能从采购订单对象导航到供应商对象。还请注意关联的多重性。

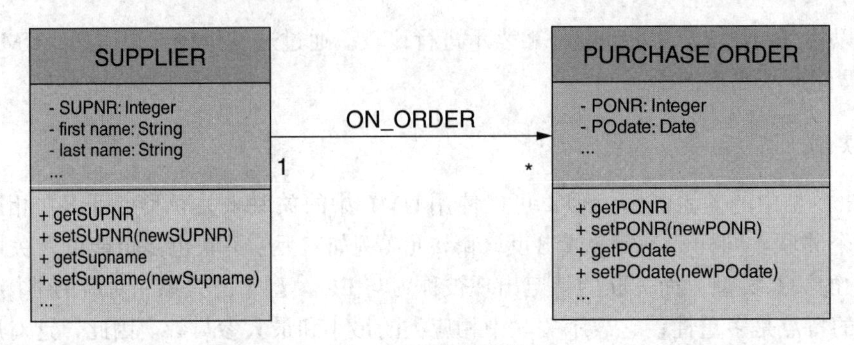

图 3-35　单向关联

在**双向关联**中，两个方向都是可能的，因此没有箭头。图 3-34 是类 SUPPLIER 和 PRODUCT 之间的双向关联示例。根据此 UML 类图，我们可以从供应商导航到产品，也可以从产品导航到供应商。

3. 限定关联

限定关联是一种特殊类型的关联，它使用限定符进一步完善关联。限定符指定一个或多个变量，用作从限定类导航到目标类的索引键。由于此额外的键，它减少了关联的多重性。图 3-36 给出了一个示例。

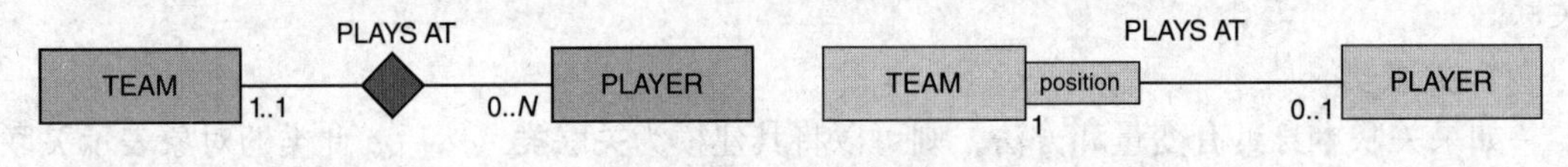

图 3-36　限定关联

我们有两个类，TEAM 和 PLAYER。它们在 ER 模型中使用 1 : *N* 关系类型进行连接（图的上部），因为一个球队可以有 0 到 *N* 名球员，并且一名球员总是与一个球队相关。这可以在 UML 中使用限定关联来表示，方法是将位置变量作为索引键或限定符（图的下部）包括在内。一个球队在给定位置有 0 名或 1 名球员，而一名球员总是完全属于一个球队。

限定关联可用于表示弱实体类型。图 3-37 显示了我们先前作为弱实体类型的 ROOM 示例，它依赖于 HOTEL 的存在。在 UML 类图中，我们可以将房间号定义为限定符或索引键。换句话说，一个酒店与一个给定的房间号相结合对应的是 0 个或 1 个房间，而一个房间总是属于一个酒店。

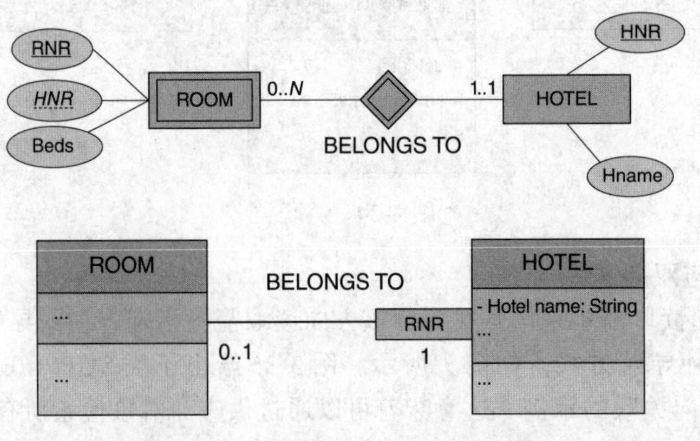

图 3-37　表示弱实体类型的限定关联

3.4.6　特化/泛化

与EER模型类似，UML也支持特化或泛化关系。图3-38显示了我们前面的图3-24的EER特化的UML表示，其中包括ARTIST、SINGER和ACTOR。

空心三角形表示UML的特化。可以在三角形旁边添加诸如完全/部分或不相交/重叠之类的特化特征。UML还支持多重继承，其中子类可以从多个超类继承变量、方法和关联。

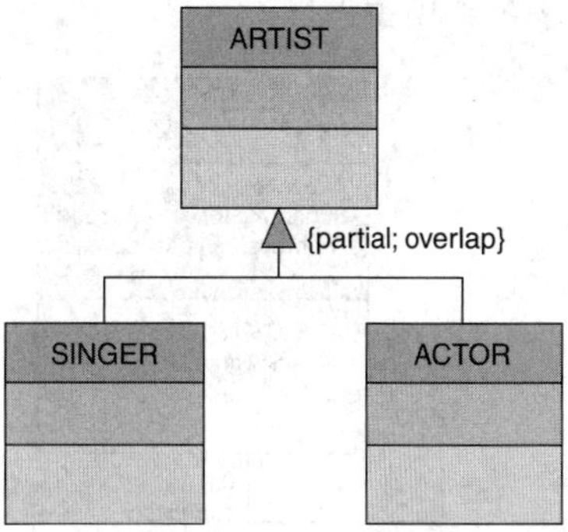

图3-38　UML中的特化/泛化

3.4.7　聚集

类似于EER，聚集表示复合对象与部分对象的关系，其中复合类包含部分类。在UML中有两种类型的聚集：共享聚集（也称为聚合）和组合聚集（也称为组合）。在共享聚集中，部分对象可以同时属于多个复合对象。换句话说，在复合端的最大多重性是不确定的。部分对象也可以不属于复合对象而存在。因此，共享聚集表示两个类之间的松耦合。在组合聚集或组合中，部分对象只能属于一个复合对象。复合端的最大多重性为1。根据原始UML标准，最小多重性可以为1或0。如果部分对象属于另一个复合对象，则最小基数为0。考虑两个组合聚集——一个在引擎和船之间，另一个在引擎和汽车之间。由于一个引擎只能属于一辆汽车或一艘船，因此从引擎（部分）到船只和汽车的最小基数分别为0。组合聚集表示两个类之间的紧耦合，并且当删除复合对象时，部分对象也会被自动删除。请注意，在删除复合对象之前，也可以从复合对象中删除部分对象。

图3-39说明了这两个概念。空心菱形表示共享聚集，实心菱形表示组合聚集。我们在COMPANY和CONSULTANT之间有共享聚集。一个顾问可以为多家公司工作。删除公司后，为其工作的所有顾问都将保留在数据库中。我们在BANK和ACCOUNT之间有组合聚集。一个账户仅与一个银行紧密关联。删除银行后，所有连接的账户对象也会消失。

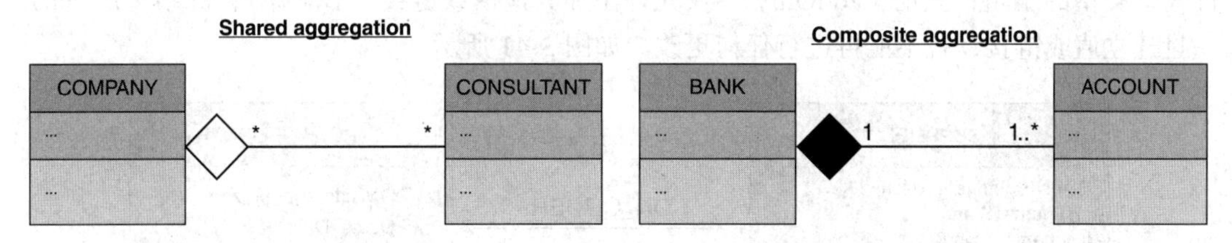

图3-39　UML中的共享聚集与组合聚集对比

3.4.8　UML示例

图3-40以UML表示法显示了先前的图3-30的EER人力资源管理示例。它有六个类，包括两个关联类（Manages和Works_On）。注意每个类的不同变量和方法。每个变量的访问修饰符已设置为私有，以强制隐藏信息。已为每个变量添加了getter和setter方法。我们还包括了部门（DEPARTMENT）和位置（LOCATION）之间以及项目（PROJECT）和位置（LOCATION）之间的共享聚集。因此，这意味着在删除部门或项目后位置信息不会丢失。我们有两个单向关联：员工（EMPLOYEE）和项目（PROJECT）之间，以及部门（DEPARTMENT）和项目（PROJECT）之间。EMPLOYEE类的一元关联为员工之间的管理

关系建模。当你将此 UML 类图与图 3-30 的 EER 模型进行对比时，很明显 UML 类图嵌入了更多的语义。

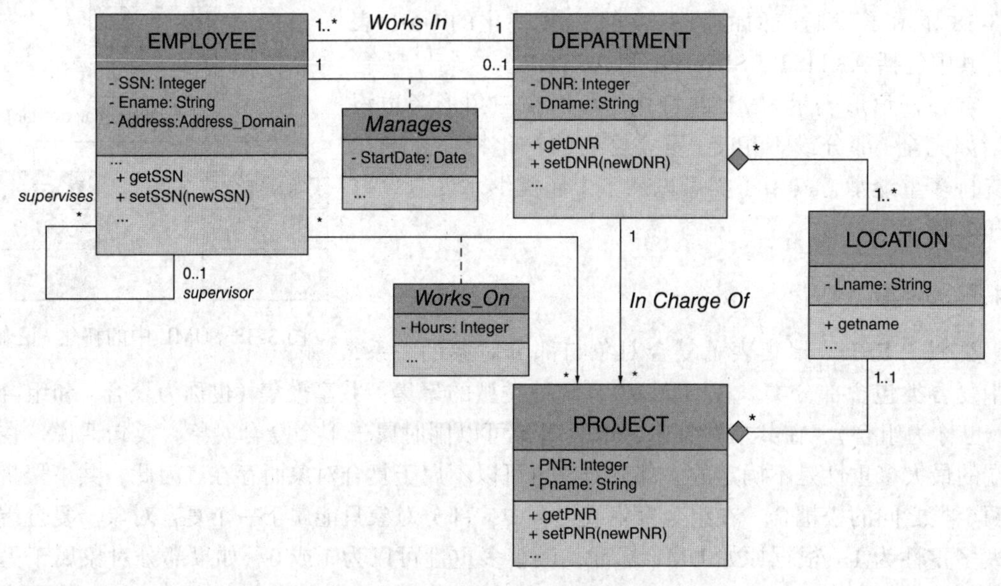

图 3-40　人力资源管理的 UML 示例

3.4.9　高级 UML 建模概念

UML 提供了各种高级建模概念，以进一步为我们的数据模型添加语义。在下面的小节中，我们讨论可变属性、对象约束语言（OCL）和依赖关系。

1. 可变属性

可变属性指定变量值或链接上允许的操作类型。共有三种常见选择：默认（default），允许任何类型的编辑；只增（addOnly），仅允许添加其他值或链接（不删除）；冻结（frozen），一旦建立值或链接，就不能再进行任何更改。如图 3-41 所示。

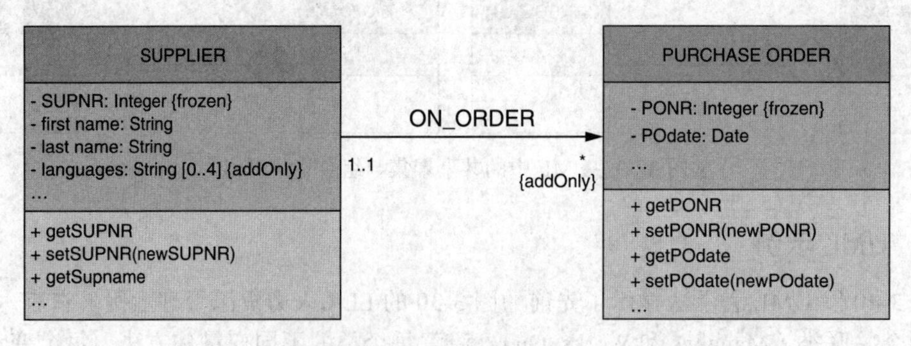

图 3-41　UML 中的可变属性

供应商编号和采购订单号都声明为冻结，这意味着一旦为其分配了值，就不能再更改。SUPPLIER 类的 language 变量定义了供应商可以理解的一组语言。它被定义为只增，因为只能添加语言，而不能从中删除语言。还要注意添加到 ON_ORDER 关联中的只增特性。它指定对于给定的供应商，只能添加采购订单，不能删除采购订单。

2. 对象约束语言

对象约束语言（OCL）也是 UML 标准的一部分，可用于指定各种类型的约束。OCL 约束以声明的方式定义。它们指定了什么必须是 true，但没有指定如何实现。换句话说，没有提供控制流程或过程的代码。它们可以用于各种目的，例如为类指定不变式，为方法指定前置条件和后置条件，在类之间导航或定义操作约束。

类不变式是对类的所有对象都适用的约束。例如，指定每个供应商对象的供应商状态应大于 100：

```
SUPPLIER: SUPSTATUS>100
```

当方法开始或结束时，方法的前置条件和后置条件必须为 true。例如，在 withdrawal 方法执行之前，余额必须为正。执行后，余额必须仍为正。

OCL 还支持更复杂的约束。图 3-42 说明了员工（EMPLOYEE）和部门（DEPARTMENT）这两个类。这两个类与两个关联相关，以定义哪个员工在哪个部门工作，哪个员工管理哪个部门。请注意已添加到两个关联中的角色名称。现在可以添加各种约束。第一个约束条件规定部门的经理应在该部门工作至少十年：

```
Context: Department
invariant: self.managed_by.yearsemployed>10
```

此约束的上下文是 DEPARTMENT 类。该约束适用于每个部门对象，因此关键字不变。我们使用关键字 self 来引用 DEPARTMENT 类的对象。然后，我们使用角色名称 managed_by 导航到 EMPLOYEE 类并检索现职年限（yearsemployed）变量。

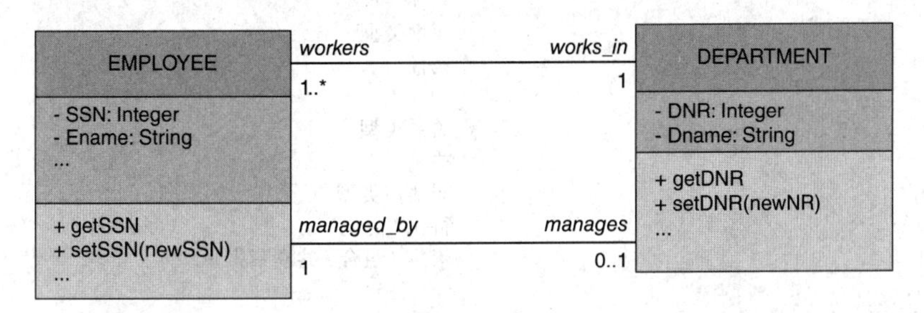

图 3-42　UML 中的 OCL 约束

第二个约束条件：一个部门至少应有 20 名员工：

```
Context: Department
invariant: self.workers→size() >20
```

上下文也是 DEPARTMENT。请注意，self.workers 返回在特定部门工作的一组员工。然后使用 size 方法来计算员工数。

最后一个约束条件是：部门经理也必须在部门中工作。在 OCL 中，定义为：

```
Context: Department
Invariant: self.managed_by.works_in=self
```

从这些示例中可以清楚地看出，OCL 是一种非常强大的语言，为我们的概念数据模型增加了很多语义。有关 OCL 的更多详细信息，请访问 www.omg.org/spec/OCL。

3. 依赖关系

在 UML 中，**依赖**定义了“使用”关系，该关系指出 UML 建模概念规范中的更改可能会影响使用它的另一个建模概念。在 UML 图中用虚线表示。例如，一个类的对象在其方法中使用另一个类的对象，但所引用的对象未存储在任何变量中。如图 3-43 所示。

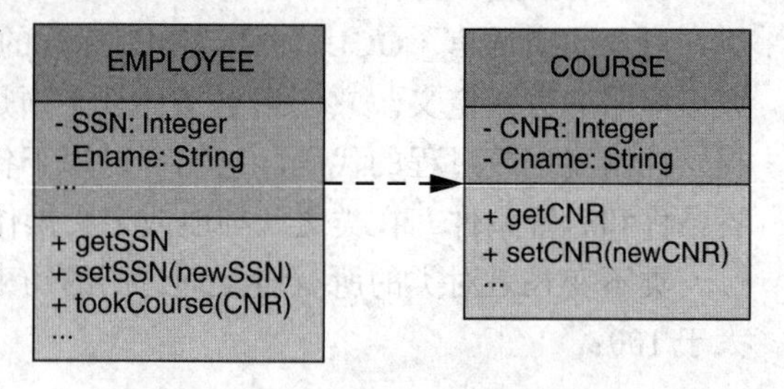

图 3-43　UML 中的依赖关系

我们有两个类，员工（EMPLOYEE）和课程（COURSE）。假设某位员工可以参加课程作为公司教育计划的一部分。EMPLOYEE 类包含方法 tookCourse，该方法确定员工是否参加了由输入变量 CNR 表示的特定课程。因此，员工对象在其某个方法中使用课程对象。这解释了两个类之间的依赖性。

3.4.10　UML 与 EER 的对比

表 3-2 列出了 UML 类图和 EER 模型之间的相似之处。从表中可以看出，与 EER 模型相比，UML 类图为建模提供了更丰富的语义集。UML 类图可以定义 EER 模型不支持的方法。可以使用 OCL 对复杂的完整性约束进行建模，这在 EER 模型中也不可用。

表 3-2　UML 与 EER 的概念对比

UML 类图	EER 模型
类	实体类型
对象	实体
变量	属性类型
变量值	属性
方法	—
关联	关系类型
链接	关系
限定关联	弱实体类型
特化 / 泛化	特化 / 泛化
聚集	聚集（组合 / 共享聚集）
对象约束语言	—
多重性　*	基数　0..*N*
0..1	0..1
1..*	1..*N*
1	1..1

知识延伸　概念建模工具的一些流行示例包括：Astah（Change Vision）、Database Workbench（Upscene Productions）、Enterprise Architect（SparxSystems）、ER/Studio（Idera）和 Erwin Data Modeler（Erwin）。这些工具通常提供构建概念模型（例如 EER 或 UML 类图）的工具，然后自动将其映射到各种目标 DBMS 平台的逻辑数据模型或内部数据模型。它们中的大多数还包括逆向工程工具，从而可以将现有的内部数据模型转换为概念数据模型。

节后思考

- 面向对象（OO）的关键概念是什么？
- 讨论 UML 类图的组件。
- 在 UML 中如何建模关联？

- 在 UML 中支持哪些类型的聚集？
- UML 提供了哪些高级建模概念？
- 将 UML 类图与 EER 模型进行对比。

总结

在本章中，我们讨论了使用 ER 模型、EER 模型和 UML 类图进行概念数据建模。我们从回顾数据库设计的各个阶段开始本章，这些阶段包括：需求收集和分析，概念设计、逻辑设计和物理设计。概念模型的目的是以准确和用户友好的方式形式化业务流程的数据需求。ER 模型是用于概念数据建模的流行技术。它具有以下构件：实体类型、属性类型和关系类型。EER 模型提供了三个附加的建模概念：特化 / 泛化、分类和聚集。UML 类图是一个面向对象的概念数据模型，由类、变量、方法和关联组成。它还支持特化 / 泛化和聚集，并提供各种高级建模概念，例如可变属性、对象约束语言和依赖关系。从纯粹的语义角度来看，UML 比 ER 和 EER 都丰富。在随后的章节中，我们将详细介绍如何进行逻辑设计和物理设计。

情景收尾 图 3-44 显示了 Sober 情景的 EER 模型。它具有八种实体类型。CAR 实体类型已特化为 SOBER CAR 和 OTHER CAR。Sober 车归 Sober 所有，而其他车归客户所有。RIDE 实体类型已特化为 RIDE HAILING 和 RIDE SHARING。两个子类之间的共享属性类型放在超类中：RIDE-NR（这是键属性类型）、PICKUP-DATE-TIME、DROPOFF-DATE-TIME、DURATION、PICKUP-LOC、DROPOFF-LOC、DISTANCE 和 FEE。请注意，DURATION 是派生属性类型，因为它可以从 PICKUP-DATE-TIME 和 DROPOFF-DATE-TIME 派生。DISTANCE 不是派生属性类型，因为在上车地点和下车地点之间可能会有多条路线。三种属性类型被添加到 RIDE HAILING 实体类型：PASSENGERS（乘客数）、WAIT-TIME（有效等待时间）和 REQUEST-TIME（Sober App 请求或手动通知）。LEAD_CUSTOMER 关系类型是 CUSTOMER 和 RIDE HAILING 之间的 1 : N 关系类型，而 BOOK 关系类型是 CUSTOMER 和 RIDE SHARING 之间的 N : M 关系类型。一辆汽车（例如，Sober 或其他汽车）可能会发生 0 到 N 次事故，而事故中可能涉及 1 到 M 辆汽车（例如，Sober 或其他汽车）。DAMAGE AMOUNT 属性类型连接到关系类型，因为它取决于汽车和事故。

如本章所述，EER 模型存在某些缺陷。由于 EER 模型是时间上的快照，因此无法对时间约束进行建模。我们的 EER 模型无法执行的时间约束示例包括：提货日期时间应始终在交货日期时间之前；客户无法预订时间重叠的叫车和拼车服务。

EER 模型不能保证多个关系类型之间的一致性。无法在 EER 模型中执行的业务规则的示例是：客户无法使用自己的汽车预订叫车服务或拼车服务。

EER 模型不支持域，例如，我们不能指定属性类型 PASSENGERS 是最小值为 0 最大值为 6 的整数。

此外，我们的 EER 模型未指定拼车服务的最大乘客人数为 10，或者 WAIT-TIME 仅与 Sober App 请求相关，在手动请求的情况下应为零。

图 3-45 显示了 Sober 的 UML 类图。它有九个类。INVOLVED 类是 CAR 和 ACCIDENT 之间的关联类。为了强制隐藏信息，所有变量的访问修饰符都设置为私有。使用 getter 和 setter 方法访问它们。我们还添加了以下其他方法：

- 在 RIDE 类中，CalcDuration 计算派生变量 duration。
- 在 RIDE-SHARING 类中，NumberOfCustomers 返回拼车服务的乘客数。

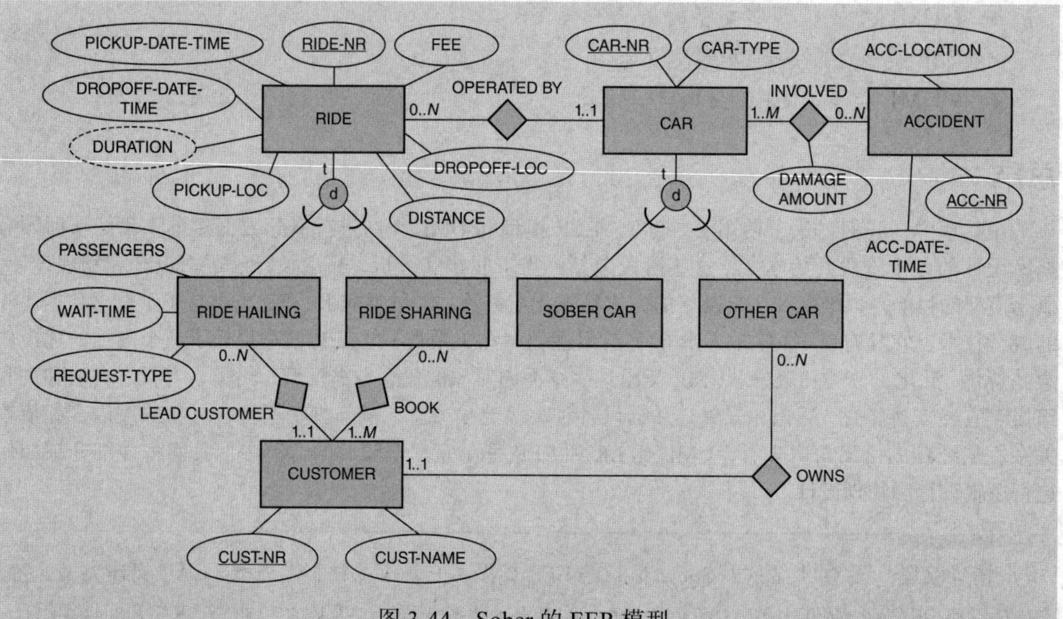

图 3-44　Sober 的 EER 模型

- 在 CUSTOMER 类中，Top5CustomersHail 和 Top5CustomersShare 分别返回叫车服务和拼车服务的前五名乘客。
- 在 CAR 类中，NumberOfRides 返回汽车已服务的乘车次数。
- 在 SOBER CAR 类中，NumberOfSoberCars 返回数据库中 Sober 汽车的数量。
- 在 INVOLVED 关联类中，GenerateReport 返回一个报告，报告哪些车涉及了什么事故。
- 在 ACCIDENT 类中，Top3AccidentHotSpots 和 Top3AccidentPeakTimes 分别返回前三个最常见的事故发生地点和时间。

所有关联都已定义为双向，这意味着可以在两个方向上进行导航。我们将数字变量（例如 RIDE-NR、CAR-NR 等）的可变属性设置为冻结，这意味着一旦为其分配了值，就无法再对其进行更改。

现在，我们可以通过添加 OCL 约束来丰富我们的 UML 模型。我们为 RIDE HAILING 类定义了一个类不变式，指定叫车服务的乘客人数应少于 6：

```
RIDE-HAILING: PASSENGERS ≤ 6
```

请记住，拼车服务最多可容纳 10 位乘客。可以使用以下 OCL 约束进行定义[⊖]：

```
Context: RIDE SHARING
invariant: self.BOOK → size() ≤ 10
```

该约束适用于每个拼车对象，因此关键字是不变的。可以添加其他 OCL 约束以进一步细化语义。

UML 规范在语义上比 EER 规范丰富。例如，在 EER 模型中不能执行以上两个乘客约束。UML 类图还指定了每个变量的域（例如，整型、字符串等），并包括方法，这两者在 EER 模型中都是不可能的。

现在，Sober 准备开始进行数据库设计的下一阶段，在该阶段中，概念数据模型将被映射到逻辑模型。

⊖ 我们可以为关联 BOOK 定义两个不同的角色名称，以表示其两个方向。但是，为简单起见，我们使用 BOOK 来指代从 RIDE SHARING 到 CUSTOMER 的关联。

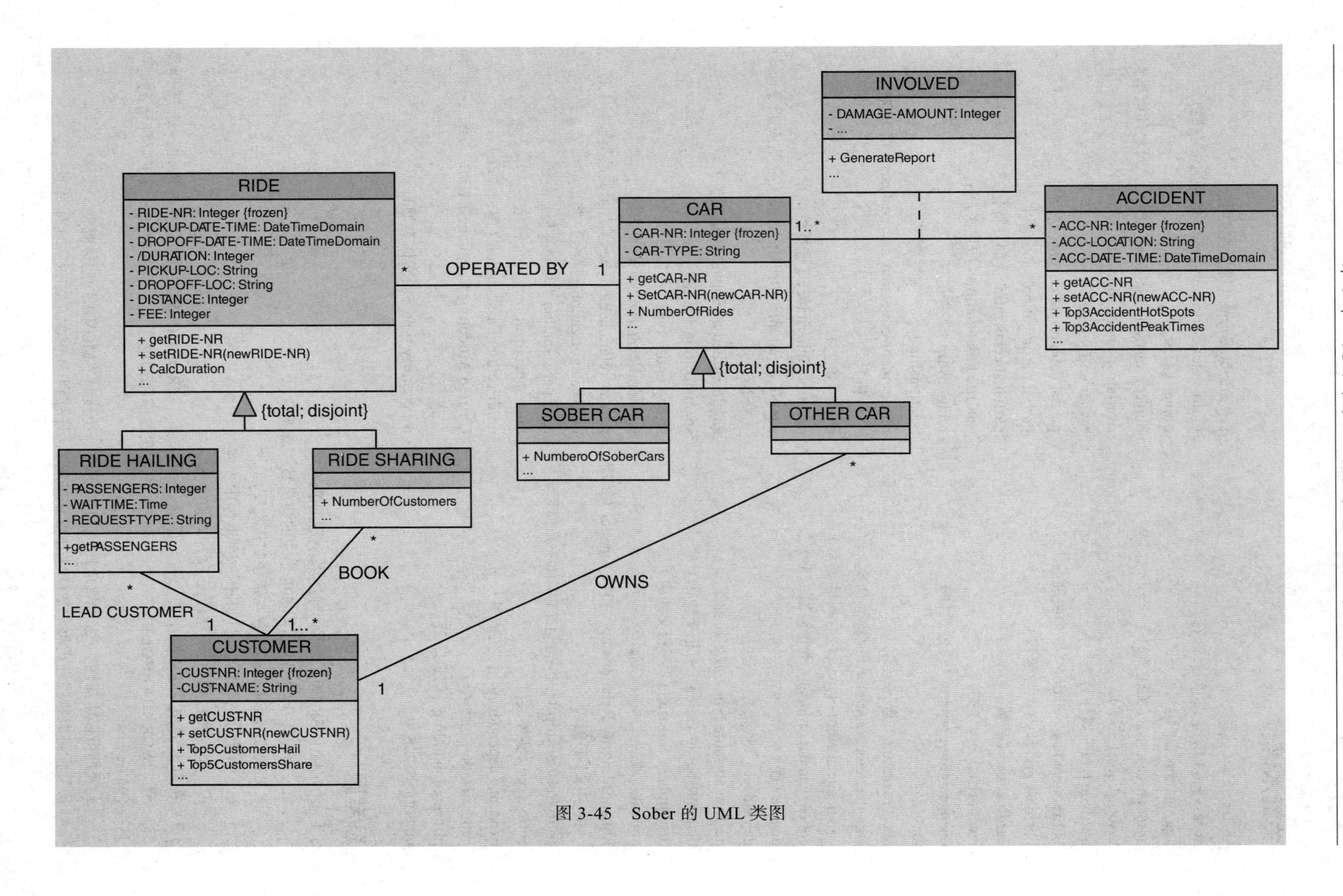

图 3-45　Sober 的 UML 类图

关键术语表

abstraction（抽象）
access modifiers（访问修饰符）
aggregation（聚集）
association class（关联类）
associations（关联）
attribute type（属性类型）
bidirectional association（双向关联）
business process（业务流程）
cardinalities（基数）
categorization（分类）
changeability property（可变属性）
class（类）
class invariant（类不变式）
completeness constraint（完整性约束）
composite attribute type（复合属性类型）
conceptual data model（概念数据模型）
degree（度）
dependency（依赖）
derived attribute type（派生属性类型）
disjoint specialization（不相交特化）
disjointness constraint（不相交约束）
domain（域）
Enhanced Entity Relationship（EER）model（扩展的实体关系模型）
entity relationship（ER）model（实体关系模型）
entity type（实体类型）
existence dependency（存在依赖）
generalization（泛化）
information hiding（信息隐藏）
inheritance（继承）
key attribute type（键属性类型）
multi-valued attribute type（多值属性类型）
object（对象）
object constraint language（OCL，对象约束语言）
overlap specialization（重叠特化）
owner entity type（所有者实体类型）
partial categorization（部分分类）
partial participation（部分参与）
partial specialization（部分特化）
qualified association（限定关联）
relationship（关系）
relationship type（关系类型）
requirement collection and analysis（需求收集与分析）
roles（角色）
selective inheritance（选择性继承）
simple or atomic attribute type（简单或原子属性类型）
single-valued attribute（单值属性）
specialization（特化）
strong entity type（强实体类型）
temporal constraints（时间约束）
ternary relationship types（三元关系类型）
total categorization（完全分类）
total participation（完全参与）
total specialization（完全特化）
unidirectional association（单向关联）
Unified Modeling Language（UML，统一建模语言）
weak entity type（弱实体类型）

思考题

3.1 给定以上ER模型，下列陈述哪个是**正确**的？
  a. 一部电影中的主演可以和电影中的演员数一样多。
  b. PRODUCER是一个存在依赖实体类型。
  c. 一部电影的导演也可以在同一部电影中表演。
  d. 一部电影可以有多个演员、制片人和导演。

3.2 在以上的电影ER模型中，我们关注二元关系“PRODUCES”。假设我们添加一个属性类型“WORKING HOURS”，表示每位制片人在制作每部电影上花费的时间。以下哪种情况是可能的？
  a. 我们可以将属性类型“WORKING HOURS”迁移到“MOVIE”实体类型。
  b. 我们可以将属性类型“WORKING HOURS”迁移到“PRODUCER”实体类型。

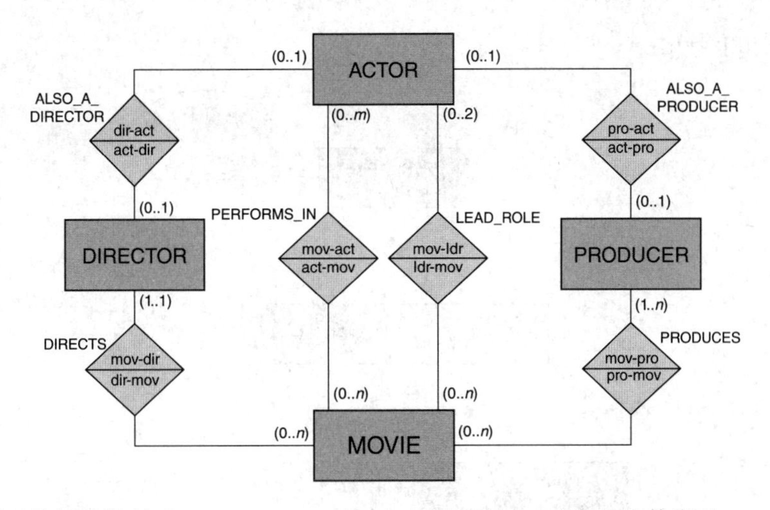

c. 我们可以将属性类型“WORKING HOURS”迁移到任意一个链接实体类型。

d. 我们可以将属性类型“WORKING HOURS”添加到关系类型 PRODUCES 中。

3.3 以下哪个陈述是**正确**的？

a. 如果将三元关系类型表示为三个二元关系类型，语义会丢失。

b. 一个三元关系类型总是可以表示为三个二元关系类型，而不会丢失语义。

c. 三种实体类型之间的三个二元关系类型始终可以由三个参与实体类型之间的三元关系类型替换。

d. 三元关系类型不能具有属性类型。

3.4 以下哪个陈述是**正确**的？

a. 弱实体类型只能具有一个属性类型。 b. 弱实体类型总是存在依赖的。

c. 一个存在依赖实体类型总是一个弱实体类型。 d. 存在依赖实体类型总是参与 1 : 1 的关系类型。

3.5 给定以下 ER 模型：

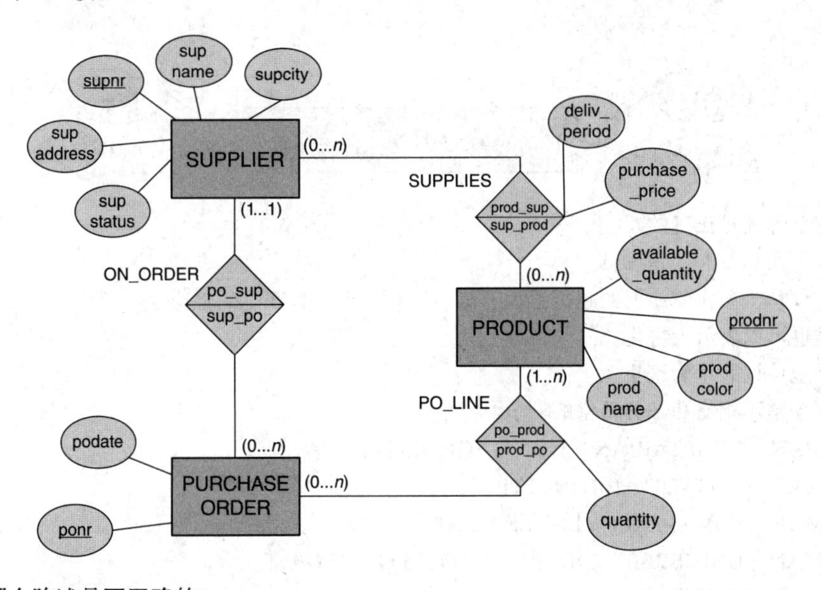

以下哪个陈述是**不正确**的？

a. 该 ER 模型不强制要求供应商只能有自身可以供应的产品的未完成采购订单。

b. 该 ER 模型有弱实体类型和存在依赖实体类型。

c. 根据该 ER 模型，供应商的地址不能超过一个。

d. 根据该 ER 模型，可以有供应商不提供产品，也没有未完成采购订单。

3.6　给定以下 EER 特化：

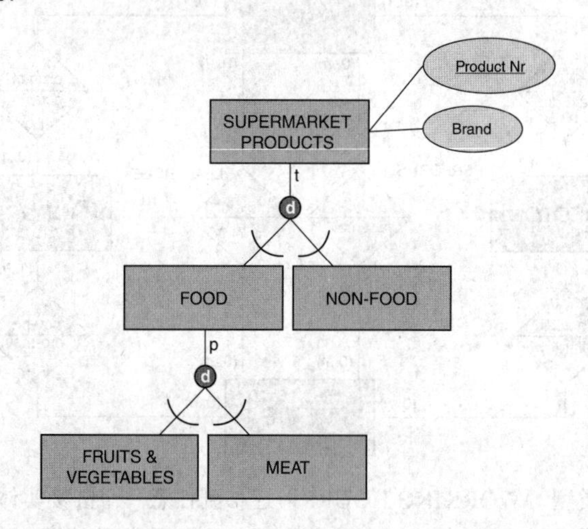

以下哪个陈述是**正确**的？

a. 一种超市产品可以同时是食品和非食品产品。

b. 有些超市产品不是水果和蔬菜，不是肉，也不是非食品。

c. 所有食品产品不是水果和蔬菜，就是肉。

d. 肉产品没有任何属性类型。

3.7　给定以下 EER 分类：

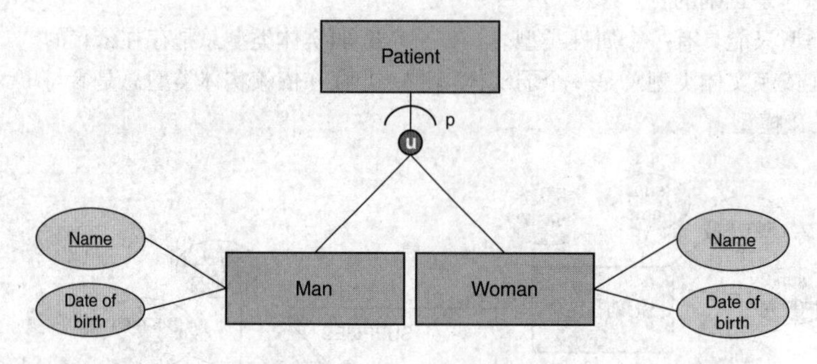

以下哪个陈述是**正确**的？

a. 所有男人和女人都是病患。

b. 病患仅从当前实体所属的超类继承“名称”和“出生日期”属性类型。

c. 分类也可以表示为特化。

d. 分类也可以表示为聚集。

3.8　以下哪个是**不相交**和**部分特化**的例子？

a. HUMAN→VEGETARIAN + NON-VEGETARIAN

b. HUMAN→BLONDE + BRUNETTE

c. HUMAN→LOVES FISH + LOVES MEAT

d. HUMAN→UNIVERSITY DEGREE + COLLEGE DEGREE

3.9　以下哪个陈述是**正确**的？

a. 聚集不能有属性类型。

b. 聚集不能参与关系类型。

c. 聚集既应具有属性类型，又应参与一种或多种关系类型。

d. 聚集可以有属性类型并参与关系类型。

3.10 以下哪个陈述是**正确**的?
   a. 类是对象的实例。
   b. 类只有变量。
   c. 面向对象不支持继承。
   d. 信息隐藏（也称为封装）指出，只能通过 getter 或 setter 方法访问对象的变量。
3.11 UML 中不直接支持哪个变量类型?
   a. 复合变量。
   b. 多值变量。
   c. 具有唯一值的变量（类似于 ER 模型中的键属性类型）。
   d. 派生变量。
3.12 以下哪个陈述是**不正确**的?
   a. 在 UML 中，访问修饰符可用于指定谁可以访问变量或方法。
   b. 如果变量或方法只能由类本身访问，则使用 private 访问修饰符（用符号“-”表示）。
   c. 如果变量或方法可以被其他类访问，则使用 public 访问修饰符（用符号“+”表示）。
   d. 如果变量或方法可由类及其超类访问，则使用 protected 访问修饰符（用符号“#”表示）。
3.13 以下哪个陈述是**正确**的?
   a. 关联是链接的一个实例。
   b. UML 类图仅支持二元关联。
   c. 关联总是双向的。
   d. 限定关联可用来表示弱实体类型。
3.14 一个组合聚集：
   a. 在复合端，最大多重性为 1，最小多重性为 0 或 1。
   b. 在复合端，最大多重性为 n，最小多重性为 0。
   c. 在复合端，最大多重性为 n，最小多重性为 0 或 1。
   d. 在复合端，最大多重性为 1，最小多重性为 1。
3.15 以下哪个陈述是**不正确**的?
   a. 可变属性指定变量值或链接上允许的操作类型。
   b. OCL 约束以程序方式定义。
   c. OCL 约束可用于各种目的，例如为类指定不变式，为方法指定前置条件和后置条件，在类之间导航或定义操作约束。
   d. 在 UML 中，依赖定义了“使用”关系，该关系指出 UML 建模概念规范中的更改可能会影响使用它的另一个建模概念。

问题和练习

3.1E 健身公司“Conan”希望为其会员和教练建立一个数据库。目的之一是记录有关哪些会员参加了哪些课程以及哪些教练负责了哪些课程的信息。

Conan 在各个城市经营着各种健身中心。每个健身中心都有一个唯一的名称（例如，Fitplaza、my6pack）。每个健身中心都有一个地址和一个或多个房间（可以将地址视为原子的）。每个房间都有最大的容量。在一个健身中心内，每个房间都有一个唯一的编号，例如 1、2、3 等。

人们可以在不同的健身中心注册个人或小组课程。每个小组课程仅需要一名教练。个别课程无须教练即可完成。对于每个人，我们要存储名、姓和出生日期。你可以假定名、姓和出生日期的组合是唯一的。对于每位教练，还将记录其文凭。一个人可以在一堂课中担任教练，而在另一堂课（个人或小组课）中成为参与者。该模型还应包括有关尚未参加任何课程的人员（例如，潜在客户）或尚未负责任何小组课程的教练（例如，实习生）的信息。

对于每个课程，应记录日期和开始时间。对于小组课程，还应存储类型（例如，有氧运动、健美造型等）。课程可以在同一天的同一时间开始，但可以在一个健身中心的不同房间或不同的健身中心。在给定日期的给定开始时间，最多可以在给定健身中心的给定房间中开始一个个人或小组课程。

建立 EER 模型和 UML 类图以对 Conan 的数据需求进行建模。评论两个模型的局限性。

3.2E　最近，欧盟为建立跨国研究数据库提供了资金，该数据库存储了在欧盟机构工作的研究人员的科学论文信息。Science Connect 是将建立此数据库的公司。

该系统将存储有关科研人员和研究机构的信息，两者分别由个人 ID 和机构代码唯一标识。该系统还为每个人记录了以下内容：电话号码，标识他 / 她的主要研究主题的关键字以及他 / 她工作的机构。一个人可以同时是一篇论文的作者和另一篇同行评审论文的审阅者。

该数据库将存储以下有关科学论文的信息。每篇科学论文都由 DOI（文档对象标识符）唯一标识，并且系统还存储论文的标题和作者。如果有多个作者，则存储每个作者的位置。Science Connect 区分两种科学论文：经过同行评审的科学论文或技术报告。该系统存储经过同行评审的论文的引用计数以及谁评审了该论文。技术报告始终由单个研究机构发布，而研究机构当然可以发布多个技术报告。

该系统跟踪不同的科学出版社（例如 IEEE、Elsevier）。出版社通过名称标识。出版社可以出版研究机构订阅的多种期刊。这些期刊由出版社（例如，*Decision Support Systems*）命名。出版社可以拥有与其他出版社同名的期刊。例如，IEEE 和 Elsevier 可能都有一本名为 *Management Science* 的期刊。该系统还存储了衡量期刊科学影响的影响因子。

最后，只有经过同行评审的论文才能在期刊上发表，而技术报告则不行。

建立 EER 模型和 UML 类图以对数据需求进行建模。评论两个模型的局限性。

3.3E　你的一个熟人认为他有下一个十亿美元创业想法，一个应用程序：Pizza Delivery with Entertainment。他从其他人那里听说你正在学习数据库管理课程，并要求你设计 EER 模型。之后，他将使用 EER 模型要求程序员实现该应用程序。

他解释了该应用程序的基本功能，如下所示：客户可以从餐厅订购披萨，然后将其送到特定的地址；如果愿意，他们可以选择特殊的“娱乐订单”。当订单是娱乐订单时，送货员在送出披萨之后与顾客待在一起，并在一定时间内（例如，通过唱歌、开玩笑、魔术等）娱乐顾客。

现在，对应用程序功能范围进行详细说明：当人们为应用程序创建账号并成为应用程序用户时，他们必须表明其生日并填写姓名和地址。每个用户都应该是唯一可识别的。

创建账号后，应该为用户提供三个选项：应用程序中的第一个选项是选择“企业所有者”。在这些企业所有者中，我们还要求他们提供其 LinkedIn 账号，以便将其添加到我们的专业网络中。每个企业所有者可以拥有多家披萨店。在这些披萨店中，我们要注册邮政编码、地址、电话号码、网站和营业时间。

每个披萨店都可以提供许多披萨。在这些披萨中，我们要保留名称（margarita、quattro stagioni 等）、外壳结构（例如经典的意大利外壳、深盘外壳、奶酪外壳）和价格。尽管来自不同披萨店的两个披萨可能具有相同的名称，但它们不会完全相同，因为口味会有所不同，因此应将其视为唯一的。此外，即使披萨的价格相同，例如纽约 Pizza Pronto 的 margarita 披萨售价为 12 美元，新加坡 Pizza Rapido 的 margarita 披萨也售价 12 美元，但披萨也应该是可区分的。

应用程序中的第二个选项是选择“饥饿的客户”。对于这些饥饿的客户，我们需要一个送货地址。饥饿的客户可以下披萨订单。每个订单都有一个 ID，我们希望我们的应用记录下订单的日期和时间。我们还允许饥饿的客户指出最晚的交货时间，并询问订单的人数。一个订单可以订购一个或多个披萨。

同样，可以做出一种特殊的订单：娱乐订单。并非每个订单都必须是娱乐订单。但是，当饥饿的客户表示他想在吃披萨时得到娱乐，我们不仅要记录所有常规的订单信息，还要记录用户要求的娱乐类型以及持续时间。

应用程序中的第三个选项是选择“娱乐者”。当用户选择娱乐者时，他们需要提供一个艺名，写一个关于自己的简短简历，并标明每 30 分钟的价格。每个娱乐订单都由一名娱乐者完成。每个娱乐者都可以选择他想要在哪个披萨店工作。对于娱乐者希望工作的每家披萨店，他都应按日（星期一、星期二、星期三等）表明自己的空闲状态。

建立 EER 模型和 UML 类图以对数据需求进行建模。评论两个模型的局限性。

3.4E 受 Spotify 成功的吸引，一群学生希望建立自己的音乐流媒体网站 Musicmatic。作为经济学者，他们不了解数据库的特殊性，因此要求你创建 EER 模型。

大量的歌曲将通过其网站提供，并且网站需要存储每首歌曲的以下信息：标题、年份、时长和类型。此外，还将添加歌手信息，包括其出生日期、姓名和网站网址（例如 Wikipedia 页面）以及有关歌手的其他信息。可以假设一位歌手可以通过其姓名进行唯一标识，并且一首歌曲始终完全属于一位歌手。音乐系学生还指出，具有相同标题的歌曲是可能的，所以只能假定歌曲和歌手的组合是唯一的。

该数据库还必须存储有关使用 Musicmatic 的人员信息。它只区分两种类型的用户：可以购买音乐的普通用户和提供内容（上传音乐）的业务用户。为每个用户记录以下信息：（唯一）ID、姓名和地址。业务用户还将具有增值税号。

学生们希望提供灵活的服务，因此决定业务用户只能上传个人歌曲。这些歌曲分为单曲或热门歌曲，普通用户可以直接购买单曲。另外，人们可以创作包含多首热门歌曲（无单曲）的专辑。专辑中每首歌曲的位置都作为曲目号存储在数据库中。请注意，普通用户的专辑可以转化为对具有类似购买行为的其他普通用户的建议。

最后，用户在某些情况下（例如，下载单曲或专辑时）可以是普通用户，而在其他情况下（例如，将自制歌曲上传到 Musicmatic 时）可以是业务用户。

建立 EER 模型和 UML 类图以对数据需求进行建模。评论两个模型的局限性。

3.5E 最近，建立了一个新的社交网站 Facepage。鉴于当前的趋势，Facepage 的经理们坚信这将在不久的将来成为新的宣传热点。

当新用户要加入 Facepage 时，他们首先需要在表单中填写其个人信息（即 ID、姓名、电子邮件和出生日期）。用户具有唯一的 ID。然后，一个账号被创建。由数据库系统自动生成的账号编码唯一标识一个账号。用户需要指定他喜欢哪种账号类型：企业账号或个人账号。企业账号是专门为支持公司的营销活动而设计的。当用户决定开设企业账号时，他必须指定公司名称。拥有企业账号的用户按月付费。当用户选择个人账号时，他可以与其他 Facepage 用户保持联系。仅个人账号可以发送或接收朋友的请求。

无论目的如何，维护多个账号都违反了 Facepage 的使用条款。如果用户已经拥有一个个人（企业）账号，则 Facepage 出于任何原因都不允许用户创建其他个人或企业账号。

每个账号可以创建多个页面。虽然每个页面必须仅由一个账号管理，但个人账号可以被授予访问其他个人账号页面的特权（例如，在朋友墙上写东西，调整某些信息）。对于每个页面，记录页面名称和访问次数。对于每个账号，不能存在两个具有相同名称的页面。具有公司资料的用户可以创建一种特殊的页面类型：广告页面。该页面记录了几个功能，例如跳出率、点击率和转换率。跳出率是页面上立即离开的访问者百分比。点击率是点击页面上特定横幅广告的访问者百分比。转化率是指完成预定目标（例如购买或交易）的访问者百分比。

建立 EER 模型和 UML 类图以对 Facepage 的数据需求进行建模。评论两个模型的局限性。

数据管理的组织方面

本章目标 在本章中，你将学到：

- 理解数据管理的基本概念；
- 理解目录、元数据、数据质量和数据管理的作用和重要性；
- 识别数据库建模和管理中的关键角色；
- 了解信息架构师、数据库设计人员、数据所有者、数据管理员、数据库管理员和数据科学家之间的区别。

情景导入 Sober 公司意识到其整个业务模型的成功取决于数据，并且希望确保以最佳方式管理数据。该公司正在研究如何组织数据管理工作，并想知道要雇用的相应职位的资料。但是它遇到了两方面的困难：一方面，Sober 希望拥有合适的数据管理团队来确保最佳的数据质量；另一方面，Sober 只有有限的预算来组建该团队。

在这一章中，我们着重来看数据管理的组织方面。我们首先详细介绍数据管理，并回顾目录和元数据的基本作用，这两部分内容在第 1 章中已有介绍。然后我们讨论元数据建模，它基本上遵循我们在第 3 章中描述的数据库设计过程相类似的过程。数据质量的重要性和基本维度也全部进行了讲述。接下来，我们将数据管理作为一种企业文化来保证数据质量。最后，我们总结回顾了数据建模和管理中的各种角色，例如信息架构师、数据库设计师、数据所有者、数据管理员、数据库管理员和数据科学家。

4.1 数据管理

数据管理需要对数据以及相应的数据定义或者元数据进行适当的管理。它旨在确保（元）数据具有良好的质量，从而确保为做出有效且高效的管理决策提供关键资源。在接下来的章节中，我们首先回顾了目录、元数据的作用以及建模，之后是关于数据质量和数据管理的讨论。

4.1.1 目录和元数据的作用

良好的元数据管理的重要性不可低估。在过去，这通常被忽略，从而在需要更新或维护应用程序时导致严重的问题。在基于文件的数据管理方法中，元数据分别存储在每个应用程序中，从而产生了第 1 章中讨论的问题。与原始数据一样，元数据也是需要正确建模、存储和管理的数据。因此，数据建模的概念也应该以同样的方式应用于元数据。在 DBMS 方法中，元数据存储在目录中，有时也称为数据字典或数据存储库，它构成了数据库系统的核心。这有助于有效回答问题，例如哪些数据存储在数据库中的什么位置？谁是数据的所有者？谁有权访问数据？数据如何定义和结构化？哪些交易处理哪些数据？数据是否被复制以及如何保证数据的一致性？定义了哪些完整性规则？多久进行一次备份？该目录可以是

DBMS 的组成部分，也可以是必须手动更新的独立组件。集成方案是更好的，并且在现代 DBMS 中更为普遍。

目录为最终用户、应用程序开发人员和 DBMS 本身提供了重要的信息来源。请记住，数据定义是由 DDL 编译器生成的。DML 编译器和查询处理器使用元数据来解决查询并确定最佳访问路径（请参见第 2 章）。

目录应提供对各种功能的支持。它应该为元数据的描述实现一个可扩展的元模型。它应该具有导入和导出数据定义并为元数据的维护和重用提供支持的功能。每当原始数据更新时，存储的完整性规则都应得到持续监控和执行。通过这样做，目录可确保数据库始终处于一致且正确的状态。它应该通过明确定义哪些用户有权访问哪些数据来支持用户方便地访问数据。这些已被 DBA 广泛用于性能监视和调整。此外，DBMS 的查询优化器还依赖于这些统计信息来确定查询的最佳执行路径。

知识延伸 不同的供应商可能为目录采用不同的名称。例如，在 Oracle 中它被称为数据字典，在 SQL Server 中被称为系统目录，在 DB2 中被称为 DB2 目录或系统目录，在 MySQL 中被称为信息模式。

知识关联 在第 7 章我们讨论如何为一个目录设计关系数据库并且阐明了它是如何定义的和如何使用 SQL 来查询。

4.1.2 元数据建模

元模型是一种原始数据的数据模型。元模型决定了可以被存储的元数据的类型。就像原始数据一样，一个数据库设计流程可以被用来设计存储元数据的数据库（见第 3 章）。正如之前所讨论的一样，第一步是设计一个概念模型，可以是 EER 模型或者 UML 模型。图 4-1 展示了一个元模型的例子，在这个例子中使用的是 EER 概念模型。关系类型 R_1 和 R_2 为属性和实体或关系之间的关系建模。关系类型 R_3 指定哪些实体参与哪些关系。关系类型 R_4 是实体类型、关系类型和角色之间的三元关系类型。R_5 和 R_6 将参与泛化的实体建模为超类或子类。我们假设每个泛化都有一个超类（R_5）和一个或多个子类（R_6）。

4.1.3 数据质量

数据质量（DQ）通常定义为“适合使用”，这意味着该概念的相对性质。在一个决策上下文中质量可接受的数据在另一个决策上下文中可能会被认为质量差，即使是同一业务用户。例如，会计任务对数据完整性的要求可能并不是分析性销售预测任务所要求的。

数据质量决定了数据对业务的内在价值。信息技术只起到放大这个内在价值的作用。因此，高质量的数据与有效的技术相结合是一项巨大的资产，但是如果低质量的数据与有效的技术相结合将是一项巨大的负债。这有时也被称作 GIGO（垃圾输入，垃圾输出）原则，它指出，即使使用最好的技术，错误的数据也会导致错误的决策。基于无用数据做出的决策已经让公司损失了数十亿美元。一个常见的例子是客户数据。据估计，大约有 10% 的客户每年更换地址。过时的客户地址可能会对邮购公司、包裹运送商或政府服务产生重大影响。

差的 DQ 在许多方面影响组织。在运营层面，它影响客户满意度，增加运营费用，并将导致员工工作满意度降低。同样，在战略一级，它影响决策过程的质量。数据库规模的指数增长加剧了 DQ 问题的严重性。这使得 DQ 管理成为当今数据经济中最重要的业务挑战之一。

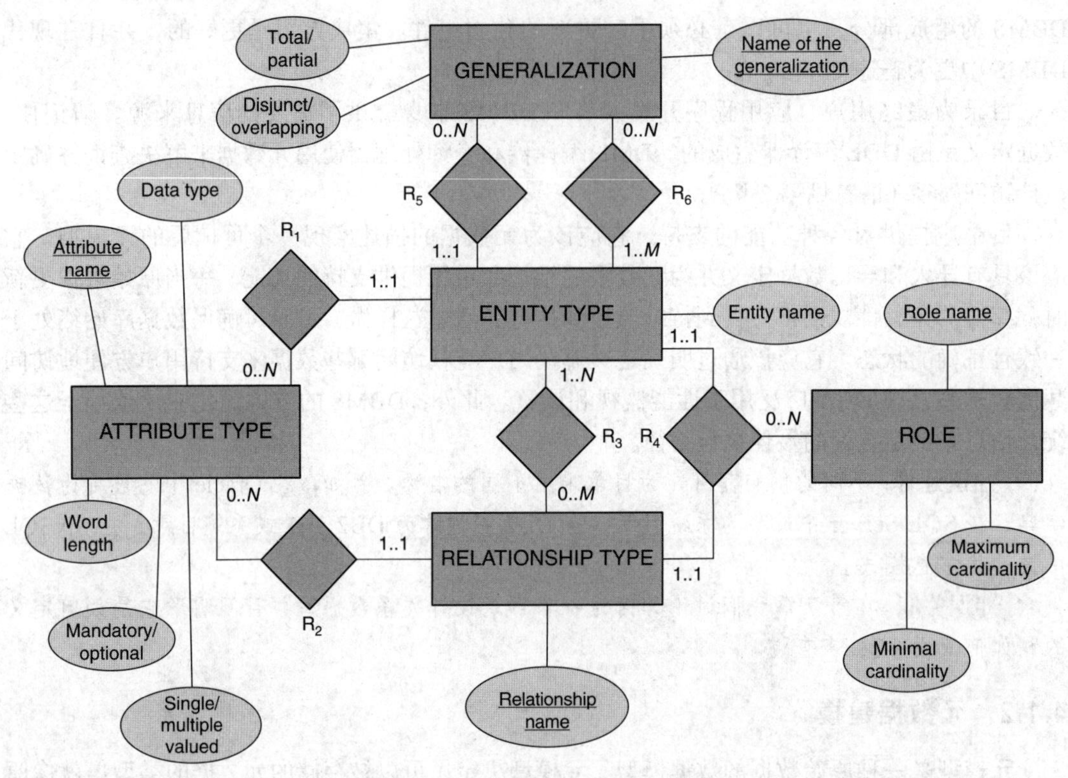

图 4-1　EER 模型的 EER 概念模型

1. 数据质量维度

数据质量是一个多维的概念，其中每个维度代表一个方面或结构，包括客观和主观的视角㊀。有些方面是绝对的，而其他方面则取决于数据使用者的工作或经验。因此，根据 DQ 的维度来定义它是很有用的。

DQ 框架对数据质量的不同维度进行了分类。存在不同的 DQ 框架，但是现在最流行的是由 Wang 等人㊁提出来的。如表 4-1 所示，它展示了分成 4 个类别的不同 DQ 维度㊂。框架背后的目的是捕获数据消费者（而不是 ICT 专业人士）认为的 DQ 的广泛概念，因为它们才是使用数据的人。该框架提供了一种有效测量、分析和改善数据质量的方法。它是通过两阶段调查与完善的经验研究方法相结合而建立的。

固有类别表示数据值符合实际值或真实值的程度。它表示数据应具有良好的质量。**上下文类别**衡量数据适合于数据消费者任务的程度。显然，这可能随时间和数据消费者而变化。**表示类别**表示以一致且可解释的方式表示数据的程度。因此，它涉及数据的格式和含义。**访问类别**表示以安全方式获取和获得数据的程度。在当今的网络环境中，这尤其重要，因为数据分布在各个平台上。每个类别都有多个维度，如表 4-1 所示。高质量的数据应该本质上是良好的，在上下文上适合于该任务，应该清楚地表示出来，并且数据消费者可以访问。

某些维度（例如准确性和客观性）有助于进行数据本身固有的客观评估，而与使用数据

㊀ Moges H.T., Dejaeger K., Lemahieu W., Baesens B., A multidimensional analysis of data quality for credit risk management: New insights and challenges, *Information and Management*, 2013; 50(1): 43–58.

㊁ Wang R.Y., Strong, D.M. Beyond accuracy: What data quality means to data consumers, *Journal of Management Information Systems*, 1996; 12(4).

㊂ 这些类别中的实际维度与原始框架略有不同，是基于 Moges 等人（2013）的工作。

的上下文无关。其他维度无法绝对衡量，并且会随使用环境或手头任务而变化。现在，我们在表 4-1 中讨论一些最重要的 DQ 维度。

表 4-1　数据质量维度

类　别	DQ 维度	定　义
固有类别	精确性	数据的可认证、无错误、正确、无缺陷，可信赖
	客观性	数据无偏见，基于事实和中立
	重要性	数据在其来源或内容方面受到高度重视的程度
上下文	完整性	数据未丢失，满足要求，并且对手头的任务具有足够的广度和深度的程度
	适量	适合手头任务的数据量
	增值	数据是有益的并且能够从中获得好处的程度
	相关性	数据对于手头的任务可应用和有帮助的程度
	及时性	数据对于手头的任务足够新的程度
	可操作性	数据可供使用的程度
表现形式	可解释性	数据以合适的语言、符号和定义清晰表示的程度
	易理解性	数据容易理解的程度
	一致性	数据以相同格式连续显示的程度
	简洁性	数据的紧凑表示、良好表示、良好组织和良好格式化的程度
	叠合性	数据可协调（兼容）的程度
访问	可访问性	数据可用的程度，或被容易和迅速检索的程度
	安全性	适当限制数据访问以维护其安全性的程度
	可追溯性	数据可追溯到源的程度

准确性

准确性是指为一个对象存储的数据值是否正确。例如，假设客户的生日日期值为 1975 年 2 月 27 日。如果客户数据库的 BIRTH_DATE 数据元素期望使用美国格式的日期，则日期 02/27/1975 将是正确的。日期 02/27/1976 将是不正确的，因为它是错误的值。日期 27/02/1975 也将是不正确的，因为它遵循欧洲而不是美国的表示形式。此示例还说明了精度维度与其他 DQ 维度高度相关。通常，在根本原因分析之后，最初被标记为准确性问题的质量问题会变成其他问题，如表示问题（例如，美国相对于欧洲的符号）或**时效性**问题（例如，客户地址已经废弃）。

完整性

另一个至关重要的方面是数据的完整性。**完整性**维度至少可以从三个角度来看：模式完整性、列完整性和总体完整性。所谓*模式完整性*，是指模式中缺少实体类型和属性类型的程度。模式完整性问题的一个示例可能是缺少的 ORDER 实体类型或缺少的电子邮件地址属性类型。*列完整性*考虑在数据表的一列中缺失值的程度。列完整性问题的一个示例可能是关于一个客户的出生日期的缺失值。*总体完整性*表示总体中必需成员的存在或不存在的程度。总体完整性问题的一个示例可能是缺少 SUPPLIER 实体类型的重要供应商实体。

表 4-2 给出了三个列完整性问题的示例。尽管乍看之下，空值似乎相同，但这可能有多种原因。例如，假设 Wilfried Lemahieu 没有电子邮件地址，那么这不是一个不完整的问题。

如果 Seppe vanden Broucke 有一个电子邮件地址，但未知，那么这将是一个不完整的问题。最后，我们不知道 John Edward 是否有电子邮件地址，因此我们没有足够的信息来确定这是否是不完整的问题。

表 4-2　列完整性

序号	名	姓	生　日	邮　箱
1	Bart	Baesens	27/02/1975	Bart.Baesens@kuleuven.be
2	Wilfried	Lemahieu	08/03/1970	空
3	Seppe	vanden Broucke	09/11/1986	空
4	John	Edward	14/20/1955	空

一致性

一致性维度也可以从多个角度来看。例如，可以关注一个表或多个表中冗余或重复数据的一致性：表示同一实际概念的不同数据元素应彼此一致。另一个观点是两个相关数据元素之间的一致性。例如，城市名称和邮政编码应保持一致。一致性也可以指不同表中使用的同一数据元素的格式一致性。否则，两个值可能既正确又无歧义，但仍会引起问题，例如，New York 和 NY 的值可能都指同一城市。这些不一致的示例通常是其他 DQ 维度潜在问题（例如准确性或完整性）的症状。

可访问性

可访问性维度反映了从基础数据源检索数据的难易程度。通常，将在安全性和可访问性维度之间进行权衡。加强安全性的措施越多，获得数据访问的障碍就越多。这种权衡在 DQ 维度之间很常见。另一个例子是在及时性和完整性之间进行权衡。迅速交付数据的压力越大，则可以采取较少的措施来检测和解决缺失值。

2. 数据质量问题

数据质量是一个多维度的概念。因此，数据质量问题可能会以多种方式产生。下面列出了一些常见的数据质量较差的原因：

- 多个数据源：具有相同数据的多个源可能会产生重复项——一致性问题。
- 数据生产中的主观判断：使用人为判断（例如意见）进行数据生产会导致产生有偏见的信息——客观性问题。
- 计算资源有限：缺乏足够的计算资源和数字化可能会限制相关数据的可访问性——可访问性问题。
- 数据量：大量的存储数据使其很难在合理的时间内访问所需的信息，这是可访问性的问题。
- 不断变化的数据需求：由于新的公司战略或者新的技术的引入，数据需求不断变化——这是一个相关的问题。
- 在不同的过程中使用和更新相同的数据——一致性问题。

自数字时代开始以来，造成 DQ 问题的这些原因一直存在。但是，最初大多数数据处理应用程序和数据库系统都相对隔离的存在，即所谓的孤岛。从公司范围的数据共享角度来看，这远非理想的情况，但是至少数据的生产者和消费者基本上是同一个人，或者属于同一部门或业务部门。一个人最清楚自己的数据存在哪些 DQ 问题，人们通常会根据对数据的熟悉情况以临时的方式进行处理。但是随着业务流程集中，全公司范围的数据共享以及将来自各种操作系统的数据用于战略决策的出现，数据生产者和消费者之间已经大为分离。因此，负责输入数据的人员并不完全了解使用数据的人员或使用数据的不同业务流程的 DQ 要求。此外，使用相同数据的不同任务可能具有非常不同的 DQ 要求。

4.1.4　数据治理

由于存在我们在上一节所介绍的 DQ 问题，越来越多的组织实施公司范围内的数据治理计划，以测量、监视和改进与其相关的 DQ 维度。为了管理和维护 DQ，应该建立一种**数据治理**文化，分配明确的角色和职责。数据治理的目的是建立一种在整个公司范围内受 DQ 管理流程支持的 DQ 控制和支持方法。核心思想是将数据作为资产而不是负债进行管理，并对数据质量采取积极主动的态度。要取得成功，它应该是公司治理的关键要素，并得到高级管理层的支持。世界各地的国际监管机构通过特定于业务的合规性指南进一步放大了数据治理的重要性。例如，《巴塞尔协议》和《偿付能力协议》为信用风险和保险范围内的数据治理提供了明确的指导原则。[1]

为 DQ 管理和改进引入了不同的框架。有些扎根于（一般）质量管理，而另一些扎根于数据质量。另一类框架关注 DQ 管理流程的成熟度。他们旨在评估 DQ 管理的成熟度，以了解成熟组织中的最佳实践并确定需要改进的地方。此类框架的流行示例包括：全面数据质量管理（TDQM）、全面质量管理（TQM）、能力成熟度模型集成（CMMI）、ISO 9000、信息和相关技术的控制目标（CobiT）、数据管理知识体系（DMBOK）、信息技术基础架构库（ITIL）和 Six Sigma。大多数框架都有科学依据，并考虑了不同行业中各种数据利益相关者的观点和知识。

知识关联　数据质量和数据管理将在第 18 章进行进一步的讨论。本章还将放大现有技术的领域，这些技术可以集成来自多个源的数据，并且这些技术在 DQ 维度上需要进行不同的权衡。

例如，图 4-2 中说明了 TDQM 框架[2]。一个 TDQM 框架包含四步：定义、测量、分析和提升——反复执行。定义步骤使用例如表 4-1 中的框架来识别相关的 DQ 维度。然后可以在测量步骤中使用指标来量化这些度量。一些示例度量标准是：错误地址的客户记录的百分比（精确性），缺少出生日期的客户记录的百分比（完整性）或者是一个指定上一次更新客户数据的时间（及时性）。分析步骤尝试确定已诊断 DQ 问题的根本原因。这些可以在提升步骤中加以补救。示例操作可能是：自动和定期验证客户地址，添加使生日成为必填数据字段的约束以及在前六个月内未更新客户数据时生成警报。

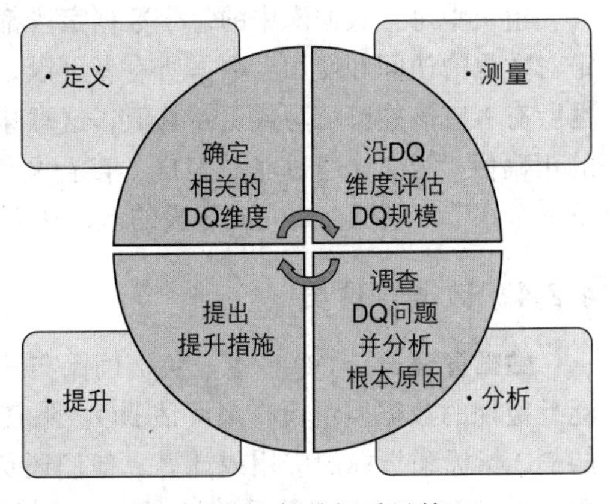

图 4-2　全部数据质量管理

如果出于技术限制或战略优先考虑的原因，短期内无法进行实际 DQ 提升，可能需要采取部分解决方案，即使用有关其质量的明确信息来注释数据。这样的 DQ 元数据可以与其他元数据一

[1] Baesens B., Roesch D., Scheule H., *Credit Risk Analytics: Measurement Techniques, Applications and Examples in SAS*, Wiley, 2016.

[2] Wang R.Y. A product perspective on Total Data Quality Management. *Communications of the ACM*, 1998; 41(2).

起存储在目录中。这样，DQ 问题不会得到解决，但是至少组织中的数据消费者会意识到这些问题，并且可以在执行任务时采取必要的预防措施。例如，信用风险模型可以合并其他风险因素，以解决从 DQ 元数据得出的数据不确定性问题。不幸的是，由于缺乏感知的附加值，许多公司仍然忽略 DQ 问题。因此，许多数据治理工作（如果有）大多是被动的和临时性的，只能解决发生的 DQ 问题。

节后思考

- 讨论数据质量的一些关键维度。
- 数据治理如何有助于提高数据质量？

4.2 数据管理中的角色

在本节中，我们将讨论数据管理上下文中的各种作业配置文件。我们介绍了信息架构师、数据库设计师、数据所有者、数据管理员、数据库管理员和数据科学家。这些角色中的每一个对于确保高 DQ 并将数据转换为实际业务价值都是至关重要的。根据数据库和公司的规模，可以将多个配置文件合并为一个职位描述。

4.2.1 信息架构师

信息架构师（也称为**信息分析师**）设计概念数据模型，最好与业务用户对话。他弥合了业务流程和 IT 环境之间的鸿沟，并与数据库设计人员紧密合作，后者可以帮助选择概念数据模型的类型（例如 EER 或 UML）和数据库建模工具。

4.2.2 数据库设计师

数据库设计师将概念数据模型转换为逻辑和内部数据模型。他还协助应用程序开发人员定义外部数据模型的视图。为了便于将来维护数据库应用程序，数据库设计师应在创建各种数据模型时定义公司范围内的统一命名约定。

4.2.3 数据所有者

组织中每个数据库中的每个数据字段都应归**数据所有者**所有，该数据所有者有权最终决定对数据的访问和使用。数据所有者可以是数据的原始生产者，其使用者之一或第三方。数据所有者应该能够填写或更新其值，这意味着数据所有者了解该字段的含义并可以访问当前的正确值（例如，通过联系客户、查看文件等）。数据管理员可以要求数据所有者（请参阅下一个小节）以检查或完成字段的值，从而更正 DQ 问题。

4.2.4 数据管理员

数据管理员是 DQ 专家，负责确保实际业务数据和相应元数据的质量。他们通过执行广泛且定期的数据质量检查来评估 DQ。除其他评估步骤外，这些检查涉及对最相关 DQ 维度的 DQ 指标和指标的应用或计算。他们还负责采取主动行动，并根据结果采取进一步行动。要采取的第一类行动是采取纠正措施。但是，数据管理员本身不负责纠正数据，因为这通常是数据所有者的责任。根据 DQ 评估结果采取的第二种类型的行动涉及对发现的 DQ 问题的根本原因进行更深入的调查。了解这些原因可以允许设计针对 DQ 问题的预防措施。预防措施可以包括修改数据起源的操作信息系统（例如，使字段为必填字段，提供可能值的下拉列表，合理化界面等）。同样，可以立即根据预定义的完整性规则检查输入到系统中的值的有效性，如果违反了这些规则，则可能要求用户更正数据。例如，公司税务门户网站可能要求根据员工的社会保险号来识别员工，可以通过联系社会保险号数据库实时检查员工的社会保险号。实施此类预防措施需要负责该应用程序的 IT 部门的密切参与。总体而言，防止错误数据进入系统通常比事后更正错误更具成本效益。但是，由于输入数据中的非必要 DQ 问题，应注意不要拖慢关键过程。

4.2.5 数据库管理员

数据库管理员（DBA）负责数据库的实现和监视。示例活动包括：安装和升级 DBMS 软件；备份和恢复管理；性能调整和监控；内存管理；复制管理；安全和授权。DBA 与网络和系统管理者紧密合作。他还与数据库设计师进行交互以降低运营管理成本并保证商定的服务级别（例如，响应时间和吞吐量）。

知识延伸 劳工统计局（Bureau of Labor Statistics㊀）的信息显示，数据库管理员通常具有与信息或计算机相关的学科（例如计算机科学）的学士学位。2015 年，他们的年薪中位数为 81 710 美元。由于数据的大量增长，从 2014 年到 2024 年，DBA 的就业量预计将增长 11%，这快于所有职业的平均水平。

知识关联 我们将在第 20 章中进一步讨论数据科学，还将详细介绍数据科学家的技能。

4.2.6 数据科学家

在数据管理的背景下，**数据科学家**是一个相对较新的职位。他使用最先进的分析技术来分析数据，以提供有关例如客户行为的新见解。数据科学家具有将 ICT 技能（例如编程）与定量建模（例如统计数据）、业务理解、沟通和创造力相结合的多学科概况。

节后思考

- 讨论数据管理中的作业配置文件。哪些可以合并？
- 数据所有者与数据管理员之间有何区别？
- 数据科学家的主要特征是什么？

总结

在本章中，我们重点讲述了数据管理的组织方面。我们阐明了元数据的关键作用及其适当的建模。我们回顾了数据质量，并说明了数据治理如何对其做出贡献。最后，我们回顾了数据管理中的关键角色：信息架构师、数据库设计师、数据所有者、数据管理员、数据库管理员和数据科学家。

情景收尾 现在，Sober 对良好的元数据和数据质量的重要性有了更好的了解，因此制定了一个由总体数据质量管理框架㊁启发的数据治理计划。它还将为数据管理分配明确的角色和职责。但是，由于 Sober 是一家新兴公司，并且预算有限，因此必须将其中一些预算结合起来。Sober 雇用了两个数据管理配置文件：第一个将担任信息架构师、数据库设计师、数据所有者和 DBA 的角色，第二个将担任数据管理员和数据科学家的角色。两者将合并在一个数据管理业务部门中，并且需要紧密协作。

㊀ 参见 www.bls.gov/ooh/computer-and-information-technology/database-administrators.htm。

㊁ Wang R.Y., A product perspective on Total Data Quality Management. *Communications of the ACM*, 1998; 41(2).

关键术语表

access category（访问类别）
accessibility（可访问性）
accuracy（精确性）
catalog（目录）
completeness（完整性）
consistency（一致性）
contextual category（上下文类别）
data governance（数据治理）
data management（数据管理）
data owner（数据所有者）
data quality（DQ，数据质量）
data scientist（数据科学家）
data steward（数据管理员）
database administrator（DBA，数据库管理员）
database designer（数据库设计师）
DQ frameworks（DQ 框架）
information analyst（信息分析员）
information architect（信息架构师）
intrinsic category（固有类别）
metamodel（元模型）
representation category（表示类别）
timeliness（及时性）

思考题

4.1 下列哪一个陈述是**正确**的？
  a. 目录构成数据库的核心。它可以是 DBMS 的组成部分，也可以是独立组件。
  b. 目录通过指定所有完整性规则等措施，确保数据库继续正确。
  c. 目录描述了元模型中定义的所有元数据组件。
  d. 以上都正确。

4.2 数据管理员会注意到数据库的一部分包含不同语言的值。这是哪种类型的数据质量错误？
  a. 固有的　b. 语境的　c. 代表性的　d. 可访问性

4.3 以下陈述是对还是错：“数据库的精确性取决于其表示形式和上下文特征。”
  a. 正确的　b. 错误的

4.4 为什么数据不完整可以证明是有用的信息？
  a. 我们可以跟踪数据库模型中的错误，例如更新导致不一致的错误。
  b. 我们可以跟踪找出不完整的根源，从而消除造成不完整的原因。
  c. 我们可以在不完整的字段中跟踪某些模式，这可能会导致有关某个用户的更多信息。
  d. 上述全部。

4.5 以下哪个陈述**不正确**？
  a. 主观性可能会导致数据质量问题。
  b. 跨多个部门共享数据可能会导致一致性问题。
  c. 数据质量始终可以客观衡量。
  d. 数据质量的各个方面都需要定期检查，因为数据库甚至公司的每一次更改都可能导致无法预料的问题。

问题和练习

4.1E 讨论元数据建模和目录的重要性。

4.2E 定义数据质量并讨论为什么它是一个重要的概念。什么是最重要的数据质量维度？举例说明。

4.3E 讨论全面数据质量管理（TDQM）数据治理框架，并举例说明。

4.4E 讨论和对比数据管理中的各种角色。明确指出所需的关键活动和技能。讨论可以合并哪些工作。

数据库系统类型

传统数据库

本章目标 在本章中，你将学到：

- 理解传统数据库的基本概念的重要性；
- 了解分层模型的基本构件和限制；
- 了解 CODASYL 模型的基本构件和局限性。

情景导入 Sober 购买了 Mellow Cab 的客户数据库，该数据库最近在多年高居榜首之后退出了出租车业务。Mellow Cab 自 20 世纪 70 年代中期投入市场以来，仍然在使用过时的数据库技术。它使用 CODASYL 来存储和管理客户数据。Sober 对这项技术并不熟悉，并希望在决定继续使用它或投资购买现代 DBMS 之前先了解其局限性。

在这一章中，我们简要概述了传统数据库技术及其逻辑数据模型。尽管它们已经过时并且在语义上不如现代数据库，但是我们仍有三个理由对其进行审查。首先，由于历史原因和有限的 IT 预算，许多公司仍然在使用传统的数据库，因此，了解这些模型的基本特性有助于维护相应的数据库应用程序以及逐渐迁移到现代 DBMS。其次，了解这些传统模型的基础将有助于更好地了解新型数据库技术的语义丰富性。最后，这些传统模型最初引入的过程 DML 和导航访问的概念也已经被较新的数据库（如 OODBMS）所取代。

在本章中，我们将介绍分层数据模型和 CODASYL 数据模型。在整个讨论中，我们广泛讨论了两种模型的表现能力和局限性。

5.1 分层模型

分层模型是最早开发的数据模型之一。该模型起源于美国宇航局的阿波罗登月计划。为了管理收集的大量数据，IBM 开发了信息管理系统（IMSDBMS）（1966～1968 年）。没有可用的正式描述并且它还有很多的限制，因此它被认为是**传统的**。

分层模型的两个关键构建块是记录类型和关系类型。**记录类型**是描述相似实体的一组记录。考虑了产品记录类型或者供应商记录类型。记录类型具有零个、一个或者多个记录。它由字段或数据项组成。产品记录类型具有领域产品编号、领域产品名称、领域产品颜色等。

关系类型包含两个记录类型。它为记录类型的关系建模。只有分层结构可以被建模，或者换句话说，只有 1 : N 的关系类型才可以被建模。因此，一个父记录可能会有很多相同的数据类型的记录，但是一个子记录最多只有一个父记录。记录类型可以是多种父子关系类型中的父项，但它最多可以作为子项参与一种关系类型。关系类型可以嵌套（即子记录类型可以是另一个父子关系类型中的父项，从而可以建立层次结构）。根记录类型是位于层次结构顶部的记录类型，而叶记录类型位于层次结构的底部。

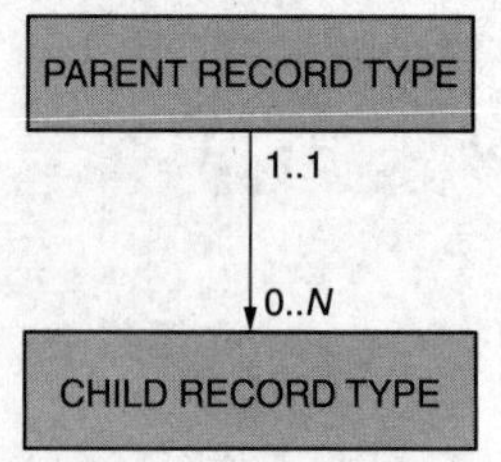

图 5-1 父子关系类型

图 5-1 显示了父子关系类型的示例。父记录可以连接到最小 0 和

最大 N 个子记录。子记录可以连接到最小一个父记录和最大一个父记录。因此，子记录始终精确地连接到一个父记录。分层模型中不支持其他基数，这使得它在表达能力方面非常严格。请记住，关系类型总是根据其最大基数进行汇总。在我们的例子中，可以说分层模型仅支持 $1:N$ 关系类型。

图 5-2 显示了一个简单的分层模型的示例。我们有三种记录类型：部门、员工和项目。部门记录类型具有三个数据字段：部门编号、部门名称和部门位置。部门记录类型参与两种父子关系类型。一个部门可以有零到 N 名员工。员工始终连接到一个部门。一个部门可以处理零到 N 个项目。一个项目总是由一个部门来完成。这是一个非常简单的层次结构。部门是根记录类型，员工和项目都是叶记录类型。

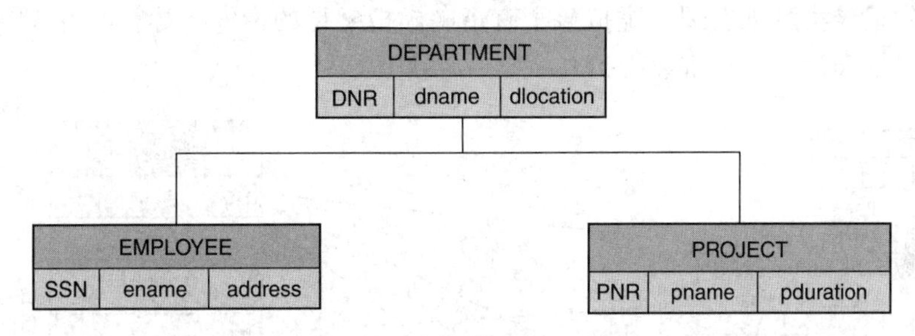

图 5-2　父子关系类型示例

在分层模型中，需要通过从分层结构的根结点向下导航来检索所有的记录数据。换句话说，采用的 DML 是程序性的，效率不高。分层模型也非常严格，并且在表达能力方面受到限制，因为它仅允许 $1:N$ 关系类型。不支持对 $N:M$ 或 $1:1$ 关系类型进行建模。因此，这些必须通过使用其他的方法来进行实现。要想实现 $N:M$ 的关系类型，我们可以将一种记录类型指定为父记录类型，将另一种记录指定为子记录类型。换句话说，我们将网络结构转化为树结构，显然会损失语义。任何关系类型属性（例如，员工在项目中工作的小时数）都将放入子记录类型。该解决方案创建了**冗余**，该冗余取决于子记录类型中的数据量以及原始 $N:M$ 关系类型中“子对父”角色的最大基数值。让我们用一个例子来说明这一点：我们在项目和员工之间有一种 $N:M$ 关系类型。换句话说，一个员工可以从事零至 N 个项目，而一个项目可以由零至 M 个员工从事。要在分层模型中实现此功能，我们需要将其映射到 $1:N$ 关系类型，这显然不是理想的。因此，我们可以选择使项目为父记录类型，而员工为子记录类型。图 5-3 显示了此实现的一些示例记录。

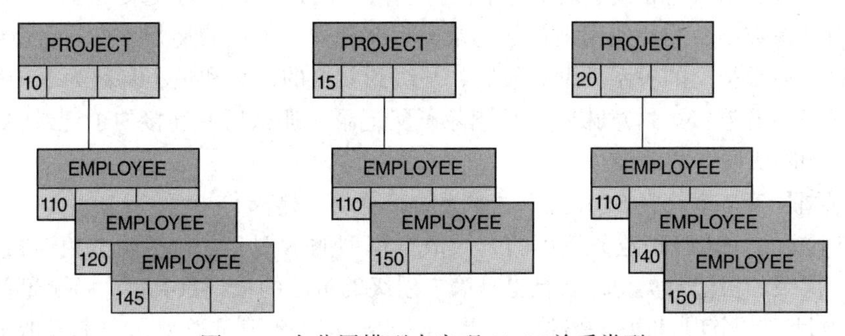

图 5-3　在分层模型中实现 $N:M$ 关系类型

知识关联 第 2 章讨论了过程性 DML 和声明性 DML 之间的区别。

项目编号10有3名员工在工作：员工110，员工120和员工145。你还可以看到员工110在所有三个项目（项目10、15和20）上工作。因此，员工110的数据被她所从事的每个项目复制，从存储和维护的角度来看，效率都很低。如果员工110的数据在一种关系中进行了更新，则还必须在另一种关系中进行更新，否则会出现不一致的数据。请注意，可以将员工从事项目的小时数置于子记录类型中。

实现$N:M$关系类型的另一种方法是创建两个层次结构，并使用**虚拟子记录类型**和**虚拟父子关系类型**将它们连接起来。然后可以使用指针在两个结构之间导航。关系类型属性可以放在虚拟子记录类型中。由于多个虚拟子代可以引用一个父代，因此该解决方案不再具有冗余性。

图5-4说明了我们先前在员工和项目之间的$N:M$关系类型，但是现在使用虚拟子记录类型和**虚拟父记录类型**来实现。虚拟孩子有指向虚拟父母的指针。尽管此解决方案不再具有冗余性，但它是人为的并且难以维护。

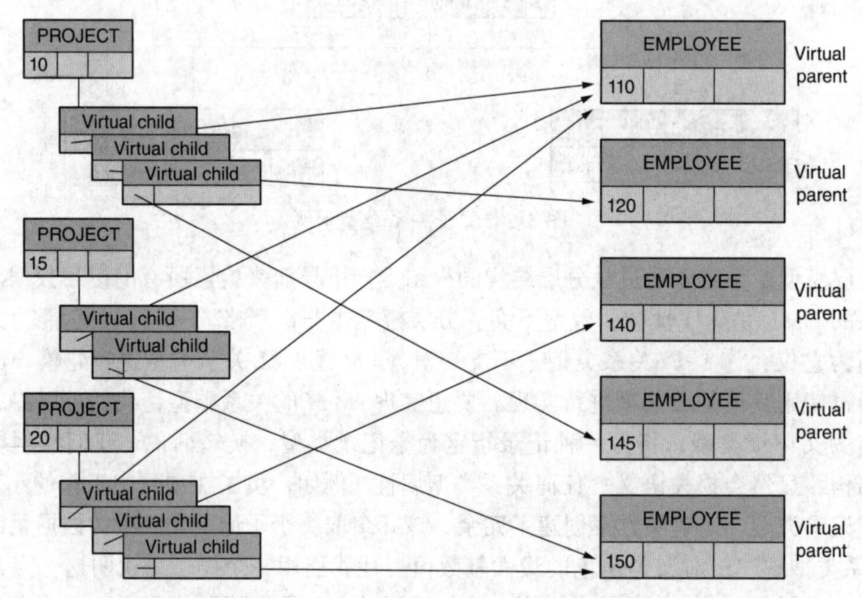

图5-4　$N:M$关系类型的虚拟子级和虚拟父级

1:1关系类型是N等于1的1:N关系类型的特例。该基数不能在分层模型中强制执行。因此，应用程序应该注意到，由于我们现在强制在应用程序中包含部分数据定义，这妨碍了维护和一致性，从而导致了效率低下。分层模型仅允许2级的关系类型，换句话说，具有两种参与记录类型。需要使用虚拟子记录类型实现具有1级的递归（或一元）关系类型或具有两种以上记录类型的关系类型。最后，子级到父级的最大和最小基数为1。因此，子级不能与其父级断开连接。这意味着一旦删除了父记录，那么所有连接的子记录也将被删除，从而产生“删除级联”的效果。

知识关联 第7章将在SQL上下文中详细讨论级联删除。

图5-5显示了HR管理业务流程的分层数据模型的示例。它包括两个相连的层次结构。部门是第一层级的根记录类型，并且也是第二层级的员工的根记录类型。一个部门可以处理零到N个项目。一个项目由一个部门完成。works on这个记录类型是一个虚拟子级，用于实现项目与员工之间的$N:M$关系类型。它还包括“工作时间”数据项，该数据项表示员工在项目上花费的时间。manager虚拟子记录类型引用的是员工记录类型。请注意，根据此实

现，部门可以具有多个管理者，因为部门父代记录可以连接到零个到 N 个管理者子代记录之间。虚拟子代的工作对部门与员工之间的关系类型进行建模。零到 N 名员工可以在部门工作。manages 这个虚拟子级建立一个递归关系类型，它指定了员工之间的监管关系。一个员工可以管理 0 到 N 个其他员工。

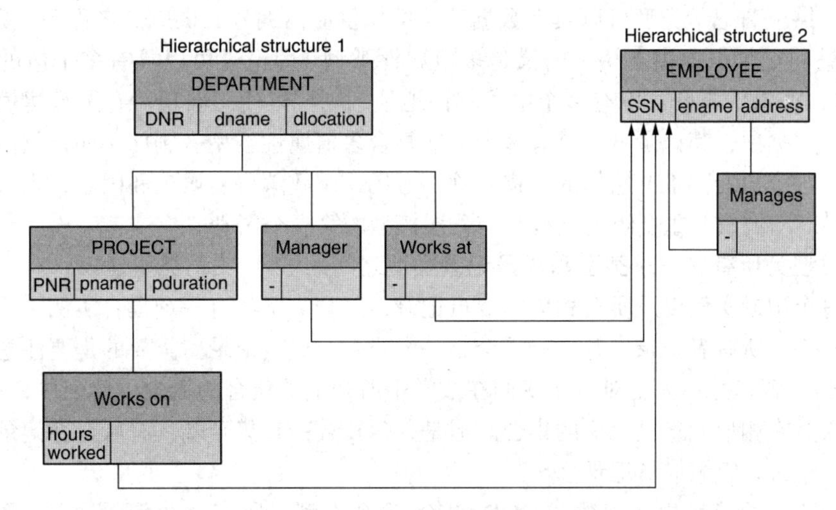

图 5-5 人力资源管理的分层模型

该模型不是用户友好的，并且难以解释。它还具有各种模型限制。更具体地说，我们的模型不能保证每个部门都只有一位管理者。根据我们的模型，一个部门可以有零个管理者或一个以上的管理者。我们也不能强制部门拥有至少一名员工，因为部门父记录在子记录中的工作可能为零。因此，根据我们的模型，部门可能有零个员工。这些约束或规则中的大多数必须直接嵌入应用程序中，这并不是最佳选择。

知识延伸 1961 年 5 月 25 日，总统约翰·肯尼迪（John F. Kennedy）宣布了他的雄心壮志，希望在 60 年代末使美国人登上月球。阿波罗计划已经启动，多家公司合作完成了这项任务。北美航空与 IBM 共同负责建立一个自动化系统，该系统能够管理用于建造航天器的大量物料清单。为此，他们开发了一个分层的数据库系统，称为信息控制系统和数据语言/接口（ICS/DL/I）。之后阿波罗 11 号在 1969 年 7 月 20 日登上月球，ICS 被更名为信息管理系统 /360（IMS/360），并提供给业界。

节后思考

- 分层模型的关键概念是什么？
- 在对关系类型进行建模时，支持哪些基数？
- 分层模型有哪些局限性？

5.2 CODASYL 模型

CODASYL 模型是 1969 年数据系统语言联盟委员会的数据库任务组开发的下一个数据模型，因此不比分层模型晚很多。它具有各种流行的软件实现，例如 Cullinet Software 的 IDMS，后来被 Computer Associates 收购，并更名为 CA-IDMS。它是网络模型的一种实现，最初包含记录类型和链接，并支持 1:1、1:N 和 N:M 关系类型。但是，CODASYL 模型仅包括记录类型、集合类型和 1:N 关系类型。尽管这乍一听起来类似于分层模型，但仍存在一些明显的差异，我们将说明这些差异。与分层模型相似，CODASYL 模型被认为是传统模型，并且具有很多结构限制。

CODASYL 模型的两个关键构建块是记录类型和集合类型。就像在分层模型中一样，记录类型是描述相似实体的一组记录。它具有零个、一个或多个记录出现。它由各种数据项组成。例如，供应商记录类型可以具有数据项，例如供应商编号、供应商名称等。CODASYL 模型为向量和重复组提供支持。**向量**是多值属性类型（即记录可以具有多个值的原子数据项）。例如，如果供应商可以有多个电子邮件地址，则可以使用向量对它进行建模。**重复组**是一个复合数据项，其记录可以具有多个值或复合多值属性类型。例如，如果供应商可以有多个地址，每个地址都带有它们的街道名称、号码、邮政编码、城市和国家，则可以使用重复组来建模。对向量和重复组的支持是与分层模型的第一个区别。

集合类型为**所有者记录类型**和**成员记录类型**之间的 1 : *N* 关系类型建模。对于所有者记录类型的每个记录实例以及所有相应的成员记录，集合类型都有一个集合实例。因此，一个集合实例有一个所有者记录，并且有零个、一个或多个成员记录。重要的是要注意，对集合的 CODASYL 解释并不完全对应于我们在数学中所知道的集合的概念。请记住，在数学中，集合定义为具有相似元素且无序的集合。但是，CODASYL 集合既具有所有者记录，又具有成员记录，也可以组织成员记录。

图 5-6 显示了带有相应基数的 CODASYL 集合类型。所有者记录可以连接到最少零个和最多 *N* 个成员记录。成员记录可以连接到最少零个和最多一个所有者记录[⊖]。因此，成员记录可以不连接到所有者记录而存在，也可以与其所有者断开连接。这是与分层模型的关键区别。记录类型可以是多个集合类型中的成员记录类型，从而可以创建网络结构。在分层模型中，子记录类型只能连接到一个父记录类型。最后，可以在相同的记录类型之间定义多个集合类型，这是与分层模型的另一个区别。

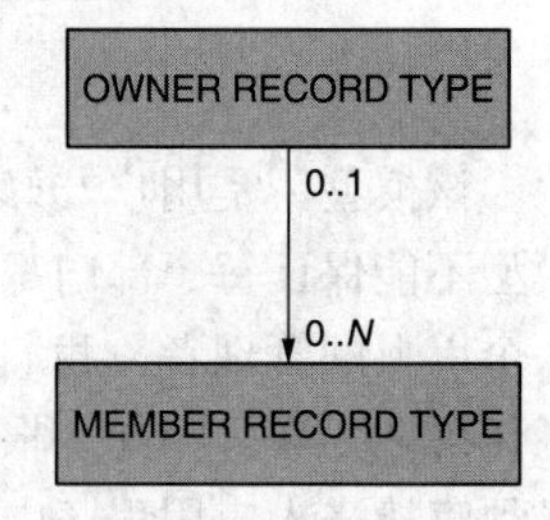

图 5-6　CODASYL 集合类型

CODASYL 数据模型通常使用网络图或**巴赫曼图**表示。Charles Bachman 是 CODASYL 模型的重要贡献者之一。

图 5-7 显示了一个示例。我们有三种记录类型：部门、员工和项目。一个部门有零到 *N* 名员工。员工的工作部门最少为零，最多为一个部门。一个部门可以处理零到 *N* 个项目。一个项目最少分配给零个部门，最多分配给一个部门。

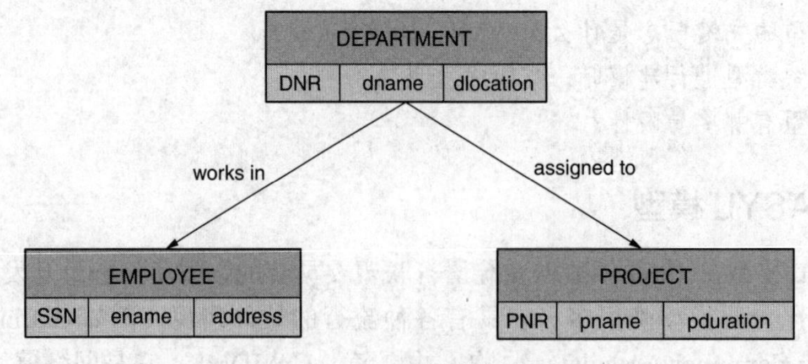

图 5-7　巴赫曼图

⊖ 请注意，使用特定的 DDL 选项，CODASYL 还可以支持最小基数为 1。

与分层模型一样，必须在应用程序中强制执行 1∶1 关系类型或对其建模，这将强制所有者记录最多只能连接到一个成员记录。与分层模型一样，从维护的角度来看，不希望将这些语义约束添加到应用程序中（另请参见第 1 章）。$N:M$ 关系类型也需要使用变通方法进行建模。例如，考虑员工和项目之间的 $N:M$ 关系类型（请参见图 5-8）。请记住，一个员工可以处理零至 M 个项目，而一个项目可以分配给零至 N 个员工。成员记录（例如，一个项目）只能属于特定集合类型的一个集合，因此我们不能仅在相应的记录类型（例如，员工和项目）之间定义集合类型。一种选择是引入**虚拟记录类型**，该虚拟记录类型作为成员记录类型包括在具有原始 $N:M$ 关系类型的记录类型作为所有者的两个集合类型中。然后，该虚拟记录类型也可以包含关系类型的属性（如果有）。

图 5-8 展示了如何通过引入虚拟记录类型在 CODASYL 中对员工与项目之间的 $N:M$ 关系类型进行建模，该虚拟记录类型可以继续使用，还包括关系的属性类型、工作时间——代表员工在一个项目上的工作时间。

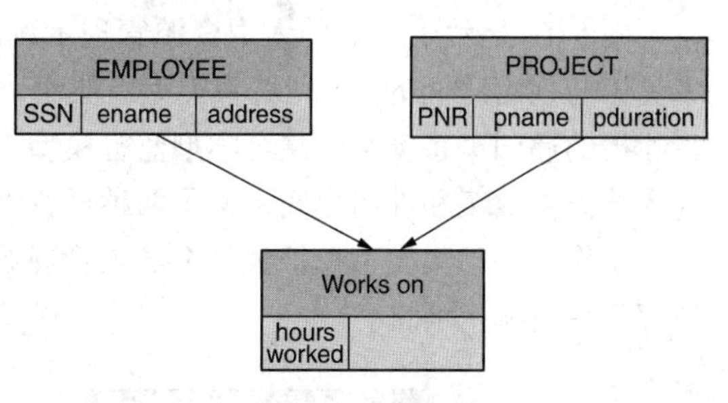

图 5-8 在 CODASYL 中实现 $N:M$ 关系类型

图 5-9 说明了如何使用一些示例记录。你可以看到员工 120 仅在项目 10 上工作，而员工 150 在项目 15 和 20 上工作。你还可以看到项目 15 被分配给员工 110 和 150。

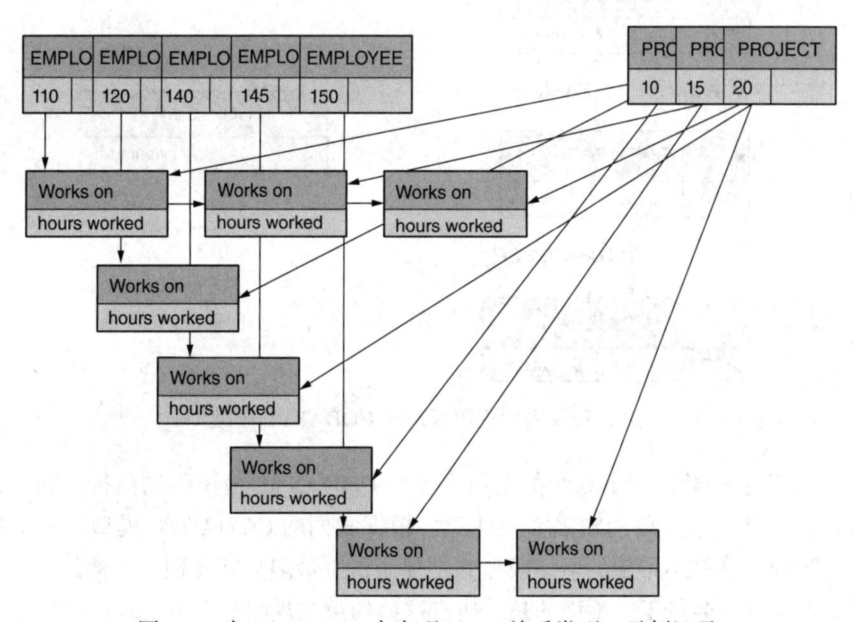

图 5-9 在 CODASYL 中实现 $N:M$ 关系类型：示例记录

$N:M$ 关系类型的这种实现对数据使用有严重的影响。假设我们有一个查询，询问员工正在从事的所有项目。要解决此查询，我们首先需要在员工和工作对象之间的集合类型中选择一个集合。然后，对于每个成员记录，我们需要以项目和工作之间的集合类型确定所有者记录。如果另一个查询要求所有从事特定项目的员工，那么我们需要以另一种方式进行导航。同样，这是过程 DML 的一个示例，因为我们必须通过一次处理一条记录来显式地制定出解决查询的过程。

正如我们已经提到的，CODASYL 允许对一组成员记录进行逻辑排序。示例顺序可以按字母顺序或基于出生日期。这对于数据操作很有用。对于根成员记录类型，系统可以充当所有者，然后将其称为只有一个集合出现的单一或系统拥有的集合类型。

CODASYL 不支持仅具有一种参与记录类型的递归集类型。需要引入一个虚拟记录类型，然后将其定义为两个集合类型的成员，每个集合类型都具有递归关系的记录类型。请注意，这再次意味着在处理数据时需要进行大量导航。此外，不支持具有两个以上参与记录类型的集合类型。

图 5-10 显示了我们的人力资源管理示例的 CODASYL 实现。虚拟记录类型的工作模拟了员工与项目之间的 $N:M$ 关系类型。层次化虚拟记录类型实现了对员工之间的监督关系进行建模的递归关系类型。集合类型监督模型，由同事进行监督。由监督的集合类型代表员工的主管。在员工和部门之间定义了两种设置类型。集合类型的工作可以模拟哪个员工在哪个部门工作。管理集类型模拟由哪个员工管理哪个部门。最后，负责部门和项目的集合类型模拟部门完成哪个项目。

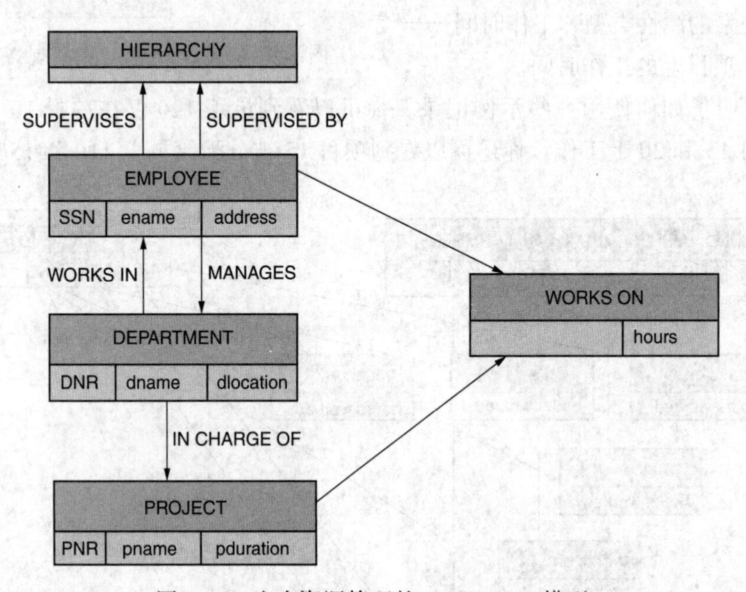

图 5-10　人力资源管理的 CODASYL 模型

图 5-11 显示了基数。带下划线的基数不能由 CODASYL 模型强制执行。同样，我们的 CODASYL 模型有一些重要的缺陷需要注意。根据我们的 CODASYL 模型，一个员工可以由多个员工管理，这是不希望的。该模型并不强制员工最多只能管理一个部门。它还不强制一个部门至少要有一名员工。不幸的是，所有这些约束和规则都需要嵌入应用程序中。

知识延伸　网站 http://db-engines.com 根据其受欢迎程度每月提供数据库管理系统排名。它说明，尽管 IMS（分层 DBMS）和 IDBMS（CODASYL DBMS）的受欢迎程度有所下降，但它们如今仍很重要，IMS 的排名高于 IDMS。

节后思考

- CODASYL 模型的关键概念是什么？
- 在对关系类型进行建模时，支持哪些基数？
- CODASYL 模型的局限性是什么？

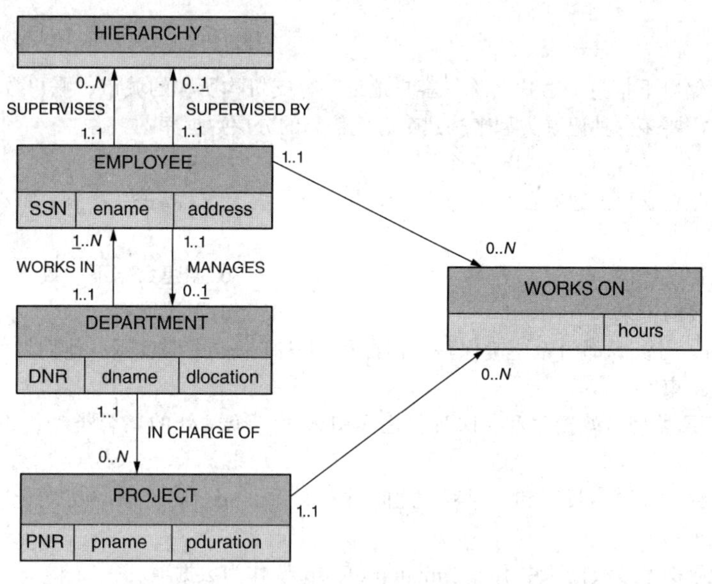

图 5-11　人力资源管理的 CODASYL 模型：期望基数

总结

在本章中，我们回顾了传统数据库技术。我们讨论了分层和 CODASYL 数据模型的关键构建块和局限性。这两个模型的语义对于有效建模（例如 1∶1、N∶M 和递归关系类型）太受限制。此缺点对现在负责某些数据约束的应用程序的开发产生了严重的影响。如第 1 章所述，这不是一种理想或有效的工作方式。在后面的章节中，我们将介绍更高级的数据库范例。

情景收尾　Sober 详细审查了 Mellow Cab 的 CODASYL 数据库模型。它包括客户、出租车和汽车的记录类型。该公司发现，客户和共享出租车之间的 N∶M 关系类型（客户可以预订 0 至 N 辆出租车，而出租车可以被 0 到 M 个客户预订或共享）必须使用一个额外的虚拟记录类型来映射。同样，出租车与汽车之间的设置类型不允许强制要求出租车只能由一辆车提供服务。此外，需要使用过程 DML 检索所有数据，这很低效。考虑到这些缺点，Sober 已经决定投资一个更复杂的 DBMS。

关键术语表

Bachman diagram（巴赫曼图）
CODASYL model（CODASYL 模型）
dummy record type（虚拟记录类型）
hierarchical model（分层模型）
legacy（传统）
member record type（成员记录类型）
owner record type（所有者记录类型）
record type（记录类型）
redundancy（冗余）
relationship type（关系类型）
repeated group（重复组）
set type（设置类型）
vector（向量）
virtual child record type（虚拟子记录类型）
virtual parent record type（虚拟父记录类型）
virtual parent-child relationship type（虚拟父子关系类型）

思考题

5.1 银行需要存储以下信息：客户名称、客户地址、分支机构所在的城市、账户数量、账户 ID 和账户余额。你需要多少种记录类型来构建带有此信息的分层数据库？

a. 一个　b. 三个　c. 四个　d. 五个

5.2 如果分层模型包含已通过在必要时重复子结点进行集成的 $N:M$ 关系类型，那么更新数据库的危险是什么？

a. 数据检索速度较慢　b. 创建数据不一致

c. 创建不必要的记录　d. 上述所有

5.3 一所大学的人力资源部门希望确保每一门课程都只有一位主要教授。他们如何使用 CODASYL 框架实现此约束？

a. 他们在记录类型“教授”和“课程”之间引入了一个额外的集合类型，称为“is-main-professor-of”。

b. 他们在记录类型“教授”和“课程”之间引入了“is-main-professor-of”记录类型，以建立正确的关系模型。

c. 他们在记录类型“教授”中引入“main professor”作为数据项。

d. 无法在 CODASYL 中对该约束建模。

5.4 在 CODASYL 中，多值的复合属性类型可以被表示为：

a. 记录类型　b. 数据项　c. 向量　d. 重复组

5.5 考虑到每个孩子都必须（至少）有两个父母，CODASYL 框架如何正确地建模家谱？

a. 在记录类型“父”和“子”之间使用集合类型“is parent of”。

b. 在记录类型“父”和“子”之间使用虚拟记录类型“is parent of”。

c. 在每个孩子的数据项集中将父母作为向量列出。

d. 我们无法使用 CODASYL 框架对该约束进行建模。

问题和练习

5.1E 在以下方面将分层模型与 CODASYL 模型进行对比。

- 支持的属性类型；
- 关系类型和基数支持。

5.2E 为第 3 章中讨论的健身公司“Conan”创建一个分层模型和一个 CODASYL 模型。对比两个模型并讨论它们的局限性。举例说明无法执行的语义。将模型与第 3 章的 ER、EER 和 UML 模型进行比较。

关系数据库：关系模型

本章目标 在本章中，你将学到：

- 了解关系模型的基本概念；
- 区分不同类型的键并确定它们在关系模型中的作用；
- 了解如何使用规范化来确保关系数据模型没有冗余或不一致；
- 将概念 ER 模型映射到关系模型并识别语义上的任何损失；
- 将概念 EER 模型映射到关系模型并识别语义上的任何损失。

情景导入 从第 3 章中开发的 EER 概念数据模型开始，Sober 希望继续进行下一步的数据库设计。公司希望将 EER 模型映射到逻辑关系模型，并且需要了解在映射过程中丢失了哪些语义。

关系数据库实现了关系模型，该模型是当今使用中最流行的逻辑和内部数据模型之一。它由 Edgar F. Codd 在他的开创性论文"A relational model of data for large shared data banks"中首次正式提出，该论文于 1970 年发表在备受推崇的 *Communications of the ACM* 杂志上。本章中，我们首先介绍关系模型的基本概念，并在下一节正式定义它们；其次，对关系模型的基本构件——不同类型的键进行概述；接着，总结关系约束，并随后展示关系数据模型的一个示例。规范化也将作为关系模型中去除冗余和异常的过程被讨论。在介绍了规范化的必要性和一些非正式准则之后，我们将聚焦于函数依赖和主属性类型，并讨论如何在多步骤规范化过程中使用两者。总之，我们讨论了如何将 ER 和 EER 概念数据模型都映射到逻辑关系数据模型。下一章，我们将讨论 SQL，即关系数据库使用的 DDL 和 DML。

知识延伸 Edgar F. Codd（1923.08.19—2003.04.18）是一位英国计算机科学家，在为 IBM 工作时奠定了关系模型的基础。他于 1981 年获得图灵奖，并于 1994 年被选为美国计算机学会（ACM）会士。1970 年，他的开创性论文——"A relational model of data for large shared data banks"发表在 *Communications of the ACM* 杂志上，奠定了我们今天所知的关系模型的基础。IBM 最初并不愿实现关系模型，因为他们担心这将蚕食其分层 IMS DBMS 所带来的收益。Codd 则设法使一些 IBM 客户相信关系模型的潜力，因此这些客户向 IBM 施压，要求 IBM 推进其商业实现。在完成了一些不完全符合 Codd 原始思想的最初实现之后，IBM 于 1981 年发布了 SQL/DS（结构化查询语言 / 数据系统）作为其第一个基于 SQL 的商业 RDBMS。Codd 还创造了我们在第 1 章中已介绍的术语——"在线分析处理"（OLAP）。

6.1 关系模型

关系模型（relational model）是以集合论和一阶谓词逻辑为基础，并具有良好数学基础的形式化数据模型[⊖]。与 ER 和 EER 模型不同，关系模型没有标准的图形表示，这使其并不适合用作概念数据模型。鉴于其坚实的理论基础，关系模型通常被用来构建逻辑和内部数据模型。目前，存在许多实现了关系模型的商业化关系数据库管理系统（RDBMS）。比较流行

⊖ 请参阅 www.pdbmbook.com 上的在线附录，查看有关关系代数和关系演算的讨论，它们是关系模型基础上的两种形式语言。

的有 Microsoft SQL Server、IBM DB2 和 Oracle。接下来，我们将讨论关系模型的基本概念和形式定义，并将详细介绍关系模型的基本组成部分——键，还将总结关系约束。最后，我们将以一个关系数据模型的示例作为结尾。

知识延伸 根据 http://db-engines.com，排名前十的在使用的 DBMS 中，RDBMS 通常占主导地位，如 Oracle（商业）、MySQL（开源）、Microsoft SQL Server（商业）、PostgreSQL（开源）、IBM 的 DB2（商业）、Microsoft Access（商业）以及 SQLite（开源）。其他流行的 RDBMS 还有 Teradata（商业）、SAP Adaptive Server（商业）和 FileMaker（商业）。

6.1.1 基本概念

在关系模型中，数据库表示为关系的集合。**关系**（relation）被定义为一组元组，每个元组表示相似的现实世界实体，如产品、供应商、员工等（参见图 6-1）。**元组**（tuple）是属性值的一个有序列表，每个属性值描述实体的一个方面，如供应商编号、供应商名称、供应商地址等。

关系可以被可视化为值表。图 6-1 举例说明了一个关系 SUPPLIER。表名（如 SUPPLIER）和列名（如 SUPNR、SUPNAME）用于解释每行中值的含义。每个元组则对应于表中的一行。图 6-1 中，对于 SUPPLIER 关系，(21，Deliwines，“240，Avenue of the Americas”，“New York”，20) 便是其元组的一个实例。

SUPPLIER

SUPNR	SUPNAME	SUPADDRESS	SUPCITY	SUPSTATUS
21	Deliwines	240, Avenue of the Americas	New York	20
32	Best Wines	660, Market Street	San Francisco	90
37	Ad Fundum	82, Wacker Drive	Chicago	95
52	Spirits & Co.	928, Strip	Las Vegas	NULL
68	The Wine Depot	132, Montgomery Street	San Francisco	10
69	Vinos del Mundo	4, Collins Avenue	Miami	92
…				

图 6-1　关系模型的基本概念

属性类型（如 SUPNR、SUPNAME）可以看作列名。每个属性对应一个单元格。关系对应于 EER 模型中的实体类型，元组对应于实体，属性类型对应于列，属性对应于单个单元格。表 6-1 总结了 ER 与关系模型之间的对应关系。

表 6-1　EER 模型与关系模型的对应关系

ER 模型	关系模型	ER 模型	关系模型
实体类型	关系	属性类型	列名
实体	元组	属性	单元格

为了便于理解，建议对每个关系及其属性类型使用有意义的名称。这里你可以看到一些关系的示例：

```
Student (Studentnr, Name, HomePhone, Address)
Professor (SSN, Name, HomePhone, OfficePhone, Email)
Course (CourseNo, CourseName)
```

学生关系（Student）的属性类型有 Studentnr（学生编号）、Name（姓名）、HomePhone（家

庭电话）和 Address（地址）；教师关系（Professor）的属性类型有 SSN（社保号）、Name（名称）、HomePhone（家庭电话）、OfficePhone（办公电话）和 Email（电子邮件）；以及课程关系（Course）的属性类型有 CourseNo（课程编号）和 CourseName（课程名称）。关系及其属性类型的含义从命名中便一目了然。

6.1.2　正式定义

在正式定义“关系”之前，我们需要引入“域”的概念。**域**（domain）指定了属性类型的允许值范围。例如，域可以包含 1 到 9999 之间的所有整数值，并且这些值可以用于限制属性类型 SUPNR。其他示例，如包含了男性和女性两个值的性别域，以及时域——将时间定义为天（如 27），然后是月（如 02），再然后是年份（如 1975）。关系的每个属性类型都使用相应的域定义。

在一个关系中，一个域可以被多次使用。假设我们定义了一个表示 1 到 9999 之间整数值的域。现在我们要构建一个 BillOfMaterial 关系，该关系表示哪种产品由哪种其他产品以什么数量组成。想一想，一个自行车（产品编号为 5）由两个车轮（产品编号为 10）组成，一个车轮又由 30 根辐条（产品编号为 15）组成，等等。这便可以被表示为一个包含了复合对象 majorprodnr、部分对象 minorprodnr 以及数量的 BillOfMaterial 关系，如下所示：

```
BillOfMaterial(majorprodnr, minorprodnr, quantity)
```

图 6-2 展示了相应的元组。

现在，可以使用我们的域来定义属性类型 majorprodnr 和 minorprodnr。在这里使用域的一个优点是，如果必须更改值在 1 到 99999 之间的产品编号，那么仅应在域定义中进行此更改，这将大大提高我们关系模型的可维护性。

BillOfMaterial

MAJORPRODNR	MINORPRODNR	QUANTITY
5	10	2
10	15	30

图 6-2　BillMaterial 关系的元组示例

关系 $R(A_1, A_2, A_3, \cdots, A_n)$（如 SUPPLIER(SUPNR, SUPNAME, …)）现在可以被正式定义为一组 m 元组 $r=\{t_1, t_2, t_3, \cdots, t_m\}$，其中，每个元组 t 是一个含有 n 个值的有序列表，即 $t=<v_1, v_2, v_3, \cdots, v_n>$，它对应于一个特定实体（如一个特定的供应商）；每个值 v_i 是相应域 $dom(A_i)$ 的一个元素，或者是一个特殊的空值（NULL 值）。一个空值意味着该值丢失、不相关或不适用。下面展示了学生、教师和课程等关系的一些元组示例：

```
Student(100, Michael Johnson, 123 456 789, 532 Seventh Avenue)
Professor(50, Bart Baesens, NULL, 876 543 210, Bart.Baesens@kuleuven.be)
Course(10, Principles of Database Management)
```

需要重点关注的是，关系本质上表示一个集合。因此，在关系中不存在元组的逻辑顺序。关系中也没有任何重复的元组。但是，基于关系的定义方式，对元组中的值进行了排序。

关系模型的域约束指出，每个属性类型 A 的值必须是来自域 dom(A) 的原子单一值。假设我们有一个 COURSE 关系，其属性类型有 coursenr（课程编号）、coursename（课程名称）和 study points（知识点）：

```
COURSE(coursenr, coursename, study points)
```

并有两个可能的元组示例：

```
(10, Principles of Database Management, 6)
(10, {Principles of Database Management, Database Modeling}, 6)
```

上述两个元组中，第一个元组是正确的，它指定了课程 10，即课程“Principles of Database Management”具有 6 个知识点。而第二个元组是不正确的，因为它为课程名称指定了两个值：“Principles of Database Management”和“Database Modeling”。

在域 dom(A_1)，dom(A_2)，dom(A_3)，…，dom(A_n) 上的 n 阶的关系 R 也可以被定义为域的笛卡儿积的子集，其中这些域限制每个属性类型。需要记住的是，笛卡儿积指定了基础域中所有可能的值组合。在所有这些可能的组合中，当前关系状态仅表示有效元组，而这些有效元组则代表了现实世界的特定状态。

图 6-3 中，你可以看到上述的说明。我们有三个域：产品编号（productID）定义为 1 到 9999 之间的整数；产品颜色（product color）定义为蓝色、红色或黑色；产品类别（product category）定义为 A、B 或 C。底部的表中简单列出了这三个域的笛卡儿积的所有可能组合。而我们的关系 R 是所有这些组合的子集。

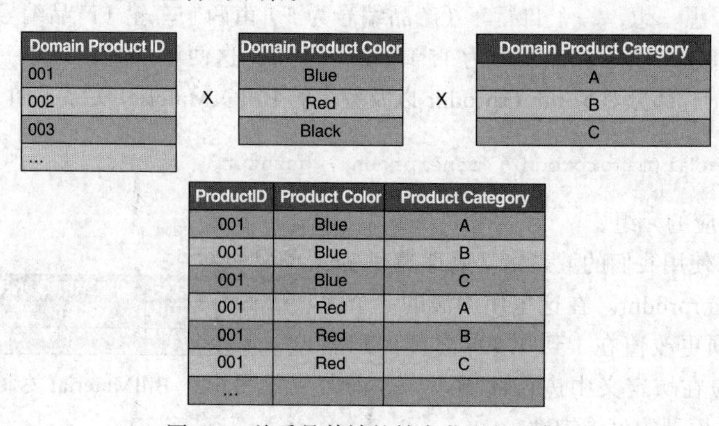

图 6-3　关系是其域的笛卡儿积的子集

6.1.3　键的类型

键是关系模型中非常重要的概念，它可以唯一地标识元组以及在关系之间建立关联。接下来，我们将讨论不同类型的键及其用法。

1. 超键和键

正如我们已经提到的，关系是一组元组。因此，根据集合的数学定义，关系中的所有元组必须是不同的。任意两个元组的所有属性类型都不能具有相同的值组合。**超键**（superkey）被定义为关系 R 的属性类型的子集，其属性是：在任何关系状态下，对于这些属性类型，任意两个元组都不应具有相同的值组合。换句话说，超键在某种意义上指定了唯一性约束，即在一个状态中，没有两个不同的元组在超键上有相同的值。每个关系都至少有一个默认的超键——所有属性类型的集合。超键可以有冗余属性类型。如，对于关系 Student，(Studentnr，Name，HomePhone）是一个超键，但请注意，Name 和 HomePhone 都是多余的，因为 Studentnr 本身就是一个超键。

若关系模式 R 的键 K 是 R 的超键，则具有以下附加属性：从 K 中删除任何属性类型后留下的属性类型集合不是 R 的超键。因此，键没有任何冗余属性类型，也被称为最小超键。对于我们的学生关系来说，Studentnr 是一个键。键约束声明了每个关系必须至少有一个键，并允许它唯一地标识其元组。

2. 候选键、主键和备用键

通常，一个关系可能有多个键。例如，产品关系可能同时具有唯一的产品编号和唯一的产品名称。这些键中的每一个都被称为**候选键**（candidate key）。其中的一个被指定为关系的**主键**（primary key）。在我们的产品示例中，我们可以将 prodnr 作为主键。主键用于标识关系中的元组并建立与其他关系的连接（参见 6.1.3 节）。它可以用于存储，也可以用于定义内部数据模型中的索引（参见第 13 章）。组成主键的属性类型应该始终满足非空（NOT NULL）约束。否则，就不可能识别某些元组。这称为实体完整性约束。其他候选键可以被称为**备用键**（alternative key）。在我们的示例中，productname 可以被定义为一个备用键。选择性地，还可以为其他属性类型如备用键指定非空约束。

知识关联 在第 12 章和第 13 章中，我们将讨论如何使用主键将索引定义为内部数据模型的一部分。

3. 外键

与 EER 模型中的关系类型一样，关系模型中的关系也可以连接。这些连接通过**外键**（foreign key）的概念建立。若关系 R_1 中的一组属性类型 FK 是 R_1 的外键，则需要满足两个条件。首先，FK 中的属性类型与关系 R_2 中主键的属性类型 PK 具有相同的域；其次，当前状态 r_1 中元组 t_1 的 FK 值要么是当前状态 r_2 中某个元组 t_2 的 PK 值，要么为空。外键的这些条件指定了两个关系 R_1 和 R_2 之间所谓的参照完整性约束。

在图 6-4 的左边，你可以看到我们的 EER 关系类型 ON_ORDER，它表示：一个供应商可以有最少 0 个和最多 *N* 个采购订单，而一个采购订单总是连接到最少一个且最多一个供应商，或者换句话说，就是一个供应商。现在我们如何将这种 EER 关系类型映射到关系模型呢？第一个尝试便是将采购订单编号作为外键添加到 SUPPLIER 表中。然而，由于一个供应商可以有多个采购订单，这将创建一个多值属性类型，而在关系模型中这是不允许的。另一个更好的选择是将供应商编号作为外键包含在 PURCHASE_ORDER 表中，因为每个采购订单都只连接到一个供应商。因为最小基数是 1，所以这个外键应该声明为非空。在我们的示例中，你可以看到编号为 1511 的采购订单是由名称为 Ad Fundum、编号为 37 的供应商提供的，而编号为 1512 的采购订单是由名称为 The Wine Crate、编号为 94 的供应商提供的。

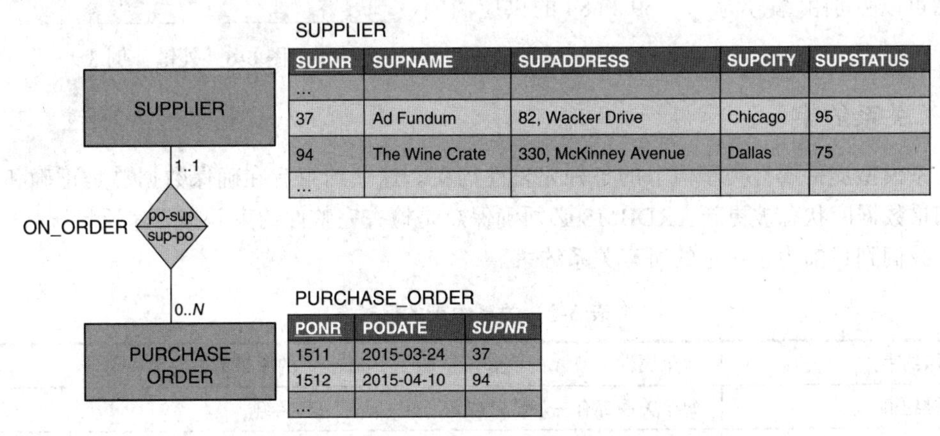

SUPPLIER

SUPNR	SUPNAME	SUPADDRESS	SUPCITY	SUPSTATUS
...				
37	Ad Fundum	82, Wacker Drive	Chicago	95
94	The Wine Crate	330, McKinney Avenue	Dallas	75
...				

PURCHASE_ORDER

PONR	PODATE	*SUPNR*
1511	2015-03-24	37
1512	2015-04-10	94
...		

图 6-4　外键：例 1

图 6-5 展示了另一个示例。在供应商（SUPPLIER）和产品（PRODUCT）之间，我们有

一个 $N:M$ 的关系类型。一个供应商可以提供 0 到 N 个产品，而一个产品可以由 0 到 M 个供应商提供。我们如何将这种 $N:M$ 关系类型映射到关系模型呢？我们可以将外键 PRODNR 添加到 SUPPLIER 表中。然而，由于供应商可以提供多个产品，这将创建一个不允许的多值属性类型。或者，我们也可以将 SUPNR 添加为 PRODUCT 关系的外键。不幸的是，由于产品可以由多个供应商提供，因此出现了相同的问题。

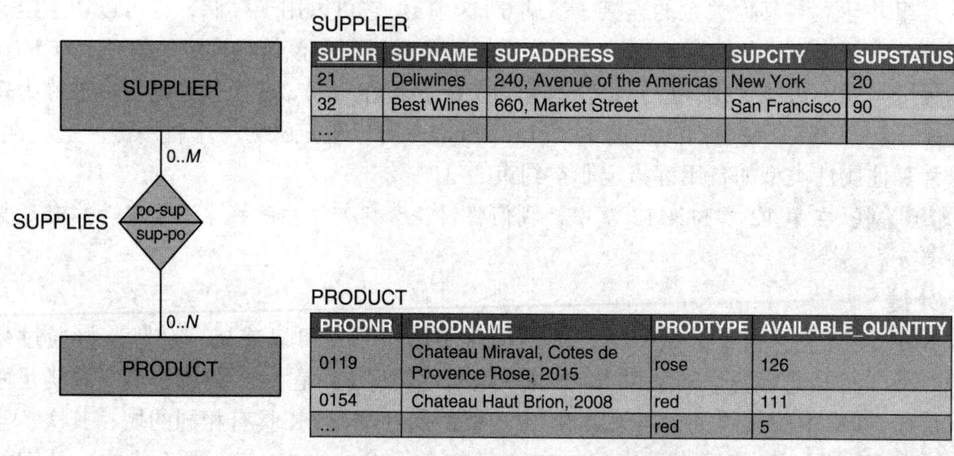

SUPPLIER

SUPNR	SUPNAME	SUPADDRESS	SUPCITY	SUPSTATUS
21	Deliwines	240, Avenue of the Americas	New York	20
32	Best Wines	660, Market Street	San Francisco	90
...				

PRODUCT

PRODNR	PRODNAME	PRODTYPE	AVAILABLE_QUANTITY
0119	Chateau Miraval, Cotes de Provence Rose, 2015	rose	126
0154	Chateau Haut Brion, 2008	red	111
...		red	5

图 6-5　外键：例 2

针对上述问题，解决方案是创建一个新的关系 SUPPLIES，令其包含两个外键 SUPNR 和 PRODNR，它们共同组成该关系的主键，如图 6-6 所示。

注意，我们还向该关系中添加了 EER 关系类型的属性类型：PURCHASE_PRICE 和 DELIV_PERIOD。你可以看到此关系完美地建模了 $N:M$ 基数。编号为 21 的供应商可以提供编号分别为 289、327 和 347 的产品。反之亦然，编号为 347 的产品可以分别由编号为 21、69 和 84 的供应商提供。

SUPPLIES

SUPNR	PRODNR	PURCHASE_PRICE	DELIV_PERIOD
...			
68	0327	56.99	4
...			
21	0289	17.99	1
21	0327	56.00	6
21	0347	16.00	2
...			
69	0347	18.00	4
84	0347	18.00	4
...			

图 6-6　外键：例 3

6.1.4　关系约束

关系模型支持属性类型值上的各种完整性约束。这些约束旨在确保数据总是正确和一致的。如果数据库状态被更新，RDBMS 必须确保总是检查完整性约束并报告违反情况。表 6-2 总结了我们到目前为止讨论的所有关系约束。

表 6-2　关系约束的概述

域约束	每个属性类型 A 的值必须是来自域 dom(A) 的原子单一值
键约束	每个关系都有一个键，被允许唯一地标识其元组
实体完整性约束	组成主键的属性类型应该始终满足 NOT NULL 约束
参照完整性约束	外键 FK 与它所引用的主键 PK 属性类型具有相同的域，且其值为 PK 或 NULL

知识关联 第 9 章中，我们将讨论如何使用触发器和存储过程来实现更高级的约束类型。

6.1.5　关系数据模型的示例

本节，你可以看到一个在第 3 章中讨论的关于采购订单管理的关系数据模型示例：

SUPPLIER(<u>SUPNR</u>, SUPNAME, SUPADDRESS, SUPCITY, SUPSTATUS)
PRODUCT(<u>PRODNR</u>, PRODNAME, PRODTYPE, AVAILABLE QUANTITY)
SUPPLIES(<u>*SUPNR*</u>, <u>*PRODNR*</u>, PURCHASE_PRICE, DELIV_PERIOD)
PURCHASE_ORDER(<u>PONR</u>, PODATE, *SUPNR*)
PO_LINE(<u>*PONR*</u>, <u>*PRODNR*</u>, QUANTITY)

该关系模型包含五个关系：SUPPLIER、PRODUCT、SUPPLIES、PURCHASE_ORDER 和 PO_LINE。每个关系都有一组相应的属性类型。注意，主键加下划线，外键以斜体显示。例如，SUPPLIES 关系中的外键 SUPNR 和 PRODNR 分别指向 SUPPLIER 和 PRODUCT 关系中的主键 SUPNR 和 PRODNR。在 6.4 节中，我们将详细讨论如何将图 3-22 中的概念 ER 模型映射到上述关系模型。图 6-7 显示了相应关系数据库状态的一个示例。注意，根据域约束的要求，每个元组的每个属性类型都有原子单一值。

SUPPLIER

SUPNR	SUPNAME	SUPADDRESS	SUPCITY	SUPSTATUS
21	Deliwines	240, Avenue of the Americas	New York	20
32	Best Wines	660, Market Street	San Francisco	90
...				

PRODUCT

PRODNR	PRODNAME	PRODTYPE	AVAILABLE_QUANTITY
0119	Chateau Miraval, Cotes de Provence Rose, 2015	rose	126
0384	Dominio de Pingus, Ribera del Duero, Tempranillo, 2006	red	38
...			

SUPPLIES

SUPNR	*PRODNR*	PURCHASE_PRICE	DELIV_PERIOD
21	0119	15.99	1
21	0384	55.00	2
...			

PURCHASE_ORDER

PONR	PODATE	*SUPNR*
1511	2015-03-24	37
1512	2015-04-10	94
...		

PO_LINE

PONR	*PRODNR*	QUANTITY
1511	0212	2
1511	0345	4
...		

图 6-7　关系数据库状态的示例

节后思考

- 讨论 EER 与关系模型之间的异同。
- 关系模型中的键有哪些不同类型？为什么需要这些类型？请举例说明。
- 最重要的关系约束是什么？请举例说明。

6.2 规范化

关系模型的**规范化**（normalization）是分析给定关系以确保它们不包含任何冗余数据的过程。规范化的目标是确保在数据插入、删除或更新期间不会出现异常。要将非规范化关系模型转换为规范化关系模型，需要遵循一个循序渐进的过程。下文中，我们首先讨论在使用非规范化关系模型时可能出现的数据异常；接着，我们将概述一些非正式的规范化指导准则；然后定义两个概念：函数依赖和主属性类型，这两个概念是规范化过程的基本构件，在 6.2.3 节讨论规范化形式时它们将被广泛使用。

6.2.1 非规范化关系模型中的插入、删除和更新异常

图 6-8 展示了一个关系数据模型的示例，在这个模型中，我们与所有信息只有两个关系。SUPPLIES 关系包含了 SUPPLIER 的所有属性类型，如供应商名称、供应商地址等，以及 PRODUCT 的所有属性类型，如产品编号、产品类型等。你还可以看到 PO_LINE 关系现在包括采购订单日期和供应商编号。两种关系都包含将很容易导致不一致的重复信息。如，在 SUPPLIES 表中，所有的供应商和产品信息对于每个元组都是重复的，这就产生了大量的冗余信息。由于这些冗余信息，该关系模型被称为非规范化关系模型。当使用非规范化的关系模型时，至少会出现三种类型的异常：插入异常、删除异常和更新异常。

SUPPLIES

SUPNR	PRODNR	PURCHASE_PRICE	DELIV_PERIOD	SUPNAME	SUPADDRESS	…	PRODNAME	PRODTYPE	…
21	0289	17.99	1	Deliwines	240, Avenue of the Americas		Chateau Saint Estève de Neri, 2015	Rose	
21	0327	56.00	6	Deliwines	240, Avenue of the Americas		Chateau La Croix Saint-Michel, 2011	Red	
…									

PO_LINE

PONR	PRODNR	QUANTITY	PODATE	SUPNR
1511	0212	2	2015-03-24	37
1511	0345	4	2015-03-24	37
…				

图 6-8　非规范化关系数据模型

当我们希望在 SUPPLIES 关系中插入一个新的元组时，可能会发生**插入异常**（insertion anomaly）。我们必须确保每次都包含正确的供应商信息（如 SUPNR、SUPNAME、SUPADDRESS 等）和产品信息（如 PRODNR、PRODNAME、PRODTYPE 等）。此外，在这种非规范化的关系模型中，由于主键是 SUPNR 和 PRODNR 的组合，因此它们都不能为空（实体完整性约束），故很难插入尚无供应商供应的新产品或者尚未供应任何产品的新供应商。如果我们要从 SUPPLIES 关系中删除特定供应商时，则可能会发生**删除异常**（deletion anomaly）。因为所有相应的产品数据也可能丢失，而这是不可取的。当我们希望更新 SUPPLIES 关系中的供应商地址时，则可能会发生**更新异常**（update anomaly）。因为这将需要进行多重更新，并且存在不一致的风险。

图 6-9 展示了采购订单管理的另一种关系数据模型示例和状态。我们可以看看插入、删除和更新操作是如何在该示例中工作的。由于供应商名称、地址等以及产品名称、产品类型

等仅在关系 SUPPLIER 和 PRODUCT 中存储一次，因此可以轻松地在 SUPPLIES 关系中插入新的元组。而对于插入尚无供应商供应的新产品或者尚未供应任何产品的新供应商，则可以通过在 PRODUCT 和 SUPPLIER 关系中添加新的元组来完成。从 SUPPLIER 关系中删除元组也不会影响 PRODUCT 关系中的任何产品元组。最后，如果我们希望更新供应商地址，则只需在 SUPPLIER 表中进行一次更新。由于该关系模型中没有不一致或重复的信息，因此也被称为规范化关系模型。

SUPPLIER

SUPNR	SUPNAME	SUPADDRESS	SUPCITY	SUPSTATUS
21	Deliwines	240, Avenue of the Americas	New York	20
32	Best Wines	660, Market Street	San Francisco	90
...				

PRODUCT

PRODNR	PRODNAME	PRODTYPE	AVAILABLE_QUANTITY
0119	Chateau Miraval, Cotes de Provence Rose, 2015	rose	126
0384	Dominio de Pingus, Ribera del Duero, Tempranillo, 2006	red	38
...			

SUPPLIES

SUPNR	*PRODNR*	PURCHASE_PRICE	DELIV_PERIOD
21	0119	15.99	1
21	0384	55.00	2
...			

PURCHASE_ORDER

PONR	PODATE	*SUPNR*
1511	2015-03-24	37
1512	2015-04-10	94
...		

PO_LINE

PONR	*PRODNR*	QUANTITY
1511	0212	2
1511	0345	4
...		

图 6-9　规范化关系数据模型

为了拥有一个良好的关系数据模型，模型中的所有关系都应该规范化。可以使用正式的规范化过程将非规范化的关系模型转换为规范化形式。这有两个好处。从逻辑上讲，用户可以很容易地理解数据的含义并制定正确的查询（参见第 7 章）。从实现上来讲，则可以有效利用存储空间，并降低更新不一致的风险。

6.2.2　非正式的规范化准则

在开始讨论正式的逐步规范化过程之前，让我们先回顾一些非正式的规范化准则。首先，以易于解释其含义的方式设计关系模型是很重要的。考虑以下示例：

```
MYRELATION123(SUPNR, SUPNAME, SUPTWITTER, PRODNR, PRODNAME, ...)
```

该关系的名称没有多大意义。因此，更好的选择是：

```
SUPPLIER(SUPNR, SUPNAME, SUPTWITTER, PRODNR, PRODNAME, ...)
```

其次，不应将多个实体类型的属性类型组合在单个关系中，以免混淆其解释。回顾上述关系，供应商和产品信息是混杂在一起的。因此，更好的选择是创建两个关系，即 SUPPLIER 和 PRODUCT，前者看起来像：

```
SUPPLIER(SUPNR, SUPNAME, SUPTWITTER,...)
```

最后，避免在关系中使用过多的空值。例如，假设 SUPTWITTER 有许多空值，因为没有多少供应商有 Twitter 账户。因此，将其保留在 SUPPLIER 关系中意味着对存储容量的浪费。一个更好的选择可能是将 SUPPLIER 关系分为两个关系：SUPPLIER 和 SUPPLIERTWITTER，后者包含了作为主键和外键的供应商编号以及 SUPTWITTER，如下所示：

```
SUPPLIER(SUPNR, SUPNAME, ...)
SUPPLIER-TWITTER(SUPNR, SUPTWITTER)
```

正如我们在第 7 章中所讨论的，如果我们希望从供应商获得组合信息，则可以将这两个关系连接起来。

知识关联 第 7 章将讨论连接查询，该查询允许组合来自两个或多个关系的信息。

6.2.3 函数依赖和主属性类型

在开始讨论各种规范化步骤之前，我们需要引入两个重要的概念：函数依赖和主属性类型。

两组属性类型 X 和 Y 之间的**函数依赖**（functional dependency）X → Y 意味着 X 的值唯一地确定 Y 的值。我们也可以说，从 X 到 Y 存在函数依赖或者 Y 函数依赖于 X。例如，员工名称函数依赖于社保号：

```
SSN → ENAME
```

换句话说，一个社保号唯一地确定了一名员工名称。另一种说法则不一定适用，因为多名员工可以共享相同的名称，因此一个员工名称可能对应多个社保号。一个项目编号唯一地确定项目名称和项目位置：

```
PNUMBER → {PNAME, PLOCATION}
```

因此，项目名称和项目位置函数依赖于项目编号。员工在项目上工作的小时数量函数依赖于社保号和项目编号：

```
{SSN, PNUMBER} → HOURS
```

请注意，如果 X 是关系 R 的候选键，则意味着对于 R 的属性类型的任何子集 Y，它都函数依赖于 X。

主属性类型（prime attribute type）是规范化过程中需要的另一个重要概念。主属性类型是候选键的一部分属性类型。考虑以下关系：

```
R1(SSN, PNUMBER, PNAME, HOURS)
```

该关系的键是 SSN 和 PNUMBER 的组合。SSN 和 PNUMBER 都是主属性类型，而 PNAME 和 HOURS 是非主属性类型。

6.2.4 规范化形式

关系模型的规范化是基于给定关系的函数依赖和候选键来分析给定关系，以最大程度地减少冗余以及插入、删除和更新异常的过程。规范化过程需要进行各种范式测试，而这些测试通常按顺序进行评估。不满足范式测试的不符合要求关系将被分解为更小的关系。

1. 第一范式

第一范式（First Normal Form，1NF）规定关系的每个属性类型必须是原子的和单值的。因此，复合或多值属性类型是不被允许的。这与我们前面介绍的域约束相同。

考虑下列示例：

```
SUPPLIER(SUPNR, NAME(FIRST NAME, LAST NAME), SUPSTATUS)
```

该关系不满足 1NF，因为它包含由属性类型 FIRST NAME 和 LAST NAME 组成的复合属性类型 NAME。我们可以令其满足 1NF：

```
SUPPLIER(SUPNR, FIRST NAME, LAST NAME, SUPSTATUS)
```

换句话说，复合属性类型需要进行部分分解，从而令关系满足 1NF。

假设我们有一个关系 DEPARTMENT。它包含部门编号、部门位置和一个外键，该外键指向管理该部门的员工的社保号：

```
DEPARTMENT(DNUMBER, DLOCATION, DMGRSSN)
```

现在假设一个部门可以有多个位置，并且在给定位置可以有多个部门。由于 DLOCATION 是多值属性类型，因此该关系不满足 1NF。我们可以通过从部门中删除 DLOCATION，并将其与作为外键的 DNUMBER 一起放到一个新的关系 DEP-LOCATION 中，从而令其满足 1NF：

```
DEPARTMENT(DNUMBER, DMGRSSN)
DEP-LOCATION(DNUMBER, DLOCATION)
```

因为一个部门可以有多个位置并且多个部门可以共享一个位置，所以新关系的主键是两者的组合。图 6-10 展示了一些元组示例。你可以看到 15 号部门有两个位置：New York（纽约）和 San Francisco（旧金山）。30 号部门也有两个位置：Chicago（芝加哥）和 Boston（波士顿）。而下面的两个表也都符合 1NF，因为现在这两个关系的每个属性类型都是原子的和单值的。总而言之，应该删除多值属性类型（如，DLOCATION），并将其与作为外键的原始关系（如，DEPARTMENT）的主键（如，DNUMBER）一起放在一个单独的关系中（如，DEPLOCATION）。然后，新关系的主键则是多值属性类型和原始关系主键（如 DNUMBER 和 DLOCATION）的组合。

让我们再给出另一个示例。假设我们有一个关系 R1，该关系包含以下员工信息：SSN、ENAME、DNUMBER、DNAME 以及 PROJECT，其中 PROJECT 是一个由 PNUMBER、PNAME 和 HOURS 组成的复合属性类型：

```
R1(SSN, ENAME, DNUMBER, DNAME, PROJECT(PNUMBER, PNAME, HOURS))
```

我们假设一名员工可以参与多个项目，而多名员工可以参与同一个项目。因此，在我们的关系 R1 中有一个多值复合属性类型 PROJECT。换句话说，第一范式的两个条件都被明显地违反了。为了使它满足第一范式，我们创建了两个关系 R11 和 R12，其中后者包含项目属性类型并以 SSN 作为外键：

```
R11(SSN, ENAME, DNUMBER, DNAME)
R12(SSN, PNUMBER, PNAME, HOURS)
```

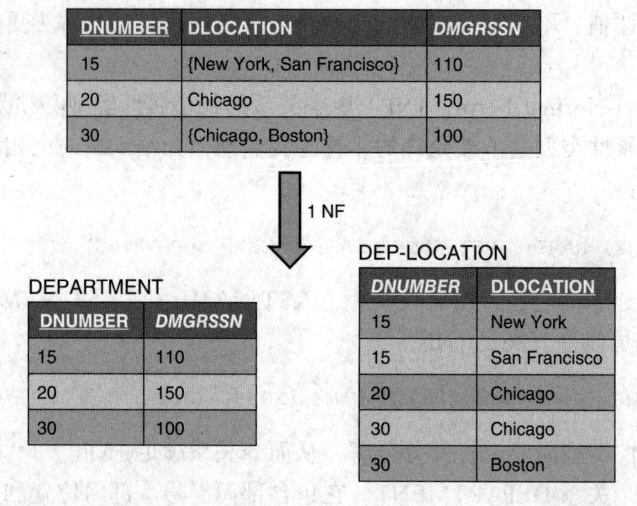

图 6-10　第一范式：通过确保没有复合或多值属性类型，将非规范化关系（上）分解为两个关系（下）

因为一名员工可以参与多个项目并且多名员工可以参与同一个项目，所以 R12 的主键是 SSN 和 PNUMBER 的组合。

2. 第二范式

在开始讨论**第二范式**（Second Normal Form，2NF）之前，我们需要介绍完全和部分函数依赖的概念。如果从 X 中删除任何属性类型 A 即意味着依赖不再成立，则函数依赖 X → Y 是**完全函数依赖**（full functional dependency）。例如，HOURS 完全函数依赖于 SSN 和 PNUMBER：

```
SSN, PNUMBER → HOURS
```

更具体地说，要知道员工在一个项目上工作的小时数量，我们需要知道该员工的 SSN 和项目编号。同样，项目名称完全函数依赖于项目编号：

```
PNUMBER → PNAME
```

如果 X 中的属性类型 A 可以从 X 中删除且依赖依然成立，则函数依赖 X → Y 是部分函数依赖。例如，PNAME 部分函数依赖于 SSN 和 PNUMBER：

```
SSN, PNUMBER → PNAME
```

它只依赖于 PNUMBER，而不依赖于 SSN。

如果关系 R 满足 1NF 并且 R 中的每个非主属性类型 A 完全函数依赖于 R 的任何键，则关系 R 满足 2NF。如果关系不满足第二范式，我们必须对其进行分解，并为每个部分键及其依赖属性类型建立一个新的关系。另外，保持与原始主键以及完全函数依赖于该主键的任何属性类型之间的关系也非常重要。让我们用一个示例来说明这一点。

假设我们有一个包含了 SSN、PNUMBER、PNAME 以及 HOURS 等属性类型的关系 R1：

```
R1(SSN, PNUMBER, PNAME, HOURS)
```

它既包含了项目信息，又包含了哪个员工在哪个项目上工作了几个小时的相关信息。假设如下：一名员工可以参与多个项目；多名员工可以参与同一个项目；以及一个项目有唯一的名称。因为不存在多值或复合属性类型，关系 R1 满足 1NF。然而，它并不满足 2NF。关系 R1 的主键是 SSN 和 PNUMBER 的组合。属性类型 PNAME 并不是完全函数依赖于主键，它只依赖于 PNUMBER。但是，HOURS 完全函数依赖于 SSN 和 PNUMBER。因此，我们需要删除属性类型 PNAME 并将其和 PNUMBER 一起放入一个新的关系 R12 中：

```
R11(SSN, PNUMBER, HOURS)
R12(PNUMBER, PNAME)
```

关系 R11 可以被称为 WORKS-ON(SSN, PNUMBER, HOURS)，而关系 R12 则可以被称为 PROJECT(PNUMBER, PNAME)。

图 6-11 通过一些元组示例说明了如何令一个关系满足 2NF。请注意原始关系中的冗余。名称“Hadoop”重复多次，从存储角度来看，这是不可取的。另外，如果我们想对其进行更新（如，将“Hadoop”更新为“Big Data”），则需要进行多项更改。而下面的两个规范化关系则不是这样的，更新应该只在 PROJECT 关系中执行了一次。

SSN	PNUMBER	PNAME	HOURS
100	1000	Hadoop	50
220	1200	CRM	200
280	1000	Hadoop	40
300	1500	Java	100
120	1000	Hadoop	120

2 NF

PNUMBER	PNAME
1000	Hadoop
1200	CRM
1500	Java

SSN	*PNUMBER*	HOURS
100	1000	50
220	1200	200
280	1000	40
300	1500	100
120	1000	120

图 6-11　第二范式：通过确保每个非主属性类型完全函数依赖于主键，将非规范化关系（上）分解为两个关系（下）

3. 第三范式

为了讨论**第三范式**（Third Normal Form，3NF），我们需要引入**传递依赖**（transitive dependency）的概念。如果有一组属性类型 Z 既不是候选键，也不是 R 任何键的子集，并且同时存在 $X \rightarrow Z$ 和 $Z \rightarrow Y$，则关系 R 中的函数依赖 $X \rightarrow Y$ 是传递依赖。如果关系 R 满足 2NF 并且 R 中的非主属性类型不传递依赖于主键，则该关系满足 3NF。如果不是这样，我们需要分解关系 R，并建立一个包含非键属性类型的关系，而这些非键属性类型函数依赖于其他非键属性类型。让我们以一个示例来说明这一点。

关系 R1 包含了员工和部门的相关信息，如下所示：

```
R1(SSN, ENAME, DNUMBER, DNAME, DMGRSSN)
```

属性类型 SSN 是该关系的主键。假设如下：一名员工在一个部门工作；一个部门可以有多名员工；一个部门有一个管理者。根据这些假设，我们在 R 中有两个传递依赖。DNAME 通过 DNUMBER 传递依赖于 SSN。换句话说，DNUMBER 函数依赖于 SSN，而 DNAME 函数依赖于 DNUMBER。同样，DMGRSSN 通过 DNUMBER 传递依赖于 SSN。换句话说，DNUMBER 函数依赖于 SSN，而 DMGRSSN 函数依赖于 DNUMBER。DNUMBER 既不是候选键，也不是键的子集。因此，该关系不满足 3NF。为了令其满足 3NF，我们删除了属性类型 DNAME 和 DMGRSSN，并将它们与用来作为主键的 DNUMBER 一起放在一个新的关系 R12 中：

```
R11(SSN, ENAME, DNUMBER)
R12(DNUMBER, DNAME, DMGRSSN)
```

关系 R11 可以被称为 EMPLOYEE(SSN, ENAME, DNUMBER)，而关系 R12 则可以被称为 DEPARTMENT(DNUMBER, DNAME, DMGRSSN)。

图 6-12 展示了一些非规范化和规范化关系的元组示例。请注意非规范化情况下的冗余，DNAME 的值“ marketing”和 DMGRSSN 的值“210”重复多次。而这与规范化关系不同，在规范化关系中，这些值只存储了一次。

SSN	NAME	DNUMBER	DNAME	DMGRSSN
10	O'Reilly	10	Marketing	210
22	Donovan	30	Logistics	150
28	Bush	10	Marketing	210
30	Jackson	20	Finance	180
12	Thompson	10	Marketing	210

3 NF

SSNR	NAME	DNUMBER
10	O'Reilly	10
22	Donovan	30
28	Bush	10
30	Jackson	20
12	Thompson	10

DNUMBER	DNAME	DMGRSSN
10	Marketing	210
30	Logistics	150
20	Finance	180

图 6-12　第三范式：通过确保非主属性类型不传递依赖于主键，将非规范化关系（上）分解为两个关系（下）

4. Boyce-Codd 范式

我们现在可以讨论 Boyce-Codd 范式（Boyce-Codd normal form，BCNF)，也被称为 3.5 范式（3.5NF)。让我们先介绍另一个概念。如果 Y 是 X 的子集，则函数依赖 X → Y 被称为**平凡函数依赖**（trivial functional dependency）。SSN 和 NAME 以及 SSN 之间就是平凡函数依赖的一个实例：

```
SSN, NAME → SSN
```

关系 R 满足 BCNF 的条件是，对于它的每个非平凡函数依赖 X → Y，X 是一个超键，也就是说，X 要么是候选键，要么是其超集。可以看出，BCNF 比 3NF 更严格。因此，满足 BCNF 的关系也满足 3NF。然而，一个关系满足 3NF，则未必满足 BCNF。让我们给定一个实例。

假设我们有一个关系 R1，它包含了 SUPNR、SUPNAME、PRODNR 以及 QUANTITY 等属性类型：

```
R1(SUPNR, SUPNAME, PRODNR, QUANTITY)
```

它对哪个供应商可以提供多少数量的产品的相关信息进行建模。假设如下：一个供应商可以提供多种产品；一种产品可以由多个供应商提供；供应商有唯一的名称。因此，SUPNR 和 PRODNR 是该关系中的超键。此外，我们在 SUPNR 和 SUPNAME 之间有一个非平凡函数依赖。因此，该关系不满足 BCNF。为了令其满足 BCNF，我们将 SUPNAME 从 R1 中移除，并将它与作为主键的 SUPNR 一起放在一个新的关系 R12 中：

```
R11(SUPNR, PRODNR, QUANTITY)
R12(SUPNR, SUPNAME)
```

关系 R11 可以被称为 SUPPLIES，而关系 R12 则可以被称为 SUPPLIER。

知识延伸 Boyce-Codd 范式在 1974 年由 Raymond F. Boyce 和 Edgar F. Codd 提出。

5. 第四范式

我们通过讨论**第四范式**（Fourth Normal Form，4NF）来结束。首先，我们将介绍**多值依赖**（multi-valued dependency）的概念。当且仅当每个 X 值准确地确定一组 Y 值且独立于其他属性类型时，从 X 到 Y 才存在多值依赖，即 X →→ Y。如果关系满足 BCNF 并且对于它的每一个非平凡多值依赖 X →→ Y，X 是一个超键，也就是说，X 或者是候选键，或者是其超集，则该关系满足第四范式。让我们以一个示例来说明这一点。

假设我们有一个关系 R1，它包含了课程、教师和教科书的相关信息：

```
R1(course, instructor, textbook)
```

假设如下：一门课程可以由不同的教师教授；一门课程的每位教师使用同一套教科书。因此，在课程和教科书之间我们有一个多值依赖。换句话说，每门课程都精确地确定了一套教科书但独立于教师。为了令其满足 4NF，我们创建了两个关系：包含课程和教科书的 R11 以及包含课程和教师的 R12：

```
R11(course, textbook)
R12(course, instructor)
```

图 6-13 展示了一些非规范化和规范化关系的元组示例。在前一种情况中，你可以发现冗余。假设在课程“ Database Management”中添加了一本新的教科书。在非规范化的情况下，这意味着将添加与教授该课程的教师一样多的元组，或者在我们的例子中是两个。而在规范化情况下，只需要添加一个元组。

COURSE	INSTRUCTOR	BOOK
Database Management	Baesens	Database cookbook
Database Management	Lemahieu	Database cookbook
Database Management	Baesens	Databases for dummies
Database Management	Lemahieu	Databases for dummies

4 NF

COURSE	INSTRUCTOR
Database Management	Baesens
Database Management	Lemahieu

COURSE	BOOK
Database Management	Database cookbook
Database Management	Databases for dummies

图 6-13　第四范式：通过确保每一个非平凡多值依赖 X →→ Y 中 X 是一个超键，将非规范化关系（上）分解为两个关系（下）

表 6-3 通过回顾各种规范化步骤和考虑到的依赖类型对本节进行了总结。

表 6-3　规范化步骤和依赖的概述

范　式	依赖类型	描　述
2NF	完全函数依赖	如果从 X 中删除任何属性类型 A 即意味着依赖不再成立，则函数依赖 X → Y 是完全函数依赖
3NF	传递函数依赖	如果有一组属性类型 Z 既不是候选键，也不是 R 任何键的子集，并且同时存在 X → Z 和 Z → Y，则关系 R 中的函数依赖 X → Y 是传递依赖
BCNF	平凡函数依赖	如果 Y 是 X 的子集，则函数依赖 X → Y 被称为平凡函数依赖
4NF	多值依赖	当且仅当每个 X 值准确地确定一组 Y 值且独立于其他属性类型时，依赖 X →→ Y 才是多值依赖

知识关联　在 17 章中，我们将回到数据仓库上下文的规范化。我们将讨论在这种类型的设置中如何容忍一定程度的非规范化以改善数据检索性能。

节后思考　什么是规范化？为什么需要规范化？讨论各种规范化形式并举例说明。

6.3　将概念 ER 模型映射到关系模型

目前存在大量的数据库建模工具，这些工具允许数据库设计者绘制（E）ER 模型并自动从中生成关系数据模型。如果应用了正确的转换规则，生成的关系模型将自动规范化。因此，尽管转换可以自动化，但详细研究这些规则还是很有用的。通过将关系概念与它们的（E）ER 对应项联系起来，它们为我们提供了关于良好数据库设计复杂性和某些设计决策结果的宝贵见解。在本节中，我们将讨论如何将概念 ER 模型映射到关系模型。之后，我们将继续映射 EER 结构。

6.3.1　实体类型映射

第一步是将每种实体类型映射到关系中。简单的属性类型可以直接映射。复合属性类型需要分解为其组件属性类型。实体类型的键属性类型中的一个则可以设置为关系的主键。

你可以在图 6-14 中看到这一点。我们有两种实体类型：EMPLOYEE 和 PROJECT。我们为两者都创建了关系：

```
EMPLOYEE(SSN, address, first name, last name)
PROJECT(PNR, pname, pduration)
```

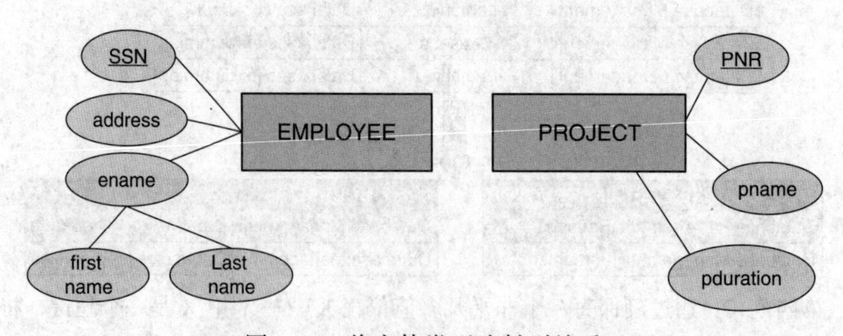

图 6-14　将实体类型映射到关系

EMPLOYEE 实体类型具有三个属性类型：SSN，它是键属性类型；address，被视为原子属性类型；以及 ename，它是由名（first name）和姓（last name）组成的复合属性类型。PROJECT 实体类型也具有三个属性类型：PNR，它是键属性类型；pname 以及 pduration。你可以看到键属性类型 SSN 和 PNR 都已经被映射为关系的主键。另外，请注意，复合属性类型 ename 已经被分解为关系 EMPLOYEE 中的名（first name）和姓（last name）。

6.3.2 关系类型映射

一旦映射实体类型之后，我们就可以继续映射关系类型。正如我们下面将要阐明的，该映射取决于度和基数。

1. 二元 1:1 关系类型映射

对于二元 1:1 关系类型，我们创建两个关系——一个是为了参与关系类型的每个实体类型。可以通过在一个关系中包含一个外键来连接另一个关系的主键。在存在依赖关系的情况下，我们将外键放在存在依赖的关系中，并将其声明为非空。然后，便可以将 1:1 关系类型的属性类型添加到具有外键的关系中。

让我们考虑一下 EMPLOYEE 和 DEPARTMENT 之间的 MANAGES 关系类型，如图 6-15 所示。

请记住，一名员工管理 0 个或 1 个部门，而一个部门仅由一名员工管理，这意味着 DEPARTMENT 在 EMPLOYEE 上存在依赖。我们为这两种实体类型都创建了关系，并添加了相应的属性类型，如下所示：

```
EMPLOYEE(SSN, ename, address)
DEPARTMENT(DNR, dname, dlocation)
```

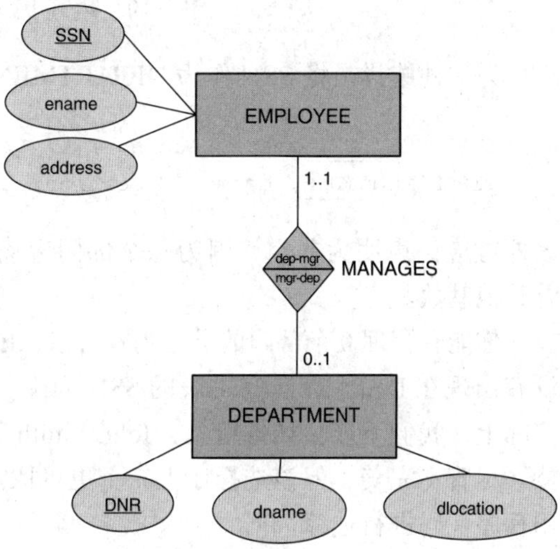

图 6-15 将 1:1 ER 关系类型映射到关系模型

现在问题是：我们如何映射关系类型？一种选择是在关系 EMPLOYEE 中添加外键 DNR，该外键指向关系 DEPARTMENT 中的主键 DNR，如下所示：

```
EMPLOYEE(SSN, ename, address, DNR)
DEPARTMENT(DNR, dname, dlocation)
```

该外键可以为空，因为不是每个员工都管理一个部门。现在，通过图 6-16，让我们看看关系类型的四个基数中有多少是被正确建模的。

我们从 DEPARTMENT 开始。一个部门可以没有管理者吗？可以，002 号部门“Call Center”就是这种情况，它没有被分配管理者，因为其部门编号 002 没有出现在 EMPLOYEE 表的 DNR 列中。另外，ICT 部门也没有管理者。一个部门可以有多个管理者吗？可以，001 号部门“Marketing”就是这种情况，它有两个管理者：员工 511（John Smith）和员工 564（Sarah Adams）。一名员工可以管理 0 个部门吗？可以，Emma Lucas 和 Michael Johnson 就是这种情况。一名员工可以管理多个部门吗？不可以，因为 EMPLOYEE 关系已经被规范化，因此外键 DNR 应该按照第一范式的要求是单值的。总而言之，在四个基数中，仅支持两个。此外，该选择会为外键 DNR 生成大量空值，因为通常有许多员工不管理任何部门。

EMPLOYEE(SSN, ename, address, *DNR*)

511	John Smith	14 Avenue of the Americas, New York	001
289	Paul Barker	208 Market Street, San Francisco	003
356	Emma Lucas	432 Wacker Drive, Chicago	NULL
412	Michael Johnson	1134 Pennsylvania Avenue, Washington	NULL
564	Sarah Adams	812 Collins Avenue, Miami	001

DEPARTMENT(DNR, dname, dlocation)

001	Marketing	3th floor
002	Call center	2nd floor
003	Finance	basement
004	ICT	1st floor

图 6-16　映射 1∶1 关系类型的元组示例

另一种选择是将 SSN 作为 DEPARTMENT 中的外键，并在 EMPLOYEE 中引用 SSN：

```
EMPLOYEE(SSN, ename, address)
DEPARTMENT(DNR, dname, dlocation, SSN)
```

该外键应该声明为非空，因为每个部门应该只有一个管理者。通过图 6-17，现在让我们看看其他基数。

你能有管理 0 个部门的员工吗？可以，Emma Lucas 就是这种情况，因为她的 SSN（356）没有出现在 DEPARTMENT 表的 SSN 列中。我们可以确保一名员工最多管理一个部门吗？实际上，我们不能！如你所见，John Smith 管理三个部门。因此，在四个基数中，三个被支持。尽管不完美，但该选择比上一个更可取。而映射中丢失的语义则应记录下来，并使用应用程序代码进行追踪。

2. 二元 1∶*N* 关系类型映射

可以通过在与关系类型 *N* 端的参与实体类型相对应的关系中包含一个外键来映射二元 1∶*N* 关系类型（例如，图 6-18 中的 EMPLOYEE 关系）。该外键指向与关系类型 1 端的实体类型相对应的关系的主键（例如，图 6-18 中的 DEPARTMENT 关系）。根据最小基数，外键可以被声明为非空或允许为空。而 1∶*N* 关系类型的属性类型（例如，图 6-18 中的 starting date）则可以被添加到与参与实体类型相对应的关系中。

WORKS_IN 关系类型是 1∶*N* 关系类型的一个实例。一名员工只能在一个部门工作，而一个部门则可以有 1 到 *N* 名员工在其中工作。属性类型 starting date 表示员工开始在部门工作的日期。与 1∶1 关系一样，我们首先为这两种实体类型创建关系 EMPLOYEE 和 DEPARTMENT：

```
EMPLOYEE(SSN, ename, address)
DEPARTMENT(DNR, dname, dlocation)
```

我们可以再次探索在关系模型中建立关系类型的两种选择。由于一个部门可以有多名员工，因此我们不能向其添加外键，因为这会创建一个多值属性类型，而这在关系模型中是不允许的。这就是为什么我们将 DNR 添加为 EMPLOYEE 关系的外键的原因。

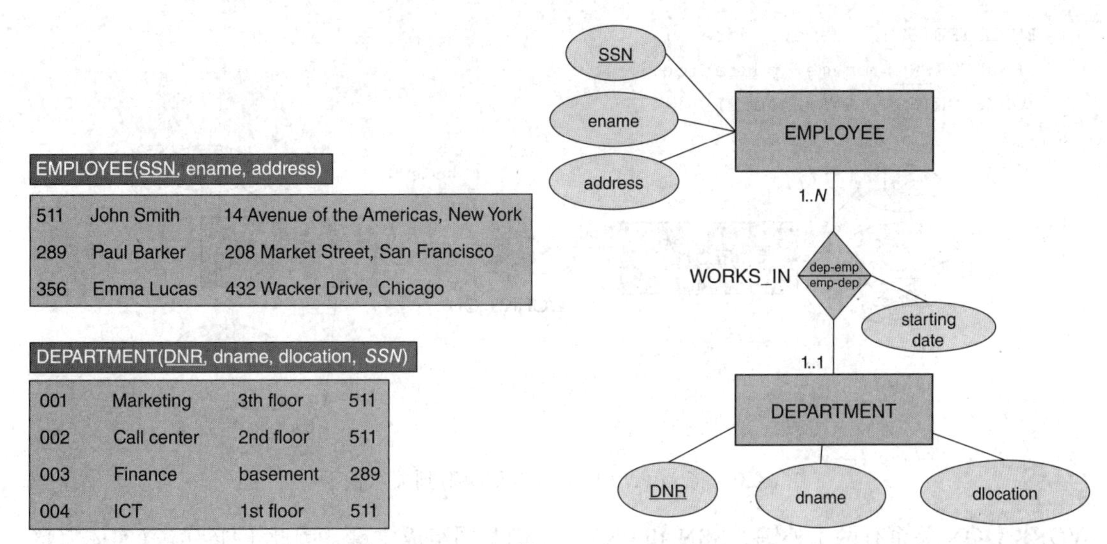

EMPLOYEE(SSN, ename, address)

511	John Smith	14 Avenue of the Americas, New York
289	Paul Barker	208 Market Street, San Francisco
356	Emma Lucas	432 Wacker Drive, Chicago

DEPARTMENT(DNR, dname, dlocation, *SSN*)

001	Marketing	3th floor	511
002	Call center	2nd floor	511
003	Finance	basement	289
004	ICT	1st floor	511

图 6-17　映射 1:1 关系类型的元组示例

图 6-18　将 1:N ER 关系类型映射到关系模型

```
EMPLOYEE(SSN, ename, address, starting date, DNR)
DEPARTMENT(DNR, dname, dlocation)
```

由于最小基数是 1，因此这个外键被定义为非空，以确保员工只在一个部门工作。那其他的基数呢？我们可以通过图 6-19 找到答案。

EMPLOYEE(SSN, ename, address, starting date, *DNR*)

511	John Smith	14 Avenue of the Americas, New York	01/01/2000	001
289	Paul Barker	208 Market Street, San Francisco	01/01/1998	001
356	Emma Lucas	432 Wacker Drive, Chicago	01/01/2010	002

DEPARTMENT(DNR, dname, dlocation)

001	Marketing	3th floor
002	Call center	2nd floor
003	Finance	basement
004	ICT	1st floor

图 6-19　映射 1:N 关系类型的元组示例

一个部门可以有一名以上的员工吗？可以，Marketing 部门就是这种情况，该部门有两名员工 John Smith 和 Paul Barker。我们能保证每个部门至少有一名员工吗？事实上，我们不能。Finance 和 ICT 部门就没有员工。在四个基数中，只有三个基数被支持。请注意，属性类型 starting date 也已被添加到了 EMPLOYEE 关系中。

3. 二元 $M:N$ 关系类型映射

通过引入新的关系 R 来映射 $M:N$ 关系类型。R 的主键是一个外键组合，这些外键指向与参与实体类型相对应的关系的主键。关系类型 $M:N$ 的属性类型也可以添加到 R 中。

图 6-20 所示的 WORKS_ON 关系类型是一个 $M:N$ 关系类型的实例。一名员工参与 0 到 N 个项目，而一个项目被 0 到 M 名员工所参与。我们首先为这两种实体类型创建关系。我们不能在 EMPLOYEE 关系中添加外键，因为员工可以参与多个项目，这将为我们提供一个多值属性类型。同样，我们也不能在 PROJECT 关系中添加外键，因为一个项目被多名员工所参与。换句话说，我们需要创建一个新的关系来映射 ER 关系类型 WORKS_ON：

```
EMPLOYEE(SSN, ename, address)
PROJECT(PNR, pname, pduration)
WORKS_ON(SSN, PNR, hours)
```

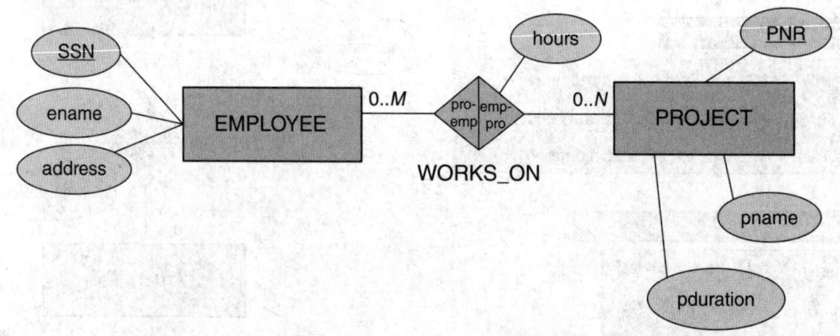

图 6-20　将 $M:N$ ER 关系类型映射到关系模型

WORKS_ON 关系有两个外键，SSN 和 PNR，它们共同组成主键，因此不能为空（实体完整性约束）。且 hours 属性类型也已添加到此关系中。

图 6-21 展示了 EMPLOYEE、PROJECT 以及 WORKS_ON 等关系的一些元组示例。

EMPLOYEE(SSN, ename, address, *DNR*)

SSN	ename	address	DNR
511	John Smith	14 Avenue of the Americas, New York	001
289	Paul Barker	208 Market Street, San Francisco	001
356	Emma Lucas	432 Wacker Drive, Chicago	002

PROJECT(PNR, pname, pduration)

PNR	pname	pduration
1001	B2B	100
1002	Analytics	660
1003	Web site	52
1004	Hadoop	826

WORKS_ON(*SSN*, *PNR*, hours)

SSN	PNR	hours
511	1001	10
289	1001	80
289	1003	50

图 6-21　映射 $M:N$ 关系类型的元组示例

所有的四个基数都被成功地建模。Emma Lucas 没有参与任何项目，而 Paul Barker 参与了两个项目。项目 1002 和 1004 都没有分配员工，而项目 1001 分配了两名员工。

现在让我们看看如果我们按如下方式更改假设会发生什么：一名员工至少参与一个项目，而一个项目正在由至少一名员工参与。换句话说，两边的最小基数都变为 1。本质上，解决方案保持不变，并且你可以看到，由于 Emma Lucas 不参与任何项目且项目 1002 和 1004 没有分配任何员工，因此不支持最小基数。在四个基数中，只支持两个基数！这将需要在应用程序开发期间密切跟踪，以确保这些丢失的基数是由应用程序而非数据模型强制实施。

4. 一元关系类型映射

一元或递归关系类型可以根据基数进行映射。通过添加指向同一关系主键的外键可以实现递归 1:1 或 $1:N$ 关系类型。对于一个 $N:M$ 递归关系类型，需要去创建一个新的关系 R，该关系有两个非空且指向原始关系的外键。这里建议使用角色名称来阐明外键的含义。让我们用一些例子来说明这一点。

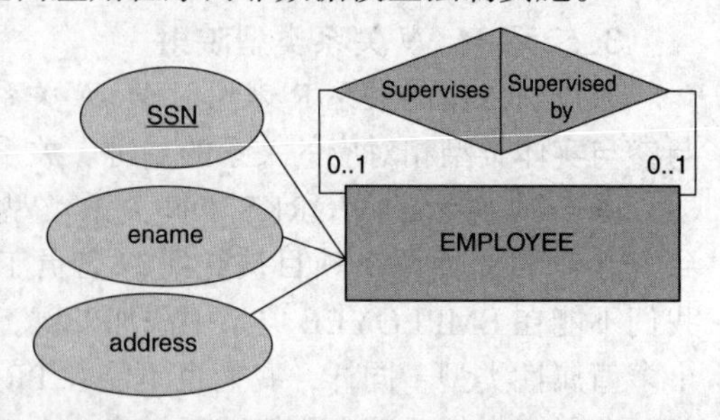

图 6-22　将一元关系类型映射到关系模型

图 6-22 展示了一个建模员工之间管理关系的

1∶1 一元关系类型。在关系模型中，它可以通过在 EMPLOYEE 关系中添加一个外键 supervisor 来实现，该外键指向其主键 SSN，如下所示：

```
EMPLOYEE(SSN, ename, address, supervisor)
```

该外键可以为空，因为根据 ER 模型，一名员工可能没有其他员工来管理。由于外键不能是多值的，所以一名员工不能由多名其他员工来管理。图 6-23 对此进行了说明。

EMPLOYEE(SSN, ename, address, *supervisor*)

511	John Smith	14 Avenue of the Americas, New York	289
289	Paul Barker	208 Market Street, San Francisco	412
356	Emma Lucas	432 Wacker Drive, Chicago	289
412	Dan Kelly	668 Strip, Las Vegas	NULL

图 6-23　映射一元 1∶1 关系类型的元组示例

有些员工不管理其他员工，比如 Emma Lucas。然而，有些员工管理不止一名员工，比如同时管理 John Smith 和 Emma Lucas 的 Paul Barker。总而言之，在这四个基数中，我们的模型支持三个。

现在让我们更改一个假设，如下所示：一名员工可以管理至少 0 名，最多 *N* 名其他员工。关系模型保持不变，supervisor 作为外键并指向 SSN：

```
EMPLOYEE(SSN, ename, address, supervisor)
```

在这种情况下，我们的关系模型可以完美地捕获所有的四个基数。

现在让我们把两个最大基数分别设为 *N* 和 *M*。换句话说，一名员工可以监督 0 到 *N* 名员工，而一名员工可以被 0 到 *M* 名员工所监督。我们不能再向 EMPLOYEE 关系中添加外键，因为这将导致一个多值属性类型。因此，我们需要创建一个新的关系 SUPERVISION，它有两个外键 Supervisor 和 Supervisee，它们都指向 EMPLOYEE 中的 SSN：

```
EMPLOYEE(SSN, ename, address)
SUPERVISION(Supervisor, Supervisee)
```

因为两个外键组成了主键，所以它们不能为空。

所有的四个基数都得到了完美地支持（参见图 6-24）。Emma Lucas 和 John Smith 不管理任何人，而 Dan Kelly 也没有受到任何人的管理（最小基数均为 0）。Paul Barker 和 Dan Kelly 分别管理两名员工（最大基数为 *N*），而 John Smith 受到 Paul Barker 和 Dan Kelly 两人的管理（最大基数为 *M*）。但是请注意，如果一个或两个最小基数都为 1，则关系模型将基本上保持不变，以致无法适应该基数。因此，这些最小基数将不得不再次由应用程序强制实施，但这并不是一个有效的解决方案。

5. *n* 元关系类型映射

为了映射一个 *n* 元关系类型，我们首先为每个参与实体类型创建关系。然后，我们还定义了一个附加关系 R 来表示 *n* 元关系类型，并添加了外键，这些外键指向与参与实体类型相对应的每个关系的主键。R 的主键是所有非空外键的组合。*n* 元关系的任何属性类型也可以添加到 R 中。让我们用一个例子来说明这一点。

EMPLOYEE(<u>SSN</u>, ename, address)

511	John Smith	14 Avenue of the Americas, New York
289	Paul Barker	208 Market Street, San Francisco
356	Emma Lucas	432 Wacker Drive, Chicago
412	Dan Kelly	668 Strip, Las Vegas

SUPERVISION(*Supervisor*, *Supervisee*)

289	511
289	356
412	289
412	511

图 6-24　映射一元 $N:M$ 关系类型的元组示例

关系类型 BOOKING（图 6-25）是一个 TOURIST、BOOKING 和 TRAVEL AGENCY 之间的三元关系类型。它有一个属性类型：price。因此，关系模型具有这三种实体类型的每一个关系，以及一个关系类型的关系 BOOKING：

```
TOURIST(TNR, ...)
TRAVEL_AGENCY(ANR, ...)
HOTEL(HNR, ...)
BOOKING(TNR, ANR, HNR, price)
```

关系 BOOKING 的主键是三个外键的组合，如图所示。它还包括 price 属性。所有的六个基数在关系模型中都得到了完美地表示。

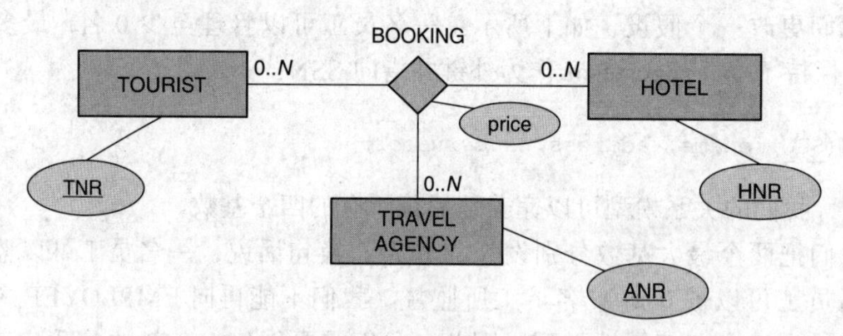

图 6-25　将 n 元关系类型映射到关系模型

关系类型 OFFERS（图 6-26）是一个 Instructor、Course 和 Semester 之间的三元关系类型。一位教师在 0 到 N 个学期中教授一门课程。在一个学期中，一门课程应该由至少 1 位，最多 N 位教师来教授。在一个学期中，一位教师可以教授 0 到 N 门课程。与前面的示例一样，关系模型对每种实体类型都有一个关系，对关系类型也有一个关系：

```
INSTRUCTOR(INR, ...)
COURSE(CNR, ...)
SEMESTER(SEM-YEAR, ...)
OFFERS(INR,CNR,SEM-YEAR)
```

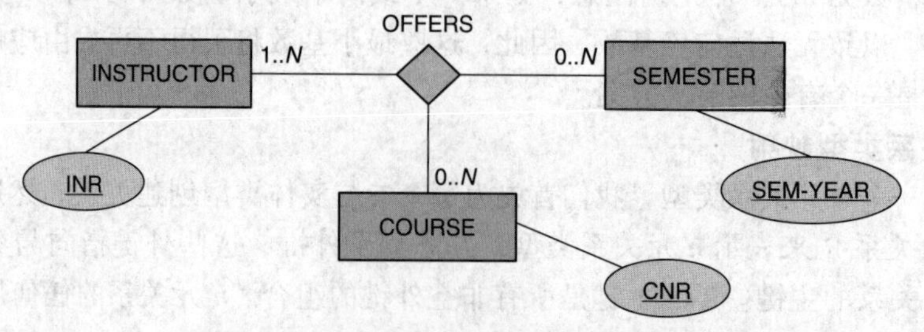

图 6-26　将 n 元关系类型映射到关系模型

让我们看看基数。图 6-27 展示了一些元组示例。请注意，110 号课程 Analytics，在任何学期都不教授。其他一些课程也不是所有学期都教授。因此，该关系模型不能保证为 1 的最小基数，即不能保证在一个学期中，一门课程应该由至少一位教师教授。

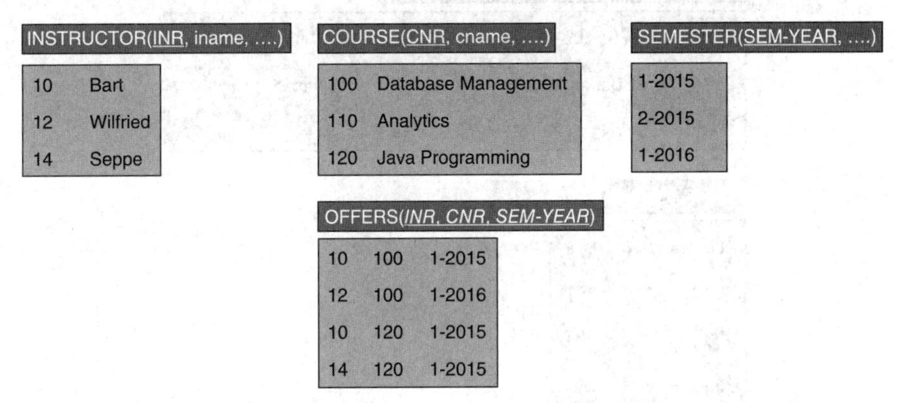

图 6-27　映射 *n* 元关系类型的元组示例

6.3.3　多值属性类型映射

对于每个多值属性类型，我们创建一个新的关系 R。将多值属性类型与一个外键一起放在 R 中，该外键指向原始关系的主键。多值复合属性类型则再次分解为其组件。然后可以根据假设设置主键。

假设我们有一个多值属性类型的电话号码——phone number（图 6-28）。一名员工可以有多个电话。我们创建了一个新的关系 EMP-PHONE：

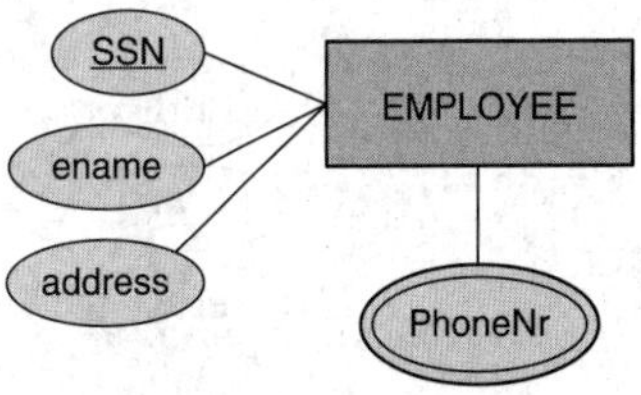

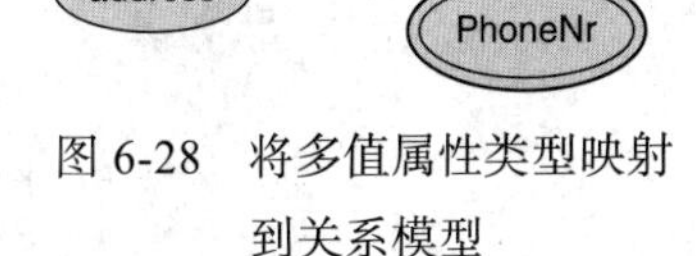

图 6-28　将多值属性类型映射到关系模型

```
EMPLOYEE(SSN, ename, address)
EMP-PHONE(PhoneNr, SSN)
```

它有两个属性类型：PhoneNr 和 SSN。后者是指向关系 EMPLOYEE 的外键。如果我们假设每个电话号码仅分配给一名员工，则属性类型 PhoneNr 就可以作为关系 EMP-PHONE 的主键。

现在，让我们更改假设，以便一个电话号码可以由多名员工共享。因此，PhoneNr 不再适合作为关系的主键。此外，由于员工可以拥有多个电话号码，故不能再将 SSN 设置为主键。因此，主键成为 PhoneNr 和 SSN 的组合：

```
EMPLOYEE(SSN, ename, address)
EMP-PHONE(PhoneNr, SSN)
```

图 6-29 中展示了一些元组示例，从中你可以看到关系 EMP-PHONE 的元组 1 和 2 对 PhoneNr 具有相同的值，而元组 2 和 3 对 SSN 具有相同的值。此示例说明了业务特性如何帮助定义关系的主键。

6.3.4　弱实体类型映射

请记住，弱实体类型是不能生成自己键属性类型的实体类型，并且依赖于所有者实体类型。它应该被映射到一个具有其所有相应属性类型的关系 R 中。其次，必须要添加一个外键，该外键指向与所有者实体类型所对应的关系的主键。由于存在依赖，外键要被声明为非空。而 R 的主键则是部分键和外键的组合。

EMPLOYEE(SSN, ename, address, *DNR*)

511	John Smith	14 Avenue of the Americas, New York	001
289	Paul Barker	208 Market Street, San Francisco	001
356	Emma Lucas	432 Wacker Drive, Chicago	002

EMP-PHONE(PhoneNr, *SSN*)

900-244-8000	511
900-244-8000	289
900-244-8002	289
900-246-6006	356

图 6-29　映射多值属性类型的元组示例

图 6-30 展示了我们前面的示例。Room 是一个弱实体类型，需要从 Hotel 借用 HNR 来定义一个主属性类型，即 RNR 和 HNR 的组合。

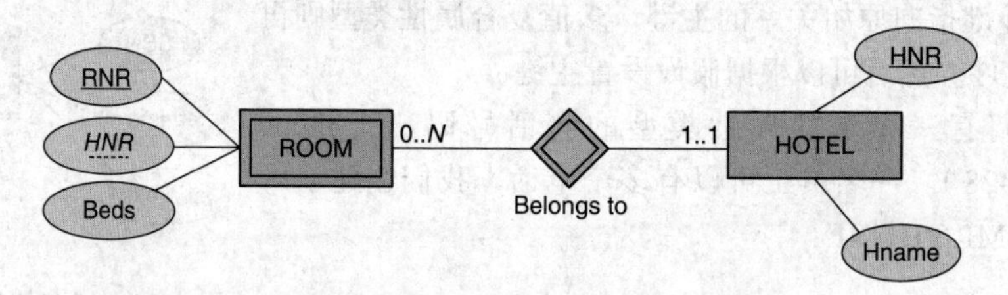

图 6-30　将弱实体类型映射到关系模型

我们可以将这两种实体类型映射到如下关系模型：

```
Hotel (HNR, Hname)
Room (RNR, HNR, beds)
```

Room 有一个外键 HNR，它被声明为非空（NOT NULL），并指向 Hotel。它的主键是 RNR 和 HNR 的组合。

图 6-31 中描述了一些元组示例。该关系模型很好地支持了所有的四个基数。

ROOM (RNR, *HNR*, Beds)

2	101	2
6	101	4
8	102	2

HOTEL (HNR, Hname)

100	Holiday Inn New York
101	Holiday Inn Chicago
102	Holiday Inn San Francisco

图 6-31　映射弱实体类型的元组示例

6.3.5　小结

到目前为止，我们已经广泛地讨论了如何将 ER 模型映射到关系模型。表 6-4 总结了这两个模型的关键概念是如何关联的。

表 6-4　将 ER 模型映射到关系模型

ER 模型	关系模型	ER 模型	关系模型
实体类型	关系	简单属性类型	属性类型
弱实体类型	外键	复合属性类型	组件属性类型
1∶1 或 1∶*N* 关系类型	外键	多值属性类型	关系和外键
M∶*N* 关系类型	有两个外键的新关系	键属性类型	主键或备用键
n 元关系类型	有 *n* 个外键的新关系		

在这里，你可以看到我们在第 3 章中讨论的员工管理 ER 模型的最终关系模型：

- EMPLOYEE (SSN, ename, streetaddress, city, sex, dateofbirth, MNR, DNR)
  - 外键 MNR 指向 EMPLOYEE 中的 SSN，允许为空
  - 外键 DNR 指向 DEPARTMENT 中的 DNR，不允许为空
- DEPARTMENT (DNR, dname, dlocation, MGNR)
  - MGNR：外键，指向 EMPLOYEE 中的 SSN，不允许为空
- PROJECT (PNR, pname, pduration, DNR)
  - DNR：外键，指向 DEPARTMENT 中的 DNR，不允许为空
- WORKS_ON (SSN, PNR, HOURS)
  - 外键 SSN 指向 EMPLOYEE 中的 SSN，不允许为空
  - 外键 PNR 指向 PROJECT 中的 PNR，不允许为空

让我们简要地讨论一下它。关系 EMPLOYEE 的主键是 SSN。它有两个外键：MNR，指向 SSN 并实现递归 SUPERVISED BY 关系类型；DNR，指向 DEPARTMENT 并实现 WORKS_IN 关系类型。前者允许为空，而后者则不允许。DEPARTMENT 的主键是 DNR。它有一个外键 MGNR，该外键指向 EMPLOYEE 中的 SSN 并实现 MANAGES 关系类型。它不能为空。PROJECT 的主键是 PNR。外键 DNR 指向 DEPARTMENT。它实现 IN CHARGE OF 关系类型并且不能为空。关系 WORKS_ON 需要去实现 EMPLOYEE 和 PROJECT 之间的 *M*∶*N* 关系类型。它的主键由分别指向 EMPLOYEE 和 PROJECT 的两个外键组成。它还包括用来表示员工在项目上工作了多少小时的关系类型属性 HOURS。

我们的关系模型并不是我们 ER 模型的完美映射。有些基数并没有被完美地转换。更具体地说，我们不能保证一个部门至少有一名员工（不包括管理者）。另一个例子是，同一名员工可以是多个部门的管理者。前面提到的 ER 模型的一些缺点在这里仍然适用。我们不能保证一个部门的管理者也在这个部门工作。我们也不能强制要求员工参与分配给他们所属部门的项目。

节后思考

- 举例说明如何将 ER 实体类型映射到关系模型。
- 举例说明如何将具有不同度和基数的 ER 关系类型映射到关系模型，并在适当的地方讨论语义的损失。

6.4　将概念 EER 模型映射到关系模型

EER 模型通过引入诸如特化、类别以及聚集等其他建模结构而建立在 ER 模型的基础上（参见第 3 章）。在本节中，我们讨论如何将它们映射到关系模型。

6.4.1 EER 特化映射

EER 的特化可以通过多种方式进行映射。第一种选择是为超类和每个子类创建一个关系，并用外键将它们连接起来。另一种选择是为每个子类创建关系，而不为超类创建关系。最后，我们也可以用超类和子类的所有属性类型创建一个关系，并添加一个特殊的属性类型。让我们通过一些示例来更详细地探讨这些选择。

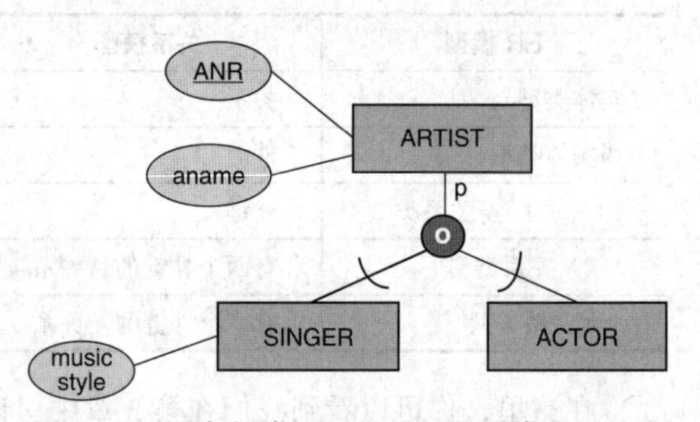

图 6-32　具有超类 ARTIST 以及子类 SINGER 和 ACTOR 的 EER 特化示例

图 6-32 展示了一个艺术家（ARTIST）向歌手（SINGER）和演员（ACTOR）的 EER 特化。这种特化是部分的，因为并非所有的艺术家都是歌手或演员。它也有重叠，因为一些歌手也可以是演员。艺术家有艺术家编号和艺术家名称。歌手有音乐风格。

在我们的第一个选择（选择 1）中，我们创建了三个关系：一个用于超类，两个用于子类：

```
ARTIST(ANR, aname, ...)
SINGER(ANR, music style, ...)
ACTOR(ANR, ...)
```

我们为每个子类关系都添加一个指向父类关系的外键 ANR。然后这些外键也都作为了主键。

图 6-33 用一些元组示例举例说明了选择 1。如果特化是部分的，此解决方案效果很好。并不是所有的艺术家都包含在子类关系中。例如，Claude Monet 只包含在超类关系中，而不涉及任何子类关系。在特化是完全的而不是部分的情况下，我们就不能使用此解决方案来强制实施它。此外，重叠特性也得到了很好的建模。你可以看到 Madonna 在 SINGER 和 ACTOR 关系中都被提及。如果特化是不相交的，而不是重叠的，那么我们也不能使用这种解决方案来强制实施它。

现在让我们把特化改为完全的而不是部分的。换句话说，我们假设所有的艺术家不是歌手就是演员。对于此种情况，选择 1 便不能达到很好的效果，因为可能存在 SINGER 或 ACTOR 关系中都未引用的 ARTIST 元组。在这种情况下，映射此种 EER 特化的更好方法（选择 2）是只为子类创建关系，如下所示：

```
SINGER(ANR, aname, music style, ...)
ACTOR(ANR, aname, ...)
```

超类的属性类型被添加到每个子类关系中。

图 6-33　选择 1 的元组示例

图 6-34 用一些元组示例举例说明了选择 2。这种解决方案只适用于完全特化。它也可以支持重叠特性。你可以看到，在这两个关系中都包含了 Madonna。但是，请注意，这会造成冗余。如果我们还要存储她的传记、照片等，那么就需要将这些信息添加到这两个关系中，而从存储的角度来看，这不是高效的。由于两

个关系中的元组可能重叠，因此该方法无法强制将特化变为不相交。

另一个选择（选择 3）是将所有超类和子类信息存储到一个关系中：

```
ARTIST(ANR, aname, music style, ..., discipline)
```

然后为该关系添加了一个 discipline 属性类型并以此来指示子类。

图 6-35 为选择 3 展示了一些元组示例。可以分配给属性类型 discipline 的值取决于特化的特征。因此，它支持所有的特化选项。请注意，这种方法可能为子类特定的属性类型（在我们的例子中是 music style）生成大量的空值。

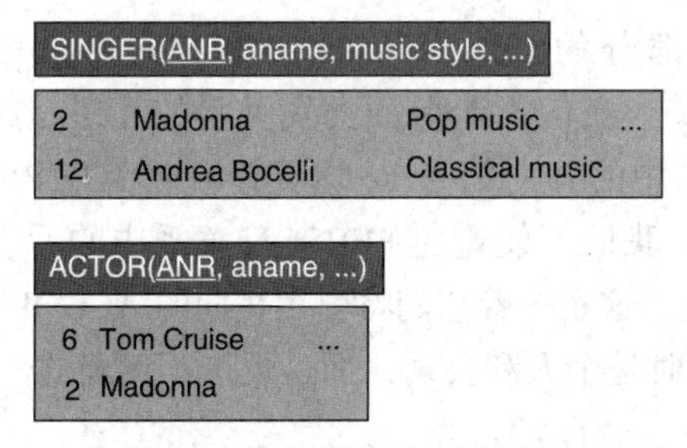

图 6-34　选择 2 的元组示例

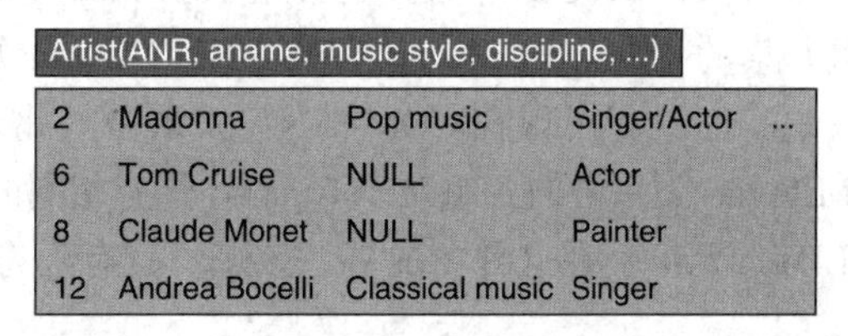

图 6-35　选择 3 的元组示例

在特化格中，正如图 6-36 所示，一个子类可以有多个超类。一名博士生既是一名员工又是一名学生。这可以在关系模型中通过定义三个关系来实现：EMPLOYEE、STUDENT 以及 PHD-STUDENT：

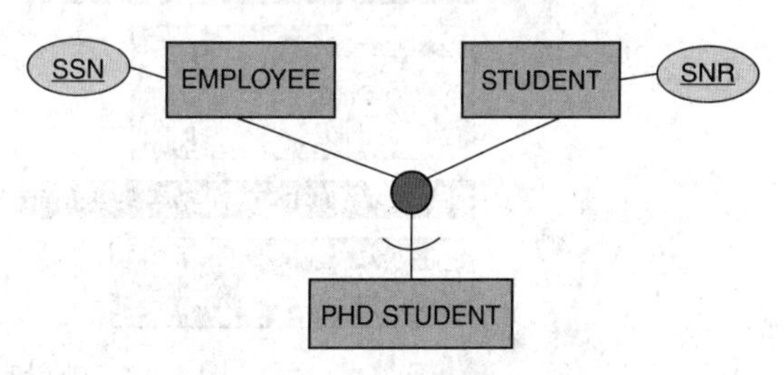

图 6-36　EER 特化格的示例

```
EMPLOYEE(SSN, ...)
STUDENT(SNR, ...)
PHD-STUDENT(SSN, SNR, ...)
```

后者的主键是分别指向 EMPLOYEE 和 STUDENT 的两个外键的组合。该解决方案不支持完全特化，因为我们无法强制在 PHD-STUDENT 关系中引用所有员工和学生元组。

6.4.2　EER 类别映射

EER 模型提供的另一个扩展是类别的概念。如图 6-37 所示，类别子类是一个超类实体并集的子集。

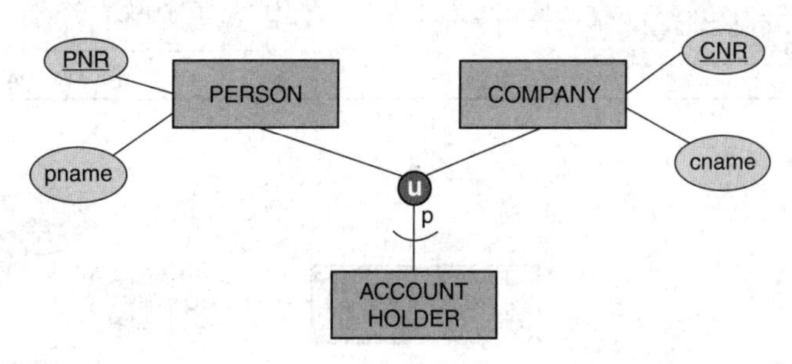

图 6-37　具有超类 PERSON 和 COMPANY 以及类别 ACCOUNT HOLDER 的 EER 类别示例

因此，账户持有人可以是个人，也可以是公司。在关系模型中，这可以通过创建一个与类别相对应并且添加了相应属性类型的新关系 ACCOUNT-HOLDER 来实现，如下所示：

```
PERSON(PNR, ..., CustNo)
COMPANY(CNR, ..., CustNo)
ACCOUNT-HOLDER(CustNo, ...)
```

然后，我们为与类别相对应的关系定义了一个新的主键属性 CustNo，也被称为代理键。接着，将此代理键作为外键添加到与类别的超类相对应的每个关系中。对于完全类别，这个外键被声明为非空，对于部分类别，则允许为空。在超类恰好共享相同的键属性类型的情况下，可以使用此类，并且无须定义代理键。

如图 6-38 所示。在我们的示例中，类别是部分的，因为 Wilfried 和 Microsoft 不是账户持有人，因此是空值。这种解决方案并不完美：我们不能保证类别关系的元组是超类元组并集的子集。例如，ACCOUNT-HOLDER 关系中的客户编号 12 既没有出现在 PERSON 关系中，也没有出现在 COMPANY 关系中。此外，我们不能避免 PERSON 关系中的元组和 COMPANY 关系中的元组对于 CustNo 具有相同的值，这意味着它们将引用相同的 ACCOUNT-HOLDER 元组。在这种情况下，该账户持有人将同时是个人和公司，而这也是不正确的。

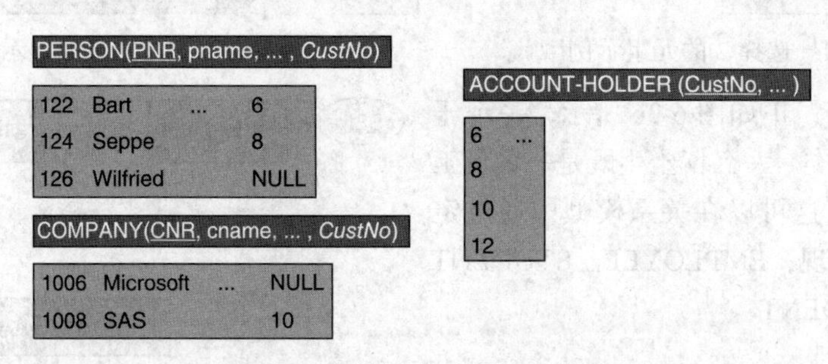

图 6-38 映射类别的元组示例

6.4.3 EER 聚集映射

聚集是 EER 模型提供的第三个扩展。在图 6-39 中，我们将两个实体类型 CONSULTANT 和 PROJECT 及其关系类型聚集为一个称为 PARTICIPATION 的聚集。该聚集具有属性类型 date，并参与了与实体类型 CONTRACT 之间的 1 : *M* 关系类型。

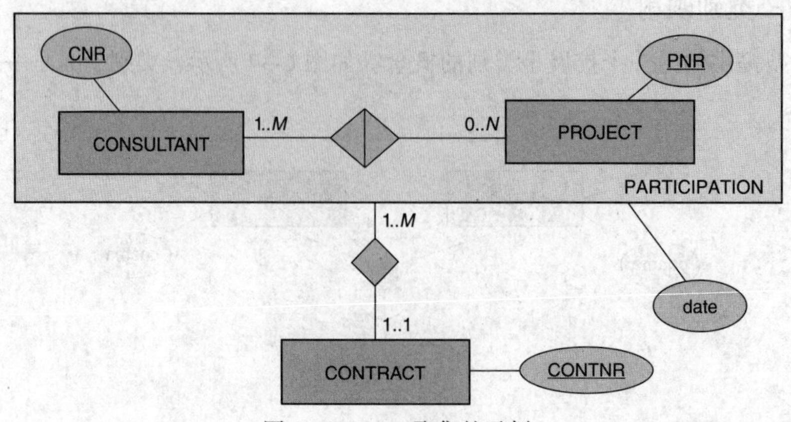

图 6-39 EER 聚集的示例

在关系模型中，这可以通过创建四个关系来实现：CONSULTANT、PROJECT、PARTI-

CIPATION 以及 CONTRACT：

```
CONSULTANT(CNR, ...)
PROJECT(PNR, ...)
PARTICIPATION(CNR, PNR, CONTNR, date)
CONTRACT(CONTNR, ...)
```

PARTICIPATION 关系对聚集进行了建模。它的主键是分别指向 CONSULTANT 和 PROJECT 关系的两个外键的组合。它包含一个到 CONTRACT 关系的非空外键来建模关系类型。它还包含了属性类型 date。

节后思考 讨论如何将 EER 的特化、类别和聚集概念映射到关系模型。请通过示例进行说明，并阐明在映射中可能会丢失哪些语义。

总结

本章中，我们已经讨论了当今业界最流行的数据模型之一——关系模型。在正式介绍了其基本构件之后，我们详细介绍了不同类型的键。然后，回顾了确保关系数据库中的数据具有所需属性的各种关系约束。接着，又广泛地讨论了规范化。我们先说明了保证数据模型中没有冗余或异常的必要性；其次，在规范化过程中，引入了两个重要的概念——函数依赖和主属性类型，并以此将数据模型分为第一范式、第二范式、第三范式、Boyce-Codd 范式以及第四范式。最后，我们讨论了如何将 ER 和 EER 概念数据模型映射到逻辑关系模型。通过使用大量示例，我们广泛讨论了在映射过程中丢失的语义。在下一章，我们将聚焦于结构化查询语言（SQL），它是关系数据库的首选 DDL 和 DML。

情景收尾 按照本章概述的映射过程，可以将 Sober 的 EER 概念数据模型映射到以下逻辑关系模型（主键带有下划线；外键用斜体表示）：

- **CAR** (CAR-NR, CARTYPE)
- **SOBER CAR** (*S-CAR-NR*)
  - 外键 S-CAR-NR 指向 CAR 中的 CAR-NR；不允许为空。
- **OTHER CAR** (*O-CAR-NR*, *O-CUST-NR*)
  - 外键 O-CAR-NR 指向 CAR 中的 CAR-NR；不允许为空。
  - 外键 O-CUST-NR 指向 CUSTOMER 中的 CUST-NR；不允许为空。
- **ACCIDENT** (ACC-NR, ACC-DATE-TIME, ACC-LOCATION)
- **INVOLVED** (*I-CAR-NR*, *I-ACC-NR*, DAMAGE AMOUNT)
  - 外键 I-CAR-NR 指向 CAR 中的 CAR-NR；不允许为空。
  - 外键 I-ACC-NR 指向 ACCIDENT 中的 ACC-NR；不允许为空。
- **RIDE** (RIDE-NR, PICKUP-DATE-TIME, DROPOFF-DATE-TIME, DURATION, PICKUP-LOC, DROPOFF-LOC, DISTANCE, FEE, *R-CAR-NR*)
  - 外键 R-CAR-NR 指向 CAR 中的 CAR-NR；不允许为空。
- **RIDE HAILING** (*H-RIDE-NR*, PASSENGERS, WAIT-TIME, REQUEST-TYPE, *H-CUST-NR*)
  - 外键 H-RIDE-NR 指向 RIDE 中的 RIDE-NR；不允许为空。
  - 外键 H-CUST-NR 指向 CUSTOMER 中的 CUST-NR；不允许为空。
- **RIDE SHARING** (*S-RIDE-NR*)

- 外键 S-RIDE-NR 指向 RIDE 中的 RIDE-NR；不允许为空。
- **CUSTOMER** (CUST-NR, CUST-NAME)
- **BOOK** (*B-CUST-NR, B-S-RIDE-NR*)
  - 外键 B-CUST-NR 指向 CUSTOMER 中的 CUST-NR；不允许为空。
  - 外键 B-S-RIDE-NR 指向 RIDE SHARING 中的 S-RIDE-NR；不允许为空。

该关系模型有十个关系。两个 EER 特化（从 RIDE 到 RIDE HAILING 和 RIDE SHARING；从 CAR 到 SOBER CAR 和 OTHER CAR）都使用选择 1 去映射；并为超类和每个子类引入了一个单独的关系。我们选择选择 1 的原因是两个超类都参与了关系类型：含有 CAR 的 RIDE 和含有 ACCIDENT 的 CAR。尽管在 EER 模型中这两个特化是完全的和不相交的，但也不能在关系模型中被强制实施。因此，有可能在 CAR 关系中有一个在 SOBER CAR 或 OTHER CAR 关系中都没有被引用的元组，这会造成部分特化。同样，在 SOBER CAR 和 OTHER CAR 关系中同时引用相同的 CAR 也是完全有可能的，而这会造成重叠特化。OPERATED BY，LEAD CUSTOMER 以及 OWNS 等关系类型的四个 EER 基数可以完美地映射到关系模型。EER 关系类型 BOOK 和 INVOLVED 的最小基数 1 则不能在关系模型中强制实施。例如，在不涉及任何汽车的情况下通过向 ACCIDENT 中添加一个新的元组来定义一个事故，这是完全有可能的。

关键术语表

alternative keys（备用键）
Boyce-Codd normal form（BCNF，Boyce-Codd 范式）
candidate key（候选键）
deletion anomaly（删除异常）
domain（域）
first normal form（1NF，第一范式）
foreign key（外键）
fourth normal form（4NF，第四范式）
full functional dependency（完全函数依赖）
functional dependency（函数依赖）
insertion anomaly（插入异常）
multi-valued dependency（多值依赖）
normalization（规范化）
primary key（主键）
prime attribute type（主属性类型）
relation（关系）
relational model（关系模型）
second normal form（2NF，第二范式）
superkey（超键）
third normal form（3NF，第三范式）
transitive dependency（传递依赖）
trivial functional dependency（平凡函数依赖）
tuple（元组）
update anomaly（更新异常）

思考题

6.1　考虑以下（规范化的）关系模型（主键用下划线标出，外键用斜体标出）。

EMPLOYEE(SSN, ENAME, EADDRESS, SEX, DATE_OF_BIRTH, *SUPERVISOR*, *DNR*)

SUPERVISOR：外键指向 EMPLOYEE 中的 SSN，允许 NULL 值

DNR：外键指向 DEPARTMENT 中的 DNR，不允许 NULL 值

DEPARTMENT(DNR, DNAME, DLOCATION, *MGNR*)

MGNR：外键指向 EMPLOYEE 中的 SSN，不允许 NULL 值

PROJECT(PNR, PNAME, PDURATION, *DNR*)

DNR：外键指向 DEPARTMENT 中的 DNR，不允许 NULL 值

WORKS_ON(*SSN*, *PNR*, HOURS)

SSN：外键指向 EMPLOYEE 中的 SSN，不允许 NULL 值

PNR：外键指向 PROJECT 中的 PNR，不允许 NULL 值

哪个陈述是**正确的**？

a. 根据该模型，一个主管不能管理一名以上的员工

b. 根据该模型，一名员工可以管理多个部门

c. 根据该模型，一名员工可以在多个部门工作

d. 根据该模型，员工应该总是参与分配给他 / 她的部门的项目

6.2 下列哪个陈述是**正确的**？

a. 关系 A 的外键不能指向同一关系 A 的主键　　b. 一个关系不能有一个以上的外键

c. 每个关系必须有一个外键　　d. 外键可以为空

6.3 考虑一个用于存储国家和运动员信息的奥运会数据模型。国家和运动员之间存在 1 : N 的关系类型，且一个运动员总是属于一个国家。则只包含一个表的关系数据模型将导致：

a. 不必要的运动员数据复制　　b. 不必要的国家数据复制

c. 不必要的运动员和国家数据复制　　d. 没有不必要的数据复制

6.4 下面的关系模型代表了一家咨询公司的人力资源管理系统。主键用下划线标出，外键用斜体标出。

Consultant(<u>ConsultantID</u>, Date of Birth, Expertise)

Assigned_to(<u>*ConsultantID*</u>, <u>*ProjectID*</u>) ConsultID 指向 Consultant 中的 ConsultantID ；ProjectID 指向 Project 中的 ProjectID

Project(<u>ProjectID</u>, Description, Type, *Company*) Company 指向 Company 中的 Name

Company (<u>Name</u>, Location)

假设雇用了一名新顾问，并立即将其分配给一家新公司的新培训项目以及另外两个已经存在的项目，则必须向数据库中添加多少行（元组）才能反映此更改？

a. 1　　b. 3　　c. 5　　d. 6

6.5 考虑以下（规范化的）关系模型（主键用下划线标出，外键用斜体标出）：

EMPLOYEE (<u>SSN</u>, ENAME, EADDRESS, SEX, DATE_OF_BIRTH, *SUPERVISOR*, *DNR*)

　SUPERVISOR：外键，指向 EMPLOYEE 中的 SSN，允许 NULL 值

　DNR：外键，指向 DEPARTMENT 中的 DNR，不允许 NULL 值

DEPARTMENT (<u>DNR</u>, DNAME, DLOCATION, *MGNR*)

　MGNR：外键，指向 EMPLOYEE 中的 SSN，不允许 NULL 值

PROJECT (<u>PNR</u>, PNAME, PDURATION, *DNR*)

　DNR：外键，指向 DEPARTMENT 中的 DNR，不允许 NULL 值

WORKS_ON(<u>*SSN, PNR*</u>, HOURS)

　SSN：外键，指向 EMPLOYEE 中的 SSN，不允许 NULL 值

　PNR：外键，指向 PROJECT 中的 PNR，不允许 NULL 值

哪个陈述是**不正确的**？

a. 一个部门总是只有一个经理

b. 每名员工都必须由另外一名员工监督

c. 每个项目总是刚好被分配到一个部门

d. 根据该模型，一名员工可以在他 / 她管理之外的其他部门工作

6.6 考虑以下关系模型（主键用下划线标出，外键用斜体标出）：

STUDENT (<u>student number</u>, student name, street name, street number, zip code, city)

ENROLLED (<u>*student number, course number*</u>)

COURSE(<u>course number</u>, course name)

PROFESSOR (<u>professor number</u>, professor name)

TEACHES(<u>*course number, professor number*</u>)

哪个陈述是**正确的**？

a. 该模型不允许一门课程由多位教师教授　　b. 该模型可以被进一步规范化
c. 该模型不允许一位教师教授多门课程　　d. 该模型不允许一门课程有多个学生同时学习

6.7　一个关系满足 3NF，如果它满足 2NF，并且____。
a. R 的任何非主属性类型不传递依赖于主键　　b. R 的主属性类型不传递依赖于主键
c. R 的主键不传递依赖于主属性类型　　d. R 的任何非主键不传递依赖于主属性类型

6.8　下列哪个陈述是**正确的**?
a. Boyce-Codd 范式比第四范式更为严格　　b. Boyce-Codd 范式比第三范式更为严格
c. 第二范式比 Boyce-Codd 范式更为严格　　d. 第一范式比 Boyce-Codd 范式更为严格

6.9　考虑以下泛化 / 特化。

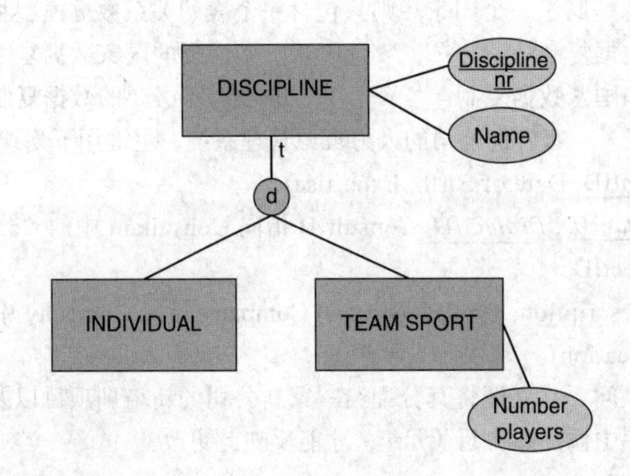

假设我们用下面的关系模型表示这种泛化 / 特化：
Discipline (Disciplinenr, Name)
Individual sport (*Disciplinenr*) *Disciplinenr* 指向 Discipline 中的 Disciplinenr
Teamsport (*Disciplinenr*, Number players) *Disciplinenr* 指向 Discipline 中的 Disciplinenr
考虑下列四个陈述：
1. 该关系模型不允许强制执行完整性约束，但可以强制执行不相交约束
2. 该关系模型不允许强制执行完整性约束和不相交约束
3. 通过删除关系模型中“Discipline”关系，可以强制执行完整性约束
4. 该关系模型允许特化是部分的
则下列哪个选项是**正确的**?
a. 陈述 1 和 2 是正确的　　b. 陈述 1 和 4 是错误的
c. 只有陈述 1 是错误的，其他说法是正确的　　d. 只有陈述 4 是错误的，其他说法是正确的

6.10　考虑下面的 EER 模型。下列哪个陈述是**正确的**?
a. 当将 COURSE 和 STUDENT 之间的 EER 关系类型 IS_ENROLLED 映射到关系模型时，需要引入新的关系。并且该关系由 GRADE 指定其主键。
b. 当将 COURSE 和 ASSIGNMENT 之间的 EER 关系类型 INVOLVE 映射到关系模型时，需要引入新的关系。并且该关系类型的 1..1 基数不能在关系模型中强制执行。
c. 当将 GROUP ASSIGNMENT 和 STUDENT 之间的 EER 关系类型 PARTICIPATE 映射到关系模型时，需要引入新的关系。并且该 EER 关系类型的四个基数可以完美地映射到关系模型。
d. 可以通过以下两个关系将 STUDENT 和 REPRESENTATIVE 之间的部分继承关系完美地映射到关系模型中：STUDENT（StudentID，FirstName，LastName）和 REPRESENTATIVE（S-StudentID，Email），其中 S-StudentID 指向 STUDENT 中的 StudentID。

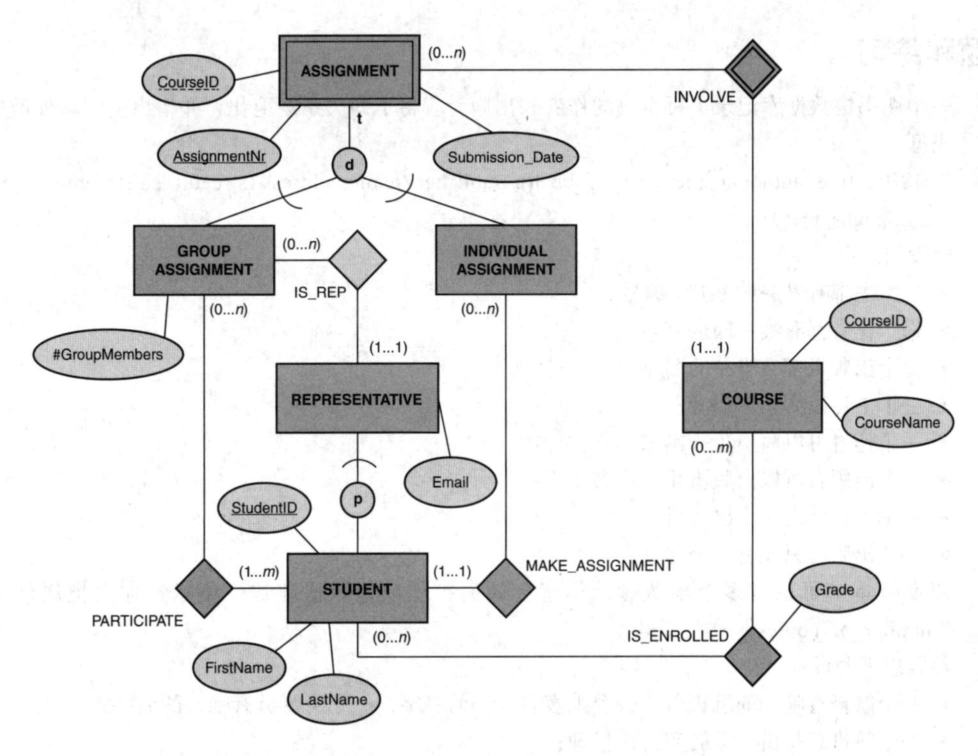

6.11 考虑以下课程管理的ER模型。

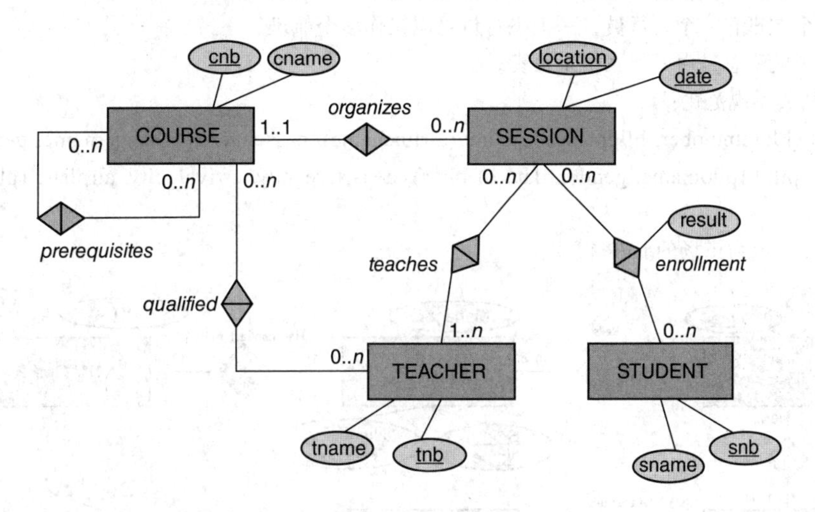

下列哪个陈述是**不正确的**？

a. 在将 Session 和 Teacher 之间的 ER 关系类型“teaches”映射到关系模型时，需要引入新的关系。并且该 ER 关系类型的四个基数可以完美地映射到关系模型中。

b. 在将 Course 和 Session 之间的 ER 关系类型“organizes”映射到关系模型时，Course 关系的主键“cnb”将作为非空外键包含在 Session 关系中。并且该 ER 关系类型的四个基数可以完美地映射到关系模型中。

c. 在将 Session 和 Student 之间的 ER 关系类型“enrollment”映射到关系模型时，需要引入新的关系。并且该 ER 关系类型的四个基数可以完美地映射到关系模型中。

d. 所有的 ER 和关系模型都不能强制要求教师只能教授他有资格教授的课程。

问题和练习

6.1E 一个图书馆数据库记录了每本书的作者和出版者。将下列关系规范化，并指出主键和外键属性类型：

R (ISBN, title, author (name, date_of_birth), publisher (name, address (streetnr, streetname, zipcode, city)), pages, price)

假设如下：

- 每本书都有唯一的 ISBN 编号
- 每个作者都有唯一的名字
- 每个出版者都有唯一的名字
- 一本书可以有多个作者
- 一个作者可以写不止一本书
- 一个出版者可以出版不止一本书
- 一本书只能有一个出版者
- 一个出版者只能有一个地址

假设一本书可以有多个出版者，你将会如何扩展模型以适应这一需求？你会把属性类型“number_of_copies”放在哪里？

6.2E 给定以下假设：

- 一个航班有唯一的航班号，一个乘客有唯一的名字，一个飞行员有唯一的名字；
- 一个航班总是由一家航空公司代理；
- 一个航班可以有多个乘客，一个乘客可以乘坐多个航班；
- 一个航班有一个飞行员，一个飞行员可以操作多个航班；
- 一个航班总是由一架飞机来负责；

将下列关系规范化：

Flight (Flightnumber, Flighttime, airline (airlinename), passenger (passengername, gender, date of birth), pilot (pilotname, gender, date of birth), departure_city, arrival_city, airplane (planeID, type, seats))

6.3E 给定以下电力市场的 EER 模型：

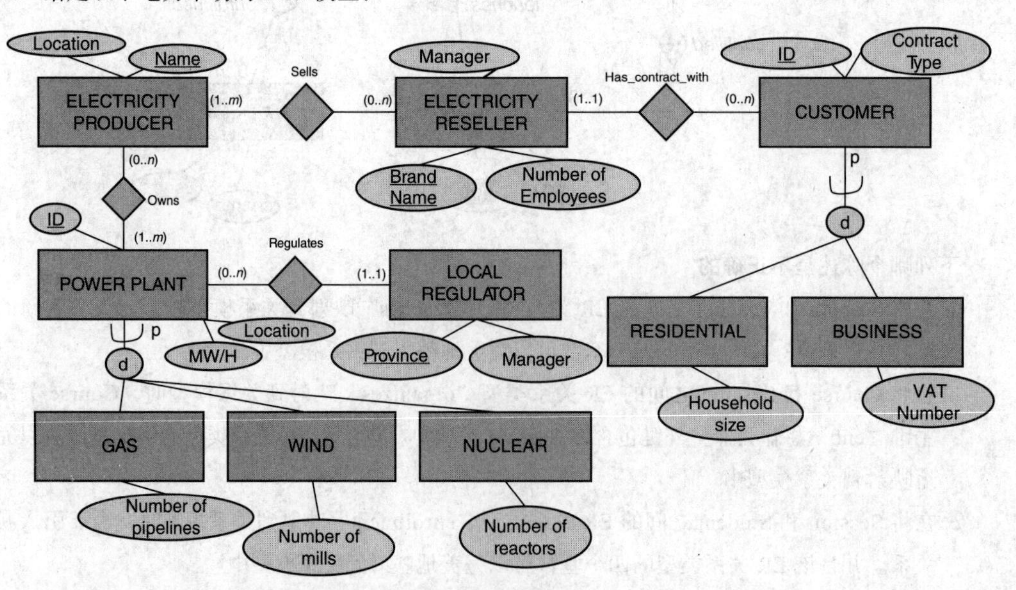

- 讨论一些该 EER 模型无法强制执行的语义示例；

- 将该模型映射到关系模型表示形式。讨论可能的语义损失，明确指出主－外键关系，并在必要时指定非空声明。

6.4E 给定以下航空公司的 EER 模型：

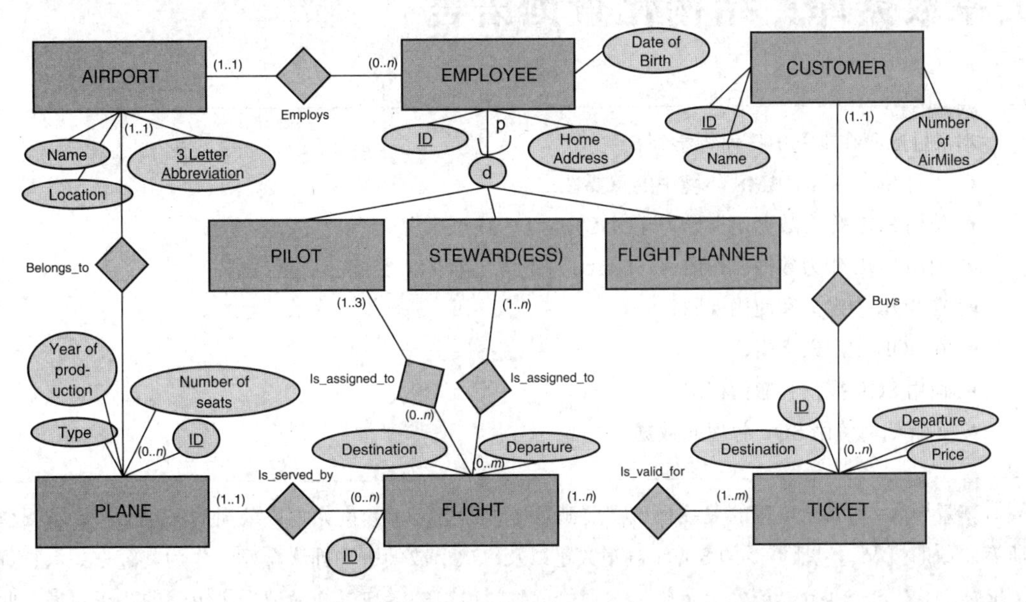

- 讨论一些该 EER 模型无法强制执行的语义示例；
- 将该模型映射到关系模型表示形式。讨论可能的语义损失，明确指出主－外键关系，并在必要时指定非空声明。

6.5E 给定以下驾校公司的 EER 模型：

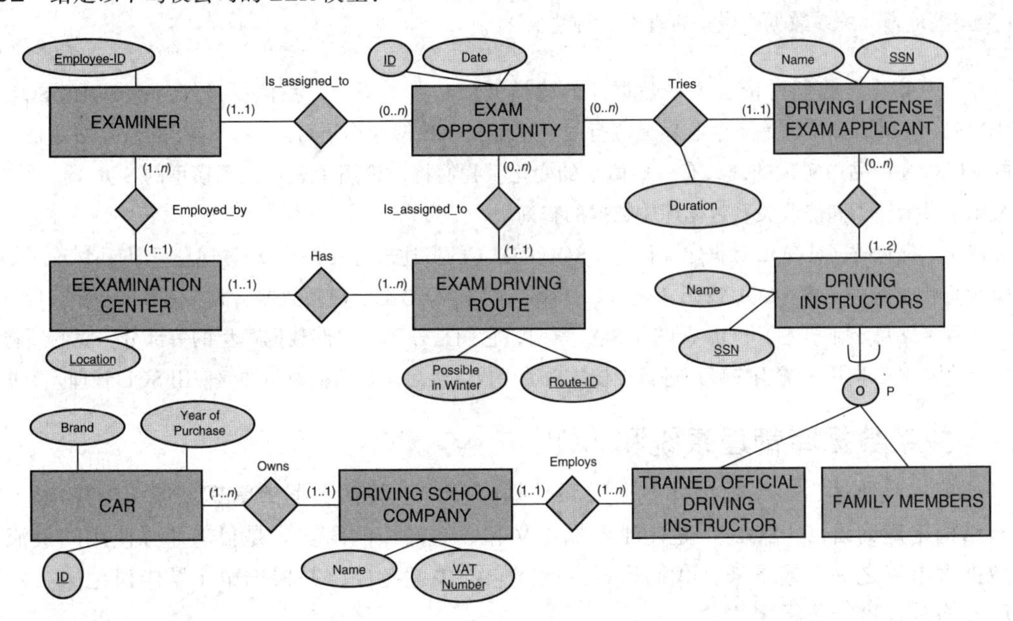

- 讨论一些该 EER 模型无法强制执行的语义示例；
- 将该模型映射到关系模型表示形式。讨论可能的语义损失，明确指出主－外键关系，并在必要时指定非空声明。

关系数据库：结构化查询语言

本章目标 在本章中，你将学到：

- 了解 SQL 在 RDBMS 环境中的重要性；
- 使用 SQL 作为数据定义语言（DDL）；
- 使用 SQL 作为数据操作语言（DML）来检索、插入、删除和更新数据；
- 在 SQL 中定义和使用视图；
- 在 SQL 中定义索引；
- 使用 SQL 授权和撤销权限；
- 了解如何使用 SQL 管理元数据。

情景导入 Sober 采用的关系模型需要满足各种信息需求。例如，该公司的保险部门要求提供所有事故的概况，包括涉及的 Sober 汽车数量以及每次事故的平均损失金额。作为其客户关系管理（CRM）计划的一部分，该公司希望检索到等待时间最长的客户，并为他提供免费的叫车服务。此外，Sober 还想找出从未预订过任何服务的客户，并针对他们开展促销活动。为了实施环保植树计划，Sober 需要知道哪些客户预订了超过 20 项 Sober 拼车服务。最后，该公司还指出 EER 概念数据模型的一个局限性是客户完全可以用自己的汽车预订叫车或拼车服务。为了保证数据质量，Sober 希望定期检查其关系数据库中是否存在这种情况。

在上一章中，我们讨论了关系数据库的建模方面。在本章中，我们将详细讨论 SQL，SQL 是 RDBMS 的通用语言，也是当今业界最流行的数据定义和数据操作语言之一。SQL 的核心功能是在所有的 RDBMS 产品中实现的，只有一些微小的变化。我们将讨论用于表示关系模型的 SQL 语言结构，以及用于表示检索和修改关系数据库中数据的查询。

首先，我们通过对 SQL 数据定义语言（SQL DDL）的概述来定义关系数据模型。我们还讨论了如何使用 SQL 数据操作语言（SQL DML）进行数据操作，如检索数据、更新数据、插入新数据和删除现有数据。然后，我们分别阐述了 SQL 视图和 SQL 索引，它们是外部和内部数据模型的一部分。我们还将说明如何使用 SQL 向用户或用户账户进行授权或撤销授权。最后，我们将说明如何使用 SQL 管理元数据。

7.1 关系数据库管理系统和 SQL

如前一章所述，关系数据库基于关系数据模型，由**关系数据库管理系统**（RDBMS）管理。**结构化查询语言**（SQL[⊖]）是用于数据定义和数据操作的语言，是目前业界使用的最流行的数据库语言之一。接下来，我们将详细阐述它的关键特性，并根据第 1 章中讨论的三层数据库架构对其进行分析定位。

7.1.1 SQL 的关键特征

从 1986 年的第一个版本 SQL-86，到最近的版本 SQL:2016，已经有各种 SQL 标准版本

⊖ SQL 有时也称为 SEKWEL。

被引入。它在 1986 年和 1987 年分别被美国国家标准协会（ANSI）国际标准化组织（ISO）接受为关系数据定义和操作的标准。请注意，每个关系数据库供应商都提供了自己的 SQL 实现（也称为 SQL 方言），在该实现中，通常会实现大部分标准内容，并补充一些特定于供应商的附加组件。

SQL 主要是面向集合和声明性的（参见第 2 章）。换句话说，与面向记录的数据库语言相反，SQL 可以一次检索和操作许多记录（即它操作的是一组记录，而不是单个记录）。此外，与过程式数据库语言不同，你只需指定要检索哪些数据，而过程式数据库语言需要你显式地定义数据的导航访问路径。

SQL 既可以在命令提示符中交互使用，也可以由特定编程语言（Java、Python 等）编写的程序执行。在这种情况下，通用编程语言被称为 SQL 代码的宿主语言。图 7-1 显示了一个在 MySQL 环境中交互使用 SQL 的示例。MySQL 是一个开源的 RDBMS，可以从网上免费下载，在业界非常流行。在这个截图中，你可以看到在顶部的查询窗口中输入了一个查询。我们将在 7.3.1 节中解释这个查询的工作原理，该查询选择了所有的产品编号和产品名称，这些产品都包括一个以上的订单。然后可以执行查询并在下面的结果窗口中显示结果。其他 RDBMS，如 Microsoft SQL Server、Oracle 和 IBM DB2，也提供了以交互方式执行查询的工具，用户可以通过这种方式输入 SQL 查询、运行查询并得到查询结果。

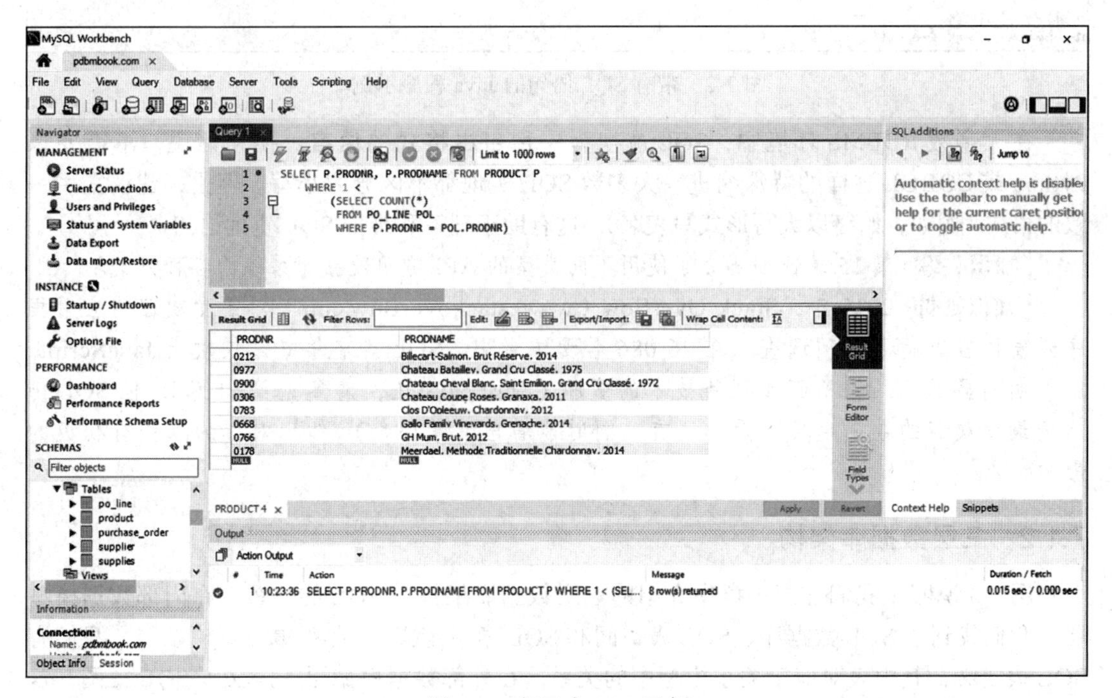

图 7-1　交互式 SQL 示例

知识关联　在第 2 章中，我们讨论了过程式 record-at-a-time DML（在分层和 CODASYL DBMS 中使用）和声明式 set-at-a-time DML（在基于 SQL 的 RDBMS 中使用）之间的区别。

图 7-2 说明了相同的查询，但是现在由宿主语言（在这种情况下为 Java）执行。你可以在上面看到 Java 程序，以及控制台中相应的结果。DBMS 通常会公开许多应用程序编程接口（API），希望利用 DBMS 提供的服务的客户端应用程序希望可以通过这种方式来访问和

查询 DBMS。第 15 章详细介绍了此类 API。现在，重要的是要记住，这些大多依赖于 SQL 作为主语言来表示要发送到 DBMS 的查询。

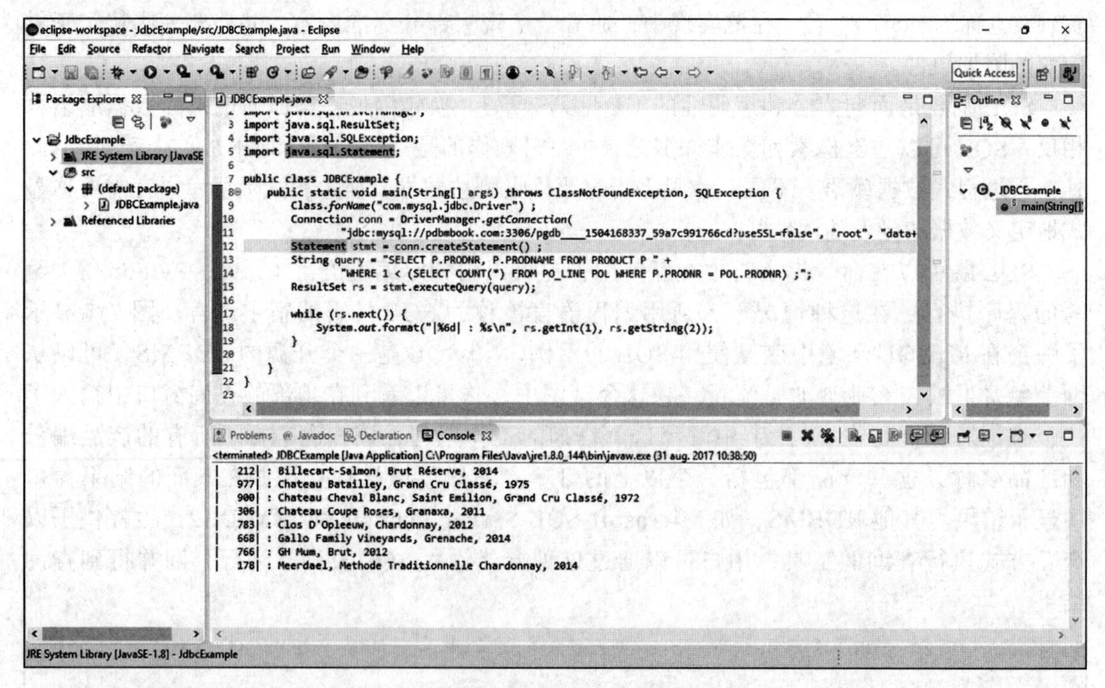

图 7-2 带有 SQL 语句的 Java 程序示例

在大多数 RDBMS 环境中，SQL 被视为一种**自由格式的语言**。换句话说，不需要像 Python 或 COBOL 这样的特殊缩进。大多数 SQL 实现都不区分大小写。但是，建议采用一致的格式（例如，始终以大写形式写表名），这有助于理解和维护 SQL 查询语句。

知识关联 第 15 章仔细研究了使用不同类型的 API 访问数据库系统的各种方式。

知识延伸 2015 年，Stack Overflow（www.stackoverflow.com）对最受欢迎的应用程序开发语言进行了一项调查。在 26 086 名受访者中，SQL 排名第二，仅次于 JavaScript。调查明确显示，尽管不断受到新技术的威胁（例如 NoSQL，请参见第 11 章），但 SQL 仍然是最受欢迎的数据定义和操作语言。同时能看出，掌握 SQL 知识对你的工资有积极的影响。

7.1.2 三层数据库架构

图 7-3 说明了我们在第 1 章中介绍的三层数据库架构中 SQL 的位置。在内部数据模型层，我们找到了 SQL 数据库、SQL 表空间和 SQL 索引定义[⊖]。在逻辑数据模型层，我们有 SQL 表定义，其中表对应于关系模型中的关系。在外部数据模型层，定义了 SQL 视图，这些视图实质上为一个或多个应用程序或查询提供了一组量身定制的数据。可以以宿主语言或交互式环境来实现查询。请记住，这些层应该连接在一起，但要松散耦合，以使一层的更改对上面的所有其他层影响最小甚至没有影响（请参阅第 1 章）。

SQL DDL 和 DML 语句被清楚地分开，从而成功地实现了三层数据库架构。

知识关联 第 1 章讨论了使用三层数据库体系结构的优点和含义。

⊖ SQL 标准的新版本不再关注内部数据模型。

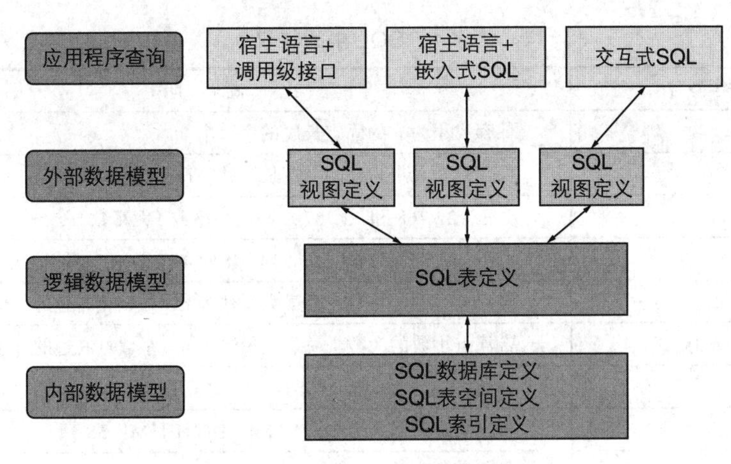

图 7-3　SQL 和三层数据库架构

节后思考

- SQL 的主要特征是什么？
- 讨论 SQL 在三层数据库架构中的定位。

7.2　SQL 数据定义语言

如第 1 章所述，数据库管理员使用数据定义语言来表达数据库的逻辑、内部和外部数据模型。这些定义存储在目录中。接下来，我们将讨论 DDL 的关键概念，并通过一个示例来说明。我们将重新讨论参照完整性约束，并详细说明如何删除或更改数据库对象。

7.2.1　DDL 的关键概念

首先介绍的一个关键概念是 **SQL 模式**。它由一组表和其他数据库对象（如视图、约束和索引）组成，它们在逻辑上属于同一组。SQL 模式由模式名称定义，它包含一个**授权标识符**，以指示拥有该模式的用户或用户账户。这样的用户可以在该模式背景下执行任何他们想要执行的操作。模式通常是为业务流程或背景（如采购订单或 HR 系统）定义的。在这里，你可以看到名为 PURCHASE 模式的 SQL 定义，其中 BBAESENS 被分配为所有者：

```
CREATE SCHEMA PURCHASE AUTHORIZATION BBAESENS
```

一旦定义了模式，我们就可以开始创建 SQL 表了。SQL 表实现关系模型中的关系，它通常有多个列（每个属性类型一列）以及多个行（每个元组一行）。可以使用 CREATE TABLE 语句后面加上表名的形式创建 SQL 表。下面你可以看到两个例子，第一个示例创建了一个分配给默认模式的表 PRODUCT。第二个示例在 PURCHASE 模式中创建一个表 PRODUCT。建议显式将新表分配给已存在的模式，这样可以避免混淆或不一致。

```
CREATE TABLE PRODUCT ...
CREATE TABLE PURCHASE.PRODUCT ...
```

SQL 表有很多列，每个属性类型一列。例如，我们的 SQL 表 PRODUCT 可以有 PRODNR、PRODNAME、PRODTYPE 等列。这些列中的每一列都有相应的数据类型来表示可能值的格式和范围。表 7-1 给出了一些常用 SQL 数据类型的示例。

表 7-1 SQL 中的特权

数据类型	说 明
CHAR(n)	保存大小为 n 的固定长度的字符串
VARCHAR(n)	保存最大大小为 n 的可变长度的字符串
SMALLINT	介于 –32 768 和 32 767 之间的小整数（无小数）
INT	介于 –2 147 483 648 和 2 147 483 647 之间的整数（无小数）
FLOAT(n,d)	带浮点小数的小数。总最大位数为 n，小数点右边的 d 位最大
DOUBLE(n,d)	带浮点小数的大数。总最大位数为 n，小数点右边的 d 位最大
DATE	日期格式为 YYYY-MM-DD
DATETIME	日期和时间格式为 YYYY-MM-DD HH:MI:SS
TIME	时间格式为 HH:MI:SS
BOOLEAN	True 或 false
BLOB	二进制大对象（例如，图像、音频、视频）

注：这些数据类型在各种 RDBMS 中的实现可能不同，建议查看用户手册以了解可用的选项。

在 SQL 中，用户也可以自己定义数据类型或域，当一个域可以在表或模式中重复使用多次时，这将非常方便（例如，参见第 6 章中的 BillOfMaterial 示例）。然后，只需对域定义进行一次更改，这将极大地提高数据库模式的可维护性。下面，你可以看到一个域 PRODTYPE_DOMAIN 的示例，它被定义为可变数量的字符，其值为白色、红色、玫瑰色或闪烁：

```
CREATE DOMAIN PRODTYPE_DOMAIN AS VARCHAR(10)
CHECK (VALUE IN ('white', 'red', 'rose', 'sparkling'))
```

如果之后你想让其也包括 beer，只需要将其添加到可接受值的列表中即可。但是，请注意，一些 RDBMS（如 MySQL）不支持 SQL 域的概念。

SQL 列定义可以通过施加列约束来进一步细化（另请参阅第 6 章）。主键约束定义表的主键。请记住，主键值是唯一的，因此不允许有空值（实体完整性约束）。外键约束定义表的外键，它通常引用另一个（或同一个）表的主键，从而限制可能值的范围（参照完整性约束）。UNIQUE 约束定义表的唯一性。NOT NULL 约束禁止列的空值。DEFAULT 约束可用于设置列的默认值。最后，可以使用 CHECK 约束来定义列值的约束。所有这些约束都应该在数据库设计者和业务用户之间密切协作设置。

7.2.2 DDL 的示例

现在让我们用一个例子来说明前面讨论的 DDL 概念。图 7-4 显示了用于采购订单管理的 ER 模型，我们还将在本章中使用该模型来说明 SQL DDL 和 SQL DML。让我们花点时间来理解它。我们有三个实体类：供应商（SUPPLIER）、采购订单（PURCHASE ORDER）和产品（PRODUCT）。供应商的唯一主属性是供应商编号（SUPNR），它还具有供应商名称（supname）、供应商地址（supaddress）、供应商城市（supcity）以及供应商状态（supstatus）。采购订单的唯一主属性是采购订单编号（PONR），采购订单还包括一个采购订单日期（podate）属性。产品的唯一主属性是产品编号（PRODNR），它还具有产品名称（prodname）、产品类型（prodtype）和可用数量（available quantity）。

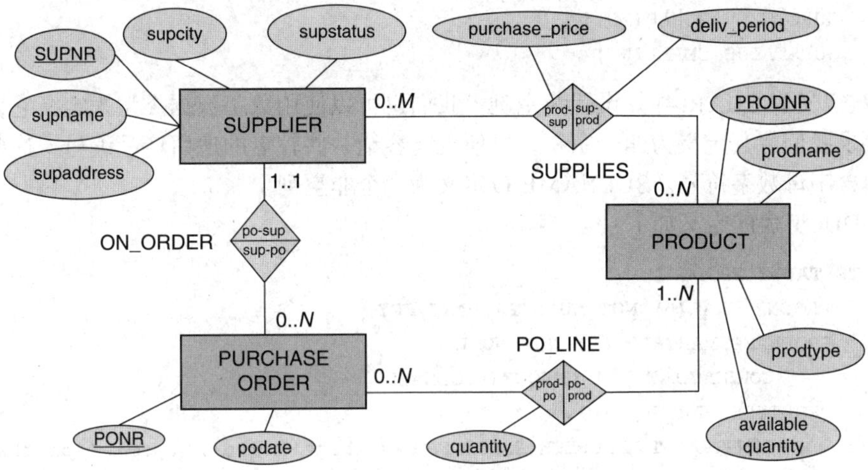

图 7-4　ER 模型示例

让我们看看关系类型。供应商可以提供产品（最小为零，最大为 *N*）。产品由供应商提供（最小为零，最大为 *M*）。SUPPLIES 关系类型有两个属性类型：purchase_price 和 deliv_period，表示特定供应商供应特定产品的价格和周期。供应商在订单上有最少零个和最大 *N* 个采购订单。采购订单在订单上具有最少一个和最大一个供应商——换句话说，只有一个供应商，PURCHASE ORDER 的存在依赖于 SUPPLIER。一个采购订单可以有多个采购订单行，每个订单行对应一个特定的产品。这是 PURCHASE ORDER 和 PRODUCT 之间的关系类型。一个采购订单可以有最少一个和最多 *N* 个产品作为采购订单行。反之亦然，产品可以包含在最少零和最大 *N* 个采购订单中。关系类型的特征在于数量属性类型，它表示特定采购订单中特定产品的数量。

然后 ER 模型的相应关系表变成（主键加下划线，外键为斜体）：

```
SUPPLIER(SUPNR, SUPNAME, SUPADDRESS, SUPCITY, SUPSTATUS)
PRODUCT(PRODNR, PRODNAME, PRODTYPE, AVAILABLE_QUANTITY)
SUPPLIES(SUPNR, PRODNR, PURCHASE_PRICE, DELIV_PERIOD)
PURCHASE_ORDER(PONR, PODATE, SUPNR)
PO_LINE(PONR, PRODNR, QUANTITY)
```

SUPPLIER 和 PRODUCT 表对应于 SUPPLIER 和 PRODUCT 实体类型。SUPPLIES 表是实现 SUPPLIER 和 PRODUCT 之间 *N*∶*M* 关系类型所必需的。它的主键是两个外键的组合：SUPNR 和 PRODNR。它还包括 PURCHASE_PRICE 和 DELIV_PERIOD，它们是关系类型 SUPPLIES 的属性。PURCHASE_ORDER 表对应于 ER 模型中的 PURCHASE_ORDER 实体类型。它还有一个外键 SUPNR，表示 SUPPLIER 表中的供应商编号。PO_LINE 表实现 PURCHASE_ORDE 和 PRODUCT 之间的 *N*∶*M* 关系类型，它的主键也是两个外键的组合：PONR 和 PRODNR。数量属性也包括在此表中。

SUPPLIER 表的 DDL 定义为：

```
CREATE TABLE SUPPLIER
    (SUPNR CHAR(4) NOT NULL PRIMARY KEY,
```

```
        SUPNAME VARCHAR(40) NOT NULL,
        SUPADDRESS VARCHAR(50),
        SUPCITY VARCHAR(20),
        SUPSTATUS SMALLINT)
```

SUPNR 被定义为 CHAR(4) 并设置为主键。我们也可以使用数字数据类型来定义它，但是假设业务要求我们将其定义为四个字符，以便也能容纳一些较老的遗留产品编号，这些编号有时可能包含字母数字符号。SUPNAME 被定义为一个非空列。

PRODUCT 表的定义如下：

```
CREATE TABLE PRODUCT
      (PRODNR CHAR(6) NOT NULL PRIMARY KEY,
       PRODNAME VARCHAR(60) NOT NULL,
           CONSTRAINT UC1 UNIQUE(PRODNAME),
       PRODTYPE VARCHAR(10),
           CONSTRAINT CC1 CHECK(PRODTYPE IN ('white', 'red', 'rose', 'sparkling')),
       AVAILABLE_QUANTITY INTEGER)
```

在 PRODUCT 表中，PRODNR 列被定义为主键。PRODNAME 列被定义为非空和唯一，因此，它可以用作备用键。PRODTYPE 列被定义为最多 10 个字符的可变数量，它的取值为是白色、红色、玫瑰色或闪烁。AVAILABLE_QUANTITY 列被定义为整数。

SUPPLIES 表的 DDL 为：

```
CREATE TABLE SUPPLIES
      (SUPNR CHAR(4) NOT NULL,
      PRODNR CHAR(6) NOT NULL,
      PURCHASE_PRICE DOUBLE(8,2)
         COMMENT 'PURCHASE_PRICE IN EUR',
      DELIV_PERIOD INT
         COMMENT 'DELIV_PERIOD IN DAYS',
      PRIMARY KEY (SUPNR, PRODNR),
      FOREIGN KEY (SUPNR) REFERENCES SUPPLIER (SUPNR)
           ON DELETE CASCADE ON UPDATE CASCADE,
      FOREIGN KEY (PRODNR) REFERENCES PRODUCT (PRODNR)
           ON DELETE CASCADE ON UPDATE CASCADE)
```

SUPPLIES 表有四列。首先定义了 SUPNR 和 PRODNR。PURCHASE_PRICE 被定义为 DOUBLE(8,2) 数据类型，它由 8 位数字组成，其中 2 位数字在小数点后面。DELIV_PERIOD 列为 INT 数据类型，主键被定义为 SUPNR 和 PRODNR 的组合，然后还指定了外键关系。这两个外键都不能为空，因为它们构成了表的主键。下面讨论 ON UPDATE CASCADE 和 ON DELETE CASCADE 语句。

接下来，我们有一张 PURCHASE_ORDER 表：

```
CREATE TABLE PURCHASE_ORDER
      (PONR CHAR(7) NOT NULL PRIMARY KEY,
      PODATE DATE,
      SUPNR CHAR(4) NOT NULL,
      FOREIGN KEY (SUPNR) REFERENCES SUPPLIER (SUPNR)
           ON DELETE CASCADE ON UPDATE CASCADE)
```

PURCHASE_ORDER 表是用 PONR、PODATE 和 SUPNR 列定义的。后者也是一个外键。

我们用 PO_LINE 表来结束数据库定义：

```
CREATE TABLE PO_LINE
     (PONR CHAR(7) NOT NULL,
     PRODNR CHAR(6) NOT NULL,
     QUANTITY INTEGER,
     PRIMARY KEY (PONR, PRODNR),
     FOREIGN KEY (PONR) REFERENCES PURCHASE_ORDER (PONR)
          ON DELETE CASCADE ON UPDATE CASCADE,
     FOREIGN KEY (PRODNR) REFERENCES PRODUCT (PRODNR)
          ON DELETE CASCADE ON UPDATE CASCADE);
```

它有 PONR、PRODNR 和 QUANTITY 三列。PONR 和 PRODNR 都是外键，构成表的主键。

7.2.3　参照完整性约束

请记住，参照完整性约束规定外键与它所引用的主键具有相同的域，并且作为主键的值或 NULL 出现（参见第 6 章）。现在的问题是，在主键被更新甚至删除的情况下，外键会发生什么变化？例如，假设更新了 SUPPLIER 元组的供应商编号，或者完全删除了该元组。所有其他引用了 SUPPLIES 和 PURCHASE_ORDER 的元组会发生什么？这可以通过使用各种参照完整性操作来指定。ON UPDATE CASCADE 选项表示更新应该级联到所有引用的元组。类似地，ON DELETE CASCADE 选项表示删除应该级联到所有引用的元组。如果将该选项设置为 RESTRICT，若存在引用元组，则停止更新或删除。SET NULL 表示引用元组中的所有外键都设置为 NULL，这显然假设允许空值。最后，SET DEFAULT 意味着应该将引用元组中的外键设置为它们的默认值。

图 7-5 对此进行了说明，我们列出了 SUPPLIER 表的一些元组。让我们关注一下供应商编号为 37、名字为 Ad Fundum 的供应商。该供应商有四个参考 SUPPLIES 元组和五个参考 PURCHASE_ORDER 元组。假设现在我们将供应商编号更新为 40。在 ON UPDATE CASCADE 级联约束的情况下，此更新将级联到所有 9 个引用元组，其中供应商编号也将因此更新为 40。对于 ON UPDATE CASCADE 限制约束，将不允许更新，因为涉及引用元组。如果我们现在删除供应商编号 37，那么在 ON DELETE CASCADE 选项中也将删除所有 9 个引用元组。对于 ON DELETE CASCADE 约束，将不允许删除。可以与业务用户密切协作，为每个外键单独设置约束。

7.2.4　DROP 和 ALTER 命令

DROP 命令可用于删除数据库对象（例如模式、表、视图等）。它还可以与 CASCADE 和 RESTRICT 选项结合使用。一些例子如下：

```
DROP SCHEMA PURCHASE CASCADE
DROP SCHEMA PURCHASE RESTRICT
DROP TABLE PRODUCT CASCADE
DROP TABLE PRODUCT RESTRICT
```

第一个语句删除 purchase 模式。CASCADE 选项表示所有引用对象（如表、视图、索引等）都将被自动删除。如果该选项已经被 RESTRICT，例如在第二个示例中，此时若仍然引用对象（例如表、视图、索引），那么该模式的删除将被拒绝。同样的道理也适用于删除表。

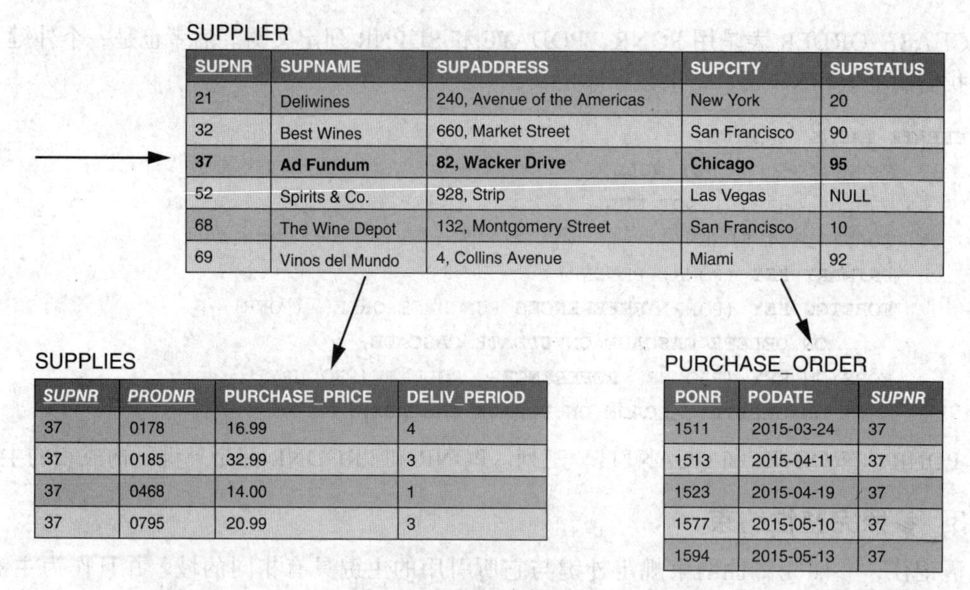

SUPPLIER

SUPNR	SUPNAME	SUPADDRESS	SUPCITY	SUPSTATUS
21	Deliwines	240, Avenue of the Americas	New York	20
32	Best Wines	660, Market Street	San Francisco	90
37	**Ad Fundum**	**82, Wacker Drive**	**Chicago**	**95**
52	Spirits & Co.	928, Strip	Las Vegas	NULL
68	The Wine Depot	132, Montgomery Street	San Francisco	10
69	Vinos del Mundo	4, Collins Avenue	Miami	92

SUPPLIES

SUPNR	PRODNR	PURCHASE_PRICE	DELIV_PERIOD
37	0178	16.99	4
37	0185	32.99	3
37	0468	14.00	1
37	0795	20.99	3

PURCHASE_ORDER

PONR	PODATE	SUPNR
1511	2015-03-24	37
1513	2015-04-11	37
1523	2015-04-19	37
1577	2015-05-10	37
1594	2015-05-13	37

图 7-5　参照完整性操作

ALTER 语句可用于修改表列定义。常见的操作有添加或删除一个列，更改列定义，添加或删除表约束。这里有两个例子：

```
ALTER TABLE PRODUCT ADD PRODIMAGE BLOB
ALTER TABLE SUPPLIER ALTER SUPSTATUS SET DEFAULT '10'
```

第一个示例将 PRODIMAGE 列添加到 PRODUCT 表中，并将其定义为**二进制大对象**（或 BLOB）。第二个示例将 SUPSTATUS 列的默认值设置为 10。

一旦我们完成了数据定义，就可以对它们进行编译，以便将它们存储在 RDBMS 的目录中，下一步是开始填充数据库。图 7-6 显示了前面定义的各种表的元组示例。我们继续使用关系数据库进行葡萄酒采购管理，其中产品代表葡萄酒。

SUPPLIER

SUPNR	SUPNAME	SUPADDRESS	SUPCITY	SUPSTATUS
21	Deliwines	240, Avenue of the Americas	New York	20
32	Best Wines	660, Market Street	San Francisco	90
...				

PRODUCT

PRODNR	PRODNAME	PRODTYPE	AVAILABLE_QUANTITY
0119	Chateau Miraval, Cotes de Provence Rose, 2015	rose	126
0154	Chateau Haut Brion, 2008	red	111
…		red	5

SUPPLIES

SUPNR	PRODNR	PURCHASE_PRICE	DELIV_PERIOD
21	0289	17.99	1
21	0327	56.00	6
…			

PURCHASE_ORDER

PONR	PODATE	SUPNR
1511	2015-03-24	37
1512	2015-04-10	94
…		

PO_LINE

PONR	PRODNR	QUANTITY
1511	0212	2
1511	0345	4
…		

图 7-6　关系数据库状态示例

节后思考

- 讨论如何使用 SQL DDL 定义模式、表和域。
- SQL 中支持哪些类型的参照完整性操作？
- SQL DROP 和 ALTER 命令的目的是什么？

7.3 SQL 数据操作语言

数据操作语言包括检索、插入、删除和修改数据（参见第 1 章）。从 DML 的角度来看，SQL 定义了 4 种语句。SELECT 语句从关系数据库中检索数据。UPDATE 和 INSERT 语句修改和添加数据。最后，DELETE 语句删除数据。我们将在下面的小节中分别讨论这些问题。

7.3.1 SQL SELECT 语句

我们从 SQL SELECT 语句开始介绍，你可以在下面看到完整的语法说明。

```
SELECT component
FROM component
[WHERE component]
[GROUP BY component]
[HAVING component]
[ORDER BY component]
```

通过使用列出的选项，我们可以查询非常具体和复杂的数据库问题。需要注意的是，SQL SELECT 语句的查询结果是一个多集，而不是一个集合。记住，集合中元素是不重复、无序的。在**多集**（有时也称为包）中，元素是无序的。然而，在多集中可能有重复的元素。例如集合 {10, 5, 20} 和多集 {10, 5, 10, 20, 5, 10}，在多集中元素 5 和 10 分别出现了多次。SQL 不会自动消除结果中的重复项。原因有很多，首先消除重复是一个昂贵的操作。其次，用户可能希望在查询结果中看到重复的元组。最后，如 7.3.1 节所述，聚合函数也可以考虑重复项。

接下来，我们将讨论简单的查询、具有**聚合功能**的查询、具有 GROUP BY/HAVING 的查询、带 ORDER BY 的查询、连接查询、嵌套查询、相关查询、ALL/ANY 查询、EXISTS 查询、具有 SELECT/FROM 子查询的查询以及具有集合操作的查询。

情景延伸 你可以使用在线环境中的 SQL 环境来执行下面的查询（有关更多细节，请参阅附录）。

1. 简单查询

简单查询是仅从一个表中检索数据的 SQL 语句。换句话说，SELECT 语句中的 FROM 组件只包含一个表名。然后 SELECT 组件提取所需的列，它可以包含各种表达式，通常是指我们感兴趣的列的名称：[⊖]

```
Q1: SELECT SUPNR, SUPNAME, SUPADDRESS, SUPCITY, SUPSTATUS
    FROM SUPPLIER
```

Q1 表示从 SUPPLIER 表中选择所有信息。换句话说，它提供了一个完整的表转储。在一个表的所有列都被请求的情况下，SQL 提供了一个方便的快捷符号：

```
Q1: SELECT * FROM SUPPLIER
```

⊖ 我们将所有的查询编号为 Q1、Q2、Q3 等，以便引用。

结果如图 7-7 所示。

SUPNR	SUPNAME	SUPADDRESS	SUPCITY	SUPSTATUS
21	Deliwines	240, Avenue of the Americas	New York	20
32	Best Wines	660, Market Street	San Francisco	90
37	Ad Fundum	82, Wacker Drive	Chicago	95
52	Spirits & Co.	928, Strip	Las Vegas	NULL
68	The Wine Depot	132, Montgomery Street	San Francisco	10
69	Vinos del Mundo	4, Collins Avenue	Miami	92

图 7-7　Q1 的结果

也可以只查询几个列：

```
Q2: SELECT SUPNR, SUPNAME FROM SUPPLIER
```

如图 7-8 所示，该查询从 SUPPLIER 表中选择供应商编号和供应商名称。

Q3 从 PURCHASE_ORDER 表中选择供应商编号。由于一个供应商可以有多个未完成的采购订单，因此相同的供应商编号可以在结果中出现多次，如图 7-9 所示。请记住，SQL 查询的结果是一个多集，这就是为什么我们看到供应商编号 32 和 37 出现了多次。

```
Q3: SELECT SUPNR FROM PURCHASE_ORDER
```

Q4 添加 DISTINCT 选项。此选项删除重复项并确保结果中只显示不同的值（参见图 7-10）。

```
Q4: SELECT DISTINCT SUPNR FROM PURCHASE_ORDER
```

SUPNR	SUPNAME
21	Deliwines
32	Best Wines
37	Ad Fundum
52	Spirits & Co.
68	The Wine Depot
69	Vinos del Mundo

图 7-8　Q2 的结果

SUPNR
32
32
37
37
37
37
37
68
69
94

图 7-9　Q3 的结果

SUPNR
32
37
94
68
69

图 7-10　Q4 的结果

Q5 表明，我们还可以在 SELECT 语句中包含简单的算术表达式。它从 SUPPLIES 表中选择供应商编号、产品编号和交付周期（除以 30）。记住，交付周期是用天来表示的，所以如果我们除以 30，表示用月来近似它。注意，我们还将 MONTH_DELIV_PERIOD 作为别名或快捷方式名添加到计算中。

```
Q5: SELECT SUPNR, PRODNR, DELIV_PERIOD/30 AS MONTH_DELIV_PERIOD
  FROM SUPPLIES
```

图 7-11 显示了 Q5 的结果。

SUPNR	PRODNR	MONTH_DELIV_PERIOD
21	0119	0.0333
21	0178	NULL
21	0289	0.0333
21	0327	0.2000
21	0347	0.0667
21	0384	0.0667
...	...	...

图 7-11　Q5 的结果

到目前为止，我们讨论的 SQL 查询只包括 SELECT 和 FROM 组件。缺少 WHERE 子句表明在实际的元组选择上没有设置条件。将 WHERE 子句添加到 SQL 语句中时，它指定选择条件以指示应选择哪些表行。WHERE 子句中可以使用不同的运算符，如比较运算符、布尔运算符、BETWEEN 运算符、IN 运算符、LIKE 运算符和 NULL 运算符。让我们用一些例子来说明。

Q6 表示从所有居住在旧金山的 SUPPLIER 表中选择供应商编号和供应商名称。

```
Q6: SELECT SUPNR, SUPNAME
  FROM SUPPLIER
  WHERE SUPCITY = 'San Francisco'
```

结果如图 7-12 所示。

SUPNR	SUPNAME	SUPSTATUS
32	Best Wines	90
68	The Wine Depot	10

图 7-12　Q6 的结果

Q7 表示从所有居住在旧金山且状态大于 80 的供应商的 SUPPLIER 表中选择供应商编号和供应商名称。注意，这两个条件都与一个布尔 AND 运算符组合在一起。

```
Q7: SELECT SUPNR, SUPNAME
  FROM SUPPLIER
  WHERE SUPCITY = 'San Francisco' AND SUPSTATUS > 80
```

结果如图 7-13 所示。

Q8 表示从状态在 70 到 80 之间的所有供应商的 SUPPLIER 表中选择供应商编号、名称和状态（见图 7-14）。

```
Q8: SELECT SUPNR, SUPNAME, SUPSTATUS
  FROM SUPPLIER
  WHERE SUPSTATUS BETWEEN 70 AND 80
```

SUPNR	SUPNAME	SUPSTATUS
32	Best Wines	90

图 7-13　Q7 的结果

SUPNR	SUPNAME	SUPSTATUS
94	The Wine Crate	75

图 7-14　Q8 的结果

Q9 表示选择产品类型为 white 或 sparkling 的所有产品的产品编号和产品名称。注意 IN 操作符的使用，它将字符串“white”和“sparkling”组合成一个集合。

```
Q9: SELECT PRODNR, PRODNAME
  FROM PRODUCT
  WHERE PRODTYPE IN ('WHITE', 'SPARKLING')
```

Q9 的结果如图 7-15 所示。

PRODNR	PRODNAME
0178	Meerdael, Methode Traditionnelle Chardonnay, 2014
0199	Jacques Selosse, Brut Initial, 2012
0212	Billecart-Salmon, Brut Réserve, 2014
0300	Chateau des Rontets, Chardonnay, Birbettes
0494	Veuve-Cliquot, Brut, 2012
0632	Meneghetti, Chardonnay, 2010
...	....

图 7-15　Q9 的结果

Q10 说明了百分号 % 作为通配符的使用，表示零个或多个字符。另一个流行的通配符是下划线（_），它可以替代单个字符。在我们的示例中，选择将字符串 CHARD 作为其产品名称的一部分来检索所有产品的产品编号和产品名称。这会筛选出所有的 chardonnay 葡萄酒，如图 7-16 所示。

```
Q10: SELECT PRODNR, PRODNAME
     FROM PRODUCT
     WHERE PRODNAME LIKE '%CHARD%'
```

PRODNR	PRODNAME
0300	Chateau des Rontets, Chardonnay, Birbettes
0783	Clos D'Opleeuw, Chardonnay, 2012
0178	Meerdael, Methode Traditionnelle Chardonnay, 2014
0632	Meneghetti, Chardonnay, 2010

图 7-16　Q10 的结果

关键字 NULL 在构造查询时也很方便。例如，Q11 选择状态为 NULL 的所有供应商的供应商编号和供应商名称（参见图 7-17）。

```
Q11: SELECT SUPNR, SUPNAME, SUPSTATUS
     FROM SUPPLIER
     WHERE SUPSTATUS IS NULL
```

SUPNR	SUPNAME	SUPSTATUS
52	Spirits & Co.	NULL

图 7-17　Q11 的结果

2. 具有聚合函数的查询

可以将几个表达式添加到 SELECT 语句中以询问更详细的信息，这些表达式包括用于汇总来自数据库元组的信息的聚合函数。常见的例子有 COUNT、SUM、AVG、VARIANCE、MIN/MAX 和 STDEV，让我们使用图 7-18 中所示的元组来完成一些示例。

```
Q12: SELECT COUNT(*)
     FROM SUPPLIES
     WHERE PRODNR = '0178'
```

该查询选择 SUPPLIES 表中产品编号等于 178 的元组的数量。对于我们的示例（参见图 7-18），这个查询的结果将是数字 5。注意 COUNT 操作符的使用。

SUPNR	*PRODNR*	PURCHASE_PRICE	DELIV_PERIOD
…			
21	0178	NULL	NULL
37	0178	16.99	4
68	0178	17.99	5
69	0178	16.99	NULL
94	0178	18.00	6
…			

图 7-18　SUPPLIES 表的元组示例

Q13 选择 SUPPLIES 表中产品编号等于 178 且 PURCHASE_PRICE 非空的元组的数量。结果将是数字 4，指的是值 16.99、17.99、16.99 和 18。请注意，这里对值 16.99 进行了两次计数。

```
Q13: SELECT COUNT(PURCHASE_PRICE)
```

```
FROM SUPPLIES
WHERE PRODNR = '0178'
```

如果我们想过滤掉重复的，可以通过将关键字 DISTINCT 添加到查询中，查询结果的值为 3：

```
Q14: SELECT COUNT(DISTINCT PURCHASE_PRICE)
     FROM SUPPLIES
     WHERE PRODNR = '0178'
```

查询

```
Q15: SELECT PRODNR, SUM(QUANTITY) AS SUM_ORDERS
     FROM PO_LINE
     WHERE PRODNR = '0178'
```

选择产品编号和产品编号为 178 的所有 PO_LINE 元组的数量之和（由 SUM(QUANTITY) 计算）。这个查询的结果是 0178，值 9 等于 3 加 6，如图 7-19 中的示例元组所示。

查询

```
Q16: SELECT SUM(QUANTITY) AS TOTAL_ORDERS
     FROM PO_LINE
```

简单地将 PO_LINE 表的所有数量相加，结果是 173。

Q17 从 SUPPLIES 表（参见图 7-20）中选择产品编号和产品编号为 178 的所有元组的平均购买价格（由 AVG(PURCHASE_PRICE) 计算）。这个查询的结果是加权平均价格，因为计算中不会过滤重复的值。更具体地说，由于供应商 37 和 69 均采用 16.99 的价格，因此该价格将被计算两次，导致加权平均价格为 (16.99 + 17.99 + 16.99 + 18.00)/4，即 17.4925。因此，这个查询的结果将是值 0178 和 17.4925。

```
Q17: SELECT PRODNR, AVG(PURCHASE_PRICE) AS WEIGHTED_AVG_PRICE
     FROM SUPPLIES
     WHERE PRODNR = '0178'
```

PONR	PRODNR	QUANTITY
…		
1512	0178	3
1538	0178	6
…		

图 7-19　PO_LINE 表的元组示例

SUPNR	PRODNR	PURCHASE_PRICE	DELIV_PERIOD
…			
21	0178	NULL	NULL
37	0178	16.99	4
68	0178	17.99	5
69	0178	16.99	NULL
94	0178	18.00	6
…			

图 7-20　SUPPLIES 表的元组示例

如果我们想计算未加权平均值，那么需要添加 DISTINCT 选项，如 Q18 所示。这里的值 16.99 只会被计算一次，结果平均为 (16.99 + 17.99 + 18.00)/3，即 17.66。

```
Q18: SELECT PRODNR, AVG(DISTINCT PURCHASE_PRICE)
     AS UNWEIGHTED_AVG_PRICE
     FROM SUPPLIES
     WHERE PRODNR = '0178'
```

也可以使用 VARIANCE 方差（PURCHASE_PRICE）计算与平均值的平方偏差，如 Q19 所示。

```
Q19: SELECT PRODNR, VARIANCE(PURCHASE_PRICE)
   AS PRICE_VARIANCE FROM SUPPLIES
   WHERE PRODNR = '0178'
```

结果显示在图 7-21 中。

Q20 选择产品编号为 178 的所有 SUPPLIES 元组的产品编号、最低价格（使用 MIN(PURCHASE_PRICE) 计算）和最高价格（使用 MAX(PURCHASE_PRICE) 计算）。查询结果为 16.99 和 18，如图 7-22 所示。

```
Q20: SELECT PRODNR, MIN(PURCHASE_PRICE) AS LOWEST_PRICE,
   MAX(PURCHASE_PRICE) AS HIGHEST_PRICE
   FROM SUPPLIES
   WHERE PRODNR = '0178'
```

PRODNR	PRICE_VARIANCE
0178	0.25251875000000024

图 7-21　Q19 的结果

PRODNR	LOWEST_PRICE	HIGHEST_PRICE
0178	16.99	18.00

图 7-22　Q20 的结果

3. 含有 GROUP BY/HAVING 的查询

让我们通过使用 GROUP BY/HAVING 子句来增加查询的复杂性。这里的思想是将聚合函数应用于表中元组的子组，其中每个子组由一列或多列值相同的元组组成。通过使用 GROUP BY 子句，当行对于一个或多个列具有相同的值时，行被分组，并且聚合将单独应用于每个组，而不是像前面的示例中那样应用于整个表。然后我们可以添加 HAVING 子句来检索那些仅满足指定条件的组的值。它只能与 GROUP BY 子句组合使用，并且可以包含诸如 SUM、MIN、MAX 和 AVG 之类的聚合函数。让我们用下面的查询来说明：

```
Q21: SELECT PRODNR
   FROM PO_LINE
   GROUP BY PRODNR
   HAVING COUNT(*) >= 3
```

此查询检索至少有三个未完成订单的产品编号。如果查看图 7-23 中的 PO_LINE 表，你会看到产品编号 212 和 900 都满足这个条件。

GROUP BY PRODNR 子句根据产品编号进行分组。你可以在图 7-24 中看到这些组。我们有 212 号产品组，178 号产品组，等等。HAVING COUNT(*) >= 3 子句计算每个组中有多少个元组，并查看它是否大于或等于 3，在这种情况下，将输出产品编号。对于产品编号为 212 的组，COUNT(*) 给出 3，由于它大于或等于 3，因此将输出产品编号 212。对于产品编号为 178 的组，COUNT(*) 结果为 2，所以不会生成任何输出。因此，结果输出将是 PRODNR 212 和 900，如图 7-25 所示。

PONR	PRODNR	QUANTITY
1511	0212	2
1512	0178	3
1513	0668	7
1514	0185	2
1514	0900	2
1523	0900	3
1538	0178	6
1538	0212	15
1560	0900	9
1577	0212	6
1577	0668	9
…	..	…

图 7-23　PI_LINE 表中的元组示例

GROUP BY

PONR	PRODNR	QUANTITY
1511	0212	2
1577	0212	6
1538	0212	15

PONR	PRODNR	QUANTITY
1512	0178	3
1538	0178	6

PONR	PRODNR	QUANTITY
1513	0668	7
1577	0668	9

PONR	PRODNR	QUANTITY
1514	0900	2
1523	0900	3
1560	0900	9

PONR	PRODNR	QUANTITY
1514	0185	2

图 7-24 GROUP BY 功能说明

Q22 假设我们要检索总订单数量超过 15 的产品的产品编号。这也可以通过使用 GROUP BY/HAVING 子句来完成。SQL 查询语句为：

```
Q22: SELECT PRODNR, SUM(QUANTITY) AS QUANTITY
  FROM PO_LINE
  GROUP BY PRODNR
  HAVING SUM(QUANTITY) > 15
```

PRODNR
0212
900

图 7-25 Q21 的结果

图 7-26 说明了该查询的流程。首先，根据产品编号进行分组。然后通过 HAVING SUM(QUANTITY) > 15 子句计算每个组内数量的总和，如果该值大于 15，则输出产品编号和数量。注意，不能将这种选择条件简单地包含在 WHERE 子句中，因为 WHERE 子句表示表中单个元组的选择条件。相反，HAVING 子句基于在每个组上计算的指定聚合值，在元组的组上定义选择条件。

GROUP BY

PONR	PRODNR	QUANTITY
1511	0212	2
1577	0212	6
1538	0212	15
	SUM	23

PONR	PRODNR	QUANTITY
1512	0178	3
1538	0178	6
	SUM	9

PONR	PRODNR	QUANTITY
1513	0668	7
1577	0668	9
	SUM	16

PONR	PRODNR	QUANTITY
1514	0900	2
1523	0900	3
1560	0900	9
	SUM	14

PONR	PRODNR	QUANTITY
1514	0185	2
	SUM	2

图 7-26 GROUP BY 功能说明

如图 7-26 所示，产品编号 212 的组有三个元组，QUANTITY 的总数为 23；产品编号 668 有两个元组，QUANTITY 的总数为 16。该结果的输出如图 7-27 所示。

PRODNR	QUANTITY
0212	23
0668	16

图 7-27 Q22 的结果

注意，GROUP BY 子句也可以在没有 HAVING 子句的情况下使用，例如，用于显示每个产品的未完成订单总数。

4. 带 ORDER BY 的查询

通过使用 ORDER BY 语句，SQL 允许用户根据一个或多个列的值对查询结果中的元组排序。SELECT 子句中指定的每个列都可用于排序，并且可以按多个列排序。默认的排序模式是升序，根据商业实现的不同，空值可能出现在排序的第一个或最后一个。Q23 查询未完成的采购订单列表，订单按日期升序排列，按供应商编号降序排列：

```
Q23: SELECT PONR, PODATE, SUPNR
     FROM PURCHASE_ORDER
     ORDER BY PODATE ASC, SUPNR DESC
```

结果如图 7-28 所示。

Q24 查询产品编号为 0178 的所有 SUPPLIES 元组的产品编号、供应商编号和采购价格，结果按购买价格降序排序。ORDER BY 语句中的数字 3 指的是第三列，即 PURCHASE_PRICE。注意，在这个查询结果中，NULL 值最后出现（参见图 7-29）。

```
Q24: SELECT PRODNR, SUPNR, PURCHASE_PRICE
     FROM SUPPLIES
     WHERE PRODNR = '0178'
     ORDER BY 3 DESC
```

PONR	PODATE	SUPNR
1511	2015-03-24	37
1512	2015-04-10	94
1513	2015-04-11	37
1514	2015-04-12	32
…		

图 7-28　Q23 的结果

PRODNR	SUPNR	PURCHASE_PRICE
0178	94	18.00
0178	68	17.99
0178	37	16.99
0178	69	16.99
0178	21	NULL

图 7-29　Q24 的结果

GROUP BY 和 ORDER BY 子句经常被混淆，尽管它们的用途完全不同。GROUP BY 子句表示应用聚合函数的元组的组。ORDER BY 子句对实际的元组选择没有影响，但表示查询结果的显示顺序。

5. 连接查询

到目前为止，我们只讨论了从单个表中检索数据的简单 SQL 查询。**连接查询**允许用户合并或连接来自多个表的数据。然后，FROM 子句需要指定包含连接行的表名，而且必须声明不同表的行可以连接的条件，这些条件包括在 WHERE 子句中。与简单查询一样，可以指定应在最终结果中报告每个表中的哪些列。

在 SQL 中，相同的名称（例如，SUPNR）可以用于两个或多个列，前提是这些列位于不同的表中（例如，SUPPLIER 和 SUPPLIES）。如果连接查询的 FROM 组件引用包含具有相同名称列的两个或多个表，则必须用表名限定列名，以防止歧义。这可以通过在列名前加上表名来完成（例如，SUPPLIER.SUPNR）。

没有 WHERE 组件（例如，SELECT * FROM SUPPLIER, SUPPLIES）的 SQL 连接查询的结果对应于两个表的笛卡儿积，因此两个表的所有可能的行组合都包含在最终结果中。但是，这通常是不需要的，可以在 WHERE 组件中指定连接条件，以确保进行了正确的匹配。

在下面的内容中有不同类型的连接，我们将讨论内部连接和外部连接。

内部连接

假设我们从 SUPPLIER 表开始，其中包含供应商编号、名称、地址、城市和状态，而 SUPPLIES 表包含供应商编号、产品编号、购买价格和交付周期。你现在需要从 SUPPLIER

表中检索供应商编号、名称和状态，以及它们可以提供的产品编号和相应的价格。为了做到这一点，我们首先列出所需信息的表格：

```
SUPPLIER(SUPNR, SUPNAME, ..., SUPSTATUS)
SUPPLIES(SUPNR, PRODNR, PURCHASE_PRICE, ...)
```

图7-30和图7-31显示了来自这两个表的一些元组示例。注意，每个表还包含我们不需要的附加信息。我们有两个表，其中包含需要以特定方式组合或连接的相应信息。如何解决这个问题呢？

SUPNR	SUPNAME	SUPADDRESS	SUPCITY	SUPSTATUS
32	Best Wines			90
68	The Wine Depot			10
84	Wine Trade Logistics			92
...				

图7-30　SUPPLIER表的元组示例

SUPNR	PRODNR	PURCHASE_PRICE	DELIV_PERIOD
32	0474	40.00	1
32	0154	21.00	4
84	0494	15.99	2
...			

图7-31　SUPPLIES表的元组示例

首先，请注意每个表中都有同名的列（SUPNR）。我们不使用详细的SUPPLIER.SUPNR和SUPPLIES.SUPNR表示法，而是使用速记表示法。在本例中，我们将添加R，表示表SUPPLIER，S表示表SUPPLIES。现在我们可以使用R.SUPNR和S.SUPNR来区分两个供应商编号。因此，我们第一次尝试使用SQL查询来解决这个问题，结果是：

```
Q25: SELECT R.SUPNR, R.SUPNAME, R.SUPSTATUS, S.SUPNR, S.PRODNR,
     S.PURCHASE_PRICE
     FROM SUPPLIER R, SUPPLIES S
```

这个查询在做什么？由于没有WHERE组件，因此它将通过将SUPPLIER表中的每个可能的元组与SUPPLIES表中的每个可能的元组组合在一起来生成两个表的笛卡儿积。这将导致不正确的匹配，如图7-32所示。例如，你可以看到SUPPLIER表中的32号（这是最好的葡萄酒）现在与SUPPLIES表中的21号相结合，还有许多其他不正确的匹配。这显然不是我们想要的！

R.SUPNR	R.SUPNAME	R.SUPSTATUS	S.SUPNR	S.PRODNR	S.PURCHASE_PRICE
21	Deliwines	20	21	0119	15.99
32	Best Wines	90	21	0119	15.99
37	Ad Fundum	95	21	0119	15.99
52	Spirits & Co.	NULL	21	0119	15.99
...					
32	Best Wines	90	32	0154	21.00
37	Ad Fundum	95	32	0154	21.00
52	Spirits & Co.	NULL	32	0154	21.00
...					
69	Vinos del Mundo	92	94	0899	15.00
84	Wine Trade Logistics	92	94	0899	15.00
94	Vinos del Mundo	75	94	0899	15.00

图7-32　缺少连接条件而导致的不正确匹配

要解决这个问题，我们需要通过在 SQL 连接查询中添加 WHERE 子句来仔细定义在什么条件下可以进行连接。加上一个 WHERE 子句，我们的 SQL 连接查询如下：

```
Q26: SELECT R.SUPNR, R.SUPNAME, R.SUPSTATUS, S.PRODNR, S.PURCHASE_PRICE
   FROM SUPPLIER R, SUPPLIES S
   WHERE R.SUPNR = S.SUPNR
```

在这个查询中，只有在供应商编号相同的情况下才能连接元组，这就是它被称为**内连接**的原因。在图 7-33 所示的结果元组中，可以看到匹配是正确的。SUPPLIER 表中 21 号供应商的数据与 SUPPLIES 表中 21 号供应商的数据正确连接，其他供应商也是如此。

R.SUPNR	R.SUPNAME	R.SUPSTATUS	S.SUPNR	S.PRODNR	S.PURCHASE_PRICE
21	Deliwines	20	21	0119	15.99
21	Deliwines	20	21	0178	NULL
21	Deliwines	20	21	0289	17.99
21	Deliwines	20	21	0327	56.00
21	Deliwines	20	21	0347	16.00
21	Deliwines	20	21	0384	55.00
21	Deliwines	20	21	0386	58.99
21	Deliwines	20	21	0468	14.99
21	Deliwines	20	21	0668	6.00
32	Best Wines	90	32	0154	21.00
32	Best Wines	90	32	0474	40.00
32	Best Wines	90	32	0494	15.00
32	Best Wines	90	32	0657	44.99
32	Best Wines	90	32	0760	52.00
32	Best Wines	90	32	0832	20.00
37	Ad Fundum	95	37	0178	16.99
…					

图 7-33 使用连接条件正确匹配

在这里，你可以看到使用 INNER JOIN 关键字表示 SQL 连接查询的另一种等效方法。Q26 和 Q27 查询的结果相同。

```
Q27: SELECT R.SUPNR, R.SUPNAME, R.SUPSTATUS, S.PRODNR, S.PURCHASE_PRICE
   FROM SUPPLIER AS R INNER JOIN SUPPLIES AS S
   ON (R.SUPNR = S.SUPNR)
```

它也可以连接来自两个以上表的数据。假设我们对以下内容感兴趣：对于每个未完成采购订单的供应商，检索供应商编号和名称，以及采购订单编号、日期、产品编号、名称和这些采购订单中指定的数量。我们可以再次从列出所有需要的表开始。我们现在需要来自四个表的数据：SUPPLIER、PRODUCT、PURCHASE_ORDER 和 PO_LINE。我们需要使用主 – 外键关系来指定连接条件，以确保进行了正确的匹配。现在 SQL 连接查询变成：

```
Q28: SELECT R.SUPNR, R.SUPNAME, PO.PONR, PO.PODATE, P.PRODNR,
   P.PRODNAME, POL.QUANTITY
   FROM SUPPLIER R, PURCHASE_ORDER PO, PO_LINE POL, PRODUCT P
   WHERE (R.SUPNR = PO.SUPNR)
   AND (PO.PONR = POL.PONR)
   AND (POL.PRODNR = P.PRODNR)
```

同样，请注意我们用来引用表的简写符号。WHERE 子句指定所有连接条件。应该注意的是，由于需要连接来自四个表的数据，因此该查询非常消耗资源。结果显示在图 7-34 中。

R.SUPNR	R.SUPNAME	PO.PONR	PO.PODATE	P.PRODNR	P.PRODNAME	POL.QUANTITY
37	Ad Fundum	1511	2015-03-24	0212	Billecart-Salmon, Brut Réserve, 2014	2
37	Ad Fundum	1511	2015-03-24	0345	Vascosassetti, Brunello di Montalcino, 2004	4
37	Ad Fundum	1511	2015-03-24	0783	Clos D'Opleeuw, Chardonnay, 2012	1
37	Ad Fundum	1511	2015-03-24	0856	Domaine Chandon de Briailles, Savigny-Les-Beaune, 2006	9
94	The Wine Crate	1512	2015-04-10	0178	Meerdael, Methode Traditionnelle Chardonnay, 2014	3
…						

图 7-34　Q28 的结果

在 SQL 中，可以将引用同一张表的行连接两次。在这种情况下，我们需要声明替代的表名，称为别名。然后，连接条件意味着通过匹配满足连接条件的元组将表与其自身连接。假设我们要检索位于同一城市的所有对供应商。我们只需要来自一个表的数据：供应商。但是，我们需要将这个表与它本身连接起来以解决这个问题。SQL 查询变成：

```
Q29: SELECT R1.SUPNAME, R2.SUPNAME, R1.SUPCITY
     FROM SUPPLIER R1, SUPPLIER R2
     WHERE R1.SUPCITY = R2.SUPCITY
     AND (R1.SUPNR < R2.SUPNR)
```

请注意，我们引入了两个别名 R1 和 R2 来表示 SUPPLIER 表。现在，连接条件基于匹配的 SUPCITY。但是，添加了另一个条件 R1.SUPNR < R2.SUPNR。这样做的理由是什么？

图 7-35 显示了 SUPPLIER 表的转储，对于 R1 和 R2 都是相同的。如果我们忽略条件 R1.SUPNR < R2.SUPNR，则查询结果还将包括重复项，例如：Deliwines，Deliwines；Best Wines，Best Wines；Ad Fundum，Ad Fundum；Best Wines，The Wine Depot；The Wine Depot，Best Wines，等等。因为这些值与 SUPCITY 匹配。为了过滤掉这些无意义的重复，我们添加了条件 R1.SUPNR < R2.SUPNR。此时只剩下一个结果：Best Wines（SUPNR 为 32）和 Wine Depot（SUPNR 为 68），它们都位于旧金山（见图 7-36）。

SUPNR	SUPNAME	SUPADDRESS	SUPCITY	SUPSTATUS
21	Deliwines	240, Avenue of the Americas	New York	20
32	Best Wines	660, Market Street	San Francisco	90
37	Ad Fundum	82, Wacker Drive	Chicago	95
52	Spirits & Co.	928, Strip	Las Vegas	NULL
68	The Wine Depot	132, Montgomery Street	San Francisco	10
69	Vinos del Mundo	4, Collins Avenue	Miami	92

图 7-35　来自 SUPPLIER 表的元组示例

任何条件都可以添加到连接条件中。假设我们想要选择所有能够提供编号为 0899 的产品的供应商的名称。我们需要来自 SUPPLIER 表和 SUPPLIES 表的数据，这两个表应再次连接，SQL 查询变为：

```
Q30: SELECT R.SUPNAME
     FROM SUPPLIER R, SUPPLIES S
     WHERE R.SUPNR = S.SUPNR
     AND S.PRODNR = '0899'
```

SUPNAME	SUPNAME	SUPCITY
Best Wines	The Wine Depot	San Francisco

图 7-36　Q29 的结果

它的结果是 The Wine Crate。

请记住，SQL 查询的结果是一个多集，其中可能包含重复项。如果希望从结果中消除重复，可以使用 DISTINCT 关键字。假设有以下需求：检索能够供应至少一种玫瑰葡萄酒（rose wine）的所有供应商的名称。要回答这个问题，我们需要来自 SUPPLIER、

SUPPLIES 和 PRODUCT 这三个表的数据。在某些情况下，供应商可以提供一种以上的玫瑰葡萄酒，并可能在结果中出现多次。这可以通过使用 DISTINCT 选项来避免，如下面的查询所示：

```
Q31: SELECT DISTINCT R.SUPNAME
    FROM SUPPLIER R, SUPPLIES S, PRODUCT P
    WHERE S.SUPNR = R.SUPNR
    AND S.PRODNR = P.PRODNR
    AND P.PRODTYPE = 'ROSE'
```

对于不带（图 7-37）和带（图 7-38）DISTINCT 选项，你都可以看到同一查询的结果。由于 Deliwines 提供多种玫瑰葡萄酒，因此在第一个查询的结果中多次出现。

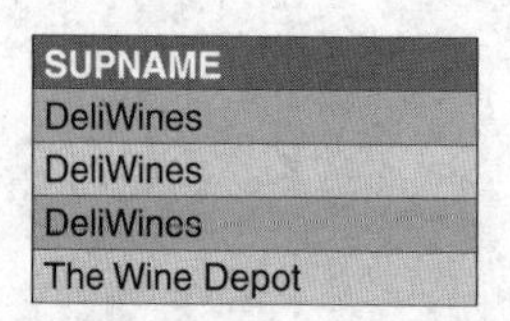

SUPNAME
DeliWines
DeliWines
DeliWines
The Wine Depot

图 7-37　不带有 DISTINCT 选项的 Q31 的结果

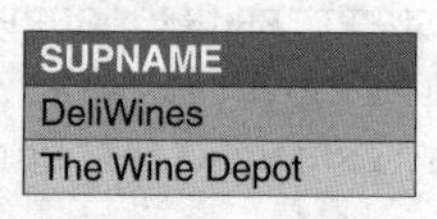

SUPNAME
DeliWines
The Wine Depot

图 7-38　带有 DISTINCT 选项的 Q31 的结果

连接条件也可以与我们前面讨论的任何 SQL 构造组合在一起，这允许构建非常强大的 SQL 查询来回答复杂的业务问题。让我们考虑以下示例：查找采购订单中指定的每个产品的产品编号、名称和总订单数量。我们需要来自 PRODUCT 和 PO_LINE 这两个表的数据。SQL 查询变成：

```
Q32: SELECT P.PRODNR, P.PRODNAME, SUM(POL.QUANTITY)
    FROM PRODUCT P, PO_LINE POL
    WHERE P.PRODNR = POL.PRODNR
    GROUP BY P.PRODNR
```

该查询首先根据相应的产品编号连接两个表。然后，GROUP BY 子句根据相应的产品编号对连接结果进行分组。对于每个组，将报告产品编号、产品名称和订单行数量的总和。你可以在图 7-39 中看到结果。

PRODNR	PRODNAME	SUM(POL.QUANTITY)
0178	Meerdael, Methode Traditionnelle Chardonnay, 2014	9
0185	Chateau Petrus, 1975	2
0212	Billecart-Salmon, Brut Réserve, 2014	23
0295	Chateau Pape Clement, Pessac-Léognan, 2001	9
0306	Chateau Çoupe Roses, Granaxa, 2011	11
...		

图 7-39　Q32 的结果

外部连接

到目前为止，我们所讨论的连接都是内部连接的示例。这意味着我们总是需要精确匹配，然后才能在结果中输出元组。当我们希望在连接的结果中保留一个或两个表的所有元组时，可以使用外部连接，而不管它们在另一个表中是否有匹配的元组。存在三种类型的外连接：**左外连接**、**右外连接**和**全外连接**。让我们看一些示例。

在左外连接中，左表中的每一行都保存在结果中，如果在另一个表中没有找到匹配项，它将返回这些列的 NULL 值。请考虑以下示例：检索所有供应商的编号、名称和状态，如果可以，包括他们可以提供的产品的编号和价格。换句话说，我们想要所有供应商的信息，即使他们根本不能提供任何产品。可以使用SUPPLIER和SUPPLIES表之间的外部连接来解决此问题。如下所示：

```
Q33: SELECT R.SUPNR, R.SUPNAME, R.SUPSTATUS, S.PRODNR, S.PURCHASE_PRICE
   FROM SUPPLIER AS R LEFT OUTER JOIN SUPPLIES AS S
   ON (R.SUPNR = S.SUPNR)
```

左外连接子句的含义是，即使在SUPPLIES表中找不到匹配项，也应该将SUPPLIER表中的所有元组包括在结果中。图7-40和图7-41展示了来自SUPPLIER表和SUPPLIES表的一些示例元组。外部连接查询的结果如图7-42所示。

SUPNR	SUPNAME	SUPADDRESS	SUPCITY	SUPSTATUS
68	The Wine Depot			
21	Deliwines			
94	The Wine Crate			
...				

图7-40　来自SUPPLIER表的元组示例

SUPNR	PRODNR	PURCHASE_PRICE	DELIV_PERIOD
21	0119	15.99	1
21	0289	17.99	1
68	0178	17.99	5
...			

图7-41　来自SUPPLIES表的元组示例

R.SUPNR	R.SUPNAME	R.SUPSTATUS	S.PRODNR	S.PURCHASE_PRICE
21	Deliwines	20	0119	15.99
21	Deliwines	20	0178	NULL
...				
37	Ad Fundum	95	0795	20.99
52	**Spirits & Co.**	**NULL**	**NULL**	**NULL**
68	The Wine Depot	10	0178	1799
...				

图7-42　Q33的结果

注意以粗体显示的元组。它表示供应商编号为52，公司名为Spirits & Co，这个供应商没有相应的SUPPLIES元组。它可能是一个新的供应商，但数据库中还没有输入任何供应元组。由于使用了左外连接子句，该供应商对于SUPPLIES表中缺少的列，在最终结果中显示值为NULL。

在右外连接中，右表中的每一行都保存在结果中，必要时使用空值完成。假设我们有以下需求：选择所有产品编号、产品名称和总订单数量，即使当前没有产品的未完成订单。可以使用表PRODUCT和PO_LINE之间的右外连接来回答这个问题。SQL查询为

```
Q34: SELECT P.PRODNR, P.PRODNAME, SUM(POL.QUANTITY) AS SUM
   FROM PO_LINE AS POL RIGHT OUTER JOIN PRODUCT AS P
   ON (POL.PRODNR = P.PRODNR)
   GROUP BY P.PRODNR
```

PO_LINE和PRODUCT表通过产品编号进行右外连接。查询结果将所有产品都将包括在内，

即使这些产品不包括在任何采购订单中。接下来，GROUP BY 子句将在这个连接表中创建组。对于每个组，将报告产品编号、产品名称和数量总和。你可以在图 7-43 中看到结果。请注意，产品编号 0119，即 Chateau Miraval，数量为 NULL。同样对于产品编号 154、199 和 0289，数量为 NULL。由于使用了外部连接，这些也包括在最终结果中。

P.PRODNR	P.PRODNAME	SUM
0119	Chateau Miraval, Cotes de Provence Rose, 2015	NULL
0154	Chateau Haut Brion, 2008	NULL
0178	Meerdael, Methode Traditionnelle Chardonnay, 2014	9
0185	Chateau Petrus, 1975	2
0199	Jacques Selosse, Brut Initial, 2012	NULL
0212	Billecart-Salmon, Brut Réserve, 2014	23
…		

图 7-43　Q34 的结果

最后，在全外连接中，两个表的每一行都保留在结果中，如果需要，则用 NULL 填补。

6. 嵌套查询

SQL 查询也可以**嵌套**，换句话说，完整的 SELECT FROM 块可以出现在另一个查询的 WHERE 子句中，如图 7-44 所示。子查询或内部块嵌套在外部块中，允许多层嵌套。通常，查询优化器首先在最低级别的内部块中执行查询。子查询尝试以循序渐进的方式解决查询。

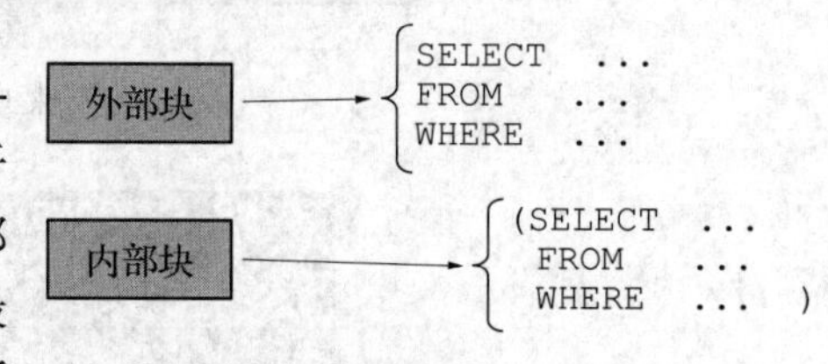

图 7-44　嵌套 SQL 查询

让我们来做一些例子。假设我们想要找到采购订单编号为 1560 的供应商的名称。我们需要来自两个表的数据：SUPPLIER 和 PURCHASE_ORDER。我们现在可以按如下方式构造嵌套的 SQL 查询：

```
Q34: SELECT SUPNAME
          FROM SUPPLIER
          WHERE SUPNR =
               (SELECT SUPNR
               FROM PURCHASE_ORDER
               WHERE PONR = '1560')
```

要执行此查询，查询优化器首先执行内部块，即

```
SELECT SUPNR
FROM PURCHASE_ORDER
WHERE PONR = '1560'
```

这个内部块的结果是 32，这是一个标量。这就是为什么有时也称为标量子查询。我们现在可以求解外部块查询，它变为：

```
SELECT SUPNAME
FROM SUPPLIER
WHERE SUPNR = 32
```

这个查询的结果是 Best Wines。注意，这个查询也可以使用内部连接来解决，如前所述。

考虑以下示例：检索超过产品 0178 可用数量的每个产品的产品编号和名称。我们只需

要一个表来解决这个问题：产品（PRODUCT）表。嵌套的 SQL 查询变成：

```
Q35: SELECT PRODNR, PRODNAME
          FROM PRODUCT
          WHERE AVAILABLE_QUANTITY >
                (SELECT AVAILABLE_QUANTITY
                 FROM PRODUCT
                 WHERE PRODNR = '0178')
```

同理，首先执行内部块：

```
SELECT AVAILABLE_QUANTITY
FROM PRODUCT
WHERE PRODNR = '0178'
```

这也是一个标量子查询，查询结果是 136。外部块现在变成：

```
SELECT PRODNR, PRODNAME
FROM PRODUCT
WHERE AVAILABLE_QUANTITY > 136
```

你可以在图 7-45 中看到 Q35 的结果。

PRODNR	PRODNAME
0212	Billecart-Salmon, Brut Réserve, 2014
0347	Chateau Corbin-Despagne, Saint-Emilion, 2005
0474	Chateau De La Tour, Clos-Vougeot, Grand cru, 2008
0885	Chateau Margaux, Grand Cru Classé, 1956
0899	Trimbach, Riesling, 1989

图 7-45 Q35 的结果

知识关联 尽管查询结果是相同的，但不同查询类型（如连接查询或嵌套查询）的性能将取决于内部数据模型、数据的特性（如表中的行数）和物理结构（如索引）的可用性。第 12 章和第 13 章详细介绍了物理数据库组织和查询性能之间的相互作用。

外部选择块的 WHERE 组件可以包含 IN 运算符，后跟新的内部选择块。假设你想检索所有能够提供产品 0178 的供应商名称。为了解决这个问题，我们需要来自供应商（SUPPLIER）和供应表（SUPPLIES）的数据。嵌套的 SQL 查询变成：

```
Q36: SELECT SUPNAME
   FROM SUPPLIER
   WHERE SUPNR IN
         (SELECT SUPNR
          FROM SUPPLIES
          WHERE PRODNR ='0178')
```

同理，首先求解内部块，即

```
SELECT SUPNR
FROM SUPPLIES
WHERE PRODNR ='0178'
```

这个内部块的结果不再是标量，而是一组值：21、37、68、69 和 94。然后可以计算外部块，它现在变成：

```
SELECT SUPNAME
FROM SUPPLIER
WHERE SUPNR IN (21, 37, 68, 69, 94)
```

此查询产生如图 7-46 所示的供应商名称。

SUPNAME
Deliwines
Ad Fundum
The Wine Depot
Vinos del Mundo
The Wine Crate

图 7-46 Q36 的结果

如前所述，允许多级嵌套。假设我们想要检索至少可以提供一种玫瑰葡萄酒（rose wine）的所有供应商的名称。可以使用有两个子查询的查询来解决：

```
Q37: SELECT SUPNAME
   FROM SUPPLIER
   WHERE SUPNR IN
        (SELECT SUPNR
         FROM SUPPLIES
         WHERE PRODNR IN
              (SELECT PRODNR
               FROM PRODUCT
               WHERE PRODTYPE = 'ROSE'))
```

为了执行此查询，RDBMS 从嵌套的最低级别开始解析，因此它首先解析子查询：

```
SELECT PRODNR
FROM PRODUCT
WHERE PRODTYPE = 'ROSE'
```

查询结果为 0119、0289 和 0668，它们是玫瑰葡萄酒的产品编号。第二个子查询变为：

```
SELECT SUPNR
FROM SUPPLIES
WHERE PRODNR IN (0119, 0289, 0668)
```

此子查询的结果是 21、21、21 和 68。最后对外部块进行处理，结果为 Deliwines 和 The Wine Depot。请注意，此查询也可以使用跨 SUPPLIER 表、SUPPLIES 表和 PRODUCT 表的内部连接来解决。

下面是嵌套查询的另一个示例。我们感兴趣的是寻找供应商编号 32 以及供应商编号 84 可以提供的产品名称。为了解决这个查询，我们需要来自产品表 PRODUCT 和供应表 SUPPLIES 的信息。嵌套的 SQL 查询变为：

```
Q38: SELECT PRODNAME
   FROM PRODUCT
   WHERE PRODNR IN
     (SELECT PRODNR
      FROM SUPPLIES
      WHERE SUPNR = '32')
  AND PRODNR IN
     (SELECT PRODNR
      FROM SUPPLIES
      WHERE SUPNR = '84')
```

现在在同一级别有两个子查询。如果计算架构支持，两个子查询可以并行执行，这允许我们加速执行查询。第一个子查询的结果是 0154、0474、0494、0657、0760 和 0832。第二个子查询的结果是 0185、0300、0306、0347、0468、0494、0832 和 0915。由于两个子查询的结果使用布尔运算符 AND 组合，因此仅保留数字 0494 和 0832，它们分别对应的产品名称为“Veuve-Ciquot，Brut，2012”和“Conde de Hervías，Rioja，2004”。

7. 相关查询

在以前的所有情况中，在处理外部选择块之前，内部选择块中的嵌套子查询将被完全解决。这不再是**关联嵌套查询**的情况。每当嵌套查询的 WHERE 子句中的条件引用外部查询中声明的表的某些列时，这两个查询就被认为是相关的。然后，对外部查询中的每个元组（或元组组合）评估一次嵌套查询。让我们举几个例子。

假设我们要检索至少有两个订单的所有产品的产品编号。乍一看，这是一个非常简单的需求。我们需要来自两个表的数据：PRODUCT 和 PO_LINE。这个问题可以使用以下相关的 SQL 查询来解决：

```
Q39: SELECT P.PRODNR
     FROM PRODUCT P
         WHERE 1 <
               (SELECT COUNT(*)
               FROM PO_LINE POL
               WHERE P.PRODNR = POL.PRODNR)
```

如前所述，RDBMS 首先计算内部选择块，其内容为：

```
SELECT COUNT(*)
FROM PO_LINE POL
WHERE P.PRODNR = POL.PRODNR
```

这是一个相关查询的示例，因为内部块引用了在外部块中声明的表 P。因此，这个子查询不能被处理，因为变量 P 和 P.PRODNR 在这里是未知的。为了解决这个相关查询，RDBMS 迭代外部块声明的产品表（PRODUCT）的每个产品元组，并且每次迭代都要计算给定元组的子查询。让我们举个例子。

图 7-47 显示了产品表（PRODUCT）中的一些示例元组。记住，表中的元组是没有排序的。第一个产品的产品编号为 0212。现在使用此产品编号评估子查询。换句话说，它变成：

PRODNR	PRODNAME
0212	Billecart-Salmon, Brut Réserve, 2014
0289	Chateau Saint Estève de Neri, 2015
0154	Chateau Haut Brion, 2008
0295	Chateau Pape Clement, Pessac-Léognan, 2001
…	

图 7-47　PRODUCT 表中的元组示例

```
SELECT COUNT(*)
FROM PO_LINE POL
WHERE 0212 = POL.PRODNR
```

这个子查询的结果是 3，可以在 PO_LINE 表中看到（图 7-48）。由于 3 大于 1，所以输出中将报告产品编号 0212。然后对所有其他产品编号重复此过程，得到产品编号 0212，0977，0900，0306，0783，0668，0766 和 0178 作为 Q39 的输出。基本上，相关 SQL 查询实现了一种循环机制，循环通过外部查询块中定义的表的每个元组的子查询。

PONR	*PRODNR*	QUANTITY
…		
1511	0212	2
…		
1538	0212	15
…		
1577	0212	6
…		

图 7-48　PO_LINE 表中的元组示例

相关查询可以解决非常复杂的查询，例如，检索以低于该产品平均价格的价格提供产品的所有供应商的编号和名称，以及产品的编号和名称、采购价格和交付期。查询需要来自三个表的信息：供应商表（SUPPLIER）、供应表（SUPPLIERS）和产品（PRODUCT）：

```
Q40: SELECT R.SUPNR, R.SUPNAME, P.PRODNR, P.PRODNAME, S1.PURCHASE_PRICE,
  S1.DELIV_PERIOD
  FROM SUPPLIER R, SUPPLIES S1, PRODUCT P
  WHERE R.SUPNR = S1.SUPNR
     AND S1.PRODNR = P.PRODNR
     AND S1.PURCHASE_PRICE <
            (SELECT AVG(PURCHASE_PRICE)
            FROM SUPPLIES S2
            WHERE P.PRODNR = S2.PRODNR)
```

Q40 的第一部分首先使用主键 – 外键关系指定连接条件。然后，第二部分使用引用外部选择块中定义的产品表 P 的相关子查询，确保产品的价格低于所有供应商对同一产品收取的平均价格。因此，需要对每个产品元组分别进行评估。

图 7-49 显示了查询功能的可视化表示。请注意，我们使用 SUPPLIES 表的两个外观：外部块中的 S1 和相关内部块中的 S2。你可以看到，产品编号 0178 可以由供应商编号 37 以 16.99 的价格提供，这明显低于供应商对产品编号 0178 收取的所有价格的平均值。

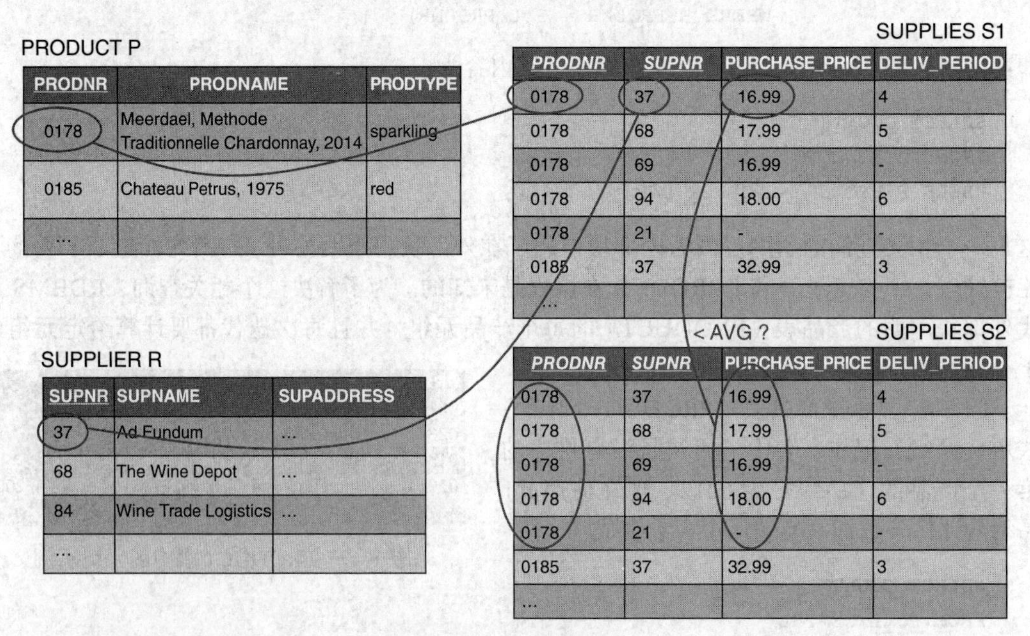

图 7-49　说明 Q40

现在我们假设我们想要找出三个数值最高的产品编号。使用 ORDER BY 子句可以很容易地实现这一点，但是它将列出所有的产品编号，如果你有很多产品，这可能不是很有用。相关查询可以提供更好的解决方案：

```
Q41: SELECT P1.PRODNR
     FROM PRODUCT P1
     WHERE 3 >
```

```
(SELECT COUNT(*)
FROM PRODUCT P2
WHERE P1.PRODNR < P2.PRODNR)
```

从本质上讲，此查询计算每个产品具有较高产品编号的产品数。如果此编号严格小于 3，则该产品编号属于最高的三个产品编号，并将被报告。换言之，没有产品编号高于最高产品编号的产品。只有一个产品编号高于第二高的产品编号，还有两个产品编号高于第三高的产品编号。这个相关查询的结果是 0915、0977 和 0900。

图 7-50 说明 Q41 的功能。内部查询块分别针对每个产品编号进行计算。对于产品编号 0119（恰好是最小的产品编号），内部查询变为：

```
SELECT COUNT(*)
FROM PRODUCT P2
WHERE 0119 < P2.PRODNR
```

这个查询的结果是 41，这显然不小于 3，所以不输出。对于产品编号 0900、0915 和 0977，内部块将分别产生 2、1 和 0，它们都小于 3。因此，将输出这些产品编号。

P1.PRODNR	Result of Inner Query block	< 3?	Output
0119	41	No	No
0154	40	No	No
0178	39	No	No
…	…	…	…
0899	3	No	No
0900	2	Yes	Yes
0915	1	Yes	Yes
0977	0	Yes	Yes

图 7-50　说明 Q41

8. 含有 ALL/ANY 的查询

除了我们已经讨论过的 IN 运算符之外，还可以使用 ANY 和 ALL 运算符将单个值与多集进行比较。如果值 v 大于多集 V 中的所有值，则比较条件 v > ALL V 返回 TRUE。如果嵌套查询不返回值，则将条件求值为 TRUE。如果值 v 大于多集 V 中的至少一个值，则比较条件 v > ANY V 返回 TRUE。如果嵌套查询没有返回值，则将整个条件求值为 FALSE。注意，比较条件 = ANY(⋯) 等同于使用 IN 操作符。

考虑以下示例：检索对产品编号为 0668 的产品收取最高价格的供应商的名称。此查询需要来自 SUPPLIER 和 SUPPLIES 表的信息。可以使用嵌套查询和 ALL 运算符进行求解，如下所示：

```
Q42: SELECT SUPNAME
   FROM SUPPLIER
   WHERE SUPNR IN
      (SELECT SUPNR
      FROM SUPPLIES
      WHERE PRODNR = '0668'
       AND PURCHASE_PRICE >= ALL
          (SELECT PURCHASE_PRICE
           FROM SUPPLIES
           WHERE PRODNR = '0668'))
```

查询有两个嵌套级别。首先，我们从最深层的嵌套开始，执行子查询：

```
SELECT PURCHASE_PRICE
FROM SUPPLIES
WHERE PRODNR = '0668'
```

此子查询的结果是价格 6.00 和 6.99。然后，下一个子查询变为：

```
SELECT SUPNR
FROM SUPPLIES
WHERE PRODNR = '0668'
AND PURCHASE_PRICE >= ALL (6.00, 6.99)
```

此子查询的结果是 68。我们现在终于可以对外部选择块求值了，它变成了：

```
SELECT SUPNAME
FROM SUPPLIER
WHERE SUPNR IN (68)
```

最终结果就是 The Wine Depot。

图 7-51 显示了 Q42 的功能。你可以看到，The Wine Depot（供应商编号为 68）可以以 6.99 的价格供应产品（产品编号为 0668），该价格高于或等于所有其他价格（在本例中为 6.99 和 6.00）。

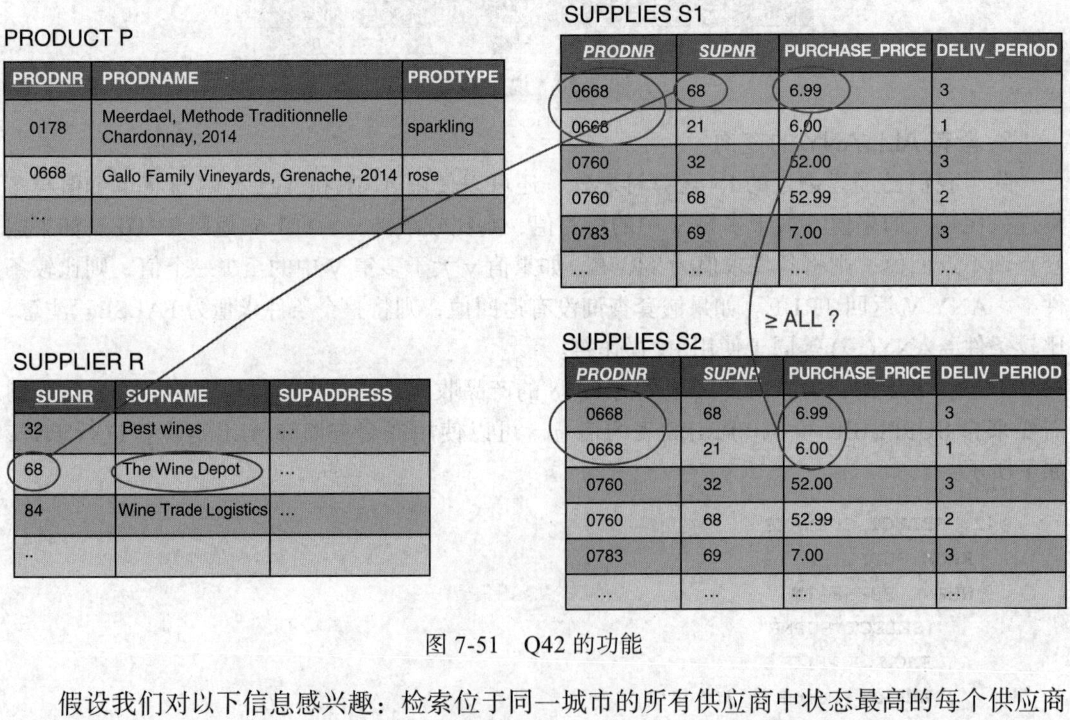

PRODUCT P

PRODNR	PRODNAME	PRODTYPE
0178	Meerdael, Methode Traditionnelle Chardonnay, 2014	sparkling
0668	Gallo Family Vineyards, Grenache, 2014	rose
…		

SUPPLIES S1

PRODNR	SUPNR	PURCHASE_PRICE	DELIV_PERIOD
0668	68	6.99	3
0668	21	6.00	1
0760	32	52.00	3
0760	68	52.99	2
0783	69	7.00	3
…	…	…	…

≥ ALL ?

SUPPLIES S2

PRODNR	SUPNR	PURCHASE_PRICE	DELIV_PERIOD
0668	68	6.99	3
0668	21	6.00	1
0760	32	52.00	3
0760	68	52.99	2
0783	69	7.00	3
…	…	…	…

SUPPLIER R

SUPNR	SUPNAME	SUPADDRESS
32	Best wines	…
68	The Wine Depot	…
84	Wine Trade Logistics	…
..		

图 7-51　Q42 的功能

假设我们对以下信息感兴趣：检索位于同一城市的所有供应商中状态最高的每个供应商的编号、名称、城市和状态。SQL 查询变成：

```
Q43: SELECT R1.SUPNR, R1.SUPNAME, R1.SUPCITY, R1.SUPSTATUS
   FROM SUPPLIER R1
```

```
WHERE R1.SUPSTATUS >= ALL
   (SELECT R2.SUPSTATUS
    FROM SUPPLIER R2
    WHERE R1.SUPCITY = R2.SUPCITY)
```

这是 ALL 运算符与相关查询结合使用的示例。这是非常不言而喻的，因为它选择供应商 R1 的供应商编号、名称、城市和状态，其中状态高于或等于与供应商 R1 位于同一城市的所有供应商 R2 的状态。结果显示在图 7-52 中。

SUPNR	SUPNAME	SUPCITY	SUPSTATUS
21	Deliwines	New York	20
32	Best Wines	San Francisco	90
37	Ad Fundum	Chicago	95
69	Vinos del Mundo	Miami	92
84	Wine Trade Logistics	Washington	92
94	The Wine Crate	Dallas	75

图 7-52　Q43 的结果

现在我们也来演示一下 ANY 运算符。假设我们想要检索那些对编号为 0178 的产品不收取最低价格的供应商的名称。可以通过以下 SQL 查询解决此问题：

```
Q44: SELECT SUPNAME
     FROM SUPPLIER
     WHERE SUPNR IN
              (SELECT SUPNR
               FROM SUPPLIES
               WHERE PRODNR = '0178' AND PURCHASE_PRICE > ANY
                    (SELECT PURCHASE_PRICE
                     FROM SUPPLIES
                     WHERE PRODNR = '0178'))
```

这是一个双重嵌套查询，我们可以再次从最低级子查询开始，即

```
SELECT PURCHASE_PRICE
FROM SUPPLIES
WHERE PRODNR = '0178'
```

这个子查询的答案是包含 NULL、16.99、17.99、16.99 和 18.00 元素的多集。下一个子查询变成：

```
SELECT SUPNR
FROM SUPPLIES
WHERE PRODNR = '0178' AND
PURCHASE_PRICE > ANY (NULL, 16.99, 17.99, 16.99, 18.00)
```

如果购买价格大于多集中的至少一个值，则 ANY 运算符返回 TRUE。然后，该查询的结果变为 68 和 94。现在可以运行外部选择块，它给出了供应商名称 The Wine Depot 和 The Wine Crate。

9. 含有 EXISTS 的查询

EXISTS 函数是 SQL 中另一个方便的特性。它允许我们检查相关嵌套查询的结果是否为

空。结果是一个布尔值：TRUE 或 FALSE。通常，如果嵌套查询的结果中至少有一个元组，则 EXISTS 返回 TRUE，否则返回 FALSE。反之亦然，如果嵌套查询的结果中没有元组，则 NOT EXISTS 函数返回 TRUE，否则返回 FALSE。因为 EXISTS 函数只计算嵌套查询是否输出任何行，所以在 SELECT 组件中指定什么并不重要。因此，通常使用 SELECT * 作为子查询。

考虑以下示例：检索可以提供产品编号 0178 的供应商的名称。如前所述，可以通过使用连接或嵌套子查询轻松解决此问题。在这里，我们介绍使用 EXISTS 函数的第三种替代方法，如下所示：

```
Q44: SELECT SUPNAME
   FROM SUPPLIER R
   WHERE EXISTS
     (SELECT *
      FROM SUPPLIES S
      WHERE R.SUPNR = S.SUPNR
      AND S.PRODNR = '0178')
```

你可以清楚地看到子查询是相关的，因为它引用了外部选择块中定义的供应商表（SUPPLIER）R。对于每个供应商，都会评估相关的子查询。返回结果后，EXISTS 函数将评估为 TRUE，并报告供应商名称。你可以看到图 7-53 中显示的查询结果。

SUPNAME
Deliwines
Ad Fundum
The Wine Depot
Vinos del Mundo
The Wine Crate

图 7-53　Q44 的结果

EXISTS 函数允许复杂的请求，例如，检索可以提供所有产品的每个供应商的名称、地址和城市。可以使用具有两个 NOT EXISTS 函数的双相关查询来解决此问题，如下所示：

```
Q45: SELECT SUPNAME, SUPADDRESS, SUPCITY
   FROM SUPPLIER R
   WHERE NOT EXISTS
          (SELECT *
           FROM PRODUCT P
           WHERE NOT EXISTS
                (SELECT *
                 FROM SUPPLIES S
                 WHERE R.SUPNR = S.SUPNR
                 AND P.PRODNR = S.PRODNR))
```

此查询查找能提供的产品的所有供应商。请记住，如果子查询不返回结果，则 NOT EXISTS 函数的计算结果为 TRUE。此查询从特定供应商开始，然后查找该供应商无法供应的所有产品。如果没有供应商不能提供的产品，则意味着他可以供应所有产品，并会报告供应商名称。在我们的示例中，此查询返回零行，因为没有供应商可以提供所有产品。

10. 在 SELECT/FROM 中含有子查询的查询

除了 WHERE 组件之外，子查询还可以出现在 SELECT 或 FROM 组件中。假设我们要检索每个产品的产品编号、名称和总订单数量，即使产品没有未完成的订单。我们之前已经使用外部连接解决了这个问题。另一种查询是：

```
Q46: SELECT P.PRODNR, P.PRODNAME,
   (SELECT SUM(QUANTITY) FROM PO_LINE POL
   WHERE P.PRODNR = POL.PRODNR) AS TOTALORDERED
   FROM PRODUCT P
```

在这个查询中，我们在 SELECT 组件中有一个子查询。此子查询产生一个标量，表示特定产品的总订购量。与外部连接一样，如果在 PO_LINE 表中找不到匹配项，则将为 SUM（QUANTITY）表达式生成 NULL 值。产品编号 0523 就是这种情况，如图 7-54 所示。

PRODNR	PRODNAME	TOTALORDERED
0212	Billecart-Salmon, Brut Réserve, 2014	23
0795	Casa Silva, Los Lingues, Carmenere, 2012	3
0915	Champagne Boizel, Brut, Réserve, 2010	13
0523	Chateau Andron Blanquet, Saint Estephe, 1979	NULL
0977	Chateau Batailley, Grand Cru Classé, 1975	11
…		

图 7-54　Q46 的结果

子查询也可以出现在 FROM 组件中。请考虑以下示例：检索最高和最低价格之差值严格大于 1 的所有产品的数量。可以按如下方式解决：

```
Q47: SELECT M.PRODNR, M.MINPRICE, M.MAXPRICE FROM
     (SELECT PRODNR, MIN(PURCHASE_PRICE) AS MINPRICE,
     MAX(PURCHASE_PRICE) AS MAXPRICE
     FROM SUPPLIES GROUP BY PRODNR) AS M
     WHERE M.MAXPRICE-M.MINPRICE > 1
```

可以看到 FROM 组件有一个子查询，计算每个产品的最低和最高价格。它使用 GROUP BY 子句来完成此操作。子查询将别名 MINPRICE 和 MAXPRICE 分配给相应的列，将别名 M 分配给整个结果。然后可以在外部查询中使用这些别名。这个查询的结果如图 7-55 所示。

PRODNR	MINPRICE	MAXPRICE
0178	16.99	18.00
0199	30.99	32.00
0300	19.00	21.00
0347	16.00	18.00
0468	14.00	15.99

图 7-55　Q47 的结果

11. 含有集合操作的查询

标准 SQL 还支持 UNION、INTERSECT 和 EXCEPT 等集合操作，以组合多个 SELECT 块的结果。首先，我们重新整理一下这些集合操作是如何工作的。考虑以下两组，A 和 B：

$$A = \{10, 5, 25, 30, 45\}$$

$$B = \{15, 20, 10, 30, 50\}$$

A UNION B 的结果是 A 或 B 中所有值的集合，换句话说，结果为 {5, 10, 15, 20, 25, 30, 45, 50}。A INTERSECT B 的结果是 A 和 B 中所有值的集合，即 {10, 30}。A EXCEPT B 的结果是在 A 中但不在 B 中的所有值的集合，换句话说，就是 {5, 25, 45}。因此，当应用于 SQL 查询时，UNION 操作的结果是一个表，其中包括位于其中一个选择块中的所有元组，或者同时包含这两个块中的所有元组。INTERSECT 操作的结果是一个表，其中包括两个选择块中共有的所有元组。EXCEPT 操作的结果是一个表，其中包含第一个 SELECT 块中的元组，而不是第二个 SELECT 块中的所有元组。除非添加了 ALL 运算符，否则默认情况下从结果中消除重复的元组。

需要强调的是，在使用 UNION、INTERSECT 或 EXCEPT 操作时，所有 SELECT 语句必须是 UNION 兼容的，即它们应该选择相同数量的属性类型，并且相应的属性类型应该具有相容的域。请注意，并非所有商业 RDBMS 都支持这些集合操作。

考虑以下示例：检索位于纽约或可以提供产品编号 0915 的供应商的编号和名称。此查询可按如下方式解决：

```
Q48: SELECT SUPNR, SUPNAME
   FROM SUPPLIER
   WHERE SUPCITY = 'New York'
   UNION
   SELECT R.SUPNR, R.SUPNAME
   FROM SUPPLIER R, SUPPLIES S
   WHERE R.SUPNR = S.SUPNR
   AND S.PRODNR = '0915'
   ORDER BY SUPNAME ASC
```

观察两个查询的结果是如何使用 UNION 运算符组合在一起的。为了成功实现这一点，两个 SELECT 块应该是 UNION 兼容的，因为它们要求相同的列（例如，SUPNR、SUPNAME 和 R.SUPNR、R.SUPNAME）。通过在最后一个 SELECT 块的末尾添加 ORDER BY 子句，还可以按供应商名称对结果进行排序。结果如图 7-56 所示。

SUPNR	SUPNAME
21	Deliwines
84	Wine Trade Logistics

图 7-56　Q48 的结果

假设我们将查询更改为：检索位于纽约并且可以提供产品编号 0915 的供应商的编号和名称。如图所示，这两个选择块保持不变，但现在与 INTERSECT 结合使用，而不是与 UNION 组合，此查询的结果为空。

```
Q49: SELECT SUPNR, SUPNAME
   FROM SUPPLIER
   WHERE SUPCITY = 'NEW YORK'
   INTERSECT
   SELECT R.SUPNR, R.SUPNAME
   FROM SUPPLIER R, SUPPLIES S
   WHERE R.SUPNR = S.SUPNR
   AND S.PRODNR = '0915'
   ORDER BY SUPNAME ASC
```

最后，请考虑以下需求：检索目前无法供应任何产品的供应商的数量。可以使用两个 SELECT 块结合 EXCEPT 操作来解决此问题，如下所示：

```
Q50: SELECT SUPNR
   FROM SUPPLIER
   EXCEPT
   SELECT SUPNR
   FROM SUPPLIES
```

该查询选择出现在供应商表（SUPPLIER）中但不在供应表（SUPPLIES）中的所有供应商编号。Q50 的结果是供应商编号 52。

7.3.2　SQL INSERT 语句

SQL INSERT 语句表示将数据添加到关系数据库中。下面的语句将一个新的元组插入产品表（PRODUCT）中：

```
INSERT INTO PRODUCT VALUES
('980', 'Chateau Angelus, Grand Clu Classé, 1960', 'red', 6)
```

根据使用 CREATE TABLE 语句定义列的顺序输入值。下一条语句是等效的，但也显式地提到了列名。通常建议这样做以避免任何混淆。

```
INSERT INTO PRODUCT(PRODNR, PRODNAME, PRODTYPE, AVAILABLE_QUANTITY) VALUES
('980', 'Chateau Angelus, Grand Clu Classé, 1960', 'red', 6)
```

也可以只指定几个列名，如下所示：

```
INSERT INTO PRODUCT(PRODNR, PRODNAME, PRODTYPE) VALUES
('980', 'Chateau Angelus, Grand Clu Classé, 1960', 'red')
```

然后，未指定列的值将变为 NULL（如果允许为 NULL）或 DEFAULT（如果定义了默认值）。在我们的示例中，上面的 INSERT 查询等同于：

```
INSERT INTO PRODUCT(PRODNR, PRODNAME, PRODTYPE, AVAILABLE_QUANTITY) VALUES
('980', 'Chateau Angelus, Grand Clu Classé, 1960', 'red', NULL)
```

下面的语句将三个元组添加到 PRODUCT 表中：

```
INSERT INTO PRODUCT(PRODNR, PRODNAME, PRODTYPE, AVAILABLE_QUANTITY) VALUES
('980', 'Chateau Angelus, Grand Clu Classé, 1960', 'red', 6),
('1000', 'Domaine de la Vougeraie, Bâtard Montrachet', Grand cru, 2010', 'white', 2),
('1002', 'Leeuwin Estate Cabernet Sauvignon 2011', 'white', 20)
```

在向表中添加新元组时，请务必遵守定义的所有约束（NOT NULL，参照完整性等）。否则，INSERT 将被 DBMS 拒绝并生成错误通知。

INSERT 语句也可以与子查询组合。下面的示例表示在新表 INACTIVE-SUPPLIERS 中插入无法提供任何产品的所有供应商的供应商编号：

```
INSERT INTO INACTIVE-SUPPLIERS(SUPNR)
SELECT SUPNR
   FROM SUPPLIER
   EXCEPT
   SELECT SUPNR
   FROM SUPPLIES
```

7.3.3　SQL DELETE 语句

可以使用 SQL DELETE 语句删除数据。下面的示例表示从产品表（PRODUCT）中删除产品编号为 1000 的产品元组：

```
DELETE FROM PRODUCT
WHERE PRODNR = '1000'
```

下一条语句表示从供应商表（SUPPLIER）中删除所有供应商元组，其中供应商状态为NULL：

```
DELETE FROM SUPPLIER
WHERE SUPSTATUS IS NULL
```

DELETE语句可以包含子查询。以下示例表示从产品名称中包含字符串“CHARD”的产品的供应表（SUPPLIES）中删除所有产品编号。这将删除供应表中的chardonnay wines。

```
DELETE FROM SUPPLIES
WHERE PRODNR IN (SELECT PRODNR
                 FROM PRODUCT
                 WHERE PRODNAME LIKE '%CHARD%')
```

下一个示例说明了DELETE语句还可以包含相关子查询。该示例将从供应商表（SUPPLIER）中删除在供应表（SUPPLIES）中没有对应元组的供应商：

```
DELETE FROM SUPPLIER R
WHERE NOT EXISTS
     (SELECT PRODNR
      FROM SUPPLIES S
      WHERE R.SUPNR = S.SUPNR)
```

下一个示例是自引用删除。它删除采购价格严格大于特定产品平均采购价格两倍的所有供应元组：

```
DELETE FROM SUPPLIES S1
WHERE S1.PURCHASE_PRICE >
     (SELECT 2*AVG(S2.PURCHASE_PRICE)
      FROM SUPPLIES S2
      WHERE S1.PRODNR = S2.PRODNR)
```

可以按如下方式从产品表（PRODUCT）中删除所有元组：

```
DELETE FROM PRODUCT
```

如上所述，应该仔细考虑删除元组，因为这可能会影响数据库中的其他表。例如，考虑删除仍然具有连接的供应表（SUPPLIES）或PURCHASE_ORDER元组的供应商。前面我们谈到了参照完整性约束，它使数据库在删除一个或多个引用元组的情况下保持一致状态。请记住，ON DELETE CASCADE选项将删除操作级联到引用元组，而ON DELETE RESTRICT选项禁止删除引用元组。

7.3.4　SQL UPDATE语句

可以使用SQL UPDATE语句对数据进行修改。下面的示例表示将产品表（PRODUCT）中产品编号为0185的可用数量设置为26：

```
UPDATE PRODUCT
SET AVAILABLE_QUANTITY = 26
WHERE PRODNR = '0185'
```

下一个 UPDATE 语句将所有供应商的供应商状态设置为默认值：

```
UPDATE SUPPLIER
SET SUPSTATUS = DEFAULT
```

UPDATE 语句可以包含子查询。假设我们要将供应商 Deliwines 的所有供应的交付期增加七天：

```
UPDATE SUPPLIES
SET DELIV_PERIOD = DELIV_PERIOD + 7
WHERE SUPNR IN (SELECT SUPNR
                FROM SUPPLIER
                WHERE SUPNAME = 'Deliwines')
```

UPDATE 语句还可以包含相关子查询。下面的 UPDATE 语句保证 68 号供应商可以以最低价格和最短交付期供应其所有产品。

```
UPDATE SUPPLIES S1
SET (PURCHASE_PRICE, DELIV_PERIOD) =
(SELECT MIN(PURCHASE_PRICE), MIN(DELIV_PERIOD)
FROM SUPPLIES S2
WHERE S1.PRODNR = S2.PRODNR)
WHERE SUPNR = '68'
```

UPDATE 语句可以与 ALTER TABLE 语句组合使用。下面的 ALTER TABLE 语句向供应商表（SUPPLIER）添加了一个具有默认值 Silver 的 SUPCATEGORY 列。然后使用 UPDATE 语句设置这个新列的值。如果供应商状态在 70 和 90 之间，则分配 Gold 状态。如果高于 90，则设置为 Platinum。注意 case 语句的使用，它允许我们在 SQL 中实现 if-then-else 操作：

```
ALTER TABLE SUPPLIER ADD SUPCATEGORY VARCHAR(10) DEFAULT 'SILVER'
UPDATE SUPPLIER
SET SUPCATEGORY =
CASE WHEN SUPSTATUS >=70 AND SUPSTATUS <=90 THEN 'GOLD'
WHEN SUPSTATUS >=90 THEN 'PLATINUM'
ELSE 'SILVER'
END
```

结果如图 7-57 所示。

SUPNR	SUPNAME	SUPADDRESS	SUPCITY	SUPSTATUS	SUPCATEGORY
21	Deliwines	20, Avenue of the Americas	New York	20	SILVER
32	Best Wines	660, Market Street	San Francisco	90	GOLD
37	Ad Fundum	82, Wacker Drive	Chicago	95	PLATINUM
52	Spirits & Co.	928, Strip	San Francisco	NULL	SILVER
68	The Wine Depot	132, Montgomery Street	Las Vegas	10	SILVER
69	Vinos del Mundo	4, Collins Avenue	Miami	92	PLATINUM
84	Wine Trade Logistics	100, Rhode Island Avenue	Washington	92	PLATINUM
94	The Wine Crate	330, McKinney Avenue	Dallas	75	GOLD

图 7-57 SQL UPDATE 的结果

与 DELETE 语句一样，UPDATE 语句可以影响数据库中的其他表。同样，这取决于在表定义过程中设置的 ON UPDATE 参照完整性操作。

节后思考

- 给出一个带有 GROUP BY 的 SQL 查询示例。
- 内部连接和外部连接有什么区别？举例说明。
- 什么是相关查询？举例说明。
- ALL 和 ANY 操作符有什么区别？举例说明。

7.4 SQL 视图

SQL 视图是外部数据模型的一部分。**视图**是通过 SQL 查询定义的，其内容是由应用程序或另一个查询在调用视图时生成的。这样，可以将其视为没有物理元组的虚拟表。视图具有一些优点，例如通过向用户隐藏复杂的查询（例如连接查询或相关查询），便于用户的使用。它们还可以通过对未授权用户隐藏列或元组来提供数据保护。视图考虑到了逻辑数据的独立性，这使它们成为三层数据库架构中的关键组成部分（请参见第 1 章）。

可以使用 CREATE VIEW 语句定义视图。在这里你以看到三个示例：

```
CREATE VIEW TOPSUPPLIERS
AS SELECT SUPNR, SUPNAME FROM SUPPLIER
WHERE SUPSTATUS > 50

CREATE VIEW TOPSUPPLIERS_SF
AS SELECT * FROM TOPSUPPLIERS
WHERE SUPCITY = 'San Francisco'

CREATE VIEW ORDEROVERVIEW(PRODNR, PRODNAME, TOTQUANTITY)
AS SELECT P.PRODNR, P.PRODNAME, SUM(POL.QUANTITY)
FROM PRODUCT AS P LEFT OUTER JOIN PO_LINE AS POL
ON (P.PRODNR = POL.PRODNR)
GROUP BY P.PRODNR
```

第一个视图称为 TOPSUPPLIERS，它提供了状态大于 50 的所有供应商的供应商编号和供应商名称。第二个视图通过添加其他约束条件来细化第一个视图：SUPCITY = "San Francisco"。第三个视图称为 ORDEROVERVIEW。它包含所有产品的产品编号、产品名称和总订单量。请注意，视图定义中的左外连接可确保查询结果中包含没有未完成订单的产品。

定义视图后，可以在应用程序或其他查询中使用它们，如下所示：

```
SELECT * FROM TOPSUPPLIERS_SF

SELECT * FROM ORDEROVERVIEW
WHERE PRODNAME LIKE '%CHARD%'
```

第一个查询从前面定义的视图 TOPSUPPLIERS_SF 中选择所有元组。第二个查询从 ORDEROVERVIEW 视图检索所有元组，其中产品名称包含字符串“CHARD”。

RDBMS 自动将视图的查询修改为对基础基表的查询。假设我们有 TOPSUPPLIERS 视图和使用它的查询，如下所示：

```
CREATE VIEW TOPSUPPLIERS
AS SELECT SUPNR, SUPNAME FROM SUPPLIER
WHERE SUPSTATUS > 50
SELECT * FROM TOPSUPPLIERS
WHERE SUPCITY= 'Chicago'
```

视图和查询都可以修改为以下查询，可直接在供应商表（SUPPLIER）上使用：

```
SELECT SUPNR, SUPNAME
FROM SUPPLIER
WHERE SUPSTATUS > 50 AND SUPCITY='Chicago'
```

这通常被称为查询修改。视图物化是 DBMS 对视图执行查询的另一种策略，该策略是在首次查询视图时创建物理表。为了使物化视图表保持最新，每当底层基表更新时，DBMS 必须实施同步策略。可以在基表更新后立即执行同步（即时视图维护），也可以推迟到视图检索数据之前执行同步（延迟视图维护）。

某些视图可以更新。在这种情况下，视图充当窗口，通过该窗口将更新传播到基表。可更新的视图要求该视图上的 INSERT、UPDATE 和 DELETE 语句可以明确映射到基表上的 INSERT、UPDATE 和 DELETE。如果此属性不成立，则该视图为只读。

让我们重新思考一下我们之前定义的视图 ORDEROVERVIEW：

```
CREATE VIEW ORDEROVERVIEW(PRODNR, PRODNAME, TOTQUANTITY)
AS SELECT P.PRODNR, P.PRODNAME, SUM(POL.QUANTITY)
FROM PRODUCT AS P LEFT OUTER JOIN PO_LINE AS POL
ON (P.PRODNR = POL.PRODNR)
GROUP BY P.PRODNR
```

以下 UPDATE 语句尝试将产品编号为 0154 的总订单数量设置为 10。

```
UPDATE VIEW ORDEROVERVIEW
SET TOTQUANTITY = 10
WHERE PRODNR = '0154'
```

由于有多种方法可以完成此更新，因此 RDBMS 将生成错误。当基表上只有一个可能的更新可以在视图上实现所需的更新效果时，视图更新是可行的。换句话说，这是不可更新的视图示例。

可以列出视图可更新的各种要求。它们通常取决于 RDBMS 供应商。常见的示例是：SELECT 组件中没有 DISTINCT 选项，SELECT 组件中没有聚合函数，FROM 组件中只有一个表名，WHERE 组件中没有相关的子查询，WHERE 组件中没有 GROUP BY，WHERE 组件中没有 UNION、INTERSECT 或 EXCEPT。

在可以成功执行视图更新的情况下，可能会出现另一个问题。更具体地说，在通过可更新视图插入或更新行的情况下，这些行有可能不再满足视图定义。因此，无法再通过视图检索行。WITH CHECK 选项使我们可以通过检查 UPDATE 和 INSERT 语句与视图定义的一致性来避免这种不良影响。为了说明这一点，请考虑下面两个 TOPSUPPLIERS 视图上的

UPDATE 语句示例，该视图现在已经使用 WITH CHECK 选项进行了增强。

```
CREATE VIEW TOPSUPPLIERS
AS SELECT SUPNR, SUPNAME FROM SUPPLIER
WHERE SUPSTATUS > 50
WITH CHECK OPTION

UPDATE TOPSUPPLIERS
SET STATUS = 20
WHERE SUPNR = '32'

UPDATE TOPSUPPLIERS
SET STATUS = 80
WHERE SUPNR = '32'
```

第一次更新将被 RDBMS 拒绝，因为供应商 32 的供应商状态被更新为 20，而视图要求供应商状态大于 50。第二个 UPDATE 语句将被 RDBMS 接受，因为新的供应商状态大于 50。

知识关联 我们将回到第 20 章中的视图，我们将使用它们作为一种机制来保护大数据和分析环境中的隐私和安全。

节后思考

- 什么是 SQL 视图？它们可用于做什么？
- 什么是 WITH CHECK 选项视图？举例说明。

7.5 SQL 索引

索引是内部数据模型的一部分。尽管我们在第 12 章和第 13 章中对它们进行了详细说明，但在此我们要简要强调一些关键概念。

索引提供了对物理数据的快速访问路径，以加快查询的执行时间。它可用于快速检索具有特定列值的元组，而不必读取磁盘上的整个表。可以在一个或多个列上定义索引。

可以使用 CREATE INDEX 语句在 SQL 中创建索引。你可以在下面看到一些示例：

```
CREATE INDEX PRODUCT_NAME_INDEX
ON PRODUCT(PRODNAME ASC)

CREATE INDEX SUPSTATUS_INDEX
ON SUPPLIER(SUPSTATUS DESC)
DROP INDEX SUPSTATUS_INDEX

CREATE UNIQUE INDEX PRODUCT_UNIQUE_NAME_INDEX
ON PRODUCT(PRODNAME ASC)

CREATE UNIQUE INDEX PRODUCT_UNIQUE_NR_NAME_INDEX
ON PRODUCT(PRODNR ASC, PRODNAME ASC)

CREATE INDEX SUPPLIER_NAME_CLUSTERING_INDEX
ON SUPPLIER(SUPNAME ASC) CLUSTER
```

知识关联 在第 13 章中，我们更详细地介绍如何用 SQL 设计内部数据模型，我们还讨论了用于加速数据检索的不同类型的索引。

第一条语句为PRODNAME列创建一个索引，索引条目以升序存储。此索引对于按产品名称检索产品的查询很有用。第二个示例为供应商状态创建索引。如图所示，可以使用DROP语句删除索引。可以添加关键字UNIQUE来强制索引中的值是唯一的，并且不允许重复的索引项。下一个示例在PRODNR和PRODNAME列上定义一个复合索引。最后一个示例是一个聚集索引，该索引强制根据索引键对表中的元组进行物理排序，在本例中，该索引键为供应商名称。每个表只能有一个聚集索引，因为元组只能以一种顺序存储。如果表没有聚集索引，则元组将以随机顺序存储。

节后思考 举例说明如何在SQL中创建索引。

7.6 SQL权限

SQL还提供了管理权限的功能。**权限**对应于在一个或多个数据库对象上使用特定SQL语句（如SELECT或INSERT）的权限。可以授予或撤销权限，数据库管理员和模式所有者都可以向用户或用户账户授予或撤销权限。可以在账户、表、视图或列级别进行设置。表7-2提供了概述。

表7-2 SQL中的权限

权限	解释
SELECT	提供检索权限
INSERT	提供插入权限
UPDATE	提供更新权限
DELETE	提供删除权限
ALTER	提供修改表定义的权限
REFERENCES	在指定完整性约束时提供引用表的权限
ALL	提供所有权限（DBMS特定的）

SQL中的权限语句的一些示例是：

```
GRANT SELECT, INSERT, UPDATE, DELETE ON SUPPLIER TO BBAESENS
GRANT SELECT (PRODNR, PRODNAME) ON PRODUCT TO PUBLIC
REVOKE DELETE ON SUPPLIER FROM BBAESENS
GRANT SELECT, INSERT, UPDATE, DELETE ON PRODUCT TO WLEMAHIEU WITH GRANT OPTION
GRANT REFERENCES ON SUPPLIER TO SVANDENBROUCKE
```

第一个示例向用户BBAESENS授予在供应商表（SUPPLIER）上的SELECT、INSERT、UPDATE和DELETE权限。第二个授予所有公共用户再产品表（PRODUCT）的PRODNR和PROD NAME列的SELECT权限。第三条语句撤销用户BBAESENS先前授予的对SUPPLIER表的DELETE权限。第四条语句向用户WLEMAHIEU授予PRODUCT表上的SELECT、INSERT、UPDATE和DELETE权限，WITH GRANT允许用户WLEMAHIEU将这些权限授予其他用户。第五条语句授予用户SVANDENBROUCKE定义引用供应商表的参照完整性约束的权限。请注意，此权限允许从SUPPLIER表中推断某些信息，即使没有授予实际查询表的权限。例如，引用SUPPLIER表中的SUPNR的另一个表中的外键约束可用于验证某个供应商是否存在。

需要强调的是，SQL 权限通常与视图结合使用，以对表中可由特定用户访问的行集和列集（子）进行细粒度的控制。例如，下面的视图定义和访问权限可以用来表示用户 WLEMAHIEU 只能访问供应商表（SUPPLIERS）中的 SUPNR 和 SUPNAME 列，并且只能访问位于纽约的供应商：

```
CREATE VIEW SUPPLIERS_NY
AS SELECT SUPNR, SUPNAME FROM SUPPLIERS
WHERE SUPCITY = 'New York'
GRANT SELECT ON SUPPLIERS_NY TO WLEMAHIEU
```

节后思考 SQL 提供了哪些工具来管理权限？举例说明。

7.7 用于元数据管理的 SQL

由于使用的大多数 DBMS 都是关系数据库，因此目录本身也可以实现为关系数据库。这意味着 SQL 可以用于定义和管理元数据。为了说明这一点，让我们首先从关系模型的 EER 概念模型开始，如图 7-58 所示。它包括以下实体类型：TABLE、COLUMN、1KEY、PRIMARY KEY 和 FOREIGN KEY。KEY 是实体类型 PRIMARY KEY 和 FOREIGN KEY 的超类。专业化是全面且重叠的，一个表具有唯一的表名。COLUMN 是弱实体类型，因为它的键是表名和列名的组合。因此，可以在多个表中使用相同的列名。关系类型 R1 表示一个表可以有零到 *N* 列，而一列始终完全属于一个表。R2 表示一列可以对应于零或 *M* 个键（例如，主键和外键），而键可以对应于一列和 *N* 列之间。R3 指定表与其主键之间的关系类型。R4 对外键和对应的主键之间的关系类型进行建模。R5 指示外键属于哪个表。

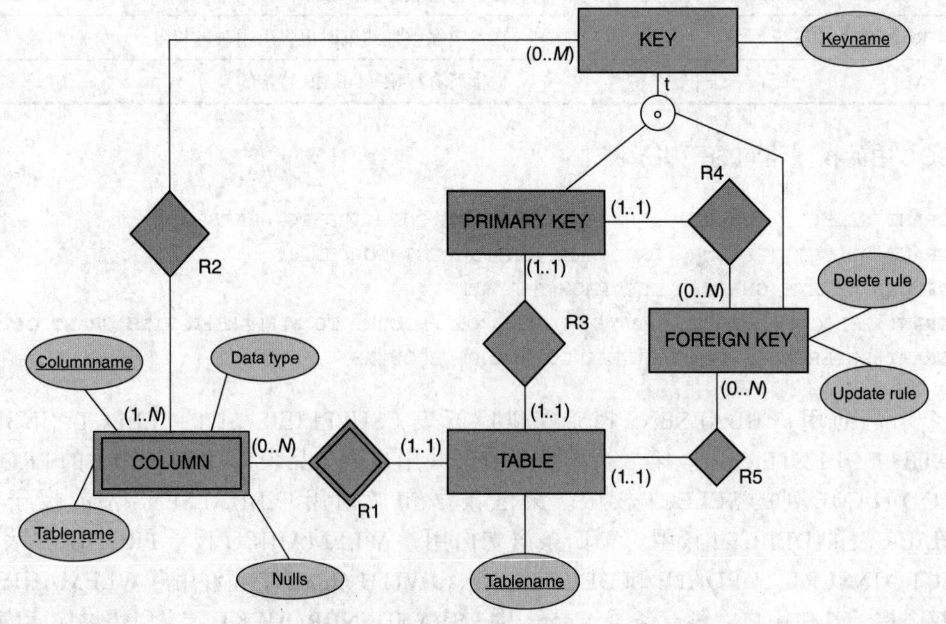

图 7-58 关系模型的 EER 概念模型

使用第 6 章中介绍的映射规则，我们现在可以将此 EER 模型映射到以下关系模型（主键用下划线标出，外键用斜体标出）：

```
Table(Tablename, ...)
Key(Keyname, ...)
Primary-Key(PK-Keyname, PK-Tablename, ...)
     PK-Keyname is a foreign key referring to Keyname in Key;
     PK-Tablename is a foreign key referring to Tablename in Table
Foreign-Key(FK-Keyname, FK-Tablename, FK-PK-Keyname, Update-rule, Delete-
rule, ...)
     FK-Keyname is a foreign key referring to Keyname in Key;
     FK-Tablename is a foreign key referring to Tablename in Table;
     FK-PK-Keyname is a foreign key referring to PK-Keyname in Primary-Key
Column(Columnname, C-Tablename, Data type, Nulls, ...)
     C-Tablename is a foreign key referring to Tablename in Table
Key-Column(KC-Keyname, KC-Columnname, KC-Tablename, ...)
     KC-Keyname is a foreign key referring to Keyname in Key;
     (KC-Columnname, KC-Tablename) is a foreign key referring to
     (Columnname, C-Tablename) in Column;
```

上面只提供了典型目录定义的部分表示。它着重于有关数据结构（结构元数据）的信息，这无疑是大多数数据库设置中最关键的元数据类型。然而，如第4章所述，目录也可以包含其他类型的元数据，例如关于数据库用户及其访问权限的信息，或者关于数据使用的统计信息。在某些特定情况下，目录甚至包含有关数据质量（数据质量元数据）或其含义（语义元数据）的信息。

一旦成功实现了目录，就可以使用SQL填充和查询它，就像处理原始数据一样。以下SQL查询检索SUPPLIER表的所有列信息：

```
SELECT *
FROM Column
WHERE Tablename = 'SUPPLIER'
```

下一个SQL查询将检索SUPPLIER表的主键，引用该表的外键的名称以及它们的表和删除规则。

```
SELECT  PK.PK-Keyname,  FK.FK-Keyname,  FK.FK-Tablename,
FK.Delete-rule
FROM Primary-Key PK, Foreign-Key FK
WHERE PK.PK-Tablename = 'SUPPLIER'
AND PK.PK-Keyname = FK.FK-PK-Keyname
```

这清楚地说明了RDBMS环境中SQL的强大功能。在使用关系数据库时，使用相同的SQL DDL和SQL DML来管理原始数据和元数据有助于提高数据库用户的生产力和效率。

知识关联 第4章讨论了元数据建模的重要性和目录的作用，目录是DBMS的基本组件之一。

节后思考 如何使用SQL用于元数据管理？举例说明。

总结

在本章中，我们讨论了SQL作为关系数据库最重要的数据定义和数据操作语言之一。我们首先介绍了 SQL 的基本概念，并根据第 1 章中概述的三级数据库架构对其进行了定位。然后，我们详细介绍了可用于创建或删除数据库对象（例如，模式、表、域）的 SQL DDL 指令。我们通过回顾 SELECT、INSERT、DELETE 和 UPDATE 语句广泛讨论了 SQL DML 指令。我们还介绍了 SQL 视图，这些视图是关系环境中外部数据模型的一部分。还讨论了属于内部数据模型的 SQL 索引，以及授予和撤销 SQL 权限。最后，我们回顾了如何使用 SQL 以透明的方式管理关系元数据。鉴于 SQL 的广泛使用和流行，已经为特定的应用程序（如数据仓库、处理 XML 文档和分析）添加了各种扩展。我们将在后续章节中详细讨论这些内容。

情景收尾　对于保险公司，Sober 需要提供所有事故的概述、所涉 Sober 汽车的数量以及每次事故的平均损失金额。可以使用以下 SQL 查询来检索此信息：

```
SELECT ACC-NR, ACC-DATE-TIME, ACC-LOCATION, COUNT(*), AVG(DAMAGE AMOUNT)
FROM ACCIDENT, INVOLVED, CAR, SOBER CAR
WHERE
ACC-NR=I-CAR-NR AND
I-ACC-NR=CAR-NR AND
CAR-NR=S-CAR-NR
GROUP BY(ACC-NR)
```

作为其客户关系管理（CRM）计划的一部分，Sober 希望以最大的等待时间来检索客户，并为其提供免费的叫车服务。可以使用以下 SQL 查询来检索此信息：

```
SELECT CUST-NR, CUST-NAME
FROM CUSTOMER
WHERE CUST-NR IN
      (SELECT H1.CUST-NR
      FROM RIDE HAILING H1
      WHERE NOT EXISTS
            (SELECT * FROM RIDE HAILING H2
             WHERE H2.WAIT-TIME > H1.WAIT-TIME))
```

为了找出哪些客户从未预订过任何服务，可以使用以下 SQL 查询：

```
SELECT CUST-NR, CUST-NAME
FROM CUSTOMER
WHERE CUST-NR NOT IN (SELECT H-CUST-NR FROM RIDE HAILING)
AND
CUST-NR NOT IN (SELECT B-CUST-NR FROM BOOK)
```

下一个 SQL 查询将检索预订了 20 多个 Sober 拼车服务的所有客户的人数和姓名：

```
SELECT CUST-NR, CUST-NAME
FROM CUSTOMER
WHERE 20 ≤ (SELECT COUNT(*)
            FROM BOOK
            WHERE CUST-NR=B-CUST-NR)
```

请记住，作为其环保计划的一部分，Sober 承诺为每个客户种植一棵树。

作为其数据质量计划的一部分，Sober 希望强制要求，客户无法使用自己的车预订叫车服务或拼车服务。以下 SQL 查询将检索使用自己的汽车预订拼车服务的客户的客户编号和名称、乘车编号和汽车编号：

```
SELECT CUST-NR, CUST-NAME, RIDE-NR, CAR-NR
FROM CUSTOMER, BOOK, RIDE SHARING, RIDE, CAR, OTHER CAR
WHERE
CUST-NR=B.CUST-NR AND
B-S-RIDE-NR=S-RIDE-NR AND
S-RIDE-NR=RIDE-NR AND
R-CAR-NR=CAR-NR AND
CAR-NR=O-CAR-NR AND
O-CUST-NR=CUST-NR
```

可以使用类似的查询来找出哪些客户使用自己的汽车预订了叫车服务。

关键术语表

aggregate functions（聚合函数）
ALL
ALTER
ANY
authorization identifier（授权标识符）
AVG
BETWEEN
binary large object（BLOB，二进制大对象）
CHECK constraint（检查约束）
correlated nested queries（相关嵌套查询）
COUNT
DELETE
DISTINCT
DROP
EXCEPT
EXISTS
free-form language（自由的语言）
FROM
full outer join（全外连接）
GROUP BY
IN
index（索引）
inner join（内连接）
INSERT
INTERSECT
join queries（连接查询）
left outer join（左外连接）
LIKE
multiset（多集）
nested query（嵌套查询）
NOT EXISTS
NOT NULL constraint（非空约束）
ON DELETE CASCADE
ON UPDATE CASCADE
ORDER BY
privilege（特权）
relational database management system（RDBMS，关系数据库管理系统）
RESTRICT（限制）
right outer join（右外连接）
SELECT
SET DEFAULT
SET NULL
SQL
SQL schema（SQL 模式）
Structured Query Language（SQL，结构化查询语言）
SUM
UNION
UNIQUE constraint（唯一约束）
UPDATE
VARIANCE
view（视图）
WHERE

思考题

7.1　下表创建了采购订单：

```
CREATE TABLE PURCHASE_ORDER
          (PONR CHAR(7) NOT NULL PRIMARY KEY,
           PODATE DATE,
           SUPNR CHAR(4) NOT NULL,
           FOREIGN KEY (SUPNR) REFERENCES SUPPLIER (SUPNR)
                ON DELETE CASCADE ON UPDATE CASCADE);
```

请问删除供应商后会发生什么？

a. 与该供应商相关的所有采购订单记录也将被删除

b. 该供应商的 SUPNR 被 PURCHASE_ORDER 中的 NULL 值代替

c. 该供应商的 SUPNR 已在 PURCHASE_ORDER 中删除

d. 该供应商的 SUPNR 仅在 SUPPLIER 中被删除

7.2　我们对 wine stores 感兴趣。因此，我们要检索每个商店名称中包含“wine”的 SUPNR 和 SUPNAME。我们可以使用以下哪些查询？

a.
```
SELECT SUPNR, SUPNAME
FROM SUPPLIER
WHERE SUPNAME = "WINE"
```

b.
```
SELECT SUPNR, SUPNAME
FROM SUPPLIER
WHERE SUPNAME IS "%WINE%"
```

c.
```
SELECT SUPNR, SUPNAME
FROM SUPPLIER WHERE
SUPNAME LIKE "%WINE%"
```

d.
```
SELECT SUPNR, SUPNAME
FROM SUPPLIER
WHERE SUPNAME IS "WINE"
```

7.3　从供应表（SUPPLIES）中提取以下摘录：

SUPNR	*PRODNR*	PURCHASE_PRICE	DELIV_PERIOD
37	0185	32.99	3
84	0185	33.00	5
94	0185	32.99	1

我们要检索产品为 0185 的最快交货时间，通过以下查询实现：

```
SELECT PRODNR, MIN(DELIV_PERIOD) AS MIN_DELIV_PERIOD
FROM SUPPLIES
WHERE PRODNR = '0185'
```

如果你认为查询是正确的，请选择答案 a，否则选择你认为将要检索的结果。

a.

SUPNR	MIN_DELIV_PERIOD
94	1

b.

SUPNR	MIN_DELIV_PERIOD
37	3

c.

SUPNR	MIN_DELIV_PERIOD
37	1

d.

SUPNR	MIN_DELIV_PERIOD
37	1
84	1
94	1

7.4　考虑以下查询：

```
SELECT *
FROM PRODUCT
WHERE PRODTYPE='red'
ORDER BY AVAILABLE_QUANTITY DESC, PRODNAME
```

下列哪个答案是正确的？

a.

PRODNR	PRODNAME	PRODTYPE	AVAILABLE_QUANTITY
474	Chateau De La Tour, Clos-Vougeot, Grand cru, 2008	red	147
885	Chateau Margaux, Grand Cru Classé, 1956	red	147
347	Chateau Corbin-Despagne, Saint-Emilion, 2005	red	145
832	Conde de Hervías, Rioja, 2004	red	121
…	…	…	…
331	Chateau La Commanderie, Lalande-de-Pomerol, 1998	red	3
219	Marques de Caceres, Rioja Crianza, 2010	red	0

b.

PRODNR	PRODNAME	PRODTYPE	AVAILABLE_QUANTITY
885	Chateau Margaux, Grand Cru Classé, 1956	red	147
474	Chateau De La Tour, Clos-Vougeot, Grand cru, 2008	red	147
347	Chateau Corbin-Despagne, Saint-Emilion, 2005	red	145
832	Conde de Hervías,Rioja, 2004	red	121
347	Chateau Corbin-Despagne, Saint-Emilion, 2005	red	145
832	Conde de Hervías, Rioja, 2004	red	121
…	…	…	…
331	Chateau La Commanderie, Lalande-de-Pomerol, 1998	red	3
219	Marques de Caceres, Rioja Crianza, 2010	red	0

c.

PRODNR	PRODNAME	PRODTYPE	AVAILABLE_QUANTITY
219	Marques de Caceres, Rioja Crianza, 2010	red	0
331	Chateau La Commanderie, Lalande-de-Pomerol, 1998	red	3
185	Chateau Petrus, 1975	red	5
523	Chateau Andron Blanquet, Saint Estephe, 1979	red	13
…	…	…	…
474	Chateau De La Tour, Clos-Vougeot, Grand cru, 2008	red	147
885	Chateau Margaux, Grand Cru Classé, 1956	red	147

d.

PRODNR	PRODNAME	PRODTYPE	AVAILABLE_QUANTITY
795	Casa Silva, Los Lingues, Carmenere, 2012	red	105
523	Chateau Andron Blanquet, Saint Estephe, 1979	red	13
977	Chateau Batailley, Grand Cru Classé, 1975	red	21
…	…	…	…
847	Seresin, Merlot, 1999	red	41
345	Vascosassetti, Brunello di Montalcino, 2004	red	64

7.5 我们要检索所有唯一的供应商编号和至少有一个未完成采购订单的供应商的状态。下列哪个查询是正确的？

a.
```
SELECT DISTINCT R.SUPNR, R.SUPSTATUS
FROM SUPPLIER R, PURCHASE_ORDER O
```

b.
```
SELECT DISTINCT R.SUPNR, R.SUPSTATUS
FROM SUPPLIER R, PURCHASE_ORDER O
WHERE (R.SUPNR = O.SUPNR)
```

c.
```
SELECT DISTINCT R.SUPNR, R.SUPSTATUS
FROM SUPPLIER R, PURCHASE_ORDER O
WHERE (R.SUPNR = O.PONR)
```

d.
```
SELECT R.SUPNR, R.SUPSTATUS
FROM PURCHASE_ORDER R
```

7.6 考虑以下查询：

```
SELECT P.PRODNR, P.PRODNAME, P.AVAILABLE_QUANTITY, SUM(L.QUANTITY)
AS ORDERED_QUANTITY
FROM PRODUCT AS P LEFT OUTER JOIN PO_LINE AS L
ON (P.PRODNR=L.PRODNR)
GROUP BY P.PRODNR
```

以下哪个陈述不正确？

a. 该查询通过左外连接检索每个产品的产品编号、产品名称和可用数量。

b. 该查询检索每种产品的总订单数量。

c. 查询结果永远不能包含 NULL 值。

d. 如果我们从 SELECT 语句中删除 GROUP BY 语句和 P.PRODNR、P.PRODNAME、P.AVAILABLE_QUANTITY，则查询将导致一行，其中包含“ORDERED_QUANTITY”列中所有产品的未结订单总数。

7.7　考虑以下查询：

```
SELECT DISTINCT P1.PRODNR, P1.PRODNAME
FROM PRODUCT P1, SUPPLIES S1
WHERE P1.PRODNR = S1.PRODNR AND
1 <= (SELECT COUNT(*) FROM SUPPLIES S2
  WHERE S2.SUPNR <> S1.SUPNR AND P1.PRODNR=S2.PRODNR)
ORDER BY PRODNR
```

该查询检索：

a. 所有产品的编号和名称只能由一个供应商提供

b. 所有产品的编号和名称不能由任何供应商提供

c. 所有产品的编号和名称可由多个供应商提供

d. 所有产品的编号和名称可由所有供应商提供

7.8　以下哪个查询选择了具有最大订单总量的订单的供应商名称、对应的订单号和总订单总数量。

a.
```
SELECT R1.SUPNAME, POL1.PONR, SUM(POL1.QUANTITY)
FROM SUPPLIER R1, PURCHASE_ORDER PO1, PO_LINE POL1
WHERE R1.SUPNR = PO1.SUPNR AND PO1.PONR = POL1.PONR
GROUP BY POL1.PONR
HAVING SUM(POL1.QUANTITY) >= ANY
     (SELECT SUM(POL2.QUANTITY)
     FROM SUPPLIER R2, PURCHASE_ORDER PO2, PO_LINE POL2
     WHERE R2.SUPNR = PO2.SUPNR AND PO2.PONR = POL2.PONR
     GROUP BY POL2.PONR)
```

b.
```
SELECT R1.SUPNAME, POL1.PONR, SUM(POL1.QUANTITY)
FROM SUPPLIER R1, PURCHASE_ORDER PO1, PO_LINE POL1
WHERE R1.SUPNR = PO1.SUPNR AND PO1.PONR = POL1.PONR
GROUP BY POL1.PONR
HAVING SUM(POL1.QUANTITY) <= ALL
     (SELECT SUM(POL2.QUANTITY)
     FROM SUPPLIER R2, PURCHASE_ORDER PO2, PO_LINE POL2
     WHERE R2.SUPNR = PO2.SUPNR AND PO2.PONR = POL2.PONR
     GROUP BY POL2.PONR)
```

c.
```
SELECT R1.SUPNAME, POL1.PONR, SUM(POL1.QUANTITY)
FROM SUPPLIER R1, PURCHASE_ORDER PO1, PO_LINE POL1
WHERE R1.SUPNR = PO1.SUPNR AND PO1.PONR = POL1.PONR
GROUP BY POL1.PONR
HAVING SUM(POL1.QUANTITY) >= ALL
     (SELECT SUM(POL2.QUANTITY)
     FROM SUPPLIER R2, PURCHASE_ORDER PO2, PO_LINE POL2
     WHERE R2.SUPNR = PO2.SUPNR AND PO2.PONR = POL2.PONR
     GROUP BY POL2.PONR)
```

d.
```
SELECT R1.SUPNAME, POL1.PONR, SUM(POL1.QUANTITY)
FROM SUPPLIER R1, PURCHASE_ORDER PO1, PO_LINE POL1
WHERE R1.SUPNR = PO1.SUPNR AND PO1.PONR = POL1.PONR
```

```
GROUP BY POL1.PONR
HAVING SUM(POL1.QUANTITY) <= ANY
    (SELECT SUM(POL2.QUANTITY)
    FROM SUPPLIER R2, PURCHASE_ORDER PO2, PO_LINE POL2
    WHERE R2.SUPNR = PO2.SUPNR AND PO2.PONR = POL2.PONR
    GROUP BY POL2.PONR)
```

7.9　考虑以下 SQL 查询：

```
SELECT SUPNAME, SUPADDRESS, SUPCITY
FROM SUPPLIER R
WHERE NOT EXISTS
    (SELECT *
    FROM PRODUCT P
    WHERE EXISTS
        (SELECT *
        FROM SUPPLIES S
        WHERE R.SUPNR = S.SUPNR
        AND P.PRODNR = S.PRODNR));
```

该查询选择：

a. 无法提供任何产品的所有供应商的供应商名称、供应商地址和供应商城市。

b. 无法提供所有产品的所有供应商的供应商名称、供应商地址和供应商城市。

c. 可以提供至少一种产品的所有供应商的供应商名称、供应商地址和供应商城市。

d. 可以提供所有产品的所有供应商的供应商名称、供应商地址和供应商城市。

7.10　考虑以下 SQL 查询：

```
SELECT P.PRODNR, P.PRODNAME
FROM PRODUCT P
WHERE EXISTS
    (SELECT *
    FROM PO_LINE POL
    WHERE P.PRODNR = POL.PRODNR
    GROUP BY POL.PRODNR
    HAVING SUM(POL.QUANTITY) > P.AVAILABLE_QUANTITY)
```

该查询选择：

a. 订购数量最高的产品的名称和编号

b. 已订购且未超过可用数量的所有产品的名称和编号

c. 已订购且超出可用数量的所有产品的名称和编号

d. 订购数量最少的产品的名称和编号

7.11　考虑以下 SQL 查询：

```
SELECT CS.CURRENT_STOCK - O.ORDERED AS NEW_STOCK
FROM (SELECT SUM(P.AVAILABLE_QUANTITY) AS CURRENT_STOCK
FROM PRODUCT P) AS CS,
(SELECT SUM(POL.QUANTITY) AS ORDERED
FROM PO_LINE POL) AS O
```

该查询选择：

a. 该表汇总了每种产品在订购产品交付后的库存增加量。

b. 该表汇总了每种产品在订购产品交付后的库存减少量。

c. 标量，汇总了所有订购的产品交付后库存产品的总数。

d. 标量，总结了订购的产品交付后所有产品的总可用数量的减少。

7.12　给定任务以检索可以供应产品 0832 和 0494 的所有供应商的编号，哪个查询**正确**？

a.
```
SELECT DISTINCT SUPNR
FROM SUPPLIES
WHERE PRODNR IN (0832, 0494)
```

b.
```
SELECT SUPNR
FROM SUPPLIES
WHERE PRODNR = 0832
UNION ALL
SELECT SUPNR
FROM SUPPLIES
```

c.
```
SELECT SUPNR
FROM SUPPLIES
WHERE PRODNR = 0832
INTERSECT
SELECT SUPNR
FROM SUPPLIES
WHERE PRODNR = 0494
```

d.
```
SELECT UNIQUE SUPNR
FROM SUPPLIES
WHERE PRODNR IN (0832, 0494)
```

7.13　考虑以下视图定义和更新语句：

```
CREATE VIEW TOPPRODUCTS(PRODNR,PRODNAME,QUANTITY) AS
SELECT PRODNR, PRODNAME, AVAILABLE_QUANTITY
FROM PRODUCT WHERE AVAILABLE_QUANTITY>100
WITH CHECK OPTION
UPDATE TOPPRODUCTS
SET QUANTITY=80
WHERE PRODNR=0153
```

结果是如下哪个？

a. 可以成功进行更新，但是仅 PRODUCT 表将被更新。

b. 更新可以成功进行，并且视图和产品表都将被更新。

c. 由于使用了 WITH CHECK OPTION 选项，更新将被暂停。

d. 可以成功进行更新，但仅视图将被更新。

7.14　比较以下两个查询：

1.
```
SELECT COUNT(DISTINCT SUPNR)
FROM PURCHASE_ORDER
```

2.
```
SELECT COUNT(SUPNR)
FROM PURCHASE ORDER
```

下列哪个陈述是正确的？

a. 查询 1 的结果始终等于查询 2 的结果，因为 PURCHASE_ORDER 仅包含唯一的采购订单。

b. 查询 1 的结果始终小于等于查询 2 的结果，因为 DISTINCT 运算符仅计算唯一的 SUPNR。

c. 查询 1 的结果始终大于等于查询 2 的结果，因为查询 1 是将每个供应商的采购订单数量相加，而查询 2 是将采购订单总数相加。

d. 查询 1 的结果有时大于等于查询 2 的结果，有时小于等于查询 2 的结果，因为查询结果取决于供应商数量和采购订单数量。

7.15　考虑以下查询：

```
SELECT PRODNR, AVG(QUANTITY) AS AVG_QUANTITY
FROM PO_LINE
GROUP BY PRODNR
HAVING SUM(QUANTITY) < 15
```

下列哪个陈述是正确的？

a. 该查询返回每个采购订单的 PRODNR 和平均数量，每个采购订单少于 15 行。

b. 该查询返回每个产品的 PRODNR 和平均数量，每个产品的采购订单行少于 15 行。

c. 该查询返回每个订单少于 15 个的产品的 PRODNR 和平均数量，每个产品的采购订单行少于 15 行。

d. 该查询返回 PRODNR 和每个订单少于 15 个的平均数量。

7.16 考虑以下查询：

```
SELECT PRODNAME
FROM PRODUCT
WHERE PRODNR IN
     (SELECT PRODNR
      FROM SUPPLIES
      WHERE SUPNR IN
           (SELECT SUPNR
            FROM SUPPLIER
            WHERE SUPCITY = 'New York'))
      AND PRODNR IN
     (SELECT PRODNR
      FROM SUPPLIES
      WHERE SUPNR IN
(SELECT SUPNR
 FROM SUPPLIER
 WHERE SUPCITY = 'Washington'))
```

下列哪个陈述是正确的？

a. 该查询检索在 New York 或 Washington 有供应商的每种产品的产品名称。

b. 该查询检索具有 New York 供应商和 Washington 供应商的每个产品的产品名称。

c. 该查询检索每个产品的产品名称以及所有可能的供应商城市。

d. 该查询错误地组合了每个产品名称和供应商所在的城市。

7.17 我们想检索供应商 Ad Fundum 的每个订购产品的可用数量。以下哪个查询是正确的？

a.
```
SELECT PRODNR, AVAILABLE_QUANTITY
FROM PRODUCT
WHERE PRODNR IN
          (SELECT PRODNR
           FROM PO_LINE) AND
   SUPNR IN
          (SELECT SUPNR
           FROM SUPPLIER
           WHERE SUPNAME='Ad Fundum')
```

b.
```
SELECT PRODNR, AVAILABLE_QUANTITY
FROM PRODUCT
WHERE SUPNR IN
      (SELECT SUPNR
       FROM SUPPLIER
       WHERE SUPNAME='Ad Fundum')
```

c.
```
SELECT PRODNR, AVAILABLE_QUANTITY
FROM PRODUCT
WHERE PRODNR IN
      (SELECT PRODNR
       FROM PO_LINE
       WHERE PONR IN
            (SELECT PONR
             FROM PURCHASE_ORDER
             WHERE SUPNR IN
                  (SELECT SUPNR
                   FROM SUPPLIER
                   WHERE SUPNAME='Ad Fundum')))
```

d.
```
SELECT PRODNR, AVAILABLE_QUANTITY
FROM PRODUCT
WHERE PRODNR =
     (SELECT PRODNR
     FROM PO_LINE
     WHERE PONR =
          (SELECT PONR
          FROM PURCHASE_ORDER
          WHERE SUPNR =
               (SELECT SUPNR
               FROM SUPPLIER
               WHERE SUPNAME='Ad Fundum')))
```

7.18 考虑以下查询：

```
SELECT P1.PRODNR
       FROM PRODUCT P1
       WHERE 5 <=
                (SELECT COUNT(*)
                 FROM PRODUCT P2
                 WHERE P1.PRODNR < P2.PRODNR)
```

该查询选择：

a. 最高的五个产品编号

b. 最低的五个产品编号

c. 除最低的五个产品编号外的所有产品编号

d. 除最高的五个产品编号外的所有产品编号

7.19 考虑以下查询：

```
SELECT R1.SUPNAME, R1.SUPNR, COUNT(*)
FROM PURCHASE_ORDER PO1, SUPPLIER R1
WHERE PO1.SUPNR = R1.SUPNR
GROUP BY R1.SUPNR
HAVING COUNT(*) >= ALL
      (SELECT COUNT(*)
      FROM PURCHASE_ORDER PO2, SUPPLIER R2
      WHERE PO2.SUPNR = R2.SUPNR
      GROUP BY R2.SUPNR)
```

该查询检索：

a. 具有未完成订单的所有供应商的名称、编号和未完成订单总数。

b. 具有未完成订单的所有供应商的名称、编号和未完成订单总数，但未完成订单最少的供应商除外。

c. 具有最多未完成订单的供应商的名称、编号和未完成订单总数。

d. 具有最少未完成订单的供应商的名称、编号和未完成订单总数。

7.20 考虑以下查询：

```
SELECT P.PRODNR, P.PRODNAME
FROM PRODUCT P
EXCEPT
SELECT POL.PRODNR
FROM PO_LINE POL
```

该查询检索：

a. 没有未完成订单的所有产品的编号和名称。

b. 已订购的所有产品的编号和名称。

c. 查询将不会执行，因为两个查询都没有选择相同的列。

d. 查询将不会执行，因为两个查询都没有选择相同的行。

7.21 考虑以下查询：

```
SELECT P1.PRODNR, P1.PRODNAME, S1.SUPNR, S1.PURCHASE_PRICE
FROM PRODUCT P1, SUPPLIES S1
WHERE P1.PRODNR = S1.PRODNR
AND NOT EXISTS
     (SELECT *
     FROM PRODUCT P2, SUPPLIES S2
     WHERE P2.PRODNR = S2.PRODNR
     AND P1.PRODNR = P2.PRODNR
     AND S1.PURCHASE_PRICE > S2.PURCHASE_PRICE)
```

以及以下陈述：

1. 对于每种产品，检索以最低价格提供产品的供应商的供应商编号。
2. 对于每个产品，检索以最高价格提供产品的供应商的供应商编号。
3. 对于每种产品，仅返回一个元组。
4. 对于每种产品，可以返回一个以上的元组。

哪条陈述是正确的？

a. 1 和 3　　b. 1 和 4　　c. 2 和 3　　d. 2 和 4

7.22 考虑以下查询：

```
SELECT R.SUPNAME, (SELECT COUNT(PO.PODATE)
                   FROM PURCHASE_ORDER PO
                   WHERE R.SUPNR = PO.SUPNR) AS SUMMARY
FROM SUPPLIER R
```

该查询选择：

a. 至少有一个未完成订单的所有供应商的名称和未完成订单总数。

b. 所有供应商的未完成订单的名称和总数。

c. 每个未完成订单的供应商名称和订单日期。

d. 每个未完成订单的供应商名称和订单日期。如果供应商没有未完成的订单，他将包含在输出中，“SUMMARY”列的值为 NULL 值。

问题和练习

7.1E 编写一个 SQL 查询来检索可以在一两天内交付产品 0468 的每个供应商，并附上产品价格和交付期。

7.2E 编写一个 SQL 查询，返回每个产品的平均价格和方差。

7.3E 编写一个 SQL 查询，检索提供相同产品的所有供应商对，以及他们的产品采购价格（如果适用）。

7.4E 编写嵌套的 SQL 查询来检索提供五个以上产品的每个供应商的供应商名称。

7.5E 编写 SQL 查询来检索供应商状态高于供应商编号 21 的供应商的供应商编号、供应商名称和供应商状态。

7.6E 编写相关的 SQL 查询来检索所有供应商的数量和状态，但三个供应商状态最低的供应商除外。

7.7E 编写相关的 SQL 查询来检索具有多个供应商的所有城市。

7.8E 编写一个 SQL 查询来检索所有拥有未完成订单的供应商（未完成订单最少的供应商除外）的名称、编号和未完成订单总数。

7.9E 编写一个 SQL 查询，使用 EXISTS 检索没有任何未完成订单的所有供应商的供应商编号和名称。

7.10E 创建一个 SUPPLIEROVERVIEW 视图，该视图检索每个供应商的供应商编号、供应商名称和订购的总数量。创建后，通过此视图来检索订购总量超过 30 个的供应商。

7.11E 编写一个 SQL 查询，检索 sparkling wines 的总可用数量，请确保将此数量显示为“TOTAL_QUANTITY”。

7.12E 编写一个查询来选择所有的供应商编号以及每个供应商的供应商名称和未完成订单的总数。在结果中包括所有供应商，即使目前没有该供应商的未完成订单。

7.13E 编写一个 SQL 查询，返回提供 5 种以上产品的每个供应商的 SUPNR 和产品数量。

7.14E 编写一个 SQL 查询，查询提供产品的每个供应商的平均交付时间。

7.15E 编写嵌套的 SQL 查询来检索包含 sparkling 或 red wine 的采购订单的所有采购订单编号。

7.16E 编写一个相关的 SQL 查询来检索三个最低的产品编号。

7.17E 用 ALL 或 ANY 编写 SQL 查询来检索可用数量最大的产品名称。

7.18E 编写一个 SQL 查询，使用 EXISTS 检索拥有最小供应商编号的供应商的名称和编号。

面向对象的数据库以及对象持久性

本章目标 在本章中，你将学到：

- 理解面向对象（OO）的高级概念，如方法重载、继承、方法重写、多态性和动态绑定；
- 使用各种策略以确保对象持久性；
- 理解 OODBMS 的关键组件；
- 理解 ODMG 标准及其对象模型；
- 使用 ODMG 对象定义语言（ODL）定义对象类型；
- 使用 ODMG 对象查询语言（OQL）进行查询；
- 通过语言绑定实现 ODMG 标准；
- 根据 RDBMS 评估 OODBMS。

情景导入 Sober 指出，许多数据库应用程序都是使用 Java、Python 和 C++ 等编程语言开发的。并且许多语言都是基于面向对象的范例。该公司想知道这意味着什么，以及是否会对数据库和 DBMS 的选择有任何影响。

面向对象范式最初是由编程语言引入的，比如 C++、Eiffel 和 Smalltalk。由于其突出的建模能力和形式化的语义，OO 原则也被广泛地应用于软件开发方法中。然而，对于数据存储和管理来说，使用 OO 就不那么简单了。在本章中，我们将讨论实现对象持久性的各种方法。首先，我们将重新讲解 OO 的基本概念，其中许多概念已在第 3 章中介绍过。接下来将讨论高级 OO 概念，如方法重载、继承、方法重写、多态和动态绑定。然后，我们将回顾对象持久性的基本原则。接着，我们会讨论面向对象的数据库管理系统（OODBMS），这是本章的核心。最后，我们将评估 OODBMS 并阐述它们对对象关系映射（ORM）框架出现的影响，ORM 框架有助于将对象持久化到 RDBMS 中。考虑到 Java 的流行性并且易于使用，我们使用它作为示例的 OO 语言。

8.1 概述：OO 的基本概念

在**面向对象**编程中，应用程序由一系列相互请求服务的对象组成。每个对象都是一个类的实例，类包含了所有对象特征的概要描述。与过程式编程相反，对象以一致的方式捆绑其变量（决定其状态）和方法（决定其行为）。让我们来看一个用 Java 定义的类 Employee 的例子：

```
public class Employee {

private int EmployeeID;
private String Name;
private String Gender;
private Department Dep;

public int getEmployeeID() {
    return EmployeeID;
```

```
}
public void setEmployeeID( int id ) {
    this.EmployeeID = id;
}
public String getName() {
    return Name;
}
public void setName( String name ) {
    this.Name = name;
}
public String getGender() {
    return Gender;
}
public void setGender( String gender ) {
    this.Gender = gender;
}
public Department getDep() {
    return Dep;
}
public void setDep( Department dep) {
    this.Dep = dep;
}
}
```

在上面的例子中，你可以看到一个类Employee有四个变量：EmployeeID、Name、Gender和Dep（代表员工所在的部门）。每个变量都有一个getter和setter方法，分别用来查找与修改变量的值。还可以根据需要添加其他方法（例如，计算员工工资的方法）。getter和setter方法也称为**访问方法**，它们实现了**信息隐藏**的概念，也称为**封装**。其主要思想是将变量设为类的私有成员，这样它们就不能从类外部被直接访问。这使程序员能够控制如何以及何时访问变量。封装有很多优点，使它成为所有类的标准实现准则。例如，在更改变量的值之前，可以使用访问器方法检查有效性。如果提供了无效的值，程序员可以决定如何处理它，例如更改值或者抛出异常。封装的概念强制了接口和具体实现之间必须严格分离。**接口**由方法的签名组成。而具体**实现**基于对象的变量和方法的定义，并且对外界隐藏细节。

一旦定义了类，我们就可以创建它的对象。下面的代码片段演示了如何创建三个Employee对象并设置它们的名称。

```
public class EmployeeProgram {
   public static void main(String[] args) {
      Employee Bart = new Employee();
      Employee Seppe = new Employee();
      Employee Wilfried = new Employee();
      Bart.setName("Bart Baesens");
      Seppe.setName("Seppe vanden Broucke");
      Wilfried.setName("Wilfried Lemahieu");
   }
}
```

知识关联 在第 3 章中介绍 UML 概念数据模型时，我们已经讨论了 OO 的基本概念。

节后思考

- 对象和类之间的区别是什么？通过示例说明。
- 什么是信息隐藏？为什么它很重要？

8.2 OO 的高级概念

在本节中，我们将详细介绍 OO 的高级概念。我们将讨论方法重载、继承、方法重写、多态性和动态绑定。

8.2.1 方法重载

方法重载是指对同一类中的多个方法使用相同的名称。如果每个方法中的参数数量或类型不同，则 OO 语言环境可以确定正在调用哪个方法。如下示例所示：

```
public class Book {
String title;
String author;
boolean isRead;
int numberOfReadings;

public void read(){
    isRead = true;
    numberOfReadings++;
}

public void read(int i){
    isRead = true;
    numberOfReadings += i;
}
}
```

上面的类中有一个名为“read”的方法，没有参数；还有一个名为“read”的方法，有一个整型参数。对于 Java 来说，这是两种不同的方法，因此不会出现方法重复的错误。可以想到，如果参数 i 等于 1，那么执行 read(1) 将具有与 read() 相同的效果。方法重载在定义类的构造函数时是一个方便的特性。**构造函数**是创建并返回类的新对象的方法。通过使用方法重载，可以定义各种构造函数，每个构造函数都有自己特定的一组输入参数。考虑一个具有两个构造函数方法的 Student 类：Student(String name, int year, int month, int day) 和 Student(String name)。前者以姓名和出生日期作为输入参数，而后者只以姓名作为输入参数，不指定出生日期。通过定义这两个构造函数并使用方法重载，在出生日期已知或未知时都可以创建 Student 对象。

8.2.2 继承

继承表示 is a 关系。例如，一个学生是一个人，所以 Student 类可以是 Person 类的子类。员工也是人，所以 Employee 类可以是 Person 类的另一个子类。本科生是学生，研究生也是学生，因此也可以创建 Student 类的两个附加子类。Staff 和 Faculty 可以作为 Employee 类的子类。图 8-1 展示了这个继承示例可能的类层次结构。每个子类都继承了父类的变量和方法。子类中还可以添加新的变量和方法。在下面，你可以看到用Java定义的Person类和Employee类。父类Person有一个name变量、一个构造函数方法和getter/setter方法。Employee类是Person类的子类。注意extends关键字的使用，它代表了继承关系。Employee子类还定义了两个额外的变量：id变量和代表员工经理的Employee对象。它还包括一个构造函数方法和必要的强制信息隐藏的getter和setter方法。

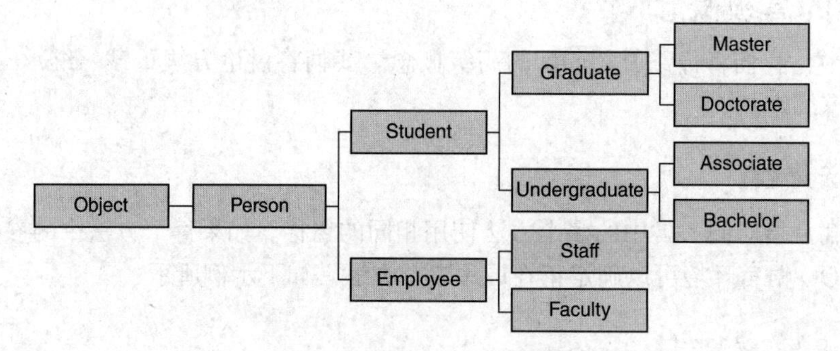

图8-1　继承层次结构举例

```
public class Person {
private String name;

public Person(String name) {
this.setName(name);
}
public String getName() {
return this.name;
}
public void setName(String name) {
this.name = name;
}
}
public class Employee extends Person {
private Employee manager;
private int id;

public Employee( String name, Employee manager, int empID ) {
super(name);
this.setManager(manager);
this.setEmployeeID(empID);
}
public Employee getManager() {
return manager;
}
public void setManager(Employee manager) {
this.manager = manager;
}
public int getEmployeeID() {
return id;
}
```

```
private void setEmployeeID(int employeeID) {
this.id = employeeID;
}
}
```

8.2.3　方法重写

正如前面所讲述的，子类从它们的父类继承了变量和方法。这意味着如果 Student 类有一个 calculateGPA() 方法，那么 Graduate 类和 Undergraduate 类也会有这个方法。然而，子类可以用新的专门化实现来重写该方法。这就叫**方法重写**。这与本章前面讨论的方法重载无关。思考 Student 类中的 calculateGPA() 方法。假设 Student 类有一个包含所有学生成绩的 grades 变量（例如，存储在数组中）。calculateGPA() 方法只计算这些成绩的平均值，如下所示：

```
public double calculateGPA(){
double sum = 0;
int count = 0;
for (double grade: this.getGrades()){
sum += grade;
count++;
}
return sum/count;
}
```

现在，假设研究生只有成绩超过一定分数的学生才有学分。例如，只有分数在 80% 及以上的课程才算通过，分数低于 80% 的课程必须重修。那么对于 Graduate 类，可能只想根据那些更高的分数来计算 GPA。所以，可以覆盖 calculateGPA() 方法，并通过添加 if (grade > 80){} 语句来实现目的，如下所示：

```
public double calculateGPA(){
double sum = 0;
int count = 0;
for (double grade: this.getGrades()){
if (grade > 80){
sum += grade;
count++;
}
}
return sum/count;
}
```

这将确保研究生的成绩被正确计算。

8.2.4　多态和动态绑定

多态性是指对象对同一方法得到不同结果的能力。它是面向对象编程中的一个关键概念，与继承密切相关。因为继承模型是一个“is a”关系，一个对象可以包含多个类的变量和方法。例如示例 Person 的类层次结构，硕士是研究生，研究生是学生，学生是人，因此，根据所需的功能，面向对象环境可能会将特定的 Master 对象视为 Master、Graduate、

Student 或 Person，因为硕士终归是人。

每个方法都必须绑定或映射到其具体实现。有两种绑定方式。**静态绑定**在编译时将方法绑定到其具体实现上。与静态绑定不同，**动态绑定**在运行时根据对象及其类决定将方法绑定到适当的实现上。它也被称为*虚拟方法调用*，是用于方法的为了支持多态性的绑定。当一个方法被重写时，可以调用多种具体实现，这取决于所涉及的对象。在执行期间，OO 环境将首先检查引用对象指向的方法实现的对象类。如果它不存在，系统将从父类中查找。如果仍然没有找到匹配项它将检查上面的父类，以此类推，遍历整个类层次结构。通过自底向上搜索，将使用最特定的实现，或者层次结构中最下面的类的实现。再思考一下 GPA 计算的例子，它计算 Student 对象的所有成绩的平均值，以及研究生超过阈值的平均成绩。假设创建了一个 PersonProgram 类来运行主方法：

```
public class PersonProgram {
public static void main(String[] args){
Student john = new Master("John Adams");
john.setGrades(0.75,0.82,0.91,0.69,0.79);
Student anne = new Associate("Anne Philips");
anne.setGrades(0.75,0.82,0.91,0.69,0.79);
System.out.println(john.getName() + ": " + john.calculateGPA());
System.out.println(anne.getName() + ": " + anne.calculateGPA());
}
}
```

你有两个 Student 对象：John 是 Master 类（Graduate 的子类）的对象，Anne 是 Associate 类（Undergraduate 的子类）的对象。为了便于比较，假设他们在五门课程上成绩相同。当主方法执行到 print 语句时，它将首先为每个对象调用 getName() 方法。对于 John, Master 类、Graduate 类或 Student 类都不包含 getName() 方法。因此，Master 对象直接从 Person 类继承 getName() 方法。接下来，调用 John 的 calculateGPA() 方法。Master 类不包含 calculateGPA() 方法，但是 Master 的父类 Graduate 类包含。动态绑定查看 John 的对象类型：是 Master 类型，接下来，是一个 Graduate 类型。因此，会调用 Graduate 类中的 calculateGPA() 方法。对于 Anne 来说，会发生同样的决策过程。子类中没有 getName() 方法，因此可以从类层次结构中追溯 Anne 是一个副学士，也是一个本科生，也是一个学生，也是一个人，因此会调用 Person 类中的 getName() 方法。对于 GPA 的计算，无论 Associate 类还是 Undergraduate 类都没有 calculateGPA() 方法，因此 Anne 会调用 Student 类中该方法的实现。输出将如下所示：

```
John Adams: 0.865
Anne Philips: 0.792
```

因为 John 是硕士研究生，是 Graduate 的一个子类，所以只有 0.8 以上的分数才会取平均，所以结果是 (0.82 + 0.91)/2 = 0.865。而 Anne 是副学士，是 Undergraduate 的一个子类，所以她的平均成绩计算为 (0.75 + 0.82 + 0.91 + 0.69 + 0.79)/5 = 0.792。尽管成绩相同，上面的结果得到了两个不同的 GPA，因为动态方法调用允许根据它的调用对象调用不同版本的方法。

我们可以结束对 OO 高级概念的讨论了。注意，除了 Java 之外，这些概念在其他面向对象编程语言（如 C++、Python 和 C#）中也很常见。

节后思考

- 什么是方法重载？为什么要使用它？
- 讨论方法重写和继承之间的关系。
- 静态绑定和动态绑定的区别是什么？

8.3 对象持久性的基本原则

在 OO 程序执行期间，临时对象和持久对象是有区别的。**临时对象**只在程序执行期间被需要，在程序终止时撤销。它只存在于内存中。例如图形用户界面（GUI）对象。**持久对象**在程序执行后仍然应该存在。应该使用外部存储介质使它的状态保持持久。例如由程序创建和操作的员工对象或学生对象。

多种策略可以确保对象持久性。**类的持久性**意味着特定类的所有对象都将成为持久性的。尽管这个方法很简单，但很不灵活，因为它不允许类有任何临时对象。**创建持久性**是通过扩展创建对象的语法来实现的，从而在编译时指示应该使对象持久。**标记的持久性**说明所有对象都将被创建为临时的。然后可以在程序执行期间（运行时）将对象标记为持久对象。**继承持久性**表明持久性功能是从预定义的持久性类继承的。最后，**可达持久性**首先声明根持久对象。由根对象（直接或间接）引用的所有对象也将被持久化。我们将在 8.4.2 节中讨论到，对象数据库管理组（ODMG）标准采用了这种策略。

理想情况下，持久性环境应该支持**持久正交性**，这意味着有这些属性：持久独立性、类型正交性和传递持久性。由于**持久独立性**，对象的持久性与程序如何操作无关。相同的代码片段或函数既可以用于持久对象，也可以用于临时对象。因此，程序员不需要显式地控制对象在主存储器和辅助存储器之间的移动，因为这是由系统自动处理的。**类型正交性**确保所有对象（不管它们的类型或大小如何）都可以被持久化。这避免了让程序员走弯路去编写定制的持久性例程。最后，**传递持久性**指的是如前所述的可达持久性。支持持久正交性的环境可以提高程序员的工作效率。

序列化

持久性编程语言是第一次为编程语言提供跨程序的多次执行来保存数据的能力。这通常可以归结为使用一组用于对象持久性的类库来扩展 OO 语言。实现此目的的方法之一是使用一种称为**序列化**的机制，它将对象的状态转换为一种可以存储的格式（例如，在文件中），并在以后可以重新构建。在 Java 中，可以通过以下代码实现：[⊖]

```
public class EmployeeProgram {
      public static void main(String[] args) {
            Employee Bart = new Employee();
            Employee Seppe = new Employee();
            Employee Wilfried = new Employee();
            Bart.setName("Bart Baesens");
            Seppe.setName("Seppe vanden Broucke");
            Wilfried.setName("Wilfried Lemahieu");
            try {
            FileOutputStream fos = new FileOutputStream("myfile.ser");
            ObjectOutputStream out = new ObjectOutputStream(fos);
```

⊖ 我们假设 Employee 类实现了 `java.io.Serializable` 接口，它是 `java.io` 包的一部分。

```
            out.writeObject(Bart);
            out.writeObject(Seppe);
            out.writeObject(Wilfried);
            out.close;
            }
        catch (IOException e){ e.printStackTrace();}
        }
}
```

上面的程序创建了三个 employee 对象——Bart、Seppe 和 Wilfried，并设置了“name”变量。现在，我们希望让所有三个对象都保持持久性。ObjectOutputStream 类使用 writeObject 方法将对象序列化为一个文件 myfile.ser。对象将被存储为字节序列，包括对象的变量及其类型。这里 Java 通过可达性应用持久性。这意味着，如果 employee 对象具有对 address 对象、department 对象等的引用，那么这些对象也会在 myfile.ser 文件中保持持久。存储后，可以从文件中反序列化该对象，并使用 ObjectInputStream 类在内部内存中重新创建它。

序列化是实现持久性的最简单策略之一。但是，这种方法与第 1 章中讨论的基于文件的数据管理方法有相同的缺点（例如，应用程序数据依赖、冗余、不一致的更新、不支持转换等）。另一个重要问题与丢失的对象标识有关。假设我们存储讲师和课程对象的信息。Bart 和 Wilfried 都教数据库管理，而 Seppe 和 Bart 都教基础编程。这可以在图 8-2 的对象图中看到。

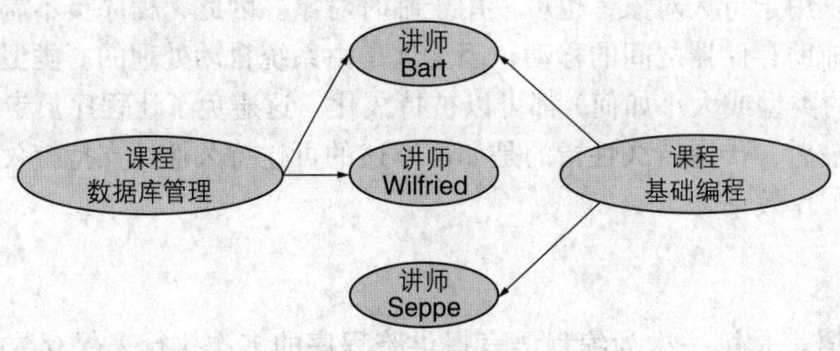

图 8-2 对象图示例

假设我们现在序列化了数据库管理和基础编程课程对象，则 Bart 讲师对象的信息将被复制。在反序列化时，Bart 讲师对象也会在内部内存中被复制，这可能会导致在程序执行期间其值发生变化时出现不一致性。因此，更好的选择是使用面向对象的 DBMS，如下所述。

知识关联 正如我们在第 1 章中所讨论的，序列化会遭受基于文件的数据管理方法的许多缺点。

节后思考

- 临时对象和持久对象之间的区别是什么？
- 可以采用什么策略来确保对象持久性？
- 持久正交性是什么意思？

8.4 面向对象数据库管理系统

面向对象的数据库管理系统（OODBMS）以透明的方式存储持久对象。它们最初是作为面向对象编程语言（如 C++ 和 Smalltalk）的扩展而出现的，这些语言包括使对象持久的类库。然后使用数据库工具（如查询、并发控制和事务管理）逐渐扩展这些库。最初，由于这些库和扩展是依赖于编程语言的，所以没有通用标准（例如，类似于关系数据库中的 SQL）可用来解释异构性 OODBMS 设计。

OODBMS 支持持久性正交，因此将相同的数据模型用于临时和持久对象不需要映射到底层关系结构。它们具有传统 DBMS 的所有功能，如数据定义和数据操作语言、查询功能、事务管理、并发控制、备份和恢复功能等。OODBMS 保证了第 1 章中讨论的所有持久对象的 ACID 属性。

知识延伸 据 http://db-engines.com 网页所示，最流行的 OODBMS 是：Caché（商业）、DB4o（开源）、ObjectStore（商业）、Versant 对象数据库（商业）以及 Matisse（商业）。注意，这些没有一个排在工业中所用最流行的 DBMS 的前 50 名中。这也体现出 OODBMS 是针对小众应用的。

8.4.1　对象标识符

在 OODBMS 中，每个对象都有一个唯一的、不可变的**对象标识符**（OID），它在整个生命周期中都保持这个标识符。这些 OID 用于唯一地标识一个对象。两个对象不能具有相同的标识符，并且每个对象只有一个标识符。在关系数据库设置中，OID 与主键不同。主键依赖于元组的状态，而 OID 不依赖于对象的状态。主键可以更新，而 OID 不能被更改。主键对于关系中的每个元组都有唯一的值，而 OID 在整个 OO 环境中是唯一的。

在大多数商业应用中，OID 对用户来说是不可见的。它们通常是由系统生成的。OID 用于标识对象，并创建和管理对象之间的引用。如前所述，引用可以实现关系类型。有了这些 OID，通过简单地引用它的 OID，一个对象就有可能被其他各种对象共享。这减少了对象的变量值或状态更改时的更新次数。由于这些 OID 的广泛使用，OO 模型通常被称为基于身份的模型。关系模型是基于值的模型，因为它使用基于实际数据值的主键和外键。

对象相等和**对象相同**是有区别的。当两个对象的变量值相同时，它们就被称为相等。然而，这并不意味着它们的 OID 是相同的。还可以进一步区分轻微的相等和极度的相等。为了说明这两个概念，假设我们有一个采购订单对象，其中包含一些变量，包括相关采购订单行对象的 OID 的引用列表。**轻微的相等**说明两个采购订单对象的变量具有相同的值（例如，采购订单编号、采购订单日期、供应商编号等）。**极度的相等**说明不仅两个采购订单对象的变量具有相同的值，而且它们引用的所有采购订单行对象的变量具有相同的值。当两个物体的 OID 相同时，我们就说它们是相同的或等价的。即使对象变量的值可能改变，它的身份始终不变。

8.4.2　ODMG 标准

对象数据库管理组（ODMG）是由一组面向对象数据库供应商在 1991 年创建的，目的是定义使用 OODBMS 的标准。它的名字在 1998 年被更改为对象数据管理组，以将其覆盖范围扩展到 OODBMS 和对象关系映射标准。它的主要目标是通过为 OODBMS 引入数据定义和数据操作语言来提高对象持久性的可移植性和互操作性，类似于 SQL 对 RDBMS 的作用。应用程序开发人员应该只能使用一种语言来处理临时和持久对象。该小组引入了该标准的五个子版本，最近的一个是 2000 年的 ODMG 3.0，它由这些关键组件组成：

- 对象模型，它为面向对象的数据库提供了一个标准的对象模型；

- 对象定义语言（ODL），它指定对象定义（类和接口）；
- 对象查询语言（OQL），它允许定义 SELECT 查询；
- 语言绑定（例如，对于 C++、Smalltalk 和 Java），它允许从 OO 编程语言中检索和操作对象数据。

尽管该组织在 2001 年解散，但许多提出的概念和思想已经在现代 OODBMS 和所谓的对象 – 关系映射框架中得到了实现。

8.4.3　对象模型

对象模型是 ODMG 标准的基础。它提供了一个公共模型来定义类、变量或属性、行为和对象持久性。它的两个基本构件是对象和字面量。与对象相反，**字面量**没有 OID，不能独立存在。它表示一个常量值，通常嵌入对象中。支持三种类型的字面量：原子、集合和结构化字面量。**原子字面量**的例子有 short（短整型）、long（长整型）、double（实数）、float（实数）、boolean（真或假）、char 和 string。**集合字面量**可以对元素集合建模。ODMG 定义了以下集合字面量：

- 集合：没有重复元素的无序集合；
- 包：可能包含重复项的元素的无序集合；
- 列表：元素的有序集合；
- 数组：被索引的元素的有序集合；
- 字典：没有重复的键值对的无序序列。

结构化字面量由固定数量的命名元素组成。ODMG 预定义了以下结构化字面量：日期、间隔、时间和时间戳。还支持用户定义的结构，如 Address：

```
struct Address{
string street;
integer number;
integer zipcode;
string city;
string state;
string country;
};
```

与字面量相反，对象有一个 OID。它们的状态由它们的属性和关系决定，而它们的行为由几个操作指定。所有 ODMG 对象实现一组通用操作，如“copy”（创建对象的副本）、“delete”（删除对象）和“same_as”（比较两个对象的身份），这些操作在对象接口中定义。原子对象之间可以做进一步的区分，但不能以有意义的方式分解；结构化对象，可以是内置的（例如，日期、间隔、时间、时间戳等）或用户定义的，以及集合对象。

8.4.4　对象定义语言

对象定义语言（ODL）是一种数据定义语言（DDL），用于定义符合 ODMG 对象模型的对象类型。它独立于任何编程语言。与可以跨 RDBMS 移植的 SQL 模式类似，可以使用多个遵从 ODMG 的 OODBMS 来实现 ODL 模式。

这里可以看到我们前面讨论的员工管理的一个示例 ODL 定义：

```
class EMPLOYEE
(extent employees
 key SSN)
{
attribute string SSN;
attribute string ENAME;
attribute struct ADDRESS;
attribute enum GENDER {male, female};
attribute date DATE_OF_BIRTH;
relationship set<EMPLOYEE> supervises
inverse EMPLOYEE:: supervised_by;
relationship EMPLOYEE supervised_by
inverse EMPLOYEE:: supervises;
relationship DEPARTMENT works_in
inverse DEPARTMENT:: workers;
relationship set<PROJECT> has_projects
inverse PROJECT:: has_employees;
string GET_SSN();
void SET_SSN(in string new_ssn);
...
}

class MANAGER extends EMPLOYEE
(extent managers)
{
attribute date mgrdate;
relationship DEPARTMENT manages
inverse DEPARTMENT:: managed_by
}

class DEPARTMENT
(extent departments
 key DNR)
{
attribute string DNR;
attribute string DNAME;
attribute set<string> DLOCATION;
relationship set<EMPLOYEE> workers
inverse EMPLOYEE:: works_in;
relationship set<PROJECT> assigned_to_projects
inverse PROJECT:: assigned_to_department;
relationship MANAGER managed_by
inverse MANAGER:: manages;
string GET_DNR();
void SET_DNR(in string new_dnr);
...
}
```

```
class PROJECT
(extent projects
 key PNR)
{
attribute string PNR;
attribute string PNAME;
attribute string PDURATION;
relationship DEPARTMENT assigned_to_department
inverse DEPARTMENT:: assigned_to_projects;
relationship set<EMPLOYEE> has_employees
inverse EMPLOYEE:: has_projects;
string GET_PNR();
void SET_PNR(in string new_pnr);
}
```

使用关键字“class”定义类。类的“范围”是类当前所有对象的集合。使用关键字“attribute”声明变量。属性的值可以是字面量，也可以是OID。操作或方法可以由其名称后跟括号来定义。关键字“in”“out”和“inout”用于定义方法的输入、输出和输入/输出参数。还指定了返回类型，“void”表示该方法不返回任何内容。为了满足封装的要求，建议为每个属性添加getter和setter方法。只定义操作的签名；它们的实现是通过语言绑定提供的，我们将在下面讨论。“extends”关键字表示MANAGER和EMPLOYEE之间的继承关系。请记住，子类继承父类的属性、关系和操作。在ODMG中，一个类最多只能有一个超类，因此不支持类的多重继承。[㊀]

可以使用关键字“relationship”定义关系[㊁]。ODMG只支持基数为1:1、1:N或N:M的一元和二元关系。三元（或更高）关系和关系属性必须通过引入额外的类和关系来分解。每个关系都是双向定义的，使用关键字“inverse”，两个方向都有指定的名称以便导航。例如，考虑以下EMPLOYEE和DEPARTMENT之间的1:N关系：

```
relationship DEPARTMENT works_in
inverse DEPARTMENT:: workers;
```

名称“works_in”将用于从EMPLOYEE导航到DEPARTMENT，而名称“workers”是用于从DEPARTMENT导航到EMPLOYEE的反向关系。然后后者变成：

```
relationship set<EMPLOYEE> workers
inverse EMPLOYEE:: works_in;
```

由于一个部门可以有多个员工，所以我们使用一个集合来对在一个部门中工作的员工的集合建模。其他集合类型（如bag或list）也可以实现关系。例如，如果我们希望根据员工的年龄对他们进行排序，那么列表可能很有用。

可以通过在两个类中定义集合类型（set、bag等）来实现N:M关系。考虑EMPLOYEE和PROJECT之间的N:M关系：

㊀ 与Java类似，ODMG支持接口的多重继承。

㊁ ODMG标准中的关系对应于（E）ER模型中的关系类型。

```
relationship set<PROJECT> has_projects
inverse PROJECT:: has_employees;
relationship set<EMPLOYEE> has_employees
inverse EMPLOYEE:: has_projects;
```

这与必须引入新关系的关系模型形成了对比。

根据定义的关系，OODBMS 将通过确保关系双方保持一致来处理参照完整性。例如，当向员工的“has_projects”集合添加项目时，OODBMS 也会将员工添加到相应项目的“has_employees”集合中。

8.4.5　对象查询语言

对象查询语言（OQL）是一种声明性、非过程性查询语言。它基于 SQL SELECT 语法并结合 OO 工具（如处理对象标识、复杂对象、路径表达式、操作调用、多态性和动态绑定）。它可以用于导航（过程性）和关联（声明性）访问。

1. 简单的 OQL 查询

导航查询显式地从一个对象导航到另一个对象。这里，应用程序负责显式地指定导航路径。这使得它类似于第 5 章中讨论的分级和 CODASYL DBMS 附带的过程式数据库语言。导航 OQL 查询可以从命名对象开始。假设我们有一个名为 Bart 的 Employee 对象。下面的 OQL 查询：

```
Bart.DATE_OF_BIRTH
```

返回 Bart 的出生日期。

如果我们对地址感兴趣，我们可以写：

```
Bart.ADDRESS
```

以结构化的形式返回员工对象 Bart 的地址。如果我们只对城市感兴趣，查询可以细化到：

```
Bart.ADDRESS.CITY
```

注意，我们如何使用点操作符（.）进行查询。

关联查询返回 OODBMS 所定位的对象的集合（例如，集合或包）。语句还可以从 extent 开始，它表示类的所有持久对象的集合。最简单的关联 OQL 查询只是检索一个区段的所有对象：

```
employees
```

2. SELECT FROM WHERE OQL 查询

如果需要更详细的信息，可以使用以下语法编写 OQL 查询：

```
SELECT... FROM ... WHERE
```

与 SQL 一样，SELECT 子句表示我们感兴趣的信息。FROM 子句指的是应该检索信息的范围。WHERE 子句可以定义特定的条件。默认情况下，OQL 查询返回一个包。如果使用了 DISTINCT 关键字，则返回一个集合。带有 ORDER BY 的查询返回一个列表。关联 OQL 查询还可以包括导航路径。

考虑下面的例子：

```
SELECT e.SSN, e.ENAME, e.ADDRESS, e.GENDER
FROM employees e
WHERE e.ENAME="Bart Baesens"
```

此查询返回员工中名称等于“Bart Baesens”的所有对象的 SSN、名称、地址和性别。注意，作为一种快捷符号，员工已被绑定到变量 e 上。

假设 Employee 类有一个方法 age，它根据员工的出生日期来计算员工的年龄。然后我们可以扩展前面的查询：

```
SELECT e.SSN, e.ENAME, e.ADDRESS, e.GENDER, e.age
FROM employees e
WHERE e.ENAME="Bart Baesens"
```

除了字面量之外，OQL 查询还可以返回对象：

```
SELECT e
FROM employees e
WHERE e.age > 40
```

上面的查询将返回一个年龄在 40 岁以上的 employee 对象包。

3. 连接 OQL 查询

与 SQL 一样，可以连接多个类。这可以通过遍历 ODL 模式中定义的路径来实现。以下查询检索在 ICT 部门工作的员工的所有信息。

```
SELECT e.SSN, e.ENAME, e.ADDRESS, e.GENDER, e.age
FROM employees e, e.works_in d
WHERE d.DNAME="ICT"
```

变量 d 根据路径 e.works_in 绑定到 department 对象上。与 SQL 相反，你看不到任何连接条件。相反，遍历路径 e.works_in 确保使用正确的部门信息。在 OQL 查询中可以使用多个遍历路径。考虑以下查询：

```
SELECT e1.ENAME, e1.age, d.DNAME, e2.ENAME, e2.age
FROM employees e1, e1.works_in d, d.managed_by e2
WHERE e1.age > e2.age
```

这个查询选择所有拥有年轻经理的员工的姓名和年龄、他们所在部门的名称以及经理的姓名和年龄。

4. 其他 OQL 查询

与 SQL 一样，OQL 也支持子查询、GROUP BY/HAVING 以及诸如 COUNT、SUM、AVG、MAX 和 MIN 之类的聚合操作符。例如，可以使用这个简单的查询来确定员工的数量：

```
count(employees)
```

EXISTS 操作符也可以使用。下面的查询检索从事至少一个项目的员工的信息：

```
SELECT e.SSN, e.ENAME
FROM employees e
WHERE EXISTS e IN (SELECT x FROM projects p WHERE p.has_employees x)
```

假设 EMPLOYEE 和 MANAGER 类都有自己的操作 salary()。考虑这个 OQL 查询：

```
SELECT e.SSN, e.ENAME, e.salary
FROM employees e
```

此查询将计算所有 employee 对象的工资。由于多态性和动态绑定，在运行时将为 MANAGER 和常规 EMPLOYEE 对象调用 salary 方法的正确实现。

OQL 语言不提供对插入、更新和删除操作的显式支持。这些必须在类定义中直接实现，如后面在 8.4.6 节所讨论的。

8.4.6　语言绑定

关系数据库管理系统和面向对象数据库管理系统之间的一个关键区别是，如果没有特定的编程语言，就不能使用面向对象数据库管理系统。ODMG 语言绑定在流行的 OO 编程语言（如 C++、Smalltalk 或 Java）中为 ODL 和 OQL 规范提供了实现。对象操作语言（OML）是特定于语言的，以完成对内部内存中的临时对象和数据库中的持久对象的完整和透明的处理。如前所述，目标是程序员在应用程序开发和数据库操作中只能透明地使用一种语言。

对于 Java 语言绑定，例如，这一目标需要 Java 的类型系统也被 OODBMS 使用，同时需要 Java 语言语法是公认的（因此不应该被修改，以适应 OODBMS），并且 OODBMS 应该基于 Java 的对象语义来处理管理方面。例如，当对象被其他持久对象引用时，OODBMS 应该负责持久化对象，这就是我们在本章前面通过可达性所称的持久性。

ODMG Java 语言绑定描述了指示 Java 类支持持久性的两种核心方法：要么使现有的 Java 类支持持久性，要么从 ODL 类定义生成 Java 类定义。ODMG Java API 包含在 org.odmg 包中。整个 API 由接口组成，因此实际的实现取决于 OODBMS 供应商以及 org.odmg 的实现。实现接口构成客户端应用程序的主入口点，并公开表 8-1 中列出的方法。

对于 ODMG 对象模型到 Java 的映射，ODMG 对象类型映射到 Java 对象类型。ODMG 原子字面量类型映射到它们各自的 Java 基本类型。Java 绑定中没有结构化字面量类型。一种结构的对象模型定义映射到 Java 类。Java 绑定还包括几个集合接口（DMap、DSet），它们扩展了各自的 Java 对应项。

表 8-1　org.odmg.Implementation 接口的方法

方　法	含　义
org.odmg.Transaction currentTransaction()	获取线程的当前事务
org.odmg.Database getDatabase(java.lang.Objectobj)	获取包含 object obj 的数据库
java.lang.String getObjectId(java.lang.Objectobj)	获取对象标识符的字符串表示形式
org.odmg.DArray newDArray()	创建一个新的 DArray 对象
org.odmg.Database newDatabase()	创建一个新的 Database 对象
org.odmg.DBag newDBag()	创建一个新的 DBag 对象
org.odmg.DList newDList()	创建一个新的 DList 对象

（续）

方　　法	含　　义
org.odmg.DMap newDMap()	创建一个新的 DMap 对象
org.odmg.DSet newDSet()	创建一个新的 DSet 对象
org.odmg.OQLQuery newOQLQuery()	创建一个新的 OQLQuery 对象
org.odmg.Transaction newTransaction()	创建事务对象

下面的代码片段提供了一个使用 ODMG Java 语言绑定的示例（注意，年龄现在被认为是一个属性，而不再是下面的方法）：

```
import org.odmg.*;
import java.util.Collection;
// org.odmg.Implementation as implemented by a particular vendor:
Implementation impl = new com.example.odmg-vendor.odmg.Implementation();
Database db = impl.newDatabase();
Transaction txn = impl.newTransaction();

try {
    db.open("my_database", Database.OPEN_READ_WRITE);
    txn.begin();
    OQLQuery query = new OQLQuery(
        "select e from employees e where e.lastName = \"Lemahieu\"");
    Collection result = (Collection) query.execute();
    Iterator iter = result.iterator();
    while (iter.hasNext()){
        Employee employee = (Employee) iter.next();
        // Update a value
        employee.age += 1;
    }
    txn.commit();
    db.close();
} catch (Exception e) {}
```

这段代码首先创建一个 ODMG 实现对象，然后用它来构造一个数据库对象。我们打开数据库 my_database 进行读写访问并启动一个事务。定义 OQL 查询对象来检索姓为 Lemahieu 的员工的所有 EMPLOYEE 对象。然后执行查询并将结果存储在集合对象中。接下来，定义一个迭代器对象来遍历查询结果集合。对于集合中的每个员工，年龄增加一个单位[⊖]。然后提交事务，这意味着更新是持久的。然后正确地关闭数据库对象。

知识延伸 Delta 航空每年为超过 1.7 亿名乘客提供服务。在发生不正常操作的情况下（例如，由于恶劣的天气），Delta 航空需要一个高效的应用程序来改变机组人员的路线，为此他们需要实时处理大量的数据。高效的缓存允许快速保存和检索对象是实现这一点的关键。Delta 需要的解决方案能够以持久的方式存储 C++ 对象，并像普通对象一样检索它们，而不需要中间映射，因为中间映射会影响性能。为此，他们转向 OODBMS 并使用 ObjectStore。

⊖ 为了便于说明，我们假设 age 在这里被定义为属性，而不是方法。

节后思考

- 什么是对象标识符？为什么在 OODBMS 中需要使用对象标识符？
- ODMG 标准的关键组成部分是什么？
- 讨论 ODMG 对象模型。
- 对比 ODMG ODL 和 SQL DDL。
- 使用 ODMG OQL 可以解决哪些类型的查询？它与 SQL 中的查询有何不同？

8.5　评估 OODBMS

OODBMS 具有几个优势。首先，它们以透明的方式存储复杂的对象和关系。基于身份的方法允许在执行涉及多个相关对象的复杂查询时提高性能，从而避免了昂贵的连接。通过使用与编程语言相同的数据模型来开发数据库应用程序，阻抗失配不再是问题。此外，开发人员的工作效率更高，因为他们只需要面对一种语言和数据模型。

尽管如此，OODBMS 的成功仍然局限于以复杂的、嵌套的数据结构为特征的小众应用程序，在这些应用程序中，基于身份而不是基于价值的工作方法会带来回报。一个例子是瑞士 CERN 对科学数据集的处理，其中的数据访问遵循可预测的模式。然而，RDBMS 的广泛使用和性能被证明是难以替代的：OODBMS 的（特别的）查询公式和优化过程常常不如关系数据库，关系数据库都采用 SQL 作为其主要的数据库语言，并结合了强大的查询优化器。与 RDBMS 相比，OODBMS 在健壮性、安全性、可扩展性和容错性方面没有得到很好的开发。它们也没有提供三层数据库架构的透明实现。更具体地说，大多数 OODBMS 不支持定义外部数据库模型，比如关系模型中的视图。

此外，尽管 ODMG 所做的努力，没有广泛实施供应商提出的统一标准，他们很快意识到 OODBMS 的概念和对象持久性等是不一样的，因此，1998 年 ODMG 名称更改为对象数据管理集团（缩写仍是 ODMG）。其目的是将重点放在对象持久性 API 的标准化上，仍然遵循相同的 ODMG 原则，而不管底层数据存储是 RDBMS 还是 OODBMS。事后看来，这可能是 ODMG 最重要的贡献，尽管随着时间的推移，标准本身也被抛弃了。

ODMG 的努力激发了为 Java 编程语言（我们将在第 15 章详细讨论）创建一系列持久性 API 的灵感，这些 API 是目前大多数 OODBMS 使用的 API，而不是 ODMG 标准。然而，大多数主流的数据库应用程序通常是使用 OO 编程语言和 RDBMS 结合起来构建的。在这样的环境中，持久性 API 与对象 - 关系映射（ORM）框架一起工作，ORM 作为中间件用于促进两个环境（OO 宿主语言和 RDBMS）之间的通信。ORM 框架通过直接将对象映射到关系概念来解决 OO 应用程序和 RDBMS 之间的阻抗问题，反之亦然。ORM 可以将需要持久化的每个对象映射到关系数据库中的一个或多个元组，而不必实现特定于供应商的接口或类。ORM 完全支持所有 CRUD（创建、读取、更新和删除）数据库操作。使用对象 - 关系映射器的一个主要优点是，开发人员不需要了解和掌握关系数据库设计和高级 SQL 查询调优的所有细节。这允许开发人员只关注 OO 范型。所有数据库交互都由 ORM 直接处理和优化，而开发人员只需要面对对象和 OO 概念。理想情况下，这将导致更紧凑的应用程序代码、潜在的数据库调用减少、更高效的查询以及更强的跨数据库平台的可移植性。

不同的编程语言有不同的 ORM 实现，Hibernate 是 Java 编程语言最流行的选择之一，它支持大多数商业关系数据库平台，如 MySQL、Oracle、Sybase 等。图 8-3 提供了 Hibernate 架构的高级概要。我们将在第 10 章和第 15 章中更详细地阐述这些组件。

要记住 ORM 和 OODBMS 之间的一个关键区别是，ORM 充当关系 DBMS 和遵循 OO 范式的宿主语言之间的中间件层。ORM 框架的使用应该被视为关系数据库访问的一种更高级的形式。

知识关联 第 15 章深入讨论了数据库访问和 API，并将更详细地讨论对象关系映射的概念。第 10 章介绍了 XML，它可以定义图 8-3 中所示的映射。

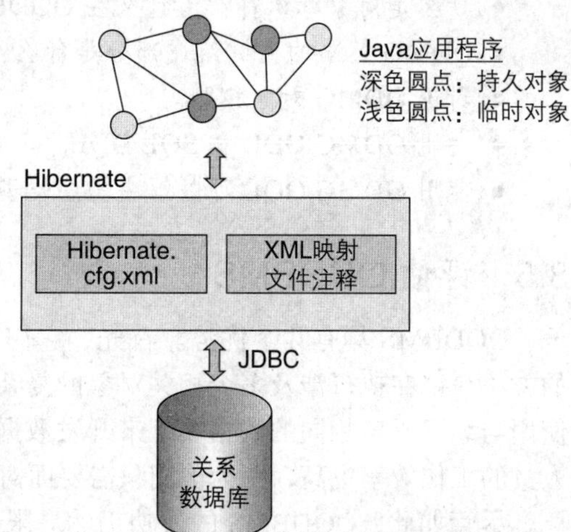

图 8-3　Hiberante 架构

总结

在本章中，我们首先回顾了面向对象的基本概念。随后讨论了高级 OO 概念，如方法重载、继承、方法重写、多态性和动态绑定，所有这些都使用 Java 进行了说明。然后，我们介绍了对象持久性的基本原则，并回顾了序列化，这是第一次尝试为编程语言提供跨程序的多次执行来保存数据的能力。接着介绍了 OODBMS，我们从引入对象标识符开始，对象标识符在标识对象中起着关键作用。接下来介绍 ODMG 标准，并讨论其对象模型、对象定义语言（ODL）、对象查询语言（OQL）及其通过语言绑定的实现。最后，我们通过将 OODBMS 与 RDBMS 进行对比并引入对象关系映射框架（ORM），对 OODBMS 进行了批判性的回顾。

情景收尾 既然 Sober 理解了 OO、对象持久性和 OODBMS 的基本原则，就可以适当地权衡这些技术的好处和风险。尽管该公司最初着迷于模型复杂对象的能力，但他们认为其缺乏良好的和易于使用的查询语言（相对于 RDBMS 中的 SQL 而言），并且缺乏透明的数据库三层架构，因此，他们没有使用这些技术。然而，一旦 Sober 成长为一个成熟的数据感知组织，他们可能会重新考虑这一点。

关键术语表

accessor methods（存取器方法）
associative query（关联查询）
atomic literal（原子字面量）
collection literal（集合字面量）
constructor（构造函数）
deep equality（极度相等）
dynamic binding（动态绑定）
encapsulation（封装）
implementation（实现）
information hiding（信息隐藏）
inheritance（继承）
interface（接口）
literal（字面量）
method overloading（方法重载）
method overriding（方法重写）
navigational query（导航查询）
Object Data Management Group（对象数据管理组）
object definition language（ODL，对象定义语言）
object equality（对象相等）
object identifier（OID，对象标识符）
object identity（对象标识）
object model（对象模型）
object query language（OQL，对象查询语言）
object-relational mapping（ORM，对象关系映射）
object-oriented（OO，面向对象）
object-oriented DBMS（OODBMS，面向对象数据库管理系统）
persistence by class（类持久化）

persistence by creation（创建持久化）
persistence by inheritance（继承持久化）
persistence by marking（标记持久化）
persistence by reachability（通过可触及性决定持久化）
persistence independence（独立持久化）
persistence orthogonality（持久正交性）
persistent object（持久对象）
polymorphism（多态性）
serialization（序列化）
shallow equality（轻微相等）
static binding（静态绑定）
structured literal（结构化字面量）
transient object（临时对象）
transitive persistence（传递持久化）
type orthogonality（类型正交性）

思考题

8.1 下列哪个陈述是**不正确的**？
 a. 对象是类的蓝图。“Human”“Employee” 和 “Sale” 是对象的例子。
 b. 对象是类的实例。人 “ Bart Baesens” “ Wilfried Lemahieu” 和 “ Seppe vanden Broucke” 可以是 Person 类的实例。
 c. 对象既存储一条信息，又存储操作该信息的方法。
 d. 一个类可以实例化为几个对象。

8.2 哪一个关于“封装”的陈述是**正确的**？
 a. 封装是指将值存储在变量中，并且不再更改它。这样它的值就永远安全了。
 b. 封装是指存储一个值变量，使其无法检索。
 c. 封装是指通过强制用户使用防止滥用变量的 getter/setter 方法来控制变量的访问方式。
 d. 封装意味着一个类的方法不能被其他类访问。

8.3 在 Java 中，什么是方法重载？
 a. 将很多代码放到一个方法中，以至于它的功能变得难以理解。
 b. 使用两个具有相同名称但不同数量（或不同类型）参数的方法。
 c. 向类的用户提供他希望对类提供的变量执行的所有可能的方法。
 d. 确保每个方法都使用类的所有变量。

8.4 哪个陈述是**正确的**？
 a. 动态绑定意味着对象可以采用其实例所在的类的形式，也可以采用其子类的形式。
 b. 在带有父类 “ Animal” 和子类 “ Chicken” 的继承结构中，这些类中最多允许有一个名为 “makeNoise” 的方法。
 c. 父类的不同子类都可以含有具有相同名称、参数数量和参数类型的方法的不同实现。
 d. 静态绑定在运行时发生，而动态绑定在编译时发生。

8.5 对象应该是持久的，当____。
 a. 你需要在多个程序执行过程中使用它们。
 b. 你只需要在一个程序执行期间使用它们，然后就再也不需要它们了。

8.6 哪个陈述是**不正确的**？
 a. 通过标记实现持久性意味着所有对象都将被创建为持久性对象。然后可以在编译时将对象标记为临时。
 b. 类的持久性意味着特定类的所有对象都将成为持久性的。
 c. 通过扩展创建对象的语法来实现创建持久性，从而在编译时指示应该使对象持久。
 d. 通过继承实现持久性表明持久性功能是从预定义的持久性类继承的。

8.7 关于对象标识符（OID）的哪个陈述是**正确的**？
 a. 在对象的整个生命周期内，对象的 OID 保持不变。
 b. OID 与关系数据库设置中的主键相同。

c. 具有相同值的两个对象总是具有相同的 OID。

d. 根据 ODMG 标准，每个字面量由 OID 定义。

8.8　下列关于 ODL 的叙述哪一个是**正确的**？

a. ODL 只针对 Java 对象进行了优化。

b. 类的范围是所有当前实例的集合。

c. 多对多关系不能使用 ODL 来表示。

d. ODL 支持一元、二元和三元关系。

8.9　关于 OQL 的陈述哪个是**不正确的**？

a. OQL 是一种声明性、非过程性查询语言。

b. OQL 不支持连接查询。

c. OQL 既可以用于导航（过程性）访问，也可以用于关联（声明性）访问。

d. OQL 语言不提供对插入、更新和删除操作的显式支持。

8.10　什么**不是** OODBMS 的优势？

a. 它们允许以透明的方式存储对象和关系。

b. 用与编程语言相同的数据模型来解决阻抗失配问题。

c. OODBMS 的可扩展性和容错性远远好于关系型 DBMS。

d. 基于身份的方法允许在执行涉及多个相关对象的复杂查询时提高性能，从而避免了昂贵的连接。

问题和练习

8.1E　多态性和动态绑定之间的关系是什么？举例说明。

8.2E　讨论确保对象持久性的各种策略。你什么时候会使用什么策略？持久性环境应该支持哪些关键属性？

8.3E　什么是对象标识符？为什么 OODBMS 要使用它们？ RDBMS 中的主键有什么不同？

8.4E　ODMG 模型中的字面量是什么？支持什么类型的字面量？如何在 Java 中映射字面量？通过举例说明。

8.5E　ODMG 支持哪些类型的关系和基数？

8.6E　对比 OQL 和 SQL。

8.7E　详细解释以下查询。

```
SELECT e1.ENAME, e1.age, d.DNAME, e2.ENAME, e2.age
FROM employees e1, e1.works_in d, d.managed_by e2
WHERE e1.age > e2.age
```

如何在 SQL 中解决类似的查询？

8.8E　依据下面各点对比 OODBMS 和 RDBMS：

- 复杂对象的处理；
- 查询性能；
- 三层数据库架构的实现；
- 工业中的采用。

## 第9章

扩展关系数据库

本章目标 在本章中，你将学到：

- 了解关系模型的缺点；
- 定义和使用触发器和存储过程；
- 了解如何应用OO的概念（如用户定义的类型、用户定义的函数、继承、行为、多态性、集合类型和大对象）来扩展RDBMS；
- 定义和使用递归SQL查询。

情景导入 现在，Sober已决定继续使用关系模型，该公司想知道是否可以通过一些智能扩展来丰富它。它想知道是否有可能使RDBMS更加活跃，以便在发生特定案例的情况下能够主动采取行动。尽管Sober并不完全相信OODBMS，并决定不继续使用，但他们赞同引入的一些OO概念。他们想知道是否有可能采用"两全其美"的方法，从而可以用所学到的一些面向对象概念来丰富其关系模型。

在本章中，我们将回顾在行业中非常流行的RDBMS。我们从刷新关系模型的关键构建块开始，并讨论其局限性。然后，我们研究扩展关系数据库的方式，从回顾触发器和存储过程开始，这是使RDBMS更加活跃的两个关键机制。接下来，我们介绍对象关系DBMS（ORDBMS）。与第8章中的OODBMS相比，ORDBMS建立在关系引擎上，但是它们扩展了具有面向对象特性的RDBMS。我们以递归查询作为结束，这是SQL语言的强大扩展。

9.1 关系模型的局限性

关系数据模型及其RDBMS实现在管理结构良好的数字和字母数字数据方面非常成功。造成这种情况的主要原因之一是关系模型的数学简单性和可靠性。如第6章所述，它的两个关键构建块是元组和关系。元组是描述实体的属性类型的值的组合。可以使用元组构造函数创建它。关系是描述相似实体的数学元组集。可以使用set构造函数创建它。正如在第6章中提到的那样，关系模型要求所有关系都要规范化。有关实体的数据可以分散在多个关系中，这些关系使用主－外键关系进行连接。由于后者基于实际的、可观察的数据值，因此关系模型也称为基于值的模型，而不是OO模型，后者是基于身份的模型，其中使用不可观察的对象标识符进行引用。RDBMS成功的另一个原因是SQL的可用性，SQL是一种易于学习、描述性和非导航性的数据操作语言（DML)(请参见第7章)。

尽管关系模型在行业中很流行，但是处理复杂对象（例如，多媒体、地理空间信息系统（GIS)、基因组学、时间序列、物联网等）的应用程序的出现扩大了其局限性并揭示了其缺点。在下文中，我们将对此进行详细说明。

首先要关注的是标准化本身。由于标准化，关系模型具有扁平的结构，其中关系只能通过使用主－外键关系来连接。如果数据模型的复杂性增加，这将给数据库应用程序的性能带来沉重负担，因为在成功使用和操作数据之前，需要使用昂贵的连接对数据进行碎片整理。不能直接支持建模概念，例如专业化、分类和聚合。这显然会对代码效率和维护产生负面影响。

另一个缺点与关系模型仅支持两个类型构造函数的事实有关：元组构造函数和集合构造函数。前者只能用于原子值，这意味着不能直接对复合属性类型进行建模。后者只能用于元组，因此不支持多值属性类型。这两个构造函数都不正交，因此不能以嵌套方式使用。不能直接对复杂对象建模，而需要将其分解为简单、可管理的对象，然后可以将其数据分布在多个关系中。

下一个限制涉及无法对 DBMS 运行时环境中的数据建模行为或存储功能。如果可能，应用程序可以共享和调用这些功能，从而减少网络流量和不必要的代码复制。除了数据独立性之外，这还将允许支持功能独立性，从而可以更改存储在数据库中的功能的实现，而不会影响使用该功能的应用程序。

最后，RDBMS 以其基本形式提供了非常差的支持，无法处理在现代应用程序中经常遇到的特定数据，例如音频、视频或文本文件。

为了解决上述缺点，RDBMS 已扩展为具有其他功能。接下来，我们讨论活动扩展和 OO 扩展。我们还将回顾允许更复杂的查询表述的递归 SQL 查询，这是应付关系模型的某些结构性限制的另一种方法。

知识关联 关系模型在第 6 章中进行了详细讨论。第 7 章介绍了 SQL，而 OODBMS 在第 8 章中进行了介绍。

节后思考 讨论一下关系模型的主要局限性，并举例说明。

9.2 RDBMS 主动拓展

从传统意义上讲，RDBMS 仅执行用户和应用程序显式调用的事务，这是**被动**的。大多数现代 RDBMS 都是**主动**的，因为如果发生特定情况，它们可以主动采取行动。主动 RDBMS 的两个关键组件是触发器和存储过程。

9.2.1 触发器

触发器是一段由声明性和过程性指令组成的 SQL 代码，并存储在 RDBMS 的目录中。每当发生特定事件（例如，插入、更新、删除）并且特定条件被评估为 true 时，RDBMS 就会自动激活并运行（也称为触发）。与第 7 章中讨论的 CHECK 约束相反，触发器还可以引用其他表中的属性类型。因此，它们的应用之一是强制执行在基本关系模型中无法捕获的复杂语义约束。触发器使用以下语法在 SQL 中定义：

```
CREATE TRIGGER trigger-name
BEFORE | AFTER trigger-event ON table-name
[ REFERENCING old-or-new-values-alias-list ]
[ FOR EACH { ROW | STATEMENT } ]
[ WHEN (trigger-condition) ]
trigger-body;
```

让我们用一些例子来说明这一点。假设我们有两个关系表：

```
EMPLOYEE(SSN, ENAME, SALARY, BONUS, JOBCODE, DNR)
DEPARTMENT(DNR, DNAME, TOTAL-SALARY, MGNR)
```

请记住，EMPLOYEE 中的外键 DNR 是指 DEPARTMENT 中的 DNR，而外键 MGNR 是指 EMPLOYEE 中部门经理的 SSN。员工的工资包括固定工资和可变奖金。JOBCODE 属性类型是指分配给员工的工作类型。DEPARTMENT 中的属性类型 TOTAL-SALARY 包含一个部门中所有员工的总工资，并且每当新员工分配到特定部门时都应更新。这可以通过以下 SQL 触发器来完成：[⊖]

```
CREATE TRIGGER SALARYTOTAL
AFTER INSERT ON EMPLOYEE
FOR EACH ROW
WHEN (NEW.DNR IS NOT NULL)
UPDATE DEPARTMENT
SET TOTAL-SALARY = TOTAL-SALARY + NEW.SALARY
WHERE DNR = NEW.DNR
```

这是**事后触发器**的示例，因为它首先插入员工元组，然后执行触发器主体，该触发器主体调整 DEPARTMENT 中的属性类型 TOTAL-SALARY。对于受 INSERT 影响的每一行或元组执行触发器，并在执行更新之前首先验证新员工元组的 DNR 是否为 NULL。

总是在触发事件（在这种情况下，对 EMPLOYEE 进行 INSERT 操作）发生之前执行**事前触发器**。假设我们现在还具有如下定义的关系表 WAGE：

```
WAGE(JOBCODE, BASE_SALARY, BASE_BONUS)
```

对于 JOBCODE 的每个值，此表存储相应的基本工资和奖金。现在，我们可以如下定义事前触发器：

```
CREATE TRIGGER WAGEDEFAULT
BEFORE INSERT ON EMPLOYEE
REFERENCING NEW AS NEWROW
FOR EACH ROW
SET (SALARY, BONUS) =
(SELECT BASE_SALARY, BASE_BONUS
FROM WAGE
WHERE JOBCODE = NEWROW.JOBCODE)
```

事前触发器首先为每个新员工元组检索 BASE_SALARY 和 BASE_BONUS 值，然后将整个元组插入 EMPLOYEE 表中。触发器具有多种优点：

- 自动监控和验证是否发生了特定事件（例如，如果奖金为 0，则生成消息）；
- 在不更改用户前端或应用程序代码的情况下对额外的语义和完整性规则进行建模（例如，工资应大于 0，奖金不能大于工资）；
- 为新元组的属性类型分配默认值（例如，分配默认奖金）；
- 如果发生数据复制，则进行同步更新；
- 自动审核和记录，这在任何其他应用程序层中可能都很难完成；
- 自动导出数据（例如，导出到网络）。

⊖ 我们还可以在 DEPARTMET 表上创建一个视图来计算工资总额，但是假设我们将工资总额作为实际的存储值，例如，出于性能原因。

然而，使用触发器时也应该小心并进行监督，因为它们可能导致：

- 功能性隐藏，可能很难跟进和管理；
- 级联效应导致一个触发器无限循环触发另一个触发器等；
- 如果为同一数据库对象和事件定义了多个触发器，则结果不确定；
- 死锁情况（例如，如果导致触发器的事件和触发器主体中的操作属于尝试访问同一数据的不同事务，请参见第 14 章）；
- 调试复杂性，因为它们不位于应用程序环境中；
- 可维护性和性能问题。

鉴于上述考虑，在将触发器部署到生产环境中之前，对其进行广泛的测试非常重要。

一些 RDBMS 供应商还支持**模式级触发器**（也称为 DDL 触发器），该触发器在对 DBMS 模式进行更改（例如创建、删除或更改表、视图等）后触发。大多数 RDBMS 供应商都提供定制的触发器实现。建议检查手册并浏览提供的选项。

9.2.2　存储过程

存储过程是一段由声明性和过程性指令组成的 SQL 代码，并存储在 RDBMS 的目录中。必须通过在应用程序或命令提示符下调用它来显式调用它。这是与触发器的关键区别，触发器是被隐式“触发”的。

考虑一个存储过程的例子：

```
CREATE PROCEDURE REMOVE-EMPLOYEES
(DNR-VAR IN CHAR(4), JOBCODE-VAR IN CHAR(6)) AS
BEGIN
DELETE FROM EMPLOYEE
WHERE DNR = DNR-VAR AND JOBCODE = JOBCODE-VAR;
END
```

此存储过程接受两个输入变量 DNR-VAR 和 JOBCODE-VAR，它们的值可以从应用程序传递，然后，它将从 EMPLOYEE 表中删除所有 employee 元组，这些元组具有两个变量的指定值。作为一个例子，考虑这个 JDBC 调用：⊖

```
import java.sql.CallableStatement;
...
CallableStatement cStmt = conn.prepareCall("{ call REMOVE-EMPLOYEES(?, ?)}");
cStmt.setString(1, "D112");
cStmt.setString(2, "JOB124");
cStmt.execute();
...
```

我们首先导入执行存储过程所需的 java.sql.CallableStatement 包（见第 15 章）。然后，我们使用连接对象“ conn”和方法 prepareCall() 创建一个新的 CallableStatement 对象。这两个问号表示输入参数，可以在 Java 程序中设置。在我们的例子中，我们使用 setString()

⊖ 我们将在第 15 章详细讨论 JDBC。目前，只要了解 JDBC 允许 Java 程序通过引入一组类（例如，在我们的示例中是 CallableStatement）来与关系数据库交互就足够了。

方法设置参数（字符串）的值，并使用 execute() 方法执行存储过程。此调用将确保从 EMPLOYEE 表中删除在 D112 部门工作且其作业代码为 JOB124 的所有员工。注意，存储过程还可以将结果返回给 Java 程序，然后可以使用 JDBC Resultset 对象对其进行处理（有关详细信息，请参阅第 15 章）。

存储过程有许多优点：

- 类似于 OODBMS，它们可以存储数据库的行为。存储过程可以预先编译，因此运行时不需要编译，这有助于提高性能。
- 由于应用程序和 DBMS 之间需要较少的通信，它们可以减少网络通信量。在 RDBMS 运行时环境中，对数据库的大型子集的计算可以在“接近数据”的地方执行，而不是通过网络传输要在应用层处理的大量数据。
- 它们可以以独立于应用程序的方式实现，并且可以很容易地跨应用程序共享或从不同的编程语言调用。
- 它们提高了数据和功能的独立性，并可以实现自定义的安全规则（例如，用户可以有权执行存储过程，而不必有权读取底层表或视图）。
- 它们可以用作逻辑上属于一起的几个 SQL 指令的容器。
- 与触发器相比，它们更易于调试，因为它们是从应用程序显式调用的。

与触发器一样，其主要缺点是可维护性。

知识延伸 一些触发器和存储过程的反对者经常说它们的使用会导致蝴蝶效应，比如，蝴蝶在新墨西哥拍动翅膀（类似于在数据库中添加存储器或存储过程）会引起中国的飓风（类似于应用程序或应用程序生态系统的崩溃）。

节后思考 触发器和存储过程有什么区别？你会在什么时候使用哪个拓展？使用这些扩展的风险是什么？

9.3 对象 – 关系型 RDBMS 扩展

在第 8 章我们讨论了 OODBMS。尽管它们提供了一些优点，例如以透明的方式存储复杂的对象和关系，并且绕过了阻抗不匹配，但在业界很少有成功的案例报告。这是因为它们被认为是非常复杂的工作，这主要是由于缺少一个良好的、标准的 DML，如用于 RDBMS 的 SQL，以及缺乏透明的三层数据库架构。对象关系数据库管理系统（ORDBMS）试图结合两者的优点。其思想是保持关系作为基本构件，SQL 作为核心 DDL/DML，但使用以下一组 OO 概念扩展它们：

- 用户定义类型（UDT）
- 用户定义功能（UDF）
- 继承
- 行为
- 多态性
- 收集类型
- 大对象（LOB）

注意，大多数 ORDBMS 供应商只实现这些选项的一个选择，可能与定制的扩展结合在一起。因此，建议查看 DBMS 手册以了解它支持哪些扩展。ORDBMS 的流行示例包括 PostgreSQL（开源）和主要关系供应商（如 Oracle、Microsoft 和 IBM）提供的最新 DBMS 产品。

知识关联 第 8 章讨论 OODBMS 的关键概念。OODBMS 通过将这些概念作为 RDBMS 的扩展来构建这些概念。

知识延伸 POSTGRES 是最早开发的开源 ORDBMS 之一，最初于 1996 年 7 月 8 日发布。这些代码构成 PostgreSQL 的基础，也被商业化为 Illustra，后来被 Informix 购买，而 Informix 又被 IBM 收购。

9.3.1　用户定义类型

标准 SQL 只提供一组有限的数据类型，如 char、varchar、int、float、double、date、time、boolean（见第 7 章）。这些标准数据类型不足以对复杂对象建模。

如果我们可以特殊化这些数据类型，甚至可以定义新的数据类型并对它们进行必要的操作，我们就可以解决这个问题。顾名思义，用户定义类型[⊖]定义具有特定属性的自定义数据类型。用户定义类型可分为以下五种类型：

- 非重复数据类型：扩展现有的 SQL 数据类型。
- 非透明数据类型：定义全新的数据类型。
- 未命名行类型：使用未命名元组作为属性值。
- 命名行类型：使用命名元组作为属性值。
- 表数据类型：将表定义为表类型的实例。

1. 非重复数据类型

非重复数据类型是用户定义的数据类型，专门用于标准的内置 SQL 数据类型。非重复数据类型继承用于其定义的 SQL 数据类型的所有属性。考虑以下两个例子：

```
CREATE DISTINCT TYPE US-DOLLAR AS DECIMAL(8,2)
CREATE DISTINCT TYPE EURO AS DECIMAL(8,2)
```

我们用数字将 US-DOLLAR 和 EURO 定义为两种不同的类型：小数点前六位数字和小数点后两位数字。在表 ACCOUNT 中定义属性类型时，现在可以使用这两种方法，如下所示：

```
CREATE TABLE ACCOUNT
(ACCOUNTNO SMALLINT PRIMARY KEY NOT NULL,
...
AMOUNT-IN-DOLLAR US-DOLLAR,
AMOUNT-IN-EURO EURO)
```

非重复数据类型的主要优点之一是它们可以用来防止错误的计算或者比较，例如，如果我们将 AMOUNT-IN-DOLLOR 和 AMOUNT-IN-EURO 都定义为 (8,2) 形式的小数，那么我们就可以添加和比较这两类属性的值，但这显然没有任何意义。通过使用非重复数据类型，我们只能添加和比较以欧元或者美元表示的金额。

一旦定义了非重复数据类型，ORDBMS 将会自动创建两个转换函数：一个用于将用户定义类型的值转换或映射到基础的内置类型，另一个用于将内置类型转换或者映射到用户定义类型。假设我们现在希望检索以欧元表示的金额大于 1000 的所有账户元组，并编写一下 SQL 查询：

```
SELECT *
FROM ACCOUNT
WHERE AMOUNT-IN-EURO > 1000
```

此查询将无法成功执行，并将引发错误。原因是数据类型为 EURO 的 AMOUNT-IN-EURO

⊖　用户定义的类型有时也称为抽象数据类型（ADT）。

和数据类型为 DECIMAL 的 1000 之间存在类型不兼容。为了成功地进行比较，我们应该首先使用 ORDBMS 生成的 EURO() 强制转换函数将 1000 强制转换为 EURO 数据类型，如下所示：

```
SELECT *
FROM ACCOUNT
WHERE AMOUNT-IN-EURO > EURO(1000)
```

2. 非透明数据类型

非透明数据类型是全新的、用户定义的数据类型，而不是基于任何现有的 SQL 数据类型。例如，图像、音频、视频、指纹、文本、空间数据、RFID 标签或 QR 码的数据类型。这些不透明的数据类型还需要自己的用户定义函数来处理它们。一旦定义，它们就可以在任何可以使用标准 SQL 数据类型的地方使用，例如表定义或查询。直接在数据库中定义不透明的数据类型允许多个应用程序有效地共享它们，而不是每个应用程序都必须独立地为它们提供自己的实现。这里可以看到这样一个例子：

```
CREATE OPAQUE TYPE IMAGE AS <...>
CREATE OPAQUE TYPE FINGERPRINT AS <...>

CREATE TABLE EMPLOYEE
  (SSN SMALLINT NOT NULL,
  FNAME CHAR(25) NOT NULL,
  LNAME CHAR(25) NOT NULL,
  ...
  EMPFINGERPRINT FINGERPRINT,
  PHOTOGRAPH IMAGE)
```

3. 未命名行类型

未命名行类型通过使用关键字 ROW 在表中包含复合数据类型。它由数据类型（如内置类型、非重复类型、非透明类型等）的组合组成。请注意，由于没有为行类型指定名称，因此不能在其他表中重用它，并且需要在需要时显式重新定义它。它也不能用于定义表。在这里，你可以看到两种未命名行类型的示例，用于定义员工的名称和地址：

```
CREATE TABLE EMPLOYEE
  (SSN SMALLINT NOT NULL,
  NAME ROW(FNAME CHAR(25), LNAME CHAR(25)),
  ADDRESS ROW(
   STREET ADDRESS CHAR(20) NOT NULL,
   ZIP CODE CHAR(8),
   CITY CHAR(15) NOT NULL),
  ...
  EMPFINGERPRINT FINGERPRINT,
  PHOTOGRAPH IMAGE)
```

4. 命名行类型

命名行类型是一种用户定义的数据类型，它将一组连贯的数据类型分组为一个新的复合数据类型，并为其指定一个有意义的名称。一旦定义，命名行类型就可以在表定义、查询或其他任何可以使用标准 SQL 数据类型的地方使用。命名行类型将完整的数据行存储在一个变量中，也可以用作 SQL 例程和函数的输入或输出参数的类型（请参阅 9.3.2 节）。正如我们在第 6 章中所讨论的，使用（未命名的）行类型意味着第一个范式的结束。记住，第一范式不允许在关系中使用复合属性类型。ORDBMS 降低了这一需求，有利于更多的建模灵活性。与未命名行类型不同，已命名行类型可用于定义表。例如，我们可以定义命名行类型 ADDRESS 址：

```
CREATE ROW TYPE ADDRESS AS
(STREET ADDRESS CHAR(20) NOT NULL,
ZIP CODE CHAR(8),
CITY CHAR(15) NOT NULL)
```

这个可以被用来定义我们的 EMPLOYEE 表：

```
CREATE TABLE EMPLOYEE
 (SSN SMALLINT NOT NULL,
  FNAME CHAR(25) NOT NULL,
  LNAME CHAR(25) NOT NULL,
  EMPADDRESS ADDRESS,
  ...
  EMPFINGERPRINT FINGERPRINT,
  PHOTOGRAPH IMAGE)
```

然后可以使用点 (.) 运算符访问命名行类型的各个组件，如下查询所示：[⊖]

```
SELECT LNAME, EMPADDRESS
FROM EMPLOYEE
WHERE EMPADDRESS.CITY = 'LEUVEN'
```

此查询检索居住在 Leuven 市的所有员工的姓和完整地址。另一个例子是：

```
SELECT E1.LNAME, E1.EMPADDRESS
FROM EMPLOYEE E1, EMPLOYEE E2
WHERE E1.EMPADDRESS.CITY = E2.EMPADDRESS.CITY
AND E2.SSN = '123456789'
```

此查询返回与 SSN 等于 123456789 的员工居住在同一城市的所有员工的姓和完整地址。

5. 表数据类型

表数据类型（或类型表）定义表的类型。后者引用一个表定义，很像 OO 中的类。它用于实例化具有相同结构的各种表。举个例子：

```
CREATE TYPE EMPLOYEETYPE AS
 (SSN SMALLINT NOT NULL,
  FNAME CHAR(25) NOT NULL,
  LNAME CHAR(25) NOT NULL,
  EMPADDRESS ADDRESS
  ...
  ...
  EMPFINGERPRINT FINGERPRINT,
  PHOTOGRAPH IMAGE)
```

⊖ 还可以使用点 (.) 运算符访问未命名行类型的各个组件。

EMPLOYEETYPE 表数据类型现在可以用于定义两个表 EMPLOYEE 和 EX-EMPLOYEE，如下所示：

```
CREATE TABLE EMPLOYEE OF TYPE EMPLOYEETYPE PRIMARY KEY (SSN)
CREATE TABLE EX-EMPLOYEE OF TYPE EMPLOYEETYPE PRIMARY KEY (SSN)
```

表类型定义的列也可以使用关键字 REF 引用另一个表类型定义，如下所示：

```
CREATE TYPE DEPARTMENTTYPE AS
  (DNR SMALLINT NOT NULL,
  DNAME CHAR(25) NOT NULL,
  DLOCATION ADDRESS
  MANAGER REF(EMPLOYEETYPE))
```

这假设 ORDBMS 支持行标识。当使用 DEPARTMENTTYPE 类型定义一个部门表时，它的 MANAGER 属性将包含对其类型为 EMPLOYEETYPE 的表的员工元组的引用或指针。注意，这些引用代表了 OODBMS 中 OID 的 ORDBMS 副本。但是，与 OID 不同，ORDBMS 中使用的引用可以被显式地请求并显示给用户。正如我们将在本章后面的 9.3.6 节中看到的，引用可以通过 DEREF（从取消引用）函数来替换它引用的实际数据。

注意，一些 ORDBMS 供应商不区分命名行类型和表数据类型，但只支持 CREATE TYPE 函数，该函数可以定义表中的列或整个表。

9.3.2 用户定义函数

每个 RDBMS 都带有一组内置函数，例如 MIN()、MAX()、AVG()。**用户定义函数**允许用户通过显式定义自己的函数来扩展这些功能，以丰富 RDBMS 的功能，类似于 OODBMS 中的方法。这些用户定义函数可以在内置和用户定义的数据类型上工作。每个用户定义函数将包含一个名字、输入输出参数以及具体的实现过程。实现过程可以使用大多数 RDBMS 供应商提供的 SQL 的专有过程扩展来编写实现，也可以使用 C、Java 或 Python 等外部编程语言来编写实现。

用户定义函数存储在 ORDBMS 中，并且对应用程序隐藏。这有助于实现封装或信息隐藏（见第 8 章）。用户定义函数的实现可以更改，而不影响使用它的应用程序。大多数 ORDBMS 将重载用户定义函数，这意味着在不同数据类型上操作的用户定义函数可以具有相同的名称。当应用程序调用用户定义函数时，ORDBMS 将根据指定的数据类型调用正确的实现。

用户定义函数可以分成 3 种类型：源函数、外部标量函数和外部表函数。

源函数是一个基于内建函数的用户定义函数。它们通常与不同的数据类型结合使用。假设我们定义不同的数据类型 MONETARY 如下：

```
CREATE DISTINCT TYPE MONETARY AS DECIMAL(8,2)
```

然后我们可以在 EMPLOYEE 表定义中使用它：

```
CREATE TABLE EMPLOYEE
  (SSN SMALLINT NOT NULL,
  FNAME CHAR(25) NOT NULL,
```

```
    LNAME CHAR(25) NOT NULL,
    EMPADDRESS ADDRESS,
    SALARY MONETARY,
    ...
    EMPFINGERPRINT FINGERPRINT,
    PHOTOGRAPH IMAGE)
```

现在让我们定义一个源用户定义函数来计算平均值：

```
CREATE FUNCTION AVG(MONETARY)
RETURNS MONETARY
SOURCE AVG(DECIMAL(8,2))
```

源函数的名称是 AVG（MONETARY），返回数据类型是 MONETARY，源函数是内置函数 AVG（DECIMAL）。我们现在可以使用以下查询调用此函数：

```
SELECT DNR, AVG(SALARY)
FROM EMPLOYEE
GROUP BY DNR
```

此查询选择使用前面定义的源用户定义函数来计算每个部门的部门号和平均工资。

外部标量函数和**外部表函数**都是包含显式定义的功能的函数，用外部宿主语言（如 Java、C、Python）编写。区别在于前者返回单个值或标量，而后者返回值表。

9.3.3 继承

关系模型是一个平面模型，因为除了表之间的主 - 外连接之外，不允许有其他显式关系。因此，不支持超类 - 子类关系，也不支持继承。ORDBMS 通过在数据类型和类型表级别上提供对继承的显式支持来扩展 RDBMS。

1. 数据类型级别的继承

在数据类型级别的继承意味着子数据类型继承父数据类型的所有属性，然后可以通过添加特定的特性来进一步专门化。让我们重温以下示例，以定义由街道地址、邮政编码和城市组成的地址数据类型：

```
CREATE ROW TYPE ADDRESS AS
  (STREET ADDRESS CHAR(20) NOT NULL,
  ZIP CODE CHAR(8),
  CITY CHAR(15) NOT NULL)
```

我们现在可以通过创建子类型 INTERNATIONAL_ADDRESS 来实现专门化，并且添加了国家：

```
CREATE ROW TYPE INTERNATIONAL_ADDRESS AS
  (COUNTRY CHAR(25) NOT NULL) UNDER ADDRESS
```

记住，专门化总是假设一个“is a”关系，这适用于我们的情况，因为国际地址是一个地址。我们可以在 EMPLOYEE 表的定义中使用它，如下所示：

```
CREATE TABLE EMPLOYEE
  (SSN SMALLINT NOT NULL,
  FNAME CHAR(25) NOT NULL,
```

```
  LNAME CHAR(25) NOT NULL,
  EMPADDRESS INTERNATIONAL_ADDRESS,
  SALARY MONETARY,
  ...
  EMPFINGERPRINT FINGERPRINT,
  PHOTOGRAPH IMAGE)
```

我们现在可以编写此 SQL 查询：

```
SELECT FNAME, LNAME, EMPADDRESS
FROM EMPLOYEE
WHERE EMPADDRESS.COUNTRY = 'Belgium'
AND EMPADDRESS.CITY LIKE 'Leu%'
```

此查询要求以“Leu”三个字母开头的比利时城市中所有员工的姓名和地址。注意，INTERNATIONAL_ADDRESS 数据类型的定义没有显式地包含 CITY 属性类型，但后者将从定义它的超类地址继承。

2. 表类型级别的继承

我们同样可以将继承的概念应用到表类型。假设我们已经有了 EMPLOYEETYPE 的定义：

```
CREATE TYPE EMPLOYEETYPE AS
  (SSN SMALLINT NOT NULL,
  FNAME CHAR(25) NOT NULL,
  LNAME CHAR(25) NOT NULL,
  EMPADDRESS INTERNATIONAL_ADDRESS
  ...
  ...
  EMPFINGERPRINT FINGERPRINT,
  PHOTOGRAPH IMAGE)
```

我们现在可以新建它的几个子类型，比如 ENGINEERTYPE 和 MANAGERTYPE：

```
CREATE TYPE ENGINEERTYPE AS
  (DEGREE CHAR(10) NOT NULL,
  LICENSE CHAR(20) NOT NULL) UNDER EMPLOYEETYPE
CREATE TYPE MANAGERTYPE AS
  (STARTDATE DATE,
  TITLE CHAR(20)) UNDER EMPLOYEETYPE
```

这个继承关系用关键字 UNDER 来指定。ENGINEERTYPE 和 MANAGERTYPE 都从 EMPLOYEETYPE 继承了定义属性。如你所见，一个超类型可以有多个子类型。然而，大多数 RDBMS 将不会支持多继承，也就是说，一个子类型最多有一个超类型。表类型层次结构可以是多层的，并且不能包含任何循环引用。然后可以使用类型定义来实例化表。显然，表层次结构应该与底层类型层次结构对应，如下所示：

```
CREATE TABLE EMPLOYEE OF TYPE EMPLOYEETYPE PRIMARY KEY (SSN)
CREATE TABLE ENGINEER OF TYPE ENGINEERTYPE UNDER EMPLOYEE
CREATE TABLE MANAGER OF TYPE MANAGERTYPE UNDER EMPLOYEE
```

注意，主键仅为最大超表定义，并由层次结构中的所有子表继承。继承的定义对数据操作有影响。假设我们进行此查询：

```
SELECT SSN, FNAME, LNAME, STARTDATE, TITLE
FROM MANAGER
```

此查询以 MANAGER 表为目标，要求输入 SSN、FNAME、LNAME（来自 EMPLOYEE 表）以及 STARTDATE 和 TITLE（均来自 MANAGER 表）。ORDBMS 将自动从正确的表中检索这些数据元素。假设我们现在有以下查询：

```
SELECT SSN, FNAME, LNAME
FROM EMPLOYEE
```

此查询将检索所有员工（包括经理和工程师）的 SSN、FNAME 和 LNAME。添加到子表的元组对超级表上的查询自动可见。如果要排除子表，则只应使用关键字 ONLY，如下所示：

```
SELECT SSN, FNAME, LNAME
FROM ONLY EMPLOYEE
```

9.3.4 行为

面向对象环境中对象的一个关键特性是，它们封装了决定其状态的数据和描述其行为的方法。ORDBMS 还将在数据库中存储行为。这可以通过定义触发器、存储过程或 UDF 隐式地完成，正如我们在前面的小节中所讨论的。更明确地说，ORDBMS 可以在数据类型和表的定义中包含方法的签名或接口。只有这个接口对外部世界可见；实现仍然是隐藏的，加强了信息隐藏的概念。然后可以将此行为视为表中的虚拟列。让我们考虑以下示例：

```
CREATE TYPE EMPLOYEETYPE AS
  (SSN SMALLINT NOT NULL,
  FNAME CHAR(25) NOT NULL,
  LNAME CHAR(25) NOT NULL,
  EMPADDRESS INTERNATIONAL_ADDRESS,
  ...
  ...
  EMPFINGERPRINT FINGERPRINT,
  PHOTOGRAPH IMAGE,
  FUNCTION AGE(EMPLOYEETYPE) RETURNS INTEGER)
```

我们现在显式地定义了一个函数 AGE，它有一个 EMPLOYEETYPE 类型的输入参数，并返回以整数表示的年龄。我们现在可以定义一个 EMPLOYEE 表：

```
CREATE TABLE EMPLOYEE OF TYPE EMPLOYEETYPE
PRIMARY KEY (SSN)
```

然后，我们可以编写此 SQL 查询来检索年龄等于 60 岁的所有员工的 SSN、FNAME、LNAME 和 PHOTOGRAPGH：

```
SELECT SSN, FNAME, LNAME, PHOTOGRAPH
FROM EMPLOYEE
WHERE AGE = 60
```

注意这个查询将调用 AGE 函数来计算年龄。外部用户甚至不需要知道 AGE 是作为虚拟列（即函数）实现的，还是作为实际列实现的。

9.3.5　多态性

子类型继承其父类型的属性类型及函数。它还可以重写函数以提供更专用的实现。这意味着同一个函数调用可以调用不同的实现，这取决于它所涉及的数据类型。这种特性是多态性，这在第 8 章也有讨论。请考虑以下示例：

```
CREATE FUNCTION TOTAL_SALARY(EMPLOYEE E)
RETURNING INT
AS SELECT E.SALARY
```

TOTAL_SALARY 函数以一个员工元组作为输入，并将工资作为整数返回。我们现在可以在管理器子类型中进一步特殊化此函数：

```
CREATE FUNCTION TOTAL_SALARY(MANAGER M)
RETURNING INT
AS SELECT M.SALARY + <monthly_bonus>
```

<monthly_bonus> 部分是指可以根据需要实现的特定于经理的附加组件。我们现在有两个版本的 TOTAL_SALARY 函数：一个用于正式员工，一个用于经理。假设我们现在编写这个查询：

```
SELECT TOTAL_SALARY FROM EMPLOYEE
```

此查询将检索所有员工（经理和非经理）的工资总额。ORDBMS 将确保根据元组使用正确的实现。

9.3.6　集合类型

ORDBMS 还提供类型构造函数来定义集合类型。集合类型可以实例化为标准数据类型或用户定义类型实例的集合。集合类型主要可以分成以下几类：

- 集合：无序集合，不允许重复。
- 多集或包：无序集合，允许重复。
- 列表：有序集合，允许重复。
- 数组：有序和索引的集合，允许重复。

注意，集合类型的使用再次意味着第一范式的结束，正如我们在第 6 章中讨论的那样。请考虑以下类型定义：

```
CREATE TYPE EMPLOYEETYPE AS
  (SSN SMALLINT NOT NULL,
  FNAME CHAR(25) NOT NULL,
  LNAME CHAR(25) NOT NULL,
  EMPADDRESS INTERNATIONAL_ADDRESS,
  ...
  EMPFINGERPRINT FINGERPRINT,
  PHOTOGRAPH IMAGE,
  TELEPHONE SET (CHAR(12)),
  FUNCTION AGE(EMPLOYEETYPE) RETURNS INTEGER)
```

EMPLOTEETYPE 使用 SET 结构来模拟一个员工可以有多个电话号码。在传统的关系模型中，必须通过引入 SSN 和 TELEPHONE 的新关系来建模，而 SSN 和 TELEPHONE 都是主键（假设一个员工可以有多个电话号码，并且一个电话号码可以在多个员工之间共享）。现在创建 EMPLOYEE 表如下：

```
CREATE TABLE EMPLOYEE OF TYPE EMPLOYEETYPE (PRIMARY KEY SSN)
```

我们现在可以写如下查询：

```
SELECT SSN, FNAME, LNAME
FROM EMPLOYEE
WHERE '2123375000' IN (TELEPHONE)
```

此查询将检索所有电话号码为 2123375000 的所有员工的 SSN 和姓名。注意，需要使用 IN 运算符来验证指定的数字是否属于集合。

集合的定义及其在查询中的使用会导致一种情况，即结果由一组集合组成，这些集合需要在之后进行排序。请考虑以下查询：

```
SELECT T.TELEPHONE
FROM THE (SELECT TELEPHONE FROM EMPLOYEE) AS T
ORDER BY T.TELEPHONE
```

注意上述查询中关键字 THE 的使用。这将把子查询的结果转换为一组原子值，这些原子值随后可以使用 ORDER BY 指令进行排序。这将给我们一份所有员工电话号码的订购单。

让我们现在新建一个 DEPARTMENTTYPE 类型：

```
CREATE TYPE DEPARTMENTTYPE AS
  (DNR CHAR(3) NOT NULL,
  DNAME CHAR(25) NOT NULL,
  MANAGER REF(EMPLOYEETYPE),
  PERSONNEL SET (REF(EMPLOYEETYPE))
```

注意 REF 运算符对 MANAGER 和 PERSONNEL 的使用。前者包含一个对于经理员工元组的引用或者指针，而后者包含对在部门中工作的员工的一组引用。我们也可以使用数组或者列表来存储特定顺序的员工元组，而不使用集合。我们现在可以实例化此类型：

```
CREATE TABLE DEPARTMENT OF TYPE DEPARTMENTTYPE (PRIMARY KEY DNR)
```

如果我们想执行以下查询语句来查询一个指定部门的个人数据：

```
SELECT PERSONNEL
FROM DEPARTMENT
WHERE DNR = '123'
```

然后，我们将会得到一组无意义的指针。然而，我们可以使用 DEREF 函数来得到真实的数据：

```
SELECT DEREF(PERSONNEL).FNAME, DEREF(PERSONNEL).LNAME
FROM DEPARTMENT
WHERE DNR = '123'
```

注意使用点运算符进行导航。在经典的 RDBMS 环境中，这个查询必须通过在 DEPARTMENT 和 EMPLOYEE 表之间使用一个耗时的基于值的连接来解决。路径表达式对导航访问的支持将影响 ORDBMS 中查询处理器的设计。

9.3.7　大对象

许多多媒体数据库应用程序使用大数据对象，如音频、视频、照片、文本文件、地图等。传统的关系型数据库系统对此没有足够的支持。ORDBMS 引入**大对象**（LOB）来处理这些项。为了提高物理存储效率，LOB 数据将会存储在单独的表和表空间中（见第 13 章）。然后，基表会包含一个引用此位置的 LOB 指示符。同样，查询会返回这些指标。ORDBMS 通常支持各种类型的 LOB 数据，如下：

- **BLOB（二进制大对象）**：一种长度可变的二进制字符串，其解释权留给外部应用程序。
- **CLOB（字符大对象）**：由单字节字符组成的可变长度字符串。
- **DBCLOB（双字节字符大对象）**：由双字节字符组成的可变长度字符串。

许多 ORDBMS 还为 LOB 数据提供定制的 SQL 函数。例如，在图像或视频数据中搜索或在指定位置访问文本的函数。

节后思考　讨论一下对象关系 RDBMS 扩展的关键概念，并举例说明。

9.4　递归的 SQL 查询

递归查询是一个强大的 SQL 扩展，允许对复杂查询进行公式化。特别是，它们弥补了在关系模型中通过外键对层次结构进行建模的一些烦琐方式。在标准 SQL 中，查询此类层次结构直到达到任意级别或深度并不容易，但是可以通过递归的方式在很大程度上方便查询。从图 9-1 中考虑公司员工之间的层次结构。

假设我们将其存储在一个表 Employee 中，定义为：

```
Employee(SSN, Name, Salary, MNGR)
```

注意，MNGR 是引用 SSN 的允许为空的外键。根据图 9-1，这个表有图 9-2 所示的元组。

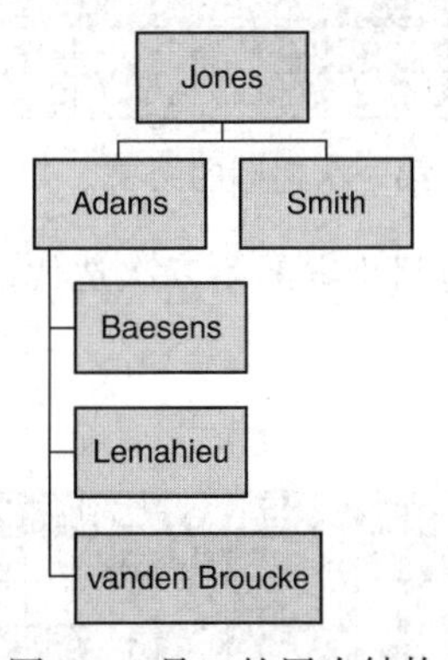

图 9-1　员工的层次结构

SSN	Name	Salary	*MNGR*
1	Jones	10.000	NULL
2	Baesens	2.000	3
3	Adams	5.000	1
4	Smith	6.000	1
5	vanden Broucke	3.000	3
6	Lemahieu	2.500	3

图 9-2　基于图 9-1 的元组

现在假设我们想编写一个查询来查找给定员工的所有下属。这可以通过以下递归 SQL 查询解决：

```
WITH SUBORDINATES(SSN, NAME, SALARY, MNGR, LEVEL) AS
(SELECT SSN, NAME, SALARY, MNGR, 1
FROM EMPLOYEE
WHERE MNGR=NULL)
UNION ALL
(SELECT E.SSN, E.NAME, E.SALARY, E.MNGR, S.LEVEL+1
 FROM SUBORDINATES AS S, EMPLOYEE AS E
 WHERE S.SSN=E.MNGR)
SELECT * FROM SUBORDINATES
ORDER BY LEVEL
```

这个递归查询定义了一个临时的视图 SUBORDINATES 来存储中间结果。这样的视图通常包含 3 个部分：

1）包含递归查询起源的基本查询或定位查询：

```
SELECT SSN, NAME, SALARY, MNGR, 1
FROM EMPLOYEE
WHERE MNGR=NULL
```

这个查询将选择 CEO 作为递归的起点（在我们的例子中是 Jones）。也可以选择其他员工作为起点。

2）引用我们定义的视图的递归查询：

```
SELECT E.SSN, E.NAME, E.SALARY, E.MNGR, S.LEVEL+1
 FROM SUBORDINATES AS S, EMPLOYEE AS E
 WHERE S.SSN=E.MNGR
```

3）两个查询之间的关键字 UNION ALL 来连接两个结果集。

注意，我们还包含一个变量 LEVEL 来计算每个员工的层次结构级别。

执行时，基本或者定向查询的结果如图 9-3 所示。

然后运行第一个递归步骤，找出 Jones 的直接下属并将其添加到视图中。这将返回图 9-4 所示的结果。

SSN	NAME	SALARY	*MNGR*	LEVEL
1	Jones	10.000	NULL	1

图 9-3　基础查询的结果

SSN	NAME	SALARY	*MNGR*	LEVEL
3	Adams	5.000	1	2
4	Smith	6.000	1	2

图 9-4　第一次递归的结果

然后重复激活递归步骤，直到不能向视图添加更多行。递归步骤的第二次迭代使用前一步骤的集合作为输入值，并返回如图 9-5 所示的结果。

递归 SQL 查询的完整结果如图 9-6 所示。

SSN	NAME	SALARY	*MNGR*	LEVEL
2	Baesens	2.000	3	3
5	vanden Broucke	3.000	3	3
6	Lemahieu	2.500	3	3

图 9-5　第二次迭代的结果

SSN	NAME	SALARY	*MNGR*	LEVEL
1	Jones	10.000	NULL	1
3	Adams	5.000	1	2
4	Smith	6.000	1	2
2	Baesens	2.000	3	3
5	vanden Broucke	3.000	3	3
6	Lemahieu	2.500	3	3

图 9-6　全部迭代查询的结果

假设我们现在对 Adams 的下属感兴趣，那么我们必须调整基本查询，如下所示：

```
WITH SUBORDINATES(SSN, NAME, SALARY, MNGR, LEVEL) AS
(SELECT SSN, NAME, SALARY, MNGR, 1
FROM EMPLOYEE
WHERE NAME='ADAMS')
UNION ALL
(SELECT E.SSN, E.NAME, E.SALARY, E.MNGR, S.LEVEL+1
 FROM SUBORDINATES AS S, EMPLOYEE AS E
 WHERE S.SSN=E.MNGR)
SELECT * FROM SUBORDINATES
ORDER BY LEVEL
```

节后思考 什么是递归 SQL 查询？在什么情况下可以使用？

总结

在本章中，我们讨论了传统 RDBMS 的三个扩展：活动扩展、面向对象扩展和递归 SQL 查询。前两个重点是 RDBMS 扩展的一些概念，如触发器、存储过程、用户定义类型、用户定义函数等。这样做的一个关键好处是它允许跨应用程序共享和重用代码。重用是使用现在集中存储的功能扩展数据库的能力，而不是在每个应用程序中进行复制。

ORDBMS 使用面向对象工具扩展了 RDBMS。他们拥有面向对象的一些好处，同时保留了作为基本构建块的关系。因此，它们为那些有兴趣将两部分优点结合起来的人提供了方便。然而，不相信的人认为 RDBMS 的主要优点之一是它们的简单性和纯洁性，这在使用 ORDBMS 时是丢失的。另一方面，面向对象纯粹主义者对所提供的面向对象扩展并不满意，因为关系仍然是关键概念，而不是一个纯粹的面向对象类。在工业界，ORDBMS 的成功并不多，大多数公司只实现了一组精心挑选的扩展。

最后，我们还讨论了递归 SQL 查询，它允许更复杂的数据检索。它并没有像其他两个扩展那样提高 RDBMS 的表达能力，相反，它扩展了 SQL 语言，从而减轻了关系范式的一些不足。递归查询部分地弥补了关系数据库中表示和定向层次结构的烦琐方式。

本章中讨论的许多扩展都是由 ORDBMS 供应商以各种方式实现的。有些部分实现了它们，甚至添加了更具体的功能。因此，建议探索特定系统可用的选项。

情景收尾　记住，在 Sober 的关系模型中，RIDE 关系的 DURATION 属性是派生属性类型（见第 6 章），可以通过下车时间减去上车时间来计算。现在 Sober 已经了解了触发器，并定义了下面的这个触发器：

```
CREATE TRIGGER CALCDURATION
AFTER INSERT ON RIDE
FOR EACH ROW
WHEN (NEW.PICKUP-DATE-TIME IS NOT NULL AND NEW.DROPOFF-DATE-TIME IS NOT NULL)
UPDATE RIDE
SET DURATION = NEW.DROPOFF-DATE-TIME - NEW.PICKUP-DATE-TIME
```

使用这个触发器而不是手动输入 DURATION 属性类型的值的好处是该值总是计算正确的。需要注意，如果 DURATION 的值是手动输入的，则此触发器将会重写它，因为它是事后触发器，所以在执行触发器之前首先插入新的元组。

Sober 决定不实现任何存储过程，因为这可能会使 Sober 数据库应用程序的维护复杂化。

在当前的关系模型中，Sober 将 PICKUP-LOC、DROPOFF-LOC 和 ACC LOCATION 属性类型视为原子属性类型。现在已经了解了命名行类型，它定义了以下命名行类型：

```
CREATE ROW TYPE ADDRESS AS
(STREET ADDRESS CHAR(20) NOT NULL,
ZIP CODE CHAR(8),
CITY CHAR(15) NOT NULL)
```

然后这个可以被用在 RIDE 表中：

```
CREATE TABLE RIDE
  (RIDE-NR INT NOT NULL,
  ...,
  PICKUP-LOC ADDRESS,
  DROPOFF-LOC ADDRESS,
  ...)
```

通过这种做法，Sober 可以提出更加详细的问题。举个例子，假设该公司想检索所有下车地点在旧金山的叫车服务。现在可以通过以下 SQL 查询来执行此操作：

```
SELECT *
FROM RIDE HAILING, RIDE
WHERE
H-RIDE-NR=RIDE-NR AND
DROPOFF-LOC.CITY='San Francisco'
```

Sober 还决定将客户的电子邮件地址存储起来，用于营销目的。由于一个客户可以有多个电子邮件地址（例如，专业和私人），它将使用集合类型，如下所示：

```
CREATE TABLE CUSTOMER
  (CUST-NR INT NOT NULL,
  CUST-NAME VARCHAR(30) NOT NULL,
  EMAIL SET (CHAR(20)),
)
```

最后，Sober 想要存储每辆 Sober 汽车的高分辨率图像，以及发生的每起事故的详细报告。现在，它可以使用本章讨论的 BLOB 和 CLOB 数据类型来完成这项工作。

关键术语表

active（主动的）
after trigger（事后触发）
before trigger（事前触发）
BLOB（binary large object）（二进制大对象）
CLOB（character large object）（字符大对象）
DBCLOB（double byte character large object）（双字节字符大对象）
distinct data type（非重复数据类型）
external scalar function（外部标量函数）
external table function（外部表函数）
large objects（LOB，大对象）
named row type（命名行类型）

opaque data type（非透明数据类型）
passive（被动的）
schema-level triggers（模式级触发器）
sourced function（源函数）
stored procedure（存储过程）
table data type（表数据类型）
trigger（触发器）
unnamed row type（未命名行类型）
user-defined functions（UDF，用户定义函数）
user-defined types（UDT，用户定义类型）

思考题

9.1 哪个陈述是**正确**的？
   a. 在关系模型中，元组构造函数只能用于原子值，而集合构造函数只能用于元组。
   b. 在关系模型中，元组构造函数允许定义复合属性类型。
   c. 在关系模型中，集合构造函数允许定义多值属性类型。
   d. 在关系模型中，元组和集合构造函数可以嵌套使用。

9.2 以下哪项不是触发器的优点？
   a. 触发器支持在特定事件或情况下自动监视和验证。
   b. 触发器允许避免死锁情况。
   c. 触发器允许建模额外的语义和完整性规则，而无须更改用户前端或应用程序代码。
   d. 触发器允许在数据复制的情况下执行同步更新。

9.3 存储过程和触发器之间的关键区别在于：
   a. 存储过程是显式调用的，而触发器是隐式调用的。
   b. 存储过程不能有输入变量，而触发器可以。
   c. 存储过程存储在数据目录中，而触发器则不存储。
   d. 存储过程比触发器更难调试。

9.4 以下哪一项是**正确的**？
   a. 非重复数据类型是用户定义的数据类型，专门用于标准的内置 SQL 数据类型。
   b. 非透明数据类型是全新的、用户定义的数据类型，它不基于任何现有的 SQL 数据类型。
   c. 未命名行类型允许使用关键字 ROW 在表中包含复合数据类型。
   d. 命名行类型是一种用户定义的数据类型，它将一组连贯的数据类型分组为一个新的复合数据类型，并为其指定一个有意义的名称。
   e. 上述都是正确的。

9.5 以下哪一项是**正确的**？
   a. 用户定义函数（UDF）只可以工作在用户定义数据类型上。
   b. 源函数是基于现有的、内置函数的用户定义函数（UDF）。
   c. 用户定义函数（UDF）只能在 SQL 中定义。
   d. 用户定义函数（UDF）必须存储在应用程序中，而不是目录中。

9.6 ORDBMS 通常支持继承____。
   a. 只有元组类型　　b. 只有数据类型
   c. 只有表类型　　d. 数据类型和表类型

9.7 以下哪一个陈述是**正确的**？
   a. 集合是没有重复项的有序集合。
   b. 包是一个无序的集合，可能包含重复项。
   c. 列表是一个有序的集合，不能包含重复项。
   d. 数组是可以包含重复项的无序集合。

9.8 哪种数据类型可用于存储图像数据？
   a. BLOB　　b. CLOB　　c. DBCLOB　　d. 以上都不是

9.9 递归查询是一个强大的 SQL 扩展，它允许复杂查询的公式化。例如____。

a. 需要组合来自多个表的数据的查询

b. 需要访问多媒体数据的查询

c. 需要在元组层次结构中定向的查询

d. 具有多个子查询的查询

9.10 在工业界，ORDBMS 已经____。

a. 自从它们取代 RDBMS 成为主流数据库技术以来，已经非常成功。

b. 取得了一定的成功，大多数公司只实施了一系列精心挑选的扩展。

c. 一点也不成功。

问题和练习

9.1E 给出我们在第 6 章中讨论的采购订单数据库的触发器和存储过程的一些示例。讨论两种扩展的优缺点。

9.2E 将 ORDBMS 与 RDBMS 和 OODBMS 进行比较，并举例说明其中每一个都可以使用的应用程序。

9.3E ORDBMS 对标准化有什么影响?

9.4E ORDBMS 支持哪些不同类型的 UDT？举例说明。

9.5E ORDBMS 支持哪些不同类型的 UDF？举例说明。

9.6E 考虑一个表层次结构，其中包含超表 STUDENT 和子表 BACHELOR_STUDENT、MASTER_STUDENT 和 PHD_STUDENT。当学士和硕士学生达到至少 50% 时，他们都通过。博士生成绩达到 70% 以上通过。演示如何使用 SQL 查询多态性。

9.7E 讨论以下集合类型：set、multiset、list 和 array。举例说明。

9.8E ORDBMS 如何处理大对象？举例说明。

9.9E 讨论触发器、存储过程、对象关系扩展和递归查询在由 Oracle、IBM 和 Microsoft 提供的现代 DBMS 中的支持方式。

9.10E 考虑下面的关系模型：

COURSE(coursenr, coursename, *profnr*)——profnr 是指向 PROFESSOR 中 profnr 的外键

PROFESSOR (profnr, profname)

PRE-REQUISITE (*coursenr*, *pre-req-coursenr*)——coursenr 是指向 COURSE 中的 coursenr 的外键；pre-req-coursenr 是指向 COURSE 中的 coursenr 的外键。

PRE-REQUISITE 关系本质上是 COURSE 的递归 $N:M$ 类型，因为一个课程可以有多个先修课程，而一个课程可以是多个其他课程的先修课程。

编写递归 SQL 查询，列出“Principles of Data Management”课程的所有先修课程。

XML 数据库

本章目标 在本章中，你将学到：

- 了解 XML、文档类型定义、XML 模式定义、可扩展样式表语言、命名空间以及 XML 路径语言（XPath）的基本概念；
- 使用 DOM 和 SAX API 处理 XML 文档；
- 使用面向文档、面向数据或混合方法存储 XML 文档；
- 掌握 XML 和关系数据之间的关键区别；
- 使用基于表的映射、模式无关的映射、模式感知的映射以及 SQL/XML，在 XML 文档和（对象 -）关系数据之间进行映射；
- 使用全文搜索、基于关键字的搜索、使用 XQuery 的结构化搜索以及使用 RDF 和 SPARQL 的语义来搜索 XML 数据；
- 使用 XML 并且结合面向消息中间件（MOM）和 Web 服务，进行信息交换；
- 了解其他数据表示格式，如 JSON 和 YAML。

情景导入 出于监管和保险的目的，Sober 需要为每次事故存储一份报告。该报告应包括日期、位置（包括 GPS 坐标）、所发生的情况以及所涉人员的摘要。此外，对于每个人，Sober 需要了解：

- 他的姓名；
- 他是否是驾驶 Sober 汽车的驾驶员、行人或骑自行车的人；
- 他是否受伤。

该报告还应包括所提供援助的信息，如警察或救护车援助。Sober 想知道存储这份报告的最佳方法。

在本章中，我们讨论如何存储、处理、搜索和可视化 XML 文档，以及 DBMS 如何支持这一点。我们首先查看 XML 数据表示标准，并讨论相关概念，例如用于定义 XML 文档的 DTD 和 XSD，用于可视化或转换 XML 文档的 XSL，以及提供唯一命名约定的命名空间。这是通过引入 XPath 来实现的，它使用路径表达式浏览 XML 文档。我们回顾了 DOM 和 SAX API 来处理 XML 文档。接下来，我们介绍了用于存储 XML 文档的文档和面向数据的方法。我们广泛地强调了 XML 和关系数据模型之间的关键差异。讨论了 XML 与（对象 -）关系数据之间的各种映射方法：基于表的映射、模式无关的映射、模式感知的映射以及 SQL/XML 扩展。我们还提供了多种搜索 XML 数据的方法：全文搜索、基于关键字的搜索、结构化搜索、XQuery 和语义搜索。然后，我们演示了如何使用 XML 进行信息交换，无论是公司级别使用 RPC 和面向消息的中间件（MOM），还是在使用 SOAP 或基于 REST 的 Web 服务的公司之间。最后，我们讨论了其他一些数据表示标准，例如 JSON 和 YAML。

10.1 可扩展标记语言

在下面的内容中，我们将讨论 XML 的基本概念。然后回顾文档类型定义和 XML

Schema 定义，这两个定义都可用于指定 XML 文档的结构。接下来将介绍可扩展样式表语言。然后讨论命名空间，它是一种避免名称冲突的手段。本节最后通过介绍一种简单的声明性语言——XPath 来作为结束，该语言使用路径表达式来引用 XML 文档的各个部分。

10.1.1 基本概念

万维网联盟（W3C）于 1997 年引入了**可扩展标记语言（XML）**[⊖]。它本质上是标准通用标记语言（SGML）的简化子集，它是一种可用于定义标记语言的元标记语言。XML 的发展是由万维网的兴起以及在各种 Web 应用程序之间以及跨异构数据源交换信息和机器可处理文档的需求所触发的。XML 标准旨在存储和交换复杂的结构化文档。

与 HTML 一样，XML 数据也包含在标签之间，这些标签用于注释文档的内容，因此称为“标记”。但是，尽管 HTML 带有一组固定的预定义标签，但用户可以用 XML 定义新标签，因此命名为“可扩展标记语言”。考虑以下示例：

```
<author>Bart Baesens</author>
```

起始标签（<author>），内容（Bart Baesens）和结束标签（</ author>）的组合称为 **XML 元素**。请注意，XML 区分大小写，因此 <author> 与 <Author> 或 <AUTHOR> 不同。可以嵌套标签，并使数据具有自我描述性，如下所示：

```
<author>
<name>
<firstname>Bart</firstname>
<lastname>Baesens</lastname>
</name>
</author>
```

开始标签可以包含属性值，例如以下内容：

```
<author email="Bart.Baesens@kuleuven.be">Bart Baesens</author>
```

所有属性值（包括数字！）必须使用单引号或双引号引起来。一个元素可能具有多个属性，但是每个属性名称在一个元素内只能出现一次，以避免产生歧义。一个明显的问题便是何时使用属性而不是定义其他 XML 元素。上述示例的替代方法是：

```
<author>
<name>Bart Baesens</name>
<email>Bart.Baesens@kuleuven.be</email>
</author>
```

如果电子邮件是一种多值属性类型，或者如果我们想添加更多的元数据，则后一种方法更好，如下所示：

```
<author>
<name>Bart Baesens</name>
<email use="work">Bart.Baesens@kuleuven.be</email>
<email use="private">Bart.Baesens@gmail.com</email>
</author>
```

⊖ 参见 www.w3.org/XML。

该示例定义了两个电子邮件地址，并且使用一个附加属性来定义其上下文。该规范在语义上比我们之前使用的规范更丰富。

除了可以定义自己的标签以外，即使是这些小示例，HTML 的另一个重要区别也显而易见。HTML 中的预定义标签旨在指定内容的布局（例如，“粗体”“斜体”等），而自定义 XML 标签可用于描述文档结构。内容的每一位都可以用元数据标记，以说明人工或软件应用程序应如何解释内容。因此，代表非结构化数据的 HTML 文档只能以特定布局在屏幕上“显示”，而代表结构化信息的 XML 文档则可以由计算机系统更详细地处理（即应用程序“知道”一系列字符表示的是名称，而不是电子邮件地址）[⊖]。正如我们在 10.1.2 节中所讨论的，也可以规定某些文档类型的结构并验证各个文档是否符合该结构，就像在关系数据库中输入的数据是针对数据库模型或模式进行验证一样。

知识关联 第 1 章讨论了结构化数据，非结构化数据和半结构化数据之间的一般区别。

XML 元素可以不包含任何内容，在这种情况下，可以将开始标记和结束标记结合使用：

```
<author name="Bart Baesens"/>
```

这是一个简洁的表示形式，等同于：

```
<author name="Bart Baesens"></author>
```

注释可以包含在 <!-- 和 --> 标记之间：

```
<!--This is a comment line -->
```

注释对于澄清（例如对于开发人员）或在调试过程中编辑出一部分 XML 代码很有用。它们不被 XML 解析器处理。

处理指令包含在 <? 与 ?> 标签之间。一个常见的例子是引用 XML 版本和文本编码格式的指令：

```
<?xml version="1.0" encoding="UTF-8"?>
```

UTF-8 是 Unicode 标准，涵盖了世界上几乎所有的字符、标点和符号。它可以独立于平台和语言来处理、存储和传输文本。

下面的示例说明了 winecellar 与两种 wine 的 XML 定义：

```
<?xml version="1.0" encoding="UTF-8"?>
<winecellar>
  <wine>
    <name>Jacques Selosse Brut Initial</name>
    <year>2012</year>
    <type>Champagne</type>
    <grape percentage="100">Chardonnay</grape>
    <price currency="EURO">150</price>
    <geo>
      <country>France</country>
```

⊖ 例如，与关系数据相比，XML 文档的结构在某种程度上没有那么严格，并且更不稳定。因此，术语半结构化数据也用于引用 XML。我们将在本章后面再回到这一点。

```
            <region>Champagne</region>
        </geo>
        <quantity>12</quantity>
    </wine>
    <wine>
        <name>Meneghetti White</name>
        <year>2010</year>
        <type>white wine</type>
        <grape percentage="80">Chardonnay</grape>
        <grape percentage="20">Pinot Blanc</grape>
        <price currency="EURO">18</price>
        <geo>
            <country>Croatia</country>
            <region>Istria</region>
        </geo>
        <quantity>20</quantity>
    </wine>
</winecellar>
```

此示例说明了 XML 文档的典型结构。winecellar 由 wine 组成。每种 wine 都有其 name、year、type、grape、price、geo（country 和 region）以及 quantity 的特征。XML 文档的可理解性取决于是否采用正确的格式设置规则，如表 10-1 所示。满足这些规则的 XML 文档被称为**格式正确的** XML 文档。检查 XML 文档格式是否正确的一种简单方法是验证它是否可以在 Web 浏览器中成功打开。

表 10-1 XML 格式规则

XML 格式规则	错误示例	正确示例
只允许一个根元素	<winecellar> <wine> <name>Jacques Selosse Brut Initial</name> </wine> </winecellar> <winecellar> <wine> <name>Meneghetti White</name> </wine> </winecellar>	<winecellar> <wine> <name>Jacques Selosse Brut Initial</name> </wine> <wine> <name>Meneghetti White</name> </wine> </winecellar>
每个开始标签都应使用匹配的结束标签关闭	<winecellar> <wine><name>Jacques Selosse Brut Initial </winecellar>	<winecellar> <wine><name>Jacques Selosse Brut Initial </name></wine> </winecellar>
没有重叠的标签序列或不正确的标签嵌套	<winecellar> <wine><name>Jacques Selosse Brut Initial </winecellar> </wine> </name>	<winecellar> <wine><name>Jacques Selosse Brut Initial </name></wine> </winecellar>

因为 XML 元素可以嵌套，所以每个 XML 文档都可以表示为一棵树，如图 10-1 所示。树的根是 winecellar。wine 是 winecellar 的子元素。name、year、type、grape、price、geo 和 quantity 是 wine 的子元素。所有这些元素也是 winecellar 的后代元素。country 和 region 的祖先是 geo、wine 和 winecellar。name、year、type、grape、price、geo 和 quantity 这些元素是同级。

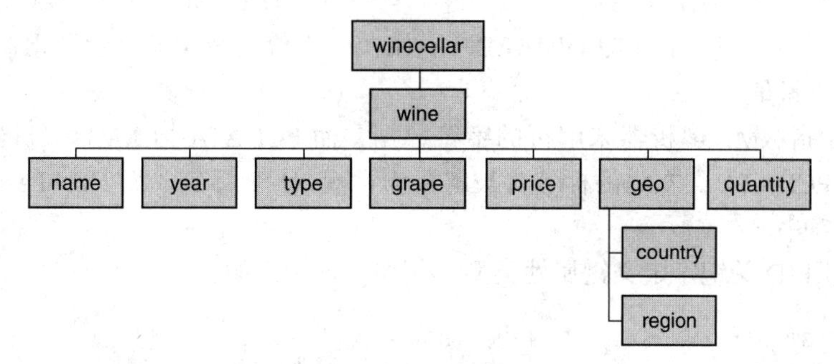

图 10-1　XML 文档的树表示形式

10.1.2　文档类型定义和 XML Schema 定义

文档类型定义（DTD）和 **XML Schema 定义（XSD）**正式指定 XML 文档的结构。两者都定义了标签集、每个标签的位置以及如何嵌套它们。符合 DTD 或 XSD 的 XML 文档称为**有效**文档。值得注意的是，并非必须为 XML 文档定义 DTD 或 XSD。但是，没有 DTD 或 XSD 的文档只能保证**格式正确**，即满足 XML 文档的整体语法。有效的 XML 文档经认证符合特定文档类型的结构规定（例如，发票、采购订单或酒窖清单），这比仅仅是格式正确的文档要强得多。格式正确是有效的前提。

在这里，你可以看到 winecellar 示例的 DTD 定义：

```
<?xml version="1.0" encoding="UTF-8"?>
<!DOCTYPE winecellar [
<!ELEMENT winecellar (wine+)>
<!ELEMENT wine (name, year, type, grape*, price, geo, quantity)>
<!ELEMENT name (#PCDATA)>
<!ELEMENT year (#PCDATA)>
<!ELEMENT type (#PCDATA)>
<!ELEMENT grape (#PCDATA)>
<!ATTLIST grape percentage CDATA #IMPLIED>
<!ELEMENT price (#PCDATA)>
<!ATTLIST price currency CDATA #REQUIRED>
<!ELEMENT geo (country, region)>
<!ELEMENT country (#PCDATA)>
<!ELEMENT region (#PCDATA)>
<!ELEMENT quantity (#PCDATA)>
]>
```

值得注意的地方如下：

- 根元素定义为 <!DOCTYPE winecellar [. . .]>。
- <!ELEMENT winecellar (wine+)> 表示 winecellar 可以具有一种或多种 wine。修饰

词 + 表示一个或多个（例如 wine +），而 * 表示零或多个（例如 wine *）。

- <!ELEMENT wine (name, year, type, grape*, price, geo, quantity)> 指定所有 wine 的属性。
- grape* 是指一种 wine 可以用零种或更多种葡萄表示（如 Meneghetti）。如果将其定义为 grape +，表示 wine 是由一种或多种葡萄制成的。
- 属性指定使用 <!ATTLIST. . . >。关键字 #IMPLIED（例如，用于葡萄百分比）表示该属性值是可选的，而 #REQUIRED（例如，用于价格货币）表示该强制值。#FIXED 可用于常量值。
- CDATA 指 XML 解析器未解析的字符数据，而 PCDATA 指 XML 解析器解析的字符数据。PCDATA 文本内的标签将被解析为常规 XML 标签，而 CDATA 内的标签将被视为字符串。
- 可以使用 ID 关键字定义键属性类型。例如，这个声明：

```
<!ATTLIST wine winekey ID #REQUIRED>
```

它要求每种 wine 对于 XML 文档中的属性类型 winekey 都有唯一的值。还可以将 IDREF（IDREFS）属性类型定义为引用 XML 文档中其他位置定义的某些 ID 属性类型的值。尽管这听起来类似于关系模型中的主 - 外键关系，但 ID 和 IDREF 都是未类型化的，这意味着 IDREF 可以引用 XML 文档中的任何 ID。

DTD 可以包含在 XML 文档中，也可以存储在扩展名为 * .dtd 的外部文件中：

```
<!DOCTYPE winecellar SYSTEM "winecellar.dtd">
```

关键字 SYSTEM 表示仅少数作者可以访问 DTD。如果 DTD 应该可供给更广泛的受众使用，则替代方法是 PUBLIC。将 DTD 存储在外部文件中的一个优点是它可以被多个 XML 文档引用和共享。

知识延伸 DTD 的一些流行示例包括：MathML（数学标记语言）用于数学表达式，CML（化学标记语言）用于描述分子，法律 XML 用于法院记录，XHTML（基于 XML 的 HTML）用于网页，PMML（预测模型标记语言）用于描述分析模型。

DTD 的一个关键缺点是它仅支持字符数据。不提供对整数、日期或其他复杂类型的支持。还要注意，DTD 没有使用 XML 语法定义，这进一步降低了采用它的可能。XML Schema 解决了这两个缺点，它提供了丰富的定义 XML 文档类型的方式。

XML Schema 支持各种数据类型和用户定义类型。其建模工具包受到了关系和面向对象的数据建模的启发，并提供了类似于主 - 外键、域、基数、复杂和用户定义的数据类型、超类型 - 子类型关系等的建模概念。

在这里，你可以看到 winecellar 示例的 XML Schema 定义（XSD）：

```
<?xml version="1.0" encoding="UTF-8" ?>
<xs:schema xmlns:xs="http://www.w3.org/2001/XMLSchema">
<xs:element name="winecellar">
<xs:complexType>
<xs:sequence>
<xs:element name="wine" maxOccurs="unbounded" minOccurs="0">
<xs:complexType>
<xs:sequence>
<xs:element type="xs:string" name="name"/>
```

```
<xs:element type="xs:short" name="year"/>
<xs:element type="xs:string" name="type"/>
<xs:element name="grape" maxOccurs="unbounded" minOccurs="1">
<xs:complexType>
<xs:simpleContent>
<xs:extension base="xs:string">
<xs:attribute type="xs:byte" name="percentage" use="optional"/>
</xs:extension>
</xs:simpleContent>
</xs:complexType>
</xs:element>
<xs:element name="price">
<xs:complexType>
<xs:simpleContent>
<xs:extension base="xs:short">
<xs:attribute type="xs:string" name="currency" use="optional"/>
</xs:extension>
</xs:simpleContent>
</xs:complexType>
</xs:element>
<xs:element name="geo">
<xs:complexType>
<xs:sequence>
<xs:element type="xs:string" name="country"/>
<xs:element type="xs:string" name="region"/>
</xs:sequence>
</xs:complexType>
</xs:element>
<xs:element type="xs:byte" name="quantity"/>
</xs:sequence>
</xs:complexType>
</xs:element>
</xs:sequence>
</xs:complexType>
</xs:element>
</xs:schema>
```

值得注意的地方如下：

- XML Schema 比 DTD 更为冗长。
- XSD 本身是格式正确的 XML 文档。就像 RDBMS 中的目录由规定用户数据库的结构的关系数据组成一样，XSD 是规定其他 XML 文档的结构的 XML 文档。
- XML Schema 指令以前缀“xs:”开头，该前缀指向相应的名称空间（请参见 10.1.4 节）。
- <xs:complexType> 标记指定 winecellar 是一个复杂元素，由 <xs:sequence> 标记定义的一系列 wine 子元素组成。
- 最小和最大基数可以使用 minOccurs 和 maxOccurs 指定。

- 支持各种数据类型，例如 xs:string、xs:short、xs:byte 等。
- 一个 wine 元素也是一个复杂的元素，由一系列子元素组成，例如 name、year、type 等。
- grape 是定义为简单类型扩展的复杂元素，并且不包含其他元素，如 <xs:simpleContent> 标签所示。扩展名由标签 <xs:extension> 定义，其基本类型为：xs:string。还包括数据类型为 xs:byte 的可选属性类型百分比。Price 以类似的方式定义。
- geo 定义为 country 和 region 的复杂类型。
- 与 DTD 一样，XML Schema 也支持 ID、IDREF 和 IDREFS 属性类型。

与 DTD 一样，XSD 可以存储在 XML 文档本身中，也可以存储在扩展名为 * .xsd 的外部文件中。

为了方便使用 XML 文档、DTD 和 XML Schema 提供了一些工具，这些工具可以自动检查 XML 文档或 XSD 的格式是否正确（请参见表 10-1），并针对 DTD 或 XSD 验证 XML 文档。[⊖]

10.1.3　可扩展样式表语言

XML 文档侧重于信息的内容，而其他标准（例如，HTML）则描述了信息的表示或布局。**可扩展样式表语言（XSL）**可用于定义样式表，该样式表指定如何在 Web 浏览器中可视化 XML 文档。

XSL 包含两个规范：**XSL 转换（XSLT）**和 **XSL 格式化对象（XSL-FO）**。前者是将 XML 文档转换为其他 XML 文档、HTML 网页或纯文本的语言；后者是一种用于指定格式语义的语言（例如，将 XML 文档转换为 PDF）。XSL-FO 在 2012 年停供，因此我们将在下面继续使用 XSLT。

XSLT 样式表指定用于转换 XML 文档的规则集。XSLT 处理器将对其进行处理，该处理器将首先检查 XML 文件中的数据，以确保其格式正确（根据表 10-1 中列出的因素进行检查），并且可选、有效（针对 DTD 或 XSD 检查）。然后，它将应用转换规则并将结果写入输出流。

可以区分两种常见的 XSLT 转换类型。第一种将 XML 文档转换为具有不同结构的另一个 XML 文档。假设在我们的 winecellar 示例中，我们希望生成一个仅包含每种 wine 的 name 和 quantity 的摘要文档。然后，我们可以定义以下 XSLT 样式表：

```
<?xml version="1.0" encoding="UTF-8"?>
<xsl:stylesheet version="1.0" xmlns:xsl="http://www.w3.org/1999/XSL/Transform">
<xsl:template match="/">
<winecellarsummary>
<xsl:for-each select="winecellar/wine">
<wine>
<name><xsl:value-of select="name"/></name>
<quantity><xsl:value-of select="quantity"/></quantity>
</wine>
</xsl:for-each>
</winecellarsummary>
</xsl:template>
</xsl:stylesheet>
```

⊖ 有关免费提供的在线工具，请访问 www.freeformatter.com。

值得注意的地方如下：

- XSLT 样式表是格式正确的 XML 文档本身。
- XSLT 标记使用前缀“xsl:”表示，该前缀表示相应的名称空间（请参见 10.1.4 节）。
- XSLT 样式表由模板组成，这些模板是定义对哪个元素执行什么操作的转换规则。<xsl:template> 标记包含匹配文档树中指定结点时要应用的规则，其中 match = "/" 表示整个 XML 文档。我们可以通过使用 <xsl:template match = "wine"> 找到一个替代的解决方案。
- <xsl:for-each select = "winecellar/wine"> 语句实质上实现了一个 for 循环，该循环遍历 winecellar 的每种 wine。语句 "winecellar/wine" 是用于导航目的的 XPath 表达式（请参见 10.1.5 节）。
- 语句 <xsl:value-of select = "name"/> 和 <xsl:value-of select = "quantity"/> 然后检索每种 wine 的 name 和 quantity。

如果现在使用 XSLT 处理器在 XML 文档上运行此 XSLT 样式表[⊖]，我们将得到以下结果：

```
<?xml version="1.0" encoding="UTF-8"?>
<winecellarsummary>
    <wine>
        <name>Jacques Selosse Brut Initial</name>
        <quantity>12</quantity>
    </wine>
    <wine>
        <name>Meneghetti White</name>
        <quantity>20</quantity>
    </wine>
</winecellarsummary>
```

XSLT 的另一个流行应用是将 XML 文档转换为可以在 Web 浏览器中显示的 HTML 页面。大多数 Web 浏览器都具有内置功能，可以将具有 XSLT 样式表的 XML 文档转换为 HTML 页面。接下来，你可以看到一个 XSLT 样式表，该样式表将我们的酒窖 XML 文档转换为 HTML 格式：

```
<?xml version="1.0" encoding="UTF-8"?>
<html xsl:version="1.0" xmlns:xsl="http://www.w3.org/1999/XSL/Transform">
    <body style="font-family:Arial;font-size:12pt;background-color:#ffff">
<h1>My Wine Cellar</h1>
<table border="1">
     <tr bgcolor="#f2f2f2">
        <th>Wine</th>
        <th>Year</th>
        <th>Quantity</th>
     </tr>
     <xsl:for-each select="winecellar/wine">
     <tr>
        <td><xsl:value-of select="name"/></td>
        <td><xsl:value-of select="year"/></td>
```

⊖ 有关免费提供的在线 XSLT 处理器，请访问 www.freeformatter.com。

```
      <td><xsl:value-of select="quantity"/></td>
   </tr>
   </xsl:for-each>
</table>
</body>
</html>
```

值得注意的地方如下：

- 每个 HTML 文档都以 <html> 和 <body> 标记开头。
- <h1> 定义 HTML 标题。
- 可以使用 <table>、<th>（指表头）、<tr>（指表行）和 <td>（指表数据或表单元格）标签来定义可视表格式。
- 表达式 "winecellar/wine" 是用于导航目的的 XPath 表达式（请参见 10.1.5 节）。
- 我们使用 <xsl:for-each select = "winecellar/wine"> 实现 for 循环，并使用例如 <xsl:value-of select = "name"/> 选择相应的值。

如果现在使用此样式表处理 XML 数据，则将获得以下 HTML 代码：

```
<html>
   <body style="font-family:Arial;font-size:12pt;background-color:#ffff">
      <h1>My Wine Cellar</h1>
      <table border="1">
         <tr bgcolor="#f2f2f2">
            <th>Wine</th>
            <th>Year</th>
            <th>Quantity</th>
         </tr>
         <tr>
            <td>Jacques Selosse Brut Initial</td>
            <td>2012</td>
            <td>12</td>
         </tr>
         <tr>
            <td>Meneghetti White</td>
            <td>2010</td>
            <td>20</td>
         </tr>
      </table>
   </body>
</html>
```

这可以在网络浏览器（例如，Google Chrome）中表示，如图 10-2 所示。

使用样式表的一个主要优点是信息内容与信息可视化分离，因此基础信息仅需要存储一次，但是可以根据用户或设备（例如，移动电话）的不同方式以仅表示应用的方式来表示不同的样式表。

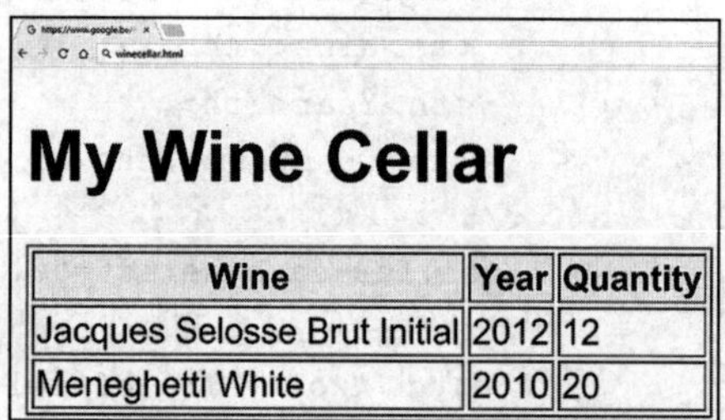

图 10-2 Google Chrome 浏览器代表的 winecellar 示例

10.1.4 命名空间

由于 XML 允许每个用户定义他自己的标签，因此可能会出现名称冲突。考虑一下，如标签 <element>，它可以指化学元素、集合的数学元素，甚至是 XML Schema 规范的一部分。请注意，HTML 中不是这种情况，因为所有 HTML 标签都已由万维网联盟（W3C）定义。

为了避免名称冲突，XML 引入了**命名空间**的概念。想法是向 XML 元素引入前缀以明确标识其含义。这些前缀通常是指唯一标识 Web 资源（例如 URL）（统一资源定位符）的 URI（统一资源标识符）。该 URL 不必引用实际存在的网页；它仅用作唯一标识符。与相同前缀相关联的所有标记和属性都属于相同的命名空间，并且应该是唯一的。命名空间可以定义如下：

```
<winecellar xmlns:Bartns="www.dataminingapps.com/home.html">
```

上面的示例定义了一个名为“ Bartns”的命名空间，该命名空间指向 URL: www.dataminingapps.com/home.html。现在，标签的前缀可以为：

```
<bartns:wine>
<bartns:name>Jacques Selosse Brut Initial</bartns:name>
<bartns:year>2012</bartns:year>
</bartns:wine>
```

可以在单个 XML 文档中定义和使用多个命名空间。一个默认命名空间可以定义为：

```
<winecellar xmlns="www.dataminingapps.com/defaultns.html">
```

所有不带前缀的 XML 标签将被假定属于该默认名称空间。请注意，在前面的示例中，我们已经分别为 XML Schema 标签和样式表标签使用了名称空间，如以下两个代码段所示：

```
<xs:schema xmlns:xs="http://www.w3.org/2001/XMLSchema">

<xsl:stylesheet version="1.0" xmlns:xsl="http://www.w3.org/1999/XSL/Transform">
```

10.1.5 XPath

XPath 是一种简单的声明性语言，它使用路径表达式来引用部分 XML 文档。XPath 将 XML 文档视为有序的树，其中每个元素、属性或文本片段都对应于树的结点。XPath 表达式从上下文结点开始，然后从那里开始导航。每个导航步骤都会生成一个结点或结点列表，然后可以使用这些结点或结点列表继续向前导航。可以添加谓词以定制导航。

接下来，我们将讨论 XPath 表达式的示例。此表达式从我们的 winecellar 示例中选择了所有 wine 元素：

```
doc("winecellar.xml")/winecellar/wine
```

表达式 doc( ) 用于返回命名文档的根。请注意，使用“/”符号导航总是选择向下一级。“//”可用于跳过多个级别的结点并搜索结点的所有后代。

如果我们只对某一特定的 wine 感兴趣，我们可以使用一个索引：

```
doc("winecellar.xml")/winecellar/wine[2]
```

此表达式将在我们的 winecellar XML 文档中选择第二种 wine 的所有详细信息，即在我们的示例中为 Meneghetti 白葡萄酒信息。请注意，索引是从 1 开始而不是从 0 开始的，例如在 Java 中。

可以在方括号之间添加谓词：

```
doc("winecellar.xml")/winecellar/wine[ price > 20] /name
```

这将选择价格大于 20 的所有 wine 的名称（在我们的示例中将返回 Jacques Selosse Brut Initial）。

XPath 提供了选择属性值，在祖先、后代、同级之间移动，组合多个路径等的工具。它还包括各种用于数学计算和布尔比较的运算符。XPath 是 XSLT 标准的重要组成部分，正如我们之前所讨论的，XPath 还用于导航。

节后思考

- 什么是 XML？ XML 可以用于哪些场景？
- DTD 和 XML Schema 有什么区别？
- 什么是 XSLT？它可以用于哪些场景？
- 为什么命名空间很有用？
- 给出一个 XPath 表达式的示例并讨论其含义。

10.2　处理 XML 文档

应用程序可以使用 XML 文档中的信息进行进一步处理。图 10-3 显示了所涉及的处理步骤的一般概述。第一步是使用 XSLT 样式表和 XSLT 处理器将 XML 文档转换为应用程序所需的 XML 格式。XML 解析器将检查 XML 文档是否格式正确（请参见表 10-1）并根据相应的 DTD 或 XSD 是否有效。然后，应用程序将使用 API（例如 DOM API 或 SAX API）处理解析的 XML 代码。

DOM API 是基于树的 API，它将 XML 文档表示为内部存储器中的树。它是由万维网联盟开发的。DOM 为多种类提供了在树中导航并执行各种操作（例如添加、移动或删除元素）的方法。在需要大量数据操作时，直接访问某部分特定 XML 文档特别有用。但是，在处理大型 XML 文档时，它可能会占用过多的内存。

举例来说，考虑一下带有相应 DOM 树的 XML 片段，如图 10-4 所示。

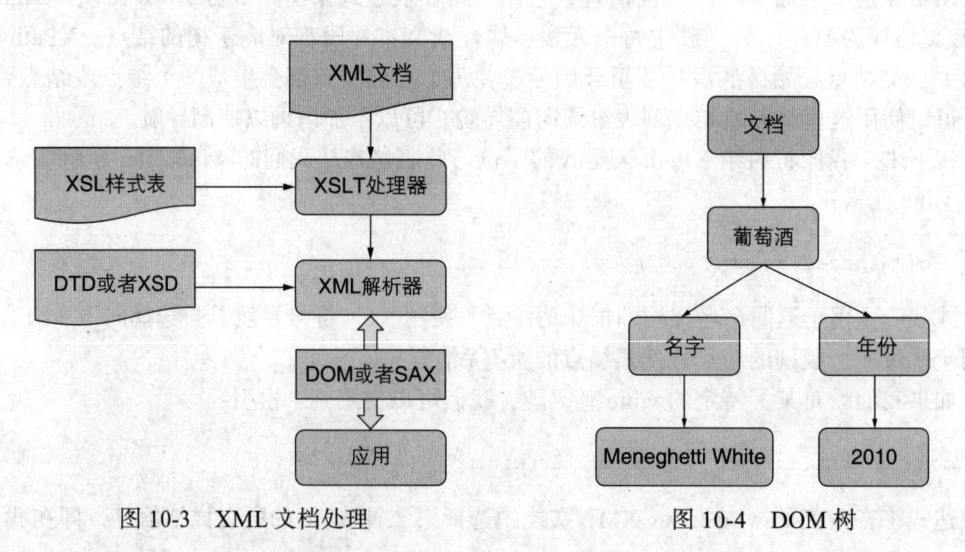

图 10-3　XML 文档处理　　　图 10-4　DOM 树

```
<wine>
<name>Meneghetti White</name>
<year>2010</year>
</wine>
```

SAX API（XML 的简单 API）是基于事件的 API。XML 文档将表示为事件流：

```
start document
start element: wine
start element: name
text: Meneghetti
end element: name
start element: year
text: 2010
end element: year
end element: wine
end document
```

然后可以将此流直接传递到应用程序，该应用程序将使用事件处理程序来处理事件。与 DOM 相比，由于不需要构建树，因此 SAX 的内存占用空间较小，并且在处理大型 XML 文档时具有更大的可扩展性。它非常适合顺序访问，但不支持直接随机访问 XML 文档的特定部分。如果发生繁重的数据操作，它的性能也会比 DOM 差。

DOM 和 SAX 都已经以各种编程语言（例如 C++、Java、Perl、Python 等）实现。某些语言提供了组合支持。JAXP（用于 XML 处理的 Java API）是 Java XML API 之一，它包括 XML 解析器、XSLT 处理器以及对 Java 应用程序 XML 文档的 DOM 和 SAX 访问功能。这意味着可以轻松地更新或更改 XML 解析器和 XSLT 处理器，而不会影响使用它们的应用程序。还请注意，DOM 和 SAX 都是低级 API，高级 API 经常使用它来进一步支持 XML 访问，例如 JAXB（用于 XML 绑定的 Java API）将 XML 元素和属性转换为 Java 对象层次结构（反之亦然）。

DOM 和 SAX 可以被认为是两种相反的 XML 访问方法。StAX（用于 XML 的流 API）被定义为两者之间的最新折中方案，起源于 Java 编程社区。

与 SAX 使用事件将数据推送到应用程序相反，StAX 允许应用程序使用游标机制从 XML 文档中提取所需的数据。后者位于 XML 文档中的特定位置，可以由应用程序显式向前移动，并在“根据需要”的基础上提取信息。

节后思考

- 总结 DOM 和 SAX API 之间的主要区别。
- StAX API 与 DOM 和 SAX API 有何关系？

10.3 存储 XML 文档

XML 文档存储为半结构化数据。第一个选择是将 XML 文档作为文件存储在 Web 服务器上，类似于 HTML 页面。虽然这个选项很简单，但在维护、数据操作和结构化搜索方面会很麻烦。

一个更好的选择可以是一个内容或文档管理系统，目的是编辑、存储和维护复杂的、分层结构的文档。这些系统通常建立在 DBMS 之上（例如，分层的、关系的或面向对象的），这是对最终用户隐藏的。它们提供了各种工具，如编辑器、创作工具、工作流系统和发布工具，并且经常提供全文搜索功能。另一种选择是专门为“本地”存储 XML 文档而设计的 XML 服务器或 XML DBMS，并提供对所有相关 XML 标准（如 DTD、XML Schema、XPath 等）的支持。它还包括使用 XQuery 进行索引、查询（参见 10.6.3 节）、事务管理、安全性、并发控制、备份和恢复的高级工具。XML 文档也可以使用文档或面向数据的方法存储在（对象 –）关系数据库中。我们将在下面更详细地讨论这两个问题。

知识关联 第 1 章讨论了基于文件的数据管理方法的缺点，而不是数据库方法。

10.3.1 面向文档的 XML 文档存储方法

在**面向文档的方法**中，XML 文档将作为 BLOB（二进制大对象）或 CLOB（字符大对象）存储在表单元格中。RDBMS 将这些对象视为一块“黑匣子”数据，并为高效存储、检索和查询提供了便利。后者通常基于通过对象关系扩展提供的全文搜索功能。这也可以包括基于关键字的自动索引。为了方便直接访问 XML 文档元素，一些（O）RDBMS 引入了 XML 数据类型作为 SQL/XML 扩展的一部分，该扩展提供了解析和操作 XML 内容（包括 XML 到 SQL 数据类型映射）的方法。我们将在关于 SQL/XML 的部分中进一步讨论这一点。

面向文档的方法简单而紧凑，不需要 DTD 或 XSD 来执行 XML 文档的映射。它特别适合存储不经常更新的静态内容，例如信件、报告、采购订单或合同。这种方法的一个缺点是与传统的关系 SQL 查询处理的结合效果不好。

10.3.2 面向数据的 XML 文档存储方法

根据**面向数据的方法**，XML 文档将被分解成其组成的数据部分，这些数据部分将分布在一组连接的（对象 –）关系表中。这种方法也称为**分解**，在针对单个 XML 元素的高度结构化文档和细粒度查询的情况下，建议使用此方法。相应的表集将专注于准确地捕获数据元素，因此文档结构本身变得不那么重要了。DBMS 或单独的中间件可以在 XML 数据和关系数据之间进行来回转换。还可以进一步区分从 XML 文档本身开始的模式分解和从 DTD 或 XSD 开始的模式感知分解。我们将在 10.5.2 节和 10.5.3 节中更详细地讨论这两个问题。

这种方法的主要优势在于，SQL 查询现在可以直接访问和操作单个 XML 元素。可以通过使用 SQL 连接来重建整个 XML 文档。但是请注意，大量连接可能会影响性能。一种替代方法是使用对象关系数据库管理系统，其提供的设施（例如，嵌套、集合类型），以促进所述数据结构和 XML 文档结构之间更紧密的相似性。我们将在 10.5 节中对此进行详细说明。

知识关联 第 9 章介绍了对象 – 关系 DBMS。

10.3.3 存储 XML 文档的组合方法

这种**组合方法**也称为**部分分解**，它结合了面向文档和面向数据的方法来存储 XML 文档。XML 文档的某些部分将存储为 BLOB、CLOB 或 XML 对象，而其他部分将被分解并存储在关系表中。这种方法结合了两个方面的优点。然后可以定义 SQL 视图以重建整个 XML 文档。大多数 DBMS 提供了自动确定最佳分解级别的工具。例如，考虑一个汽车保险索赔 XML 文档。索赔人和汽车的详细信息（例如姓名、生日、车牌等）可以存储在关系表中，而事故的描述、照片等可以存储为 BLOB、CLOB 或 XML 对象。

注意，上面讨论的映射方法可以使用中间件或通过 DBMS 本身来实现，在这种情况下，它被称为启用XML的DBMS。

知识延伸 根据http://db-engines.com，最受欢迎的Native XML DBMS是：MarkLogic（商业）、Virtuoso（开源）、Sedna（开源）、BaseX（开源）和Tamino（商业）。但是请注意，这些都不在前20名中。

节后思考 讨论和对比用于存储XML文档的面向文档、面向数据和组合的方法。提供何时使用每种方法的建议。

10.4 XML数据和关系数据之间的差异

关系模型和XML都以结构化的方式（或在XML的情况下以半结构化的方式）表示数据。但是，两者中能够（也不能）表达的结构元素和语义有很大不同。在处理XML与（对象-）关系数据之间的映射之前，我们必须简要概述每种处理结构的方式的一些主要差异。

知识关联 第6章介绍了关系模型的基本原理。第9章介绍了对象-关系DBMS。

首先，请记住，关系模型的构建块是一种数学关系，它由零个、一个或多个无序元组组成。每个元组包含一个或多个属性。关系模型不执行任何类型的排序。这在XML模型中是不同的，在XML模型中，元素的顺序可能是有意义的（例如，合同中不同段落的顺序）。要在关系数据库中实现此排序，必须添加额外的属性类型。在对象关系数据库中，可以使用列表集合类型来实现排序。

根据第一个范式，关系模型不支持嵌套关系的概念。如前所述，XML数据通常是典型的层次结构，因此都与嵌套有关，这会产生映射问题。这在对象关系数据库中不是问题，为了使用嵌套关系，它们对复杂对象建模提供了直接支持。

第一个范式的另一个要求是属性类型不能是多值的。XML允许同一子元素出现多次。例如，作者可以有多个电子邮件地址。要将其映射到关系模型，必须定义一个额外的表和主-外键关系，这将产生额外的开销。可以使用前面讨论的任何集合类型（集合、多集合、列表、数组）在对象关系数据库中实现多值属性类型。

关系数据库仅支持原子数据类型，例如整数、字符串、日期等。XML DTD定义了聚合类型，但不支持这些原子数据类型，因为所有数字、文本和日期都存储在（P）CDATA中。可以使用同时支持原子类型和聚合类型的XML Schema适当地定义后者。聚合类型可以使用用户定义的类型直接在对象-关系数据库中建模。

最后，XML数据是半结构化的。这意味着XML文档的结构中可能包含某些异常或特殊之处。例如，某些元素可能会丢失（例如，没有地址的客户）或长度可变。引入新标签，或更改DTD或XSD，将需要重新生成关系表。

节后思考 总结XML数据和关系数据之间的关键区别并举例说明。

10.5 XML文档和（对象-）关系数据之间的映射

在本节中，我们将介绍将XML文档映射到（对象-）关系数据的多种方法，以便可以使用（O）RDBMS轻松地存储、管理和查询它们。我们讨论了基于表的映射、模式无关的映射和模式感知的映射，并通过介绍SQL/XML进行了总结。

10.5.1 基于表的映射

基于表的映射对XML文档的结构提出了严格的要求：它应该是数据库结构的完美重新设计。前后映射变得简单。在这里，你可以看到一个示例XML文档：

```
<database>
<table>
<row>
<column1> data </column1>
<column2> data </column2>
...
</row>
<row>
<column1> data </column1>
<column2> data </column2>
...
</row>
...
</table>
<table>
...
</table>
...
</database>
```

实际数据作为列元素的内容存储，或者也可以存储为行元素的列属性值。例如，<row column1 = data column2 = data ... />。大多数工具将使用比表、列、行等更有意义的名称。

这种方法的主要优势在于它的简单性，因为它具有完美的一对一映射关系，这意味着可以将数据从 XML 文档高效地传输到关系表，反之亦然。可以使用可更新的 SQL 视图（而不是实际的表）来实现文档结构本身，这将促进数据传输。

该技术还允许从数据库中提取 XML 数据，从而文档结构对应于 SQL 查询的结果。

主要缺点涉及对 XML 文档施加的严格结构。通过使用 XSLT 根据特定应用程序的要求来定制文档，可以部分缓解这种情况。

基于表的映射方法经常用于序列化数据或将数据从一个 DBMS 传输到另一个 DBMS。另一个示例涉及 Web 表单，由此输入的数据存储在 XML 文档中，该 XML 文档然后可以直接导入 DBMS 中。

知识关联 第 7 章讨论了可更新的 SQL 视图。

10.5.2　模式无关的映射

模式无关的映射 / 分解可以在没有 DTD 或 XSD 的情况下转换 XML 文档。这种情况可能发生在不符合公共 schema 的不规则 XML 文档中。因此，我们需要考虑一个非常通用的、高级别的模式来帮助映射。一种常见的方法是将文档转换为树结构，即结点表示文档中的数据。然后，可以以各种方式将树映射到关系模型。第一个选择是创建一个关系表：

```
CREATE TABLE NODE(
ID CHAR(6) NOT NULL PRIMARY KEY,
PARENT_ID CHAR(6),
TYPE VARCHAR(9),
LABEL VARCHAR(20),
```

```
VALUE CLOB,
FOREIGN KEY (PARENT_ID) REFERENCES NODE (ID)
CONSTRAINT CC1 CHECK(TYPE IN ("element", "attribute"))
)
```

这里的想法是为每个元素或属性类型指定一个唯一的标识符。PARENT_ID 属性类型是引用元素或属性类型的父元素的自引用外键。TYPE 属性类型指示元组是否与元素或属性类型相关。LABEL 属性类型指定元素的 XML 标记名称或属性类型的名称。VALUE 属性值类型是元素或属性类型的文本值。可以向表中添加额外的 ORDER 属性类型，以记录子表的顺序。

作为一个示例，请思考以下 XML 规范：

```
<?xml version="1.0" encoding="UTF-8"?>
<winecellar>
   <wine winekey="1">
      <name>Jacques Selosse Brut Initial</name>
      <year>2012</year>
      <type>Champagne</type>
      <price>150</price>
   </wine>
   <wine winekey="2">
      <name>Meneghetti White</name>
      <year>2010</year>
      <type>white wine</type>
      <price>18</price>
   </wine>
</winecellar>
```

这将导致 NODE 表中的元组，如图 10-5 所示。

ID	PARENT_ID	TYPE	LABEL	VALUE
1	NULL	element	winecellar	NULL
2	1	element	wine	NULL
3	2	attribute	winekey	1
4	2	element	name	Jacques Selosse Brut Initial
5	2	element	year	2012
6	2	element	type	Champagne
7	2	element	price	150
8	1	element	wine	NULL
9	8	attribute	winekey	2
10	8	element	name	Meneghetti White
11	8	element	year	2010
12	8	element	type	white wine
13	8	element	price	18

图 10-5　NODE 表中的示例元组

XPath 或 XQuery（参见 10.6.3 节）查询随后可以转换为 SQL 查询，其结果可以转换回 XML。例如，考虑前面的 XPath 查询：

```
doc("winecellar.xml")/winecellar/wine[price > 20]/name
```

现在可以将其转换为：

```
SELECT N2.VALUE
FROM NODE N1, NODE N2
WHERE
N2.LABEL="name" AND
N1.LABEL="price" AND
CAST(N1.VALUE AS INT)> 20 AND
N1.PARENT_ID=N2.PARENT_ID
```

请注意，要将 VARCHAR 转换为 INT，就需要 CAST() 函数，这样就可以进行数学比较。可以通过中间件工具从 XPath 表达式生成这个 SQL 查询。但是，请注意，并非所有 XPath 查询都可以转换为 SQL。这里的一个示例是，通过使用 XPath // 运算符在不同级别对结点的所有后代进行搜索。后者不能在 SQL 中充分表达，除非使用递归 SQL 查询的扩展名。

知识关联 第 9 章讨论了递归 SQL 查询。

尽管单个关系表提供了非常紧凑的表示形式，但它将需要大量的查询资源，因为每个导航步骤都需要在该表上进行自连接。可以通过创建更多的表来考虑各种备选方案，这些表分别存储有关元素、属性、兄弟关系等的信息。优化设计取决于执行的查询类型。通过使用对象 – 关系扩展（例如嵌套结构、集合类型）来避免广泛的规范化，可以进一步促进映射，这可能会导致 XML 数据在过多的关系中被过度分解。

请注意，由于大量的分解，在（对象 –）关系数据中 XML 文档的重建可以得到相当多的密集型资源。一些中间件解决方案在 DBMS 的顶部提供了 DOM API 或 SAX API。然后，XML 应用程序可以通过这些 API 访问关系数据，而不需要具有物理 XML 文档。将（对象 –）关系数据作为虚拟 XML 文档提供。相关的选项是使用实体化视图来存储 XML 文档。

知识关联 第 7 章讨论了物化的观点。

10.5.3　模式感知的映射

模式感知的映射基于已经存在的 DTD 或 XSD 转换 XML 文档。DTD 或 XSD 的可用性将有助于定义相应的数据库模式。可以采取以下步骤从 DTD 或 XSD 生成数据库模式：

1）尽可能简化 DTD 或 XSD。

2）将每个复杂元素类型（由其他元素类型或混合内容组成）映射到关系表，或者在 ORDBMS 中使用相应的主键将用户定义类型映射到关系表。

3）将具有混合内容的每个元素类型映射到存储（P）CDATA 的单独表中。使用主 – 外键关系将此表连接到父表。

4）用（P）CDATA 内容将只发生一次的单值属性类型或子元素映射到相应关系表中的列。从 XSD 开始时，选择与 XML Schema 数据类型最相似的 SQL 数据类型（例如，xs:Short 到 SMALLINT）。如果属性类型或子元素是可选的，则允许空值。

5）用（P）CDATA 内容将可以多次发生的多值属性类型或子元素映射到单独的表中。使用主 – 外键关系将此表连接到父表。在对象 – 关系数据库管理系统中，可以使用集合类型作为替代。

6）对于每个复杂子元素类型，使用主 – 外键关系连接对应于子元素和父元素类型的表。

请注意，上述准则只是经验法则。通常，DTD 或 XSD 生成的关系表的数量将进一步减少，方法是允许一些去规范化，以避免在需要检索数据时昂贵的连接[⊖]。分解是一个非常复杂的过程，有许多可能的解决方案。最佳选择取决于使用数据的应用程序的需求。

可以采取以下步骤从数据库模型或模式生成 DTD 或 XSD：

1）将每个表映射到一个元素类型。

2）在 DTD 的情况下，使用（P）CDATA 将每个表列映射到属性类型或子元素类型，在 XML Schema 的情况下，将每个表列映射到最相似的数据类型（例如，从 SMALLINT 到 xs:short）。

3）通过引入其他子元素类型来映射主 – 外键关系。对象关系集合可以映射到可以多次出现的多值属性类型或元素类型。

带有映射信息的注释可以添加到 DTD 或 XSD。大多数供应商还将提供用户友好的可视化工具来阐明映射。

10.5.4 SQL/XML

SQL/XML 于 2003 年引入，在 2006 年、2008 年和 2011 年进行了修订。它基本上是 SQL 的扩展，引入了：

- 具有相应构造函数的新 XML 数据类型，该构造函数将 XML 文档视为关系表的列中的单元格值，并可用于在用户定义类型中定义属性类型，用户定义函数的变量和参数中的属性类型；
- 一组 XML 数据类型的运算符；
- 一组将关系数据映射到 XML 的函数。

如前所述，SQL/XML 不包含将 XML 数据分解为 SQL 格式的规则。SQL/XML DML 指令的示例如下：

```
CREATE TABLE PRODUCT(
PRODNR CHAR(6) NOT NULL PRIMARY KEY,
PRODNAME VARCHAR(60) NOT NULL,
PRODTYPE VARCHAR(15),
AVAILABLE_QUANTITY INTEGER,
REVIEW XML)
```

PRODUCT 表扩展了带有数据类型 XML 的 REVIEW 列。现在我们可以将值插入该表：

```
INSERT INTO PRODUCT VALUES("120", "Conundrum", "white", 12,
XML(<review><author>Bart Baesens</author><date>27/02/2017</date>
<description>This is an excellent white wine with intriguing aromas of
green apple, tangerine and honeysuckle blossoms.</description><rating
max-value="100">94</rating></review>)
```

如前所述，SQL/XML 可用于表示 XML 格式的关系数据。它提供了一个默认映射，其中表和列的名称转换为 XML 元素，并且每个表行都包含行元素。作为副产品，它将添加相应的 DTD 或 XSD。SQL/XML 还包括以定制的 XML 格式表示 SQL 查询输出的功能。指令

⊖ 可以通过将两个或多个规范化表合并为一个来实现非正态化。通过这样做，连接查询将执行得更快，因为现在只需要考虑一个表。然而，如果没有适当管理，就会以冗余数据和可能不一致的数据为代价。

XMLElement 使用两个输入参数定义 XML 元素：XML 元素的名称和列名称，其表示内容如下：

```
SELECT XMLElement("sparkling wine", PRODNAME)
FROM PRODUCT
WHERE PRODTYPE="sparkling"
```

这个查询将会给出如下的结果：[⊖]

```
<sparkling_wine>Meerdael, Methode Traditionnelle Chardonnay, 2014
</sparkling_wine>
<sparkling_wine>Jacques Selosse, Brut Initial, 2012</sparkling_wine>
<sparkling_wine>Billecart-Salmon, Brut Réserve, 2014</sparkling_wine>
...
```

上面显示了如何在 <sparkling_wine> 和 </sparkling_wine> 标记之间包含 PRODNAME 列的值。

可以嵌套 XMLElement 指令，并且可以添加 XMLAttributes 指令作为子句来指定 XML 元素的属性：

```
SELECT XMLElement("sparkling wine", XMLAttributes(PRODNR AS "prodid"),
XMLElement("name", PRODNAME), XMLElement("quantity", AVAILABLE_QUANTITY))
FROM PRODUCT
WHERE PRODTYPE="sparkling"
```

结果就会变成：

```
<sparkling_wine prodid="0178">
<name>Meerdael, Methode Traditionnelle Chardonnay, 2014</name>
<quantity>136</quantity>
</sparkling_wine>
<sparkling_wine prodid="0199">
<name>Jacques Selosse, Brut Initial, 2012</name>
<quantity>96</quantity>
</sparkling_wine>
...
```

可以使用 XMLForest 指令重新构造以上查询，该指令生成 XML 元素列表作为根元素的子元素：

```
SELECT XMLElement("sparkling wine", XMLAttributes(PRODNR AS "prodid"),
XMLForest(PRODNAME AS "name", AVAILABLE_QUANTITY AS "quantity"))
FROM PRODUCT
WHERE PRODTYPE="sparkling"
```

XMLAgg 是类似于标准 SQL 中的 COUNT、MIN 或 MAX 的聚合函数，可以结合 GROUP BY 语句从元素集合中生成 XML 元素列表：

⊖ 仅当使用支持 SQL / XML 的 DBMS 时才能执行这些查询。

```
SELECT XMLElement("product", XMLElement(prodid, P.PRODNR),
XMLElement("name", P.PRODNAME), XMLAgg("supplier", S.SUPNR))
FROM PRODUCT P, SUPPLIES S
WHERE P.PRODNR=S.PRODNR
GROUP BY P.PRODNR
```

该查询将在相应的产品信息下附加可以提供特定产品的所有供应商的供应商编号：

```
<product>
<prodid>178</prodid>
<name>Meerdael, Methode Traditionnelle Chardonnay</name>
<supplier>21</supplier>
<supplier>37</supplier>
<supplier>68</supplier>
<supplier>69</supplier>
<supplier>94</supplier>
</product>
<product>
<prodid>199</prodid>
<name>Jacques Selosse, Brut Initial, 2012</name>
<supplier>69</supplier>
<supplier>94</supplier>
</product>
...
```

SQL/XML 查询的结果也可以是关系和 XML 数据类型的组合，如该查询所示：

```
SELECT PRODNR, XMLElement("sparkling wine", PRODNAME), AVAILABLE_QUANTITY
FROM PRODUCT
WHERE PRODTYPE="sparkling"
```

结果将会是：

```
0178, <sparkling_wine>Meerdael, Methode Traditionnelle Chardonnay,
2014</sparkling_wine>, 136
0199, <sparkling_wine>Jacques Selosse, Brut Initial, 2012</sparkling_wine>, 96
0212, <sparkling_wine>Billecart-Salmon, Brut Réserve, 2014
</sparkling_wine>, 141
...
```

SQL/XML 还包括以下功能：连接 XML 值列表（XMLConcat），生成 XML 注释（XML-Comment）或处理指令（XMLPI），将 XMLvalue 序列化为字符或二进制字符串（XML-Serialize），执行非验证解析字符串以生成 XML 值（XMLParse）并通过修改另一个 XML 值（XMLROOT）的根项的属性来创建 XML 值。尽管有潜力，但是大多数 SQL/XML 的供应商实现都是专有的，彼此之间不兼容。

一些工具还将支持**基于模板的映射**，其中可以使用特定于工具的定界符（例如，<select-Stmt>）将 SQL 语句直接嵌入 XML 文档中，如下所示：

```
<?xml version="1.0" encoding="UTF-8"?>
<sparklingwines>
<heading>List of Sparkling Wines</heading>
<selectStmt>
SELECT PRODNAME, AVAILABLE_QUANTITY FROM PRODUCT WHERE
PRODTYPE="sparkling";
</selectStmt>
<wine>
<name> $PRODNAME </name>
<quantity> $AVAILABLE_QUANTITY </quantity>
</wine>
</sparklingwines>
```

然后，该工具将执行查询并生成此输出：

```
<?xml version="1.0" encoding="UTF-8"?>
<sparklingwines>
<heading>List of Sparkling Wines</heading>
<wine>
<name>Meerdael, Methode Traditionnelle Chardonnay, 2014</name>
<quantity>136</quantity>
</wine>
<wine>
<name>Jacques Selosse, Brut Initial, 2012</name>
<quantity>96</quantity>
</wine>
..
</sparklingwines>
```

本小节中讨论的方法基于相同的基础关系数据生成各种 XML 文档。

知识延伸 考虑到他们使用的非结构化和文本数据的数量，媒体和出版行业是 XML 数据库的常客。例如，在 140 多年来，新闻协会（PA）一直是英国提供快速、准确新闻的主要提供商。PA 提供不同类型的信息，例如新闻、体育数据和天气预报，以及各种类型的多媒体内容（图像和视频）。由于 XML 是它们的关键技术之一，因此它们需要支持 XML 的 DBMS（例如 MarkLogic）以透明高效的方式合并大量结构化和非结构化数据。

节后思考

- 讨论用于在 XML 文档与（对象 -）关系数据之间进行映射的基于表的映射。举例说明，并讨论其优缺点。
- 讨论用于在 XML 文档和（对象 -）关系数据之间映射的模式无关的映射。举例说明并讨论其优缺点。
- 讨论用于在 XML 文档和（对象 -）关系数据之间映射的模式感知的映射。举例说明并讨论其优缺点。
- 什么是 SQL/XML？它可以用于做什么？举例说明。

10.6　搜索 XML 数据

尽管 SQL 用于查询关系数据，但是存在多种直接查询 XML 数据的技术。有些使用

XML 的结构化方面，就像 SQL 处理关系数据一样，而其他一些仅将 XML 文档视为纯文本，而不考虑固有结构。我们将在本节中讨论各个方面。

10.6.1 全文搜索

第一种选择是将 XML 文档视为文本数据并进行蛮力的**全文搜索**。这种方法没有考虑任何标签结构或信息。它可以应用于已存储为文件的 XML 文档（例如，在文件或内容管理系统中）或 DBMS 中的 BLOB/CLOB 对象。请注意，许多 DBMS 通过对象 - 关系扩展方式提供全文搜索功能。相同的方法也可以应用于在 HTML 文档、电子邮件或其他文本文档中进行搜索。该方法的一个主要的缺点是，它不会制定针对单个 XML 元素或将 XML 数据与关系数据结合在一起的语义丰富的查询。

10.6.2 基于关键字的搜索

基于关键字的搜索假定 XML 文档补充了一组描述文档元数据的关键字，例如文件名、作者姓名、上次修改日期、概括文档内容的关键字等。然后，这些关键字可以由文本搜索引擎建立索引，以加快信息检索的速度。文档本身仍以文件或 BLOB/CLOB 格式存储。尽管此方法在语义上比前一种方法丰富，但它仍未释放 XML 用于查询的全部表达能力。

10.6.3 XQuery 的结构化搜索

结构化搜索方法利用与实际文档内容相关的结构化元数据。为了阐明文档元数据和结构元数据之间的区别，请考虑一组描述书评的 XML 文档。文档元数据描述了文档的属性，例如审阅文档的作者（例如 Wilfried Lemahieu）和文档的创建日期（例如 2017 年 6 月 6 日）。结构元数据描述了整个文档结构中各个内容片段的作用。结构元数据的示例包括："书名"（例如，描述内容片段"Analytics in a Big Data World 分析"）、"书的作者"（例如，描述内容片段"Bart Baesens"）、评分（例如，描述内容片段"excellent"）和"评论"（描述实际评论文本）。

结构化搜索查询提供了比全文本搜索和基于关键字的搜索方法更多的可能性，因为我们现在也可以通过结构化元数据查询文档内容。通过这种方式，我们可以搜索仅由 Bart Baesens 撰写的书的评论，而不是像全文搜索那样搜索包含文本字符串"Bart Baesens"的所有文档。另外，我们只能检索合格书籍的标题，而不能检索整个审阅文件。

XQuery 语言为 XML 文档制定了结构化查询。这些查询可以同时考虑文档结构和实际元素的内容。XPath 路径表达式用于浏览文档结构并检索 XML 元素的子级、父级、祖先级、后代、同级和引用。同样，可以考虑元素的顺序。XQuery 使用构造来补充 XPath 表达式，以引用和比较元素的内容。在这里，语法有点类似于 SQL。XQuery 语句被公式化为 FLWOR（发音为"flower"）指令，如下所示：

```
FOR $variable IN expression
LET $variable:=expression
WHERE filtercriterion
ORDER BY sortcriterion
RETURN expression
```

考虑这个例子：

```
LET $maxyear:=2012
RETURN doc("winecellar.xml")/winecellar/wine[year <$maxyear]
```

此查询将返回早于 2012 年的所有 wine 元素（包括所有属性和子元素）。请注意，如何使用 LET 指令将值 2012 分配给变量“maxyear”。RETURN 指令将返回查询结果。

FOR 指令实现以下迭代：

```
FOR $wine IN doc("winecellar.xml")/winecellar/wine
ORDER BY $wine/year ASCENDING
RETURN $wine
```

$wine 变量将遍历 winecellar 的每个 wine 元素。与 SQL 中一样，ORDER BY 指令可用于排序。在我们的示例中，我们将根据升序对 wine 进行排序。

与 SQL 相似，WHERE 子句允许进一步完善：

```
FOR $wine IN doc("winecellar.xml")/winecellar/wine
WHERE $wine/price < 20 AND $wine/price/@currency="EURO"
RETURN <cheap_wine> { $wine/name, $wine/price} </cheap_wine>
```

上面的查询将选择价格低于 20 欧元的 wine 元素。请记住，货币是 XML 元素价格的属性。可以通过在查询中在 XML 属性的名称前面加上“@”来引用 XML 属性。还要注意，我们在结果中添加了新标签 <cheap_wine>。

XQuery 还支持连接查询。假设我们有一个 XML 文档 winereview.xml，其中包含 wine 评论和评分。wine 还可以通过“winekey”来识别。现在，我们可以制定此 XQuery 连接查询：

```
FOR $wine IN doc("winecellar.xml")/wine
    $winereview IN doc("winereview.xml")/winereview
WHERE $winereview/@winekey=$wine/@winekey
RETURN <wineinfo> {$wine, $winereview/rating} </wineinfo>
```

这会将每个“wine”XML 元素连接到每个“winereview/rating”XML 元素，并将结果包含在 <wineinfo> 和 </ wineinfo> 标记之间。

XQuery 支持大多数 SQL 构造（例如，聚合函数、DISTINCT、嵌套查询、ALL、ANY)，包括用户定义函数的定义。W3C 还提供了使用诸如 INSERT、DELETE、REPLACE、RENAME 和 TRANSFORM 之类的更新操作扩展 XQuery 的建议。有关更多详细信息，请访问 www.w3.org。

10.6.4 使用 RDF 和 SPARQL 进行语义搜索

语义搜索的概念源于语义网的广泛上下文。目的是更好地了解由其 URI 标识的 Web 资源之间的链接之间的关系。这将允许询问更多语义上复杂的查询，例如：

> Give me all spicy, ruby colored red wines with round texture raised in clay soil and Mediterranean climate which pair well with cheese.

假设你必须解决以 HTML 格式格式化的数据的查询。找到可靠的来源，然后（手动）抓取并整合数据，将花费巨大的精力。原因之一是因为 HTML 使用了无类型的链接，这些链接没有传递关于链接背后关系的语义上有意义的信息。语义 Web 技术堆栈试图通过引入诸如 RDF、RDF Schema、OWL 和 SPARQL（为 RDF 开发的一种查询语言和数据获取协议）之类的组件来克服这一问题，它们被组合在一起以提供概念、术语及其关系的形式化描述。我们将在本小节中详细介绍这些内容。

资源描述框架（RDF）提供了语义 Web 的数据模型，它是由 World Wide Web 联盟开发的㊀。它通过在关系上附加语义来对图形结构化的数据进行编码。RDF 数据模型由主语 – 谓语 – 宾语格式的语句组成，也称为三元组。表 10-2 中显示了一些示例。

表 10-2　RDF 三元组示例

主　语	谓　语	宾　语	主　语	谓　语	宾　语
Bart	Name	Bart Baesens	Meneghetti White	Tastes	Citrusy
Bart	Likes	Meneghetti White	Meneghetti White	Pairs	Fish

表格中指出，Bart 的名字叫 Bart Baesens，他喜欢 Meneghetti White，它有一种柑橘味，与鱼类搭配。现在的想法是使用 URI 表示主语和谓词，使用 URI 或文字表示对象，如表 10-3 所示㊁。

表 10-3　使用 URI 表示主题和谓词，使用 RDF 中的 URI 或文字表示对象

主　语	谓　语	宾　语
www.kuleuven.be/Bart.Baesens	http://mywineontology.com/#term_name	“Bart Baesens”
www.kuleuven.be/Bart.Baesens	http://mywineontology.com/#term_likes	www.wine.com/MeneghettiWhite
www.wine.com/MeneghettiWhite	http://mywineontology.com/#term_tastes	“Citrusy”
www.wine.com/MeneghettiWhite	http://mywineontology.com/#term_pairs	http://wikipedia.com/Fish

通过使用 URI，可以使用数据库特定的主键建立通用的唯一标识。带有 URI 的数据项可以很容易地在 Web 上取消引用。请注意，谓词是指词汇或本体，它是定义各种概念及其关系的模型。在我们的示例中，我们开发了自己的 wine 本体。本体的成功取决于其支持的范围。

知识延伸 流行本体的例子包括用于描述元数据的都柏林核心本体（http://dublincore.org）和用于描述人们的社会关系、兴趣和活动的“朋友之友（FOAF）本体”（www.foaf-project.org）。

RDF 数据模型可以可视化为有向标记图（图 10-6）。

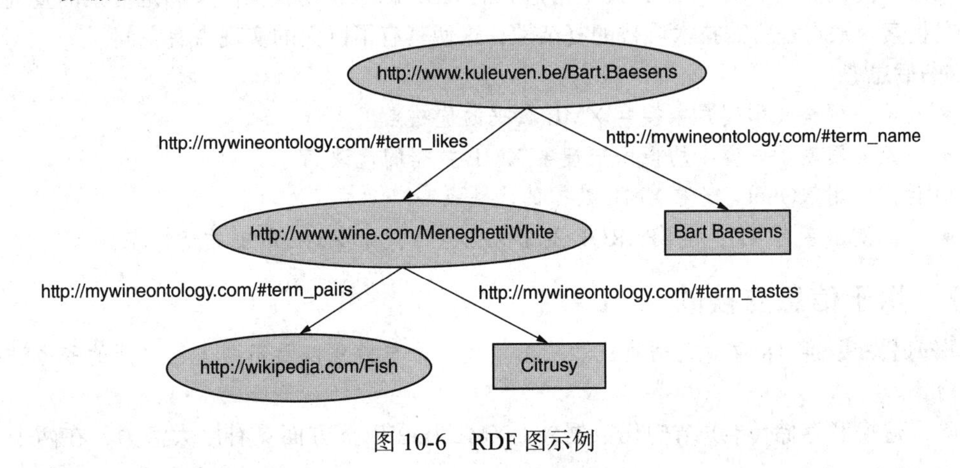

图 10-6　RDF 图示例

㊀ 参见 www.w3.org/RDF。

㊁ 本例中的 URI 是虚构的。

RDF 数据可以以不同的方式序列化。一种可能的表示形式是通过 RDF/XML 进行的 XML 格式，如表 10-2 的前两个三元组所示：

```
<?xml version="1.0"?>
<rdf:RDF xmlns:rdf="http://www.w3.org/TR/PR-rdf-syntax/"
xmlns:myxmlns="http://mywineontology.com/">
<rdf:Description rdf:about="www.kuleuven.be/Bart.Baesens">
<myxmlns:name>Bart Baesens</myxmlns:name>
<myxmlns:name:likes rdf:resource="www.wine.com/MeneghettiWhite"/>
</rdf:Description>
</rdf:RDF>
```

RDF 数据模型易于理解和使用。因此，通过重复使用 URI，通过简单的表示连接现有信息是实现所谓的**链接数据**概念的关键技术之一。它提供了一种强大的机制，可以将分布式数据和异构数据融合到一个整体语义模型中。**RDF Schema** 通过使用类和子类，属性和子属性以及属性的类型扩展词汇表来丰富 RDF。**Web 本体语言**（OWL）是一种更具表现力的本体语言，它实现了各种复杂的语义建模概念[1]。有关更多详细信息，请参见 www.w3.org/OWL。

可以使用 **SPARQL** 查询 RDF 数据，SPARQL 是“SPARQL 协议和 RDF 查询语言”的递归首字母缩写[2]。SPARQL 基于将图形模式与 RDF 图形进行匹配。SPARQL 查询的两个示例是：

```
PREFIX: mywineont: <http://mywineontology.com/>
SELECT ?wine
WHERE {?wine, mywineont:tastes, "Citrusy"}
PREFIX: mywineont: <http://mywineontology.com/>
SELECT ?wine, ?flavor
WHERE {?wine, mywineont:tastes, ?flavor}
```

第一个查询检索所有 citrusy（柑橘风味）的 wine，而第二个查询检索所有 wine 及其风味。PREFIX 关键字是 SPARQL 的名称空间声明版本。名称以 ? 开头代表变量（例如，?name, ?wine）。WHERE 子句本质上指定了图形模式。SPARQL 查询的结果是以表格格式显示的 SELECT 子句中变量的一组绑定。SPARQL 是一种语义丰富的查询语言，它使我们能够使用复杂的图形模式提取 RDF 子图，甚至构造新的 RDF 图。它使我们能够制定复杂的查询并执行语义搜索。缺点是所需技术堆栈的复杂性，这使其有了巨大的实现占有空间。

节后思考

- 讨论使用全文本搜索来搜索 XML 数据的优缺点。
- 讨论使用基于关键字的搜索来搜索 XML 数据的优缺点。
- 讨论使用 XQuery 搜索 XML 数据的优缺点。
- 讨论使用带有 RDF 和 SPARQL 的语义搜索来搜索 XML 数据的优缺点。

10.7 用于信息交换的 XML

知识关联 第 18 章对数据集成和应用集成技术与模式以及不同方法之间的取舍进行了广泛讨论。

除了建模和存储（半）结构化数据外，XML 还在以下方面具有巨大潜力，在两个或多

---

[1] Web 本体语言的首字母缩写是 OWL 而不是 WOL，因为它更容易记住且暗藏智慧。

[2] 参见 www.w3.org/TR/rdf-sparql-query/#sparqlDefinition。

个数据库或应用程序，或电子商务环境中不同合作伙伴的信息系统之间交换信息，例如采购订单、产品目录或发票。理想情况下，所有合作方都首先就要交换的信息达成共同的 DTD 或 XSD。这些模式定义是在行业级别更频繁地指定的，从而促进了全球信息交换。交换基于 XML 的信息的两种常用技术是面向消息的中间件（MOM）和 Web 服务。

10.7.1 面向消息的中间件

企业应用程序集成（EAI）是指旨在在特定企业环境中集成应用程序的一组活动。例如，考虑一下，企业资源计划（ERP）、供应链管理（SCM）和客户关系管理（CRM）应用程序之间的集成。两种类型的中间件解决方案可以促进这种集成。第一个选项涉及**远程过程调用（RPC）**技术，其中通过过程调用在应用程序之间建立通信。流行的例子是 RMI 和 DCOM。这个想法是，一个对象从另一个服务器上的远程对象调用一个方法。例如，Java 提供了一种执行 RPC 的内置机制，称为 Java RMI（Java 远程方法调用）。

RPC 通常是同步的，这意味着调用对象 / 应用程序必须等待为了继续处理，直到被调用对象 / 应用程序返回应答为止。因此，RPC 在交互的对象 / 应用程序之间建立了牢固的耦合。**面向消息的中间件（MOM）**提供了一种可能更适合于异构环境的替代方案。集成是通过在涉及的各方之间交换 XML 消息来建立的。一个示例可以是 XML 采购订单：

```
<purchaseorder id="12345" purchaseorderdate="2017-06-08">
<supplier>Deliwines</supplier>
<wine>Meneghetti White</wine>
<quantity>12</quantity>
...
</purchaseorder>
```

与 RPC 相反，MOM 以异步方式工作，这意味着调用对象 / 应用程序不需要等待被调用对象 / 应用程序的应答。这在高度异构的环境中建立了松散耦合。因此，这也需要保证可靠的消息传递，因此消息不会有超过一次的消息传递或丢失。

10.7.2 基于 SOAP 的 Web 服务

除了 EAI 技术（其重点是在公司特定上下文中集成应用程序）之外，在全球化的电子商务环境中，不同公司的应用程序之间的交互和协助也是必要的。现代公司通常在跨公司集成价值链中作为合作伙伴运作。这要求使用复杂的 B2B（企业对企业）集成技术来集成 IT 应用程序。因为事实证明，较传统的 RPC 和 MOM 技术不适用于组织间设置，因此在所谓的 Web 服务上引入了新的技术堆栈。

Web 服务可以描述为自描述软件组件，可以通过 Web 发布、发现和调用。利用 Web 服务进行 B2B 集成所需的主要组件是 SOAP（简单对象访问协议）（作为交换格式）和 WSDL（用于描述服务产品）。正如我们将在本小节中讨论的那样，每种方法都基于 XML。

SOAP 代表“简单对象访问协议”，即使 W3 标准组织已在以后的标准修订版中放弃了使用该名称作为首字母缩写词，而赞成照原样使用“SOAP”。SOAP 的基本思想是提供基于 XML 的消息传递框架，该框架是可扩展的（可以轻松添加新特性），中立（SOAP 消息可以在 HTTP[1]和许多其他协议之上传输）并且是独立的（可以独立于现有的编程语言和架构使

[1] HTTP（超文本传输协议）最初被设想为 Web 浏览器和 Web 服务器之间的交互协议，但它可能具有多种用途。HTTP 由 W3C 维护。请参见 www.w3.org/protocol。

用）。这些方面使 SOAP 变得非常通用，但比其他 RPC 标准更慢且更冗长，因为 XML 消息会迅速增大。在这里，你可以看到一个 SOAP 消息的示例：

```
<?xml version="1.0" encoding="utf-8"?>
<soap:Envelope xmlns:xsi="http://www.w3.org/2001/XMLSchema-instance"
xmlns:xsd="http://www.w3.org/2001/XMLSchema"
xmlns:soap="http://schemas.xmlsoap.org/soap/envelope/">
<soap:Body>
<GetQuote xmlns="http://www.webserviceX.NET/">
<symbol>string</symbol>
</GetQuote>
</soap:Body>
</soap:Envelope>
```

如你所见，它由头部信息（可选）和主体（强制）组成。头部包含特定于应用程序的信息（例如，用于安全性或事务管理）。主体包含 XML 编码的有效负载，该负载同时支持 MOM 样式和 RPC 样式的交互。主体可以是实际文档（例如，采购订单），也可以是带有相应参数的方法调用。在我们的示例中，SOAP 消息调用了 www.webserviceX.NET 上的 GetQuote Web 服务，该服务带有一个字符串参数，该参数引用了股票代号（例如，可口可乐公司）。[㊀]

在将 SOAP 消息发送到 Web 服务之前，必须先弄清楚该服务可以理解哪种类型的传入消息，以及可以返回什么消息。Web 服务必须定义其支持的功能。这是 **Web 服务描述语言（WSDL）**的目标，WSDL 是一种基于 XML 的语言，用于描述 Web 服务提供的接口或功能。在这里，你可以看到我们的股票报价网络服务的 WSDL 文档的一部分：[㊁]

```
<?xml version="1.0" encoding="UTF-8"?>
<wsdl:definitions xmlns:wsdl="http://schemas.xmlsoap.org/wsdl/"
targetNamespace="http://www.webserviceX.NET/"
xmlns:http="http://schemas.xmlsoap.org/wsdl/http/"
xmlns:soap12="http://schemas.xmlsoap.org/wsdl/soap12/"
xmlns:s="http://www.w3.org/2001/XMLSchema"
xmlns:soap="http://schemas.xmlsoap.org/wsdl/soap/"
xmlns:tns="http://www.webserviceX.NET/"
xmlns:mime="http://schemas.xmlsoap.org/wsdl/mime/"
xmlns:soapenc="http://schemas.xmlsoap.org/soap/encoding/"
xmlns:tm="http://microsoft.com/wsdl/mime/textMatching/">
<wsdl:types>
<s:schema targetNamespace="http://www.webserviceX.NET/"
elementFormDefault="qualified">
<s:element name="GetQuote">
<s:complexType>
<s:sequence>
<s:element type="s:string" name="symbol" maxOccurs="1" minOccurs="0"/>
</s:sequence>
</s:complexType>
```

㊀ 网站 www.webservicex.net 托管许多小型 Web 服务，每天处理 600 多万个请求。

㊁ 有关完整规范，请参见 www.webservicex.net/stockquote.asmx?WSDL。

```
</s:element>
<s:element name="GetQuoteResponse">
<s:complexType>
<s:sequence>
<s:element type="s:string" name="GetQuoteResult" maxOccurs="1" minOccurs="0"/>
</s:sequence>
</s:complexType>
</s:element>
<s:element type="s:string" name="string" nillable="true"/>
</s:schema>
</wsdl:types>
...
<wsdl:message name="GetQuoteSoapIn"><wsdl:part name="parameters"
element="tns:GetQuote"/></wsdl:message>
<wsdl:message name="GetQuoteSoapOut"><wsdl:part name="parameters"
element="tns:GetQuoteResponse"/></wsdl:message>
<wsdl:message name="GetQuoteHttpGetIn"><wsdl:part name="symbol"
type="s:string"/></wsdl:message>
<wsdl:message name="GetQuoteHttpGetOut"><wsdl:part name="Body"
element="tns:string"/></wsdl:message>
...
<wsdl:portType name="StockQuoteSoap"><wsdl:operation
name="GetQuote"><wsdl:documentation
xmlns:wsdl="http://schemas.xmlsoap.org/wsdl/">Get Stock quote for a
company Symbol</wsdl:documentation><wsdl:input
message="tns:GetQuoteSoapIn"/><wsdl:output
message="tns:GetQuoteSoapOut"/></wsdl:operation></wsdl:portType>
...
</wsdl:definitions>
```

每个 Web 服务都表示为一组所谓的端口类型，它们定义了一组抽象操作。每个操作都有一个输入消息（可以是前面所示的 SOAP 消息）和与其返回值对应的可选输出消息。每个消息都使用 XML 模式指定属性及其类型。通过指定相应的 URL，可以将端口类型映射到实现（端口）。因此，同一个 WSDL 文档可以引用多个实现。

基于简单请求 / 响应通信的应用程序之间的标准化过程调用不足以使电子商务应用程序自动化。电子商务事务通常根据预定义的流程模型进行，流程中的每个活动可以由不同的 Web 服务实现。因此，此类流程的执行需要编排一组 Web 服务，这些 Web 服务可能属于不同的交互伙伴。在这方面，XML 也发挥了核心作用。

例如，考虑一个具有以下活动的采购流程：选择供应商、创建采购订单、确认采购订单、货物运输、收货、发送发票、付款等。其中一些活动是按顺序执行的，而其他活动可以并行执行。尽管 Web 服务可以自动执行这些流程步骤，但是需要预先指定它们执行的顺序，以确保整体执行的成功。可以使用编制语言（通常也是基于 XML 的）指定这一点。一个流行的例子是 WS-BPEL（Web 服务业务流程执行语言）。进一步的措施是将这一过程本身标准化。例如，RosettaNet 定义了一组 RosettaNet 合作伙伴接口流程（PIP），这些流程基于标准化的 XML 文档和文档交换序列，用于检索库存数据、咨询产品目录、下产品订单等各种流程。

10.7.3　基于 REST 的 Web 服务

由于 SOAP 的冗长和繁重，一种新的 Web 服务标准 **REST（表述性状态转移）** 在最近几年得到了越来越多的关注。REST 直接构建在 HTTP 之上，在带宽消耗方面是完全无状态和轻量级的。REST 背后的思想源于这样一种认识，即大多数 Web 服务只提供简单的请求 – 应答功能，而 HTTP 已经非常适合这种功能。在许多上下文中不需要额外的标准，比如 SOAP，它增加了额外的开销和复杂性。大多数提供 API 的网站都采用了 REST。它非常适合基本的、临时的 Web 服务。此外，由于该标准与 HTTP 紧密耦合，它已成为"现代" Web 公司（例如，社交网络）提供 API 的首选架构，第三方开发人员可以使用这些 API 开发应用程序。正在发生一种转变，在这种转变中，开发人员首先构建 REST API（API-first 开发），然后围绕这个 API 构建自己的应用程序和网站。REST 和 SOAP 之间最大的区别之一是 SOAP 是通信无关的（请记住，SOAP 消息可以在 HTTP 或任何其他网络协议上传输），而 REST 与 HTTP 紧密集成并"包容"该协议。HTTP 协议是完整的交换协议，这意味着 REST 基本上会指示程序员使用与你的 Web 浏览器访问网站相同的协议，区别在于 Web 服务器不会返回 HTML 数据以由 Web 浏览器呈现，而是返回可以由计算机解析的结构化数据。它可以是 XML 和其他格式，但不同之处在于此 XML 消息不包含任何 SOAP 定义的标记。REST 请求看起来类似于普通的 HTTP 请求：

```
GET /stockquote/IBM HTTP/1.1
Host: www.example.com
Connection: keep-alive
Accept: application/xml
```

这是发送到主机 www.example.com 的 URI /stockquote/IBM 的常规 HTTP GET 请求。然后，服务器可以用格式化的股票信息表示形式（如 XML）进行响应：

```
HTTP/1.0 200 OK
Content-Type: application/xml
<StockQuotes>
<Stock>
<Symbol>IBM</Symbol>
<Last>140.33</Last>
<Date>22/8/2017</Date>
<Time>11:56am</Time>
<Change>-0.16</Change>
<Open>139.59</Open>
<High>140.42</High>
<Low>139.13</Low>
<MktCap>135.28B</MktCap>
<P-E>11.65</P-E>
<Name>International Business Machines</Name>
</Stock>
</StockQuotes>
```

GET 和 POST 是最常用的 HTTP 方法。实际上，你的浏览器通常会执行 GET 请求，从 URL 指定的 Web 服务器请求文档，并执行 POST 请求，将 Web 表单发送到服务器。

与 SOAP 不同，REST 没有官方标准，因此不同的 API 在处理前面列出的 HTTP 方法方面可能采用不同的约定。此外，REST 没有为实际的请求和响应消息指定任何格式化语言或标准来表示数据，因此服务器可以使用 XML 或较新的数据表示格式，例如 JSON、YAML（请参阅 10.8 节），来回答先前显示的 GET/stockquote/IBM 请求，甚至是股票信息的简单英文描述。如今，Twitter、Facebook 和 PayPal 等公司都提供了一个 REST 接口来访问它们的服务、信息和功能（Facebook 将其称为 "Graph API"，但其工作方式是相同的）。因为没有真正的 REST 标准，所以实现之间的约定可能不同，所以你需要浏览要访问的每个服务的 API 文档，尽管它们都同意使用简单的基于 HTTP 的请求 - 响应通信。

尽管有 REST 的潜力，但 SOAP 仍被广泛使用，尤其是在对通用性有强烈需求的企业环境中。

10.7.4　Web 服务和数据库

Web 服务技术也影响与数据库的交互。Web 服务可以使用底层数据库来执行其功能。数据库本身也可以充当 Web 服务提供者或 Web 服务使用者。

可以使用 WSDL 接口扩展存储过程并将其发布为 Web 服务。然后，可以通过将适当的 SOAP 消息（或使用 REST 作为替代）发送到数据库系统的端口，从其他应用程序调用相应的数据库功能。在存储过程包含 SELECT 操作的情况下，可以将结果映射到 XML（例如，SQL/XML）或其他格式（请参见 10.8 节）并返回到调用应用程序。

数据库系统还可以充当服务消费者。存储过程或触发器可以包括对外部 Web 服务的调用。这增加了它们的可能性。其他外部数据源（例如由支持 Web 服务的数据库系统承载的数据源）可以以 XML 格式查询和检索结果，然后可以存储（可能在转换为关系格式之后）。除了数据之外，还可以调用外部功能。一个示例是，第三方 Web 服务可以将本地存储的欧元金额转换为美元金额。另一个示例是监控（本地）库存数据的触发器，如果达到安全库存水平，则会自动向供应商托管的 Web 服务生成带有采购订单的（例如 SOAP）消息。

在全球范围内启用数据库的 Web 服务设置中工作也会对事务管理产生影响。考虑使用 Web 服务进行旅行预订。如果该服务已经预订了酒店和租车，但却找不到航班，那么整个交易需要回滚，酒店和租车取消预订。Web 服务技术堆栈不包括任何监督分布式事务管理来完成此任务。为了解决这个问题，编排语言（如 WS-BPEL）引入了补偿操作的概念。这个想法是通过流程或流程的一部分不能成功完成时应该执行的活动来扩展流程定义。通过这种方式，可以实现"手动"回滚机制。后者将在第 16 章中更详细地讨论。

节后思考

- 讨论面向消息的中间件（MOM）的关键特征。
- 对比基于 SOAP 和基于 REST 的 Web 服务。
- 讨论 Web 服务技术如何影响与数据库的交互。

10.8　其他数据表示格式

近年来，特别是随着 Ruby on Rails 等"现代" Web 框架的兴起，一种向更简单的数据描述语言（如 JSON 和 YAML）的转变正在发生。后者主要针对数据交换和序列化进行优化，而不是像 XML 那样表示文档。

JavaScript 对象表示法（JSON）提供了一种简单、轻量级的数据表示，其中对象被描

述为名称 – 值对[⊖]。这里可以看到酒窖例子的 JSON 规范：

```
{
 "winecellar": {
  "wine": [
   {
    "name": "Jacques Selosse Brut Initial",
    "year": "2012",
    "type": "Champagne",
    "grape": {
     "_percentage": "100",
     "__text": "Chardonnay"
    },
    "price": {
     "_currency": "EURO",
     "__text": "150"
    },
    "geo": {
     "country": "France",
     "region": "Champagne"
    },
    "quantity": "12"
   },
   {
    "name": "Meneghetti White",
    "year": "2010",
    "type": "white wine",
    "grape": [
     {
      "_percentage": "80",
      "__text": "Chardonnay"
     },
     {
      "_percentage": "20",
      "__text": "Pinot Blanc"
     }
    ],
    "price": {
     "_currency": "EURO",
     "__text": "18"
    },
    "geo": {
     "country": "Croatia",
     "region": "Istria"
    },
    "quantity": "20"
```

⊖ 参见 http://json.org。

```
      }
    ]
  }
}
```

值得注意的地方如下：

- JSON 提供了两种结构化类型：对象和数组。JSON 文档的根结点必须是对象或数组。
- 每个对象都封装在括号（{}）中，由一组无序的名称 - 值对组成，用逗号（,）分隔。冒号（:）将名称与值分隔开。值可以嵌套，值可以是基本类型（请参见下文）、对象或数组。
- 数组表示一个有序的值集合，用方括号（[]）括起来，值之间用逗号分隔。
- XML 元素的属性使用下划线进行映射（例如，"_percentage": "100"）。然后使用关键字 text（例如，"_text": "Chardonnay"）指示 XML 元素的内容。这可以根据实现方式而变化。
- 支持这些基本类型：string、number、Boolean 和 null。

与 XML 类似，可以看到 JSON 是基于简单语法的人与机器可读的，并且还以分层的方式对数据建模。类似于 DTD 和 XML 模式，JSON 规范的结构可以使用 JSON 模式定义。但是，JSON 不太冗长，并且通过数组支持有序元素。与 XML 不同，JSON 不是一种标记语言，而且不可扩展。它的主要用途是数据（而不是文档）交换和序列化（如 JavaScript、Java）对象。由于 Web 上越来越多地使用 JavaScript（例如，在 AJAX 应用程序中，请参阅第 15 章），JSON 变得越来越流行。JSON 文档可以简单地用 JavaScript 解析，使用内置的 eval() 函数，JSON 字符串作为输入参数。然后，JavaScript 解释器将使用 JSON 字符串定义的属性构造相应的对象。作为一种替代方案，大多数现代 Web 浏览器还包括本地和快速 JSON 解析器。

YAML 不是标记语言（YAML）是 JSON 的一个超集，具有附加的功能，比如支持关系树（允许引用 YAML 文档中的其他结点）、用户定义类型、显式数据类型、列表和类型转换[⊖]。这些扩展使其成为对象序列化的更好的解决方案，因为它可以更接近原始的类定义，从而促进反序列化。YAML 的定义是基于 C、Perl 和 Python 等编程语言的概念，并结合了 XML 的一些思想。我们的酒窖 YAML 规范如下：

```
winecellar:
 wine:
   -
    name: "Jacques Selosse Brut Initial"
    year: 2012
    type: Champagne
    grape:
     _percentage: 100
     __text: Chardonnay
    price:
     _currency: EURO
     __text: 150
```

⊖ 参见 www.yaml.org。

```
   geo:
    country: France
    region: Champagne
   quantity: 12
  -
   name: "Meneghetti White"
   year: 2010
   type: "white wine"
   grape:
    -
   _percentage: 80
     __text: Chardonnay
    -
   _percentage: 20
     __text: "Pinot Blanc"
   price:
     _currency: EURO
     __text: 18
geo:
 country: Croatia
 region: Istria
quantity: 20
```

值得注意的地方如下：

- 与 JSON 不同，YAML 使用内联和空白分隔符，而不是方括号。需要注意的是，缩进应该通过一个或多个空格来完成，而不是通过制表来完成。
- 在结构化类型方面，YAML 使用映射，即由冒号和强制空格（:）分隔的无序键 – 值对集，以及与数组对应的序列，并使用破折号和强制空格（-）表示。YAML 使用缩进来表示嵌套。键与值之间用冒号和任意数量的空格分隔。
- 与 JSON 一样，XML 元素的属性使用下划线（例如，_percentage: 100）进行映射。然后使用关键字 text（例如，_text: Chardonnay）指示 XML 元素的内容。这可以根据实现方式而变化。
- 在原始数据类型方面，YAML 支持数字、字符串、布尔值、日期、时间戳和 null。
- 引号的使用是可选的，因为所有东西都被视为字符串。

与 XML 相比，JSON 和 YAML 在技术上都远远不够成熟。没有与 XPath 等价的东西，正如我们前面所讨论的那样，XPath 促进了 XML 文档的基于路径的导航，是 XQuery 的关键构建块之一。没有成熟和标准化的 SQL/JSON 或 SQL/YAML 对应的 SQL/XML。另一个区别涉及命名空间的概念，它在 XML 中得到了很好的开发和广泛的使用，这使得它很容易扩展，而 JSON 和 YAML 则缺乏命名空间支持。因此，XML 仍然是许多商业工具和应用程序的首选语言。

节后思考

- 对比 JSON 和 YAML。
- JSON 和 YAML 与 XML 相比如何？

总结

在本章中，我们介绍了 XML 作为数据表示格式的基本概念。我们讨论了如何使用文档类型定义和 XML 模式定义来指定 XML 文档的结构。我们还讨论了可扩展样式表语言、命名空间和 XPath。我们回顾了使用 DOM 和 SAX API 处理 XML 文档的各种方法。然后，我们详细讨论了如何使用面向文档、面向数据或混合方法存储 XML 文档。我们列出了 XML 和关系数据之间的关键区别，然后讨论了如何使用基于表的映射、模式无关的映射、模式感知的映射和 SQL/XML 在 XML 文档和（对象 –）关系数据之间进行映射。我们讨论了使用全文搜索、基于关键字的搜索、使用 XQuery 的结构化搜索和使用 RDF 和 SPARQL 的语义搜索来搜索 XML 数据的各种方法。我们演示了如何将 XML 与面向消息的中间件和 Web 服务结合起来用于信息交换。最后，我们回顾了 JSON 和 YAML 等其他数据表示格式。

情景收尾　既然 Sober 已经了解了 XML，他们决定在事故报告中使用这种技术。下面是一个 XML 报告实例：

```
<report>
<date>Friday September 13th, 2017</date>
<location>
<name>Broadway, New York</name>
<GPS_latitude>41.111547</GPS_latitude>
<GPS_longitude>-73.858381</GPS_longitude>
</location>
<summary>Collision between 2 cars, 1 cyclist and 1 pedestrian.</summary>
<actor>
<driver injured="yes" Sobercar="yes">John Smith</driver>
<driver injured="no" Sobercar="no">Mike Doe</driver>
<pedestrian injured="yes">Sarah Lucas</pedestrian>
<cyclist injured="no">Bob Kelly</cyclist>
</actor>
<aid>
<police>NYPD</police>
<ambulance>Broadway Hospital</ambulance>
</aid>
</report>
```

Sober 选择 XML Schema 来定义 XML 报告，因为它在语义上比 DTD 更丰富。上述报告的 XML 模式规范示例如下：

```
<?xml version="1.0" encoding="UTF-8" ?>
<xs:schema xmlns:xs="http://www.w3.org/2001/XMLSchema">
<xs:element name="report">
<xs:complexType>
<xs:sequence>
<xs:element type="xs:string" name="date"/>
<xs:element name="location">
<xs:complexType>
```

```
<xs:sequence>
<xs:element type="xs:string" name="name"/>
<xs:element type="xs:float" name="GPS_latitude"/>
<xs:element type="xs:float" name="GPS_longitude"/>
</xs:sequence>
</xs:complexType>
</xs:element>
<xs:element type="xs:string" name="summary"/>
<xs:element name="actor">
<xs:complexType>
<xs:sequence>
<xs:element name="driver" maxOccurs="unbounded" minOccurs="0">
<xs:complexType>
<xs:simpleContent>
<xs:extension base="xs:string">
<xs:attribute type="xs:string" name="injured" use="optional"/>
<xs:attribute type="xs:string" name="Sobercar" use="optional"/>
</xs:extension>
</xs:simpleContent>
</xs:complexType>
</xs:element>
<xs:element name="pedestrian" maxOccurs="unbounded" minOccurs="0">
<xs:complexType>
<xs:simpleContent>
<xs:extension base="xs:string">
<xs:attribute type="xs:string" name="injured"/>
</xs:extension>
</xs:simpleContent>
</xs:complexType>
</xs:element>
<xs:element name="cyclist" maxOccurs="unbounded" minOccurs="0">
<xs:complexType>
<xs:simpleContent>
<xs:extension base="xs:string">
<xs:attribute type="xs:string" name="injured"/>
</xs:extension>
</xs:simpleContent>
</xs:complexType>
</xs:element>
</xs:sequence>
</xs:complexType>
</xs:element>
<xs:element name="aid">
<xs:complexType>
<xs:sequence>
<xs:element type="xs:string" name="police"/>
<xs:element type="xs:string" name="ambulance"/>
```

```
</xs:sequence>
</xs:complexType>
</xs:element>
</xs:sequence>
</xs:complexType>
</xs:element>
</xs:schema>
```

Sober 还将定义两个 XSLT 样式表：

- 一个是将其 XML 报告转换为适合其保险公司的 XML 格式；
- 将其 XML 报告转换成 HTML，然后可以在内部网的 Web 浏览器中显示。

如果 Sober 想要列出某个特定事故的所有参与者，它可以使用这个 XPath 表达式：

```
doc("myreport.xml")/report/actor
```

此外，Sober 还计划使用 SQL/XML 将报告添加到关系 ACCIDENT 表：

```
CREATE TABLE ACCIDENT(
ACC-NR INT NOT NULL PRIMARY KEY,
ACC-DATE-TIME DATETIME NOT NULL,
ACC-LOCATION VARCHAR(15),
REPORT XML)
```

关键术语表

combined approach（结合方法）
data-oriented approach（面向数据方法）
Document Type Definition（DTD，文档类型定义）
document-oriented approach（面向文档方法）
DOM API（文档对象模型应用程序编程接口）
enterprise application integration（EAI，企业应用集成）
Extensible Markup Language（XML，可扩展标记语言）
Extensible Stylesheet Language（XSL，可扩展样式表语言）
FLWOR
full-text search（全文搜索）
JavaScript Object Notation（JSON，JavaScript 对象表示法）
keyword-based search（基于关键字的搜索）
linked data（链接数据）
message-oriented middleware（MOM，面向消息中间件）
namespace（命名空间）
partial shredding（部分分解）
RDF Schema（资源描述语言模式）
remote procedure call（RPC，远程过程调用）
Resource Description Framework（RDF，资源描述框架）
Representational State Transfer（REST，表述性状态转移）
simple API for XML（SAX API，用于 XML 的简单 API）
schema-aware mapping（模式感知的映射）
schema-oblivious mapping/shredding（模式无关的映射 / 分解）
semantic search（语义搜索）
shredding（分解）
Simple Object Access Protocol（SOAP，简单对象访问协议）
SPARQL（为 RDF 开发的一种查询语言和数据获取协议）
SQL/XML（结构化查询语言 / 可扩展标记语言）
StAX（XML 的流 API）
structured search（结构化搜索）
table-based mapping（基于表的映射）
template-based mapping（基于模板的映射）
valid（有效的）

Web Ontology Language（OWL，Web 本体语言）
Web services（Web 服务）
Web Services Description（Web 服务描述）
Web Services Description Language（WSDL，Web 服务描述语言）
well-formed（格式良好）
XML element（XML 元素）
XML Schema Definition（XSD，XML 模式定义）
XML-enabled DBMS（支持 XML 的数据库管理系统）
XPath（XML 路径语言）
XQuery（XML 数据查询的语言）
XSL Formatting Objects（XSL-FO，XSL 格式化对象）
XSL Transformations（XSLT，XSL 转换）
YAML Ain't a Markup Language（YAML，YAML 不是一种标记语言）

思考题

10.1　XML 侧重于____。

a. 文档内容　　b. 文档的陈述

10.2　哪个陈述是**正确的**？

a. 使用 XSLT，XML 文档可以转换成 XML 文档。
b. 使用 HTML，XML 文档可以转换成 XSLT 文档。
c. 使用 XML，XSLT 文档可以转换成 XML 文档。
d. 使用 DTD，XML 文档可以转换成 HTML 文档。

10.3　关于 XML Schema，下列哪个陈述是**不正确的**？

a. 它比 DTD 更冗长。
b. 它允许指定最小和最大基数。
c. 支持各种数据类型，如 xs:string、xs:short、xs:byte 等。
d. 它不是使用 XML 语法定义的。

10.4　关于 XPath，下列哪个陈述是**不正确的**？

a. 它是一种简单的、声明性的语言。
b. 它将 XML 文档视为一组 XML 元素。
c. 它使用路径表达式来引用 XML 文档的部分。
d. 每个导航步骤都产生一个结点或结点列表，这些结点可用于继续导航。

10.5　在应用程序需要以顺序方式处理大型 XML 文档的情况下，建议使用____。

a. DOM API　　b. SAX API

10.6　XML 数据和关系数据之间的一个关键区别是____。

a. 关系数据采用原子数据类型，而 XML 数据可以由聚合类型组成。
b. 关系数据是有序的，而 XML 数据是无序的。
c. 关系数据可以嵌套，而 XML 数据不能嵌套。
d. 关系数据可以是多值的，而 XML 数据不能是多值的。

10.7　考虑下表，它将 XML 文档映射到关系数据库：

```
CREATE TABLE NODE(
ID CHAR(6) NOT NULL PRIMARY KEY,
PARENT_ID CHAR(6),
TYPE VARCHAR(9),
LABEL VARCHAR(20),
VALUE CLOB,
FOREIGN KEY (PARENT_ID) REFERENCES NODE (ID)
CONSTRAINT CC1 CHECK(TYPE IN ("element", "attribute"))
)
```

哪个陈述是**正确的**？

a. 上表假设在映射发生之前存在 DTD 或 XSD。

b. 该表将需要大量的查询资源，因为每个单独的（例如，XPath）导航步骤都需要这个表的自连接。

c. 使用上面的表，每个 XPath 表达式都可以转换成对应的 SQL 查询。

d. 表没有完全规范化，仍然包含冗余信息。

10.8 关于 SQL/XML 的哪个陈述是**不正确的**？

a. 它引入了一种新的 XML 数据类型。

b. 它包括将关系数据映射到 XML 的工具。

c. 它包括将 XML 数据分解成 SQL 的规则。

d. SQL/XML 查询的结果可以是关系数据类型和 XML 数据类型的组合。

10.9 关于 XQuery 的哪个陈述是**不正确的**？

a. 它允许同时使用文档结构及其内容。

b. 它不允许连接来自不同 XML 文档的信息。

c. 它使用 XPath 表达式在文档中导航。

d. 可以对最终结果进行排序。

10.10 在企业应用程序集成（EAI）上下文中，对象和应用程序之间的异步通信可以通过____。

a. 远程过程调用（RPC）

b. 面向消息的中间件（MOM）

10.11 下列哪个陈述是**不正确的**？

a. RDF 数据模型由主语 – 谓语 – 宾语格式的语句组成。

b. RDF 允许使用特定于数据库的主键来标识资源。

c. 可以将 RDF 数据模型可视化为有方向的、有标记的图。

d. RDF 模式通过类和子类、属性和子属性以及属性的类型化扩展了 RDF 的词汇表，从而丰富了 RDF。

10.12 以下哪些是 SPARQL 的属性？

a. 基于匹配的图形模式。

b. 可以查询 RDF 图。

c. 它提供了对命名空间的支持。

d. 以上全部。

10.13 与用于 Web 服务的 SOAP 相比，REST 的一个关键优点是____。

a. REST 有一个官方标准。

b. REST 只允许 XML 交换请求和响应。

c. REST 与通信无关，而 SOAP 与 HTTP 紧密集成。

d. REST 是直接构建在 HTTP 之上的，它不如 SOAP 冗长和繁重。

10.14 与 XML 相比，JSON 和 YAML 都是____。

a. 不是人类可读的

b. 无法提供对有序元素（如数组）的支持

c. 技术不够成熟

d. 更冗长

问题和练习

10.1E 考虑第 3 章中的采购订单管理示例。请记住，一个采购订单可以有多个采购订单行，每个采购订单行对应于一个特定的产品。采购订单也只分配给一个供应商。为采购订单开发 DTD 和 XML 模式，并对两者进行对比。编写一个包含四行采购订单的 XML 采购订单文档示例。说明如何使用 XPath 检索此采购订单的特定元素。

10.2E 使用问题 1 中的采购订单示例，说明 DOM 和 SAX API 如何以不同的方式处理 XML 文档。

10.3E 讨论和对比可用于搜索 XML 数据的各种方法。

10.4E 讨论如何使用 XML 进行信息交换。

10.5E 用 JSON 和 YAML 表示问题 1 的采购订单 XML 文档。比较这三种表现形式。

10.6E 考虑 Oracle、IBM 和 Microsoft 提供的最新（O）RDBMS 产品。讨论并对比它们在以下方面的支持：

- 存储 XML 文档（面向文档的方法、面向数据的方法或组合方法）；
- 基于表格的映射工具；
- 与模式无关的映射工具；
- 模式感知的映射工具；
- SQL/XML；
- XML 数据的搜索工具（全文搜索、基于关键字的搜索、XQuery、RDF 和 SPARQL）。

NoSQL数据库

本章目标 在本章中，你将学到：

- 什么是“NoSQL”以及它与之前的方法有何差异；
- 理解基于键-值对、基于元组、基于文档、基于列和基于图的数据库的区别；
- 了解NoSQL数据库特征的定义，例如其水平扩展能力、数据复制方法、如何同最终的一致性相关联、API以及查询和交互；
- 如何使用MapReduce、Cypher和其他方法查询NoSQL数据库。

情景导入 Sober已经愉快地使用关系型数据库很久了，但现在它面临一些限制。尤其是由于移动应用程序的增加（现在同时为多个用户提供服务），一些查询执行速度变慢，导致用户使用应用程序时要等待几秒。Sober的数据库管理员已经发现，这主要是因为关系数据库模型的规范化方法导致许多查询涉及表的连接，当数千用户同时请求服务时会引起瓶颈。

另一个问题是，尽管RDBMS强调数据的一致性，但移动端开发人员却经常想实验一些新特性（将应用程序的beta版本推送给一部分用户）。改变现有的数据模式来处理新的数据字段，这是一件耗时的工作。应用程序开发人员对此并不怎么熟悉，这导致开发团队和数据库管理员之间的反复操作。

考虑到这些新问题，Sober正在考虑不同的方案来应对增长问题。一种选择是推出额外的服务器来处理增加的使用量，但要继续使用RDBMS来完成这项工作。另一种可能是找到一个NoSQL数据库解决方案。Sober的数据库管理员已经听说了一些新的办法，如MongoDB、Cassandra等，它们提供了强大的扩展优势和无模式的数据管理方法。

关系数据库管理系统非常重视保持数据的一致性。该系统要求有正式的数据库模式，只有遵循数据类型、参照完整性等模式，新建数据或对现有数据的修改才是可行的。有时这种对一致性的关注会成为负担，因为它会带来（在某些情况下是不必要的）开销，并妨碍可扩展性和灵活性。在本章中，我们将讨论一系列非关系型数据库管理系统——各种NoSQL数据库，这些系统特别关注分布式环境中的高度可扩展性。我们依次讨论键-值存储、元组和文档存储、面向列的数据库和图数据库，并展示它们如何偏离典型的关系模型，以及它们使用哪些概念来实现高可扩展性。我们还将看到，这种高可扩展性通常也会带来一些代价，比如缺少强大的查询功能，或者无法提供可靠的一致性保证。

11.1 NoSQL运动

从本章可以明显看出，“NoSQL”标签涵盖了非常广泛和多样化的DBMS。除了它们都试图克服传统RDBMS的某些固有限制，可能不存在一个概念或语句适用于每个系统。因此，在处理NoSQL数据库之前，我们将讨论这些存在限制的设定。

11.1.1 “一体适用”时代的终结？

RDBMS非常关注形式化数据库模式下的数据一致性和合规性。只有满足此模式中表示的数据类型、参照完整性等方面的约束，才接受新数据或对现有数据的修改。RDBMS 协调其事务的方式保证了整个数据库在任何时候都是一致的（ACID 属性；见 14.5 节）。一致性通常是一个可取的特性，毕竟人们通常不希望错误的数据进入系统，也不希望转账中途中止导致只更新了两个账户中的一个。

然而，有时这种对一致性的关注可能成为一种负担，因为它会带来（有时是不必要的）开销，并妨碍可扩展性和灵活性。当对小型或中型数据集执行密集的读写操作时，或者在执行较大的但只有有限数量的并发事务的批处理过程时，RDBMS 才处于最佳状态。随着数据量或并行事务数量的增加，数据库的容量可以通过**垂直扩展**来增加（也称为向上扩展），即扩展数据库服务器的存储容量或 CPU 性能。然而，垂直扩展有硬件方面的限制。

因此，进一步增加容量需要通过**水平扩展**（也称为向外扩展）来实现，将多个 DBMS 服务器安排在一个集群中。通过向集群中添加结点而不是扩展各个结点的容量来实现扩展，集群中的各个结点可以相互均衡工作负载。这样的集群架构是处理最近出现的庞大需求（比如大数据（分析）、云计算和各种响应式 Web 应用程序）的必要前提。它提供了单台服务器无法实现的必要的性能，同时也保证了有效性，数据会被复制到多个结点上，如果一个结点发生故障，其他临近结点会承担它的工作负载。

但是，RDBMS 不擅长大量的水平扩展。他们对事务管理的方法和他们始终保持数据一致性的强烈要求，会导致大量的随着结点数量的增加而增加的协调工作开销。此外，在许多大数据环境中，丰富的查询功能可能有些多余，因为应用程序只需要大量的“put”和“get”数据项，而不需要复杂的数据相互关系和选择标准。此外，大数据环境通常集中于半结构化数据或具有非常不稳定结构的数据（传感器数据、图像、音频数据等），而 RDBMS 的严格数据库模式是不灵活的根源。

这些都不意味着关系数据库很快就会过时。然而，RDBMS 几乎被用于任何数据和处理环境的“一体适用”的时代似乎已经结束了。在存储非常强调一致性和广泛的查询功能的中等体积的高度结构化数据时，RDBMS 仍然是一条坦途。而在大体积、灵活的数据结构、可扩展性和可用性更重要的地方，可能需要其他系统。这种需求导致了 NoSQL 数据库的出现。

11.1.2　NoSQL 运动的出现

在过去的十年中，“NoSQL”这个术语已经被滥用了，所以这个名称现在与许多含义和系统相关。“NoSQL”这个名称最初是在 1998 年由 NoSQL Relational Database Management System 使用，这是一种建立在 UNIX 系统提供的输入 / 输出流操作之上的 DBMS。它实现了一个完整的关系数据库的所有效果，但放弃 SQL 作为查询语言。

知识延伸 NoSQL RDBMS 本身是一个更早的数据库系统——RDB 的派生。与 RDB 一样，NoSQL 遵循一种数据存储和管理的关系型方法，但是选择将表存储为常规文本文件。NoSQL 不使用 SQL 来查询数据，而是依靠标准的命令行工具和实用程序来选择、删除和插入数据。

该系统已经存在了很长时间，与本章讨论的最近的“NoSQL 运动”无关。

知识延伸 NoSQL RDBMS 的主页甚至明确提到它与“NoSQL 运动”无关。

现代 NoSQL 运动描述了以表格关系之外的其他格式存储和操作数据的数据库，即非关系型数据库。这个运动应该更恰当地称为 NoREL（not relational），特别是因为一些非关系型数据库实际上提供了接近 SQL 的查询语言工具。由于这些原因，人们已经改变了 NoSQL 运动最初的含义，用“not only SQL”或“not relational”代替“not SQL”。

那么是什么使 NoSQL 数据库不同于早在 20 世纪 70 年代就存在的其他遗留的非关系型系统？对非关系型数据库系统重新燃起的兴趣源于 21 世纪初的 Web 2.0 公司。在此期间，Facebook、Google 和 Amazon 等崭露头角的网络公司越来越多地面临需要处理大量数据的情况，这些处理通常存在时间敏感的限制。例如，瞬时的 Google 搜索查询，或成千上万的用户同时访问 Amazon 产品页面或 Facebook 个人资料。

通常植根于开源社区，为处理这些需求而开发的系统的特征非常多样化。然而，它们的共同点是，至少在某种程度上是，它们试图避免 RDBMS 在这方面的缺点。许多系统的目标是接近线性的水平可扩展性，通过将数据分布到数据库结点集群上，来提高性能（并行性和负载均衡）和有效性（复制和故障转移管理）。数据一致性常常被一定程度上地舍弃。在这方面经常使用的一个术语是**最终一致性**——在每个事务之后，数据以及相同数据项的各个副本将在时间上变得一致，但不能保证连续一致性。

关系数据模型被其他建模范式所抛弃，这些范式通常不那么严格，所以能够更好地处理快速变化的数据结构。通常，关系型设定中的 API（应用程序编程接口）和查询机制要简单得多。下表提供了更详细的 NoSQL 数据库与关系型系统的典型特征的比较。注意，存在不同类别的 NoSQL 数据库，甚至单个类别里的成员也可能非常不同。没有一个 NoSQL 系统会显示下列所有属性。

	关系型数据库	**NoSQL 数据库**
数据范式	关系表	基于键 - 值对 基于文档 基于列 基于图 基于对象和 XML（见第 10 章） 其他：时间序列、概率等
分布方式	单结点和分布式	主要为分布式
可扩展性	垂直扩展，难以水平扩展	易于水平扩展和数据复制
公开性	闭源和开源	主要为开源
模式的角色	由模式驱动	主要为模式无关或者是灵活的模式
查询语言	以 SQL 作为查询语言	没有或是简单的查询工具，或是专用语言
事务机制	ACID：原子性、一致性、隔离性、持久性	BASE：基本可用，软状态，最终一致
特征集	许多特性（触发器、视图、存储过程等）	简单的 API
数据量	能够处理正常大小的数据集	能够处理大量数据或非常高频率的读写请求

在本章的其余部分，我们将仔细研究一些 NoSQL 数据库，并根据它们的数据模型对它们进行分类。XML 数据库和面向对象的 DBMS 也是 NoSQL 数据库并在前几章中详细讨论过了。因此，我们将重点介绍基于键 - 值、元组、文档、列和图的数据库。除了它们的数据模型，我们还将讨论 NoSQL 数据库的其他定义特征，如水平扩展能力；它们复制数据的方法，以及这与最终一致性的关系；NoSQL DBMS 的 API，以及它们是如何交互和查询的。

知识关联 有关面向对象数据库管理系统（OODBMS）的讨论，请参阅第8章。有关XML数据库请参阅第10章。两者都可以看作NoSQL数据库。

节后思考

- 什么是垂直扩展和水平扩展？
- RDBMS不擅长什么类型的扩展？为什么？
- NoSQL运动描述了什么？这个名字合适吗？
- 列出关系数据库和NoSQL数据库之间的区别。

11.2　键-值存储

自从20世纪70年代UNIX早期以来，**键-值存储**已经存在了几十年。基于键-值的数据库以易于理解的格式存储数据，即（键，值）对。键是唯一的，代表单个“搜索”条件来检索相应的值。这种方法直接映射到在大多数编程语言中都存在的数据结构，即所谓的哈希映射、哈希表或字典。例如，Java提供了HashMap类，它允许基于单个“键”存储任意对象哈希（在本例中是在内存中存储）：

```java
import java.util.HashMap;
import java.util.Map;
public class KeyValueStoreExample {
        public static void main(String... args) {
                // Keep track of age based on name
                Map<String, Integer> age_by_name = new HashMap<>();

                // Store some entries
                age_by_name.put("wilfried", 34);
                age_by_name.put("seppe", 30);
                age_by_name.put("bart", 46);
                age_by_name.put("jeanne", 19);

                // Get an entry
                int age_of_wilfried = age_by_name.get("wilfried");
                System.out.println("Wilfried's age: " + age_of_wilfried);

                // Keys are unique
                age_by_name.put("seppe", 50); // Overrides previous entry
        }
}
```

11.2.1　从键到哈希

为了使哈希映射的数据结构更有效率，通过所谓的**哈希函数**对其键（如上面示例中的“bart”“seppe”等）进行哈希。一个哈希函数获取任意大小的任意值并将其映射到具有固定大小的键，该键称为哈希值、哈希代码、哈希和或简单叫作哈希。

好的哈希函数必须满足许多性质，即

- 确定性：哈希相同的输入值必须始终提供相同的哈希值。简单哈希函数的一个典型例子是将键-值除以素数后的余数（非数字键首先转换为整数格式）。
- 均衡性：一个好的哈希函数应该将输入均匀地映射到它的输出范围，以防止紧密相关的输入对（得到相同哈希值的两个不同输入）之间的所谓“冲突”。

- 定长：哈希函数的输出最好有一个固定的大小，这样更容易有效地存储数据结构（每个键占用一个已知的、固定的空间大小）。

哈希之所以能够有效地存储和查找记录，是因为每个哈希都可以映射到计算机内存中的一个空间，从而能够快速、准确地查找一个键。图 11-1 说明了这个概念。

在图 11-1 中，我们使用一个简单的哈希函数将键转换为两位数值。在存储键 - 值对（bart，46）时，将计算键的哈希值：hash（bart）=07。值 46 将存储在地址 07 上。相反，当用户希望检索键 bart 的值时，可以根据 hash（bart）=07 立即执行内存中的查找。在图 11-1 中，我们将原来的未哈希键存储在内存中的实际值旁边，这不是必需的（因为我们使用原始键的哈希来执行查找），但是，如果希望检索给定值关联的所有键的集合，则这种方法很有用。注意，在这种情况下，必须扫描整个哈希表，从而执行线性（非立即）查找时间。

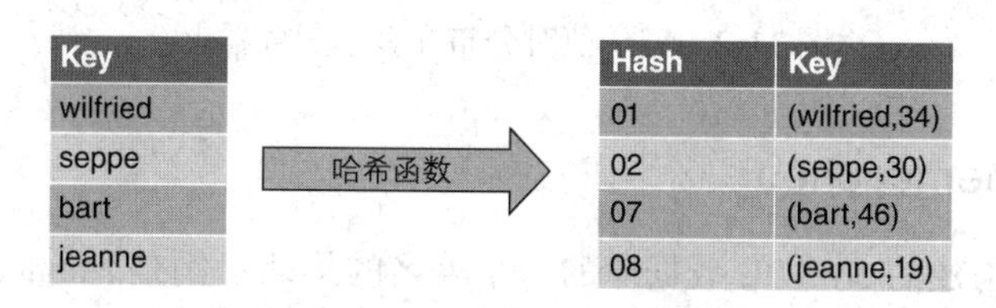

图 11-1　哈希函数的简单例子

知识关联 我们还将在关于物理文件组织和物理数据库组织的章节（第 12 章和第 13 章）中更详细地研究哈希。

知识关联 在实践中，由哈希函数产生的地址通常是一个相对地址，从这个相对地址可以很容易地派生出绝对地址。另外，如果有太多的键映射到同一个地址（碰撞），就会有不同的解决方案。在第 12 章会有更详细的介绍。

11.2.2　水平扩展

既然我们已经解释了哈希的概念，我们就可以介绍 NoSQL 数据库的第一个关键特征：它们在构建时考虑到了水平扩展性支持，并且可以很容易地实现分布式部署。原因来自哈希表本身的性质。考虑一个非常大的哈希表。当然，可以存储在一台机器上的记录数量是有限制的。幸运的是，由于哈希函数的本质是将输入均匀地分布在其输出范围内，所以很容易在哈希范围上创建一个可以将哈希表分布在不同位置的索引。

拓展上面的示例，假设我们的年龄哈希表超出了计算机内存的限制。我们决定再增加两台计算机，现在哈希表必须是分布式的。我们需要将哈希分布在三个服务器上，这可以很容易地使用每个哈希的模（除法后的余数）来完成。如图 11-2 所示，index(hash)=mod (hash, nrServers)+1。哈希 08 除以 3 的余数为 2，再加 1，得到索引 3。整个操作可以看作另一个哈希函数，因此每个键（“wilfried”“seppe”等）现在都哈希到一个服务器标识符（“server #1”“#2”和“#3”）。如图 11-2 所示，有一点值得强调，哈希的概念可用于将键转换为结点或服务器内的位置或地址，并可用于在资源列表（如多个服务器）上分配或分发值。

除了哈希将值分布在资源上之外，还有其他一些技术，比如使用一个单独的路由服务器将数据分布在资源集群上。不管实际的技术如何，将数据分布到不同的结点意味着我们将数据划分为不同的集合，每个集合都属于不同的结点。这种分区实践也称为划分**分片**，单个分区通常称为**分片**。

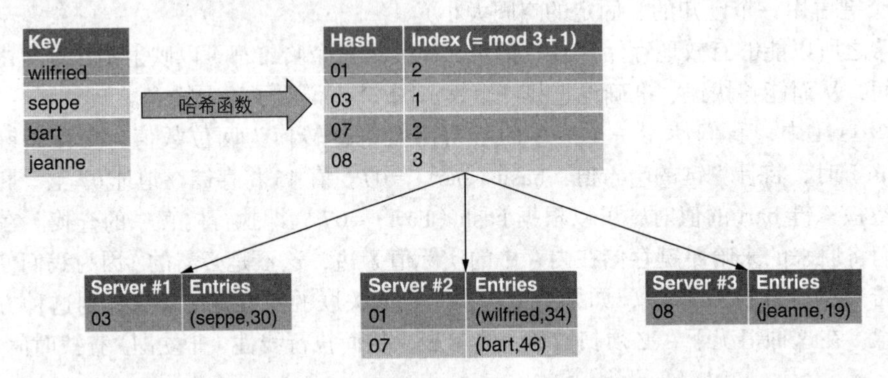

图 11-2　键 - 值对分布在多个服务器上

11.2.3　实例：Memcached

基于上述思想构建的 NoSQL 数据库的一个著名的早期示例是 Memcached。Memcached 实现了一个分布式内存驱动的哈希表（一个键 - 值存储），它被放在传统数据库的前面，通过在内存中缓存最近访问的对象来加快查询速度。从这个意义上说，Memcached 是一个缓存解决方案，而不是一个持久性数据库，但它的 API 激发了许多后续项目，这些项目确实允许持久性的键 - 值存储。Memcached 哈希表可以变得非常大（几 GB），并且可以在一个数据中心的多个服务器之间水平扩展。为了防止哈希表变得太大，旧的记录会被丢弃，以便为新记录腾出空间。

知识延伸 Memcached 最初是由 LiveJournal 开发的，但很快就被 YouTube、Reddit、Facebook、Twitter、Wikipedia 等公司采用，因为它是免费的、开源的。

Memcached 有许多不同语言的客户端库。下面的示例演示了一个使用流行的 SpyMemcached 库的简单 Java 程序：

```
import java.util.ArrayList;
import java.util.List;
import net.spy.memcached.AddrUtil;
import net.spy.memcached.MemcachedClient;

public class MemCachedExample {
  public static void main(String[] args) throws Exception {
    List<String> serverList = new ArrayList<String>() {
      {
        this.add("memcachedserver1.servers:11211");
        this.add("memcachedserver2.servers:11211");
        this.add("memcachedserver3.servers:11211");
      }
    };

    MemcachedClient memcachedClient = new MemcachedClient(
        AddrUtil.getAddresses(serverList));
```

```
        // ADD adds an entry and does nothing if the key already exists
        // Think of it as an INSERT
        // The second parameter (0) indicates the expiration - 0 means no expiry
        memcachedClient.add("marc", 0, 34);
        memcachedClient.add("seppe", 0, 32);
        memcachedClient.add("bart", 0, 66);
        memcachedClient.add("jeanne", 0, 19);

        // It is possible to set expiry dates: the following expires in three seconds:
        memcachedClient.add("short_lived_name", 3, 19);
        // Sleep 5 seconds to make sure our short-lived name is expired
        Thread.sleep(1000 * 5);

        // SET sets an entry regardless of whether it exists
        // Think of it as an UPDATE-OR-INSERT
        memcachedClient.add("marc", 0, 1111); // <- ADD will have no effect
        memcachedClient.set("jeanne", 0, 12); // <- But SET will

        // REPLACE replaces an entry and does nothing if the key does not exist
        // Think of it as an UPDATE
        memcachedClient.replace("not_existing_name", 0, 12); // <- Will have no effect
        memcachedClient.replace("jeanne", 0, 10);

        // DELETE deletes an entry, similar to an SQL DELETE statement
        memcachedClient.delete("seppe");

        // GET retrieves an entry
        Integer age_of_marc = (Integer) memcachedClient.get("marc");
        Integer age_of_short_lived = (Integer) memcachedClient.get("short_lived_name");
        Integer age_of_not_existing = (Integer) memcachedClient.get("not_existing_name");
        Integer age_of_seppe = (Integer) memcachedClient.get("seppe");
        System.out.println("Age of Marc: " + age_of_marc);
        System.out.println("Age of Seppe (deleted): " + age_of_seppe);
        System.out.println("Age of not existing name: " + age_of_not_existing);
        System.out.println("Age of short lived name (expired): " + age_of_short_lived);

        memcachedClient.shutdown();

    }
}
```

需要注意的是，对于 Memcached，是客户端负责在 Memcached 池中的不同服务器之间分发记录（在上面的示例中，我们提供了 3 个服务器）。也就是说，客户端决定每个键（和哈希）应该映射到哪个服务器，例如通过使用与上面演示的模块化哈希函数类似的机制。使用 SpyMemcached Java 库，一旦将多个服务器传递给客户端对象，就会自动处理这个问题。此外，Memcached 不提供数据冗余。这意味着如果服务器宕机，存储在该结点上的所有记录都将丢失。尽管如此，Memcached 作为缓存解决方案仍然非常流行，特别是因为存在许多中间件库，它们允许你将 Memcached 放在 Web 服务器之上（用于缓存最近请求的页面）或现有的 Hibernate 驱动的项目之上（请参阅第 15 章）。

知识关联 Memcached 通常也被放置在现有的 Hibernate 驱动的项目之上（参见第 15

章)，以便将查询缓存到现有的关系数据库，这在查询花费大量时间的情况下尤其有用（例如，对于涉及许多连接的查询）。

11.2.4　请求协调器

在最简单的情况下，比如使用 Memcached，客户端的职责是确保存储和检索键 - 值对的请求被路由到存储数据的所需结点（即直接通过网络与该结点联系和“交谈”）。但是，从基本的键 - 值架构开始，就可以将这些职责从客户端转移到结点本身。许多 NoSQL 实现，如 Cassandra、Google 的 BigTable、Amazon 的 DynamoDB、CouchDB、Redis 和 CouchBase（仅举这几例）就是这样做的。在这样的设置中，所有结点通常实现相同的功能，并且都可以扮演**请求协调器**的角色，即负责将请求路由到适当的目标结点并将操作的结果状态中继回来。

由于任何结点都可以充当请求协调器，并且客户端可以向任何这样的结点发送请求，所以所有结点都必须始终保持对网络中其他结点的通知。这个问题是通过**成员协议**解决的：每个结点与网络通信以检索成员列表并使其对整个网络的视图保持最新。该协议允许所有结点知道其他结点的存在，并且作为基础协议，可以在其上构建其他功能。

每个成员协议包含两个子组件，称为**传播**和**故障检测**，可以同时完成或使用单独的逻辑实现。实现成员协议最简单的方法是使用网络组播，每个结点都会向已知网络中的所有其他成员发出“你（仍然）在那里吗？你是我的网络的一部分吗？”的请求，但这种解决方案效率低下，可扩展性差。因此，在实践中通常使用传播协议来模仿谣言或流言在社交网络中的传播，或病毒在流行病中的传播。这种传播背后的基本思想包括周期性的、成对的通信，在这种交互中交换的信息是有限的。当两个结点交互时，过期时间最长的结点的状态（即结点在网络上的当前视图）将被更新，以反映另一方的状态。当一个结点被添加到网络中时，它将联系一个已知的现有结点来宣布自己的到来，然后该信息将在整个网络中传播。一个结点被从网络中移除后，当一个随机的、不同的结点联系它时，它将不再响应。然后，后者可以通过网络进一步传播关于此结点已被关闭的信息。通过这种方式，可以处理故障检测。

11.2.5　一致性哈希

由于成员协议，结点（最终）可以彼此感知。在此之后，它们可以在其中划分哈希键 - 值对。这可以使用相同的技术来完成，其中每个哈希可以使用取模操作符映射到特定的结点。然而，在实践中经常使用**更一致的哈希**模式，这避免了在添加或删除结点时必须将每个键重新映射到新结点。[⊖]

让我们更详细地解释一下这个概念。回想一下图 11-2 关于取模操作符在服务器列表上分发键的用法。用于在一组服务器上分发键的哈希函数可以表示为：

$$h(\text{key}) = \text{key} \ \% \ n$$

其中 % 表示模运算符，n 表示服务器的数量

假设现在我们有这样一种情况，10 个键分布在 3 个服务器上（n=3）。图 11-3 中的表概述了删除服务器（n=2）或添加服务器（n=4）时的情况。

请注意，在删除或添加服务器时，许多项必须移动到另一个服务器（图 11-3 中突出显示的记录）。也就是说，把 n 从 3 个增加到 4 个会导致 $1-n/k$=70% 的键要被移动。如果有 10 个服务器（n=10）和 1000 个项目（键），那么在添加另一个服务器时必须移动的键的数量等

⊖ 前面演示的 SpyMemcached 示例实际上也使用了一致的哈希机制。

于 1–10/1000，即所有项目的 99%。显然，在服务器可能被删除或添加的设置中，这不是一个理想的结果。

一致性哈希方案解决了这个问题。一致性哈希设置的核心是所谓的**“环形”拓扑**，它基本上是数字范围 [0，1] 的表示，如图 11-4 所示。

键	n: 3	2	4
0	0	0	0
1	1	1	1
2	2	0	2
3	0	1	3
4	1	0	0
5	2	1	1
6	0	0	2
7	1	1	3
8	2	0	0
9	0	1	1

图 11-3　使用简单的哈希函数将键分布在三个结点上。删除或添加结点时，哪些哈希会改变？

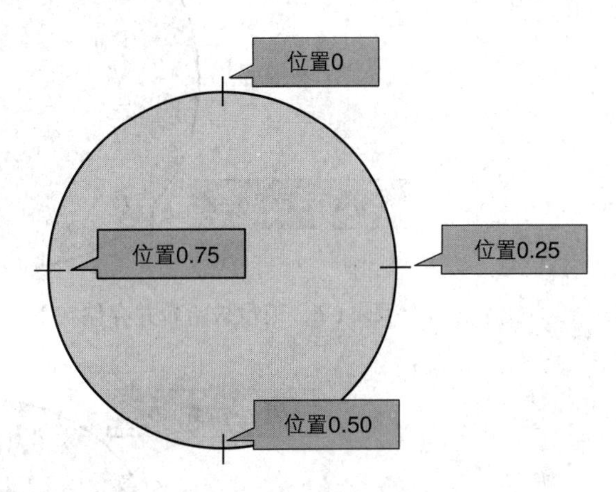

图 11-4　一致性哈希方案从环形拓扑开始

在这个设置中，所有的服务器（三个具有标识符 0、1、2 的服务器）都被哈希，以将它们放置在这个环上的一个位置上（图 11-5）。

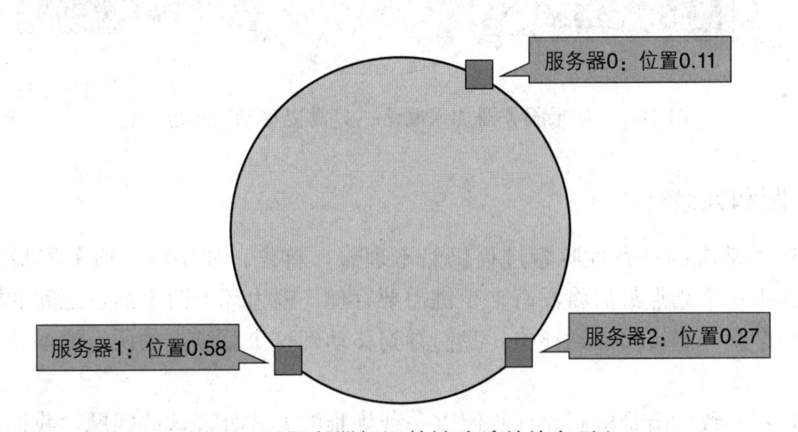

图 11-5　服务器标识符被哈希并放在环上

为了分发键，我们遵循类似的机制，首先将每个键哈希到环上的一个位置，并将实际的键 - 值对存储在从环上的哈希点出发顺时针方向上出现的第一个服务器上。例如，对于键 3，我们获得的位置是 0.78，它最终存储在服务器 0 上（图 11-6）。

由于“好”哈希函数的一致性，大约 $1/n$ 的键 - 值对最终将存储在每个服务器上。但是这一次如果添加或删除一台机器，大多数键 - 值对将不受影响。例如，假设我们向这个环添加了一个新服务器，只有位于图 11-7 中环上突出显示部分的键才需要移动到这个新服务器。

通常，使用此设置时需要移动的键的比例大约是 $k/(n+1)$，与基于取模运算的哈希相比，这个比例要小得多。

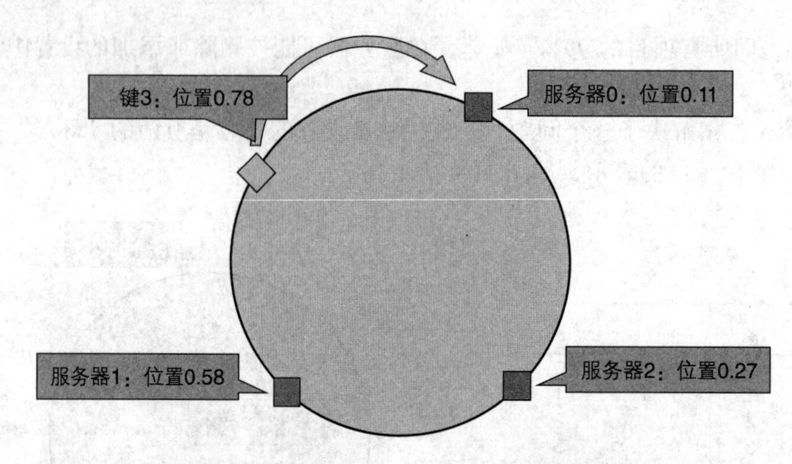

图 11-6 键也被哈希并存储在下一个出现的服务器中（顺时针顺序）

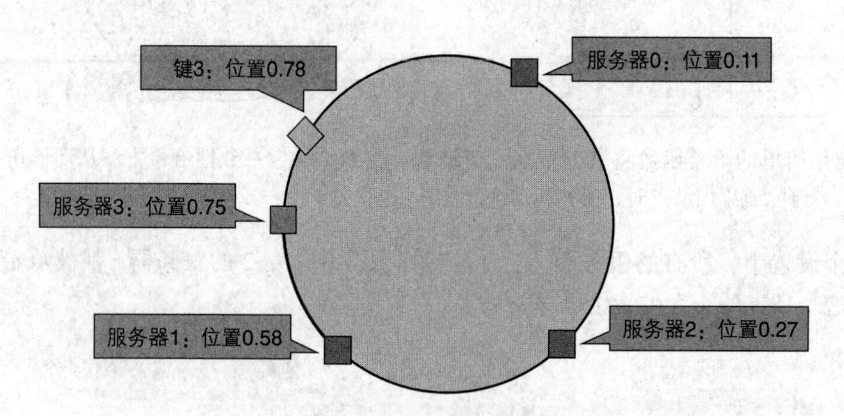

图 11-7 如果服务器加入网络，只需要移动一小部分键

11.2.6 复制和冗余

上面描述的基本的一致性哈希过程仍然不理想。首先，如果两个服务器最终被映射到彼此附近，其中一个结点最后将没有多少键需要存储（因为环上两个结点之间的距离很小）。其次，如果一个服务器被添加到环中，我们看到移动到这个新结点的所有键都来自另一个服务器。

幸运的是，一致性哈希机制允许我们以一种优雅的方式处理这些问题。我们不是将服务器映射到环上的单一点，而是将其映射到多个位置，称为**副本**。因此，对于每个物理服务器 s，我们最终在环上得到 r（副本的数量）个点，其他一切都像以前一样工作。通过使用这种机制，我们增加了键 - 值对分布到服务器的一致性，还可以确保在将服务器添加到集群时只需移动更少的键。

但是请注意，这个概念与**冗余**无关。结点的每个副本仍然表示相同的物理实例。许多供应商将这个概念称为**虚拟结点**，因为放置在环上的结点对应较少的实际物理结点。为了处理**数据复制或冗余**，许多供应商扩展了上面概述的一致哈希机制，以便跨多个结点复制键 - 值对，例如，从键在环上的位置顺时针将键值对存储在两个或多个结点上。还可以考虑其他约束，比如确保（虚拟）结点对应于实际的不同物理机器，甚至确保结点出现在不同的数据中心。最后，为了确保更大数量的数据安全性，还可以设置一个完整的冗余方案，其中每个结点本身对应于多个物理机器，每个物理机器存储一个完全冗余的数据副本（图 11-8）。

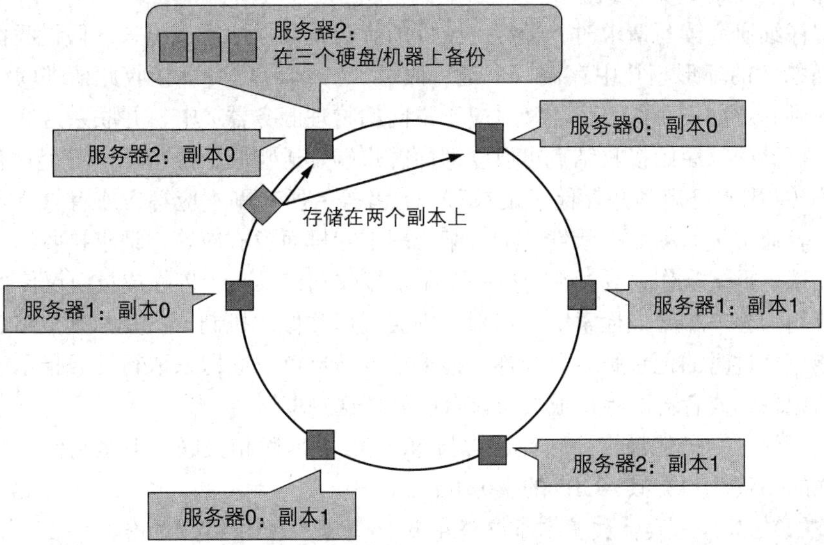

图 11-8 复制（虚拟）结点创建更统一的拓扑结构，而数据复制确保在发生故障时的数据安全

11.2.7 最终一致性

还记得吗，成员协议并不保证每个结点在任何时候都知道其他结点，但保证最新的信息将通过网络传播，因此随着时间的推移，它将达到一致的状态，即其中所有结点均拥有有关网络当前布局的最新信息。这将影响客户端执行的读和写操作，因为它们必须处理这样一个事实，即网络的状态可能在任何时候都不是完全一致的，但是最终会在将来的某个时间点变得一致。许多 NoSQL 数据库保证所谓的最终一致性。与传统的关系数据库在事务上强制使用 ACID（原子性、一致性、隔离性和持久性）不同，大多数 NoSQL 数据库遵循 **BASE 原则**（基本可用、软状态、最终一致）。

知识关联 在第 14 章，我们讨论事务管理，对 ACID 的原理做了更详细的解释。

这个缩写词 BASE 最初是由 Eric Brewer 提出的，他也因提出 **CAP 定理**而闻名。CAP 定理指出，一个分布式计算机系统，就像我们上面看到的那样，不能同时保证以下三个特性：一致性（所有结点同时看到相同的数据）；可用性（确保每个请求都接收到指示成功或失败结果的响应）；分区容错性（即使结点减少或增加，系统仍能继续工作）。独立的 RDBMS 不需要考虑分区容错性，因为只有一个结点，所以它们可以关注一致性和可用性。分布式 RDBMS 通常会尝试在一个多结点设置中不惜一切代价地加强一致性，如果无法访问单个结点，这可能会影响可用性。

如上所述，大多数 NoSQL 数据库（但不是所有的）在其设置中牺牲了 CAP 的一致性部分，而是争取最终一致性，表明一旦系统的所有输入停止，系统将随着时间变得一致。BASE 的首字母缩略词代表：

- 基本可用（Basically Available），说明 NoSQL 数据库符合 CAP 定理的可用性保证；
- 软状态（Soft state），表示系统可以随时间变化，即使没有接收输入（因为结点之间不断更新）；

- 最终一致（Eventually consistent），表示系统将随着时间的推移而变得一致，但可能在某个特定时刻不一致。

当我们仔细研究读写请求时，最终一致性的影响就会立即显现出来。假设我们的客户端希望在上面描述的环形拓扑中存储一个键 - 值对“（bart，32）”。接收此请求的结点将此键的哈希映射到，比如三个结点副本（对应于不同的物理服务器）中，并联系这些结点将该键存在它们的存储中。原始接收结点可以立即向客户端发送响应，等待至少一个具有积极响应的副本应答（“副本已启动并存储了记录”），或者等待所有副本应答，或者等待至少一半副本应答。后者通常称为多数一致性。如果某个副本宕机而没有应答，请求接收结点可以保留请求，以便稍后重试操作，或者在至少一个副本接收到记录时，依靠成员协议传播信息。

如果我们的客户端希望检索键 - 值对，则会应用类似的机制，但是与其他结点相比，某些结点可能包含过时的记录版本。同样，请求接收结点可以立即采取行动并指示过时的结点更新它们的记录，或者再次等待成员协议自己处理这些事情。

但是，请注意，虽然最终一致性通常与 NoSQL 数据库相关联，但是它们中有相当一部分坚持更强的一致性和类似 ACID 的事务。

知识关联 最终一致性和基本事务将在第 16 章进行更详细的讨论。

知识延伸 在选择 NoSQL 系统时，了解关于一致性策略的选择是否可用是很重要的。如果数据库系统只支持最终一致性，那么应用程序必须处理读取不一致数据的可能性。这并不像听起来那么简单，因为这一职责随后留给了应用程序开发人员，他们必须考虑诸如“如果数据库读取返回一个任意旧值，会发生什么？”处理这种情况会占用开发人员大量的时间。Google 在一篇关于其分布式 F1 数据库的论文中提出了最终一致性的痛点，并指出：

“在 Google，我们在最终一致性系统方面也有很多经验。在所有这些系统中，我们发现开发人员花费大量时间构建极其复杂和容易出错的机制，以处理最终一致性和可能过期的数据。我们认为这对开发人员来说是一个无法接受的负担，因此应该在数据库级别解决一致性问题。”[⊖]

因此，我们已经看到更新的 NoSQL 系统背离了最终一致性思想。

11.2.8　稳定化

正如我们前面所解释的，因为结点上的哈希的分区取决于可用结点的数量，所以如果这个数量发生变化，就需要对结点上的哈希进行重新分区。如果添加或删除结点，则在结点上重新划分哈希的操作称为**稳定化**，并且最好尽可能高效，以减少网络开销或等待时间。如果应用了一致的哈希方案，则哈希 - 结点映射中的波动将最小化，从而缩短稳定周期。

如果一个结点被添加或永久删除，每个结点的成员列表将最终得到更新，这将指示该结点调查其持有的记录列表并重新映射其键。在最优情况下，键仍然属于同一结点，不需要采取任何操作。如果一个结点不再负责一个记录，那么它可以使用分区模式来找出现在负责的是哪个结点，并将记录发送给那些结点。注意，如果删除了结点，则只有当记录出现在新的、正确的位置时，才能从将要删除的结点中删除它们。同样，需要注意的是，这种稳定化需要时间，所以计划删除一个结点仍然可能需要一段时间，然后该结点才能真正从网络中删除。

⊖ Corbett, J., Dean, J., Epstein, M. et al. Spanner: Google’s globally-distributed database. In Proceedings of OSDI’12: Tenth Symposium on Operating System Design and Implementation, Hollywood, CA, October 2012.

11.2.9 完整性约束和查询

在本节中，我们试图全面概述键 - 值存储的定义元素。必须强调的是，这类 NoSQL 数据库仍然代表了一个非常不同的系统范围。如前所述，一些系统本身就是成熟的 DBMS，而其他系统只是作为（关系）DBMS 前的缓冲使用。有些哈希值引用内存地址，而另一些则使用持久存储。一个典型的性质是只提供有限的查询功能，接口通常是简单的 put() 和 get() 指令，键是定义的、一次命中的参数。可以将这些 API 作为诸如 SOAP 或 REST 的接口来提供。此外，将强制对数据执行结构约束的方法限制为零。DBMS 仍然不知道键 - 值对中“值”的内部结构（如果有）：它们被当作不透明的对象，因此不受搜索条件的约束。还有，在数据库中存储的各个元素上不能定义任何关系，更不用说参照完整性约束或数据库模式了。只需添加新的键 - 值对，而不影响其他数据。DBMS 将它们视为完全独立的，任何约束或关系都将完全在应用程序级进行管理和实施。因此，键值存储的主要特性是它们能够为存储和检索不相关的数据元素提供一个非常高效、可扩展且简单的环境。在这种情况下，它们还常常用作具有更复杂功能的系统的基础层。

节后思考

- 键 - 值存储如何存储它们的数据?
- 一个好的哈希函数应该遵循哪些属性?
- 键 - 值存储在哪些方面允许更好的水平可扩展性?
- 什么是请求协调? 什么时候需要?
- 什么是一致哈希? 它解决了哪些问题?
- 在 CAP 定理的背景下解释最终一致性。
- 稳定化是什么意思?
- 典型的键 - 值存储支持哪些查询操作?

11.3 元组和文档存储

既然我们已经解释了键 - 值存储的基本概念，那么我们就可以轻松地跳到其他类型的 NoSQL 数据库，比如元组存储。**元组存储**与键 - 值存储本质上是相同的，不同之处在于它不存储键和值的成对组合，而是一个唯一的键与其数据向量一起存储。要扩展前面的示例，元组存储中的一个记录类似于：

```
marc -> ("Marc", "McLast Name", 25, "Germany")
```

没有要求元组存储中的每个元组具有相同的长度或语义顺序，这意味着对数据的处理是完全无模式的。与关系数据库不同，在关系数据库中，每个表都是在特定的模式下定义的，元组存储允许你开始添加任何类型的行，而将这些行的处理和检查留给应用程序。然而，各种 NoSQL 实现允许在语义组中组织记录，通常称为集合甚至表，这基本上是在键上定义的额外命名空间。例如，一个集合“Person”可能包含这两个记录：

```
Person:marc -> ("Marc", "McLast Name", 25, "Germany")
Person:harry -> ("Harry", "Smith", 29, "Belgium")
```

另一个集合“Book”可能包含以下单个记录：

```
Book:harry -> ("Harry Potter", "J.K. Rowling")
```

从元组存储跳到基于文档的 NoSQL 数据库很容易。**文档存储**不是存储基于元组的结构（未标记的和有序的），而是存储标记了的和无序的属性集合，这些属性表示半结构化的项。例如，可以使用这个属性集合来描述一本书：

```
{
  Title      = "Harry Potter"
  ISBN       = "111-1111111111"
  Authors    = [  "J.K. Rowling" ]
  Price      = 32
  Dimensions = "8.5 x 11.0 x 0.5"
  PageCount  = 234
  Genre      = "Fantasy"
}
```

同样，大多数实现都允许在表或集合中组织项。与键 - 值或元组存储一样，不需要在集合中的项上定义模式。相反，结构是由文档的内部结构强加的，例如，作为上面所示的（嵌套的）属性集合。大多数现代 NoSQL 数据库使用 JSON 标准（JavaScript 对象简谱）表示文档，它的基本类型包括数字、字符串、布尔值、数组、对象和 null。例如，可以使用以下 JSON 表示一本书：

```
{
    "title": "Harry Potter",
    "authors": [ "J.K. Rowling", "R.J. Kowling"],
    "price": 32.00,
    "genres": [ "fantasy"],
    "dimensions": {
         "width": 8.5,
         "height": 11.0,
         "depth": 0.5
    },
    "pages": 234,
    "in_publication": true,
    "subtitle": null
}
```

其他常见的表示有 BSON（二进制 JSON）、YAML（YAML 不是标记语言）甚至 XML。从这个意义上说，XML 数据库可以看作文档存储的一个例子，因此也可以看作 NoSQL 数据库。

知识关联 关于 JSON 标准和其他表示（如 XML）的更多细节可以在第 10 章中找到。

11.3.1 带键的项

由于文档存储了属性的集合，所以可以在这个属性集合中直接包含项的键，尽管我们之前看到的许多概念（如哈希和分区）仍然存在。大多数 NoSQL 文档存储都允许将项存储在表中（集合），但将强制在每个表上指定一个主键来唯一标识集合中的每个项。这可以通过将其留给最终用户来指示应该使用哪个属性作为唯一的键来实现（例如，图书集合中的“title”），Amazon 的 DynamoDB 正是如此，或者预先定义一个始终存在的主键属性本身。

例如，MongoDB 使用“_id”作为项中的主键属性，可以由用户设置，也可以不设置。如果遗漏，MongoDB 将自动生成一个唯一的，随机的项目标识符。与键 - 值存储一样，主键将用作分区键以创建哈希并确定数据将存储在何处。

11.3.2 过滤和查询

我们已经看到文档存储处理半结构化的项。它们不会对存储在特定集合中的项的结构强加特定的模式，但是，假设项仍然表现出一种隐式结构，这种结构遵循它们的表述性格式，使用 JSON、XML 等表示属性集合。

与键 - 值存储一样，每个项的主键可用于快速从集合中检索特定项，但是由于项是由多个属性组成的，大多数文档存储也可以基于简单的筛选器检索项。因此，它们通常还提供比键 - 值存储更丰富的 API，具有查询和操作文档内容的功能。为了演示一个基本示例，下面的 Java 代码展示了如何连接到 MongoDB 实例，插入一些文档，查询和更新它们：

```
import org.bson.Document;
import com.mongodb.MongoClient;
import com.mongodb.client.FindIterable;
import com.mongodb.client.MongoDatabase;
import java.util.ArrayList;

import static com.mongodb.client.model.Filters.*;
import static java.util.Arrays.asList;

public class MongoDBExample {
    public static void main(String... args) {
        MongoClient mongoClient = new MongoClient();
        MongoDatabase db = mongoClient.getDatabase("test");

        // Delete all books first
        db.getCollection("books").deleteMany(new Document());

        // Add some books
        db.getCollection("books").insertMany(new ArrayList<Document>() {{
          add(getBookDocument("My First Book", "Wilfried", "Lemahieu",
                    12, new String[]{"drama"}));
          add(getBookDocument("My Second Book", "Seppe", "vanden Broucke",
                    437, new String[]{"fantasy", "thriller"}));
          add(getBookDocument("My Third Book", "Seppe", "vanden Broucke",
                    200, new String[]{"educational"}));
          add(getBookDocument("Java Programming for Database Managers",
                    "Bart", "Baesens",
                    100, new String[]{"educational"}));
        }});

        // Perform query
        FindIterable<Document> result = db.getCollection("books").find(
                    and(
                            eq("author.last_name", "vanden Broucke"),
                            eq("genres", "thriller"),
```

```
                    gt("nrPages", 100)));

        for (Document r: result) {
            System.out.println(r.toString());
            // Increase the number of pages:
            db.getCollection("books").updateOne(
                    new Document("_id", r.get("_id")),
                    new Document("$set",
                      new Document("nrPages", r.getInteger("nrPages") + 100)));
        }

        mongoClient.close();
    }

    public static Document getBookDocument(String title,
            String authorFirst, String authorLast,
            int nrPages, String[] genres) {
        return new Document("author", new Document()
                                .append("first_name", authorFirst)
                                .append("last_name", authorLast))
                        .append("title", title)
                        .append("nrPages", nrPages)
                        .append("genres", asList(genres));
    }
}
```

首先，我们建立了一个 MongoClient 和 MongoDatabase 来建立到 MongoDB 的连接。接下来，我们使用 deleteMany() 方法删除“books”集合中的所有记录。这个方法需要一个过滤条件，但是因为我们希望删除所有记录，所以在这里传递一个空白文档。接下来，我们使用 insertMany() 方法添加一些书籍。每本书都是使用静态辅助方法（getBookDocument()）构造的，该方法创建一个新文档，字段为“author”“title”“nrPages”和“genres”。注意，文档的字段可以是文档本身，比如由“first_name”和“last_name”组成的“author”字段。MongoDB 将使用一个点（“.”）来表示这样的字段，这样“first_name”的完整标识符就变成了“author.first_name”。在插入一些书籍之后，我们使用 find() 方法执行一个简单的查询，并传递一个包含三个子句的连接（且）条件：“author.last_name”应该等于“vanden Broucke”，genres（类型）应该包含“thriller”（在本例中，“eq”过滤器用于搜索列表），并且页数应该大于 100。对于结果集中的每个文档，我们使用 updateOne() 方法将页面数量设置为一个新值。

运行这段代码将产生以下结果：

```
Document{{_id=567ef62bc0c3081f4c04b16c,
author=Document{{first_name=Seppe, last_name=vanden Broucke}}, title=My
Second Book, nrPages=437, genres=[fantasy, thriller]}}
```

知识延伸 我们在这里使用 MongoDB，因为它仍然是文档存储最著名和使用最广泛的实现之一。如果你想知道 MongoDB 在“最终一致性”的故事中处于什么位置，如前所述，要知道 MongoDB 在默认情况下是强一致性的：如果写入数据并将其读出来，则始终能够读取刚刚执行的写入的结果（如果写入成功）。这是因为 MongoDB 是一个所谓的“单主机”系统，所有的读操作都默认地转移到一个主结点。如果你有选择地启用从辅助结点读取数据，那么 MongoDB 会变为最终一致，可能会读取到过期的结果。

这是理论上的，实际情况比这要复杂一些。在不同的 MongoDB 版本中，研究人员发现 MongoDB 实现的强一致性模型被破坏了（这发生在 2013 年、2015 年和最近的 2017 年[㊀]）。3.4.1 和 3.5.1 版本最终是一致的，没有 bug，尽管如此，这仍表明终端用户在采用 NoSQL 数据库时应该非常注意。

知识延伸 在线资源包含一个 wine 数据库的 MongoDB 版本，你可以通过它的 JavaScript 外壳来查询它（有关更多细节，请参阅附录）。

除了基本的过滤和查询操作之外，大多数 NoSQL 文档存储还支持更复杂的查询（例如，使用聚合）。例如，下面的 Java 代码展示了如何执行一个查询，该查询显示按作者分组的所有书籍的总页数：

```
// Perform aggregation query
AggregateIterable<Document> result = db.getCollection("books")
        .aggregate(asList(
                new Document("$group",
                        new Document("_id", "$author.last_name")
                                .append("page_sum", new Document("$sum", "$nrPages")))));
for (Document r: result) {
    System.out.println(r.toString());
}
```

在上面的 Java 示例上运行这段代码将产生如下结果：

```
Document{{_id=Lemahieu, page_sum=12}}
Document{{_id=vanden Broucke, page_sum=637}}
Document{{_id=Baesens, page_sum=100}}
```

尽管 NoSQL 数据库在构建时考虑到了可扩展性和简易性，但是即使不执行关系连接，使用许多查询条件、排序操作符或聚合来运行单个查询仍然可能相对较慢。原因是每个筛选器（如“author.last_name=Baesens”）都需要一个完整的集合或表扫描（即对集合中每个文档项的扫描），以确定哪些文档与查询语句匹配。为每个项定义的主键形成了一个明显的例外，因为这个键的功能是唯一的分区索引，这使得对项的高效检索成为可能。

为了加快其他更复杂的操作，大多数文档结构允许在集合上定义索引，其方式非常类似于关系数据库中的表索引。在集合上定义索引可以方便地遍历集合并执行高效的匹配操作，而这是以存储为代价的，因为存储索引本身也会占用一些存储空间。许多文档存储系统可以定义各种索引，包括唯一和非唯一索引、由多个属性组成的复合索引，甚至还可以定义专门的索引，如地理空间索引（当属性表示地理空间坐标时）或基于文本的索引（当属性表示大型文本字段时）。

知识关联 索引将在第 12 章和第 13 章中详细讨论。

㊀ 详细分析可浏览 Https://jepsen.io/analyses。Jepsen 还对许多其他 NoSQL 供应商进行了压力测试和评估，这是在做出与 NoSQL 相关的决策时作为向导使用的极好的资源。

11.3.3　使用 MapReduce 进行复杂查询和聚合

根据上面的解释，你可能会注意到文档存储与关系数据库有许多相似之处，包括查询、聚合和索引功能。然而，大多数文档存储中缺少的一个重要方面是表之间的关系。为了说明这个概念，假设我们从上面的图书示例开始，但是我们得到一个请求来存储关于每个作者的更多信息，而不是像以前那样将其建模为每本书的字符串值列表。

解决这个问题的一种方法是将作者的概念建模为单独的文档，并继续将其存储在每部图书的作者列表中，这意味着不再使用以下方法：

```
{
    "title": "Databases for Beginners",
    "authors": ["J.K. Sequel", "John Smith"],
    "pages": 234
}
```

我们像这样为一本书的项建模：

```
{
    "title": "Databases for Beginners",
    "authors": [
      {"first_name": "Jay Kay", "last_name": "Sequel", "age": 54},
      {"first_name": "John", "last_name": "Smith", "age": 32} ],
    "pages": 234
}
```

这个概念被 MongoDB 和其他供应商称为**嵌入式文档**，这也是我们在上面的 Java 示例中应用的概念。这个想法的优点是，对“链接项”（这里是作者对书籍的链接）的查询与正常属性的查询一样有效。例如，可以执行等值检查“authors.first_name=John”。然而，这种方法的缺点是，它会很快导致数据重复，并且会使更新作者信息变得很麻烦，因为每一本包含作者记录的书都必须更新。

知识关联　有关关系数据库和规范化的更多信息，请参见第 6 章和第 9 章。

熟悉关系数据库章节的读者会认为这是一个很好的规范化案例，并建议创建两个集合：一个书的集合，一个作者的集合。

书的集合可以包含以下内容：

```
{
    "title": "Databases for Beginners",
    "authors": ["Jay Kay Rowling", "John Smith"],
    "pages": 234
}
```

作者的集合如下所示：

```
{
    "_id": "Jay Kay Rowling",
    "age": 54
}
```

然而，这种方法的缺点是，大多数文档存储将迫使你在应用程序代码级别上“手工”解决复杂的关系查询。例如，假设我们希望检索作者的年龄大于特定年龄的图书列表。在许多文档存储中，这是不可能通过单个查询实现的。相反，用户被建议首先执行一个查询来检索比请求年龄大的所有作者，然后检索每个作者的所有标题。与关系数据库相反，此操作将涉及多次文档存储的往返以获取其他项。

这种工作方式乍一看似乎有些限制，但请记住，文档存储是针对跨多个结点存储大量文档的，特别是在数据量或速度非常大，关系数据库无法跟上的情况。为了执行复杂的查询和聚合，大多数面向分析的文档存储提供了通过 map-reduce 操作来查询数据集的方法。MapReduce 是一个非常有名的编程模型，Google 使模型变得流行，随后在 Apache Hadoop 中实现，Hadoop 是一个用于分布式计算和大型数据集存储的开源软件框架。

MapReduce 的主要创新之处并不来自 map-and-reduce 范式本身，因为这些概念在函数式编程圈子中早已为人所知，而是以一种难以置信的可扩展和容错的方式应用这些函数。map-reduce 流水线从一系列键 - 值对（k1，v1）开始，并将每一对映射到一个或多个输出对。因此，请注意，每个输入项可以产生多个输出项。这个操作可以很容易地在输入对上并行运行。接下来，输出记录被打乱并分布，因此属于同一键的所有输出记录被分配给同一个 worker（在大多数分布式设置中，worker 将对应于不同的物理机器）。然后，这些 worker 将 reduce 函数应用于具有相同键的每组键 - 值对，生成每个输出键的新值列表。然后（可选地）根据键 k2 对产生的最终输出进行排序，以产生最终结果。

知识关联 接下来我们主要关注 MapReduce。第 19 章和第 20 章讨论了 Hadoop 和更广泛的大数据和分析领域。

让我们用一个简单的例子来演示一个 map-reduce 流水线。想象一下，我们想要得到每个类型的书籍的页数总和。假设每本书都有一个类型，我们可以使用这个 SQL 查询在关系数据库设置中解决这个问题：

```
SELECT genre, SUM(nrPages) FROM books
GROUP BY genre
ORDER BY genre
```

假设我们正在处理大量的书籍。使用 map-reduce 流水线，我们可以通过首先创建与我们想要处理的记录相对应的输入键 - 值对列表来处理这个查询：

k1	v1
1	{genre: education, nrPages: 120}
2	{genre: thriller, nrPages: 100}
3	{genre: fantasy, nrPages: 20}
…	…

每个 worker 现在将开始处理一个输入记录，并应用它的 map 操作。在这里，map 函数是到一个 genre-nrPages 键 - 值对的简单转换：

```
function map(k1, v1)
    emit output record (v1.genre, v1.nrPages)
end function
```

因此，我们的 worker 将产生以下三个输出列表（下面是三个 worker 的例子），键现在对应于类型（genres）：

Worker 1	
k2	v2
education	120
thriller	100
fantasy	20

Worker 2	
k2	v2
drama	500
education	200

Worker 3	
k2	v2
education	20
fantasy	10

接下来，将对每个唯一的密钥k2启动一个工作操作，从而reduce其相关的值列表。例如，（education，[120，200，20]）将reduce为其总和，即340：

```
function reduce(k2, v2_list)
    emit output record (k2, sum(v2_list))
end function
```

因此，最终的输出列表如下所示：

k2	v3
education	340
thriller	100
drama	500
fantasy	30

然后可以根据k2或v3对最后的列表进行排序，以产生所需的结果。

根据查询的不同，可能需要仔细考虑才能产生所需的结果。例如，如果我们想要检索每类书籍的平均页数，就可以将reduce函数重写为：

```
function reduce(k2, v2_list)
    emit output record (k2, sum(v2_list) / length(v2_list))
end function
```

与前面一样，在映射输入列表之后，我们的worker将生成以下三个输出列表：

Worker 1	
k2	v2
education	120
thriller	100
fantasy	20

Worker 2	
k2	v2
drama	500
education	200

Worker 3	
k2	v2
education	20
fantasy	10

然后被reduce到平均值，如下：

k2	v3
education	(120+200+20)/3=113.33
thriller	100/1=100.00
drama	500/1=500.00
fantasy	(20+10)/2=15.00

这个例子很好地说明了map-reduce流水线的另一个强大的概念，即reduce操作可以发生多次，并且可以在所有map操作完成之前就已经开始。当输出数据太大而不能一次性

reduce 时，或者有新数据稍后到达时，这尤其有用。

使用相同的均值示例，假设两个 worker 已经像这样完成了对前两行输入的 map：

Worker 1	
k2	**v2**
education	20
education	50
education	50
thriller	100
fantasy	20

Worker 2	
k2	**v2**
drama	100
drama	200
drama	200
education	100
education	100

我们的 reducer 已经可以开始产生一个中间的 reduce 结果，而不是等待所有 mapper 完成：

k2	v3
education	(20+50+50+100+100)/5=64.00
thriller	100/1=100.00
drama	(100+200+200)/3=166.67
fantasy	(20)/1=20.00

现在让我们假设下一批数据到达，它被 map 如下：

k2	v2
education	20
fantasy	10

然而，如果我们用之前的 reduce 集来 reduce 这个集合，我们将得到以下错误的结果：

Previously reducedset	
k2	**v3**
education	64.00
thriller	100.00
drama	166.67
fantasy	20.00

New set	
k2	**v2**
education	20
fantasy	10

Reduces to (WRONG!)	
k2	**v3'**
thriller	100 / 1 = 100.00
drama	166.67 / 1 = 166.67
education	(64 + 20) / 2 = 42.00
fantasy	(20 + 10) / 2 = 15.00

这说明了 MapReduce 范式的一个特别重要的方面。为了获得实际的正确结果，我们需要重写 map 和 reduce 函数：

```
function map(k1, v1)
    emit output record (v1.genre, (v1.nrPages, 1))
end function

function reduce(k2, v2_list)
    for each (nrPages, count) in v2_list do
        s = s + nrPages * count
        newc = newc + count
    repeat
    emit output record (k2, (s/newc, newc))
end function
```

我们的 map 函数现在产生以下结果。注意，现在的值是页面数和数字“1”（一个计数器，记录到目前为止 reduce 到平均值的项数）：

Worker 1	
k2	**v2**
education	20, 1
education	50, 1
education	50, 1
thriller	100, 1
fantasy	20, 1

Worker 2	
k2	**v2**
drama	100, 1
drama	200, 1
drama	200, 1
education	100, 1
education	100, 1

Worker 3	
k2	**v2**
education	20, 1
fantasy	10, 1

如果 reduce 前两个列表，我们得到：

First reduced list	
k2	**v3**
education	64.00, 5
thriller	100.00, 1
drama	166.67, 3
fantasy	20.00, 1

如果现在用最后一个集合来 reduce 这个列表，我们将得到一个正确的最终结果：

First reduced list	
k2	**v3**
education	64.00, 5
thriller	100.00, 1
drama	166.67, 3
fantasy	20.00, 1

New set	
k2	**v2**
education	20, 1
fantasy	10, 1

Reduces to (CORRECT)	
k2	**v3’**
thriller	(100) / (1), 1
drama	(166.67 * 3) / (3), 3
education	(64 * 5 + 20 * 1) / (5+1), 6
fantasy	(20 * 1 + 10 * 1) / (1+1), 2

这个例子突出了关于 reduce 函数的两个非常重要的标准。因为这个函数可以对部分结果调用多次：

1）reduce 函数应该输出与 map 函数结果相同的结构，因为这个输出可以在另一个 reduce 操作中再次使用。

2）即使多次调用部分结果，reduce 函数也应该提供正确的结果。

最后，我们以一个著名的例子结束（几乎每个支持 MapReduce 范式的 NoSQL 数据库或大数据技术都使用这个示例作为介绍性的示例）：计算一个文档中每个单词出现的次数：

```
function map(document_name, document_text)
    for each word in document_text do
        emit output record (word, 1)
    repeat
end function

function reduce(word, partial_counts)
    emit output record (word, sum(partial_counts))
end function
```

你可能想要更改 map 函数，以便它聚合在已给定文档中找到的每个单词的总和（在“document_text”中）。但是，建议不要在 map 函数中包含这个 reduce 逻辑，并保持 map 的简单性。例如，假设一个 worker 面对一个超过其本地内存的单词列表，在这种情况下，它将永远无法执行聚合并返回其输出列表。通过逐个迭代单词并为每个单词发出一个输出记录的办法，可以确保 map 函数完成。作业调度器然后可以检查存储的、发出的记录的大小，以决定是否需要在不同的 reduce 作业之间分割列表。正如我们之前看到的，这是可行的，因为 reduce 函数是这样编写的，所以它们可以应用于部分结果。

让我们回到基于 MongoDB 的 Java 示例，以在实践中演示 MapReduce 的概念。我们将实现一个聚合查询，该查询返回每个类型的平均页数，但是现在考虑到书籍可以有多个类型与之关联。下面的代码片段为我们设置了一个新的数据库：

```
import org.bson.Document;
import com.mongodb.MongoClient;
import com.mongodb.client.MongoDatabase;
import java.util.ArrayList;
import java.util.List;
import java.util.Random;

import static java.util.Arrays.asList;
public class MongoDBAggregationExample {
    public static Random r = new Random();

    public static void main(String... args) {
        MongoClient mongoClient = new MongoClient();
        MongoDatabase db = mongoClient.getDatabase("test");

        setupDatabase(db);
        for (Document r: db.getCollection("books").find())
            System.out.println(r);

        mongoClient.close();
    }

    public static void setupDatabase(MongoDatabase db) {
        db.getCollection("books").deleteMany(new Document());

        String[] possibleGenres = new String[] {
                "drama", "thriller", "romance", "detective",
                "action", "educational", "humor", "fantasy" };

        for (int i = 0; i < 100; i++) {
            db.getCollection("books").insertOne(
                    new Document("_id", i)
                    .append("nrPages", r.nextInt(900) + 100)
                    .append("genres",
                      getRandom(asList(possibleGenres), r.nextInt(3) + 1)));
        }
    }

    public static List<String> getRandom(List<String> els, int number) {
        List<String> selected = new ArrayList<>();
        List<String> remaining = new ArrayList<>(els);
```

```
        for (int i = 0; i < number; i++) {
            int s = r.nextInt(remaining.size());
            selected.add(remaining.get(s));
            remaining.remove(s);
        }
        return selected;
    }
}
```

运行这段代码将设置一个随机的图书数据库，并打印出以下插入项的列表：

```
Document{{_id=0, nrPages=188, genres=[action, detective, romance]}}
Document{{_id=1, nrPages=976, genres=[romance, detective, humor]}}
Document{{_id=2, nrPages=652, genres=[thriller, fantasy, action]}}
Document{{_id=3, nrPages=590, genres=[fantasy]}}
Document{{_id=4, nrPages=703, genres=[educational, drama, thriller]}}
Document{{_id=5, nrPages=913, genres=[detective]}}
...
```

现在让我们构建聚合查询。如果我们手动执行此查询，则基本解决方案将如下所示：

```
public static void reportAggregate(MongoDatabase db) {
    Map<String, List<Integer>> counts = new HashMap<>();
    for (Document r: db.getCollection("books").find()) {
        for (Object genre: r.get("genres", List.class)) {
            if (!counts.containsKey(genre.toString()))
                counts.put(genre.toString(), new ArrayList<Integer>());
            counts.get(genre.toString()).add(r.getInteger("nrPages"));
        }
    }
    for (Entry<String, List<Integer>> entry: counts.entrySet()) {
        System.out.println(entry.getKey() + " --> AVG = " +
                sum(entry.getValue()) / (double) entry.getValue().size());
    }
}

private static int sum(List<Integer> value) {
    int sum = 0;
    for (int i: value) sum += i;
    return sum;
}
```

在上面的代码片段中，我们循环遍历集合中的所有书籍，迭代其类型，并在 hashmap 结构中跟踪每个类型的所有页数。此代码生成此结果：

```
romance --> AVG = 497.39285714285717
drama --> AVG = 536.88
detective --> AVG = 597.1724137931035
humor --> AVG = 603.5357142857143
fantasy --> AVG = 540.0434782608696
educational --> AVG = 536.1739130434783
```

```
action --> AVG = 398.9032258064516
thriller --> AVG = 513.5862068965517
```

一旦我们要处理数百万本书，这些代码的性能就会成规模地变差。如果类型列表是已知的，我们也可以通过在 MongoDB 中直接对每个类型执行聚合来优化这个查询：

```
public static void reportAggregate(MongoDatabase db) {
        String[] possibleGenres = new String[] {
                    "drama", "thriller", "romance", "detective",
                    "action", "educational", "humor", "fantasy" };

        for (String genre: possibleGenres) {
            AggregateIterable<Document> iterable =
                db.getCollection("books").aggregate(asList(
                    new Document("$match", new Document("genres", genre)),
                    new Document("$group", new Document("_id", genre)
                        .append("average", new Document("$avg", "$nrPages")))));

            for (Document r: iterable) {
                System.out.println(r);
            }
        }
}
```

这得到一个类似的输出：

```
Document{{_id=drama, average=536.88}}
Document{{_id=thriller, average=513.5862068965517}}
Document{{_id=romance, average=497.39285714285717}}
Document{{_id=detective, average=597.1724137931035}}
Document{{_id=action, average=398.9032258064516}}
Document{{_id=educational, average=536.1739130434783}}
Document{{_id=humor, average=603.5357142857143}}
Document{{_id=fantasy, average=540.0434782608696}}
```

假设我们的数据库中有数百万本书，而我们事先不知道类型的数量。那么先遍历所有书籍以获取所有可能的类型，然后为每个类型构建一个平均值列表将非常耗时，因此使用 map-reduce 方法重写逻辑是有意义的。

在 MongoDB 中，map 和 reduce 函数应该使用 JavaScript 代码提供，并使用以下原型。对于 map 函数：

```
function() {
   // No arguments, use "this" to refer to the
   // local document item being processed
   emit(key, value);
}
```

对于 reduce 函数：

```
function(key, values) {
   return result;
}
```

让我们从构建 map 函数开始。我们需要将每个传入的文档项映射到许多键 - 值对。因为我们希望为每个类型创建聚合的页面计数，所以我们的键是一个项的类型，它的值是由当前运行的平均值和用于计算平均值的项数组成的对，类似于上面的示例：

```
function() {
    var nrPages = this.nrPages;
    this.genres.forEach(function(genre) {
        emit(genre, {average: nrPages, count: 1});
    });
}
```

reduce 函数将获取一个值列表并输出一个新的、平均的结果。请记住上面列出的 reduce 函数的两个要求：reduce 函数应该输出与 map 函数结果相同的结构；即使多次调用部分结果，reduce 函数也应该继续工作，因为 MongoDB 会根据需要多次运行这个函数：

```
function(genre, values) {
    var s = 0;
    var newc = 0;
    values.forEach(function(curAvg) {
        s += curAvg.average * curAvg.count;
        newc += curAvg.count;
    });
    return {average: (s / newc), count: newc};
}
```

然后，我们可以在 Java 代码示例中实现这些 JavaScript 函数（将它们作为普通字符串传递给 mapReduce() 方法），如下所示：

```
public static void reportAggregate(MongoDatabase db) {
    String map = "function() { " +
                 " var nrPages = this.nrPages; " +
                 " this.genres.forEach(function(genre) { " +
                 " emit(genre, {average: nrPages, count: 1}); " +
                 " }); " +
                 "} ";
    String reduce = "function(genre, values) { " +
                 " var s = 0; var newc = 0; " +
                 " values.forEach(function(curAvg) { " +
                 " s += curAvg.average * curAvg.count; " +
                 " newc += curAvg.count; " +
                 " }); " +
                 " return {average: (s / newc), count: newc}; " +
                 "} ";
    MapReduceIterable<Document> result = db.getCollection("books")
        .mapReduce(map, reduce);
    for (Document r: result)
        System.out.println(r);
}
```

运行这段代码将得到与之前相同的结果，只是现在是以 map-reduce 方式实现的：

```
Document{{_id=action, value=Document{{average=398.9032258064516, count=31.0}}}}
Document{{_id=detective, value=Document{{average=597.1724137931035, count=29.0}}}}
Document{{_id=drama, value=Document{{average=536.88, count=25.0}}}}
Document{{_id=educational, value=Document{{average=536.1739130434783, count=23.0}}}}
Document{{_id=fantasy, value=Document{{average=540.0434782608696, count=23.0}}}}
Document{{_id=humor, value=Document{{average=603.5357142857143, count=28.0}}}}
Document{{_id=romance, value=Document{{average=497.39285714285717, count=28.0}}}}
Document{{_id=thriller, value=Document{{average=513.5862068965517, count=29.0}}}}
```

11.3.4 SQL 毕竟……

我们已经看到了基于 map-reduce 的操作如何帮助我们在文档存储中执行复杂的查询和聚合，即使这些文档存储不直接支持关系结构。

根据上面显示的 map-reduce 示例，很明显许多传统的 GROUP BY 风格的 SQL 查询可以转换为等效的 map-reduce 流水线。这就是许多 Hadoop 供应商和文档存储实现以 SQL 接口（通常使用 SQL 语言的一个子集）来表达查询的原因，他们为用户提供一种更熟悉的工作方式，而不是要求他们使用 map-reduce 逻辑进行思考。

一些文档存储（如 Couchbase）还允许在文档结构中定义外键，并在查询中直接执行连接操作。这意味着使用 Couchbase N1QL（Couchbase 的 SQL 方言）可以执行以下查询：

```
SELECT books.title, books.genres, authors.name
FROM books
JOIN authors ON KEYS books.authorId
```

有了这种功能，人们可能想知道传统的关系数据库在哪里结束，NoSQL 的思维方式又在哪里开始。这正是为什么多年来这两者之间的界限变得模糊了，也是为什么我们看到关系数据库供应商正在追赶并实现一些有趣的方面，正是这些方面使得 NoSQL 数据库和文档存储特别受欢迎。这些方面包括：

- 关注水平可扩展性和分布式查询；
- 舍弃模式需求；
- 支持嵌套数据类型或允许在表中直接存储 JSON；
- 支持 map-reduce 操作；
- 支持特殊数据类型，例如地理空间数据。

这带来了强大的查询后端和 SQL 查询功能。例如，最新版本的开源 PostgreSQL 数据库允许你执行以下语句：

```
CREATE TABLE books (data JSONB);
INSERT INTO books (data) VALUES
('
    {
    "title": "Beginners Guide to Everything",
    "genres": ["educational", "fantasy"],
    "price": 200,
    }
```

```
');
SELECT DISTINCT data->>'title' AS titles FROM books;
```

在第一个语句中，创建了一个新表（books），其中包含一个字段（data）），类型为 JSONB（“B”代表“二进制”）。非二进制的 JSON 数据类型存储输入文本的精确副本，每次在该字段上运行查询时都必须处理该副本。另一方面，JSONB 数据以分解的二进制格式存储，这使得它的存储速度稍微慢一些（因为文本 JSON 表示必须转换为二进制格式），但是在后续调用中处理速度要快得多，因为不需要重新解析。接下来，我们可以使用普通的 insert 语句插入无格式的 JSON 对象。最后，我们可以执行 SELECT 查询来选择所有不同的“title”字段（使用 ->> 语法）。在后台，PostgreSQL 负责查询优化和规划。

节后思考

- 元组存储和键 - 值存储在数据表示方面有什么区别？
- 元组存储和文档存储在数据表示方面有什么区别？
- 像 MongoDB 这样的典型文档存储提供哪些类型的查询？如何处理更复杂的查询？

11.4　面向列的数据库

面向列的 DBMS 将数据表存储为数据列的一部分，而不是像大多数 DBMS 实现中那样存储为数据行。这种方法在某些领域具有优势，如市场分析、以商务智能为重点的系统和临床数据系统（即定期对大量相似数据项进行聚合计算的系统）。具有许多空值的列（称为稀疏数据）可以更有效地被处理，而不会浪费空单元的存储容量。

注意，是面向列而不是面向行，这是一个与所存储的数据类型完全正交的决策。这意味着关系数据库可以是面向行和列的，键 - 值存储或文档存储也是如此。然而，由于对面向列的数据结构的需求变得明显，以及对非关系数据库的需求，因此将面向列的数据库系统归类为 NoSQL 的一种形式。

为了说明面向列的数据库的基本工作原理，假设数据库系统包含这些行：

Id	Genre	Title	Price	Audiobook price
1	fantasy	My first book	20	30
2	education	Beginners guide	10	null
3	education	SQL strikes back	40	null
4	fantasy	The rise of SQL	10	null

基于行的系统被设计为有效地返回整个行的数据，这与用户希望检索关于特定对象或实体（如 Id 为 3 的书）的信息的常用用例相匹配。通过将行数据与相关行一起存储在硬盘驱动器的单个块中，系统可以快速检索行。

然而，与特定行相比，此类系统在执行应用于整个数据集的操作时效率不高。例如，如果我们希望查找示例中价格高于 20 的所有记录，则需要遍历每一行来查找匹配的记录。大多数数据库系统通过数据库索引来加速这些操作。

知识关联 有关索引的更多信息，请参阅第 12 章和第 13 章。

例如，我们可以定义一个 price 上的索引，它将被存储为一个将列值映射到标识符元组的索引：

Price value	Record identifiers
10	2,4

```
                 20            1
                 40            3
```

通过对索引进行排序，我们可以节省大量时间，因为我们避免了扫描整个数据集，只使用索引检索那些满足查询的行。但是，维护索引也会增加开销，尤其是在新数据进入数据库时。除了实际的数据对象之外，新的数据还要更新索引。

在面向列的数据库中，列的所有值都放在磁盘上，因此我们的示例表将以这种方式存储：

```
Genre:              fantasy:1,4   education:2,3
Title:              My first...:1  Beginners...:2  SQL Strikes..:3  The rise...:4
Price:              20:1          10:2,4          40:3
Audiobook price:    30:1
```

通过这种方式，一个特定的列与基于行的系统中的普通索引的结构相匹配——可能的值与保存该值的记录标识符的迭代。但是，这里不需要单独的索引，因为每个列的主键是数据值本身，直接映射到记录标识符（即类型“ fantasy”映射到记录 1 和 4）。诸如“查找价格等于 10 的所有记录”之类的操作现在可以在单个操作中直接执行。列上的其他聚合操作（求和、取均值等）也可以以这种方式加速。

此外，空值不再占用存储空间，只有包含实际值的单元出现在存储方案中。后者在例子中有说明，其中只有一小部分书籍是有声读物（Audiobook）。因此，“ Audiobook price”列中只有极少数单元格具有非空值。所有这些空值都有效地“存储”在面向行的格式中，而没有在面向列的版本中。

这种方法也有缺点。首先，检索与单个实体相关的所有属性的效率会降低。很明显，连接操作将大大减慢，因为现在必须扫描每一列，以查找属于某个外部记录标识符的值，而不能直接通过其标识符立即检索特定的记录。许多面向列的数据库，如 Google Big-Table，通过定义“列组”来对一般连接的表进行分组，从而避免了频繁的时间密集型连接操作。

知识延伸 其他值得注意的列存储实现包括 Cassandra、HBase 和 Parquet。Parquet 是一种列存储格式，作为 CSV（Comma Separated Value，逗号分隔值）或其他面向行的格式的替代格式，它在数据科学社区中越来越受欢迎，因为它极大地改进了数据科学工作流，这些工作流通常包括执行数据集范围的聚合的需要（例如计算来自两列的值之间的简单相关性度量）。数据科学工作流程主要是读取，而不是写入。

节后思考

- 什么是面向列的数据库？
- 与基于行的数据库相比，面向列的数据库有哪些优点？

11.5 基于图的数据库

在所有类型的 NoSQL 数据库中，基于图的数据库在未来可能成为最重要的。**图数据库**将图论应用于记录的存储。在计算机科学和数学中，**图论**包含了对图形的研究——用来建立物体间成对关系模型的数学结构。图由**结点**（node、point 或 vertice）和连接结点的**边**（edge，arc 或 line）组成。边可以是单向的，也可以是双向的。近年来，由于能够对社交网络进行建模，图结构变得非常流行。例如，图 11-9 描述了三个结点，它们的边表示“关注”关系，就像你在 Twitter 或 Facebook 等社交网络中看到的那样。

图 11-9 显示每个人都关注 Seppe，Seppe 关注 Bart，Bart 关注 Wilfried。图被用于数学、

计算机科学、数据科学和运筹学的许多领域，以解决各种各样的问题，如路由问题、网络流建模等。

图数据库是NoSQL中一个有趣的类别的原因是，与其他方法相反，图数据库实际上采用了增强关系建模的方式，而不是消除关系。也就是说，一对一、一对多和多对多的结构可以很容易地以基于图的方式建模。考虑书籍有很多作者，反之亦然。在RDBMS中，这将通过三个表进行建模：一个用于图书，一个用于作者，另一个用于对多对多关系进行建模。返回特定作者所写书籍的所有书名的查询如下所示：

```
SELECT book.title
FROM book, author, books_authors
WHERE author.id = books_authors.author_id
  AND book.id = books_authors.book_id
  AND author.name = "Bart Baesens"
```

在图数据库中，这种结构如图11-10所示。

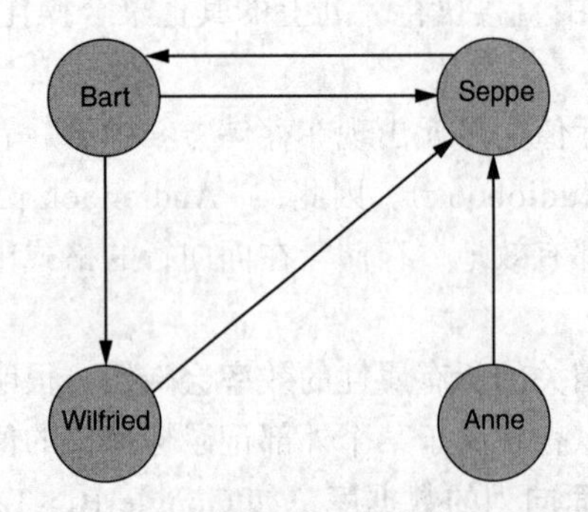

图11-9　一个用图表示的简单社交网络

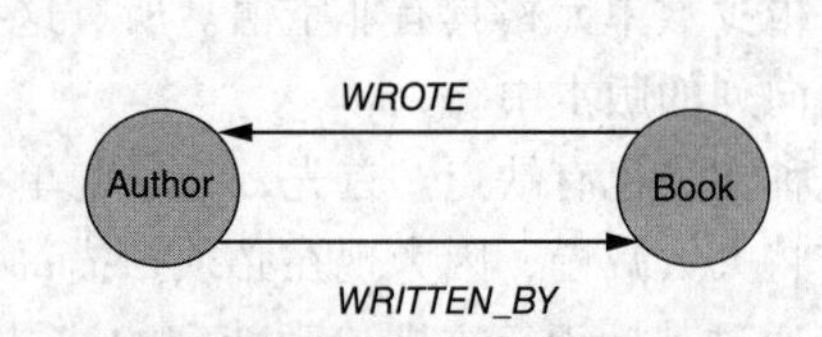

图11-10　包含作者和书之间的关系

获取所需书籍列表的相关查询也变得更加简单：

```
MATCH (b:Book)<-[ :WRITTEN_BY]-(a:Author)
WHERE a.name = "Bart Baesens"
RETURN b.title
```

知识延伸 孟山都是一家生产种子的国际农业公司。随着世界人口的持续增长和住房用地的增加，可供人们食用的耕地越来越少。因此，在有限的土地条件下，开发产量更高的新作物品种（如玉米）以养活更多人是很重要的。为此，孟山都投资于基因组学，以仔细揭示植物的遗传特性。

在图数据库出现之前，孟山都使用关系数据库来存储其基因数据，该数据库由11个连接表组成，代表9亿行数据。一个常用的查询是请求关于单个植物的整个祖先树的信息。使用关系数据库设计解决这个查询会导致大量的、资源密集型的连接，并且响应时间很长。为了加快这些查询时间，孟山都投资了图数据库，结果证明，图数据库是一种更好的选择，可以用来建模和查询植物之间的遗传关系。

这里，我们使用的是**Cypher查询语言**，这是由最流行的图形数据库之一Neo4j引入的基于图的查询语言。

知识延伸 其他值得注意的图数据库实现包括AllegroGraph、GraphDB、Infinite-Graph和OrientDB。在本节中，我们将继续使用Neo4j和Cypher。

在某种程度上，图数据库是一种超关系数据库，其中连接表被更有趣、语义上更有意义的关系所取代，这些关系可以根据图形模式匹配进行导航（图形遍历）和查询。在下面的小节中，我们将继续使用 Neo4j 来设计一些示例和主题，首先是对 Neo4j 的查询语言 Cypher 的概述。但是，请注意，各种图数据库在底层图数据模型的表示方面有所不同。例如，Neo4j 支持在唯一标识符旁边有一个类型（book）和一些属性（title）的结点和边。其他系统的目标是提高速度和可扩展性，并且只支持简单的图形表示。

知识延伸 例如，由 Twitter 开发的 FlockDB 只支持将简化的有向图存储为边列表，列表具有源和目标标识符、状态（正常、删除或存档）和附加的数字“position”来帮助对结果进行排序。Twitter 使用 FlockDB 来存储包含数十亿条边的社交图（谁关注谁，谁屏蔽谁——参见图 11-9），并保持每秒数十万的阅读查询。显然，图数据库实现要在速度和数据表达性之间进行权衡。

知识延伸 在线资源为我们的图书阅读俱乐部包含一个 Neo4j 数据库。你可以使用与本章中相同的查询来进行后续操作（有关更多细节，请参阅附录）。

11.5.1 Cypher 概述

与 SQL 一样，Cypher 是一种声明性的、基于文本的查询语言，包含许多类似于 SQL 的操作。然而，因为它是面向图结构中的表达模式的，它包含一个特殊的 MATCH 子句，使用与白板上绘制的图形符号类似的符号来匹配那些模式。

结点用括号表示，表示一个圆：

```
()
```

如果需要在其他地方引用结点，可以对它们进行标记，并使用冒号根据它们的类型进一步过滤：

```
(b:Book)
```

使用 -- 或 --> 绘制边，分别表示无方向的边和有方向关系的边。还可以通过在中间放置方括号来过滤关系：

```
(b:Book)<-[ :WRITTEN_BY]-(a:Author)
```

让我们看一些例子。这是一个基本的 SQL SELECT 查询：

```
SELECT b.*
FROM books AS b;
```

它可以用 Cypher 表示如下：

```
MATCH (b:Book)
RETURN b;
```

另外，也可以使用 OPTIONAL MATCH，其工作方式与 MATCH 一样，只是如果没有找到匹配，OPTIONAL MATCH 将使用 null 来表示模式中缺失的部分。

查询还可以包括 ORDER BY 和 LIMIT 语句：

```
MATCH (b:Book)
RETURN b
ORDER BY b.price DESC
LIMIT 20;
```

WHERE 子句可以显式使用，也可以作为 MATCH 子句的一部分：

```
MATCH (b:Book)
WHERE b.title = "Beginning Neo4j"
RETURN b;

MATCH (b:Book {title:"Beginning Neo4j"})
RETURN b;
```

JOIN 子句使用直接关系匹配来表示。以下查询返回购买 Wilfried Lemahieu 所著书籍的不同客户姓名的列表，这些客户的年龄超过 30 岁，并以现金支付：

```
MATCH (c:Customer)-[p:PURCHASED]->(b:Book)<-[:WRITTEN_BY]-(a:Author)
WHERE a.name = " Wilfried Lemahieu"
  AND c.age > 30
  AND p.type = "cash"
RETURN DISTINCT c.name;
```

图数据库真正开始发光的地方是基于树的结构。假设我们有一个图书类型树，图书可以放在任何类别级别。执行查询来获取“编程”类别及其所有子类别中的所有书籍的列表在 SQL 中可能会出现问题，即使有支持递归查询的扩展。

然而，Cypher 可以简单地通过在关系类型后面添加星号 * 并在 MATCH 子句中提供可选的最小 / 最大限制来表达对层次结构和任何深度的传递关系的查询：

```
MATCH (b:Book)-[:IN_GENRE]->(:Genre)
              -[:PARENT*0..]-(:Genre {name:"Programming"})
RETURN b.title;
```

“编程”类别中的所有书籍，以及任何可能的子类别、子子类别等，都将被检索。后一类问题通常称为“朋友的朋友”问题。

知识关联　有关 SQL 中的递归查询和其他扩展的概述，请参阅第 9 章。

11.5.2　探索社交图谱

在这里，我们将尝试探索一个图书阅读俱乐部的社交图谱，在图 11-11 所示的结构中建模类型、书籍和读者。

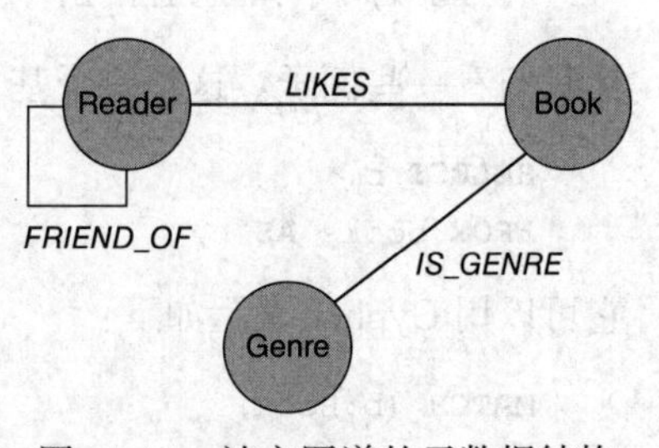

图 11-11　社交图谱的元数据结构

我们首先使用 Cypher 查询插入一些数据。你可以使用 Neo4j Web 控制台或使用 Neo4j 的 JDBC 驱动程序来实现这一点。请注意，CREATE 语句要求你指定一个关系方向，但实际方向（即使用 -> 或 <-）在本例中并不重要，因为我们以后会将所有的关系作为无向的来查询：

```
CREATE (Bart:Reader {name:'Bart Baesens', age:32})
CREATE (Seppe:Reader {name:'Seppe vanden Broucke', age:30})
CREATE (Wilfried:Reader {name:'Wilfried Lemahieu', age:40})
CREATE (Marc:Reader {name:'Marc Markus', age:25})
CREATE (Jenny:Reader {name:'Jenny Jennifers', age:26})
CREATE (Anne:Reader {name:'Anne HatsAway', age:22})
CREATE (Mike:Reader {name:'Mike Smith', age:18})
```

```
CREATE (Robert:Reader { name:'Robert Bertoli', age:49} )
CREATE (Elvis:Reader { name:'Elvis Presley', age:76} )
CREATE (Sandra:Reader { name:'Sandra Mara', age:12} )

CREATE (Fantasy:Genre { name:'fantasy'} )
CREATE (Education:Genre { name:'education'} )
CREATE (Thriller:Genre { name:'thriller'} )
CREATE (Humor:Genre { name:'humor'} )
CREATE (Romance:Genre { name:'romance'} )
CREATE (Detective:Genre { name:'detective'} )

CREATE (b01:Book { title:'My First Book'} )
CREATE (b02:Book { title:'A Thriller Unleashed'} )
CREATE (b03:Book { title:'Database Management'} )
CREATE (b04:Book { title:'Laughs, Jokes, and More Jokes'} )
CREATE (b05:Book { title:'Where are my Keys? '} )
CREATE (b06:Book { title:'A Kiss too Far'} )
CREATE (b07:Book { title:'A Wizardly Story'} )
CREATE (b08:Book { title:'A Wizardly Story 2: Order of the SQL'} )
CREATE (b09:Book { title:'Laughing and Learning'} )
CREATE (b10:Book { title:'A Murder in Fantasyville'} )
CREATE (b11:Book { title:'Without you I am Nothing'} )
CREATE (b12:Book { title:'How to be Romantic: a Guide'} )
CREATE (b13:Book { title:'Why Boring is Good'} )
CREATE (b14:Book { title:'An Unsolved Problem for Detective Whiskers'} )
CREATE (b15:Book { title:'Mathematics for the Rest of Us'} )
CREATE (b16:Book { title:'The Final Book I ever Wrote'} )
CREATE (b17:Book { title:'Who Says Love is Outdated? '} )
CREATE (b18:Book { title:'A Chainsaw Massacre'} )

CREATE
  (b01)-[ :IS_GENRE] ->(Education),
  (b02)-[ :IS_GENRE] ->(Thriller),
  (b03)-[ :IS_GENRE] ->(Education),
  (b04)-[ :IS_GENRE] ->(Humor),
  (b05)-[ :IS_GENRE] ->(Humor), (b05)-[ :IS_GENRE] ->(Detective),
  (b06)-[ :IS_GENRE] ->(Humor), (b06)-[ :IS_GENRE] ->(Romance),
   (b06)-[ :IS_GENRE] ->(Thriller),
  (b07)-[ :IS_GENRE] ->(Fantasy),
  (b08)-[ :IS_GENRE] ->(Fantasy), (b08)-[ :IS_GENRE] ->(Education),
  (b09)-[ :IS_GENRE] ->(Humor), (b09)-[ :IS_GENRE] ->(Education),
  (b10)-[ :IS_GENRE] ->(Detective), (b10)-[ :IS_GENRE] ->(Thriller),
   (b10)-[ :IS_GENRE] ->(Fantasy),
  (b11)-[ :IS_GENRE] ->(Humor), (b11)-[ :IS_GENRE] ->(Romance),
  (b12)-[ :IS_GENRE] ->(Education), (b12)-[ :IS_GENRE] ->(Romance),
  (b13)-[ :IS_GENRE] ->(Humor), (b13)-[ :IS_GENRE] ->(Education),
  (b14)-[ :IS_GENRE] ->(Humor), (b14)-[ :IS_GENRE] ->(Detective),
  (b15)-[ :IS_GENRE] ->(Education),
  (b16)-[ :IS_GENRE] ->(Romance),
```

```
(b17)-[ :IS_GENRE]->(Romance), (b17)-[ :IS_GENRE]->(Humor),
(b18)-[ :IS_GENRE]->(Thriller)
CREATE
(Bart)-[ :FRIEND_OF]->(Seppe),
(Bart)-[ :FRIEND_OF]->(Wilfried),
(Bart)-[ :FRIEND_OF]->(Jenny),
(Bart)-[ :FRIEND_OF]->(Mike),
(Seppe)-[ :FRIEND_OF]->(Wilfried),
(Seppe)-[ :FRIEND_OF]->(Marc),
(Seppe)-[ :FRIEND_OF]->(Robert),
(Seppe)-[ :FRIEND_OF]->(Elvis),
(Wilfried)-[ :FRIEND_OF]->(Anne),
(Wilfried)-[ :FRIEND_OF]->(Mike),
(Marc)-[ :FRIEND_OF]->(Mike),
(Jenny)-[ :FRIEND_OF]->(Anne),
(Jenny)-[ :FRIEND_OF]->(Sandra),
(Anne)-[ :FRIEND_OF]->(Mike),
(Anne)-[ :FRIEND_OF]->(Elvis),
(Mike)-[ :FRIEND_OF]->(Elvis),
(Robert)-[ :FRIEND_OF]->(Elvis),
(Robert)-[ :FRIEND_OF]->(Sandra)
CREATE
(Bart)-[ :LIKES]->(b01), (Bart)-[ :LIKES]->(b03),
(Bart)-[ :LIKES]->(b05), (Bart)-[ :LIKES]->(b06),
(Seppe)-[ :LIKES]->(b01), (Seppe)-[ :LIKES]->(b02),
(Seppe)-[ :LIKES]->(b03), (Seppe)-[ :LIKES]->(b07),
(Wilfried)-[ :LIKES]->(b01), (Wilfried)-[ :LIKES]->(b05),
(Wilfried)-[ :LIKES]->(b06), (Wilfried)-[ :LIKES]->(b10),
(Marc)-[ :LIKES]->(b03), (Marc)-[ :LIKES]->(b11),
(Marc)-[ :LIKES]->(b13), (Marc)-[ :LIKES]->(b15),
(Jenny)-[ :LIKES]->(b08), (Jenny)-[ :LIKES]->(b09),
(Jenny)-[ :LIKES]->(b12), (Jenny)-[ :LIKES]->(b14),
(Anne)-[ :LIKES]->(b14), (Anne)-[ :LIKES]->(b15),
(Anne)-[ :LIKES]->(b17), (Anne)-[ :LIKES]->(b18),
(Mike)-[ :LIKES]->(b05), (Mike)-[ :LIKES]->(b07),
(Mike)-[ :LIKES]->(b11), (Mike)-[ :LIKES]->(b17),
(Robert)-[ :LIKES]->(b04), (Robert)-[ :LIKES]->(b10),
(Robert)-[ :LIKES]->(b12), (Robert)-[ :LIKES]->(b13),
(Elvis)-[ :LIKES]->(b03), (Elvis)-[ :LIKES]->(b06),
(Elvis)-[ :LIKES]->(b14), (Elvis)-[ :LIKES]->(b16),
(Sandra)-[ :LIKES]->(b03), (Sandra)-[ :LIKES]->(b05),
(Sandra)-[ :LIKES]->(b07), (Sandra)-[ :LIKES]->(b09)
```

完整的社交图谱现在看起来如图 11-12 所示。

现在让我们开始回答问题。例如：谁喜欢言情（romance）小说？因为每个结点类型之间只有一种类型的关系，所以我们可以去掉方括号中的冒号选择器。还要注意使用 --()-- 来

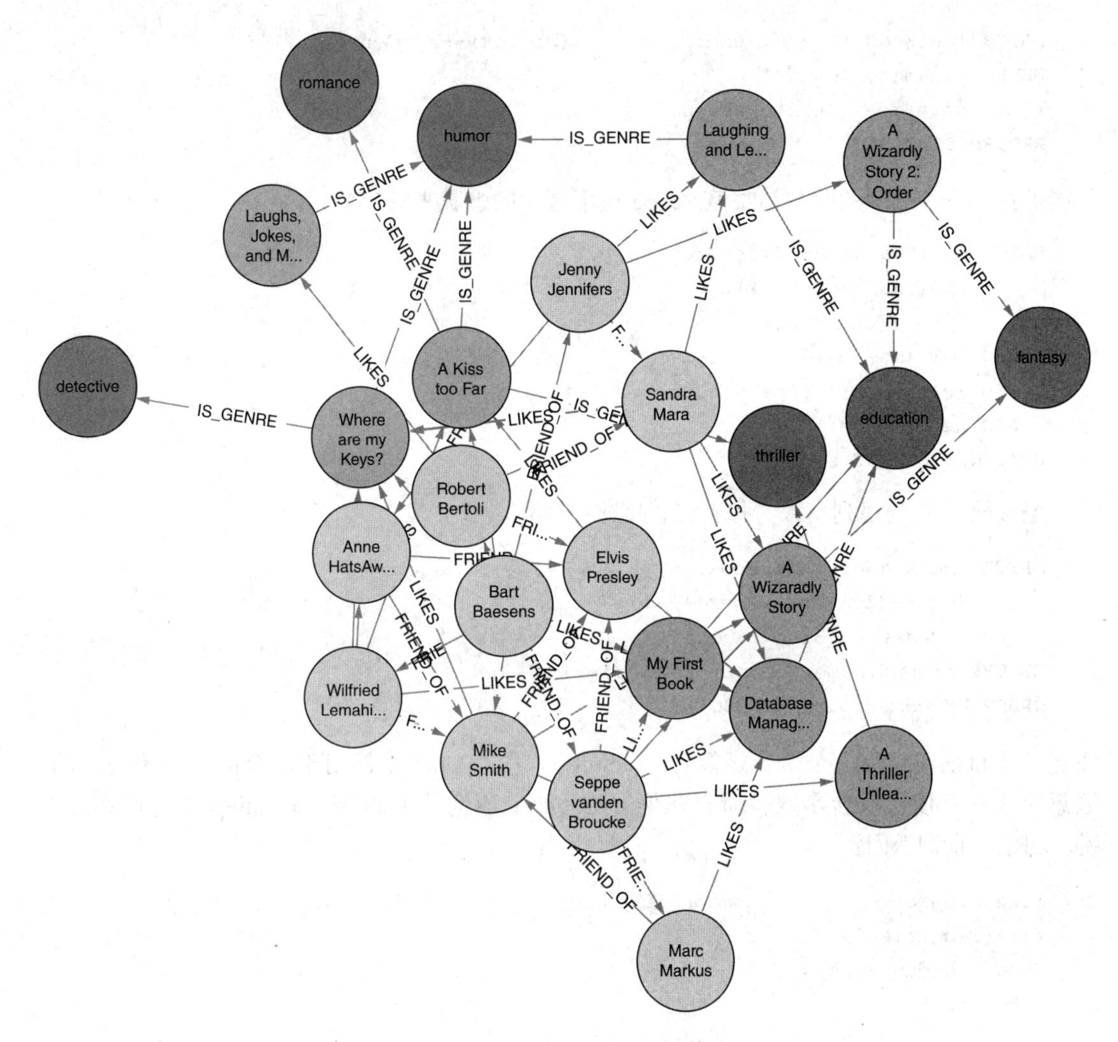

图 11-12 完整的社交图谱

执行无向查询。

```
MATCH (r:Reader)--(:Book)--(:Genre {name:'romance'})
RETURN r.name
```

返回：

```
Elvis Presley
Mike Smith
Anne HatsAway
Robert Bertoli
Jenny Jennifers
Marc Markus
Elvis Presley
Wilfried Lemahieu
Bart Baesens
```

Bart 的朋友中谁喜欢幽默（humor）书籍？

```
MATCH (me:Reader)--(friend:Reader)--(b:Book)--(g:Genre)
WHERE g.name = 'humor'
  AND me.name = 'Bart Baesens'
RETURN DISTINCT friend.name
```

你能推荐一些 Seppe 的朋友喜欢但 Seppe 还不喜欢的幽默书籍吗？

```
MATCH (me:Reader)--(friend:Reader),
      (friend)--(b:Book),
      (b)--(genre:Genre)
WHERE NOT (me)--(b)
  AND me.name = 'Seppe vanden Broucke'
  AND genre.name = 'humor'
RETURN DISTINCT b.title
```

把 Bart 喜欢的书列出来，按喜好程度来排序：

```
MATCH (me:Reader)--(b:Book),
      (me)--(friend:Reader)--(b)
WHERE me.name = 'Bart Baesens'
RETURN friend.name, count(*) AS common_likes
ORDER BY common_likes DESC
```

注意，我们正在应用一个聚合运算符“count”。在 Cypher 中，用于聚合的分组是隐式的，这意味着一旦使用聚合函数，所有非聚合列（如上述例子中的 friend.name）都将用作分组键。因此，查询返回：

```
friend.name            common_likes
Wilfried Lemahieu      3
Seppe vanden Broucke   2
Mike Smith             1
```

现在，让我们来获取一组不止一种类型的书籍对的列表。查询如下：

```
MATCH (b1:Book)--(g:Genre)--(b2:Book)
WHERE common_genres > 1
RETURN b1.title, b2.title, count(*) AS common_genres
```

在 WHERE 子句的实际定义之前放置“common_genres”时会失败。为了解决这个问题，我们可以使用 WITH 子句将定义放在前面：

```
MATCH (b1:Book)--(g:Genre)--(b2:Book)
WITH b1, b2, count(*) AS common_genres
WHERE common_genres > 1
RETURN b1.title, b2.title, common_genres
```

现在假设我们想要检索没有共同类型的书籍对。起初，这似乎很容易：

```
MATCH (b1:Book)--(g:Genre)--(b2:Book)
WITH b1, b2, count(*) AS common_genres
WHERE common_genres = 0
RETURN b1.title, b2.title, common_genres
```

但是，该查询将返回空的结果。这并不是因为不存在没有共同类型的书籍对，而是因为 MATCH 子句只选择完全匹配的模式。由于没有公共类型的书籍对之间没有“--(g:Genre)--”关系，所以 MATCH 子句根本不选择任何内容，因此不会返回任何行。要解决这个问题，我们可以使用 OPTIONAL MATCH，它将用空值替换模式中缺失的部分，然后我们可以在 WHERE 子句中使用这些空值。

```
MATCH (b1:Book), (b2:Book)
WITH b1, b2
OPTIONAL MATCH (b1)--(g:Genre)--(b2)
WHERE g IS NULL
RETURN b1.title, b2.title
```

请记住，不同的图数据库实现支持不同的数据模型。一些图数据库还允许最终用户强加模式——例如，约束某些结点之间可能出现的边的类型（Neo4j 也支持这样的插件）。

虽然图数据库还没有像关系 DBMS 那样被广泛采用，但值得注意的是，它们已经在各种小众应用领域取得了成功（例如，Twitter 使用 FlockDB 来存储它的社交图）。同样，图数据库也经常应用于基于位置的服务等领域，在这些领域中，许多拓扑实体和算法都可以表示为一个图，或者在两个位置之间查找最短路径。图数据库还可用于构建推荐系统（比如推荐朋友喜欢的书籍）、社交媒体（推荐关注者或找到共同的朋友）和基于知识的系统，以提供资源和规则的语义表示。

知识关联 在语义表示的上下文中，联系到第 10 章是很有趣的，在那里讨论了 RDF（资源描述框架）和 SPARQL 查询语言。由于 RDF 模型本质上表示一个标记的、有方向的多重图，因此许多重图数据本来就支持 RDF 语句和 SPARQL 作为查询语言。SPARQL 也有 Neo4j 插件，尽管供应商主要继续支持 Cypher 作为其主要的查询语言。

节后思考

- 什么是图数据库？它如何表示数据？
- Neo4j 使用哪种查询语言？它在哪些方面与 SQL 不同？

11.6 其他 NoSQL 类别

除了上面介绍的主要类别（其中包括键 - 值存储、元组和文档存储、面向列的数据库和基于图的数据库）之外，还有其他几种 NoSQL 数据库。在许多情况下，它们专门用于存储和查询特定类型的数据或结构。其中的两个，XML 和面向对象数据库，在前面已经讨论过了。

其他类型包括：

- 处理时间序列和流事件等的数据库系统，如 Event Store 和 Axibase。这样的系统将数据表示为伴随时间的一系列不变的事件，使得支持诸如事件监视、复杂事件处理或实时分析等用例变得更加容易。通常，可用性和性能是这些系统高度关注的问题。
- 用于存储和查询地理空间数据的数据库系统，支持遵循 DE-9IM 模型的地理空间操作符，DE-9IM 模型将多边形之间的关系定义为相等、接触、不相交、包含、覆盖或相交。例如，你可以像下面这样表示一个“半径内”查询：

```
SELECT name, type, location,
  ST_Distance_Sphere(Point(-70, 40), location) AS distance_in_meters
FROM restaurants
WHERE type = "french cuisine"
ORDER BY distance_in_meters
LIMIT 10
```

BayesDB 这样的数据库系统允许用户查询数据的概率含义（例如，派生表中的哪些字段是估计某个结果的主要预测器），并使用贝叶斯查询语言模拟假设场景，例如

```
SIMULATE gdp -- simulate gross domestic product
FROM countries -- using table with information on countries
-- given the following:
GIVEN population_million = 1000, continent = 'asia'
LIMIT 10; -- run 10 simulations
```

知识关联 面向对象数据库见第 8 章，XML 数据库见第 10 章。

节后思考 存在哪些 NoSQL 数据库？列出一些适合特定上下文的 NoSQL 数据库。

总结

本章讨论了 NoSQL 数据库，这是一组在过去十年中变得非常流行的数据库管理系统，它代表了向无模式结构、水平可扩展性、非关系数据模型和查询功能的转变。

然而，我们注意到，考虑到 NoSQL 数据存储层的局限性，应该正确看待它们的爆炸式流行。大多数 NoSQL 实现还没有证明它们在这个领域的真正价值（大多数都非常年轻，还处于开发阶段）。大多数实现都牺牲了 ACID 方面的考虑，以实现最终一致性，而缺乏关系支持使得表达一些查询或聚合变得特别困难，可以使用 map-reduce 接口作为可能的替代方法，但是更难学习和使用。

结合 RDBMS 确实为事务性、持久性和可管理性提供了强大的支持这一事实，许多 NoSQL 的早期采用者都遇到了一些棘手的问题。

知识延伸 对于此类“酸涩教训”的一些众所周知的例子：看到 FreeBSD 维护者公开反对 MongoDB 缺乏磁盘一致性支持[一]，Digg 在从 MySQL 切换到 NoSQL Cassandra 数据库后遇到了麻烦[二]，Twitter 也面临着类似的问题（它也在一段时间内坚持使用 MySQL 集群）[三]，或者是 HealthCare.gov 的惨败——IT 团队使用了一个不太合适的 NoSQL 数据库[四]。

如果将 RDBMS 和 NoSQL 数据库之间的选择减少为一致性和完整性之间的选择，以及可扩展性和灵活性之间的选择，那就过于简化了。NoSQL 系统的市场太多样化了。尽管如此，在决定采用 NoSQL 路线时，这种权衡常常会发挥作用。我们看到许多 NoSQL 供应商再次关注健壮性和持久性。我们也看到传统 RDBMS 供应商实现了一些特性，使你可以在传统的 RDBMS 中构建无模式的、可扩展的数据存储，能够存储嵌套的、半结构化的文档，因为这似乎仍然是大多数 NoSQL 数据库的真正卖点，尤其是文档存储类的数据库。

知识延伸 一些供应商已经采用“NewSQL”作为术语来描述现代关系数据库管理系统，这些系统旨在将 NoSQL 系统的可扩展性能和灵活性与传统 DBMS 的健壮性保证结合起来。

[一] 参见 www.ivoras.net/blog/tree/2009-11-05.a-short-time-with-mongodb.html。

[二] 参见 www.forbes.com/2010/09/21/cassandra-mysql-software-technology-cio-network-digg.html。

[三] 参见 https://techcrunch.com/2010/07/09/twitter-analytics-mysql。

[四] 参见 https://gigaom.com/2013/11/25/how-the-use-of-a-nosql-database-played-a-role-in-the-healthcare-gov-snafu。

除了需要专门的、小众的 DBMS 的用例之外，预计未来的趋势是继续采用这种“混合系统”。在这些设置中，NoSQL 运动正确地告诉用户，关系型系统的“一体适用”的思维方式已经不再适用，应该通过寻找合适的工具来替代。例如，图数据库是作为“超关系”数据库而出现的，这使得关系成为仅次于记录本身的一等公民，而不是完全废除它们。我们已经看到了这样的数据库如何直接地表达复杂的查询，特别是在必须处理对象之间的许多嵌套或层次关系的情况下。

下表总结了不同类型数据库的特点。

	传统 SQL RSBMS	NoSQL 数据库	混合系统，“NewSQL”
关系型	是	否	是
SQL	是	否，不过可以附带自己的查询语言	是
列存储	否	是	是
可扩展性	受限的	是	是
一致性模型	强	最终一致，尽管需要一些努力来加强一致性	大部分是强一致的
BASE（基本可用，软状态，最终一致）	否	是	否
处理大量数据	否	是	是
少模式	否	是	否，但是可以存储和查询无结构的字段

情景收尾 在对 NoSQL 数据库系统进行了全面的评估之后，Sober 团队决定实现以下方法。首先，继续在其操作的核心中使用基于 RDBMS 的设置，因为数据库管理员认为，这类系统的 ACID 方法、成熟度和数据一致性执行是现有 NoSQL 系统无法匹敌的。另一方面，移动应用程序开发团队被允许使用 MongoDB 来处理移动用户增加的工作负载。文档存储将被用作操作支持系统，以处理来自许多同步用户的查询，并用于开发和构建新的实验性特性原型。最后，Sober 计划在不久的将来会考虑图数据库，以便进行更多的分析——例如，识别经常一起打车或希望前往类似目的地的用户。营销团队尤其对这种方法感兴趣，以丰富他们的客户分析活动。

关键术语表

BASE principle（BASE 原则）
CAP theorem（CAP 定理）
column-oriented DBMS（面向列的 DBMS）
consistent hashing（一致性哈希）
Cypher
data redundancy（数据冗余）
data replication（数据复制）
dissemination（传播）
document stores（文档存储）
edges（边）
embedded documents（嵌入式文档）
eventual consistency（最终一致）
failure detection（故障检测）
graph-based databases（基于图的数据库）
graph theory（图论）
hash function（哈希函数）
horizontal scaling（水平扩展）
JSONB
key-value stores（键 - 值存储）
MapReduce
membership protocol（成员协议）
Memcached

Nodes（结点）
Redundancy（冗余）
Replicas（副本）
request coordinator（请求协调器）
ring topology（环形拓扑）
shard（分片）
sharding（划分分片）
stabilization（稳定化）
tuple stores（元组存储）
vertical scaling（垂直扩展）
virtual nodes（虚拟结点）

思考题

11.1 下列哪个陈述最能描述 NoSQL 数据库？
a. NoSQL 数据库不支持 SQL
b. NoSQL 数据库不支持连接
c. NoSQL 数据库是非关系型的
d. NoSQL 数据库不能处理大型数据集

11.2 下面哪个**不是** NoSQL 数据库的例子？
a. 基于图的数据库
b. 基于 XML 的数据库
c. 基于文档的数据库
d. 以上三者都可以被认作 NoSQL 数据库

11.3 在基于键 - 值的存储结构中，下列哪项**不是**好的哈希函数的属性？
a. 对于相同的输入，哈希函数应该总是返回相同的输出。
b. 哈希函数应该返回固定大小的输出。
c. 一个好的哈希函数应该尽可能均匀地把它的输入映射在输出范围内。
d. 输入值相差很小的两个哈希值的差异也应该尽可能小。

11.4 下面哪个选项是**正确的**？
a. 大多数 NoSQL 数据库采用最终一致性方法的原因是 CAP 定理，该定理指出，当必须确保可用性和分区时，无法获得强一致性。
b. 分布式 NoSQL 环境中的副本与将数据库定期备份到另一个系统有关。
c. 稳定性与 NoSQL 系统启动到系统可以接收用户查询之间的等待时间有关。
d. 一些关系结构，例如多对多关系，很难使用图形数据库来表示。

11.5 下面哪个选项是**正确的**？
a. 文档存储要求用户在插入数据之前定义文档模式。
b. 文档存储要求在应用程序中执行所有过滤和聚合逻辑。
c. 文档存储与基于键 - 值和元组的数据库系统的思想相同。
d. 文档存储不提供类似 SQL 的功能。

11.6 什么时候面向列的数据库更有效？
a. 当需要同时获取单个组的多个列时。
b. 在同时提供所有行数据的地方执行插入。
c. 当需要对数据集中的许多或所有行计算聚合时。
d. 当需要在查询中执行大量连接时。

11.7 下列哪个陈述是**不正确的**？
a. 图是由结点和边组成的数学结构。
b. 图模型不能建模多对多关系。
c. 图中的边可以是单向的，也可以是双向的。
d. 图数据库在树状结构上工作得特别好。

11.8 下面的 Cypher 查询表达了什么？

```
OPTIONAL MATCH (user:User)-[ :FRIENDS_WITH]-(friend:User)
WHERE user.name = "Bart Baesens"
RETURN user, count(friend) AS NumberOfFriends
```

a. 获取 Bart Baesens 的结点和他所有朋友的计数，但前提是至少存在一个 FRIENDS_WITH 关系。
b. 获取 Bart Baesens 的结点和他所有朋友的计数，即使不存在 FRIENDS_WITH 关系。

c. 如果 Bart Baesens 是 FRIENDS_WITH 自己，这个查询将失败。
d. 获取 Bart Baesens 和他所有的朋友结点。

11.9 使用 Cypher，你如何得到 Wilfried Lemahieu 喜欢（当他给了至少 4 颗星）的所有电影的列表？

a.
```
SELECT (b:User)--(m:Movie)
WHERE b.name = "Wilfried Lemahieu"
AND m.stars >= 4
```
b.
```
MATCH (b:User)-[ l:LIKES] -(m:Movie)
WHERE b.name = "Wilfried Lemahieu"
AND m.stars >= 4
RETURN m
```
c.
```
MATCH (b:User)-[ l:LIKES] -(m:Movie)
WHERE b.name = "Wilfried Lemahieu"
AND l.stars >= 4
RETURN m
```
d.
```
MATCH (b:User)--(m:Movie)
WHERE b.name = "Wilfried Lemahieu"
AND l.stars >= 4
RETURN m
```

11.10 下面的 Cypher 查询表达了什么？

```
MATCH (bart:User {name:'Bart'})-[ :KNOWS*2]->(f)
WHERE NOT((bart)-[ :KNOWS]->(f))
RETURN f
```

a. 返回所有 Bart 的朋友，以及朋友的朋友。
b. 不要返回 Bart 的朋友，而是返回朋友的朋友。
c. 不要返回 Bart 的朋友，返回朋友的朋友，如果 Bart 不认识他们。
d. 返回 Bart 的朋友，如果他们只有一个朋友。

问题和练习

11.1E 编写 map 和 reduce 函数来执行带有 MAX 函数的聚合，而不是我们在本章讨论的 AVG 和 SUM 示例。

11.2E 假设你有一个名单，以及他们在 Twitter 上关注的人：

```
Seppe -> Bart Wilfried An
Bart -> Wilfried Jenny An
Wilfried -> Bart An
Jenny -> Bart An Seppe
An -> Jenny Wilfried Seppe
```

编写一个 map-reduce 流水线，该流水线为每对人员输出一个共同关注的人员列表。例如，(Wilfried, Seppe)->(Bart, An)。

11.3E 使用本章中的 Neo4j 图书俱乐部数据库，你可以使用 Cypher 查询完成以下操作吗？

- 找出一份没人喜欢的书单。
- 找出每对没有共同爱好的人。
- 找到最受喜欢的书籍类型。
- 找出与某个特定的人喜好最相似的人。

11.4E 一个较新的、有前途的 NoSQL 数据库是 VoltDB，因为它试图结合 RDBMS 和 NoSQL 运动的最佳方面。其文件说明如下：

作为一个完全支持 ACID 的分布式 SQL 数据库，VoltDB 必须提交或回滚 100% 的事务。不可能有局部的应用程序，这意味着所有 SQL 语句所做的更改必须是完整的，并且在所有活动副本上都是可见的，否则任何更改都是不可见的。对于一个事务，一旦 VoltDB 确认它在所有相关分区的所有副本上成功完成，就提交。一旦在所有副本上确认了事务，VoltDB 就向调用客户端发送确认消息。

VoltDB 必须确认在给定分区的所有副本上完成的事务。如果一个给定的分区无法确认它在用户指定的时间内完成了一个事务，那么 VoltDB 的集群成员一致性就会生效，并从集群中删除一个或多个结点。结果是所有的副本同步移动。他们以相同的顺序，尽可能快地完成相同的事务。如果它们脱离了步调，就会被逐出集群。注意，这与需要副本仲裁来执行写操作的系统不同。VoltDB 方法的优点和缺点是有意为之的。

将这个解释与我们在本章讨论的概念联系起来。VoltDB 如何实现事务一致性？为什么 VoltDB 的“同步”方法可能比基于“仲裁”的方法更好？

11.5E　除了使用 map-reduce 流水线在 MongoDB 中编写复杂的查询外，它还提供了一个“aggregate”命令，通过该命令可以定义由多个阶段（过滤、限制、分组和排序）组成的聚合流水线，正如我们在本章中讨论过的。是否可以编写以下查询：

```
SELECT genre, SUM(nrPages) FROM books
GROUP BY genre
ORDER BY genre
```

该查询也可以作为“aggregate”命令而不是使用 map-reduce 流水线？在 MongoDB 中，哪种查询类型的查询聚合会变得更加困难？

11.6E　一个有趣的编程练习是实现基本的流言成员协议。你甚至可以在程序中实现本地模拟，因此不必在计算机网络上运行。记住，基于流言的传播的基本思想包括周期性的、成对的交流，在这种交流中交换的信息是有限的。当两个结点交互时，过时时间最长的结点的状态（即结点在网络上的当前视图）将被更新以反映另一方的状态。尝试在任何一种编程语言中实现这种流言协议的一个非常基本的版本（添加可视化效果会更好）。

第三部分

物理数据存储、事务管理和数据库访问

物理文件组织和索引

本章目标 在本章中，你将学到：

- 掌握存储硬件和物理数据库设计的基本原理；
- 了解如何将数据项组织到存储记录中；
- 确定主文件组织和辅助文件组织的各种方法。

情景导入 Sober 已经准备好了第 6 章提到的关系逻辑数据模型，它想了解如何真正实现它。该公司还想知道是否存在某种物理方法可以加快频繁查询的响应时间。

本章主要介绍记录和文件的物理组织相关的主要原理。因此，可以将本章看作第 13 章的前提，第 13 章将这些原理应用于物理数据库组织。这样，第 12、13 章涵盖了数据库物理设计的所有方面——将逻辑数据模型转换为内部数据模型，包括索引的设计以加快数据访问。

首先，我们介绍了*存储设备*的一些整体特性以及硬盘驱动器的机械性能对数据检索性能的影响。之后，我们将概述逻辑建模构造到物理概念的映射，以及逻辑数据模型到内部模型的映射。然后，我们简要讨论*记录组织*，包括组织物理数据记录（由单个数据字段组成）的不同方法。然后是本章的主要部分，重点介绍*文件组织*、将记录组织成物理文件的方法，以及有效搜索具有某些特征的记录的技术。我们讨论了几种方法，例如顺序文件、哈希和不同索引类型的使用，包括 B^+- 树。第 13 章在本章之后，把从文件组织一节中获得的见解应用到*物理数据库组织*中。

12.1 存储硬件和物理数据库设计

物理数据库设计涉及内部数据模型设计，以及前面几章中讨论的逻辑数据库概念实现为存储记录、物理文件以及最终的物理数据库的物理方式。在本章中，除非另有说明，否则我们假设都使用关系数据库，尽管大多数概念也适用于其他数据库类型⊖。

知识关联 第 6 章介绍了关系模型的基本概念。

12.1.1 存储层次结构

在讨论实际的数据库文件之前，我们简单地介绍下这些文件所在的存储设备。本节讨论单个存储设备，在下一章讨论存储设备池和企业存储子系统的总体架构时，将讨论存储硬件。

计算机系统的内存可以看作一个层次结构（图 12-1），顶部的高速内存价格昂贵，容量有限。而底部的内存速度慢，相对便宜，容量较大。层次结构的顶部是中央处理器（CPU）及其寄存器，执行数学和逻辑处理操作。通常，一些高速缓存与 CPU 或包含 CPU 的主板进行物理集成。高速缓存的运行速度与 CPU 几乎一样，下面是**中央存储器**，也称为内部存

⊖ 关于物理数据库组织的一些非常具体的方面，是特定于某种类型的 DBMS 的，在讨论 DBMS 类型的那一章中进行了讨论（例如，NoSQL 数据库的物理方面）。

储器或主存储器。它由存储芯片（也称为随机存取存储器或 RAM）组成，其性能是纳秒级。中央存储器中的每个字节都有自己的地址，并且可由操作系统直接引用。到目前为止描述的全部存储器称为**基本存储**。这种类型的存储器是**易失性存储器**，在关闭电源后里面的内容会被清除。易失性存储器在数据库系统中当然有它的作用，因为它包含数据库缓冲区以及应用程序和 DBMS 的运行时代码。但是，我们本章中重点介绍的存储器是**辅助存储**，它由**持久存储介质**组成，即使不提供电源也能保留里面的内容。物理数据库文件存于辅助存储中。尽管基于闪存的固态硬盘（SSD）正在迅速发展，但最重要的辅助存储设备仍然是硬盘驱动器（HDD）。

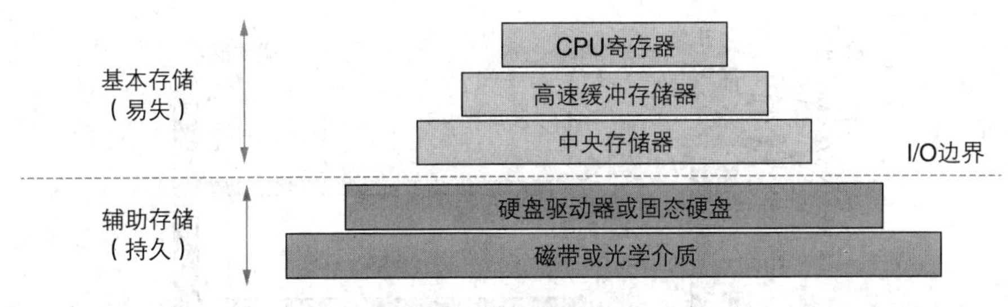

图 12-1　存储层次结构

基本存储和辅助存储由 **I/O 边界**划分。这意味着，所有超过这个边界的内存，尽管比 CPU 慢，但仍然以使 CPU 有效地“等待”直到从基本存储中检索到数据的速度运行。相比之下，辅助存储要慢得多。HDD 和 SSD 的速度通常是毫秒级。CPU 等待与辅助存储的交互完成是没有效率的。相反，CPU 将切换到另一个任务或线程，直到请求的数据从辅助存储复制到基本存储，或者直到在基本存储中操作的数据在辅助存储中变为持久数据。辅助存储和基本存储之间的数据交换称为 I / O（输入 / 输出），并由操作系统进行监控[⊖]。当 I / O 任务完成时，操作系统会发出信号，以便 CPU 可以继续处理数据。

在更低的层次结构中，有更慢的存储技术，如光驱（例如可重写 DVD 或蓝光光碟）和磁带，它们主要用作备份和存档的介质，不是存储层次中可直接访问层的层。

知识关联　第 2 章阐述了数据库管理系统的架构，并对数据库缓冲区进行了讨论。

在下文中，除非另有说明，否则我们假定 HDD 为数据库的物理存储介质。考虑到它们的容量和成本，目前硬盘仍然是大多数数据库设置的首选存储介质。但是，直接利用中央存储器来实现数据库目的内存数据库技术，正在为特定的高性能应用程序提供动力。还存在混合解决方案，将物理数据库的一部分缓存到 RAM 中以获得更高的性能，就像第 11 章中讨论的 Memcached NoSQL 数据库那样，此外，闪存有望在不久的将来取代硬盘技术，但目前所支持的容量与硬盘相比仍然有限。

现在，我们将研究 HDD 的内部结构，因为它的物理概念会影响我们处理文件组织和物理数据库设计的方式。但是，本章中的大部分讨论都适用于 SSD，有时也适用于内存数据库。

12.1.2　硬盘驱动器的内部结构

硬盘驱动器将数据存储在圆盘上，圆盘上覆盖着磁性颗粒（图 12-2）。硬盘驱动器还包

⊖ 为此，操作系统实现了一个文件系统，该文件系统跟踪文件（片段）在存储设备上的位置。但是，正如我们在下一章中讨论的，高性能 DBMS 通常会绕过操作系统的文件系统，直接访问和管理存储设备上的数据。

含一个**硬盘控制器**，它是监控驱动器功能的电路，是磁盘驱动器和系统其余部分之间的接口。

读写硬盘归结起来就是磁化和消磁这些盘片上的点来存储二进制数据。硬盘驱动器是**直接存取存储设备**（DASD），这意味着盘片上的每个位置都可以单独寻址，并且可以直接访问其内容[⊖]。由于盘片是二维的，二维运动是由硬盘驱动器的机械装置来支持的。运动的第一个维度是磁盘旋转。为此，将盘片，有时仅将单个盘片固定在以恒定速度旋转的主轴上。第二维的运动是通过将**读写头**固定在驱动器上的磁盘臂上来实现的。每个可写盘片表面都有一组读写头。驱动器、磁盘臂和读写头可以朝磁盘中心移动或远离磁盘中心。通过将磁盘旋转与驱动器运动结合起来，可以直接访问磁盘的各个部分。

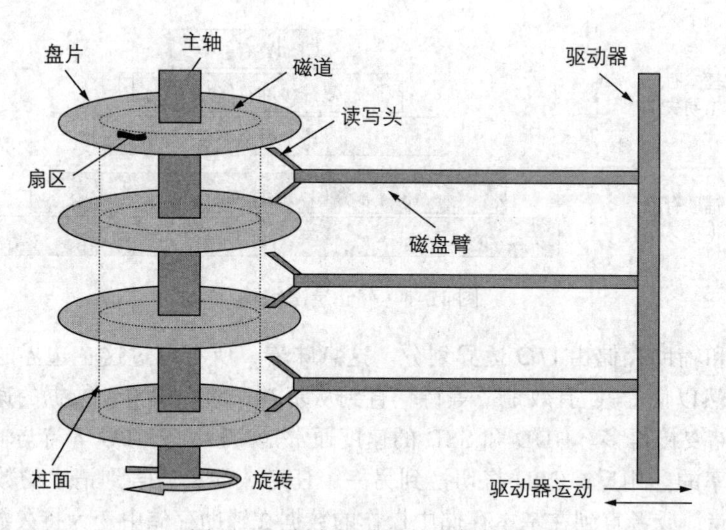

图 12-2　硬盘驱动器的内部结构

盘片上的磁性颗粒组织成同心的圆形**磁道**，每个磁道由一个个**扇区**组成。扇区是硬盘驱动器上最小的可寻址单元。传统上，标准的扇区大小是 512 字节，但是许多最新的硬盘驱动器扇区大小高达 4096 字节。此外，出于效率考虑，经常出现的情况是，操作系统或硬盘驱动器本身并不直接寻址单个扇区，而是寻址**磁盘块**（也称为*群集*、*页面*或*分配单元*），这些磁盘块由两个或多个物理上相邻的扇区组成。通过对包含多个扇区的磁盘块进行寻址，可以减少所需地址的数量和开销。在接下来的内容中，我们对这些区别进行了抽象，并始终使用通用术语“磁盘块”（或简称“块”）来表示由一个或多个相邻物理扇区组成的可寻址硬盘存储容量单元。

在组织磁盘块和磁道上的物理文件时，一定要牢记硬盘驱动器的移动机制。事实上，从一个块读取数据，或向一个块写入数据，都是通过它的块地址来识别的，可以总结为以下过程。首先，驱动器要以这样一种方式移动，即读写头位于包含所需块的磁道上方，定位驱动器的时间称为**寻道时间**，然后可以读取盘片上同一磁道上的所有扇区，而无须进行其他寻址。而且，由于所有读写头都位于彼此上方的磁盘臂上，所以各个盘片上到中心距离相同的所有磁道都可以读取，而无须额外的寻址。这样一组直径相同的磁道称为**柱面**。一旦读写头正确定位，必须等到所需扇区在盘面的读写头下方旋转。所需的时间称为**旋转延迟**或

⊖　这与磁带存储相反，磁带存储只能按顺序访问（SASD：顺序访问存储设备）；必须读取整个磁带，直到到达包含所需数据的部分为止。

等待时间。最后，进行读写数据。**传输时间**取决于块的大小、磁性颗粒的密度和磁盘的旋转速度。

磁盘驱动器检索磁盘块的响应时间可以总结如下：

- 响应时间 = 服务时间 + 排队时间
- 服务时间 = 寻道时间 + 旋转延迟时间 + 传输时间

我们暂时不讨论排队时间，它与设备实际从其他作业中释放出来之前的等待时间有关，并且依赖于任务调度、系统工作负载和并行功能，在下一章和后续的章节中将讨论其中的一些方面。传输时间本身通常是固定的，取决于硬盘驱动器的硬件属性。尽管如此，可以通过这样的方式优化物理文件组织：将预期寻道时间以及较小程度上的旋转延迟时间最小化，这可能会对数据库系统的整体性能产生较大影响。因此，我们区分了随机块访问的预期服务时间（T_{rba}）和顺序块访问的预期服务时间（T_{sba}）。T_{rba} 指的是检索或写入一个磁盘块所需的时间，该时间独立于先前的读写操作。T_{sba} 表示从之前的读写操作到物理上相邻的磁盘块，读写头已在适当位置的磁盘块顺序检索的预期时间：

- T_{rba}=Seek+ROT/2+BS/TR
- T_{sba}=ROT/2+BS/TR

T_{rba} 等于预期寻道时间、旋转延迟时间和传输时间的总和。寻道时间取决于要移动的柱面数。硬盘制造商一般提供一个以毫秒为单位的平均值——“平均寻道时间”。预期的旋转延迟时间为整个磁盘旋转（ROT）所需时间的一半，也以毫秒为单位。如果制造商提供驱动器的转速，以每分钟转数（RPM）为单位，则 ROT（以毫秒为单位）=（60×100）/ RPM。上式中的最后一项表示传输时间，等于块大小（BS）除以传输速率 TR。传输速率以兆字节每秒（MBps）或兆位每秒（Mbps）表示。T_{sba} 和 T_{rba} 是相似的，只是省略了寻道时间。

例如，HDD 具有以下特征：

- 平均寻道时间：8.9ms
- 主轴转速：7200rpm
- 传输速率：150MBps
- 块大小：4096 字节

我们得到以下结果：

- T_{rba}=8.9ms+4.167ms+0.026ms=13.093ms
- T_{sba}=4.167ms+0.026ms=4.193ms

从该示例中，建议将物理文件组织到磁道和柱面上，并尽可能减少寻道和旋转延迟时间。这一目标是贯穿本章和下一章的主要主题。

知识延伸 SSD 是基于集成电路（通常是闪存），而不是基于磁盘技术。与 HDD 不同，SSD 没有移动的机械组件，因此访问时间比 HDD 短，而且在某些方面更健壮。特别是，SSD 的读取性能比 HDD 好得多。另外，关于 HDD 提到的大多数概念也适用于 SSD：与传统 HDD 一样，可通过相同的控制器类型和 I/O 命令访问 SSD。文件系统、块、顺序块访问和随机块访问的概念也同样适用。

SSD 的一个问题（尤其是在早期）是，它们的块在坏掉之前只能承受有限次数的写入，而大多数 HDD 失败是由于机械故障，而不是块坏了。这对物理数据管理有一定的影响，因为 DBMS 或操作系统将确保不要多次重写相同的扇区。现在的 SSD 包括固件，它透明地组织数据以保护驱动器，因此在使用较新的驱动器时，这不再是问题，此技术称为磨损平衡。因此，在

HDD 上更新的文件通常会被重写到其原始位置，而在 SSD 上更新的文件通常会写入其他位置。

一些 SSD 不是基于持久性闪存，而是基于易失性 DRAM（动态随机存取存储器）电路。这样的 SSD 的特点是访问时间更快。但是，与闪存不同的是，DRAM 在断电时不会保留其内容。因此，基于 DRAM 的 SSD 通常配备内部电池或外部电源，在断电时，这些电源可以持续足够的时间，将其内容保存到备份存储设备中。最后，还有混合驱动器，将 SSD 和 HDD 技术结合在一个单元中，并将 SSD 作为最频繁访问数据的缓存。

12.1.3　从逻辑概念到物理结构

本章和下一章的重点是如何将数据库实现为一组物理文件和其他结构。其目的主要是通过最小化所需的块访问（尤其是随机块访问）数量来优化更新和检索效率。在高效的更新/检索与高效使用存储空间之间进行最佳平衡。主要关注结构化数据的物理组织，将逻辑结构转换为物理结构。第 18 章讨论了数据集成，还讨论了非结构化数据的索引和搜索。

物理数据库设计归根到底是将逻辑数据模型转换为内部数据模型，也称为物理数据模型。这种转换考虑了存储介质的物理属性、数据的统计属性以及在这些数据上执行的操作类型（搜索、插入、更新、删除）。内部数据模型应该为最频繁和最耗时的操作提供足够的支持。图 12-3 概括了三层数据库架构以及内部数据模型在其中的位置。如第 1 章所述，这种方法保证了物理数据的独立性。

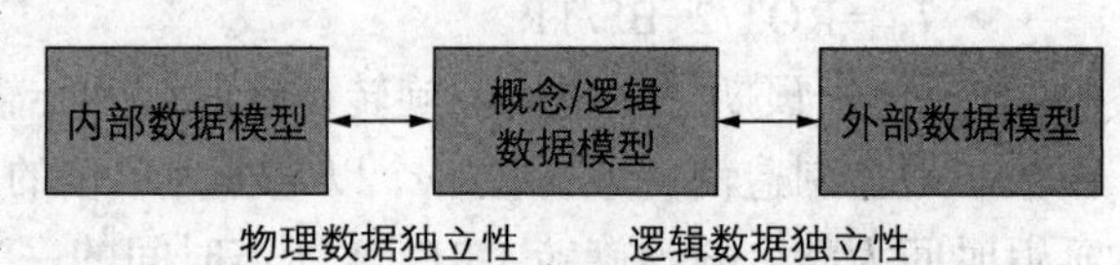

图 12-3　内部数据模型的位置

逻辑数据模型不包含任何与具体实现相关的规范，但它对实际用于物理实现模型的 DBMS 类型做出了假设。如前所述，我们关注的是关系数据库设置，尽管有关物理记录和文件组织的讨论，大多也适用于其他 DBMS 类型。

知识关联　第 1 章讨论了三层数据库架构、逻辑和物理数据独立性。

如果将逻辑数据模型放置在内部数据模型旁边，就可以比较每个模型中相应的概念，这些概念从逻辑转换为物理结构。我们既使用逻辑数据模型的“通用”术语，也使用关系模型的更具体的术语。通常，逻辑模型将实体记录（简称为记录）定义为实体记录类型（或简称为记录类型）的实例。记录由它的属性描述。在关系数据库中，我们将逻辑数据库称为一组表或关系。表由行或元组组成，这些行或元组包含值（又称单元格值，因为它们代表关系表中各个单元格的值），由相应的列名描述（请参阅第 6 章）。内部数据模型表示上面的概念如何在物理存储介质上物理地实现，并定义了有效地访问这些概念的物理结构。

知识关联　第 6 章讨论了关系模型的基本概念。

对应的物理概念如表 12-1 所示。**数据项**（也称为字段）表示物理存储介质上特定值的位或字符的集合。**存储记录**是属于同一真实世界实体的数据项集合，这些数据项表示该实体的所有属性。通过这种方式，它是关系表中元组的物理表示。**物理文件**（也称为数据集）是一组存储记录，这些记录代表类似的现实世界实体，例如学生、葡萄酒或采购订单。它实现了一个关系表，通常是逻辑记录类型的所有实例。在大多数情况下，物理文件中的所有记录都具有相似的结构，并包含表示相同属性类型集的数据项。在某些情况下，可能需要将代表不同现实世界概念的存储记录合并到一个文件中。在这种情况下，文件中的记录在结构和属性类型上可能会有所不同，我们称之为**混合文件**。此外，物理文件可能包含其他结构，如索引和指针（请参见 12.3.5 节），以有效地搜索或更新文件及其内容。

表 12-1 逻辑和内部数据模型概念

逻辑数据模型（通用术语）	逻辑数据模型（关系设置）	内部数据模型
属性类型和属性	列名和（单元格）值	数据项或字段
（实体）记录	行或元组	存储记录
（实体）记录类型	表或关系	物理文件或数据集
一组（实体）记录类型	一组表或关系	物理数据库或存储数据库
逻辑数据结构	外键	物理存储结构

最后，**物理数据库**（也称为*存储数据库*）是存储文件的集成集合。它包含数据项和存储记录，这些数据项和存储记录描述不同类型的现实世界实体（例如，供应商和采购订单）以及它们的相互关系（例如，特定的采购订单是由特定供应商下订单的事实）。为记录类型之间的关系建模的逻辑结构，例如关系模型中的外键，也会有物理表示。存储的数据库包含表示这些逻辑相互关系的物理存储结构，并支持根据这些相互关系对存储记录进行有效的检索和操作（例如，对关系数据库执行连接查询）。

为了结束这次讨论，我们给出了一个简单的概念数据模型的示例，该模型被转换为关系逻辑数据模型，并最终转换为内部数据模型（图 12-4）。在关系数据模型中，供应商及其对应的采购订单之间的关系类型由外键表示。在内部数据模型中，它是通过将供应商记录存储在物理上与其采购订单记录相邻的位置来实现的。如果供应商记录和相应的采购订单经常一起检索，则这种连续的组织是有益的，因为可以通过顺序块访问的方式来检索它们，从而避免了效率较低的随机块访问。此外，还提供了一个单独的索引，可以快速查找相关的供应商。后者是通过指针来指向供应商，而不是通过物理上的连续性。

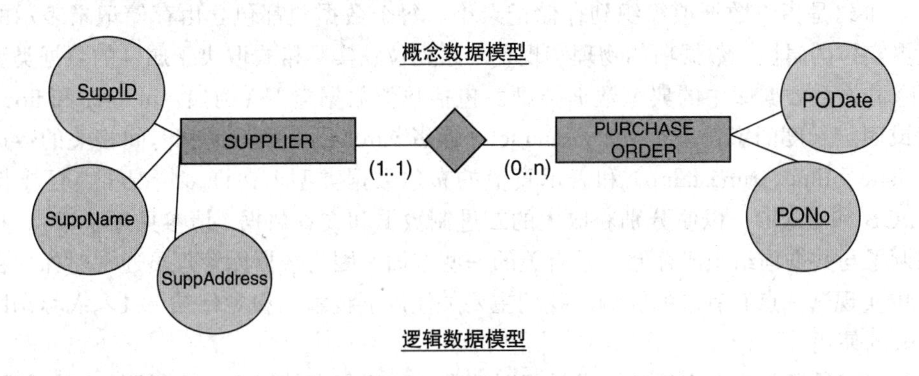

Supplier (SuppID, SuppName, SuppAddress)
PurchaseOrder (PONo, PODate, *SuppID*)

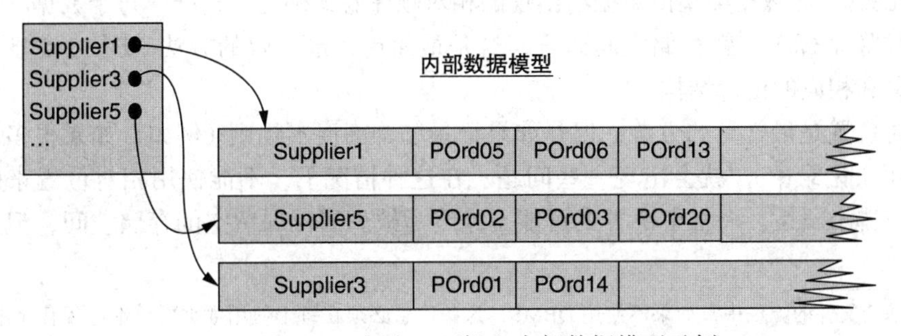

图 12-4 概念、逻辑和内部数据模型示例

需要注意的是，图 12-4 仅提供了物理上实现逻辑数据模型的一种可能方式。根据存储设备、数据和查询的统计属性（元组数，每个供应商的平均采购订单数，最频繁执行的查询类型等），其他物理模型可能更合适。例如，如果采购订单很少根据供应商来检索，而主要根据 PODate 检索，则在 PODate 上建立索引更为合适。此外，在所有级别（存储记录、物理文件和物理数据库）上，无论是直接的物理连续性还是指针的间接性，都可以将结构（数据项、存储记录、索引项等）相互关联起来。

在本章的其余部分，我们讨论了各种可能的方法。我们首先简要概述了物理记录组织的一些基本概念，例如将数据项组织到存储记录中的方式。然后，我们讨论了文件组织和索引，包括将存储记录组织到物理文件中。下一章，我们将重点介绍物理数据库组织，详细分析了物理存储结构如何通过连接查询来提高单个表以及跨表查询数据的效率。

节后思考

- 什么是存储层次结构?
- 描述硬盘的基本功能。
- 讨论如何在关系设置中将下列逻辑数据模型概念映射到物理数据模型概念：属性类型和属性；（实体）记录；（实体）记录类型；（实体）记录类型的集合；逻辑数据结构。通过示例说明。

12.2 记录组织

知识关联 第 6 章讨论了关系数据库设置中的各种数据类型。第 9 章回顾了 BLOB 和 CLOB 数据类型。

记录组织是指将数据项组织到存储记录中。每个数据项都包含由存储记录表示的特定现实世界实体的属性。数据项的物理实现是一系列位；实际格式取决于属性的数据类型。第 6 章讨论了关系数据库中的典型数据类型，包括数值数据类型（例如，integer 和 float），可变长度或固定长度的字符串（例如，character 或者 varchar），与日期和时间相关的数据类型（例如，date、time、timestamp）和表示真值的布尔数据类型。在许多情况下，还支持数据类型 BLOB 和 CLOB，以便分别获取大的二进制数据和文本数据（请参见第 9 章）。我们只简要强调了与数据项组织成存储记录有关的一些方面，因为数据库管理员通常对如何在特定 DBMS 中实现这一点有有限的影响。我们主要关注以下技术：相对位置、嵌入式标识以及指针和列表的使用。

记录组织最简单、最广泛的技术是**相对位置**。这里仅存储属性。表示同一实体的属性的数据项存储在物理上相邻的地址上。对应的属性类型不与它们存储在一起；根据目录中关于记录结构的元数据[⊖]，数据类型由数据项出现的相对顺序隐式确定。这样，每个数据项都可以通过其相对位置来标识。就存储空间而言，这是最简单、最有效的方法。图 12-5 显示了部分关系表定义和相应的记录结构。

虽然相对位置是最常见的方法，但是如果记录结构高度不规则（例如，如果很多属性并不总出现在每个记录中），就会出现一些问题。在这种情况下，不能使用相对位置来确定哪个数据项对应哪个属性。一种解决方案可能是始终为缺失属性保留空的存储空间，但是，如

⊖ 在纯基于文件的方法中，如果不使用 DBMS，这些信息必须在每个使用数据的单独应用程序中进行编码，而不是在 DBMS 的目录中（参见第 1 章）。

果异常情况非常频繁，存储使用率很低。另一种解决方案是**嵌入标识**，这种方式，表示属性的数据项总是在属性类型之前，只包括记录的非空属性（图 12-6）。因为属性类型是显式注册的，所以缺少属性不是问题，而且不需要以固定的顺序存储属性来标识它们。缺点是属性类型需要额外的存储空间，但是对于高度不规则的记录，此方法仍然比相对位置更有效。注意，这种在属性类型上显式嵌入元数据的方式与语言中处理 XML 和 JSON 等半结构化数据的方法非常相似。

知识关联 第 10 章讨论 XML 和 JSON。

第三种方式是使用**指针**和**列表**。这些在 12.3 节中有更详细的讨论，但也可以用于记录组织。有不同的可能性。图 12-7 显示了一个仅存储属性的示例。除了每个人的地址数可能不同之外，还有一个常规的记录结构。因此，对于每个人，一个地址与其他数据项物理上相邻；但是如果一个人有多个地址，则包含一个指针，该指针指向其他地址所在的存储位置。这样，可以在不影响整个记录结构的情况下处理异常情况。

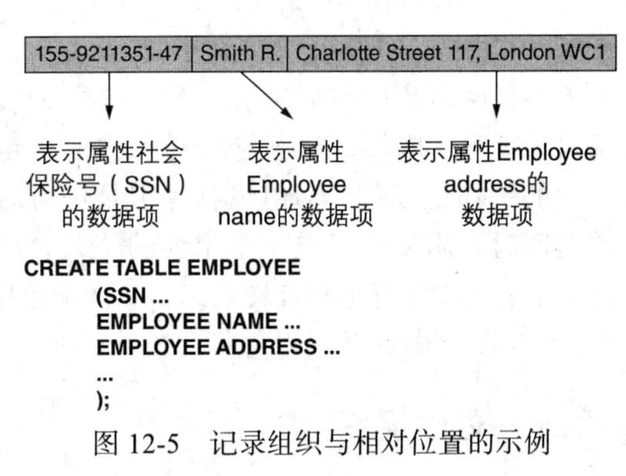

图 12-5　记录组织与相对位置的示例

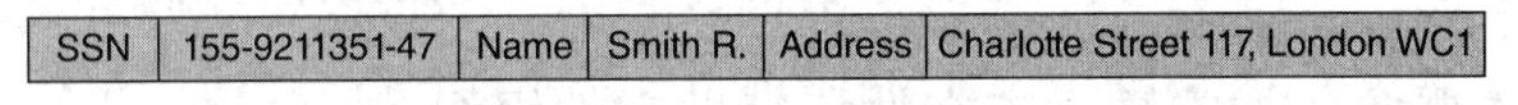

图 12-6　嵌入标识的记录组织实例

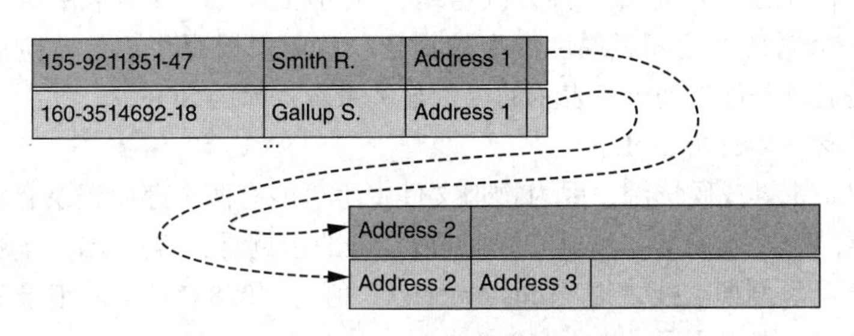

图 12-7　带有指针和列表的记录组织示例

这只是处理**变长记录**的一个示例。这种可变性可能有不同的原因。第一个原因可能是一个或多个具有可变长度的数据类型的属性类型（例如 VARCHAR 类型）。第二个可能的原因是，一个或多个属性类型可能是多值的，就像上面示例中的 Address 属性类型一样。第三种可能是某些属性类型是可选的，并且只出现在某些实体中，如前所述。变长记录的第四个可能原因是，有一个包含不同种类记录的混合文件（例如，供应商和采购订单记录）。

处理变长记录的另一种方法是使用**分隔符**显式分隔各个属性。还有一种方法是使用由指针组成的间接结构，这些指针本身长度是固定的，并且在物理上彼此相邻。这样，记录具有常规格式，但是指针指向实际数据项的位置，这些数据项的长度可能是可变的。在处理 BLOB 和 CLOB 数据时，经常使用这种间接方式。BLOB 和 CLOB 数据类型通常与其他数据类型分开存储，因为它们的大小要大得多，因此需要其他方法进行高效的存储和检索。这样，一条记录可以包含常规数据类型（例如整数和字符）的实际值，以及指向“大型”数据项的指针，实际的BLOB和CLOB值存储在单独的文件或文件区域中。在图12-8中，我们展示了定长记录和变长记录的典型组织。

对于记录组织，最后一个重要概念是**阻塞因子**（BF）。表示在一个磁盘块中存储了多少条记录[㊀]。对于定长记录的文件，BF的计算如下：

$$BF=\lfloor BS/RS \rfloor$$

在这个公式中，BS表示块大小，RS表示记录大小，两者均以字节表示。下限函数$\lfloor x \rfloor$表示对x值向下取整。对于变长记录，BF表示块中的平均记录数。当组织物理记录进行有效访问时，阻塞因子是一个重要的值，它决定了不需要中间寻道和旋转延迟，一次读取操作可以检索到多少条记录。

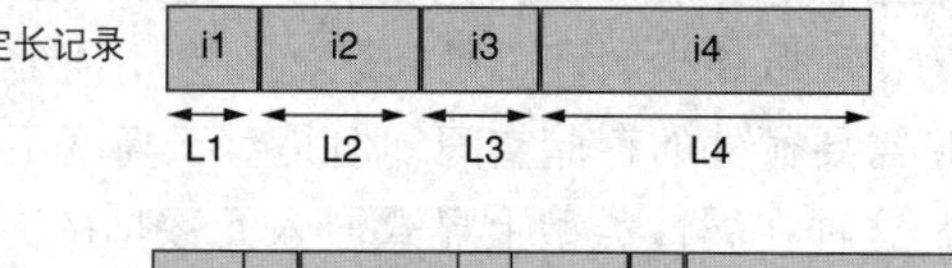

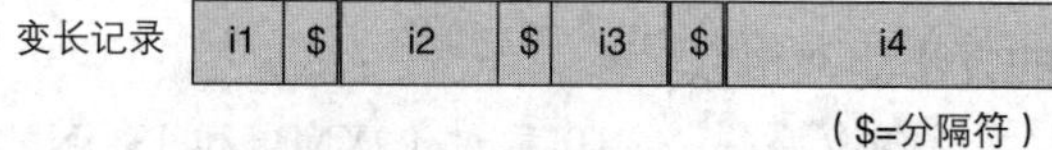

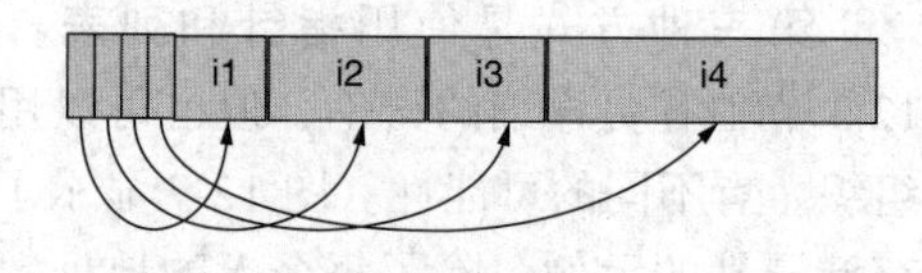

图12-8　处理定长和变长的记录

节后思考　讨论并对比将数据项组织到存储记录中的不同技术。

12.3　文件组织

物理文件组织将存储记录组织成物理文件或数据集。在介绍实际的文件组织技术之前，我们首先引入一些基础概念，例如搜索键与主文件组织、辅助文件组织之间的区别。

12.3.1　基本概念：搜索键、主文件和辅助文件组织

物理文件中的记录按照这样一种方式组织，即可根据一个或多个搜索键有效地检索它们。**搜索键**是一个属性类型或者属性类型的集合，其值根据哪些记录被检索确定标准。通常，这些标准是通过条件查询语言表示的，例如关系数据库的SQL。

知识关联　第7章讨论SQL。

搜索键可以是主键或候选键，因为物理文件中不可能有两个存储记录有相同的主键或候选键，所以搜索结果是唯一的[㊁]。这样的唯一搜索键的示例是：客户ID、车牌号、航班号和出发日期的组合等。例如，搜索键“customerID”值为“0285719”的记录只有一条，如果文件中没有这个值，则一条记录也不会输出。

虽然通常使用主键来检索数据，但是搜索键也可以由一个或多个非键属性组成。实际上，常常使用其他标准来检索数据，而这些标准不是唯一标识符。例如，飞机的座位“类别”（经济舱、商务舱、头等舱等）是一个搜索键，用来检索座位，但检索的结果不一定是唯一的，可能包含很多座位。搜索键可以是复合的，例如，值为（USA，F）的搜索键（国家/地区，性别）会生成居住在美国的所有女性客户。搜索键还可以用来进行范围查询。这些查询要检索某些属性值在某个范围之间的所有记录，例如搜索键“YearOfBirth”的值在1980年至1990年之间所有的客户。

㊀ 给定记录和磁盘块的大小，通常，一个磁盘块至少可以容纳一条完整的记录。在极少数情况下，如果记录大小大于块大小，则单个记录将跨越多个块。可以将指针和记录数据包含在一起，以指向来自同一记录的数据项的下一个块。

㊁ 如果主键或候选键是复合键，则对于复合搜索键的一个或多个属性，可能具有相同的值，但对于整个复合搜索键，它们不可能有相同的值。

除上述内容外，存储记录中通常还存在一些属性类型，它们从未或者很少用作搜索键。但是，检索它们会为查询记录提供额外信息。例如，客户的街道地址可能永远不会用作搜索键，但是根据客户 ID 或出生年份检索了客户，可以将街道地址显示为结果的一部分。我们在本章中讨论的文件组织方式是根据主键、候选键或非键属性（我们认为相关且频繁的搜索键）来优化记录访问。

我们将文件组织方法分为两类。首先，有一些方法可以确定存储记录在存储介质上的物理位置，我们称为**主文件组织方法**。我们讨论的示例有堆文件组织、随机文件组织和索引顺序文件组织。有些方法需要在整个文件中进行**线性搜索**，查找与搜索键匹配的记录：根据搜索键对文件中每个记录进行检索和评估。更好的方法是指定记录的搜索键与其物理位置之间的关系。这会大大提高检索速度，因为可以直接访问与搜索键对应记录的存储位置，避免了完全的线性搜索。**哈希**和**索引**是构建这种关系的主要技术。在实现物理文件时，将根据主文件组织方法对记录进行物理组织。

由于主文件组织会影响记录的物理顺序，为了避免文件重复，只能对给定物理文件应用一个主文件组织。因此，根据最常用或者时间关键的搜索键进行文件组织是重要的。但是，在大多数情况下，我们希望能够根据不同的条件从相同的文件中检索记录。例如，有时我们想根据客户 ID、有时根据客户的国家或性别、有时根据国家和性别的组合来进行检索。因此，我们需要**辅助文件组织方法**，它可以根据主文件组织没有的搜索键高效地检索记录。辅助文件组织方法不会影响记录的物理位置，它使用一种称为**辅助索引**的索引。

接下来，我们首先介绍最重要的主文件组织方法，从堆文件组织开始。然后，我们概述了使用指针来改进物理文件组织的不同用法。最后，我们介绍了辅助索引和一些重要的索引类型，如 B- 树和 B^+- 树。

12.3.2 堆文件组织

最基本的主文件组织方法是**堆文件**。新记录将插入文件的末尾；记录的属性和它的物理位置之间没有关系。因此，添加记录很快，但是根据搜索键检索特定记录或一组记录效率很低。唯一的选择是进行线性搜索，扫描整个文件，并保留符合选择条件的记录。如果根据主键查找单个记录，要一直扫描，直到找到该记录，如果该记录不存在，必须扫描到文件末尾为止。对于具有 NBLK 块的文件，平均需要 NBLK / 2 个顺序块访问才能找到一条记录[⊖]。但是，对不在文件中的记录请求次数越多，就有越多要扫描到文件结束的搜索，这些查询需要访问 NBLK 个块。根据非唯一搜索键搜索记录也需要扫描整个文件，同样需要对 NBLK 个块进行访问。删除一条记录通常只是将其标记为“已删除”。然后，在对文件进行周期性重组时，将这些记录从物理上删除。

12.3.3 顺序文件组织

使用**顺序文件组织**，记录按搜索键的升序或降序进行存储。通常是主键，非唯一搜索键（即非键属性或属性集合）也可以用作排序标准。与堆文件相比，它的一个优点是，按此键进行顺序检索记录的效率要高得多，因为只需要顺序访问块。此外，与堆文件一样，可以通过线性搜索来检索单个记录，但是可以使用更有效的停止条件，因为搜索键与决定记录顺序

⊖ NBLK 表示块的个数。

的属性类型相同。如果记录按照搜索键升序或降序组织，则一旦找到第一个比所需键值高/低的键值，就可以终止搜索，可以确定在文件的其余部分不存在任何匹配的记录。此外，更重要的是，如果顺序文件存储在直接存取存储设备（例如HDD）上，可以使用**二分查找**法，对于大文件，二分查找比线性搜索要高效得多。递归使用二分查找，每次迭代搜索区间将减半。对于值为 K_j 的唯一搜索键 K，检索值为 K_μ 的记录的算法如下：

```
• Selection criterion: record with search key value Kμ
• Set l = 1; h = number of blocks in the file (suppose the records are in
   ascending order of the search key K)
• Repeat until h ≤ l
  - i = (l + h) / 2, rounded to the nearest integer
  - Retrieve block i and examine the key values Kj of the records in block i
    - if any Kj = Kμ ➔ the record is found!
    - else if Kμ > all Kj ➔ continue with l = i + 1
    - else if Kμ < all Kj ➔ continue with h = i - 1
    - else record is not in the file
```

有 NBLK 个块的顺序文件，根据主键进行线性搜索记录的预期块访问数量是 NBLK /2 个顺序块访问。如果使用二分查找，则预期访问块数为 $\log_2$(NBLK) 个随机块访问，二分查找在 NBLK 较大时更高效。注意，根据非唯一搜索键进行搜索时，需要稍微修改二分查找法。在这种情况下，可能需要一些额外的顺序块访问，以检索具有相同搜索键值的所有连续记录。

例如，让我们搜索具有以下属性的顺序文件：

- 记录数（NR）：30 000
- 块大小（BS）：2048 字节
- 记录大小（RS）：100 字节

阻塞因子（BF）计算方式为：$B=\lfloor BS/RS \rfloor=\lfloor 2048/100 \rfloor=20$。每个块包含 20 条记录，因此存储 30 000 条记录所需的块数量 NBLK 为 1500。

如果根据主键线性搜索一条记录，则所需访问块的预期数量为 1500/2=750 个顺序块访问。如果使用二分查找，则所需访问块的预期数量为 $\log_2 1500 \approx 11$ 个随机块访问。尽管随机块访问比顺序块访问花费更多的时间，但是二分查找在搜索顺序文件方面比扫描顺序文件或堆文件更有效。

另外，更新顺序文件比更新堆文件要麻烦，因为必须保持记录的顺序，不能只在文件末尾添加新记录。更新通常是批量执行的；它们按照与实际顺序文件相同的排序属性类型进行组织，然后在一次运行中更新整个文件。一种可替代方法是将新添加的记录以及更新了排序属性类型值的记录，放置在单独的“溢出”文件（后者被组织为堆文件）中。删除的记录可以进行标记，而不需要物理删除。这样，如果溢出文件太大，则只需要定期重组文件。关于溢出的讨论，请参见 12.3.4 节。在数据库设置中，顺序文件通常与一个或多个索引结合在一起，称为索引顺序文件组织方法（请参见 12.3.5 节）。

12.3.4　随机文件组织（哈希）

顺序文件组织的主要缺点是需要访问许多其他记录才能检索单个所需的记录。这个问题通过二分查找得到了一定程度的缓解，但是即使那样，不必要的记录检索的数量也可能非常大。对于**随机文件组织**（也称为直接文件组织或哈希文件组织），搜索键的值和记录的物理位置之间存在直接关系。如果提供了键值，则可以使用一个或最多几个块来检索记录。

1. 键址转换

上面描述的关系是基于哈希的。哈希算法定义了**键址转换**，这样可以根据记录的键值计算记录的物理地址。每次将新记录添加到文件时，都会对其键进行这样的转换，返回存储记录的物理地址（如果该地址可用，如下所述）。如果以后要根据此搜索键检索记录，则对搜索键应用相同的转换，将返回记录的物理地址。显然，此方法仅适用于直接存取存储设备。

如第 11 章所述，哈希技术的变体可以应用于多种情况。哈希在编程语言中将键值映射到内存地址（例如，数组数据类型）。最近的 NoSQL 数据库也依赖于哈希技术的一种变体，即一致的哈希，以便在集群设置中的各个数据库结点上均匀地分布和复制数据记录。接下来，我们重点介绍如何使用哈希将记录键转换为永久性存储设备（通常是硬盘驱动器）的物理地址。当使用主键或其他候选键作为搜索键时，这种方法最有效，原因将在本节后面解释。

知识关联 第 11 章讨论了 NoSQL 数据库，并介绍了哈希。

键址转换包括几个步骤，如图 12-9 所示。首先，如果键不是整数，则将它转换为整数。例如，非整数值可以四舍五入，字母数字键可以根据字符在字母表中的位置或 ASCII 码转换为整数。然后，应用实际的哈希算法，将整数键值转换为与期望地址大小大致相同的数字的哈希。这些键在这个数字范围内分布的越均匀越好。请注意，生成的地址通常不是单个记录的地址，而是一个连续的记录地址区域，称为**桶**。一个桶包含一个或多个存储记录槽。它的大小可以随意定义，也可以与存储设备的物理特性（例如磁盘块、磁道或柱面的整数数量）保持一致。哈希算法有多种形式，从简单的哈希函数到更复杂的算法。但是，它总是由一系列数学运算组成，应用于键的数字表示并返回与桶地址对应的哈希值。在下一步中，这个桶地址被转换为实际的块地址。为此，将它乘以一个常数，该常数将生成的哈希值“压缩”到所需块地址的精确范围内。后者仍然是**相对块地址**，即相对于文件的第一个块。

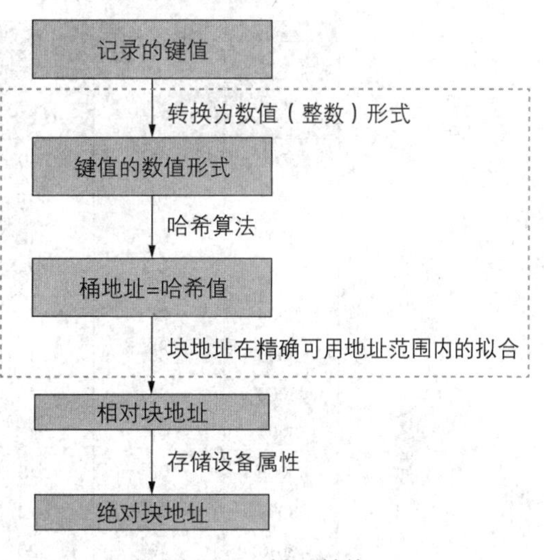

图 12-9　键址转换

最后一步是将相对块地址转换为由设备号、柱面号、磁道号和块号组成的**绝对地址**，这一步由文件系统控制，超出了键址转换的范围。如果一个桶跨越多个物理块，则根据它的键检索记录将归结为对桶中第一个块的随机块访问，该桶由键址转换确定。接下来可能会进行一个或多个顺序块访问，直到检索完整个桶并找到记录为止。

关于哈希的一个非常重要的问题是，它不能保证所有键都映射到不同的哈希值，所以不能保证桶地址。虽然它的目的是将所有键均匀地分布在可用地址空间上，但可能会将多个记录分配给同一个桶。我们称这种情况为**碰撞**，相应的记录称为**同义词**。碰撞本身就不是问题，因为一个桶通常有多个记录槽，但是如果某个桶的同义词比槽更多，那么这个桶就会“**溢出**”。正如本节后面所讨论的，处理溢出有多种方法，但是不管实际的溢出处理方法是什么，都会不可避免地导致一些记录存储在不同的位置，而不是根据键址转换最初期望的位置。因此，需要额外的块访问来检索溢出记录，应尽可能避免溢出，以免影响性能。所以，应选择一种哈希算法，该算法将键尽可能均匀地分布在各个桶地址上，从而降低溢出的可能。

有许多用于键址转换的哈希技术，例如除法、数字分析、平方取中、分段叠加和基数转换。我们用其中一种方法来说明哈希方法：除法。这是最简单的哈希技术之一，但是在大多数情况下，它的性能很好。通过除法技术，键的数字除以正整数 M。余数[㊀]为记录地址：

$$\text{adddress}(\text{key}_i)=\text{key}_i \bmod M$$

M 的选择非常重要。如果 M 不适合当前的键集合，会导致许多碰撞，从而导致大量的溢出。应尽量避免键值和 M 之间的公因数。所以 M 通常是质数。例如，图 12-10 显示了两个键值序列，表示每个键值除以 20 和 23 的余数。对于第一个序列，20 和 23 都使余数和地址值均匀分布，它们作为 M 是合理的，在第二个序列中，除以 20 会产生较差的分布，许多记录都被分到桶地址 00、05、10 和 15，而其他桶则为空。但是，除以质数 23 会得到一个几乎均匀的分布。对于特定的键集合，一个质数可能比另一个质数更好，因此理想情况下会测试多个候选值。通常，选择接近但比可用地址数稍大的质数，得到的值与所需地址数大致相同。然后，键值转换的下一步是将它们乘以比 1 小一点的因子，这样它们就完全适合实际的地址空间（见图 12-9）。

序列1			序列2		
键值	除数20	除数23	键值	除数20	除数23
3000	00	10	3000	00	10
3001	01	11	3025	05	12
3002	02	12	3050	10	14
3003	03	13	3075	15	16
3004	04	14	3100	00	18
3005	05	15	3125	05	20
3006	06	16	3150	10	22
3007	07	17	3175	15	01
3008	08	18	3200	00	03
3009	09	19	3225	05	05
3010	10	20	3250	10	07
3011	11	21	3275	15	09
3012	12	22	3300	00	11
3013	13	00	3325	05	13
3014	14	01	3350	10	15
3015	15	02	3375	15	17
3016	16	03	3400	00	19
3017	17	04	3425	05	21
3018	18	05	3450	10	00
3019	19	06	3475	15	02

图 12-10　哈希技术和键集分布对碰撞次数的影响

㊀ 在除法之后取余数的数学运算符称为“模”，缩写为“mod”。

2. 决定随机文件组织效率的因素

对于特定数据集，哈希算法的效率通过检索记录所需访问的随机块和顺序块的预期数量来度量的。有几个因素影响这一效率，检索非溢出记录仅需要对计算出的桶的第一个块进行随机块访问。如果桶包含多个物理块，则后面可能再进行一个或多个顺序块访问。检索溢出记录，需要额外的块访问，因此溢出记录的百分比溢出以及溢出处理技术都会影响性能。前者表示溢出的记录数；通过哈希算法，后者决定了那些不适合存储在桶中的记录存储在哪里，以及需要访问多少块才能检索到它们。我们首先讨论影响溢出记录百分比的参数。之后，我们简要介绍一些溢出处理技术。

如图 12-10 所示，溢出记录的百分比取决于哈希算法对键集合的适用程度。在许多情况下，键值不是均匀分布的；可能会出现间隙和簇，如果频繁添加和删除记录，这种情况会更加严重。哈希算法决定能否将此不规则分布的键集尽可能均匀地映射到一组地址上。在这种情况下，术语“随机”文件组织在某种程度上具有误导性：其目的不是根据随机统计分布函数将记录分配到存储地址。通过随机分布，任何记录都有相同的机会被分配到可用范围内的任何物理地址。然而，真正的目的是实现**均匀分布**，将记录集均匀地分布在可用桶集上，因为这将最大程度地减少溢出的可能，从而降低性能。在实践中，性能最佳的哈希算法接近理论上随机分布的结果，而不是理想的均匀分布。文件设计人员可以使用随机分布的统计属性来估算溢出记录的预期百分比。从理论上讲，一个完全的均匀分布只需要有存储记录数一样多的记录槽。但是，不均匀分布意味着需要更多的记录槽，因为一些桶比其他桶更满。避免太多溢出的唯一方法是提供比严格需要的更多的记录槽。下式表示所需桶数（NB）等于记录数（NR）除以存储桶大小（BS）和加载因子（LF）：

$$NB = \lceil NR/(BS \times LF) \rceil$$

记录数由数据集决定。桶大小指桶中记录槽的数量。这里的权衡是，桶越大，溢出的可能性就越小。另一方面，较大的桶意味着需要更多的顺序块访问来检索桶中所有非溢出记录。因此，阻塞因子，即单个块中的记录数也会起作用。**加载因子**表示桶中记录的平均数除以桶大小，并表示每个桶的平均“满”程度。加载因子体现了有效利用存储容量和检索性能之间的权衡。加载因子低，导致溢出较少，性能更好，但会浪费存储空间。较高的加载因子与之相反。在实践中，为了平衡存储效率和性能，加载因子通常设置在 0.7～0.9 之间。显然，随机文件组织对唯一搜索键（即主键或其他候选键）最有效。哈希也可以应用于非唯一搜索键，但是在这种情况下，会有更多记录具有相同键值，因此冲突较多。溢出的风险取决于具有相同搜索键值的平均记录数以及这个数字的分布。

影响随机文件组织性能的第二个主要因素是存储和检索溢出记录的方式，即**溢出处理技术**。有不同的溢出处理方法，溢出记录存储在**主区域**或单独的**溢出区域**。主区域是包含非溢出记录的地址空间。一些技术将溢出记录指向主区域的部分空桶，其他技术使用单独的溢出区域，该区域仅包含溢出记录，标准键址算法不适用于溢出区域。

要讨论所有技术可能会有太多细节，让我们研究一下图 12-11 中的小示例，该示例说明了转换不当和不合适的溢出处理对检索性能造成的不好影响。简化后的文件包含 18 条记录，数字键 12、14、15、19 等。有 10 个桶，桶大小为 4。阻塞因子为 2，每个桶跨两个物理块。假设使用**开放地址法**作为溢出处理技术。根据键址转换得到的桶地址是满的，使用开放地址法，溢出记录将存储在主区域中，特别是在满桶后的下一个空闲插槽中，这个满的桶是根据键址转换记录原本应该存储的位置。使用“模 10”键址转换，生成 10 个可能的桶地址。结果得到的键分布非常不均匀，甚至没有接近随机分布，导致桶5过度堆叠，而其他桶则是空的。因此，尽管0.45的加载系数很低，但我们已经有了一个溢出记录。实际上，键35的记录通常存储在桶5中，但是由于这个桶已经填充了其他记录（95、125等），所以下一个空闲槽将在桶6中使用。检索记录35现在需要一个随机块访问加上三个顺序块访问，而检索非溢出记录，除了随机块访问之外，最多还需要一个顺序块访问。因此，溢出确实对性能有负面影响。而且，到目前为止，记录35是唯一的冲突记录，如果添加更多记录，记录35可能会占用其他记录的存储空间，这些记录根据键址转换（例如，新添加的记录86）被定位到桶6。这样的记录也以溢出告终，导致越来越多的记录被放错位置，需要额外的访问来进行检索，从而产生多米诺骨牌效应。

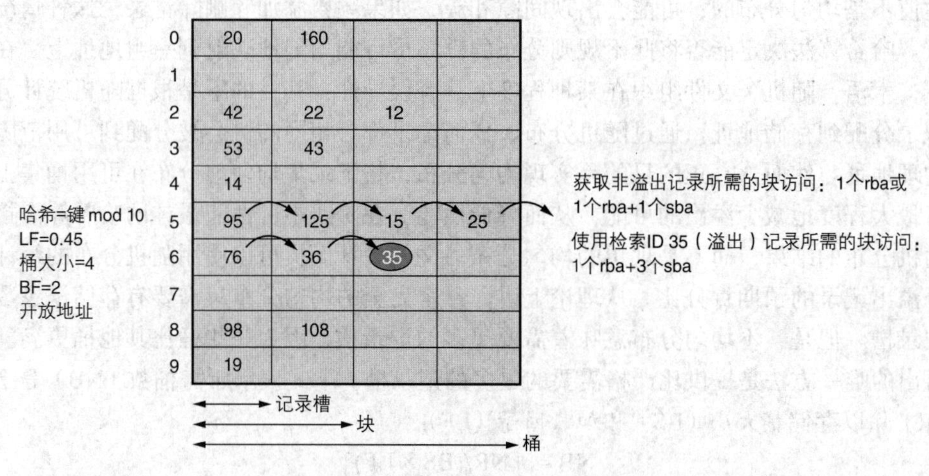

图12-11　溢出对检索性能的影响

另一种溢出处理技术是**链地址法**。溢出记录存储在单独的溢出区域中，同一桶溢出的记录通过指针链接在一起。这种项通过指针顺序连接的结构称为**链表**。如12.3.6节讨论的那样，它可以用在多种情况下。对于哈希，可以使用链表通过它们之间的指针，来访问同一桶中冲突的所有记录。优点是不会使主区域混乱，因此不会导致额外的溢出。缺点是访问链表会导致额外的随机块访问。还有另一种溢出处理技术是使用与主哈希算法不同的第二种哈希算法，来确定溢出记录的位置。

在结束关于哈希的讨论之前，需要注意的是，到目前为止，我们已经假设记录的数量不会随时间显著增加或减少，这意味着插入的数量或多或少等于删除的数量。如果记录数随着时间的推移而减少，则一段时间后将无法有效利用存储容量。更糟糕的是，如果记录数量增加，则会有许多桶溢出，从而导致性能下降。在这两种情况下，由于记录数的更改，键址转换不再足够。必须选择一个新的转换，并且应该根据新生成的哈希值重新排列整个文件。幸运的是，存在几种**动态哈希**技术，允许文件缩小或增长且不需要完全重新排列。详细讨论这些技术超出了本文的范围。

12.3.5　索引顺序文件组织

如果充分应用，随机文件组织可能是通过搜索键值检索单个记录的最有效技术，但是如果要以一定顺序检索许多记录（例如，根据同一关键字排序，或者根据一系列键值检索记录）是非常低效的。例如，按照客户ID的顺序检索所有客户，随机文件组织方法是不可行的，因为根据哈希算法，所有客户记录分散在整个文件中，这需要大量的随机块访问⊖。相比之下，顺序文件组织要高效很多，因为所有记录都已经根据 customerID 进行了排序，只需要按顺序检索即可。**索引顺序文件组织**方法解决了这两个问题：在许多情况下，直接检索单个记录的效率仅比随机文件组织稍差，并且允许记录以搜索键的升序或降序存储，以满足高效的顺序访问。

1. 索引的基本术语

索引顺序文件组织将顺序文件组织与一个或多个索引相结合。为此，将文件划分为不同的**间隔**或**分区**。每个间隔由一个**索引项**表示，该索引项包含该间隔中第一条记录的搜索键值，以及指向该间隔中第一条记录的物理位置的指针。根据不同的情况，该指针可以是**块指针**或**记录指针**。块指针指向相应记录的物理块地址。记录指针由块地址和该块内的记录 ID 或偏移量组成，并指向实际记录。这样，索引本身就是一个顺序文件，根据搜索键值进行排序。索引格式如下：

`Index entry = <search key value, block pointer or record pointer>`⊜

搜索键可以是原子的（例如，客户 ID）或复合的（例如，出生年份和性别的组合）。对于复合搜索键，索引项中的键值也是复合的（例如 < (1980，M)，指针 >；< (1976，F)，指针 >)。为了简单起见，后面我们使用原子键为例，但是所有声明对复合键也有效。

此外，我们还区分**密集索引**和**稀疏索引**。密集索引是为索引的搜索键的每个可能值都有一个索引项。如果搜索键是唯一键（例如，主键或其他候选键），密集索引对每条记录都有一个索引项。如果搜索键是非键属性或属性的组合，密集索引对每组记录了相同值的属性类型都有一个索引项。另一方面，稀疏索引只有一些搜索键值的索引项。每个索引项都引用一组记录，并且索引项比密集索引少。密集索引通常比稀疏索引更快，但需要更多的存储空间，而且维护起来也比稀疏索引更复杂。

对于索引顺序文件组织，既支持基于记录的物理顺序的顺序访问，又支持基于索引的随机访问。可以使用一个或多个索引级别进行不同的设置。我们将在下面的小节中讨论最典型的例子。

2. 主索引

对于**主索引**文件组织，数据文件按唯一键（可以是主键或另一个候选键）排序，并在此唯一搜索键上定义索引。目前，我们仅使用单个索引级别，12.3.5 节介绍了多级索引。图 12-12 给出了一个示例。它描述了一个间隔为四条记录的文件。每个间隔对应一个磁盘块。因此，阻塞因子为 4。记录是根据主键 CustomerID 排序的。对于每个间隔，都有一个索引项，它由该间隔中的第一个记录的键和一个指向包含该间隔中记录的磁盘块的指针组成。每个磁盘块都有一个索引项，而不是每个键值都有一个索引项，所以索引是稀疏的。根据键值（例如 12111）检索一条记录时，通过对索引进行二分查找，检索包含相应记录的块的指针，至少文件中存在该记录时是这样的。在该示例中是第三个块。这样，不需要搜索整个文件，只需访问实际数据文件的索引和单个块；记录要么在那个块中找到，要么不在文件中。此外，索引项比实际存储记录小得多。这意味着索引文件比数据文件占用的磁盘块少得多，可以更快地进行搜索。

⊖ 实际上，在这种情况下，可能会以存储记录的（随机）顺序检索记录，然后再排序。不过，这也会导致相当大的开销。

⊜ 从现在开始，我们只使用“指针”这个术语，并对记录指针和块指针之间的区别进行抽象。

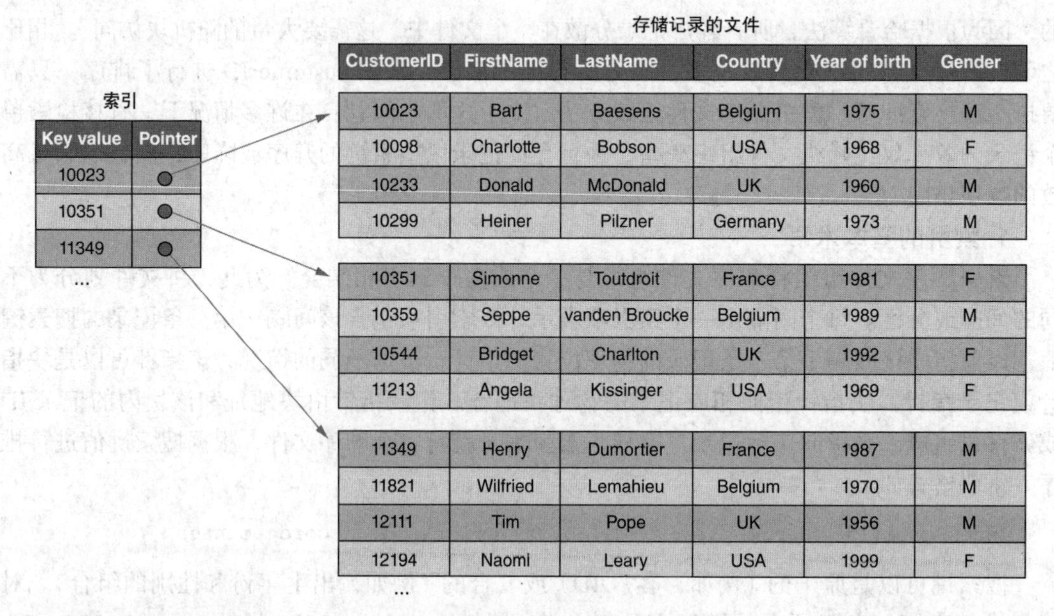

图 12-12　主索引示例

使用主索引检索单个记录的块访问的预期数量等于 $\log_2(NBLK)$，即对索引进行二分查找的随机块访问，其中 NBLKI 表示索引中的块数量。如果间隔对应于各单独的磁盘块，则需要一个额外的随机块访问来检索实际记录。我们在表 12-2 中总结了线性搜索、二分查找和索引搜索所需的块访问。

表 12-2　线性搜索、二分查找和基于索引的搜索需要的块访问

线性搜索	NBLK sba
二分查找	$\log_2(NBLK)$ rba
基于索引的搜索	$\log_2(NBLKI) + 1$ rba, NBLKI << NBLK

让我们将其应用于与顺序文件组织相同的示例（即一个文件有 1500 个块，块大小为 2048 字节）。通过线性搜索来检索单个记录的块访问数为 750 次顺序块访问，而对数据文件进行二分查找只需要 11 次随机块访问。假设索引项为 15 字节（例如，键为 10 字节，块地址为 5 字节），则索引的阻塞因子$\lfloor 2048/15 \rfloor=136$。那么 NBLKI 就是$\lceil 1500/136 \rceil=12$个块。对索引进行二分查找需要 $\log_2 12+1\approx 5$ 个随机块访问。此外，与单纯的顺序组织相比，索引变得更加有利，因为实际文件大小比示例中较小的文件还要大。

另外，如果要检索很多记录，则进行全文检索可能更有效，只需要 NBLK 个顺序块访问，而不是通过索引连续搜索单个记录，从而导致随机块访问。另外，前面关于与堆文件相比更新顺序文件的复杂性的说明，也适用于索引顺序文件。此外，索引顺序文件增加了复杂性，因为索引本身也是一个顺序文件，需要与实际数据文件中的插入和删除一起进行更新。

3. 聚集索引

聚集索引类似于主索引，不同之处在于排序标准，以及聚集索引的搜索键是非键属性类型或属性类型集，而不是主键或候选键。因此，搜索键值不能唯一地标识单个记录[⊖]。

⊖ 有时也使用另一种术语，其中术语聚集索引涉及唯一和非唯一搜索码上的索引。在这种情况下，我们讨论唯一和非唯一聚集索引。

每个索引项都由一个搜索键值，以及包含这个搜索键值的记录的第一个块的地址组成（见图 12-13）。如果搜索键的每个唯一值都有一个索引项，则称为密集索引。如果仅对某些搜索键建立索引，则称为稀疏索引。搜索过程与主索引相同，除了对数据文件进行第一次随机块访问之后，可能需要额外的顺序块访问，以检索具有相同搜索键值的所有后续记录。在该示例中，在搜索键“Country”上定义了一个聚集索引。要搜索以“UK”作为国家值的所有记录，需要进行随机块访问来搜索索引，并检索文件中的第二个块，这是第一个包含来自英国的客户的块。此外，还需要对第三个块进行顺序块访问，其中也包含英国客户。

索引

Key value	Pointer
Belgium	●
France	●
Germany	●
UK	●
USA	●
...	

存储记录的文件

CustomerID	FirstName	LastName	Country	Year of birth	Gender
10023	Bart	Baesens	Belgium	1975	M
10359	Seppe	vanden Broucke	Belgium	1989	M
11821	Wilfried	Lemahieu	Belgium	1970	M
10351	Simonne	Toutdroit	France	1981	F
11349	Henry	Dumortier	France	1987	M
10299	Heiner	Pilzner	Germany	1973	M
10544	Bridget	Charlton	UK	1992	F
10233	Donald	McDonald	UK	1960	M
12111	Tim	Pope	UK	1956	M
11213	Angela	Kissinger	USA	1969	F
10098	Charlotte	Bobson	USA	1968	F
12194	Naomi	Leary	USA	1999	F
...					

图 12-13　聚集索引示例

与主索引一样，如果向数据文件中插入或删除记录，或者更新它们的搜索键值（例如，一个客户从比利时搬到法国），那么聚集索引就会增加使索引保持最新的复杂性。一种常用的变体是在数据文件中为搜索键的每个新值启动一个新块。但在存储空间方面效率较低，因为许多块无法被完全装满。另一方面，可以将具有相同键值的记录添加到一个块中，无须重新组织数据文件或索引，这在一定程度上缓解了维护问题。另一种避免文件频繁重组的方法，是为不能存储在常规顺序文件适当位置的记录，提供单独的溢出部分，这种方法也适用于主索引。但是，与随机文件组织一样，将记录放置在与最初预期位置不同的位置上，会导致更多的块访问，这会给性能带来负面影响。

4. 多级索引

对于较大的文件，索引是保证有效记录访问的合适方法，但在某些情况下，索引本身可能会很大，而无法进行有效搜索。在这种情况下，可能需要引入更高级别的索引。创建一个指向另一个索引的**多级索引**。实际上，可能会出现许多索引级别。我们用图 12-14 中的两个索引级别来说明这种情况。通过二分查找来搜索每个索引，查询指向较低级别索引中相应块的指针。最低级别的索引会产生一个指向数据文件中适当块的指针。对于主索引，所有块访问都是随机块访问。对于聚集索引，可以通过对数据文件的其他顺序块访问，检索具有相同搜索键值的后续记录。注意，较高级别索引上的随机块访问次数是有限的，因为它们是稀疏索引，并且由于具有多个级别，因此可以限制大小。另外，更高级别的索引通常可以保存在内存中，在内存中进行检索，从而提高处理效率。

索引级别2

Key value	Pointer
10023	●
13153	●
18221	●
...	

索引级别1

Key value	Pointer
10023	●
10351	●
11349	●
...	
13153	●
13933	●
14009	●
...	
18221	●
18361	●
18499	●
...	
...	

存储记录的文件

CustomerID	FirstName	LastName	Country	Year of birth	Gender
10023	Bart	Baesens	Belgium	1975	M
10098	Charlotte	Bobson	USA	1968	F
10233	Donald	McDonald	UK	1960	M
10299	Heiner	Pilzner	Germany	1973	M
10351	Simonne	Toutdroit	France	1981	F
10359	Seppe	vanden Broucke	Belgium	1989	M
10544	Bridget	Charlton	UK	1992	F
11213	Angela	Kissinger	USA	1969	F
11349	Henry	Dumortier	France	1987	M
11821	Wilfried	Lemahieu	Belgium	1970	M
12111	Tim	Pope	UK	1956	M
12194	Naomi	Leary	USA	1999	F
...					

图 12-14　多级索引示例

最后，需要强调的是，除非文件是重复的，否则只有一种方法可以对文件进行物理排序。主索引和聚集索引不可能同时出现在同一文件中，因此，选择最合适的索引对记录进行物理排序非常重要。除了主索引或聚集索引外，还可以在其他搜索键上创建其他索引，这些被称为辅助索引，对记录的物理顺序没有影响，但是允许根据主文件组织以外的其他标准加速检索速度，在 12.3.7 节中讨论了索引在辅助文件组织中的使用。关于索引维护的所有说明在多级索引的情况下更切题。正如我们将在 12.3.8 节中讲到的那样，B- 树和 B^+- 树提供了一种更加灵活的机制，可以使索引保持最新，且无须频繁地重组索引文件。

12.3.6　列表数据组织（线性与非线性表）

本节简要概述“列表数据组织方法”中几种常用技术。这些技术用于不同的情况，首先作为主要的组织方法，还可以用于组织溢出记录或索引。本节概述了一般概念。一些重要的概念已经或将在本章其他章节中进行更详细地讨论。

列表可以定义为一组元素的有序集合。除了列表中的最后一个元素，如果每个元素都只有一个后继，我们称之为线性表。线性表可用于表示顺序数据结构。所有其他类型的列表称为**非线性表**，可用于表示树数据结构和其他类型的有向图。

接下来，我们只关注于使用列表来表示顺序数据结构和树数据结构。在这两种情况下，顺序都可以通过数据记录的物理连续性或指针来表示。

1. 线性表

线性表包含顺序数据结构，可以用两种方式表示。如果记录的逻辑顺序是通过物理连续性来表示的，那么本章已经讨论过顺序文件组织方法了。如果记录的逻辑顺序是通过指针物理表示的，我们称之为链表。

最简单的链表是**单链表**，在此方法中，记录以任意顺序进行物理存储，或根据另一个搜索键排序。然后，通过指针表示逻辑顺序，每个记录都包含一个指向其逻辑后继的物理位置的“下一个”指针。指针作为附加字段嵌入存储记录中。处理链表时，首先检索第一个记录，然后跟着指向下一条记录的指针，依此类推，直到到达一个包含列表结尾指示符，而不是“下一个”指针的记录。单链表如图 12-15 所示。物理地址由数字（10、11、12 等）表示。记录逻辑顺序的搜索键由字母（A、B、C 等）表示。可以看出，每个记录都包含一个指向其逻辑后继的指针。逻辑顺序独立于记录的物理顺序。列表的结尾用星号（*）表示。或者，最后一条记录可以包含一个指向列表的指针，这样可以从任何位置开始处理列表。链表使得在同一组记录上定义一个或多个逻辑顺序成为可能，而与它们的物理顺序无关。它们通常用于将溢出记录链接在一起。

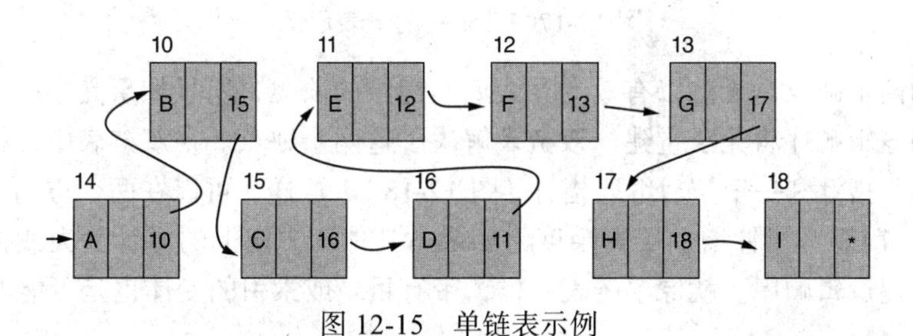

图 12-15 单链表示例

上述方法的缺点是，即使只需要处理列表的一部分，也必须检索所有记录，因为定位列表的指针嵌入了记录中。另一种方法是将指针单独存储在一个目录中（不要与文件系统中的目录混淆）。**目录**（图 12-16）是定义一个文件中记录之间关系的文件。由于指针比实际数据记录小得多，通过将它们存储在单独的文件中，定位它们需要较少的块访问，因此，时间会更短。另外，在单独的文件中添加、更新和删除指针要容易得多。

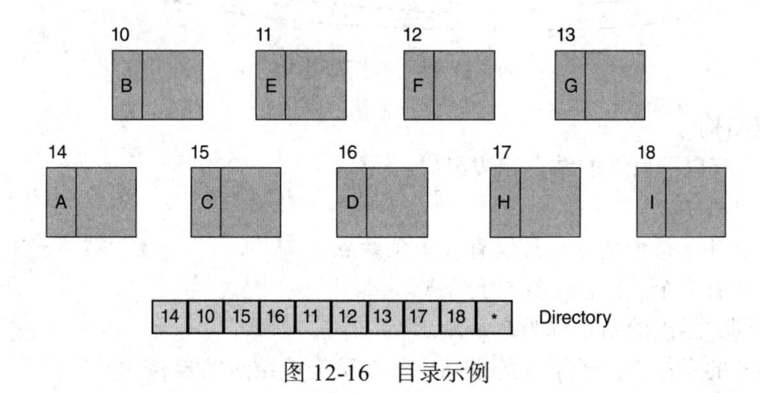

图 12-16 目录示例

另一个变体是将链表与索引寻址相结合。记录被分布到间隔中，每个间隔由一个索引项表示。该索引允许直接访问一个间隔的第一条记录，而无须遍历之前间隔中的所有记录（参见图 12-17）。

要计算链表的预期检索时间，可以使用与顺序文件组织相同的公式。唯一的区别是所有的块访问都是随机块访问，因为记录的逻辑后继在物理上不再与其前驱相邻。而且，阻塞的影响是有限的，因为逻辑相关的记录物理上存储在同一块中的可能性很小。在不详细讨论的情况下，注意，记录的插入和删除也需要相当多的操作，包括更新指针以保持逻辑顺序。通常，并不真的删除记录，只是将其标记为“已删除”，以避免部分操作。这是以存储空间为代价的，因为删除记录后不会释放空间。

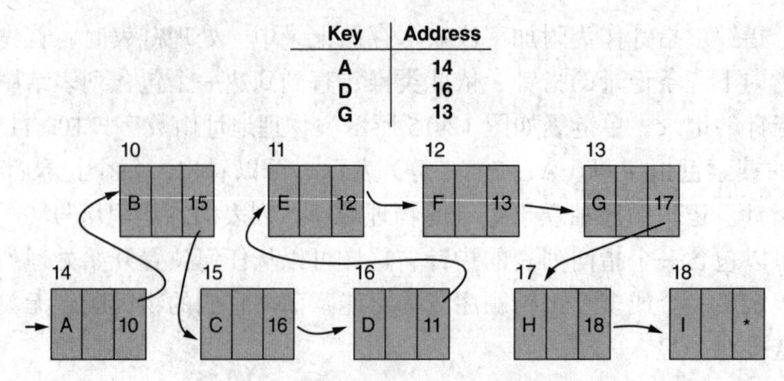

图 12-17　带索引的链表示例

单链表的两个缺点是无法以有效的方式返回记录的前驱，而且如果其中一个指针丢失或损坏，链表的逻辑顺序将无法重建。**双链表**解决了这两个缺点。在双链表中，每个记录都包含一个“前驱”指针和一个“后继”指针（图 12-18）。这样，可以在两个方向上高效地处理列表。此外，“前驱”指针增加了冗余度，如果“其他”方向上的指针丢失或损坏，可以利用该冗余来重建逻辑顺序。就像单链表一样，带有目录或索引的变体也是可能的。

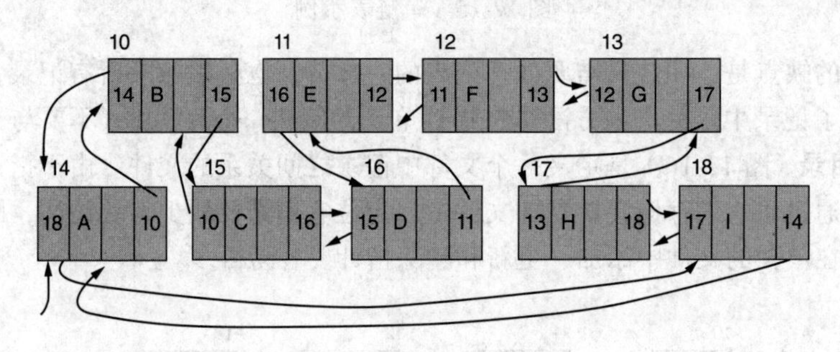

图 12-18　双链表示例

2. 树数据结构

树由一组具有以下属性的结点和边组成：

- 只有一个根结点。
- 除根结点外，每个结点有且仅有一个父结点。
- 每个结点有 0 个、1 个或多个子结点。
- 具有相同父结点的结点称为兄弟结点。
- 一个结点的子结点，子结点的子结点等均称为该结点的后代。
- 没有子结点的结点称为叶结点。
- 由非根结点及其所有后代组成的树结构称为原始树的子树。
- 结点分布在不同层上，表示到根的距离。根结点的层级为 0；子结点的层级等于其父结点的层级加 1，所有的兄弟结点具有相同的层级。
- 所有叶结点处于同一层的树称为平衡树。在这种情况下，从根结点到任何叶结点的路径具有相同的长度。如果叶结点出现在不同层，则称该树是不平衡的。

树数据结构在几个方面是相关的。首先，它们可以提供逻辑层次结构或树结构的物理表示。例如员工层次结构，其中树中的所有结点表示类似的现实世界实体，或者供应商、采购订单和采购订单行之间的层次关系，其中树中的结点代表不同类型的现实世界实体。其次，更重要的是，树数据结构的应用是当它们不对应于逻辑层次的物理表示时，而是当它们提供一个纯粹的物理索引结构，通过定位树相互连接的结点加快搜索和检索记录。我们用搜索树来表示这种类型的树结构。此类中最著名的代表是 B- 树和 B^+- 树，这将在 12.3.8 节中详细介绍。

接下来，我们概述了树数据结构的一般方面。实现它们的第一种方法是通过物理连续性，其中记录的物理位置以及附加信息表示树结构。树结点通常按“上 - 下 - 左 - 右”的顺序存储：首先是根结点，然后是根的第一个子结点，再然后是该子结点的第一个子结点（如果存在），等等。如果一个结点没更多的子结点，则存储它的下一个兄弟结点（从左到右）。如果结点没有更多的兄弟结点，则存储其父结点的下一个兄弟结点。为了重建树结构，需要显式地包含每个结点的层级，因为两个结点的物理连续性并不能区分父子关系和兄弟关系。图 12-19 说明了逻辑树结构是如何以这种方式在物理上表示的。字母代表记录键，数字表示物理记录在树中的层级。这种表示只能按顺序方式使用。例如，如果不经过 B 的所有后代结点，就不可能直接从结点 B 定位到结点 C。

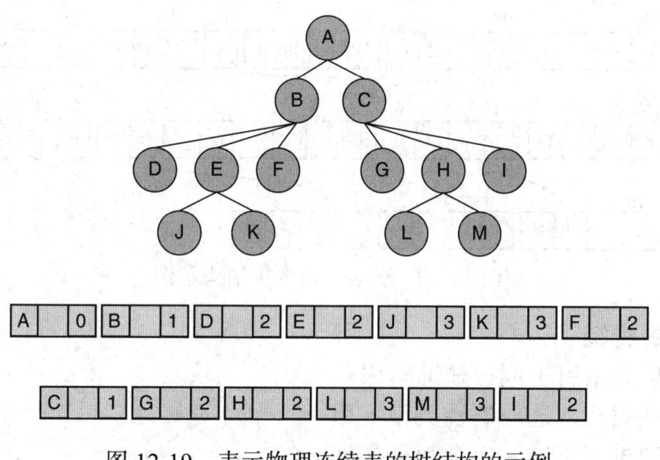

图 12-19 表示物理连续表的树结构的示例

链表也可以用来表示树结构。在这里，物理上的连续性是通过指针来改善导航性的。结点存储在与前面描述相同的物理序列中，但是每个结点都有一个指向其下一个兄弟结点的指针（如果存在）。图 12-20 对此进行了说明。通过访问物理上的后继记录并跟踪指针，可以分别支持父子和兄弟导航。此外，也无须存储每个结点的层级：可以从物理位置和指针推断出这些信息。但是，为了提高效率，通常在每个结点上添加一个位，以指示该结点是否是叶结点，该位为 0，是叶结点，为 1，表示不是叶结点。

存在许多上述变化，其中结点的物理顺序可以保持完全独立于树结构。父子关系和兄弟关系都由指针表示（见图 12-21a）。在某些情况下，还包括其他指针（例如，子 - 父指针，见图 12-21b），以适应树的所有方向上的可导航性。

12.3.7 辅助索引和倒排文件

前面几节描述了主文件组织的不同技术，目的是通过物理方式组织文件，以便根据特定的搜索键有效地检索它们。但是，在大多数情况下，对相同数据集的访问可能是根据不同的条件或者搜索键进行的。只有其中一种方式可以用作对数据进行物理排序的标准，除非存在具有不同排序条件的同一文件的多个副本，这显然在存储空间方面是不可行的。例如，可以根据唯一的 CustomerID 或非唯一的 Country 查询上述的 Customers 数据集。数据是根据

CustomerID（在此属性类型上产生主索引）或根据 Country（在 Country 上产生聚集索引）进行排序。然而，根据那些对数据的物理顺序没有影响的搜索键，需要补充技术来加速对数据的访问，我们称这些技术为辅助文件组织，涉及的索引称为辅助索引。

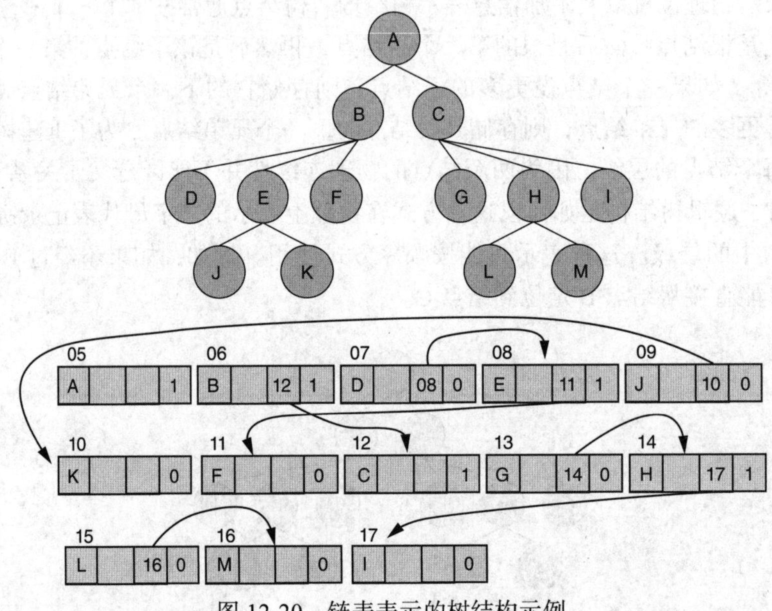

图 12-20 链表表示的树结构示例

1. 辅助索引的特征

与主索引或聚集索引不同，辅助索引基于一个或一组属性类型，这些属性类型不用于实际数据文件的排序标准。一个数据文件只能有一个主索引或聚集索引，但是还可以有多个辅助索引。辅助索引也可以与其他主文件组织技术相结合，如随机文件组织或堆文件。

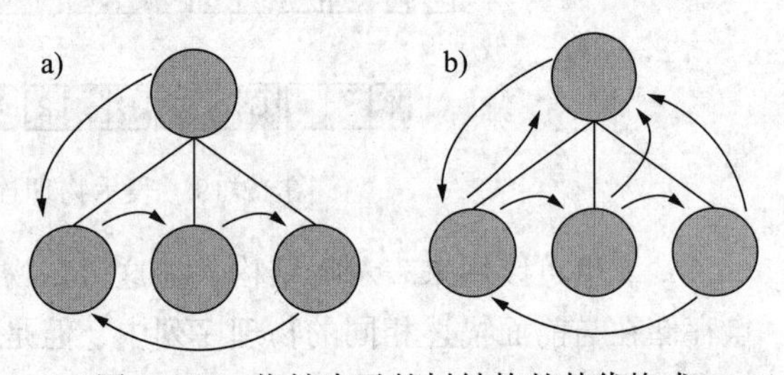

图 12-21 指针表示的树结构的替代格式

辅助索引的搜索键可以是原子键，或是由多个属性类型组成的复合键。它可以是主键或其他候选键，也可以是非键属性类型或属性类型的组合。在前一种情况下，搜索键唯一地标识一条记录。在后一种情况下，产生的搜索条件能检索零条、一条或多条记录。索引本身也是一个顺序文件，可以通过二分查找进行检索。

总的来说，索引项的格式如下：<键值，记录指针或块指针>。如果搜索键是唯一的（即它是主键或候选键），则数据文件中的每个键值都有一个索引项和记录。因此，索引是密集索引[⊖]。每个索引项都包含键值和一个该键值指向的记录或块的指针（图 12-22）。

如果搜索键不是不唯一的，则多个记录对应于一个特定的键值。在这种情况下，有几种选择，一种选择是密集索引，每个记录都有一个索引项，因此会有多个索引项具有相同的键值。一种更常用的替代方法是添加一个间接级别，每个索引项都引用一个单独的块，该块包含指向具有相应搜索键值的记录的所有指针。在这种情况下，我们将在下一节中讨论**倒排文件**。

⊖ 稀疏索引在辅助索引上下文中没有用处，因为文件在物理上没有以适当的方式排序。因此，无法通过对数据文件的连续顺序块访问来检索索引中没有搜索键值的记录。

同样，与主索引和聚集索引一样，可以在最低级别的辅助索引上创建其他索引级别，从而形成多级索引。在本章后面讨论 B- 树和 B^+- 树时（12.3.8 节），我们再回过来讨论多级索引。

索引

Key value	Pointer
10023	
10098	
10233	
10299	
10351	
10359	
10544	
11213	
11349	
11821	
12111	
12194	
...	

存储记录的文件

CustomerID	FirstName	LastName	Country	Year of birth	Gender
10023	Bart	Baesens	Belgium	1975	M
10359	Seppe	vanden Broucke	Belgium	1989	M
11821	Wilfried	Lemahieu	Belgium	1970	M
10351	Simonne	Toutdroit	France	1981	F
11349	Henry	Dumortier	France	1987	M
10299	Heiner	Pilzner	Germany	1973	M
10544	Bridget	Charlton	UK	1992	F
10233	Donald	McDonald	UK	1960	M
12111	Tim	Pope	UK	1956	M
11213	Angela	Kissinger	USA	1969	F
10098	Charlotte	Bobson	USA	1968	F
12194	Naomi	Leary	USA	1999	F
...					

图 12-22　辅助索引示例

在继续之前，让我们先讨论一下辅助索引的优缺点。它们是一种附加结构，在数据文件更新时也需要被更新，但是它们带来的性能提升可能比主索引或聚集索引更大。实际上，由于数据文件不是根据辅助索引的搜索键进行排序的，因此不可能对数据文件本身进行二分查找，并且如果没有辅助索引，则需要对文件进行完全线性搜索。

例如，让我们再研究一下前面介绍的包含 30 000 条记录和 1500 个块的示例文件。假设我们使用在唯一搜索键上定义的辅助索引，该索引包含 30 000 个索引项，每个索引项对应一个搜索键值。假设索引项大小为 15 字节，则索引的阻塞因子仍然是 136。在这种情况下，NBLKI 等于 $\lceil 30\,000/136 \rceil=221$ 块。通过辅助索引来检索记录的预期块访问数量是 $\log_2 221+1\approx 9$ 个随机块访问。如果没有辅助索引，则需要进行全文扫描，平均需要进行 1500/2=750 个顺序块访问，才能根据搜索键找到一条记录。

2. 倒排文件

如上一节所述，倒排文件在数据集的非唯一、无序搜索键上定义了索引。每个键值有一个索引项，因此每个索引项可以引用具有相同键值的多条记录。索引项的格式如下：<键值，块地址>。块地址是指包含记录指针的块，或指向具有该特定键值的所有记录的块指针。如图 12-23 所示。

与前面关于索引使用的计算相比，这种方法需要额外的随机块访问，其中存储了与索引项对应的记录的指针。但是，它可以避免创建大而密集的索引。另外，如下一章所述，通过对存储单个属性类型对应的指针的块做交集，可以有效地执行涉及多个属性类型的查询。例如，如果存在两个索引，一个是国家，一个是性别，那么所有居住在英国的男性可以通过带有“UK”指针的块和带有“male”指针的块之间的交集来获取。指针的结果集包括国家为“UK”，性别值为“M”的数据行。

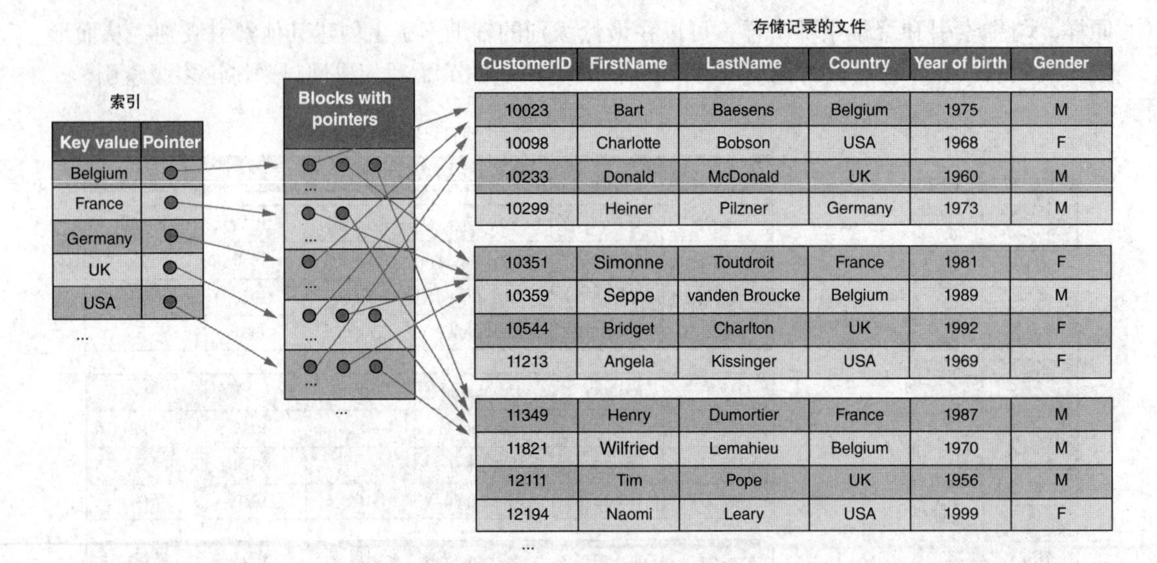

图 12-23　倒排文件示例

3. 多列索引

前面的部分指出，搜索键可以是原子搜索键，也可以是复合键，并且相同的索引原则既适用于原子搜索键也适用于复合搜索键。在本节中，我们将介绍一个复合搜索键上的索引示例，即多列索引。如果在查询中经常将某些属性类型组合在一起，则在这些属性类型上创建多列索引将非常有用，这样可以根据属性类型的值组合加快检索速度。这个原则也可以用于主索引、聚集索引和辅助索引。对于辅助索引，如果索引属性类型的组合既不是主键也不是候选键，可以使用倒排文件方法，如上一节所述。图 12-24 给出了一个示例，搜索键由国家和性别属性类型组成，所有索引项均由（国家，性别）值的组合组成。由于组合是非唯一的，而且由于数据记录没有按照搜索键进行排序，因此使用倒排文件方法，中间（间接）块包含指向具有特定（国家，性别）组合的数据记录的所有指针。

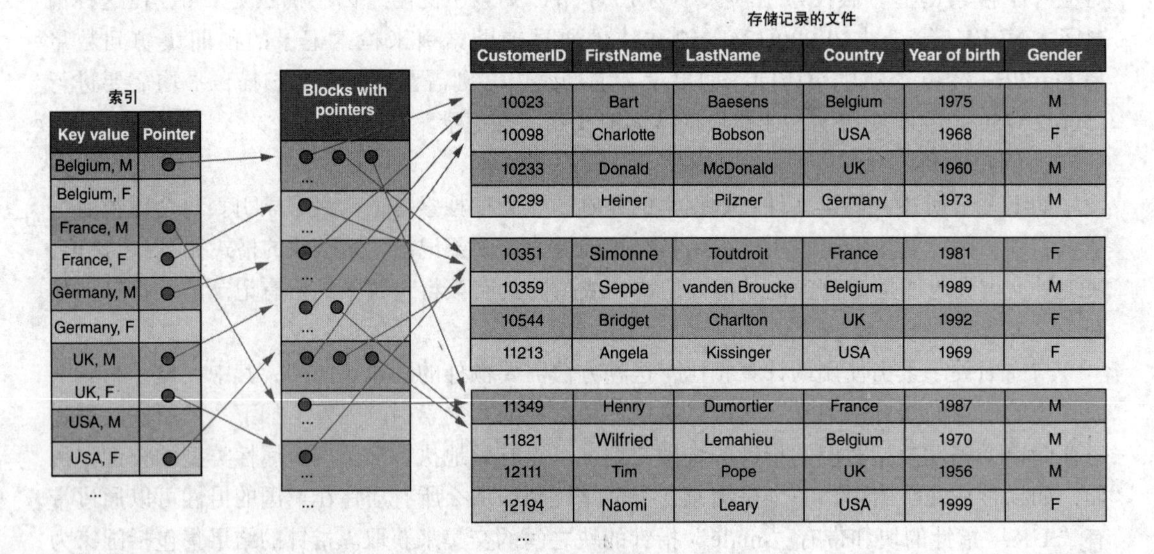

图 12-24　多列索引示例

注意，该索引可以有效地检索具有所需（国家，性别）值的所有记录。对于示例中描述的行，可以对索引通过二分查找检索所有居住在英国的男性，使用指针对相应的块进行随机块访问，并根据这些指针对数据文件进行两次块访问。

此外，由于属于同一国家的所有索引项都是相邻的，因此所有居住在某个国家的人，无论其性别，都可以高效地检索到。例如，检索所有居住在英国的人（男性和女性），需要对索引进行二分查找，然后根据这些指针对块进行两次块访问（一次是男性，一次是女性），并对数据文件进行三次块访问。但是，无论对哪个国家检索所有的男性都不是很有效，因为有相同性别的人的所有索引项都分散在整个索引中，二分查找是不可能的，因此必须线性扫描整个索引。这是多列索引排序方式的结果，最右边列中的属性类型接受它们的所有连续值，而最左边列中的值保持稳定。因此，如果使用最左边的索引列，那么根据只涉及索引列的一个子集的搜索键，使用多列索引来检索是非常有效的。

4. 其他索引类型

许多数据库供应商还引入了其他类型的索引，以适应特定目的或数据检索任务。例如，**哈希索引**提供了一种将哈希与索引检索结合起来的辅助文件组织方法。索引项的格式与普通辅助索引相同，它们由 < 键值，指针 > 对组成。但是，索引不是按顺序文件组织的，而是按哈希文件组织的。将哈希函数应用于搜索键会生成索引块，在该索引块中可以找到相应的索引项，根据索引项中的指针，可以检索实际的记录。

另一个值得一提的索引类型是**位图索引**。位图索引对于有限可能值的属性类型最有效。位图索引并不包含这些值，而是包含一个行 ID 和一系列位——对于索引属性类型的每个可能值都有一个位。对于每个项，与当前行的实际值对应的位位置被设为 1。行 ID 可以映射到记录指针。图 12-24 中的“Country”和“Gender”属性类型的位图索引在图 12-25 中表示。

从垂直方向看，可以将每列视为位图或位向量，指示哪些元组具有列所指示的值。通过对来自多个位图索引的向量进行布尔运算，可以非常有效地识别满足特定条件的记录，比如居住在英国的男性客户。对于具有有限数量不同值的属性类型，可以通过压缩技术有效地存储位图索引。

RowID	Belgium	USA	UK	Germany	France
0	1	0	0	0	0
1	0	1	0	0	0
2	0	0	1	0	0
3	0	0	0	1	0
4	0	0	0	0	1
5	1	0	0	0	0
6	0	0	1	0	0
7	0	1	0	0	0
8	0	0	0	0	1
9	1	0	0	0	0
10	0	0	1	0	0
11	0	1	0	0	0

RowID	M	F
0	1	0
1	0	1
2	1	0
3	1	0
4	0	1
5	1	0
6	0	1
7	0	1
8	1	0
9	1	0
10	1	0
11	0	1

图 12-25 位图索引示例

特定索引类型的最后一个示例是一些 RDBMS 支持的**连接索引**。后者是一个多列索引，该索引结合了两个或多个表的属性类型，从而包含了这些表之间连接的预计算结果。通过这种方式，可以有效地执行连接查询。

12.3.8 B- 树和 B⁺- 树

B- 树和 B^+- 树是树结构的索引类型，在许多商业数据库产品中被大量使用。在详细讨论它们之前，我们将它们用于多级索引和搜索树的一般上下文中。

1. 回顾多级索引

如前所述，如果最低级别的索引本身太大而无法有效地搜索，那么多级索引对于加速数据访问非常有用。索引可以看作一个顺序文件，构建一个索引到索引的索引可以改善对该顺序文件的访问。这个更高级别的索引也是一个顺序文件，可以为它构建索引，等等。该原理可以用于主索引、聚集索引和辅助索引。最低级别的索引项可能包含指向磁盘块或单个记录的指针。每个高级别索引包含的项与直接低级别索引中的块数量相同。每个索引项均由一个搜索键值和一个低级别索引中相应块的引用组成。可以添加索引级别，直到最高级别的索引完全位于单个磁盘块中。这里，我们说的是一级索引、二级索引、三级索引等。

高级别索引带来的性能提升是因为根据二分查找技术来搜索单个索引。在单个索引上执行二分查找时，由磁盘块组成的搜索间隔每次迭代都会减少为原来的 1/2，因此需要大约 $\log_2(\text{NBLKI})$ 个随机块访问来搜索由 NBLKI 个块组成的索引。实际数据文件需要一个额外的随机块访问。对于多级索引，每个索引级别都用一个因子 BFI 来缩短搜索间隔，BFI 是索引的阻塞因子。BFI 表示一个磁盘块中适合有多少索引项，从而为更高级别的索引生成一个索引项。该阻塞因子也称为索引的扇出。根据多级索引搜索数据文件需要 $\lceil \log_{\text{BFI}}(\text{NBLKI})+2 \rceil$ 个随机块访问，其中 NBLKI 表示一级索引中的块数。由该公式可以得出：

- 我们需要添加索引级别，直到最高级别的索引适合一个磁盘块。
- 索引级别 i 所需的块数为：$\text{NBLKI}_i = \lceil \text{NBLKI}_{i-1}/\text{BFI} \rceil$，其中 i=2,3,…。
- 通过应用（i−1）次前面的公式，我们得出 $\text{NBLKI}_i = \lceil \text{NBLKI}/\text{BFI}^{i-1}) \rceil$，其中 i=2,3,…，NBLKI 是最低级别索引中的块数。
- 对于仅由一个块组成的最高级别索引，则认为 $1=\lceil \text{NBLKI}/\text{BFI}^{h-1}) \rceil$其中 h 表示最高索引级别。
- 因此，$h-1=\lceil \log_{\text{BFI}}(\text{NBLKI}) \rceil$，即 $h=\lceil \log_{\text{BFI}}(\text{NBLKI})+1 \rceil$。
- 通过多级索引检索一条记录的块访问次数对应于每个索引级别的随机块访问，加上对数据文件的随机块访问，因此等于$\lceil \log_{\text{BFI}}(\text{NBLKI})+2 \rceil$。

BFI 通常比 2 要高得多，因此使用多级索引比在单级索引上使用二分查找更为有效。

将这些见解应用于相同的 30 000 个记录示例文件中。假设我们保留了辅助索引示例中的最低级索引（即唯一搜索键上的辅助索引）。索引项的大小为 15 字节，BFI 为 136。第一级索引中的块数（NBLKI）=221。第二级索引包含 221 个项，消耗$\lceil 221/136 \rceil$=2 个磁盘块。如果引入了第三个索引级别，则它包含两个索引项，并适合于单个磁盘块[⊖]。利用多级索引搜索一条记录需要四个随机块访问；三个到相应的索引级别，一个到实际的数据文件，也可以按以下方式计算：$\lceil \log_{136} 221+2 \rceil=4$。注意，仅使用最低级别的索引时，需要九次随机块访问。

多级索引可以看作**搜索树**，每个索引级别表示树中的一个级别，每个索引块表示一个结点，每个对索引的访问都导航到树中的一个子树，从而减少了搜索间隔。问题是多级索引可能会加快数据检索的速度，但是如果数据文件被更新，大型的多级索引需要大量的维护。因此，传统的多级索引对数据库的更新性能有很大的负面影响。所以，B- 树和 B^+- 树是更好的

⊖ 实际上，只使用二级和一级索引可能效率更高，并在内存中维护和搜索二级索引。

选择：它们保留了搜索树的本质，但在树结点（即磁盘块）中保留了一些空间，来支持数据文件的插入、删除和更新，而无须重新排列整个索引。我们将在下一节中讨论这些问题。

2. 二叉搜索树

知识延伸 网上提供了几种基于树的数据结构（即二叉搜索树、B- 树和 B⁺- 树）的可视化（更多信息请参见附录）。

我们先介绍**二叉搜索树**的概念，那么 B- 树和 B^+- 树的功能会更容易掌握。二叉搜索树是一种物理树结构，其中每个结点最多有两个子结点。每个树结点都包含一个搜索键值和最多两个指向子结点的指针。这两个子树都是子树的根结点，其中一个子树包含比原始结点键值低的键值，另一个子树仅包含比原始结点高的键值。

导航二叉搜索树与应用在顺序文件组织中已经讨论过的二分查找非常相似。同样，通过每一步都会“跳过”一半搜索键值来提高搜索效率，而不是线性浏览所有键值。现在，搜索空间不再像二分查找那样通过将地址的物理范围一分为二，而是通过在树结构中导航，并在每个结点中选择“左”和“右”子树来缩小搜索空间。更具体地，假设将搜索键 K 与值 K_i 一起使用。找到搜索键值为 K_μ 的结点，将根结点中的键值 K_i 与 K_μ 进行比较。如果 $K_i=K_\mu$，则找到搜索键。如果 $K_i>K_\mu$，则指针指向“左”子树的根。否则，如果 $K_i<K_\mu$，指针指向“右”子树的根，该子树仅包含大于 K_i 的键值。递归地对所选的子树执行相同的过程，直到找到具有 K_μ 的结点，或到达叶结点为止，这意味着树中不存在键值 K_μ。如图 12-26 所示，其中 $K_\mu=24$。在三步之后找到了正确的结点，而线性搜索需要九步。正如在二分查找讨论的那样，随着键值数量的增加，性能增益会增大。

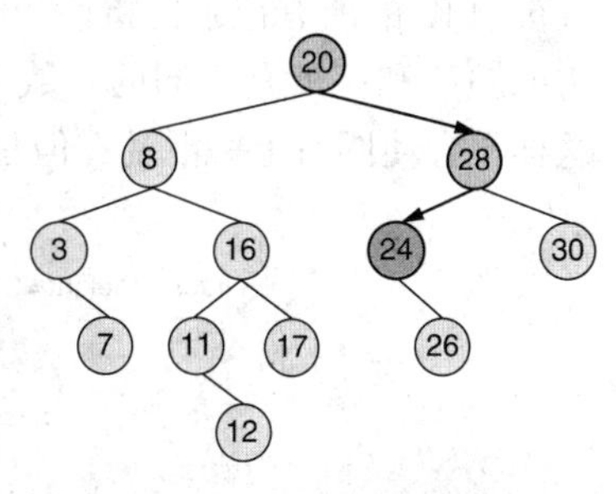

图 12-26 二叉搜索树示例

如果每个结点包含一个以上的键值和两个以上的子结点，那么性能还可以进一步提高。在那种情况下，如果键值的总数相等，则树的高度就会降低，因此平均步数和最大步数就会减少。这种考虑是 B- 树概念的基础，将在下一节中进行讨论。

3. B- 树

B- 树是一个树结构的索引，可以看作搜索树的变体，是专门为硬盘存储而设计的。特别是，每个结点对应于一个磁盘块，结点保持在半满和满之间，以满足索引的某种动态，因此可以适应数据文件的更改，且无须对索引进行过多的重新排列。

每个结点都包含一组**搜索键值**、一组引用子结点的**树指针**和一组引用数据记录的**数据指针**，或与搜索键值对应的数据记录块。数据记录是单独存储的，不是 B- 树的一部分。k 阶 B- 树具有以下属性：

- 每个非叶结点的格式[㊀]如下：$<P_0, <K_1, Pd_1>, <K_2, Pd_2>,\cdots,<K_q, Pd_q>, P_q>$, $q\leqslant 2k$。每个 P_i 都是一个树指针：它指向树中的另一个结点，该结点是 P_i 所指的子树的根。每个 Pd_i 都是数据指针：它指向键值为 K_i 的记录[㊁]或包含该记录的磁盘块。
- B- 树是平衡树：所有叶结点都在树的同一层。因此，所有从 B- 树的根到任何叶结点的路径都具有相同的长度，称为 B- 树的高度。叶结点与非结点具有相同的结构，只

㊀ 一些作者以不同的方式定义这个顺序，并将这种格式的 B- 树表示为 $2k$ 而不是 k。

㊁ 通常，搜索键可以是原子的，也可以是复合的，可以组合多个属性类型，K_i 可以表示单个原子键值或单个复合键值。

是叶结点的树指针 P_i 都是空的。

- 在结点内，该属性保持 $K_1<K_2<\cdots<K_q$。
- 对于 P_i 所指子树中的每个键值 X，以下是成立的：
  - $K_i<X<K_{i+1}, 0<i<q$
  - $X<K_{i+1}, i=0$
  - $K_i<X, i=q$
- B- 树的根结点具有许多键值和相等数量的数据指针，其范围在 1 到 2*k* 之间。树指针和子结点的数量范围为 2 到 2*k*+1。
- 所有“普通”结点（即内部结点：非根结点和非叶结点）都有许多键值和数据指针，介于 *k* 和 2*k* 之间。树指针和子结点的数量范围是 *k*+1 到 2*k*+1。
- 每个叶结点有 *k* 到 2*k* 个键值和数据指针，并且没有树指针。

因此，每个具有 *q* 个键值的非叶子结点都应该有 *q* 个数据指针和 *q*+1 个指向子结点的树指针。如果索引的搜索键不是唯一的，则会引入一个间接层，类似于 12.3.7 节讨论的倒排文件方法。这样，数据指针 Pd_i 不会直接指向记录，而是指向一个块，该块包含指向满足搜索键值 K_i 的所有记录的指针。图 12-27 提供了几个简单的例子来说明 B- 树的原理，这些 B- 树的顺序和高度是不同的。数字表示键值 K_i，箭头表示树指针 P_i，数据指针 Pd_i 没有展示，这样不会使图看上去混乱，但是实际上每个键值都有一个数据指针。

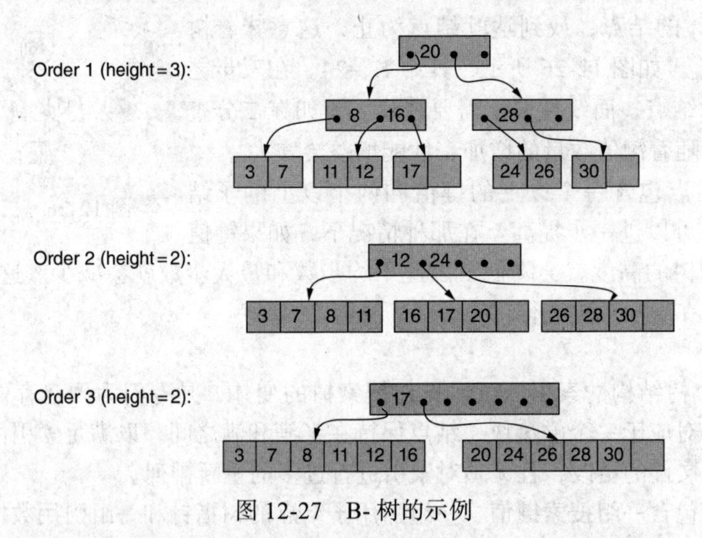

图 12-27　B- 树的示例

从根开始搜索 B- 树。如果在结点中找到了所需的键值 X（例如 K_i=X），则可以通过数据指针 Pd_i 在数据文件中访问相应的数据记录。如果在结点中找不到所需的值，则树指针将指向包含适当键值范围的子树。更准确地说，要跟随的子树指针 P_i 对应于 X＜K_i+1 的 *i* 的最小值。如果 X 大于所有 K_i，则跟随树指针 P_{i+1}。对该子树重复相同的过程，直到在结点中找到所需的键值，或直到到达叶结点为止，这意味着不存在所需的搜索键值。这种方法同样与二分查找非常相似，但是由于树指针的数量远远大于两个，因此扇出和搜索效率远高于二分查找。

一个结点的容量等于一个磁盘块的大小，除根结点外，所有结点都至少被填满 50%。因此，B- 树有效地利用了存储容量，但是仍然为数据文件的添加留出了空间，不需要对索引结构进行有影响的重组。如果添加了数据记录和键值，则结点中的空闲空间将被填充。如果该键值的相应子树中的所有结点都已满，则将一个结点分成为两个半满的结点。它们都是原始结点的父结点的兄弟结点。如果在删除记录和键值后，结点的容量不足一半，则将该结点与兄弟结点合并，生成至少填充 50% 的结点。请注意，拆分或合并结点也会影响父结点，在父结点上分别添加或删除树指针和键值。因此，也可能需要对父结点进行结点拆分或合并。在极少数情况下，这些更改可能会一直到根结点，但即使这样，更改的数量也仅限于 B- 树的高度，这仍然比按顺序文件组织所需的更改少很多。

在搜索 B- 树时，准确预测所需的块访问次数是非常复杂的。可能的配置有很多，每个结点可能包含 k 到 $2k$ 个键值（根结点除外），根据结点的拆分和合并，树可能呈现不同的形状。例如，在图 12-27 中，搜索键值 24 需要在第一棵 B- 树中进行三次随机块访问，在第二棵 B- 树中进行一次块访问，并在第三棵树中进行两次块访问。搜索键值 17 分别需要三个、两个和一个块访问。树的高度以及查找树中某个键值的最大随机块访问次数，将随着树的顺序增加而减少。还要注意，在这种情况下，B- 树的平衡是一个重要的属性。对于非平衡树，从根到叶结点的路径对所有叶结点是不同的，这会导致搜索时间的变化更大。

最后，值得一提的是，有时 B- 树也被用于主文件组织技术，因此将实际数据文件组织为搜索树。结点仍包含搜索键值和树指针。但是，它们并不包含数据指针，而是包含与搜索键值相对应的记录的实际数据字段。这种方法对于字段数量有限的小文件和记录非常有效。否则，树层级的数量很快会变得太大，导致无法有效访问。

知识延伸 B- 树最初是由 Rudolf Bayer 和 Edward McCreight 于 1971 年提出的，当时他们在波音研究实验室工作。并不完全清楚“B”代表什么。据 Edward McCreight 的说法，可代表很多东西：“Boeing”“balanced”甚至“Bayer”（Rudolf Bayer 是这两个资深作者之一）。但是，正如他在 2013 年第 24 届组合模式匹配研讨会上所说：“你对 B- 树中 B 的思考越深，对 B- 树的理解就越好”。

4. B⁺- 树

大多数 DBMS 使用的都是基于 **B⁺- 树**而不是 B- 树的索引。主要区别是在 B⁺- 树中，只有叶结点包含数据指针，非叶结点中的所有键值在叶结点中都重复存在，从而每个键值都会在叶结点中出现，同时叶结点还有一个对应的数据指针。高层级的结点只包含叶结点中出现的键值的子集。最后，B⁺- 树的每个叶结点也有一个树指针，指向它下一个兄弟结点。这样，后一个树指针创建了一个叶结点的链表，并根据它们包含的键值顺序排列所有叶结点。

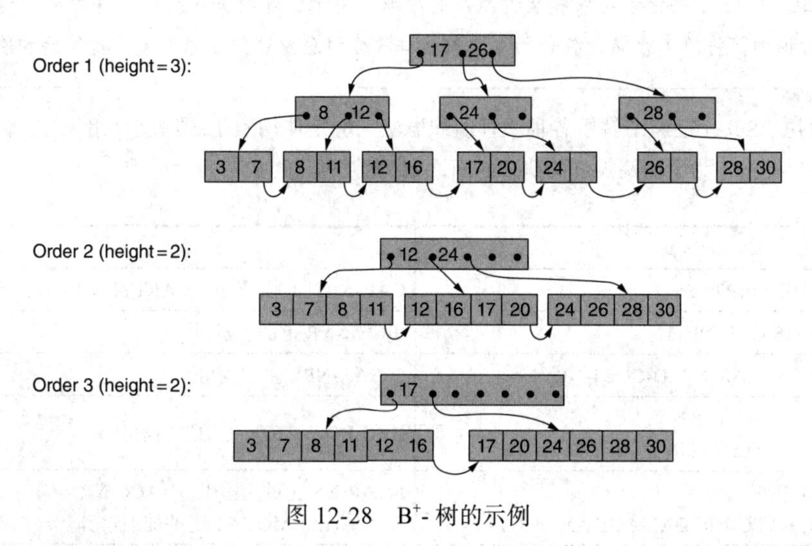

图 12-28　B⁺- 树的示例

图 12-28 给出了一些简单的 B⁺- 树示例，其顺序和搜索键值与 B- 树示例相同。同样，存在于叶结点中的数据指针也没有被展示出来。与 B- 树相比，B⁺- 树的搜索键值包含一些冗余。还要注意叶结点中的“下一个”树指针，有时也存在“上一个”指针。

搜索和更新 B⁺- 树的过程与 B- 树类似。由于只有叶结点包含数据指针，因此每次搜索都必须搜索到叶结点，B- 树则不是这样。尽管如此，B⁺- 树通常更有效，因为非叶结点不包含任何数据指针，所以，在块大小相同时，结点的顺序可能会比 B- 树更大。因此，B⁺- 树的高度通常更小，导致搜索树的块访问更少。在大多数情况下，B⁺- 树包含数据指针的叶结点的顺序与其他树结点不同。

此外，叶结点中的“下一个”树指针，以及所有搜索键值和数据指针都存在于结点中，这一事实为遍历树提供了另一种方法。不从上到下定位该树，而是从最左边的叶结点开始，在叶结点之间通过下一个指针，连续访问几个叶结点，这种方式可以更有效地处理范围查询，下一章将对此进行介绍。

注意，还存在其他变形。具体来说，在填充因子上会有一些变化，填充因子表示非叶结点的“满”程度，对于标准 B- 树和 B⁺- 树，该值为 50%。例如，填充因子为三分之二的 B- 树通常称为 B*- 树。

节后思考

- 主文件和辅助文件组织的区别是什么？
- 讨论并比较最重要的主文件组织方法。
- 讨论并比较最重要的辅助文件组织方法。
- 讨论并比较 B- 树和 B⁺- 树。

总结

在本章中，我们讨论与物理文件组织相关的各个方面。首先，我们介绍了存储设备的特性以及这些特性如何影响物理数据访问的性能。然后，我们分别讨论了存储记录和物理文件组织。我们区分了主文件组织方法和辅助文件组织方法。这里，要特别注意不同类型的索引及其改善搜索性能的方式。特别是 B- 树和 B⁺- 树，是 DBMS 产品中经常被讨论的索引类型。下一章将基于这些技术来讨论物理数据库组织，物理数据库由一组物理文件和索引组成。

知识关联　第 13 章将记录组织和文件组织的原理应用于物理数据库组织，并且再次讨论了存储硬件的问题，讨论如何将单个存储设备作为更大的实体（称为企业存储子系统）进行集群和管理。

情景收尾　Sober 已经了解了各种文件组织方法，决定使用索引顺序文件组织方法物理地实现每个关系表。此外，为了加快查询的执行时间，定义了以下索引：

表	索　引
CAR(CAR-NR, CARTYPE)	CAR-NR 上的主索引；CARTYPE 上的辅助索引
SOBER CAR(S-CAR-NR)	S-CAR-NR 上的主索引
OTHER CAR(O-CAR-NR, O-CUST-NR)	O-CAR-NR 上的主索引
ACCIDENT (ACC-NR, ACC-DATE-TIME, ACC-LOCATION)	ACC-LOCATION 上的聚集索引
INVOLVED (I-CAR-NR, I-ACC-NR, DAMAGE AMOUNT)	I-CAR-NR 上的主索引，I-ACC-NR; DAMAGE AMOUNT 上的辅助索引

（续）

表	索　引
RIDE(RIDE-NR, PICKUP-DATE-TIME, DROPOFF-DATE-TIME, DURATION, PICKUP-LOC, DROPOFF-LOC,DISTANCE, FEE, R-CAR-NR)	PICKUP-LOC 上的聚集索引；FEE 上的辅助索引
RIDE HAILING(H-RIDE-NR, PASSENGERS, WAIT-TIME,REQUEST-TYPE, H-CUST-NR)	WAIT-TIME 上的聚集索引；PASSENGERS 上的辅助索引
RIDE SHARING(S-RIDE-NR)	S-RIDE-NR 上的主索引
CUSTOMER(CUST-NR, CUST-NAME)	CUST-NR 上的主索引
BOOK(B-CUST-NR, B-S-RIDE-NR)	B-CUST-NR 上的主索引，B-S-RIDE-NR

关键术语表

absolute address（绝对地址）
actuator（驱动器）
binary search（二分查找）
binary search trees（二叉搜索树）
bitmap index（位图索引）
block pointer（块指针）
blocking factor（阻塞因子）
blocking factor of the index（BFI，索引阻塞因子）
B-tree（B- 树）
B^+-trees（B^+- 树）
bucket（桶）
central storage（中央存储）
chaining（链接）
clustered index（聚集索引）
collision（碰撞）
cylinder（柱面）
data item（数据项）
data pointers（数据指针）
delimiters（分隔符）
dense indexes（密集索引）
directly accessible storage devices（DASD，直接存取存储设备）
directory（目录）
disk blocks（磁盘块）
dynamic hashing（动态哈希）
embedded identification（嵌入式识别）
hard disk controller（硬盘控制器）
hash indexes（哈希索引）
hashing（哈希）
heap file（堆文件）
I/O
I/O boundary（I/O 边界）
index entry（索引项）
indexed sequential file organization（索引顺序文件组织）
indexing（索引）
intervals（时间间隔）
inverted file（倒排文件）
join index（连接索引）
key-to-address transformation（键址转换）
latency（延迟）
linear list（线性表）
linear search（顺序查找）
linked list（链表）
lists（列表）
loading factor（加载因子）
mixed file（混合文件）
multilevel indexes（多级索引）
nonlinear list（非线性表）
one-way linked list（单链表）
open addressing（开放寻址）
overflow（溢出）
overflow area（溢出区域）
overflow-handling technique（溢出处理技术）
partitions（分区）
persistent storage media（持久性存储介质）
physical database（物理数据库）
physical file（物理文件）
pointers（指针）
primary area（主区域）

primary file organization methods（主文件组织方法）
primary index（主索引）
primary storage（基本存储）
random file organization（随机文件组织）
read/write heads（读写头）
record pointer（记录指针）
relative block address（相对块地址）
relative location（相对位置）
rotational delay（旋转延迟）
search key（搜索键）
search key values（搜索键值）
search tree（搜索树）
secondary file organization methods（辅助文件组织方法）
secondary index（辅助索引）
secondary storage（辅助存储）
sectors（扇区）
seek time（寻道时间）
sequential file organization（顺序文件组织）
sparse indexes（稀疏索引）
spindle（主轴）
stored record（存储记录）
synonyms（同义词）
tracks（磁道）
transfer time（传输时间）
tree pointers（树指针）
uniform distribution（均匀分布）
variable length records（变长记录）
volatile memory（非永久性存储器）

思考题

12.1　DASD 表示什么？
- a. 数据库适当的存储设备
- b. 直接累加存储设备
- c. 直接存取存储设备
- d. 数据累加存储设备

12.2　在将逻辑数据模型转换为内部数据模型时，应该考虑什么？
- a. 物理存储特性
- b. 将对数据执行的操作类型
- c. 数据库的大小
- d. 以上都应该考虑到

12.3　怎么将行 / 元组转为内部数据模型？
- a. 数据项
- b. 存储记录
- c. 数据集
- d. 物理存储结构

12.4　记录组织的相对定位技术什么时候会出现问题？
- a. 当记录中有许多缺失值时
- b. 当有大量记录时
- c. 当有许多不同数据类型时
- d. 当有很多关系的时候

12.5　下列情况中，我们可以使用分隔符来分隔属性吗？
- a. 数据存储在混合文件中
- b. 一些属性有以可变长度作为输入的数据类型
- c. 有些属性是多值的
- d. 以上全部

12.6　为什么知道阻塞因子很重要？
- a. 用于计算硬盘驱动器的寻道时间
- b. 实现对记录的有效访问
- c. 用于确定数据库的最大大小
- d. 以上都不是

12.7　下列关于搜索键的陈述哪一个是**不正确的**？
- a. 搜索键可以是组合的，即它可以由值的组合组成
- b. 搜索键是记录的唯一标识符
- c. 搜索键可用于检索某一属性类型在某个范围内的所有记录
- d. 搜索键决定检索记录的条件

12.8　下列哪一种文件组织方法**不是**主文件组织方法？
- a. 链表
- b. 顺序文件组织
- c. 堆文件
- d. 哈希文件组织

12.9 下列关于随机文件组织的陈述哪一个是**正确的**？

a. 为了避免溢出，需要仔细选择将键分配到桶地址的哈希算法。

b. 更高的加载因子会导致更少的溢出，但也会导致更多的存储空间浪费。

c. 检索记录只需要一个块访问，特别是随机块访问由哈希算法表示的桶的第一个块。

d. 除法是一种哈希技术，它将键除以一个正整数 M，并以余数作为记录地址，这种技术的性能通常很差。

12.10 下列关于索引顺序文件组织的陈述哪一个是**正确的**？

a. 稀疏索引的搜索键是唯一的（即主键或候选键）。

b. 稀疏索引通常比密集索引快。

c. 密集索引的项总是指一组记录。

d. 密集索引比稀疏索引更难维护。

12.11 下列哪个陈述是**正确的**？

a. 辅助文件组织方法让插入和删除记录变得容易得多。

b. 树数据结构的一个重要应用是，提供一个物理索引结构来加速检索记录。

c. 单链表的优点是，每条记录都包含一个指向其逻辑后继记录的指针，不需要检索所有记录，因为通常只需要处理列表的一部分。

d. 倒排文件在数据集唯一的、有序的搜索键上定义索引。

12.12 关于搜索树、B- 树和 B^+- 树，下列哪个陈述是**正确的**？

a. 不平衡的 B- 树通过降低树的高度来提高性能。

b. B- 树是一种主文件组织方法，直接影响记录的物理位置。

c. 搜索树是 B- 树和 B^+- 树的一个很好的替代，因为它们更容易维护。

d. 二叉搜索树相对于线性搜索树的性能增益随着键值数量的增加而增大。

问题和练习

12.1E I/O 边界是什么？与此边界相关的数据库位于何处？

12.2E 对于具有以下特征的硬盘驱动器，顺序块访问的预期时间和随机块访问的预期时间分别是多少？

- 平均寻道时间 = 7.5ms
- 主轴速度 = 5400rpm
- 传输速率 = 200MBps
- 块大小 = 512 字节

12.3E 如果食品外卖服务想要收集新客户的个人信息，使用一个所有字段都必须填写的在线表单，记录组织技术应首选哪种？为什么这是最好的选择？如果不是所有的字段都是强制性的呢？

12.4E 如何提高基于搜索键的物理检索记录的速度？

12.5E 在讨论键址转换（哈希算法）时，桶地址、相对块地址和绝对块地址之间的区别是什么？

12.6E 讨论辅助索引的优缺点。什么时候维护辅助索引是有用的？

12.7E 讨论堆文件、顺序文件和随机文件组织的区别和优缺点。

物理数据库组织

本章目标 在本章中，你将学到：

- 掌握物理数据库组织的基本概念；
- 了解多种数据库访问方法；
- 理解如何将单个设备作为企业存储子系统进行集中和管理；
- 理解业务连续性的重要性。

情景导入 现在 Sober 知道它需要什么样的索引，想进一步了解如何在 SQL 中实现这些索引。该公司还希望了解查询优化器是如何工作的，以及它如何决定查询的数据访问路径，并想要知道他们应该采用哪种类型的存储硬件。最后，该公司希望理解在硬件和软件可能有计划或计划外停机的情况下，如何保证存储硬件可以不间断运行。

本章将从广义上讨论物理数据库组织，我们主要关注物理数据库设计——将逻辑数据模型转换为内部数据模型，包括设计索引以加快数据访问。本章以第 12 章获得的相关物理记录和文件组织的知识为基础对此展开讨论，另外我们还将重点放在物理数据存储的其他方面，如技术和管理层面，以及业务连续性的重要领域。

首先，我们会讨论表空间和索引空间的概念，以及物理数据库组织的其他基本构件。然后将前一章获得的文件组织原则应用到数据库组织的环境中。在此处我们讨论查询优化器的功能，以及后者如何使用索引和其他技术来确定执行查询的最佳访问策略。我们还将特别关注 join（连接）操作的不同替代方案。第 12 章的前半部分我们会从全局视角进行讲解，在本章的后半部分，我们将回到存储硬件讨论中，介绍 RAID 技术和不同的网络存储方法，如 SAN 和 NAS。最后我们将讨论如何在保证业务连续性的情况下应用这些技术。对于本章所关注的主题我们不会详尽全面地解释，相反我们的目标是从多角度和多关注点的开放性视野下为读者讲解物理数据存储和管理。与第 12 章相同，在没有另行说明时，我们假设数据库类型为关系数据库，当然大多数概念同样适用于其他类型的数据库。

13.1 物理数据库组织和数据库访问方法

物理数据库组织目的是构建内部数据模型。因此，本节将应用上一章中讨论的有关单个记录和文件的物理组织原则，同时还添加了属于不同记录类型或数据集的相关记录的高效检索规定，例如 SQL 的连接（join）查询。此外，文章还重点讨论了如何在数据库管理系统（特别是关系数据库管理系统）的具体设置中实现通用文件的组织原则。建议读者重新回到前一章与表 12-1 的相关内容中，温习逻辑数据模型和内部数据模型之间映射的知识。

需要强调的是，最新版本的 SQL 不会对内部数据模型或逻辑关系数据模型的物理实现方式强制进行任何标准化，不同的 DBMS 供应商都应有自己的方法，通过不同的文件组织技术、索引类型、数据库访问方法、连接操作实现和调优工具来提高 DBMS 性能。因此，只说“物理数据库组织方法”是毫无意义的，我们更鼓励读者仔细检查特定 DBMS 的配置调优手册，来了解详细信息。不过，以下各节旨在概述物理数据库设计方面的一些广泛应用原则，以及某些设计决策对性能的影响，我们会集中关注索引设计，给定查询、表和索引的特定属性，不同的可能访问路径，以及有效的实现连接操作的不同查询方法。

知识关联　第 6 章讨论了关系数据管理系统，第 7 章介绍了 SQL 的连接查询，物理记录组织和文件记录组织的知识请参考第 12 章，本章则负责概述存储设备（特别是硬盘驱动（HDD））的物理特性及其对相应的文件组织技术的影响。

13.1.1　从数据库到表空间

我们可以对用户数据库和系统数据库加以区分，用户数据库具有数据库设计者决定的物理结构，包含表示组织状态的数据；系统数据库的结构由数据库供应商预先定义，并保存支持 DBMS 开发的目录表。其最简单的实现，就是物理用户数据库是索引文件和数据文件的集合，按照前一章讨论的记录组织和文件组织的原则进行整理组织。然而，许多 DBMS 实现在逻辑数据库和物理数据文件中引入了被称为**表空间**的额外的中间（indirection）级别。

表空间可以看作数据库对象的物理容器，它由一个或多个物理文件组成，通常可以选择在多个存储设备上分配这些文件。在较小规模的数据库系统中，文件由操作系统的文件系统管理，而高性能 DBMS 通常直接与存储设备交互管理文件，绕过操作系统文件管理功能减少开销。每个逻辑表都被分配给一个表空间，以便在物理上持久化，至于**存储表**，会占用表空间中的一个或多个磁盘块或页[⊖]。表空间也可以包含索引，不过有时也会为此使用单独的**索引空间**。

将存储表映射到物理文件和存储设备时，表空间作为一个中间级别，是数据库管理员优化 DBMS 性能的首要工具。例如，来自同一个表的数据可以分布在多个存储设备上，而后可以在单个复杂查询的上下文中并行搜索不同的数据子集以提高性能，我们称其为**并行查询**。另一方面，也有希望避免在同一查询中涉及多个存储设备，转而优化系统来实现**查询间并行性**，其中许多简单查询就能并行执行，也可以将多个表中的数据汇聚到一个表空间中，满足对强相关数据的有效检索。

物理数据库设计可总结为将逻辑概念归为物理结构，如图 13-1 所示，这是数据库设计师和数据库管理员的共同责任。第一个决策取决于存储设备的选择，并非所有逻辑表都要求相同的检索和更新性能，因此一个经过深思熟虑的选择可能是提供具有不同成本和性能特征的存储设备。有时会如 13.2 节所述，为了更好的性能和可靠性以及更有效的管理，一些设备被合并到更大的实体中，在选定的存储设备上，将创建形成表空间和索引空间的文件。根据前面提到的思路，可以把表归入表空间，这种方法可以根据需要将其分布在多个物理文件上。如果 DBMS 不提供表空间的间接寻址，则表直接映射到数据文件上，DBMS 根据逻辑数据模型自动生成一些索引（比如强制所有主键的唯一性），其他索引由数据库管理员显式创建；我们将在下一节详细讨论有关索引设计的选择和条件。索引被分配给表空间或单独的索引空间，尤其是在后一种情况下，可以在不影响物理数据文件的情况下添加或删除辅助索引，请注意主索引或聚集索引决定了文件中数据记录的物理顺序，因此创建或删除此类索引需要特别考虑。

⊖　在文件组织文献中，“块”一词最常用，但在实际的数据库文献中，“页”一词更常用。

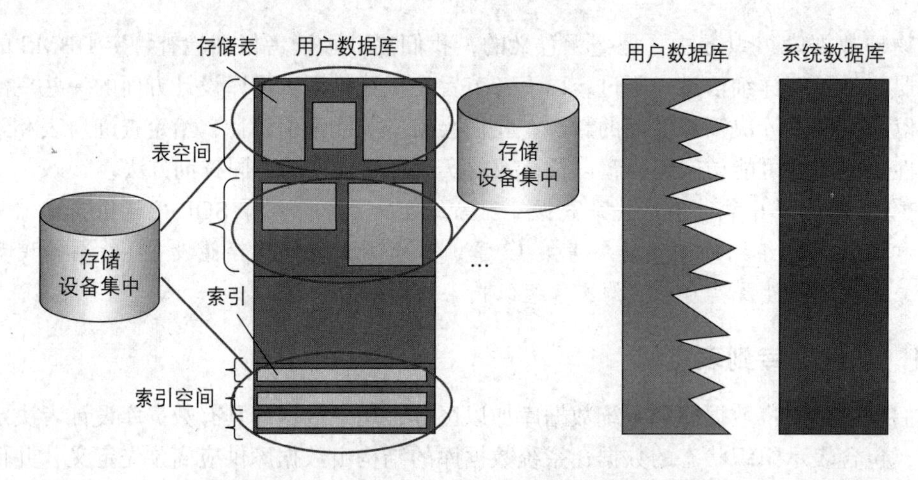

图 13-1　存储表、索引、表空间和索引空间

值得庆幸的是，大多数现代数据库管理系统都配备了广泛的性能调整工具。这些决策涉及在存储介质上分配数据和表、检测和解决存储设备的 I/O 问题、提供索引优化向导以监视和优化索引的使用、监视和优化查询执行中涉及的**访问路径**等。尽管大多数数据库管理系统提供了大量的自动配置和自调整功能，但在很大程度上这一责任仍由数据库管理员承担，可以由管理员操作的参数数量通常非常庞大；在下一节中，我们将概述一些基本层面的知识，但无法做到详尽无遗。

知识关联　第 4 章有数据库设计师和数据库管理员的相关内容。

13.1.2　索引设计

虽然索引已经在前文中展开过讨论，但仍有必要关注在实际数据库组织的环境中创建哪些索引。一方面，对于数据库设计师和数据库管理员来说，索引可能是最重要的调整工具；下一节将讨论数据库访问方法中，索引如何直接影响查询优化器在查询的物理实现和优化方式上的决策；另一方面，定义索引还有一些其他理由而非仅仅是高效的查询处理。本节重点介绍数据库设计师用于确定索引创建时进行取舍所采取的标准，而上一章中介绍的各个索引类型我们已经在表 13-1 中有所总结。

表 13-1　索引类型总结

索引类型	影响元组的物理顺序	唯一搜索关键字	密集或稀疏
主索引	是	是	稀疏
聚集索引	是	否	密集或稀疏
辅助索引	否	是	密集
		否	密集或倒置文件

由于索引属于内部数据模型（它不是最新版的 SQL 标准的一部分），因此没有用于创建索引的标准 SQL 语法，不过，大多数 DBMS 使用如下相似的语法：

```
CREATE [UNIQUE] INDEX INDEX_NAME
ON TABLE_NAME (COLUMN_NAME [ORDER] {, COLUMN_NAME [ORDER]})
[CLUSTER]
```

UNIQUE 和 CLUSTER 语句是可选的。下面我们看几个实例，是前文讲述过的索引创建过程。

```
CREATE UNIQUE INDEX PRODNR_INDEX
ON PRODUCT(PRODNR ASC)

CREATE INDEX PRODUCTDATA_INDEX
ON PRODUCT(PRODPRICE DESC, PRODTYPE ASC)
```

c.
```
CREATE INDEX PRODNAME_INDEX
ON PRODUCT(PRODNAME ASC)
CLUSTER
```

d.
```
CREATE INDEX PRODSUPPLIER_INDEX
ON PRODUCT(SUPPLIERNR ASC)
```

创建索引有以下几个主要原因：

- *根据特定或选择条件高效检索行记录*：可以在表中的任何列或列组合上创建索引，如下一节所示，对于索引的搜索键，检索效率要高得多。针对唯一元组的选择条件可以由主索引决定，也可以由候选键上的辅助索引决定——参见上面的索引 a，针对一组元组的选择条件可以使用聚集索引，也可以使用非键值属性类型或多个属性类型组合上的辅助索引，如索引 c 和 b 中显示。在许多情况下，即使只对组合搜索键的某些属性类型进行索引，检索性能也会提高。
- *join 查询的高效性能*：如前文所述，join 是执行的查询中性能代价最高昂的操作之一、索引可用于以更有效的方式在两个表中执行相关元组的搜索（即与连接条件匹配的元组），这样的索引通常会利用外键这种出现在连接条件中的重要候选项，后者在索引 d 中有所解释，详细内容请参见 13.1.4 节。
- *强制列值或列值组合唯一*：DBMS 在不使用索引的情况下对属性类型或属性类型集合强制进行唯一性约束是非常低效的。在这种情况下，每次添加元组或更新属性时，DBMS 都必须对整个表进行线性扫描，以验证是否违反唯一性，因此强制执行唯一性约束要求在相应的属性类型上创建索引，这样 DBMS 只需搜索索引来确保没有重复值。这种索引被称为*唯一索引*；它由上述语法中用于创建查询的 UNIQUE 子句表示，参考索引 a。如果唯一索引属性类型或属性类型集合确定了表中行的物理顺序，则唯一索引就是主索引。否则，它就是辅助索引。
- *表中行的逻辑顺序*：每个索引都按照其所涉及的属性类型以某种方式排序，这可以通过语法中的 ASC（升序）或 DESC（降序）子句来指定，因此索引还可指定表中实际元组的逻辑顺序，其中包含这些相同的属性类型。可创建的辅助索引的数量理论上仅受表中属性类型的数量限制，所以可以在同一个物理排序存储表上定义许多逻辑排序条件，上图所有的索引示例都能说明这点。
- *表中行的物理顺序*：索引项的顺序也可用于确定存储表中行的物理顺序，在这种情况下，索引搜索键值决定了磁盘上相应行的物理位置。如果搜索键中的每个值或值的组合都是唯一的，那么它不但是主索引，还是聚集索引，因此按顺序检索元组（例如，在 SQL 查询中的 ORDER BY 子句）会非常有效，此外还可以有效地对具有这种索引的属性类型执行范围查询。因为聚集索引可以决定元组的物理顺序，所以每个表只能有一个这样的索引（主索引或聚集索引），应根据此类查询的预期频率和重要性，仔细选择要搜索的属性类型，创建索引时可以通过可选的CLUSTER子句设置聚集属性——参考上面的示例索引c。

除了为每个表定义一个主索引或聚集索引外，还可以根据需要定义任意多个辅助索引，但是每个索引都需要花费代价：消耗存储空间，更新查询时需要更新相应索引可能会使更新速度变慢；数据库管理员必须依赖目录中的统计信息（见下文），以及他自己的经验来决定需要创建哪些索引。不过由于物理数据的独立性，可以在不影响逻辑数据模型或应用程序的情况下，根据更改的需求或对数据使用的新视角添加和删除索引，此外还可以在不影响实际数据文件的情况下创建或删除辅助索引。至于主索引和聚集索引情况则有所不同。

常见的待索引候选属性类型包括主键和一些用于强制唯一性的候选键、外键、其他连接条件中经常使用的属性类型，以及在查询中经常作为选择条件出现的属性类型。总的来说，最好避免使用字节大小较大或可变的属性类型（例如，宽字符串或varchar类型），因为这些属性会降低索引搜索和维护的效率。其他的相关因素是表的大小，占用空间较小的表上索引相比于提高查询性能，通常会导致有更多的开销，并增加检查和更新查询操作的比例，也就是说检索速度加快，而更新速度会变慢。

知识关联 第1章对物理数据独立性进行了讨论。

13.1.3 数据库访问方法

知识关联 第5章介绍了类似CODASYL的导航DBMS，第7章则详细讨论了SQL。

1. 查询优化器的功能

与CODASYL等传统环境相比，RDBMS与其他较新的DBMS类型基本特征是非导航的（参见第5章）。SQL在其中是一种声明式查询语言，开发人员指定需要哪些数据，而非编写如何定位数据并从物理数据库文件中检索数据的代码（参见第7章）。

在许多情况下，需要存在不同的访问路径来获取相同数据，完成检索任务的时间也可能会有较大差别。对于每个查询，优化器负责将解析查询的不同方法转换为不同访问计划，并选择其中效率最高的计划。现代**基于成本的优化器**根据一组内置的成本公式（与第12章中讨论的公式类似）以及查询涉及的表、可用索引、表中数据的统计属性等信息计算出最优的查询计划[⊖]。

第2章已经讨论了查询执行的各个步骤和优化器的角色。总之，查询处理器是DBMS组件，可以辅助执行数据库的检索和更新查询，它由DML编译器、查询解析器、查询重写器、查询优化器和查询执行器组成。DML编译器首先从目标语言中提取DML语句，然后查询解析器将查询解析为内部表示格式，并检查查询的语法和语义正确性。查询重写器将此内部格式重写，它可以独立于当前数据库状态优化查询，根据一组预定义规则和启发式原则简化查询，之后查询优化器启动，将当前数据库状态、目录中的信息以及可用的访问结构（如索引）同时考虑优化查询。查询优化过程的结果就是最终访问计划，移交给查询执行器执行。

DBMS在其目录中维护以下统计数据，供优化器用于计算最佳访问计划。

- 表相关数据：
  - 行数；

⊖ 事实上，在大多数情况下无法保证得到真正的最优解。优化器使用启发式方法，根据可用信息并在规定计算时间范围内，确定可能的最佳访问计划。

    - 表占用的磁盘块数；
    - 与表关联的溢出记录数。
- 列相关数据：
    - 不同列值的数目；
    - 列值的统计分布。
- 索引相关数据：
    - 索引搜索键和组合搜索键的单个属性类型的不同值的数目；
    - 索引占用的磁盘块数；
    - 索引类型：主要/聚集或辅助。
- 与表空间相关的数据：
    - 表空间中的表的数量和大小；
    - 表所在设备的特定 I/O 属性。

我们在这里无法详细讨论所有要素，但可以说明几个基本方面。第一个重要的概念是过滤因子，简称 FF㊀。FF 与**查询谓词**相关联，查询谓词指定查询中特定属性类型的 A_i 的选择条件（例如“CustomerID=11349”或“Gender=M”或“Year of Birth≥1970”），查询谓词的 FF_i 表示与属性类型 A_i 关联的谓词的全部行中满足期望的一部分。也就是说，FF 根据查询谓词选择特定行的可能性。对于单表查询㊁，期望的**查询基数**（QC，查询选择的行数）等于**表基数**（TC，表中的行数）乘以查询中各个搜索谓词的筛选因子的乘积。

$$QC=TC\times FF_1\times FF_2\times\cdots FF_n$$

如果没有进一步的统计信息可用，则 FF_i 的估计值为 $1/NV_i$，NV_i 表示属性类型 A_i 不同的值的数目。

例如，假设图 12-24 所示的 customers 表中包含 10 000 个客户。请思考如下查询。

```
SELECT CUSTOMERID
FROM CUSTOMERTABLE
WHERE COUNTRY = 'UK'
AND GENDER = 'M'
```

TC=10 000，因为表中有 10 000 行。假设该表中包含有 20 个不同的国家，性别有两个值“M”和“F”。在这种情况下，$FF_{Country}=0.05$，$FF_{Gender}=0.5$。预期的查询基数为：

$$QC=10\,000\times 0.05\times 0.5=250$$

因此，我们希望数据文件中的 250 行同时具有“Country=UK”和“Gender=M”的属性，假设优化器必须在两个查询计划之间进行选择。第一个选项是先通过“Country”上的索引检索满足“Country=UK”的所有行；第二个选项是先通过“Gender”上的索引检索满足“Gender=M”的所有行。第一种选项下要检索的期望行数为 10 000×0.05=500。由于 QC=250，我们希望这 500 行中有一半能满足查询条件，另一半则丢弃（因为它们的 Gender 值不匹配）。在第二种选项下需要检索的行数是 10 000×0.5=5000，其中我们预计只有 250 个记录被保留，其他 4750 个被丢弃，因为它们在“Country”属性的值不匹配。第一种策略在检索时必须执行的记录检索次数更少，比第二种策略更有效。不过实际情况往往会更加复

㊀ 其他术语也用于这个概念，例如查询的选择性。
㊁ 多表连接查询在之后的小节讨论。

杂。例如，可以根据性别对记录进行排序，使该检索条件下进行的检索更有效，可以只执行顺序块的查询，或者还能利用更多的统计信息——例如，英国的客户比其他任何国家的客户都多。这些情况下，第二种策略可能会更加高效。

后者说明了优化器对目录中的统计数据的“推理”，结合当前查询的属性，得出最有效的访问路径。在下面的内容中，我们将讨论一些常见的情况，在这些情况下，可以根据物理表属性、可用性和索引类型为同一查询选择不同的访问。

2. 索引搜索（使用原子搜索键）

我们首先考虑只有一个查询谓词检查的情况，此时查询只涉及一个属性类型的搜索键。如果存在此属性类型的索引，索引搜索通常是实现查询的最有效的方法。此方法适用于针对单个值的查询以及范围查询。我们可以回顾一下第 12 章中的 B^+- 树索引类型，如图 13-2 所示，我们假设有以下范围查询。

```
SELECT *
FROM MY_TABLE
WHERE MY_KEY >= 12
AND MY_KEY <= 24
```

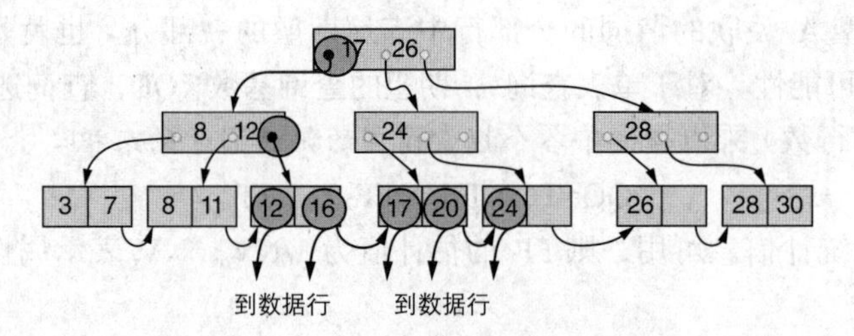

图 13-2　根据 B^+- 树的索引搜索示例

索引允许筛选应检索的数据行，从而避免不必要的检索，大大提升查询性能。采取如图 13-2 所示步骤。

- 从索引的根结点开始，根据搜索键值沿着树指针结点从 B^+- 树向下搜索到包含满足搜索条件的键值的第一个叶结点。
- 从这个叶结点开始，沿着数据指针检索满足搜索键值的数据行。
- 利用叶结点中的指向下一结点的“next”树指针[⊖]，查询包含在搜索键的请求范围内的键值的所有结点，对于每一个结点都根据数据指针检索相应数据行。

如果所使用的查询只有一个单一的搜索键值，而不是一个数值范围，则根据随机文件组织方法来组织一个有效的候选表，将搜索键值使用哈希映射到物理位点来代替使用索引，请注意这种方法在支持范围查询时效率不高，而键值间隔则被用作搜索条件。

对于范围查询，主索引或聚集索引设置比辅助索引更有效。实际上，如果数据记录的存储顺序与搜索键相同，则可以通过“ next”指针访问 B^+- 树的叶结点，并且可以通过查询顺序排列的块来检索按照同样顺序排列的数据行。另一方面，通过辅助索引应用相同的过程将导致对数据文件的所有随机块查询，因为数据记录没有按适当的物理顺序排序，查询指针就会在物理地址上来回“跳跃”，如图 13-3 所示。这种情况下，DBMS 可能首先根据要访问的磁盘块的物理地址对指针进行排序，但排序操作也会产生一定的开销。

⊖　如果查询不是范围查询，只使用单个搜索关键字，例如“MY_KEY=12”，则不需要此过程。

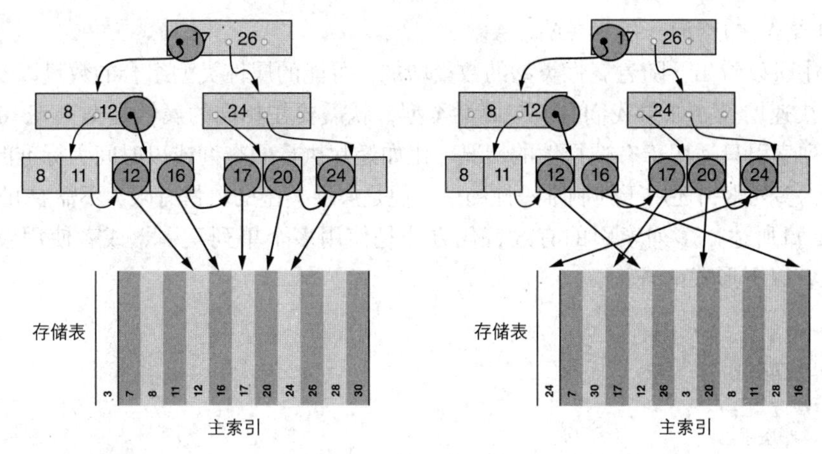

图 13-3 主索引和辅助索引范围查询示例

3. 多项索引和多列索引搜索

如果使用复合关键词搜索，可以与单个关键词搜索方法类似，但根据单列和多列索引的可用性，能够覆盖查询谓词中出现的全部或部分属性类型时，就存在其他选择。

如果索引属性类型与搜索键中的属性类型相同，则上一节中提到的索引搜索方法最有效。但是**多列索引**只会过滤和检索满足查询条件的数据行，在大多数情况下，为每个可能的搜索键组合创建多列索引往往是不可行的，因为这些索引的规模会非常大。事实上，当我们假设在一个搜索键（i=1, 2, …, n）中使用 n 个可能的属性类型 A_i，每个属性 A_i 具有 NV_i 种可能的值，那么在所有的 A_i 上创建的密集索引就有 $\prod_{i=1}^{n} NV_i$ 条记录[⊖]。假如我们在每个单独的属性类型上创建单独的密集索引，那么就有每个都具有 NV_i 个记录的 n 个索引（i=1, 2, …, n）。如此所有的索引上的记录总数只有 $\sum_{i=1}^{n} NV_i$ 个，这是相当少的[⊜]。举例设定一个搜索键含有 5 个属性类型，每个有 10 种可能值，将产生 100 000 条记录的多列索引，当使用单列索引时，将会有 5 个索引，每个索引有 10 条记录，因此总共有 50 条记录。

执行的查询如果不仅涉及所有属性类型，还涉及这些属性类型的任意子集时，情况会变的更加复杂。就如第 12 章描述的，为了有效地支持这些类型的查询，多列索引应该在其最左边的列中包含查询谓词中涉及的所有属性类型，为了支持具有 n 个或更少的属性类型的所有可能查询，可以使用相同的 n 个属性类型创建多个多列冗余索引，区别在于列顺序不同。可以证明为了满足 n 个或更少的属性类型的所有可能搜索键，需要 $\binom{n}{\lceil n/2 \rceil}$ 个索引[⊜]。对于三个属性类型，需要 $\binom{3}{2}$=3 个索引，索引组合为（A_1, A_2, A_3）、（A_2, A_3, A_1）和（A_3, A_1, A_2），适用于任何包含 A_1、A_2 或 A_3 的查询，说明如下：

- 包含 A_1、A_2 和 A_3 的查询→可使用任意索引。
- 包含 A_1 和 A_3 的查询→使用（A_3，A_1，A_2）。
- 包含 A_2 和 A_3 的查询→使用（A_2，A_3，A_1）。

⊖ $\prod_{i=1}^{n}$ 是一种名为“累乘”的数学化方法标志。$\prod_{i=1}^{n} NV_i = NV_1 \times NV_2 \times NV_3 \times \cdots \times NV_n$

⊜ $\sum_{i=1}^{n}$ 是一种名为“累加”的数学化方法标志。$\sum_{i=1}^{n} NV_i = NV_1 + NV_2 + NV_3 + \cdots + NV_n$

⊜ $\binom{x}{y}$是一种名为“组合”的数学方法标志。$\binom{x}{y} = \frac{x!}{y!(x-y)!}$。

- 只包含 A_1 的查询→使用（A_1，A_2，A_3）。

从公式中可以看出，随着属性类型的数量增加，可能的属性类型组合的数量以及所需索引的数量都会快速增长。如果我们有 5 个属性类型，就需要在相同的属性类型上有 10 个冗余索引，因此多列索引只适用于有选择性的情况，比如经常执行的查询或以时间为标准的查询。前文已提到过，多列索引还用于强制唯一性约束，但是属性类型的数量有限，不需要冗余的索引。

如第 12 章所述，多列索引的有效替代方法是使用多个单列索引，或者使用较少列的索引。若我们有以下形式的查询：

```
SELECT *
FROM MY_TABLE
WHERE A1 = VALUE1
AND A2 = VALUE2
AND ...
AND An = VALUEn
```

对于每个属性类型 A_i，我们都有对应单列索引，然后可以在索引项中与 A_i 的期望值相对应的指针集之间求交集，此交集生成指向满足查询的所用记录的指针。另有如下类型的查询：

```
SELECT *
FROM MY_TABLE
WHERE A1 = VALUE1
OR A2 = VALUE2
OR ...
OR An = VALUEn
```

我们可以采用指针集的并集来产生符合条件的记录。

图 13-4 说明了使用两个索引（国家索引和性别索引）来执行已经执行的相似查询。

```
SELECT CUSTOMERID
FROM CUSTOMERTABLE
WHERE COUNTRY = 'UK'
AND GENDER = 'M'
```

通过获取在英国居住的人的一组指针和性别为男的一组指针的交集[⊖]，可以识别出所有居住在英国的男性的指针，请注意这种方法最适合记录指针，可以在记录级别进行选择。因为在每个块都包含男性和女性的情况下，只有块指针的性别索引不会有助于提高对访问块的筛选率，此示例与图 12-24 中关于（Country、Gender）的多列索引的示例进行比较。越来越多的 DBMS 实现所支持的另一种方法是使用位图索引。如第 12 章所述，每个位图都表示具有特定属性的元组。通过对来自多个索引的位图应用布尔操作，可以识别满足谓词组合的元组。

最后，还可以使用一个或几个索引，它们只覆盖搜索键中涉及的属性类型的子集，此时索引只用于检索那些满足与这些属性类型关联的谓词的记录，必须检索和测试其中每个记录，以确定是否符合与非索引属性类型相关联的谓词。这种方法的效率在很大程度上取决于与索引属性类型相关的查询谓词的过滤因子。这些谓词选择性越强，不需要检索的数据行就越少，因为它们最终不符合与非索引属性类型关联的查询谓词。最极端的情况是索引属性类

⊖ 注意，由于这两个索引都是非键值属性类型的辅助索引，我们使用了反转文件的方法，将每个索引项与指向所有相应记录的指针相关联，如第 12 章所讨论的那样。

型中的一个是主键或其他候选键，这样所检索的记录总数为零或一个，所以无论如何大多数低效性都会得到缓解。

让我们考虑图 13-4 中的示例继续讨论，假设只有“Country”索引存在，为了支持相同的查询，在英国搜索所有男性客户，该索引可用于检索代表英国客户的所有数据行。对于这些行，将检查“Gender”属性类型，从而保留示例中描述的两行（Gender=“M”）并丢弃一行（Gender=“F”）。若假设只有“Gender”索引存在，我们将检索示例中描述的七行，每行代表一个男性客户。检查每个“Country”属性之后，只有两个保留（Country=“UK”），其他五个国家不符丢弃。如果在（Country，Gender）上使用了多列索引，则会直接检索到满足查询的，两行。基于示例中描述的有限数据记录集的结果与 13.1.3 节中的效率估计一致，根据过滤因子，我们发现“Country”相关联的谓词选择性以及使用相应索引的效率，远远高于与“Gender”相关联的谓词的选择性。

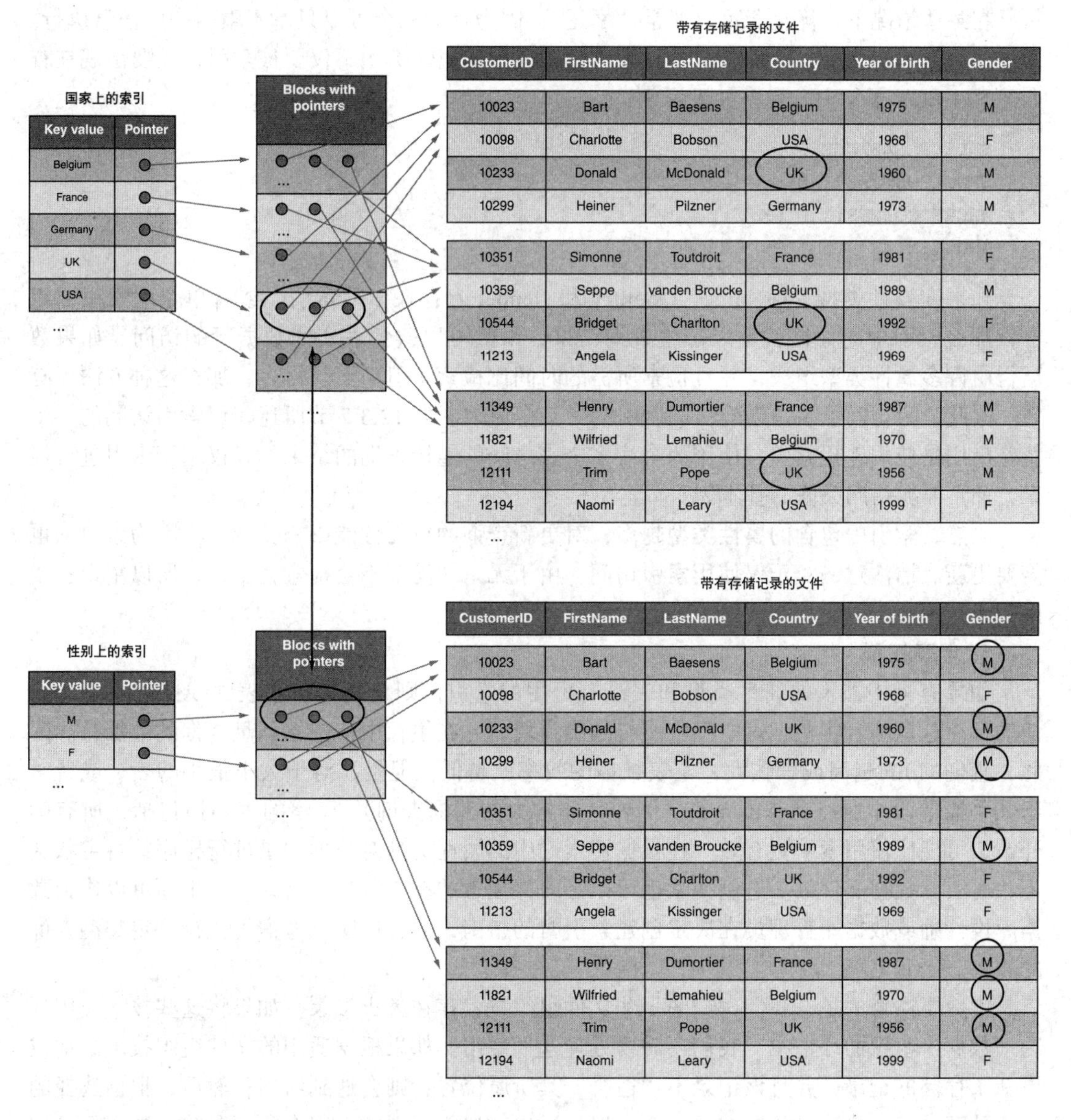

图 13-4　使用两个索引执行带有多个谓词的查询示例

总而言之，对于具有许多谓词的查询，优化器需要做出复杂的决定。所有这些谓词上的多列索引是最有效的选择：其 FF 等于查询的 FF，因此仅检索满足查询的数据行。但是，如果在查询谓词中使用许多属性类型，则该方法将变得不可行，因为索引将变得非常大，并且可能需要冗余来容纳仅针对属性类型的子集的谓词的查询。或者，可以将多个索引（如果存在）组合起来，以覆盖尽可能多的查询谓词。这需要更多的索引，但是索引条目的总数比复合索引的情况要少得多。通常来说，查询谓词 FF 的选择性越强，就越需要在访问计划中对相应的属性类型使用索引。如果与非索引属性类型相关的过滤因子具有很高的选择性，那么许多记录将无法检索到，这是低效的。因此，总是需要研究集群的影响，因为不管过滤因子如何表示，使用主索引或聚集索引可能比使用辅助索引更有效，特别是对于范围查询。

4. 仅使用索引访问

在某些情况下，优化器可能非常“幸运”，因为查询完全可以只基于索引中的信息执行。而不用访问数据文件。这种情况下，搜索键中使用的属性类型不仅要被索引，还要出现在查询的 SELECT 子句中。考虑如下示例：

```
SELECT LASTNAME
FROM CUSTOMERTABLE
WHERE COUNTRY = 'UK'
AND GENDER = 'M'
```

如果在属性类型 LastName、Country 和 Gender 上存在多列索引，或者单个列索引的组合，那么索引中的数据就足以产生查询结果，由此可以避免对实际数据行的访问。如果数据行由许多属性类型组成，并且检索所需的时间比检索索引项要长得多，那么这种方法更有效。因此，只访问索引是创建多列索引的另一个原因。如 12.3.7 节所述，仅索引访问的一个特殊应用是使用连接索引，使用两个或多个表之间的连接查询的结果可以仅基于索引进行检索，而不需要访问关联的基本表。

当然，索引中包含的属性类型越多，对更新查询的负面性能影响就越大，因为索引项也需要更新。请注意，对于仅使用索引访问，由于无论如何都不会检索数据行，所以主索引或聚集索引不会产生比辅助索引更好的性能。

5. 全表扫描

如果查询中涉及的属性类型和表没有可用的索引，则只能在整个表中线性搜索满足查询的行。这意味着将检索表空间中所有的磁盘块，并在主存中检查不满足查询的数据行。因此，查询的 FF 越高或表越大，全表扫描的效率就越低。但是，对于大小很小的表，或者对于几乎需要表中所有元组的查询（例如，非常大的范围查询），完整的表扫描包括了所有的开销，可能比使用索引更有效。在根据搜索键中的属性类型对数据记录进行排序的特定状况下，对实际数据文件的二进制搜索也可以是线性搜索的有效替代。这些注意事项可以作为数据库设计师或数据库管理员在决定创建索引时的指南，并且还明显考虑了执行特定类型查询的频率。

最后要注意的是，我们讨论的一些文件组织技术存在*溢出记录*。如果将这些技术应用到物理数据库组织的环境中，我们还需要处理这种溢出。如果根据适用的文件组织技术添加或更新了存储的记录，并且该记录不“适合”其所属位置，则会遇到溢出；然后，根据选择的溢出处理技术，将记录放置在另一个位置，溢出对聚集索引的效率有负面影响，数据行的位置越不对应，就越需要更多的额外块访问才能按相应的顺序检索数据。显然，如果溢出记录的数量太多，则需要重新组织存储的表。

13.1.4　连接操作

数据库组织和纯文件组织之间的一个关键区别是，数据库组织还应该通过 SQL 中的连接（join）构造来满足涉及多个表的查询。根据连接运算符，两个表之间的连接查询指定将两表中的元组相互关联的选择条件，需要特别注意它是 RDBMS 中最耗时的操作之一，我们以内部连接为例，表 R 和表 S 之间的内部连接的一般表示法如下：

$$R \underset{r(a)\ \theta\ s(b)}{\bowtie} S$$

θ 操作符指定连接条件，该条件确定表 R 中的哪些行与表 S 中的哪些行组合，故将 R 中的元组 r 的一组属性 a 与 S 中的一组属性 b 进行比较。比较运算符相关的等式有 r(a) = s(b) 或不等式 r(a)≥s(b)。下面我们将以等式条件举例说明。

各个表中的元组通过前一节中概述的一个或多个访问方法（例如索引搜索、全表扫描等）进行检索，然后根据连接条件匹配的元组被组合成一个统一的结果，如图 13-5 所示。*n*>2 的 *n* 个表之间的连接就是表与表之间的一系列（*n*−1）个连续连接。

表R

Employee	Payscale
Cooper	1
Gallup	2
O'Donnell	1
Smith	2

表S

Payscale	Salary
1	10000
2	20000

$$R \underset{r(payscale)=s(payscale)}{\bowtie} S$$

Employee	Payscale	Salary
Cooper	1	10000
Gallup	2	20000
O'Donnell	1	10000
Smith	2	20000

图 13-5　连接说明

不同的技术实现连接的基本方式不同，它们的效率取决于所关联的表和列的属性，以及索引的可用性。我们讨论以下三种主要技术：嵌套循环连接、排列合并连接和哈希连接。

知识关联 第 7 章介绍了 SQL 查询。

1. 嵌套循环连接

嵌套循环连接中一个表被表示为内部表，另一个则为外部表[⊖]。对于外部表的每一行，将检索内部表的所有行并与外部表的当前行进行比较。如果满足连接条件，则将两行连接并放入输出缓冲区。内部表的遍历次数与外部表中的行遍历次数相同，算法如下：

$$R \underset{r(a)=s(b)}{\bowtie} S$$

```
Denote S → outer table
For every row s in S do
    {for every row r in R do
        {if r(a) = s(b) then join r with s and place in output buffer}
    }
```

如上所述，内部表的遍历次数与外部表中的行的遍历次数相同。因此，如果内部表非常小，或者使用内部表的需要连接的列上的主索引或聚集索引这种内部数据模型提供的有效访问内部表的工具，则此方法会很有效，如果其他查询谓词的过滤因子对内部表中符合条件的

⊖ 不要将外部表与第 7 章中讨论的外部连接的概念混淆。本节连接方法仅限于内部连接。

行限制非常严格，此方法也同样有效。

2. 排列合并连接

使用排列合并连接方法，首先会根据连接条件中相关的属性类型对两个表中的元组进行排序，之后按顺序依次遍历两个表，合并满足连接条件的行并将其放入输出缓冲区，其算法如下：

```
R ⋈ S
r(a) = s(b)

Stage 1: sort R according to r(a)
         sort S according to s(b)

Stage 2: retrieve the first row r of R
         retrieve the first row s of S
         for every row r in R
           {while s(b) < r(a)
            read the next row s of S
            if r(a) = s(b) then join r with s and place in output buffer}
```

与嵌套循环连接不同，每个表只遍历一次，如果两个表中满足查询谓词的许多行或连接列上不存在索引时，此连接方法较为合适。在阶段 1 中应用排序算法可能非常耗时，因此如果 R 和 S 中的元组已根据连接条件中使用的属性类型在存储表中物理排序，则排列合并连接方法更有效。

3. 哈希连接

最后一种方法是**哈希连接**，对表 R 的连接条件中涉及的属性类型的值应用哈希算法，根据得到的哈希值，将相应的行分配给哈希文件中的存储桶，然后对第二个表 S 的连接属性类型应用相同的哈希算法。如果 S 的哈希值引用哈希文件中的非空桶，则根据连接条件比较 R 和 S 的相应行，如果满足连接条件，则 R 和 S 的对应行连接并放入输出缓冲区。尽管如此，考虑到可能发生的哈希冲突，具有不同哈希值的数据行仍然可以被分配给同一个桶，因此并非分配给同一个桶的所有数据行都必须满足连接条件，这种方法的性能取决于哈希文件的大小。如果哈希结构可以完全保存在内存中而非物理文件中，那么使用哈希连接会非常高效。

节后思考

- 对比主索引、聚集索引与辅助索引对元组物理顺序的影响，解释唯一搜索键与稀疏性。
- 详细说明查询优化器的功能。
- 讨论和比较各种数据库的访问方法，讨论并比较连接的三种基本实现技术。

13.2 企业存储子系统和业务连续性

通过回顾存储硬件技术，本章我们将继续讲解关于物理数据库组织的内容。与上一章相比，我们将不再关注单个存储设备，而是转向更广泛的方面，将单个设备集中并作为所谓的企业存储子系统进行管理。首先我们讨论可以将多个物理设备组合成单个更大的逻辑设备的磁盘阵列系统和 RAID 技术；然后我们了解网络存储技术，如 SAN 和 NAS；最后我们讨论大多数组织都关注的问题，如何在业务连续性下应用这些技术。

13.2.1　磁盘阵列和 RAID

虽然硬盘的容量在过去 20 年里有了巨大的增长，但它们的性能并没有以相同速度增长，因此，将多个较小的物理磁盘驱动器组合到一个较大的逻辑驱动器中通常更有效。首先，在多个物理驱动器上分配数据并行检索，会大大提高性能；其次，每一个额外的驱动器都会增加故障风险，但如果引入某种数据冗余措施，这种风险就会减轻，并且可靠性比使用单个物理驱动器好得多。这两种原理都是**独立磁盘冗余阵列（RAID）**的核心概念（图 13-6）。

图 13-6　IBM Power S824L 服务器 RAID 设备示例

RAID 是一种将标准 HDD 耦合到专用硬盘控制器（**RAID 控制器**）使其显示为单个逻辑驱动器的技术，这也可以使用软件 RAID 控制器实现而无须专用硬件，但性能提升较少。RAID 中应用了以下技术：

- **数据条带化**：数据文件的子内容（条带）分布在多个磁盘上并行读写，条带可以由单个位或整个磁盘块组成。对于 n 个磁盘，每个位或块 i 被写入第（i mod n）+1 号磁盘。

  *位级别*数据条带化可以将一个字节被分成 8 个单独的位，分配在可用的磁盘上。比如当前有 4 个磁盘，每个磁盘包含相同字节的两位，磁盘 1 包含位 1 和位 5，磁盘 2 包含位 2 和位 6，等等。这种情况下，每个磁盘都参与每次读 / 写操作，单位时间的磁盘访问次数保持不变，但单次访问中检索到的位的数量随着磁盘数量因素增加而增加，这样可以使单个传输的传输速率更高。

  *块级别*数据条带化使每个块都完整地存储在一个磁盘上，但同一个文件的各个块分配在不同磁盘上，这样单个块访问可以保持独立。单块访问的效率没有提高，但是不同进程可以从同一个逻辑磁盘并行读取块，从而减少了排队时间。另外一个大型进程可以并行读取多个块来减少传输总时间。

- **冗余**：冗余数据与原始数据一起存储，会提高可靠性。冗余数据包括错误检测和类似汉明码或奇偶校验位的纠错码，奇偶位校验是一种非常简单的错误检测码，它将一个冗余位添加到一系列位中，以确保二进制序列中 1 的总数始终为奇数和偶数，以此检验个别的位错误。如果有一个位不可读，它的值可从其他位和奇偶检验位得出。内容所限我们不再详细说明汉明码，简单来说它比奇偶校验位具有更强的纠错能力，但同时也需要更大的计算量和更多的冗余位。

- **磁盘镜像**：这是一种极端形式的冗余，每个磁盘都有一个包含相同数据的副本，称为镜像。若单个磁盘发生故障的概率为 p，则 RAID 设备中 n 个磁盘中的一个磁盘发生故障的概率是 n 倍，但是，拥有镜像的磁盘两个副本都失效的概率是 p^2，远小于 p，不过镜像占用的存储空间比纠错码要大得多。

不同的 RAID 配置被称为 **RAID 级别**。“级别”一词存在些许误导，更高的级别不一定就是“更好”的级别，不同级别应仅仅视为不同的配置。采用上述技术的不同组合，可以在性能与可靠性方面产生不同特点。我们在表 13-2 中总结了每个基本（original）RAID 级别的属性。

表 13-2　基本 RAID 级别概览

RAID 级别	描　述	容错性	性　能
0	块级别条带化	无错误检测	并行提升了读写性能（多个进程可以并行读取块）
1	磁盘镜像	根据数据的完整副本检测错误	提高了读性能：两个磁盘可以由不同的进程并行访问 写性能较差，数据需要写两次
2	位级别条带化和独立的校验和磁盘	汉明码错误检测	通过并行性提高读性能 写性能较差，需计算校验和，每次写入所涉及的校验和磁盘会成为瓶颈
3	位级别条带化和独立的奇偶校验磁盘	奇偶校验错误检测	通过并行提升了读性能，特别是大量的序列传输 写性能较差：与 RAID 2 级相比，计算代价更小，但是每次写入所涉及的奇偶校验磁盘可能成为瓶颈
4	块级条带化和独立的奇偶校验磁盘	奇偶校验错误检测	对于单独的块没有提升写性能，但支持有效的并行块访问 写性能较差，同 RAID 3
5	块级条带化和分布的奇偶校验	奇偶校验错误检测	读性能同 RAID 4 写性能比 RAID 4 更好：奇偶校验分布在各个数据磁盘上，所以不会有奇偶校验的瓶颈

一些典型的 RAID 级别如图 13-7 所示，字母表示不同块，字母和数字组合表示块中的位，彩色磁盘部分表示冗余。

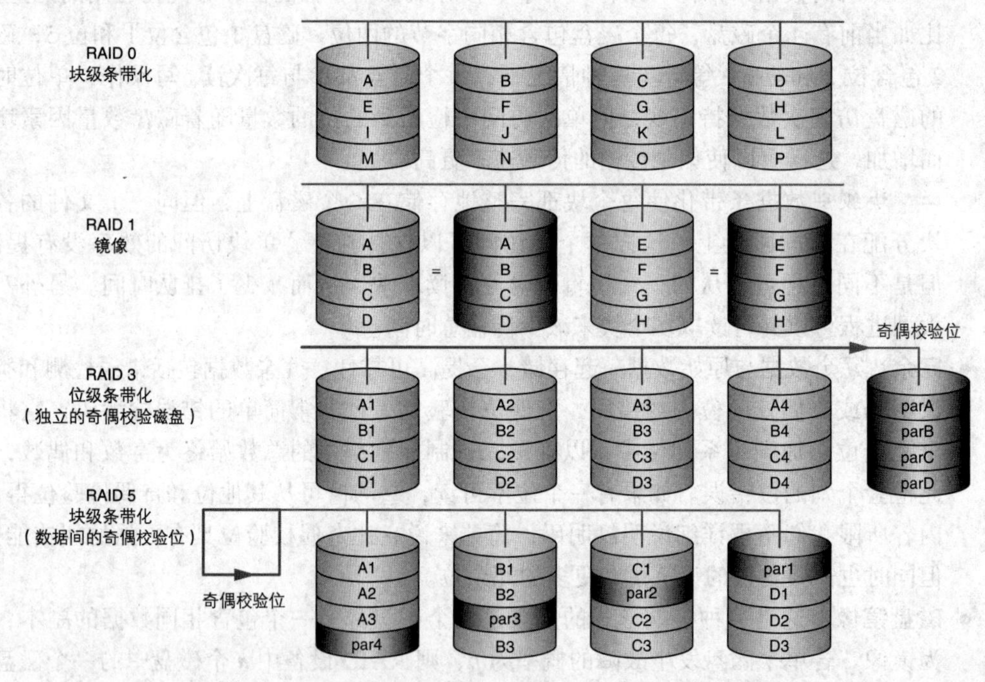

图 13-7　RAID 0、RAID 1、RAID 3、RAID 5 示意图

如果性能相对容错来说更需要重视，则使用 RAID 0。RAID 1 主要用于 DBMS 的日志文件这种非常关键的数据，它在连续性方面的配置是最好的，发生磁盘故障时总是有一个精准的副本可用；相反，使用冗余的其他 RAID 级别一般需要读取其他磁盘，以便从故障磁盘重建数据。另一方面，RAID 1 中的容错是以较高的冗余度为代价的，因此需要更多的存储容量。RAID 5 是最常用的一种级别，它在读写性能、存储效率和容错性之间有较好平衡性。

自最初的 RAID 级别形成以来，有些级别或多或少已经过时，另一些级别还在不断出现。例如，RAID 级别 0+1 组合了级别 0 和 1 的特性。RAID 级别 6 可容错两个磁盘同时发生故障，这可以通过扩展 RAID 级别 5 来实现，使第二列奇偶校验位分布在驱动器上，独立于第一个奇偶校验位。

知识关联 第 14 章讨论了 DBMS 的日志文件。

13.2.2　企业存储子系统

尽管 RAID 技术已经可以将多个物理硬盘驱动器合并为一个逻辑硬盘驱动器，但常用的全组织存储解决方案往往会进一步采用这一思想，它们将基于 RAID 的存储设备组合成更大的名为企业存储子系统的实体，存储子系统可以定义为一个独立的外部实体，其具有一定级别的“板载”智能，至少包含两个存储设备，这里“外部”是指服务器外部（即包含处理数据的 CPU 的设备）。

1. 概述和分类

企业存储子系统源于这样一种观点：存储设备的管理成本往往远超单单购买存储硬件的成本。此外，一般来说，集中的数据中心的严格性需要更灵活的分布式存储架构，并且仍然拥有集中的管理能力。现代企业存储子系统往往涉及网络存储，网络存储通过高速互连连接到高端服务器，网络拓扑提供了服务器和存储设备之间的任意（any-to-any）透明连接，并以这种方式充当存储的“黑匣子”，它将大存储容量与高速数据传输、高可用性和复杂的管理工具等功能结合在一起。

当前最先进的企业存储子系统的主要特征可总结为下列几点：

- 适应高性能数据存储；
- 满足可扩展性，特别是存储容量和服务器容量的独立扩展；
- 支持数据分布和位置透明度；⊖
- 支持异构系统和用户之间的互操作性和数据共享；
- 可靠性和近乎连续的可用性；
- 防止硬件和软件故障与数据丢失，还有非法用户和黑客；
- 通过对本身可能是分布式的存储设备进行集中管理，提高可管理性并降低管理成本。

我们可以根据三个标准来分类实现存储子系统的技术：连接方式、介质、I/O 协议。

连接方式指的是存储设备连接到处理器和服务器的方式，如图 13-8 所示。

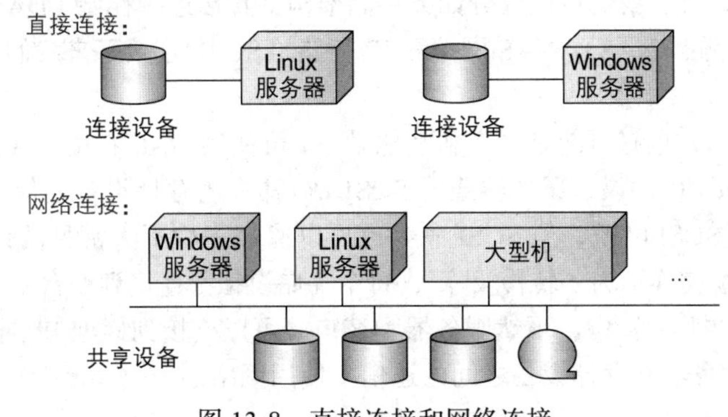

图 13-8　直接连接和网络连接

⊖ 位置透明性是指用户和应用程序分布在多个位置的数据的复杂性隔离。

- **直接连接**是指服务器和存储设备之间具有一对一连接的存储设备。
- **网络连接**是指通过网络技术与相应服务器进行多对多连接的存储设备。

介质方面，我们可依据物理布线和相应的低层协议来实现上述连接方式，在存储介质和服务器之间传输数据。我们通过以下技术来区分：

- **SCSI（小型计算机系统接口）**：几十年来，这种技术有多种表现形式，一直是将存储设备连接到服务器和处理器的标准。虽然被称为“小型”，但SCSI目前主要用于高性能和高容量的工作站和服务器，至于消费设备（consumer device）通常使用其他技术，如串行高级技术附件（SATA）。忽略这些细节部分，需要注意的是，SCSI规范包含两个要素：一是用于与存储设备通信的指令集；二是用于在服务器和存储设备之间传输SCSI命令和数据的低级协议和电缆连接规范，后者与“介质”类别相关；指令集属于之后讨论的“I/O协议”类别，也可以与其他的（非SCSI）布线结合使用。
- **以太网**：局域网和广域网的长期标准介质，主要与Internet协议栈TCP/IP（传输控制协议/Internet协议）结合使用，它并不针对与存储相关的数据传输。
- **光纤信道**：这是一种相对来说新出现的介质，专门用于将高端存储系统连接到服务器。一开始它基于光纤电缆制造（因此得名），但它现在也支持其他电缆，例如铜缆线。根据供应商的不同，可以采用不同的拓扑结构（例如，从点对点设置到具有集线器和交换机的更复杂配置）。

上述介质是指通过电缆或网络在与存储相关的通信环境中传输位的布线和低级协议，而I/O协议是指与存储设备通信的指令集。通过这种高级协议，传输的位包含服务器和存储设备之间交换的I/O请求。在这种情况下，我们有以下几种类型区分：

- **块级I/O协议**：I/O指令是在存储设备上对单个块的请求级别，SCSI命令集大多用于此目的。最初，SCSI I/O指令只能通过SCSI电缆进行交换，但现在其他介质（如光纤和以太网）也可以用于传输SCSI命令。
- **文件级I/O协议**：此指令是在存储设备上对整个文件的请求级别，该协议与设备无关，位于文件级别，因此不受存储设备上数据的物理块位置的影响。广泛使用的文件级I/O协议有源于UNIX和Linux系统的网络文件系统（NFS），和主要在Windows环境中常见的Internet文件系统（CIFS），也称为服务器消息块（SMB）。此外，一些Internet应用程序协议可以归于此类下，特别是HTTP（超文本传输协议）和FTP（文件传输协议）。

基于上述三个标准，我们可以区分如下存储架构：直接连接存储（DAS）、存储区域网络（SAN）、网络连接存储（NAS）、NAS网关和IP存储（iSCSI）。接下来我们会详细讨论它们。

2. DAS

存储设备（HDD，也有可能是磁带和其他设备）可使用DAS直接连接到各个服务器（见图13-9），使用块级I/O协议，服务器通过SCSI I/O命令与存储设备通信。介质的选择也有所不同：使用标准SCSI电缆，但SCSI命令也可以通过一种不太常见的设置进行点对点光纤通道或以太网电缆交换，为了转移故障[㊀]，每个存储设备都连接到一台服务器，或连接到两台单独的服务器。在此配置中，虽然服务器和客户端可以连接到标准IP网络以实现LAN或WAN功能，但是服务器和存储设备之间的通信不使用网络。

㊀ 转移故障是指在主系统发生故障时切换到冗余备用设备。

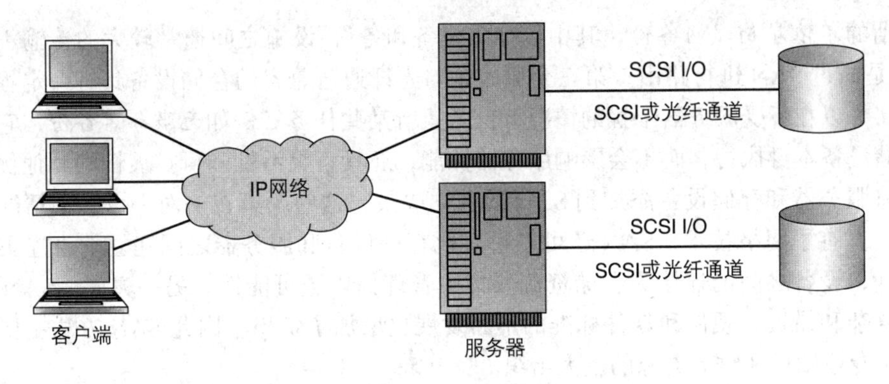

图 13-9　DAS 图示

DAS 系统（set-up）是最简单、成本最低的解决方案，但是它不提供打开即用的功能，用于集中存储管理和跨服务器共享未使用的磁盘容量[⊖]。更重要的是，这种方法相当容易受到服务器、存储设备和布线中硬件故障的影响，因为在单个服务器和存储单元之间只有一条路径，如果这些组件中的任何一个出现故障，部分数据就可能无法访问。

3. SAN

在 SAN 系统（set-up）中，所有与存储相关的数据传输都在专用网络上进行（见图 13-10），服务器和存储设备本来通过块级 I/O 协议（比如 SCSI 指令集）通信，不过现在服务器和存储设备之间的任意通信使用网络。光纤信道通常用作其传输介质，且具有不同的网络结构，也可能存在基于以太网的 SAN，但我们将在 13.2.2 节再讨论。除了独立的存储网络之外，客户端和服务器还可以通过标准的基于 IP 的 LAN 或 WAN 进行通信。

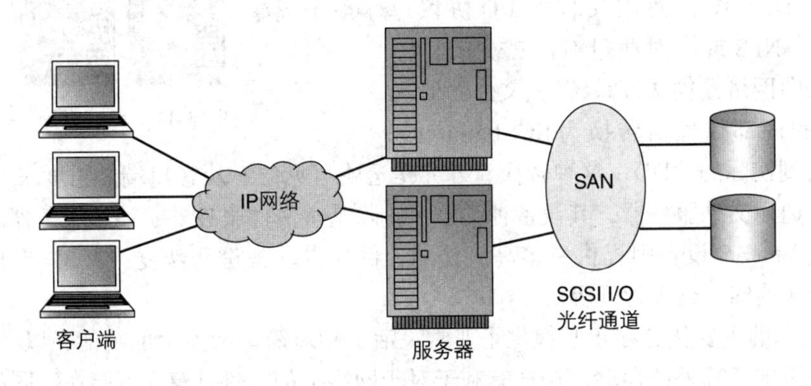

图 13-10　SAN 图示

SAN 系统具有一些明显的优势，最重要的是，鉴于服务器和存储设备之间的任意连接以及给定网络设置的访问路径中的冗余性，它在可用性方面优于 DAS，后者还促进了数据共享，从而减少了不必要的数据冗余。请注意，数据冗余并没有完全减少，因为出于可用性的原因仍然需要冗余副本（例如，借助 RAID 技术），但是为了向多个未连接的服务器提供相同的数据就不需要冗余。就性能而言，SAN 通常也是最佳的解决方案。第一个原因是高速互连和以此为目的专门有效的光纤通道介质；第二个原因是，SAN 使实际的 LAN 或 WAN 摆脱了与存储相关的流量，从而提高了与数据处理相关的任务的网络吞吐量。一个典型示例

⊖　所有功能都有基于软件的解决方案，但通常效率较低。

就是所谓的不依赖局域网备份，其中，存储设备和备份[1]设施之间通常较大的传输不是通过LAN而是通过SAN进行路由；第三个原因是与光纤通道兼容的存储设备具有一定程度的板载智能，可以在不受服务器干扰的情况下自主执行某些任务。例如无服务器备份，它可以完全由存储设备本身执行，而不会影响服务器性能，还具备灵活性和可扩展性的其他优点，能够做出将服务器和存储设备添加到SAN的独立决策，这些决策在一对一设置的情况下更加紧密相关。有了网络技术，SAN还可以桥接比存储设备和服务器之间建立的直连更远的距离，此外，设备之间的连接为存储资源和集中管理提供了可能性。另一方面，SAN技术仍然相当复杂和昂贵，硬件和软件标准的不断发展也增加了负担。因此SAN方法主要有益于拥有充足专业知识和财务资源的较大组织。

4. NAS

与SAN相比，NAS本质上是将存储设施组织到网络中的一种非常简单且便宜的方法（图13-11）。由于NAS设备相对简单，因此通常被称为“NAS装置”。它是一种用于文件存储的专用设备，可以直接“插入”基于TCP / IP的LAN或WAN，其介质为以太网。简而言之，NAS装置可以看作精简的文件服务器[2]，由处理器、操作系统和一组硬盘驱动器集成组合。但是，与真正的服务器相比，它没有键盘或屏幕，并且操作系统被移除了很多功能，只保留达成唯一目的所必需的最低限度功能：向网络提供文件。这样，NAS装置不仅比功能完善的服务器便宜，而且可能导致故障的硬件和软件的复杂性也降低了。另外，与SAN相比，NAS设备使用文件级I/O协议（例如CIFS、NFS或有时通过HTTP或FTP）进行访问，向网络提供文件系统[3]，文件的请求由NAS的内部处理器转换为SCSI块I/O命令并传输到实际的HDD，这种转换对外界是透明可见的。从客户端的角度来看，NAS的行为类似于通用文件服务器，其设备种类繁多，除基本文件服务外，一些服务器的功能非常有限，而高端NAS设备则提供更多高级功能，例如自动备份和恢复、RAID支持、基于电子邮件的错误通知、远程管理等。

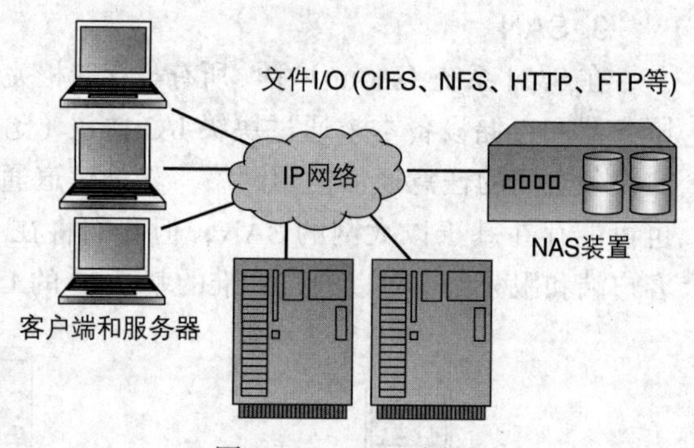

图13-11　NAS图示

NAS技术的主要优势在于它提供了非常灵活、相对简单和廉价的功能，以“即插即用”方式向网络添加了额外的存储。这样有利于对于网络上的文件共享（可能在不同的服务器和平台之间），但是在大多数情况下其性能都低于SAN系统，这是因为所有与存储相关的流量都通过标准LAN或WAN传递，而不是通过专用网络传递。当主要目的是在网络上共享非结构化文件时，文件级访问会非常容易，缺点则是间接的文件级访问转换为块级访问效率较低，特别是对于高端DBMS，通常更倾向于直接访问块级的原始存储设备，从而绕过了由操作系统或NAS设备提供的文件系统。

[1] 可以阅读13.2.3节了解不同类型的备份。

[2] 文件服务器存储并提供对网络中共享的整个文件的访问，第15章中将更详细地讨论这种配置和其他客户端－服务器配置。

[3] 可在第12章查看有关存储设备的讨论。

5. NAS 网关

NAS 网关除没有 HDD 外，与 NAS 设备相似，它仅包含一个处理器和一个精简的操作系统（图 13-12）。NAS 网关可以插入基于 TCP/IP 的 LAN 或 WAN 接口，它也可以连接到外部磁盘驱动器，该连接可以通过 DAS 或 SAN 技术实现，NAS 网关就从连接到 LAN 或 WAN 的服务器接收文件级 I/O 请求，并将这些请求转换为 SCSI 块的 I/O 指令以访问外部存储设备。

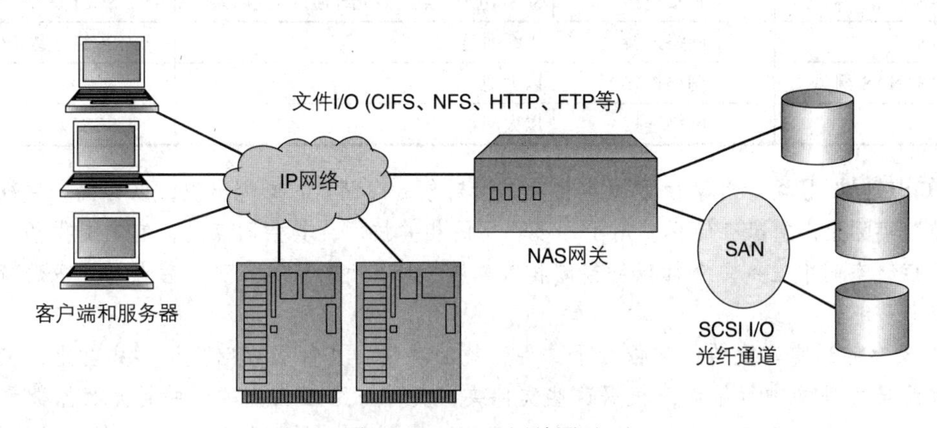

图 13-12　NAS 网关图示

与普通 NAS 设备相比，NAS 网关在磁盘驱动器的选择方面具有更高的灵活性和可扩展性，因为它不受 NAS 装置的物理边界的限制。更重要的是，它允许将现有磁盘阵列插入 LAN 或 WAN，使整个网络都可以访问其内容，而且通过 NAS 网关的文件级 I/ O 和通过 DAS 或 SAN 的块级 I / O 都可以访问同一磁盘阵列。所以 NAS 网关可以产生混合式 NAS/SAN 环境，可以通过 NAS 网关作为前端从 LAN 或 WAN 在文件级别访问现有 SAN。

6. iSCSI/IP 存储

iSCSI，也称为 Internet SCSI，或者更笼统地称为“IP 存储”，它可以提供类似于 SAN 的设置，不过使用更为熟悉的以太网作为介质代替了光纤通道（图 13-13），通过 TCP/IP 网络发送打包的 SCSI 块级 I/O 指令。该网络基于熟悉的 LAN 技术和协议，可以是普通的 LAN 或 WAN，也可以是专用于存储的单独网络，尽管 iSCSI 也可以用于服务器和存储设备（DAS）之间的直接连接，但这会导致类似 SAN 的设置。

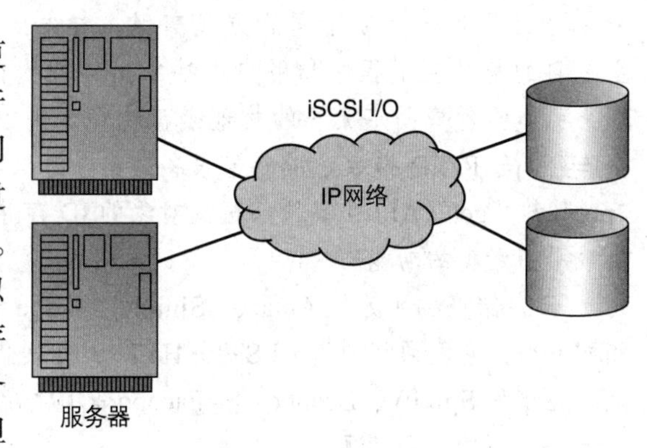

图 13-13　iSCSI 图示

iSCSI 解决方案介于 SAN 和 NAS 之间：同 SAN 一样访问块级磁盘，同 NAS 一样基于以太网。总之，因为以太网硬件通常比光纤通道便宜，所以它们提供了 SAN 的低成本替代方案，也可以通过这种方式重用现有的 LAN 组件，此外，大多数以太网技术比光纤通道更成熟，并且不太容易出现不兼容或故障的情况。因此，与 SAN 相比 iSCSI 在中小型组织中特别受欢迎。就平均情况而言，iSCSI 可以比基于 FC（光纤）的 SAN 覆盖更大的距离，不过通常比光纤速率慢。

本节有关企业存储子系统的部分的总结，请参阅表13-3，其中包含每种技术的属性定义。请注意，这部分总结提供了不断发展的技术中的主要类别，并且许多供应商也提供了变体和混合应用方法。

表13-3　DAS、SAN、NAS（网关）和iSCSI总结

技　术	连　接	介　质	I/O协议
DAS	直接连接	SCSI电缆，点对点光纤通道（或以太网）	SCSI块级I/O
SAN	网络连接	光纤通道	SCSI块级I/O
NAS+NAS网关	网络连接	以太网	文件级I/O
iSCSI	网络连接	以太网	SCSI块级I/O

知识延伸 最近“对象存储”（也称为基于对象的存储）的概念出现，以替代文件级和块级存储。实际上，对象存储标签用于许多不同的相关技术，其共同点是，它们提供了一种根据整个存储空间中唯一单个标识符存储和检索数据块（对象）的方法，后者在大多数情况下是分布式系统。

对象存储通常与更传统的依赖于文件系统的块级和文件级存储方法形成对比，文件以文件夹的层次结构进行组织，根据这些文件夹，文件与路径相关联，并且元数据数量有限（例如，文件的创建日期）。对于块级I/O，文件系统在设备外部（例如存储区域网络中），而对于文件级I/O，文件系统在内部（例如在NAS装置中）。但是，对象存储完全舍弃了分层文件系统，与Internet的域名系统不同，它通过具有全局唯一标识符的扁平系统来保留数据块，这样可以避免笨拙的文件系统结构，并根据其唯一键来存储和检索任意大小的对象，从而可以更快地进行访问。最终对象存储可以大规模扩展，甚至可以扩展到数十亿个对象，即使对象数量增加，文件组织的复杂性也不会显著增加，此外，可以添加用户定义的大量元数据，从而提供改进的搜索和分析功能。

上述原理已经以不同的方式实现。首先，对象存储可以指物理存储设备阵列的组织，主要目的是从应用程序和用户中抽象出较低的存储层，数据作为可变大小的对象表示和管理，而非文件或固定大小的物理磁盘块。这种方法经常使用的术语是RAIN（独立结点的冗余阵列，与RAID相对），将存储设备的集合组织为集群中的一组结点，并在其上开放了简单的“put”和“get”API在其顶部根据对象的ID存储和检索对象，显式地提供了诸如数据复制和负载平衡之类的功能。

云存储产品（例如Amazon Simple Storage Service（S3）和OpenStack Swift）已实现了相同原理，它们通常通过RESTful HTTP API提供“put”和“get”功能（另请参见第10章）。也存在诸如Spotify、Dropbox和Facebook（后者通过称为Haystack的产品存储照片）的著名Web平台下的专利实现。

有时，对象存储技术与某些NoSQL数据库产品（尤其是键－值存储和文档存储）之间的界限有些模糊（请参见第11章），它们的共同点是可以根据唯一的ID，以及一些可能的附加属性－值对，存储和检索任意数据块。但是，对象存储的重点更多地集中在用于保存非常稳定数据的存储容量上，而不是在数据库功能和快速变化的数据上。

总之，对象存储最适合非结构化数据（例如网页或多媒体数据）的大型数据集，在这些数据集中，对象的更改不会过于频繁，它们并不适合更主流的事务数据库处理流程。因此，对象存储应被视为对块和文件存储的补充而非替代物。

13.2.3　业务连续性

我们将在本章简要讨论**业务连续性**，它对任何企业来说都是一个非常重要的话题，涉及与 ICT（信息和通信技术）以及组织后勤有关的一系列非常广泛的问题，建议至少能明确一些与数据和数据库功能有关的元素。

数据库管理领域中，业务连续性可以定义为组织保证其不间断运作的能力，不过支持其数据库功能的硬件和软件可能会计划内或计划外停机。计划的停机时间可能是由于备份、维护、升级等导致的，计划外的停机时间则可能是由于服务器硬件、存储设备、操作系统、数据库软件或业务应用程序的故障引起的。业务连续性中有一个非常具体且极端的层面是组织对人为或自然灾害的承受力，我们称为容灾。

1. 应急计划、恢复点和恢复时间

组织对业务连续性和从任何灾难中恢复的措施会正式确定为**应急计划**，很明显该计划的主要内容是量化恢复目标，同时考虑组织的战略重点。

- 恢复时间目标（RTO）是指灾难发生后可接受的停机时间，停机时间的估计成本引导组织使停机时间保持最小而准备进行的投资。RTO 离灾难越近，停机时间越少，但是在计划内或计划外停机后将数据库系统恢复到正常运行状态的措施所需的投资也就越高。每个机构的 RTO 都有所不同，例如，一家全球性的在线商店需要零停机时间，因为即使最短的停机时间也会造成大量的销售损失，而一所中学也许能够应对数小时的停机时间，因此无须花费几分钟即可从灾难中恢复过来。
- 恢复点目标（RPO）表明灾难后可接受的数据丢失程度。换句话说，它指定一旦系统启动并再次运行，应将系统还原到哪个时间点。RPO 距灾难发生时间越近，丢失的数据就越少，但是对最新的备份设施、数据冗余等方面的投资要求也就越高。不同组织的 RPO 有所不同。举例来说，中学可以接受更高的 RTO，但其 RPO 可能接近于零，因为学生考试成绩的数据丢失是不可接受的，但是对于气象观测站来说低 RTO 比低 RPO 更好，相比丢失灾难发生之前的过去数据，能够尽快恢复观测更加重要。

RPO 和 RTO 的结果如图 13-14 所示。

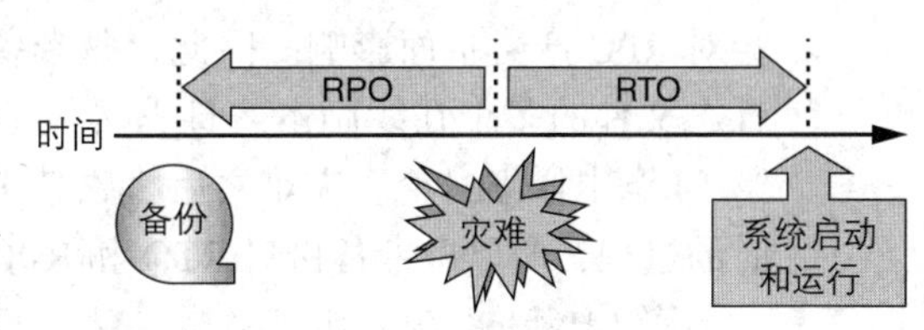

图 13-14　RPO 和 RTO 图示

应急计划的目的是尽量减小 RPO 和 RTO，或至少保证当前组织、部门或程序有一个合适的状况。避免**单点故障**是其中一个关键方面，这些故障代表了组织信息系统的致命弱点，对于数据库管理可以确定以下“故障点”：存储设备的可用性和可访问性、数据库功能的可用性以及数据本身的可用性。每个领域都需要某种形式的冗余来减轻单点故障，下面的小节中我们来分别展开讨论。

2. 存储设备的可用性和可访问性

在讨论 RAID 和企业存储子系统时，已经涉及了存储设备的可用性和可访问性。比如除了其他需考虑因素外，网络存储还避免了 DAS 系统暗含的服务器和存储设备间连接的单点故障。另外，不同的 RAID 级别通过冗余避免数据丢失，不仅会影响 RPO，还会影响 RTO。例如，RAID 1 中的镜像系统允许不间断的存储设备访问，如果主驱动器发生故障，所有进程都可以立即重定向到镜像驱动器。相反，如果 RAID 配置中一个驱动器的内容损坏，则其他 RAID 级别的奇偶校验位格式的冗余则需要一些时间来重建数据。

3. 数据库功能的可用性

如果组织机构不能保证数据库管理系统永久运行，那么对存储设备访问的保护毫无意义。一个简单方法是 DBMS 功能的**手动故障转移**，也就是带有 DBMS 软件的备用服务器处于备用状态，可能与主服务器共享对同一存储设备的访问。但是，在发生灾难时，需要手动干预、初始化启动脚本等，以便将工作负载从主数据库服务器转移到备份服务器，因此不可避免地需要花费一些时间并推后 RTO。

使用集群是一个更复杂昂贵的解决方案，但对 RTO 的影响要大得多。**集群**通常是指在某方面作为一个整体共同工作的多个相互连接的计算机系统，各个计算机系统表示为集群中的结点。集群计算的目的是通过并行性和硬件、软件、数据的冗余的可用性来提高性能，它提高性能的方式在第 11 章 NoSQL 数据库中已有详细讨论，另外它还在业务连续性方面也可以发挥重要作用。自动故障转移可用来保证可用性，集群中结点发生故障时可被其他结点接管工作负载，而无须停止系统，同理可以避免计划内的停机时间，*滚动升级*就是一个范例，软件升级每次只应用于一个结点，而其他结点临时接管其工作。集群中 DBMS 结点的协调可以分为不同级别，操作系统负责提供利用群集环境的特定工具，一些 DBMS 供应商还拥有量身定制的 DBMS 实现，其中 DBMS 软件本身负责在分布式环境中协调和同步不同的 DBMS 实例。

知识关联 第 11 章讨论了 NoSQL 数据库和集群计算。集群计算的其他内容在第 16 章有讲解。

4. 数据的可用性

业务连续性方面的最后一个焦点是数据本身的可用性，有许多通过备份和复制来保护数据的技术对 RPO 和 RTO 的影响都不同，导致对以下问题的答案不同：“灾难过后自上次备份以来将丢失多少数据？”和“需要花费多长时间恢复备份副本？”当然，更严格的 RPO 和 RTO 通常会有更高的成本。下面我们介绍一些常用的方法：

- **磁带备份**：使用磁带备份时，数据库文件会定期复制到磁带存储介质中保管，至今磁带备份仍然是最便宜的备份解决方案，但是其过程非常耗时，因此频率必然会降低，会对 RPO 产生负面影响。因此，磁带备份通常与其他预防措施结合使用，例如维护日志文件的多个在线副本。日志文件是事务管理环境中必不可少的工具，我们会在第 14 章中详细讨论。灾难之后将磁带中备份还原到功能数据库服务器上也是一个耗时的过程，所以磁带备份对 RTO 和 RPO 都具有同等负面影响。

  知识延伸 尽管距离磁带存储出现已经过去了很长时间，但它仍是用于归档和备份数据的常用办法。由磁带存储技术的三大参与者 IBM、HP 和 Quantum 组成的线性磁带开放（LTO）联盟已决定了有关未来基于磁带的存储解决方案的路线图。路线图从 LTO4（可在盒式磁带上存储 800 GB 且已经可用）一直到 LTO10（可以存储 120 TB）。那么使用者是谁？包括 ABC、NBC、Comcast、ESPN、PBS、Showtime、Sony 之类的媒体公司，以及世界各地数十个独立的电视台，以及医疗保健和银行业在内的客户，他们需要处理指数级数据增长，也有关于深度存储解决方案的需求。

- **硬盘备份**：由于设备的特性（例如更好的访问时间和传输速率），在硬盘上进行备份和还原的过程比磁带备份更为有效，对 RTO 甚至可能对 RPO 都有提升。就 RPO 来说，备份的频率不仅取决于备份介质的特性，还取决于数据的主副本所在的基础结构。例如，源系统的工作负载以及存在的性能影响可能是确定备份频率的重要因素。正如本章之前所讨论的，一种解决方案是用存储网络缓解来自局域网和服务器的数据以及备份关联流量的负担。

- **电子保险**：业务连续性的关键是创建备份，在大多数情况下还必须在距离主站点足够远的远程站点上保护备份副本，以避免它们遭遇同一事件或灾难。一个简单但粗糙（error-prone）的方法是手动将离线磁带备份传输到远程站点，比之更有效的技术是电子保险，其备份数据通过网络传输到安全保险存储设施或备用数据中心的硬盘或磁带设备，并可以在很大程度上自动化此过程。
- **复制和镜像**：目前已提到的技术都属于异步方法，即数据的备份副本只会定期创建，因此无关于备份频率，总会有一定数量的数据丢失，并且 RPO 不会指向灾难发生的时刻。为了避免数据全部丢失，就需要同步技术实时维护数据的冗余副本，这种技术下有两个密切相关的术语是复制和镜像。有些作者认为它们是同义词，有些人则认为它们略有不同。我们将镜像称为在两个或多个相同磁盘上同时执行相同写操作的行为，镜像总是同步的，最典型的实现是 RAID 1。复制是通过网络将写入一个设备的数据传播到另一个设备上的行为，可以同步、半同步或异步完成。许多 SAN 和 NAS 实现，以及 DBMS 和专用复制服务器[⊖]、功能复制设施都是如此。同步复制和镜像提供近乎实时的数据冗余拷贝，可以满足非常严格的 RPO 要求。当然需要权衡解决方案的成本，以及实时复制可能对源系统甚至对网络造成的性能影响，而异步复制的选择更为灵活。
- **容灾能力**：为了确保在任何情况下都能实现严格的 RPO 和 RTO，需要在足够远的位置将数据远程复制到第二个数据中心，数据可以通过专用网络（如广域网）或公共线路复制，同步复制与异步复制都需要考虑相同因素，此外，给定距离下异步复制对网络延迟这种重要因素不太敏感。远程站点应可以在此情况下全面运作，还可以处理一些工作负载以减轻主站点的负担，或者至少能够在非常有限的时间内完全可运作，所以不仅要有可用的最新数据，且 DBMS 功能也应该启动并运行，或者至少处于备用状态。在一些实现中，主数据库管理系统和备份数据库管理系统都被设想为集群中的结点，该集群跨越主数据中心和远程数据中心，我们称之为**扩展集群**。这种方式可以在主设备和备份设备之间高效地管理故障转移以及负载平衡，如图 13-15 所示。在每个单独的站点上理所应当需要通过提供冗余存储设备以及服务器、网络组件、电源等来减少单点故障。
- **事务恢复**：最后一点需要强调的是，在发生灾难时，仅复制数据并不足以保证数据库的完整性，还必须保留*事务上下文*。例如，假设一家银行正在进行一系列数据库操作时发生了灾难，这些操作中，资金从一个账户中取出，并即将转移到另一个账户。即使数据文件本身是从主站点同步复制到远程站点的，远程数据库也不一定知道正在进行的交易中，已经从一个账户中提取了资金，但尚未存入另一个账户。这些信息对数据库的一致性至关重要，我们称之为事务上下文。如果整个数据复制是在 DBMS 级别协作的，而不是在操作系统或网络级别，那么通常事务上下文也会在 DBMS 之间传输。有一种常用的技术叫作*日志传送*，就是记录正在进行的事务的日

⊖ 复制作为一种数据集成技术会在第 18 章详细讲解。

志文件在两个 DBMS 之间复制。远程 DBMS 可以使用此日志文件进行事务恢复，即恢复主站点上正在进行的事务上下文。事务恢复和日志文件的作用将在第 14 章和第 16 章中详细讨论。

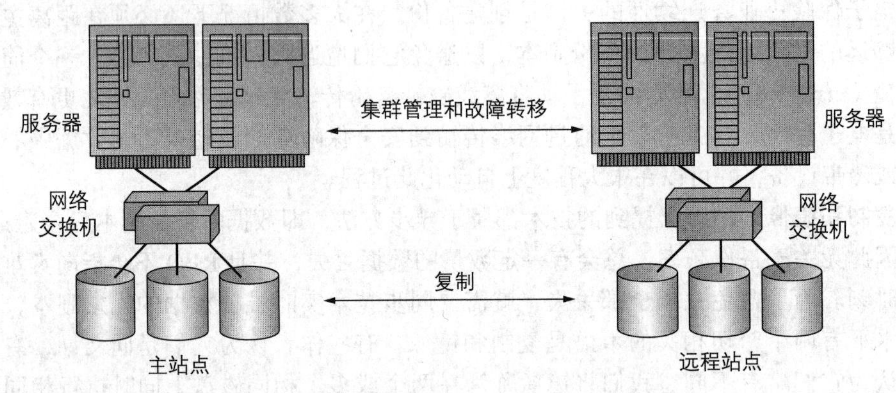

图 13-15　具有主站点和远程站点的扩展集群图示

知识关联 第 14 章讨论事务管理和数据库管理系统的日志文件。第 16 章会更详细地介绍分布式环境中的事务管理、复制和恢复。

节后思考

- 请讨论将单个设备作为企业存储子系统进行集中和管理的各种方法。
- 请讨论如何在业务连续性的背景下应用这些技术。

总结

在本章中，我们讨论了与物理数据库组织相关的多个主题。首先，我们介绍了物理数据库的构建块，如表空间和索引，然后我们在前一章中对物理记录组织和文件组织深入了解的基础上，解释了不同索引类型如何根据查询优化器确定的最佳访问路径影响查询性能，我们还重点讨论了实现连接操作的几种方法。本章最后部分我们再次关注存储的硬件方面，讨论了 RAID、SAN 和 NAS 等技术，并概述总结了一些与数据库相关的业务连续性问题。

情景收尾　Sober 现在已经了解了如何使用 SQL 实现第 6 章提到的索引定义，例如 CAR-NR 的主要指标可如下定义：

```
CREATE UNIQUE INDEX CAR-NR_INDEX
ON CAR(CAR-NR ASC)
```

类似地，在 ACC-LOCATION 中的 ACCIDENT 上的聚集索引可如下定义：

```
CREATE INDEX ACC-LOCATION_INDEX
ON ACCIDENT(ACC-LOCATION ASC)
CLUSTER
```

该公司现在对各种数据库的访问方法和连接实现有了很好的理解。

由于这家公司是一家初创企业，它将使用一个带有 NAS 设备的局域网开始运营。随着公司的规模增加，它可能会在之后阶段转换到全面的 SAN。

为保障业务连续性，Sober 决定制定应急预案，它包括一个使用磁带备份的安全保险存储设施。

关键术语表

access paths（访问路径）
business continuity（业务连续性）
connectivity（连续性）
cost-based optimizer（基于开销的优化器）
DAS（directly attached storage）(直连存储器）
disaster tolerance（容灾能力）
electronic vaulting（电子保险）
Fibre Channel（FC，光纤通道）
filter factor（FF，过滤因子）
hash join（哈希连接）
inter-query parallelism（查询间并行）
iSCSI
mirroring（镜像）
NAS (network attached storage)（网络附属存储）
nested-loop join（嵌套循环连接）
query cardinality（QC，查询基数）
RAID controller（RAID 控制器）
Redundancy（冗余）
replication（复制）
SAN（storage area network)(存储区域网络）
single points of failure（单点故障）
stored table（存储表）
table cardinality（TC，表基数）
tape backup（磁带备份）
block-level I/O protocol（块级 I/O 协议）
clustering（聚集）
contingency plan（应急计划）
data striping（数据条带化）
direct attach（直连）
disk mirroring（磁盘镜像）
Ethernet（以太网）
file-level I/O protocol（文件级 I/O 协议）
hard disk backup（磁盘备份）
index spaces（索引空间）
intra-query parallelism（查询内并行）
manual failover（手动故障转移）
multicolumn index（多列索引）
NAS gateway（NAS 网关）
network attach（网络连接）
query predicate（查询谓词）
RAID levels（RAID 级别）
Redundant Array of Independent Disks（RAID，磁盘冗余阵列）
SCSI（Small Computer Systems Interface)(小型计算机系统接口）
sort-merge join（排序合并连接）
stretched cluster（扩展集群）
tablespace（表空间）
transaction recovery（事务恢复）

思考题

13.1 下列陈述哪句**正确**？
a. 当前版本 SQL 需要特定的内部数据模型。
b. 当前版本 SQL 要求内部数据模型必须有特定物理实现。
c. 当前版本 SQL 需要特定内部数据模型及其对应的特定物理实现。
d. 当前版本 SQL 不会使内部数据模型或关系型数据模型有任何强制标准化。

13.2 下列陈述哪句**不正确**？
a. 创建索引有助于提高连接查询的性能。
b. 索引会使在（组合）列上执行唯一性更加困难。
c. 索引包含着表中行的逻辑顺序。
d. 索引可用于创建行的物理顺序。

13.3 下列陈述哪句**不正确**？
a. 查询谓词的 FF 越有选择性，就越不希望在访问计划中对相应属性类型使用索引。
b. 对于范围查询，主索引和聚集索引比辅助索引更有效。
c. 块访问的数量决定性能，而不是检索的行数。
d. 索引中包含的属性类型越多，对更新查询的性能影响越大。

13.4　给定两个表 R 和 S，下列哪个选项是符合下面算法的连接策略？

```
Denote S → outer table
For every row s in S do
    for every row r in R do
        { if r(a) = s(b) then join r with s and place in output buffer}
    }
```

a. 哈希连接　　b. 排序组合连接

c. 嵌套循环连接　　d. 以上都不是

13.5　给定两个表 R 和 S，下列哪个选项是符合下图算法的连接策略？

```
Stage 1: sort R according to r(a)
         sort S according to s(b)
Stage 2: retrieve the first row r of R
         retrieve the first row s of S
         for every row r in R
           { while s(b) < r(a)
             read the next row s of S
             if r(a) = s(b) then join r with s and place in output buffer}
```

a. 哈希连接　　b. 排序组合连接

c. 嵌套循环连接　　d. 以上都不是

13.6　下列陈述哪句**正确**？

a. SQL 是一种声明式语言，也就是说，程序员必须指定要检索的数据和如何定位并检索物理数据库文件中的数据。

b. 谓词的过滤因子是包含该谓词缺失值的行部分。

c. 如果没有关于谓词的进一步统计信息，则可以通过用 1 除以属性类型具有的不同值的数目来估计该谓词的过滤因子。

d. 表基数是指明表中列数的另一种方法。

13.7　下列陈述哪句**不正确**？

a. 如果性能比容错更重要，则使用 RAID 0。

b. 存储相同数量的数据，RAID 1 需要的存储容量是 RAID 0 的两倍。

c. RAID 5 在读写性能、存储效率和容错之间取得平衡。

d. RAID 0 中使用的块级条带化不会提高读取性能。

13.8　下列陈述哪句**不正确**？

a. 将多个较小的物理磁盘驱动器组合成一个较大的逻辑驱动器通常更高效，因为多个物理驱动器允许并行检索会大大提高性能。

b. 将多个较小的物理磁盘驱动器组合成一个较大的逻辑驱动器通常更高效，因为通过引入某种程度的数据冗余可以提高可靠性。

c. 位级数据条带化可使每个磁盘都参与每个读写操作。

d. 为容错而使用纠错代码需要额外的存储空间，几乎与使用磁盘镜像时一样多。

13.9　下列陈述哪句**不正确**？

a. 数据存储的管理比购买存储硬件更昂贵，所以企业选择企业存储子系统。

b. “网络连接”是指通过网络技术在存储设备和相应服务器之间建立多对多的连接。

c. 虽然 SCSI 在过去是连接存储设备与服务器和处理器的常用介质，但现在它一般不用于高性能和大容量工作站与服务器。

d. SCSI I/O 命令集是一种块级 I/O 协议，可以通过 SCSI、以太网或光纤通道电缆进行交换。

13.10 下列陈述哪句**不正确**？

a. DAS 不能开箱即用，但可用于集中存储管理和跨服务器共享未使用的磁盘容量。

b. SAN 通常使用光纤通道，所以在性能方面一般是最好的，LAN 网络不受存储相关流量的影响，并且兼容光纤通道的存储设备具有一些板载智能，使它们能够自主执行某些任务，例如无服务器备份。

c. NAS 的成本比 SAN 低得多，在软件和硬件方面也简单得多。但是它实现的性能类似于 NAS 系统。

d. NAS 网关从连接到 LAN 或 WAN 的服务器接收文件级 I/O 请求，并将这些请求转换为 SCSI 块 I/O 命令以访问外部存储设备；后一种连接可以使用 DAS 或 SAN 技术。

13.11 下列陈述哪句**不正确**？

a. 应急计划的一个主要目标是根据组织的战略优先事项，量化 RTO 和 RPO 中的恢复目标。

b. 数据库系统唯一的故障点是数据库功能的可用性和数据本身的可用性。

c. 数据库管理系统功能的手动故障转移是一个简单且便宜的解决方案，可以在灾难发生时保证数据库管理系统功能的可用性。

d. 滚动升级是集群计算系统中避免停机的方案。

13.12 陈述 1：在发生灾难时为保持数据可用性而选择硬盘备份时，其 RPO 取决于底层基础架构。一个可能的解决方案是选择 SAN 作为存储子系统，它保留了来自 LAN 和服务器的数据及与备份相关的流量的负担。

陈述 2：日志传送是一种用于在发生灾难时保留 DBMS 的事务上下文的技术。用于复制的远程 DBMS 可以使用主日志来还原主站点上正在进行的事务。

哪句陈述正确？哪句错误？

a. 两句陈述都正确。

b. 陈述 1 正确，陈述 2 错误。

c. 陈述 1 错误，陈述 2 正确。

d. 两句陈述都错误。

问题和练习

13.1E 什么是查询内并行？表空间的概念是如何实现的？

13.2E 说明如何使用 SQL 在表上创建一个名为 CUSTOMER_INDEX 的索引，该索引的名称 CUSTOMERS 基于 CUSTOMER_AGE（降序）和 CUSTOMER_ZIPCODE（升序）属性类型。至少给出三个理由说明为什么选择合适的索引是有益的。

13.3E 讨论并比较三种实现连接操作的不同技术。

13.4E 在 RAID 设备中常使用哪三种技术？就业务连续性而言，这三种技术中的每一种技术的哪种配置选项最适合用于极其关键的数据？

13.5E 根据哪三个标准可以对存储子系统进行分类？依据这三个标准分别确定 DAS、SAN、NAS、NAS 网关和 iSCSI 方法。

13.6E 假设你在一家银行工作，必须制定应急计划。请将你的 RTO 和 RPO 目标与其他业务和组织机构进行比较。你会选择哪种 RAID 设备？哪种企业存储子系统？

事务管理基础

本章目标 在本章中，你将学到：

- 理解事务、恢复和并发控制的概念；
- 清楚事务生命周期的各个步骤，以及所涉及的 DBMS 组件和日志文件的作用；
- 清楚不同类型的失败以及如何处理它们；
- 了解不同类型的并发问题以及调度、串行调度和可串行调度的重要性；
- 了解乐观调度器和悲观调度器之间的差异；
- 了解锁和锁协议的重要性；
- 理解 DBMS 事务管理工具的职责，以确保事务的 ACID 属性。

情景导入 由于许多用户将同时与 Sober 的数据库交互，该公司希望了解可能发生的任何问题。此外，Sober 还希望降低各种类型故障的风险，这些故障可能会使数据不正确。

在实际的组织设置中，大多数数据库是**多用户数据库**。这意味着许多应用程序和用户可以并行地访问数据库中的数据。这种对相同数据的并发访问，如果管理不当，可能会导致不同类型的异常或意外问题。此外，各种错误或灾难可能发生在各自的 DBMS 组件或其环境（如操作系统、与 DBMS 交互的应用程序或存储子系统）可能会将数据库数据呈现为不一致的状态。幸运的是，大多数数据库系统都提供了一种透明的解决方案（尽管通常是可配置的），以避免或以其他方式处理此类问题。通过这种方式，DBMS 支持在第 1 章已经提到的 ACID（原子性、一致性、隔离性、持久性）。这些解决方案的核心是**事务和事务管理**、**恢复**和**并发控制**的概念。在本章，我们首先介绍这些概念。然后，我们将更详细地讨论事务管理和所涉及的 DBMS 组件。在此之后，我们讨论了数据库管理系统或应用程序以及存储介质中的恢复和处理灾难的不同技术。最后，我们详细描述了并发控制技术，在与事务管理和恢复的交互中，保证多个用户对共享数据的无缝并发访问。

14.1 事务、恢复和并发控制

事务是由单个用户或应用程序引发的一组数据库操作（例如，关系数据库中的 SQL 语句序列），应该将这些操作视为一个不可分割的工作单元。一个说明事务重要性的典型例子是同一客户的两个银行账户之间的转账。这种传输应该被视为单个事务，但实际上至少涉及两个数据库操作：一次更新第一个取款账户，另一次更新另一个存款账户。用户应该只看到这个逻辑工作单元的“之前”和“之后”，并且不应该面对作为事务一部分的各个操作之间可能出现的不一致状态。此外，不应该以数据库处于不一致状态的方式终止事务，因为单个事务的某些操作已成功执行，而其他操作未成功执行；否则，客户或银行将被篡改。换句话说，整个事务应该总是“成功”或“失败”。在失败的情况下，部分执行的语句的任何影响都不应该保留在数据库中。通过这种方式，事务表示一组数据库操作，这些操作将数据库从一个一致的状态呈现到另一个一致的状态。在执行事务期间可能出现的不一致中间状态应该对用户隐藏。

在事务执行期间，可能会出现不同类型的错误或问题。可能有硬盘故障；应用程序、操作系统或 DBMS 可能崩溃，甚至可能断电。此外，事务本身可能会出现错误（例如，由于除数为 0）。恢复是这样一种活动，它确保无论发生什么问题，数据库都返回到一致的状态，之后不会丢失任何数据。特别是对于已经成功完成的事务（即已提交的事务，见 14.2.1 节），数据库系统应该确保所有更改都持久化到数据库中，即使其中一个错误发生在 DBMS（逻辑上）发出事务完成信号的时刻和它（物理上）更新实际数据库文件的时刻之间。以同样的方式，恢复涉及确保不存在未成功结束的事务的影响；在外界看来，失败的事务似乎从未发生过。

最后，即使每个事务本身都将数据库从一个一致的状态带入另一个一致的状态，事务也不是孤立存在的。事务常常在部分相同的数据上并发执行。这种对不同事务的交错执行可能会在事务之间引入许多干扰，从而导致不一致性，而如果事务是**串行**执行的（即一个接一个），则不存在这种不一致性。然而，在大多数情况下，纯粹的串行执行需要许多事务相互等待，因此会对事务吞吐量和性能产生严重的负面影响。因此，以避免或解决事务之间的干扰问题的方式来监视非串行执行是很重要的。此活动称为并发控制，是对同时在同一数据上执行的事务进行协调，以避免由于相互干扰而导致数据不一致。如 14.4 节所述，为了此目的存在不同的策略和权衡。

节后思考 定义以下概念：事务、恢复和并发控制。

14.2 事务和事务管理

在本节中，我们首先详细描述事务和事务生命周期。然后讨论事务管理中涉及的 DBMS 组件。最后，我们回顾了日志文件在事务管理中的重要作用。

14.2.1 描述事务和事务生命周期

数据库应用程序可以同时支持多个操作，甚至多个正在进行的事务。要使数据库系统能够评估哪些操作属于哪个事务，必须指定事务边界，以**描述**事务。这可以隐式或显式完成。

程序可以通过 begin_transaction 指令显式标记新事务的第一个操作。另外，如果没有显式通知，数据库管理系统将假定程序执行线程中的第一个可执行 SQL 语句表示新事务的开始[⊖]。事务管理器接收事务的操作，并将其与其他正在进行的事务一起放入**日程安排**中。一旦执行了第一个操作，事务就是活动的。

事务的结束通过 end_transaction 指令显式标记。事务完成后，将决定事务所做的更改是应该持久化到数据库中，还是应该撤销。如果事务成功完成，属于该事务的各个操作所做的所有更改都应该成为永久性的；事务已**提交**。事务提交后，更改对其他用户可见，并且无法撤销（当然，除非另一个事务在提交后会导致完全相反的更改）。但是，如果事务**中止**，则意味着在事务执行期间发生了错误或异常。此异常可能发生在不同的级别（应用程序、操作系统、数据库系统，请参见 14.3 节），但是，不管是什么原因，事务都没有成功完成。事务在中止之前可能已经对数据库做了一些部分更改。在这种情况下，事务需要**回滚**：事务的各个操作所做的所有更改都应该以这样一种方式进行回滚，即在完成回滚之后，似乎错误的事

⊖ 在本章中，我们将假设一个关系数据库环境，尽管许多概念同样适用于非关系系统。

务从未发生过。

知识延伸 在松散耦合系统和所谓的长时间运行的事务的上下文中（参见第16章），补偿原则经常被应用。在这种情况下，不是数据库系统机械地撤销事务所做的任何更改，而是发出一个新事务，该事务将导致完全相反的更改，或者更一般地说，是那些以某种方式“弥补”前一个事务的更改。然而，这是应用程序程序员的责任，而不是数据库系统的责任。

让我们来看看下面这个简单的例子：

```
<begin_transaction>

UPDATE account
SET balance = balance - :amount
WHERE accountnumber = :account_to_debit

UPDATE account
SET balance = balance + :amount
WHERE accountnumber = :account_to_credit

<end_transaction>
```

同一客户的两个账户之间的银行转账可以被视为涉及两个数据库操作的单个逻辑工作单元。新事务的开始由 <begin_transaction> 指令发出信号。具体来说，需要两个更新操作，根据同一变量[⊖]:amount 分别更新取款和存款两个账户（在本例中：同一表中的两个元组）。所涉及的两个账户元组由相应的变量标识 :account_to_debit 和 :account_to_credit。一旦到达 <end_transaction> 指令，数据库系统将决定事务的结果。如果一切顺利，事务将被提交；更改将被持久化到数据库中，并且表中的两个更新的余额值对其他数据库用户和事务可见。但是，如果事务未能成功完成，或者在 end_transaction 指令之前发生错误，则事务将中止。例如，如果在异常发生之前已经完成了第一个更新操作，则需要回滚该更新并恢复原始余额值。之后，这两个（未更改的）账户元组将再次提供给其他用户和事务；不应保留错误事务的痕迹。

事务提交或中止后，可以启动新的事务，具体取决于程序逻辑。或者，如果中止是程序故障的结果，则程序本身可能被终止。如果程序代码不包含显式的事务分隔符，则数据库系统通常会尝试提交由成功完成的程序或过程引发的事务，否则会中止事务。

14.2.2　涉及事务管理的 DBMS 组件

知识关联 在讨论 DBMS 的体系结构时，我们已经在第 2 章中简要介绍了事务管理器。

负责协调事务执行的主要 DBMS 组件称为**事务管理器**。图 14-1 描述了事务管理器在与事务管理中涉及的其他主要组件交互时的功能：调度器、存储数据管理器、缓冲区管理器和恢复管理器。

事务管理器将呈现在其输入区域（1）的新事务通知**调度器**。调度器计划事务的开始和各自操作的执行，旨在优化 KPI，如查询响应时间和事务吞吐量。一旦事务可以启动，恢复管理器和**存储数据管理器**被通知（2）。存储数据管理器协调 I/O 指令，从而协调与数据库文件的物理交互。但是，由于性能的原因，在接收到数据库读或写指令时，不会立即执行物理文件操作。相反，使用（快速）内部内存中的数据库缓冲区作为中介，以便可以稍微延迟

⊖ 第 15 章将更详细地讨论将变量作为输入传递给 SQL 查询的机制。

（缓慢）外部内存的访问。通过这种方式，可以根据物理文件结构、并行磁盘访问等优化执行物理文件操作。在这个上下文中，缓冲区管理器负责数据库缓冲区和物理数据库文件之间的数据交换。

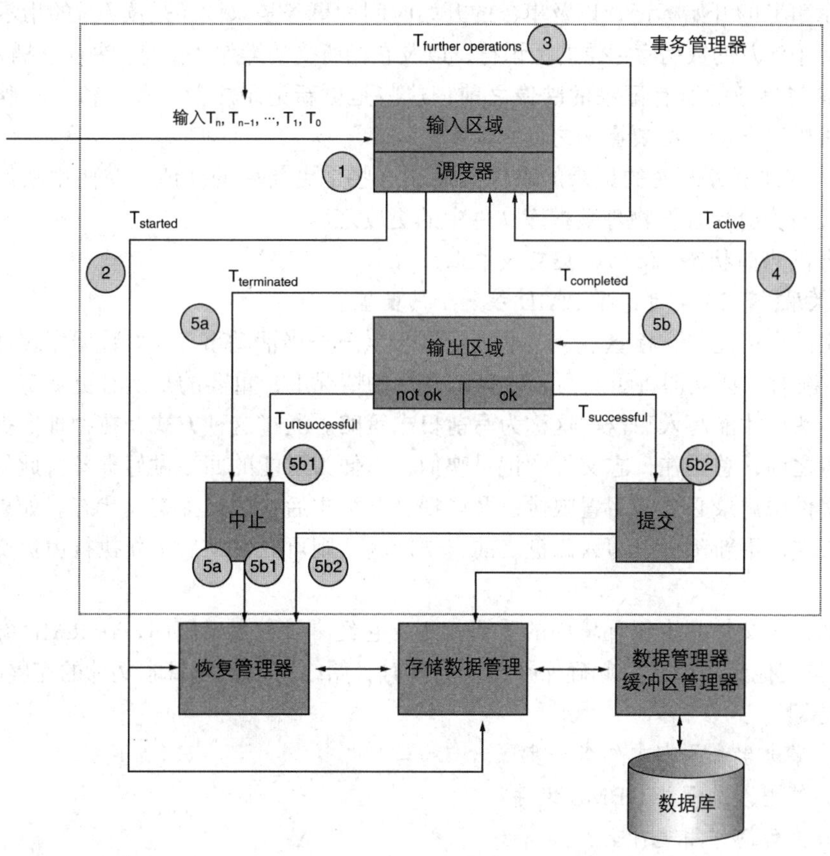

图 14-1　涉及事务管理的 DBMS 组件

知识关联 第 12 章和第 13 章更详细地讨论了物理数据库组织。

一旦事务启动，它的状态就称为活动状态。当输入区域接收属于事务的各个操作以及属于其他活动事务的操作时，调度器规划它们的执行顺序（3）。在执行时，操作通过存储数据管理器（4）触发与数据库的交互。后者通知调度器执行的结果。当一个事务已经完成（5b)，如果没有发生任何灾难，则事务到达提交状态。由事务引起的更新（可能仍然驻留在数据库缓冲区中）可以被认为是永久的，应该持久化到物理数据库文件中。将调用恢复管理器来协调这一点（5b2）。但是，如果由于检测到问题而未能成功完成事务（5b1)，或者如果事务在完成之前终止（5a)，则事务将达到中止状态。如果已将任何（中间）更改写入磁盘，则应撤销这些更改。为了协调后者，再次调用恢复管理器。

14.2.3　日志文件

除了上面描述的功能 DBMS 组件外，**日志文件**是事务管理和恢复中的一个重要元素。尽管日志文件本质上包含冗余数据，但是如果由于某种原因，数据在事务执行上下文中丢失或损坏，那么这种冗余是绝对重要的。如果发生这种情况，恢复管理器将尝试通过日志文件上的注册来恢复丢失的数据。对于每个事务和每个操作，相关信息记录在日志文件中。这样，日志文件就是一个连续的文件，由包含以下信息的**日志记录**组成：

- 一个唯一的日志序列号来识别日志记录；
- 唯一的事务标识符，将日志注册与单个事务相关联；
- 表示事务的开始标记，以及事务的开始时间和事务是只读还是读 / 写的指示；
- 事务中涉及的数据库记录的标识符，以及它们所受的操作（查询、更新、插入、删除）；
- 在参与事务的所有记录的**映像之前**，这些是更新记录之前的原始值。在映像用于撤销失败事务的不必要影响之前；
- 在所有被事务改变的记录的**映像之后**，这些是更新后的新值。在使用映像来重做最初没有充分保存在物理数据库文件中的更改之后；
- 事务的当前状态（活动、提交或中止）。

知识关联 第 13 章讨论了 RAID 级别 1 的配置。

日志文件也可能包含**检查点**。这些表示同步点——当活动事务（如数据库缓冲区中的事务）缓存更新时，会立即将更新写入磁盘。在这种情况下，重要的是所有更新都要在日志文件上注册，然后才能写入磁盘。这称为**写前日志策略**。通过这种方式，在物理数据库文件中覆盖实际值之前，总是在日志文件中记录映像，以便为可能的回滚做好准备。此外，事务只应在日志文件中记录必要的后置映像以及“提交”标志后达到“提交”状态。如果在提交的事务的所有缓冲更新都可以写入磁盘之前出现问题，则可以在之后重新执行由提交的事务所做的更改。

考虑到日志文件在恢复环境中的重要作用，它经常被复制（例如，在 RAID 级别 1 配置中）。后者与其他预防措施一起确保在发生灾难时，始终可以恢复日志文件的完整副本。

节后思考

- 讨论事务生命周期中的各个步骤。
- 事务管理涉及哪些 DBMS 组件？
- 日志文件的作用是什么？

14.3 恢复

在本节中，我们首先详细讨论执行事务时可能发生的不同类型的故障。然后，我们讨论系统和介质恢复，这两种恢复技术具体取决于故障类型。

14.3.1 故障类型

如前所述，事务的正确执行可能会受到几种类型的失败的阻碍。为了理解恢复的模式和恢复管理器的作用，考虑可能发生的实际故障是很有用的。根据它们的原因，可以将它们分为三大类：事务故障、系统故障和介质故障。

- **事务故障**是由驱动事务操作的逻辑错误（例如，错误的输入、未初始化的变量、不正确的语句等）或应用程序逻辑错误所导致。因此，事务不能成功完成，应该中止。此决策通常由应用程序或数据库系统本身做出。如果事务进行了任何试探性更改，则应该回滚这些更改。
- **系统故障**是操作系统或数据库系统由于故障或断电而崩溃所导致。这可能会导致主存储器内容的丢失，从而导致数据库缓冲区的丢失。
- **介质故障**是包含数据库文件和日志文件的辅助存储器（硬盘驱动器，有时是闪存）由于磁盘崩溃、存储网络故障等原因而损坏或无法访问。尽管事务可能已经在逻辑上正确执行，因此引发事务的应用程序或用户被告知事务已成功提交，但物理文件可能无法捕获或反映事务引起的更新。

接下来，我们将区分系统恢复和介质恢复。在系统故障和某些事务失败的情况下，将调用系统恢复。介质恢复用于处理介质故障。

14.3.2　系统恢复

假设发生了系统故障，导致数据库缓冲区的内容丢失。位于这个缓冲区中的更新可以归因于属于两个可能类别的事务：在发生故障之前已经达到提交状态的事务，以及仍然处于活动状态的事务。对于这些事务中的每一个，都可能需要 UNDO 或 REDO 操作，这取决于哪些更新已写入磁盘，哪些更改在系统故障时仍挂起在数据库缓冲区中。后者取决于缓冲区管理器上次将数据库缓冲区“刷新”到磁盘的时刻。此时刻标记为日志文件上的检查点。不同的可能情况如图 14-2 所示。

图 14-2 显示了同时或多或少执行的 5 个事务（T_1 到 T_5）。现在我们假设事务不会干扰；我们将在 14.4 节讨论并发控制。假设在 t_c 时在日志文件上注册了一个检查点，这是将数据库缓冲区中挂起的更新持久化到物理数据库文件中的最后一次。之后，在 t_f 时，发生了系统故障，导致数据库缓冲区丢失。

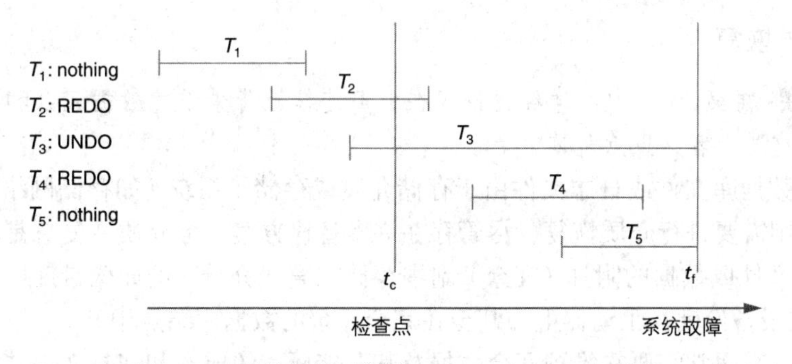

图 14-2　系统故障时请求 UNDO 和 REDO 操作

事务 T_1 在注册检查点 t_c 之前提交。对于此事务，不需要任何恢复操作。实际上，所有事务的更新都已写入磁盘，因此没有必要 REDO。而且，由于事务已成功提交，所以也不需要 UNDO 操作。

事务 T_2，在 t_c 时间仍然是活动的。但是，在 t_f 时的实际系统故障之前事务已经成功提交。由于事务已提交，但并非所有更新都是在数据库缓冲区丢失之前写入磁盘的，因此需要 REDO 才能最终持久化所有事务的更新。

当系统故障发生在 t_f 时，事务 T_3 仍然处于活动状态。它的一些更新仍在数据库缓冲区中挂起，当缓冲区丢失时自行消失。但是，在 t_c 之前进行的其他更新已经写入磁盘。由于系统故障，事务无法继续，因此无法提交，必须中止。已写入磁盘的部分更改必须通过 UNDO 操作回滚。

事务 T_4 在时间 t_c 之后启动，并在时间 t_f 的系统故障之前提交。由于其所有更新仍挂起在数据库缓冲区中，因此需要 REDO 才能将其效果持久化到数据库中。

事务 T_5 也在 t_c 之后启动。由于事务在 t_f 时仍处于活动状态，因此由于系统故障，它无法继续，将被中止。但是，由于它的所有更新仍在数据库缓冲区中挂起，它们与缓冲区的其余内容一起消失。不需要 UNDO。

日志文件对于考虑在上述情况下由哪些事务（以及何时）进行的更新以及跟踪之前和之后的映像是必不可少的。基于此信息，恢复管理器协调所需的 UNDO 和 REDO 操作。虽然上述讨论的系统恢复主要针对系统故障，但在事务失败的情况下也可以应用类似的推理。但是，在这种情况下，只会发生 T_3 和 T_5 的情况，因为在事务失败的情况下，事务永远不会提交。

最后，需要注意的是，可以使用不同的方法来协调数据库缓冲区的刷新。在某些情况下，缓冲区只是在“已满”时刷新（即没有任何恢复管理器的参与）。但是，在许多实现中，恢复管理器监督此过程，并定期指示缓冲区管理器刷新（部分）缓冲区内容。在这种情况下，有许多变化是可能的。例如，如果只有自已提交事务的挂起更新才能写入磁盘，则永远不需要 UNDO 操作，但可能仍然需要 REDO 操作。我们称之为**延迟更新**或 NO-UNDO/REDO 策略。与之相对的是**立即更新策略**，这意味着在提交事务之前可以更新数据库。这里的一个特殊情况是，如果事务的所有缓冲更新在事务提交后立即持久化。我们谈到 UNDO/NO-REDO 策略，因为永远不会要求 REDO。尽管如此，在大多数情况下，从物理文件管理和性能的角度来看，这种方法并不是最佳的，因此 UNDO 和 REDO 操作是大多数系统恢复实现的一个组成部分。

14.3.3　介质恢复

知识关联 在第 13 章中，详细讨论了在业务连续性背景下的数据冗余和备份方法。我们简要回顾了这些内容，重点是恢复。

如果物理数据库文件或日志文件由于存储介质或存储子系统（如存储网络）的故障而不可用或损坏，则需要进行介质恢复。尽管存在许多替代方案，但介质恢复总是基于某种类型的**数据冗余**：文件或数据的附加（冗余）副本存储在离线介质（例如磁带库）或在线介质上（例如，一个在线备份硬盘驱动器上，甚至在完全冗余的数据库结点中）。

每个解决方案通常需要在维护冗余数据及其存储环境的成本和恢复文件并将系统恢复到完全功能状态所需的时间之间进行权衡。考虑到这种权衡，通常需要区分两种技术：镜像和存档。然而，请注意，这种分类不是绝对的，并且每种技术都有无数的变体，许多混合方法也存在。

磁盘镜像㊀是一种（近乎）实时的方法，它将相同的数据同时写入两个或多个物理磁盘。这可以通过软件或硬件（例如，通过操作系统；通过 RAID 设置中的硬盘控制器；或通过存储区域网络的组件）以不同的方式实现，具有不同的性能。相同的磁盘（以及服务器等）可以位于相同的场所或不同的位置，特别是出于灾难恢复的原因。由于具有实时性元素，镜像通常只需要有限的**故障转移时间**，就可以在介质出现故障后使用最新数据重新启动和运行系统。然而，所需的技术通常比归档成本更高。在性能方面，重复写入可能对写入性能产生（有限的）负面影响，但有时可以利用数据的冗余副本进行并行访问，从而提高读取性能。除了物理文件级之外，还可以在数据库级实现镜像，在数据库级不仅可以复制实际的数据库文件，还可以复制事务状态和数据库系统本身。这意味着可以保留数据和事务上下文，即

㊀ 实际上，可以对镜像和复制进行进一步的区分。详情请参阅第 13 章。

在磁盘崩溃时仍处于活动状态的事务可以故障转移到冗余数据库服务器并继续执行，而不是中止。

归档是一种将数据库文件定期复制到其他存储介质（如磁带或另一个硬盘）的方法。这样的副本称为**备份**副本。如果原始文件损坏，可以恢复备份副本来恢复丢失的数据。但是，由于备份是定期进行的，因此最后一次复制之后的更改将丢失。因此，在更频繁备份的成本（开销和存储成本）和由于不太频繁备份而丢失数据的成本之间会有一个权衡。在数据库设置中，如果将存档应用于数据库文件，则至少日志文件通常会被镜像，以便从备份副本还原的旧数据可以与记录在日志文件中的较新事务（重做）互补。此活动称为**前滚恢复**。除了频率之外，备份策略通常还受其他参数的影响，例如间歇性**完全备份**的周期性，再加上更频繁的**增量备份**，以捕获自上次完全备份以来的更改。还原操作将归结为首先还原最后一次完整备份，然后按时间顺序还原自上次完整备份以来所做的所有增量备份。影响成本和恢复所需时间之间权衡的其他变化点有：备份介质的选择（例如磁带与磁盘）；备份是离线还是在线；异地备份还是现场备份等。

知识关联 在 NoSQL 数据库的上下文中，最终一致性和冗余的特性将在第 16 章进一步讨论。

最近，在冗余的背景下出现了另一个折中方案：性能和一致性之间的折中方案。如第 11 章所述，出于容错和性能（并行访问）的考虑，一些新开发的大型（NoSQL）数据库核心架构具有冗余。此外，通过避免始终保持同一数据项的冗余副本同步所需的事务开销，性能将进一步提高。因此，这样的系统允许某种程度的暂时不一致，以换取性能的提高。这种被称为最终一致性的事务范式与传统关系数据库的方法形成了对比，后者通常倾向于绝对数据一致性而不是性能。此外，许多 NoSQL 数据库系统支持多种配置，在一致性和性能之间的权衡上有不同的定位。

节后思考 讨论不同类型的失败以及如何处理它们。

14.4 并发控制

在本节中，我们首先举例说明典型的并发问题，如丢失更新问题、未提交的依赖项问题和不一致的分析问题。然后，我们定义了计划和串行计划的概念。接下来，我们检查可序列化调度的约束。最后，我们讨论了乐观和悲观调度器。

14.4.1 典型的并发性问题

调度器作为事务管理器的一个组件，负责计划事务的执行及其各个操作。最直接的方法是根据事务提交给调度器的顺序，简单地按顺序调度所有事务。这样，在可以启动新事务之前，事务的所有操作都将完成，从而保证没有事务相互干扰。不幸的是，这样的串行执行非常低效，许多事务无休止地等待它们前面的任务完成，导致非常低的响应时间和事务吞吐量。操作系统和存储系统的典型并行处理能力将被大大降低。

相反，调度器将确保各个事务的操作可以交叉执行，从而大大提高性能。应注意不要只关注并行性，因为访问（尤其是更新）相同数据项的事务之间会出现干扰问题。这将导致数据库不一致，在大多数情况下[1]，甚至比性能差更不可取。在提出可能的解决方案之前，我们

[1] 如前所述，许多 NoSQL 数据库系统实际上允许一定程度的不一致性，以提高性能。详见第 16 章。

首先讨论在（缺乏）并发控制的上下文中发生的最典型的干扰问题：丢失更新问题、未提交的依赖性问题和不一致的分析问题。

1. 丢失更新问题

如果一个事务对一个数据项的成功更新被另一个没有“意识到”第一次更新的事务覆盖，则会发生**丢失更新问题**。如图 14-3 所示：两个事务 T_1 和 T_2 同时启动。它们都读同一个账户上的金额 x。T_1 将金额减少 50，而 T_2 将金额增加 120。两个事务操作的执行是交错的。因此，由于 T_1 使用了在 T_2 更新 amount$_x$ 之前读取的 amount$_x$ 版本，并且之后 amount$_x$ 由 T_1 更新，所以 T_2 的更新被“覆盖”，并且完全丢失。这是第一次说明这样一个事实，即使两个事务本身可能完全正确，但如果事务相互干扰，仍然会出现问题。

时刻	T_1	T_2	amount$_x$
t_1		begin transaction	100
t_2	begin transaction	read(amount$_x$)	100
t_3	read(amount$_x$)	amount$_x$ = amount$_x$ + 120	100
t_4	amount$_x$ = amount$_x$ - 50	write(amount$_x$)	220
t_5	write(amount$_x$)	commit	50
t_6	commit		50

图 14-3　丢失更新问题的说明

2. 未提交的依赖项问题（又称脏读问题）

如果一个事务读取一个或多个由另一个尚未提交的事务更新的数据项，我们可能会遇到**未提交的依赖项问题**。如果另一个事务最终终止并回滚，则会出现这样的情况，即第一个事务最终会出现这样的情况，即它已经读取了它本来就不应该“看到”的暂定值。如图 14-4 所示：同样，两个事务 T_1 和 T_2 在同一时间启动。两个交易都读取了账户 x 上的金额。T_1 将金额减少 50，而 T_2 增加了 120。两个事务都以交错的方式执行，尽管这次 T_1 知道 T_2 的更新，因为它在 T_2 写入后在时刻 t_5 读取 amount$_x$。不幸的是，T_2 在 t_5 仍然是未提交的，之后会回滚（在 t_6），这意味着数据库状态中不应该留下它的任何痕迹。同时，T_1 已经读取并可能使用了 amount$_x$ 这个“不存在”值。

时刻	T_1	T_2	amount$_x$
t_1		begin transaction	100
t_2		read(amount$_x$)	100
t_3		amount$_x$ = amount$_x$ + 120	100
t_4	begin transaction	write(amount$_x$)	220
t_5	read(amount$_x$)		220
t_6	amount$_x$ = amount$_x$ - 50	rollback	100
t_7	write(amount$_x$)		170
t_8	commit		170

图 14-4　未提交的依赖项问题的说明

3. 不一致分析问题

不一致分析问题表示这样一种情况：一个事务读取另一个事务的部分结果，该事务同时与相同的数据项交互（并更新）。当一个事务根据多个数据项计算聚合值，而另一个事务同时更新其中一些数据项时，通常会出现此问题。图 14-5 中的示例涉及三个账户 x、y 和 z。初始金额分别为 100、75 和 60。T_1 是将 50 美元从账户 x 转移到账户 z。T_2 计算三个金额的总和。这两种事务都是在同一时间启动的，它们的操作的执行是交错的。问题是，当 T_1 的值已经被

T_2 读取时，T_1 会从账户 x 中减去一个金额，而在 T_2 读取之前，T_1 会将一个金额添加到账户 z 中。因此，由 T_1 转移的 50 美元包含在由 T_2 计算的总和中两次，结果是 285 而不是 235。

注意，在本例中，最终的数据库状态可能不是不一致的（账户 x、y 和 z 的值应该是不一致的），但是返回给客户端应用程序的查询结果（账户 x、y 和 z 的总和）仍然是不正确的。这样，丢失的更新问题总是导致不一致的数据库状态，而未提交的依赖项或不一致的分析可能导致不一致的数据库状态或不正确的查询结果，这取决于不正确的值是存储在数据库中还是返回给客户端应用程序。

时刻	T_1	T_2	amount			sum
			x	y	z	
t_1		begin transaction	100	75	60	
t_2	begin transaction	sum = 0	100	75	60	0
t_3	read(amount$_x$)	read(amount$_x$)	100	75	60	0
t_4	amount$_x$ = amount$_x$ - 50	sum = sum + amount$_x$	100	75	60	100
t_5	write(amount$_x$)	read(amount$_y$)	50	75	60	100
t_6	read(amount$_z$)	sum = sum + amount$_y$	50	75	60	175
t_7	amount$_z$ = amount$_z$ + 50		50	75	60	175
t_8	write(amount$_z$)		50	75	110	175
t_9	commit	read(amount$_z$)	50	75	110	175
t_{10}		sum = sum + amount$_z$	50	75	110	285
t_{11}		commit	50	75	110	285

图 14-5 不一致分析问题的说明

4. 其他并发相关问题

除了上述问题之外，还有其他典型的并发问题。例如，当事务 T_1 多次读取同一行，但获得不同的后续值时，就会发生**不可重复读取**，因为另一个事务 T_2 同时更新了这一行。另一个相关的例子是**幻读**。在本例中，事务 T_2 对事务 T_1 正在读取的一组行执行插入或删除操作。可能是，如果 T_1 第二次读取相同的行集合，会出现额外的行，或者之前存在的行消失，因为它们已经被 T_2 同时插入或删除了。

14.4.2 调度和串行调度

我们将调度 S 定义为 n 个事务的集合，并对这些事务的语句进行顺序排序，其属性如下：

对于参与调度 S 的每个事务 T，对于属于同一事务 T 的所有语句 s_i 和 s_j：如果语句 s_i 在 T 中先于语句 s_j，则 s_i 被调度在 S 中先于 s_j 执行。

换句话说，调度的定义意味着调度保持每个事务中各个语句的顺序，而它允许事务之间语句的任意顺序。每一种交替排序都产生一个不同的调度表。

如果同一事务 T 的所有语句 s_i 都是连续调度的，而不与来自不同事务的语句交错，则调度 S 是串行的。因此，一组 n 个事务会产生 $n!$ 个事务不同的串行调度。

如果我们假设每个事务在完全隔离的情况下执行是正确的，并且调度中的事务彼此独立，那么从逻辑上讲，每个串行调度也将是正确的。串行调度保证事务之间不存在会导致数据库不一致的干扰。然而，如前所述，串行调度阻止了并行事务的执行，并给性能带来了沉重的负担。因此，它们本身就不受欢迎。我们需要的是一个仍然正确的非串行的调度。

14.4.3 可串行化调度

前一节中的所有示例都表示非串行调度，但是它们会导致不一致的数据库状态，或者至少是不正确的查询结果。因此，这些调度显然是不正确的。问题是，我们能否设想出仍然正确的非串行调度。假设一个非串行调度相当于一个串行调度（即产生与之相同的结果）。这意味着最终的数据库状态以及返回给客户端的查询结果是完全相同的。在这种情况下，非串行调度仍然是正确的，同时通常比相应的串行调度更有效。我们称这样的调度为**可串行化的**。

形式上，两个调度 S_1 和 S_2（包含相同的事务 $T_1, T_2, \cdots, T_n$）是等同的，如果满足这两个条件：

- 对于 S_1 中 T_i 的每一个 $read_x$ 操作，如下所示：如果该操作读取的 x 值最后是由 S_1 中事务 T_j 的操作 $write_x$ 写入的，则 S_2 中 T_i 的同一操作 $read_x$ 应读取 x 的值，就像由 S_2 中事务 T_j 的同一操作 $write_x$ 写入的一样。
- 对于这些调度中受写操作影响的每个值 x，作为事务 T_i 的一部分执行的调度 S_1 中的最后一个写操作 $write_x$ 也应该是调度 S_2 中 x 的最后一个写操作，同样也是事务 T_i 的一部分。

图 14-6 中的示例将串行调度 S_1 与非串行调度 S_2 进行比较。可以看出，S_2 不等同于 S_1，因为 S_1 中 T_2 的读取（$amount_y$）操作读取的值是由 T_1 写入的 $amount_y$，而 S_2 中的相同操作读取 $amount_y$ 的原始值。这违反了上述两个条件中的第一个条件。在这种情况下，不存在任何与 S_2 相当的其他串行调度。因此，S_2 不可串行化，不正确。

	调度S_1 串行调度		调度S_2 非串行调度	
时刻	T_1	T_2	T_1	T_2
t_1			begin transaction	
t_2	begin transaction		read($amount_x$)	
t_3	read($amount_x$)		$amount_x$ = $amount_x$ + 50	
t_4	$amount_x$ = $amount_x$ + 50		write($amount_x$)	
t_5	write($amount_x$)			begin transaction
t_6	read($amount_y$)			read($amount_x$)
t_7	$amount_y$ = $amount_y$ - 50			$amount_x$ = $amount_x$ × 2
t_8	write($amount_y$)			write($amount_x$)
t_9	end transaction			read($amount_y$)
t_{10}				$amount_y$ = $amount_y$ × 2
t_{11}		begin transaction		write($amount_y$)
t_{12}		read($amount_x$)	read($amount_y$)	end transaction
t_{13}		$amount_x$ = $amount_x$ × 2	$amount_y$ = $amount_y$ - 50	
t_{14}		write($amount_x$)	write($amount_y$)	
t_{15}		read($amount_y$)	end transaction	
t_{16}		$amount_y$ = $amount_y$ × 2		
t_{17}		write($amount_y$)		
		end transaction		

图 14-6　串行和非串行调度的比较

要测试调度的可串行性，可以使用**优先图**。这样的图按以下方式绘制：

- 为每个事务 T_i 创建一个结点。
- 如果 T_j 读取一个由 T_i 写入之后的值，则创建一个有向的边缘 $T_i \rightarrow T_j$。
- 如果 T_j 写入一个由 T_i 读取之后的值，则创建一个有向的边缘 $T_i \rightarrow T_j$。
- 如果 T_j 写入一个由 T_i 写入之后的值，则创建一个有向的边缘 $T_i \rightarrow T_j$。

可以证明，如果优先图包含一个循环，则调度是不可串行化的。在前面的示例中，S_2 显然包含一个循环。

14.4.4 乐观和悲观调度器

从理论上讲，每个非串行调度都可以被连续监控以获得可串行性，但在实践中并不推荐这样做，因为这样做会涉及开销。相反，调度器将应用一个调度协议，该协议保证随后的调度是可序列化的。通常，我们可以区分乐观调度器（应用乐观协议）和悲观调度器（应用悲观协议）。

乐观协议假设并发事务之间的冲突是异常的，例如，当事务在数据库的或多或少不相交的子集上操作时，或者如果大多数操作是读取操作时，就会出现这种情况。在乐观协议中，事务的操作是无延迟调度的。当事务已完成并准备提交时，将验证它在执行期间是否与其他事务发生冲突。如果未检测到冲突，则提交事务。否则，将中止并回滚。回滚会带来相当大的开销，因此这种方法只有在冲突的可能性很小的情况下才可行。

另一方面，**悲观协议**假定事务很可能会干涉并引起冲突。因此，事务操作的执行在一定程度上被延迟，直到调度器能够以避免任何冲突的方式对它们进行调度，或者至少不太可能发生冲突。这种延迟将在一定程度上减少吞吐量，但是对性能的影响将比大量回滚的影响要小，否则会出现冲突的高风险。串行调度器可以看作（非常）悲观的极端情况。

乐观并发和悲观并发在实践中都得到了应用。最著名的技术是**锁**。在悲观并发的情况下，锁是以先发制人的方式使用的，在一定程度上限制了事务执行的同时性，锁指示哪些事务可以在某一时刻访问哪些数据，哪些事务需要等待，从而降低了冲突的风险。对于乐观并发，锁不是用来限制同时性，而是用来检测事务执行期间的冲突，这些冲突需要在事务提交之前解决。例如，它们将发出信号，表明事务遇到脏读问题，这将要求回滚事务。

另一种解决并发问题的流行技术是**时间戳**。读写时间戳是与数据库对象关联的属性。它们指示上次读取对象的时间或上次写入对象的时间。通过跟踪这些计时方面，可以强制以适当的顺序执行一组事务的操作，从而保证可串行化，或者事后验证是否违反了可串行化条件。在本章的其余部分中，我们将重点讨论锁，并且在大多数情况下，悲观并发；时间戳和乐观并发将在第 16 章中进行更详细的讨论，因为它们通常应用于分布式和松耦合数据库的上下文中。

14.4.5 锁和锁协议

在本节中，我们首先介绍锁的用途。然后我们回顾两阶段锁协议（2PL）。接下来，我们将放大级联回滚，并讨论如何处理死锁。最后，我们讨论了隔离级别和锁粒度。

1. 锁的目的

从前面的示例可以清楚地看出，事务之间的冲突总是由访问同一数据库对象的两个或多个事务引起的，其中至少有一个事务是向该对象写入的。如果同一对象在同一时间内只被多个事务读取，这永远不会成为冲突的原因，因为没有数据被更改，因此不会产生不一致。现在，我们假设一个数据库对象对应于一个表中的一个元组。后文将考虑其他粒度级别，例如列或整个表。

锁和锁协议的目的是确保在不同并发事务尝试访问同一数据库对象的情况下，只以不会发生冲突的方式授予访问权限。后者是通过在对象上放置一个锁来实现的。我们可以将锁视为与数据库对象关联的变量，其中该变量的值约束了当时允许在该对象上执行的操作类型。不符合这些约束的操作将推迟一段时间，直到它们不再处于导致任何冲突的位置。锁管理器负责授予锁（锁定）和释放锁（解锁）。锁管理器应用**锁协议**，该协议指定何时锁定和解锁数据库对象的规则和条件。

存在许多类型的锁和锁协议。在最直接的情况下，我们区分共享锁（也称为S锁或读锁）和排他锁（也称为X锁或写锁）。**排他锁**意味着一个事务在当时获得与该特定数据库对象交互的唯一权限；在释放锁之前，不允许其他事务读取或写入该对象。因此，第一个事务能够读取和更新对象，而不会与同时访问同一对象的其他事务发生冲突。另一方面，如果一个事务获得了一个**共享锁**，这意味着它得到了保证，只要持有该锁，其他事务就不会更新同一个对象。因此，第一个事务可以从对象中读取，而不会与写入该对象的其他事务发生冲突。不过，其他事务也可能在同一对象上持有共享锁。这不是问题，因为所有在同一个对象上持有共享锁的事务都只允许从中读取，这永远不会导致冲突。

这意味着多个事务可以获取同一对象上的一个锁，条件是这些都是共享锁，因此，所有事务只能读取该对象。如果事务要更新对象，则需要排他锁。只有在没有其他事务对对象持有任何锁的情况下才能获取后者，因此，此时没有其他事务可以读取或更新对象。这些规则可以归纳为**兼容性矩阵**，如图14-7所示。该图显示了基于同一对象（参见第一行）上当前的锁，将为特定数据库对象（参见第一列）授予哪个请求。如果无法授予事务的请求，这意味着相应的操作将导致并发问题。调度程序将使事务处于等待状态，直到释放同一对象上其他事务的锁。在此之后，可以授予锁，并且第一个事务可以继续，而不存在任何冲突风险。

		对象上当前持有的锁类型		
		无锁	共享	独占
请求的锁类型	无锁	–	是	是
	共享	是	是	否
	独占	是	否	否

图14-7　具有共享和独占锁的简单兼容性矩阵

锁定和解锁请求可以由事务显式发出，也可以保持隐式。在隐式请求中，读写操作将分别导致s锁和x锁，而提交或回滚将导致解锁指令。事务管理器与锁管理器交互，代表单个事务请求锁。如果未授予锁，则调度程序将推迟相应的操作。锁管理器将锁协议作为一组规则来实现，以确定在什么情况下可以授予哪些锁。兼容性矩阵是这个锁定协议的主要元素。锁管理器还使用**锁表**。后者包含有关哪个事务当前持有哪些锁的信息；哪些事务正在等待获取某些锁等。

锁管理器对事务调度的“公平性”负有重要责任。实际上，当释放排他锁时，相应的数据库对象处于解锁状态，并且可以将新锁授予任何等待的事务。但是，如果释放了共享锁，则可能是同一对象上的其他事务仍保留了其他共享锁。锁管理器将必须决定是否可以在此对象上授予其他共享锁，或者是否应该逐步淘汰共享锁，以支持正在等待获取对象上排他锁的事务。如果使用了不适当的优先级模式，则这种情况可能会导致所谓的**饥饿**，某些事务将无休止地等待所需的排他锁，而其他事务将正常继续。

2. 2PL协议

实际上，存在许多锁协议，但是在独立数据库环境中最广为人知且最普遍的是**两阶段锁**。除了应用兼容性矩阵之外，锁协议还确定事务生命周期中何时允许锁定和解锁指令。

2PL协议包含以下规则：

1）在事务可以读取数据库对象之前，它应获取该对象的共享锁。在可以更新对象之前，它应该获取一个排他锁。

2）锁管理器根据兼容性矩阵确定请求的锁是否不会引起任何冲突，是否可以授予该锁。无法批准锁定请求的事务将被搁置，直到可以批准该请求为止。

3）对于每个事务，获取和释放锁分为两个阶段：增长阶段，可以获取新锁，但不能释放锁；收缩阶段，其中逐渐释放锁，并且不能获取其他锁。换句话说：所有锁定请求都应在第一个解锁指令之前。

根据基本 2PL 协议，在释放第一个锁之后不再获取其他锁的情况下，事务可以在达到“提交”状态之前就已经开始释放锁。在大多数 DBMS 实现中，都会应用 2PL 的一个变体，称为**严格 2PL**。该协议指定该事务将保留其所有锁，直到提交为止。另一个变体是**静态 2PL**（又称**保守 2PL**）。使用此协议，事务在事务开始时就立即获取所有锁[⊖]。不同的 2PL 变体如图 14-8 所示。

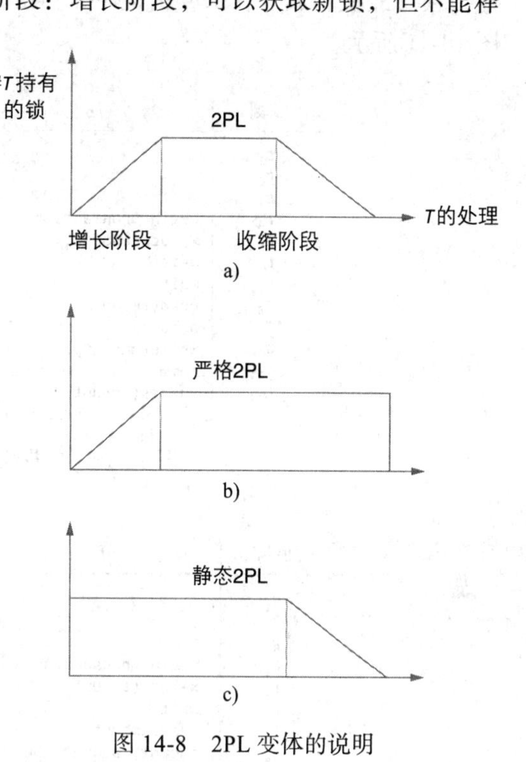

图 14-8　2PL 变体的说明

在应用 2PL 协议时，可以避免并发问题，如 14.4.1 节中提到的问题。图 14-9 说明了如何解决丢失的更新问题，因为事务 T_1 必须等待，直到 T_2 解锁了 $amount_x$，然后 T_1 才能获得写锁。结果，T_1 现在知道 T_2 更新了 $amount_x$，从而解决了丢失的更新问题。对于不一致的分析问题，可以应用类似的推理。

时刻	T_1	T_2	$amount_x$
t_1		begin transaction	100
t_2	begin transaction	x-lock($amount_x$)	100
t_3	x-lock($amount_x$)	read($amount_x$)	100
t_4	wait	$amount_x$ = $amount_x$ + 120	100
t_5	wait	write($amount_x$)	220
t_6	wait	commit	220
t_7	wait	unlock($amount_x$)	220
t_8	read($amount_x$)		220
t_9	$amount_x$ = $amount_x$ - 50		220
t_{10}	write($amount_x$)		170
t_{11}	commit		170
t_{12}	unlock($amount_x$)		170

图 14-9　丢失更新问题的解决方案

同样，图 14-10 说明了 2PL 如何解决未提交的依赖项问题。

3. 级联回滚

即使根据可靠的协议管理和调度事务，由于并发控制和恢复之间的相互影响，仍然可能发生不良后果。让我们回顾一下 2PL 上下文中的未提交的依赖关系问题。如图 14-10 所示，如果 T_2 保持所有锁直到回滚，则问题得以解决。

然而，对于基本的 2PL 协议，有一个收缩阶段，在此阶段中，在事务提交或中止之

⊖ 并非总是能够预测将需要哪些锁，例如，如果只能根据先前操作的结果确定下一个操作。在这种情况下，应该请求可能需要的所有锁，而不是实际需要的所有锁。

前，锁已经被释放。在那种情况下，事务 T_1 仍可能读取 T_2 写入的值，而 T_2 随后终止。如图 14-11 所示。

时刻	T_1	T_2	$amount_x$
t_1		begin transaction	100
t_2		x-lock($amount_x$)	100
t_3		read($amount_x$)	100
t_4	begin transaction	$amount_x$ = $amount_x$ + 120	100
t_5	x-lock($amount_x$)	write($amount_x$)	220
t_6	wait	rollback	100
t_7	wait	unlock($amount_x$)	100
t_8	read($amount_x$)		100
t_9	$amount_x$ = $amount_x$ - 50		100
t_{10}	write($amount_x$)		50
t_{11}	commit		50
t_{12}	unlock($amount_x$)		50

图 14-10　未提交依赖项问题的解决方案

时刻	T_1	T_2	$amount_x$
t_1		begin transaction	100
t_2		x-lock($amount_x$)	100
t_3		read($amount_x$)	100
t_4	begin transaction	$amount_x$=$amount_x$+120	100
t_5	x-lock($amount_x$)	write($amount_x$)	220
t_6	wait	unlock ($amount_x$)	220
t_7	read($amount_x$)		220
t_8	$amount_x$=$amount_x$-50	rollback	220
t_9	write($amount_x$)		170
t_{10}	commit		170
t_{11}	unlock($amount_x$)		170
t_{12}			

图 14-11　说明了使用基本 2PL 进行级联回滚的必要性

因此，在提交任何事务 T_1 之前，DBMS 应该确保首先提交对数据项进行更改的所有事务，这些数据项随后被 T_1 读取。即使如此，如果事务 T_2 被回滚，那么所有读取了由 T_2 写入的值的未提交事务 T_u 也需要回滚，以避免未提交的依赖性问题。此外，所有依次读取由事务 T_u 写入的值的事务也需要回滚，以此类推。这一系列不断升级的回滚称为**级联回滚**。应该以递归方式应用此类回滚——读取由上一步中标记为回滚的事务写入的数据的事务也必须回滚，依此类推。毫无疑问，级联回滚非常耗时。避免这种情况的最佳方法是所有事务都持有它们的锁，直到它们达到“提交”状态。因此，大多数 DBMS 应用严格 2PL 协议或另一种变体，而不是基本 2PL。

4. 处理死锁

诸如 2PL（包括严格的 2PL）之类的协议的缺点之一是它们可能导致*死锁*。如果两个或多个事务正在等待彼此的锁被释放，则会发生死锁。由于每个事务持有一个或多个锁，而另一个事务需要这些锁才能继续，所以所有事务都处于无限等待状态。我们在图 14-12 中的 2PL 中说明了两个事务的死锁情况：T_1 持有 $amount_x$ 上的排他锁，但稍后也请求 $amount_y$ 上的锁。但是，后者被 T_2 锁定，而 T_2 又请求对 $amount_x$ 进行锁定。两个事务都不会获得所请求的锁，因此两个事务将无休止地相互等待。当然，在实践中，死锁通常会涉及两个以上的事务。

有多种处理死锁的方法。一种可能性是**防止死锁**，这是通过静态 2PL 实现的。使用静态 2PL，事务必须在开始时获得所有锁。如果无法做到这一点，则不授予任何锁，并且将事务置于等待状态，直到可以获取锁为止。这样，避免了死锁。但是，吞吐量可能会受到严重影响，其原因有两个：与基本 2PL 相比，锁的保存时间更长，并且事务被迫请求执行它可能需要的所有锁，而不是在实际需要时获取锁。

时刻	T_1	T_2
t_1	begin transaction	
t_2	x-lock(amount$_x$)	begin transaction
t_3	read(amount$_x$)	x-lock(amount$_y$)
t_4	amount$_x$ = amount$_x$ - 50	read(amount$_y$)
t_5	write(amount$_x$)	amount$_y$ = amount$_y$ - 30
t_6	x-lock(amount$_y$)	write(amount$_y$)
t_7	wait	x-lock(amount$_x$)
t_8	wait	wait

图 14-12　死锁的说明

在大多数实际情况下，**死锁的检测和解决**优于死锁预防。根据**等待图**检测死锁。等待图由代表活动事务的结点和有向边 $T_i \rightarrow T_j$ 组成，对于每个等待获取事务 T_j 当前持有的锁的事务 T_i。仅当等待图包含一个循环时，才存在死锁。死锁检测然后归结为一种算法，该算法以固定的时间间隔检查等待周期的任何周期的图。请注意，此时间间隔是一个重要参数：时间间隔太短会导致很多不必要的开销，但是如果时间间隔太长，则死锁将在相当长的一段时间内不会被注意到。

一旦检测到死锁，仍然需要解决。在这种情况下，**牺牲选择**意味着选择并终止死锁中涉及的事务之一。可以应用几种标准，例如事务的不同优先级或选择更新次数最少的事务来避免中止事务时大量回滚的开销。

5. 隔离级别

通常会发生 2PL 提供的事务隔离级别太严格而对事务吞吐量产生负面影响的情况。对于许多类型的事务，如果这意味着更好的吞吐量，那么有限的干扰是可以接受的，因为必须将较少的事务置于等待状态。因此，大多数 DBMS 允许不同的隔离级别，例如未提交读、已提交读、可重复读和可串行化。

在我们讨论这些各自的隔离级别之前，有必要介绍**短期锁定**的概念。短期锁定仅在完成相关操作所需的时间间隔内保持。这与**长期锁**形成对照，后者是根据协议授予和释放的，并持有更长时间，直到提交事务为止。短期锁的使用违反了 2PL 协议的规则 3，因此无法再保证可串行化。不过，如果这样可以提高吞吐量，并且手头的事务类型对一定数量的干扰不太敏感，那么有时使用它们是可以接受的。使用短期和长期锁会导致不同的隔离级别。我们在下面讨论最重要的一些：

- **读未提交**是最低的隔离级别。不考虑长期锁，假定不会发生并发冲突，或者只是它们对具有此隔离级别的事务的影响没有问题。此隔离级别通常只允许用于只读事务，而这些事务无论如何都不执行更新。
- **读已提交**使用长期写锁，但使用短期读锁。这样，事务就保证不会读取任何仍由尚未提交的事务更新的数据。这解决了丢失的更新和未提交的依赖关系问题。但是，这种隔离级别以及不可重复读和幻读可能仍然会出现不一致的分析问题。
- **可重复读**既使用长期读锁，也使用写锁。因此，一个事务可以重复读取同一行，而不会受到其他事务的插入、更新或删除操作的干扰。尽管如此，在这种隔离级别下幻读的问题仍然无法解决。
- **串行化**是最强的隔离级别，大致相当于 2PL 的一个实现，现在也避免了幻读。请注意，在实践中，隔离级别上下文中的可串行化定义仅归结为不存在并发问题，例如不可重复读和幻读，并且不完全符合我们在 14.4.3 节中提供的理论定义。

表 14-1 概述了这些隔离级别以及由此引起的并发问题。

表 14-1　隔离级别和它们在并发问题上的影响

隔离级别	丢失更新	未提交依赖	不一致分析	不可重复读	幻　读
读未提交	Yes	Yes	Yes	Yes	Yes
读已提交	No⊖	No	Yes	Yes	Yes
可重复读	No	No	No	No	Yes
串行化	No	No	No	No	No

6. 锁粒度

到目前为止，我们还没有确定哪种数据库对象可以进行锁定。在关系数据库上下文中，此类数据库对象可以是元组、列、表、表空间、磁盘块等。但是总会有一个折中方案。一方面，在细粒度级别（例如，单个元组）锁定对吞吐量的负面影响最小，因为唯一受影响的事务是那些同时尝试访问该元组的事务。另一方面，如果事务中涉及许多元组，则锁定每个单独的元组会在授予和释放锁以及跟踪所有持有的锁方面造成大量开销。在那种情况下，锁定在粗粒度级别（例如，整个表）在开销方面更为有效，但可能会严重影响吞吐量，因为与同一表进行交互的事务可能会进入等待状态，即使它们访问该表的不同元组。因为选择最合适的锁粒度级别并不总是那么容易，所以许多 DBMS 都可以选择具有由数据库系统确定的最佳粒度级别，具体取决于所需的隔离级别和事务中涉及的元组的数量。

为了在可以将锁放置在多个粒度级别的情况下保证可串行性，需要其他类型的锁，并且 2PL 协议将扩展为**多重粒度锁定协议**（MGL Protocol）。MGL 协议旨在确保获得在层次结构上相互关联的数据库对象（例如，表空间 - 表 - 磁盘块 - 元组）上的锁的各个事务不会相互冲突。例如，要避免的是，如果事务 T_i 在表上持有 s 锁，那么另一个事务 T_j 可以在包含该表的表空间上获取 x 锁。

MGL 协议引入了其他类型的锁：**意向共享锁**（is 锁）、**意向互斥锁**（ix 锁）以及**共享和意向互斥锁**（six 锁）。is 锁仅与 x 锁冲突；ix 锁与 x 锁和 s 锁都冲突。six 锁与除 is 锁以外的所有其他锁类型冲突。MGL 协议的兼容性矩阵中对此进行了汇总，如图 14-13 所示。

对象上当前持有的锁的类型

请求的锁类型	无锁	is锁	ix锁	s锁	six锁	x锁
无锁	—	yes	yes	yes	yes	yes
is锁	yes	yes	yes	yes	yes	no
ix锁	yes	yes	yes	no	no	no
s锁	yes	yes	no	yes	no	no
six锁	yes	yes	no	no	no	no
x锁	yes	no	no	no	no	no

图 14-13　MGL 协议的兼容性矩阵

在授予对象 x 上的锁之前，锁管理器需要确定在包含对象 x 且可能与 x 上请求的锁类型冲突的粗粒度数据库对象上未持有（或稍后授予）锁。为此，将**意向锁**放置在包含 x 的所有

⊖ 不同的作者对丢失更新问题的定义有所不同。根据这个定义，可能需要更高的隔离级别（可重复读甚至串行化）来防止更新的丢失。

粗粒度对象上。具体来说，如果事务请求特定元组上的 s 锁，则 is 锁将放在包含该元组的表空间、表和磁盘块上。如果事务请求元组上的 x 锁，那么将在包含该元组的粗粒度对象上放置 ix 锁。也可能是事务打算读取对象的层次结构，但仅旨在更新此层次结构中的某些对象。在这种情况下，需要一个 six 锁，它结合了 s 锁和 ix 锁的属性。根据 MGL 兼容性矩阵，只有在锁不会导致任何冲突时，才会授予这些锁。

根据 MGL 协议，如果满足以下约束，则事务 T_i 可以锁定属于层次结构的对象：

1）如兼容性矩阵中所示，所有兼容性都得到尊重。

2）初始锁应放在层次结构的根目录上。

3）T_i 可以在对象 x 上获取 s 锁或 is 锁之前，应在 x 的父对象上获取 is 锁或 ix 锁。

4）T_i 可以在对象 x 上获取 x 锁、six 锁或 ix 锁之前，应该在 x 的父对象上获取 ix 锁或 six 锁。

5）如果 T_i 尚未释放任何锁，则只能获取其他锁（参见 2PL）。

6）在 T_i 可以释放对 x 的锁定之前，它应该已经释放了 x 的所有子代的所有锁定。

总结一下，根据 MGL 协议，锁是自上而下获得的，但锁是自下而上释放的。

节后思考

- 讨论不同类型的并发问题并举例说明。
- 调度、串行调度和可串行调度的相关性是什么？
- 乐观调度器和悲观调度器有什么区别？
- 锁定的目的是什么？
- 讨论两阶段锁（2PL）协议。
- 什么是级联回滚？举例说明。
- 我们如何处理死锁？
- 解释以下隔离级别的含义：未提交读、已提交读、可重复读和可串行化。
- 讨论锁粒度的影响。

14.5　事务的 ACID 属性

结束本章的内容，我们将返回到事务的 ACID 属性，该属性在第 1 章中已经简要提到。ACID 代表原子性、一致性、隔离性和持久性。这些属性代表事务管理上下文中最传统的 DBMS 所需要的四个属性。注意，我们将在第 16 章看到，某些特定的设置，如 NoSQL 数据库，可能需要其他事务范例，例如 BASE（基本可用、软状态、最终一致）。

*原子性*保证可以将更改数据库状态的多个数据库操作视为一个不可分割的工作单元。这个意味着要么将由事务的各个操作引起的所有更改都持久化到数据库中，要么根本不保存。这是恢复管理器的责任，它将通过 UNDO 操作在必要时引起回滚，这样就不会在数据库中保留部分失败的事务跟踪。

*一致性*是指一个事务，如果隔离执行，将使数据库从一种一致状态变为另一种一致状态。开发人员负责确保驱动事务的应用程序逻辑是完美的，他主要负责一致性属性。然而，一致性也是 DBMS 事务管理系统的首要职责，因为缺少任何其他属性（原子性、隔离性和持久性）也将导致数据库状态不一致。

*隔离性*表示在同时执行多个事务的情况下，结果应该与每个事务都独立执行的结果相

同。这意味着交错的事务不应该相互干扰，也不应该在达到提交状态之前相互呈现中间结果。保证隔离是 DBMS 并发控制机制的职责，由调度器进行协调。尽管还存在其他乐观和悲观的并发控制技术，但调度器通常使用锁协议并与锁管理器进行交互。

持久性是指这样的事实，即已提交的事务的影响应始终保留在数据库中。如果在事务提交之后，但在将驻留在数据库缓冲区中的更新写入物理文件之前发生灾难，则恢复管理器负责确保通过 REDO 操作最终将事务的更新写入数据库。同样，恢复管理器应通过某种形式的数据冗余来保护 DBMS 免受损坏的存储介质的影响。

节后思考 讨论 DBMS 的事务管理工具的责任，以确保事务的 ACID 属性。

总结

本章讨论了 DBMS 如何将事务视为工作的基本单位。首先，我们介绍了事务管理、恢复和并发控制的概念。然后，我们介绍了事务管理中涉及的各个 DBMS 组件以及日志文件。为了恢复，后者会跟踪事务执行的所有操作。在这种情况下，我们区分了系统恢复和介质恢复。然后，我们讨论了并发控制的目的是如何避免两个或多个并发事务对相同数据的干扰所带来的灾难。这里的两个关键概念是可串行性和锁定。特别是，我们讨论了两阶段锁定协议。然后，我们引入了其他变化点，例如事务之间的不同隔离级别和用于锁定的不同粒度级别。最后，我们回顾了 ACID 属性，它代表了 DBMS 在事务管理上下文中应该支持的四个理想原则。

情景收尾 现在，Sober 对事务管理的基础知识有了很好的了解。尽管这将由 DBMS 自动处理，但是对于公司来说，了解 DBMS 的事务管理工具如何确保与数据库交互的所有事务的 ACID 属性无疑是一件好事。

关键术语表

Aborted（中止）
after images（后像）
Archiving（归档）
Backup（备份）
before image（前像）
begin_transaction（开启事务）
cascading rollback（级联回滚）
checkpoints（检查点）
committed（提交）
compatibility matrix（兼容性矩阵）
concurrency control（并发控制）
conservative 2PL（保守 2PL）
data redundancy（数据冗余）
deadlock detection and resolution（死锁检测及解决）
deadlock prevention（死锁预防）
deferred update（延迟更新）
Delineate（描述）
end_transaction（结束事务）
exclusive lock（排他锁）
failover time（故障转移时间）
full backup（完全备份）
immediate update policy（立即更新策略）
inconsistent analysis problem（不一致分析问题）
incremental backups（增量备份）
intention exclusive lock (ix-lock)（意向排他锁）
intention lock（意向锁）
intention shared lock（is-lock)(意向共享锁）
lock table（锁表）
locking（锁定）
locking protocol（锁协议）
log records（日志记录）
logfile（日志文件）
long-term locks（长期锁）
lost update problem（丢失更新问题）
media failure（介质故障）
multi-user database（多用户数据库）

Multiple Granularity Locking（MGL）Protocol（多粒度锁协议）
transaction failure（事务故障）
nonrepeatable read（不可重复读）
optimistic protocol（乐观协议）
pessimistic protocol（悲观协议）
phantom reads（幻读）
precedence graph（优先图）
read committed（读已提交）
read uncommitted（读未提交）
recovery（恢复）
repeatable read（可重复读）
rigorous 2PL（严格 2PL）
rollback（回滚）
rollforward recovery（前滚恢复）
schedule（调度）
Scheduler（调度器）
serializable（串行化）
serially（连续性）
shared and intention exclusive lock（six-lock）（共享和意向排他锁）
shared lock（共享锁）
short-term locks（短期锁）
starvation（饥饿）
static 2PL（静态 2PL）
stored data manager（存储数据管理器）
system failure（系统故障）
timestamping（时间戳）
transaction（事务）
transaction management（事务管理）
transaction manager（事务管理器）
Two-Phase Locking（2PL，两阶段锁）
uncommitted dependency problem（未提交依赖问题）
unrepeatable read（不可重复读）
victim selection（牺牲选择）
wait-for graph（等待图）
write ahead log strategy（写前日志策略）

思考题

14.1　哪个陈述**不正确**？

a. 事务是由单个用户或应用程序引起的一组数据库操作（例如，关系数据库中 SQL 语句的执行），应被视为一个不可分割的工作单元。

b. 事务通常是孤立存在的，不能与其他事务在同一数据上同时执行。

c. 不可能以数据库保持不一致状态的方式终止事务，因为单个事务的某些操作已成功执行，而其他操作未成功执行。

d. 恢复是确保无论发生什么问题，数据库都将恢复到一致状态，而不会丢失任何数据。

14.2　当事务中止时，重要的是 ______。

a. 属于该交易的各个操作所做的所有更改都应永久化。

b. 将执行事务回滚：应撤销由事务的相应操作进行的所有更改。

14.3　事务管理涉及以下哪个 DBMS 组件？

a. 调度器　　b. 存储的数据管理器

c. 缓冲区管理器　　d. 恢复管理器

e. 上述所有的

14.4　哪个陈述**不正确**？

a. 日志文件包含所有已写入磁盘的更新。

b. 日志文件包含冗余数据。

c. 日志文件可以实现为顺序文件。

d. 日志文件通常是重复的，例如在 RAID 1 级配置中。

14.5　下图显示了或多或少同时执行的 5 个事务（T_1 至 T_5）。假设在时间 t_c 在日志文件上注册了一个检查点，标记了数据库缓冲区中的未决更新持久保存到物理数据库文件中的最后一次时间。后来，在时间 t_f，发生了系统故障，导致数据库缓冲区丢失。

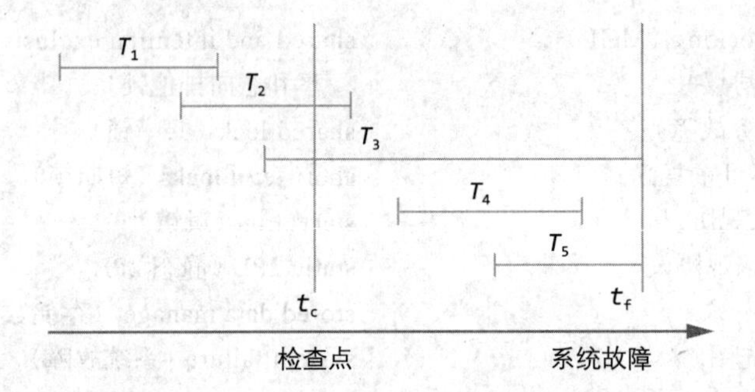

需要执行哪些恢复操作？

a. T_1：nothing；T_2：UNDO；T_3：REDO；T_4：REDO；T_5：nothing。

b. T_1：nothing；T_2：REDO；T_3：UNDO；T_4：REDO；T_5：nothing。

c. T_1：REDO；T_2：UNDO；T_3：REDO；T_4：nothing；T_5：nothing。

d. T_1：nothing；T_2：REDO；T_3：REDO；T_4：REDO；T_5：nothing。

14.6　哪个陈述**不正确**？

a. 磁盘镜像是一种（近）实时方法，可以将相同的数据同时写入两个或多个物理磁盘。

b. 归档是一种将数据库文件定期复制到其他存储介质（例如磁带或另一个硬盘）的方法。

c. 传统的关系数据库允许某种程度的临时不一致，以换取更高的性能。

d. 在更频繁的备份的成本（开销和存储成本）与由于不那么频繁的备份而导致的数据丢失成本之间需要权衡。

14.7　哪个陈述**不正确**？

a. 如果一个事务原本成功更新了一个数据项，而另一个未“意识到”第一次更新的事务覆盖了该更新，则会出现丢失更新的问题。

b. 如果一个事务读取一个或多个数据项，而另一个正在更新的数据项尚未提交，那么我们可能会遇到未提交的依赖问题。

c. 不一致分析问题表示一种情况，其中事务读取另一个事务的部分结果，该结果同时与相同数据项进行交互（并更新）。

d. 丢失的更新问题并不总是导致数据库状态不一致，而未提交的依赖性或不一致分析总是导致数据库状态不一致。

14.8　如果优先图包含一个周期，则调度为 ______。

a. 可序列化　　　　　　　　　　b. 不可序列化

14.9　哪个陈述**不正确**？

a. 乐观协议假设同时发生的事务之间的冲突是异常的。

b. 悲观协议假设事务很可能会干扰并引起冲突。

c. 串行调度器可以被视为（非常）乐观调度器的极端情况。

d. 对于乐观并发，锁不是用来限制同时性，而是用来检测事务执行期间的冲突，这些冲突需要在事务提交之前解决。

14.10　哪个陈述**正确**？

a. 多个事务可以在同一对象上持有共享锁。　b. 多个事务可能对同一对象持有排他锁。

14.11　哪个陈述**不正确**？

a. 静态 2PL 可以防止死锁。

b. 解决死锁的一种方法是牺牲选择，这意味着选择并终止涉及死锁的事务之一。

c. 短期锁的使用违反了 2PL 协议的规则 3，因此无法再保证可串行性。

d. 读提交隔离级别使用长期读锁，但使用短期写锁。

14.12 根据 MGL 协议 ______。

a. 锁是自上而下获取的，但在层次结构中自下而上释放。

b. 锁是自下而上获得的，但在层次结构中自上而下释放。

问题和练习

14.1E 事务管理中通常涉及哪些 DBMS 组件？

14.2E 讨论丢失的更新，未提交的依赖性以及不一致分析问题。举例说明。哪些导致数据库状态不一致？

14.3E 串行调度和可串行化调度之间的区别是什么？为什么这个区别很重要？如何测试调度的可串行化？

14.4E 讨论了乐观调度器和悲观调度器之间的区别以及锁定的作用。

14.5E 制定兼容性矩阵，说明在锁定的情况下可以授予哪些请求（共享或排他）当前保存在数据库对象上。

14.6E 讨论了两阶段锁定协议及其不同的变体。说明此协议如何帮助解决丢失的更新，未提交的依赖性以及不一致分析问题。

14.7E 什么是死锁？举例说明。

14.8E 根据隔离级别指示哪些并发问题可能发生，从而完成下表。

隔离级别	丢失更新	未提交依赖	不一致分析	不可重复读	幻读
读未提交					
读已提交					
可重复读					
串行化					

14.9E 计算 MGL 协议的兼容性矩阵，说明在给定数据库对象上当前持有的锁的情况下可以授予哪些请求。

14.10E 讨论事务管理的 ACID 属性和 DBMS 事务管理系统的职责。

第 15 章

Principles of Database Management: The Practical Guide to Storing, Managing and Analyzing Big and Small Data

数据库访问和数据库 API

本章目标 在本章中，你将学到：

- 如何从外部世界访问数据库系统；
- 数据库应用程序编程接口（API）的含义；
- 理解专有 API 与通用 API、嵌入式 API 与调用级 API、早期绑定与晚期绑定之间的区别；
- 哪些通用数据库应用程序编程接口可用于与数据库系统交互；
- DBMS 如何在万维网和 Internet 中发挥作用。

情景导入 Sober 已经确定了一个关系型 DBMS 的供应商，制定了要实现的关系模式，并通过导入示例数据和测试一些 SQL 查询来验证数据库是否按计划工作，但是 DBMS 系统并不是孤立存在的。Sober 计划开发几个必须连接到其 DBMS 的应用程序。例如，Sober 正在考虑一个客户可以预订出租车并检索订单历史记录的网站，以及一个必须从 DBMS 获取信息的移动应用程序。最后，Sober 还计划为客户支持团队开发一个桌面应用程序，该应用程序将在内部使用，但也必须能够访问相同的 DBMS。Sober 仍在考虑开发这些应用程序的编程语言方面的不同选项，但他们想知道这些应用程序访问数据库以便从中存储和检索信息有多容易。

在本章中，我们将更深入地了解访问数据库系统的形式。当然，DBMS 的接口方式在很大程度上取决于其应用的系统架构。在传统的大型机设置中访问 DBMS 与在基于客户端 - 服务器的架构中与 DBMS 接口是不同的，因此我们在本章中首先概述了不同的数据库系统架构。接下来，我们将注意力转向不同的数据库应用程序编程接口。顾名思义，数据库 API 公开了一个接口，通过这个接口，客户端、第三方和最终用户应用程序可以访问、查询和管理 DBMS。最后，我们将探讨数据库管理系统在万维网中的作用和地位，以及这一领域的最新趋势如何影响和形成对数据库管理系统的要求。

15.1 数据库系统的架构

知识关联 有关 DBMS 架构的快速介绍，请参阅第 2 章。

第 2 章简要介绍了数据库管理系统的不同架构。在下面的内容中，我们将回顾 DBMS 在整个信息系统中的不同设置和放置方式。这将作为重要的背景信息，因为 DBMS 在整个设置中的不同位置将导致下一个逻辑问题：如何在这些不同的环境中访问 DBMS？

15.1.1 集中式系统架构

在**集中式 DBMS 架构**中，DBMS 的所有职责都由一个集中式实体处理，这意味着 DBMS 逻辑、数据本身以及应用程序逻辑和表示逻辑（也称为用户界面）都由同一个系统处理。

这种设置在早期的实现中很有吸引力，比如大型机上的那些实现。因此，一种流行的集中式 DBMS 架构是大型机数据库计算（也称为基于主机的计算），其中应用程序（应用程序逻辑)、查询操作和数据存储(DBMS)甚至结果的表示和整个用户界面(表示逻辑)都发生在中央主机。尽管如此，在这种形式下，系统访问的概念仍然很重要，因为通常许多工作站都会连接到可以为多个用户处理会话的大型机系统。但是，请注意，在这些工作站上不会发生任何形式的处理，通常表示为终端：输入命令直接发送到主机，主机随后执行必要的计算并与数据库管理系统进行交互，然后格式化并返回结果以及完整的组合(即终端随后向最终用户描述的用户界面图)。系统访问只存在于基本的、原始的级别(见图 15-1)。这种单一的设置在计算的早期发展中很常见，因为这是以多用户方式提供复杂应用程序的最可行方法。如今，这种系统架构已经变得罕见、昂贵且难以维护。

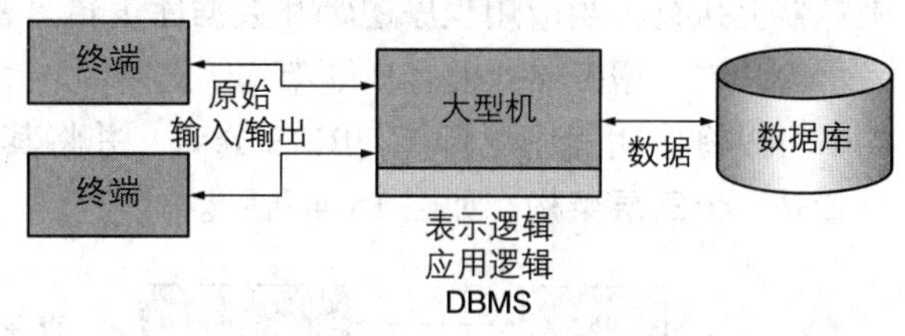

图 15-1　运行在大型机上的集中式数据库架构

个人计算机的兴起带来了一种范式的转变，在这种转变中，人们有可能用功能强大、价格合理的个人计算机取代庞大、沉重的大型机。因此，集中式系统架构的另一种形式将完整的 DBMS 堆栈、应用程序逻辑和表示逻辑(包括用户界面的绘制)一起移动到个人计算机上。在这个设置中，DBMS 运行在 PC 上，以及使用 DBMS 的应用程序和向最终用户公开它的用户界面上。

但是，在某些情况下，数据库本身也可以存储在单独的文件服务器上，因此下一个场景提供了客户端 – 服务器架构的第一个示例。当 DBMS(这里充当客户端)请求数据时，请求被发送到文件服务器(服务器)，该服务器负责文件存储和管理，包括数据库文件。文件服务器将请求的文件返回给 DBMS。图 15-2 说明了这种设置。当整个文件被传输时，这可能会导致大量数据交换和进出文件服务器的网络通信，从而可能导致性能问题。此外，维护问题仍然是这个设置中的一个问题，因为现在必须维护一个 PC 机群，并使其与 DBMS、应用程序逻辑和用户界面功能保持最新。

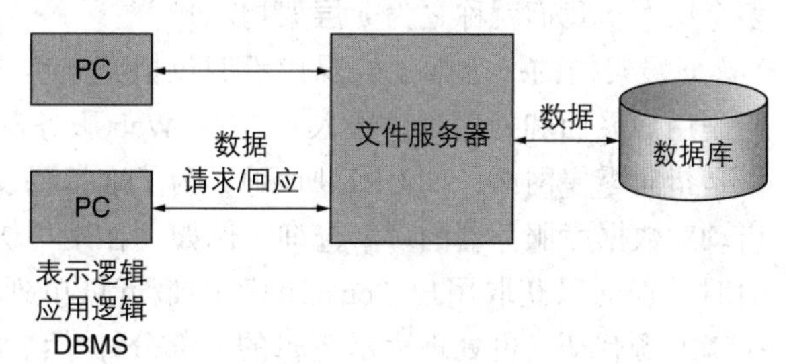

图 15-2　基于 PC/ 文件服务器的计算说明

尽管如此，该系统仍然比较常见，特别是在其他(非数据库)数据文件被服务于网络的环境中，特别是以非结构化数据(如文本文档或多媒体数据)的形式。

知识关联　有关文件级访问技术和存储体系结构的概述，请参阅第 13 章。

15.1.2　分层架构

与集中式系统相反，一个大型机或一台 PC 处理所有的工作负载，一个**分层架构**旨在通过将强大的中央计算机的计算能力与 PC 的灵活性相结合来解耦这个集中的设置。后者充当活动客户端，从前者(被动服务器)请求服务。这种架构的多个变体，也被表示为**两层架构**(或**客户端 – 服务器架构**)。如图 15-3 所示，在“胖”客户端变体中，表示逻辑和应用程序逻辑由客户端(即 PC)处理。这是很

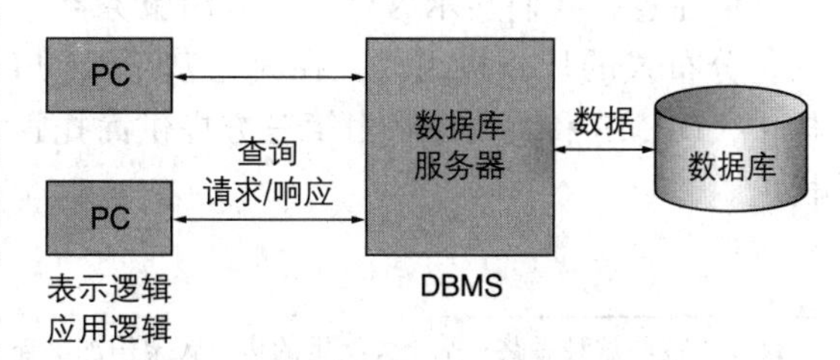

图 15-3　具有“胖”客户端的客户端 – 服务器架构

常见的，因为将应用程序的工作流（例如，打开窗口、屏幕和表单）与其外观（即前端，它向用户显示自己的方式）结合起来是有意义的。但是，DBMS 现在完全在数据库服务器上运行。当客户端 PC 上运行的应用程序需要数据或希望执行查询时，将向服务器发送一个请求，服务器将在发送结果之前在其一侧执行实际的数据库命令。

在这个设置的第二个变体中，只有表示逻辑由客户端处理。应用程序和数据库命令都在服务器上执行。当应用程序逻辑和数据库逻辑紧密耦合或类似时，这种形式很常见。此变体表示为“胖”服务器或瘦客户端架构。[⊖]

可以将应用程序逻辑与 DBMS 分离，并将其放在单独的层（即在应用服务器上）。这个设置是一个**三层架构**，如图 15-4 所示。

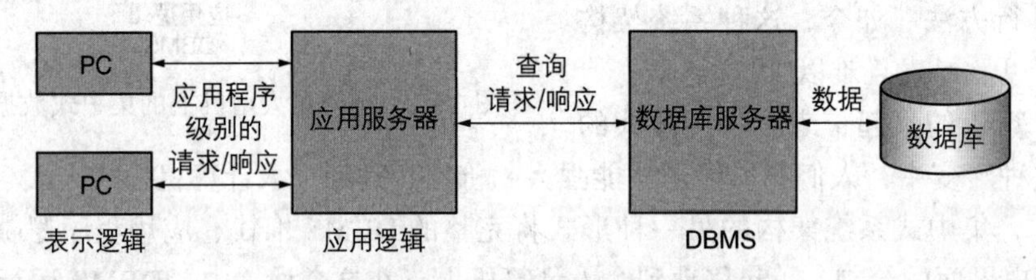

图 15-4　三层架构

这种设置允许应用服务器上的不同应用程序（例如，营销应用程序、物流应用程序、会计应用程序等）访问相同的数据库。如果应用服务器上的应用程序或其他层上的功能分散在多个层上，我们就称之为 ***n* 层**架构。

n 层架构的一个常见的现代示例包括充当客户端的 Web 浏览器（即处理一些表示逻辑、绘制用户界面和处理用户输入），它向 Web 服务器发送和接收 Web 请求（此类命令的示例可以是指向零售网站，如 URL 所示）。为了准备要发送回客户端的结果页面，Web 服务器可以启动对数据库服务器的多个查询，例如，在用户访问“www.myshop.com/orders/cust203”页面时，查询以获取用户“cust203”的最近订单列表。然后，该查询的结果用于构造网页的 HTML 源代码（也处理表示逻辑的一部分），然后将其发送回 Web 浏览器，该浏览器将向用户呈现和显示网页。

在一些设置中，这种分解是更进一步的，只使用 Web 服务器作为网关拦截来自 Web 浏览器的请求，然后将其转换为一系列发送到单独的应用服务器的请求，其中包含实际的业务逻辑（图 15-5）。在此设置中，应用程序服务器将对数据库服务器执行必要的查询，并将结构化格式的结果返回给 Web 服务器，然后（仍然）Web 服务器可以使用这些查询构造 Web 页面发送回浏览器。这种设置的另一个好处是数据库服务器可以完全与外部世界分离，只允许与应用服务器之间的通信，增加了一层安全性。这也允许除 Web 浏览器以外的程序类型访问应用服务器，例如，直接与应用服务器对话的桌面应用程序。

请注意，我们显示为单个“应用服务器”或“数据库服务器”实际上可以由多个物理的、分布式的计算机组成。在讨论基于云的 DBMS 架构时，这一点尤其重要，在这种架构中，DBMS 和数据库将由第三方提供商托管。DBMS 的功能和数据可以分布在多台计算机上。

⊖ 按照这种思路，基于大型机的集中式架构加上连接到它的终端，有时被称为“哑”客户端架构，因为它类似于客户端 - 服务器架构，其中所有角色都从客户端中剥离出来。

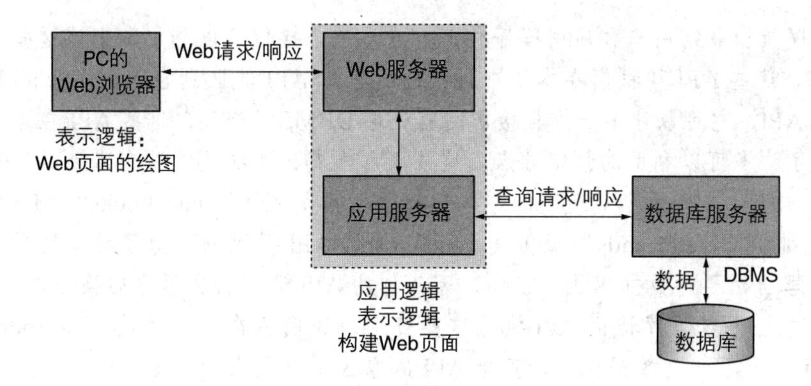

图 15-5 使用 Web 浏览器、Web 和应用服务器以及数据库服务器的 n 层架构示例

知识关联 在对可扩展性需求较高的环境中，在不同机器之间分发 DBMS 的能力起着重要作用。在第 11 章中，我们看到有多少 NoSQL 数据库管理系统是专门针对这一问题而构建的，以便于跨多台机器进行扩展。第 16 章讨论了数据库管理系统的一般概念以及在多个物理服务器上的数据分布。

节后思考

- 存在哪些类型的数据库系统架构？
- 分层系统架构的优点是什么？

15.2 数据库 API 的分类

我们已经看到，在分层 DBMS 系统架构中，客户端应用程序可以查询数据库服务器并接收结果。现在的问题仍然是如何准确地执行这种访问。

希望利用 DBMS 提供的服务的客户端应用程序通常被编程为使用 DBMS 提供的特定**应用程序编程接口**。这个数据库 API 公开了一个接口，客户端应用程序可以通过这个接口访问和查询 DBMS。在具有胖客户端的两层客户端 - 服务器架构中，此接口与应用程序逻辑一起出现在客户机端。在 n 层环境中，应用服务器将包含数据库 API。数据库服务器通过其服务器接口接收客户端发出的调用，并在返回结果之前执行相关操作。在许多情况下，客户端和服务器接口是以网络套接字的形式实现的；服务器在特定的计算机上运行，并具有一个套接字（由底层操作系统管理的双向通信线路中的虚拟端点），该套接字绑定到特定的网络端口号。然后服务器等待，监听套接字，等待客户端发出连接请求。一旦建立了连接，客户端和服务器就可以通过网络进行通信。

数据库 API 的主要目标是公开一个接口，其他各方可以通过该接口利用 DBMS 提供的服务，尽管 API 还可以服务于其他目标，例如隐藏与网络相关的方面（例如，通过使客户端能够像在本地运行一样访问 DBMS）。另一个好处是，应用程序程序员不必担心实现完整的通信协议，而是可以集中精力创建应用程序，并通过一种通用语言 SQL 与 DBMS 进行对话。然后，数据库 API 负责实现和处理底层协议和格式。图 15-6 显示了数据库 API 的位置。

知识延伸 值得注意的是，我们在本章中讨论了数据库 API：为程序员和系统管理员提供的访问和集成 DBMS 的接口。除此之外，你还将看到在数据库领域之外提到和使用的术语“API”。考虑 Facebook 的图形 API、Spotify 的 API 等。这种“开放 API”的目标是相同的：为程序员、最终用户和应用程序构建者提供一个接口，以利用和查询这些方面提供的服务和数据。这些API和我们在本章中讨论的数据库API的区别在于，Facebook没有提供一个数据库API，它可以让第三方直接访问其底层DBMS。相反，这些API在更高的层次上运行，提供了许多可以利用的预定端点。这并不意味着，在底层，没有连接到DBMS，而只是这样做的方式对API用户是透明的。举个例子：假设你使用Facebook的API来获取特定用户的好友列表。“getFriends”服务是Facebook的API提供的。为了准备结果，Facebook的API服务器自然要对数据库执行查询，因此你的API调用将在后台转换为许多内部查询，然后使用其中一个数据库访问API执行这些查询，我们将在下面讨论。Facebook、Twitter或Spotify等公司不向其数据库公开直接API的原因不仅是出于安全原因，而且也是为了使它们更易于使用：而不必知道Facebook是如何组织其数据库的，以及你应该执行哪些SQL查询（这些查询也可能经常更改），相反，Facebook API公开了一个可以使用的简单、高级服务列表。

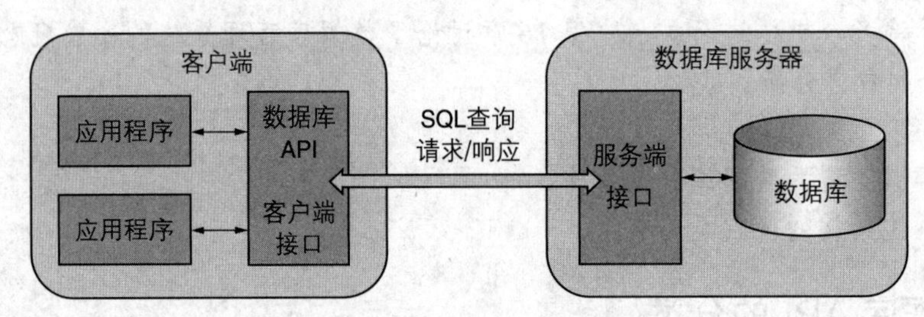

图15-6　数据库API的位置

15.2.1　专有与通用API

大多数DBMS供应商都包括一个**专有的**、特定于DBMS的API和DBMS软件。这种方法的缺点是客户端应用程序必须知道将在服务器端使用的DBMS。如果要使用不同的DBMS，则需要修改客户端应用程序以与新的数据库API交互。当然，DBMS的更改不会经常发生，但是这会在应用程序和DBMS之间创建一个通常不受欢迎的依赖关系。此外，能够高效地编写也为开发人员创造了一条陡峭的学习曲线。为了克服这个问题，已经提出了许多通用的、与供应商无关的**通用API**，因此任何供应商特定的细节都被隐藏起来。应用程序可以很容易地移植到多个DBMS。但是，需要注意的是，对于不同版本的SQL标准和特定于供应商的扩展或解释性细节，在支持上的差异仍然会导致可移植性方面的问题。此外，使用通用API还意味着不能使用某些特定于供应商的优化和性能调整，这可能在选择使用专有API时出现。

专有和通用API都有其优缺点。大多数可用的DBMS选择根据一个可用的标准（如ODBC、JDBC或ADO.NET）提供通用API，这将在本章中进一步讨论。

15.2.2　嵌入式与调用级API

除了专有和通用API之外，还可以应用另一种分类法对数据库API进行分类，即它们是嵌入的还是在调用级别上操作的。理解这两种类型之间的差异是很重要的，因为它们会影响API用户访问DBMS时使用API本身的方式。

顾名思义，**嵌入式API**将SQL语句嵌入宿主编程语言（简称宿主语言），这意味着SQL

语句最终将成为程序源代码的一个组成部分。在编译程序之前[一]，“SQL 预编译程序”解析与 SQL 相关的指令，并用所使用的宿主编程语言本机的源代码指令替换这些指令，同时调用单独的代码库。然后，转换后的源代码被发送到实际的编译器以构造一个可运行的程序。

嵌入式 API 的一个优点是，预编译器可以执行特定的语法检查，以确保嵌入式 SQL 是正确的。预编译器还可以执行早期绑定步骤（参见下一节），这有助于在程序运行之前生成有效的查询计划，从而提高性能。

然而，由于需要预处理步骤，以及宿主语言代码和 SQL 语句之间的混合会导致代码难以维护，嵌入式数据库 API 在现代 DBMS 实现中已成为一种罕见的技术。SQLJ 规范是目前仅存的几个重要的通用嵌入式 API 标准之一，由 IBM、Oracle、Compaq、Informix、Sybase 和其他公司提出，用于创建与 Java 作为宿主语言一起使用的嵌入式 API。

我们将在 15.3.6 节中更详细地讨论 SQLJ。尽管如此，SQLJ（和其他嵌入式 API）不再被广泛使用，**调用级** API 更为广泛。当与这样的 API 交互时，SQL 指令通过直接调用 API 提供的一系列过程、函数或方法来传递给 DBMS，以执行必要的操作，例如建立数据库连接、发送查询和迭代查询结果。呼叫级 API 是在 20 世纪 90 年代初开发的，由国际标准化组织（ISO）和国际电工委员会（IEC）进行标准化。最广泛的标准实现是在**开放数据库连接（ODBC）**规范中，该规范仍在广泛使用：许多编程语言支持 ODBC 规范，许多 DBMS 供应商也为其提供 API。

15.2.3 早期绑定与晚期绑定

在讨论数据库 API 时要讨论的另一对重要概念是早期绑定和晚期绑定。SQL 绑定是指在执行表名和字段名验证、检查用户或客户端是否具有足够的访问权限并生成查询计划以尽可能高的性能访问物理数据之后，将 SQL 代码转换为可以由 DBMS 执行的较低级别的表示。早期绑定与晚期绑定是指执行此绑定步骤时的实际时刻。

早期绑定和晚期绑定之间的区别与嵌入式 API 和调用级 API 之间的区别一致。也就是说，如果使用预编译器，则通常会发生**早期绑定**，然后预编译器将执行此绑定步骤，因此主要与嵌入式 API 配对[二]。这在性能方面是有益的，因为绑定步骤在程序执行之前发生（并因此消耗时间），而不是在实际执行期间。而且，绑定只需要执行一次，如果同一个查询在之后必须多次执行，则会带来显著的性能优势。另一个好处是，预编译器可以执行特定的语法检查，并在出现格式错误的 SQL 语句或表名拼写错误时立即警告程序员。这样，在实际执行代码之前就检测到错误，而不是因为错误发生在执行过程中而导致程序崩溃或故障。

晚期绑定在运行时（即在实际执行应用程序期间）执行 SQL 语句的绑定。这种方法的好处是它提供了额外的灵活性：SQL 语句可以在运行时生成，因此这也被称为“动态 SQL”，而不是早期绑定所使用的“静态 SQL”。这种方法的一个缺点是语法错误或授权问题在程序执行之前将一直隐藏。SQL 语句通常看起来像放置在程序源代码中的文本“字符串”，因此在编译过程中不会进行额外的检查。这可能会使测试应用程序更加困难，尽管更多功能丰富的开发环境可以执行其中一些静态检查。另一个缺点是晚期绑定效率较低，特别是对于必须多次执行的查询，因为每次执行查询时都会重复绑定。但是，可以通过使用“已准备”SQL

[一] 编译意味着将程序的源代码翻译成机器语言，以便能够执行。“编译器”是执行此操作的程序。

[二] 一个值得注意的例外是在使用存储过程时，存储过程可以结合早期绑定和调用级 API，我们将在后面进一步讨论。

语句来避免此问题，在该语句中，可以指示数据库 API 执行一次查询绑定（尽管仍在运行时），然后在程序的同一会话中多次重复使用查询绑定。正如我们稍后将看到的，大多数 API 都支持参数化的准备好的查询，因此可以使用不同的输入参数执行相同的 SQL 语句，例如，随后根据 customerID 的不同值检索不同的客户。尽管在准备语句的过程中还没有给出输入参数的实际值，但 DBMS 仍将尝试朝着最有效的查询计划进行优化。

知识关联 有关存储过程的更多信息，请参见第 9 章。

使用嵌入式 API 时，预处理器的参与将此 API 类型与早期绑定的使用耦合起来。对于调用级 API，通常使用晚期绑定。然而，即使使用调用级 API 预编译 SQL 语句并在运行时调用这些语句，也可以在 DBMS 中将这些语句定义为“存储过程”。然后，可以使用调用级 API 来指示客户端应用程序希望调用由 DBMS 提前绑定的存储过程。使用这种方法，早期绑定可以结合调用级 API，虽然需要首先定义存储过程，使查询在本质上不那么“动态”。

下表将早期和晚期绑定的使用与嵌入式和调用级 API 进行了对比：

	嵌入式 API	调用级 API
早期绑定 （“静态”SQL）	可能使用预编译器 • 性能优势，特别是在必须多次执行相同的查询时 • 预编译器在实际执行代码之前检测错误 • 必须预先知道 SQL 查询	只能通过存储过程
晚期绑定 （“动态”SQL）	没有和嵌入式 API 一起使用	必需的，因为没有使用预编译器 • 灵活性优势：SQL 语句可以在执行期间动态生成和使用 • 错误仅在程序执行过程中检测到 • 可以使用准备好的 SQL 语句在执行过程中执行一次绑定

节后思考

- 解释“专有”和“通用”API 的含义。
- 解释嵌入式与调用级 API，以及早期绑定与晚期绑定。这两对术语之间的关系是什么？

15.3 通用数据库 API

回想一下，现在大多数数据库供应商使用通用 API 标准提供数据库访问，而不仅仅是提供专有的访问机制。多年来，人们提出了许多不同的通用 API 标准，这些标准的不同之处在于它们是嵌入式 API 或调用级 API，它们可以使用的编程语言以及它们为使用它们的程序员提供的功能。在本节中，我们将从 ODBC 开始讨论最流行的通用 API 标准。

15.3.1 ODBC

ODBC 代表开放数据库连接。ODBC 是微软开发的一个开放标准，旨在为各种 DBMS 提供一个通用、统一的接口。ODBC 由四个主要组件组成。首先，ODBC API 本身是一个通用接口，客户端应用程序可以通过它与 DBMS 交互。ODBC API 是一个调用级 API（虽然也支持存储过程调用，但使用了晚期绑定），它公开了一些函数来建立与“数据源”的连接、准备 SQL 语句、执行 SQL 语句、调用存储过程、获取结果和状态消息、执行事务提交或回滚，获取错误信息、查询元数据、关闭连接等。

ODBC 驱动程序管理器是 ODBC 的第二个组件，负责选择与 DBMS 通信的正确数据库驱动程序（第三个组件）。驱动程序是包含与 DBMS（潜在地通过现有的专有 DBMS API）通信的实际代码的例程的集合，并且由 DBMS 供应商提供。驱动程序管理器本身通过第四个组件（服务提供者接口，或 SPI）与驱动程序交互，SPI 是一个单独的接口，由 DBMS 供应商实现。图 15-7 提供了 ODBC 架构的概述。

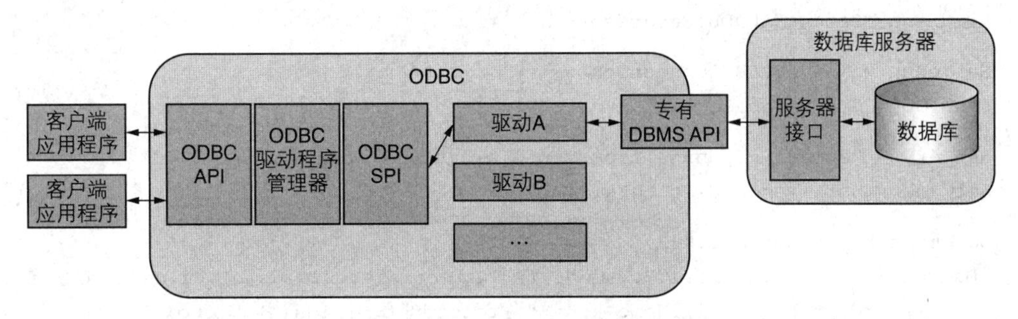

图 15-7　ODBC 架构概述

ODBC 的一个主要好处是，作为一个通用 API 标准，它允许应用程序在 DBMS 之间甚至 DBMS 供应商之间轻松地进行移植，而无须修改应用程序的代码（前提是供应商同意 SQL 标准）。这与打印机驱动程序在操作系统中的作用非常相似：打印机驱动程序将相应应用程序的通用“打印命令转换为对特定打印机类型的调用，从而允许在不更改应用程序代码的情况下将打印机替换为其他打印机品牌。ODBC 的缺点主要在于，该架构是基于微软的平台原生的；Linux 的实现是存在的，但往往缺少供应商支持（因为必须提供单独的驱动程序），因此 ODBC 仍然主要在 Windows 上流行。ODBC 的另一个缺点是它的时代：ODBC 是基于 C 编程语言的，因此它没有利用程序员友好的面向对象编程。因此，它向驱动程序维护者（即实现 DBMS 驱动程序的供应商）公开了一些复杂的资源管理。与直接使用专有 API 相比，ODBC 中间件的另一个缺点是引入了额外的间接层，因此会有一些额外的性能滞后，尽管其他通用 API 也是如此。

15.3.2　OLE DB 和 ADO

ODBC 仍然是一个非常流行的以统一方式访问 DBMS 的产品，尽管微软最近也开发了更新的（客观上更好的）API。OLE DB（最初是数据库对象链接和嵌入的缩写，但现在本身是一个名称）是 ODBC 的后续规范，允许使用 Microsoft 的组件对象模型（COM）对各种数据源进行统一访问。COM 是一个用于指定软件组件的编程框架，这些组件表示高度模块化和可重用的构建块，可用于运行在 Microsoft 平台上的应用程序。与更为单一的 ODBC 方法（其中一个 DBMS 的所有功能都包含在一个驱动程序中）相比，COM 方法允许将查询和事务管理等功能拆分为不同的组件。

微软最初将 OLE DB 开发为 ODBC 的高级替代品，主要是通过扩展其功能集来支持非关系数据库，如对象数据库、电子表格和其他数据源。查询等功能可以由数据提供程序（例如，RDBMS）提供，但如果数据提供程序本身不包含该功能（例如，如果数据提供程序不是全面的 DBMS），则也可以由其他组件提供。因此，OLE DB 代表了微软试图朝着“通用数据访问”的方向发展，假设并非所有数据都可以存储在关系数据库中，这样集成这些数据

源和提供统一访问功能就变得非常重要。[⊖]

OLE DB 还可以与 ActiveX 数据对象（ADO）结合使用，ADO 在 OLE DB 的基础上提供了更丰富、更“程序员友好”的编程模型。下面的代码片段显示了一个使用 OLE DB 和 ADO 访问 SQL 数据源（如关系数据库）的示例。第一行建立到数据库的连接。接下来，执行查询，结果集可以循环：

```
Dim conn As ADODB.Connection
Dim recordSet As ADODB.Recordset

Set conn = New ADODB.Connection
conn.Open("my_database")

Set qry = "select nr, name from suppliers where status < 30"
Set recordSet = conn.Execute(qry)

Do While Not recordSet.EOF
  MsgBox(recordSet.Fields(0).Name & "= "& recordSet.Fields(0).Value & vbCrLf &
      recordSet.Fields(1).Name & "= "& recordSet.Fields(1).Value)
  recordSet.MoveNext
Loop

recordSet.Close
conn.Close
```

15.3.3 ADO.NET

在引入微软的 .NET 框架之后，OLE DB 和 ADO 进行了彻底合并和重组，形成了 ADO.NET。.NET 框架是由微软开发的，其目标是对构成 Windows 和相关技术堆栈的所有核心组件进行现代化的彻底检查。它主要由两大技术组成：公共语言运行库（CLR）和一组类库。

CLR 为 .NET 提供了一个执行环境。源代码（用支持 CLR 的编程语言编写，如 C# 或 VB.NET）被编译成一种中间语言，与 Java 的字节码相当。然后，在执行应用程序时，此中间语言“及时”编译为本机代码，由 CLR 管理，这里的“管理”意味着 CLR 执行其他检查和任务，以确保安全性、防止崩溃、执行内存管理等。显然，.NET 框架的灵感很大程度上来自 Java（以及它的 Java 虚拟机）。.NET 类库提供了一个库层次结构，其中包含大量通用的、可重用的组件，包括用于 I/O 操作的组件、对图形用户界面组件（如 Windows 窗体）的线程等，或提供数据源访问的组件（如 ADO.NET 中的组件）。

注意，ADO.NET 与 OLE DB 和 ADO 有很大不同。与 OLE DB 一样，ADO.NET 将所有与数据库相关的访问功能分解为一组组件。为了访问数据，ADO.NET 提供了一系列的数据提供程序，这些数据提供程序被分解为一系列处理创建数据库连接、发送查询和读取结果的对象。图 15-8 提供了 ADO.NET 类的摘要。

下面的 C# 代码片段显示了为 SQL 服务器使用 .NET 框架数据提供程序（SqlClient）运行的 Connection、Command 和 DataReader 对象：

⊖ 这与我们在第 9 章讨论的扩展关系 DBMS 中的“通用数据存储”方法形成了对比，后者旨在扩展数据库功能，以支持在 RDBMS 中存储任意类型的（非关系型）数据。

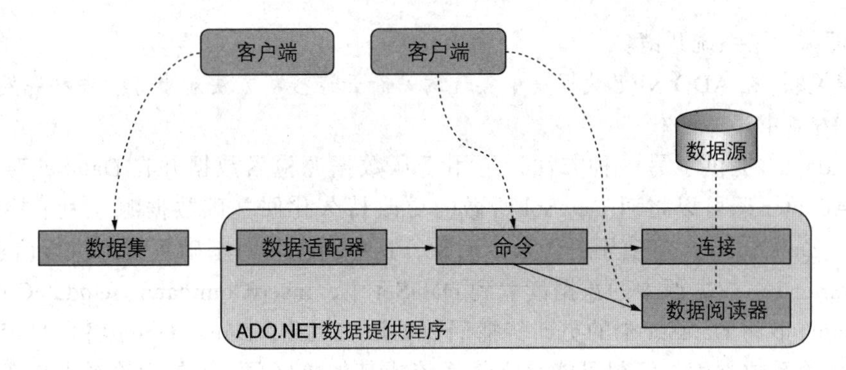

图 15-8 ADO.NET 类概述

```
String connectionString = "Data Source=(local);Initial Catalog=example;"
SqlConnection conn = new SqlConnection(connectionString)
conn.Open();

String query1 = "select avg(num_pages) from books";
String query2 = "select title, author from books where num_pages > 30";

SqlCommand command1 = conn.CreateCommand();
SqlCommand command2 = conn.CreateCommand();

command1.CommandText = query1;
command2.CommandText = query2;

int average_pages = command1.ExecuteScalar();
Console.Writeln(average_pages);

SqlDataReader dataReader = command2.ExecuteReader();

String title;
String author;

while (dataReader.Read()) {
 title = dataReader.GetString(0);
 author = dataReader.GetString(1);
 Console.Writeln(title + " by " + author);
}

dataReader.Close();
conn.Close();
```

在本例中，我们执行两个不同的 SQL 查询（使用 SqlCommand），并使用 Executescaler 和 ExecuteReader 方法执行它们。ExecuteScalar 通常在查询返回单个值（如上面示例中的平均页数）时使用。如果查询返回的值不止一个（或一行），则结果是第一行的第一列。ExecuteReader 用于具有多行和多列的任何结果集。ExecuteNonQuery（示例中未显示）通常用于没有结果的 SQL 语句（例如 UPDATE、INSERT 查询）。对于返回多行和多列的查询，我们使用 ADO.NET DataReader（SqlDataReader 对象）从数据库中检索只读、仅转发的数据流。使用这种方法，结果在查询执行时返回，并存储在客户端上，直到你使用 DataReader 的 Read 方法请求它们为止（如示例所示）。默认情况下，DataReader 一次只能在内存中存储一行，从而减少了系统开销。

知识关联 在 ADO.NET 数据集中实现的“断开连接”方法对事务管理和并发控制的影响将在第 16 章中详细讨论。

DataAdapter 提供了另一种方法，可用于从数据源检索数据并在 DataSet 对象中填充表。DataAdapter 还可以将对 DataSet 所做的更改持久化回基础数据源。为了检索数据并解决更改，DataAdapter 将使用各种命令对象，这些对象将对基础数据源执行请求的操作：SelectCommand 将数据源中的数据读取到 DataSet 中，InsertCommand、UpdateCommand 和 DeleteCommand 将 DataSet 中的更新传播回数据源。因此，DataAdapter 将自身定位在数据源（可以是关系数据库，但很可能是文件系统或其他数据源）和包含关系表格式数据本身的 DataSet 之间。ADO.NET 中的 DataSet 对象是一个复杂的结构，它提供了表示关系、表、约束、行、字段等的子对象的层次结构。需要注意的一个重要方面（特别是与 ADO 记录集对象相比）是，DataSet 实现了所谓的“断开连接”的数据源访问模型，这意味着它驻留在客户端，并且不会保留到备份数据源的持久连接。DataSet 上的所有数据操作都发生在内存中，只有在最初从数据源检索数据并将更新保存回持久数据源时才会打开连接。特别是在基于 Web 的应用程序中，这在可扩展性方面提供了一些好处，因为 Web 应用程序可以更容易地为大量用户服务，而无须为每个会话维护持久的数据库连接。当 DataSet 由关系数据库支持时，它可以充当智能缓存数据结构，但 DataSet 还可以使用非关系数据源（通过使用不同的 DataAdapter），甚至可以使用多个 DataAdapter 组合多个数据源。最后，程序员也可以使用 DataSet 对象，而无须任何后台数据源，因此可以完全“手动”地构造表、关系、字段和约束，同时还可以在以后通过耦合一个 DataAdapter 对象来持久化这些对象。总而言之，DataSet 可以完全独立于任何数据源而存在，甚至不知道哪些数据源可能存在。与数据源的必要连接是通过一个或多个 DataAdapter 设置的短期会话实现的，这些会话可以将数据从 DataSet 持久化到数据存储，也可以将数据从数据存储加载到 DataSet。以下代码片段显示了将 DataSet 与 SqlDataAdapter（SQL Server 的数据适配器对象）一起使用的示例：

```
// Create a DataAdapter object, based on a connection conn and a
// queryString, which will be used to retrieve data from the data
// source (behind the scenes, a SelectCommand will be created based on
// this query)
string queryString = "select title, author from books";
SqlDataAdapter ada = new SqlDataAdapter(queryString, conn);

// Create a DataSet object and fill it with data from the books table
// By invoking the fill method, the aforementioned SelectCommand
// containing the SELECT query will be executed against the data source
DataSet booksDataSet = new DataSet();
ada.Fill(booksDataSet, "myBooks");

// [ Work with the booksDataSet DataSet]

// Fetch the DataTable from the DataSet and loop over it
DataTable tbl = booksDataSet.Tables["myBooks"] ;
foreach (DataRow bookRow in tbl.Rows) {
  Console.WriteLine(bookRow["title"] );
}
```

最后，值得强调的是 ADO.NET 提供了很大程度的向后兼容性。紧接着可以直接连接来自不同供应商的 SQL 数据库的数据提供程序（例如，如上面示例中 SqlDataAdapter 对象所示，与 SQL Server 一起工作），数据提供程序可以调用现有的 ODBC API，以及可以调用传统 OLE DB 提供程序（甚至可以调用 ODBC API）的数据提供程序。

15.3.4 Java 数据库连接

与 ODBC 一样，Java DataBase Connectivity（JDBC）提供了一个调用级数据库 API。JDBC 深受 ODBC 的启发，所以许多概念都是相同的，一个重要的区别是 JDBC 是为 Java 开发的，并且只针对这种编程语言。然而，这种狭隘的关注点也有助于引入许多好处，例如高可移植性（Java 在多种平台上运行）和以面向对象方式编程的能力。数据库连接、驱动程序、查询和结果都表示为对象，基于统一的接口，因此公开了一组统一的方法，而不管使用的是哪种 DBMS。图 15-9 说明了 JDBC 架构。

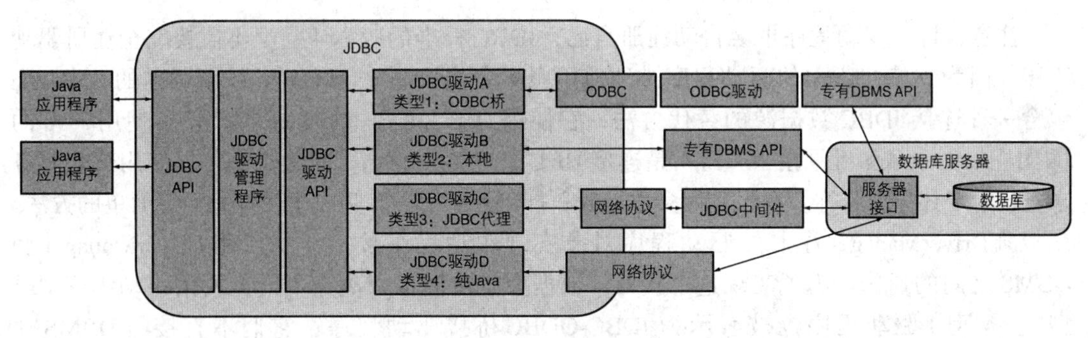

图 15-9 JDBC 架构概述

JDBC 公开了一系列对象接口，通过这些接口可以表达驱动程序、连接、SQL 语句和结果。图 15-10 提供了 JDBC 类的概述。

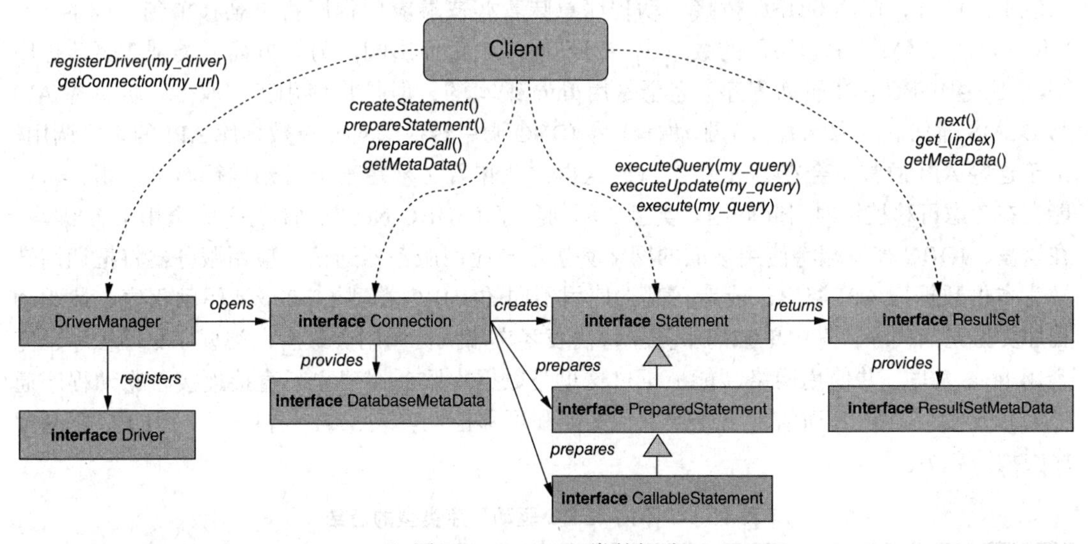

图 15-10 JDBC 类的概述

DriverManager 是一个单例对象，充当管理 JDBC 驱动程序的基本服务。要使用 DBMS 驱动程序，首先必须使用 registerDriver 方法向 DriverManager 注册它。一旦完成，就可以通过

getConnection 方法使用一个注册的驱动程序创建数据库连接。此方法采用字符串作为参数，表示一个连接 URL，以指示要连接到的 DBMS，其格式应为“jdbc:subProtocol:subname”，例如“jdbc:sqlite:my_database”。此方法还可以采用可选的用户名和密码参数。下面的 Java 代码片段演示如何使用 DriverManager 注册驱动程序和设置连接：

```
DriverManager.registerDriver(new org.sqlite.JDBC());
String dbURL = "jdbc:sqlite:my_database";
Connection conn = DriverManager.getConnection(dbURL);
if (conn != null) {
 System.out.println("Connected to the database");
 DatabaseMetaData dm = conn.getMetaData();
 System.out.println("Driver name: " + dm.getDriverName());
 conn.close();
}
```

注意，许多驱动程序也会自动注册自己，JDBC 标准的版本 4 甚至不需要完全注册驱动程序，因为支持此版本的驱动程序必须使用服务定位机制才能找到。最新版本的 JDBC 还包含一种连接 JDBC 数据源的替代方法，它使用 DataSource interface 类，该类使用 Java 的 JNDI（Java 命名和目录接口）而不是连接 URL 来连接 DBMS，其优点是可以使用命名服务来查找给定数据源名称。然而，大多数在线和打印的示例仍然倾向于使用上面更简单的方法。

向 DriverManager 注册的驱动程序对象实现驱动程序接口，并启用 DriverManager 和 DBMS 之间的通信。为了实现这个接口，数据库供应商可以决定不同的所谓驱动程序“类型”。类型 1 驱动程序也被表示为 JDBC-ODBC 桥接驱动程序。它们不直接与 DBMS 通信，而是将 JDBC 调用转换为相应的 ODBC 调用，然后将其输入 ODBC API，ODBC API 将使用其 ODBC 驱动程序。这种方法的优点是显而易见的，因为它允许在 JDBC 中重用现有的 ODBC 驱动程序。但是，要做到这一点，需要确保 ODBC 堆栈位于 JDBC 旁边的主机系统上。此外，使用 ODBC 桥接驱动程序意味着客户端应用程序将更难移植到不同的（非 Microsoft）平台，“中间层”的数量也会对性能产生负面影响。另一方面，类型 2 驱动程序（本地原生 JDBC API 驱动程序）完全是用 Java 编写的，但是将使用其“原生”数据库 API 与 DBMS 通信。这意味着这个驱动程序将 JDBC 调用转换为对专有数据库 API 的本机调用。由于这些 API 通常不会在 Java 中实现，这再次意味着必须在某个时刻进行本机调用，这可能会在考虑可移植性时引起问题。类型 3 驱动程序（JDBC-Net 驱动程序）完全用 Java 编写。在这里，JDBC 客户端将使用标准的网络套接字与应用服务器通信，应用服务器将把调用转换为本机数据库 API 调用，或者在其端使用不同的 JDBC 类型 1、2 或 4 驱动程序。此驱动程序类型充当代理，其中单独的服务器将代表客户端执行调用。最后，类型 4 驱动程序也完全用 Java 编写，并使用网络功能，不过这里与数据库服务器建立了直接连接。驱动程序通过网络直接与 DBMS 通信，因此提供了性能和可移植性。表 15-1 提供了不同 JDBC 驱动程序类型的总结。

表 15-1　不同 JDBC 驱动程序类型的总结

驱动类型	驱动描述	优　点	缺　点
类型 1	JDBC-ODBC 桥驱动程序	向后兼容现有的 ODBC 驱动程序	由于难以移植到不同的平台，额外的 ODBC 层会影响性能

（续）

驱动类型	驱动描述	优 点	缺 点
类型 2	JDBC 本地 API 驱动程序	使用现有的本地 DBMS API，减少了性能缺陷	可移植性仍然是个问题
类型 3	JDBC 网络驱动程序	通过网络套接字使用现有的本地 DBMS API，因此充当代理	客户端可移植性更容易实现，尽管应用服务器仍然需要调用底层本地 API 这一事实可能会导致性能下降
类型 4	纯 Java 驱动程序	与 DBMS 的直接网络连接和纯 Java 实现带来了性能和可移植性	并非总是可用，创建纯 Java JDBC 驱动程序可能需要供应商进行额外的编程工作

打开连接将返回一个连接对象，表示到特定数据库的会话。将在这种连接的上下文中执行 SQL 语句并返回结果。createStatement 方法可用于创建可用于执行 SQL 查询的 SQL 语句。prepareStatement 和 prepareCall 方法可用于分别创建表示已准备语句和存储过程调用的对象。getMetaData 方法可用于获取表示描述连接的元数据的单独对象，例如所使用的驱动程序名称和版本、供应商名称等。

语句对象表示 SQL 指令。可以使用不同的方法执行语句。对于 SELECT 查询，应调用 executeQuery 方法，该方法返回表示返回数据的 ResultSet。此方法接受一个参数，即作为字符串（文本值）传递的 SQL 查询本身。下面的示例显示了操作中的语句对象和 executeQuery 方法：

```
Statement selectStatement = conn.createStatement("select title, num_pages from books")
ResultSet selectResult = selectStatement.executeQuery();
```

ResultSet 对象包含由语句对象执行的 SELECT 查询的结果。因为 SQL 是一种面向集合的语言，所以查询结果（ResultSet 对象）通常包含多个元组。Java 等宿主语言本质上是面向记录的：它们一次不能处理多个记录 / 元组。为了克服这种所谓的阻抗不匹配，JDBC（如 ODBC）公开了一种**游标机制**，以便循环遍历结果集。游标是一种编程控制结构，它允许遍历查询结果集中的记录，类似于在字处理应用程序中看到的文本游标，你可以在其中通过行移动游标，然后用游标指示文本中的当前位置。在这里，数据库游标会跟踪我们在结果集中的位置，以便可以遍历 SQL 查询结果的元组，并将其逐个呈现给应用程序代码。㊀

在 JDBC 中，可以使用“next”方法对 ResultSet 对象的行进行迭代，如果可能，该方法将游标移动到下一行，并返回布尔值“true”以指示可以检索下一行。当到达 ResultSet 的结尾时，“next”将返回“false”。对于每一行，可以使用“getter”方法的 get 集合来检索字段（例如，getInt、getFloat、getString 等），使用字段名作为参数，或者使用表示结果行中字段索引的整数来检索字段。请注意，当使用错误的数据类型获取字段时，会在运行时（即在程序实际执行期间）引发错误。下面的示例显示了游标机制和“getter”的作用：

```
while (selectResult.next()) {
 String bookTitle = selectResult.getString("title"); // or: .getString(1);
 int bookPages = selectResult.getInt("num_pages"); // or: .getInt(2);
```

㊀ 将完整的结果集传递给客户端应用程序的朴素方法当然是不可取的，因为这可能需要同时向客户端发送大量数据（例如，在一个巨大的表中进行选择），从而导致计算机网络拥塞或内存不足错误。

```
    System.out.println(bookTitle + "has" + bookPages + "pages");
}
```

对于 INSERT、UPDATE 或 DELETE 查询（或 DDL 查询），应调用 executeUpdate 方法。这里，返回值不是 ResultSet 对象，而是表示受影响行数（即插入、修改或删除）的整数（数字）。当查询类型事先未知时，还可以调用泛型“ execute”方法，该方法返回一个布尔值，表示刚刚执行的查询是否是 SELECT 查询，基于此，程序可以决定调用 getResultSet 方法，然后获取实际的结果集。

```
String deleteQuery = "delete from books where num_pages <= 30";
Statement deleteStatement = conn.createStatement();
int deletedRows = deleteStatement.executeUpdate(deleteQuery);
System.out.println(deletedRows + "books were deleted");
```

PreparedStatement 接口扩展了语句的功能，可以将查询绑定一次，然后有效地执行多次。准备好的语句还提供了传递查询参数的支持，然后应该使用所谓的“ setter 方法”（如 setInt、setString 等）对这些参数进行实例化。注意问号（“?”）在 SQL 查询的内部，以指示这表示稍后将绑定的参数值：

```
String selectQuery = "select * from books where num_pages > ? and num_pages < ?";
Statement preparedSelectStatement = conn.prepareStatement(selectQuery);

int min_pages = 50;
int max_pages = 200;
// Set the value to the first parameter (1):
preparedSelectStatement.setInt(1, min_pages);
// Set the value to the second parameter (2):
preparedSelectStatement.setInt(2, max_pages);

ResultSet resultSet1 = preparedSelectStatement.executeQuery();

// Execute the same query a second time with different parameter values:
preparedSelectStatement.setInt(1, 10);
preparedSelectStatement.setInt(2, 20);
ResultSet resultSet2 = preparedSelectStatement.executeQuery();
```

CallableStatement 扩展了 PreparedStatement 并提供执行存储过程的支持。它还提供了传递“ in”“ out”和“ inout”参数的工具。“ in”参数可以与准备好的语句参数相比较，也可以使用 set__ 方法设置；它们可以用于将“输入值”从应用程序代码传递到存储过程。默认情况下，所有参数都是“ in”参数。如果某些参数将用于从存储过程“输出”到应用程序代码，则它们是“输出”参数，需要使用 registerOutParameter 显式注册。此方法还接受表示查询中参数顺序的整数（如果使用多个参数，则需要引用相应的参数）和表示参数的 java 类型的 java.sql.Types 对象。最后，“ inout”参数可以用作输入和输出参数。下面的代码片段显示了这些语句的作用：

```
// "price_after_discount" is the name of the stored procedure we want to call
Statement preparedStProcCall = conn.prepareCall("{call price_after_discount(?,?)}");

// The first parameter is an "in"-value:
double discountPercentage = 0.15;
```

```
preparedStProcCall.setDouble(1, discountPercentage);

// Indicate that the second parameter is an "out"-value of type FLOAT (a
// decimal value):
preparedStProcCall.registerOutParameter(2, java.sql.Types.FLOAT);

// Execute the stored procedure
preparedStProcCall.execute();

// Get the value of the second parameter
float priceAfterDiscount = preparedStProcCall.getFloat(2);
```

JDBC 还支持创建可更新的 ResultSet，其中可以动态更新 ResultSet 中的行。此外，ResultSet 可能提供比仅移动到下一行更丰富的导航功能。下面的代码片段显示了这一点：

```
String query = "select title, author, num_pages
        from books where num_pages > 100";

/* We pass some additional parameters here to createStatement to
indicate that we want to allow scrolling backward and forward through
the ResultSet, and that we want an updatable ResultSet: */
Statement stat = conn.createStatement(
  ResultSet.TYPE_SCROLL_SENSITIVE, ResultSet.CONCUR_UPDATABLE);

ResultSet resultSet = stat.executeQuery(query);

// Move the cursor to the first position and get out some information:
resultSet.first();
String title = resultSet.getString(1);
int numPages = resultSet.getInt(3);
String author = resultSet.getString("author");

// Move forward some rows:
resultSet.next();
resultSet.next();

// Update this row on the fly and propagate the update to the database:
resultSet.updateInt("num_pages", 85);
resultSet.updateRow();

// Move to row number 40:
resultSet.absolute(40);

// Insert a new row at this position:
resultSet.updateString(1, "New book");
resultSet.updateString(2, "D.B. Rowling");
resultSet.updateInt(3, 100);
resultSet.insertRow();

// Move back one row:
resultSet.previous();

// Delete this row:
resultSet.deleteRow();
```

注意，并不是所有的 JDBC 驱动程序都支持灵活的游标滚动或可更新的 ResultSet，如上面的示例中所示。旧的、遗留的驱动程序尤其缺乏对此的支持。在这里，需要手动执行其他插入、更新或删除查询，以执行所需的更改。

较新版本的 JDBC 还添加了 RowSet 接口，扩展了 ResultSet 接口。RowSet 对象可以充当普通 ResultSet 对象的包装器，添加对可滚动和可更新游标的支持，即使底层 DBMS 驱动程序不支持此功能，在这种情况下，RowSet 接口将确保执行必要的操作。RowSet 的另一个好处是，它允许其他对象向 RowSet 注册自己以接收他们可能感兴趣的更新。例如，在程序的用户界面中表示表的对象可以注册自身，以便在每次行集更改时接收更新，因此它可以立即更新自身并保持最新（例如，不添加单独的刷新按钮）。

知识关联 有关事务和事务管理的更多信息，请参见第 14 章。

JDBC 的连接对象的另一个重要作用是事务的协调。为此，连接接口还定义了 commit、rollback、setTransactionIsolation、setAutoCommit、setSavepoint 和 releaseSavepoint 方法。

JDBC API 没有提供启动事务的显式方法。启动新事务的决定是由 JDBC 驱动程序或 DBMS 隐式做出的。提交事务的方式取决于连接对象的“auto-commit”属性，可以使用 setAutoCommit 方法设置该属性。当启用 auto-commit 时，JDBC 驱动程序将在每个单独的 SQL 语句之后自动执行提交。禁用 auto-commit 时，程序本身负责使用 commit 或 rollback 方法提交事务。setSavepoint 和 releaseSavepoint 方法可分别用于设置当前事务中的同步点（可以回滚）和释放（例如删除）同步点。下面的代码片段显示了这些方法的作用。

```
// Disable auto-commit
myConnection.setAutoCommit(false);
Statement myStatement1 = myConnection.createStatement();
Statement myStatement2 = myConnection.createStatement();
Statement myStatement3 = myConnection.createStatement();
Statement myStatement4 = myConnection.createStatement();
myStatement1.executeUpdate(myQuery1);
myStatement2.executeUpdate(myQuery2);
// Create a save point
Savepoint mySavepoint = myConnection.setSavepoint();
myStatement3.executeUpdate(myQuery3);
// Roll back to earlier savepoint, myStatement3 will be undone
myConnection.rollback(mySavepoint);
// Now execute myStatement4
myStatement4.executeUpdate(myQuery4);
// Commit the transaction
myConnection.commit();
```

因此，由 myQuery1、myQuery2 和 myQuery4 引起的更新将被提交。

15.3.5 插曲：SQL 注入与访问安全

现在我们已经看到了一组调用级 API（最常见的数据库 API 类型）的示例，你将注意到所有 SQL 查询都是使用标准字符串表示的，例如，在使用 JDBC 时作为普通 Java 字符串。这意味着不能在编译时执行额外的验证或语法检查，这是调用级 API 的一个缺点。然而，这种方法的好处是允许在运行时由程序动态构造的字符串形式的动态查询。考虑一个用户在搜索框中输入一个搜索词来搜索书籍，然后用它来构造一个动态SQL语句。下面的代码片段显示了这可能是什么样子（使用Java和JDBC，但是ODBC和其他调用级API的原理是相同的）：

```
BufferedReader br = new BufferedReader(new InputStreamReader(System.in));
System.out.println("Enter your search term: ");
String searchInput = br.readLine();

String selectQuery = "select * from books where upper(title) like '%" +
                     searchInput.toUpperCase() + "%'";
Statement stat = conn.createStatement();
ResultSet resultSet = stat.executeQuery(selectQuery);
```

例如，当用户输入“database management”时，上面示例中的“selectQuery”字符串如下所示：

```
select * from books where upper(title) like '%DATABASE MANAGEMENT%'
```

乍一看，这个例子说明了调用级API的一个强大方面，即动态构造SQL语句的可能性。然而，使用简单的字符串操作例程构造SQL查询也可能导致潜在的安全问题，特别是在基于用户输入构造查询时。想象一下，如果有人输入“OR 1=1 --”作为名称，导致查询结果如下所示（“--”用于指示行的其余部分将被许多DBMS视为注释），会发生什么情况：

```
select * from books where upper(title) like '%' OR 1=1 --%'
```

不需要做太多的工作，我们的用户现在就可以洞察整个数据库表。这看起来是无害的，但不妨试试以下方法：

```
select * from books where upper(title) like '%GOTCHA!'; DROP TABLE BOOKS; --%'
```

许多DBMS系统可以在一个字符串中发送多个SQL语句，用分号分隔。我们的恶意用户现在已导致删除完整的图书表。这种类型的攻击（造成破坏以及获取隐藏信息）称为**SQL注入**，因为它会将恶意片段注入外观正常的SQL语句中。这种攻击会造成广泛的危害，许多网站和应用程序都容易受到攻击。

然而，解决办法相当简单。当用户输入或外部输入要在SQL语句中使用时，请始终使用已准备好的语句，如上所述。实际上，所有的调用级API（包括本章中看到的所有API）都提供了这样做的方法。例如，在JDBC中，我们将按如下方式编写示例：

```
String searchInput = br.readLine();
String selectQuery = "select * from books where upper(title) like ?";
Statement stat = conn.prepareStatement(selectQuery);
stat.setString(1, "%" + searchInput.toUpperCase() + "%");
ResultSet resultSet = stat.executeQuery();
```

由于准备好的语句中使用的SQL语句是由驱动程序绑定的，所以所有参数都作为文本值而不是SQL语句的可执行部分发送给驱动程序，这意味着你可能最终会搜索包含“GOTCHA!”;DROP TABLE BOOKS; --”，但不会造成任何伤害（可能不会检索到这样的书）。

15.3.6　SQLJ

今天，JDBC仍然广受欢迎，平台上有大量的驱动程序可用。它提供了访问DBMS的最可移植的方法之一（特别是在使用类型 4 驱动程序时），并提供了对 SQL 语句执行的细粒度控制。SQLJ 是 Java 的嵌入式静态 SQL API，它是在 JDBC 之后开发的，允许将 SQL 语句直接嵌入 Java 程序中。以下代码示例说明了此沿袭，因为某些 JDBC 类（如 DriverManager）仍在 SQLJ 中使用：

```
// Create a connection and default SQLJ context
DriverManager.registerDriver(new oracle.jdbc.driver.OracleDriver());
Connection conn = DriverManager.getConnection(dbUrl);
DefaultContext.setDefaultContext(new DefaultContext(conn));

// Define an SQLJ iterator
#sql iterator BookIterator(String, String, int);

// Perform query and fetch results
BookIterator mybooks;
int min_pages = 100;
#sql mybooks ={ select title, author, num_pages from books
     where num_pages >= :min_pages };

String title;
String author;
int num_pages;

#sql { fetch :mybooks into :title, :author, :num_pages};
while (!mybooks.endFetch()) {
  System.out.println(title + ' by '+ author + ': '+ num_pages);
  #sql { fetch :mybooks into :title, :author, :num_pages};
}
conn.close();
```

注意，当使用 SQLJ 时，查询不再表示为文本参数（字符串），而是直接嵌入 Java 源代码中。因此，预编译器将首先将这些语句转换为本机 Java 代码（例如，通过将它们转换为 JDBC 指令），但也将执行一系列附加检查，例如检查 SQL 语句的拼写是否正确以及所有表字段是否已知。嵌入式 SQL 语句的参数是通过主机变量传递的，这些变量是用编程语言定义的“托管”嵌入式 API（在这种情况下为 Java）的变量，然后可以用冒号将它们的名称预先装入 SQL 语句中。“:”用作输入变量（查询参数）或输出变量（从查询接收结果）。SQLJ 预编译器还将基于所使用的主机变量执行额外的检查，例如，验证它们是否已在 Java 代码中定义，以及 #spl{...} 语句中使用的主机变量的所有类型定义是否与数据库模式定义匹配。例如，如果上面示例中的：num_pages 参数在 DBMS 中被定义为十进制字段，那么 SQLJ 预编译器会抱怨这样一个事实，即我们对 min_pages 和 num_pages 主机变量使用整数（非十进制）类型，而不是数据库期望的十进制浮点数。然后可以在运行程序之前解决这些错误。当使用像上面 JDBC 示例中所示的那样的晚期绑定参数时，无法执行这种编译时检查。然后，在实际程序执行期间将抛出错误，这可能会导致额外的调试麻烦。

然而，如前所述，近年来 SQLJ 和其他嵌入式 API 已经被用户抛弃，特别是 SQLJ 从未达到 JDBC 的应用普及程度。其原因之一是缺乏对动态 SQL 的支持。第二个原因在于程序员需要额外的认知开销，因为与普通的 Java 源代码相比，SQLJ 语句看起来有些不合适，因此这需要程序员知道如何将 Java 与 SQLJ 结合起来。另一个原因是，在开发 SQLJ 的时候，新的大型集成开发环境（IDE）刚刚进入 Java 生态系统（比如 Eclipse 和 NetBeans），它不能很好地处理散布在 Java 代码中的 SQLJ 语句。另一个原因是，SQLJ 预编译器承诺的额外验证和编译时安全检查没有很快成熟，导致 SQLJ 在应用方面处于落后状态，特别是更多的高级 API（如对象关系映射器，将在 15.4 节中讨论）也即将推出。尽管 Java 和其他较新语言中的嵌入式数据库 API 从未起步，但它们仍然是大量遗留数据库应用程序中的流行技术，这些应用程序仍然存在，且主要使用 COBOL 等较旧的宿主语言编写。由于这些应用程序中的许多还不能逐步淘汰，而且仍然需要维护，因此具有嵌入式 SQL 技能的 COBOL 程序员实际上在某些领域仍受到追捧。

15.3.7 插曲：嵌入式 API 与嵌入式 DBMS

在这一点上，需要注意的是，一些调用级 API 可能很容易与嵌入式 API 混淆，特别是对于一些将自己表示为**嵌入式 DBMS** 的数据库管理系统。一个例子是 SQLite。与许多其他 DBMS 不同，SQLite 不在客户端 - 服务器环境中运行。相反，DBMS 完全包含在一个库中（用 C 编写），而这个库又嵌入应用程序本身中，因此 DBMS 成为实际应用程序的一个组成部分。

但是，从宿主语言调用 SQLite API 是以调用级别的方式执行的，而不是使用嵌入式 API。不存在预编译器。下面的代码片段展示了 SQLite 如何在 C 中使用——请注意，没有像 SQLJ 那样的嵌入式语句，所有的代码都是纯 C 代码。SQLite C 库也被移植到许多其他语言中，现在几乎所有可用的编程语言都可以使用它。

```
// Import the SQLite and standard C input/output libraries
#include <sqlite3.h>
#include <stdio.h>

int callback(void *, int, char **, char **);

// Main program:
int main(void) {
  sqlite3 *db;
  char *err_msg = 0;

  // Set up the connection to the database (stored in one file)
  int rc = sqlite3_open("my_database.db", &db);

  if (rc != SQLITE_OK) {
    sqlite3_close(db);
    return 1;
  }

  // Execute a query using sqlite3_exec, we specify a function
  // called "callback" to handle the result-rows if successful
  char *sql = "SELECT * FROM books ORDER BY title";
  rc = sqlite3_exec(db, sql, callback, 0, &err_msg);

  if (rc != SQLITE_OK ) {
    sqlite3_free(err_msg);
    sqlite3_close(db);
    return 1;
```

```
  }
  // Close the connection
  sqlite3_close(db);
  return 0;
}

// What should we do for every row in a result set?
int callback(void *Ignore, int num_cols, char **col_values, char **col_names) {
  // Iterate over the columns and show the name and value
  for (int i = 0; i < num_cols; i++)
    printf("%s = %s\n", col_names[ i],
      col_values[ i] ? col_values[ i] : "<NULL>");
  printf("\n");
  return 0;
}
```

以下片段显示了 SQLite Python 端口（在“sqlite3”Python 库中提供）。请注意，与上面的 C 程序相比，此实现更简洁：“sqlite3”库包含更易于使用的其他方法（如“execute”）：

```
import sqlite3
conn = sqlite3.connect('my_database.db')
c = conn.cursor()

for row in c.execute('SELECT * FROM books ORDER BY title'):
  print row

conn.close()
```

知识延伸 即使 SQLite 库的直接端口很难实现，但该库本身也被移植为与 JDBC 标准兼容，因此你可以在这个设置中使用它。

知识延伸 除了 SQLite 之外还有其他嵌入式 DBMS，但 SQLite 仍然是最受欢迎的数据库（它被 Web 浏览器、智能手机应用程序和许多其他系统用来存储和查询简单的单文件设置中的数据）。其他值得注意的例子包括 Apache Derby（用 Java 编写）、LevelDB、SQL Anywhere 和 H2。大多数嵌入式数据库也提供 ODBC 或 JDBC 驱动程序实现。

15.3.8　语言集成查询

缺少编译时类型检查和验证有时会令使用 JDBC 变得有些麻烦。JDBC 程序可能很难调试，很容易变大（JDBC 接口公开了许多需要调用的方法，甚至是执行简单查询的方法），并且会丢失语法和语义 SQL 检查，因为查询是用简单的 Java 字符串表示的。

有鉴于此，值得一提的是，一些现代编程语言已经开始将语言本机查询表达式合并到其语法中（直接地或通过使用附加的编程库），这些语法通常可以对任何数据集合（例如，数据库，也可以是 XML 文档或集合类型）进行操作。当以 DBMS 为目标时，这些表达式通常会转换为 SQL 语句，然后在后台使用 JDBC 或其他 API 将其发送到目标数据库服务器。

这种方法的一个很好的例子可以在第三方库 jOOQ 中找到。这个项目旨在提供使用纯 Java 的嵌入式 SQL 的好处，而不是使用额外的预编译器。为此，首先运行一个代码生成器，它检查数据库模式并将其反向工程为一组 Java 类，这些 Java 类表示表、记录、序列、类型、存储过程和其他模式实体。然后可以使用普通 Java 代码查询和调用这些代码，如下代码片段所示：

```
String sql = create.select(BOOK.TITLE, AUTHOR.NAME)
          .from(BOOK)
          .join(AUTHOR)
          .on(BOOK.AUTHOR_ID.equal(AUTHOR.ID))
          .where(BOOK.NUM_PAGES.greaterThan(100))
          .getSQL();
```

注意，代码生成器生成了 BOOK 和 AUTHOR 类。由于现在只使用纯 Java 代码来表示语句，IDE 不需要知道单独的语言，不需要预编译器，并且可以使用标准 Java 编译器执行类型安全检查，并在必要时生成编译错误。例如，如果我们试图将字符串值传递给 Book.NUM-PAGES 类的生成的 greaterThan 方法，Java 编译器将抛出一个错误，指出这样的方法模板不存在。jOOQ 可以与 JDBC 等其他 API 协同工作（例如，执行 jOOQ 生成的 SQL 字符串的实际执行，如上面的代码示例中所做的）。

遵循类似方法的另一个项目是 QueryDSL，它旨在使用纯 Java 表达式而不是使用预编译器向 Java 宿主语言添加集成的查询功能。与 jOOQ 相比，QueryDSL 更远离原始 SQL，因为它的目标是对任何类型的集合（包括数据库、XML 文件和其他数据源）启用查询操作。以下代码片段显示了应用于 SQL 数据源的 QueryDSL 示例：

```
// Set up a new queryFactory given a certain configuration
// and data source, e.g., a relational database
SQLQueryFactory queryFactory =
  new SQLQueryFactory(configuration, dataSource);

// The QBook class will be generated by QueryDSL
QBook book = new QBook();

// Use the defined queryFactory together with the QBook
object to perform a select query
List<String> names = queryFactory.select(book.name)
                .from(book)
                .where(book.num_pages.gt(100))
                .fetch();
```

值得注意的是，这种提供宿主语言本机查询功能的方法最初是由 Microsoft 的 LINQ（Language Integrated Query）流行的，LINQ 是一个在 .NET 编程语言中添加本机查询功能的 .NET 框架组件。这包括一个 LINQ 到 SQL 子组件，它将 LINQ 表达式转换为 SQL 查询，就像上面的 Java 项目一样。与 jOOQ 和 QueryDSL 一样，LINQ 到 SQL 还应用了一个映射，其中数据库表、列和其他模式实体映射到类，以启用编译时类型检查和验证。下面的代码片段显示了一个简单的 LINQ 示例（在 C# 中）：

```
var hugeBooks = from b in books
        where b.NumberOfPages >= 1000
        select b;
foreach (var book in hugeBooks) {
  Console.WriteLine(book.title + " is a huge book");
}
```

节后思考

- 常用的通用数据库 API 有哪些？
- 举一个调用级通用 API 和嵌入式 API 的例子。其中哪一个更有用？为什么？
- 解释 ODBC 的一般设置，它公开哪些功能？
- 解释 JDBC 的一般设置，它公开哪些功能？
- 嵌入式 API 与嵌入式 DBMS 是否相同？为什么？
- 什么是语言集成查询？
- 列出 ADO.NET 及其前身之间的一些主要区别。

15.4 对象持久性和对象关系映射 API

到目前为止，我们已经讨论了几种通用 API 技术，客户端应用程序可以使用这些技术访问各种数据库甚至其他数据源。我们注意到，许多最新的 API 技术（如 JDBC 和 ADO.NET）以面向对象（OO）的方式表示与数据库相关的实体，如字段、记录、表，这使得将这些实体集成到已经遵循 OO 范式的宿主应用程序中变得容易，而 OO 范式在当今编写的应用程序中占很大比例。

知识关联 对象持久性已经在第 8 章中介绍过了。在本节中，我们将进一步探讨通用对象持久化 API。

与其在一系列对象中表示与数据源相关的实体（如 DataSet 或 ResultSet 等），人们还想知道是否可以从另一个角度处理此任务。也就是说，我们可能希望使用现有编程语言的表示功能和语法将领域实体（如 Book、Author 等）表示为普通对象。然后可以在后台将这些对象持久化到数据库或其他数据源。这正是我们在讨论**对象持久性**时所描述的方法。

注意，语言集成查询技术（见上一节中的 jOOQ 和 LINQ）应用了类似的思想，即使用宿主编程语言的验证和类型安全检查，以及 OO 结构直接在宿主语言环境中表示查询，而不使用预编译器或用字符串表示的 SQL 语句。我们将看到对象持久化 API 如何更进一步，因为它们还描述了宿主语言中的整个业务领域（即数据实体的定义）。

然而，为了能够有效地查询和检索对象，这些实体经常使用所谓的对象关系映射器（Object Relational Mapper，ORM）映射到关系数据库模型，我们将在下面更详细地讨论这个模型。在使用对象持久性的概念时，并不一定要使用 ORM（也可以在纯文本、XML 文件或 OODBMS 中序列化对象），尽管大多数 API 紧密地结合了这两个概念，例如关系 DBMS 的效率和速度仍然可以用来提供快速的对象存储、检索和修改，以及保证此类操作的事务安全。

15.4.1 使用 Enterprise JavaBeans 的对象持久性

考虑到 Java 对 OO 编程的强烈关注和对强大数据访问基础的早期支持（例如，通过 JDBC），以及对企业环境的关注，Java 的生态系统是对象持久性的早期采用者也不足为奇，构建在 Enterprise JavaBeans（EJB）之上。Java Bean（简称 Bean）是 Java 的术语，指可重用的、模块化的 OO 软件组件。Enterprise JavaBeans 是运行在 Java Enterprise Edition（Java EE）平台中的“业务”组件。Java EE 定义了一个开放的应用程序模型来开发 *n* 层业务应用程序，它由多个层组成。“客户端层”包含客户端功能。这可以是一个“独立的”Java 应用程序、一个 Web 浏览器或一个 Java 小程序，它是在 Web 浏览器中运行的一段 Java 代码。“Web 层”定义了面向 Web 的功能，它可以充当客户端层（如果客户端层由 Web 浏览器组成）和包含实际业务逻辑（即 Enterprise JavaBeans）的“业务层”之间的桥梁。最终的“企业信息系统”层包含数据库系统和其他数据存储。图 15-11 总结了 JavaEE 的分层架构。

Java EE 应用程序模型的主要目标之一是在业务逻辑和客户端应用程序之间建立明确的分离，从而支持可重用性，并允许多种类型的客户端应用程序和 Web 服务访问及使用 EJB 组件。请注意，Java EE 平台还定义了处理电子邮件、XML 处理、安全方面等的接口，这里没有详细讨论这些接口。

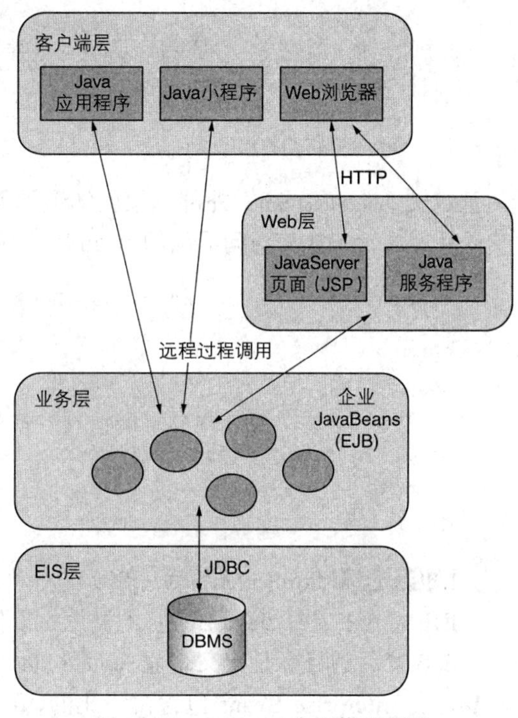

图 15-11　Java EE 应用模型概述

如前所述，Enterprise JavaBeans 扩展了 Java Beans 的概念，它封装了一个可重用的模块化逻辑。Beans 本质上只是一个普通的 Java 类定义，遵循一些附加规则。Beans 必须公开一个不带参数的默认构造函数（这使得外部框架很容易实例化 Beans——见下面的示例），它们的类属性必须可以根据标准命名约定使用 getter 和 setter 方法访问（这允许外部框架轻松地检查和更新此类属性），并且类应该是可序列化的，因此外部框架可以可靠地存储和恢复 Bean 的状态。下面的代码示例显示了一个简单的 Java Bean 定义：

```
public class BookBean implements java.io.Serializable {

  private String title = null;
  private int numPages = 0;
  private boolean inStock = false;

  /* Default constructor without arguments */

  public BookBean() {
  }

  /* Getters and setters */

  public String getTitle() {
    return title;
  }

  public void setTitle(String value) {
    this.title = value;
  }

  public boolean isInStock() {
    return inStock;
  }
  public void setInStock(boolean value) {
    this.inStock = value;
  }

  public int getNumPages() {
```

```
      return numPages;
    }

    public void setNumPages(int value) {
      this.numPages = value;
    }
  }
```

一旦定义了 Java Bean，外部框架就知道如何访问和修改它的属性。下面的 JavaServer 页面代码片段展示了如何访问上面的 Bean 以生成包含来自 Bean 的信息的 HTML 页面。

```
<jsp:useBean id="book" class="BookBean" scope="page"/>

<html>
<body>
Title: <jsp:getProperty name="book" property="title"/><br/>
Still in stock? <jsp:getProperty name="book" property="inStock"/><br/>
</body>
</html>
```

知识延伸 JavaServer 页面（JSP）是一种基于 Java 的技术，用于创建动态生成的 Web 页面。

EJB 标准扩展了 Java Beans 的概念，以便在服务器环境中利用这些组件。

EJB 背后的目标是定义企业 Java Beans，它可以很容易地"嵌入"服务器环境中以扩展其功能。Enterprise Beans 包含模块化的、可重用的业务逻辑，例如如何在应用折扣后计算图书价格，获取可用图书的列表，等等。下面的代码片段显示了一个简单的随机数生成器服务企业级 Java Bean 的示例：

```
@Stateless
public class RandomNumberGeneratorService {
 private Random rand = new Random();
 public int generateRandomNumber(int min, int max) {
   return rand.nextInt((max - min) + 1) + min;
 }
}
```

注意使用 Java 注释（例如 @Stateless）来描述企业 Bean 的各种与 EJB 相关的方面和元数据。例如，@Stateless 表示不应与客户端应用程序保持"对话"打开，即该类是无状态会话 Bean，本章稍后将调用它。

其他组件可以使用这个 Bean 如下：

```
public class ServiceTest {
  @EJB // This annotation injects the service bean
  private RandomNumberGeneratorService randService;


  public void testGenerator() {
   int randomNumber = randService.generateRandomNumber(1,3);
   System.out.println("Random number" + randomNumber);
  }
}
```

EJB 的初始版本区分了三种类型的企业 Beans：会话 Beans、消息驱动 Beans 和实体 Beans。会话 Beans 是为客户端执行任务的 Beans。它们表示处理应用程序部分业务逻辑的暂时（因此是非持久）对象。会话 Bean 的每个实例都绑定到一个特定的客户端，并且在大多数情况下都有一个短暂的时间跨度。会话 Beans 可以是无状态的或有状态的。无状态会话 Bean 不与客户端保持对话状态，这意味着当客户端调用无状态 Bean 的方法时，Bean 的实例变量可能包含特定于该客户端的状态，但仅在调用期间。方法调用完成后，不会保留特定于客户端的状态。在有状态会话 Bean 中，实例变量表示一个唯一的 client-Bean 会话的状态，该会话在 client-Bean 交互的整个过程中保持不变。如果客户端删除 Bean 或终止，则会话结束，状态消失。注意，EJB 容器（即管理 EJB 组件的 EJB 服务器）通常配置为在来自不同客户端的多个调用上重用无状态会话 Bean，而不是为每个调用销毁和设置新的无状态会话 Bean。尽管后一种方法是可能的，但根据定义，无状态会话 Bean 不假定或跟踪单独调用的状态，因此可以随意移除和重新实例化，因此在多个调用上保持它们可以很容易地支持许多客户端或快速调用。这样，就可以避免由新 Bean 实例化引起的开销。因此，无状态会话 Beans 通常比有状态会话 Beans 提供更好的可扩展性。

消息驱动 Bean（第二种企业 Bean 类型）允许 Java EE 应用程序以异步方式处理消息。在功能方面，消息驱动 Beans 与无状态会话 Beans 类似，最重要的区别在于，客户端通过发送异步消息来访问消息驱动 Beans，这意味着客户端不会阻塞并等待回复。这与会话 Beans 相反，会话 Beans 是通过（远程）过程同步调用的。

与会话 Beans（它表示客户端调用特定业务逻辑的转换，并且是短暂的）相反，实体 Beans（第三种企业 Beans[⊖]）是持久的。这些 Beans 表示业务实体（如书籍、客户或订单）的 OO 化身。与会话 Beans 相反，实体 Beans 没有绑定到特定的客户端，即使在应用程序停止之后，它们的信息也应该被保留（即持久化）。存在两种方法来确保这种持久性。第一个称为 Bean 管理持久性（BMP），将实际持久性代码的实现留给实体 Bean 本身的程序员，这意味着 Bean 实现将包含代码（在大多数情况下使用 JDBC）以将其状态持久化到 EIS 层的关系数据库中。然而，实现这样的代码可能是一项艰巨的、重复的任务。第二种方法称为容器管理持久性（Container Managed Persistence，CMP），它将此职责委托给 EJB 容器（即 EJB 服务器），EJB 服务器将在后台生成所有必要的数据库调用来检索和持久化对象。然后，应用程序编程人员就可以充分考虑对象，而不必担心编写 SQL。此外，还可以指示不应持久化对象的哪些字段，以及如何组合构成对象唯一标识符的主键。以下类提供了使用 CMP 的（EJB 2）实体 Bean 定义的示例：

```
public abstract BookBean implements javax.ejb.EntityBean {
    // instance fields (by default, these will not be persisted)
    EntityContext ejbContext;
    String thisWillNotBePersisted;

    // container-managed persistent fields are defined as abstract getters and setters
    public abstract void setTitle(String value);
    public abstract String getTitle();
    public abstract void setNumPages(int value);
    public abstract int getNumPages();
```

⊖ 我们从历史的角度讨论实体 Beans，因为它们使我们更容易理解当前的方法。然而，在 EJB 的最新版本（从 EJB 3.0 开始）中，实体 Beans 被 Java Persistence API（JPA）所取代，JPA 也有类似的用途，但它是一个单独的规范，不一定在 EJB 上下文中。JPA 将在下一节讨论。

```
    // container-managed relationships
    public abstract void setAuthor(Author value);
    public abstract Author getAuthor();
}
```

此代码示例还演示了 CMP 的另一个方面，即自动管理实体之间关系的可能性，称为容器管理关系（Container Managed Relationships，CMR）。使用 CMR 时，容器将维护一对一、一对多、多对一和多对多关系。例如，上面示例中的 setAuthor 方法将被管理，以便容器更新底层 DBMS 中所有必需的外键字段，体现书籍和作者之间的关系。

15.4.2　使用 Java 持久性 API 实现对象持久性

我们已经讨论了特定版本的 EJB 标准（EJB 2.0）。当实践者意识到许多最初的 EJB 价值主张被过度设计时，更简单的企业框架如 Spring（一个应用程序框架）和 Hibernate（通过对象关系映射处理对象持久性）出现了，就需要更新 EJB 规范。因此，EJB 3.0 规范与以前的规范有着根本的不同。它在很大程度上受到了其他应用程序框架的启发，例如 Spring 使用的是“普通的旧 Java 对象”（POJO），而不是冗长的、有时令人困惑的 Java Beans 和基于 XML 的配置文件的组合[1]。然后，Java Persistence API 形成了 EJB 3.0 中实体 Beans 的替换，EJB 3.0 中的实体 Beans 已从这个版本的标准中完全删除。

知识延伸　Gavin King 是 Hibernate 持久性框架的创建者，他参与了 EJB 3.0 过程，并且是新的 Java Persistence API (JPA) 背后的驱动因素之一。

相反，EJB 3.0 规范将简单的 POJO 与一组详尽的注释结合起来，取代了冗长、烦琐的 XML 配置文件[2]。JPA 允许 POJO 轻松持久化，而不需要类实现 EJB 2.0 CMP 规范所要求的任何接口或方法。通过这种方式，CMP 的优势得以保留（通过对象关系映射实现透明的对象持久性），但其方式要轻得多。

请注意，JPA 本身只是一个定义一组接口和注释的规范，因此需要一个实现来执行任何实际的持久性。目前，大多数持久性供应商已经发布了 JPA 的实现，证实了它的采用，包括 Hibernate（现在是 Red Hat 的一部分）、TopLink（Oracle）、Kodo JDO（也是 Oracle 的一部分）、Cocobase 和 JPOX。

在本节中，我们将更深入地了解 JPA。如前所述，JPA 定义了一组注释，这些注释向任何普通 Java 对象添加了持久性感知功能。表 15-2 列举了一些常见注释。

表 15-2　Java Persistence API 中定义的公共注释

注　释	说　明
@Entity	声明一个持久的 POJO 类
@Table	允许显式指定将持久 POJO 类映射到的关系表的名称
@Column	允许显式指定关系表列的名称
@Id	将持久 POJO 类字段映射到关系表的主键
@Transient	允许定义临时的、不应该成为持久的 POJO 类字段

我们将在一个简单的代码示例中使用这些代码来演示具有两个表示实体的类定义的应用程序：

[1] EJB 2.0 的许多组件，包括实体 Beans，都依赖于这样的配置文件，例如确定实体 Beans 之间的关系，尽管我们已经省略了细节，因为我们希望将重点放在较新的 EJB3.0（及更高版本）标准上。

[2] JPA 仍然允许使用 XML 文件来指定 Java 类如何映射到关系数据库，尽管使用注释是一种更加流畅和程序员友好的方法。

```
import java.util.List;
import javax.persistence.*;

@Entity // Book is an entity mapped to a table
@Table
public class Book {

    @Id // Use id as the primary key
    // Generate id values automatically:
    @GeneratedValue(strategy = GenerationType.AUTO)
    private int id;
    private String title;

    // Define a many-to-many relation
    @ManyToMany(cascade = { CascadeType.ALL} )
    private List<Author> authors;

    public Book(String title) {
        setTitle(title);
    }

    public String getTitle() {
        return title;
    }

    public void setTitle(String title) {
        this.title = title;
    }

    public List<Author> getAuthors() {
        return authors;
    }

    public void setAuthors(List<Author> authors) {
        this.authors = authors;
    }

    public String toString() {
        String r = "Book [id=" + id + ", title=" + title + "]";
        for (Author a : getAuthors()) {
            r += "\nBy author: "+a.toString();
        }
        return r;
    }
}
```

```
import java.util.List;
import javax.persistence.*;

@Entity
@Table
public class Author {

    @Id
    @GeneratedValue(strategy = GenerationType.AUTO)
```

```
    private int id;
    private String name;

    // Many-to-many relation in the other direction
    @ManyToMany(cascade = {CascadeType.ALL})
    private List<Book> books;

    public Author(String name) {
        setName(name);
    }

    public String getName() {
        return name;
    }

    public void setName(String name) {
        this.name = name;
    }

    public List<Book> getBooks() {
        return books;
    }

    public void setBooks(List<Book> books) {
        this.books = books;
    }

    public String toString() {
        return "Author [id=" + id + ", name=" + name + "]";
    }
}
```

JPA 的简单性在这里变得显而易见。通过使用少量注释，我们指定了两个可持久的实体，它们通过多对多的关系相互链接。Hibernate 和其他 JPA 实现将足够聪明，能够为我们处理中间交叉表的设置。

接下来，我们仍然使用一个“persistence.xml”XML 文件来指定全局配置选项。我们将这个示例设置为使用 Hibernate（JPA 标准的流行实现之一）和 Derby（一种用 Java 编写的嵌入式 DBMS）一起使用，Derby 是在内存中为这个示例创建的：

```
<persistence xmlns:xsi="http://www.w3.org/2001/XMLSchema-instance"
        xsi:schemaLocation="http://java.sun.com/xml/ns/persistence/
        persistence_2_0.xsd"
        version="2.0" xmlns="http://java.sun.com/xml/ns/persistence">

<persistence-unit name="app">
 <!-- We have the following persistable classes: -->
 <class>Book</class>
 <class>Author</class>
  <!-- Settings to connect to the database -->
  <properties>
   <property name="hibernate.archive.autodetection" value="class" />
```

```
    <property name="hibernate.connection.driver_class"
         value="org.apache.derby.jdbc.EmbeddedDriver" />
    <property name="hibernate.connection.url"
         value="jdbc:derby:memory:myDB;create=true" />
    <property name="hibernate.show_sql" value="true" />
    <property name="hibernate.flushMode" value="FLUSH_AUTO" />
    <property name="hibernate.hbm2ddl.auto" value="create" />
  </properties>

</persistence-unit>
</persistence>
```

接下来，创建一个简单的测试类，我们在其中设置一个 EntityManager 对象并插入一些新创建的对象。EntityManager 负责创建和删除持久实体实例（即对象）：

```
import java.util.ArrayList;
import javax.persistence.*;

public class Test {

       public static void main(String[] args) {

              EntityManagerFactory emfactory =
                     Persistence.createEntityManagerFactory("app");

              EntityManager entitymanager = emfactory.createEntityManager();
              entitymanager.getTransaction().begin();

              final Author author1 = new Author("Seppe vanden Broucke");
              final Author author2 = new Author("Wilfried Lemahieu");
              final Author author3 = new Author("Bart Baesens");
              final Book book = new Book("My first book");

              book.setAuthors(new ArrayList<Author>(){{
                     this.add(author1);
                     this.add(author2);
              }});

              // Persist the book object, the first two authors will be
              // persisted as well as they are linked to the book
              entitymanager.persist(book);
              entitymanager.getTransaction().commit();

              System.out.println(book);

              // Now persist author3 as well
              entitymanager.persist(author3);
              entitymanager.close();
              emfactory.close();
       }
}
```

当代码运行时，会得到以下输出：

```
Hibernate: create table Author (id integer not null, name varchar(255),
primary key (id))
Hibernate: create table Author_Book (Author_id integer not null, books_id
integer not null)
Hibernate: create table Book (id integer not null, title varchar(255),
primary key (id))
Hibernate: create table Book_Author (Book_id integer not null, authors_id
integer not null)
Hibernate: alter table Author_Book add constraint FK3wjtcus6sftdj8dfvthui6335
foreign key (books_id) references Book
Hibernate: alter table Author_Book add constraint FKo3f90h3ibr9jtq0u93mjgi5qd
foreign key (Author_id) references Author
Hibernate: alter table Book_Author add constraint FKt42qaxhbq87yfijncjfrs5ukc
foreign key (authors_id) references Author
Hibernate: alter table Book_Author add constraint FKsbb54ii8mmfvh6h2lr0vf2r7f
foreign key (Book_id) references Book

Hibernate: values next value for hibernate_sequence
Hibernate: values next value for hibernate_sequence
Hibernate: insert into Book (title, id) values (?, ?)
Hibernate: insert into Author (name, id) values (?, ?)
Hibernate: insert into Book_Author (Book_id, authors_id) values (?, ?)

Book [ id=1, title=My first book]
By author: Author [ id=0, name=Seppe vanden Broucke]
Author [ id=1, name=Wilfried Lemahieu]
Hibernate: values next value for hibernate_sequence
Author [ id=2, name=Bart Baesens]

Hibernate: insert into Author (name, id) values (?, ?)
```

请注意 Hibernate 如何自动创建表定义并持久存储对象。

到目前为止，我们已经看到 JPA 如何支持对象的修改和持久化，但是标准自然也包括查询和检索存储实体的功能，也可以通过 EntityManager 来实现。EntityManager.find 方法用于按实体的主键在数据存储中查找实体：

```
entitymanager.find(Author.class, 2)
```

EntityManager.createQuery 方法可用于使用 Java 持久性查询语言查询数据存储：

```
entitymanager.createQuery(
        "SELECT c FROM Author c WHERE c.name LIKE :authName")
                    .setParameter("authName", "%vanden%")
                    .setMaxResults(10)
                    .getResultList()
```

JPA 查询语言（JPQL）与 SQL 非常相似，包括支持 SELECT、UPDATE 和 DELETE 语句（带有 FROM、WHERE、GROUP BY、HAVING、ORDER BY 和 JOIN 子句）。但是，JPQL 比 SQL 简单，例如，它不支持 UNION、INTERSECT 和 EXCEPT 子句。那么，为什么需要 JPQL 呢？原因与可移植性有关。与早期的方法和通用 API（理论上很容易将应用程序迁移到不同的 DBMS）相反，SQL 支持的差异仍然可能导致客户端应用程序在新的 DBMS 环境中失败。JPQL 试图通过将自己插入为一个更纯的、与供应商无关的 SQL 来防止这种情况，并将 JPQL 查询转换为适当的 SQL 声明。请注意，如果希望使用原始 SQL 语句，也可以使用 createNativeQuery 方法：

```
entitymanager.createNativeQuery(
    "SELECT * FROM Author",
    Author.class).getResultList();
```

与前面讨论的调用级 API 一样，JPA 不支持编译时查询检查和验证。换句话说，下面的代码可以很好地编译：

```
entitymanager.createQuery(
      "SELECT c FROM Author c WHERE c.INVALID LIKE :authName")
              .setParameter("authName", 2)
              .setMaxResults(10)
              .getResultList()
```

但一旦应用程序运行，就会产生一个运行时错误：

```
Exception in thread "main" java.lang.IllegalArgumentException:
org.hibernate.QueryException: could not resolve property: INVALID of:
Author [ SELECT c FROM Author c WHERE c.INVALID LIKE :authName]
```

正如本章前面所讨论的，语言集成查询技术仍然是一个很好的例子。请注意，QueryDSL 是一个 Java 项目，其目标是通过集成语言查询功能（见上）来丰富 Java，它也可以与 JPA 一起工作：

```
JPQLQuery query = new JPAQuery(entityManager);

QAuthor author = QAuthor.author;

Author seppe = query.from(author)
 .where(author.name.eq("Seppe vanden Broucke"))
 .uniqueResult(author);
```

15.4.3 使用 Java 数据对象的对象持久性

知识关联 第 8 章讨论了 ODMG 标准，它从 OODBMS 的标准发展到对象持久性的规范。

与 JPA 一样，Java Data Object（JDO）API 也源于 ODMG 标准的失败采用以及从 EJB 中“突破”对象持久性功能的愿望。与主要针对关系型 DBMS 数据存储的 JPA 不同，JDO 对使用的数据存储技术是不可知的[一]。为了说明这一点，我们将给出一个示例，说明如何使用 JDO 处理 OODBMS[二]，在本例中是 ObjectDB。

使用 JDO 时，第一步是使用 Properties 对象定义要连接到底层数据存储的属性，如下所示（注意，这里也可以使用 XML 文件来初始化 JDO）：

[一] 也就是说，有几个供应商提供 JPA 支持来访问非关系 DBMS，例如 ObjectDB（它实现了 JPA 和 JDO API 之上的 OODBMS）。

[二] 有关 JDO 规范的更多信息，请参见 http://db.apache.org/jdo/index.html。

```
Properties props = new Properties();
props.setProperty("javax.jdo.PersistenceManagerFactoryClass", "
      com.objectdb.jdo.PMF");
props.setProperty("javax.jdo.option.ConnectionURL",
      "objectdb://localhost/employee.odb");
props.setProperty("javax.jdo.option.ConnectionUserName", "root");
props.setProperty("javax.jdo.option.ConnectionPassword", "mypassword123");
```

在这里你可以看到我们连接到一个底层的 ObjectDB OODBMS。在它还不存在的情况下，一旦我们开始使对象持久化，它就会被创建。然后，JDO 应用程序继续使用 PersistenceManagerFactory 类创建 PersistenceManager 对象，如下所示：

```
PersistenceManagerFactory pmf =
    JDOHelper.getPersistenceManagerFactory(props);
PersistenceManager pm = pmf.getPersistenceManager();
```

PersistenceManager 对象将监视对象的持久性、更新、删除和从底层数据存储中检索。

早期版本的 JDO 使用存储在预定义位置的 XML 元数据文件来指定持久性选项。较新的版本支持 Java 注释，从而可以对 Java 类进行注释，以进一步微调它们的持久性选项，类似于 JPA 所做的。JDO 定义 @Persistent 和 @NotPersistent 注释来指示哪些字段是持久的，而 @primaryKey 注释可用于指示主键。请考虑以下示例来说明这一点：

```
import java.util.Date;
import java.time.*;
import javax.jdo.annotations.IdGeneratorStrategy;
import javax.jdo.annotations.PersistenceCapable;
import javax.jdo.annotations.Persistent;
import javax.jdo.annotations.PrimaryKey;
@PersistenceCapable
public class Employee {
  @PrimaryKey
  @Persistent(valueStrategy = IdGeneratorStrategy.IDENTITY)
  private long key;

  @Persistent
  private String firstName;
  @Persistent
  private String lastName;
  @Persistent
  private Date birthDate;
  private int age; // This attribute will not be persisted

  public Employee(String firstName, String lastName, Date birthDate) {
    this.firstName = firstName;
    this.lastName = lastName;
    setBirthDate(birthDate);
  }

  public Key getKey() {
```

```
        return key;
    }

    public String getFirstName() {
        return firstName;
    }

    public void setFirstName(String firstName) {
        this.firstName = firstName;
    }

    public String getLastName() {
        return lastName;
    }

    public void setLastName(String lastName) {
        this.lastName = lastName;
    }

    public Date getBirthDate() {
        return birthDate;
    }

    public void setBirthDate(Date birthDate) {
        this.birthDate = birthDate;
        LocalDate today = LocalDate.now();
        LocalDate birthday = birthDate.toInstant()
                        .atZone(ZoneId.systemDefault()).toLocalDate();
        Period p = Period.between(birthday, today);
        this.age = p.getYears();
    }

    public int getAge() {
        return age;
    }

}
```

Java 类定义首先导入所有必需的类和定义，包括由 ObjectDB 供应商提供并打包在 javax.jdo 中的 JDO 类。Employee 类有 4 个将被持久化的变量：唯一键、名字、姓氏和出生日期，还有一个将不会持久化的变量（年龄，可以从出生日期开始计算，因此不需要持久化）。为了实现封装的概念，Employee 类还为每个变量提供 getter 和 setter 方法。注意，JDO 不会使用这些，但你的应用程序显然可以。属性 valueStrategy=IdGeneratorStrategy.IDENTITY 指定系统将自动创建密钥的下一个值，从而确保唯一性。

下面的示例说明如何使 Employee 对象在底层数据存储中保持不变。我们首先通过创建事务对象来启动事务。然后可以对 Employee 对象调用 makePersistent 方法，使其持久化。JDO 通过可访问性实现持久性，因此如果 Employee 对象引用其他对象，那么这些对象也将成为持久的。makePersistent 方法调用是同步的，这意味着应用程序的执行将停止，直到对象被保存并且任何伴随的数据存储索引被更新为止。JDO 还包括一个 makePersistentAll 方法来保存多个对象（例如，从一个集合）。

```
Transaction tx = pm.currentTransaction();
try {
  tx.begin();
  Employee myEmp = new Employee(
        "Bart","Baesens", new Date(1975, 2, 27));
  pm.makePersistent(myEmp);
  tx.commit();
} catch (Exception e) {}
finally {
  if (tx.isActive()) {
    tx.rollback();
  }
  pm.close();
}
```

创建和存储后，可以以各种方式查询对象。第一种直接的方法是检索整个范围，换句话说，检索类的所有对象。可以这样做：

```
Extent e = pm.getExtent(Employee.class, true);
Iterator iter = e.iterator();
while (iter.hasNext()){
  Employee myEmp = (Employee) iter.next();
  System.out.println("First name:" + myEmp.getFirstName());
}
```

对 PersistenceManager 对象调用 getExtent 方法。第一个参数表示要检索对象的类（本例中为 Employee.class）。第二个参数是布尔值，指示系统是否也应该检索子类的任何对象。换句话说，如果我们有 Employee 的子类 Manager，那么方法调用 pm.getExtent(Employee.class,true）也将检索所有 Manager 对象。

与 JPA 一样，JDO 附带了一种查询语言 JDOQL 或 Java 数据对象查询语言。它基本上支持两种类型的查询：声明性查询和单字符串查询。声明性查询可以定义如下：

```
Query q = pm.newQuery(Employee.class, "lastName == last_name");
q.declareParameters("string last_name");
List results = (List) q.execute("Smith");
```

此查询检索姓氏为 Smith 的所有 employee 对象。结果存储在 list 对象中，然后 Java 应用程序可以进一步处理该对象。

我们还可以将此查询表示为单个字符串查询，如下所示：

```
Query q = pm.newQuery(
  "SELECT FROM Employee WHERE lastName == last_name" +
  " PARAMETERS string last_name");
List results = (List) q.execute("Smith");
```

15.4.4 其他宿主语言中的对象持久性

Java 并不是唯一一种通过 ORM 概念提供对象持久性 API 的编程语言。Ruby on Rails

生态系统大量使用了 ActiveRecord 库，而且据一些人说，它是 ORM 库被采用的驱动因素之一。.NET 框架还附带了实体框架（Entity framework，EF），这是一个对象关系映射器，使 .NET 开发人员能够使用特定于域的对象（即与 JPA 相当的对象）处理关系数据。下面的代码片段通过一个简短的示例显示 EF，使用所谓的“Code-First”方法（其中程序源是实体类型定义的主要权限，而不是现有数据库）：

```
public class Book
{
  public Book() {
  }
  public int BookId { get; set; }
  public string BookTitle { get; set; }
  public Author Author { get; set; }
}
public class Author
{
  public Author() {
  }
  public int AuthorId { get; set; }
  public string AuthorName { get; set; }
  // One-to-many books:
  public ICollection<Book> Books { get; set; }
}
```

在创建实体（这里是简单的 C# 类定义）之后，EF 的 Code-First 方法还需要定义一个“上下文类”，这个类将充当我们数据模型的协调器。上下文类应该扩展 DbContext，并为你希望成为模型一部分的类型公开 DbSet 属性，例如我们的示例中的 Book 和 Author：

```
namespace EF_Example
{
  public class ExampleContext: DbContext
  {
    public ExampleContext(): base()
    {
    }
    public DbSet<Book> Books { get; set; }
    public DbSet<Author> Authors { get; set; }
  }
}
```

现在可以使用我们的实体创建一个简单的程序，如下所示：

```
class Program
{
  static void Main(string[] args)
  {
    using (var ctx = ExampleContext())
    {
```

```
            Author a = new Author() { AuthorName = "New Author" };
            Books b = new Book() { BookTitle = "New Book", Author = a };
            ctx.Books.Add(b); // No need to explicitly add the author
            // as it is linked to the book, it will be persisted as well
            ctx.SaveChanges();
            //...
        }
    }
}
```

值得注意的是，EF 甚至没有 JPA 标准那么冗长。在幕后，EF 将创建一个包含两个表的数据库模式，并使用适当的数据类型设置主键、外键和字段。一开始这看起来很神奇，需要理解 EF 如何依赖于几个编码约定（而不是 JPA 中的一组注释）来实现这一点。例如，主键应该定义为类字段名 Id 或 <class name>Id，如上面的示例中的“BookId”和“AuthorId”。

下面的示例显示了 Python 中使用 SQLAlchemy 库的等效应用程序，包括多对多关系。这里，多对多关系需要一个单独的关联类的显式定义，或者是对 DBMS 中没有关联类的表的引用，如下例所示：

```
from sqlalchemy import Table, Column, String, Integer, ForeignKey
from sqlalchemy.orm import relationship, backref
from sqlalchemy.ext.declarative import declarative_base
from sqlalchemy import create_engine
from sqlalchemy.orm import sessionmaker

Base = declarative_base()

book_author_table = Table('book_author', Base.metadata,
  Column('book_id', Integer, ForeignKey('books.id')),
  Column('author_id', Integer, ForeignKey('authors.id'))
)

class Book(Base):
  __tablename__ = 'books'
  id = Column(Integer, primary_key=True)
  title = Column(String)
  authors = relationship("Author",
    secondary=book_author_table,
    back_populates="books")

  def __repr__(self):
    return '[ Book: {} by {}] '.format(self.title, self.authors)

class Author(Base):
  __tablename__ = 'authors'
  id = Column(Integer, primary_key=True)
  name = Column(String)
  books = relationship("Book",
   secondary=book_author_table,
   back_populates="authors")

  def __repr__(self):
```

```
    return '[Author: {}]'.format(self.name)

if __name__ == '__main__':
  engine = create_engine('sqlite://')
  session_maker = sessionmaker()
  session_maker.configure(bind=engine)
  session = session_maker()
  Base.metadata.create_all(engine)

  book1 = Book(title='My First Book')
  book2 = Book(title='My Second Book')
  author1 = Author(name='Seppe vanden Broucke')
  author2 = Author(name='Wilfried Lemahieu')
  author3 = Author(name='Bart Baesens')
  book1.authors.append(author1)
  book2.authors.append(author2)
  author3.books.append(book2)

  session.add_all([book1, book2, author1, author2, author3])
  session.flush() # Persist to DB

  query = session.query(Author).filter(Author.name.like('%vanden%'))
  for author in query:
    print(author)
    print(author.books)
```

运行这个例子将输出

```
[Author: Seppe vanden Broucke]
[[Book: My First Book by [[Author: Seppe vanden Broucke]]]]
```

需要注意的是，SQLAlchemy 是一个详尽的库，包含对复杂关系的支持，从现有数据库模式开始执行自组织 ORM 的可能性，允许自动 DBMS 模式迁移的可能性[⊖]，等等。这个库比我们在这里描述的要全面得多，它仍然是支持实体对象持久性和 ORM 的最好的例子。

最后，下面的代码片段显示了使用 Python Peewee 库的相同设置：

```
from peewee import *
from playhouse.fields import ManyToManyField

db = SqliteDatabase('')

class BaseModel(Model):
  class Meta:
    database = db

class Book(BaseModel):
  title = CharField()
```

⊖ 一旦程序员开始更改实体类定义（例如添加或删除字段），并希望 ORM 库自动调整 DBMS 模式以反映这些更改，对象持久化和 ORM 背景下的模式迁移就变得非常重要，因为这显然不需要从头开始并完全清空现有的数据库。这是一项复杂的任务，更何况不同的 DBMS 供应商需要不同的方法。大多数 ORM 库都有这个问题，包括 Hibernate 框架，它确实试图吸引更复杂的企业环境，其中模式更改并不少见。

```
    def __repr__(self):
      return '[ Book: {} by {}]'.format(self.title, [ a for a in self.authors])

  class Author(BaseModel):
    name = CharField()
    books = ManyToManyField(Book, related_name='authors')

    def __repr__(self):
      return '[ Author: {}]'.format(self.name)

  BookAuthor = Author.books.get_through_model()
  if __name__ == '__main__':

    db.create_tables([ Book, Author, BookAuthor])

    book1 = Book.create(title='My First Book')
    book2 = Book.create(title='My Second Book')
    author1 = Author.create(name='Seppe vanden Broucke')
    author2 = Author.create(name='Wilfried Lemahieu')
    author3 = Author.create(name='Bart Baesens')

    book1.authors.add(author1)
    book2.authors.add(author2)
    author3.books.add(book2)

    authors = Author.select().where(Author.name.
    contains('vanden'))

    for author in authors:
      print(author)
        for book in author.books:
          print(book)
```

节后思考

- 什么是对象持久性和对象关系映射？
- 描述 Java 持久性 API 及其与 Enterprise JavaBeans 的关系。
- Java 持久性 API 和 Java 数据对象有什么区别？

15.5　数据库 API 总结

我们现在已经了解了希望利用 DBMS 提供的服务的客户端应用程序如何使用各种数据库 API 来访问和查询 DBMS。我们已经讨论了各种类型的通用数据库 API，以及通过使用编程语言表示功能和语法将域实体表示为普通对象来隐藏底层 DBMS 和 SQL 方面的 API，这些对象可以在后台持久化到数据库（或其他数据源）。

下表列出了概述中讨论的技术及其主要特征。

节后思考　对比本章讨论的通用 API。它们是嵌入的还是调用级别的？它们针对哪种类型的数据库，支持早期绑定还是晚期绑定？它们在宿主编程语言中公开了什么？

技术	嵌入式或调用级别	早期绑定或晚期绑定	宿主编程语言中的对象表示	数据源	其他
ODBC	调用级	晚期绑定，尽管可以准备 SQL 语句，也可以调用存储过程	包含字段行的结果集	主要是关系数据库，但也可能是其他结构化的表格源	基于微软的技术，不是面向对象的，大部分已经过时，但仍在广泛使用
JDBC	调用级	晚期绑定，尽管可以准备 SQL 语句，也可以调用存储过程	包含字段行的结果集	主要是关系数据库，但也可能是其他结构化的表格源	基于 Java 的技术，可移植，仍在广泛使用
SQLJ	嵌入的	早期绑定	包含字段行的结果集	支持 SQL 的关系数据库	基于 Java 的技术，使用预编译器，大多已经过时
集成语言查询技术	使用底层的调用级 API	使用底层的晚期绑定 API	一种带有字段行的结果集，有时转换为表示实体的对象的简单集合	支持 SQL 或其他数据源的关系数据库	示例：jOOQ 和 LINQ 与另一个 API 一起将表达式转换为 SQL
OLE DB 和 ADO	调用级	晚期绑定，尽管可以准备 SQL 语句，也可以调用存储过程	包含字段行的结果集	主要是关系数据库，但也可能是其他结构化的表格源	基于微软的技术，向后兼容 ODBC，大多已经过时
ADO.NET	调用级	晚期绑定，尽管可以准备 SQL 语句，也可以调用存储过程	包含由 DataReader 或 DataSet 提供的字段行的结果集：由 DataAdapter 检索和存储的表、行和字段的集合	各种数据源	基于微软的技术，与 ODBC 和 OLE DB 向后兼容，与 DataSet 断开连接
Enterprise JavaBeans（EJB 2.0）	使用底层的调用级 API	使用底层的晚期绑定 API	Java 实体 Bean 作为主要表示	主要是关系数据库，但也可能是其他结构化的表格源	基于 Java 的技术，与另一个 API 一起将表达式转换为 SQL
Java Persistence API（JPA in EJB 3.0）	使用底层的调用级 API	使用底层的晚期绑定 API	以纯 Java 对象作为主要表示	主要是关系数据库，但也可能是其他结构化的表格源	基于 Java 的技术，与另一个 API 一起将表达式转换为 SQL
Java Data Objects（JDO）	使用底层的调用级 API	使用底层的晚期绑定 API	以纯 Java 对象作为主要表示	各种数据源	基于 Java 的技术
ORM APIs（Active Record, Entity Framework, SQL Alchemy）	使用底层的调用级 API	使用底层的晚期绑定 API	在编程语言中定义为主要表示形式的纯对象	关系数据库	可用于每种编程语言的各种实现

15.6 万维网中的数据库访问

多亏了因特网，出现了这样一种情况：通过一种通用的客户端应用程序，即 Web 浏览器，世界上的信息已经成为全球可访问的。最初，Web 浏览器只能从 Web 服务器检索 HTML 文档并显示这些文档，但是随着对响应应更迅速、更丰富的 Web 应用程序的需求不断增长，浏览器的功能也在增长，web-first 的方法在当今非常受欢迎。

知识延伸 基于 Web 的计算无处不在的一个很好的例子是，像 Google 这样的公司正在分发一个操作系统（ChromeOS），该操作系统作为计算环境直接引导到 Web 浏览器中，而不需要任何本机应用程序。

当然，Internet 的存在和功能的不断增长会对数据库管理系统产生影响。在前面的章节中，已经看到了 Java EE 和其他 *n* 层系统架构如何在客户端、Web、应用程序和 DBMS 层之间产生差异。在本节中，我们将更深入地了解一些 Web 技术以及它们如何与 DBMS 系统交互。

15.6.1 最初的 Web 服务器

作为介绍，让我们首先考虑 Web 浏览器与 Web 服务器交互的最基本格式。在这种最基本的形式中，Web 浏览器将向 Web 服务器发送 HTTP（超文本传输协议）请求，Web 服务器将使用与客户端请求的 URL（统一资源定位器）相对应的内容进行应答。为了允许基本的标记和布局方面，此内容通常使用 HTML（超文本标记语言）格式化，但也可以请求和检索其他内容类型，如 XML、JSON、YAML、纯文本，甚至多媒体格式。图 15-12 说明了这个基本的 Web 客户端 - 服务器设置。

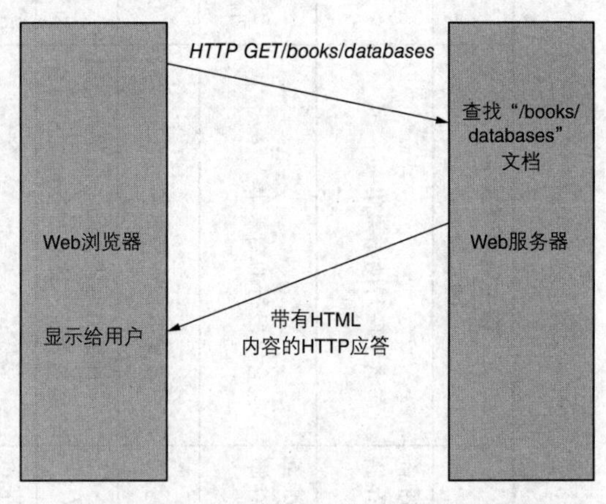

图 15-12　Web 浏览器和服务器之间的简单交互

15.6.2 通用网关接口：面向动态网页

最初，HTTP Web 浏览器 - 服务器设置的主要目标是检索和显示静态文档。然而，人们很快就意识到需要在网络浏览器中访问动态文档并将其可视化。例如，当用户访问 URL “/books/databases” 时，我们可能希望 Web 服务器“动态”地构造一个 HTML 文档，执行数据库查询以获取“databases”类别中当前可用图书的列表，也许还可以按发布日期对它们进行排序。由于在每次图书被添加、缺货或排名发生变化时手动编辑 HTML 文档会很困难，因此对此类文档的动态构造的需求就变得很明显了。

公共网关接口（CGI）是最早提出的动态页面构建技术之一。当客户端现在请求一个 URL 时，一个程序在 Web 服务器上启动，它接收请求的 URL 以及其他几个上下文变量（例如，客户端的 IP 地址），并负责生成将发送给客户端的内容（例如，HTML 页面）。CGI 还允许通过所谓的 HTML 表单实现第一种基本的交互形式。它们是作为 HTML 标记的一部分创建的，并在 Web 浏览器中显示给用户（例如，各种网站上的用户名 / 密码表单或搜索字段），然后可以提交到特定的 URL。然后，用户填写的值将被传递给 CGI 程序，CGI 程序可以在查询数据库时使用这些值作为参数（例如，检索某个作者的所有书籍）。然后，CGI 程序将生成适当的输出（例如，包含检索书籍列表的 HTML 页面）。

由于 CGI 程序实际上可以用任何语言编写，解释性语言和易于使用的语言（如 Perl）很快就流行于实现 CGI 程序。CGI 和动态 Web 页面的流行也导致了 PHP（PHP 超文本预处理语言[一]）的诞生，它过去和现在都在开源社区中流行。PHP 本来是作为一种面向 Web 的 CGI “胶水” 语言使用的，因为它完成了一系列常见的任务，例如连接到数据库（使用专有 API 和通用 API，如 ODBC），处理接收到的 HTML 表单数据，格式化 HTML 输出，方便且易于编程。图 15-13 说明了 CGI 的基本工作原理，后端有一个 DBMS（注意，这可以被视为 *n* 层设置）。

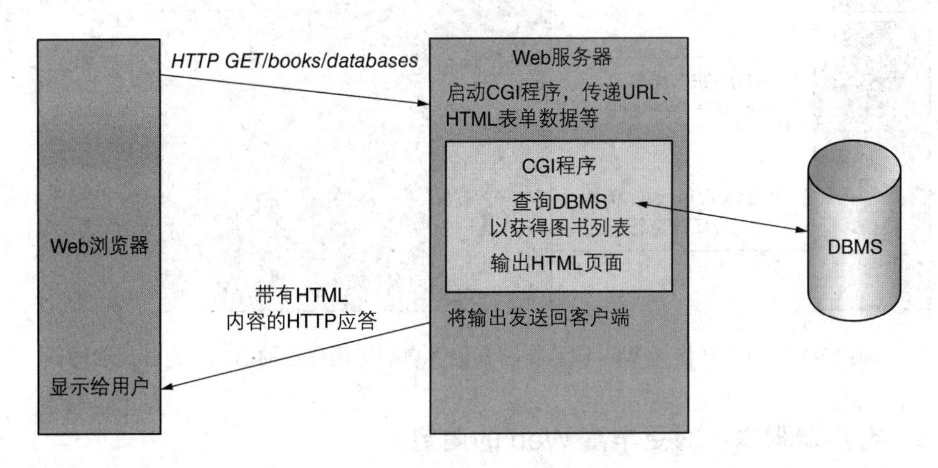

图 15-13　CGI 说明图

CGI 背后的基本思想仍然是今天在 Web 上发现的交互性和动态文档的基础，尽管实际的实现已经改变，现在变得更加灵活和高效。在最初的 CGI 实现中，来自客户端的每个请求都会导致生成一个新的进程，这会对可拓展性产生负面影响，并对系统资源造成很高的损失。因此，近年来，新的 CGI 衍生技术（如 fastCGI）被提出，以及 Web 服务器，它们直接集成了交付动态 Web 页面的可能性，而无须借助外部程序。由于 Web 服务器是一个持续运行的线程化程序，能够处理多个并发连接，因此它也可以处理动态页面的创建，这就是原因所在。

这种思路是 JSP（JavaServer Pages）、ASP（Active Server Pages）和 ASP.NET 背后的基础。在许多情况下，Web 服务器实际上变成了“应用服务器”，因为 Web 服务器现在是处理业务逻辑和业务实体管理的中心实体，在客户端和服务器之间使用 HTTP 作为主要语言。在大多数情况下，这个客户端将是一个 Web 浏览器，尽管 HTTP 也正在迅速取代 RMI、CORBA 和 DCOM[二]等较旧的远程协议，成为网络的通用语言，这一点从 Google、Amazon、Facebook 和许多其他公司提供的建立在 HTTP 之上的 API 的数量就可以看出（它们正在脱离由 Java EE 应用程序模型等提出的已解耦的 Web 和应用程序层）。图 15-14 说明了这个概念：Web 应用程序负责业务逻辑，它与业务实体交互，而业务实体又被持久化在 DBMS 中。

[一] PHP 确实是“PHP: 超文本预处理器”的缩写，因此是递归缩写。没有比这更令人讨厌的了。

[二] 这些都是“远程”调用功能的协议，其中包括客户端调用应用服务器功能的协议。

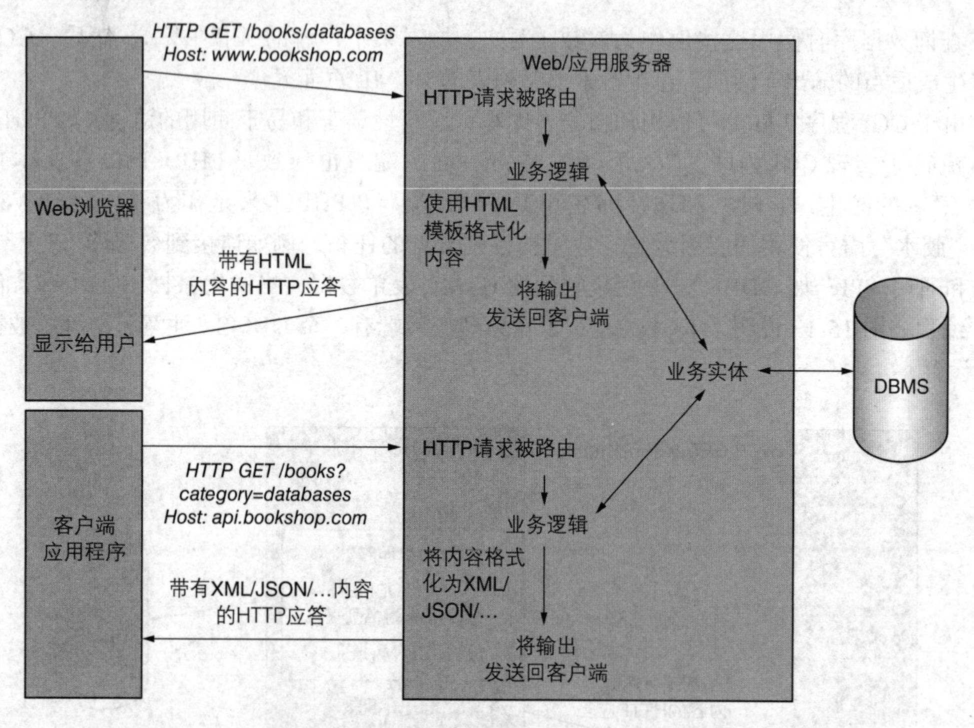

图 15-14　HTTP 作为 Web 浏览器和其他客户端应用程序的通用语言的说明图

15.6.3　客户端脚本：对更丰富 Web 的渴望

对于可以显示给最终用户的接口，带有 HTML 页面的 HTTP 协议是有限的。HTTP 协议在很大程度上依赖于重复的请求 - 应答消息，而 HTML 只为设计美观、流畅的网站提供有限的支持（HTML 表单元素相对来说是基本的）。如果 Web 内容只包含静态页面，则没有问题，但如果 Web 浏览器是交互式数据库会话中的客户端，则会出现问题。因此，对 Web 浏览器端的动态、交互式元素的更多支持的需求也迅速出现，各种供应商如 Netscape 和 Microsoft 等纷纷提出了 JavaScript、VBScript 和 JScript 等**客户端脚本**语言。这些脚本嵌入在 HTML 文档中，并由 Web 浏览器解释和运行，然后 Web 浏览器可以使用这些脚本来改进向用户显示的 Web 页面的风格。几个简单的例子可以说明这一点：想象一个网页，要求用户在输入字段中输入电话号码。由于 HTML 只支持基本输入字段[⊖]，因此必须往返于 Web 服务器以检查电话号码的格式是否正确。如果不是这样，Web 服务器会再次向用户显示同一页，并显示一条错误消息，并且希望能够保留你可能在其他字段中输入的值，以避免再次填写整个表单，这对程序员和最终用户都是一种负担（这就是为什么有些 Web 表单如此烦人的原因）。此外，表单突然“感觉”起来像一个缓慢的 Web 表单，因为一旦用户按下提交按钮，服务器需要一些时间来处理 HTTP 请求并发送应答，浏览器就可以再次起草应答，页面就会出现可见的“刷新”。通过在网页中合并一些客户端代码，可以由 Web 浏览器本身执行电话表单字段验证检查，在用户填写表单时，浏览器可以显示友好的错误消息，只有在一切正常

⊖　尽管标准机构提出了对更丰富的 HTML 表单的支持，Web 浏览器供应商也采用了这种支持。

时才启用提交按钮。[⊖]

客户端脚本语言的采用最初（至少是）受到了不同语言的阻碍，这些语言都得到了不同浏览器供应商不同级别的支持，甚至在同一供应商的不同版本的浏览器之间，这使得开发人员很难选择一种可以工作的语言在所有浏览器中都是可靠的。同时，客户端脚本语言只能在很大程度上提高最终用户的体验，因为它们的功能仍然与 HTML 的标记和布局功能有着内在的联系。另一种类型的客户端程序开始出现；它们基本上将自己注入 Web 浏览器中，然后接管整个功能。Java 的 Applet 技术、微软的 ActiveX 控件、Windows 窗体和 Adobe 的 Flash 都是这种客户端插件的例子，这些插件一度很流行。

让我们用 **Java 小程序**来演示这个系统。“applet”是一个普通的 Java 程序，它运行在一个特殊的所谓的沙箱中，剥夺了普通 Java 程序拥有的许多权限（例如，对本地文件系统的完全访问）。它的启动方式如下：首先，浏览器从 Web 服务器请求一个 URL，Web 服务器用一个 HTML 文档（可以是静态的）回答，该文档包含一个指向打包 applet（另一个 URL）位置的特殊标记。安装在 Web 浏览器中的第三方插件知道如何解释这个标记，并将下载 applet 包并启动它。从那时起，applet 处理完整的用户界面，可以（可选）使用业务逻辑和数据库访问。图 15-15 说明了这一点。

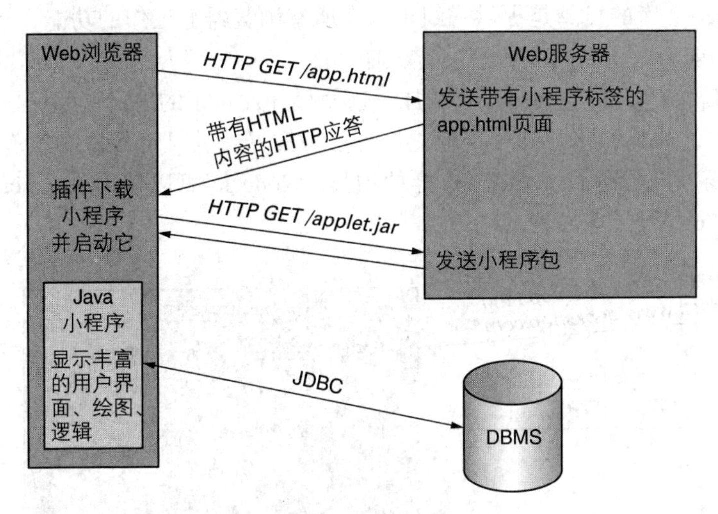

图 15-15　一个 Java 小程序直接访问 DBMS 的示意图

请记住，我们在讨论 Java 的 EE 堆栈时也看到了 applet 如何与 Enterprise JavaBeans 交互，而不是像这里所示的直接数据库连接。其他同等技术也有类似的设置。通常，不建议从客户端应用程序直接连接到数据库，因为恶意实体可能会反向工程客户端应用程序以尝试访问数据库并执行恶意查询。

15.6.4　作为平台的 JavaScript

近年来，客户端插件如 applets、Flash 和 ActiveX 大多被推到一边。原因有很多：它们需要安装一个单独的插件，可能不是每个浏览器或平台都可以使用，多年来它们面临着几个

⊖ 这也意味着我们实际上信任客户端执行此验证，这是一个危险的假设，因为 Web 浏览器可能禁用客户端脚本，或者恶意实体可能尝试发送表单详细信息，同时强制忽略客户端检查。因此，客户端脚本可以提高用户体验，但不能解决程序员在收到数据后对服务器执行额外检查的负担。

安全问题（即使是运行在沙盒环境中的小程序），它们在移动平台上也不能很好地工作（越来越多的 Web 用户使用这些平台），HTML 和 CSS（层叠样式表）等标准以及 JavaScript 已经发展到所有主要浏览器供应商都支持一个可靠的、通用的堆栈，这导致 JavaScript 重新成为丰富 Web 页面的最流行选择。JavaScript（不要与 Java 混淆）是一种编程语言，最初的目的是嵌入 Web 页面并由 Web 浏览器执行，以增强特定 Web 页面上的用户体验。作为一个简单的例子，可以考虑填写一个 Web 表单，在 Web 浏览器（运行一段 JavaScript 代码）可以执行一些验证（例如，检查是否已填写了所有字段）之后，再将表单发送到 Web 服务器，并需要额外的等待时间才能进入下一页，如前所述。

近年来，JavaScript 的流行度突飞猛进。可以说，重新采用 JavaScript 的主要原因是越来越多地使用基于 AJAX 的开发技术。AJAX（Asynchronous JavaScript 和 XML）作为 ActiveX 组件诞生，由微软开发，但很快被其他浏览器供应商实现为“XMLHttpRequest”JavaScript 对象，最初创建该对象是为了在后台执行对 URL 的异步调用，期望接收回 XML 格式的数据。执行后台 HTTP 请求的实用程序在很多 Web 应用程序（最著名的 Gmail 是在 2004 年，Google Maps 是在 2005 年）中出现之前基本上没有使用过，它可以从 Web 服务器动态获取更新，更新 Web 页面的部分内容，而不必执行一个完整的新请求，传送并重新绘制整个页面。由于 JavaScript 库的目的是提供一组可以在所有浏览器上工作的功能，包括执行异步后台 HTTP 请求的能力，所以这项技术很受欢迎。

随着 HTML 和 CSS 特色集的不断增加，这使得开发真正的 Web 应用程序能够像本地应用程序一样工作，外观和感觉都和本地应用程序一样好，并且已经成为所有现代 Web 项目的首选开发堆栈，甚至到了 Node.JS 这样的项目，Node.JS 可以使用 JavaScript 作为服务器端语言。图 15-16 显示了该设置的作用。

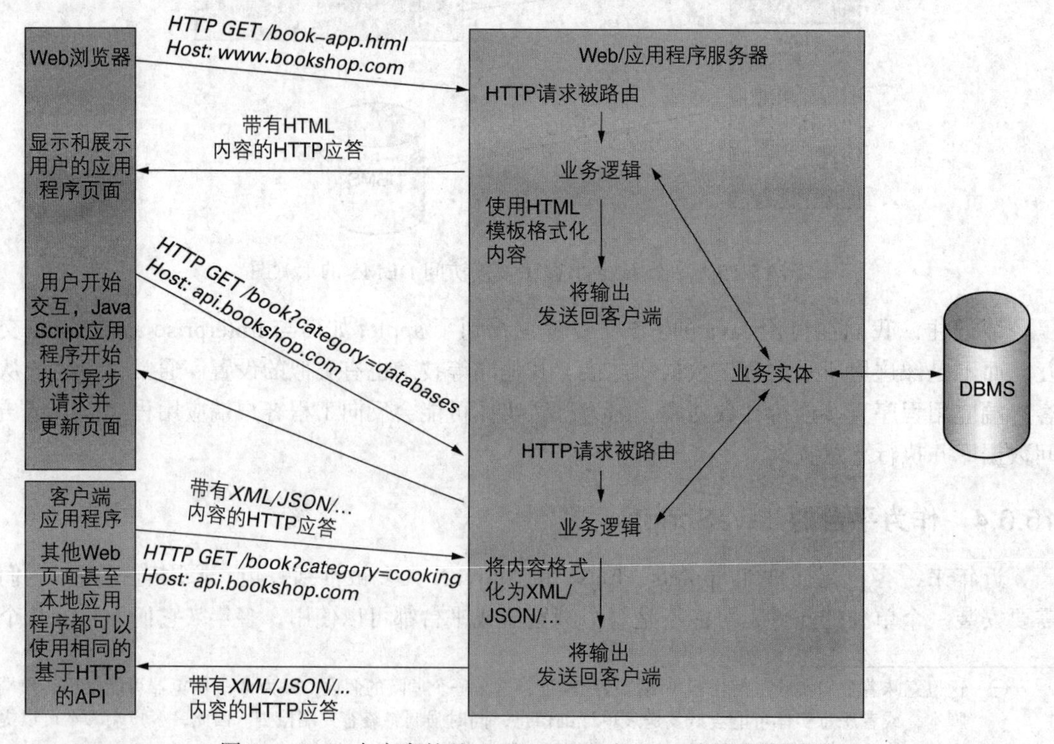

图 15-16　一个丰富的基于 JavaScript 的 Web 应用程序说明

15.6.5 DBMS 自适应：REST、其他 Web 服务和展望

JavaScript 和基于 Web 的 API 和协议的日益流行，使得许多数据库供应商将标准的 Web 服务相关技术，如 REST（REpresentational State Transfer）和 SOAP（Simple Object Access Protocol）结合起来，向外部客户端提供查询 API。REST 在最近的 NoSQL 数据库中特别流行（另见第 11 章），因为它在标准 HTTP 协议的基础上提供了一个简单的查询接口，使得富 Web 应用程序可以很容易地直接从 Web 浏览器（然后它充当直接连接到数据库服务器的客户端）中查询和检索记录。如图 15-17 所示。另一方面，SOAP 基于类似的原则，但更为重要，并且依赖于 XML。

知识关联 有关与 NoSQL 数据库交互的讨论，请参阅第 11 章；有关 REST、JSON、XML 和 SOAP 的更多信息，请参阅第 10 章。

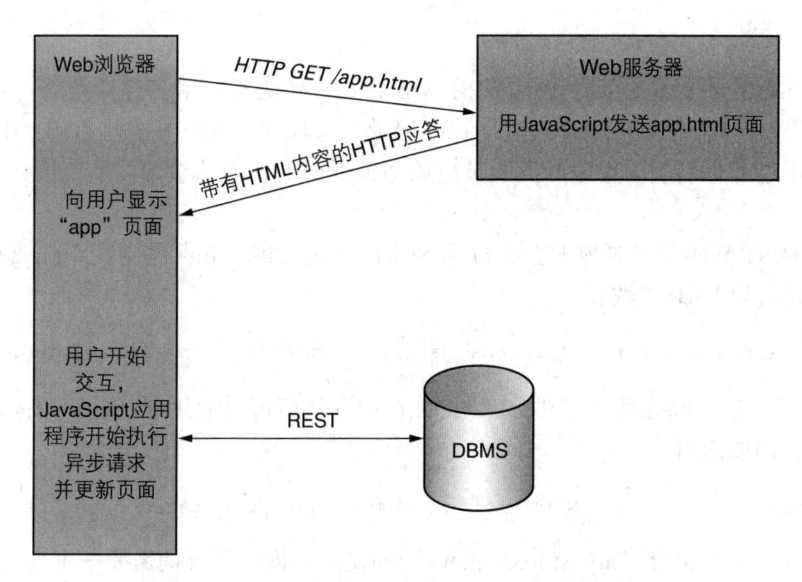

图 15-17 JavaScript 和 DBMS 之间的直接交互

作为使用 REST 进行数据库访问的示例，嵌入在 Web 应用程序中的 JavaScript 片段可以对以下端点执行同步 HTTP 调用（例如，使用 Oracle 的 NoSQL 数据服务）：

```
http://database_server:8080/book_database/books/
```

下面的回答由服务器返回，格式为 JSON，作为一个标准的 HTTP 应答：

```
HTTP/1.1 200 OK
Content-Type: application/json
Transfer-Encoding: chunked

{
 "items":[
 {"id":7369,"title":"Book One"},
 {"id":7499,"title":"My Second Book"},
 {"id":7521,"title":"Third Book"}
 ],
 "hasMore":true,
```

```
  "limit":3,
  "offset":0,
  "count":3,
  "links":[
  { "rel":"self",
    "href":" http://database_server:8080/book_database/books/"},
  { "rel":"describedby",
    "href":"http://database_server:8080/ metadata-catalog/book_database/books/"},
  { "rel":"first",
    "href":"http://database_server:8080/book_database/books/"},
  { "rel":"next",
    "href":"http://database_server:8080/book_database/books/?offset=3"}
  ]
}
```

请注意，在实际记录旁边，回复还包含描述结果集的其他元数据，包括是否可以提取更多记录，以及哪些 URL 端点可用于提取下一串记录。这种“分页”方法与 JDBC 中的“游标”方法类似，不过客户端应用程序开发人员应该知道返回的应答的结构以及应该如何请求其他记录。

注意，REST Web 服务通常只公开非常基本的查询功能，在某些情况下还支持过滤，例如，通过指定其他 URL 参数：

```
http://database_server:8080/book_database/books/?filter={'id':{'gt':7400}}
```

一些 DBMS 系统还支持在服务器端定义 SQL 查询，然后可以使用 REST 调用来调用，类似于存储过程，例如调用

```
http://database_server:8080/book_database/query/my_stored_query?param1=100
```

然后可以对应于一个名为“my_stored_query”的复杂查询，该查询需要一个名为“param1”的参数。允许客户端发送完整的查询字符串是不明智的，因为在这里，恶意实体也可以欺骗请求，从而使“原始 SQL”请求看起来像这样：

```
http://database_server:8080/book_database/raw_query?sql=DROP TABLE books
```

尽管随着 Web 开发人员希望直接从 Web 浏览器访问数据库，REST 和其他基于 Web 服务的技术近年来变得流行，但值得注意的是，在其他通用 API（如 JDBC 或 ADO.NET）中，所提供的许多功能多年前就已经实现了。REST 的关键卖点是它相对简单（因为它是基于 HTTP 协议构建的），它允许直接从 Web 浏览器调用 REST（例如，使用 JavaScript 作为客户端脚本语言）。然而，基于 Web 的应用程序的日益普及，以及对高度可扩展的 NoSQL 数据库的兴趣，正导致 DBMS 供应商适应其产品：过时的协议和 API 被基于 Web 的替换，数据库用户更强调可扩展性、速度和模式灵活性，与模式实施、事务支持等不同，在大数据、分析和物联网领域也出现了类似的趋势：在为此类应用程序选择数据库时，需要牢记许多因素，这些因素并不总是与其他更传统的企业数据库的需要相一致。这里最重要的考虑因素是可扩展性、以足够的速率摄取数据的能力、模式的灵活性、与分析工具的集成以及成本。

尽管正如我们在 NoSQL 一章中已经提到的那样，这些方面正在促使 DBMS 供应商进行调整，但这些方法的缺点应该牢记在心。许多 NoSQL 的早期采用者都面临着一些糟糕的教训，我们已经看到供应商再次关注健壮性和持久性，并结合 NoSQL 的一些更吸引人的方面。尽管如此，我们可以预期 DBMS 系统将继续朝着更广泛地适应基于 Web 的 API 的方向发展。

节后思考

- 什么是通用网关接口？为什么它在动态网页中很重要？
- 客户端脚本是什么意思？
- 数据库管理系统如何采用新的范例，如 REST 和其他 Web 服务技术？

总结

在本章中，我们讨论了从外部世界访问 DBMS 的多种方法。目前，大多数数据库供应商都提供了基于通用 API 标准的多个接口。通过这些 API 客户端、第三方应用程序和最终用户应用程序可以访问、查询和管理 DBMS。存在各种各样的 API，它们可以由 DBMS 供应商实现，从微软的 ODBC 到新的语言集成查询设施和基于 REST 的 Web 服务。这种多样的产品可能会让初学者在决定应该使用哪个 API 来访问 DBMS 时感到有些困惑，尽管要记住，许多通用 API 都是在考虑向后兼容的情况下构建的。在 Java 生态系统中，JDBC 和 Java 持久性 API 仍然是流行的选择，而 Microsoft 的生态系统则主要倾向于 ADO.NET。

了解数据库 API 如何形成必要的组件，以便从外部世界访问数据库，这一点很重要。这应该以一种可移植的且与供应商无关的方式进行，即人们可以轻松地切换供应商而不必改变正在运行的应用程序。后者并不总是那么简单，因为应用程序可能通过 API 发送特定于供应商的 SQL 语句，而 API 在另一端更改 DBMS 时将停止工作。此外，需要注意的是，数据库 API 也是组织集成实践和项目的基石。公司通常使用各种数据库系统和供应商（例如，客户关系管理系统的数据库以及订单和销售系统的单独数据库）。对于许多用例来说，系统需要利用可能分布在不同 DBMS 中的数据，这是非常自然的。例如，考虑一下提供客户从销售数据库下的订单数量的概述并在 CRM 系统中显示，或者考虑一下报告应用程序必须组合和聚合来自多个数据源的信息。同样在这个设置中，数据库 API 扮演着重要的角色，因为它们将形成“入口点”，通过它可以访问数据。存在不同的策略来解决这个集成问题——例如，通过使用数据库 API 来在需要时从不同的源获取数据，或者通过建立一个系统，在该系统中，来自一个源的信息被复制并加载到第二个数据库中。这些问题与 ETL（提取、转换和加载数据）和 EAI（企业应用程序集成）密切相关，这将在第 18 章中深入讨论。

知识关联 第 18 章详细讨论了数据集成、数据质量和治理。

情景收尾 在了解了可用于访问数据库的各种通用数据库 API 标准之后，Sober 决定看看其 DBMS 供应商提供了什么支持。供应商提供了对 ODBC 和 JDBC API 的支持，为 Sober 访问其数据库提供了一系列可能的方法。由于 Sober 是一家相对较小的公司，因此决定继续使用 JDBC。Sober 的计划是用 Java 为员工编写内部桌面应用程序，JDBC 可以直接用于访问数据库和执行查询。对于它的网站，Sober 计划采用一个基于 Java 的 Web 服务器，它还可以简单地使用 JDBC 连接到 DBMS。对于移动应用程序，有几个选项可以选择。首先是在 Android 和 iOS 上使用本机应用程序。由于 Android 应用程序也使用 Java，从 Android 应用程序内部建立 JDBC 连接很容易。然而，iOS 并非基于 Java，在其应用程序中支持 JDBC 的难度更大。为了解决这个问题，Sober 正在考虑在其 Web 服务器上建立一个基于 REST 的 Web 服务，该服务将在其端部使用 JDBC 执行查询，但将结果作为 JSON 或 XML 通过 HTTP 发送到移动应用程序。然后 Android 和 iOS 应用程序都可以使用这个 REST Web 服务。然而，由于开发这个 Web 服务将占用额外的开发时间，而且 Sober 在开发原生 Android 或 iOS 应用程序方面没有太多经验，因此决定选择响应型网站，这意味着，用户在计算机上的网络浏览器中打开的网站可以在较小的智能手机屏幕上轻松"缩小"规模，同时保持使用的舒适性。通过使用这种方法，Sober 只需要维护一个面向客户的 Web 门户，该门户可以同时服务于 PC 和移动用户，并且 DBMS 可以由同一个基于 Java 的 Web 服务器访问。

关键术语表

ActiveX Data Objects（ADO，ActiveX 数据对象）
ADO.NET
application programming interface（API，应用程序编程接口）
Asynchronous JavaScript and XML（AJAX，异步 JavaScript 和 XML）
call-level API（调用级 API）
centralized DBMS architecture（集中式 DBMS 架构）
client-server architecture（客户端 - 服务器架构）
client-side scripting（客户端脚本）
common gateway interface（CGI，通用网关接口）
cursor mechanism（游标机制）
early binding（早期绑定）
embedded API（嵌入式 API）
embedded DBMS（嵌入式 DBMS）
Enterprise JavaBeans（EJB，企业 JavaBean）
Hibernate
Java applets（Java 小程序）
Java DataBase Connectivity（JDBC，Java 数据库连接）
Java Data Objects（JDO，Java 数据对象）
Java Persistence API（Java 持久化 API）
JavaScript
language-native query expressions（language-native 查询表达式）
late binding（晚期绑定）
n-tier architecture（*n* 层架构）
object persistence（对象持久化）
OLE DB
Open Database Connectivity（ODBC，开放数据库互联）
proprietary API（专有 API）
Representational State Transfer（REST，表述性状态传递）
Simple Object Access Protocol（SOAP，简单对象访问协议）
SQL injection（SQL 注入）
SQLJ
three-tier architecture（三层架构）
tiered system architecture（分层架构）
two-tier architecture（两层架构）
universal API（通用 API）

思考题

15.1　下列哪个陈述是**不正确的**？

a. 嵌入式数据库 API 可以使用早期绑定　　b. 嵌入式数据库 API 可以使用晚期绑定
c. 调用级数据库 API 可以使用早期绑定　　d. 调用级数据库 API 可以使用晚期绑定

15.2　下列哪个陈述是**不正确的**？

a. ODBC 的一个缺点是，该架构主要是基于 Microsoft 的平台所固有的。
b. ODBC 的一个缺点是，每次需要使用不同的驱动程序时都需要修改应用程序代码。
c. ODBC 的一个缺点是，它没有使用面向对象的范例。
d. ODBC 的一个缺点是，与专有 DBMS API 相比，性能可能更差。

15.3　以下哪个陈述是**正确的**？

a. JDBC 驱动程序有不同的类型，在可移植性和性能方面有不同的折中。
b. JDBC 最初是开发用于 C++ 编程语言的。

c. JDBC 只能在基于 Linux 和 UNIX 的系统上使用。

d. 和 ODBC 一样，JDBC 不公开程序员友好的对象类。

15.4 下列哪个陈述是**不正确的**？

a. Enterprise JavaBeans 是在业务逻辑和客户端应用程序之间建立清晰分离的组件。

b. Enterprise JavaBeans 扩展了 JavaBeans 的概念。

c. 三种类型的 Enterprise JavaBeans 存在，虽然一种类型现在过时了。

d. Session Beans 表示业务实体的面向对象表示，可以使其持久化。

15.5 下列哪个陈述是**不正确的**？

a. Java 持久性 API 是 EJB 标准 3.0 版规范的一部分。

b. Java 持久性 API 本身只是一个定义一组接口和注释的规范。

c. Java 数据对象是 Java 持久性 API 标准的一部分。

d. Java 数据对象对所使用的数据存储技术是不可知的。

15.6 以下哪个陈述是**正确的**？

a. JPA 查询语言（JPQL）支持比 SQL 更复杂的查询。

b. JPQL 查询可以根据所使用的底层 DBMS 而有所不同。

c. JPQL 的一大优点是它的可移植性。

d. JPQL 的一大优点是它支持编译时检查和查询验证。

15.7 下列哪个陈述是**不正确的**？

a. CGI 是最早允许构建动态网页的技术之一。

b. CGI 程序几乎可以用任何编程语言编写。

c. CGI 的一个重要缺点是它不能处理数据库查询。

d. CGI 的一个优点是它可以处理用户提供的输入，例如通过 HTML 表单提供的输入。

15.8 以下哪一种不是客户端脚本语言？

a. JavaScript　　b. VBScript

c. JScript　　d. PHP

15.9 哪种 JDBC 驱动程序类型完全用 Java 实现，并通过网络套接字连接直接与供应商的 DBMS 通信？

a. 类型 1　　b. 类型 2

c. 类型 3　　d. 类型 4

15.10 下列哪个陈述是**不正确的**？

a. SQLJ 使用预编译器在调用 Java 编译器之前转换嵌入式 SQL 语句。

b. 使用 SQLJ 时，可以在运行前检查 SQL 语法。

c. JDBC 使用 SQLJ 作为底层技术。

d. 许多 IDE 不支持 SQLJ。

15.11 下面的 C# 语句说明了哪种数据库访问技术？

```
public void Example() {
  DataClassesContext dc = new DataClassesContext();
  var q =
    from a in dc.GetTable<Order>()
    where a.CustomerName.StartsWith("Seppe")
    select a;
  dataGrid.DataSource = q;
}
```

a. JDBC　　b. ODBC

c. 集成语言查询　　d. 以上都不是

15.12 下面关于 JPA 的哪个陈述是**不正确的**?

a. JPA 是 EJB 2.0 中实体 Bean 的替代品。

b. JPA 严重依赖于注释和约定优于配置。

c. JPA 使用自己的内部查询语言，但也支持 SQL。

d. 以上所有陈述都是正确的。

问题和练习

15.1E 解释集中系统和分层系统架构之间的区别。

15.2E “胖”客户端和“瘦”客户端是什么意思? Web 浏览器是胖客户端还是瘦客户端?

15.3E 解释“静态”和“动态”SQL 之间的区别，以及这与早期和晚期绑定的关系。

15.4E 数据库管理系统（如 Microsoft Access、SQLite 和 ApacheDerby）通常被描述为嵌入式数据库。这是否意味着它们是使用嵌入式 API 访问的？解释原因。

15.5E OLE DB 通常被描述为遵循通用数据访问方法，而不是通用数据存储方法。这是什么意思?

15.6E 针对使用 JavaScript 重型 Web 应用程序（通过 REST 或类似技术直接与 DBMS 接口）的一个投诉是，默认情况下，它们的安全性不如使用传统的客户端 - 服务器 - 数据库设置。你觉得这是为什么?

15.7E 丰富客户端应用程序并使其更具交互性的不同方式有哪些？哪种技术在今天更常见?

数据分布和分布式事务管理

本章目标 在本章中，你将学到：

- 掌握分布式系统和分布式数据库的基本知识；
- 理解分布式数据库的关键架构原理；
- 了解分割、分配和复制的影响；
- 明确不同类型的透明度；
- 理解分布式查询处理的步骤；
- 理解分布式事务管理和并发控制；
- 掌握最终一致性和基本事务的影响。

情景导入 正如Sober所设想的，增长是其长期战略的一部分，它希望仔细了解其中涉及的数据含义。具体来说，该公司想知道是否有必要使用分布式数据库，通过办公室网络分布数据，还希望了解数据分布对查询处理和优化、事务管理和并发控制的影响。

在本章中我们将囊括分布式数据库的各细节要点（即数据和DBMS功能分布在网络上不同结点或位置的系统）。首先，我们解释分布式系统的一般特性，并概述分布式数据库系统的一些架构变体；然后我们会讨论在网络结点上分布数据的不同方式，包括数据复制的可能性，我们还关注数据分布对应用程序和用户的透明程度，之后我们也会对分布式环境下查询处理和查询优化的复杂性进行探讨；此后的小节我们将专门展开对分布式事务管理和并发控制的讲解，重点讨论紧耦合和松耦合设置；最后一节我们会总结大数据和NoSQL数据库中事务管理的特殊性，这些数据库通常分布在集群系统（set-up）中，将传统ACID事务范式替代为基本（BASE）事务。

16.1 分布式系统和分布式数据库

过去计算技术以单体主机为主，而现在分布式系统已经在信息和通信技术领域占有一席之地。一个分布式计算系统由若干具有一定自动水平的处理单元或结点组成，这些处理单元或结点通过网络互连，协同执行复杂任务，这些任务可分为各个结点可执行的子任务。

分布式架构和系统背后的基本原理基于一个原则，即单层系统的开销随着任务和用户数量的增加而增加。将一个复杂的问题分割成一个更小、更易于管理的工作单元，由半独立的结点来完成，复杂性就至少在理论上变得更易于管理，这使得系统的可扩展性也更高；单层系统只能在有限的容量范围内扩展，而（理论上）分布式系统的容量可以通过向系统添加结点来无限地增加，数据和功能的分布通常保证了一定程度的本地自主性和可用性。例如，一家运动服装连锁店在分布式系统中管理库存信息，其本地销售点相关的数据在本地存储和维护，使得每个销售点在发生网络故障导致中央系统不可用时仍保持运行，当分布式系统由几个部分独立的机构共享时（比如，在Web服务环境中），这一点尤其重要。

分布式系统的架构复杂度比独立系统通常要高得多，当然独立系统也适用于**分布式数**

据库系统，其中数据和数据检索功能分布在多个数据源和位置上。更高复杂性的一部分是因为大多数分布式数据库系统被设计成提供分布式数据的集成视图，它们能够为用户和应用程序提供一定程度的**透明性**，这种透明性是指用户隔绝于一个或多个分布式层面的常见所需特性。换句话说，虽然数据分布在查询处理、事务管理、并发控制等需要关注的不同位置，但用户在一定程度上会将数据库视为一个独立的系统。例如，如果所有库存数据都存储在一个集中的数据库中，而不是分散在多个地点，那么运动服装连锁店的所有销售点执行库存移动分析时所需协调就更少。

分布式数据库环境可能根据组织团体的不同需求而改变，如前所述它的选择应深思熟虑（例如，对于单个部门或业务单元的可扩展性或局部自治性）。然而，由于技术和财务原因，分布式架构往往由其他因素（如兼并收购）造成，或者仅仅是对不同数据库技术的连续投资，如果数据分布是考虑周全的选择，那么主要关注的问题之一就是确定最佳分布标准。性能（例如，最大化并行性和最小化网络流量）或局部自治性和可用性（即使在全球系统中发生故障也会保留对相关本地数据的访问能力）都属于范例标准。性能标准与当前技术浪潮下的 NoSQL 数据库系统特别相关，在 NoSQL 数据库系统中，集群计算用于获得性能与结点数之间的近似线性关系。如果分布是其他因素（合并）造成的结果，那么通常更应注重处理数据库管理软件、数据模型和格式的异构性。

知识关联 参考第 11 章对 NoSQL 数据库的概述。

无论因何种原因选择分布，都应考虑其他重要因素，比如关于分布的透明程度、如何处理分布式查询处理、分布式事务管理的复杂性（可能还有为保持复制数据一致性而增加的复杂性）和分布式并发控制与恢复。在下面的内容中，我们将分别讨论这些问题，不过我们将首先讨论分布式数据库最重要的架构变体。

节后思考

- 分布式架构和系统背后的基本原理是什么？
- 什么是分布式系统中的透明度？
- 分布式数据库环境如何确定？

16.2 分布式数据库的架构规则

在第 15 章中我们介绍了的不同的数据库系统架构，包括分层架构中表示逻辑、应用程序逻辑和数据库管理系统分布在三个或更多层上。不过分布式数据库的特点是数据和数据库管理系统分布在多个相互连接的结点上。在这个系统类型中，仍然存在可能的不同架构，如图 16-1 所示。

在**共享内存架构**（shared-memory architecture）中，运行 DBMS 软件的多个互连处理器共享同一中央存储器和辅助存储器。随着处理器的增加，这种共享的中央存储可能成为瓶颈。

共享磁盘架构（shared-disk architecture）的每个处理器都有自己的中央存储，但与其他处理器共享辅助存储。磁盘共享可以通过例如存储区域网络或网络连接存储来实现，且共享磁盘架构通常比共享内存架构更具有容错性，不过其瓶颈可能存在于将磁盘与处理器互连的网络。

分布式数据库目前最盛行的方法是**无共享架构**（shared-nothing architecture）。在这种结构中，每个处理器都有自己的中央存储和硬盘单元。数据共享是通过网络上相互通信的处理器实现的，而不是通过处理器直接访问彼此的中央存储或辅助存储来实现。

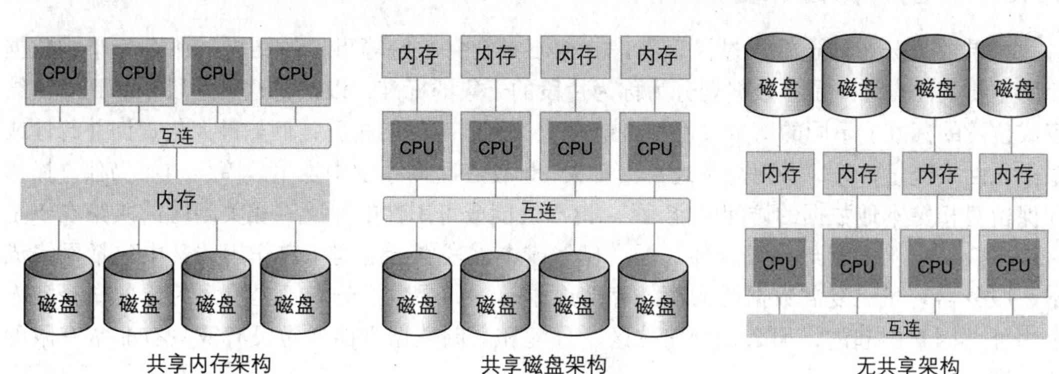

图 16-1 不同分布式数据库架构

知识关联 在第 13 章已讲解过存储区域网络和网络连接存储。

大多数情况下每个处理器都运行自己的 DBMS 实例，不过也存在 DBMS 软件显式配置利用多个处理器的并行性，其中单个 DBMS 实例分布在多个处理器结点上。

在分布式数据库系统中，可扩展性可以通过两种方式实现：垂直可扩展性和水平可扩展性。垂直可扩展性中可以增加单个结点的容量（CPU 功率、磁盘容量），不过存在一定的硬件限制。水平可扩展性则通过向系统添加结点来实现，要求尽可能降低各个结点的协调开销，例如，在第 11 章中讨论了 NoSQL 数据库如何实现近似线性的水平延展性，而传统独立数据库仅限于垂直延展性。由于协调成本的增加（确保事务原子性、保持同一数据项的不同副本的一致性等），分布式 RDBMS 的水平延展可能会在一定数量的结点之外出现问题，但是正如我们将在本章 16.7 节中所言，减少协调开销以提高水平可扩展性也可能因为数据的一致性较差而增加成本。

一些同行作者对分布式数据库和并行数据库有所区分，**并行数据库**（parallel database）指的是只以性能为目的的数据分布，通过对分布式数据的并行访问来获得性能增益。如第 13 章所述，我们可以区别**查询内并行**（在单个复杂查询的上下文中并行搜索数据的不同子集）和**查询间并行**（并行执行许多简单查询）。并行数据库具有共享内存、共享磁盘或无共享的架构，这些结点彼此间相隔较近，并通过局域网（LAN）连接。还有一种将分布式数据库称为具有无共享架构的数据库系统，结点之间的距离可能比广域网（WAN）连接要远得多，可以因性能而分布，也可以是本地自治，或数据集成计划（在合并或收购中）。

在下面的内容中，我们将使用更泛用的术语分布式数据库而非并行数据库来称呼这两种类型的架构，此外，需要注意如果无共享架构中的每个结点都运行一个独立的 DBMS 实例，并且数据在这些实例上被水平分割（请参阅下一节），则常用**联合数据库**（federated database）来称呼。联合数据库系统中的各个结点可以各自运行相同的 DBMS 软件，但各个结点也可能包含不同的 DBMS 类型，通常出现这种情况是因为联合数据库来自数据集成工作。其复杂性中的一点是使不同的数据库 API、数据模型和数据库软件无缝地相互作用，以提供分布式数据的统一视图。

节后思考

- 请解释以下概念：共享内存架构、共享磁盘架构、无共享架构。
- 如何在分布式系统中实现可扩展性？
- 查询内并行和查询间并行有什么区别？

16.3　分割、分配和复制

如果数据分布的选择经过深思熟虑，而不是合并收购等事件的结果，那么分布式数据库的主要关注点之一是将数据划分为称为**片段**的子集的标准，以及将这些片段分配到对应结点或位置的标准。不同的衡量尺度都可能有效，有些与性能相关，例如最大化查询并行性或最小化网络流量，另一些则与本地自治有关（即使在全局系统中发生故障，结点仍独立操作和保留对相关本地数据的访问的能力）。出于性能或可用性的原因，相关问题的决策在于是否在多个结点上复制部分或全部数据，显然成本因素也会起到一定作用，其中包括网络成本、服务器容量、复制数据时的额外存储成本等。如果数据分布不是有意为之的选择，而是由外部因素引起的，那么在如何分区、分配和复制数据方面通常没有或只有非常有限的自由度。

将全局数据集分割成片段的行为称为**碎片**。我们可以使用垂直分割、水平分割和混合分割加以区分，我们使用如图 16-2 所示的带有客户数据的全局数据集来说明这些概念。

CustomerID	FirstName	LastName	Country	Year of birth	Gender
10023	Bart	Baesens	Belgium	1975	M
10098	Charlotte	Bobson	USA	1968	F
10233	Donald	McDonald	UK	1960	M
10299	Heiner	Pilzner	Germany	1973	M
10351	Simonne	Toutdroit	France	1981	F
10359	Seppe	vanden Broucke	Belgium	1989	M
10544	Bridget	Charlton	UK	1992	F
11213	Angela	Kissinger	USA	1969	F
11349	Henry	Dumortier	France	1987	M
11821	Wilfried	Lemahieu	Belgium	1970	M
12111	Tim	Pope	UK	1956	M
12194	Naomi	Leary	USA	1999	F

水平分割

垂直分割

图 16-2　全局数据集作为分段基础的示例

16.3.1　垂直分割

对于**垂直分割**，每个片段都由全局数据集的列的子集组成。⊖如果元组的某些属性与某个结点相关，则垂直分割非常有效。例如，负责订单处理的结点只需要属性 customerID 和客户名称，而对客户数据执行数据分析的结点更注重国家、出生年份和性别等人口统计数据。如果需要全局数据集的视图，这两个片段都包含必要的列（通常是主键），以便将各自的垂直片段与 JOIN 结构结合起来（请参见图 16-3）。

⊖ 我们使用表（table）来表示行和列等术语，不同类型的分割也适用于非关系型 DBMS，如 NoSQL 数据库。

CustomerID	FirstName	LastName
10023	Bart	Baesens
10098	Charlotte	Bobson
10233	Donald	McDonald
10299	Heiner	Pilzner
10351	Simonne	Toutdroit
10359	Seppe	vanden Broucke
10544	Bridget	Charlton
11213	Angela	Kissinger
11349	Henry	Dumortier
11821	Wilfried	Lemahieu
12111	Tim	Pope
12194	Naomi	Leary

CustomerID	Country	Year of birth	Gender
10023	Belgium	1975	M
10098	USA	1968	F
10233	UK	1960	M
10299	Germany	1973	M
10351	France	1981	F
10359	Belgium	1989	M
10544	UK	1992	F
11213	USA	1969	F
11349	France	1987	M
11821	Belgium	1970	M
12111	UK	1956	M
12194	USA	1999	F

图 16-3　垂直分割图示

16.3.2　水平分割（分片）

水平分割的每个片段由满足特定查询谓词的行组成[㊀]。在图 16-4 中，客户的国家属性（country=“Belgium”或“France”，country=“UK”，country=“USA”等）行属于全球结点，因此每个国家的客户数据可以存放在当地分店，当网络发生故障时，查询本地客户的网络流量就会减少，本地可用性提高，注意此时与同一客户相关的所有数据都存储在同一个结点上。使用对所有水平片段的联合查询进行可以对全局视图重构。

水平分割也可应用于集群中配备的许多 NoSQL 数据库，其中水平片段（称为碎片）属于集群中的不同结点。为了提高性能和可用性，一般会引入冗余措施，因此不同结点上的碎片不会分离，在这种情况下，分割的标准是纯技术性的而不具有商业意义，其唯一目的是将数据尽可能均匀地分布在各个结点上，以实现负载均衡，通常可通过一种称为一致性哈希的随机化形式实现的。

知识关联　一致性哈希已在第 11 章讨论。

16.3.3　混合分割

混合分割结合水平分割与垂直分割，如图 16-5 所示，包含 CustomerID、FirstName 和 LastName 的行根据客户的国家（注意，国家本身不作为列包含在片段中）水平分割，同时其中也存在垂直分割，所有人口统计数据都被分配到一个单独的结点（这里没有水平分割）来对全球客户人口统计数据执行分析，其中每个片段还包含主键 CustomerID，能够使用带有 JOIN 和 UNION 操作的查询重建全局视图。

有时将**衍生分割**（derived fragmentation）应用其中，即分割标准属于另一个表，例如，某客户数据可以按照存储在单独 SALES 表中的该客户的销售总额进行分割，就可以创建具有高容量、中容量和低容量客户的单独片段。

㊀　请参见第 13 章。

CustomerID	FirstName	LastName	Country	Year of birth	Gender
10023	Bart	Baesens	Belgium	1975	M
10359	Seppe	vanden Broucke	Belgium	1989	M
11821	Wilfried	Lemahieu	Belgium	1970	M
10351	Simonne	Toutdroit	France	1981	F
11349	Henry	Dumortier	France	1987	M

CustomerID	FirstName	LastName	Country	Year of birth	Gender
10299	Heiner	Pilzner	Germany	1973	M

CustomerID	FirstName	LastName	Country	Year of birth	Gender
10544	Bridget	Charlton	UK	1992	F
10233	Donald	McDonald	UK	1960	M
12111	Tim	Pope	UK	1956	M

CustomerID	FirstName	LastName	Country	Year of birth	Gender
11213	Angela	Kissinger	USA	1969	F
10098	Charlotte	Bobson	USA	1968	F
12194	Naomi	Leary	USA	1999	F

图 16-4　水平分割图示

CustomerID	FirstName	LastName
10023	Bart	Baesens
10359	Seppe	vanden Broucke
11821	Wilfried	Lemahieu
10351	Simonne	Toutdroit
11349	Henry	Dumortier

CustomerID	FirstName	LastName
10299	Heiner	Pilzner

CustomerID	FirstName	LastName
10544	Bridget	Charlton
10233	Donald	McDonald
12111	Tim	Pope

CustomerID	FirstName	LastName
11213	Angela	Kissinger
10098	Charlotte	Bobson
12194	Naomi	Leary

CustomerID	Country	Year of birth	Gender
10023	Belgium	1975	M
10098	USA	1968	F
10233	UK	1960	M
10299	Germany	1973	M
10351	France	1981	F
10359	Belgium	1989	M
10544	UK	1992	F
11213	USA	1969	F
11349	France	1987	M
11821	Belgium	1970	M
12111	UK	1956	M
12194	USA	1999	F

图 16-5　混合分割图示

必须为所有表或非关系配置中的数据集做出有关数据分布的决策，可能来自多个表的片段归属于同一结点，比如 CUSTOMER 表根据国家属性被水平分割，INVOICES 表的行归属于与相应客户相同的结点，以提高本地自治性。

根据一个或多个选择标准（性能、本地自治性等）优化数据分段并将其分配到适当的结点通常非常复杂，很可能不存在单一最优解，或无法计算出这个解，但至少一些启发式、实践经验和经验法则可以作为选择的支撑。如果分布式数据库环境提供了足够的透明度（见下文），则可以随着时间的推移调整一些分布属性，而不影响使用数据库的应用程序整体功能。

16.3.4　复制

数据分布需要将全局数据集划分为称为片段的更小子集，然后将这些片段分配给各个结点，这些子集可以互不相交。若子集重叠，或者有多个相同的子集分配给不同的结点，我们就拥有了数据复制，导致数据复制的原因可能有所不同：

- 本地自治：相同的数据需要由不同的结点本地存储才能独立工作。
- 性能和可扩展性：涉及相同数据的不同查询使用复制就可以在不同结点上并行执行。
- 可靠性和可用性：如果一个结点发生故障，包含相同数据的其他结点可以接管工作，不会中断正常操作。

根据实际系统的不同，这些方面中的每一个或其组合都可能是复制的有效原因，对于前面讨论过的运动服装连锁店，地方自治可能是主要驱动力。在许多大数据配置中，结点集群总是充当一个全局系统，所以性能和可用性是复制的重要原因而非本地自治。

复制还会导致额外的开销和复杂性，以保持不同的副本一致性，并将数据项的更新传播到其所有副本，这种传播可以立即执行（同步复制）或有一定延迟（异步复制）。如 16.7 节所述，依据各个结点之间的耦合程度（紧密耦合与松散耦合），在始终保持副本一致（导致更多开销）与导致一定程度的数据不一致的异步复制方法（需要更少开销）间决定权衡。

知识关联　第 13 章已讨论过可靠性和可用性本身都可能是不同形式的数据复制的充分原因。

节后思考

- 什么是分布式环境中的分割、分配和复制？
- 请说明不同类型的片段特点。
- 在分布式环境中进行数据复制的原因是什么？

16.3.5　元数据的分布和复制

对于*元数据*，需要做出与实际数据的分布和复制有关的类似决定：是否将所有元数据集中在一个目录中，或者将元数据分割并分配给包含元数据所描述数据的结点？此外，还存在是否必须复制某些元数据的问题（例如，在同时具有本地目录和全局目录的配置中）。通常复制有所需求，只有一个全局元数据目录会对数据库结点的本地自治性有负面影响，而只有本地目录则会阻碍执行全局查询和以一致的方式解释其结果，当然，如果全局和本地元数据目录共同存在，它们的一致性也需要随着时间的推移而有所保证。

知识延伸　如今备受关注的一种“分布式系统”是“区块链”(blockchain)，如比特币或数字账本等加密货币。实际上，区块链只是一个分布式数据库，它维护一个称为块的不断增长的记录列表。每个块都包含对前一个块的引用，并且块的整个“链”由 P2P 网络这个用于共同验证新块的系统管理。因此，区块链对存储在区块中的数据的修改具有抵抗力，一旦记录，任何给定块中的数据在不改变所有后续块和网络合约的情况下都不能被修改，它可以作为一个分布式账本，用可验证、永久和有效的方式记录双方之间的交易，引起了许多金融机构的注意。

16.4 透明性

透明性指的是，虽然数据和数据库功能是物理分布的，但应用程序和用户只需要直接使用单个逻辑数据库，且从分布的复杂性上被隔离（至少在一定程度上），这种透明性就可以看作逻辑和物理数据独立性的扩展。

分布式数据库系统可以识别几种类型的透明度，支持与否视情况而定。**位置透明性**（location transparency）是一个重要特性，即数据库用户不需要知道所需数据驻留在哪个结点上。**分割透明性**（fragmentation transparency）指的是用户可以执行全局查询，而不必关注分布式片段如何参与或合并来执行查询。**复制透明性**（replication transparency）意味着同一数据项的不同副本将由数据库系统自动保持一致，对一个副本的更新将透明地（同步或异步地）传播到同一数据项的其他副本。

知识关联 逻辑和物理数据独立性在第1章已有讨论。

访问透明性（access transparency）是一种特别的透明性类型，尤其相关于具有不同DBMS类型或来自不同供应商的组件的联合数据库设置，这是指可以统一访问和查询分布式数据库，而非可能涉及的不同数据库系统和API。如果分布式数据库是数据库集成工作（合并）的结果，此时访问透明需要尤其关注，如前一章所述，实现访问透明的关键技术是使用通用数据库API，然而在多数情况下，通用API将由附加的**包装层**（wrapper）来补充，包装层围绕各自的数据源形成外壳，将用户和应用程序与其异构性隔离开来，并在分布式数据源上提供虚拟统一数据库模型。

知识关联 第15章已讨论过不同的通用数据库API，第18章会了解联合作为数据集成技术方面的知识。

最后一种重要透明性是**交易透明性**（transaction transparency），如同独立系统中的事务一样DBMS透明地执行涉及多个结点的分布式事务，透明事务执行的处理需要在分布式设置中进行额外协调。第一个问题是并发控制，根据第14章中讨论的封锁机制进行扩展，以满足跨多个结点或位置的锁定和事务一致性，此外，应注意避免跨多个位置封锁事务最终导致全局死锁。两阶段封锁协议在这一环境中存在不同扩展。第二个问题是恢复，分布式设置中的恢复机制需要能够处理更多类型的问题，例如单个结点不可用、未接收到消息或一个乃至多个通信链路故障。保证事务原子性需要跨多个结点进行协调，这些结点共同执行分布式事务。

我们将在下一节中讨论分布式数据库中的数据查询，而本章的最后两节将重点讨论分布式事务管理。首先我们会讲解不同的乐观和悲观并发协议，以及处理分布式事务原子性的方法，而最后一节将重点明确地介绍大数据环境中事务管理的特殊性，以及NoSQL数据库支持的高级别数据复制。

知识关联 事务管理的基础已在第14章介绍，而第11章则已描述过NoSQL数据库。

节后思考

- 在分布式环境中透明性的意义是什么？
- 请论述不同类型的透明性。

16.5　分布式查询处理

如果要对分布在多个结点或位置上的数据执行查询，查询优化会更加复杂，理想情况下位置和分割透明性由 DBMS 保证，但即使如此，优化器也应考虑独立设置的元素（如第 13 章所述的索引可用性、表的大小、数据使用的统计信息和查询执行），以及各个片段的属性、通信成本以及数据在网络中的位置。此外，还可以分发必要的元数据。基于这些特点，需要进行全局（所有结点）和局部（单个结点内）查询优化。在本章中，我们将重点讨论关系设置中的分布式查询处理。

知识关联 第 13 章讨论了在独立数据库设置中的查询处理，在 NoSQL 中一些常见查询处理的手段和如 MapReduce 等其他检索技术在第 11 章中有所说明。

分布式查询处理通常包括四个步骤：查询分解、数据本地化、全局查询优化和本地查询优化（图 16-6）。第一步和第四步也可用于独立的环境中，第二步和第三步则是特定于分布式设置的。

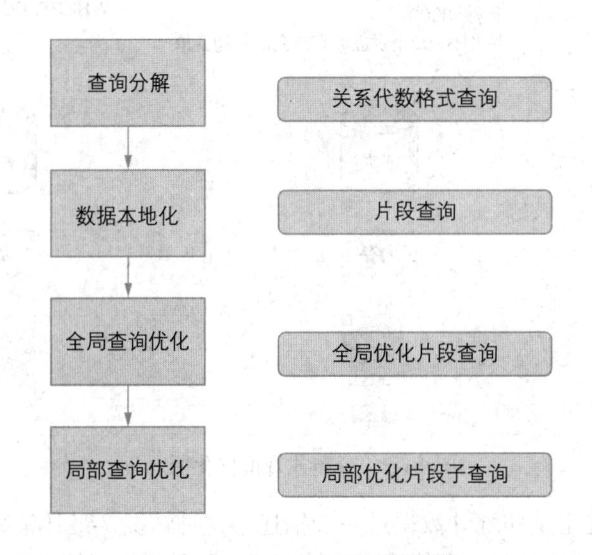

图 16-6　分布式查询处理步骤

在**查询分解**（query decomposition）的步骤中，首先应分析查询的正确性：验证语法和数据类型，根据目录中的元数据验证列和表名，然后用关系代数形式表示查询并转换为最适合进一步处理的**规范形式**（canonical form）[⊖]。

数据本地化（data localization）需要将查询转换为**片段查询**（fragment query），识别受查询影响的数据库片段及其位置，并应用几种简化技术，使片段中不包含满足查询前提条件的数据会从片段查询中省略，尽可能避免不必要的处理过程。

在**全局查询优化**（global query optimization）步骤中，使用基于统计学根据（statistical evidence）的代价模型来评估执行查询的不同全局策略，选择预测成本最低的策略。

上一步的结果确定应在哪个位置执行哪些操作，对于这些本地操作，**本地查询优化**（local query optimization）可确定本地执行的最佳策略。

⊖ 关系代数可提供关系模型的数学基础，据此形成查询的数学表达式，即规范形式。想了解更多关系代数的信息请参见我们的在线附录，网址为 www.pdbmbook.com。

我们使用图 16-7 中的示例来说明分布式查询处理的复杂性，其中最关键的元素是全局查询优化步骤。此示例表示，我们希望检索所有采购订单号以及与采购订单关联的供应商的名称。数据库分布在三个位置：所有供应商的数据都在位置 1 中，采购订单和产品数据都在位置 2 中维护，所有其他数据都存储在位置 3 中。查询源于位置 3，该位置也是应传递查询结果的位置，且假设这是一个无共享架构。

SUPPLIER (SUPNR, SUPNAME, SUPADDRESS, SUPSTATUS)
PURCHASEORDER (PONR, PODATE, *SUPPLIER*)
PRODUCT (PNR, PNAME, PCOLOR, PWEIGHT, WAREHOUSE, STOCK)
...

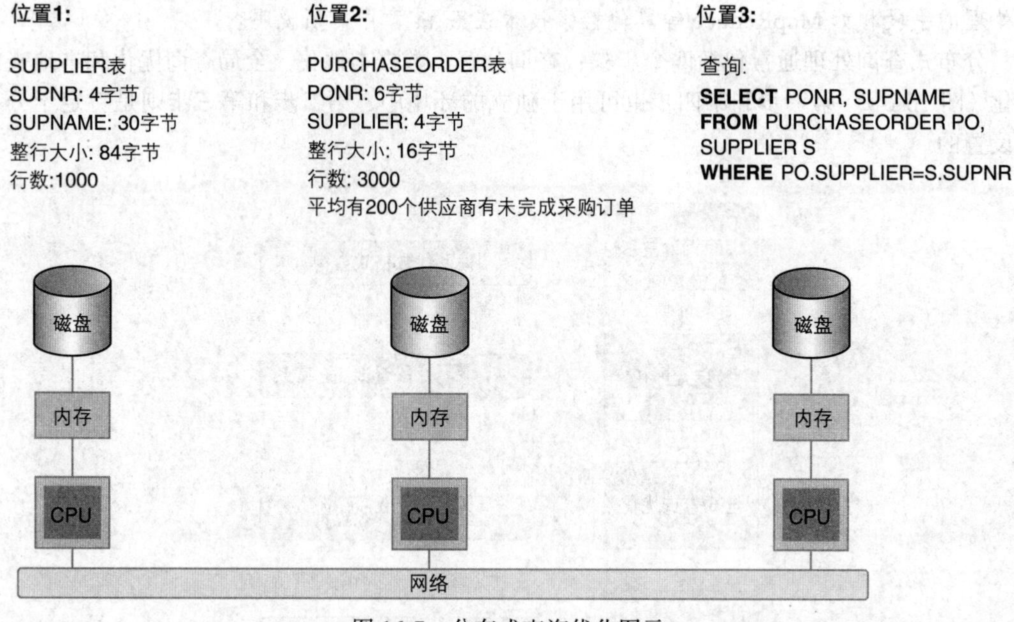

图 16-7　分布式查询优化图示

图 16-7 中的一些定量和统计数据进一步描述了这种情况，最佳策略将取决于实际的优化标准；可以最小化响应时间或网络流量，针对各个服务器上同等平衡的工作负载等。假设优化标准是最小化网络流量，简化思考设定每个片段对应于单个表，我们评估了四种可能的策略。

策略 1：将所有表复制到位置 3，即执行所有查询的位置，总数据传输量为（1000 × 84）+（3000 × 16）字节 =132 000 字节。

策略 2：将 SUPPLIER 表复制到位置 2，并与 PURCHASEORDER 表连接。然后将查询结果发送到位置 3，数据传输量为（1000 × 84）+（3000 ×（6+30））字节 =192 000 字节。

策略 3：将 PURCHASEORDER 表复制到位置 1，与供应商表相连接，查询结果将发送到位置 3。数据传输量为（3000 × 16）字节 +（3000 ×（6+30））字节 =156 000 字节。

策略 4：此策略解释了半连接技术，在通过网络发送表并与其他表连接前使用投影[⊖]减少表的大小。在位置 2 执行一个投影操作以生成与采购订单相关联的所有供应商编号，这次操作预估将产生 200 个供应商，将这些编号复制到位置 1，在该位置执行 JOIN 操作使供应

⊖ 投影是关系代数中的一种运算，可减少元组中的属性数量（即丢弃或排除某些属性）。有关关系代数的更多信息请查阅我们的在线附录，www.pdbmbook.com。

商编号与相应的供应商名称组合，再将此中间结果复制到位置 2，以进一步处理查询，而最后结果被发送到位置 3。这种策略数据传输仅为（200×4）+（200×（4+30））+（3000×（6+30））字节 =115 600 字节。

如果只考虑上述四种策略，以网络流量为优化准则，应选择第四种策略，半连接虽然减少了网络流量，但会产生更高的处理成本，因此如果应用网络流量以外的优化标准，可能更应使用其他三种策略。

节后思考 请论述分布式查询处理的不同步骤并加以示例描述。

16.6 分布式事务管理和并发控制

在分布式设置中存在大量协调事务的技术，它们需要在单独的结点或位置进行不同的子事务，并具有一定的自主性，所以一般在分布式事务中都有全局**事务协调器**（transaction coordinator）和本地**参与者**（participant）。

在分别讨论每个方法前，最需要注意的是，分布式事务的参与者之间的相互依赖性以及对这些事务参与者的中央控制级别可能视情况而定。在**紧耦合**（tightly coupled）的环境中，这种相互依存和中央控制非常重要。正如我们在第 14 章中所讲，分布式事务要求具有与独立设置中的事务大致相同的 ACID 属性，这种紧耦合通常与事务参与者之间的同步通信匹配，数据库连接在整个交互过程中保持打开状态。但是，面向**松耦合**（loose coupling）的移动设备，Web 服务和编程模型（例如 .NET）也带来了对紧耦合程度较低的分布式事务处理范式的需求，这些交互基于异步消息传递和本地复制的数据，缓存的本地更新仅与全局系统定期同步。数据库连接的打开时间足以同步数据或执行查询并检索结果，但此后会立即关闭，之后可以在断开连接的实体（例如 ADO.NET 数据集）中检查数据，或更新数据（请参见第 15 章）。如果要将这些更新传播到数据库，将短暂地重新建立数据库连接，同样，松耦合的范例通常应使用某种形式的乐观并发，而不是悲观并发协议。后一种方法（松耦合方法）增加了事务参与者的本地自治权，并且在许多情况下，它们也对事务吞吐量和可扩展性产生积极影响，而数据的一致性，尤其是同一数据项的不同副本之间的一致性，可能会受到一定程度的影响。

接下来的小节当中，我们将从紧耦合的环境中讨论更传统的分布式事务管理和并发控制方法，接着解释松耦合的范式。本章最后则以 NoSQL 数据库中的事务处理结束。

16.6.1 主站点和主副本 2PL

在分布式紧耦合设置中，独立数据库系统的许多并发控制技术仍然适用，这些技术大多基于锁定，其中三种常用方法是主站点 2PL、主副本 2PL 和分布式 2PL，我们在本节讨论前两种方法，下一节讨论第三种方法。

主站点 2PL 方法是在分布式环境中应用第 14 章中提到的集中式两阶段封锁协议，其中单个锁管理器负责所有位置的锁管理，事务协调器将为所有参与者获取和释放锁的请求定向到此中央锁管理器。后者采用 2PL 规则，保证了可串行化，而锁管理器则通知协调器何时可以开放所需的锁，然后协调器将指示事务参与者执行其子事务，已处理完毕其所有子事务操作的参与者将通知协调器，协调器随后会指示中央锁管理器释放相应锁。

主站点 2PL 的最大优点是相对简单，与其他解决方案（如分布式 2PL）相比（见 16.6.2

节)，不会出现全局死锁。但它有一个明显的缺点是中央锁管理器可能成为瓶颈，因为缺少位置自主权：没有中央锁管理器的支持，单个结点无法执行任何本地事务，将所有锁定活动集中在一个结点上也可能会降低可靠性和可用性，使用包括用于记录锁定数据的备份位置，可以在一定程度上缓解此缺点。如果主站点关闭，备份位置将接管工作，另一个位置将专门用于成立新的备份站点，可是由于有额外开销，增加的可用性和可靠性会降低性能。

为进一步减少上述缺点，主站点 2PL 方法可扩展为**主副本 2PL**。其锁管理器在不同的位置实现，并维护与预定义的数据子集相关的锁信息，所有授予和释放锁的请求都指向负责该子集的锁管理器，所以一个特定位置损坏，只有一个子集的数据和事务会受到影响，不会像主站点 2PL 那样严重。

16.6.2　分布式 2PL

分布式 2PL 的每个站点都有自己的锁管理器，它管理与存储在该站点上片段相关的所有锁数据，对于涉及 n 个不同站点更新的全局事务，将有 n 个锁定请求、n 个关于是否授予锁的确认、n 个本地操作已完成的通知、n 个释放锁的请求。这样就保证了位置自主性，但极大增加了信息交换内容，特别是在涉及许多参与者的全局事务情况下更明显，此外还可能会出现全局死锁和其他不希望出现的情况，这就要求在基本 2PL 的附加规则中加入预防措施。

更具体地讲，只要数据库没有复制的数据，应用基本的 2PL 协议就可以保证可串行化。由于本地计划是可串行化的，因此全局计划（仅是本地计划的联合）也应是可串行化的，如果在不同的位置复制某些数据，则后者不再有效，此时必须扩展 2PL 协议，如图 16-8 所示。图例表示两个全局事务（T_1 和 T_2）计划都会更新同一账户 x 的值，此值存储在位置 L_1 和 L_2 上，所以存在副本。T_1 从账户 x 的金额中减去 50，使用子事务 $T_{1.1}$（在 L_1 中）和 $T_{1.2}$（在 L_2 中），而 T_2 使用子事务 $T_{2.1}$（在 L_1 中）和 $T_{2.2}$（在 L_2 中），将账户 x 上的金额加倍，执行操作的顺序极为重要。示例中显示由于全局调度导致数据不一致：如果 $amount_x$ 的初始值为 100，则 L_1 中 $amount_x$ 的最终值为 150，而 L_2 中 $amount_x$ 的最终值为 100。本地计划本身是可串行化的，问题在于这两个计划都以不同的顺序串行执行 T_1 和 T_2，说明为了保证全局一致性，除了本地调度的可串行化之外，还需要附加一个要求，规定在所有计划中，冲突操作应以相同的顺序执行。

	位置 1（L_1）		位置 2（L_2）	
时刻	$T_{1.1}$	$T_{2.1}$	$T_{1.2}$	$T_{2.2}$
t_1		begin transaction	begin transaction	
t_2	begin transaction	x-lock(amount$_x$)	x-lock(amount$_x$)	begin transaction
t_3	x-lock(amount$_x$)	read(amount$_x$)	read(amount$_x$)	x-lock(amount$_x$)
t_4	wait	amount$_x$= amount$_x$ x 2	amount$_x$=amount$_x$-50	wait
t_5	wait	write(amount$_x$)	write(amount$_x$)	wait
t_6	wait	commit	commit	wait
t_7	wait	unlock(amount$_x$)	unlock(amount$_x$)	wait
t_8	read(amount$_x$)			read(amount$_x$)
t_9	amount$_x$=amount$_x$-50			amount$_x$=amount$_x$ x 2
t_{10}	write(amount$_x$)			write(amount$_x$)
t_{11}	commit			commit
t_{12}	unlock(amount$_x$)			unlock(amount$_x$)

图 16-8　2PL 在复制数据事件中的问题示例

与 2PL 相关的第二个问题是它可能导致**全局死锁**（global deadlock）。全局死锁会跨越多个位置，因此单个本地锁管理器无法检测，在图 16-9 中对此进行了说明。两个事务（T_1 和 T_2）处理 $account_x$ 和 $account_y$ 之间的资金转移，账户数据分别存储在位置 L_1 和 L_2。事务 T_1 使用子事务 $T_{1.1}$ 和 $T_{1.2}$ 将 50 从 $account_x$ 传输到 $account_y$，而事务 T_2 使用子事务 $T_{2.1}$ 和 $T_{2.2}$ 将 30 从 $account_y$ 传输到 $account_x$。尽管调度符合 2PL，在各自的局部等待图（local wait-for graph）中没有循环等待（cycles），但会发生全局死锁，而组合了局部等待图的全局等待图也确实含有一个循环等待，表示全局死锁。因此，分布式 2PL 中的死锁检测除了需要构造局部图外，还需要构造全局等待图，一个调度只有在局部图和全局图都不包含循环等待的情况下才是无死锁的。

事务1 (T_1)
begin transaction
x-lock($account_x$)
read($account_x$)
$account_x = account_x - 50$
write($account_x$)
x-lock($account_y$)
read($account_y$)
$account_y = account_y + 50$
write($account_y$)
commit
unlock($account_x$, $account_y$)

事务2 (T_2)
begin transaction
x-lock($account_y$)
read($account_y$)
$account_y = account_y - 30$
write($account_y$)
x-lock($account_x$)
read($account_x$)
$account_x = account_x + 30$
write($account_x$)
commit
unlock($account_y$, $account_x$)

$account_x$ 存储于位置1
$account_y$ 存储于位置2

	事务1 (L_1)		事务2 (L_2)	
时间	$T_{1.1}$	$T_{2.2}$	$T_{2.1}$	$T_{1.2}$
t_1	begin transaction			
t_2	x-lock($account_x$)		begin transaction	
t_3	read($account_x$)		x-lock($account_y$)	
t_4	$account_x = account_x - 50$		read($account_y$)	
t_5	write($account_x$)		$account_y = account_y - 30$	
t_6			write($account_y$)	x-lock($account_y$)
t_7		x-lock($account_x$)		wait
t_8		wait		wait

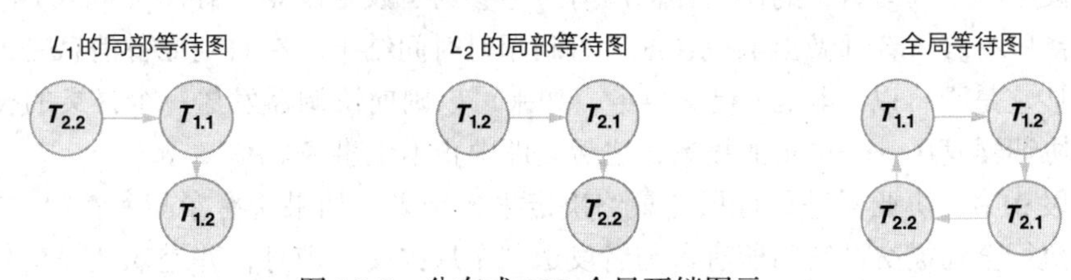

图 16-9　分布式 2PL 全局死锁图示

实际应用中有不同的方法来检测全局死锁。例如，可以选择一个位置作为中心站点来维护全局等待图，所有本地锁管理器将定期通知此中心站点其本地等待图中的变更，以更新全局等待图。如果检测到一个或多个循环等待，将相应地通知本地锁管理器，并且死锁等待者可选择将确定中止和回滚哪个事务以解决全局死锁。

16.6.3　两阶段提交协议

除了并发控制之外，分布式事务管理的另一个重点是在恢复策略中保证全局事务原子性，所以应确定事务提交和中止机制，如果全局事务的所有子事务都达到了相同的状态，则该全局事务只能达到“提交”或“中止”状态。此外，还应注意，参与全球事务的各个地点不能因为通信基础设施故障或其他灾难中止。

两阶段提交协议（2PC 协议）是专门为支持分布式环境中的事务恢复而开发的。此协议名称来源于全局事务完成需要的两个阶段：所有事务参与者对事务结果进行“投票”的**投票阶段**（voting phase），以及事务协调器对结果进行最终决策的**决策阶段**（decision phase）。图 16-10 显示了此协议过程。

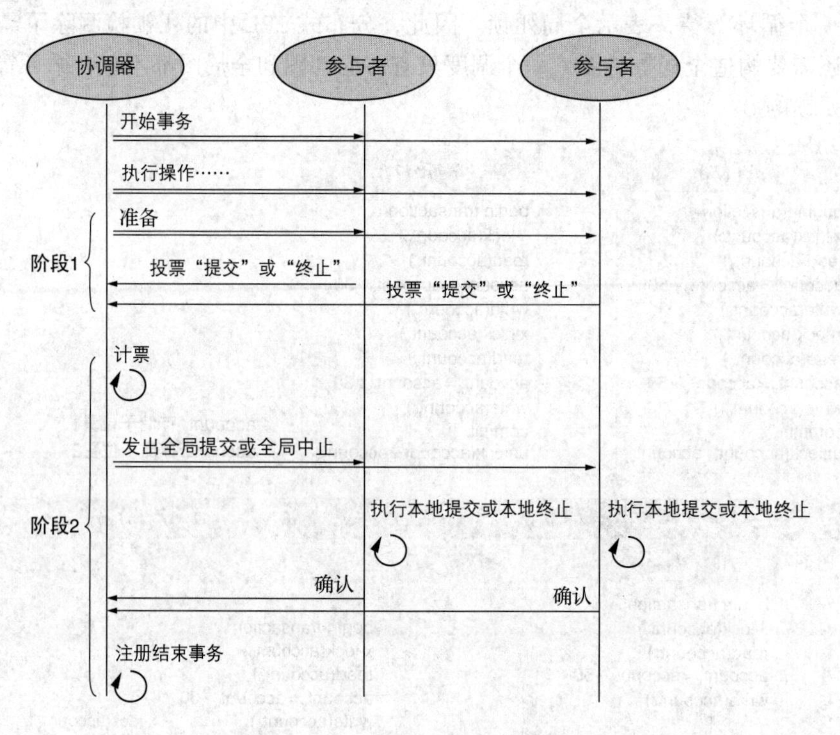

图 16-10　两阶段提交协议图示

在阶段 1 中，全局事务的协调器向所有事务参与者发送一条准备（prepare）消息，然后协调器等待所有参与者都做出响应，或者直到超时时间结束。在收到准备消息时，每个参与者都会评估它是否可以（本地）提交事务，如果可以则向协调器发送一个提交的投票，否则参与者向协调器发送一个中止的投票，之后立即中止本地事务。

在阶段 2 中，协调器进行计票并最终决定事务结果，如果所有参与者都投“提交”票，协调器就执行全局提交，它向所有参与者发送“全局提交”消息，并进入“提交”状态；如果至少有一个参与者投“中止”票，协调器会决定全局中止事务，它向所有参与者发送“全局中止”消息，并进入“中止”状态。每个参与者之后在本地执行全局决策（在第一种情况下提交，在第二种情况下中止），并给协调器返回确认信息。最后，协调器使用日志文件上的“结束事务”标记完成事务。

2PC 协议有两个补充的附加协议：终止协议和恢复协议。对于分布式设置，应注意协调器和参与者都不能永远处于无终止状态，等待因通信故障或发送消息方出现故障而无法到来的消息。因此，站点等待传入消息的时间不会超过固定的超时时间。若发生超时，它将调用终止协议（也称为超时协议），该协议规定了如何响应超时。如果超时是由另一个位置的灾难引起的，则使用规定了故障站点在故障后如何正确恢复操作的恢复协议。

16.6.4　乐观并发和松耦合系统

第 14 章中已有说明，如果并发事务之间的干扰是有限的，乐观并发协议将如何替代悲观协议（如 2PL）。乐观协议不会试图通过推迟某些操作，直到可以保证无冲突执行，来防止此类冲突发生，因为这不可避免地会影响吞吐量，所以它们在事务提交之前通常使用冲突事务的中止和回滚优先解决冲突。乐观并发可以适用于因更新操作很少，或者因不同事务大多属于不相交数据子集，使得事务不经常干扰的独立系统。但是在许多分布式设置中这种方式也非常有利，因为分布式事务中各个参与者之间的松耦合会使前面提到的一些方法变得不合适。

紧耦合的分布式系统通常应用悲观并发协议，如前几节所述，它在所有参与者之间对参与全局事务的数据库对象设置锁来实现全局事务串行化，在释放锁之前，其他事务的冲突操作会被推迟。显然，持有这些锁的时间越长，对事务吞吐量的负面影响就越大。在紧耦合的环境中，事务通常是短期的，这样就不会在较长的时间内持有任何锁。事务要么在短时间内提交，要么立即通知事务协调器和其他参与者，某个参与者不可用或将无法提交其子事务的情况，这样就可以中止全局事务并在所有参与者之间释放锁。然而在松耦合的环境中有所不同，异步通信和事务参与者不可预知响应时间是其特征，如果这些参与者是独立的组织或业务单位，他们不打算让自己的吞吐量和性能受到另一个参与者持有的锁影响，还不知道后者是否会断开连接或有其他方式的不可用，那么这种特征就更为突出。因此，悲观并发在这样的环境中通常是不合适的，至少可扩展性较低。

松耦合和乐观并发的一个典型应用是在 ADO.NET DataSets 中的断开连接数据库技术。在这种情况下，锁只保持在数据库连接打开的短暂时间内，以便在数据库和数据集之间交换数据——例如，某移动销售团队在出行时，他们的移动设备上会有他们所在地区的产品和销售数据的部分副本，他们可以根据复制结果自主操作，并在本地注册销售，而无须持续的数据库连接，他们的本地副本在连接到全局数据库时定期同步，与其他事务可能发生的冲突不会被阻止，但会在事务完成时检测和处理，这可能会导致一个或多个事务回滚。

然而在松耦合的设置中，乐观并发可能会显著增加事务吞吐量和总体数据可用性，没有锁使其存在其他缺点。例如，假设应用程序 A_1 将数据从数据库读取到数据集（DataSet）中，然后关闭数据库连接，之后，可以处理断开连接的数据集中的数据，并可能进行本地更新。如果以后要将这些更新传输到数据库，则会在数据交换的短暂时间内打开一个新的连接，但此时不能保证数据库中的原始数据不会同时被另一个应用程序 A_2 更改，这样 A_1 的更新会被拒绝，因为它们将覆盖 A_1 未知的 A_2 的更新，从而导致更新丢失。锁定数据库中的原始数据也不能成为解决方案，因为在断开连接的设置中，DBMS 不知道应用程序 A_1 何时（如果发生）将重新连接以释放锁，从数据可用性和吞吐量的角度来看这显然是不可接受的。

在乐观并发设置中存在不同的检测冲突更新的技术。第一种可能的技术是使用时间戳。在这种方法中，一个“时间戳”列会添加到任何访问后断开连接而打开的表中，时间戳指示行的最新更新时间。如果应用程序 A_1 从数据库检索行，然后断开连接，则复制时间戳列。当应用程序试图将其更新传播到数据库时，与更新行关联的时间戳将与数据库中相应行的时间戳进行比较。如果两个时间戳都不匹配，则意味着数据库中的行同时被另一个应用程序 A_2 更新，因此 A_1 的更新将被拒绝；如果时间戳匹配，则更新行可以安全地传输到数据库，并在数据库中为相应的行存储一个新的时间戳值。

第二种可用的技术是 ADO.NET 数据集中的默认技术，在断开连接的实体中存储每行的两个版本："当前"版本和"原始"版本。"原始"版本包含从数据库中读取的值，"当前"版本包含数据集中本地更新（可能）影响的值，这些更新尚未传输到数据库。一旦数据集需要将更新传输到数据库，对于每个本地更新的行，"原始"值将与数据库中相应行的值进行比较，如果值相同，则数据库中的行将使用数据集中相应行的"当前"值进行更新；如果不相同，则表示数据库中的行已同时被另一个应用程序更新，此数据集的更新被拒绝。

图 16-11 展示了第二种方式的例子，假设根据由 column1、column2 和 column3 组成的数据库表 MYTABLE 中的行生成 ADO.NET 数据集，只有当数据库中的 column1、column2 和 column3 值等于数据集中的 @originalValue 值时，才会接受对数据库表的更新。在这种情况下，数据库行将使用数据集的相应 @currentValue 值进行更新。如果值不相等，这意味着数据库中的行已被另一方更新，WHERE 条件不满足，不会更新任何数据。请注意，在大多数情况下所选列中应包含要能唯一标识更新行的主键，这类代码可以手动编写，但也可以作为 DataAdapter 的 UpdateCommand 的一部分自动生成，UpdateCommand 是 DataAdapter 用于将更新从数据集传播到数据库的特定命令对象。JDBC 的断开连接的数据库构造 CachedRowSet 也遵循了类似的方法。

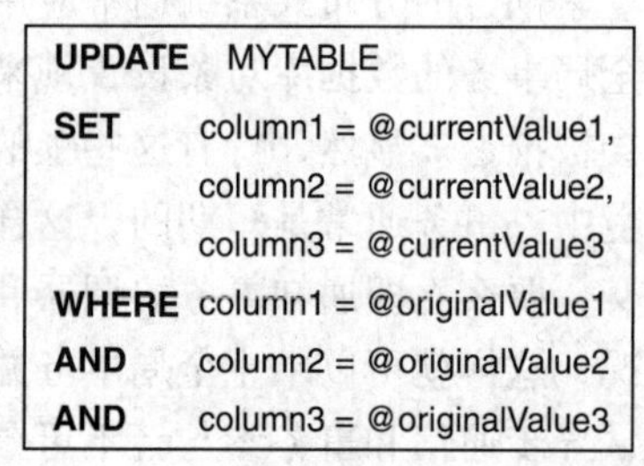

图 16-11 在 ADO.NET DataSet 中的乐观并发示例

知识关联 ADO.NET DataSet 和 DataAdapter 的全部功能在第 15 章中有所讲述。

16.6.5 基于补偿的事务模型

松耦合的环境不仅影响事务管理的并发性，还影响恢复以及保证事务原子性。尽管乐观并发假设事务之间很少干涉，但不能完全排除冲突发生。如果在事务完成时检测到并发问题，则应回滚冲突事务，如果由于任何其他原因（如参与者超时或发生灾难等）导致无法提交事务，也会出现这种情况。如果事务简单且执行时间较短，那么使用 2PC 相对容易实现分布式事务的原子性。然而，许多松耦合的设置（如 Web 服务环境）特点是**长时间运行事务**（long-running transactions）（也称为长期事务（long-lived transactions）。顾名思义，此类事务的持续时间取决于业务流程（如第 10 章所述的 WSBPEL 流程）参与者之间的异步交互，并且是可扩展的。

我们以一个旅行社的 Web 服务为例来讨论，假设客户可以预约包含机票和酒店预订的旅行（参见图 16-12），"旅行社"服务则分别要求"航空公司"服务和"酒店"服务来执行任务；此时旅行社可作为全局事务的协调器，航空公司服务和酒店服务是其中的参与者，事务可通过选择目的地来启动。客户很可能需要花时间来决定一家航空公司，或许此时酒店的服务暂时不可用。只有当所有参与者都完成了他们的工作时，全局事务才会完成，但是由于交互的松耦合、异步特性，这个过程可能需要几分钟到几小时甚至几天的时间。在这种情况下强制执行真正的 ACID 属性几乎是不可能的，另外也不建议使用悲观并发协议，因为只要长时间运行的事务处于活动状态，就会一直保持上锁状态，对数据可用性和吞吐量产生巨大影响，更糟糕的是，酒店数据可能被锁定在酒店服务中，而实际上导致事务完成延迟的原因属于另一个组织的航空公司服务。而且这种情况下纯乐观并发可能也不合适，如果在长时间运行的事务处于活动状态后检测到并发问题，则很难实现代表独立组织的参与者之间的协调回滚。

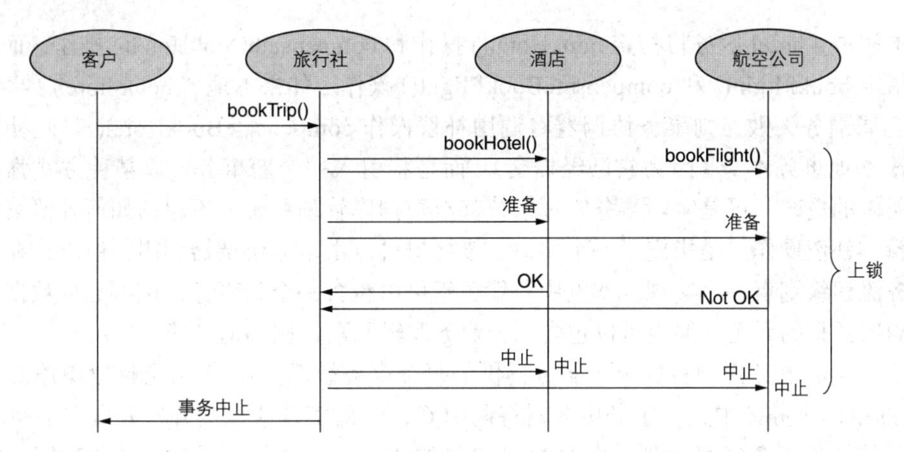

图 16-12　对长期事务执行 ACID 属性示例

知识关联 第 10 章中介绍了例如 SOAP 和 WS-BPEL 的 Web 服务和相关标准，第 18 章还会进一步讨论通过 Web 服务安排实现业务流程。

对于长时间运行的事务，**基于补偿的事务模型**通常更合适，它允许在全局长时间运行的事务不成功时撤销事务的本地影响，未完成可能是由于事务失败（例如，参与者超时），也可能是由于业务流程层面的问题（例如，酒店已经预订，但没有可用航班）。ACID 事务需要回滚整个事务，包括预订成功的酒店，但是，基于补偿的事务机制放弃了长时间运行的事务的“原子性”属性，单个参与者中的本地子事务保持原子性，并尽快提交，而不用等待全局提交通知。这种方式可以释放在单个参与者的前提下持有的所有锁，会提升本地事务吞吐量，更重要的是，它使参与者在锁和数据可用性方面之间彼此依赖性降低。

以图 16-13 中所示为例，由旅行社服务协调的全球“预订旅行”事务已长期运行，因此可能需要一些时间来完成并且不希望执行原子性，该事务由两个子事务“预订酒店”和“预订航班”组成，这两个子事务完全由一个单独的参与者进行，每个参与者将尝试在本地提交其子事务，而不等待全局事务的结果。假设酒店服务完成了它的子事务，提交“预订酒店”事务，释放与子事务相关的所有锁，酒店服务通知事务协调器成功完成子事务，但如果航空公司服务不能提交事务（例如没有更多的航班可用），它将中止并回滚本地事务，并相应地通知事务协调器，可此时因为其中一个本地事务已提交，已不可能全局回滚。相应地基于补偿的事务机制将要求每个事务参与者对应定义其对事务敏感的操作，第二个操作将指定一个新的本地事务，以消除第一个事务的影响：它从字面上“补偿”第一个事务。

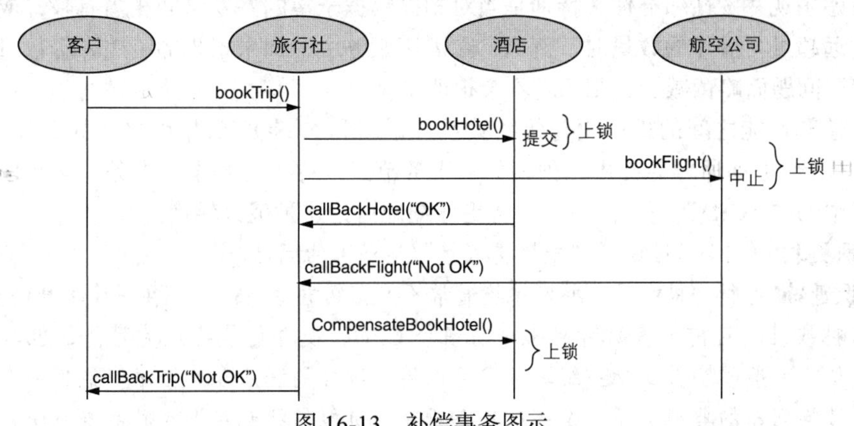

图 16-13　补偿事务图示

在本例中，hotel 服务将指定 bookHotel() 操作和 compensateBookHotel() 操作，而 airline 服务将指定 bookFlight() 和 compensateBookFlight() 操作。如果本地“ book hotel”事务已提交，但全局事务失败，则事务协调器将调用补偿操作 compensateBookHotel()。此补偿操作不会回滚本地事务本身（因为它已经提交），而是将引入一个新事务，以某种方式弥补第一个事务所做的更改。可是实际事务管理系统甚至数据库管理系统并不包括如何补偿第一个事务的逻辑：补偿操作只是指定了一个接口，该接口可以由事务协调器调用，但应该在应用程序或业务流程级别有一个实现。本例中补偿逻辑可以包含一个新事务，该事务从数据库中删除表示酒店预订的元组，但也可以包含一个业务逻辑元素，例如退订费。

基于补偿的事务模型将要求为服务提供的每个事务敏感操作 O_i 指定补偿操作 C_i，如果调用 O_i 的全局事务被中止，事务协调器将调用 C_i，C_i 的实现应该由开发人员“手动编码”。它不同于传统的事务恢复机制，由 DBMS 提供的使用日志文件注册的自动化功能，因为这样全局的、长时间运行的事务就不再是原子的（即一些子事务可以在本地提交，而全局事务则失败）。但请注意，传统的 ACID 属性仍然可以在由 O_i 和 C_i 诱导的短暂局部子事务上强制执行，其补偿是 WS-BPEL 等语言的默认事务机制，这些语言将长时间运行的流程定义为单个 Web 服务的安排。

如上所述，C_i 的实现是由开发人员提供的，不应局限于单一地撤销以前所做的变更，取消酒店预订根据取消的原因可能需要支付退订费，或者可在全球交易的层面上处理赔偿问题，例如租车这种预订一种替代交通工具来到达目的地，可以在一个或多个失败的子事务情况下，全局事务仍然可以成功完成。后者说明了事务管理和业务流程建模之间的边界，相比于在只有短期事务的紧耦合系统中要更加模糊。

最后，必须指明的是基于补偿的事务模型不能保证事务隔离（即“ ACID”中的“ I”），如果在一个长时间运行的事务 T_1 中，bookHotel() 操作后面伴随着 compensateBookHotel() 操作，那么另一个事务 T_2 不可能在两个操作之间读取可用房间的信息，如果 compensate-BookHotel() 取消了一个或多个房间预订，T_2 读取的可用信息可能会不准确，这种中间结果的可用性类似于“未提交依赖（脏读）”问题。

在某些松耦合的设置中，补偿事务是技术上可行的唯一替代方案，而在其他设置中，可以考虑在执行 ACID 属性和更高性能之间进行权衡，当需要对同一数据子集进行多次并发更新时，尤其是在数据一致性很重要的情况下，更适合使用悲观并发性的方法。在其他情况下，如果可以提高吞吐量、数据可用性和可扩展性，则可以准备牺牲某种程度的一致性，此时可以考虑乐观并发性和补偿，特别是当对相同数据子集的并发访问相当有限，或者读操作的数量远远超过写操作的数量时。例如，在酒店服务中，如果报告的可用客房数量由于“未提交依赖”问题而略微减少，则问题不会很严重。

一致性和性能之间的折中也与传统关系数据库和 NoSQL 数据库之间的划分非常相关，而且 NoSQL 数据库通常会提出一种替代的事务范式，称为“基本”事务，而非来自关系数据库设置中的“ACID”范式，下一节将更详细地讨论这种范式转换。

知识关联 第 14 章讨论了“未提交依赖”（脏读）的问题。

知识延伸 值得一提的是，并发系统通常不仅在数据库领域，还在程序本身的构造方面，相当具有挑战性。目前大多数计算机都有多个 CPU，使并行执行成为可能，但与前述提到的原因类似，一般不容易成功：编写并发且保持一致性的程序非常困难。最近一个著名的并发性与一致性问题的典型例子，是一位安全研究人员能够扰乱星巴克礼品卡系统，从而产生无限量的钱。这个问题是星巴克网站上负责核对余额和将钱转到礼品卡的部分出现的“差异状况”问题，类似的问题促使像 Google 这样的公司开发设计包含健壮的并发机制的新编程语言（比如 Go 语言）。

节后思考

- 请讨论并对比分析主站点 2PL、主副本 2PL 和分布式 2PL。
- 讨论并说明两阶段提交协议（2PC 协议）。
- 请描述在分布式环境中如何使用乐观并发协议。
- 请举例说明基于补偿的交易模型。

16.7 最终一致性和 BASE 事务

如第 11 章所述，在 NoSQL 数据库的共同特征下，新一轮的数据库管理系统旨在克服 RDBM 的容量限制，满足大数据的存储需求。虽然它们在性质和方法上多种多样，有明显区分，但大部分情况下关于数据分布和分布式事务管理的一些原则是普遍存在的，我们接下来就这些原则展开讨论。

16.7.1 水平分割和一致性哈希

许多 NoSQL 数据库应用某种形式的水平片段，在 NoSQL 设置中称为**分片**（sharding）。水平片段（也称为*碎片*）使用哈希机制作用于数据项的键，并分配给数据库集群中的不同结点，这些一致的哈希方案是以如下方式构思的：当添加或移除结点时，不需要将每个密钥重新映射到新结点。与 RDBMS 相比，数据操作工具通常不够丰富，例如，键 - 值存储只提供基本的 API 根据其数据键来“放置”和“获取”数据项，键的值使用一致的哈希映射到结点。

分片通常也需要一定程度的数据复制，允许在各个结点上并行访问数据，且支持大量数据和非常高的读写操作，因此，许多 NoSQL DBMS 接近线性水平可扩展性，其性能几乎根据集群中结点的数量线性增加。除了性能之外，分片和复制的结合还产生了高可用性，当一个结点或网络连接出现故障时，工作负载将在其他结点上重新分配。传统的 DBMS 在一个结点集群上执行 ACID 事务永远无法实现相同级别的水平可扩展性与可用性，通过对分布式和复制数据强制执行事务一致性而产生的开销将抵消包括其他结点在内所带来的大部分性能增益。因此，NoSQL 数据库通常采用非 ACID 事务模式，在接下来的小节我们将继续讨论。

16.7.2 CAP 定理

CAP 定理最初由 Eric Brewer 提出，此定理指出一个分布式系统最多可以兼具以下三个理想性质中的两个：

- 一致性：所有结点同时看到相同的数据以及这些数据的相同版本。
- 可用性：每个请求都会收到一个标识成功或失败结果的响应。
- 分区容错性：即使结点关闭或添加，系统仍能继续工作。分布式系统可以处理由于结点或网络故障而被划分为两个或多个不相交网络分区的问题。

对于独立的 DBMS，由于不涉及网络（或者至少不涉及连接不同数据库结点的网络），选择放弃哪个属性并不重要的，因此独立系统不需要分区，可以通过 ACID 事务提供数据一致性和可用性。

传统的紧耦合分布式数据库管理系统（例如，一个分布在多个结点上的关系数据库管理系统）通常会牺牲可用性提升一致性和分区容错性，分布式DBMS仍然对分布式事务中的参与者强制执行ACID属性，在事务执行时将所有涉及的数据（包括可能的副本）从一个一致状态带入另一个一致状态。如果单个结点或网络连接不可用，DBMS选择不执行事务（或不向只读事务提供查询结果），从而不会产生不一致的结果或使数据库处于临时的不一致状态。

许多NoSQL数据库系统会选择放弃一致性，有以下双重原因。首先在许多大数据设置中，数据不可用（临时的）比数据不一致代价更高昂。让多个用户读取同一个社交媒体配置资料的部分不一致版本（例如，有或没有最新状态更新），比在同步所有版本并解决所有不一致之前让系统不可用要好得多。在结点或网络故障的情况下，即使一个或多个结点无法参与，事务也将继续执行，从而可能产生不一致的结果或数据库状态。其次，即使在执行事务时没有失败，锁定所有必要的数据（包括副本）以及监视分布式事务中参与的所有结点的一致性带来的开销也会严重影响性能和事务吞吐量。

CAP定理虽然在解释NoSQL数据库的事务范式时被广泛引用，但它本身也存在争议。从前面的讨论中可以明显看出，导致选择放弃一致性的原因不仅仅是网络分区，在正常系统操作下，即使没有出现网络分区，执行事务一致性机制的开销也会导致性能下降，这通常是放弃永久一致性的真正原因。为保证可用性并为故障做准备，数据复制会进一步增加这一开销，即使这样的故障不会发生。此外，可以说可用性和性能本质上是相同的概念，不可用是高延迟和低性能的极端情况。因此，在许多大容量设置中，真正的权衡是一致性和性能。显然，根据设置选择这种折中的结果会有所不同：银行永远不会仅仅为了性能而让其客户收到不一致的储蓄账户状态概览。

知识关联 NoSQL数据库已在第11章中讲解，其中提及了CAP定理。

16.7.3　BASE事务

尽管许多NoSQL数据库在一致性和可用性/性能之间做出了不同于传统DBMS的权衡，它们仍没有完全放弃一致性，如果不能保证数据库长期运行中内容的质量和一致性，那么维护数据库就没有意义。相反，NoSQL数据库定位在高可用性和永久一致性之间的一个连续体上，在这个连续体上的确切位置通常可以由管理员配置。这种模式称为**最终一致性**：数据库事务的结果传播到所有副本，如果不执行下一步的事务，那么系统最终会达成一致，但在所有时间点上系统总是不一致的，ACID事务就是如此。

为了将这种方法与ACID事务（并保持在化学术语内）进行对比，这种事务范式被统称为BASE事务。BASE代表基本可用（Basically Available）、软状态（Soft state）、最终一致性（Eventually consistent）：

- 基本可用：采取措施确保在所有情况下都可用，必要时以一致性为代价。
- 软状态：由于更新在整个系统中异步传播，即使没有外部输入，数据库的状态也可能发生变化。
- 最终一致性：随着时间的推移，数据库将趋近一致，但任何时间都可能是不一致状态，特别是在事务提交时。

知识延伸 ACID（酸）和BASE（碱）都属于化学中的概念。从某种意义上说，使用BASE作为ACID的对比缩略词并不意外。

写入操作可在数据项的一个或最多几个副本上执行，更新后，写入操作标定为已完成。

对其他副本的更新在后台异步传播（可能等待不可用的结点或连接再次可用），因此最终所有副本都会收到更新。读取操作在一个或仅仅几个副本上执行，如果只检索一个副本，无法保证它是最新的，但最终的一致性使得它不会太过时。如果读取操作涉及多个副本，则这些副本彼此可能不一致，可依靠不同方法来解决这种不一致：

- 对于检索到的数据返回到应用程序之前产生的冲突，DBMS 包含其解决规则，通常会使用时间戳（例如，“last write wins”），这表明返回最近编写的版本。此方法可用于检索当前会话状态，例如，与 Web 存储的客户会话相关的数据是否保存在 NoSQL 数据库中。
- 解决冲突的负担可从数据库管理系统转移到应用程序，此时业务逻辑可以确定如何协调同一数据项的冲突副本，比如应用程序可能包含将同一客户的购物车的两个冲突版本的内容合并为一个统一的逻辑版本。

16.7.4 多版本并发控制和向量时钟

前面的讨论说明，对数据库内容，尤其是同一数据项的不同版本实施一致性的时刻与对 ACID 和 BASE 事务实施的时刻是不同的。对于 ACID 事务，如果无法更新数据库（即某些数据无法写入），可能是因为发生了冲突，DBMS 将锁定某些数据，以延迟读或写操作，直到可以保证一致性。对于 BASE 事务，冲突解决不一定发生在写入数据时，也可能会推迟到实际读取数据时，这种方法受启发于可用性和事务吞吐量：数据库可能需要“始终可写”，更新不应该被锁或冲突风险所阻止，例如，对于 Web 商店来说，因为无法写入数据库会导致错过销售事务是不可接受的。与其推迟写入操作直到冲突风险得到缓解，不如使用更新的值创建数据项的新版本，同时，另一个用户或应用程序可能正在准备另一个写操作，从而产生同一数据项的另一个副本，所以 DBMS 可能包含此数据项的多个不一致版本；在实际检索数据之前，会推迟解决这些版本之间的冲突。

支持这种方法的并发协议称为 MVCC（多版本并发控制），此类协议通常基于以下原则：

- 读取操作返回数据项的一个或多个版本；这些版本之间可能存在冲突，并由 DBMS 或客户端应用程序解决。
- 写入操作会导致创建新版本的数据项。
- 有一种更精确的时间戳称为向量时钟，用于区分数据项版本并跟踪其来源，数据项的每个版本都与这样的向量时钟相关联。
- 依据向量时钟，过时废弃数据项的版本被垃圾回收[⊖]，在一些实现中，会记录过时的版本来进行版本管理。

向量时钟由一组 [结点，计数器] 列表对组成，其中结点项表示处理该版本写入的结点，计数器项表示该结点写入的版本号，这样与数据项版本相关联的整个向量时钟就能表示各个版本的后续行。

读取操作使用版本向量时钟检索数据项的所有冲突版本。写操作使用相应的矢量时钟创建数据项的新版本。如果一个版本的向量时钟中的所有计数器都小于或等于另一个版本的时钟中的所有计数器，则第一个版本是第二个版本的祖先，可以安全地进行垃圾收集。否则，两个版本都表示冲突的版本，应该保留。之后他们可能会和解。

⊖ 垃圾回收指清理废弃或不需要对象或对象的版本，此术语可用于内部存储器的对象（作为编程语言内存管理器的一部分）或用于持久性存储对象（作为数据库的一部分）。

图 16-14 展示了一个范例，假设客户端将新的数据项 D 存储到数据库中，写入由结点 N1 处理，它创建数据项的第一个版本 D_1，于是产生了向量时钟（[N1, 1]）。然后，客户端更新数据项，再由同一结点 N1 处理写入操作，创建数据项的新版本 D_2，并且向量时钟变为（[N1, 2]），因为同一结点 N1 创建了第二个版本，向量时钟可以表示 D_2 是 D_1 的后继，所以 D_1 可以被垃圾回收。

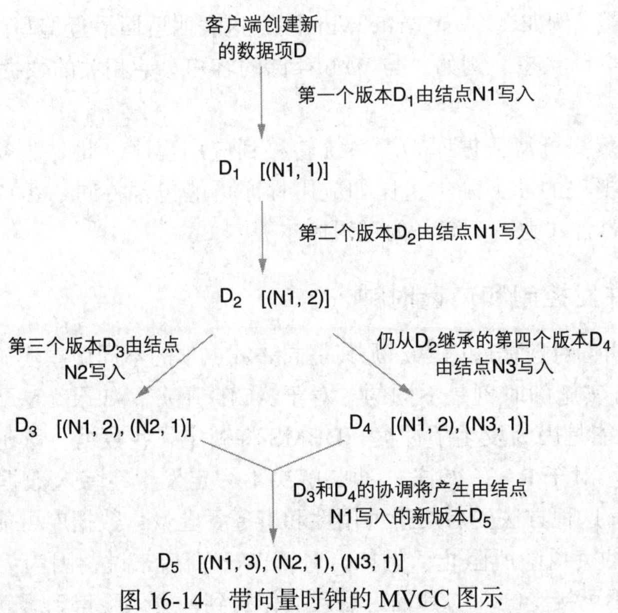

图 16-14　带向量时钟的 MVCC 图示

之后客户端再次更新数据项，但现在写入操作由另一个结点 N2 处理，于是产生了数据项的第三个版本 D_3，它由 D_2 衍生而来，是 N2 编写的第一个版本，所以向量时钟变为（[N1,2], [N2, 1]）。现在假设另一个客户端同时读取 D 并接收版本 D_2，客户端更新数据项，由另一个结点 N3 处理写入操作，生成一个版本 D_4，它是 D_2 的后续，向量时钟则变为（[N1,2], [N3,1]）。

请注意 D_2 也可以被垃圾回收，因为它同时被 D_3 和 D_4 所取代，在相应的向量时钟中也有表示，但是 D_3 和 D_4 都需要保留。虽然它们在 D_2 中有共同的前驱（ancestor），但它们并不是彼此的后继（descend），D_3 和 D_4 都包含彼此未知的更新，这同样体现在它们的向量时钟中。在某些时候，两个版本都将由客户端或 DBMS 读取和协调，新版本 D_5 是 D_3 和 D_4 的后继。假设写操作再次由 N1 处理，那么向量时钟变为（[N1, 3], [N2, 1], [N3, 1]），此时 D_3 和 D_4 可以进行垃圾回收。

16.7.5　基于 Quorum 的一致性

如前所述，许多 NoSQL 数据库系统为管理员提供了对应方法，可将系统置于高可用性和永久一致性之间的连续体上。通过基于 Quorum 的协议操作其中参数来配置这种位置比例。基于 Quorum 的协议使用三个可配置参数 N、R 和 W（$R \leq N$ 和 $W \leq N$）在同一数据项的副本之间强制实现一致性：

- N 表示数据项复制过的结点数（在一致哈希环中），N 越大，冗余度越高，则不可用或数据丢失的风险越小，N 越大并行性越高，但如果要保证所有 N 个副本永久一致，则会增加开销。
- R 是指在数据项的读取操作完成之前应响应的最小结点数，R 越大读取性能越慢，因为响应时间由这些结点中最慢的结点决定，更大的 R 会增加这些结点返回的副本集中包含数据项最新版本的可能性。

- W 是指在数据项的写入操作完成之前应接收更新值的最小结点数，W 越大写性能越慢，因为响应时间由这些结点中最慢的结点决定，更大的 W 会增加包含数据项的最新版本的结点数量，进而增加数据库的一致性。

通过调整 R 和 W，数据库管理员可以对性能和一致性做出权衡，也可以在读性能和写性能间权衡。一些典型配置如图 16-15 所示，当 N=3 时，R 和 W 都有四种配置，圆圈表示存储在结点 1、结点 2 和结点 3 上的单个数据项的副本，深色圆圈表示最新副本，浅色圆圈表示过时副本。简化考虑，假设第一个结点总是在 100ms 后响应，第二个结点总是在 200ms 后响应，第三个结点总是在 300ms 后响应，且这些数字适用于读写操作。在真实情况下，这些值将根据每个结点的实际工作负载而变动。

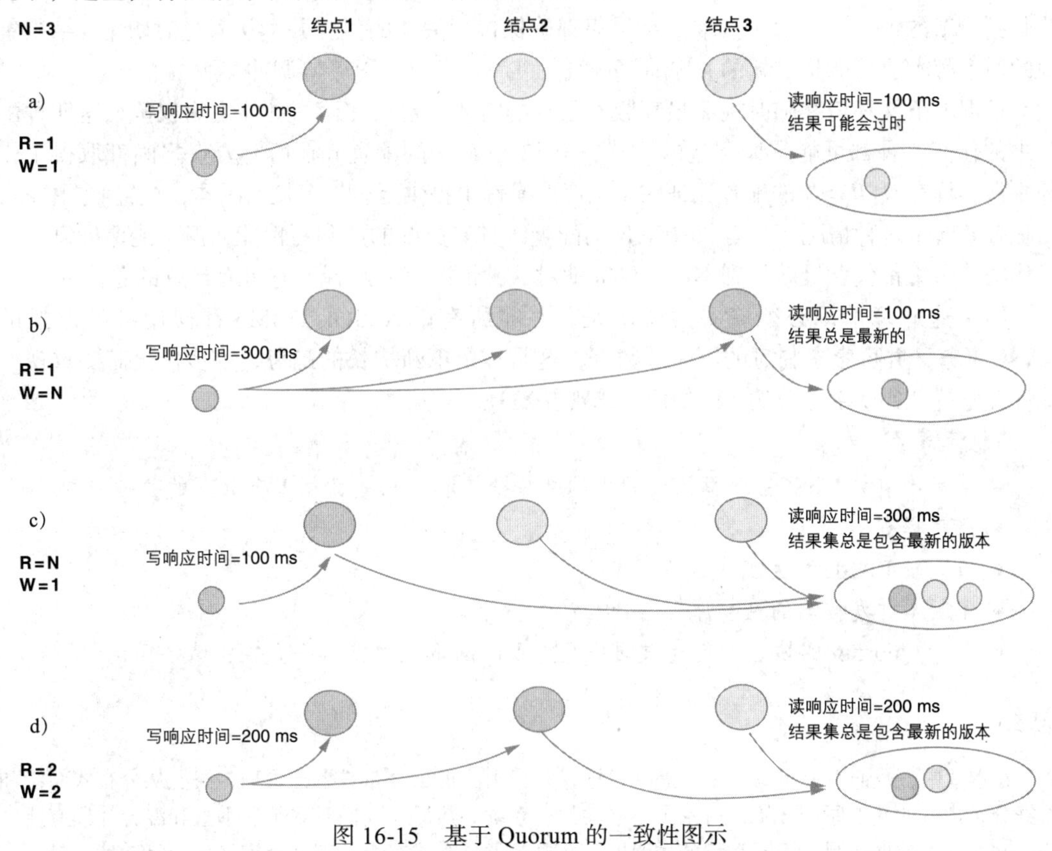

图 16-15　基于 Quorum 的一致性图示

图中配置 a 显示 R=1 和 W=1 的情况，在第一个结点收到更新的值后，写入操作完成，共需要 100ms，一旦接收到来自一个结点的响应，读取操作就可以完成，它同样需要 100ms。但是，第一个响应结点可能不是具有数据项最新副本的结点，所以结果可能（稍微）过时，不过在许多大数据环境中，这并不会存在什么问题。

配置 b 表示 R=1 和 W=N 的情况，当前状态下只有在所有三个结点都收到更新的值之后，写入操作才完成，响应最慢的结点会在 300ms 之后收到更新，因此写入所需的时间比配置 a 中长得多。一旦接收到来自一个结点的响应，读取操作就会完成，所以读取时间在 100ms。由于所有结点都参与了写入并接收到更新的值，即使是单个结点的响应也可保证能够提供数据项的最新版本。此配置可能适用于写入不太多但需要快速读取的设置，例如，数据库包含相当稳定的产品目录数据。

配置 c 表示 $R=N$ 和 $W=1$ 的情况，在第一个结点接收到更新的值后，写入操作完成，因此写入时间会返回到 100ms。当前只有在接收到来自所有三个结点的响应后，读取操作才会完成，因此读取时间将增加到 300ms。因为数据项的所有副本都是通过读取来检索的，结果集确保包含最新版本，旁边还有更多过时的版本。每次读取时，DBMS 或应用程序都可以协调冲突的版本。如果 DBMS 需要“始终可写”，配置可能会很合适，它的写性能优于读性能，比如为了不因响应时间太慢而错过任何销售事务。

配置 d 表示 $R=2$ 和 $W=2$ 的情况，在两个结点都接收到更新值后写入操作完成，所以写入时间为 200ms。当前一旦接收到两个结点的响应后读取操作就会完成，读取时间同样为 200ms。由于每次读取操作都检索三个副本中的两个，且每次写入操作也要三个中的两个都接收到最新的值，所以每次读取的结果集都确保包含最新的值，并紧接着过时版本（结果集中的两个版本也可能是最新的），此时可通过 DBMS 或应用程序协调冲突版本。

根据上下文环境和随时检索最新版本数据的需要，也可在读写性能之间权衡，这四种配置中的任何一种都可能是最合适的，其中 $W=2$ 和 $R=2$ 的配置 d 在所有要点之间都取得了较好平衡。具有 $R+W>N$ 的配置保证在每次读取操作中提供至少一个最新副本，配置 b、配置 c 和配置 d 就是这种情况。具有 $R+W \leqslant N$ 的配置将具有更好的读和写性能，但不能保证每个读操作的结果集都包含最新的副本。配置 a 就对这种情况有所解释，它具有最好的总体性能。

结束这一章前，必须着重声明的是，并非所有的 NoSQL DBMS 都使用某种形式的 BASE 事务，并可容忍临时的不一致数据，这是一个不断增长的趋势，许多情况需要重视一致性并坚持 ACID 事务范例（例如使用乐观并发）。

节后思考

- 请讨论有关 NoSQL 数据库设置中的数据分布和分布式数据事务管理的关键原则。
- 请解释 CAP 定理。
- 请比较 BASE 和 ACID 事务。
- 多版本并发控制的主要原则是什么？
- 基于 Quorum 的协议如何要求同一数据项的副本之间保持一致性？请举例说明。

总结

在本章中，我们对分布式数据库展开讨论，并特别注重于分布式事务管理，我们从分布式系统和数据分布背后的基本原理开始，讨论了不同的架构系统。然后，我们对水平、垂直和混合片段有所区分，并讨论了数据复制和不同类型的透明度，并概述了分布式查询处理和查询优化的复杂性，最后为紧耦合和松耦合的分布式设置引入了事务范例，并给出了悲观和乐观并发的例子。我们非常关注保证数据一致性和事务原子性所需的额外协调。此外，一些范例在一定程度上牺牲了原子性或一致性，以减少开销和提高事务吞吐量，其中一个是基于补偿的协议。我们以 BASE 事务范例的总结为结尾，它通常应用在 NoSQL 设置中，并且可以通过多版本并发控制和基于 Quorum 的一致性进行完善。

情景收尾 Sober 现在已经了解了数据分布和分布式数据库对查询处理和优化、事务管理和并发控制的影响，不仅如此，它还知道 NoSQL 数据库设置中有关数据分布和分布式事务管理的基本原则，这些所有的经验都会考虑用来作为其战略扩张计划的一部分。

关键术语表

access transparency（访问透明性）
canonical form（规范化）
compensation-based transaction model（基于补偿的事务模型）
data localization（数据本地化）
decision phase（决策阶段）
derived fragmentation（衍生分割）
distributed 2PL（分布式 2PL）
distributed database systems（分布式数据库系统）
eventual consistency（最终一致性）
federated database（联合数据库）
fragment query（片段查询）
fragmentation（分割）
fragmentation transparency（分割透明）
fragments（分片）
global deadlock（全局死锁）
global query optimization（全局查询优化）
horizontal fragmentation（水平分割）
inter-query parallelism（查询间并行性）
intra-query parallelism（查询内并行性）
local query optimization（本地查询优化）
location transparency（位置透明）
long running transactions（长时间运行事务）
loosely coupled（松耦合）
mixed fragmentation（混合分割）
parallel databases（并行数据库）
participants（参与者）
primary copy 2PL（主副本 2PL）
primary site 2PL（主站点 2PL）
query decomposition（查询分解）
replication transparency（复制透明性）
shared-disk architecture（共享磁盘架构）
shared-memory architecture（共享内存架构）
shared-nothing architecture（无共享架构）
tightly coupled（紧耦合）
transaction coordinator（事务协调器）
transaction transparency（事务透明性）
transparency（透明性）
Two-Phase Commit Protocol（2PC Protocol）（两阶段提交协议（2PC 协议））
vertical fragmentation（垂直分割）
voting phase（投票阶段）
wrappers（封装器）

思考题

16.1　下列哪个陈述**正确**？

a. 在共享内存架构中，运行 DBMS 软件的多个互连处理器共享同一中央存储器和辅助存储器。

b. 使用共享磁盘体系架构，每个处理器都有自己的中央处理器，但与其他处理器共享辅助存储器。

c. 在无共享架构中，每个处理器都有自己的中央存储器和硬盘单元。

d. 以上所有选项都正确。

16.2　使用水平分段时，____。

a. 每个片段都包含全局数据集的列子集。

b. 每个片段都包含满足一个确定查询谓词的所有行。

16.3　下列哪个陈述**不正确**？

a. 位置透明性意味着数据库用户不需要知道所需数据驻留在哪个结点上。

b. 片段透明性是指用户可以执行全局查询，而不必关心分布式片段如何根据需要进行组合执行查询。

c. 事务透明性是指分布式数据库可以以统一的方式访问和查询，而不必考虑可能涉及的不同数据库系统和 API。

d. 复制透明性意味着同一数据项的不同副本将由数据库系统自动保持一致，对一个副本的更新将透明地（同步或异步地）传播到同一数据项的其他副本。

16.4　下列哪个陈述**不正确**？

a. 主站点 2PL 可视为在分布式环境中应用集中式两阶段封锁协议。

b. 主站点 2PL 的一个缺点是中央锁管理器可能成为瓶颈。

c. 使用分布式 2PL，每个站点都有自己的锁管理器，负责管理与存储在该站点上的片段相关的所有锁定数据。

d. 即使数据库包含副本数据，应用基本的 2PL 协议仍足以确保可串行化。

16.5 在 2PL 中的时刻表是无死锁的，如果____。

a. 局部和全局等待图都不含循环　　b. 局部等待图不含循环

c. 全局等待图有且仅有有限数量的循环　　d. 局部等待图有且仅有有限数量的循环

16.6 乐观并发可以显著提高哪种设置中的事务吞吐量和总体数据可用性？____

a. 紧耦合设置　　b. 松耦合设置

16.7 许多 NoSQL 数据库应用哪种形式分段？____

a. 垂直分段　　b. 水平分段

16.8 在 NoSQL 环境中最终一致性表示____。

a. 数据库事务的结果将会传播到所有副本，如果不再执行任何事务，则系统最终会趋于一致。

b. 数据库事务的结果立即传播到所有副本。

c. 数据库在任何时刻都一致。

d. 数据库在任何时刻都不一致。

16.9 BASE 事务中的冲突解决方案____。

a. 总发生在写入数据时　　b. 推迟到数据被实际读取时

16.10 基于 Quorum 的协议通过三个可配置参数 N（数据项复制过的结点数）、R（在数据项的读取操作完成之前应响应的最小结点数）和 W（应该在数据项的写入操作完成之前接收更新值的结点），当 $R \leqslant N$ 和 $W \leqslant N$ 时，下列哪个陈述**不正确**？

a. 较高的 N 存在更高并行性，但如果同时需要保持 N 个副本永久一致，会增加开销。

b. 较高的 R 增加了这些结点返回副本集包含数据项最新版本的可能性。

c. W 越高，写性能越好，因为响应时间由这些结点中最快的结点决定。

d. 通过调整 R 和 W，数据库管理员在性能与一致性之间进行权衡，也可以在读性能和写性能之间权衡。

问题和练习

16.1E 请展开描述分布式数据库中最重要的架构变体。

16.2E 请举例阐述垂直、水平、混合以及驱动片段。

16.3E 请讨论在分布式数据库环境中不同类型的透明性。

16.4E 举例解释分布式查询处理过程。

16.5E 讨论并比较下列封锁方法：主站点 2PL、主副本 2PL 和分布式 2PL。

16.6E 请讨论在乐观并发设置中检测冲突更新的不同技术。

16.7E 请讨论并解释基于补偿的事务模型。

16.8E 请解释最终一致性和 BASE 事务。

16.9E 请解释何为多版本并发控制。

16.10E 请举例说明基于 Quorum 的一致性。

第四部分

数据仓库、数据治理和大数据分析

第 17 章

数据仓库与商务智能

本章目标 在本章中，你将学到：

- 理解操作和战术 / 战略决策之间的区别；
- 根据关键特征定义数据仓库；
- 辨别不同类型的数据仓库模式；
- 理解抽取、转换和加载过程的关键步骤；
- 根据关键特征定义数据集市；
- 了解虚拟数据仓库和虚拟数据集市的优缺点；
- 定义可操作的数据存储；
- 辨别数据仓库和数据湖之间的区别；
- 通过查询、报告、数据透视表和在线分析处理了解商务智能的应用。

情景导入 除了将数据用于日常业务活动之外，Sober 还希望将其用于战术和战略决策。更具体地说，对于每一种服务（叫车服务与拼车服务）和每一种汽车（是 Sober 车或不是），该公司希望全面了解销售数据，以及每季度销售数据的变化情况。通过这种做法，Sober 希望更好地了解它可以在哪里改进，并找到合适的机会。该公司不相信可以使用现有的关系数据模型，因为将上述问题转换成 SQL 查询可能太麻烦。负责人认为需要一种新的数据结构来更有效地回答上述业务问题。考虑到其现有模式的局限性，你会建议 Sober 怎么做？

在此之前，我们主要关注以最优的方式存储数据，在任何时候都尽可能地确保数据的完整性。下一个问题是，从业务角度看，我们可以对这些数据做什么？在本章中，我们将讨论如何获取数据并从中提取有价值的业务数据。我们首先放大到企业决策的各个层次，以及这与支持这些决策的数据需求之间的关系。这将为我们引出数据仓库的概念，即我们正式定义并在数据模型、设计和开发方面广泛讨论的大型综合数据存储。我们将数据仓库与一些较新的开发（如虚拟化、数据湖）进行了对比，并指出了协同效应。然后，我们放大到商务智能（BI），讨论查询和报告、数据透视表和在线分析处理（OLAP）等关键技术，以更好地理解和揭示企业数据中的隐藏模式。

17.1 操作与战术 / 战略决策

每个公司都有不同级别的决策，这对底层支持数据基础设施有重要影响。第一个是**操作级别**，在这个概念下，日常业务决策是实时做出的，或者在很短的时间内做出的。传统数据库主要是为这些操作决策而开发的，并且具有很强的事务性，其中许多事务需要在短时间内处理。思考一个**销售点**（POS）应用程序，它存储关于谁在什么时间在什么商店购买什么产品的信息，或者一个银行应用程序，它处理每日的货币转账信息。操作数据库应用程序通常使用高度规范化的数据，以避免在传输处理过程中出现重复或不一致的情况。它们应该在任何时候都包含先进的事务和恢复管理设施，确保在同时和分布式访问数据期间的一致性和完整性。鉴于这种对事务管理的强烈关注，这些系统通常也被称为**联机事务处理**（OLTP）系统。许多公司采用 OLTP 系统的混合，这些 OLTP 系统的设计重点是应用程序，通常基于底层数据存储格式的混合，如关系数据库、遗留数据库（如 CODASYL），甚至是平面文件。

下一层决策是**战术层**，其中决策由中期关注时间（例如，一个月、一个季度、一年）的中层管理人员做出。例如，思考一个商店经理，他想知道所有产品的月销售额，以决定补货订单。最后，在**战略层面**，决策是由高级管理层做出的，具有长期影响（例如，1 年、2 年、5 年或更长时间）。例如，思考首席执行官想要检查销售的地理分布，以便做出关于建立新商店的投资决策。战术和战略层面所需的信息系统通常被称为**决策支持系统**（DSS），因为它们的主要目的是为中长期决策提供支持信息。这些 DSS 需要传统操作系统之外的其他类型的数据操作。更具体地说，DSS 通过以用户友好的方式回答复杂的特别查询（SELECT 语句）来关注数据检索。它们应该包括以多维方式表示数据的工具，支持不同级别的数据聚合或汇总，并为高级数据分析提供交互式工具。决策支持系统还应该通过检测时间序列数据中的模式来为趋势分析提供支持。这些需求与侧重于简单的 INSERT、UPDATE、DELETE 和 SELECT 语句的操作系统形成了强烈的对比，在这些操作系统中，事务吞吐量是最重要的 KPI 之一。因此，考虑到这些不同的数据存储和操作要求，需要一种新型的综合数据存储设施来实现决策支持系统。数据仓库通过集成来自不同来源和不同格式的数据来提供这种集中的、统一的数据平台。因此，它为战术和战略决策提供了一个独立和专用的环境。通过这样做，我们可以避免使用复杂的查询使操作数据库超载，并允许它们专注于其核心活动：事务处理。然后，数据仓库可以专注于提供主数据来执行高级分析，如 OLAP 和分析学，我们将在下面讨论。

节后思考 操作、战术和战略决策之间有什么不同？通过示例说明。

17.2 数据仓库定义

数据仓库最初由 Bill Inmon 在 1996 年正式定义如下：[⊖]

数据仓库是一种面向主题的、集成的、时变的、非易失的数据集合，用于支持管理层的决策过程。

让我们更详细地讨论一下这些属性。**面向主题**意味着数据是围绕客户、产品、销售等主题组织的。通过将重点放在主题而不是应用程序或事务上，对数据仓库进行了优化，通过排除与决策过程无关的任何数据，从而方便决策者进行分析。

集成数据仓库的意义在于，它集成了来自各种操作源和各种格式（如 RDBMS、遗留 DBMS、平面文件、HTML 文件、XML 文件等）的数据。为了成功地融合和合并所有这些数据，数据仓库需要确保以类似的方式命名、转换和表示所有数据。例如，考虑性别编码为男性 / 女性的情况，0/1,m/f；出生年月用 dd/mm/yyyy、mm/dd/yyyy、dd/mm/yy 表示；或者销售在底层交易数据存储中以美元和欧元表示。数据仓库协调所有这些差异并采用一种集成的表示格式。换句话说，它建立了一组通用的数据定义。然后通常在抽取、转换和加载（ETL）过程中使用它们，用协调的数据填充数据仓库（图 17-1）。

⊖ W. H. Inmon, *Building the Data Warehouse*, 2nd edition, Wiley, 1996.

非易失性意味着数据主要是只读的，因此不会随着时间的推移频繁更新或删除。因此，数据仓库中两种最重要的数据操作的操作类型是数据加载和数据检索。这对设计数据仓库带来了启示。例如，在事务系统中，需要仔细定义完整性规则（例如，ON UPDATE CASCADE、ON DELETE CASCADE），以确保在更新或删除数据时数据的完整性。这在数据仓库环境中不是什么问题，因为数据很少更新或删除。另外，为了避免重复和不一致，事务系统总是假设数据是标准化的（例如，总计和其他派生的数据元素永远不会被存储）。这与数据仓库形成了对比，数据仓库通常存储聚合 / 非规范化数据，以加快分析速度（另见 17.3 节）。最后，对于数据仓库来说，事务管理、并发控制、死锁检测和恢复管理不是很重要，因为它们主要用于检索数据。

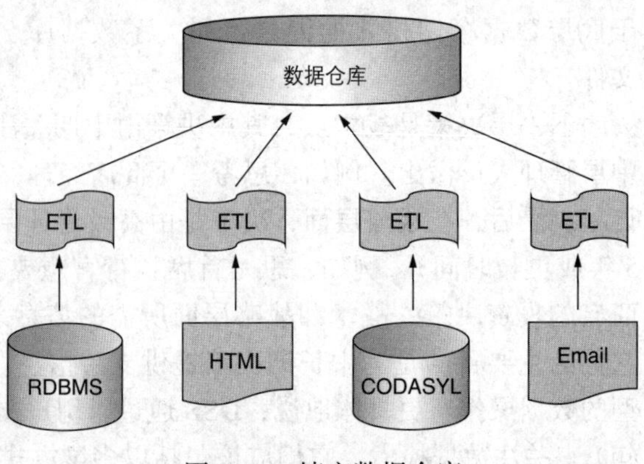

图 17-1　填充数据仓库

时间变体指的是数据仓库实际上存储了一系列周期性快照的时间序列。操作数据始终是最新的，并表示数据元素的最新状态，而数据仓库不一定是最新的，而是表示某个特定时刻的状态。数据不会随着业务状态的更改而更新或删除，但是会添加新的数据，以反映新的状态。通过这种方式，数据仓库还存储关于过去的状态信息，称为历史数据。因此，数据仓库中存储的每一块数据都带有一个时间标识符。后者可以用来做历史趋势分析。

表 17-1 总结了事务系统和数据仓库之间的关键区别。

表 17-1　事务系统和数据仓库的区别

	事务系统	数据仓库
使用	日常业务操作	战术 / 战略层面的决策支持
数据延迟	实时数据	定期快照，包括历史数据
设计	面向应用的	面向主题的
标准化	规范化数据	（有时也）非正态化数据
数据操作	Insert/Update/Delete/Select	Insert/Select
事务管理	重要	不太重要
查询的类型	很多，简单的查询	更少，但复杂和特别的查询

知识关联　第 6 章讨论了关系数据的规范化。事务管理在第 14 和 16 章讨论。

知识延伸　根据吉尼斯世界纪录，最大的数据仓库包含 12.1PB（12 100TB）的原始数据，于 2014 年 2 月 17 日，由 SAP、BMMsoft、HP、Intel、NetApp 和 Red Hat 在美国加州圣克拉拉 SAP Co-location 实验室合作完成。

节后思考

- 数据仓库的关键特征是什么？
- 将数据仓库与事务系统进行比较。

17.3 数据仓库模式

可以采用各种概念数据模型或模式来设计数据仓库，这些数据仓库都涉及对事实的建模，以及用于分析这些事实的维度。接下来，我们将讨论最常见的模式：星形模式、雪花模式和事实星座模式。

17.3.1 星形模式

顾名思义，**星形模式**有一个大的中心事实表，它连接到各种较小的维度表。如图 17-2 所示，事实表有多个外键指向每个维度表，实现了 1 : *N* 关系类型。事实表的主键由所有这些外键组成。事实表通常包含每个事务或事件的元组（即一个事实），也包含测量数据（例如，在我们的例子中，单位销售和欧元销售）。维度表存储关于事实表中每个事实的进一步信息（例如，时间、商店、客户、产品）。使用求和、平均值等加法运算符，可以沿所有维度汇总加法度量。这些是最常见的度量方法。在我们的示例中，单位销售和欧元销售可以跨时间、商店、产品和客户维度（例如，每个月的销售、每个客户的平均销售）有意义地添加。半加性测量只能用沿着某些维度的加法来概括。例如，度量库存总量不能跨两个不同的时间段添加，因为数量可能会重叠。非附加测量不能沿任何维度添加。例如产品价格或成本。

维度表包含聚合度量数据的标准，因此将用作回答以下查询的约束：在一个特定的季度内，所有产品、商店和客户的最大销售额是多少？ 所有时间段、商店和产品的每个客户的平均销售额是多少？ 在第 2 季度中，XYZ 商店销售的所有产品的最小数量是多少？ 为了加快报表生成并避免耗时的连接，维度表通常包含非规范化的数据。换句话说，维度层次结构（例如，日、月、季、年）以及相应的传递依赖关系在设计中不太清晰，因为它们被折叠成一个表并隐藏在列中。由于这些维度表很少更新，所以我们不必太担心数据不一致的风险。因此，不规范维度表的唯一缺点是复制存储的信息，对于如今便宜（每 GB 的可变成本）的存储解决方案并结合大多数维度表占用不到 5% 的整体存储需要这不是多大的问题。

图 17-3 演示了图 17-2 的星形模式的一些示例元组。可以看出，为了庆祝生日（2 月 27 日），Bart（CustomerKey=20006008, CustomerNr=20）在 Vinos del Mundo（StoreKey=150, StoreNr=69）购买了 12 瓶 2012 年的天然的雅克·塞洛斯（Jacques Selosse）香槟（ProductKey=30, ProdNr=0199）。

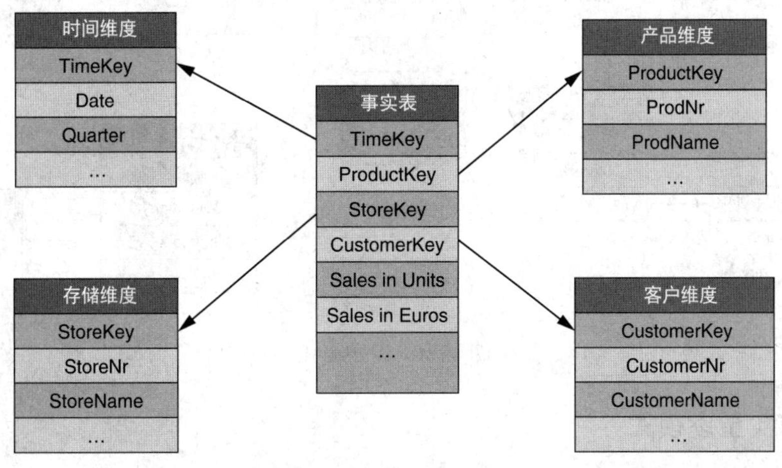

图 17-2 星形模式

事实表

TimeKey	ProductKey	StoreKey	CustomerKey	Sales in Units	Sales in Euros
200	50	100	20006010	6	167.94
210	25	130	20006012	3	54
180	30	150	20006008	12	384
...					

维度表

TimeKey	Date	Quarter	...
200	08/03/2017	1	...
210	09/11/2017	3	
180	27/02/2017	1	

CustomerKey	CustomerNr	CustomerName	...
20006008	20	Bart Baesens	...
20006010	10	Wilfried Lemahieu	
20006012	5	Seppe vanden Broucke	

StoreKey	StoreNr	StoreName	...
100	68	The Wine Depot	...
130	94	The Wine Crate	
150	69	Vinos del Mundo	

ProductKey	ProdNr	ProdName	...
25	0178	Meerdael, Methode Traditionnelle Chardonnay, 2014	...
30	0199	Jacques Selosse, Brut Initial, 2012	
50	0212	Billecart-Salmon, Brut Réserve, 2014	

图 17-3　图 17-2 的星形模式的元组示例

17.3.2　雪花模式

雪花模式规范化维度表，如图 17-4 所示。通过这样做，它本质上分解了每个维度的层次结构。这会创建更多的表和主 – 外键关系，这可能会对报表生成产生负面影响，因为需要评估许多连接。但是，如果维度表变得太大，并且需要更有效地使用存储容量，则可以考虑这种方法。如果事实证明大多数查询不使用外部级别的维度表（例如，类别维度、段维度），只需要访问直接连接到事实表的维度表（例如，产品维度、客户维度），这也可能是有益的。由于后一个维度表现在比相应的（非规范化的）星形模式更小，因此可以更容易地将它们存储在内部内存中。

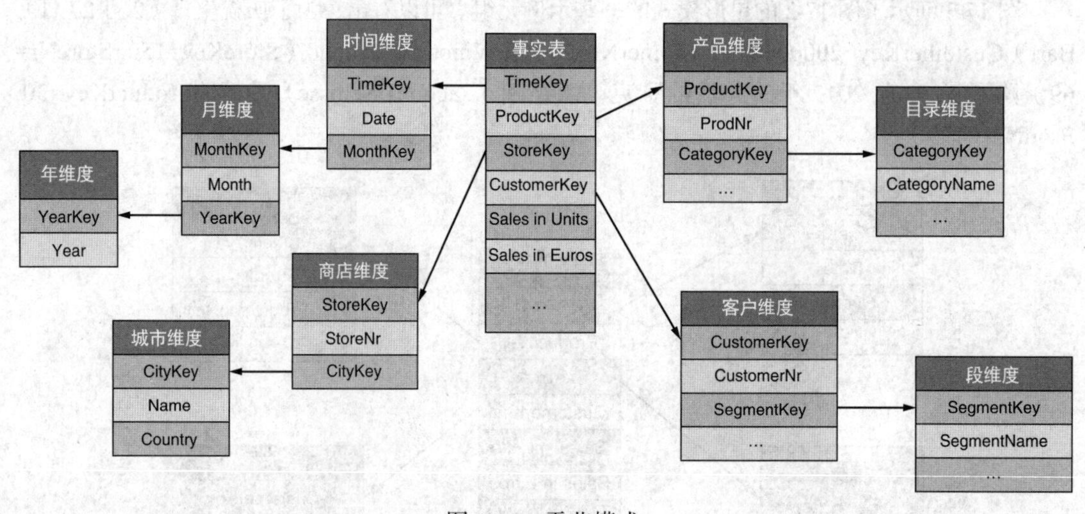

图 17-4　雪花模式

17.3.3　事实星座模式

事实星座模式有多个事实表，如图 17-5 所示。两个事实表 Sales 事实表和 Shipping 事实表共享表时间维度、产品维度和商店维度。这个模式有时也被称为星形模式的集合，或者银河模式。

以上三种模式都是简单的引用模式，组织可以选择采用这些方法的混合，例如，规范化某些维度，保持其他维度的非规范化（例如，星形模式是非规范化的星形模式与规范化的雪花模式的组合）。

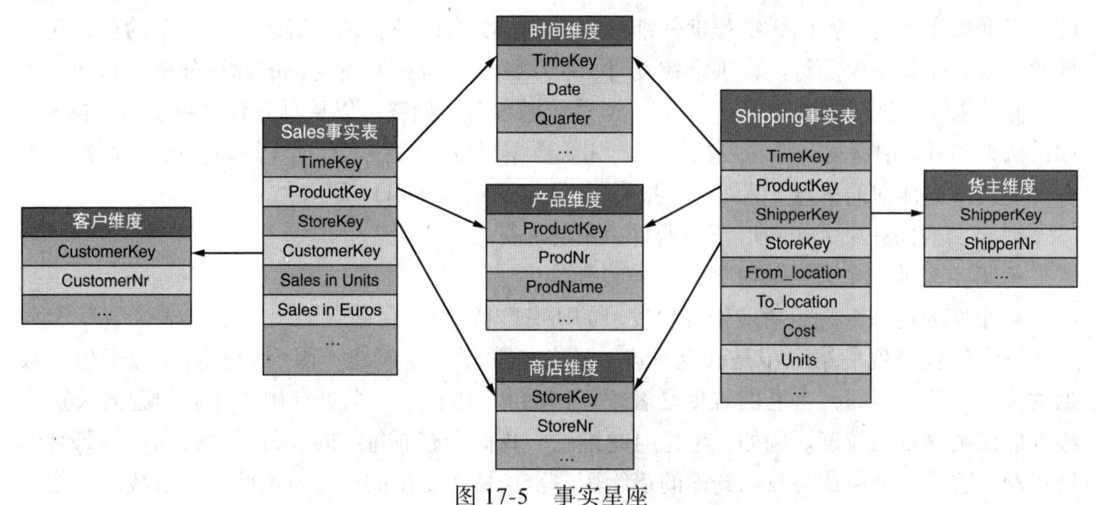

图 17-5 事实星座

17.3.4 特定的模式问题

在本节中，我们将详细讨论一些特定的模式问题。我们将讨论代理键的使用和事实表的粒度。引入无事实事实表，并给出维度表优化的建议。我们定义了无用维度和分支表。我们以处理缓慢和快速变化的维度的指导方针作为结论。

1. 代理键

正如你在上面的示例中看到的，许多维度表引入了新的键，称为**代理键**，如 StoreKey、ProductKey、ShipperKey 等。这些通常是无意义的整数，用于将事实连接到维度表。一个明显的问题是，为什么我们不能简单地重用现有的自然或业务键，如 StoreNr、ProdNr、ShipNr？原因有很多。首先，业务键在 OLTP 系统中通常具有业务含义，例如员工的社会保险号和公司的增值税号。因此，它们与商业环境和需求相关联，如果这些变化了（例如，由于合并或收购，或新的立法）则所有使用这些键的表将需要更新，这可能是数据仓库环境中的一个资源密集型操作，因为不仅存储当前状态还存储历史数据。代理键通过使数据仓库不受任何操作更改的影响，实际上缓冲了数据仓库与操作环境的关系。它们用于将事实表中的事实与维度表中的适当行关联起来，而业务键只出现在（小得多的）维度表中，以便与操作系统中的标识符保持链接。

此外，与代理键相比，业务键通常更大，这将导致大索引和减慢索引遍历，从而缩短查询执行时间。

因此，使用代理键将节省空间并提高性能。对于事实表尤其如此，因为它的大多数属性类型都是外键。例如，如果数据仓库包含大约 20 000 个客户的数据，这些客户平均进行了 15 次购买，那么事实表将包含大约 300 000 个（小）代理键值，而维度表将包含 20 000 个（大）业务键值以及相同数量的代理键值。如果没有代理键，事实表将包含 300 000 个业务键值。

其次，业务键还经常在较长时间内重复使用。例如，ProdNr 值“123abc”可能与五年前相比是个不同的产品。因此，它们不能用作数据仓库中的主键，在较长的时间段内存储数据的多个快照。最后，代理键还可以成功地用于处理缓慢变化的维度，如下所述。

知识关联 索引是内部数据模型的一部分，在第 12 章和第 13 章中讨论。

2. 事实表的粒度

由于事实表包含大量数据，因此在适当的**粒度**级别上设计它是很重要的。换句话说，你应该根据事实表的一行的详细程度仔细考虑语义。更高的粒度意味着表中有更多的行，而更低的粒度意味着更少的行。在确定粒度时，应该评估并且权衡所支持的详细分析级别和所需的存储需求（以及查询性能）。请注意，通过使用聚合，始终可以从具有较高粒度的数据（例如，从天到月）中获得较低粒度的数据。如果数据以较低的粒度存储（例如，按月存储），则不可能获得更详细的信息（例如，日报）。粒度定义的例子可以是：

- 事实表的一个元组对应于采购订单中的一行；
- 事实表的一个元组对应于一个采购订单；
- 事实表的一个元组对应于客户发出的所有购买订单。

决定最佳粒度的第一步是确定维度。这些通常很容易确定，因为它们直接源于生成数据的业务流程（例如，常见的维度是客户、产品和时间）。一个更有挑战性的问题涉及这些维度应该被测量的粒度。例如，考虑时间维度。我们会查看每小时、每天、每周还是每月的销售额？这是一个应该与数据仓库的最终用户密切协作做出的决定。因此，了解战术和战略决策所需的报告和分析类型是很有用的。由于数据仓库是一项长期投资，因此在决定粒度时预测未来的信息需求是很重要的。更高的粒度可能会降低无法提供正确详细级别的信息的风险。如果可能，强烈建议在原子级别定义粒度，即在可能的最高粒度上定义粒度。

3. 无事实事实表

无事实事实表是只包含外键而不包含度量数据的事实表。虽然它不太常见，但它可以用于跟踪事件。图 17-6 显示了课程管理的一个示例。事实表只包含时间、教授、学生和课程维度表的外键。事实表记录了一个学生在某一特定时间内参加教授所授课程的情况。这种数据仓库设计允许你回答以下问题：

- 哪位教授教的课程最多？
- 参加课程的平均学生人数是多少？
- 哪个课程的学生人数最多？

无事实事实表的另一个用途是分析覆盖率或负面报告。假设我们去掉图 17-2 中所有的测量数据（即单位销售额和欧元销售额）。生成的无事实事实表可用于回答以下问题：

- 一家商店平均卖出多少产品？
- 哪些客户没有购买任何产品？
- 哪些商店在特定时期没有销售任何产品？

4. 优化维度表

与事实表相比，维度表的行数通常更少。列的数量可能会非常大，其中许多列包含描述性文本。为了改善查询执行时间，应该对维度表进行大量索引，因为它们包含将用作选择条件的信息。平均而言，维度表的数量在 5～10 个之间。一个常用的维度表是时间，它几乎包含在每个数据仓库或数据集市中（参见 17.6 节）。这实际上是一个可以预先轻松构建的维度的示例，例如，如果最细粒度级别的时间是一天，那么十年的数据只需存储大约 3650 个元组[⊖]。

⊖ 由于有闰年。

图 17-7 显示了时间维度定义的一个示例。如你所见，它包含许多日期属性，例如关于财政周期、季节、假日、周末等的信息，这些信息是 SQL Date 函数所不直接支持的。

大量的维度（比如超过 25 个维度）通常表示其中一些维度可以聚合为单个维度，因为它们要么是重叠的，要么表示层次结构中的不同级别。

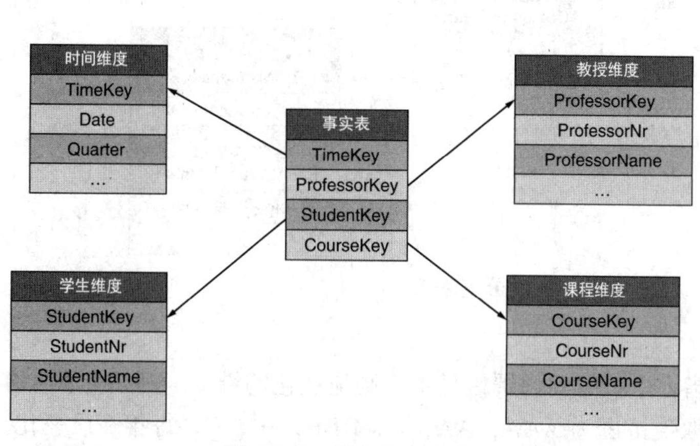

图 17-6 无事实事实表

时间维度
TimeKey
Date
DayOfWeek
DayOfMonth
DayOfYear
Month
MonthName
Year
LastDayInWeekFlag
LastDayInMonthFlag
FiscalWeek
HolidayFlag
WeekendFlag
Quarter
Season
...

图 17-7 时间维度的示例

5. 定义垃圾维度

一个有趣的问题是如何处理低基数属性类型，如标志或指示器。考虑属性类型在线购买（是或否）、支付（现金或信用卡）和折扣（是或否）。我们可以直接将这些属性类型添加到事实表中，也可以将它们建模为三个独立的维度。另一个有趣的选择可能是将它们组合成一个**垃圾维度**，该维度只是简单枚举低基数属性类型值的所有可行组合，如图 17-8 所示。注意，尽管 $2^3=8$ 个组合理论上是可能的，但我们遗漏了两种可能：Online Purchase = Yes 并且 Payment = Cash，让我们有 6 个可行的组合。我们还引入了一个新的代理键 Junkkey1，将这个垃圾维度表链接到事实表。

Junkkey1	Online purchase	Payment	Discount
1	Yes	Credit card	Yes
2	Yes	Credit card	No
3	No	Credit card	Yes
4	No	Credit card	No
5	No	Cash	Yes
6	No	Cash	No

图 17-8 定义垃圾维度

垃圾维度的定义极大地提高了数据仓库环境的可维护性和查询性能。

6. 定义分支表

可以定义一个**分支表**来存储维度表的一组属性类型，这些属性类型高度相关，基数很低，并且是同时更新的。例如，假设我们有一个客户维度表，其中还包括从外部数据提供程序获得的人口统计数据。更具体地说，属性类型是按月提供的，例如客户所在地理区域（例如州、县）的平均收入、平均家庭规模、失业率、女性人口百分比、20/30/40/50/60 以下人口百分比、房屋所有权百分比等。如果我们要将这些信息保存在客户维度表中，这将意味着大量的信息重复，因此在更新时需要大量的数据操作。更好的替代方法是将此信息放到一个新表（一个分支表）中，并通过外键将其与客户表链接起来（图 17-9）。需要注意的是，这个分支表没有直接连接到事实表。这种方法的一个优点是，客户维度表现在有更少的属性类型，而分支表有相对较少的行，因为人口统计数据现在每个区域只存储一次，而不是每个客户存储一次。缺点是需要一个额外的连接来合并两个表。尽管可以通过定义视图来实现这一点，但在数据仓库设计中要小心，不要定义太多的分支表。

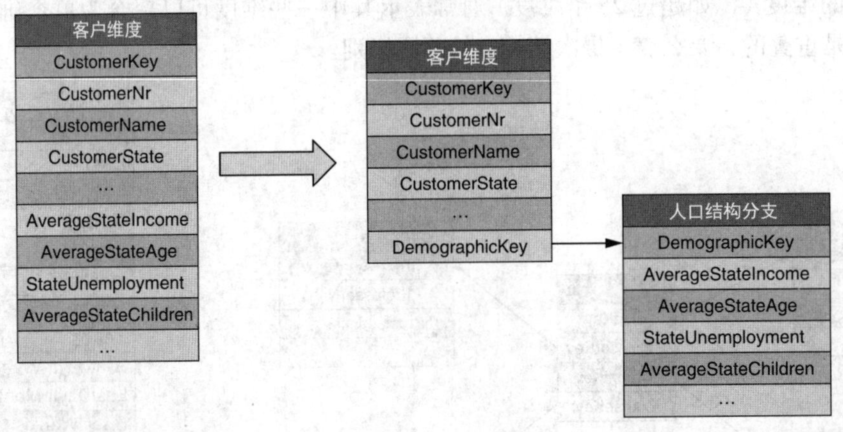

图 17-9　定义分支表

7. 缓慢变化维度

顾名思义，**缓慢变化维度**是指在一段时间内缓慢且不规则地变化的维度。例如，思考客户维度表，其属性类型客户段的取值范围为 AAA，AA，A，BBB，…，C，每年一次变化。现在假设我们希望将一个客户从 AA 升级到 AAA。有各种各样的方法来适应这种慢数据仓库环境中的更改（即每年的），这取决于你是否希望存储不含历史、全部历史或部分历史信息。第一种方法是简单地用新的段值覆盖旧的段值（图 17-10）。显然，这意味着信息丢失，因为没有保存任何更改历史。但是，这种方法可用于纠正数据错误（例如，将错误的 Baessens 值更改为正确的 Baesens 值）或当原始值不再相关时（例如，更改电话号码）。

旧状态：

CustomerKey	CustomerNr	CustomerName	Segment
123456	ABC123	Bart Baesens	AA

新状态：

CustomerKey	CustomerNr	CustomerName	Segment
123456	ABC123	Bart Baesens	AAA

图 17-10　方法 1 处理缓慢变化的维度

第二种方法通过复制记录并添加 Start_Date、End_Date 和 Current_Flag 属性类型来存储历史信息（图 17-11）。引入了一个新的代理键值（在我们的示例中是 123457），两个元组共享相同的业务键值（在我们的示例中是 ABC123）。这清楚地说明了使用代理键的好处，因为我们现在有两个元组引用相同的客户（由相同的业务键 CustomerNr 表示），但是仍然可以通过代理键进行区分。Start_Date 和 End_Date 属性类型的默认值是 31-12-9999，但是可以根据需要进行更新。两者都表示所谓的有效性范围，即元组的其他属性值在此时间范围有效。最新的元组将其 Current_Flag 指示器设置为 Y。这允许快速检索客户的最新信息。如果维度表相对较小且更改不那么频繁，则此方法可以很好地工作。事实表通过代理键引用维度表，因此每个事实总是与客户的正确“版本”相关（即段值与事实情况相同）。这样，就保留了完整的历史信息。如果段值只是像第一种方法中那样被覆盖，则不是这种情况。在那种情况下，在 28-02-2015 之前的事实被错误地归因于客户的“AAA”版本，而实际上它是一个“AA”客户。对数据的分析将导致错误的结论。分析客户状况的某些变化对一段时间内发生的事实（例如，细分市场的变化是否影响购买行为）的影响也是不可能的。因此，第一种方法不适用于历史值与分析相关的数据。

第三种方法是向表中添加新的属性类型（图 17-12）。在这种方法中，只存储部分历史信息，因为它只保存最近和以前的值。还可以通过添加一个日期属性类型来方便地扩展此方法，该类型指示最近的更改发生（即更新为 AAA）。另外，在分析过程中要注意不要因为丢失了全部的历史信息而得出错误的结论。

旧状态：

CustomerKey	CustomerNr	CustomerName	Segment	Start_Date	End_Date	Current_Flag
123456	ABC123	Bart Baesens	AA	27-02-2014	31-12-9999	Y

新状态：

CustomerKey	CustomerNr	CustomerName	Segment	Start_Date	End_Date	Current_Flag
123456	ABC123	Bart Baesens	AA	27-02-2014	27-02-2015	N
123457	ABC123	Bart Baesens	AAA	28-02-2015	31-12-9999	Y

图 17-11　方法 2 处理缓慢变化的维度

旧状态：

CustomerKey	CustomerNr	CustomerName	Segment
123456	ABC123	Bart Baesens	AA

新状态：

CustomerKey	CustomerNr	CustomerName	Old Segment	New Segment
123456	ABC123	Bart Baesens	AA	AAA

图 17-12　方法 3 处理缓慢变化的维度

第四种方法是创建两个维度表：客户和客户 _ 历史。两者都使用它们的代理键链接到事实表，但是前者包含最新的信息，而后者包含更新的完整历史。如图 17-13 所示。根据所需信息的类型（最近的或历史的），选择正确的维度表。

请注意，上述四种方法也可以组合使用。

客户：

CustomerKey	CustomerNr	CustomerName	Segment
123457	ABC123	Bart Baesens	AAA

客户_ 历史：

CustomerKey	CustomerNr	CustomerName	Segment	Start_Date	End_Date
123456	ABC123	Bart Baesens	AA	27-02-2014	27-02-2015
123457	ABC123	Bart Baesens	AAA	28-02-2015	31-12-9999

图 17-13　方法 4 处理缓慢变化的维度

8. 快速变化维度

快速变化维度是指在一段时间内变化迅速且有规律的维度。现在，我们假设一个客户的状态每周更新一次，而不是每年更新一次，这取决于他购买了多少商品。假设我们希望保留更改的整个历史记录，那么前一节中讨论的方法 2 和方法 4 都将导致向维度表添加大量行（客户表或客户 _ 历史表），这可能会严重影响性能。更好的选择可能是首先将所有客户信息分成稳定的（如性别、婚姻状况等）和快速变化的信息（如片段）。然后，可以使用新的代理键（SegmentKey）将后者放入一个单独的所谓的**迷你维度表**（CustomerSegment）中。如果不稳定的信息是连续的（例如，收入、信用评分），你可以选择对其进行分类并存储类别（例如，收入<1000、1000～3000、3000～5000、>5000），以保持迷你维度表的大小是可管理的。为了连接 Customer 和 CustomerSegment 表，你不能简单地在 Customer 中把 SegmentKey 作为外键，因为客户的段值的任何更改都需要在 Customer 表中创建一条新记录，这显然不是我们想要的。为了成功地在两个表之间建立连接，我们有两个选择。第一种方法是使用事实表作为连接器。更具体地说，我们在事实表中放置了一个额外的外键，它指向这个迷你维度表（参见图 17-14）。因此，事实表隐式地存储了关于易失性客户数据的历史信息。请注意，客户段只能在向事实表添加新行或进行新购买时更新。此外，如图 17-15 所示，还可以在 Customer 维度中包含一个外键，该外键指向 CustomerSegment 迷你维度中的当前段。这与事实表中的外键形成了对比，后者在事实发生时引用 CustomerSegment。

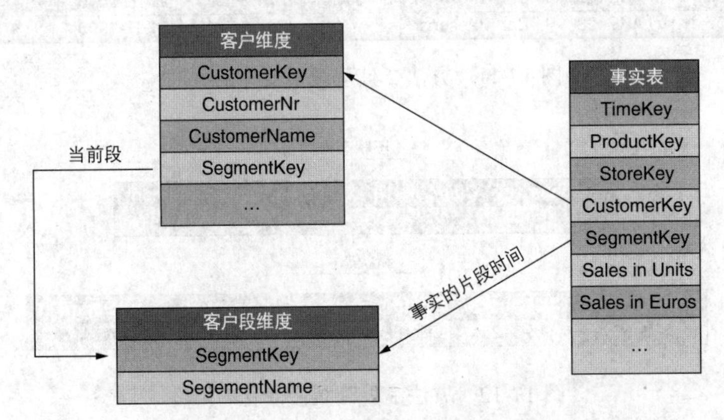

图 17-14　方法 1 处理快速变化的维度

图 17-15 中的一些元组示例对此进行了说明。这里，你可以看到客户 Bart（CustomerKey=1000）的当前段是 B（SegmentKey=2），而在最近事件发生时的段是 C（SegmentKey=3）。对于 Seppe 有一点不同：A 是最新的片段，而 D 是他最近的事实。对于 Wilfried 来说，当前的段是 A，这与他最近的事实的片段类似。

事实表

TimeKey	ProductKey	StoreKey	CustomerKey	SegmentKey	Sales in Units	Sales in Euros
200	50	100	1200	1	6	167.94
210	25	130	1400	4	3	54
180	30	150	1000	3	12	384
…						

客户维度

CustomerKey	CustomerNr	CustomerName	SegmentKey
1000	20	Bart Baesens	2
1200	10	Wilfried Lemahieu	1
1400	5	Seppe vanden Broucke	1

客户段维度

SegmentKey	SegmentName
1	A
2	B
3	C
4	D

图 17-15　图 17-14 中提出的方法的元组示例

连接两个表的另一种方法是引入一个额外的表 Customer_CustomerSegment，其中包括两个代理键，以及 Start_Date 和 End_date 属性类型（图 17-16）。每当需要更新客户的段时，可以将新行添加到 Customer_CustomerSegment 维度表，实际上不影响所有其他表。这使我们能够完全跟踪快速变化的维度值，同时最小化存储需求并保护性能。注意，Customer_CustomerSegment 表以这种方式体现了 Customer 和 CustomerSegment 之间的多对多关系类型。

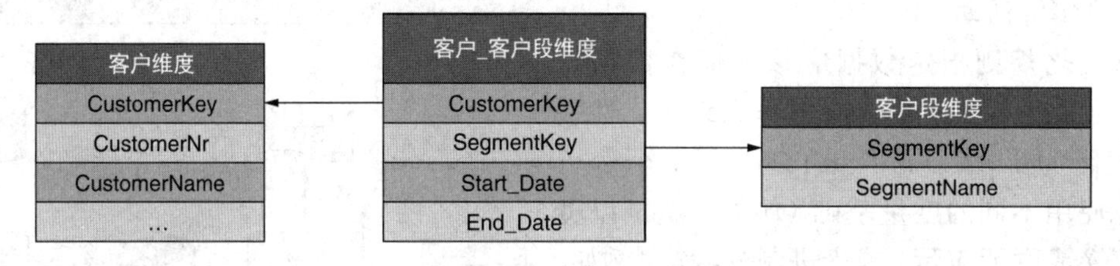

图 17-16 方法 2 处理快速变化的维度

知识延伸 最受欢迎的商业数据仓库供应商包括 Oracle、Teradata、Microsoft、IBM 和 SAP。

节后思考

- 讨论和对比以下数据仓库模式：星形模式、雪花模式和事实星座模式。
- 在数据仓库中使用代理键有什么好处？
- 我们如何决定事实表的粒度及其影响？
- 什么是无事实事实表？它们可以用来做什么？
- 给出优化维度表的建议。
- 什么是垃圾维度？它有什么用途？
- 什么是分支表？它可以用来做什么？
- 讨论如何在数据仓库中处理缓慢变化的维度，并举例说明。
- 讨论如何在数据仓库中处理快速变化的维度，并举例说明。

17.4 抽取、转换和加载过程

设计好了数据仓库模式，我们就可以开始用来自操作源的数据填充它。在此步骤中，将从源系统抽取（E）数据，转换（T）以适应数据仓库模式，然后加载（L）到数据仓库中。因此，这通常被称为 **ETL 步骤**。这不是一个容易的步骤，因为许多操作源可能是遗留应用程序或非结构化数据，它们的文档记录相当糟糕。一些估计表明 ETL 步骤可以消耗设置数据仓库所需的 80% 的工作。它也是一个迭代过程，应该根据对源系统性能的影响，在固定的时间点（例如，每天、每周、每月）执行，这取决于可容忍的数据延迟和所需的刷新频率。为了减少操作系统和数据仓库本身的负担，建议通过将数据转储到所谓的暂存区域（所有 ETL 活动都可以在此执行）来启动 ETL 过程（参见图 17-17）。请注意，此暂存区域不能用于任何最终用户查询或报告；它只是一个转换的中间存储环境。此外，一些 DBMS 供应商提出了一种稍微不同的方法，目标 DBMS 提供了在加载数据之后在数据仓库中执行部分或全部转换的工具。在这种情况下，我们说的 ELT（抽取、加载、转换）就不再讨论了。

抽取策略可以是完全的，也可以是增量的。在后一种情况下，只考虑自前一次抽取以来的更改，这也称为“更改数据捕获”（CDC）。尽管这是一种更有效的方法，但它假设源系统中的数据可以标记为更新，而这通常是不可能的，因为许多这些操作系统都经过了仔细的优化，并在封闭的环境中运行，因此不允许任何入侵。在抽取期间，适当地适应不同类型的数据源、操作系统和数据来源的硬件环境非常重要。

这种转变通常包括格式化、清洗、聚合和合并、富集等活动。

格式化规则指定数据应该如何在数据仓库中一致和统一地编码。在操作系统中，性别可以编码为男/女、m/f、0/1 等。另一个例子是考虑使用不同的度量基础（例如，金额以美元、英镑或欧元表示）或十进制分隔符（例如，1000.50 与 1.000 50）。在数据仓库中，所有这些不同的格式都应该映射到一个单独的格式。

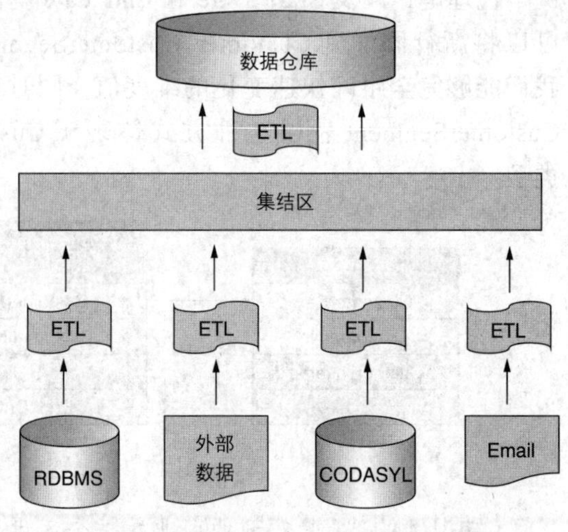

图 17-17 抽取、转换和加载步骤

清洗将消除数据中的一些不一致或不规范之处。例如，处理缺失的值或处理不可能的值，如出生日期是 01/01/1000。在此清洗步骤中，向业务用户报告任何违规行为是非常重要的，以便充分了解这些违规行为的来源以及如何正确处理它们。例如，收入的缺失值可能对应于失业的客户，或者出生日期的值 01/01/1000 可能对应于属性类型的默认设置。在理想的情况下，任何异常都应该追溯到操作源系统和数据输入过程，在这种情况下，可以采取适当的措施来避免将来输入类似的错误数据。最终目标是为数据仓库提供准确性、完整性、一致性、唯一性和及时性方面都高质量的数据。

知识关联 第 4 章讨论了各种数据质量维度，如准确性、完整性、一致性、唯一性和及时性。

在操作数据源中发现多个记录引用同一个实体并不少见。这可能是由于使用了不同的属性名（如 CustomerID、CustID、ClientID、ID）或数据输入错误（如 Bart Baesens 与 Bart Baessens）造成的。在将数据输入数据仓库之前，应该对这些数据进行适当的聚合和合并。这个特性称为**去重复**。一个有点类似的问题是，不同的操作源使用不同的业务键来标识相同的实际实体（例如，SSN 与 CustomerID）。同样，在这种情况下，转换应该识别引用相同的真实实体的记录，正确地合并它们，并为它们提供一个适当的、一致的唯一标识符。

最后，还可以通过添加派生数据元素或外部数据来丰富数据。一个简单的例子是根据客户的出生日期计算客户的年龄。另一个例子是使用从外部数据提供程序获得的人口统计信息来丰富客户数据。重要的是，所有这些数据转换活动都要小心执行，因为这直接影响数据仓库中存储的数据的质量和可用性。

知识关联 第 12 章和第 13 章讨论了内部数据模型的设计和索引的定义。

在加载步骤中，通过填充事实表和维度表来填充数据仓库，从而生成必要的代理键将其链接起来。在事实行可以引用维度行之前，应该插入/更新维度行。理想情况下，这应该以并行方式完成，以加速性能。完成之后，应该通过调整所有索引和相应的表统计信息来密切跟踪。甚至可以考虑先删除所有索引，然后在加载完新数据后重新构建它们，以确保最佳性能。

显然，在 ETL 过程中所做的所有决策都应该小心地自动化并形成文档，以促进数据的维护和理解。该文档的一个重要方面是生成关于数据结构的元数据（**结构元数据**），可能还有意义（**语义元数据**）。此信息可以在元数据存储库（也称为目录）中持久存储。考虑到整个过程的复杂性，可以考虑使用商业 ETL 工具，而不是在内部编写大量的例程。大多数这些工具允许你将整个 ETL 过程可视化为活动流，这些活动流可以轻松地进行调整或调优。

知识关联 第 18 章进一步讨论了 ETL 作为数据集成技术，以及其他技术，如联合和传播。

节后思考 总结 ETL 过程中要执行的关键活动。为什么这个过程如此重要？

17.5 数据集市

数据集市是数据仓库的缩小版，旨在满足部门或业务单元（如营销、财务、物流、人力资源等）等同构的小群终端用户的信息需求。它通常包含某种形式的聚合数据，并用作终端用户组生成和分析报告的主要来源。建立数据集市有各种各样的原因。首先，它们以适合当前用户组的格式提供重点内容，如财务、销售或会计信息。它们还通过从其他数据源（例如，数据仓库）卸载复杂的查询和工作负载来提高查询性能。数据集市可以放置在离终端用户更近的地方，从而减轻沉重的网络流量，并给予它们更多的控制权。最后，某些报告工具采用预定义的数据结构（例如星形模式），可以由定制的数据集市提供。为了与数据集市对比，成熟的数据仓库通常被称为企业数据仓库，简称 EDW，以强调组织范围方面。

数据集市可以物理地实现为 RDBMS、多维数据集（请参阅 17.9.3 节第 5 点）或平面文件（例如，Excel 文件）。与数据仓库类似，一旦定义了数据集市模式，就可以使用 ETL 进程来提供数据。根据数据的来源，可以对依赖的和独立的数据集市进行区分。**依赖数据集市**从中央数据仓库提取数据（图 17-18），而**独立数据集市**是独立的系统，直接从操作系统、外部源或两者的组合中提取数据（图 17-19）。

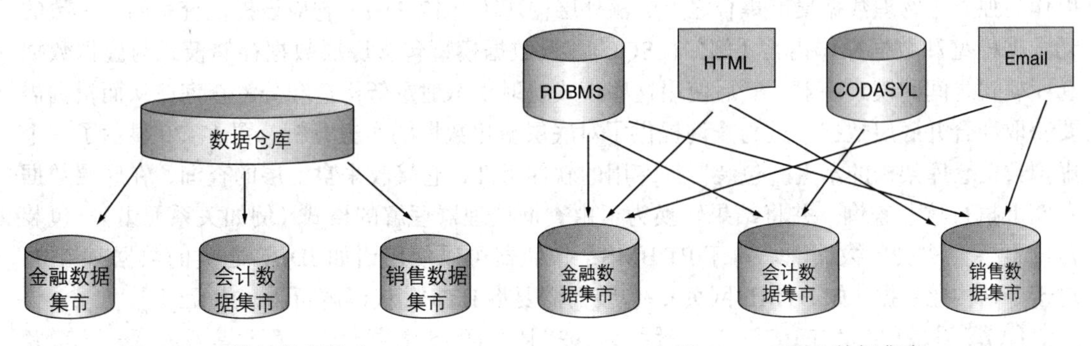

图 17-18　依赖数据集市　　　图 17-19　独立数据集市

独立的数据集市有时被那些不希望对数据仓库进行大量投资的公司所考虑。依赖数据集市具有更复杂的设置，但是具有一个优势，即它们都从相同的格式化、清洗等数据仓库中提取数据，从而避免了共享相同数据的业务单元之间的不一致性。在这种情况下，一个众所周知的概念就是我们所说的**一致维度**。它指的是跨不同事实表和数据集市具有完全相同的含义和内容的维度。如果两个维度表是相同的，或者其中一个是另一个的子集，则可以认为它们是一致的。符合描述的典型候选维度是时间维度，在一个数据集市中是从周一到周日，在另一个数据集市中是从周六到周五。

尽管这些好处乍一看似乎很有吸引力，但建立数据集市是一个需要仔细考虑所涉及的**总拥有成本**（TCO）的决策。更具体地说，这需要开发成本、运营成本、变更管理成本以及数据治理和质量成本。

知识延伸 Bill Inmon 和 Ralph Kimball 被认为是数据仓库的两位先驱。William H.（Bill）Inmon 是美国计算机科学家，被称为数据仓库之父。他是第一个为此写专栏、出版书籍、召开会议的人。Ralph Kimball 是各种关于数据仓库的畅销书的主要作者，如 *The Data Warehouse Toolkit*、*The Data Warehouse Lifecycle Toolkit* 和 *The Data Warehouse ETL Toolkit*（都是由 Wiley 出版的）。双方在设计数据仓库的最佳方式上存在分歧。Inmon 的数据仓库设计方法是自顶向下的，首先设计数据仓库，然后设计各种数据集市。Kimball 更喜欢自下而上的设计，首先从一组数据集市开始，然后将它们聚集到数据仓库中。

节后思考

- 什么是数据集市？它们如何与数据仓库进行比较？
- 依赖数据集市和独立数据集市的区别是什么？
- 对比自底向上和自顶向下的数据仓库设计方法。

17.6 虚拟数据仓库和虚拟数据集市

物理数据仓库或数据集市的一个缺点是既消耗物理存储，又必须定期更新。因此，它们从不包含最新版本的数据。解决这个问题的一种方法是使用虚拟化。这里的思想是使用中间件来创建逻辑或**虚拟数据仓库**（有时也称为联邦数据库）或**虚拟数据集市**，它没有物理数据，但提供了对一组底层物理数据存储的一致和统一的单点访问。换句话说，数据保留在原始源中，只在查询时访问（“拉取”）。由于没有物理地存储或复制数据，所以在使用虚拟数据仓库或虚拟数据集市时，不一致或过时数据的风险不是问题。

虚拟数据仓库可以作为一组 SQL 视图直接构建在底层操作数据源上（图 17-20），也可以作为独立于物理数据集市集合之上的额外层构建（图 17-21）。它应该提供统一的、一致的元数据模型和数据操作语言（例如，SQL）。元数据模型包含底层数据存储模式与虚拟数据仓库模式之间的模式映射。然后使用这些模式映射动态地重新构造和分解查询，从而根据需要获取和合并底层数据。这为查询提供了对底层演化数据的实时分析。图 17-20 显示了一个虚拟数据仓库架构的示例。包装器是专用的软件组件，它接收来自上层的查询，在底层数据存储上执行这些查询，并将结果转换为可由查询处理器理解的格式（例如关系元组）。包装器的复杂性取决于数据源。对于 RDBMS，包装器可以使用诸如 JDBC 之类的数据库 API。对于半结构化数据（如 HTML 网页），包装器需要将 HTML 代码解析为一组元组。

知识关联 诸如 JDBC 之类的数据库 API 将在第 15 章中讨论。数据集成技术——联邦和虚拟化将在第 18 章中进一步讨论。

虚拟数据集市通常定义为单个 SQL 视图。视图可以直接在物理操作源数据（虚拟独立数据集市）上定义，也可以在物理或虚拟数据仓库（虚拟依赖数据集市）上定义。由于多个虚拟数据集市可能共享数据，因此为了便于整体维护，必须仔细考虑如何定义视图。

知识关联 第 7 章介绍了视图的概念和视图物化。

虚拟化的一个缺点是它需要来自底层（操作）数据源的额外处理能力。因此，应该只在报告或查询的数量相当有限的情况下考虑。然后，可以通过使用智能缓存机制和缓存索引来优化后者的性能，并将一些视图具体化以加速数据访问。此外，不可能跟踪历史数据，因为基础数据源中的旧数据通常会被新数据替换。

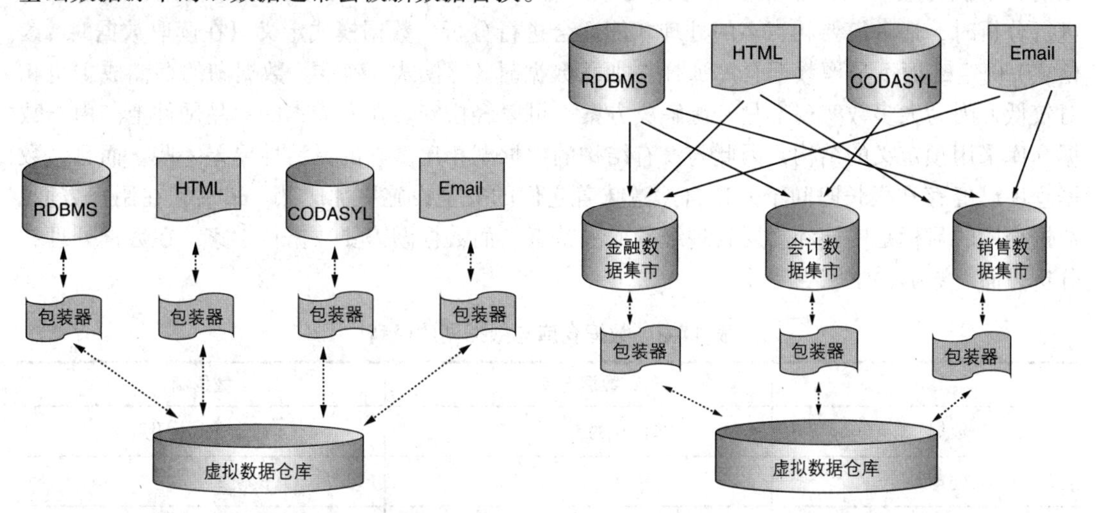

图 17-20 基于运行数据源的虚拟数据仓库

图 17-21 基于数据集市的虚拟数据仓库

节后思考

- 什么是虚拟数据仓库？如何构建虚拟数据仓库？
- 什么是虚拟数据集市？如何构建虚拟数据集市？
- 虚拟化的主要好处是什么？

17.7 操作数据存储

操作数据存储（ODS）是处理数据仓库不包含最新数据的缺点的另一种方法。简单地说，可以将 ODS 视为提供查询功能的准备区域。正常的准备区域仅用于接收来自 OLTP 源的操作数据，以便转换数据并将其加载到数据仓库中。ODS 也提供此功能，但除此之外，它还可以直接查询。这样，需要更接近实时数据的分析工具可以在耗时的转换和加载操作之前，从各个源系统接收 ODS 数据时查询它。然后，ODS 只提供对当前细粒度和非聚合数据的访问，可以以集成的方式查询这些数据，而不会增加 OLTP 系统的负担。然而，需要大量历史和聚合数据的更复杂的分析仍然在实际数据仓库中进行。在某些配置中，ODS 和数据仓库一起覆盖了一个虚拟化层，为对（接近）实时和历史数据的查询提供了一个访问点。注意 ODS 仍然是数据仓库设置的一部分，不要与实际的操作源系统混淆。

节后思考 什么是操作数据源？它可以用于做什么？

17.8 数据仓库与数据湖

数据湖的概念比数据仓库的概念要近得多，它成为大数据和分析趋势的一部分，在第 19 章和第 20 章中有更详细的讨论。虽然数据仓库和数据湖本质上都是数据仓库，但如表 17-2 所示，它们之间存在一些明显的差异。数据湖的一个关键区别属性是它以其原始格式存储原始数据，这些原始格式可以是结构化的、非结构化的或半结构化的。这使得数据湖适合于我们通常在数据仓库中找不到的更奇特和“批量”的数据类型，如社交媒体提要、点击流、服务器日志、传感器数据等。数据湖“按原样”收集来自操作源的数据，通常事先不知道将对其执行哪些分析，甚至不知道这些数据是否会涉及分析。因此，在数据进入数据湖之前，不执行或只执行非常有限的转换（格式化、清洗等）。所以，当从数据湖中提取数据进行分析时，通常需要相当多的处理才能适合进行分析。数据模式定义只在读取数据时（读模式）确定，而不是像数据仓库那样在加载数据时（写模式）确定。数据湖的存储成本也相对较低，因为大多数实现都是开源解决方案，可以轻松安装在低成本的商品硬件上。由于数据仓库采用预定义的结构，因此与没有结构的数据湖相比，它的灵活性要差一些。而且，数据仓库已经存在很长时间了，这自然意味着它们的安全设施更加成熟。最后，在用户方面，数据仓库的目标是中层和高层管理级别的决策者，而数据湖需要数据科学家，在数据处理和分析方面，数据科学家更专业。

表 17-2　数据仓库与数据湖的区别

	数据仓库	数据湖
数据	结构化的	通常非结构化
处理	写模式	读模式
存储	昂贵	低成本
转换	在进入数据仓库之前	在分析之前
灵活性	低	高
安全性	成熟的	较成熟
用户	决策者	数据科学家

总之，数据仓库不同于数据湖。很明显，两者都服务于不同的目的和用户配置文件，为了做出正确的投资决策，了解它们之间的差异是很重要的。

知识关联 第 20 章详细讨论了数据科学家的工作概况。

知识延伸 数据仓库解决方案也可以在云中提供。一个流行的例子是 Amazon Redshift，它是 Amazon Web 服务计算平台的一部分。它基于众所周知的 ORDBMS——Postgres。纳斯达克在 2014 年将其遗留数据仓库迁移到 Redshift。它们平均每天（压缩后）向 Redshift 加载 450 GB。这包括有关订单、交易、报价、市场、证券和会员资格的数据。相同数据集（大约 1100 个表）的 Redshift 成本约为遗留预算的 43%。查询性能也显著提高。这清楚地说明了云解决方案对数据仓库的影响。

节后思考 对比数据仓库与数据湖。

17.9　商务智能

建立数据仓库的最终目标是为战术和战略决策提供新的见解。术语**商务智能**（BI）通常指的是旨在理解过去数据中的模式并预测未来的一系列活动、技术和工具。换句话说，BI 应用程序是通过数据驱动的洞察力做出更好的业务决策的重要组件。这些应用程序可以是任务关键型的，也可以用于回答特定的业务问题。

由于数据是任何 BI 应用程序的关键组成部分，因此适当地存储和管理数据并保证数据的质量非常重要。这通常被称为**无用输入无用输出**（GIGO）原则，即糟糕的数据会带来糟糕的见解，从而导致糟糕的决策。这就是为什么我们在本章开始时广泛地讨论了数据仓库架构。请注意，尽管这不是严格的要求，但是大多数 BI 系统都是建立在底层关系数据仓库之上的。

可以使用各种 BI 技术来提取模式并提供数据方面的新见解。它们在经验性、复杂性和所需的计算资源方面各不相同。接下来，我们将讨论查询和报告、数据透视表和 OLAP。

17.9.1 查询和报告

查询和报告工具是全面 BI 解决方案的重要组成部分。它们通常提供用户友好的图形用户界面（GUI），其中业务用户可以以图形化和交互的方式设计报表。需要强调的是，执行查询和报告的不是 IT 专家，而是业务用户。因此，这种方法有时也称为自助 BI。因此，报告的构建块应该更好地引用业务术语，而不是技术 IT 构件，如数据库表、视图、索引等。一些工具提供了一个介于数据库和业务概念之间的**示例查询**（QBE）工具。其思想是通过可视化数据库表以用户友好的方式组成查询，业务用户可以为查询中需要包含的每个字段输入条件。然后可以将其转换为正式的数据操作语言，如 SQL。

一旦按照格式和内容设计了报表，就可以随时使用来自底层数据存储的最新信息对其进行刷新。如果后者是使用 RDBMS 实现的数据仓库，那么设计的报告将被转换成一组 SQL 调用来检索所需的数据。报告可以是固定的，也可以是特别的，以回答一次性的业务问题，比如找到问题的根本原因，或者测试特定的假设。查询和报告工具实现了创新的可视化技术，旨在使有趣的数据模式更加突出。尽管它们是开始研究数据的有用的第一步，但是还需要其他更高级的 BI 工具来揭示数据中更复杂的模式。

17.9.2 数据透视表

数据透视或交叉表是一种流行的数据汇总工具。本质上，它以一种可以用二维表格格式表示多维数据的方式交叉列出一组维度。图 17-22 给出了一个示例，其中维度、区域和季度以总销售额的形式汇总。数据透视表还包含所描述的行和列总计。测量数据可以通过多种方式进行汇总，如计数、总和、平均值、最大值、最小值等。BI 工具还提供了各种用户友好的图形化工具，可以通过拖放感兴趣的维度来定制数据透视表。第一个简单的操作是旋转（因此得名），根据业务用户的偏好旋转行和列。还提供了向下钻取的功能，通过这些功能，可以进一步将维度分解为更详细的信息（例如，在我们的示例中，将美洲分为北美和南美），或者添加新的维度（例如，在我们的示例中添加产品）。这里的思想是从粗粒度导航到细粒度，以便更好地了解有趣的模式可能起源于何处。还支持删除维度或滚动。在我们的示例中，我们可能想要卷起区域维度，以便全面了解各个季度的销售情况。

17.9.3 联机分析处理

联机分析处理（OLAP）提供了一组更高级的技术来分析数据。更具体地说，OLAP 允许你交互式地分析数据、汇总数据并以各种方式将其可视化。联机一词指的是报告几乎可以在设计完成后立即用数据加以更新（或几乎没有延迟）。OLAP 的目标是为业务用户提供一个功能强大的工具来进行特别的查询。

OLAP 的关键基础是能够以多种方式实现多维数据模型。接下来，我们将讨论 MOLAP（多维 OLAP）、ROLAP（关系型 OLAP）和 HOLAP（混合 OLAP）。

销售额		季度				总计
		Q1	Q2	Q3	Q4	
地区	Europe	100	200	50	100	**450**
	Africa	50	100	200	50	**400**
	Asia	20	50	10	150	**230**
	America	50	10	100	100	**260**
	总计	**220**	**360**	**360**	**400**	**1340**

图 17-22 数据透视表

1. MOLAP

多维 OLAP（MOLAP）使用**多维数据库管理系统**（MDBMS）存储多维数据，数据存储在一个多维的基于数组的数据结构优化的高效存储和快速访问。维表示数组的索引键，而数组单元格包含实际的事实数据（例如，销售额）。聚合是预先计算的，也是物理上具体化的。如图 17-23 所示，其中二维数组或矩阵表示不同季度不同产品的销售额。数组第 2 行第 3 列的元素表示产品 B 在第三季度的销售额。还要注意，总数已经预先计算并存储在数组中。第 4 行第 5 列的元素表示所有季度中产品 D 的总销售额，而第 5 行第 5 列的元素表示所有季度中所有产品的总销售额。这种存储方法的一个潜在问题是，如果只出现有限数量的维值组合，则数组可能会变得稀疏，其中包含许多零。理想情况下，MDBMS 应该提供有效处理这些稀疏数据集的工具。

虽然 MOLAP 在数据检索方面速度很快，但是它需要更多的存储空间来实现这一点。此外，当维数增加时，它的扩展性很差。

MDBMS 利用专有的数据结构和数据操作语言（DML），因此没有为数据处理提供通用的 SQL 类标准，这阻碍了它们的使用。更重要的是，它们没有针对事务处理进行优化。更新、插入或删除数据通常效率很低。最后，由于它们与特定的 BI 工具紧密集成，因此通常不太具有可移植性。

数组（键，值）	Q1	Q2	Q3	Q4	总计
产品A	(1,1) 10	(1,2) 20	(1,3) 40	(1,4) 10	(1,5) 80
产品B	(2,1) 20	(2,2) 40	(2,3) 10	(2,4) 30	(2,5) 100
产品C	(3,1) 50	(3,2) 20	(3,3) 40	(3,4) 30	(3,5) 140
产品D	(4,1) 10	(4,2) 30	(4,3) 20	(4,4) 20	(4,5) 80
总计	(5,1) 90	(5,2) 110	(5,3) 110	(5,4) 90	(5,5) 400

图 17-23 MOLAP 数组例子

2. ROLAP

关系型 OLAP（ROLAP）将数据存储在关系型数据仓库中，可以使用星形、雪花型或事实星座模式对数据进行分组。这样做的好处是 RDBMS 得到了更好的标准化，并提供了 SQL 作为通用的数据操作语言。如果在工作负载和性能方面可行，那么同样的 RDBMS 可以用于 OLTP 和 OLAP 应用程序。此外，ROLAP 比 MOLAP 更适合于更大的维度。但是，查询性能可能不如 MOLAP，除非对一些查询进行了实质化或定义了高性能索引。

3. HOLAP

混合 OLAP（HOLAP）试图结合 MOLAP 和 ROLAP 的优点。然后可以使用 RDBMS 将详细数据存储在关系数据仓库中，而预先计算的聚合数据可以作为 MDBMS 管理的多维数组保存。OLAP 分析可以首先从多维数据库开始。如果需要更多的细节（例如，在钻取期间），分析可以转移到关系数据库。这允许你将 MOLAP 的性能与 ROLAP 的可扩展性结合起来。

4. OLAP 操作符

可以使用各种 OLAP 操作符交互式地分析数据并寻找有趣的模式。接下来，我们将使用图 17-24 中所示的立方体来阐明它们。这个立方体有三个维度[⊖]：产品、地区和季度。单元中的数据表示每个维度值组合对应的销售额信息。

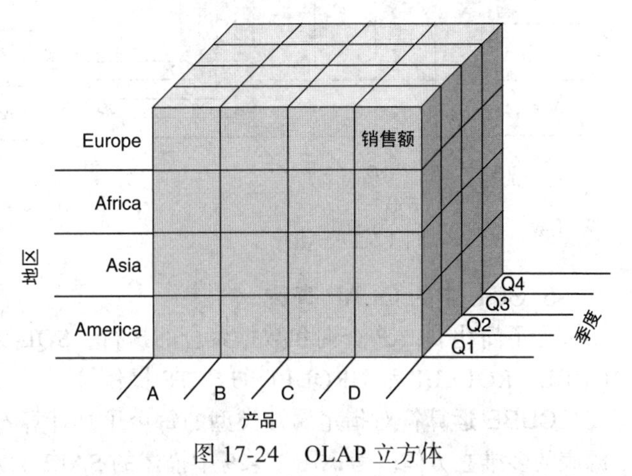

图 17-24　OLAP 立方体

上卷（或向上钻取）是指在一个或多个维度内或跨维度聚合事实值的当前集合。可以在层次卷和维度卷之间进行区分。前者通过向上攀登属性层次结构（例如，从天到星期到月到季度到年）在特定维度中聚合，而后者则通过整个维度聚合，然后删除它。图 17-25 显示了时间维度的维度卷起的结果，然后可以跨地区进一步上卷，如图 17-26 所示。相反的过程称为**下卷**（或向下钻取）。其思想是通过从较低层次的细节导航到较高层次的细节来反聚合。同样，可以对分级下卷（例如，从年到季度到月到周到日）和维度下卷（其中向分析添加了一个新维度）进行区分。

跨钻取是另一个 OLAP 操作，通过它可以访问来自两个或多个连接的事实表的信息。考虑图 17-5 中的事实星座模式。将运输事实数据添加到对销售事实数据的分析是跨钻取操作的一个示例。

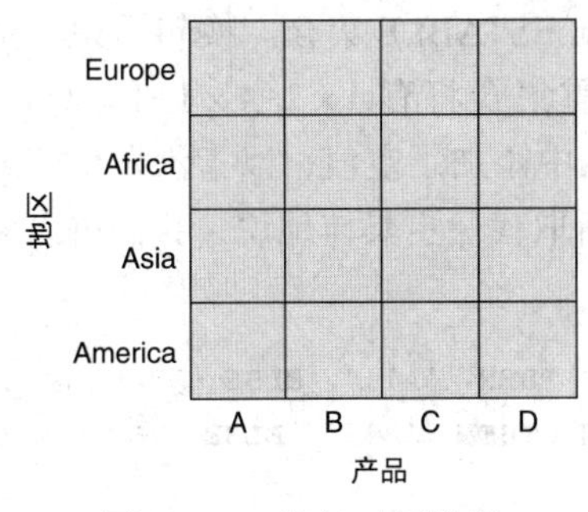

图 17-25　卷起时间维度

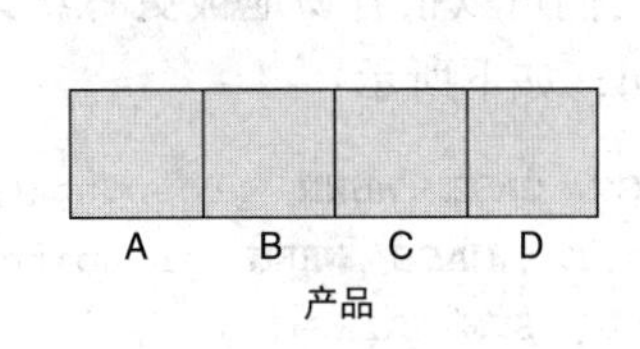

图 17-26　卷起时间和地区维度

切片表示将其中一个维度设置为特定值的操作。这在图 17-27 中得到了说明，其中一个切片代表了所有产品和地区的第二季度销售额。水平和垂直切片都是可能的。

⊖ 三维立方体作为示例非常适合，因为它可以表示为一个真实的物理立方体，但在实践中，出现超过三维的 n 维超立方体是很可能的。

切割对应于一个或多个维度上的范围选择。在图 17-28 中，在欧洲的第二季度和第三季度选择一个小块对应产品 B 和 C 的销售额。

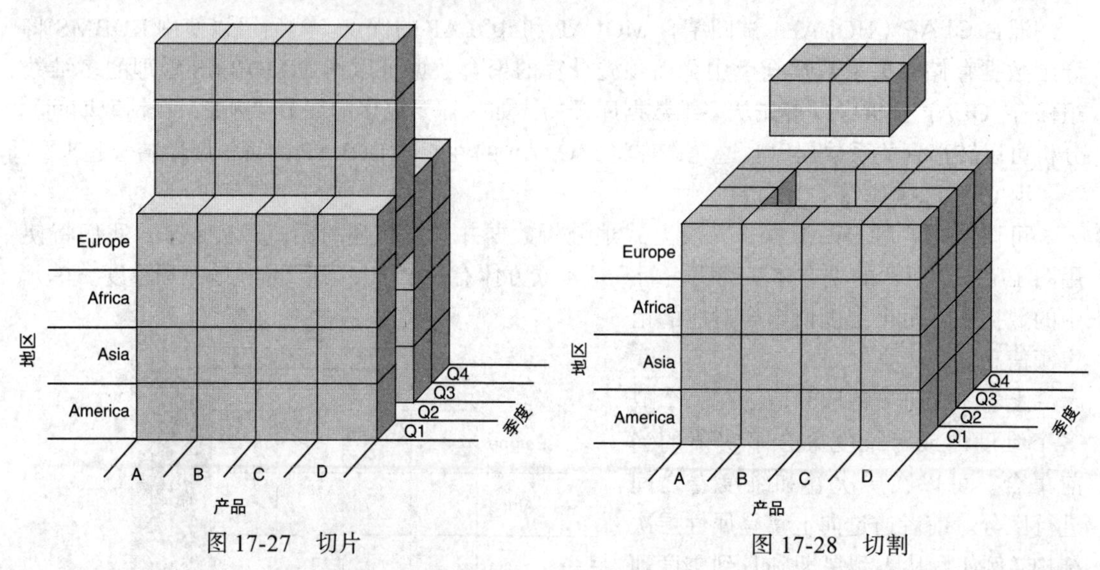

图 17-27　切片　　图 17-28　切割

5. SQL 中的 OLAP 查询

为了简化 OLAP 查询和数据聚合的执行，SQL-99 为 GROUP BY 语句引入了三个扩展：CUBE、ROLLUP 和 GROUPING SETS 操作符。

CUBE 运算符对指定属性类型的每个子集计算 GROUP BY 的并集。其结果集表示基于源表的多维立方体。考虑图 17-29 中描述的 SALESTABLE。

我们现在可以制定以下 SQL 查询：

```
SELECT QUARTER, REGION, SUM(SALES)
FROM SALESTABLE
GROUP BY CUBE (QUARTER, REGION)
```

基本上，这个查询计算的是 SALESTABLE 的 $2^2=4$ 个分组的并集：{(季度，地区)，(季度)，(地区)，( )}，其中 ( ) 表示一个空组列表代表整个 SALESTABLE 集合。换句话说，由于“季度”有四个值，“地区”有两个值，因此得到的多重集合将有 $4\times2+4\times1+1\times2+1=15$ 个元组，如图 17-30 所示。在维度列“季度”和“地区”中添加了空值，以指示发生的聚合。如果需要，它们可以很容易地被更有意义的“ALL”所取代。更具体地说，我们可以添加两个 CASE 子句，如下所示：

```
SELECT CASE WHEN grouping(QUARTER) = 1 THEN 'All' ELSE QUARTER END AS
QUARTER, CASE WHEN grouping(REGION) = 1 THEN 'All' ELSE REGION END AS
REGION, SUM(SALES)
FROM SALESTABLE
GROUP BY CUBE (QUARTER, REGION)
```

如果在聚合期间生成空值，则使用 grouping() 函数返回 1，否则返回 0。这区分了生成的空值和来自数据的可能的实际空值。我们不会将其添加到后续的 OLAP 查询中，以避免不必要的复杂化。

同样，观察第 5 行销售额的空值。这代表了一个属性组合，这是不存在的原始

SALESTABLE，因为显然没有产品在欧洲第三季度出售。除了 SUM()，其他 SQL 聚合器函数还有 MIN()、MAX()、COUNT() 和 AVG() 可以在 SELECT 语句中使用。

PRODUCT	QUARTER	REGION	SALES
A	Q1	Europe	10
A	Q1	America	20
A	Q2	Europe	20
A	Q2	America	50
A	Q3	America	20
A	Q4	Europe	10
A	Q4	America	30
B	Q1	Europe	40
B	Q1	America	60
B	Q2	Europe	20
B	Q2	America	10
B	Q3	America	20
B	Q4	Europe	10
B	Q4	America	40

图 17-29　SALESTABLE 示例

QUARTER	REGION	SALES
Q1	Europe	50
Q1	America	80
Q2	Europe	40
Q2	America	60
Q3	Europe	NULL
Q3	America	40
Q4	Europe	20
Q4	America	80
Q1	NULL	130
Q2	NULL	100
Q3	NULL	40
Q4	NULL	90
NULL	Europe	110
NULL	America	250
NULL	NULL	360

图 17-30　使用 CUBE 操作符执行 SQL 查询的结果

ROLLUP 操作符计算指定属性类型列表的每个前缀上的并集，从最详细的到总的。生成包含小计和总计的报告特别有用。ROLLUP 和 CUBE 操作符之间的关键区别是前者生成一个结果集，显示指定属性类型的值层次结构的聚合，而后者生成一个结果集，显示所选属性类型的所有值组合的聚合。因此，提到属性类型的顺序对 ROLLUP 很重要，但对 CUBE 操作符不重要。考虑以下查询：

```
SELECT QUARTER, REGION, SUM(SALES)
FROM SALESTABLE
GROUP BY ROLLUP (QUARTER, REGION)
```

该查询生成三个分组的并集 {（季度，地区），（季度），（ ）}，其中（ ）表示完整的聚合。由此产生的多重集合将有 $4 \times 2+4+1=13$ 行，如图 17-31 所示。你可以看到，地区维度首先被卷起，接着是季度维度。注意，与图 17-30 中 CUBE 运算符的结果相比，遗漏了两行。

尽管前面的示例将 GROUP BY ROLLUP 构造应用于两个完全独立的维度，但它也可以应用于表示同一维度上不同聚合级别（因此细节级别不同）的属性类型。例如，假设 SALESTABLE 元组表示单个城市级别上更详细的销售额数据，并且表包含三个与位置相关的列：城市、国家和地区。然后我们可以制定以下 ROLLUP 查询，分别产生每个城市、每个国家、每个地区的销售总额和总销售额：

```
SELECT REGION, COUNTRY, CITY, SUM(SALES)
FROM SALESTABLE
GROUP BY ROLLUP (REGION, COUNTRY, CITY)
```

在本例中，SALESTABLE 将在单个表中包含属性类型城市、国家和地区。由于这三种属性类型代表了同一维度中不同层次的细节，它们相互依赖，说明了这些数据仓库数据确实是非规范化的。

GROUPING SETS 操作符生成的结果集与多个简单 GROUP BY 子句的 UNION ALL 生成的结果集相同。考虑下面的例子：

```
SELECT QUARTER, REGION, SUM(SALES)
FROM SALESTABLE
GROUP BY GROUPING SETS ((QUARTER), (REGION))
```

这个查询等同于

```
SELECT QUARTER, NULL, SUM(SALES)
FROM SALESTABLE
GROUP BY QUARTER
UNION ALL
SELECT NULL, REGION, SUM(SALES)
FROM SALESTABLE
GROUP BY REGION
```

结果如图 17-32 所示。

QUARTER	REGION	SALES
Q1	Europe	50
Q1	America	80
Q2	Europe	40
Q2	America	60
Q3	Europe	NULL
Q3	America	40
Q4	Europe	20
Q4	America	80
Q1	NULL	130
Q2	NULL	100
Q3	NULL	40
Q4	NULL	90
NULL	NULL	360

图 17-31　使用 ROLLUP 操作符的 SQL 查询的结果

QUARTER	REGION	SALES
Q1	NULL	130
Q2	NULL	100
Q3	NULL	40
Q4	NULL	90
NULL	Europe	110
NULL	America	250

图 17-32　使用 GROUPING SETS 操作符的 SQL 查询的结果

知识关联 第 6 章讨论了在第三范式（3NF）背景下的传递性依赖。

在一个 SQL 查询中可以使用多个 CUBE、ROLLUP 和 GROUPING SETS 语句。CUBE、ROLLUP 和 GROUPING SETS 的不同组合可以生成等效的结果集。考虑以下查询：

```
SELECT QUARTER, REGION, SUM(SALES)
FROM SALESTABLE
GROUP BY CUBE (QUARTER, REGION)
```

这个查询等价于

```
SELECT QUARTER, REGION, SUM(SALES)
FROM SALESTABLE
GROUP BY GROUPING SETS ((QUARTER, REGION), (QUARTER), (REGION), ())
```

同样，查询

```
SELECT QUARTER, REGION, SUM(SALES)
FROM SALESTABLE
GROUP BY ROLLUP (QUARTER, REGION)
```

等价于

```
SELECT QUARTER, REGION, SUM(SALES)
FROM SALESTABLE
GROUP BY GROUPING SETS ((QUARTER, REGION), (QUARTER),())
```

SQL2003 为经常遇到的两种 OLAP 活动提供了额外的分析支持：排序和窗口。**排序**应该始终与 SQL 结合使用 ORDER BY 子句。假设我们有图 17-33 所示的表格。

PRODUCT	SALES
A	50
B	20
C	10
D	45
E	40
F	30
G	60
H	20
I	15
J	25

图 17-33 排序表示例

各种排序方法可以使用以下 SQL 查询计算：

```
SELECT PRODUCT, SALES,
RANK() OVER (ORDER BY SALES ASC) as RANK_SALES,
DENSE_RANK() OVER (ORDER BY SALES ASC) as DENSE_RANK_SALES, PERCENT_RANK()
OVER (ORDER BY SALES ASC) as PERC_RANK_SALES,
CUM_DIST() OVER (ORDER BY SALES ASC) as CUM_DIST_SALES,
FROM SALES
ORDER BY RANK_SALES ASC
```

此查询的结果如图 17-34 所示。RANK() 函数的作用是：根据已排序的销售额分配一个等级，相似的销售额分配相同的等级。与 RANK() 函数相反，DENSE_RANK() 函数不会在秩之间留间隔。PERCENT_RANK() 函数的作用是：计算小于当前值的值的百分比，不包括最大值。计算结果为 (RANK()−1)/(NumberofRows−1)。CUM_DIST() 函数的作用是：计算小于或等于当前值的值的累积分布或百分比。

对于数据的选定分区，也可以计算所有这些指标。图 17-34 所示的指标也可以分别对每个区域计算。假设源表 SALES 现在也包含一个 REGION 属性类型，那么查询将变成：

```
SELECT REGION, PRODUCT, SALES,
RANK() OVER (PARTITION BY REGION ORDER BY SALES ASC) as RANK_SALES,
DENSE_RANK() OVER (PARTITION BY REGION ORDER BY SALES ASC) as DENSE_RANK_SALES,
PERCENT_RANK() OVER (PARTITION BY REGION ORDER BY SALES ASC) as PERC_RANK_SALES,
CUM_DIST() OVER (PARTITION BY REGION ORDER BY SALES ASC) as CUM_DIST_SALES,
FROM SALES
ORDER BY RANK_SALES ASC
```

窗口化允许根据指定的窗口值计算累计总数或运行平均值。换句话说，窗口化允许在不需要自连接的情况下访问表的多行。考虑图 17-35 中所示的表。

下面的查询根据当前、上一个和下一个季度计算每个地区和季度的平均销售额。

```
SELECT QUARTER, REGION, SALES,
AVG(SALES) OVER (PARTITION BY REGION ORDER BY QUARTER ROWS
BETWEEN 1 PRECEDING AND 1 FOLLOWING) AS SALES_AVG
FROM SALES
ORDER BY REGION, QUARTER, SALES_AVG
```

Product	Sales	RANK_SALES	DENSE_RANK_SALES	PERC_RANK_SALES	CUM_DIST_SALES
C	10	1	1	0	0.1
I	15	2	2	1/9=0.11	0.2
B	20	3	3	2/9=0.22	0.4
H	20	3	3	2/9=0.22	0.4
J	25	5	4	4/9=0.44	0.5
F	30	6	5	5/9=0.55	0.6
E	40	7	6	6/9=0.66	0.7
D	45	8	7	7/9=0.77	0.8
A	50	9	8	8/9=0.88	0.9
G	60	10	9	9/9=1	1

图 17-34 排序 SQL 查询的结果

结果如图 17-36 所示。

QUARTER	REGION	SALES
1	America	10
2	America	20
3	America	10
4	America	30
1	Europe	10
2	Europe	20
3	Europe	10
4	Europe	20

图 17-35 窗口化的示例表

QUARTER	REGION	SALES	SALES_AVG
1	America	10	15
2	America	20	13.33
3	America	10	20
4	America	30	20
1	Europe	10	15
2	Europe	20	13.33
3	Europe	10	16.67
4	Europe	20	15

图 17-36 窗口化结果

PARTITION BY REGION 语句将行细分为多个分区，类似于 GROUP BY 子句（参见第 7 章）。它强制窗口不能跨越分区边界。换句话说，就是 SALES_AVG 值总是在特定区域内计算。例如，美国第二季度的 SALES_AVG 值计算为（10+20+10）/3=13.33，而美国第四季度的 SALES_AVG 值计算为：（10+30）/2=20。

这些只是 SQL 中可用的排序和窗口工具的几个例子。强烈建议查阅 RDBMS 供应商手册以获得更多信息。此外，请注意并非所有 RDBMS 供应商都支持这些扩展。那些支持它们的工具通常还提供了一个用户友好的图形化环境，以便使用指向和单击来构造 OLAP 报告，然后由工具自动地将这些报告转换成相应的 SQL 语句。

考虑到要聚合和检索的数据量，OLAP SQL 查询可能会非常耗时。提高性能的一种方法是将这些 OLAP 查询转换为具体的视图。例如，可以使用具有 CUBE 操作符的 SQL 查询对选择的维度进行预计算聚合，然后将其结果存储为物化视图。视图物化的一个缺点是需要额外定期刷新物化视图，不过可以注意到，通常公司很容易得到当前版本的数据，同步可以在一夜之间或在固定的时间间隔完成。

节后思考

- 定义商务智能并举例说明。
- 什么是查询和报告？
- 请给出一个数据透视表的示例，并说明如何将其用于商务智能。
- 什么是 OLAP？
- 将 MOLAP 与 ROLAP 和 HOLAP 进行对比，并举例说明。
- 讨论各种 OLAP 操作符，并通过一个示例进行说明。
- 说明如何在 SQL 中实现 OLAP 操作符。

总结

在本章中，我们介绍了数据仓库作为构建企业范围的商务智能（BI）解决方案的基本组件。我们广泛地研究了各种类型的数据仓库模式和建模细节，并回顾了与它们的开发相关的各种问题。我们讨论了数据集市（虚拟化的重要主题），并将数据仓库与数据湖进行了对比，明确指出这两种技术是互补的，而不是替代的。

本章的第二部分扩展到 BI。更具体地说，我们讨论了查询和报告、数据透视表和联机分析处理（OLAP）。需要注意的是，这些 BI 技术是基于验证的，因为它们严重依赖于业务用户提供的输入来发现有趣的模式或测试假设。在第 20 章中，我们通过讨论基于发现的分析技术（也称为数据挖掘或分析），将 BI 带入了一个新的层次，在这些技术中，无须用户的明确干预，就可以自动生成见解或新的假设。

情景收尾　现在，Sober 已经了解了数据仓库和商务智能，它热衷于追求这两种技术，以支持其战术和战略决策。更具体地说，它决定首先开发一个数据仓库，如图 17-37 所示。

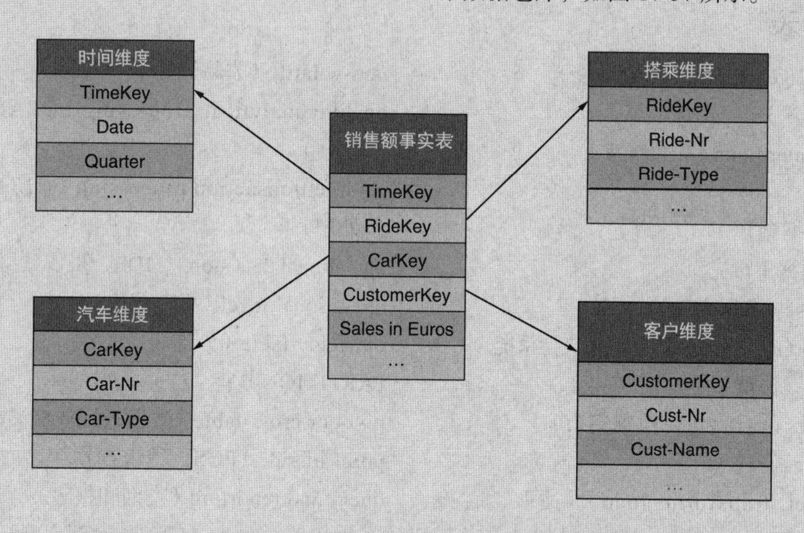

图 17-37　Sober 的数据仓库

星形模式有一个中心事实表和四个维度表。Ride-Type 属性类型说明搭乘是否涉及叫车服务或拼车服务。Car-Type 属性说明该车是 Sober 车还是其他车。注意代理键的使用，如 RideKey、CarKey 和 CustomerKey。对于叫车服务，以欧元计算的销售额代表以欧元支付的总费用。对于拼车服务，它表示每个客户的费用。Sober 使用一个设计良好的 ETL 流程来填充它的数据仓库，该流程旨在从操作系统获取每月的快照。考虑到其相对较小的规模，该公司决定暂时不开发任何数据集市。然而，随着公司的发展，这种情况可能会改变。

一旦数据仓库建立并开始运行，Sober 就想开始使用商务智能应用程序分析它。它将从一些基本的查询和报告开始。该公司还希望使用 OLAP 交互式地分析数据并寻找有趣的模式。更具体地说，它正在考虑构建图 17-38 中所示的 OLAP 结构。

然后，它可以执行以下类型的 OLAP 操作：

- 查看两种车型在第二季度的总销量（切片）；
- 查看两种车型在第二季度和第三季度的销量（切割）；

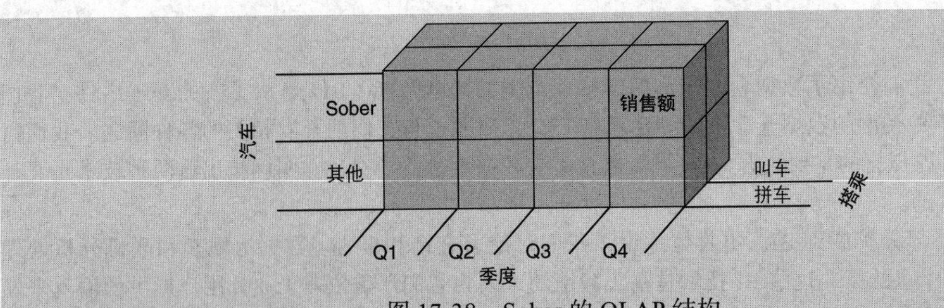

图 17-38 Sober 的 OLAP 结构

- 查看这两种车型所有季度的总销量（向上钻取）；
- 查看第四季度这两种车型的月销售额（向下钻取）。

这些分析将使 Sober 彻底洞察其销售数字，并找到合适的商机。

关键术语表

business intelligence（BI，商务智能）
cleansing（清洗）
conformed dimensions（一致维度）
CUBE
data lake（数据湖）
data mart（数据集市）
data warehouse（数据仓库）
decision support systems（DSS，决策支持系统）
deduplication（去重）
dependent data marts（依赖数据集市）
dicing（切割）
ETL（extract, transform, load）（抽取、转换、加载）
extraction strategy（抽取策略）
fact constellation（事实星座）
factless fact table（无事实事实表）
formatting rules（格式化规则）
garbage in, garbage out（GIGO，无用输入无用输出）
granularity（粒度）
GROUPING SETS
hybrid OLAP（HOLAP，混合 OLAP）
independent data marts（独立数据集市）
junk dimension（垃圾维度）
mini-dimension table（迷你维度表）
multidimensional DBMS（MDBMS，多维 DBMS）
multidimensional OLAP（MOLAP，多维 OLAP）
non-volatile（非易失性）
on-line analytical processing（OLAP，联机分析处理）
on-line transaction processing（OLTP，联机事务处理）
operational data store（ODS，操作数据存储）
operational level（操作层次）
outrigger table（分支表）
PARTITION BY
pivot or cross-table（数据透视或交叉表）
point-of-sale（POS，销售点）
query and reporting（查询和报表）
query by example（QBE，示例查询）
ranking（排列）
rapidly changing dimension（快速变化维度）
relational OLAP（ROLAP，关系 OLAP）
roll-down（下卷）
ROLLUP
roll-up（上卷）
self-service BI（自助式商务智能）
semantic metadata（语义元数据）
slicing（切片）
slowly changing dimension（缓慢变化维度）
snowflake schema（雪花模型）
star schema（星形模型）
strategic level（战略层面）
structural metadata（结构型元数据）
subject-oriented（面向主题的）

surrogate keys（代理键）
tactical level（战术层面）
time variant（时变）
total cost of ownership（TCO，总拥有成本）
virtual data mart（虚拟数据集市）
virtual data warehouse（虚拟数据仓库）
windowing（窗口化）

思考题

17.1 下列哪个陈述是**不正确的**？

a. 在操作级别，日常的业务决策是实时做出的，或者在很短的时间内做出的。

b. 在战术层面，决策是由中层管理人员以中期（例如，一个月、一个季度、一年）为重点做出的。

c. 在战略层面，决策是由高级管理层做出的，具有长期影响（例如，1 年、2 年、5 年或更长时间）。

d. 数据仓库通过集成来自不同来源和不同格式的数据，提供了一个集中的、统一的数据平台。因此，它为业务决策提供了一个独立和专用的环境。

17.2 下列哪项不是数据仓库的特征？

a. 面向主题的　　b. 集成的

c. 时变的　　d. 不稳定的

17.3 在数据操作方面，数据仓库主要关注______。

a. Insert/Update/Delete/Select 语句

b. Insert/Select 语句

c. Select/Update 语句

d. Delete 语句

17.4 哪个陈述是**正确的**？

a. 星形模式有一个大的中心维度表，它连接到各种较小的事实表。

b. 星形模式的维度表包含聚合度量数据的标准，通常用作回答查询的约束。

c. 为了加快报表生成并避免星形模式中耗时的连接，需要对维度表进行规范化。

d. 星形模式中的维度表经常更新。

17.5 哪个陈述是**不正确的**？

a. 雪花模式将星形模式的事实表规范化。

b. 一个事实星座模式有多个可以共享维度表的事实表。

c. 代理键通过使数据仓库不受任何操作更改的影响，实际上缓冲了数据仓库与操作环境的关系。

d. 无事实事实表是只包含外键而没有度量数据的事实表。

17.6 哪个陈述是**不正确的**？

a. 可以定义垃圾维度来有效地适应低基数属性类型，如标志或指示器。

b. 可以定义一个分支表来存储维度表的一组属性类型，这些属性类型不相关、基数大，并且是同时更新的。

c. 对于变化缓慢的维度，通过复制一条记录并添加（例如 Start_Date、End_Date 和 Current_Flag 属性类型），代理键可以方便地存储历史信息。

d. 处理快速变化维度的一种方法是将信息分解为稳定的、快速变化的信息。然后可以使用新的代理键将后者放入一个单独的迷你维度表中。接着，可以通过使用事实表或引入一个连接两者的新表来建立连接。

17.7 关于 ETL 的哪个陈述是**不正确的**？

a. 一些估计表明 ETL 步骤可以消耗设置数据仓库所需的 80% 的工作。

b. 为了减少操作系统和数据仓库本身的负担，需要重新编码以启动 ETL 过程，方法是将数据转储到一个临时区域，在该区域可以执行所有 ETL 活动。

c. 在加载步骤中，通过填充事实表和维度表来填充数据仓库，从而生成必要的代理键将其链接起来。事实行应该在维度行之前插入 / 更新。

d. 抽取策略可以是完全的，也可以是增量的。在后一种情况下，只考虑自前一次抽取以来的更改。

17.8 哪个陈述是**不正确的**？

a. 数据集市是数据仓库的缩小版，旨在满足部门或业务单元（如营销、财务、物流、人力资源等）等同构的小群终端用户的信息需求。

b. 依赖数据集市从中央数据仓库提取数据，而独立数据集市是直接从操作系统、外部源或两者的组合中提取数据的独立系统。

c. 虚拟数据仓库（有时也称为联邦数据库）或虚拟数据集市不包含物理数据，但提供对一组底层物理数据存储的一致和统一的单点访问。

d. 虚拟化的一个关键优势是它不需要底层（操作）数据存储的额外处理能力。

17.9 哪个陈述是**正确的**？

a. 数据湖的一个关键区别属性是它以其原始格式存储原始数据，这些原始格式可以是结构化的、非结构化的或半结构化的。

b. 数据湖的目标是中层和高层管理级别的决策者，而数据仓库需要数据科学家，数据科学家在数据处理和分析方面更专业。

c. 对于数据仓库，只有在读取数据时才确定数据模式定义（读时模式），而对于数据湖，只有在加载数据时才确定数据模式定义（写时模式）。

d. 与没有结构的数据仓库相比，数据湖不够灵活。

17.10 哪个陈述是**不正确的**？

a. 查询和报告工具是全面的商务智能解决方案的重要组成部分。

b. 数据透视或交叉表是一种流行的数据汇总工具。它实际上交叉列出了一组维数。

c. OLAP 的一个主要缺点是，它不允许你以各种方式交互地分析数据、总结数据和可视化数据。

d. OLAP 的关键基础是多维数据模型，该模型可以通过多种方式实现。

17.11 哪个陈述是**不正确的**？

a. 多维 OLAP（MOLAP）使用多维数据库管理系统（MDBMS）存储多维数据，数据存储在一个基于多维数组的数据结构中，该结构经过优化以实现高效存储和快速访问。

b. 关系 OLAP（ROLAP）将数据存储在关系数据仓库中，可以使用星形、雪花型或事实星座模式来实现。

c. 混合 OLAP（HOLAP）试图结合 MOLAP 和 ROLAP 的优点。然后可以使用 RDBMS 将详细数据存储在关系数据仓库中，而预先计算的聚合数据可以作为 MDBMS 管理的多维数组保存。

d. MOLAP 量表比 ROLAP 更适合于更多的维度。但是，查询性能可能不如 ROLAP，除非实现了一些查询或定义了高性能索引。

17.12 哪个陈述是**正确的**？

a. 上卷（或向上钻取）是指在一个或多个维度内或跨维度聚合事实值的当前集合。

b. 通过从较低层次的细节导航到较高层次的细节，下卷（或向下钻取）分解了数据。

c. 切片表示将其中一个维度设置为特定值的操作。

d. 切割对应于一个或多个维度上的范围选择。

e. 以上都是正确的。

问题和练习

17.1E 对比操作决策、战术决策和战略决策。举例说明：

- 在线零售环境（如亚马逊、Netflix、eBay）；
- 银行环境；
- 大学环境。

17.2E 根据 Bill Inmon 的观点，如何定义数据仓库？详细阐述每个特征并举例说明。

17.3E 讨论并对比星形模式、雪花模式和事实星座三种数据仓库模式。

17.4E 什么是代理键？为什么要在数据仓库中使用它们，而不是在操作系统中使用业务键？

17.5E 讨论处理数据仓库中缓慢变化的维度的四种方法。这些方法中的任何一种都可以用来处理快速变化的维度吗？

17.6E 解释和说明以下概念：

- 独立数据集市
- 虚拟数据仓库
- 操作数据存储
- 数据湖

17.7E 考虑以下 OLAP 立方体：

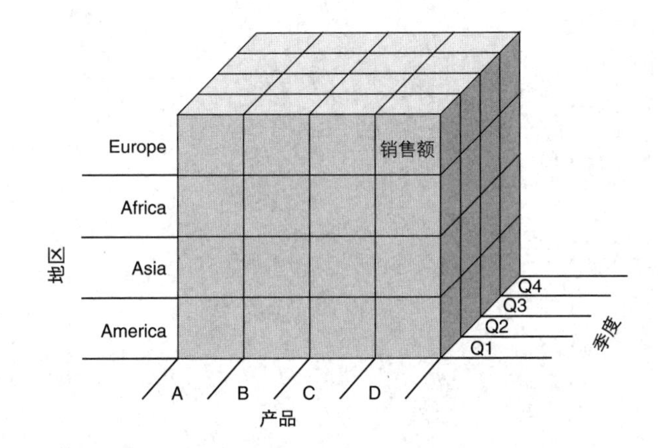

请分别给出上卷操作、下卷操作、切片操作和切割操作的例子。

17.8E 给出下表：

PRODUCT	QUARTER	REGION	SALES	PRODUCT	QUARTER	REGION	SALES
A	Q1	Europe	10	B	Q1	Europe	40
A	Q1	America	20	B	Q1	America	60
A	Q2	Europe	20	B	Q2	Europe	20
A	Q2	America	50	B	Q2	America	10
A	Q3	America	20	B	Q3	America	20
A	Q4	Europe	10	B	Q4	Europe	10
A	Q4	America	30	B	Q4	America	40

考虑以下查询：

```
SELECT PRODUCT, REGION, SUM(SALES)
FROM SALESTABLE
GROUP BY CUBE (PRODUCT, REGION)

SELECT PRODUCT, REGION, SUM(SALES)
FROM SALESTABLE
GROUP BY ROLLUP (PRODUCT, REGION)
```

```
SELECT PRODUCT, REGION, SUM(SALES)
FROM SALESTABLE
GROUP BY GROUPING SETS ((PRODUCT), (REGION))
```

上述查询的输出是什么？是否可以使用其他 SQL OLAP 结构重新规划每个查询？

17.8E　什么是窗口化？使用上面的表格演示一个带有窗口的查询。

数据集成、数据质量和数据治理

本章目标 在本章中，你将学到：

- 了解数据和流程集成的关键挑战和方法；
- 理解在组织内和整个万维网上搜索非结构化数据的基本机制；
- 将数据质量定义为一个多维概念，并了解主数据管理（MDM）如何对其做出贡献；
- 了解数据治理的不同框架和标准；
- 重点介绍数据仓库、数据集成和治理方面的最新方法。

情景导入 Sober 一切进展顺利。公司已经建立了一个基于可靠的关系数据库管理系统的可靠数据环境，该系统用于支持其大部分业务。Sober 的移动应用程序开发团队一直在使用 MongoDB 作为可扩展的 NoSQL DBMS，以处理来自移动应用程序用户的不断增加的工作量，并为团队希望在其移动应用程序的新版本中进行测试的实验功能提供后端支持。Sober 的开发团队和数据库团队已经在关注数据质量和治理的各个层面：RDBMS 是实际的中心资源，强烈关注可靠的模式设计和对数据执行定期的质量检查。NoSQL 数据库是一个附加的支持系统，以可扩展的方式实时处理来自移动用户的大量查询，但是所有数据更改仍将传递到中心的 RDBMS。这是通过手动方式完成的，有时会导致两个数据源彼此不一致。因此，Sober 的团队希望考虑采用更好的数据质量方法，以对数据实施更可靠的质量检查，并确保将对 NoSQL 数据库的更改及时且正确地传播到 RDBMS 系统。Sober 还想了解如何更好地将他们的数据流与业务流程集成在一起。

在本章中，我们将研究数据集成的管理和技术方面。我们将重点介绍数据集成技术、数据质量和数据治理。公司往往会随着时间的推移最终拥有许多信息系统和数据库，对于合并公司的数据来为应用程序和用户提供统一的视图，数据集成的概念变得越来越重要。因此，在构建数据仓库时，数据集成将成为关注重点，但是数据集成对于许多其他用例也很重要——如两家公司希望利用彼此的系统和数据资源。接下来，我们将讨论数据集成的不同模式。我们还将重点关注在企业内部数据集成环境内以及整个万维网上进行非结构化数据的高效搜索的技术。

数据集成也与数据质量密切相关，因此我们将讨论这种管理问题和主数据管理。最后，我们研究了数据治理标准，这些标准可帮助公司制定计划来衡量、监视和改善数据集成和质量实践。

18.1 数据与流程集成

数据集成旨在提供对异构（并可能是分布式的）数据源的统一视图或统一访问。接下来，我们讨论实现此目标的不同方法和模式，并在数据质量、性能、转换数据的能力等方面进行权衡取舍。此外，我们还将介绍流程集成的概念。**流程集成**处理业务流程中任务的顺序，并管理这些流程中的数据流。这样，流程集成中的数据流是数据集成的补充，因为它们旨在使正确的数据可供应用程序和人员使用，以便他们能够使用合适的输入数据执行任务。因此在理想情况下，数据集成过程中应同时考虑数据和流程。我们从当代数据处理环境中数据集成需求背后的基本原理开始讨论。

18.1.1 分析型和操作型数据需求的融合

传统上，应用程序和数据库是围绕功能域组织的，例如会计、人力资源、物流、客户关系管理等（图 18-1）。每个部门或业务单元都使用自己的**数据竖井**（例如文件或数据库），而没有跨部门集成。操作流程使用这些数据竖井来回应简单查询或对详细的基础数据进行（近乎）实时的更新。存储产品交易的经典销售终端（POS）应用程序或存储股票价格的交易系统就是这种示例。

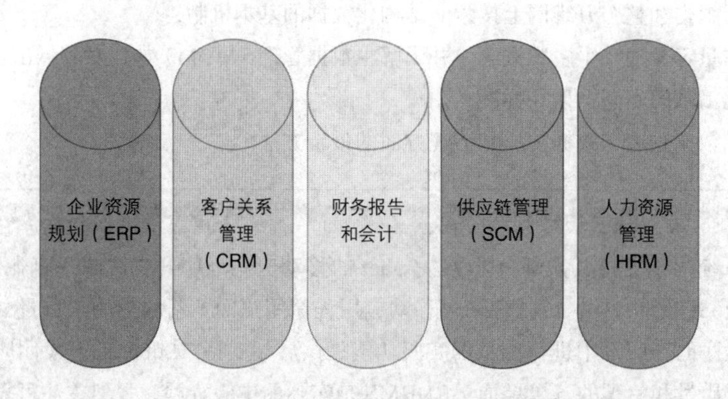

图 18-1 传统的围绕功能域组织的“数据竖井”

数据竖井主要针对操作支持，而到了下一阶段，由数据驱动的战术和战略性决策需求刺激产生的商务智能和分析应用程序将造成涵盖公司范围的影响。为了维持该公司范围内的视图，要将数据竖井中的数据进行转换、集成并整合到公司范围内的数据仓库中。ETL（抽取、转换、加载）过程支持异步数据的抽取以及从源系统（业务数据竖井）到目标数据仓库的传输。

知识关联 第 17 章讨论了数据仓库和 ETL。第 20 章讨论了分析。

由于这种发展，我们面对了将近二十年由两个差异极大的工具供应商和产品的场景支持的双重数据存储和处理环境。一方面，操作型应用程序对操作型数据竖井执行简单的查询，其中包含当前域（HR、物流、CRM 等）中业务状态的最新“快照”。商务智能和分析应用程序通过分析数据仓库中公司范围内的数据来支持战术和战略决策（图 18-2）。数据仓库不仅包含详细的操作型数据，还包含历史的、丰富的和汇总的数据。但是，从源系统抽取数据，将其转换为适当的格式来分析并将其加载到数据仓库的 ETL 过程非常耗时。因此，最新的操作型数据存储与稍过时的数据仓库之间存在一定的延迟。这种延迟是可以容忍的——实时商务智能并不是传统数据仓库的目标，其目标是在特定的时间（例如每天或每月一次）为业务主管提供决策支持。

如今，我们看到了数据集成工具的业务和战术 / 战略数据需求的完全融合。这种趋势是以主动（而不是被动）行动为中心的新市场实践引发的，这种行动需要对客户有完整的了解，并迅速传播到其他功能领域。它以具有双重含义的术语**操作型 BI** 达到高潮。首先，一线员工也越来越多地在业务级使用分析技术。其次，用于战术 / 战略决策的分析越来越多地使用实时业务数据，它是与更传统的数据仓库中发现的汇总和历史数据的结合。

在这两种情况下，BI 的这种业务用途都旨在实现低（甚至为零）延迟，因此可以立即检测到意外的业务变更事件或数据趋势，并通过适当的响应进行处理。我们的想法是将越来越多的数据从批处理转移到（接近）实时 BI，在此将历史数据与实时趋势和观察相结合，经常进行比较，并进行全天候分析。为了提供一些示例，请考虑实时监控 KPI（关键绩效指标，例如生产量、股票价格、石油价格等）的管理人员仪表板。另一个示例是业务流程监视和业务活动监视（BAM），用于及时检测业务流程中的异常或机会。Netflix 和 Amazon 等公司通过推荐系统实时检测到交叉销售的机会，而信用卡处理商在交易开始后不久就检测到了信用卡欺诈。

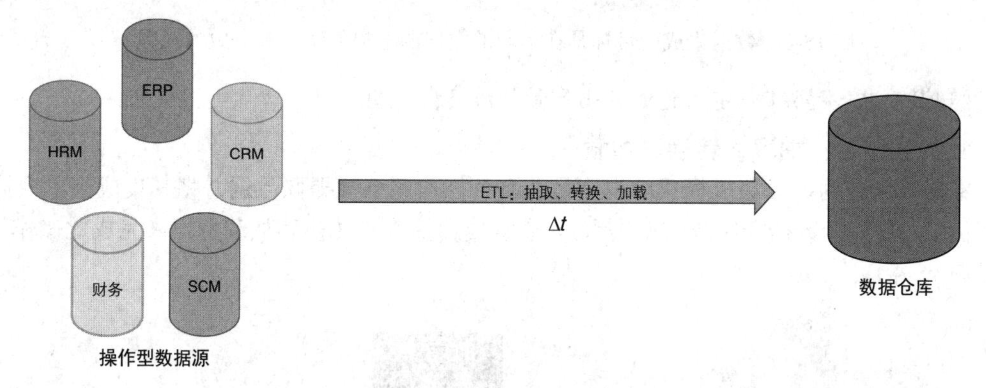

图 18-2　传统数据仓库设置

这种发展给数据存储和数据集成解决方案带来了有趣的挑战。在大数据分析中尤其如此——通过将更传统的数据类型与“新的”内部和外部数据类型相结合并加以充实，从而获得了新的见解，这些内部和外部数据通常具有非常易变的结构和非常大的规模。分析中涉及了不同的数据，例如点击流数据、服务器日志、传感器数据、社交媒体供稿等。第 11 章和第 19 章讨论了解决这些不断发展的数据存储需求的解决方案。但是，同样大的挑战还在于如何集成这些多样的数据类型，以便于有效处理和分析，其中往往存在着不容忽视的关于数据实时性的限制，甚至是打开所谓的**流数据**来“实时”分析的需求。结果通常是一种混合数据集成基础结构，结合了不同的集成技术，可迎合不同的服务质量（QoS）特征和数据质量要求。许多数据集成供应商通过结合各种工具和技术的大量数据集成套件来满足这一需求。但是，要做出明智的实施方案选择，关键是辨别这些套件背后的通用数据集成模式，并评估它们在 QoS 特性上的内在权衡（例如，实时能力、性能、丰富和净化数据的能力、除了实时数据之外还能保留历史数据的功能等）。这是本章下一节的重点。

18.1.2　数据集成和数据集成模式

数据集成旨在为所有企业级数据提供统一且一致的视图。数据本身可能是异构的，并且存储于不同的资源（XML 文件、保留系统、关系数据库等）中。所需的数据集成程度将在很大程度上取决于所需的 QoS 特性。数据永远不会具有完美的质量，因此也许我们必须容忍一定程度的不准确、不完整或不一致的数据才能使操作型 BI 获得成功。

图 18-3 从高层次上说明了数据集成的概念：我们的目标是在逻辑上（有时也在物理上）统一不同的数据源或数据竖井（如上文所述），以提供一个尽可能正确、完整和一致的统一视图。存在不同的数据集成模式来提供此统一视图。首先，我们讨论以下基本的数据集成模式：数据整合、数据联合和数据传播。然后，我们处理更高级的技术以及数据集成和流程集成之间的相互作用。

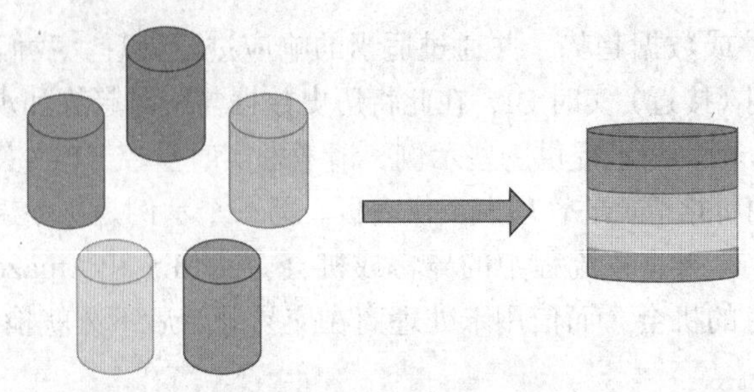

图 18-3　数据集成的目标是在不同的数据源上提供统一和一致的视图

知识关联 在第 4 章中讨论了数据质量的维度。

1. 数据整合：抽取、转换、加载

数据整合作为**数据集成模式**的本质是从多个异构源系统提取数据并将其集成到单个持久性存储中（例如，数据仓库或数据集市）。通常使用抽取、转换和加载例程来完成此操作（请参见图 18-4）。

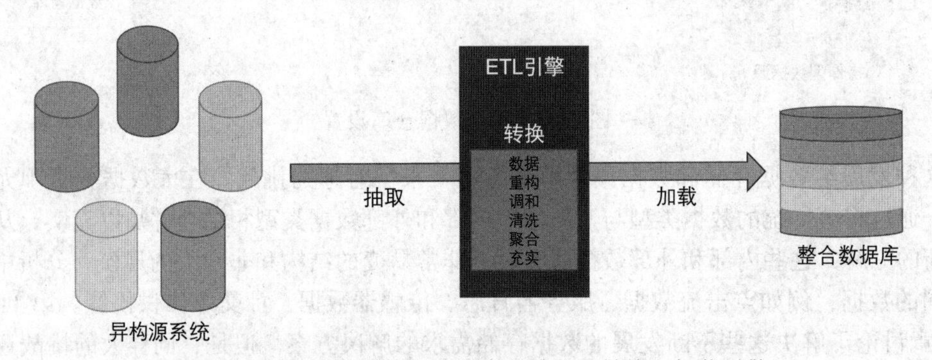

图 18-4　作为数据整合解决方案的抽取、转换、加载引擎

知识关联 在 17 章中讨论了数据仓库中的 ETL。

如第 17 章所述，ETL 是一种支持以下活动的技术：

- 从异构数据源（包括遗留和外部源）中抽取数据；
- 转换数据以满足业务需求；
- 将转换后的数据加载到目标系统（例如，数据仓库）中。

这种采用 ETL 流程为存储提供合并数据的方法非常适合处理大量数据和这些数据分析前的准备工作。此处存在进行广泛转换的空间，其中的步骤包括数据重构、调和、清理、聚合和充实。因此，此模式对许多数据质量维度（例如完整性、一致性和可解释性）具有积极影响。整合方法的另一个重要优点是，它不仅可以提供当前信息，还可以提供历史数据，因为更改业务状态不会导致数据更新，而是添加新数据。

不利的一面是，ETL 流程通常会导致某种程度的延迟，数据会有些过时，因此及时性可能会受到影响。但是，正如我们将在 18.1.2 节讨论的那样，存在一些至少包含此延迟的技术。可以将延迟测量为源系统中的更新与目标数据存储中的更新之间的延迟。可能需要几秒钟、几小时或几天的时间，具体取决于刷新策略。整合还需要一个物理目标，因此会消耗额外的存储容量。这样就可以从原始数据源中移除分析工作的负荷。事实是，数据已经预先格式化和结构化以适合分析需求，因此可以保证可接受的性能水平。

ETL 流程存在不同的变化，例如，可以对目标数据存储采用完全更新或增量刷新策略。

我们注意到某些供应商，例如 Oracle 提出了另一个变体 ELT（抽取、加载、转换），该转换直接在物理目标系统中执行。图 18-4 说明了 ETL 过程。

除了使用 ETL 和数据仓库的传统设置之外，第 17 章中讨论的数据湖也可以作为整合模式的实现。但是，相比数据仓库，数据大多以其在源系统中具有的原生格式进行合并，几乎没有转换或清理。因此，与数据仓库相比，对各个数据质量维度的积极影响将受到限制，但是对于存储在数据湖中的大数据类型而言，这通常不是一个大问题，因为数据湖的形式结构更加不稳定，甚至完全没有。分析数据可能仍需要进行一些预处理和重组，而在数据仓库中，这些预处理和重组已经预先执行了。

2. 数据联合：企业信息集成

数据联合同样旨在提供一个或多个数据源的统一视图。但不采用将数据提取并集成到统一存储中的方式，而是通常采用拉取方法——按需从基础源系统中拉取数据。**企业信息集成**（EII）是数据联合技术的一个示例（图 18-5）。可以通过在分散的基础数据源之上实现虚拟业务视图来实现 EII。该视图用作通用数据访问层。数据源的内部结构通过包装与外界隔离。通过这种方式，虚拟视图使应用程序和进程免受从具有不同语义、格式和接口的多个位置检索所需数据的复杂性。因为所有数据都保留在源系统中，所以不需要移动或复制数据（也许除了一些执行缓存外）。因此，联合策略使实时访问当前数据成为可能，而数据整合策略则并非如此。

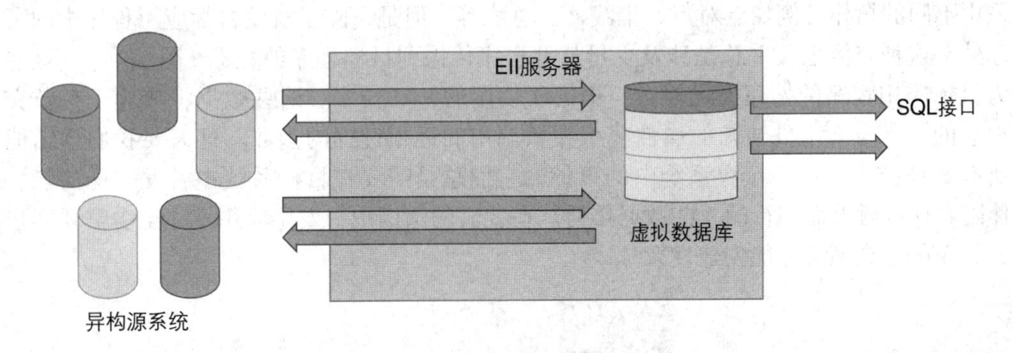

图 18-5　作为数据联合解决方案的 EII

在业务视图上执行的查询将转换为对基础数据源的查询，然后可以使用全局和本地查询优化技术进一步优化该查询，也可以利用查询并行性（另请参见第 16 章）。返回的结果通常会很小，因为较大的数据集无法满足实时性。出于相同的原因，只能进行有限的转换和清洗功能。许多 EII 技术是只读的，但有些还支持业务视图上的更新操作，然后将其应用于基础数据存储。但是，如第 7 章所述，即使在独立数据库中，也不总是可能将虚拟视图上的更新明确地映射到后端关系表中。在分布式环境中更是如此。EII 也不太适合复杂查询，例如结构化和非结构化数据之间的连接。因此，EII 通常被企业采纳为一种收购或兼并后的临时措施。

如果要采用整合方法，可能会大大增加总体存储需求，因此数据联合和 EII 可能会有益，因为它将数据保留在原位。要记住 EII 的一个重要缺点是整体性能较差。因为必须将在业务视图上执行的查询转换到基础数据源上，所以不可避免地会影响性能。并行化和缓存解决方案（这意味着频繁执行查询的结果在视图上保留一会儿）可以帮助克服这一问题，尽管如此，在性能是关键问题的情况下，仍然建议采用整合方法。另一个相关问题是源系统是否继续接收直接查询，即不经过联合层的查询。此处必须记住，现有的操作源系统将出现利用率的提升，因为它们现在必须同时处理直接传入的查询和来自联合层的查询，从而可能导致性能下降。最后，请注意，EII 解决方案在其可以对查询结果集执行的转换和清洗步骤的数量上受到限制。在必须转换、聚合或清洗来自多个来源的数据，然后才能准备好使用它们的情况下，数据整合方法可能是更好的解决方案。

知识关联 第 7 章讨论了关系视图可更新的要求。第 16 章讨论了查询并行性。

3. 数据传播：企业应用程序集成

数据传播模式对应于更新的同步或异步传播，或更一般而言，指从源系统到目标系统的事件。无论同步或异步特性如何，大多数实现都提供了某种措施来确保将更新或事件通知传递到目标系统。数据传播模式可以应用于系统架构中的两个级别。它可以应用于两个应用程序之间的交互或两个数据存储之间的同步。在应用程序交互环境中，我们谈到了企业应用程序集成（EAI），接下来将对其进行讨论。在数据存储环境中，我们将讨论企业数据复制（EDR），如下一节所述。

企业应用程序集成（EAI）的思想是源应用程序中的事件需要目标应用程序中的某些处理。例如，如果在订单处理应用程序中接收到订单，这可能会触发发票应用程序创建一个发票。源系统中的事件（已收到订单）被通知到目标系统，以触发目标系统中的某些处理（发票的创建）。存在许多独特的 EAI 技术来实现此触发，涵盖范围有 Web 服务、.NET 或 Java 接口、消息中间件、事件通知总线、远程过程调用技术、遗留应用程序接口和适配器等。可以采用不同的拓扑，例如点对点、集线器、总线等。但是，除了触发目标应用程序中的某些处理外，这种交换也几乎总是涉及少量从源程序传播到目标程序的数据（图 18-6）。这些数据为目标应用程序的处理提供输入。根据所使用的 EAI 技术，这些数据将成为正在被交换的消息的一部分、事件通知的属性或正在被调用的远程过程的参数。这需要我们详细地讨论所有 EAI 技术，但由于源系统中的事件，它们总是需要在目标系统中触发一些功能，以及伴随着这种触发而进行的一些数据传播。在我们的示例中，发票应用程序至少需要客户的 ID、订单的总金额等才能创建发票。

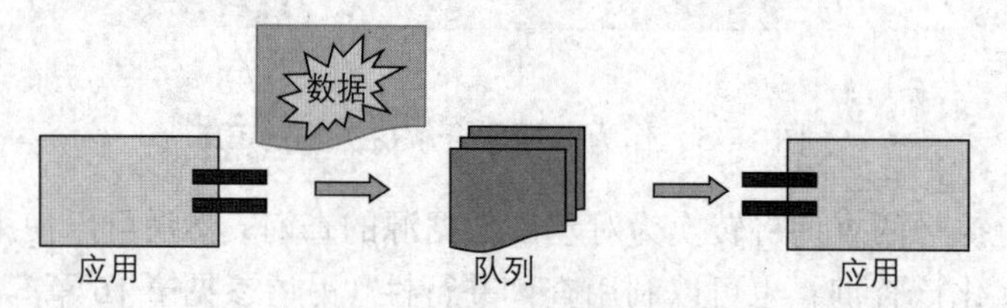

图 18-6　企业应用程序集成

EAI 中的数据传播可能是同步发生的，因此，事件在源系统中发生的那一刻，消息就会与数据一起发送。目标系统可以立即做出响应，但是消息（事件通知或其他形式）也可以在被处理之前排队，从而产生异步交互。异步方法的优点是各个系统之间的相互依赖性较小，但是缺点是在响应事件和处理伴随事件的数据时存在一定的延迟。

使用 EAI 的数据传播通常用于跨多个系统的操作型业务交易处理，这些系统会根据彼此的事件进行操作，因此需要（部分）相同的数据。许多 EAI 实现为消息转换、监视和路由提供了便利。同步设置允许实时响应，因此双向交换数据成为可能，而整合和 ETL 无法做到。但是，对于大多数 EAI 技术而言，可以交换的数据量很小，因为其主要关注点是触发处理。

4. 数据传播：企业数据复制

传播模式也可以应用于两个数据存储之间的交互级别。在这种情况下，我们将讨论**企业**

数据复制（EDR）。在此，源系统中的事件明显与数据存储中的更新事件相关。复制意味着（近乎）实时地将源系统中的更新复制到目标数据存储中，该目标数据存储将充当精确的副本（图 18-7）。在软件级别，这可以通过操作系统、DBMS 或单独的复制服务器来实现。作为替代，可以使用单独的硬件存储控制器。相应的选择已在第 13 章和第 16 章中进行了讨论。传统上已采用 EDR 进行负载均衡，以确保高可用性和恢复能力，但实际上并未进行数据集成。但是，近来它已被更频繁地用于（操作型）BI，并将数据从源系统转移到单独的数据存储中，该数据存储是精确的副本。这样，可以对实时操作型数据执行分析，而无须给原始的操作型源系统增加负担。在这种情况下，负载均衡是将数据转移到另一个数据存储的主要驱动力，而不是像 ETL 那样需要数据转换。

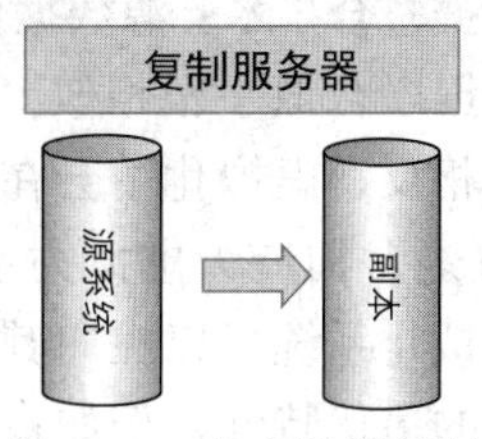

图 18-7 企业数据复制

尽管 EDR 和 ETL 最初代表不同的模式，但它们之间的界限并不总是很清晰。EDR 的事件范式和实时方面可以与 ETL 的整合和转换元素结合使用，从而形成所谓的近实时 ETL。后者在接下来一节进行讨论。

知识关联 第 13 章和第 16 章讨论了数据复制的几个相关方面和技术。

5. 变更数据捕获、近实时 ETL 和事件处理

变更数据捕获（CDC）是对 ETL 的补充技术，它将事件范式添加到 ETL 中。CDC 技术可以检测源数据存储中的更新事件，并触发基于这些更新的 ETL 过程。ETL 过程由基础数据存储区中的任何重大更改触发，通过这种方式，实现对 ETL 的“推送”模型。这与传统的 ETL 相反，在传统的 ETL 中，数据抽取是在计划的时间段或系统工作负载较低的时间段进行的，但没有考虑源数据的实际变化。

这种方法通常在技术上更加复杂，其可行性在一定程度上取决于源系统的特性和开放性。它有几个优点。第一个优点是实时性，源系统中的更改一发生就能被检测到并进行传播，而不是根据 ETL 过程的固定时间表以一定的延迟传播它们。由于仅传输实际上已更改的数据，因此该方法还可能减少网络负载。

最后，事件通知模式还可以在数据处理设置中扮演其他角色。相关事件（对源数据的更新，或其他在业务流程级别具有语义的事件，例如确认订单或购买信用卡）可以被通知给多个组件或应用程序，对一些事件起作用并触发一些处理，例如使用 EAI 技术。而且，在这种情况下产生的事件更多，分析技术的重点也更多，尤其是在业务活动监视和流程分析中（另请参见第 20 章）。**复杂事件处理**（CEP）是指一系列分析技术，它们不关注单个事件，而是关注事件与所谓的事件云模式之间的相互关系。例如使用某张信用卡进行购买时，突然变化的模式可能表示存在欺诈。事件通知可以被缓冲，然后异步地起作用，或者可以被实时处理。如第 19 章所述，后者可以由能处理所谓的流数据的技术来支持。

知识关联 第 19 章重点介绍大数据，包括处理流数据的方法。第 20 章讨论了不同的分析技术。

6. 数据虚拟化

数据虚拟化是一种较新的数据集成和管理方法，同样（与其他方法一样）旨在为应用程序提供统一的数据视图，以检索和处理数据，而不必知道数据在源存储上的物理存储位置、结构和格式。数据虚拟化基于先前讨论的基本数据集成模式，但也从使用的实际（组合）集

成模式上将应用程序和用户隔离开。

数据虚拟化解决方案的基础技术因供应商而异，但它们通常不使用诸如 ETL 之类的数据整合技术：源数据保留在原位，并且提供对数据源系统的实时访问。因此，这种方法与数据联合似乎很相似，但是数据虚拟化的一个重要区别在于，与基本 EII 提供的联合数据库相反，虚拟化不会在异构数据源之上强加一个数据模型。可以随意定义数据上的虚拟视图（通常构造为虚拟关系表），并且可以自顶向下将其映射到关系和非关系数据源上。数据虚拟化系统可以在向其消费者提供数据之前进行各种转换。因此，它们结合了传统数据整合的最优特性，例如提供数据转换的能力和实时交付数据的能力。为了保证足够的性能，虚拟视图是透明缓存的，并应用查询优化和并行化技术。但是，对于大量数据，整合和 ETL 的组合可能仍然在是性能方面最有效的方法。虚拟化技术可以提供整合数据和其他数据源的统一视图，例如，将历史数据与实时数据集成在一起。因此，在许多现实环境中，数据集成活动是组织内部一项持续不断的行动，通常会结合许多集成策略和方法。如图 18-8 所示。

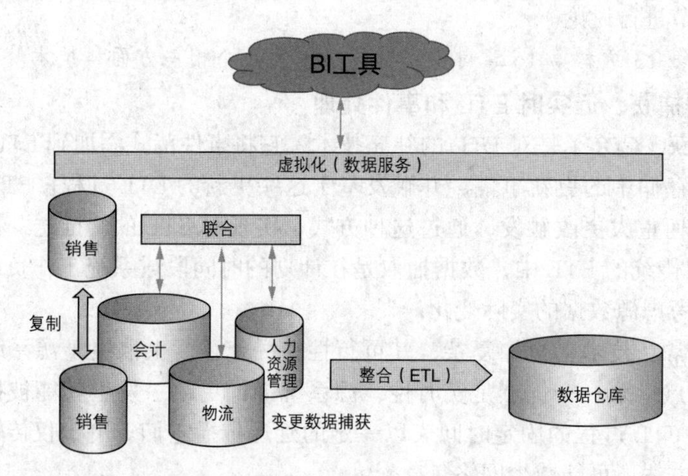

图 18-8　数据集成实践通常结合各种模式和方法

7. 数据即服务和云中的数据

虚拟化模式通常与**数据即服务**（DaaS）的概念相关联，其中数据服务作为整体的**面向服务的架构**（SOA）的一部分提供，SOA 中业务流程由一组松耦合的软件服务支持。数据服务可以由不同的应用程序和业务流程调用，它们与如何实现有关位置、数据存储和数据集成技术的数据服务相隔离。许多商业数据集成套件都遵循 SOA 原则，并支持数据服务的创建。数据服务可以是只读的，也可以是可更新的，在这种情况下，它们必须能够以明确的方式将数据服务使用者发布的更新映射到基础数据存储。大多数数据集成套件还为**数据服务组合**提供了简便的功能，其中可以将来自不同服务的数据合并并聚合为新的复合服务。

数据服务和数据服务组合的概念也引出了有关业务用户和 ICT 提供商之间责任界限的问题。数据集成本身是 ICT 部门的传统职责。但是，正是由于用户与大多数技术细节是隔离的，所以数据服务可以满足一定程度的自助 BI，在该 BI 中可以组合数据服务，然后通过业务用户点击图形用户界面中表示数据服务的图标的方式，可将其用于数据分析算法。从生产率的角度来看，这种自助服务非常有吸引力。它使业务用户可以自由地按需集成数据并对其进行分析，而无须依赖 ICT 部门来集成和转换所需的数据，这通常会带来延迟和协调开销。经验表明，正是由于所有技术细节都是隐藏的，因此还有将数据集成和数据转换留给没有技术背景的最终用户使用的风险，因为他们意识不到不同数据集成模式、清洗活动、转换等对数据质量的影响。因此，本身不应避免提供有关数据集成和 BI 的自助服务功能，但应谨慎考虑。

反过来，DaaS 通常与云计算有关。“即服务”和“在云中”的概念非常相关，前者更多地强调消费者的观点（服务的调用），后者主要强调供应和基础架构方面。云计算的（积极的和消极的）属性如下：

- 硬件、软件和基础结构通过网络“按需”提供。
- 云可以是公共的（由外部云服务提供商提供）、私有的（在公司内部设置云技术）或混合的（两者的混合）。
- 公共云和混合云的一个吸引人的属性是，自己的基础架构与服务提供商的基础架构之间的边界逐渐消失，因此消除了容量限制，并允许按需逐步扩展存储或处理容量，而无须在未来的工作量根本无法预测的情况下进行大量的预先投资。
- 将固定基础建设成本和前期投资转换为可变成本的能力（按单位时间或数量的付款，取决于功能或服务水平的付款等）。
- 缺点是存在供应商锁定和意外切换成本的风险。
- 关于性能保证、隐私和安全性存在另一种可能的风险，这可以通过谨慎地声明正式的服务级别协议（SLA）来部分缓解。
- 如果发生灾难或发生损坏（例如，数据丢失或隐私受到侵犯），将导致云服务提供商的责任问题。

可以在云中托管不同的数据相关服务。下面，我们提供了不同云产品的广泛使用的分类（尽管也存在其他不同的分类），并指出了哪些与数据相关的服务可能与它们有关：

- **软件即服务**（SaaS）：完整的应用程序托管在云中，例如，用于分析、数据清洗或数据质量报告的应用程序。
- **平台即服务**（PaaS）：计算平台元素托管在云中，可以运行并与自己的应用程序集成，例如，像 Amazon S3 一样提供简单键 - 值存储功能的云存储平台。
- **基础架构即服务**（IaaS）：硬件基础架构（服务器、存储等）作为云中的虚拟机提供，例如，云托管的存储硬件。
- **数据即服务**（DaaS）：数据服务通常基于严格的 SLA 托管在云中，有时还具有数据质量监控或基于云的数据集成工具等其他功能，以将自己的数据与外部提供商的数据集成。

这些相应的云组件也可以进行组合，来存储、集成和分析云中的数据。第 20 章将进一步讨论基于云的分析方法的优缺点。

知识延伸 下图显示了根据 Gartner 研究得出的“即服务”领域的预计增长[⊖]。PaaS 和 SaaS 的规模预计将增加一倍，而 IaaS 则将增加三倍。这些数字在三年时间内预计有惊人增长。

⊖ Gartner, Forecast: Public Cloud Services, Worldwide, 2014–2020, 4Q16 Update, 2017.

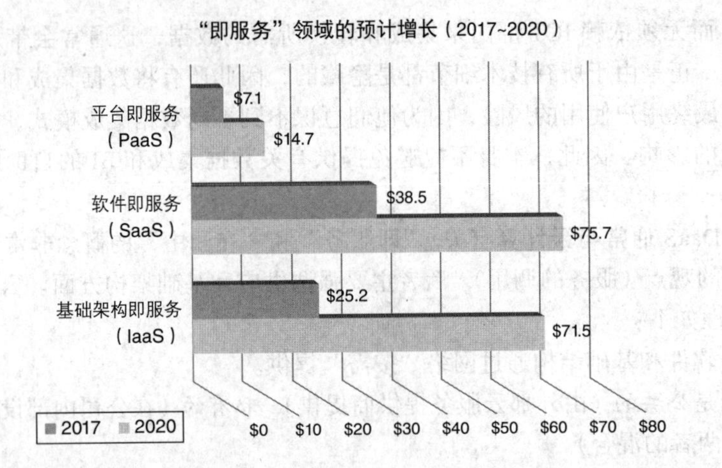

18.1.3　数据和流程集成中的数据服务和数据流

作为数据集成的补充，流程集成的思想是尽可能地集成和协调组织中的业务流程。**业务流程**被定义为具有一定顺序的一组任务或活动，必须执行它们才能达到特定的组织目标。例如，考虑一下具有多种任务的贷款批准过程，例如提交贷款申请、计算信用评分、起草贷款、签订合同等。这还包括一个数据流，用于指定两个任务之间的数据路径。业务流程可以从两个角度考虑。一方面，控制流指定了正确的任务顺序（例如，只有在计算信用评分后才能提供贷款）。另一方面，数据流着重于任务的输入（例如，利率计算取决于信用评分）。至于信息系统中的实际实现，一方面，任务协调 / 触发，另一方面，任务执行通常交织在一样的软件代码中。但是，在面向服务的环境中的其他方面，出于任务协调的目的，存在将执行实际任务运行的服务与提供对必要数据的访问的服务分开的趋势。在本节的后面，我们将回顾这一部分。

1. 业务流程集成

由于控制流定义了任务之间的序列和顺序，因此通常使用类似于流程图的可视化语言对业务流程建模，例如业务流程模型和表示法（BPMN）、Yet Another Workflow Language（YAWL）、统一建模语言（UML）活动图、事件驱动过程链（EPC）图等。图 18-9 显示了我们使用 BPMN 建模的贷款批准流程。

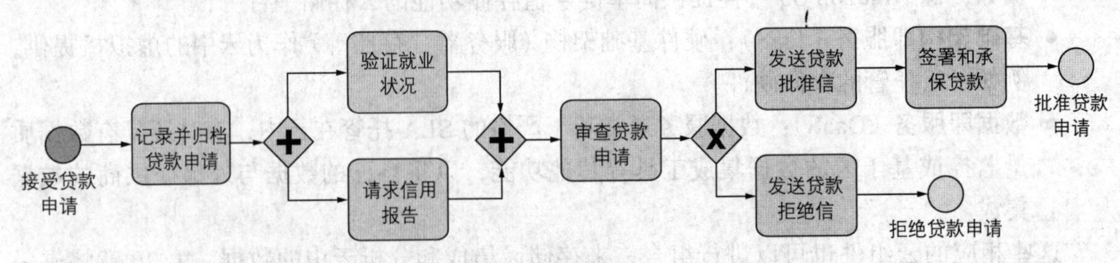

图 18-9　使用 BPMN 建模语言表示的贷款批准流程

知识延伸　在定义任务之间的顺序方面，大多数业务流程建模语言是严格且明确的，因此不允许有太多偏差。在许多业务环境中，这被视为一个优势，因为可以更好地控制和监视业务活动，并消除可能出现歧义的地方。但是，其他从业人员和研究人员认为，这种过度指定流程的方法无法处理大多数业务环境中出现的偏差，因此不够灵活。存在其他流程建模语言，这些语言仅指定活动之间的关键控制流约束，而其余的则对执行流程中任务的各方开放。

一旦对业务流程进行了建模，工人和员工就可以将其“按原样”用于手工流程中，然后充当规范性指南，指导相关方遵守必要的步骤。但是，在大多数情况下，其想法是使用建模的业务流程来驱动信息系统的步骤，从而有助于实现手工流程的自动化。在这种情况下，流程的执行由所谓的**流程引擎**处理，该引擎将监督流程中的步骤以确保其正确执行。为此，流程模型通常会转换为可执行流程的声明性定义，然后可由流程引擎理解和使用。这种执行语言的一个示例是业务流程执行语言标准 WS-BPEL。让我们在贷款申请过程中再次说明这个概念。将流程模型转换为可执行的 WS-BPEL 流程定义之后，业务流程引擎可以使用此定义引领业务员完成不同的用户界面任务，通过生成用户界面和连续的数据输入界面的方法，从而确保正确执行顺序。它还可以触发自动化任务的执行，例如，通过调用一个软件组件，基于适当的输入参数来实现计算信用评分的算法。这样，WS-BPEL 也可以适用于数据流观点，例如，确保只有在当前步骤中正确填写了所有详细信息后，才能开始贷款申请流程的下一步。请注意，以这种方式，任务协调（由流程引擎执行）的职责与任务执行（由其他软件组件或人员执行的职责）分离。

业务流程可能变得复杂，并且业务流程中的多个步骤通常会在各部分之间产生子流程。例如，贷款申请的审查在上述过程中被建模为执行单个活动，但可能会从一个新的“审查”流程开始，在该流程中，必须先执行几个步骤，然后才能取得审查结果。因此，对于许多流程相互依赖并且许多流程可能跨越多个单位（例如部门甚至外部合作伙伴）的组织而言，集成这些业务流程是一项必不可少的任务。因此，在现代业务流程设置中，将提供不同的业务流程任务或子流程作为服务，然后其他各方可以调用或利用这些服务或子流程来实现某个目标，得到结果或接收结果。Web 服务技术是在组织内部和组织之间公开此类服务的一种流行方法，如第 10 章所述。

知识关联 第 10 章介绍了 Web 服务和 WS-BPEL。第 16 章重点介绍有关 Web 服务和 WS-BPEL 流程的事务方面。

WS-BPEL 之类的流程执行语言旨在管理跨服务的控制流和数据流，这些服务一起执行 WS-BPEL 文档中表达的业务流程。因此，应适当地管理两种类型的依赖关系，以确保成功完成整个流程。首先，**顺序依赖**指出服务 B 的执行取决于另一个服务 A 的执行完成，因此保证了所有服务均以正确的顺序使用。例如贷款建议只能在计算出积极的信用分数之后提出。再举一个例子，考虑一个订单履行过程，在该过程中，付款服务和运输服务之间存在顺序依赖：只有在安排付款后才能运输订单。另一方面，**数据依赖**指服务 B 的执行取决于服务 A 提供的数据。例如贷款建议书的利率，该利率取决于在信用检查期间计算的信用评分。还应仔细管理数据依赖，以确保始终为服务提供执行任务所需的所有数据。另一个示例是运送服务和客户关系服务之间的数据依赖：运送服务仅在其从客户关系服务接收到客户地址的情况下才能安排运送。在接下来的内容中，我们将讨论如何处理数据依赖，并为数据集成和流程集成提供不同的可能模式。

2. 在流程中管理顺序依赖和数据依赖的模式

存在不同的模式来管理业务流程中的顺序和数据依赖。许多流程引擎供应商和 WS-BPEL 语言都支持**协调模式**。流程协调假定单一的集中式可执行业务流程（协调器），它协调不同服务和子流程之间的交互。控制流和数据流在单一的中心位置描述，并且协调器负责调用和组合服务，如图 18-10 所示。将其与由中央管理人员告诉每个人确切信息以及何时应该执行操作的团队进行比较。团队成员不在乎流程的总体目标，因为管理者将输出合并为一个可交付成果。

另一个管理顺序和数据依赖的模式是**编排**，它与协调不同，因为编排依赖于参与者自身来调整协作。因此，它是一种分散的方法，其中决策逻辑和交互是分布式的，没有集中点（图 18-11）。再与一组人员进行比较，但是现在没有中央管理人员。所有团队成员都必须知道整个过程（要达到的目标），因此每个人都知道何时该做些什么以及将工作交给谁。

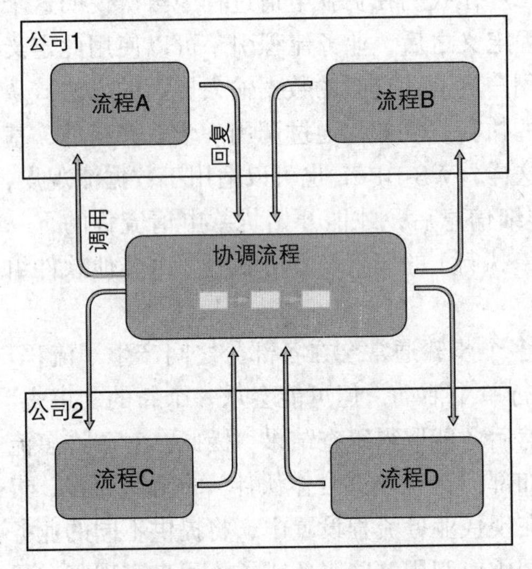

图 18-10 协调模式的图解

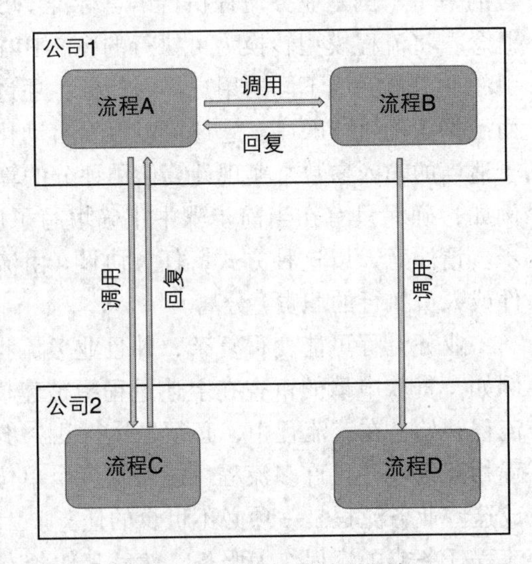

图 18-11 编排模式的图解

尽管从管理的角度来看，协调模式的中心部分可能看起来更有吸引力，但是许多实际流程都遵循更偏编排的方法，两者都具有各自的收益和成本。在许多实际情形中，将采用两种方法的组合，例如，某些过程由中央机构精心协调，而其他过程则可能更容易使用编排的方法进行集成。但是，在给定数据管理的情况下，非常重要的一点是，在科学文献和大多数现实环境中，过程集成模式的选择主要是基于关于最佳管理顺序依赖的考量进行的，即根据哪种模式服务执行应该被触发。然后，数据流仅遵循与控制流相同的模式——将执行某个任务所需的输入数据简单地嵌入触发任务执行的消息中，例如，作为 SOAP 消息中的参数或方法调用。

尽管在此无须过多讨论流程配合，但重要的是，有关管理顺序依赖和数据依赖的决策可以在一定程度上独立进行。例如，根据协调模式，确定贷款利率的服务可以由中央协调员触发。但是，没有理由在触发消息中也提供所有必需的输入数据。在这里可以选择其他模式，对于输入数据的不同子集，选择甚至可以不同。另外，可以在处理级别使用数据流来满足部分数据依赖，并且可以通过数据集成技术来满足部分数据依赖。例如，利率服务可以直接从计算信用风险的服务请求信用评分，因此将编排模式应用于此数据流。但是，对利率服务而言可能更合适的是直接从包含所有客户信息的数据库中检索其他客户数据，例如，为优秀客户确定商业折扣，从而应用“整合”数据集成模式。从此示例中可以清楚地看出，处理层的数据流模式和数据层的数据集成模式在满足服务数据需求方面是互补的。因此，应该一次性考虑数据集成和（数据流方面）流程集成。它们都有助于管理数据依赖，并且在过程层和数据层级别进行的相应模式选择将共同决定数据沿袭和质量。下一部分通过识别应对数据交换和处理的三种服务类型，提供了对流程层和数据集成层中数据流的统一观点。

3. 数据和流程集成的统一视图

粗略地讲，服务 A 和服务 B 之间的数据依赖可以通过两种方式解决。第一种选择是，流程在 A 和 B 之间提供数据流，并确保在业务流程级别将必要的数据从服务 A 传递到服务 B。服务 A 的另一种选择是将这些数据持久保存到数据存储中，也可以通过上述数据集成技术之一访问服务 B，以使服务 B 在以后检索和使用数据。通过这种方式，管理数据依赖是流程层（处理控制流和数据流的地方）和数据层（涉及数据集成和数据存储功能）的共同责任。

为了统一地分析流程层的数据流和数据层的数据集成，我们区分了三种服务类型：工作流服务、活动服务和数据服务。在实际的 SOA 中，这些服务将对应于实际的单独软件组件。例如，工作流服务可以对应于处理引擎，而活动服务可以对应于 Web 服务。但是，该分析对于将这些服务的实现交织到整体软件模块甚至遗留代码中的架构也很有用。工作流程和活动服务甚至不需要自动化，可以由人工参与者手工执行。即使这三种服务类型仅用作分析工具，并不与实际的软件组件相对应，但它们仍提供了一种方法来评估任何信息系统中的协作功能、任务执行功能和数据供应。这样，我们通过数据集成技术将流程层的数据流和数据共享纳入了统一的视角。我们区分以下三种服务类型（图 18-12）：

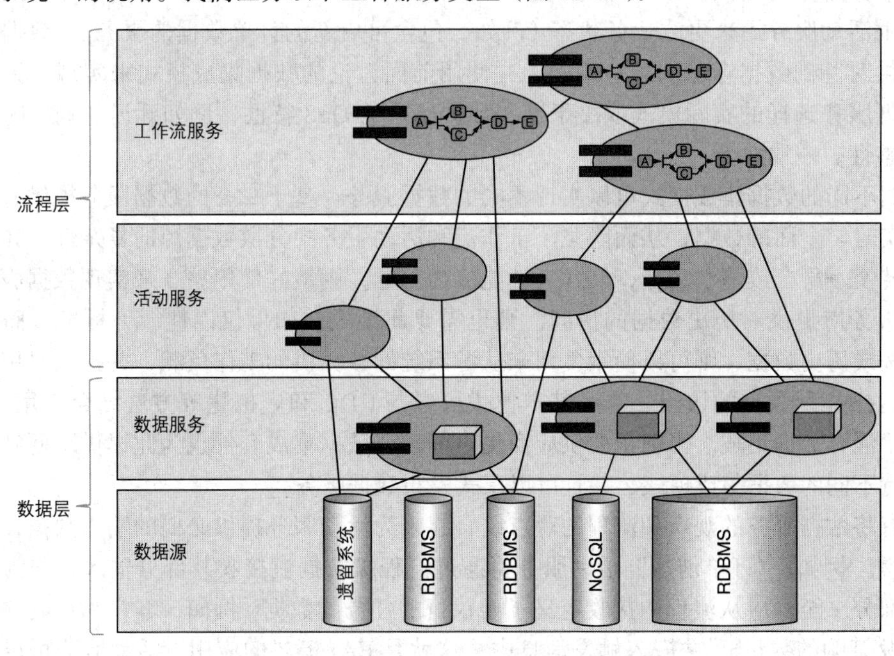

图 18-12　工作流服务、活动服务和数据服务

- **工作流服务**：这些服务通过协调或编排模式，触发流程模型顺序约束中的对应任务来协调业务流程的控制流和数据流。例如，工作流服务将触发贷款审批流程中的不同任务。其中一些任务将是人机交互活动，例如，评估复杂贷款请求风险的业务专家。在那里，工作流服务将任务分配给合适的人员。对于全自动任务，例如评估信用风险的算法，工作流服务会触发一个活动服务（请参见下文）以执行任务。该触发可通过发送消息或调用方法等方式来发生。某些变量或参数与该触发的消息或方法一起作为输入传递，例如，包含客户的 ID、所请求的贷款金额等。变量的传递构成了业务流程中的**数据流**。

- **活动服务**：这些服务在业务流程中执行一项任务。当相关任务在流程中完成时，它们由工作流服务触发。它们也可以由不同的工作流服务触发，例如在不同的购买过程中（甚至可能属于不同的组织）使用相同的“信用卡验证”活动服务。活动服务被触发（代表控制流）并且可以接收输入变量（代表数据流）。活动服务可以仅将结果返回到工作流服务（例如，信用风险计算的结果），但是它也可以更改业务状态，例如，创建新采购订单的活动服务，或让贷款进入“批准”状态的活动服务。通过与提供对实际业务数据的访问的数据服务（请参阅下文）进行交互，可以对业务状态进行处理。同样，活动服务可以与数据服务进行交互以检索未在其输入变量中提供的业务状态。例如，负责创建运输订单的活动服务可能会接收客户 ID 作为输入变量，但它可能需要通过数据服务来检索客户地址。这已经说明，向活动服务提供适当的数据以执行任务，从而处理数据依赖，对应于流程层的数据流与数据层的数据集成之间的相互作用。
- **数据服务**：这些服务提供对业务数据的访问。它们的唯一逻辑包括所谓的 **CRUDS 功能**：对存储在基础数据存储中的数据进行创建、读取、更新、删除和搜索。某些数据服务将是只读的（例如，带有人口统计数据的外部服务），而其他一些数据服务由活动服务用来更改业务状态（例如，包含可更新的订单数据的服务）。数据服务提供对基础数据存储的统一访问，并使用前面讨论的数据集成模式来实现。为某个数据服务选择的实际模式取决于这些数据所需的 QoS 特性，例如延迟、响应时间、完整性、一致性等。

根据不同的数据集成模式可以实现不同的数据服务。基于联合的数据服务提供有关业务状态的实时、全面的数据，从而隐藏了工作流和活动服务中分散数据源的复杂性。如果需要广泛的转换、聚合或清洗功能，又或者性能成为问题，则最好使用整合来实现数据服务。如果数据服务应提供对历史数据的访问，则也需要此模式。如果仅以性能为标准，而无须转换、清洗或历史数据，则可以使用复制来从源系统卸载分析的工作负载，并提供对用于分析的零延迟操作型数据的访问。这些基本模式可以与 CDC 和虚拟化等方法结合使用。这样，便产生了混合数据集成。当前主要供应商提供的现代数据集成套件也为此提供了便利，这些套件支持不同的数据集成模式，并且可以正式发布数据服务。

只有将数据服务的观点和流程的观点结合起来为活动服务提供必要的输入数据，情况才变得完整。例如，“订单创建”活动服务将通过流程级数据流接收其部分输入，作为任务触发的一部分。至少应从流程中接收定义了要执行的任务的数据（例如，客户和订购的产品的 ID，以及订购的数量），并嵌入触发消息中。这就是 EAI 模式的应用。活动服务可以从数据服务中检索执行任务所需的其他数据。通过数据流和通过数据层的输入之间的平衡可能因环境而异：有时，除了最低限度的需求外，所有必要的输入数据都将作为活动服务的触发的一部分提供。例如，即使在数据层中可用，也可以在触发消息中提供所有客户数据，因此活动服务不需要联系任何数据服务。然后我们讨论舒适数据。但是，总会有一个折中：舒适数据越多，活动服务对其功能所依赖的数据层访问就越少。如果此类数据（例如客户地址）最近在数据层中被另一个过程更改，如果数据作为舒适数据被接收，则活动服务可能不会意识到这一更改，因此将使用过时的数据。

上面的讨论与**数据沿袭**的概念密切相关。数据沿袭是指一个数据项的整个轨迹，从其起源（数据条目）开始，可能经过相应的转换和聚合，直到最终被使用或处理。通常，相同的数据将被复制并分发到多个业务流程、用户或数据存储，因此最初作为单个数据项输入的数据可能会产生沿线的许多轨迹和路径，从而使沿袭更加难以追踪。但是，如果数据沿袭未知或不清楚，评估数据的质量会非常困难，因为数据的质量会受到整个转换过程和数据操作的影响。在这方面，重要的是要考虑数据层级别的数据集成模式和业务流程级别的数据流，以查看有关数据沿袭的整体情况并评估数据沿袭对不同数据质量的影响程度。

一个经验法则是事件数据（何时创建订单？订单数量是多少？补货的人是谁？）可以安全地作为数据流传递，因为这些数据在它们描述的实际事件之后将永远不会改变。其他涉及业务状态的数据（客户的当前地址是什么？当前的库存是多少？客户的当前信用分数是多少？）应格外小心。除非数据非常稳定或某些过时的数据的影响有限，否则在需要时通过数据层检索这些数据会更安全。因此，理想情况下，活动服务执行其任务所需的输入数据的不同子集可以通过流程层和数据层级别的模式组合来提供，如图 18-13 所示。

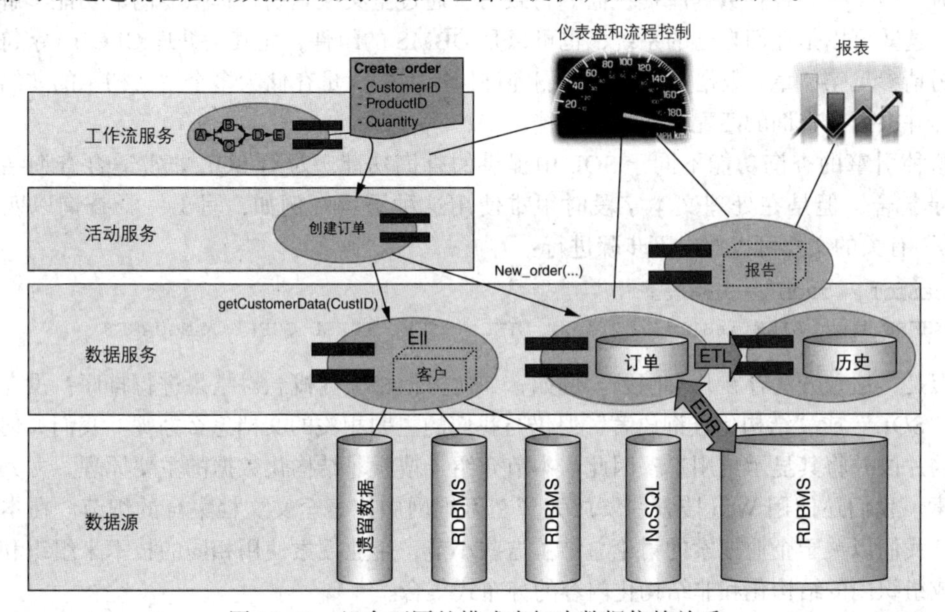

图 18-13 组合不同的模式来解决数据依赖关系

除了提供实际数据的数据服务外，大多数启用 SOA 的数据集成套件还提供与数据相关的不同基础结构服务，这些服务支持数据服务的开发和管理。我们在下面提供一些示例。许多服务也与数据质量和数据治理有关，将在 18.3 节和 18.4 节中详细讨论。

- **数据剖析服务**：为评估和理解企业数据的内容、质量和结构提供自动化支持；根据数据中的模式和值，将各种来源的数据相互关联，例如，通过自动检测和匹配外键。
- **数据清洗服务**：使用名称及地址清洗以确保数据的有效性和一致性；解决缺失字段、格式不正确和数据冲突的问题；标准化为各种行业格式。
- **数据充实服务**：通过外部数据源来增强数据。
- **数据转换服务**：转换数据以匹配目标应用程序的需求，或在不同数据源中的数据项之间进行协调。
- **数据事件服务**：监视数据的状态更改和规则，引发可被其他服务处理的事件。
- **数据审核服务**：报告数据沿袭以及何时 / 如何 / 由谁更改数据。这对于审核、报告和满足内部 / 外部审核员的要求和法规（Sarbanes-Oxley, Base Ⅲ等）而言是十分重要的。
- **元数据服务**：支持存储、集成和利用各种类型的元数据。

节后思考

- 为什么数据集成很重要？
- 讨论并对比数据集成的不同模式。
- 管理序列和流程中的数据依赖关系需要什么模式？

18.2　搜索非结构化数据和企业搜索

上一节中讨论的数据集成模式原则上适用于结构化、半结构化和非结构化数据。但是，对于非结构化数据，即使数据集成技术可以对全文文档或多媒体数据的集合进行统一访问，仍然存在如何有效搜索这些文档的问题。正如 Google 和其他人会告诉你的那样，使庞大的数据存储库可搜索是一项艰巨的任务，尤其是当大部分数据由文本格式和其他非结构化格式组成时。多年来，各种数据库提供商一直致力于通过全文搜索引擎提供专门的功能来解决此问题。这些可以是他们自己的系统，也可以是 DBMS 的组件，尤其是处理 CLOB（字符大对象；另请参见第 9 章）数据类型时。它们允许快速搜索大量存储为多个“文档”的非结构化文本，并根据与查询的匹配程度返回文档。

这种引擎的查询功能不同于 SQL 中提供的查询功能。尽管 SQL 非常适合查询结构化的记录集合，但是在处理文本字段时很难使用这种语言。例如，写出一个查询以匹配与“SQL”有关的文档可以按以下步骤进行：

```
SELECT * FROM documents
WHERE text LIKE '%SQL%' OR text LIKE '%STRUCTURED QUERY LANGUAGE%'
```

但是，这种方法存在几个问题。例如，如何根据相关性概念对结果进行排序？没有提到术语“SQL”或“结构化查询语言”但仍与我们的主题相关的文档怎么办呢？我们如何提取匹配的片段并将其显示给用户？因此，本节介绍了搜索非结构化数据的主要原理，尤其是全文搜索。我们还使用 Web 搜索引擎放大了在万维网中搜索全文文档集合的细节。在本节的最后，我们以关于企业搜索的讨论总结了这些小节，企业搜索使用相同的技术来组织和搜索企业或组织内的结构化和非结构化内容的分布式集合。

18.2.1　全文搜索原理

到目前为止，我们讨论的大多数查询语言和搜索技术都集中在结构化数据上，这些数据表示为由类型字段组成的整齐有序的记录的集合。甚至通常会提供更大的灵活性，而较少强调严格的模式设计的 NoSQL 数据库也会采用某种结构，例如以键 – 值对或类似字典的数据结构组成的记录的形式。但是，在当今数据驱动的世界中，许多数据都以非结构化格式被捕获和存储。以文本为例，很容易想象会以文本文件、PDF 等形式生成数千个文档的场景。互联网本身包含大量相互链接的网页，其中大多数不遵循标准的结构，而是仅将其内容和信息表示为由你的网络浏览器呈现的“文本”。

第 1 章已经解释了结构化数据和非结构化数据之间的主要区别。可以根据形式化逻辑数据模型来描述结构化数据。可以识别并正式描述数据项的各个特征，例如学生的编号、姓名、地址和电子邮件，或课程的编号和名称。搜索这类数据的优点是查询机制可以对数据进行细粒度的控制，例如，可以区分代表学生姓名和学生地址的一系列字符。这样，就可以制定细粒度的搜索条件，例如住在纽约的所有学生的姓名。对于非结构化数据，文本文档中没有细粒度的组件可以通过搜索机制以有意义的方式进行解释。例如，给定包含著名纽约市民传记的文本文档集合，就不可能只检索到那些作为学生居住在纽约的人的传记。可以搜索“姓名”“学生”和“纽约”几个词一起出现的文档，但是这样的搜索还可以得出在纽约出生但在其他地方学习过的人的传记，甚至可能是那些文字说明提到的，总是穿着同一件印有“纽约”字样毛衣的学生。搜索结果将始终包括整个传记文件，但是无法检索，例如，仅检索传记中提到的人的姓名和出生日期。

然而，对于可能包含重要数据（电子邮件、合同、手册、法律文件等）的大量非结构化文本文档，重要的是研究如何充分利用这些数据的基本搜索技术。全文搜索的主要思想是，可以根据文档中的单个搜索词或搜索词组合，从文档集合中选择单个文本文档。这也是 Google 或 Bing 等网络搜索引擎背后的基本原理。另一个标准可以是*接近性*，即某些搜索词紧密相邻出现或缺少某些词的事实。例如，搜索包含术语“python”的文档可能会产生与搜索包含术语“python”但不包含术语“monty”的文档完全不同的结果。通常，根据*相关性*对全文搜索得到的文档集进行排序。表示后者的一种简单方式是在文档中出现搜索词的*频率*，这意味着包含该术语多次的文档比仅包含该术语一次的文档与搜索更相关。通常，此频率以相对形式表示，即相对于整个文档集中术语出现的频率。

18.2.2　索引全文文档

全文搜索引擎的最基本功能很简单——接收一组搜索词作为输入，并返回一组包含搜索词的文档的引用，因此，对于禁止联机搜索文档的文档集合，其实现变得不那么简单。唯一的选择是预先搜索文档中的相关术语，并在索引中捕获结果，从而将搜索术语与文档相关联。通过这种方式，只需联机搜索索引，效率更高。

索引全文文档的普遍方法是倒排索引，该索引在第 12 章讨论结构化数据时介绍过。基本上会使用单个索引，其构想如下：

- 文档集合是预先解析的，仅保留了相关词语，即通常省略介词、冠词、连词等。
- 为每个单独的搜索项创建一个索引条目。索引条目由（搜索词，列表指针）对组成，列表指针引用文档指针列表。每个文档指针都指向一个包含相应搜索词的文档。
- 对于搜索词 t_i，列表通常具有以下格式：$[(d_{i1}, w_{i1}), \cdots, (d_{in}, w_{in})]$。列表项 (d_{ij}, w_{ij}) 包含文档指针 d_{ij}，引用包含搜索 t_i 的文档 j，$j=1, \cdots, n$。列表项还包含权重 w_{ij}，表示词语 t_i 对文档 j 有多重要。权重可以通过不同的方式计算，但是通常取决于文档 j 中 t_i 出现的次数。
- 另外，大多数搜索引擎都包含一个*词典*，该词典维护每个搜索词的一些统计信息，例如，包含该词的文档总数。除了权重，这些统计信息也可被排名算法使用（请参见下文）。

知识关联　第 1 章介绍了结构化和非结构化数据之间的区别。第 9 章讨论了 CLOB 数据类型在（扩展的）RDBMS 中存储全文本内容的一种方法。第 12 章在结构化数据的情景中讨论了不同的索引类型，包括倒排索引。

然后，全文搜索归结为提供一个或多个搜索词，仅搜索索引，而不搜索文档集合。对于每个搜索词，相应的索引条目都可以访问带有指针的列表，该指针指向包含搜索词的文档。如果使用多个搜索词（例如“full”和“text”），则两个列表的交集会产生指向包含两个词的所有文档的指针。如果搜索涉及包含术语“full”或“text”的所有文档，则可以使用两个列表的并集。排名算法根据词典中的权重和其他统计信息，按照相关性降序排列结果。如

图 18-14 所示。在许多情况下，结果还包含所选文档的摘要或说明，以及指向完整文档的指针。

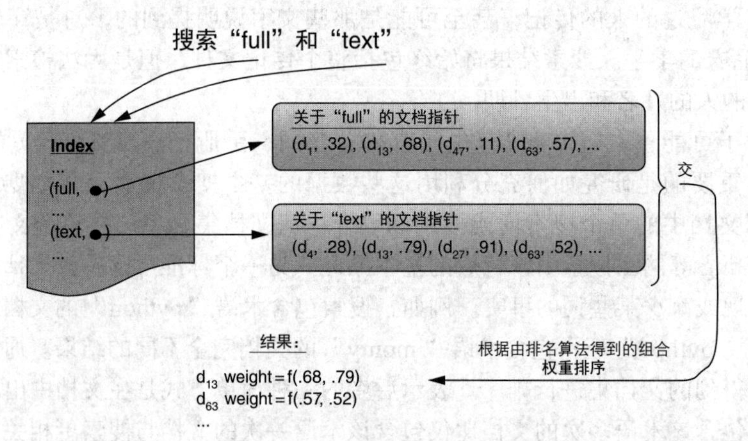

图 18-14　全文搜索和反向索引图解

许多搜索引擎通过其他功能扩展了这种基本方法，例如：

- 同义词库，允许在搜索结果中包含含有搜索词的同义词或派生词的文档。
- 邻近，允许强制要求仅在特定搜索词紧密出现的地方才包含文档。
- 使用模糊逻辑或相似性度量来考虑与搜索词非常相似的词，以解决拼写错误（例如，在搜索“databases”时将检索包含“dtaabases”一词的文档）。
- 文本挖掘技术的使用：这些高级分析技术专门针对非结构化的文本数据，例如，自动从文档中得出最具代表性的关键术语，或根据相似度对文档进行分类。

在许多情况下，**文档元数据**也可以包含在搜索条件中。文档元数据与实际文档内容无关，但与文档本身的属性有关，例如文件名、文件创建者、文件的创建和最后修改日期、文件类型（文本、图像、音频等）。使用文档元数据可以提高搜索效率，因为文档元数据本身是结构化数据㊀，所以可以区分，例如表示创建文档的日期和表示上次修改的日期。但是，搜索结果仍将是整个文档，而不是单个字段，因为搜索结果仍由非结构化数据组成。举个例子，通过这种方式，可以搜索由 Wilfried Lemahieu 撰写，在 2017 年 6 月 8 日之后进行了修改并包含术语“database management”的所有文档。

18.2.3　网络搜索引擎

网络搜索引擎的基本原理与上面描述的非常相似，不同之处在于此时文档集合的规模更大。如图 18-15 所示，网络搜索技术的第一个重要组成部分是**网络爬虫**，它可以连续检索网页，提取其与其他页面的链接（URL），并将这些 URL 添加到接下来要访问的页面链接缓冲区中。每个检索到的页面都发送到**索引器**，该索引器从页面中提取所有相关词语并更新我们之前讨论的倒排索引结构。每个相关项对应于一个索引条目，该索引条目引用具有（d_{ij}, w_{ij}）对的列表，其中 d_{ij} 表示网页的 URL，而 w_{ij} 表示相应搜索词对该页面的权重。如果用户使用一个或多个搜索词进行网络搜索，则查询引擎将根据搜索词搜索索引，并将匹配的页面及

㊀ 为了说明结构化数据和结构化元数据之间的区别，让我们考虑包含书籍说明的文档示例。如果文档包含结构化数据，则可以参考文档中每本书的“作者”字段。如果文档包含非结构化数据，则可以引用文档本身的“作者”(即元数据)，而不引用各个书籍的作者信息（即非结构化内容）。

其权重发送到**排名模块**，该模块根据相关性对结果集进行排序。最后，将实质上包含 URL 列表（可能还包含相应网页的简短描述）的排序结果返回给用户。

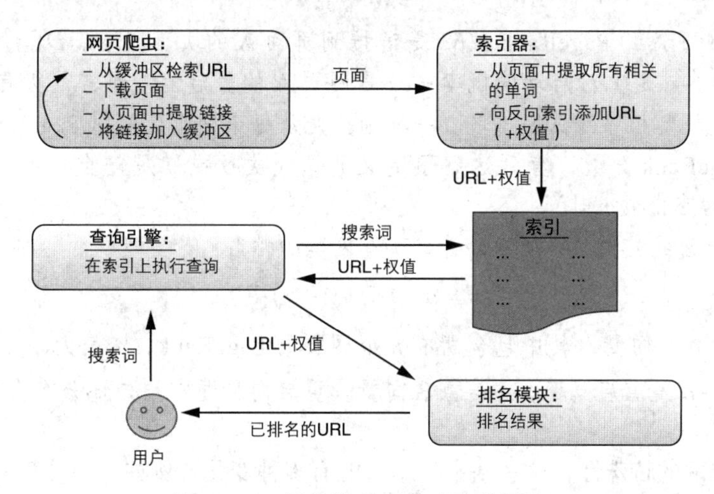

图 18-15　网络搜索引擎功能的图解

知识延伸 Google 搜索引擎的排名模块基于 Page 等人在 1999 年发明的 PageRank 算法[1]。PageRank 算法旨在模拟上网行为。图 18-16 表示彼此链接的网页网络。根据该图，浏览者访问网页 A 的概率是多少？假设浏览者仅通过他当前访问的网页上的链接来浏览下一个网页。该图显示网页 A 具有三个传入链接。当前正在访问网页 B 的浏览者有 20% 的概率访问下一个网页 A。因为网页 B 具有到其他网页的五个链接，其中包括网页 A。类似地，如果当前在网页 C 或 D 上有浏览者，则网页 A 随后将被访问的概率分别为 33.33% 和 50%。访问一个网页的概率称为该网页的 PageRank。要知道网页 A 的 PageRank，我们必须知道网页 B、C 和 D 的 PageRank。这通常称为集体推断：一个网页的排名取决于其他网页的排名；一个网页排名的改变可能会影响所有其他网页的排名。

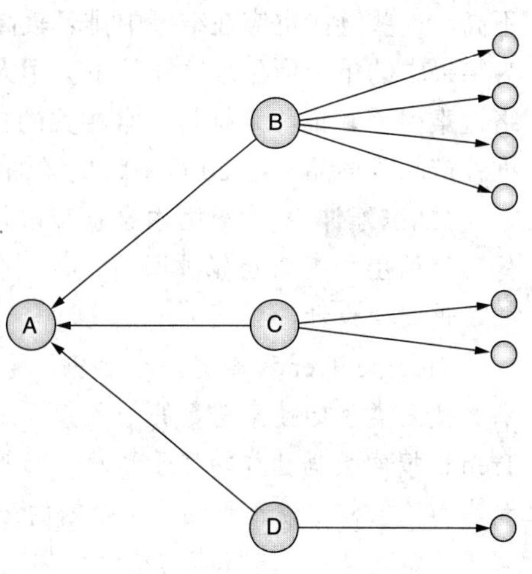

图 18-16　PageRank 算法

具体而言，其主要思想是重要的网页（即出现在搜索结果顶部的网页）具有来自其他（重要）网页的许多传入链接。因此，网页的排名取决于链接到该网页的网页的排名和链接网页的传出链接数。然而，按照当前网页上的随机链接访问网页并不是一个现实的假设。浏览者的行为通常更加随机：他们可能不会随机访问网页上的某个链接，而可能会完全随机地访问另一个网页。因此，PageRank 算法包括随机浏览因子，它假定浏览者可能会随机跳至另一个网页。浏览者以 α 的概率跟随其当前正在访问的网页上的链接。但是，浏览者以 $1-\alpha$ 的概率随机访问其他网页。因此可以将 PageRank 公式表示为：

[1] Page L., Brin S., Motwani R., Winograd T., The PageRank citation ranking: Bringing order to the Web, *Proceedings of the 7th International World Wide Web Conference*, pp. 161-172. Brisbane, Australia, 1998.

$$\mathrm{PR}(\mathrm{A})=\alpha\sum_{i\in N_{\mathrm{A}}}\frac{\mathrm{PR}(i)}{D_{\mathrm{out},i}}+(1-\alpha)\cdot e_{\mathrm{A}}$$

其中 PR(A) 是网页 A 的 PageRank；N_{A} 是链接到页面 A 的页面集合；$D_{\mathrm{out},i}$，是网页 i 的传出链接的数量；$1-\alpha$ 是重新启动的概率；e_{A} 是网页 A 的重启值，通常是所有网页之间的均匀分布。此等式需要相邻网页的排名。一种选择是从每个网页的随机 PageRank 值开始，并迭代地更新 PageRank 分数，直到达到预定义的迭代次数或满足停止标准为止（例如，当 PageRank 分数的变化很小时）。

可以重写上面的公式，以便同时计算所有网页的排名：

$$\vec{r}=\alpha\cdot\boldsymbol{A}\cdot\vec{r}+(1-\alpha)\cdot\vec{e}$$

其中 $\vec{r}$ 是大小为 n 的向量，其中包含所有 n 个网页的 PageRank，$\boldsymbol{A}$ 是大小为 $n\times n$ 的列标准化邻接矩阵，$1-\alpha$ 是重启概率，$\vec{e}$ 是重启向量。重启向量通常均匀地分布在所有网页之间，然后归一化。

考虑到万维网的特殊性，这一基本技术可能有多种变化。例如，当计算一个词对页面的权重时，可以考虑 HTML 标记，例如，赋予加粗或标题中的词语更高的权重，假设这些词语被认为更重要或更能代表页面。此外，HTML 标记还包含文档元数据，例如最后修改日期和文档作者，它们可以用作搜索条件或进一步完善搜索结果。最后，鉴于存在大量的 Web 用户，也可以利用这些用户的行为来改善搜索结果。例如，过去许多用户使用与当前搜索词相同的搜索词时所点击的链接，可能与这些搜索词非常相关，即使词语在文档中出现的频率不高，这些链接也应在结果中排名较高。一种补充技术是将具有相同内容的网页识别和分组为结果中的单个项目，这样就不会用太多相似的页面来打乱结果集。这些机制向我们表明网络搜索引擎和推荐系统是非常相关的技术，推荐系统可以根据用户的（预计的）兴趣向用户推荐产品或商品。第 20 章中将更详细地讨论推荐系统。

知识延伸 搜索数据本身也可以是非常相关的信息源。网站所有者有兴趣知道什么时候他们网站上的搜索功能被调用，以及什么是最流行的搜索词，从而了解访问者的主要兴趣，并改进网站设计。

Google Trends 是另一个示例，它显示了一个搜索词相对于每个区域、时间段、兴趣类别和搜索类型的搜索总数的输入频率。基于对购房、就业福利和流感症状等的搜索，Google Trends 搜索数据已成功用于预测房地产市场趋势、失业率和流感爆发。这些预测尤其擅长预测当前（也称为临近预测）或短期的未来，这样可以更快地获得感兴趣的指标，而不必等待官方（如政府）渠道发布的统计数据。

18.2.4　企业搜索

另一个相关的概念是**企业搜索**，指的是使组织中来自各种分布式数据源（数据库及纯文件）的内容可搜索的做法。企业搜索技术与标准的 Web 搜索产品和提供者（例如 Google 等）密切相关，但是其目的是提供可以在组织内部部署和使用的工具，并且不会暴露给外界。

Apache Lucene 是为后续的全文搜索工具提供了大量开创性基础工作的开源技术。它最初于 1999 年以 Java 编写，通过提供索引和搜索功能来支持从文本源检索信息。Lucene 架构的核心思想是包含文本字段的文档，无论是 PDF、HTML、Word 文件还是其他文件。如果可以提取它们的文本信息，则可以在 Lucene 中对其进行索引。Lucene 提供了一个定制的查询语法，支持丰富的查询表达式，包括在命名文本字段中搜索关键字、布尔运算符、通配符匹配、邻近匹配、范围搜索等。

Lucene 带来了大量的衍生项目。例如，Apache Solr 建立在 Lucene 之上，并添加了各种 API，如突出显示匹配项、附加搜索功能、Web 管理界面等。Lucene 通常被比作引擎，Solr 就是汽车。Solr 特别适合 Web 应用程序中的搜索。

另一个流行的搜索解决方案是 Elasticsearch。就像 Solr 一样，Elasticsearch 建立在 Lucene 之上，并添加了额外的 API，如分布式搜索支持，查询中的分组和聚合，并允许以无模式 JSON 格式存储文档，这意味着 Elasticsearch 也可以被描述为 NoSQL 数据库。Elasticsearch 基于与上述相同的反向索引原则，但是增加了分布式的方面。Elasticsearch 索引由多个单独的 Lucene 索引组成，这些索引进行分布和复制以满足并行性和搜索性能。Elasticsearch 通常与其他两个使用它的应用程序结合在一起（形成“ELK（Elasticsearch-Logstash-Kibana）堆栈”）。Logstash 是用于收集和处理数据以将其存储在后端系统中的工具（虽然可以，但不一定是 Elasticsearch 数据库）。因此，它通常用于数据分析的 ETL 处理中。Logstash 带有许多典型的解析操作和预定义的正则表达式模式，可以快速开发解析例程。“ELK”中的 K 代表 Kibana，它是 Elasticsearch 的基于 Web 的分析、可视化和搜索界面。Kibana 支持多种可视化类型，例如区域图、数据表、折线图、饼图、标签云、地理地图、垂直条形图和时间序列图，它们具有诸如导数和移动平均值之类的功能，这些都可以放在用户定义的数据面板中。这三个工具共同构成了一个强大的开源数据分析框架。ELK 堆栈在非商业环境和大型企业中都越来越受欢迎。

尽管人们将注意力集中在文本这种非结构化数据形式上，但也存在其他类型的非结构化数据，例如音频、图像或视频数据。在为这些类型的数据提供类似数据库的功能方面，技术支持没有全文搜索那么发达，尽管一些 DBMS 支持通过图像相似性匹配甚至基于计算机视觉的技术来存储和查询图像。

节后思考

- 讨论全文搜索的基本原理。
- 全文文档如何编制索引？
- 网络搜索引擎如何工作？
- 讨论 Elasticsearch 的基本原理。

18.3 数据质量和主数据管理

毫不奇怪，数据集成也与数据质量密切相关。如第 4 章所述，数据质量可以定义为“适用性”，这意味着所需的数据质量水平取决于环境。数据质量是一个涉及各个方面或标准的多维概念，可用来评估数据集或单个数据记录的质量。在第 4 章中强调了以下数据质量维度的重要性：

- **数据准确性**，指存储的数据值是否正确（例如，客户的姓名应正确拼写）。
- **数据完整性**，指元数据和值是否均以所需的程度表示并且没有丢失（例如，应为每个客户填写出生日期）。
- **数据一致性**，涉及冗余或重复值之间的一致性，以及引用相同或相关概念的不同数据元素之间的一致性（例如，城市名称和邮政编码应保持一致）。

- **数据可访问性**，反映了检索数据的简便性。

此外，在各个数据集成模式中，时效性（即数据对于手头任务而言足够新的程度）已被视为必不可少的方面。

从数据集成的角度看，重要的一点是数据集成可以帮助提高数据质量，但也可能会降低数据质量。我们已经看到了数据整合和 ETL 如何支持不同的转换和清洗操作，因此对数据的整合视图应具有更高的质量。但是，人们可能会想，为什么不从源头上投资改善数据质量呢？同样的问题也适用于这样的情形，即随着时间的推移，不同的集成方法被组合在一起，导致了遗留系统和更新的系统和数据库的混乱，现在所有这些系统和数据库都必须相互维护和集成。

知识关联 有关数据质量和数据质量维度的更多信息，请参阅第 4 章。

对于许多组织而言，这是一项关键挑战，而且确实很难解决。在这些情况下，经常提到将主数据管理（MDM）作为应对这些质量相关问题的管理举措。

主数据管理包括一系列流程、策略、标准和工具，可帮助组织为所有“关键”的数据提供定义和单一参考点。它的主要关注点是提供一个可信的、单一的真实版本，以作为决策的基础，从而确保组织不会在其操作的不同部分中使用同一概念的多个可能不一致的版本。重点是统一公司范围内的引用数据类型，例如客户和产品。这似乎很简单，但可以想象一家大型银行的情况，其中一个部门正在使用业务客户数据库进行日常交互，而市场营销部门通过 BI 工具从数据仓库中选择潜在客户来建立营销活动，然而，与业务视图相比，BI 工具运行得比较慢。刚刚在银行办理了抵押贷款的客户可能会在一周后又收到抵押贷款请求，因为营销部门使用的客户信息与客户操作系统缺乏快速且可靠的集成。在顶层放置一个数据联合或虚拟化解决方案可能会有所帮助，但将所有部门和应用程序转换到这个较新的层可能需要数年时间，更不用说找出一个对当前数据、系统概览和架构的清晰映射了。现代信息系统可能是非常复杂和混乱的结构，所以应强调管理主数据的必要性。

建立主数据管理计划涉及许多步骤和工具，包括：数据源标识，规划系统架构，构建数据转换、清洗和规范化规则，提供数据存储功能，提供监视和治理工具，等等。另一个关键要素是集中管理的数据模型和元数据存储库。也许令人惊讶的是，许多建立 MDM 计划的供应商“解决方案”看起来与我们之前讨论的数据集成解决方案（数据整合、联合、传播或虚拟化技术）非常相似。这些集成方法可以用来实现完备的主数据管理。但是，请注意，这里假设这些解决方案用于建立决策所依据的可信、单一版本的真实数据，并且在组织的任何地方都不使用数据的其他表示形式。因此，挑战在于执行：遵循这些核心原则是一项艰巨的任务，集成人员必须避免再添加一些“意大利面条式系统”和数据存储之间的交叉链接，从而导致主数据存储库成为另一个半集成的数据竖井。

节后思考 主数据管理如何提高数据质量？

18.4 数据治理

由于数据质量和集成问题，各种组织越来越多地实施公司范围内的数据治理计划来治理和监督这些问题。为了管理和维护数据质量，应该建立一种数据治理文化，分配明确的角色和职责。这些角色（数据所有者、数据管理员等）已在第 4 章中讨论了。另一个重要元素是评估数据沿袭的能力，如本章前面所述。数据治理的最终目标是建立全公司范围内的数据质量控制和支持方法，并辅之以数据质量管理过程。核心思想是将数据作为资产而不是负债来进行管理，并对数据质量问题采取积极主动的态度。要取得成功，数据治理应成为公司治理的关键要素，并得到高级管理层的支持。

不同的框架和标准被引入以用于数据治理。有些基于流程成熟度或质量管理，而另一些则明确地关注数据质量或数据集成。其他标准提出了组织 IT 和 IT 部门治理的方法。下面，我们总结一些值得注意的数据治理标准和框架。

18.4.1　全面数据质量管理

全面数据质量管理（TDQM）框架如图 18-17 所示[⊖]。它提出了一个循环，该循环包括与数据质量管理相关的 4 个迭代执行的步骤——定义、度量、分析和改进。“定义”步骤标识了相关的数据质量维度，然后可以在“度量”步骤中使用度量量化这些值。度量的例子包括：地址不正确的客户记录的百分比（准确性）；缺少出生日期的客户记录的百分比（完整性）；或指示客户数据最后更新时间的指示符（及时性）。“分析”步骤试图确定诊断到的数据质量问题的根本原因，然后可以在“改进”步骤中对它们进行补救。示例操作包括：自动和定期验证客户地址；增加使生日成为必填数据字段的约束；在过去 6 个月中未更新客户数据时生成警报。

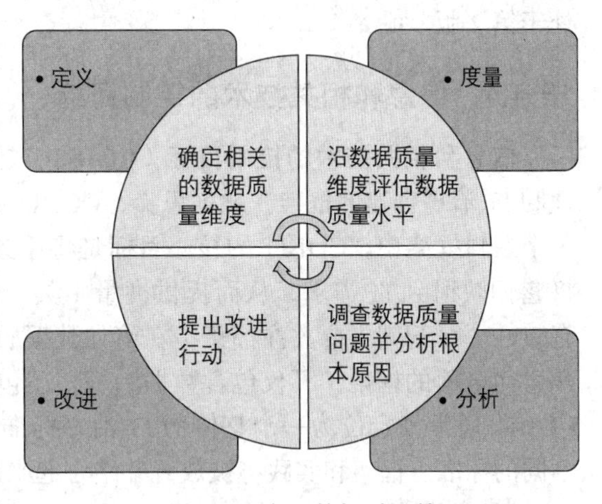

图 18-17　全面数据质量管理

18.4.2　能力成熟度模型集成

能力成熟度模型集成（CMMI）是旨在改进业务流程的培训和评估程序。它由卡内基·梅隆大学（CMU）开发，基于许多美国国防部和美国政府合同的要求，主要关注软件开发方面。

CMMI 通过五个级别定义流程的成熟度：执行级、管理级、明确级、量化级和优化级。每个级别都旨在改进现有流程的描述、可预测性、控制和度量。

CMMI 专注于面向流程的观点，而 CMU 使用相同的成熟度概念开发了各种副标准。**数据管理成熟度模型**将五个成熟度级别应用于数据治理、数据质量及其基础支持架构：

- 级别 1，执行级：数据被作为一种以响应方式实现项目的需求来管理，很少有关于数据质量的规则或强调。重点在于数据修复。
- 级别 2，管理级：已经意识到管理数据的重要性。数据被认为是关键的基础设施资产。制定了一些策略来控制质量和监视数据。
- 级别 3，明确级：数据被视为成功执行的关键资产。数据质量是可预测的，并且已制定满足特定需求的策略。
- 级别 4，量化级：数据被视为竞争优势的来源和战略资产。全面的管理政策和正式规范控制着数据的质量。为数据提供了一个单一的真实来源。

⊖ Wang R.Y., A product perspective on total data quality management, *Communications of the ACM*, 1998; 41(2): 58-65.

- 级别 5，优化级：数据被视为在动态市场中生存的关键。该组织正在不断改进其数据治理计划和数据源的质量。

18.4.3 数据管理知识体系

项目管理知识体系（PMBOK）是由美国项目管理协会项目管理监管的一系列过程、最佳实践、术语和指南的集合，受其启发，**数据管理知识体系**（DMBOK）旨在为数据管理提供类似的集合。DMBOK 受 DAMA International（国际数据管理协会）的监督，并列出了有关数据质量管理、元数据管理、数据仓库、数据集成和数据治理的最佳范例。DMBOK 目前处于第 2 版。

18.4.4 信息和相关技术的控制目标

信息和相关技术的控制目标（COBIT）是由国际信息系统审计协会（ISACA）为 IT 管理和 IT 治理创建的框架。顾名思义，COBIT 描述了一系列可实现的控制集并将它们组织在一个逻辑框架中。COBIT 的核心目标是将业务目标与 IT 目标联系起来，从业务需求开始并将它们映射到 IT 需求，从而提供度量工具、度量标准和成熟度模型来度量这些 IT 目标的有效性。尽管其主要关注都集中在诸如数据质量和集成等方面，但是 COBIT 本身是一个非常大而全面的框架，不仅包含数据治理，还包含许多其他内容。然而，需要重点提及的是，COBIT 通常被定位为一个整体的 IT 治理标准，在较高的层次上加以利用，在这个标准下，不同的标准、框架和实践将被放置并结合起来。

知识延伸 COBIT 有时被称为“整合者标准”，以集成所有其他标准。在谈到标准需要用自己的集成框架来集成时，可能有种卡夫卡式荒诞诡谲的美。

18.4.5 信息技术基础架构库

信息技术基础架构库（ITIL）是一组 IT 服务管理的详细实践，着重于使 IT 服务与业务需求保持一致。ITIL 分五卷出版，每卷涵盖不同的 IT 服务管理生命周期阶段。

知识延伸 ITIL 的最新版本仅称为“ITIL”，而不再被视为首字母缩写。

与 COBIT 一样，ITIL 不仅包含数据质量和集成方面的内容（尽管在其第五卷中着重强调了这些元素），还包含更多的治理功能。后者侧重于持续的服务改进，其中概述了一些最佳实践，这些基准可用于基准测试、监视、衡量和改善 IT 服务的质量，从而也可以改善基础数据源的质量。ITIL 的其他部分涉及集成问题及其对不同 IT 服务的影响。

节后思考 什么是数据治理？为什么需要进行数据治理？给出两个数据治理框架的示例。

18.5 展望

随着基础结构和数据（库）需求的不断变化，随之而来的是有关数据集成、质量和治理的管理问题。为了总结我们关于数据集成、质量和治理的讨论，有必要重点介绍一些最近解决这些问题的方法。在公司正在将数据转移到云中或大数据环境的情况下，有多少供应商和云提供商试图提供解决数据集成问题的方法，这一点值得注意。一些示例包括：

- Sqoop 和 Hadoop 的 Flume：Apache Sqoop 是一种工具，旨在在 Hadoop（我们将在第 19 章中讨论大数据的处理环境）与“传统”结构化数据存储（例如关系数据库）之间高效地批量传输数据。Apache Flume 是一个分布式系统，用于有效地收集、聚合和将大量日志数据从多个不同的数据源移动到一个集中的数据存储中。

- Apache Kylin：一种开源分析引擎，旨在在 Hadoop 之上提供 SQL 接口和多维分析（OLAP），支持超大型数据集。将其视为在 Hadoop 存储的数据之上定义星形模式并对 OLAP 多维数据集进行分析的技术。
- Google Cloud Dataflow 和 BigQuery ETL：Google 提供了一项托管服务，用于开发和执行包括 ETL 在内的数据处理和集成模式，以将数据引入其 Google Cloud 平台。
- Amazon Redshift：一种基于云的托管数据仓库解决方案，试图与现有的 BI 工具很好地集成，但是可以对 PB 级的结构化数据进行查询。
- Amazon Relational Database Service（RDS）：一种托管 Web 服务，它使得在云中建立、操作和自动扩展关系数据库变得更加容易，而不必自己建立这样的数据库。

总结

在本章中，我们讨论了数据和数据库管理的一些方面，即数据集成、数据质量、主数据管理和数据治理。还有些技术要素，特别是不同的数据集成技术和补充技术，用于实现在全公司范围或万维网环境中有效地搜索非结构化数据。我们已经看到，随着公司逐渐开始使用大量数据库和信息系统，这些方面如何发挥重要作用，尤其是当需要合并公司的数据以提供统一的视图时，例如，构建数据仓库来提供 BI 解决方案。

数据和 BI 是当今仍在不断发展的领域。近年来，我们看到，企业不仅关注在其数据源上提供统一的视图，而且还在寻找解决大数据挑战的方法，即寻找解决方案来处理数量巨大甚至是非结构化的数据。而且，分析技术发展迅速，导致了多种数据科学实践可以执行描述性和预测性分析。大数据和分析构成了后续章节的主题。

情景收尾 基于对当前数据和过程设置的全面分析，Sober 的团队实施了以下数据质量和治理措施。首先，关于数据质量，Sober 计划实现在其关系数据库上定期执行各种数据质量检查的清单，例如，依据全面数据质量管理框架，确保街道信息是最新的，并正确输入了客户和驾驶员的详细信息。关于驱动移动应用程序的 NoSQL 数据库与 RDBMS 之间的集成，Sober 实现一个变更数据捕获解决方案，这样对 NoSQL 数据库所做的所有更改都可以立即传播到 RDBMS。使用一个队列用于防止 RDBMS 过载，并且实施了各种检查来验证更新是否正确执行。关于实验性功能，移动开发团队可以继续以特殊方式添加 NoSQL 表，但是需要正确地跟踪和记录这些特性的开发过程，以便稍后可以修改关系数据库模式。此外，在对这些特性进行完整版本的审查后，也可以合并它们的数据。

关键术语表

activity services（活动服务）
business process（业务流程）
Capability Maturity Model Integration（CMMI，能力成熟度模型集成）
changed data capture（CDC，变更数据捕获）
choreography（编排）
complex event processing（CEP，复杂事件处理）
Control Objectives for Information and Related Technologies（COBIT，信息和相关技术的控制目标）
CRUDS functionality（CRUDS 功能）
data accessibility（数据可访问性）
data accuracy（数据准确性）
Data as a Service（DaaS，数据即服务）

data auditing services（数据审核服务）
data cleansing services（数据清洗服务）
data completeness（数据完整性）
data consistency（数据一致性）
data consolidation（数据整合）
data dependency（数据依赖）
data enrichment services（数据充实服务）
data event services（数据事件服务）
data federation（数据联合）
data flow（数据流）
data integration（数据集成）
data integration pattern（数据集成模式）
data lineage（数据沿袭）
Data Management Body of Knowledge（DMBOK，数据管理知识体系）
Data Management Maturity Model（数据管理成熟度模型）
data profiling services（数据剖析服务）
data propagation（数据传播）
data service composition（数据服务组合）
data services（数据服务）
data silo（数据竖井）
data transformation services（数据转换服务）
data virtualization（数据虚拟化）
document metadata（文档元数据）
enterprise application integration（EAI，企业应用程序集成）
enterprise data replication（EDR，企业数据复制）
enterprise information integration（EII，企业信息集成）
enterprise search（企业搜索）
indexer（索引器）
Information Technology Infrastructure Library（ITIL，信息技术基础架构库）
Infrastructure as a Service(IaaS，基础架构即服务)
master data management（MDM，主数据管理）
metadata services（元数据服务）
operational BI（操作型 BI）
orchestration pattern（协调模式）
Platform as a Service（PaaS，平台即服务）
process engine（流程引擎）
process integration（流程集成）
ranking module（排名模块）
service oriented architectures（SOA，面向服务的架构）
Software as a Service（SaaS，软件即服务）
streaming data（流数据）
Total Data Quality Management（TDQM，全面数据质量管理）
Web crawler（网络爬虫）
workflow service（工作流服务）
WS-BPEL

思考题

18.1 理想情况下，数据集成应该包括______。
a. 只有数据　　b. 只有流程　　c. 流程和数据

18.2 哪个陈述是**不正确的**？
a. 分析技术也越来越多地被一线员工用于操作层面。
b. 战术 / 战略决策分析越来越多地使用实时操作型数据与传统数据仓库中的聚合和历史数据的结合。
c. 业务智能的操作使用的目标是低延迟（甚至零延迟），以便能够立即检测到数据中的有趣事件或趋势，并伴随适当的响应。
d. 现在，我们看到在操作和战术 / 战略数据需求以及相应的数据集成工具方面存在完全的分歧。

18.3 哪个陈述是**不正确的**？
a. 作为数据集成模式的数据整合的本质是捕获来自多个异构源系统的数据，并将其集成到单个持久存储中（例如，数据仓库或数据集市）。
b. 整合方法的一个重要缺点是它不考虑历史数据。
c. ETL 过程通常会导致一定程度的延迟，因此及时性维度可能会受到影响，数据可能会略微过时。
d. 除了使用 ETL 和数据仓库的传统设置外，数据湖也可以看作整合模式的实现。

18.4 联合模式通常遵循______。

a. pull 方法　　b. push 方法

18.5 关于______，企业信息集成（EII）是一个很好的例子。

a. 数据整合　　b. 数据集成

c. 数据传播　　d. 数据复制

18.6 企业应用集成（EAI）和企业数据复制（EDR）是关于______的例子。

a. 数据整合　　b. 数据联合

c. 数据传播　　d. 数据虚拟化

18.7 哪个陈述是**不正确的**？

a. 数据虚拟化将应用程序和用户与实际使用的数据集成模式（组合）隔离开来。

b. 数据虚拟化广泛使用 ETL 等数据整合技术。

c. 与基本 EII 提供的联合数据库相反，数据虚拟化并不在异构数据源之上强加单一的数据模型。

d. 在许多实际环境中，数据集成实践是组织中正在进行的活动，通常会结合各种集成策略和方法。

18.8 哪个陈述是**不正确的**？

a. 流程集成是指尽可能多地集成和协调组织中的各种业务流程。

b. 业务流程的控制流观点指定任务的正确顺序（例如，只有在计算了信用评分后，才可以提供贷款）。

c. 业务流程的数据流观点主要关注任务的输入（例如所提供的利率取决于信用评分）。

d. 在面向服务的环境中，存在这样一种趋势，即以任务协调为目的的服务与执行实际任务执行的服务和提供对必要数据访问的服务进行物理集成。

18.9 流程执行语言（如 WS-BPEL）的目标是管理______。

a. 只有控制流　　b. 只有数据流　　c. 控制流和数据流皆有

18.10 用于管理序列和数据依赖的编排模式是一个______。

a. 集中式方法　　b. 分散式方法

18.11 哪个陈述是**不正确的**？

a. 为全文文档建立索引的流行方法是反向索引。

b. SQL 非常适合查询结构化的记录集合和非结构化的数据（如文本）。

c. 在为 Web 搜索计算一个词在页面中的权重时，查看 HTML 标记是没有意义的。

d. 企业搜索技术与标准的 Web 搜索产品和提供者密切相关（如 Google），但是目标是提供一系列可以在外部部署和使用的工具，以便组织能够向外部世界公开自己。

18.12 哪个陈述是**不正确的**？

a. 主数据管理（MDM）涉及一系列流程、策略、标准和工具，以帮助组织定义并为“关键”的所有数据提供多个参考点。

b. MDM 的重点是统一公司范围内的引用数据类型，比如客户和产品。

c. 建立 MDM 计划涉及很多步骤和工具，包括：数据源标识，规划系统架构，构建数据转换、清洗和规范化规则，提供数据存储功能，提供监控和治理工具，等等。

d. MDM 中的一个关键元素是受中央控制的数据模型和元数据存储库。

问题和练习

18.1E 请给出一些操作业务智能（BI）的示例。

18.2E 对数据整合、数据集成和数据传播进行 SWOT 分析。

18.3E 什么是数据虚拟化？它可以用于什么？它与数据整合、数据联合和数据传播有何不同？

18.4E “数据即服务”是什么意思？这与云计算有什么关系呢？什么类型的数据相关服务可以托管在云中？通过示例说明。

18.5E　讨论应该适当管理的两种类型的依赖，以确保整个流程的成功执行。可以使用什么模式来管理这些依赖？

18.6E　讨论并比较以下三种服务类型：工作流服务、活动服务和数据服务。举例说明。

18.7E　讨论如何根据不同的数据集成模式实现不同的数据服务。

18.8E　如何索引全文文档？举例说明。

18.9E　网络搜索引擎是如何工作的？以 Google 为例进行说明。

18.10E　讨论数据沿袭对数据质量的影响。举例说明。

18.11E　什么是数据治理？为什么它很重要？

18.12E　讨论并对比以下数据治理框架：全面数据质量管理（TDQM），能力成熟度模型集成（CMMI），数据管理知识体系（DMBOK），信息和相关技术的控制目标（COBIT），信息技术基础架构库（ITIL）。

大 数 据

本章目标 在本章中，你将会学到：

- “大数据”和“5个V”的含义；
- 了解传统数据库管理系统与Hadoop等大数据技术的区别；
- 了解传统数据仓库方法与大数据技术的区别；
- 在选择采用大数据堆栈时确定折中方案；
- 了解大数据和NoSQL数据库之间的连接。

情景导入 Sober已经完成了在现有DBMS栈上建立数据仓库的第一步，以启动其商业活动，其主要目标是新闻报道。然而，Sober的管理层最近听到很多关于存储和分析大量数据的“大数据”和“Hadoop”的信息。Sober想知道这些技术是否会带来额外的好处。到目前为止，Sober对关系型DBMS很满意，它很好地集成了商务智能工具。与此同时，移动开发团队很乐意使用MongoDB（一个NoSQL数据库）来处理移动用户增加的工作负载。因此，Sober目前的问题是：在此基础上的大数据堆栈会提供什么？

数据无处不在。IBM计划每天生成250万字节的数据。每分钟，就有超过30万条推文被创造出来，Netflix用户的视频流超过7万小时，苹果用户下载3万个应用程序，Instagram用户“喜欢”近200万张照片。相对而言，世界上90%的数据都是在过去两年中创建的。这些海量的数据产生了前所未有的内部客户知识宝藏，以便通过识别新的商业机会和新的战略，更好地理解和利用客户行为。在本章中，我们将进一步讨论“大数据”的概念，并解释这些巨大的数据仓库是如何改变DBMS的世界的。我们首先回顾大数据的5个V，接下来，我们将重点介绍目前使用的通用大数据技术。我们将会讨论Hadoop、Hadoop上的SQL和Apache Spark。

19.1 大数据的5个V

数据集正在快速增长。我们生活在一个数字化的世界，Facebook、Google和Twitter等互联网巨头的崛起，已经导致每天产生大量的数据，无论是用户发布的图文、推文、信息、查看Google地图，还是与Siri、Alexa或Google助理等智能代理交谈。研究和技术的最新进展也带来了新的设备，如传感器或捕捉高分辨率照片的无人机，或三维点地图用户激光雷达（激光）扫描仪。

知识延伸 另一个大数据的例子是Rolls Royce的飞机发动机，这些发动机装有传感器，产生数百兆字节的数据，然后可以进行分析，以提高机群性能和安全性。另一个吸引人的例子是特斯拉的自动驾驶仪，迄今为止已收集了超过10亿英里（1英里≈1.609千米）的数据，该公司正在使用它不断改进其自动驾驶软件。

知识延伸 所有这些产生数据的新设备和传感器通常被称为“物联网”。Gartner认为，在2017年，将有84亿互联的事务会投入使用。如汽车系统、智能电视、数字机顶盒、智能电表和商业安全摄像头。所有这些应用都会产生大量的传感器数据。

尽管“大数据”一词在过去几年里才广泛流传，但自20世纪90年代就开始使用。很难确切地指出这个词是如何被引入的，尽管许多资料来源于SGI首席科学家John R. Mashey，他在1998年左右的研究中使用了这个词，使之广受欢迎。当人们提及大数据时，他们通常指的是数据集的容量超出了通用工具在合理时间内存储、管理和处理的能力。此外，大数据理念包括结构化和高度非结构化的数据形式。

在2001年的一份研究报告中，Gartner开始定义大数据的范围，在现在著名的3V中列出了它的特点：**体积**（volume，数据量，也称为“静止的数据”）；**速度**（velocity，数据进出的速度，称为“运动的数据”）；**多样性**（variety，使用的数据类型和数据源的范围，称为“多种形式的数据”）。今天，许多供应商和行业参与者仍在使用这些V来描述大数据。

近年来，供应商和研究人员也主张在大数据描述中加入第四个V：准确性（veracity），或数据有疑问。它描述了由于数据不一致性和不完整性导致的不确定性，数据中存在的模糊性以及延迟或某些数据点可能是从估计或者近似得到的。最后，为了强调能够存储或处理这些形式的数据是不够的，许多供应商，如IBM，提出了一个明显且至关重要的第五个V：价值（value）。这是最后的一步——在花费大量时间、精力、资源建立一个大数据计划之后，我们需要确保从中获得实际价值。这个V特别指的是大数据的经济价值，用总拥有成本（TCO）和投资回报率（ROI）来量化。这一方面尤为重要，早期许多使用大数据进行推销的人在建立大数据计划时损失了大量的时间和精力，但最终却并没有取得任何的优势、见解和效益，这便足以证明这一方面的重要性。

知识延伸 你甚至可以找出7个大数据的V：体积、速度、多样性、可变性（variability）、准确性、可视化（visualization）和价值。这里的可变性和变化是不一样的：后者描述不同类型的数据（例如，从JSON到文本，从视频到声音），而可变性（“变化的”数据）指的是同一类型的数据，但数据的含义和结构随时间而变化。我们的建议是坚持5个V，这是最广泛采用的定义。

为了更详细地说明大数据的5个V，让我们更仔细地看一些生成大数据的示例源或过程。传统的来源是大型企业系统，如企业资源规划（ERP）包、客户关系管理（CRM）应用以及供应链管理（SCM）系统。公司已经部署这些系统大约20年了，产生了前所未有的各种格式存储的数据量。在线社交图就是另一个例子。考虑一下主要的社交网络，如Facebook、Twitter、LinkedIn、微博和微信。这些网络收集了20亿人的信息：朋友、偏好及其他行为的信息，留下了大量的数据。全球手机数量接近50亿部，在许多发达国家和发展中国家，移动频道是互联网的主要网关，这是另一个大数据来源，因为用户的每一项行动都可以被跟踪，并可能被地理标记。还要考虑物联网（IoT）或新兴的传感器生态系统，它将把各种物体（如家庭、汽车等）彼此连接起来，并与人类连接起来。最后，我们看到越来越多的公开或公共数据，如天气、交通、地图、宏观经济等数据。

以上所有数据生成过程都可以用生成的数据量来描述。这对建立可扩展的存储架构和分布式的数据操作和查询方法提出了严峻的挑战。

为了说明多样性，请考虑传统的数据类型或结构化数据，如员工姓名或员工出生日期，这些数据越来越多地与非结构化数据（如图像、指纹、推特、电子邮件、Facebook页面、MRI扫描、传感器数据、GPS数据等）互补。尽管前者可以很容易地存储在传统的（例如，关系型）数据库中，但后者需要使用适当的数据库技术来适应，以便于存储、查询和操作每种类型的非结构化数据。这里也需要付出巨大的努力，因为据称至少 80% 的数据是非结构化的。

数据生成的速度可以用流媒体应用程序来说明，例如在线交易平台、YouTube、短信、信用卡刷卡、电话等，这些都是“高速率是一个关键问题”的例子。成功地处理数据速度为实时分析铺平了道路，这可以创造实质性的竞争优势。

知识关联 有关数据质量和准确性的详细信息，请参阅第 4 章和第 18 章。

准确性表示数据的质量或可靠性。不幸的是，更多的数据并不自动意味着更好的数据，因此必须密切监测和保证数据生成过程的质量。如前所述（见第 4 章和第 18 章），所需的准确性取决于业务应用程序。

最后，回想一下，价值从商业的角度补充了 4 个 V。它具体指的是大数据的经济价值。这个 V 既是机遇，也是挑战。举个例子：2016 年，微软以 262 亿美元收购了专业社交网站 LinkedIn。在收购之前，LinkedIn 每月拥有 4.22 亿注册用户和 1 亿活跃用户。微软为每个月活跃用户支付 260 美元。这清楚地说明了为什么数据经常被打上新的烙印！就像石油一样，数据经过提炼和处理才能变得有价值；仅仅在没有明确业务目标的情况下存储成堆的数据是不够的。这似乎很简单，但近年来，许多组织报告了大数据失败，项目期望值高、成本高，但没有一个明确的计划或流程。主要的根本原因是没有从一个明确的业务目标开始，由于“我们也是”的心态而跳入大数据，没有首先了解你的需求。最常见的两个陷阱如下。首先，认为一个人拥有大量的数据（数以百万计的客户数量），那么他就需要一套大数据的处理设施，但是其实现代的 RDBMS 完全能够处理这些数据。数据是结构化的，不会高速移动，即便是与 Netflix 与 Google 等公司相比，数据量也是合理的。

知识延伸 提供另一个构成高容量的例子：eBay.com 使用 40 千兆字节（即 40 000 兆字节）的数据仓库。

知识关联 NoSQL 数据库可以看作整个大数据技术生态系统中的一个组成部分。有关 NoSQL 数据库的全面讨论，请参阅第 11 章。

在这里，可能不需要真正的转换。在第 11 章中，我们已经讨论了传统 DBMS 在扩展水平伸缩方面的不足。如果你需要这样的设置，NoSQL 数据库可以提供一些好处，但可能会以一致性或查询功能为代价。

第二个陷阱涉及这样一个事实：许多大数据技术最初是用来处理非结构化、高速或巨大的数据集的，而这在传统的数据库管理系统中是不可能的。然而，这并不意味着它们可以很容易地查询、分析或从中获得见解。数据“分析”的概念经常与“大数据”一起被提及，但人们也可以从大小合理、结构合理的数据集中获得见解。正如我们将在本章剩余部分中演示的那样，真正的大数据堆栈通常不那么容易使用或从中获得见解。

知识关联 在这一章中，我们关注大数据。在第 20 章中，我们主要关注数据的实际“分析”方面。

换言之：大数据首先涉及管理和存储大型、高速和非结构化数据集，但这并不意味着人们可以自动分析它们或轻松利用它们获得见解。正如我们将要讨论的，这需要专业技能和强有力的管理跟进。另一方面，分析（或“数据科学”）是关于分析数据并从中获得见解和模式，但不一定要应用于大量或非结构化数据集。

节后思考 大数据的 5 个 V 意味着什么？每个 V 代表什么？

19.2 Hadoop

谈到大数据是不可能不谈 Hadoop 的。Hadoop 是一个用于分布式存储和处理大数据集的开源软件框架。Hadoop 与以前处理大量数据的其他尝试的主要区别在于，Hadoop 可以在一个由普通的普通硬件构建的计算机集群上建立，而不需要专门的昂贵机器。Hadoop 的设计基本假设是，硬件故障是常见的，应该得到适当的处理。

如今，Hadoop 几乎已经成为“大数据”的同义词，尽管 Hadoop 本身以其最原始的形式提供了一组相对简单和有限的特性。尽管 Hadoop 由 Apache 基金会管理，并且是开源的，但是许多供应商提供了 Hadoop 堆栈的实现，它们在特性、额外组件和提供的支持方面都有所不同。为了理解 Hadoop，我们将首先看一下 Hadoop 的历史和它所包含的内容。

知识延伸 Amazon、Cloudera、Datameer、DataStax、Dell、Oracle、IBM、MapR、Pentaho、Databricks、Microsoft、Hortonworks 和许多其他供应商都提供了基于 Hadoop 的大数据堆栈版本。

19.2.1 Hadoop 的历史

Hadoop 的起源来自 2003 年发表的 Google 文件系统论文[1]。在本文中，Google 的研究人员引入了一个新的文件系统，旨在支持 Google 不断增长的存储需求。其目标是开发一个文件系统，在提供容错性的同时，可以很容易地在廉价的商品硬件之间分发。这项工作导致了 Google 的另一篇名为“MapReduce: Simplified Data Processing on Large Clusters”[2]的研究论文。尽管 Google 文件系统主要关注的是在一个计算机集群中分布数据存储，但是 MapReduce 引入了一种编程范式，可以编写程序，这些程序可以在不同计算机集群中自动并行和执行。这样，Google 不仅有办法分发数据存储，还可以编写能够在上面工作的程序。如果一个程序在一个巨大的 Web 日志存储库中工作，那么我们只需计算出一个链接出现的次数。在关系数据库上用 SQL 来表示是一项简单的任务，但是在处理由许多千兆字节数据组成的分布式文件集时就要困难得多。

大约在同一时间，Doug Cutting 正在开发一种新的网络爬虫原型，它将能够更好地处理不断增长的网络，称为“Nutch”。

知识关联 在第 11 章中，当讨论 MongoDB 和其他 NoSQL 数据库时，我们已经遇到了使用 MapReduce 作为构造更复杂查询的方法。

该项目在 2003 年展示了第一个版本，成功地处理了 1 亿个网页。为此，Nutch 项目还实现了一个基于 MapReduce 的编程工具和一个名为 NDFS（Nutch Distributed File System）的分布式文件系统，后者仅包含 5000 行 Java 代码。2006 年，Doug Cutting 加入了雅虎，他对自己的项目很感兴趣，在搜索引擎部门工作。Nutch 中处理分布式计算和处理（NDFS 和 MapReduce 子系统）的部分被拆分并重命名为“Hadoop”，以 Cuttings 之子的黄色玩具大象命名。Hadoop 的第一个版本显示，它可以在两天内成功地在 188 台计算机上对大约 2 兆字节的数据进行排序，而在接下来的几个月里，雅虎的 Hadoop 集群迅速发展到拥有 1000 台

[1] Ghemawat S., Gobioff H., Leung S.-T., The Google file system, *ACM SIGOPS Operating Systems Review*, 2003; 37(5).

[2] Dean J., Ghemawat S., MapReduce: Simplified data processing on large clusters, *Communications of the ACM*, 2008; 51(1): 107-113.

机器。2008 年，雅虎开源 Hadoop 被称为“Apache Hadoop”，因为它是由 Apache 软件基金会（Apache Software Foundation）管理的，该基金会是一家总部位于美国的非营利性公司，负责监督许多开源项目，包括著名的 Apache HTTP Web 服务器。Hadoop 继续由跨多个组织的开发人员生态系统积极维护和工作。

知识关联 网络爬虫（也称为网络蜘蛛）是一种系统地浏览万维网的程序，通常用于索引网络。它本身就是搜索引擎的主要组成部分之一。有关搜索的详细信息，请参阅第 18 章。

19.2.2 Hadoop 堆栈

当以“纯”的形式谈论 Hadoop 时，如果没有附加的组件或技术，那么必须知道它描述了一个包含四个模块的堆栈。第一个是 **Hadoop Common**，其他模块使用的一组共享编程库。第二个是 **Hadoop 分布式文件系统**（HDFS），一个基于 Java 的跨多台机器存储数据的文件系统，在 Nutch 项目中从 NDFS 重命名。第三个模块包含 MapReduce 框架，这是一个并行处理大型数据集的编程模型。**YARN**（另一个资源协商者）构成了第四个模块，在分布式环境中处理资源请求的管理和调度。

在 Hadoop（Hadoop 1）的第一个版本中，HDFS 和 MapReduce 是紧密耦合的，MapReduce 组件负责监视自己的调度和资源请求问题。由于这不能很好地扩展到更大的集群，当前版本的 Hadoop（Hadoop 2）将 MapReduce 中的资源管理和调度任务分割开来，MapReduce 现在已经存在于 YARN 中（Hadoop 1 中没有 YARN）。

1. Hadoop 分布式文件系统

HDFS 是 Hadoop 用来跨商品计算机集群存储数据的分布式文件系统。它允许用户连接到分发数据文件的结点，允许访问和存储文件，就好像它是一个持续工作的文件系统一样（就像你在自己的计算机中使用硬盘驱动器一样）。HDFS 高度强调容错性，因为它假定商品硬件通常会出现故障。

知识延伸 硬盘经常出故障。2007 年，Google 已经对其数据中心的 10 万个硬盘进行了分析，发现一年以上的硬盘每年的故障率为 8%，这意味着每年将有 8000 个硬盘出现故障。每天大约出现 21 次故障！

技术方面，HDFS 集群由 NameNode 组成，NameNode 是一个服务器，它保存与存储文件相关的所有元数据。可以将其视为包含文件名及其大小以及在集群中查找其内容的位置的注册表。NameNode 管理传入的文件系统操作，例如打开、关闭和重命名文件和目录。它还负责将数据块（文件的一部分）映射到处理文件读写请求的数据结点。数据结点将根据管理 NameNode 的指示在其磁盘驱动器之间创建、删除和复制数据块。它们不断循环，向 NameNode 请求指令。数据复制对于确保容错性非常重要。可以指定在创建文件时必须跨不同数据结点创建文件的副本（或副本）的数量，该数量也可以在创建后更改。NameNode 将确保遵守此请求并相应地分发数据块。

由于 HDFS 的主要目标之一是支持大文件，因此一个数据块的大小通常为 64 兆字节。因此，存储在 HDFS 上的每个文件都被分割成一个或多个 64 MB 数据块，然后由 NameNode 在多个数据结点上放置（在多个副本中）。最后，如果 NameNode 发生故障（它也将其寄存器存储在自己的磁盘上），则可以设置 SecondaryNameNode 服务器。图 19-1～图 19-4 说明了 HDFS 的操作。

图 19-1 说明了一个基本的元数据操作。客户端查询 NameNode，以确定哪些文件在“/mydir”目录中。NameNode 维护一个文件注册表，并且可以立即回复文件存在，且文件大小为 1 GB，存在两个副本。

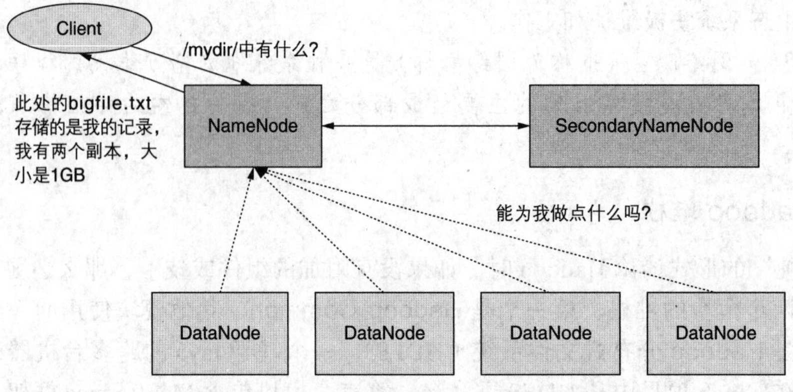

图 19-1　客户端从 NameNode 请求元数据

接下来，我们的客户端希望读取这个文件（图 19-2）。它向 NameNode 发送了一个请求来执行读操作。NameNode 将会搜索它的注册表，并且告知用户它可以从 DataNode1 读取第一个 64MB 数据块，从 DataNode3 读取下一个数据块，以此类推。客户端然后可以选取任何一个 DataNode 来读取文件的内容。

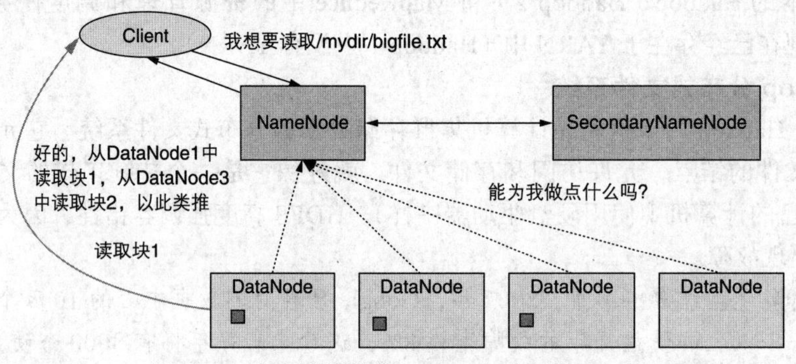

图 19-2　客户端希望从 HDFS 集群中读取文件

在图 19-3 中，我们客户端想要创建一个新文件，并且通过给 NameNode 发送请求以及创建两个副本的指令再次表明这一点。NameNode 以有关如何将数据块发送到 DataNode 的说明进行响应。然后，客户端将联系 DataNode 并开始发送此新文件的内容。

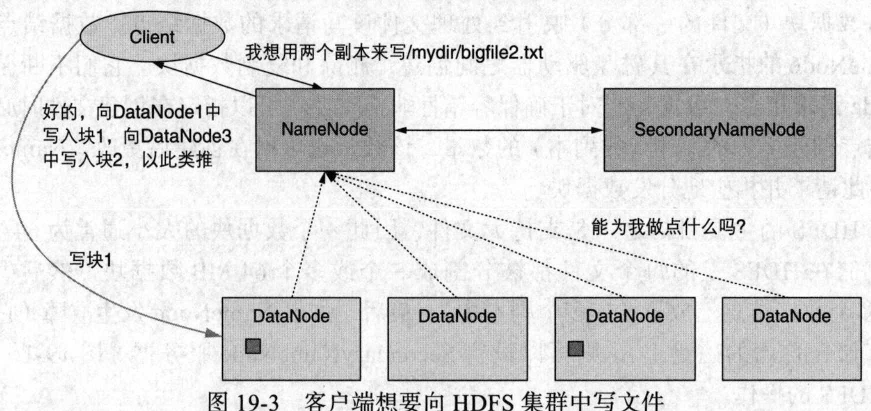

图 19-3　客户端想要向 HDFS 集群中写文件

但是，NameNode的任务还没有完，每隔几秒，DataNode就会像NameNode报告，以表明它们仍然活着（即发送一个“心跳”）并根据它们存储的块更新NameNode。NameNode现在看到我们最近写入的文件尚未被复制，因此指示DataNode执行复制（图19-4）。

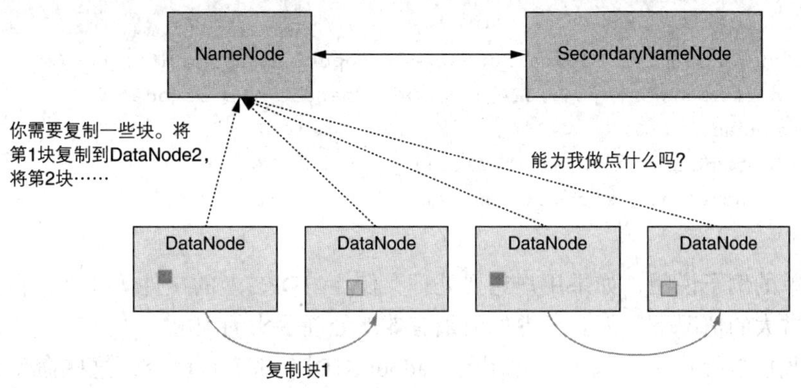

图19-4 NameNode确保复制已执行

如果NameNode停止接收来自DataNode的心跳信号，将假定它已消失，并且存储的任何数据块也不见了。通过将其注册表与从死结点收到的报告进行比较，NameNode知道哪些块的副本随结点死掉，然后可以将这些块重新复制到其他DataNode。注意，这些图描述了一个非常基本的设置。实际上，DataNode也将组织在不同的“机架”中，其中包含多个DataNode。这允许更高效的资源管理和复制。

很容易看出NameNode在HDFS中是如何发挥关键作用的。因此，为了预测NameNode中发生的故障，通常还会向集群中添加SecondaryNameNode。SecondaryNameNode偶尔也会连接到NameNode（但比DataNode少），并获取NameNode注册表的副本。如果主NameNode死亡，SecondaryNameNode保留的文件可以用于恢复NameNode。

HDFS提供了本机Java API，允许编写可以与HDFS接口的Java程序。多年来，为其他编程语言创建了各种端口和绑定，以便它们可以与HDFS通信。HDFS还附带了几个命令行命令来与HDFS接口。下面的代码片段显示了一个从Java访问HDFS并读取文件的简单客户端程序：

```
String filePath = "/data/all_my_customers.csv";
Configuration config = new Configuration();
# Connect to the HDFS filesystem
org.apache.hadoop.fs.FileSystem hdfs = org.apache.hadoop.fs.FileSystem.get(config);
# Create Path object using our file location string
org.apache.hadoop.fs.Path path = new org.apache.hadoop.fs.Path(filePath);
# Open the file on HDFS
org.apache.hadoop.fs.FSDataInputStream inputStream = hdfs.open(path);
# Create a byte array to store the contents of the file
# Warning: can exceed Java's memory in case the HDFS file is very large
byte[] received = new byte[ inputStream.available()];
# Read the file into the byte array
inputStream.readFully(received);
```

这个例子展示了使用HDFS时的一个要点。回想一下，HDFS是将潜在的非常大的文件拆分并跨机器分发。在本例中，我们读取一个完整的文件，并将其存储在执行Java程序的计算机内存中的字节数组中。当处理大文件时，接收的文件大小很容易超过客户端可用内存的大小。因此，重要的是要以这样的方式构建程序，即它们可以逐行或在有限的块中处理文件，如下所示：

```
// ...
org.apache.hadoop.fs.FSDataInputStream inputStream = hdfs.open(path);
byte[] buffer = new byte[1024]; // Only handle 1KB at once
int bytesRead;
while ((bytesRead = in.read(buffer)) > 0) {
    // Do something with the buffered block here
}
```

这个非常简单的例子说明，如果用户想要处理存储在 HDFS 上的文件，那么，在知道传入的文件可能非常大的情况下，需要考虑如何最有效地处理手头的问题。

最后，我们也提供了一系列最常用的 Hadoop HDFS 命令行命令，这些命令允许你从命令行访问 HDFS 集群：

- hadoop fs -mkdir mydir　在 HDFS 上创建一个目录
- hadoop fs -ls　列出 HDFS 上的文件和目录
- hadoop fs -cat myfile　查看一个文件的内容
- hadoop fs -du　检查 HDFS 上的磁盘空间使用
- hadoop fs -expunge　在 HDFS 上清空垃圾
- hadoop fs -chgrp mygroup myfile　更改 HDFS 上文件的组成员身份
- hadoop fs -chown myuser myfile　更改 HDFS 上文件的文件所有权
- hadoop fs -rm myfile　删除 HDFS 上的文件
- hadoop fs -touchz myfile　在 HDFS 上创建空文件
- hadoop fs -stat myfile　检查文件的状态（文件大小、所有者等）
- hadoop fs -test -e myfile　检查文件是否存在于 HDFS 上
- hadoop fs -test -z myfile　检查 HDFS 上的文件是否为空
- hadoop fs -test -d myfile　检查 myfile 是否是 HDFS 上的目录

2. MapReduce

MapReduce 是 Hadoop 的第二个重要的部分。MapReduce 是一种编程范式（一种构建程序的方法），由 Google 流行，随后由 Apache Hadoop 实现，如上所述。需要注意的是，MapReduce 模型的主要创新方面并不是来自 map 和 reduce 范式本身，因为这些概念在函数编程界早已为人所知，而是以可扩展和容错的方式应用这些函数。

map-reduce[⊖] 管道从一系列值开始，并使用给定的 mapper 函数将每个值映射到输出。在许多编程语言中，应用“映射”的概念实际上是存在的，正如以下 Python 示例：

```
>>> numbers = [1,2,3,4,5]
>>> numbers.map(lambda x : x * x) # Map a function to our list
[1,4,9,16,25]
```

reduce 操作随后将一个 reduce 函数应用于一系列值，但现在将对整个列表进行操作，而不

⊖ 我们在提到 Hadoop 中的特定实现时使用 MapReduce。Map-reduce 用于描述两个数学函数 map 和 reduce 的一般用法。

是逐个元素进行操作。因此，一个值列表将被缩减为一个值：

```
>>> numbers.reduce(lambda x : sum(x) + 1) # Reduce a list using given function
16
```

这两个组件构成了 Hadoop MapReduce 编程模型背后的基础，尽管这里存在一些差异。首先，Hadoop 中的 MapReduce 管道从键 - 值对列表开始，并将每对映射到一个或多个输出元素。输出元素也是键 - 值对。此操作可以很容易地在输入对上并行运行。接下来，对输出项进行分组，以便将属于同一个键的所有输出项分配给同一个工作进程（在大多数分布式设置中，工作进程将对应于不同的物理机器，因此此步骤也可以并行进行）。然后，这些工作人员将 reduce 函数应用于每个组，生成一个新的键 - 值对列表。然后（可选地）按照键对结果的最终输出进行排序，以生成最终结果。

在 Hadoop 中使用 MapReduce 时，还有一个特别重要的方面需要注意：即使不是所有的映射操作都完成了，reduce 工作人员也可以通过对具有相同键的部分结果组应用 reduce 函数来开始他们的工作。当新的映射结果出现时，可以再次应用 reduce 操作以形成最终的结果。这有两个重要的含义：首先，reduce 函数应该输出与 map 函数发出的键 - 值结构相同的键 - 值结构，因为这个输出可以在一个额外的 reduce 操作中再次使用。其次，reduce 函数本身的构建方式应该确保它提供正确的结果，即使多次调用也是如此。简而言之：MapReduce 编写程序的方式是“令人尴尬的并行”，因为 map 和 reduce 操作都可以在多台机器上进行，并且即使不是所有的 mapper 都完成了，reducer 也可以开始工作。因此，MapReduce 提供了一个强大的编程框架，但它需要程序员或分析师进行一些聪明的思考。

知识关联 在第 11 章中，当讨论 MongoDB 和其他 NoSQL 数据库时，我们可以看到有多少数据库采用了 MapReduce 来构造更复杂的查询。如果你想了解有关 MapReduce 的更多详细信息，请参阅该章。接下来，我们将继续在 Hadoop 上使用 MapReduce 范式。

在 Hadoop 中，MapReduce 任务是使用 Java 编程语言编写的。虽然 Python 和其他编程语言的绑定存在，但 Java 仍然被视为构建程序的“原生”环境。要运行 MapReduce 任务，需要将 Java 程序打包为 JAR 存档，并使用以下命令启动：

```
hadoop jar myprogram.jar TheClassToRun [ args...]
```

让我们通过构造一个 Java 程序来计算文件中单词的出现，从而说明 MapReduce 任务是如何在分布式集群中运行的（再次想象一个巨大的文件有很长的行）。为了简单起见，我们将使用 Java 类来编写程序：

```
import java.io.IOException;
import org.apache.hadoop.conf.Configuration;
import org.apache.hadoop.fs.*;
import org.apache.hadoop.io.*;
import org.apache.hadoop.mapreduce.*;
import org.apache.hadoop.mapreduce.lib.input.TextInputFormat;
import org.apache.hadoop.mapreduce.lib.output.FileOutputFormat;

public class WordCount {
  // Following fragments will be added here
}
```

首先，我们需要定义映射器函数。在 Hadoop MapReduce 中，它被定义为扩展内置 Mapper <keyIn，ValueIn，KeyOut，ValueOut> 类的类，指示我们期望的键 – 值输入对类型以及映射器将输出的键 – 值输出对类型：

```
// Add this in the WordCount class body above:

public static class MyMapper extends Mapper<Object, Text, Text, IntWritable> {
        // Our input key is not important here, so it can just be any generic object
        // Our input value is a piece of text (a line)
        // Our output key will also be a piece of text (a word)
        // Our output value will be an integer
        public void map(Object key, Text value, Context context)
                        throws IOException, InterruptedException {
                // Take the value, get its contents, convert to lowercase,
                // and remove every character except for spaces and a-z values:
                String document = value.toString().toLowerCase()
                                        .replaceAll("[ ^a-z\\s]", "");
                // Split the line up in an array of words
                String[] words = document.split(" ");
                // For each word...
                for (String word : words) {
                        // "context" is used to emit output values
                        // Note that we cannot emit standard Java types such as int,
                        // String, etc. Instead, we need to use a
                        // org.apache.hadoop.io.* class such as Text
                        // (for string values) and IntWritable (for integers)⊖

                        Text textWord = new Text(word);
                        IntWritable one = new IntWritable(1);

                        // ... simply emit a (word, 1) key-value pair:
                        context.write(textWord, one);
                }
        }
}
```

基本单词计数示例中的映射器的工作原理如下：给定的输入行将被分成键 – 值对，如下所示：文件中的每一行将变成一对，键指示行的起始位置（我们不需要使用），值是文本行本身。这将映射到多个键 – 值输出对。对于我们找到的每个单词，我们会输出一对（单词，1）：

输入键 – 值对	
Key <Object>	Value <Text>
0	第一行
23	第二行，全部

⊖ 这背后的原因有点技术性。MapReduce 的类型（比如“Text”）类似于 Java 的内置类型（比如“String”），但它们也实现了一些额外的接口，比如“Comparable”“Writable”和“WritableComparable”。这些接口对于 MapReduce 都是必需的：Comparable 接口用于在 reducer 对键进行排序时进行比较，而 Writable 可以将结果写入本地磁盘。

将会被映射成：

映射的键 - 值对	
Key <Text>	Value<IntWritable>
this	1
is	1
the	1
first	1
line	1
and	1
...	...

此操作将并行进行。当我们的映射器忙于发送输出对时，我们的 reducer 将开始工作。此外，reducer 函数被指定为扩展内置 Reducer<KeyIn，ValueIn，KeyOut，ValueOut> 类的类：

```
public static class MyReducer extends Reducer<Text, IntWritable, Text, IntWritable> {
        public void reduce(Text key, Iterable<IntWritable> values, Context context)
                    throws IOException, InterruptedException {
                int sum = 0;
                IntWritable result = new IntWritable();
                // Summarize the values so far...
                for (IntWritable val : values) {
                        sum += val.get();
                }
                result.set(sum);
                // ... and output a new (word, sum) pair
                context.write(key, result);
        }
}
```

reducer 的工作方式如下（请记住，reducer 在一个值列表上工作并减少它们）。这里，值列表是一个特定键（一个单词）的整数计数列表，我们将其求和并输出为（单词，和）。要了解其工作原理，请想象我们的映射程序已经发出了这些对：

映射的键 - 值对	
Key <Text>	Value <IntWritable>
this	1
is	1
the	1
first	1
line	1
and	1
this	1
is	1

因为我们已经有了重复的键（对于“this”和“is”），一些 reducer 已经可以开始了：

“this”映射的键 – 值对	
Key <Text>	Value <IntWritable>
this	1
this	1

将缩减为：

“this”缩减的键 – 值对	
Key <Text>	Value <IntWritable>
this	1 + 1 = 2

当以后出现带有“this”键的其他映射输出对时，它们可以再次缩减为“this”的一个输出对：

“this”缩减的键 – 值对	
Key <Text>	Value <IntWritable>
this	2 + 1 = 3

最后，我们还需要在 Java 程序中添加一个主方法来设置所有内容：

```
public static void main(String[] args) throws Exception {
        Configuration conf = new Configuration();

        // Set up a MapReduce job with a sensible short name:
        Job job = Job.getInstance(conf, "wordcount");

        // Tell Hadoop which JAR it needs to distribute to the workers
        // We can easily set this using setJarByClass
        job.setJarByClass(WordCount.class);

        // What is our mapper and reducer class?
        job.setMapperClass(MyMapper.class);
        job.setReducerClass(MyReducer.class);

        // What does the output look like?
        job.setOutputKeyClass(Text.class);
        job.setOutputValueClass(IntWritable.class);

        // Our program expects two arguments, the first one is the input file on HDFS
        // Tell Hadoop our input is in the form of TextInputFormat
        // (Every line in the file will become value to be mapped)
        TextInputFormat.addInputPath(job, new Path(args[0]));

        // The second argument is the output directory on HDFS
        Path outputDir = new Path(args[1]);
        // Tell Hadoop what our desired output structure is: a file in a directory
        FileOutputFormat.setOutputPath(job, outputDir);

        // Delete the output directory if it exists to start fresh
```

```
            FileSystem fs = FileSystem.get(conf);
            fs.delete(outputDir, true);

        // Stop after our job has completed
        System.exit(job.waitForCompletion(true) ? 0 : 1);
    }
```

在将程序编译并打包为 JAR 文件之后，我们现在可以指示 Hadoop 集群运行我们的单词计数程序：

```
hadoop jar wordcount.jar WordCount /users/me/dataset.txt /users/me/output/
```

Hadoop 将开始执行我们的 MapReduce 程序并报告其进度（图 19-5）。

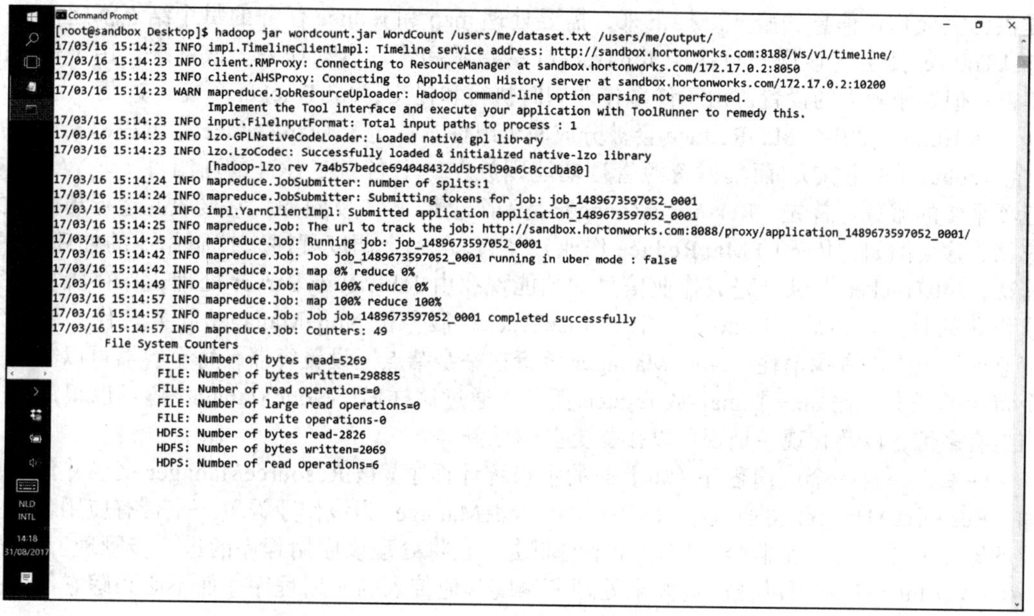

```
Command Prompt
[root@sandbox Desktop]$ hadoop jar wordcount.jar WordCount /users/me/dataset.txt /users/me/output/
17/03/16 15:14:23 INFO impl.TimelineClientImpl: Timeline service address: http://sandbox.hortonworks.com:8188/ws/v1/timeline/
17/03/16 15:14:23 INFO client.RMProxy: Connecting to ResourceManager at sandbox.hortonworks.com/172.17.0.2:8050
17/03/16 15:14:23 INFO client.AHSProxy: Connecting to Application History server at sandbox.hortonworks.com/172.17.0.2:10200
17/03/16 15:14:23 WARN mapreduce.JobResourceUploader: Hadoop command-line option parsing not performed.
                       Implement the Tool interface and execute your application with ToolRunner to remedy this.
17/03/16 15:14:23 INFO input.FileInputFormat: Total input paths to process : 1
17/03/16 15:14:23 INFO lzo.GPLNativeCodeLoader: Loaded native gpl library
17/03/16 15:14:23 INFO lzo.LzoCodec: Successfully loaded & initialized native-lzo library
                       [hadoop-lzo rev 7a4b57bedce694048432dd5bf5b90a6c8ccdba80]
17/03/16 15:14:24 INFO mapreduce.JobSubmitter: number of splits:1
17/03/16 15:14:24 INFO mapreduce.JobSubmitter: Submitting tokens for job: job_1489673597052_0001
17/03/16 15:14:24 INFO impl.YarnClientImpl: Submitted application application_1489673597052_0001
17/03/16 15:14:25 INFO mapreduce.Job: The url to track the job: http://sandbox.hortonworks.com:8088/proxy/application_1489673597052_0001/
17/03/16 15:14:25 INFO mapreduce.Job: Running job: job_1489673597052_0001
17/03/16 15:14:42 INFO mapreduce.Job: Job job_1489673597052_0001 running in uber mode : false
17/03/16 15:14:42 INFO mapreduce.Job: map 0% reduce 0%
17/03/16 15:14:49 INFO mapreduce.Job: map 100% reduce 0%
17/03/16 15:14:57 INFO mapreduce.Job: map 100% reduce 100%
17/03/16 15:14:57 INFO mapreduce.Job: Job job_1489673597052_0001 completed successfully
17/03/16 15:14:57 INFO mapreduce.Job: Counters: 49
        File System Counters
                FILE: Number of bytes read=5269
                FILE: Number of bytes written=298885
                FILE: Number of read operations=0
                FILE: Number of large read operations=0
                FILE: Number of write operations-0
                HDFS: Number of bytes read-2826
                HDFS: Number of bytes written=2069
                HDPS: Number of read operations=6
```

图 19-5 运行一个 Hadoop MapReduce 程序

完成后，“/users/me/output/”将包含以下内容：

```
$ hadoop fs -ls /users/me/output
Found 2 items
-rw-r-r--  1  root hdfs     0  2017-05-20  15:11  /users/me/output/_SUCCESS
-rw-r-r--  1  root hdfs  2069  2017-05-20  15:11  /users/me/output/part-r-00000

$ hadoop fs -cat /users/me/output/part-r-00000and 2
first   1
is      3
line    2
second  1
the     2
this    3
```

这是一个非常基本的例子。在 Hadoop 中，MapReduce 任务可以由不止一个 mapper 和 reducer 组成，还可以包括分区器、合并器、洗牌器和排序器，它们更详细地指定了如何在计算结点之间洗牌、分布和排序键 - 值对（一个排序器隐式启用并显示在上面的示例中，因为输出已按照键排序）。

从这个例子中应该清楚的是，构造 MapReduce 程序需要一定的编程技巧。为了解决一个问题，通常存在多个接近它的方法，在一组计算机上，在速度、内存消耗和可扩展性方面都有不同的折中。有一个原因是，大多数指南和教程永远不会比一个基本的单词计数或平均值示例走得更远，而且大多数在其数据管道中采用 MapReduce 框架的组织并不急于分享成果。

3. 另一种资源协调者

我们仍然需要回答的一个问题是，MapReduce 程序如何分布在集群中的不同结点上，以及它们之间如何进行协调。这是 YARN 的工作，最终的“主要”Hadoop 组件。在早期的 Hadoop 版本（Hadoop 1）中，YARN 不存在，MapReduce 组件本身负责 MapReduce 程序的建立和组织。为此，Hadoop 1 将集群中的一个结点指定为 JobTracker：一种接受传入作业并提供已完成作业信息的服务。接下来，需要处理 map 和 reduce 任务的每个结点都运行一个 TaskTracker 服务，该服务将按照 JobTracker 的指示和管理启动任务。该系统适用于较小的集群，但对于较大的设置，由于许多作业同时执行和提交，JobTracker 可能会过载。

在 Hadoop 2 中，MapReduce 会被分成两个组件：特定于 MapReduce 的编程框架仍然是 MapReduce（见上文），而集群资源管理功能则放在一个名为 YARN 的新组件下。YARN 有三项重要的服务。首先，ResourceManager 是一个全局 YARN 服务，它接收并运行集群上的应用程序（例如，传入的 MapReduce 作业）。它包含一个调度程序来控制作业的处理顺序。其次，JobTracker 提供已完成作业信息的功能现在由 JobHistoryServer 处理，保存所有已完成作业的日志。最后，Hadoop 1 中的 TaskTracker 服务被 NodeManager 服务替代，后者负责监视结点上的资源消耗。NodeManager 负责在一个结点上设置容器，每个容器可以容纳一个特定的任务，比如一个 map 或 reduce 任务。通过这样做，NodeManager 还可以跟踪一个结点有多忙，以及它现在是否可以接受更多的任务。

注意，一旦一个应用程序（如上面的字符统计程序）被 ResourceManager 接受并计划启动，ResourceManager 将通过指示其中一个 NodeManager 为该作业设置一个带有应用程序主控的容器来委派进一步监督该应用程序的职责，它将处理该应用程序的进一步管理。这样，ResourceManager 就可以释放资源来处理和调度其他传入的应用程序，而不必跟踪它们的执行情况。

整条 YARN 的设计看起来让人望而生畏。让我们提供一个逐步的例子如下。图 19-6 介绍了一个简单的 YARN 集群，它有四个服务器，其中一个运行 ResourceManager，另一个运行 JobHistoryServer，还有两个运行 NodeManager。

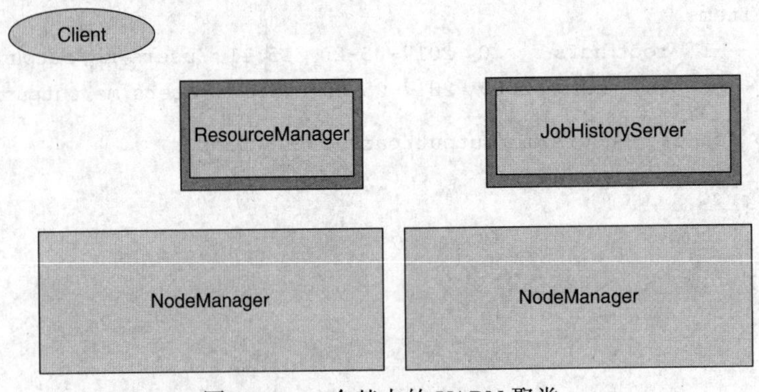

图 19-6　一个基本的 YARN 聚类

我们的客户希望向集群提交一个应用程序（就像我们之前提交的字符统计程序一样）。

客户端与资源管理器联系，请求部署和运行 MapReduce 程序（图 19-7）。

ResourceManager 会将应用程序保持在队列中，直到调度程序确定是时候启动我们的应用程序。ResourceManager 现在将与 NodeManager 协商，以指示设置要在其中启动 ApplicationMaster 的容器。ApplicationMaster 将在启动时向 ResourceManager 注册自己，然后可以使用进一步的作业状态信息来更新它。这也允许我们将这些信息传递给客户端，然后客户端可以直接与 ApplicationMaster 通信，以便进一步进行作业跟踪（进度更新、状态）(图 19-8）。

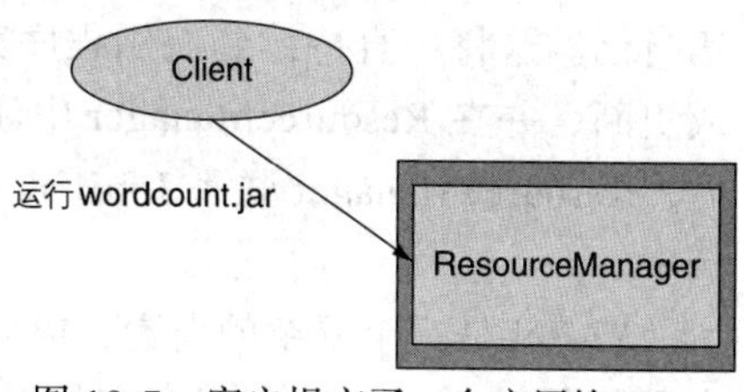

图 19-7　客户提交了一个应用给 ResourceManager

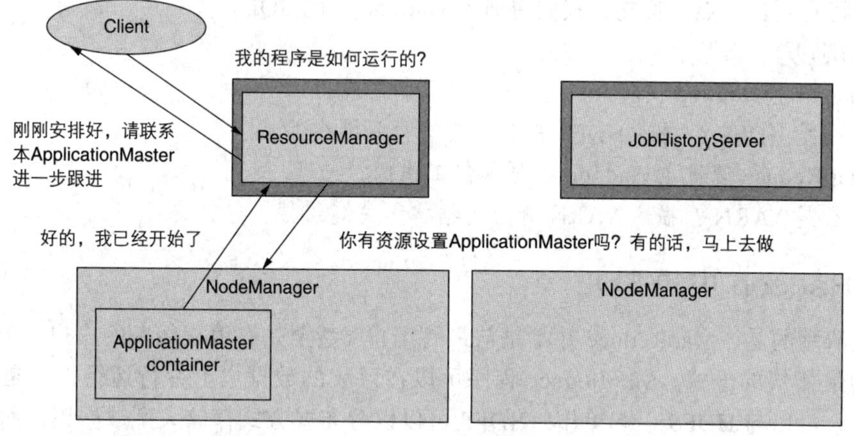

图 19-8　ResourceManager 通过与 NodeManager 协商配置了一个 ApplicationMaster 并且给客户传递信息

ApplicationMaster 现在将处理提交的应用程序的进一步执行，包括为 map 和 reduce 操作设置容器。为此，ApplicationMaster 将要求 ResourceManager 与 NodeManager（它们都定期向 ResourceManager 报告）协商，看看哪个是空闲的。当 NodeManager 空闲时，ApplicationMaster 将通过向该 NodeManager 提供必要的信息来启动容器（图 19-9）。

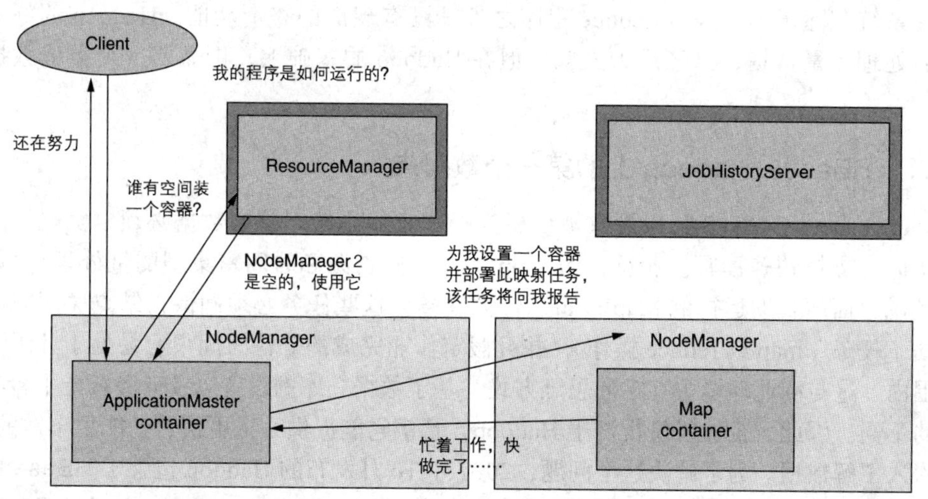

图 19-9　ApplicationMaster 将会为每一个子任务设置容器，通过首先与 ResourceManager 协商它应该联系哪个 NodeManager 来这样做

当一个 map 或 reduce 容器完成时，它将通过让 ApplicationMaster 知道它已经完成来注销自己。这将一直持续到应用程序完成，此时 ApplicationMaster 也将向客户端发送一个完成更新，并在 ResourceManager 中注销自身并关闭，从而允许重新调整其容器的用途。然后，ResourceManager 联系 JobHistoryServer，将此应用程序的完整执行日志存储在其存档中。

YARN 是一个复杂的设置，但架构有许多优点。通过将 JobTracker 分解成不同的服务，它避免了 Hadoop 1 中仍然存在的许多可扩展性问题。此外，YARN 还允许我们在其集群上运行 MapReduce 以外的程序和应用程序。也就是说，YARN 可以用于任何类型的任务的协调，其中分解为并行子任务是有益的。当我们离开 MapReduce 之后，这将变得特别有用，我们稍后将看到这一点。首先，我们将研究 Hadoop 上的 SQL。

节后思考

- 描述一下 Hadoop 栈。
- 什么是 HDFS？描述 HDFS 背后的架构和关键组件。
- MapReduce 管道在 Hadoop 中是如何工作的？
- 什么是 YARN？描述 YARN 背后的结构和关键组件。

19.3 Hadoop 中的 SQL

应该清楚的是，MapReduce 并不是与最终用户（甚至是有编程经验的用户）交互和查询数据集的最愉快的方式。MapReduce 程序可以在巨大的数据集上并行运行，这是一个强大的优势，它可以与 HDFS 一起工作，HDFS 可以以分布式方式存储大型数据集，而不需要对实际文件施加任何结构（注意，在使用 HDFS 时，我们没有提到架构或结构，它只是一个大的分布式硬盘驱动器）。

然而，我们似乎离 SQL 在查询数据方面为我们提供的好处还很远，甚至还远没有从中获得商务智能或分析见解。这正是许多 Hadoop 早期采用者所面临的失望。想象一下，使用与业务智能和报告应用程序紧密集成的关系数据仓库。在这里，迁移到 Hadoop 似乎不是最好的选择：你的数据是结构化的，使用 SQL 很容易查询，而 Hadoop 提供了一个非结构化的文件系统，除了编写 MapReduce 程序之外，没有现成的查询功能。Hadoop 的好处，比如能够处理大量数据，已经广为人知，但在 Hadoop 的基础上，更需要一个类似数据库的设置。

19.3.1 HBase：Hadoop 上的第一个数据库

MapReduce 和 HDFS 从来没有被设想为操作支持系统，其中数据必须以随机、实时的方式访问，支持快速读写。相反，Hadoop 主要面向资源和时间密集型的批处理计算操作。也就是说，面向长期运行的 MapReduce 计算任务，这些任务必须确保在结点关闭时能够重新启动子任务（map 或 reduce 操作），并且假定作业完成的等待时间很容易处于几天到几周的范围内。这与商业环境中存在的思维方式、基于数据仓库的设置以及商务智能平台呈现出巨大的不同。因此，企业纷纷投资于 Hadoop，希望它能提供一个更快、功能更丰富的平台，以便深入了解数据。为了解决这个问题，2007 年 10 月发布的 Hadoop 包含了 HBase 的第一个版本，HBase 是第一个 Hadoop 数据库，灵感来自 Google 的 Bigtable，它提供了一个可以在 HDFS 之上运行的 DBMS，处理非常大的关系表。因此，它在 HDFS 之上放置了一些逻辑结构。请注意，HBase以大型数据集为重点，并强调以分布式方式运行，所以可以看作较早的NoSQL数据库之一。因此，HBase更像是一个“数据存储平台”，而不是一个真正的DBMS，因为它仍然缺乏关系DBMS中的许多特性，如类型化列、触发器、高级查询功能等。相反，HBase专注于以高度可扩展的方式提供简化的结构和查询语言，并且能够处理大量数据。

与DBMS一样，HBase也将其数据组织在具有行和列的表中。不过，这些相似之处也就到此为止了，因为将HBase的表看作多维映射（或多维数组）更合适，如下所示。HBase表由多行组成。行由一个行键和一个或多个列组成，这些列的值与这些列关联。表中的行按行键的字母顺序排序，这使得该键的设计成为一个关键因素。目标是以这样一种方式存储数据，即相关行彼此靠近。例如，如果你的行与网站域相关，那么按相反的顺序定义键可能会有帮助，这样“com.mycorp.mail”和“com.mycorp.www”就更接近彼此，而不是“www.mycorp.com”更接近“www.yourcorp.mail”。

知识关联 正如第11章中讨论的那样，HBase是后来推动NoSQL发展的主要项目之一。许多NoSQL数据库旨在提供相同的可扩展性，而不在Hadoop之上运行。另外，如果你还记得第11章和第16章中对一致性的讨论，并且想知道HBase在这个领域的地位，那么有一点很重要，即HBase是少数几个没有采用最终一致性的NoSQL数据库之一。相反，HBase提供了非常一致的读和写。

HBase中的每一列都由一列“family”和一个可选的“qualifier”表示，用冒号（：）分隔，例如“name:first”和“name:last”。列族在物理上共同定位一组列及其值。每个族都有一组存储属性，包括是否应缓存其值、是否应压缩值等。表中的每一行都有相同的列族，但并非所有列族都需要为每一行填写一个值。列限定符被添加到列族中，以提供特定数据段的索引。因此，表中的每个单元格由行键、列族和列限定符以及时间戳的组合定义。时间戳表示值的版本，并与每个值一起写入。因此，与作为多维映射存储的数据进行比较，在多维映射中，data[table] [row key][column family][column qualifier][timestamp] = value。

知识延伸 在在线游戏中，你可以使用HBase shell进行实验，并按照本章中的查询进行操作（有关更多详细信息，请参见附录）。

为了说明这在实践中是如何工作的，让我们创建一个简单的HBase表来使用HBase shell（从命令提示符开始）存储和查询用户。行键将是用户ID。我们将构造以下列“families: qualifiers”：

- name:first
- name:last
- email（无限定符）

首先，创建包含两列族的“users”表：

```
hbase(main):001:0> create 'users', 'name', 'email'
0 row(s) in 2.8350 seconds

=> Hbase::Table - users
```

描述该表（此语句将返回许多其他配置信息）：

```
hbase(main):002:0> describe 'users'
Table users is ENABLED
users
COLUMN FAMILIES DESCRIPTION
{NAME => 'email', BLOOMFILTER => 'ROW', VERSIONS => '1', IN_MEMORY =>
'false', K
EEP_DELETED_CELLS => 'FALSE', DATA_BLOCK_ENCODING => 'NONE', TTL =>
'FOREVER', C
OMPRESSION => 'NONE', MIN_VERSIONS => '0', BLOCKCACHE => 'true',
BLOCKSIZE => '6
5536', REPLICATION_SCOPE => '0'}
{NAME => 'name', BLOOMFILTER => 'ROW', VERSIONS => '1', IN_MEMORY =>
'false', KE
EP_DELETED_CELLS => 'FALSE', DATA_BLOCK_ENCODING => 'NONE', TTL =>
'FOREVER', CO
MPRESSION => 'NONE', MIN_VERSIONS => '0', BLOCKCACHE => 'true',
BLOCKSIZE => '65
536', REPLICATION_SCOPE => '0'}
2 row(s) in 0.3250 seconds
```

列出此表（表本身，而不是其内容）的另一种方法是：

```
hbase(main):003:0> list 'users'
TABLE
users
1 row(s) in 0.0410 seconds

=> ["users"]
```

我们现在可以开始插入值了。由于 HBase 将数据表示为多维映射，因此我们通过指定表名、行键、列族和限定符以及值本身来逐个使用“put”存储值（注意故意将“first”拼错为“firstt”）：

```
hbase(main):005:0> put 'users', 'seppe', 'name:firstt', 'Seppe'
0 row(s) in 0.0560 seconds
```

哎呀！我们打错了，所以插入正确的 family: qualifier：

```
hbase(main):006:0> put 'users', 'seppe', 'name:first', 'Seppe'
0 row(s) in 0.0200 seconds

hbase(main):007:0> put 'users', 'seppe', 'name:last', 'vanden Broucke'
0 row(s) in 0.0330 seconds

hbase(main):008:0> put 'users', 'seppe', 'email', 'seppe.vandenbroucke@kuleuven.be'
0 row(s) in 0.0570 seconds
```

现在列出此表的全部内容（使用扫描）：

```
hbase(main):009:0> scan 'users'
ROW                 COLUMN+CELL
 seppe              column=email:, timestamp=1495293082872, value=seppe.vanden
```

```
                   broucke@kuleuven.be
 seppe             column=name:first, timestamp=1495293050816, value=Seppe
 seppe             column=name:firstt, timestamp=1495293047100, value=Seppe
 seppe             column=name:last, timestamp=1495293067245, value=vanden Br
                   oucke
1 row(s) in 0.1170 seconds
```

仅提供行键“seppe”的信息（使用“get”选择单个行键）：

```
hbase(main):011:0> get 'users', 'seppe'
COLUMN          CELL
 email:         timestamp=1495293082872, value=seppe.vandenbroucke@kuleuven.be
 name:first     timestamp=1495293050816, value=Seppe
 name:firstt    timestamp=1495293047100, value=Seppe
 name:last      timestamp=1495293067245, value=vanden Broucke
4 row(s) in 0.1250 seconds
```

我们拼写错误的条目仍然存在。我们尝试删除它：

```
hbase(main):016:0> delete 'users', 'seppe', 'name:firstt'
0 row(s) in 0.1800 seconds
hbase(main):017:0> get 'users', 'seppe'
COLUMN          CELL
 email:         timestamp=1495293082872, value=seppe.vandenbroucke@kuleuven.be
 name:first     timestamp=1495293050816, value=Seppe
 name:last      timestamp=1495293067245, value=vanden Broucke
3 row(s) in 0.1750 seconds
```

我们可以通过再次运行“put”来更改电子邮件值：

```
hbase(main):018:0> put 'users', 'seppe', 'email', 'seppe@kuleuven.be'
0 row(s) in 0.0240 seconds
```

现在我们再次检索这一行，但仅限于列“email”：

```
hbase(main):019:0> get 'users', 'seppe', 'email'
COLUMN          CELL
 email:         timestamp=1495293303079, value=seppe@kuleuven.be
1 row(s) in 0.0330 seconds
```

如果我们也希望看到早期版本呢？

```
hbase(main):021:0> get 'users', 'seppe', {COLUMNS => ['email'], VERSIONS => 2}
COLUMN          CELL
 email:         timestamp=1495293303079, value=seppe@kuleuven.be
1 row(s) in 0.0220 seconds
```

这不起作用，我们首先需要指示 HBase 为此列族保留多个版本：

```
hbase(main):024:0> alter 'users', {NAME => 'email', VERSIONS => 3}
Updating all regions with the new schema...
0/1 regions updated.
1/1 regions updated.
```

```
Done.
0 row(s) in 3.3310 seconds

hbase(main):025:0> put 'users', 'seppe', 'email', 'seppe.vandenbroucke@kuleuven.be'
0 row(s) in 0.0540 seconds

hbase(main):026:0> put 'users', 'seppe', 'email', 'seppe@kuleuven.be'
0 row(s) in 0.0330 seconds

hbase(main):027:0> get 'users', 'seppe', {COLUMNS => ['email'], VERSIONS => 2}
COLUMN          CELL
 email:         timestamp=1495294282057, value=seppe@kuleuven.be
 email:         timestamp=1495294279739, value=seppe.vandenbroucke@kuleuven.be
2 row(s) in 0.0480 seconds
```

我们可以删除“users”中与行键“seppe”相关的所有值，如下所示：

```
hbase(main):026:0> deleteall 'users', 'seppe'
0 row(s) in 0.0630 seconds

hbase(main):027:0> scan 'users'
ROW                     COLUMN+CELL
0 row(s) in 0.0280 seconds
```

然后尝试删除表：

```
hbase(main):029:0> drop 'users'
ERROR: Table users is enabled. Disable it first.
```

在删除表之前，我们首先需要禁用它：

```
hbase(main):001:0> disable 'users'
0 row(s) in 3.5380 seconds

hbase(main):002:0> drop 'users'
0 row(s) in 1.3920 seconds

hbase(main):003:0> list 'users'
TABLE
0 row(s) in 0.0200 seconds

=> []
```

HBase 的查询功能非常有限。正如我们在第 11 章中看到的，HBase 提供了一个面向列、键 - 值、分布式的数据存储，其中包含简单的 get/put 操作。与 MongoDB 一样，HBase 也包含编写 MapReduce 程序以执行更复杂查询的工具，但这又一次带来了额外的认知开销。在使用 HBase 时，首先要确保你确实有足够的数据来保证它的使用，即如果你有数亿或数十亿行，那么 HBase 是一个很好的候选者。如果你只有几百万行，那么使用传统的 RDBMS 可能是一个更好的选择，因为无论如何，你的所有数据都可能在 HBase 中的几个结点上结束，而集群的其余部分可能处于空闲状态。

另外，当试图将数据从现有的 RDBMS 设置迁移到 HBASE 时，需要考虑可移植性问题。在这种情况下，它并不像更改 JDBC 驱动程序和重用相同的 SQL 查询那样简单。

最后，在建立一个大数据集群时，这一点常常被遗忘——确保有足够的可用硬件。

HBase 和 Hadoop 的其他部分一样，在任何少于 5 个 HDFS DataNode 和一个额外的 NameNode 上都没有那么好的性能。这主要是由于 HDFS 块复制的工作方式，只有当你可以投资、设置和维护至少 6～10 个结点时，这种工作才是值得的。

知识关联 请参阅第 18 章，其中详细讨论了数据迁移和集成。Apache Sqoop 和 Flume 已经作为有趣的项目在关系数据库和 HDFS 之间收集和移动数据提到过。尽管这些工具可以在迁移实践中提供很多帮助，但这类项目仍然需要大量的时间和精力投资，以及管理监督。

19.3.2 Pig

尽管 HBase 在一定程度上有助于将结构强加于 HDFS 之上，并实现了一些基本的查询功能，但仍然必须使用 MapReduce 框架编写更高级的查询功能。为了缓解这个问题，雅虎开发了“Pig”，并在 2007 年作为 Apache Pig 开源。Pig 是一个高级平台，用于创建在 Hadoop 上运行的程序（使用一种称为 Pig 拉丁语的语言），Hadoop 使用下面的 MapReduce 来执行程序。它的目的是让用户能够更容易地构造在 HDFS 和 MapReduce 之上工作的程序，并且可以在某种程度上类似于 SQL 提供的查询功能。下面的 Pig 拉丁片段显示了如何加载、筛选和聚合 HDFS 中的 CSV 文件（逗号分隔值文件）。“$0”和“$1”等指的是 CSV 文件中的列号：

```
timesheet = LOAD 'timesheet.csv' USING PigStorage(',');
raw_timesheet = FILTER timesheet by $0 > 100;
timesheet_logged = FOREACH raw_timesheet GENERATE $0 AS driverId,
                                                  $2 AS hours_logged,
                                                  $3 AS miles_logged;
grp_logged = GROUP timesheet_logged by driverId;
sum_logged = FOREACH grp_logged GENERATE group as driverId,
  SUM(timesheet_logged.hours_logged) as sum_hourslogged,
  SUM(timesheet_logged.miles_logged) as sum_mileslogged;
```

与标准 SQL 相比，Pig 提供了一些好处，比如在程序执行期间的任何时候都可以存储数据（允许再次进行故障恢复和重新启动查询），一些人认为，RDBMS 和 SQL 比 MapReduce 快得多，因此 Pig 也快得多，特别是对于大小合理、结构合理的数据集以及使用现代 RDBMS 引擎（能够并行使用多个处理单元）时。此外，与 SQL 的声明式工作方式相比，Pig 拉丁语相对来说是过程式的。在 SQL 中，用户可以指定应该连接两个表或计算一个聚合摘要，但不能指定如何在物理级别执行，因为这取决于 DBMS 来确定最佳的查询执行计划。用 Pig 拉丁语编程类似于自己指定一个查询计划，这意味着对数据流的更大控制，再次对程序员提出了一些额外的要求。Pig 没有被广泛采用，也没有频繁更新（2016 年只发布了一个版本）。因此，问题仍然是是否可以在 Hadoop 上支持 SQL。

19.3.3 Hive

在 Hadoop 之上支持 SQL 是 Apache Hive 的初衷。Hive 是一个数据仓库解决方案，与 HBase 一样，它运行在 Hadoop 之上，但通过提供类似 SQL 的接口，可以实现更丰富的数据摘要和查询功能。在 Hive 之前，必须在 MapReduce 程序中指定传统查询。Hive 提供了必要的抽象层，用于将类似 SQL 的查询转换为 MapReduce 管道。由于大多数现有的商务智能解决方案已经与基于 SQL 的查询一起工作，因此 Hive 还提供了一种 JDBC 接口，从而增强了可移植性。

Hive 最初是由 Facebook 开发的，但后来是开源的，现在其他公司也在开发 Hive，因此它现在可以运行在 HDFS 以及其他文件系统（如 Amazon 的 S3 云存储文件系统）之上。表的物理存储是以纯文本文件或其他（更适合）格式（如 ORC、RCFile 和 Apache Parquet）完成的，这些格式试图在物理级别上以比简单文本文件更有效的方式组织数据。

从架构上讲，Hive 在 Hadoop 之上增加了几个组件。Hive 元存储是它的第一个组件，它存储每个表的元数据，比如它们在 HDFS 上的模式和位置。值得注意的是，这些元数据是使用传统 RDBMS 存储的。默认情况下，使用嵌入式 Apache Derby 数据库，但其他 RDBMS 可用于此任务。元存储帮助 Hive 系统的其他部分跟踪数据，是一个关键组件。因此，备份服务器定期复制元数据，如果发生数据丢失，可以检索元数据。

接下来，驱动程序服务负责接收和处理传入的查询。它启动查询的执行并监视执行的生命周期和进度。它存储在查询执行期间生成的必要元数据，并充当获取查询结果的收集点。要运行查询，编译器首先将其转换为执行计划，其中包含 Hadoop 的 MapReduce 需要执行的任务。这是一个复杂的步骤，首先将查询转换为抽象语法树，然后在检查错误后，再次转换为表示执行计划的有向非循环图。有向无环图将包含基于输入查询和数据的许多 MapReduce 阶段和任务。优化器还启动齿轮来优化有向无环图，例如通过在单个操作中连接各种变换。它还可以分割任务，如果它确定一旦有向无环图作为映射减少操作运行就会提升性能和可扩展性。一旦有向无环图被编译、优化并划分为 MapReduce 阶段，执行器开始将它们发送到 Hadoop 的资源管理器（通常是 YARN）并监视它们的进度。它通过确保只有在完成所有其他先决条件时才执行阶段来处理阶段的流水线。

最后，为了与系统交互，Hive 提供了一组命令行工具和一个基于 Web 的用户界面，允许用户提交查询并监视正在运行的查询。最后，Hive 精简服务器通过实现 JDBC 和 ODBC 驱动程序，允许外部客户端与 Hive 交互，大大提高了 Hive 的可移植性。

尽管 Hive 查询与 SQL 非常相似，但 HiveQL 作为 Hive 的被命名的查询语言，并没有完全遵循完整的 SQL-92 标准。HiveQL 提供了几种非 SQL 标准的有用扩展（例如，允许同时插入多个表），但缺乏对索引、事务和物化视图的强大支持，并且只有有限的子查询支持，因此，一些非常复杂的 SQL 查询在试图在 Hive 上执行时可能仍然失败。

然而，Hive 处理大多数 SQL 查询的能力提供了巨大的优势。提供 JDBC 驱动程序的 Hive 使项目获得了巨大成功。它很快被各种组织采用，这些组织意识到他们已经从传统的数据仓库和商务智能设置中后退了一步，希望尽快切换到 Hadoop。因此，可以轻松编写此 HiveQL 查询：

```
SELECT genre, SUM(nrPages) FROM books GROUP BY genre
```

这段命令默认自动转换成 MapReduce 管道。此外，Hive 将其数据表存储在 HDFS 之上这一事实也使得当除了结构化表以外的数据集需要被查询时，只要能够以表格格式表示从这些数据集中提取数据，查询语言特别合适。例如，此查询演示了使用 HiveQL 的单词计数示例：

```
CREATE TABLE docs (line STRING); -- create a docs table

-- load in file from HDFS to docs table, overwrite existing data:
LOAD DATA INPATH '/users/me/doc.txt' OVERWRITE INTO TABLE docs;
```

```
-- perform word count
SELECT word, count(1) AS count
FROM ( -- split each line in docs into words
  SELECT explode(split(line, '\s')) AS word FROM docs
) t
GROUP BY t.word
ORDER BY t.word;
```

Hive的存储和查询操作与传统的DBMS非常相似，但由于Hive使用HDFS和Map-Reduce作为文件系统和查询引擎，因此它在内部的工作方式不同。现在可以使用Hive设计结构化表，定义的结构保存在Hive的元存储中。然而，与传统DBMS的一个区别是，Hive在加载数据时不强制使用模式。例如，传统的RDBMS可以存储已经定义了模式的数据，这意味着你必须提前定义模式。这也被称为“写入模式”：当数据写入数据存储时，应用并检查模式。另一方面，Hive应用了“schema on read”方法，在这种方法中，可以在一系列输入文件上定义表，但在查询数据并从数据存储中读取数据时，将进行模式检查。通过这种方式，你可以快速地将数据加载到数据存储中，并找出以后如何解析和处理它。换言之：schema-on-write方法意味着你需要在编写数据之前确定数据的格式，而schema-on-read方法意味着你可以在确定数据的结构之前先指出数据的格式。前者允许早期检测损坏的数据和更好的查询时间性能，因为在执行查询时该模式是已知的和强制的。另一方面，Hive可以动态加载数据，确保快速且非常灵活的初始负载，但是当尝试在某些假设下访问数据时，查询可能失败。由于Hive需要假设数据模式可以以不同的方式更改或解释（例如，在单词计数示例中，表中的每一行是一列，还是每一个单词都是一列？）。

事务是Hive不同于传统数据库的另一个方面。典型的RDBMS支持ACID事务管理（原子性、一致性、隔离性和持久性）。Hive中的事务在Hive 0.13中引入，但仍然有限。只有在较新版本的Hive（0.14）中，才添加了支持完整ACID事务管理的功能，尽管这需要很高的性能成本，因为Hadoop本身很难在行级别上强制实现不变性（即防止进行更改）。要解决此问题，Hive首先创建一个包含所有更改的新表，然后将其锁定并替换旧表。

知识关联 有关事务和事务管理的概述，请参见第14章和第16章，第16章将重点放在分布式设置上。

SQL查询的性能和速度仍然是Hive目前的主要缺点。与HBase一样，Hive也可以用于真正大型的数据存储库之上，即与一个拥有数百万行的大型HDFS集群和表一起使用。客户使用的许多数据集并没有那么大。由于在设置和协调一系列MapReduce任务时仍有大量开销，因此即使是相对简单的Hive查询也可能需要几个小时才能完成。一些Hadoop供应商，比如Hortonworks，大力推动Hive的采用，主要是通过支持Apache Tez，它为Hive提供了一个新的后端，通过它，查询不再转换为MapReduce管道，而是Tez执行引擎直接处理表示为有向非循环图的操作管道。2012年，另一家著名的Hadoop供应商Cloudera推出了自己的Hadoop SQL技术，名为“Impala”。另外，Cloudera选择完全放弃底层的MapReduce管道。其他供应商（如Oracle和IBM）也提供了他们的Hadoop平台（包括Hive），这些平台由于他们所使用的Hive的版本的不同以及为加快Hive的执行而进行或实现的自定义修改或附加组件的不同而有很大的差别。在提交给一个供应商甚至是Hadoop之前进行仔细地思考一直是一个好的建议。同时，Apache基金会继续致力于新的项目，例如最近提出的

Apache Drill 计划，它不仅在 HDFS 之上提供 SQL，而且在 HBase、平面文件、NoSQL 数据库（如 MongoDB）之上提供 SQL，并旨在提供一个统一的查询接口来同时处理这些存储库。同样，在由许多数据库类型和大量结构化和非结构化数据组成的环境中工作时，这是一个伟大的创举，但又是以额外的性能缺陷为代价的。

知识延伸 Facebook 自己也很快发布了另一个名为 Presto 的项目，它在 Hive 之上工作，是另一个更适合交互式查询的“SQL on Hadoop”解决方案。这里，查询不再转换为 MapReduce 管道，而是转换为由各种子任务组成的有向非循环图。

节后思考

- 是否可以在 Hadoop 之上运行一个 DBMS？怎样运行？
- 什么是 Hive？它如何在 Hadoop 上启用 SQL 查询？说明其优点和缺点。

19.4 Apache Spark

尽管 Apache Hive 使在 Hadoop 之上执行 SQL 查询成为可能，但是性能的缺乏仍然使它不太适合许多操作任务。最终用户仍在寻找比执行查询更进一步的处理数据的方法，并希望在其上执行分析以提取模式和驱动决策，这在处理大型数据集时不是一项容易的任务。另一个问题是 MapReduce 的持续存在，它主要面向资源和时间密集型的批量计算操作，并在数据吞吐量方面效率较高，但在等待答案返回时在响应时间方面不一定高效。

为了解决这个问题，加州大学的研究人员在 2014 年开始研究 MapReduce 的替代方案：Spark。Spark 是一种新的编程范式，它以一种称为弹性分布式数据集（RDD）的数据结构为中心，这种数据结构可以分布在一组机器上，并以容错的方式进行维护。Spark 的开发重点是解决 MapReduce 的局限性。尽管 Spark 仍然执行相对线性和固定的数据流结构（即映射和减少数据），Spark 的 RDD 允许你以集群内存可用作共享的分布式资源的方式构造分布式程序，从而打开了构造各种程序的可能性。也就是说，RDD 可以支持构建必须多次访问一个数据集的迭代程序，以及更多的交互式或探索性程序，这正是一个人需要帮助查询数据的程序类型。Spark 团队表明，这种方法比 MapReduce 实现快很多个数量级，因此 Spark 近年来被许多大数据供应商迅速采用，作为探索、查询和分析大型数据集的前进方向。Spark 本身也在 Apache 软件基金会的支持下实现了开源。

就设置而言，Spark 与 Hadoop 并没有完全不同。它仍然作为一个分布式存储系统（或其他存储系统，如 Amazon 的 S3）与 HDFS 一起工作，并且仍然需要一个集群管理器，如 YARN（或其他可选的集群管理器，如 Mesos，甚至是它自己的集群管理器）。然而，MapReduce 组件正是 Spark 想要取代的，并且在 Spark 核心之上提供了额外的组件，以促进一些数据分析实践。接下来，我们将更详细地讨论这些组件。

19.4.1 Spark Core

Spark Core 是 Spark 的核心，是所有其他部件的基础。它提供了任务调度功能和一组基本数据转换，可以通过许多编程语言（Java、Python、Scala 和 R）使用。为此，Spark 引入了一个基于弹性分布式数据集（Spark 中的主要数据抽象）概念的编程模型。RDD 是专门为支持内存中的数据存储和操作而设计的，分布在集群中，因此它既具有容错性，又具有高效性。第一种是通过跟踪应用于粗粒度数据集的操作沿袭来实现，而效率是通过跨多个结点并行化任务来实现的，同时最小化数据在这些结点之间复制或移动的次数。一旦数据加载到一个 RDD 中，就可以执行两种基本类型的操作：转换（transformation），它通过更改原始 RDD 创建一个新的 RDD；操作（比如 counts），它测量但不更改原始数据。转换链将被记录下来，如果发生故障，则可以重复该转换链。人们可能会想，是什么使这种方法比 MapReduce 管道快得多。首先，转换是惰性计算的，这意味着在后续操作需要结果之前不会执行转换。RDD 也将尽可能长时间地保存在内存中，这大大提高了集群的性能。RDD 也将尽可能长时间地保存在内存中，这大大提高了集群的性能。这与 MapReduce 有很大的不同，因为这种方法在 map 和 reduce 操作的整个管道中大量地写入和读取数据。最后，一系列 RDD 操作通过 Spark 编译成一个有向无环图（类似于 Hive 对 HiveQL 查询所做的操作），然后通过将该计算图分解成一组任务，而不是将其转换为一组映射和 reduce 操作，在集群上展开和计算。这大大有助于加快操作速度。图 19-10 显示了 Spark 的一般方法。

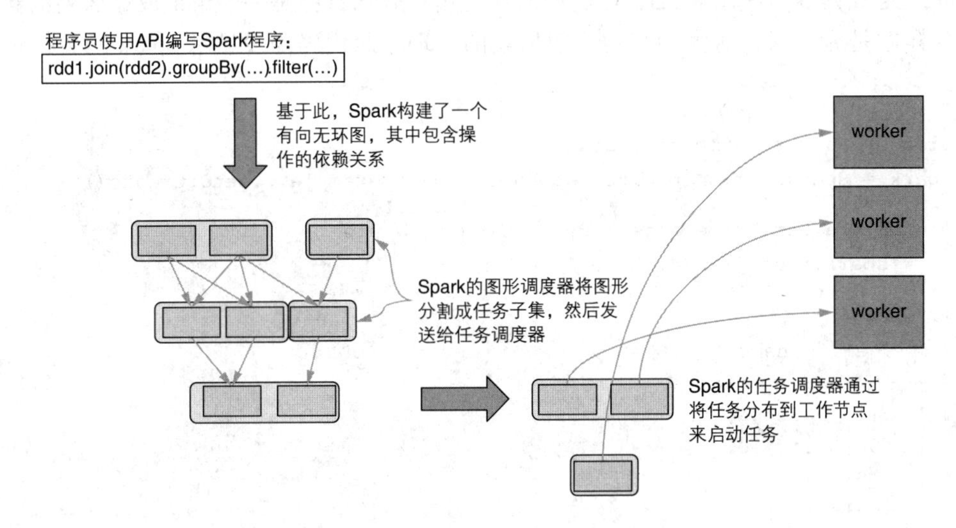

图 19-10 基本的 Spark 架构的概述

对于最终用户来说，一个很大的优势是，与编写 MapReduce 程序相比，Spark 的 RDD API 相对容易使用。甚至 map 和 reduce 操作仍然可以通过 RDD 的概念来表示，RDD 可以保存任何类型的对象的集合，如这个 Python 代码示例所示：

```
# Set up connection to the Spark cluster
sconf = SparkConf()
sc = SparkContext(master='', conf=sconf)

# Load an RDD from a text file, the RDD will represent a collection of
# text strings (one for each line)
text_file = sc.textFile("myfile.txt")

# Count the word occurrences: first split the lines into words, then
# apply map-reduce operators
counts = text_file.flatMap(lambda line: line.split(" ")) \
             .map(lambda word: (word, 1)) \
             .reduceByKey(lambda a, b: a + b)
print(counts)
```

19.4.2 Spark SQL

RDD 仍然是 Spark 中的主要数据抽象。RDD 的核心是一个不可变的、分布式的元素集合，它被划分为多个结点，这些结点可以使用 Spark 的 API 并行操作，Spark 的 API 提供了许多事务和操作。由于 RDD 在元素的外观方面没有预设的结构，因此它也提供了一种处理非结构化数据形式的好方法。

尽管如此，Spark 的 RDD API 在来自 SQL 背景或习惯于处理结构化数据（如表格式数据）时仍然令人望而生畏。为了便于用户友好地处理这种结构化数据集，Spark SQL 被设计为另一个运行在 Spark 核心之上的 Spark 组件，并引入了另一个称为 DataFrames 的数据抽象。数据帧可以通过指定如何在 RDD 中构造数据元素的模式从 RDD 创建，也可以直接从各种文件格式（如 CSV 文件、JSON 文件、JDBC 查询结果，甚至从 Hive）加载。尽管 DataFrames 默认继续使用 RDD，但它们向最终用户表示自己是一个组织成命名列的数据集合。这样做是为了简化对大型结构化数据集的处理。此代码片段显示 Spark 的数据帧正在运行：

```
from pyspark.sql import SparkSession
spark = SparkSession.builder.appName("Spark example").getOrCreate()

# Create a DataFrame object by reading in a file
df = spark.read.json("people.json")

df.show()
# | age|    name|
# +----+--------+
# |null|   Seppe|
# |  30|Wilfried|
# |  19|    Bart|
# +----+--------+

# DataFrames are structured in columns and rows:
df.printSchema()
# root
# |-- age: long (nullable = true)
# |-- name: string (nullable = true)

df.select("name").show()
# +--------+
# |    name|
# +--------+
# |   Seppe|
# |Wilfried|
# |    Bart|
# +--------+

# SQL-like operations can now easily be expressed:
df.select(df['name'], df['age'] + 1).show()
# +--------+---------+
# |    name|(age + 1)|
# +--------+---------+
```

```
# |     Seppe|        null|
# | Wilfried|          31|
# |      Bart|          20|
# +---------+------------+

df.filter(df[ 'age']  > 21).show()
# +---+--------+
# |age |     name|
# +---+--------+
# |  30|  Wilfried|
# +---+--------+

df.groupBy("age").count().show()
# +----+-----+
# |  age| count|
# +----+-----+
# |   19|     1|
# | null|     1|
# |   30|     1|
# +----+-----+
```

尽管这些语句类似于SQL，但它们（到目前为止）并不完全相同。但是，请记住，在可以在Python、Java和其他语言中使用的DataFrame API的基础上，RDD的概念仍然用于执行操作。为此，Spark实现了一个完整的SQL查询引擎，可以将SQL语句转换为一系列RDD转换和操作。这类似于Hive如何将SQL语句转换为MapReduce管道。区别在于Spark的“Catalyst”查询引擎是一个强大的引擎，可以在非常高效的RDD图中转换SQL查询。我们刚才看到的所有代码示例都转换为一个SQL语句，然后再转换为一个RDD程序。如果你愿意，可以直接在程序中编写SQL来操作Data Frame，因此命名为“Spark SQL”：

```
# Register the DataFrame as an SQL temporary view
df.createOrReplaceTempView("people")

sqlDF = spark.sql("SELECT * FROM people WHERE age > 21")
sqlDF.show()

# +---+--------+
# | age|     name|
# +---+--------+
# |  30| Wilfried|
# +---+--------+
```

最后，除了与Python、Java、Scala和R程序集成之外，Spark还提供SQL命令行工具以及ODBC和JDBC服务器（如果你希望以这种方式执行查询）。

知识延伸 最新版本的Spark还提供了除DataFrame之外的另一个抽象：DataSet。与DataFrame一样，DataSet利用Spark Catalyst SQL引擎，但在使用Java或Scala等类型安全编程语言时，可以通过编译时类型安全检查来扩展此功能。主要的区别在于，DataFrame表示行的集合，其中行是一个常规结构，已知它将包含多个命名列，这些列的值应为特定类型。但是，类型错误只能在查询或应用程序运行时检查。数据集表示包含多个强类型字段（即具有特定类型的属性，如整数或十进制值）的对象集合，在编译时启用额外检查。但是，这些对象仍然需要能够表示为表格行。为此，Dataset API 引入了一个称为编码器的新概念，它可以以快速高效的方式将 JVM（Java 虚拟机）对象从表格式表示转换为表格式表示。这当然是 Spark 中工程的另一个壮举，但是只有在使用 Java 或 Scala 时才能遇到和使用（因为 R 和 Python 不在 Java 虚拟机上运行）。

19.4.3　MLlib、Spark Streaming 和 GraphX

我们需要提到的最后一个 Spark 组件是 MLlib、Spark 流和 GraphX。MLlib 是 Spark 的机器学习库。它的目标是使实际的机器学习具有可扩展性和用户友好性，尽管之前有一些计划将机器学习算法放在 Hadoop 之上（最显著的是通过 Apache Mahout 项目），但很快发现，其中许多算法并没有那么容易移植到 MapReduce 管道。MLlib 可以提供一组可靠的算法，再一次在 RDD 范式之上工作。

知识关联　在第 20 章中，我们将进一步讨论分析和机器学习算法，因此在这里我们不会花太多时间讨论 MLlib 包含的算法。

MLlib 提供分类、回归、聚类和推荐系统算法。

重要的是要知道 MLlib 最初是直接构建在 RDD 抽象之上的。在 Spark 版本 2 中，Spark 维护人员宣布，旧的 MLlib 组件将逐渐被新版本的该组件所取代，该组件直接与 Spark SQL 基于 DataFrame 的 API 一起工作，因为许多机器学习算法都假设数据以结构化的表格式格式化。基于 RDD 的 MLlib API 预计将在 Spark 3 中删除。这一改变是有意义的，但已经导致 MLlib 今天有点令人困惑。很多 Spark 1 代码仍在生产中使用，使用较新的 MLlib API 更新可能不太容易。

Spark Streaming 利用 Spark Core 及其快速调度引擎执行流媒体分析。这样做的方式相对简单，虽然它不像其他大数据实时流技术（如 Flink 或 Ignite，两个最近的项目）那样可配置或功能丰富，但它提供了一种非常有效的高速处理连续数据流的方法。Spark Streaming 提供了另一个高级概念，称为 DStream（离散流），它表示连续的数据流。然而，在内部，一个数据流被表示为一个 RDD 片段序列，其中每个 RDD 在一个数据流中包含来自特定间隔的数据。与 RDD 类似，大多数相同的转换都可以直接应用于 DStream，从而允许修改其数据。数据流还提供窗口计算，允许在数据的滑动窗口上应用转换。不同的数据流也可以很容易地连接起来。这个 Python 示例显示了一个单词计数程序，它现在可以在连续的数据流上工作：

```
from pyspark import SparkContext
from pyspark.streaming import StreamingContext
sc = SparkContext("local[ 2] ", "StreamingWordCount")
ssc = StreamingContext(sc, 1)

# Create a DStream that will connect to server.mycorp.com:9999 as a source
lines = ssc.socketTextStream("server.mycorp.com ", 9999)

# Split each line into words
words = lines.flatMap(lambda line: line.split(" "))

# Count each word in each batch
pairs = words.map(lambda word: (word, 1))
wordCounts = pairs.reduceByKey(lambda x, y: x + y)
```

```
# Print out first ten elements of each RDD generated in the wordCounts DStream
wordCounts.pprint()

# Start the computation
ssc.start()
ssc.awaitTermination()
```

需要注意的是，Spark Streaming 使用了 RDD 的概念。那么那些允许在流上工作的 SQL 语句呢？同样，为了处理这一问题，Spark 正在研究一个结构化的流组件，该组件允许在 Dataframe 之上表达流计算管道，因此可以通过 SQL。Spark SQL 引擎将负责以增量方式运行它，并在流数据继续到达时不断更新最终结果。然而，在 Spark 2.1 中，结构化流仍然处于 alpha 阶段，API 仍然被认为是实验性的。正因为如此，像 Flink 这样提供更丰富、更流畅的流媒体功能的项目，在过去一年左右的时间里得到了越来越多的应用，尽管还没有 Spark 那么受欢迎。

知识延伸 在早期，Apache Storm（由 Twitter 获得并开源）也经常被用作流计算框架，它还具有将计算管道表示为有向无环图的思想。然而，这个框架不再被广泛地选择用于新的项目。其最新发布日期为 2016 年，版本为 1.0.0，被视为完整产品。Storm 上面的程序——最好是——是通过 Clojure 编程语言编写的，这一点还不太为人所知，这也导致了项目的失败。

GraphX 是 Spark 的组件，它实现了处理基于图的结构的编程抽象，同样基于 RDD 抽象。为了支持常见的图形计算，GraphX 附带了一组基本的运算符和算法（如 PageRank），用于处理图形并简化图形分析任务。此外，Spark 还在 DataFrame（称为 GraphFrame）之上提供相同的基于图的抽象，尽管这仍然是一项正在进行的工作。

知识延伸 如果你想知道 GraphX 如何与 Neo4j（见第 11 章的图形数据库）和其他图形数据库叠加，Neo4j 和其他图形数据库将重点放在提供端到端的在线事务处理能力上，而图形是主要的结构构造。Neo4j 中的图形以一种最适合查询它们的方式存储，在尝试通过 GraphX 加载它们时可能不是这样（因为它们仍然可以以各种方式存储在底层文件系统上）。另一方面，Neo4j 的建造并不是为了执行高强度计算或分析操作。然而，不同的开发人员已经用插件扩展了 Neo4j，以提供更多可以在其上工作的算法，而且还可以将 Neo4j 图导出到 GraphX 中，以便对其进行进一步分析。如果你的焦点是图形，并且你希望以这种形式存储和查询数据，请首先从图形数据库（如 Neo4j）开始，然后在需要时加入 GraphX。

节后思考

- 什么是 Spark？它比 Hadoop 多了哪些优点？
- 什么是 RDD？如何将其用于 Spark？
- 给出 Spark 的不同组成部分的基本概述。

总结

本章讨论了大数据和支持它的最常用技术栈。我们从大数据的 5 个 V 开始讨论：容量、速度、多样性、准确性和价值。在那里，我们回顾了各种大数据技术，从 Hadoop 开始。我们看到了 Hadoop 的原始堆栈无法支持强大的查询功能，从而导致了各种各样的解决方案，可以说是“将 DBMS 引入 Hadoop”。HBase 和 Pig 是这一领域的首批尝试之一，HBase 是 Hadoop 之上 NoSQL 数据库的一个例子，但仍然提供有限的查询功能，Pig 试图在 MapReduce 之上提供更友好的编程语言。Hive 是将 SQL

的强大功能引入 Hadoop 的主要项目，但仍然受到 MapReduce 范例的限制。最后，引入了 Spark，完全取消了 MapReduce，取而代之的是一个基于有向无环图的范例，并使用一个强大的 SQL 引擎提供性能良好的查询功能，以及机器学习、流式处理和基于图的组件。

然而，大数据生态系统仍在快速发展，每隔几个月就会推出新的项目，有望扭转这一领域的颓势。这个领域已经变得很难对付了，我们必须小心对待供应商，以及他们到底提供了什么，因为即使是一个项目的不同版本，比如说 Spark，在功能上也可能有很大的不同。大数据生态系统中的许多项目也可以被替换或混合并匹配在一起。例如，最近版本的 Hive 还可以将其 HiveQL 查询转换为 Spark 定向的非循环图管道，就像 Spark 本身一样！我们已经看到 Spark 可以使用 YARN 在集群中执行资源协商，但也可以使用 Mesos 或它自己的内置资源管理器，以及许多其他大数据产品。同时，像 Flink 或 Ignite 这样的新项目有望提供比 Spark 更丰富的查询功能。Apache 最近还发布了 Apache Kylin，另一个“用于大数据的极端 OLAP 引擎”，它也在 Hadoop（这次由 eBay 提供）之上提供了一个 SQL 接口和商务智能“多维数据集”。它工作在 Hive 和 Hbase 的顶部，以存储其数据，但附带自己的查询引擎，特别适合查询多维数据集，符合 SQL 标准，并且可以通过 ODBC 和 JDBC 驱动程序与现有工具集成。

知识延伸　还有很多项目都与大数据集群的“元管理”、维护和治理有关，例如 Ambari（一个 Web 管理门户）、Oozie（一个可以插入 YARN 中的替代调度程序）、Zookeeper（一个维护配置元数据的集中服务）、Atlas（管理数据遵从性的系统）和 Ranger（跨 Hadoop 组件定义和管理安全策略的平台）。

还有机器学习和数据分析。尽管 MLlib 提供了一组可靠的算法，但其提供的算法数量无法与专有和开源工具中包含的算法数量相比，后者在非分布式设置中处理内存中的整个数据集。重申之前的陈述：大数据首先涉及管理和存储大型、高速和非结构化数据集，但这并不意味着人们可以自动分析它们或轻松利用它们获得见解。分析（或“数据科学”）关注分析数据并从中获得洞察力和模式，但不必应用于大量或非结构化数据集。这里要提到的一个有趣的项目是 H2O，它还提供了一个分布式执行引擎，其功能可能比 Spark 的引擎要弱一些，但它提供了一个完整而强大的技术集合，用于在大数据上构建描述性和预测性分析模型，因此可以为不太成熟的 MLlib 提供更好的替代方案。最新版本的 H2O 还允许它在 Spark 的执行引擎上运行，如果你的目标是执行分析，那么它是 Spark 上非常强大的附加组件，但是如果你不处理大数据，其他选择也同样有效。同样，要考虑的主要问题是你是否有大数据。如果没有，可以继续使用关系数据库管理系统，例如，具有强大的查询功能、事务管理和一致性，同时仍然能够对其进行分析。“分析算法”与“描述性和预测性建模”的确切含义将构成下一章的主题。

情景收尾　在研究了 Hadoop 这样的大数据栈之后，Sober 决定，目前不需要采用任何这些大数据技术栈。Sober 对关系数据库管理系统很满意，而且它的商务智能应用程序在上面运行得很好。为了抵消可扩展性的问题，移动团队已经在使用 MongoDB 来处理这个操作环境中增加的工作负载，因此目前不能证明引入额外的技术组件是合理的。然而，Sober 对在他们拥有的适度规模的数据基础上进一步投资分析的能力越来越感兴趣，例如，预测哪些用户将从服务中流失，或者优化出租车司机的路线规划，以便用户附近总是有出租车。因此，Sober 将调查分析算法和工具是否可以在不久的将来用于此目的，从而从商务智能报告进一步走向预测和优化。

关键术语表

5 Vs of Big Data（大数据的 5 个 V）

GraphX

Hadoop
Hadoop Common
Hadoop Distributed File System（HDFS，Hadoop分布式文件系统）
HBase
Hive
MapReduce
MLlib
Pig
Spark
Spark Core
Spark SQL
Spark Streaming
Value（价值）
Variety（多样性）
Velocity（速度）
Veracity（准确性）
Volume（体积）
YARN（Yet Another Resource Negotiator）（另一种资源协调者）

思考题

19.1 大数据的5个V是什么？
  a. 体积、多样性、速度、准确性、价值。
  b. 体积、可视化、速度、多样性、价值。
  c. 体积、多样性、速度、可变性、价值。
  d. 体积、多用途、速度、可视化、价值。

19.2 以下哪个陈述是**不正确的**？
  a. 大数据中的速度是指“运动中”的数据。
  b. 大数据中的体积是指“静止”的数据。
  c. 大数据的准确性是指“变化中”的数据。
  d. 大数据的多样性是指“多种形式”的数据。

19.3 基本Hadoop堆栈包括哪些组件？
  a. NDFS、MapReduce和YARN。
  b. HDFS、MapReduce和YARN。
  c. HDFS、Map和Reduce。
  d. HDFS、Spark和YARN。

19.4 以下哪个陈述**是正确的**？
  a. HDFS中的DataNode存储元数据的注册表。
  b. HDFS NameNode向其DataNode发送常规的heartbeat消息。
  c. HDFS由NameNode、DataNode和可选的SecondaryNameNode组成。
  d. SecondaryNameNode和primary NameNode都可以同时处理来自客户端的请求。

19.5 以下哪个陈述是**不正确的**？
  a. Hadoop中的映射器将集合中的每个元素映射到一个或多个输出元素。
  b. Hadoop中的reducer将元素集合减少为一个或多个输出元素。
  c. Hadoop中的reducer工作程序将在所有mapper workers完成后启动。
  d. Hadoop中的MapReduce管道可以包含一个可选的排序器来对最终输出进行排序。

19.6 以下哪个陈述是**不正确的**？
  a. 除了处理MapReduce程序外，YARN还可以用于管理其他类型的应用程序。
  b. YARN的JobHistoryServer保存所有已完成作业的日志。
  c. YARN中的NodeManagers负责在承载特定（子）任务的结点上设置容器。
  d. YARN ApplicationMaster包含一个调度程序，它将把提交的作业保存在一个队列中，直到它们被认为已为开始准备完毕。

19.7 以下哪些命令不是HBase的一部分？

a. Place　　b. Put　　c. Get　　d. Describe

19.8　以下哪个陈述是正确的？

a. HBase 可以看作一个 NoSQL 数据库。

b. HBase 提供了一个 SQL 引擎来查询其数据。

c. MapReduce 程序不能与 HBase 一起使用。使用简单的 put 和 get 命令访问数据。

d. HBase 在大型集群和具有少量结点的小型集群上都能很好地工作。

19.9　Pig 是______。

a. 一种可用于查询 HDFS 数据的编程语言。

b. 与 MapReduce 程序相比，提供编程语言以提供更多用户友好性的项目。

c. 在 Hadoop 上运行的数据库。

d. 运行在 Hadoop 之上的 SQL 引擎。

19.10　以下哪个陈述是不正确的？

a. Hive 提供了一个查询 Hadoop 数据的 SQL 引擎。

b. Hive 的查询语言没有完整的 SQL 标准那么完整。

c. Hive 提供了一个 JDBC 接口。

d. Hive 查询比手工编写的 MapReduce 程序运行得快得多。

19.11　Hive 应用下列哪种模式处理方法？

a. Schema on write　　b. Schema on load

c. Schema on read　　d. Schema on query

19.12　以下哪个陈述是不正确的？

a. RDD 允许两种形式的操作：转换和操作。

b. RDD 表示一个抽象的、不可变的数据结构。

c. RDD 是结构化的，表示一组列对象。

d. RDD 通过跟踪应用于它们的操作的沿袭来提供故障保护。

19.13　以下哪项不是 Spark 程序通常比 MapReduce 操作更快的原因之一？

a. 因为 Spark 试图尽可能长时间地将其 RDD 保存在内存中。

b. 因为 Spark 使用有向无环图而不是 MapReduce。

c. 因为 RDD 转换是“惰性”应用的。

d. 因为 Mesos 可以用作资源管理器而 YARN 不行。

19.14　以下哪个陈述是不正确的？

a. Spark SQL 公开了 DataFrame 和 Dataset API，这些 API 与执行 SQL 查询引擎一起使用 RDD。

b. Spark SQL 可以在 Java、Python、Scala 和 R 中使用。

c. Spark SQL 可以通过 ODBC 和 JDBC 接口使用。

d. Spark SQL DataFrame 需要通过加载文件来创建。

19.15　以下哪个陈述是正确的？

a. Spark 的缺点之一是它不支持流数据。

b. Spark 的缺点之一是它的流和机器学习 API 仍然主要基于 RDD。

c. Spark 的缺点之一是无法处理基于图的数据。

d. Spark 的缺点之一是它的流 API 不允许加入多个流。

问题和练习

19.1E　讨论一些应用领域，其中使用流分析（如 Spark streaming 提供的）可能是有价值的。考虑 Twitter，还有其他上下文。

19.2E　想一想行业中的一些大数据的例子。试着把重点放在除了体积之外的其他 V 上，为什么你认为这些例子符合大数据的条件。

19.3E Hortonworks（Hortonworks Hadoop Sandbox）和 Cloudera（Cloudera QuickStart VM）都提供了虚拟实例（用于 Docker、VirtualBox 和 VMWare），提供了一个完整的 Hadoop 堆栈，你可以轻松地在一台健壮的计算机上的虚拟机中运行。如果你有兴趣亲身体验 Hadoop 生态系统，可以尝试使用 Google 搜索这些环境并运行这些环境。

19.4E 一些分析人士认为，大数据从根本上讲是关于数据“管道”的，而不是关于洞察或得出有趣的模式。有人认为，价值（第五个 V）同样容易在“小的”“正常的”或“奇怪的”数据集中找到（即以前不会考虑的数据集）。你同意吗？你能想到一些小的或者新颖的数据集，它们也能提供价值，而不需要一个成熟的 Hadoop 设置吗？

19.5E 如果 Spark 的 GraphX 库为基于图的分析提供了许多有趣的算法，你认为基于图的 NoSQL 数据库仍然是必要的吗？为什么？如果你感兴趣，可以尝试在网上搜索如何与 Spark 一起运行 Neo4j——在这样的环境中，这两个角色都扮演哪些角色？

分析学

本章目标 在本章中，你将学到：

- 了解分析过程模型的关键步骤；
- 清楚数据科学家所需要的技能；
- 利用非正态化、抽样、探索性数据分析对分析数据进行预处理，并处理缺失值和异常点；
- 利用线性回归、逻辑回归和决策树建立预测分析模型；
- 通过拆分数据集并使用各种性能度量来评估预测分析模型；
- 使用关联规则、序列规则和聚类建立描述性分析模型；
- 了解社交网络分析的基本概念；
- 分析分析模型后期处理中的关键活动；
- 清楚分析模型成功的关键因素；
- 结合所有权总成本（TCO）和投资回报（ROI）来理解分析的经济视角，了解外包、内部与云解决方案以及开放式商用软件产生的影响；
- 通过探索新的数据来源、提高数据质量、确保管理支持、优化组织方面、促进交互来提高分析的投资回报率；
- 了解数据存储、处理和分析环境中的隐私和安全性的影响。

情景导入 现在，Sober 已经在商务智能中迈出了第一步，渴望提升到更高的水平，并探索能用分析学做些什么。该公司已经见证了预测和描述分析的广泛应用，想知道这些技术需要什么，以及如何有效利用这些技术。它实际上正在考虑分析用户的预订行为，但不确定如何解决这个问题。考虑到 Sober 是一家初创公司，它还想知道这些技术的使用对经济和隐私的影响。

在本章中，我们对分析进行了一个广泛的讨论，我们的开篇是提供对分析过程模型的概述。然后，我们给出了分析应用的例子，并简单介绍了数据科学家的工作。我们还对数据预处理进行了广泛的讨论，下一节详细介绍了不同类型的分析：预测分析、描述性分析和社交网络分析。我们还讨论了分析模型的后处理。分析模型的各种关键成功因素将在下一节进行阐述。随后，对分析的经济观点进行了讨论，我们还对如何提高分析的投资回报率提出了建议。最后，我们讨论了隐私和安全问题。

20.1 分析过程模型

分析是一个由多种步骤组成的过程，如图 20-1 所示。**分析过程模型**从原始数据开始，然后是预处理、分析和后处理。第一步，需要对业务问题进行完整的定义，比如对抵押贷款组合的客户细分；邮资电信订阅的保留模型；信用卡欺诈检测。定义分析过程模型的范围需要数据科学家和业务专家之间的密切协作。双方需要在一系列关键概念上达成一致，比如如何定义客户、交易、流失、欺诈等。

接下来，必须确定所有可能感兴趣的源数据。这是一个非常重要的步骤，因为数据是任何分析工作的关键要素，数据的选择对以后建立的分析模型有决定性的影响。这里的金科玉律是：数据越多越好！分析模型本身可以判断哪些数据与手头的任务相关，哪些数据与手头的任务无关。然后，所有数据将被收集到一个暂存区域，并合并到一个数据仓库、数据集市，甚至一个简单的电子表格文件中。一些基本的探索性数据分析可以使用例如 OLAP 设施进行多维分析（例如，上卷起、下卷、切片和切割）（参见第 17 章）。这之后可以执行数据清洗步骤，以消除所有不一致之处，如缺失值、异常值和重复数据[⊖]。还可以考虑其他转换，例如从字母数字到数字编码、地理聚合、提高对称性的对数转换等。

在分析步骤中，对预处理和转换后的数据进行了分析模型的估计。根据业务问题，将选择特定的分析技术（见 20.5 节）并由数据科学家实施。

最后，一旦建立了模型，业务专家将对其进行解释和评估。可以由分析模型检测出的平凡模式（例如，意大利面和意大利面沙司）是有趣的，因为它们提供了模型的验证。关键的问题是找到未知但有趣且可行的模式，这些模式可以为你的数据提供新的见解（有时也称为知识钻石或金块）。一旦分析模型得到了适当的验证和批准，它就可以作为分析应用投入生产（例如，决策支持系统、记分引擎等）。重要的是要考虑如何以方便用户的方式来表示模型的输出，如何将其与其他应用程序（例如，营销活动管理工具、风险引擎等）结合起来，以及如何确保分析模型能够得到持续的适当监测。

知识关联 向分析学迈出的第一步通常是数据仓库、OLAP 和 BI，如第 17 章所述。

图 20-1 中概述的过程模型是迭代的，在某种意义上，在训练过程中人们可能不得不回到先前的步骤。例如，在分析步骤中，可能会需要其他的数据，可能需要额外的清洁、转化等。通常，最耗时的步骤是数据选择和预处理步骤，这通常占了建立一个分析模型所需的总消耗的 80% 左右。

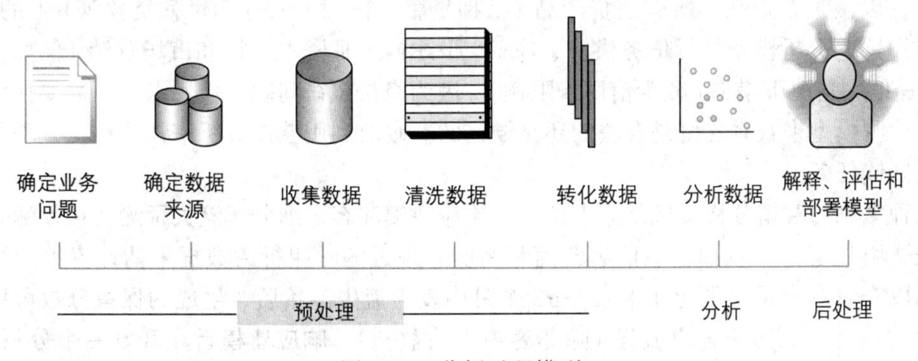

图 20-1 分析过程模型

分析过程本质上是一个多学科的练习，其中许多工作配置文件必须协作。首先，有数据库或数据仓库管理员（DBA）。他知道公司内部的所有数据、存储详细信息和数据定义。因此，DBA 在给分析建模练习提供关键成分数据方面发挥着至关重要的作用。由于分析是一种迭代练习，所以随着建模工作的进行，DBA 可能继续发挥重要作用。

另一个重要的角色是业务专家。可以是信贷组合经理、欺诈检测专家、品牌经理、电子商务经理等。他有丰富的商业经验和商业常识，这是非常宝贵的。正是这些知识有助于指导分析建模的训练并解释其重要结论。一个关键的挑战是专家知识中的大部分是默认的，并且

⊖ 如果数据源自数据仓库，则清洗步骤已作为 ETL 过程的一部分完成（参见第 17 章）。

在建模练习开始时可能难以发挥作用。

法律专家越来越重要，因为并非所有数据都可以在分析模型中使用，因为涉及隐私、歧视等问题。例如，在信用风险建模中，人们通常不能基于性别、民族血统或宗教来区分客户质量。在网络分析中，可以使用存储在用户计算机上的cookies来收集信息。然而，当使用cookies收集信息时，应该适当地通知用户，这受到各级组织的管制（国家和理事机构，如欧洲联盟委员会）。这里的一个关键挑战是，隐私和其他条例因地理区域的不同而有很大差异。因此，法律专家应该了解如何使用哪些数据，以及哪些法规适用于哪个位置。

软件工具供应商也是分析团队的重要组成部分，不同的工具供应商是有区别的。一些供应商仅提供工具来自动化分析建模过程的具体步骤（例如，数据预处理），而其他供应商则销售涵盖整个分析建模过程的软件。此外，基于云的方法，如分析即服务（AaaS）解决方案，也是可实现的，这里的想法是通过提供易于使用的基于Web的接口来降低进入障碍。

数据科学家、数据挖掘工程师、定量建模工程师或数据分析师是负责执行实际分析的人。他应全面了解所涉及的所有相关的大数据和分析技术，并应该了解如何在业务环境中实施这些技术。我们将在下一节中详细介绍数据科学家所需的技能。

节后思考 分析过程模型的关键步骤是什么？举例说明。

20.2　分析应用程序实例

大数据可以通过各种方式进行分析。在我们进一步详细介绍之前，让我们开始思考分析如何利用数据分析优化业务决策。接下来，我们将讨论风险分析、市场营销分析、推荐系统和文本分析。

风险分析的两个常见的例子是信用评分和欺诈检测。金融机构使用分析方法建立信用评分模型，以衡量客户在其所有信贷产品（抵押贷款、信用卡、分期付款贷款等）上的信誉。他们使用这些分析模型进行债务供应、Basel Ⅱ/Basel Ⅲ资本计算和市场营销（例如，在良好/不良信用情况下增加/减少信用卡限额）。因为身份盗窃问题，信用卡公司需要使用复杂的欺诈检测模型来查看支付是合法的还是欺诈的。政府利用欺诈分析来预测逃税、增值税欺诈或反洗钱任务。

三种常见的**营销分析**类型是流失预测、响应建模和客户细分。**流失预测**旨在预测企业可能会失去哪些客户。例如，电信运营商利用所有最近的呼叫行为数据来估计流失预测分析模型，以查看客户是否可能在未来1～3个月内发生流失。然后，生成的保留分数可用于营销活动的设计，以防止客户流失（除非客户无法盈利）。**响应建模**旨在开发一个分析模型，寻找最有可能对营销活动（如横幅广告、电子邮件、小册子）做出响应（例如购买）的客户。进而可以针对这些客户开展营销活动，因为他们是最有可能成交的。**客户细分**旨在将一组客户或交易细分为可用于营销目的（例如，有针对性的营销、广告、大规模定制）的同类群集。

推荐系统是分析应用程序的另一个例子。这些系统旨在向用户提供目标明确的建议，并被亚马逊、Netflix、TripAdvisor、eBay、LinkedIn、Tinder和Facebook等公司广泛使用。可以推荐各种类型的事物，例如产品或服务、餐馆、工作、朋友，甚至是浪漫的伴侣。

文本分析的目的是分析文本数据，如报告、电子邮件、短信、推特、Web文档、博客、评论、财务报表等。常见的应用程序是文本分类和聚类。使用社交媒体分析来不断地分析Facebook和Twitter帖子，以研究他们的内容和情绪（例如，积极的、消极的或中性的）更好地理解品牌感知，或进一步微调产品和服务设计。由于我们的书的细节是在线上提供的，Google 和其他搜索引擎将对它进行分析和分类，并（希望）包括在他们的搜索结果中。

正如这些例子所说明的，分析是无处不在的，即使我们没有明确地意识到它，它正变得越来越普遍，并直接嵌入我们的日常生活中。企业（从国际公司到中小型企业）开始分析潮流，以创造附加值和战略优势。这里的介绍并不是详尽无遗的，表 20-1 给出了如何在各种环境中应用分析的例子。

表 20-1 分析应用实例

营销	风险管理	政府	网络	后勤	其他
响应建模	信用风险建模	避税	网络分析	预测请求	文本分析
网络上升建模	市场风险建模	社会保障欺诈	社交媒体分析	供应链分析	业务流程分析
保留建模	操作风险建模	洗钱	多元检验		人力资源分析
购物篮分析	发现欺诈行为	发现恐怖主义行为			保健分析
推荐系统					学习分析
客户细分					

节后思考 给出一些分析应用的例子。

20.3 数据科学家职务简介

数据科学家的工作需求是相对来说较新的，他们需要一套独特的技能，包括量化、编程、业务、沟通和可视化技能的均衡组合。当然，满足这些条件的个人很难在今天的就业市场中找到。

顾名思义，数据科学家围绕数据展开工作。这涉及数据的抽样和预处理、分析模型估计和后处理（例如灵敏度分析、模型部署、回溯测试、模型验证等活动）。尽管在市场上，许多用户友好的软件工具都实现了自动化，但每个分析过程都需要量身定制的步骤来解决特定业务问题。要执行这些步骤，必须进行编程。因此，一个优秀的数据科学家应该在 Java、R、Python、SAS 等领域拥有良好的编程技能。编程语言本身并不重要，只要数据科学家熟悉编程的基本概念，并且知道如何使用这些语言自动执行重复任务或执行特定例程。

显然，数据科学家应该在统计、机器学习和定量建模方面拥有较为详尽的背景知识。这些不同学科之间的区别正在变得更加模糊，而且在许多情况下没有那么重要，因为它们被更频繁地用作达到目的的手段，而不是单独的实体。它们都提供了一套定量技术来分析数据，并在特定的上下文中找到与业务相关的模式（例如，风险管理、欺诈检测、营销分析）。数据科学家应该知道哪些技术可以应用，何时应用，如何应用。数据科学家不应过多地关注基本的数学（例如优化）细节，而应该很好地理解一项技术解决的分析问题，以及它的结果应该如何解释。在这种情况下，同样重要的是要花足够的时间来验证所获得的分析结果，以避免发生被称为数据虚报或数据酷刑的情况，在这种情况下，数据（有意）被歪曲或过多的注意力被花费在讨论虚假的相关性上。

本质上，分析是一项技术练习。分析模型与业务用户之间经常存在巨大的差距。为弥合这一差距，通信和可视化设施是关键。数据科学家应该知道如何使用交通灯方法、联机分析处理（OLAP）设施，如果 - 那么商业规则等，以用户友好的方式表示分析模型、统计数据和报告。数据科学家应该能够进行信息交流，而不是迷失在阻碍模型成功部署的复杂细节（例如统计）中。然后，业务用户可以更好地理解（大）数据中的特性和行为，这将提高他们对所得到的分析模型的评价和接受程度。教育机构必须学会在理论和实践之间寻找平衡，因为许多学位使学生要么过多的倾向于分析性知识，要么过多的倾向于实际知识。

虽然这似乎很明显，但许多数据科学项目都失败了，因为分析师没有正确理解当前的业务问题。这里的“业务”，我们指的是各自的应用领域，它可以在现实的商业环境、天文学或医学中，利用这些领域的数据，进行损失预测或信用评分。了解业务流程的特点、其参与者和绩效指标是分析取得成功的重要前提。

一个数据科学家需要至少两个层次的创造力。在技术层面上，需要具有对于数据选择、数据转换和清洗的能力。标准分析过程的步骤必须适应每一具体应用，“正确的猜测”往往会产生很大的影响。其次，分析是一个快速发展的领域，新的问题、技术和相应的挑战在不断出现。对于一个数据科学家而言，跟上这些新的发展和技术，并保持足够的创造力，探究他们如何能够产生新的商业机会，是非常重要的。

节后思考　数据科学家的关键特征是什么？

20.4　数据预处理

数据是任何分析工作的关键要素。在开始分析之前，必须彻底考虑并列出所有可能感兴趣和相关的数据源。大型实验和我们在不同领域的经验表明，当数据变得越大的时候，实验效果往往越好。然而，由于不一致、不完整、重复、合并以及许多其他问题，实时数据可能是（并且通常是）脏的。在整个分析建模步骤中，应用各种**数据预处理**检查来清洗和简化数据，使数据大小合适，便于管理。值得一提的是，“垃圾输入垃圾输出”（GIGO）原理，从本质上说是混乱的数据产生混乱的分析模型。因此，至关重要的是，在进行进一步分析之前，每个数据预处理步骤都必须经过仔细的论证、执行、验证和记录。即使是最轻微的错误，也会使数据无法用于进一步的分析，结果也是无效的，没有任何用处。在下面的内容中，我们简要地放大了一些最重要的数据预处理活动。

20.4.1　用于分析的去规范化数据

分析的应用通常需要假定数据以一种结构化的方式显示在包含所有数据的单个表中。结构化数据表实现了简单的处理和分析。通常，数据表的行表示应用分析的基本实体（例如，客户、事务、企业、索赔、案例），可称为实例、观测数据或行。数据表中的列包含有关基本实体的信息，使用大量同义词来表示数据表的列，例如（解释性）变量、字段、特性、指示符、特征等。

去规范化是指将几个规范化的源数据表合并成一个聚合的、非规范化的数据表。合并表涉及从与单个实体相关的不同表中选择信息，并将其复制到聚合数据表中。通过使用（主）键，可以在这些表中识别和选择单个实体，这些键已包含在表中，以允许从属于同一实体的不同源表中识别相关的观察结果。如图 20-2 所示，通过使用“关键字”属性类型 ID，将“事务”表中的观察结果与“用户数据”表中的观察结果进行连接，将两个表（即事务数据和客户数据）合并到单个非规范化数据表中。可以采用相同的方法合并尽可能多的表，但是合并的表越多，结果表中可能包含的重复数据就越多。至关重要的是，在此过程中不引入错误，因此，应使用检查来控制结果表，并确保所有信息都正确集成。

事务

ID	Date	Amount
XWV	2/01/2015	52 €
XWV	6/02/2015	21 €
XWV	3/03/2015	13 €
BBC	17/02/2015	45 €
BBC	1/03/2015	75 €
VVQ	2/03/2015	56 €

用户数据

ID	Age	Start date
XWV	31	1/01/2015
BBC	49	10/02/2015
VVQ	21	15/02/2015

非规范化数据表

ID	Date	Amount	Age	Start date
XWV	2/01/2015	52 €	31	1/01/2015
XWV	6/02/2015	21 €	31	1/01/2015
XWV	3/03/2015	13 €	31	1/01/2015
BBC	17/02/2015	45 €	49	10/02/2015
BBC	1/03/2015	75 €	49	10/02/2015
VVQ	2/03/2015	56 €	21	15/02/2015

图 20-2 将归一化数据表聚合到非规范化数据表中

知识关联 第 6 章讨论了规范化和使用非规范化数据的风险。第 17 章讨论了为什么在数据仓库上下文中去规范化可能是可行的，并且与在操作数据库设置中的去规范化相比它的问题更少。

20.4.2 抽样

抽样采用历史数据子集（例如，过去的事务），并使用该子集构建分析模型。要考虑的第一个问题就是需要进行采样。确实，随着高性能计算设备（例如，网格和云计算）的发展，人们也可以尝试直接分析完整的数据集。然而，一个好的样本的一个关键要求是，它应该代表运行分析模型的未来实体。时间变得重要，因为今天的交易更像明天的交易，而不是昨天的交易。选择样本的最佳时间窗口需要在大量数据（更健壮的分析模型）和最近的数据（可能更有代表性）之间进行权衡。还应该从平均商业周期获取样本以获得目标人群的准确图像。

20.4.3 探索性分析

探索性分析是以“非正式”的方式了解数据的一个非常重要的部分。它能够获得对数据的初步洞察，这些结果可以在整个分析建模阶段被有效地采用。各类图表在这一过程中是十分有用的，如条形图、饼图、直方图、散点图等。图 20-3 示出了对于居住状态变量的饼图的示例；图 20-4 示出了对于年龄变量的直方图示例。

下一步是使用一些有关数据特定特性的描述性统计信息来总结数据。基本的描述性统计是连续变量的均值和中值，中值对极端值的敏感性较低，但不能提供与完全分布有关的信息。对于均值、变化或标准差的补充，可以观察数据在均值周围分布的程度。同样，百分位数值（如第 10、25、75 和 90 百分位数）提供了关于分布的进一步信息，并且是对中值的补充。对于分类变量，需要考虑其他措施，例如模式或最频繁出现的值。这里必须指出，所有这些描述性统计数据都应一并评估（即相互支持和完善）。例如，比较均值和中位数可以参照分布和异常值的偏斜性。

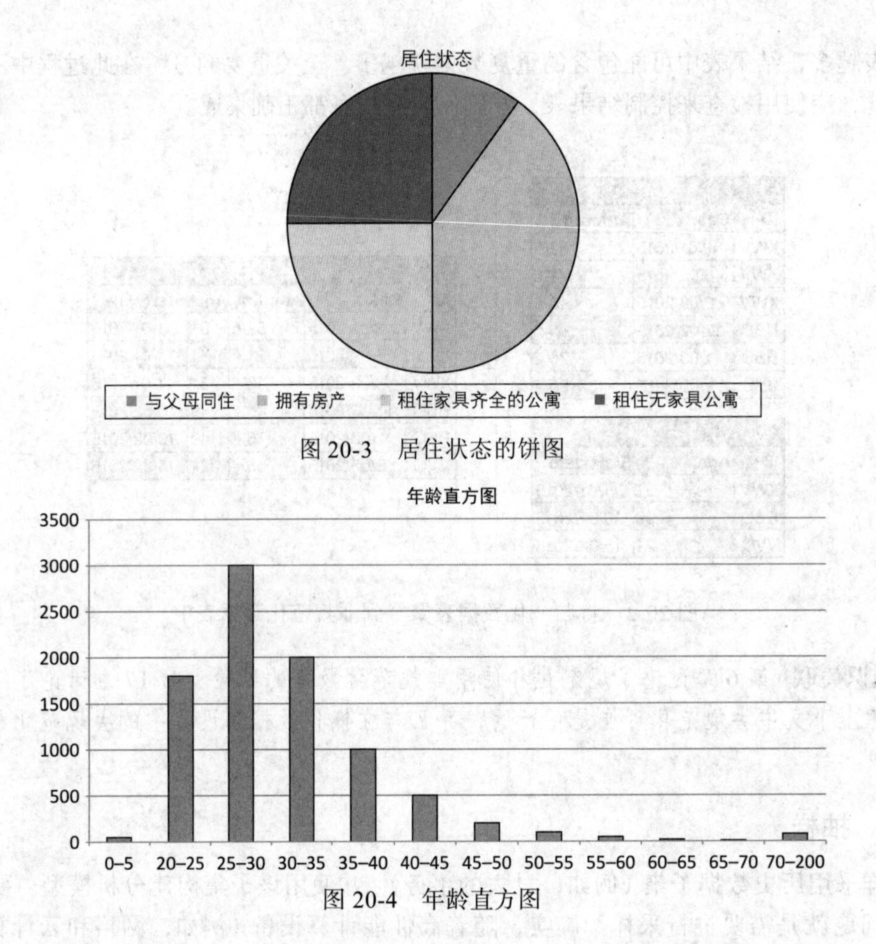

图 20-3　居住状态的饼图

图 20-4　年龄直方图

20.4.4　缺失值

由于各种原因，可能会出现**缺失值**（见表 20-2）。这些信息可能是不可用的。例如，当对欺诈数量建模时，只适用于欺诈账户，而不适用于非欺诈账户。这些信息也可能被加密，例如由于隐私原因而决定不披露其收入的客户。缺失数据也可能源于合并过程中的错误（例如，输入名称或 ID）。从分析的角度来看，缺失的值可能是非常有意义的，因为它们可能表示某种模式。例如，收入的缺失可能意味着失业，这可能与贷款违约有关。一些分析技术（例如决策树）可以直接处理缺失值。而其他的一些技术则需要进行额外的预处理。常见的缺失值处理方案是删除观察或变量，并进行替换（例如，连续变量的均值 / 中位数和分类变量的模式）。

表 20-2　缺失值

编号	年龄	收入	婚姻状况	信用评分	是否欺诈
1	34	1800	?	620	Yes
2	28	1200	单身	?	No
3	22	1000	单身	?	No
4	60	2200	丧偶	700	Yes
5	58	2000	已婚	?	No
6	44	?	?	?	No

（续）

编号	年龄	收入	婚姻状况	信用评分	是否欺诈
7	22	1200	单身	?	No
8	26	1500	已婚	350	No
9	34	?	单身	?	Yes
10	50	2100	离婚	?	No

20.4.5 异常值检测和处理

异常值是极端的观测，与其他的点非常不同。应考虑两种类型的异常值：有效的观察结果（例如，CEO的工资为1 000 000美元）和无效的观察结果（例如，年龄为300岁）。处理异常值的两个重要步骤是检测和处理。对异常值的第一个检查是计算每种数据元素的最小值和最大值。各种图形工具也可以检测异常值，如直方图、盒图和散点图。一些分析技术，如决策树，对于检测异常值来说也是非常稳健的。其他的，例如线性/逻辑回归，对异常值更加敏感。处理异常值的方法有很多，它取决于异常值是有效的还是无效的。对于无效的观测值（例如，年龄为300岁），可以通过使用上一节中讨论的任一方案（即移除或替换）将异常值视为缺失值。对于有效的观测值（例如，收入为1 000 000美元），还需要其他计划，例如上下限，为数据元素规定一个下限和上限。

节后思考

- “用于分析的去规范化数据”是什么意思？
- 为什么需要抽样？
- 给出一些在探索性分析中有意义的图表和统计数据的例子。
- 如何处理缺失值？
- 如何检测和处理异常值？

20.5 分析的类型

预处理步骤完成后，我们可以继续进行**分析**。分析的同义词是数据科学、数据挖掘、知识发现和预测或描述性建模。其目的是从预处理的数据集中提取有效和有用的业务模式或数学决策模型。根据建模练习的目的，可以使用各种背景学科的各种分析技术，例如机器学习、统计学等。接下来，我们将讨论预测性分析、描述性分析、生存分析和社交网络分析。

20.5.1 预测性分析

预测性分析的目标是建立一个分析模型，预测感兴趣的目标度量，然后在优化过程中引导学习过程。因此，预测性分析也称为监督学习。预测性分析可分为两类：回归和分类。在**回归**中，目标变量是连续的。常见的例子是预测客户寿命值（CLV）、销售额、股价或违约损失（LGD）。在**分类**中，目标变量是离散的。有两种类型的分类：二分类（通常是/否或真/假）和多分类。二进制分类的常见例子是预测流失、响应、欺诈和信用违约，而预测信用评级（AAA，AA，A，BBB，…，D）是多分类的一个例子，其目标变量包括两个以上的类别。不同类型的预测分析技术已经得到了发展。在接下来的部分中，我们将重点放在从业者的视角上，讨论一些技术的选择。

1. 线性回归

线性回归是用于连续目标变量建模的最常用的技术。例如，在 CLV 上下文中，可以定义线性回归模型，从客户的年龄、收入、性别等方面对 CLV 进行建模：

$$\text{CLV}=\beta_0+\beta_1\text{年龄}+\beta_2\text{收入}+\beta_3\text{性别}+\cdots$$

然后，线性回归模型的一般公式变成：

$$y=\beta_0+\beta_1x_1+\cdots+\beta_k x_k$$

其中，y 表示目标变量，$x_1, \cdots, x_k$ 是解释性变量。$\boldsymbol{\beta}=[\beta_1; \beta_2; \cdots; \beta_k]$ 参数代表各个解释性变量对目标变量 y 的影响。

现在假设我们开始使用数据集 $D=\{(\boldsymbol{x}_i, y_i)\}_{i=1}^{n}$ 其中 n 个观察值和 k 个解释变量被结构化，如表 20-3 所示。[⊖]

表 20-3　线性回归数据集

观测值	$\boldsymbol{x}_1$	$\boldsymbol{x}_2$	…	$\boldsymbol{x}_k$	$\boldsymbol{y}$
$\boldsymbol{x}_1$	$\boldsymbol{x}_1(1)$	$\boldsymbol{x}_1(2)$	…	$\boldsymbol{x}_1(k)$	y_1
$\boldsymbol{x}_2$	$\boldsymbol{x}_2(1)$	$\boldsymbol{x}_2(2)$		$\boldsymbol{x}_2(k)$	y_2
…	…	…	…	…	…
$\boldsymbol{x}_n$	$\boldsymbol{x}_n(1)$	$\boldsymbol{x}_n(2)$		$\boldsymbol{x}_n(k)$	y_n

然后可以通过最小化以下平方误差函数来估计线性回归模型的操作参数 $\boldsymbol{\beta}$：

$$\frac{1}{2}\sum_{i=1}^{n}e_i^2=\frac{1}{2}\sum_{i=1}^{n}(y_i-\hat{y}_i)^2=\frac{1}{2}\sum_{i=1}^{n}(y_i-(\beta_0+\boldsymbol{\beta}^{\mathrm{T}}\boldsymbol{x}_i))^2$$

其中，y_i 代表观测值 i 的目标值，$\hat{y}_i$ 表对观测值 i 的线性回归模型所作的预测，$\boldsymbol{\beta}^{\mathrm{T}}$ 是 $\boldsymbol{\beta}$ 的转置，$\boldsymbol{x}_i$ 是带有解释变量的向量。从图形上看，这个想法是将所有误差平方之和最小化，对于一个只有一个解释变量 x 的回归模型如图 20-5 所示。

然后，经过简单的数学演算得到了以下权参数向量 $\hat{\boldsymbol{\beta}}$ 封闭形式的公式：

$$\hat{\boldsymbol{\beta}}=\begin{bmatrix}\hat{\beta}_0\\\hat{\beta}_1\\\vdots\\\hat{\beta}_k\end{bmatrix}=(\boldsymbol{X}^{\mathrm{T}}\boldsymbol{X})^{-1}\boldsymbol{X}^{\mathrm{T}}\boldsymbol{y}$$

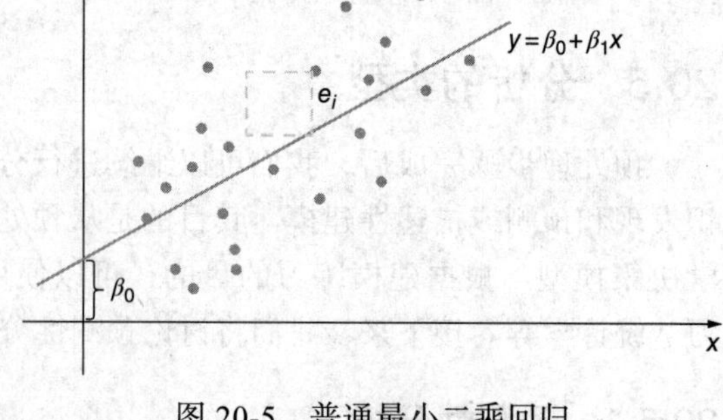

图 20-5　普通最小二乘回归

其中 $\boldsymbol{X}$ 表示具有解释性变量值的矩阵，增加一个 1 列，用于计算截取项 β_0，$\boldsymbol{y}$ 表示目标值向量。该模型和相应的参数优化过程经常被称为**普通最小二乘法**（OLS）回归。

OLS 回归的一个主要优点是它简单易懂。一旦对参数进行了估计，就可以简单地对模型进行评估，从而提高其运行效率。

OLS 回归已经发展出更复杂的变体，例如：岭回归、拉索回归、时间序列模型（ARIMA、VAR、GARCH）、多元自适应回归样条（MARS）。它们之中大部分是通过引入额外的转换来

⊖ 我们用符号 x_i 来表示变量 i（例如，年龄、收入），而 $\boldsymbol{x}_i$ 是一个向量，其值为所有变量的值，用于观察 i。$\boldsymbol{x}_i(j)$ 是指用于观察 i 的变量 j 的值。

放宽线性假设，尽管代价是增加了复杂性。

2. 逻辑回归

逻辑回归将线性回归推广到对分类目标变量的建模。考虑到响应建模过程中的分类数据集，如表 20-4 所示。

表 20-4　分类数据集样例

客户	年龄	收入	性别	…	响应	*y*
John	30	1200	M		No	0
Sarah	25	800	F		Yes	1
Sophie	52	2200	F		Yes	1
David	48	2000	M		No	0
Peter	34	1800	M		Yes	1

当使用线性回归对二进制响应目标建模时，可以得到：

$$y=\beta_0+\beta_1\text{年龄}+\beta_2\text{收入}+\beta_3\text{性别}$$

使用 OLS 进行估算时，会出现两个关键问题：

- 误差 / 目标不是正态分布，而是服从二项分布，只有两个值。
- 不能保证目标介于概率 0 到 1 之间。

考虑以下边界函数：

$$f(z)=\frac{1}{1+e^{-z}}$$

如图 20-6 所示。

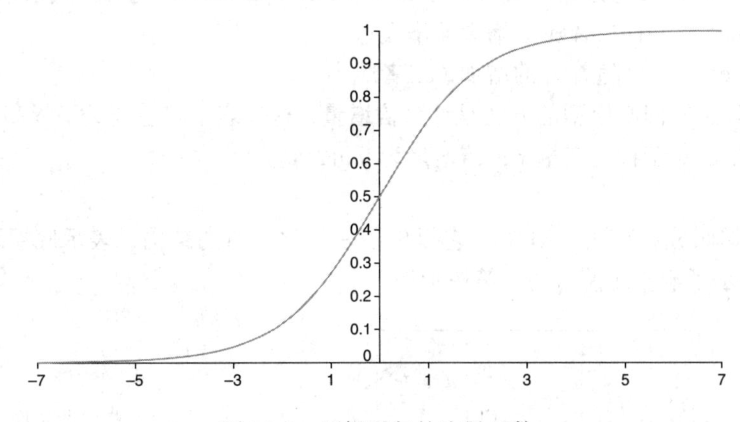

图 20-6　逻辑回归的边界函数

对于 z 的每个可能值，结果总是在 0～1 之间。因此，将线性回归与边界函数相结合，得到以下逻辑回归模型：

$$p(\text{响应}=\text{yes}\mid\text{年龄，收入，性别})=\frac{1}{1+e^{-(\beta_0+\beta_1\text{年龄}+\beta_2\text{收入}+\beta_3\text{性别})}}$$

无论使用的是年龄、收入还是性别的值，上述模型的结果总是在 0～1 之间，因此可以被解释为概率。

那么，逻辑回归模型的一般公式为：

$$p(y=1|x_1,\cdots,x_k)=\frac{1}{1+e^{-(\beta_0+\beta_1x_1+\cdots+\beta_kx_k)}}$$

当 $p(y=0|x_1,\cdots,x_k)=1-p(y=1|x_1,\cdots,x_k)$ 时，有：

$$p(y=0|x_1,\cdots,x_k)=1-\frac{1}{1+e^{-(\beta_0+\beta_1x_1+\cdots+\beta_kx_k)}}=\frac{1}{1+e^{(\beta_0+\beta_1x_1+\cdots+\beta_kx_k)}}$$

因此，$p(y=1|x_1,\cdots,x_k)$ 和 $p(y=0|x_1,\cdots,x_k)$ 的范围都在 0～1 之间。

从概率的角度重新制定模型：

$$\frac{p(y=1|x_1,\cdots,x_k)}{p(y=0|x_1,\cdots,x_k)}=e^{(\beta_0+\beta_1x_1+\cdots+\beta_kx_k)}$$

从对数概率的角度重新制定，则有

$$\ln\left(\frac{p(y=1|x_1,\cdots,x_k)}{p(y=0|x_1,\cdots,x_k)}\right)=\beta_0+\beta_1x_1+\cdots+\beta_kx_k$$

然后利用极大似然的思想对逻辑回归模型的参数 $\boldsymbol{\beta}$ 进行估计。最大似然优化选择参数时，最大限度地提高了获取样本的概率。

逻辑回归的性质

由于逻辑回归在对数概率（logit）中是线性的，它大致估计了一个**线性决策边界**来将两个类分开。图 20-7 说明了这一点，其中 Y(N) 对应的响应为 YES(NO)。

要解释逻辑回归模型，可以计算**优势比**。假设变量 x_i 增加一个单位，所有其他变量保持不变（ceteris paribus），然后新的 logit 变成旧 logit 加 β_i。同样，新的对数概率变成旧的对数概率乘以 e^{β_i}。后者代表优势比，即当 x_i 增加 1（ceteris paribus），优势比成倍增加。因此：

- $\beta_i>0$ 则 $e^{\beta_i}>1$，且二者随 x_i 增大而增大；
- $\beta_i<0$ 则 $e^{\beta_i}<1$，且随着 x_i 的增加，二者减小。

另一种解释逻辑回归模型的方法是计算**倍增量**，这代表了将主要结果提高一倍所需的变化。很容易看出，对于特定变量 x_i，倍增量为 $\log(2)/\beta_i$。

3. 决策树

决策树是递归分区算法（RPA），它提出了一个类似树的结构，表示底层数据集中的模式。图 20-8 展示了响应建模中的决策树示例。

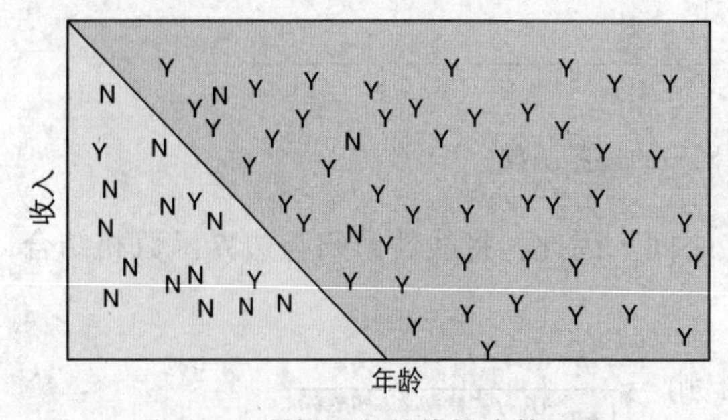

图 20-7　逻辑回归的线性决策边界

图 20-8　决策树的示例

顶部结点是根结点，指定测试条件，其结果对应地通向内部结点的分支。终端结点，也称为叶结点，代表分类（在本例情况下，代表响应的标签）。已经提出的构造决策树的算法有很多，其中最受欢迎的是C4.5(See5)[一]、CART[二]和CHAID[三]。这些算法在构建树的关键决策的方式上有所不同，如下：

- **分支决策**：哪个变量在什么值下分支（例如，收入大于50 000美元或不等于50 000美元，年龄小于40岁或不等于40岁，受雇为是或不是）。
- **停止决策**：何时停止向树添加结点？树的最佳大小是多少？
- **分配决策**：将哪一类（例如响应或不响应）分配给叶结点？

通常，分配决策是最简单的，因为人们通常会查看叶结点中的多数类来做出决定。这一想法也被称为赢家全取学习。或者，可以估计叶结点中的类等于所观察到的类的概率。另外两种决策则不那么直截了当，下文对此做了详细阐述。

分支决策

要解决分支决策，需要定义**杂质**或紊乱的概念。考虑图20-9中的三个数据集，每一个都包含由未填充的圆圈所代表的好客户（例如，响应者、非流失客户、合法者），以及由填充的圆圈所代表的坏客户（例如，不响应者、流失客户、欺诈者）[四]。当一个数据集只有好客户或只有坏客户时，杂质最小。当一个数据集具有相同数量的好客户和坏客户（即中间的数据集），杂质最大。

决策树的目标是最小化数据中的杂质。为了更好地做到这一点，我们需要一种量化杂质的方法。在文献中介绍了各种措施，其中最常用的是：

- 熵方法：$E(S) = -p_G\log_2(p_G) - p_B\log_2(p_B)$ (C4.5/See5)[五]
- 基尼系数：$Gini(S) = 2p_Gp_B$ (CART)
- 卡方分析（CHAID）

$p_G(p_B)$ 分别是好的和坏的比例。这两种度量都在图20-10中体现，当所有客户都是好客户或坏客户时，熵（GINI）是最小的，如果好客户和坏客户的数量相同，则二者最大。

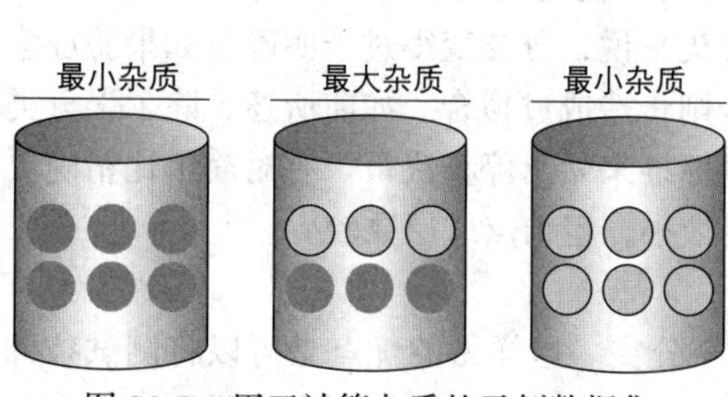

图20-9 用于计算杂质的示例数据集

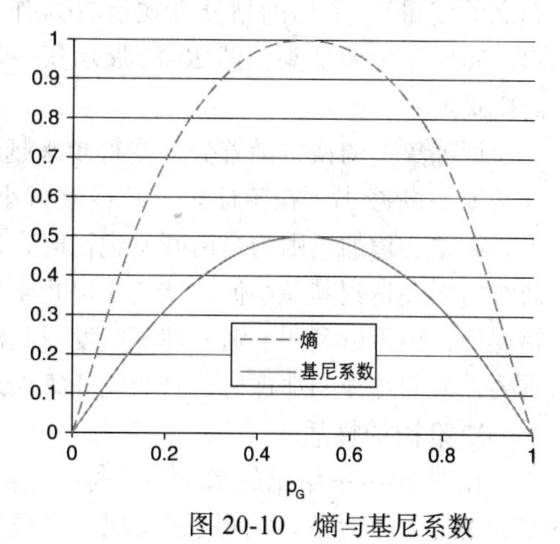

图20-10 熵与基尼系数

[一] Quinlan J.R., *C4.5 Programs for Machine Learning*, Morgan Kauffman Publishers, 1993.

[二] Breiman L., Friedman, J.H., Olshen R.A., Stone, C. J., *Classification and Regression Trees*, Wadsworth & Brooks/Cole Advanced Books & Software, 1984.

[三] Hartigan J.A., *Clustering Algorithms*, Wiley, 1975.

[四] 人们还经常使用“积极”一词来指少数人阶层（例如，流失客户、违纪者、欺诈者、响应者），而“消极”一词指的是多数人阶层（例如，非流失客户、非违纪者、非欺诈者，不响应者）。

[五] See5是最新的、改进的C4.5版本。

为了处理分支决策，各种候选的分支方式根据它们减少杂质的效果进行评估。例如，思考图 20-11 所示的年龄分支。

原始数据集具有最大熵，因为好客户和坏客户数量是相同的。熵的计算现在变成：

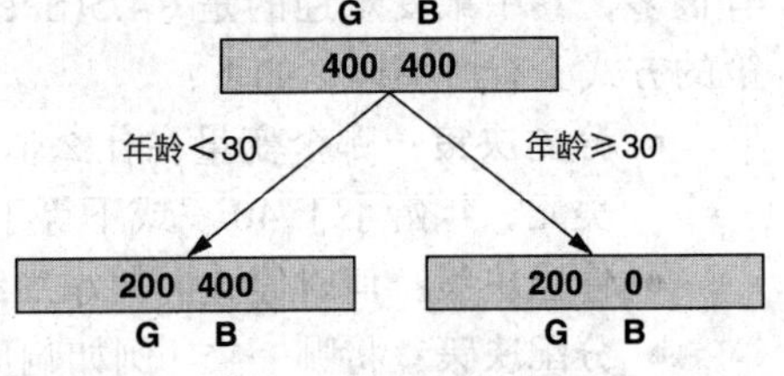

图 20-11　计算年龄分支的熵

- 顶结点熵 $= -1/2 \times \log_2(1/2) - 1/2 \times \log_2(1/2) = 1$
- 左结点熵 $= -1/3 \times \log_2(1/3) - 2/3 \times \log_2(2/3) = 0.91$
- 右结点熵 $= -1 \times \log_2(1) - 0 \times \log_2(0) = 0$

熵的加权减少，也称为**增益**，可按以下方式计算：

$$\text{增益} = 1 - (600/800) \times 0.91 - (200/800) \times 0 = 0.32$$

增益可以测量因分支而导致的熵的减少，收益越高越好。决策树算法通过比较不同的候选分支点对其根结点的分割，采用贪婪策略选择增益最大的结点。一旦确定了根结点，这个过程就会以递归的方式进行，每次都会选择增益最大的分支方法。这样的算法可以完全并行化，即树的两侧可以并行生长，提高了构造树的算法的效率。

停止决策

第三种决策和停止生成树的标准有关。如果树持续分支，它将变得非常细致，叶结点只包含少数的观测值。在最极端的情况下，树的每个观测值对应一个叶结点，并且二者完全匹配。然而，在这样的情况下，树将开始拟合数据中的特性或噪声，这也被称为**过拟合**。树变得过于复杂，无法正确地对数据中的无噪声模式或趋势进行建模。这样的树无法泛化到其他数据，为了避免这种情况发生，数据将被划分成一个训练和一个验证集。训练集将用于进行分支决策。验证集是一个独立的数据集，用于在树生长时监视误分类错误（或其他性能指标，如基于利润的度量）。常用的划分方式是 70% 作为训练集，30% 作为验证集。图 20-12 展示了一种典型的模式。

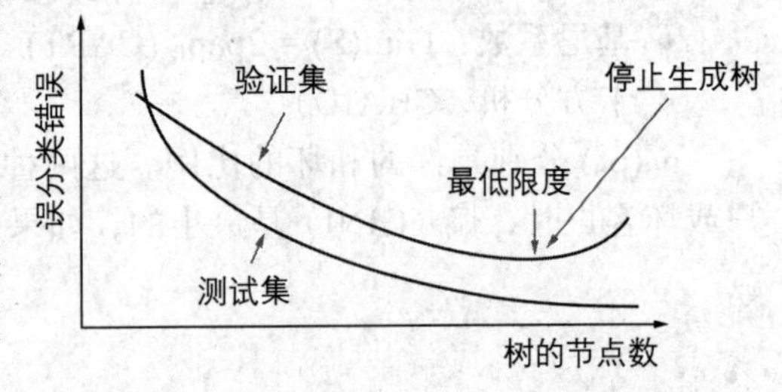

图 20-12　使用验证集停止决策树的生成

训练集上的误差随着分支变得越来越细致和合适而不断减小。在验证集上，误差减小，说明该树的泛化性能良好。然而，在某些情况下，误差会增加，因为当树开始记忆时，对于训练集来说，分支变得过于明确。如果验证集曲线的误差达到其最小值，就应该停止生成树，否则将造成过拟合。如前所述，除了误分类错误外，还可以利用 y 轴上基于精度或利润的衡量标准来做出停止决策。有时简单比精确更重要，人们选择的那棵树，它的验证集误差不一定最小，但结点或层数较少。

决策树的性质

在图 20-8 中给出的示例中，每个结点只有两个分支。这样做的优点是可以将测试条件作为一个简单的是 / 否问题来实现。多类分割允许有两个以上的分支，树会变得更宽但不那么深。在一次读取决策树中，特定变量只能在特定的路径中使用一次。每棵树也可以看作一个规则集，因为从根结点到叶结点的每条路径都构成一个简单的如果 – 那么规则。对于图 20-8 所示的树，相应的规则是：

- 如果收入 >50 000 美元且年龄 <40 岁，那么响应 =Yes。
- 如果收入 >50 000 美元且年龄≥40 岁，那么响应 =No。
- 如果收入≤50 000 美元且受雇 =Yes，那么响应 =Yes。

- 如果收入≤50 000美元且受雇=No，那么响应=No。

这些规则很容易在许多软件包（例如Microsoft Excel）中实现。

决策树本质上建立了与轴正交的决策边界模型，图20-13中给出了一个示例。

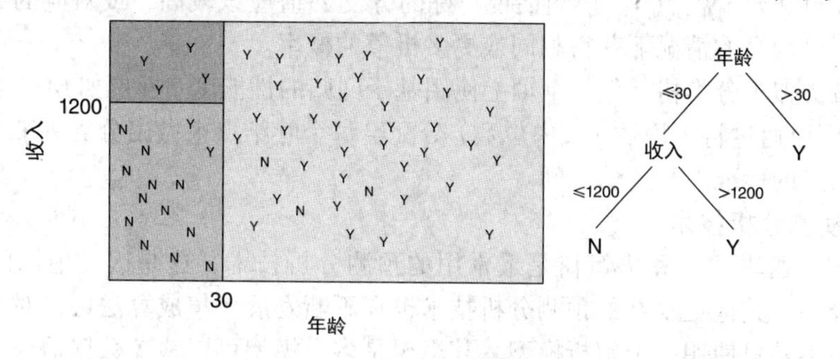

图20-13 决策树的决策边界

回归树

决策树也可以用来预测连续目标变量。如图20-14所示，使用**回归树**来预测欺诈概率（FP），可以表示为基于如预定义的最大交易额限制的概率。

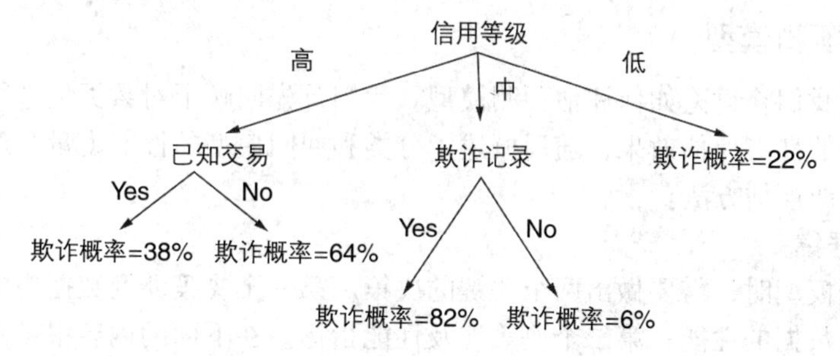

图20-14 用于预测欺诈概率的回归树示例

现在需要使用其他标准来做出分支决定，因为需要以另一种方式测量杂质。测量结点中杂质的一种方法是计算均方误差（MSE），如下所示：

$$\mathrm{MSE}=\frac{1}{n}\sum_{i=1}^{n}(y_i-\overline{y})^2$$

其中n表示叶结点中的观测值数目，y_i是观测值i的值，$\overline{y}$是叶结点中所有值的平均值。在叶结点的MSE越小越好，因为这表明结点内的同质性更高。

另一种做出分支决策的方法是进行简单的方差分析（ANOVA）检验，然后计算F-统计量，如下：

$$F=\frac{SS_{\text{between}}/(B-1)}{SS_{\text{within}}/(n-B)}\sim F_{n-B,B-1}$$

其中

$$SS_{\text{between}}=\sum_{b=1}^{B}n_b(\overline{y}_b-\overline{y})^2$$

$$SS_{\text{within}}=\sum_{b=1}^{B}\sum_{i=1}^{n_b}(y_{bi}-\overline{y}_b)^2$$

其中 B 是分支数，n_b 是分支 b 中的观测值数，$\bar{y}_b$ 是分支 b 的平均数，y_{bi} 代表 b 分支中观测值 i 的值，$\bar{y}$ 是所有值的平均值。良好的分支有利于提高结点内部的同质性（低 SS_{within}）和结点间的异质性（高 SS_{between}）。换句话说，好的分支 F 值应该较高，或对应的 p 较低，即在相似性的零假设为真的情况下获得相同或更多极值的概率。

停止决策类似于分类树，但在 y 轴上使用基于回归的性能度量（例如 MSE、平均绝对偏差、R 方）。可以通过将平均数（或中位数）分配给每个叶结点来做出分支决策。请注意，也可以计算叶结点的标准差和置信区间。

4. 其他预测分析技术

线性回归、逻辑回归和决策树是最常用的预测分析技术，这是因为他们的良好性能和较高的可解释性。其他更复杂的预测分析技术也在不断发展。集成算法可以对多个解析模型进行分析，而不是只使用一个解析模型。其思想是多个模型可以覆盖数据输入空间的不同部分，并弥补彼此的不足。常见的集成算法有：套袋、提升和随机森林。预测分析技术还有神经网络和支持向量机（SVM）。两者都能够建立非常复杂、高度非线性的预测分析模型。然而，模型的生成基于复杂的数学基础，并且更难于被业户用户所理解。有关集成算法、神经网络和支持向量机的更多信息，请参阅文献。[1]

20.5.2 评估预测模型

在本节中，我们将讨论如何评估预测模型。我们首先回顾了对数据集进行拆分的各种过程，以获得更好的性能评估效果，随后概述了分类和回归模型的性能度量。最后，我们详细阐述了其他的性能评估方法。

1. 拆分数据集

在评估预测模型时，需要做出两个关键的决策。第一个决策涉及数据集的拆分，它指定将测量哪一部分数据的性能；第二个决策涉及性能指标。在下面的内容中，我们将详细说明这两个方面的决策。

如何拆分用于性能度量的数据集，取决于其大小。在大型数据集（例如，1000 个以上观测数据）中，数据可以分成训练集和测试集。训练集（也称为开发或估计样本）将用于建立模型，而测试集（也称为保留样本）将用于计算其性能（见图 20-15）。一个常用的分割方式是 70% 作为训练集，30% 作为测试集。训练集和测试集之间应该严格分离。用于模型开发的任何数据集都不能用于独立测试。请注意，对于决策树，验证集是一个独立样本，它在模型开发过程中得到了积极的应用（即进行停止决策）。典型的分割方式是 40% 的训练集、30% 的验证集和 30% 的测试集。

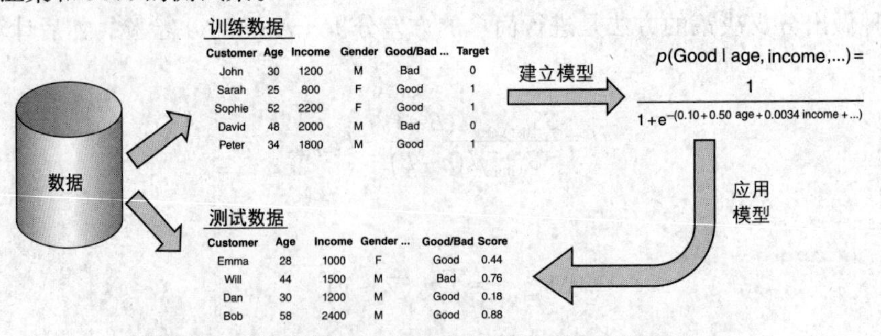

图 20-15 用于性能评估的训练样本和测试样本设置

[1] E.g., Baesens B., *Analytics in a Big Data World*, Wiley, 2014.

在小数据集中（例如，1000个以下观测数据），需要采用特殊的方式，一个常见的方式是交叉验证（图20-16）。在**交叉验证**中，数据被分成K折（如5或10）。然后在K–1折上训练一个分析模型，并在剩余的折上进行测试。在所有的折叠上重复这一次操作，会得到K个结果，并进行平均。如果需要，可以计算标准差或置信区间。在最极端的情况下，交叉验证变成留一交叉验证，每个观测值依次被留出，剩余K–1个观测值用于训练模型。这样总共会产生K个分析模型，考虑有三个观测值的情况：Bart、Wilfried和Seppe。一次留一交叉验证产生三个模型：一个是基于Bart和Wilfried训练的，在Seppe上进行评价；一个是基于Seppe和Wilfried训练的，在Bart上进行评价；一个是基于Bart和Seppe训练的，在Wilfried上进行评价。

在进行交叉验证时，需要回答的一个关键问题是，从过程中输出的最终模型应该是什么。由于交叉验证提供了多个模型，这个问题答案并不明确。可以让所有模型在一个加权后的整体中进行协作。一个更实际的答案是，例如，进行留一交叉验证并随机选择一个模型。由于模型之间只有一个不同的观测值，所以无论如何它们都是相似的。或者，我们也可以用所有观测值建立一个最终模型，但是依靠交叉验证过程中的表现进行独立评估。

对于小样本，也可以采用**自举**程序。在自举中，可以从数据集D中获取替换的样本。图20-17展示了一个包含5个观测值的示例，表示5个客户C1到C5。

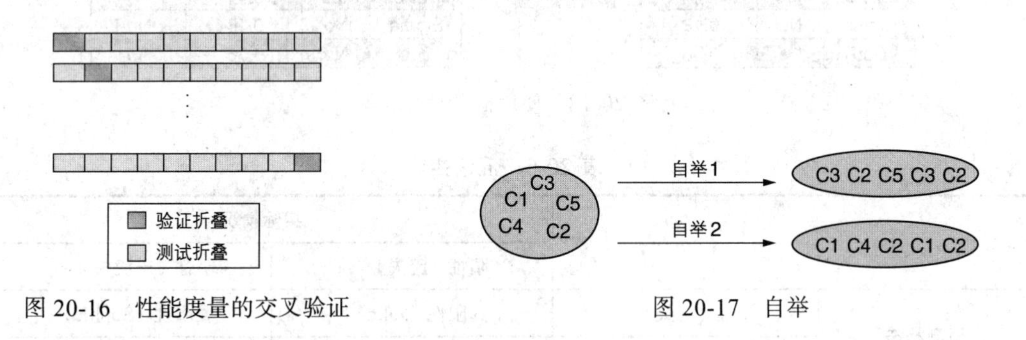

图20-16 性能度量的交叉验证

图20-17 自举

客户被抽样的概率为$1/n$，其中n是数据集中的观测值数。客户不被抽样的概率为$1-1/n$。假设一个自举具有n个抽样观测值，未抽样的客户比例等于：

$$\left(1-\frac{1}{n}\right)^n$$

于是我们得到：

$$\lim_{n\to\infty}\left(1-\frac{1}{n}\right)^n = \mathrm{e}^{-1} = 0.368$$

其中，对于较小的n，近似结果较好。因此，0.368是客户没有出现在样本中的概率，0.632是客户出现的概率。然后，如果我们将自举样本作为训练集，D中的所有样本作为测试集，不包括自举中的样本（例如，对于图20-17的第一个自举，测试集由C1和C4组成），我们可以将性能近似如下：

错误估计 = 0.368 训练错误 + 0.632 测试错误

测试集性能的权重更高。如图20-17所示，可以考虑使用多个自举来获得错误估计的分布。

2. 分类模型的性能度量

请考虑示例中 5 个客户的数据集的流失预测。表 20-5 中的第一列描述了流失状态，而第二列描述了来自逻辑回归或决策树的流失评分。

假设默认的截断值为 0.5，将分数映射到预测的分类标签上，如图 20-18 所示。

计算混淆矩阵如表 20-6 所示。

表 20-5　性能计算的数据集示例

	流失	评分
John	Yes	0.72
Sophie	No	0.56
David	Yes	0.44
Emma	No	0.18
Bob	No	0.36

	流失	流失评分
John	Yes	0.72
Sophie	No	0.56
David	Yes	0.44
Emma	No	0.18
Bob	No	0.36

截断=0.50

	流失	流失评分	预测
John	Yes	0.72	Yes
Sophie	No	0.56	Yes
David	Yes	0.44	No
Emma	No	0.18	No
Bob	No	0.36	No

图 20-18　使用截断计算预测

表 20-6　混淆矩阵

<table>
<tr><td colspan="2" rowspan="2"></td><td colspan="2">实际情况</td></tr>
<tr><td>阳性（流失）</td><td>阴性（未流失）</td></tr>
<tr><td rowspan="2">预测状态</td><td>阳性（流失）</td><td>真阳性（John）</td><td>假阳性（Sophie）</td></tr>
<tr><td>阴性（未流失）</td><td>假阴性（David）</td><td>真阴性（Emma, Bob）</td></tr>
</table>

根据这一矩阵，人们现在可以进行下列性能评估：

- 分类精度 = (TP + TN)/(TP + FP + FN + TN) = 3/5
- 分类误差 = (FP + FN)/(TP + FP + FN + TN) = 2/5
- 灵敏度 = 查全率 = 命中率 = TP/(TP + FN) = 1/2
- 特异度 = TN/(FP + TN) = 2/3
- 查准率 = TP/(TP + FP) = 1/2
- F 值 = 2×（查准率 × 查全率）/（查准率 + 查全率）= 1/2

分类精度是指正确分类观测的百分比。分类误差是对其的补充，称为**错误分类率**。**敏感度**、查全率或命中率表示有多少正确标记的阳例。**特异度**表示有多少正确标记的阴例。**查准率**表示预测阳例中实际阳例的多少。

所有这些分类评估都取决于**截断**。例如，对于 0（1）的截断，分类精度为 40%（60%），误差为 60%（40%），灵敏度为 100%（0%），特异度为 0%（100%），查准率为 40%（0%），F 值为 57%（0%）。考虑到这种依赖，最好有一个独立于截断的性能度量。如表 20-7 所示，我们可以构造一个灵敏度、特异性和 1– 特异性的表。

然后，**受试者工作特征曲线**（ROC）绘制灵敏度与1-特异性的对比图，如图20-19所示。

表20-7　ROC分析表

截断	灵敏度	特异度	1-特异度
0	1	0	1
0.01			
0.02			
…			
0.99			
1	0	1	0

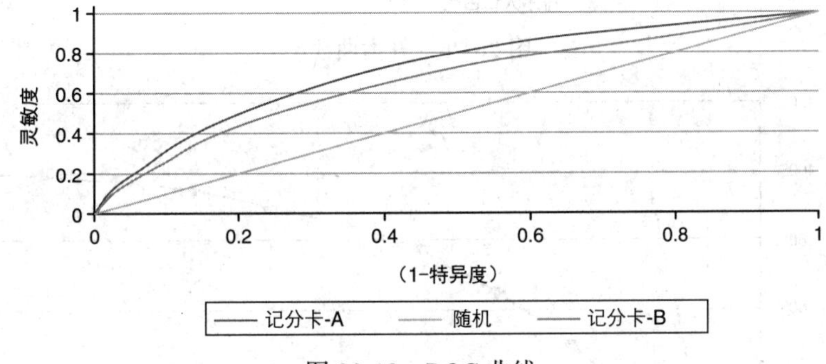

图20-19　ROC曲线

一个完美的模型同时检测所有的流失客户和非流失客户，其灵敏度为1，特异度为1，是左上角的一个点。曲线越接近这个点，性能就越好。在图20-19中，模型A比模型B具有更好的性能。如果曲线相交，这种判断方式就会产生问题。在这种情况下，人们可以计算**ROC的曲线下面积**（AUC）作为性能度量。AUC为分类模型的性能提供了一个简单的度量：AUC越大，性能越好。AUC始终处于0和1之间，可以解释为概率。它代表了随机选择的流失客户比随机选择的非流失客户获得更高分数的概率[⊖]。对角线代表随机记分卡，即所有截断点上灵敏度和1-特异度相等。因此，一个好的分类模型的ROC应该在对角线之上且AUC大于50%。

升力曲线是另一种重要的性能评价方法。升力曲线表示每十分之一的流失客户的累积百分比，除以总流失客户百分比。它从高分到低分对总体进行排序。假设在分数最高10%中，有60%的人是流失客户，而总客户中有10%的人是流失客户。分数前10%的升力值为60%/10%=6。不使用模型或随机排序，流失客户将均匀分布在整个范围内，升力总是等于1。升力曲线通常会随着累积的百分比增加而减小，直到它达到1。如图20-20所示。升力曲线也可以用一种非累积的方式表示，也经常用前10%的升力来概括。

累积精度曲线（CAP）（也称为洛伦兹曲线或幂曲线）与升力曲线密切相关（图20-21）。它还从高分到低分开始对客户进行排序，然后测量y轴上每10%的累积流失客户百分比。完美模型给出了一个线性增长的曲线，线性上升到样本中的流失客户百分比，然后趋于水

⊖ Hanley, J.A., McNeil, B.J., The meaning and use of area under the ROC curve, *Radiology*, 1982; 143: 29-36.

平。对角线依旧表示随机模型。

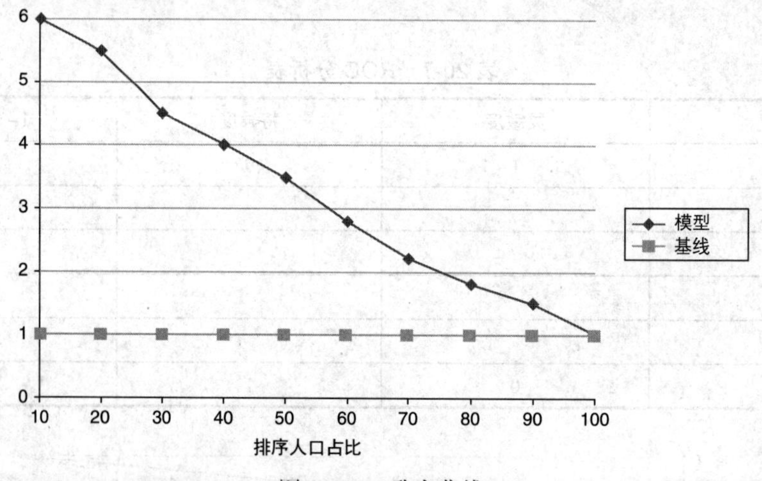

图 20-20　升力曲线

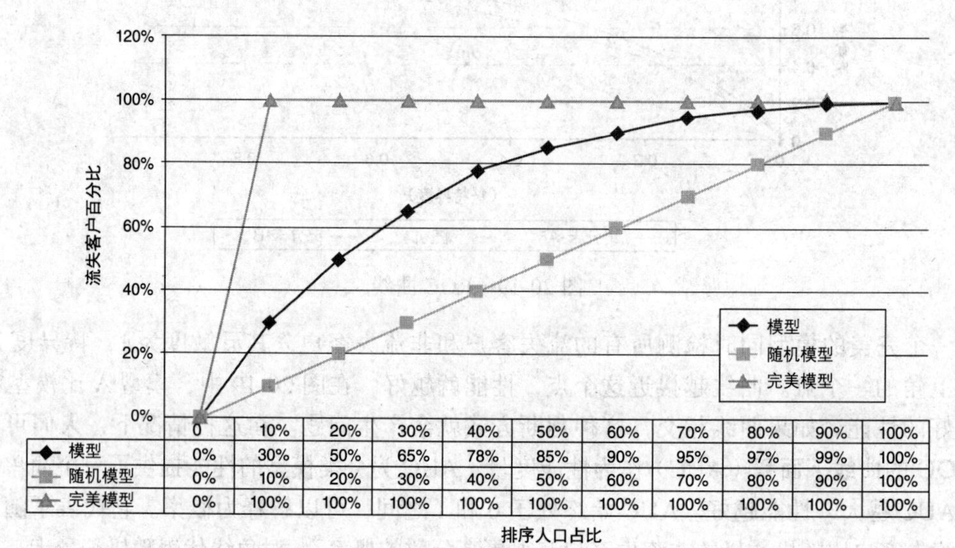

	0	10%	20%	30%	40%	50%	60%	70%	80%	90%	100%
模型	0%	30%	50%	65%	78%	85%	90%	95%	97%	99%	100%
随机模型	0%	10%	20%	30%	40%	50%	60%	70%	80%	90%	100%
完美模型	0%	100%	100%	100%	100%	100%	100%	100%	100%	100%	100%

图 20-21　累积精度曲线

CAP 曲线可以用**精度比**（AR）概括，如图 20-22 所示。然后确定精度：

$$\frac{\text{当前模型 CAP 曲线下的面积} - \text{随机模型 CAP 曲线下的面积}}{\text{完美模型 CAP 曲线下的面积} - \text{随机模型 CAP 曲线下的面积}}$$

完美模型的 AR 值为 1，随机模型的 AR 值为 0。AR 也常被称为基尼系数，在 AR 和 AUC 之间也存在着一种线性关系：$AR = 2 \times AUC - 1$。

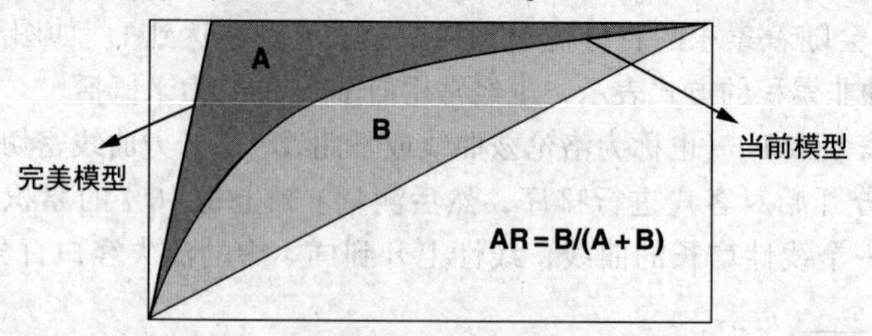

图 20-22　计算精度比

知识延伸 下表说明了一些典型的 AUC 性能基准，用于信用评分、电信业务中的流失预测和保险欺诈检测，还包含每个模型中变量数的表示。

应用	变量数	范围
信用评分	10～15	70%～85%
流失预测（电信）	6～10	70%～90%
欺诈检测（保险）	10～15	70%～90%

3. 回归模型的性能度量

评估回归模型预测性能的第一种方法是使用散点图将预测目标与实际目标进行可视化（图 20-23）。散点越接近穿过原点的直线，回归模型的性能就越好。Pearson **相关系数**的计算如下：

$$\mathrm{corr}(\hat{y}, y) = \frac{\sum_{i=1}^{n}(\hat{y}_i - \bar{\hat{y}})(y_i - \bar{y})}{\sqrt{\sum_{i=1}^{n}(\hat{y}_i - \bar{\hat{y}})^2}\sqrt{\sum_{i=1}^{n}(y_i - \bar{y})^2}}$$

式中 $\hat{y}_i$ 为观测值 i 的预测值，$\bar{\hat{y}}$ 为预测值的平均值，y_i 是观测值 i 的实际值，而 $\bar{y}$ 是实际值的平均值。Pearson 相关系数总是在 -1 和 1 之间变化。接近 1 表示目标变量的预测值与实际值之间有更好的一致性和更好的拟合度。

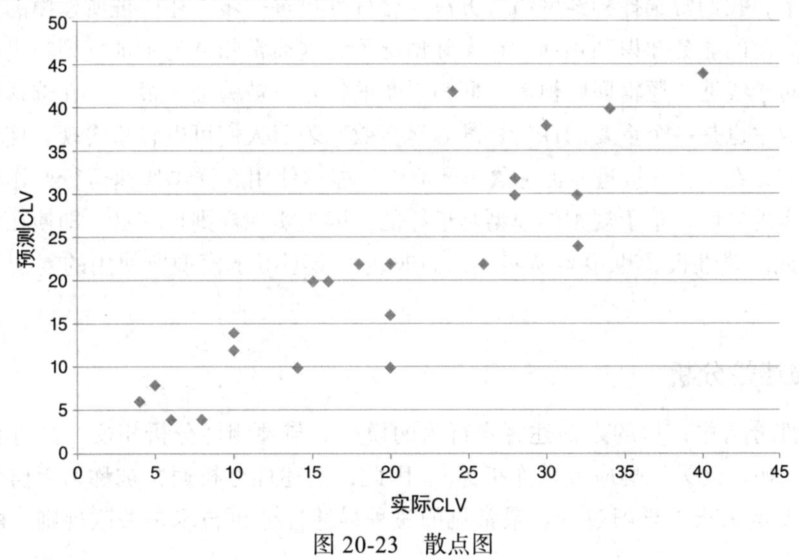

图 20-23　散点图

另一个关键性能指标是**决定系数**或 R^2，定义为：

$$R^2 = \frac{\sum_{i=1}^{n}(\hat{y}_i - \bar{y})^2}{\sum_{i=1}^{n}(y_i - \bar{y})^2} = 1 - \frac{\sum_{i=1}^{n}(y_i - \hat{y}_i)^2}{\sum_{i=1}^{n}(y_i - \bar{y})^2}$$

R^2 总是在 0 和 1 之间变化，值越高越好。基本上，这个度量告诉我们，用分析模型来计算 $\hat{y}_i$ 比用均值 $\bar{y}$ 来预测要好得多。为了补偿模型中的变量，建议采用调整后的 R^2，R^2_{adj}：

$$R_{\text{adj}}^2 = 1 - \frac{n-1}{n-k-1}(1-R^2) = 1 - \frac{n-1}{n-k-1}\frac{\sum_{i=1}^{n}(y_i - \hat{y}_i)^2}{\sum_{i=1}^{n}(y_i - \overline{y})^2}$$

其中 k 表示模型中的变量数。虽然 R^2 通常是 0 到 1 之间的一个数字，但当用训练集的均值作为预测值，模型预测比以往都要差时，对于非最小二乘模型，它也可以有负值。

其他两种常用的衡量标准是均方误差（MSE）和平均绝对误差（MAD），它们被定义为：

$$\text{MSE} = \frac{\sum_{i=1}^{n}(y_i - \hat{y}_i)^2}{n}, \quad \text{MAD} = \frac{\sum_{i=1}^{n}|y_i - \hat{y}_i|}{n}$$

完美模型的 MSE 和 MAD 为 0，MSE 和 MAD 的值越高表示性能越低。MSE 有时也被认为是根均方误差（RMSE）：$\text{RMSE} = \sqrt{\text{MSE}}$。

4. 预测分析模型的其他性能指标

如前所述，统计性能只是模型性能的一个方面，其他重要的标准还有可理解性、合理性和运行效率。可理解性是主观的，取决于业务分析师的背景和经验。线性和逻辑回归，线性回归和逻辑回归，以及决策树，通常被称为白盒，是可理解的技术。其他技术，如神经网络和随机森林方法，本质上是不透明的模型，更难以理解。然而，在统计性能比可解释性更重要的情况下，我们常选择神经网络等方法。合理性更进一步，还验证所建模的关系在多大程度上符合先前的业务知识和预期。在实际情况下，这通常归结为验证模型输出的单变量影响。例如，对于线性或逻辑回归模型，回归系数的符号将被验证。最后，在选择最优分析模型时，运行效率也是一个重要的评价标准。运行效率表示人们可以轻松实现、使用和监控最终模型。例如，在一个（接近）实时欺诈环境中，能够使用新样本快速运行欺诈模型是非常重要的。在实现方面，基于规则的模型是最好的，因为实现规则很容易，即使在电子表格软件中也是如此。线性模型也很容易实现，而非线性模型由于模型所使用的复杂转换而更难实现。

20.5.3　描述性分析

在描述性分析中，目的是描述客户行为的模式。与预测性分析相反，没有真正的目标变量可用（例如，流失、响应或欺诈指标）。因此，描述性分析通常被称为无监督学习，因为没有目标变量来指导学习过程。最常见的三种描述性分析技术是关联规则、序列规则和聚类。

1. 关联规则

关联规则是用于检测项之间频繁发生的关联的规则。在下面的内容中，我们首先介绍了基本设定。然后我们定义了支持度、置信度和提升措施。最后讨论了关联规则的后处理。

基本设定

关联规则通常从事务 D 的数据库开始。每个事务由一个事务标识符和一组项目（例如，产品、网页、课程）组成，$\{i_1, i_2, \cdots\}$ 从所有可能的项目 I 中选择。表 20-8 给出了超市数据集中的事务数据库示例。

关联规则是形式为 $X \Rightarrow Y$ 的映射，其中 $X \subset I, Y \subset I, X \cap Y = \varnothing$。$X$ 是规则的先导，而 Y 是规则的结果。以下是关联规则的示例：

- 如果顾客购买意大利面，那么顾客就会有 70% 的概率购买红酒。
- 如果顾客有汽车贷款和汽车保险，那么他们有 80% 的概率都有支票账户。
- 如果客户访问网页 A，那么客户将有 90% 的概率访问网页 B。

需要注意的是，关联规则本质上是随机的，这意味着它们不应该被解释为一个普遍的真理，而应该以量化的统计特征来衡量。此外，这些规则衡量的是关联规则，不应解释为因果关系。

表 20-8 事务数据集示例

事务标识	项目
1	啤酒，牛奶，尿片，婴儿食品
2	可乐，啤酒，尿片
3	香烟，尿片，婴儿食品
4	巧克力，尿片，牛奶，苹果
5	番茄，水，苹果，啤酒
6	意大利面，尿片，婴儿食品，啤酒
7	水，啤酒，婴儿食品
8	尿片，婴儿食品，意大利面
9	婴儿食品，啤酒，尿片，牛奶
10	苹果，葡萄酒，婴儿食品

支持度、置信度和提升

支持度和置信度是量化关联规则强度的两个关键标准。对项集的**支持度**定义为数据库中包含项集的事务占总数的百分比。因此，如果 D 中的 $100s\%$ 的事务包含 $X \Rightarrow Y$，那么 $X \Rightarrow Y$ 的支持度为 s。它可以定义为：

$$\text{支持度}(X \cup Y) = \frac{\text{事务支持数}(X \cup Y)}{\text{事务总数}}$$

表 20-8 中的事务数据库中，关联规则婴儿食品和尿布⇨啤酒支持度为 3/10 或 30%。

频繁项集是支持高于最低支持阈值（minsup）的项集，通常由业务用户或数据分析人员预先指定。较低（较高）的阈值将生成较多（较少）频繁项集。**置信度**度量关联的强度，并定义为在给定规则的前因下，规则后继的条件概率。如果 D 中的 $100c\%$ 的事务包含 X 和 Y，那么 $X \Rightarrow Y$ 的置信度为 c。它可以定义为：

$$\text{置信度}(X \rightarrow Y) = p(Y \mid X) = \frac{\text{支持度}(X \cup Y)}{\text{支持度}(X)}$$

同样，数据分析员必须为关联规则指定一个最小置信度（minconf)，以使其被视为有趣的规则。在表 20-8 中，婴儿食品和尿布⇨啤酒的关联规则具有 3/5 或 60% 的置信度。

请考虑表 20-9 所示的超市事务数据库中的示例。

表 20-9 提升度量

	茶	非茶	总量
咖啡	150	750	900
非咖啡	50	50	100
总量	200	800	1000

现在让我们评估关联规则茶⇨咖啡，这项规则的支持度为 150/1000，即 15%，该规则的置信度为 150/200，即 75%。乍一看，这一关联规则似乎非常有吸引力，因为它置信度很

高。然而，更仔细的调查发现，先前购买咖啡的概率为900/1000，即90%。因此，购买茶的顾客比没有其他信息的顾客更不可能买咖啡。**提升**，也可以认为是兴趣度，考虑到这一点，随后产生的规则的先验概率如下：

$$提升(X \rightarrow Y) = \frac{支持度(X \cup Y)}{支持度(X) \times 支持度(Y)}$$

小于（大于）1的提升值表示负（正）依赖或替代（互补）效应。在我们的示例中，提升值等于0.89，这清楚地表明了咖啡和茶之间的预期替代效应。

关联规则的后处理

通常情况下，关联规则建模练习会产生大量的关联规则，因此后处理是非常关键的。这里可以考虑的步骤是：

- 过滤掉包含已知模式的琐碎规则（例如，购买意大利面和意大利面酱）。这需要与商业专家合作进行。
- 通过改变最小支持度和最小置信度来执行灵敏度分析。特别是对于稀有但有利可图的商品（如劳力士手表），降低最小支持度并找到有趣的关联可能是有用的。
- 使用适当的可视化工具（例如，基于OLAP）查找可能表示数据中新颖和可操作行为的意料之外的规则。
- 衡量关联规则的经济影响（如利润、成本）。

2. 序列规则

给定一个客户事务数据库D，挖掘**序列规则**的目的是在所有具有特定用户指定的最小支持度和置信度的序列中找到最大序列。这里需要注意的是，与处理集合的关联规则相反，序列中项的顺序很重要。一个例子是网页分析环境中的网页访问序列：

首页⇨电子⇨照相机及摄录机⇨数码相机⇨购物车⇨订购确认⇨返回购物

在分析中包含事务时间或序列字段。关联规则关注的是哪些项同时出现在一起（事务内模式），序列规则关注在不同时间出现的项（事务间模式）。

考虑表20-10所示的Web分析设置中的事务数据集示例。字母A、B、C等指网页。然后可以得到一个顺序版本：

- 会话1：A, B, C
- 会话2：B, C
- 会话3：A, C, D
- 会话4：A, B, D
- 会话5：D, C, A

现在可以用两种方法计算支持度。考虑序列规则A⇨C。一种方法是计算结果可以出现在序列的任何后续阶段的支持度，这时支持度变成2/5（40%）。另一种方法是只考虑结果出现在先行词之后的情况，这时支持度为1/5（20%）。对于置信度，可以采用类似的方法，分别为2/4（50%）或1/4（25%）。

表20-10　用于序列规则挖掘的事务数据集示例

会话编号	页面	序列
1	A	1
1	B	2
1	C	3
2	B	1
2	C	2
3	A	1
3	C	2
3	D	3
4	A	1
4	B	2
4	D	3
5	D	1
5	C	1
5	A	1

请记住，规则 $A_1 \Rightarrow A_2$ 的置信度定义为概率 $p(A_2 | A_1)$ = 支持度（$A_1 \cup A_2$）/ 支持度（A_1）。对于含有多项的规则，$A_1 \Rightarrow A_2 \Rightarrow \cdots A_{k-1} \Rightarrow A_k$，置信度可以定义为 $p(A_k | A_1, A_2, \cdots, A_{k-1})$ = 支持度（$A_1 \cup A_2 \cup \cdots \cup A_{k-1} \cup A_k$）/ 支持度（$A_1 \cup A_2 \cup \cdots \cup A_{k-1}$）。

3. 聚类

聚类或分割的目的是将一组观测数据分割成簇，从而使簇内的同质性最大化（内聚），使簇间的异质性最大化（分离）。聚类技术可以分为层次和非层次（图 20-24）。在下面的内容中，我们详细介绍了分层聚类和 k 均值聚类。有关自组织地图（SOM）的讨论，请参阅分析类教科书。[⊖]

层次聚类

在下面的内容中，我们首先讨论**层次聚类**。**分裂式层次聚类**从一个集群中的整个数据集开始，然后开始分解，每次分解为较小的集群，直到每个集群保留一个观测值（图 20-25 中从右到左）。**凝聚层次聚类**的工作方式正好相反，从单个集群中的所有观测值开始，然后合并最相似的观测值，直到所有的观测组成一个大集群（从左到右，如图 20-25 所示）。图 20-25 中的最优聚类解决方案分别位于左侧和右侧的极值之间。

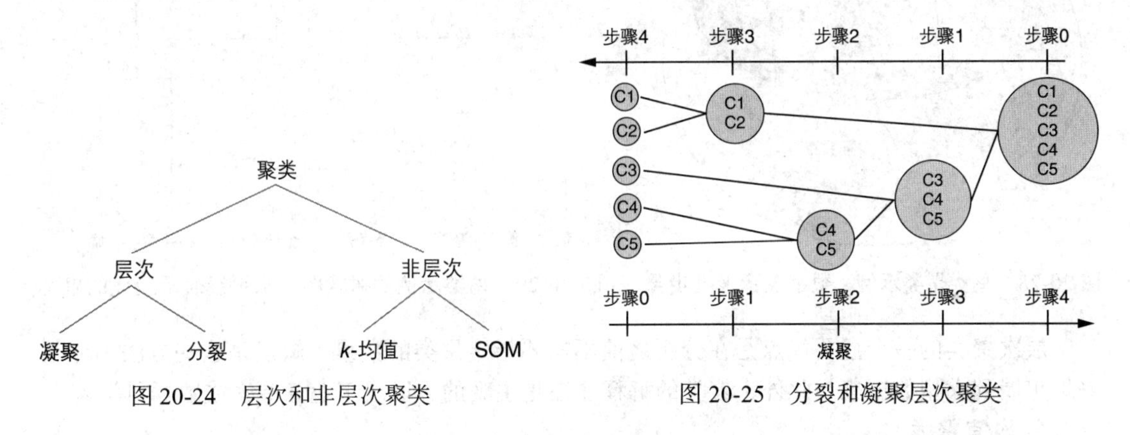

图 20-24　层次和非层次聚类

图 20-25　分裂和凝聚层次聚类

为了决定凝聚还是分裂，需要一个距离测量来评估两个观测值之间的距离。常见的距离测量方法有欧几里得距离和曼哈顿（城市街区）距离。图 20-26 显示了两个客户最近（即前几天）和他们购买物品的平均货币价值。距离可计算如下：

$$\text{欧几里得距离：}\sqrt{(50-30)^2+(20-10)^2}=22$$

$$\text{曼哈顿距离：}|50-30|+|20-10|=30$$

欧几里得距离总是比曼哈顿距离短。

可以采用各种方案来计算两个簇之间的距离（见图 20-27）。单一链接法将两个簇之间的距离定义为最短的可能距离，或两个最相似的观测值之间的距离。完全链接法将两个簇之间的距离定义为最大距离，或两个最不相似的对象之间的距离。平均链接法计算所有可能的距离的平均值。质心法计算两个簇的质心之间的距离。

要确定最优的簇数，可以使用**树状图**。树状图是记录合并序列的树状图，在垂直（或水平）尺度上给出两个合并的簇之间的距离。然后，可以在所需的水平尺度上切割树状图，以找到最优聚类。在图 20-28 和图 20-29 中示出了鸟类聚类示例。

⊖ Kohonen, T., *Self-Organizing Maps*, Springer, 2000.

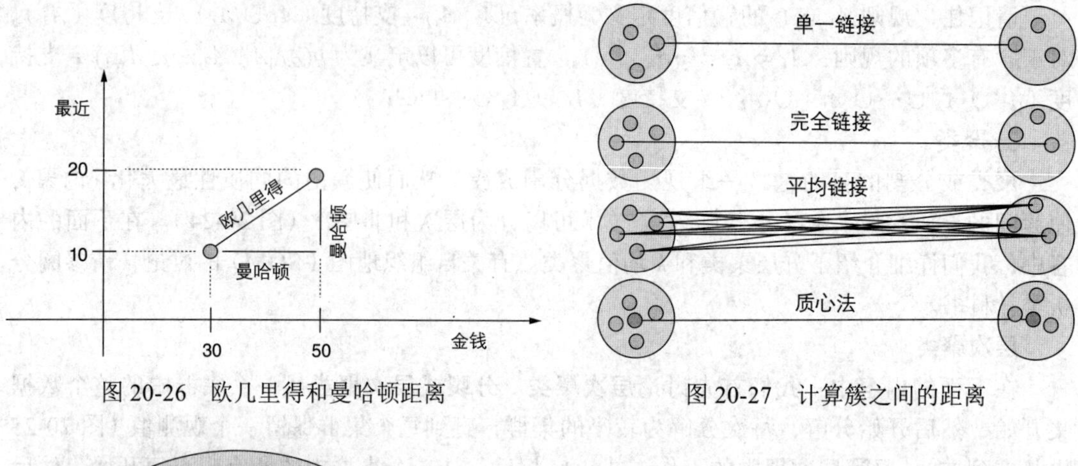

图 20-26　欧几里得和曼哈顿距离　　图 20-27　计算簇之间的距离

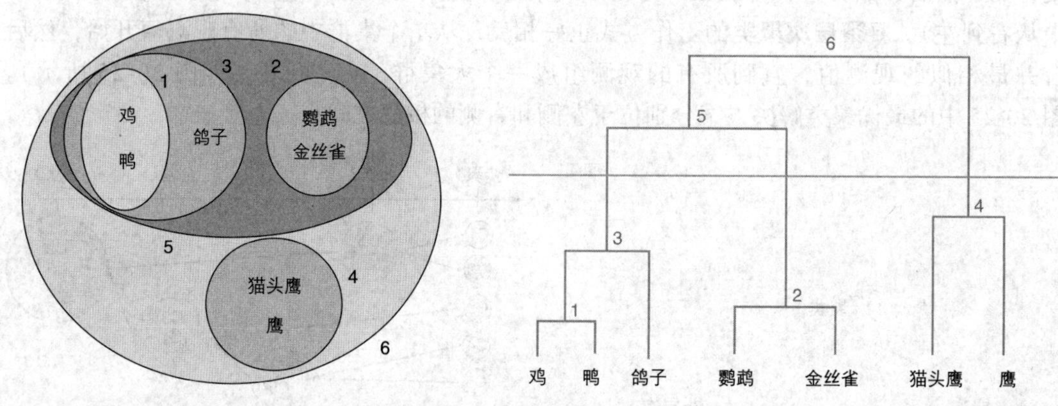

图 20-28　鸟类聚类示例，数字表示聚类步骤　　图 20-29　鸟类示例的树状图，水平线表示最优的聚类

层次聚类的一个主要优点是在分析之前不需要指定聚类的数量。缺点是这些方法不能很好地扩展到大型数据集。此外，聚类的解释往往是主观的，取决于业务专家或数据科学家。

***k*- 均值聚类**

***k*- 均值聚类**是一种非层次聚类，按照以下步骤工作：

1）选择 k 个观测值作为最初的聚类的质心（种子）。

2）将每个观测值分配给最近质心的聚类（例如，在欧几里得意义上）。

3）当分配了所有观测值后，重新计算 k 质心的位置。

4）重复，直到聚类质心不再变化。

这里的一个关键要求是，聚类数 k 需要在分析开始之前指定。还建议尝试不同的质心，以验证聚类方案的稳定性。这个决策可以使用基于专家的输入，也可以基于另一个（例如，分层）聚类过程的结果。通常，对不同的 k 值进行测试，并根据它们的统计特性和解释对得到的聚类进行评估。

20.5.4　社交网络分析

近十年来，社交媒体网站的使用在每个人的日常生活中变得越来越重要。人们可以在 Facebook、Twitter、LinkedIn、Google+、Instagram 等社交网站上对话，并与熟人、朋友、家人等分享经历。只需一次点击就能将你的行踪更新到世界其他地方，可以通过图片、视频、地理位置、链接或纯文本等很多方式来广播你当前的活动。

在线社交网站的用户明确地透露了他们与其他人的关系。因此，社交网站几乎是真实世界中存在的关系的完美映射。他们知道你是谁，你的爱好和兴趣是什么，你和谁结婚，你有多少孩子，你每周一起的朋友，你在酒会的朋友，等等。这个以某种方式相互了解的巨大的相互联系的网络是一个有趣的信息和知识来源。营销经理不再需要猜测谁会影响谁，并且能够发起适当的活动。问题就在这里。社交网站拥有丰富的数据源，并且不愿意免费分享它们。这些数据往往是私有化和受管制的，而且不做商业使用。另一方面，社交网站提供许多内置的设施给经理和其他有兴趣的人，通过利用社交网络来发起和管理他们的营销活动，而不公布确切的网络行为。

然而，企业往往忘记了，他们可以利用内部数据重建部分社交网络。例如，电信供应商有一个庞大的事务性数据库，记录了客户的呼叫行为。假设好朋友之间的联系更频繁，我们可以根据通话的频率或通话的持续时间重新创建网络，并表示人与人之间的联系强度。互联网基础设施提供商可以使用客户 IP 地址映射人之间的关系。频繁通信的 IP 地址表示有更强的关系。最后，IP 网络将从另一个角度表示人与人之间的关系结构，在一定程度上，和现实所观察到的一致。更多的例子可以在银行、零售和在线游戏行业中找到。在本节中，我们将讨论如何利用社交网络进行分析。

1. 社交网络定义

社交网络由结点（顶点）和边两部分组成，这两者必须在分析开始时加以明确界定。**结点**（顶点）可以定义为客户（私人 / 专业）、家庭、患者、医生、文章、作者、恐怖分子、网页等。**边**可以定义为“朋友”关系、呼叫、疾病传播、“跟随”关系、引用等。边也可以根据交互频率、信息交换的重要性、亲密程度、情感强度等进行加权。例如，在客户流失预测中，可以根据特定时间段内两个客户相互联系的（总）时间对边进行加权。社交网络可以被表示为一个**社会关系图**。如图 20-30 所示，其中结点的颜色对应于特定的状态（例如，流失客户或非流失客户结点）。

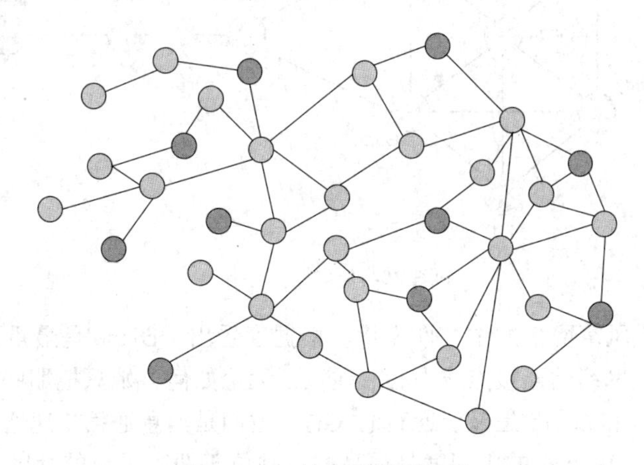

图 20-30 社会关系图示例

社交关系图对于表示小规模网络是有用的。对于较大规模的网络，网络通常表示为一个矩阵（表 20-11）。这些矩阵将是对称的，通常是非常稀疏的（有大量的零）[⊖]。如果出现加权连接，矩阵也可以包含权重。

⊖ 这只是无向网络的情况。对于有向网络，例如“跟随”关系不一定相互的网络，矩阵不会是对称的。

表 20-11 社交网络的矩阵表示

	C1	C2	C3	C4
C1	–	1	1	0
C2	1	–	0	1
C3	1	0	–	0
C4	0	1	0	–

2. 社交网络度量

社交网络可以用各种**中心性度量**来表征。最重要的中心性度量如表 20-12 所示。假设一个网络具有 g 结点 N_i，$i=1, \cdots, g$。g_{jk} 表示从结点 N_j 到结点 N_k 的测地线的数量，而 $g_{jk}(N_i)$ 表示从结点 N_j 到结点 N_k 之间，通过结点 N_i 的测地线数。公式每次计算结点 N_i 的度量。

表 20-12 网络中心性度量

测地线	网络中两个节点之间的最短路径	
度	节点的连接数（如果连接是定向的，则分为出度和入度）	
亲密度	一个节点到网络中所有其他节点的平均距离（距离的倒数）	$\left[\frac{\sum_{j=1}^{g} d(N_i, N_j)}{g}\right]^{-1}$
中间度	计算节点或边位于网络中任意两个节点之间最短路径上的次数	$\sum_{j<k} \frac{g_{jk}(N_i)}{g_{jk}}$
图论中心	与网络中所有其他节点的最大距离最小的节点	

可以用图 20-31 中描述的风筝网络模型示例来说明这些指标。[一]

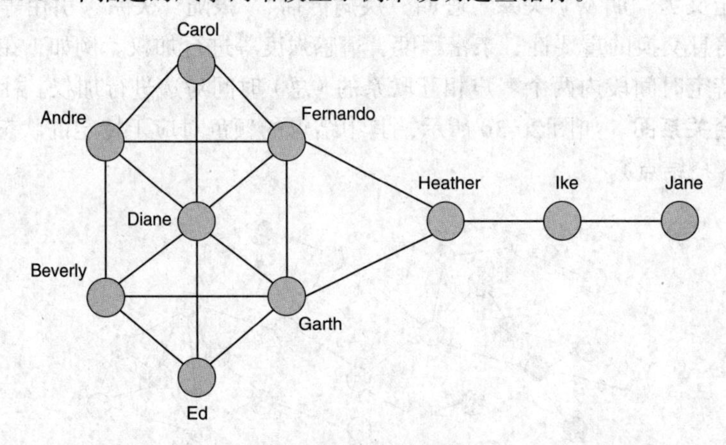

图 20-31 风筝网络

表 20-13 描述了风筝网络的中心性度量。根据度看出，Diane 是最重要的，因为她有最多的人脉，她是社交网络的连接点或中心。注意，无论如何，她只把那些已经连在一起的人联系起来。Fernando 和 Garth 是最接近其他人的。他们是消息通信快速通过网络中的所有其他结点的最佳位置。Heather 的中间度是最高的。她位于两个重要的社区之间（Ike 和 Jane，相对于其他社区）。她在两个社区之间扮演着中间人的角色，但也是一个单一的点。请注意，中间度度量通常用于社区挖掘。这里最常用的算法是 Girvan-Newman 算法，其原理如下：[二]

[一] Krackhardt, D., Assessing the political landscape: Structure, cognition, and power in organizations, *Administrative Science Quarterly*, 1990; 35: 342-369.

[二] Girvan M., Newman M.E.J., Community structure in social and biological networks, *Proceedings of the National Academy of Sciences*, USA, 2002; 99: 821-826.

1）首先计算网络中所有现有边的中间度。[1]

2）中间度最高的边被移除。

3）移除后重新计算受影响的所有边之间的中间度。

4）重复步骤2和步骤3，直到移除所有边。

结果本质上是一个树状图，可以用来决定最优的社区数量。

表20-13 风筝网络的中心性度量

度		亲密度		中间度	
6	Diane	0.64	Fernando	14	Heather
5	Fernando	0.64	Garth	8.33	Fernando
5	Garth	0.6	Diane	8.33	Garth
4	Andre	0.6	Heather	8	Ike
4	Beverly	0.53	Andre	3.67	Diane
3	Carol	0.53	Beverly	0.83	Andre
3	Ed	0.5	Carol	0.83	Beverly
3	Heather	0.5	Ed	0	Carol
2	Ike	0.43	Ike	0	Ed
1	Jane	0.31	Jane	0	Jane

3. 社交网络学习

在**社交网络学习**中，目标是根据网络中其他结点的状态，计算特定结点的类成员概率（如流失概率）。在社交网络中学习时，会出现各种重要的挑战。一个关键的挑战是数据不独立和同分布（IID），这是经典统计模型（例如线性和逻辑回归）中经常做的假设。结点之间的关联行为意味着一个结点的类成员资格可能会影响相关结点的类成员资格。接下来，分割用于模型开发的训练集和用于模型验证的测试集是不容易的，因为整个网络是互连的并且不能简单的被切割成两个部分。许多网络规模庞大（例如来自电信提供商的呼叫图），需要开发高效的计算过程来进行学习。最后，我们不应该忘记传统的分析方法，仅使用结点特定信息进行分析（即不涉及网络方面），因为这仍然可以是用于预测的非常有价值的信息。

利用社交网络进行分析的简单方法是在一组可与本地特征结合的特征中总结网络（即非网络特性）用于预测建模。这方面的一个常见例子是由Lu和Getoor提出的关系逻辑回归[2]。这种方法从具有本地结点指定特征的数据集开始，向其添加网络特性，如下：

- 最常见的邻居类（模式链接）；
- 邻居类的频率（频率链接）；
- 指示类存在的二进制指示符（二进制链接）。

如图20-32所示，用于客户Bart。

使用具有本地和网络特征的数据集来估计逻辑回归模型。添加的网络特性之间存在一定的相关性，应该在输入选择过程中被滤出。创建网络特征也被称为**特征化**，因为网络特征基

[1] 可以计算结点和边之间的中间度。

[2] Lu Q., Getoor L., Link-based classification, *Proceeding of the Twentieth Conference on Machine Learning (ICML-2003)*, Washington DC, 2003.

本上是作为特殊特征添加到数据集中的。这些特征可以根据目标变量（例如，是否流失）或根据本地结点特定特征（例如，年龄、促销等）来测量邻居的行为。图 20-33 提供了添加特征的示例，用于描述流失客户的联系人的数量。最后一栏是目标变量。图 20-34 提供了一个示例，其中添加了描述邻居结点的本地行为的特征。

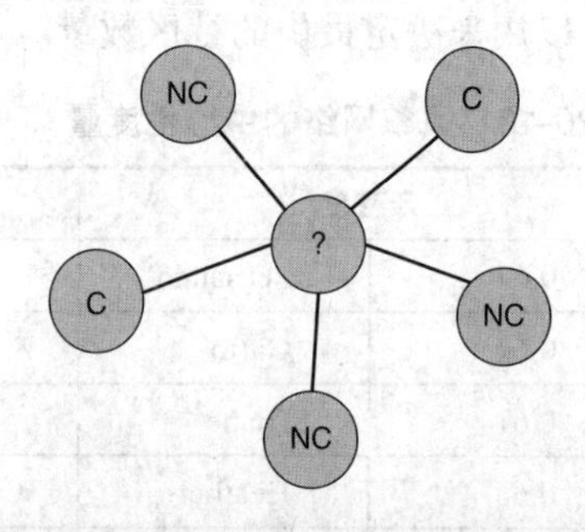

客户	年龄	收入	…	模式连接	无流失频率	流失频率	二进制无流失	二进制流失
Bart	38	2400		NC	3	2	1	1

图 20-32　关系逻辑回归

客户	年龄	最近	联系人数量	与流失客户联系	流失
John	35	5	18	3	Yes
Sophie	18	10	7	1	No
Victor	38	28	11	1	No
Laura	44	12	9	0	Yes

图 20-33　描述邻居目标行为的特征化示例

客户	年龄	平均持续时间	平均收入	促销	朋友平均年龄	朋友平均持续时间	朋友平均收入	朋友促销	流失
John	35	50	123	X	20	55	250	X	Yes
Sophie	18	65	55	Y	18	44	66	Y	No
Victor	38	12	85	None	50	33	50	X, Y	No
Laura	44	66	230	X	65	55	189	X	No

图 20-34　描述邻居节点的本地行为的特征的示例

节后思考

- 预测性分析和描述性分析之间的区别是什么？
- 比较线性回归和逻辑回归与决策树。
- 如何评价预测模型？
- 描述性分析的不同类型是什么？
- 给出一些社交网络分析的例子。

20.6　分析模型的后处理

通过后处理步骤完成分析过程。后处理的第一个关键活动是业务专家对分析模型的解释和验证。分析模型将检测简单的或已知的模式，以及意外的、未知的、可能有趣的模式。信用评分模型中一个简单的模式的例子是：债务较高的客户更有可能违约。虽然这种模式并不令人惊讶，但这是对模型的一个很好的验证，因为如果找不到这种模式，它就很奇怪甚至可疑。显然，业务专家将对意外模式特别感兴趣，因为这些模式可能代表可能导致新策略或行动的新见解。

在后处理过程中应进行灵敏度分析。目的是验证分析模型的鲁棒性，并了解它对样本特征、假设、数据质量或模型参数的敏感性。

一旦得到业务专家的批准，分析模型就可以部署到实际业务中。要注意的是，模型输出应该以用户友好的方式来表示，可以容易地解释和使用模型输出。此外，分析模型的输出应直接输入到业务应用程序，如营销活动管理工具和欺诈检测工具。

最后，一旦该模型投入生产，就应该不断地进行监控和回溯测试。回溯测试指的是，模型一旦投入使用，模型输出应与实际观测或实现的数字进行比较，因此，可以确定该模型何时开始性能下降，并需要建立一个新的分析模型。

节后思考 谈一谈分析模型后处理过程中的关键活动，举例说明。

20.7 分析模型成功的关键因素

要想成功，一个分析模型需要满足几个需求。第一个关键需求是业务相关性。分析模型应该解决它所开发的业务问题！将高性能的分析模型从最初的业务问题转移开来是没有意义的。如果业务问题是检测保险欺诈，那么分析模型必须检测保险欺诈。显然，这需要在任何分析开始之前对问题的业务知识进行彻底的理解。

另一个重要的成功因素是统计性能和有效性。分析模型在统计学上应该是有意义的，并提供良好的预测或描述性的性能。根据分析的类型，可以使用各种性能度量。在客户细分中，统计评价方法将对比聚类内相似性与聚类间相似性。流失预测分析模型将以他们给最有可能流失的客户打高分的能力进行评估。

可解释性是指分析模型应该是决策者可以理解的（例如，营销人员、欺诈分析师、信贷专家）。合理性表明，该模型与专家的期望和业务知识相一致。可解释性和正当性都是主观的，取决于决策者的知识和经验。它们通常必须与统计性能平衡，这意味着复杂的、不可解释的模型（例如神经网络）通常能在统计性能上更好地执行。在像信用风险建模这样的环境中，因为其社会影响，可解释性和合理性是非常重要的。但是，在像欺诈检测和营销响应建模这样的应用中，这通常不是什么问题。

运行效率与评估、监控、反向测试或重建分析模型有关。在像信用卡欺诈检测这样的应用中，运行效率很重要，因为需要在信用卡交易启动后几秒钟内做出决定。在购物篮分析中，运行效率考虑的就更少。

经济成本是指收集模型输入、运行模型并处理其结果所产生的成本。此外，还应考虑外部数据和分析模型的成本。这样就可以计算分析模型的经济回报，这通常不是一个简单的过程（见 20.8 节）。

最后，合法性变得越来越重要。这是指分析模型符合监管和立法的程度。在信贷风险建模应用中，模型应符合 Basel Ⅱ和Ⅲ规定。在保险分析应用中，必须遵守 Solvency Ⅱ协议。此外，隐私也是一个重要的问题（见 20.10 节）。

节后思考 在建立分析模型时，什么是关键的成功因素？举例说明。

20.8 分析中的经济学视角

在这一节中，我们详细阐述了分析中的经济学视角。我们首先介绍了总所有权成本（TCO）和投资回报（ROI）。我们对外包、内包和本地解决方案、云解决方案进行了讨论。我们还对比了开源软件和商用软件的使用。

20.8.1 总所有权成本

分析模型的**总所有权成本**（TCO）是指在其预期寿命内，即从开始到退休的预期寿命内维持和运行分析模型的成本。它应同时考虑数量和质量成本，是就如何对分析进行最佳投资做出战略性的关键投入。所涉及的成本可以分解为：采购成本、所有权和运营成本以及所有权后成本，如表20-14中的一些例子所示。

表20-14　计算总所有权成本（TCO）的示例

购置成本	所有权和运营成本	所有后费用
• 软件成本（购买、升级、知识产权和许可费） • 硬件成本，包括初始购买价格和维护费用 • 网络和安全费用 • 数据成本包括购买外部数据的费用 • 模型开发人员的费用，如工资和培训	• 模型维护管理费用 • 模型建立成本 • 模型运营成本 • 模型监控成本 • 支持费用（故障排除、服务台等） • 保险费用 • 模型人事费用，如薪金和培训 • 模型升级成本 • 模型淘汰成本	• 去安装和处置费用 • 重置成本 • 存档费用

TCO分析试图全面分析所有成本。从经济学角度来看，这还应包括通过适当贴现，以加权平均资本成本（WACC）作为贴现因素来确定成本的时间。它应有助于查明任何潜在的隐藏成本和沉没成本。在许多分析项目中，硬件和软件的组合成本低于随着模型的开发和使用而产生的成本，例如培训、就业和管理成本[⊖]。人员费用的高比例可归因于以下三种现象：数据科学家的数量增加；更多地使用开放源码工具（见20.8.5节）；更便宜的数据存储和共享解决方案。

TCO分析能在成本问题成为实质性问题之前就准确地指出它们。例如，将传统模型迁移到新分析模型的变更管理成本通常被大大低估。TCO分析是战略决策的关键，例如供应商选择、外包和内包、本地解决方案和云解决方案、整体预算和资本计算。在进行这些投资决定时，收益分析也是非常重要的，因为TCO只考虑成本。

20.8.2 投资回报

投资回报定义为净收益或净利润与产生这一回报的资源投资的比率。后者主要包括TCO（见20.8.1节）和所有后续费用，如营销活动费用、欺诈处理费用、坏账收回费用等。投资回报率分析对于任何金融投资决策都是非常重要的。它提供了一个通用的全公司范围的标准来比较多个投资机会，并决定选择哪一个（或多个）。

Facebook、Amazon、Netflix、Uber和Google等公司不断投资于新的分析技术，因为

⊖ Lismont J., Vanthienen J., Baesens B., Lemahieu W., Defining analytics maturity indicators: A survey approach, *International Journal of Information Management*, 2017; 34(3): 114-124.

即使是一个新增的小观点也可能转化为竞争优势和可观的利润。比如，Netflix 举办了一个竞赛，他们提供了一个匿名的电影用户评级数据集，只要任何一个数据科学家团队能在推荐系统的性能上提高 10% 以上，击败该企业现有的系统，就向他们提供 100 万美元的奖励。

对于金融服务、制造业、医疗保健、制药等传统领域的公司来说，分析的投资回报率可能不那么清晰，更难确定。成本通常不太难估计，但要精确地量化效益要难得多。原因之一是，收益在一段时间内（短期、中期、长期）以及在组织的各个业务单位之间都可能不同。分析模型的好处有：

- 销售增长（例如，由于反应建模或向上 / 交叉销售活动）；
- 较低的欺诈损失（例如，由于欺诈检测模型）；
- 信用违约减少（例如，由于信用评分模型）；
- 确定新的客户需求和机会（例如，由于客户细分模型）；
- 决策的自动化或优化（例如，由于推荐系统）；
- 开发新的业务模式（例如，由于收集数据和销售分析结果的数据池）。

当涉及改变人类行为时，好处就不那么令人信服了，更难以量化。许多分析模型产生无形的好处，这些好处很难体现在 ROI 分析中，但却是实质性的。想想社交网络。口碑效应分析模型（例如，流失或响应建模）可以产生实质性的经济影响，但其影响很难量化。这些好处也可以通过多种产品和渠道及时传播。想想抵押贷款的相应模型。成功吸引抵押贷款客户可能会对其他银行产品（如支票账户、信用卡、保险）产生交叉销售效应。由于抵押贷款是一项长期业务，伙伴关系可能会在时间上进一步深化，从而为客户的终身价值做出贡献。解释所有利润贡献是一项具有挑战性的任务，会使原始抵押反应模型的 ROI 计算更加复杂。

知识延伸 大数据和分析的绝大多数应用都得到了显著的回报。Nucleus Research 在 2014 年的一项研究发现，不同行业的组织每投资一美元就获得 13.01 美元的回报，比 2011 年的 10.66 美元有所增加[㊀]。PredictiveanalyticsToday.com 在 2015 年 2 月至 2015 年 3 月期间进行了一项民意调查，共有 96 份有效回复[㊁]。结果如图 20-35 所示。从饼图可以得出结论，只有少数（10%）报告中没有大数据和分析的投资回报。其他研究也证实了数据分析的正面作用，尽管其范围通常有所不同。

有一些批评的声音，质疑投资于大数据和分析的积极回报。原因通常归结为缺乏高质量的数据、管理支持和全公司数据驱动的决策，正如我们在 20.9 节中所讨论的那样。

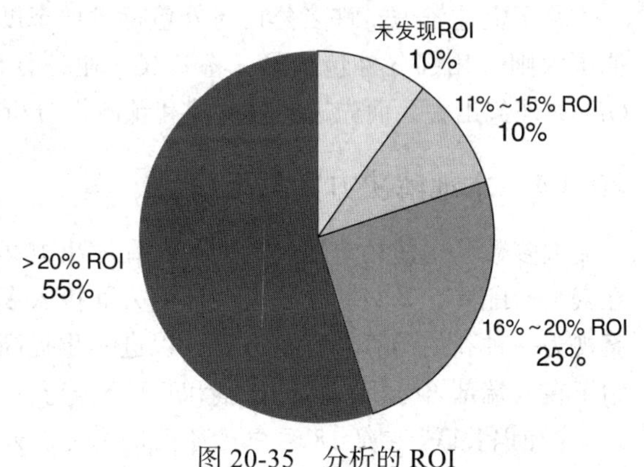

图 20-35 分析的 ROI

20.8.3 内包与外包

对分析的兴趣和需求日益增长，加上西欧和美国缺乏熟练的人才和数据科学家，引发了外包分析活动的问题。缩短上市时间和降低成本的竞争压力进一步放大了这一需求。公司需

㊀ 参见 http://nucleusresearch.com/research/single/analytics-pays-back-13-01-for-every-dollar-spent/。

㊁ 参见 www.predictiveanalyticstoday.com/return-of-investment-from-predictive-analytics/。

要在**内包**、在公司或业务部门内部建立分析技能、**外包**所有分析活动之间做出选择，或者寻求一种只将部分分析活动外包的中间解决方案。印度、中国和东欧是外包分析市场的主要参与者，其他一些国家（如菲律宾、俄罗斯、南非）正在取得进展。

可以考虑将各种分析活动外包，从繁重的工作（数据收集、清洗和预处理），建立分析平台（硬件和软件），培训和教育，到更复杂的分析模型开发、可视化、评估、监控和维护。公司可以保守地发展，一步一步地外包分析活动，或者立即使用全套分析服务。后一种战略具有更大的风险，应该更仔细和严格地加以评估。

尽管外包分析有好处，但应以明确的战略眼光和批判性的思维来处理这一问题，并考虑所涉及的所有风险。首先，外包分析与传统的ICT服务的区别在于，分析涉及公司的前端策略，然而，许多ICT服务是公司后端业务的一部分。另一个重要的风险是机密信息的交换。应调查、处理和商定知识产权和数据安全问题。所有公司都能获得相同的分析技术，因此只是根据它们提供的数据加以区别。因此，外包服务提供者应就如何管理和保护知识产权和数据（例如加密技术、防火墙等）提供明确的指导方针和保障，特别是如果它还与同行业的其他公司合作的话。另一个重要风险是伙伴关系的持续性。离岸外包服务提供商往往会受到兼并和收购的影响，有时还会同与竞争对手合作的其他公司进行合并和收购，这会削弱公司的竞争力。这些公司多数都面临着很高的员工流失率，因为员工的工作日程紧张，每天无聊的执行低级数据预处理活动，并且还有积极的猎头在努力寻找数据科学家。这一流失问题阻碍了对客户分析性业务流程和需求的长期彻底理解。另一个经常被讨论的方面是买方与外包服务提供商之间的文化不匹配（例如，时间管理、时差、不同语言、地方性和全球性问题）。退出策略应事先明确商定。许多分析性外包合同的到期日为3～4年。应规定在这些合同到期时，如何将分析模型和知识转让给买方，以确保业务连续性。最后，美国和西欧缺乏数据科学家的情况可能也存在于提供外包服务的国家，甚至可能更严重。这些国家的大学通常都有良好的统计教育和培训项目，但他们的毕业生缺乏商业技能、洞察力和分析经验。

鉴于上述考虑，许多公司对外包持批评态度，并倾向于将所有的分析都保留在内部。其他国家则采用部分外包战略，将基线、业务分析活动，例如查询和报告、多维数据分析和OLAP外包出去，而先进的描述性和预测性分析技能是在内部开发和管理的。

20.8.4 本地解决方案与云解决方案

大多数公司使用本地架构、平台和解决方案开发了他们的第一个分析模型。然而，由于在安装、配置、升级和维护这些环境方面投入了大量资金，许多公司将**基于云的分析解决方案**视为一种新的预算友好型方案，以进一步提高投资回报率。在下面的内容中，我们详细介绍了在云端部署分析技术的成本和其他影响。

知识关联 在第18章中已经提供了关于云中的数据和不同的“服务”配置的更普遍的讨论。

本地分析的一个最常被提及的优点是，可以将数据保存在内部，从而保证更好的安全性和充分的控制能力。然而，这是一把双刃剑，它要求公司不断投资高级的安全解决方案，以阻止黑客的数据泄露攻击，这变得越来越复杂。正是出于这种安全考虑，许多公司开始关注云。另一个因素是云提供商提供的可扩展性和大规模经济，他们承诺为客户提供最先进的平台和软件解决方案。所需的计算能力可以专门为客户量身定做，无论是500强企业还是中小企业。在需要的时候，可以动态地增加更多的容量（例如服务器）。本地解决方案需要仔细预测所需的计算资源，并相应地进行投资；过度投资或投资不足的风险严重危及分析项目的投资回报率。换句话说，增加或缩减内部系统的成本和时间都要高得多。

另一个关键优势是分析环境的维持。平均内部系统维护周期通常在18个月左右。向后兼容性问题、添加新功能、删除旧特性、需要新的集成工作等，都会造成成本高昂的业务连续性问题。当使用基于云的解决方案时，这些问题都会得到解决，维护或升级项目的成本甚至可能被忽略。

低足迹访问分析平台也将积极影响时间的价值和可访问性。不需要建立昂贵的基础设施（例如硬件、操作系统、NoSQL 数据库、分析解决方案），上传和清洗数据，整合数据等。使用云，一切都是容易访问的。它降低了分析的进入门槛，尝试了新的方法和模型，并以透明的方式整合了各种数据源。这有助于分析建模的经济价值，并有助于偶然发现有趣的模式。

基于云的解决方案促进了业务部门和地区之间更好的协作。许多内部系统是松散耦合的，或者根本没有集成，从而阻碍了在公司范围内分享经验、观点和发现的机会。由此产生的重复工作对公司的投资回报率产生了不利影响。

基于云的解决方案对分析项目的 TCO 和 ROI 有很大的影响。然而，与任何新技术一样，我们建议以深思熟虑的战略眼光和必要的谨慎态度对待这些技术。要考虑的一个风险是供应商锁定，在这种情况下，公司变得高度依赖于特定的云供应商。一些公司采取了一种混合的方法，试探性地将他们的一些分析模型迁移到云端，进行一些尝试，并看到这项技术的潜在利弊。然而，可以预期，鉴于所提供的诸多优势，基于云的分析将继续增长。

知识延伸 Amazon Web Services（Amazon WS）是用于大数据和分析的云解决方案的一个常见示例。它提供关系数据库（例如 MySQL、Oracle、SQL Server）、NoSQL 数据库（Amazon DynamoDB）、数据仓库平台（Amazon Redshift）、Hadoop/MapReduce 环境（Amazon Elastic MapReduce），以及支持各种分析技术的机器学习解决方案（Amazon Machine Learning）。

20.8.5 开源软件与商业软件

开源分析软件的流行，如 R 和 Python，引发了关于 SAS、SPSS、MATLAB 等商业工具附加值的争论。商业软件和开源软件都有各自的优点，在做出任何软件投资决策之前，都应该对其进行评估。

第一，开源软件的主要优势在于它是免费的，这降低了使用的门槛。对于那些希望在不进行大规模投资的情况下开始进行分析的小公司来说，这可能特别重要。然而，这也带来了危险，因为任何人都可以在没有任何质量保证或广泛的事先测试的情况下提供开源软件。在严格监管的环境中，如信贷风险（巴塞尔协议）、保险（偿付能力协议）和药品（FDA 监管），分析模型因其对社会的战略影响而受到外部监督的审查，其规模比以往任何时候都大。因此，在这些情况下，许多公司更倾向于依赖经过彻底设计和广泛测试、验证和完全记录的成熟商业解决方案。许多解决方案还包括自动报告设施，以便生成符合要求的报告。开源软件解决方案可能没有任何质量控制或保证，这增加了在规范环境中使用它们的风险。

商业解决方案的另一个主要优点是，所提供的软件不再以专门的分析工作台为中心，用于数据预处理、数据挖掘等，但在精心设计的、以业务为中心的解决方案上，实现了端到端活动的自动化。以信用风险分析为例，从业务问题的构架开始，到数据预处理、分析模型开发、模型监测、压力测试和监管资本计算等，都要进行分析。若要使用开放源码选项自动化整个活动链，则需要各种脚本，它们可能来源于异构源，需要匹配和连接，从而导致软件的熔炉，其中的整体功能可能变得不稳定和不明确。

与大多数开源软件相反，商业软件供应商还提供广泛的帮助设施，如常见问题解答、技术支持热线、通信、专业培训课程等。商业软件供应商的另一个主要优势是业务连续性。集中式的研发团队（相对于全球范围内松散的开源开发人员）能够密切跟踪新的分析和监管发展，可以更好地保证新的软件升级能够提供所需的设施。在开放源码环境中只能依靠社区自主贡献，这提供了较少的保障。

商业软件的一个缺点是它通常是预先打包的黑匣子，尽管进行了广泛的测试和记录，但数据科学家无法进行更复杂的检查。这与开放源码解决方案形成了鲜明对比，后者提供了对所提供的每个脚本的源代码的完全访问。

商业软件和开源软件都有各自的优点和弱点。两者应该继续共存，并且应该为两者提供接口以进行协作，就像 SAS 和 R/Python 的情况一样。

知识延伸 2016 年，著名的分析门户网站 KDnuggets(www.kdnuggets.com) 对分析软件进行了一次调查，提出以下问题：[⊖]

在过去的 12 个月里，你在分析、数据挖掘、数据科学、机器学习项目中使用了哪些软件？

这次调查得到了 2895 份答案。结果显示在下表中。

工具	2016 年百分比	百分比变化	工具	2016 年百分比	百分比变化
R	49%	+4.5%	Hadoop	22.1%	+20%
Python	45.8%	+51%	Spark	21.6%	+91%
SQL	35.5%	+15%	Tableau	18.5%	+49%
Excel	33.6%	+47%	KNIME	18.0%	−10%
RapidMiner	32.6%	+3.5%	scikit-learn	17.2%	+107%

从表中可以得出结论，开放源码 R 和 Python 都是最常用的，其中 Python 的增长特别快。令人惊讶的是，SQL 和 Excel 排名第三和第四，这清楚地说明了它们的影响。约 25% 的受访者只使用商业软件，而 13% 的受访者只使用开源软件，大多数（61%）同时使用自由和商业软件。

节后思考

- TCO 和 ROI 的关键组成部分是什么？
- 对比以下几个方面：内包与外包，本地与云解决方案，开放源码与商业软件。

20.9 提高分析的投资回报率

20.9.1 新的数据来源

分析模型的 ROI 与其预测能力和统计能力直接相关。它越好地预测或描述客户行为，由此产生的行动效果就越好。提高这一水平的一种方法是投资于新的数据来源，以帮助进一步了解复杂的客户行为并改进关键的分析力。在下面的内容中，我们简要地探讨了各种类型的数据源，这些数据源可能是值得追求的，以便从分析模型中挤出更多的经济价值。

一种选择是通过仔细研究客户之间的关系来探索网络数据。这些关系可以是显式的，也可以是隐式的。显性网络的例子是客户之间的电话、公司之间共享董事会成员以及社会关

⊖ 参见 www.kdnuggets.com/2016/06/r-python-top-analytics-data-mining-data-science-software.html。

系（例如，家庭、朋友等）。显式网络可以很容易地从底层数据源（例如呼叫日志）中提取出来，然后，可以使用20.5.4节讨论的特征化过程来总结它们的关键特性。在我们之前的研究中，我们发现网络数据对于客户流失预测和欺诈检测都具有很高的预测能力[一]。隐式网络，或者说伪网络，是指不以明确联系为基础的网络，在定义和特征化方面具有更大的挑战性。Martens和Provost建立了一个客户网络，其中的链接是根据来自一家大银行的数据而定义的，即客户转账（如向零售商）[二]。当与非网络数据相结合时，这种基于相似性而不是明确的社会关系来定义网络的创新方法，为几乎任何目标预算提供了更好的利润提升。在另一项获奖的研究中，他们根据移动环境中的位置访问数据，在用户之间建立了地理相似网络[三]。当两个设备共享至少一个被访问的位置时，它们被认为是相似的，因此是相连接的。如果他们有更多的共同地点，且这些地方被较少的人访问，他们就会更相似。然后，可以利用这个隐式网络在不同的设备上针对同一用户或对具有相似品味的用户进行广告，或者通过选择具有类似口味的用户来改进在线交互。这两个例子都说明隐式网络作为重要数据源的潜力。这里的一个关键挑战是创造性地思考如何根据分析的目标来定义这些网络。回想一下我们在第11章中对各种NoSQL生态位数据库的讨论，这些数据库专门用于存储和查询特殊类型的数据或结构。对于网络结构化数据，我们已经看到图形数据库如何变得越来越重要，因为它们抛弃了传统的基于RDBMS的关系结构，并允许用户将密集连接的结构直接表示为图。这类数据库为进行分析提供了优势，因为它们通常能够更快速和容易地查询图表，如上文所述在市场分析和欺诈分析等方面的应用。最近一个有趣且引人注目的例子是，将文本分析（文本本质上是非结构化数据）与Neo4j（流行的图形数据库）应用到分析巴拿马文件中所包含的公司、文件和人员之间的联系，这1100万份泄露的文件包含了离岸实体的详细财务信息。

知识关联 第11章讨论了图形数据库。

数据被称为新石油。数据池公司利用这一点，收集各种类型的数据，以创新和创造性的方式进行分析，并销售分析结果。例如，Equifax、Experian、Moody's、S&P、Nielsen、Dun & Bradstreet等。这些公司整合了可公开获取的数据、从网站或社交媒体中收集的数据、调查数据以及其他公司提供的数据。通过这样做，他们可以进行各种汇总分析（例如，一个国家信贷违约率的地域分布、各行业部门的平均流失率），建立通用评分（例如，FICO在美国的得分——见下文），并将其出售给相关方。由于投资进入壁垒较低，小公司有时会采用外部购买的分析模型，以便在分析方面迈出第一步。除了商业上可获得的外部数据外，开放数据也可以成为外部信息的宝贵来源。例如工业和政府数据、天气数据、新闻数据和搜索数据。作为后者的一个例子，Google趋势数据已经被用来预测失业和流感爆发。实证研究表明，无论是商业数据还是开放外部数据，都能提高分析模型的性能和经济效益。

宏观经济数据是另一个有价值的信息来源。许多分析模型都是利用特定时刻的数据快照来建立的。这取决于当时的外部环境。宏观经济的上升或下降，可能对模型的业绩产生重大影响，因此也会对模型的投资回报率产生重大影响。宏观经济状况可用国内生产总值

[一] Verbeke W., Martens D., Baesens B., Social network analysis for customer churn prediction, *Applied Soft Computing*, 2014; 14: 341-446, 2014. Baesens B., VerbekeW., Van Vlasselaer V., *Fraud Analytics Using Descriptive, Predictive and Social Network Techniques: A Guide to Data Science for Fraud Detection*, Wiley, 2015.

[二] Martens D., Provost F., Mining massive fine-grained behavior data to improve predictive analytics, *MIS Quarterly*, 2016; 40(4): 869-888.

[三] Provost F., Martens D., Murray A., Finding similar mobile consumers with a privacy-friendly geosocial design, *Information Systems Research*, 2015; 26(2): 243-265.

(GDP)、通货膨胀和失业率等指标来概括。综合这些影响将进一步提高分析模型的性能，使其更能抵抗外部影响。

文本数据也是值得考虑的一种有趣的数据类型。例如产品评论、Facebook 帖子、Twitter 推文、书籍推荐、投诉、立法等。文本数据很难进行分析处理，因为它们是非结构化的，不能直接用表格或矩阵格式表示。此外，它们还取决于语言结构（例如，语言类型、词语之间的关系、否定等），并且由于语法或拼写错误、同义词和同形词，通常都是相当嘈杂的数据。但是，这些数据可以包含用于分析建模练习的相关信息。与网络数据一样，找到文本文档的特性并将它们与其他结构化数据结合起来的方法也是非常重要的。一种常用的方法是使用文档术语矩阵来表示哪些术语（类似于变量）出现，以及在哪些文档中出现的频率（类似于观测值）。这个矩阵将是大而稀疏的。通过开展以下活动，试图降维使这个矩阵更加紧凑：

- 用小写表示每个词语（例如，PRODUCT、Product 和 product 都统一成 product）。
- 删除不含信息的词语（“the product”“a product”和“this product”统一成 product）。
- 使用同义词列表将同义词术语映射为单个词语（product、item 和 article 统一成 product）。
- 把所有的词条都引到他们的根上（products 和 product 统一成 product）。
- 删除仅出现在单个文档中的词语。

即使在进行了上述活动之后，维数可能仍然太大，无法进行实际分析。奇异值分解（SVD）提供了一种更先进的降维方法[⊖]。它本质上将文档项矩阵概括为一组奇异向量，也称为潜在概念，它们是原始词语的线性组合。然后，可以将这些减少的维度作为新特征添加到现有的结构化数据集中。

除了文本数据之外，还可以考虑其他类型的非结构化数据，如音频、图像、视频、指纹、位置（GPS)、地理空间和 RFID 数据。要在分析模型中充分利用这些数据，关键是要仔细考虑如何创造性地将其特性化。在这样做时，应该考虑到所有附带的元数据。例如，不仅图像本身可能是相关的，而且还包括谁拿走了它，在哪里，在什么时候，等等。这些信息对于发现欺诈非常有用。

知识延伸 在美国，三个比较受欢迎的信用机构是 Experian、Equifax 和 TransUnion，它们各自覆盖自己的地理区域。这三者都提供了一个在 300～850 之间的 FICO 信用评分，更高的分数反映了更好的信用质量。FICO 信用评分基本上依赖以下 5 个数据源来确定：

- 付款记录：客户是否有拖欠历史？这占 FICO 分数的 35%。
- 当期债务的金额：客户总共有多少信贷？这占 FICO 分数的 30%。
- 信用历史时长：客户使用信贷多久了？这占 FICO 分数的 15%。
- 使用中的信贷类型：客户拥有什么样的贷款（例如，信用卡、分期付款贷款、抵押贷款）？这占 FICO 分数的 10%。
- 新的信贷申请：客户申请多少新的信贷？这占 FICO 分数的 10%。

这些 FICO 评分在美国很普遍，不仅被银行使用，还被保险公司、电信公司、房东、公用事业公司等使用。

20.9.2　数据质量

除了数据的体积和多样性外，其准确性也是获得竞争优势和经济价值的关键因素。数据

⊖ Meyer C.D., Matrix analysis and applied linear algebra, SIAM, Philadelphia, 2000.

质量是任何分析工作成功的关键，因为它对分析模型的质量及其经济价值有直接和可衡量的影响。著名的GIGO体现了数据质量的重要性：不好的数据产生不好的分析模型。

知识关联 在第4章和第18章中，我们将数据质量定义为“适合使用”，并讨论了其基本维度。

大多数组织都在学习数据质量的重要性，并正在寻找提高数据质量的方法。然而，这往往会比预期更难，比预算成本更高，而且肯定不是一次性的，而是一个持续的挑战。数据质量问题产生的原因往往深深植根于核心的组织过程和文化，以及IT的基础结构和架构。通常只有数据科学家需要直接面对数据质量差的后果，而解决这些问题和找出产生这些问题的原因，通常需要组织内几乎所有层级和部门的合作。这无疑需要高级行政管理人员的支持和赞助，以提高认识并建立数据治理方案，以可持续和有效的方式解决数据质量问题，同时也鼓励组织中的每一个人认真对待自己的责任。

处理缺失值、重复数据或异常值等数据预处理活动是处理数据质量问题的改善措施。然而，这些都是短期补救措施，成本相对较低，回报一般。数据科学家必须重复进行这些修复，直到产生问题的根本原因得到解决。为了避免这种情况，需要开发用于检测关键问题的数据质量程序。这将包括对问题产生的原因进行彻底调查，通过采取预防措施和补充改善措施，并从根源上解决。这显然需要更大量的投资并坚信会获得增值及回报。理想情况下，应该建立一个数据治理程序，为数据质量分配明确的角色和责任。这样的程序中必不可少的两个角色是数据管理员和数据所有者。虽然我们已经在第4章中详细讨论了这两个概要，但是我们在这里简要地重复一下。数据管理员是数据质量专家，他们通过执行广泛和定期的数据质量检查来监督评估数据质量。他们在必要时采取补救行动。然而，数据管理员并不负责修正数据本身。这是数据所有者的任务。组织的每个数据库中的每个数据字段都应该由数据所有者拥有，数据所有者可以输入或更新其值。数据管理员可以请求数据所有者检查或完善字段的值，从而改善数据质量问题。数据管理员和数据所有者之间的透明和明确的协作，是以可持续的方式提高数据质量的关键，也是分析的长期ROI的关键！

20.9.3 管理支持

大数据和分析需要说服董事会的成员，才能够得到投入。这可以通过各种方式实现。现有的首席执行官（例如首席信息官（CIO））承担这一责任，或者确定新的CXO，例如首席分析官（CAO）或首席数据官（CDO）。为了保证最大程度的独立性和组织影响力，必须由后者直接向CEO报告，而不是向其他的C级高管。一种自上而下的、由数据驱动的，CEO和他的下属在数据与商业智慧相结合的基础上做出决策的文化，将催化整个组织基于数据的决策的涓滴效应。

知识延伸 鉴于数据对所有组织（而不仅仅是企业）的重要性不断上升，许多机构都在招聘首席数据官。例如，在美国，美国国立卫生研究院和加利福尼亚州都有CDO。

董事会和高层应积极参与分析模型的建立、运营和监测过程。人们不能期望他们理解所有潜在的技术细节，但他们应该负责分析模型的整体治理。如果没有适当的管理支持，分析模型注定会失败。因此，董事会和高级管理层应该对分析模型有一个大致的理解。他们应持续积极参与，保证明确的责任分配，并制定组织程序和政策，以便适当和健全地制定、执行和监测分析模型。模型监测工作的结果必须传达给高级管理人员，并在必要时辅之以适当的反馈。显然，这需要重新对如何在组织中最佳地嵌入大数据和分析进行仔细的思考。

20.9.4　组织因素

2010年，Davenport、Harris和Morison写道：对于如何组织分析人员，可能没有一个正确的答案，但是有许多错误的答案。[㊀]

只有当一个公司的数据文化建立起来，用所有这些新的数据驱动的洞察力来做一些事情的时候，对分析的投资才会产生成果。如果你把一组数据科学家放在一个房间里，给他们提供数据和分析软件，那么他们的分析模型和见解为公司增加经济价值的可能性很小。还有一个阻碍体现在数据方面，而这些数据并不总是容易获得的。一个简明的数据治理程序是一个很好的起点（参见第18章）。一旦数据存在，任何数据科学家都可以从中找到一个统计上有意义的分析模型。然而，这并不一定意味着该模型增加了经济价值，因为它可能与业务目标不匹配。假设它是与业务目标匹配的，我们如何把它卖给我们的客户，让他们理解，相信它，并在他们的决策中使用它？这意味着我们需要以一种易于理解和使用的方式提供见解，方法是用简单的语言或直观的图形来表示它们。

考虑到大数据和分析对整个公司的影响，两者都非常重要，并逐渐渗透到公司的文化和决策过程中，成为公司DNA的一部分。这就需要在提高认识和信任方面投入大量投资，如以上所讨论的，应当从领导层面自上而下启动。换句话说，公司需要彻底思考如何在组织中嵌入大数据和分析，以利用这两种技术进行竞争。

Lismont等人对高层管理人员进行了一项世界性、跨行业的调查，以调查组织分析的趋势[㊁]。他们注意到公司用来组织分析的各种形式。两种极端的方法是：集中的，数据科学家的中心部门处理所有分析请求；分散的，所有数据科学家都直接被分配到各自的业务单位。大多数公司选择一种混合的方法，将中心部门集中协调的分析与在业务单位一级组织的分析结合起来。中心部门提供全公司范围的分析服务，并在模型开发、模型设计、模型实现、模型文档、模型监控和隐私方面实现通用的指导原则。然后将1～5个数据科学家组成的分散团队添加到每个业务单元中，以获得最大的影响。建议的做法是在业务单位和中心对数据科学家进行轮流部署，以促进不同团队和应用程序之间的相互交流机会。

20.9.5　交叉应用

分析在一个组织的不同业务单元中已经有了不同程度的成熟度。通过引入监管指南（如Basel Ⅱ / Ⅲ，Solvency Ⅱ），许多公司，特别是金融机构，投资于风险管理的分析已经有相当一段时间了。多年的分析经验和不断完善有助于为保险风险、信用风险、运营风险、市场风险和欺诈风险提供非常复杂的模型。最先进的分析技术，如随机森林、神经网络和社交网络学习已经被用于这些应用。通过对它们的潜力的充分发挥，这些分析模型被称赞为强大的模型监控框架和压力测试过程。

许多公司部署了他们用于流失预测、响应建模或客户细分的第一个模型，但营销分析还不太成熟。这些方法通常基于简单的分析技术，如逻辑回归、决策树或*k*-均值聚类。在其他应

㊀ Davenport T.H., Harris J.G., Morison R., *Analytics at Work: Smarter Decisions, Better Results*, Harvard Business Review Press, 2010.

㊁ Lismont J., Vanthienen J., Baesens B., Lemahieu W., Defining analytics maturity indicators: A survey approach, *International Journal of Information Management*, 2017; 34(3): 114-124.

用领域，如人力资源和供应链分析，正开始逐步取得进展，尽管很少有成功的案例研究报告。

由于成熟度的差异，模型开发和监测经验的交叉应用具有巨大的潜力。毕竟，对客户在风险管理中是否值得信赖进行分类，就像在市场分析中将客户归类为响应者或非响应者，或者在人力资源分析中将员工归类为流失或非流失一样。数据预处理问题（如缺失值、异常值）、分析技术（例如决策树）和评估措施都是相似的，但模型的实际变量、解释和使用不同。交叉应用也适用于模型监测，因为大多数任务和方法基本上是一样的。最后，使用压力测试（这是信贷风险分析中的一种常见做法）来衡量宏观经济情景的效果，可能是在应用程序中共享有用经验的另一个示例。

总之，较不成熟的分析应用（如市场营销、人力资源和供应链分析）可以从更成熟的应用程序（例如风险管理）中学到很多经验教训，这样就避免了许多新手的错误和昂贵的初学者陷阱。因此，轮番部署（如上一节所述）对于产生最大的经济价值和回报非常重要。

节后思考

- 给出新的可以提高分析模型的投资回报率数据来源的例子。
- 数据质量如何影响分析模型的 ROI？
- 管理支持和组织方面对分析模型的投资回报率有什么影响？
- 交叉应用对分析模型的投资回报率有何贡献？

20.10　隐私和安全

在开发、实施、使用和维护分析模型时，数据的隐私和安全性是重要的问题。这涉及两个方面：企业和数据科学家。数据的所有权通常在于企业。这意味着业务对数据有一个完整的视图，数据是如何收集的，以及如何解释它们。数据科学家不能获得完整的数据集，只有可能对分析模型有用的数据。数据科学家可以看到和使用哪些数据，持续多长时间，在哪个层次上的细节，等等，都是由企业来决定的。在下面的内容中，我们首先概述了在任何数据存储和处理上下文中与隐私和安全相关的主要需要注意的点。之后，我们将更详细地讨论与分析活动相关的工具和技术。

20.10.1　关于隐私和安全的总体考虑

隐私和安全是两个相关的概念，但它们不是同义词。数据安全可以定义为一组策略和技术，以确保数据的机密性、可用性和完整性。数据隐私指的是，访问和使用数据的当事方仅以符合商定的数据使用目的的方式访问和使用数据。这些目的可以作为公司政策的一部分来表达，但也要受到立法的约束。这样，可以将安全的几个方面视为保障数据隐私的必要手段。

具体来说，数据安全涉及以下问题：

- *保证数据完整性*：防止因恶意或意外修改或删除数据而造成的数据丢失或数据损坏。在这里，DBMS 的备份和恢复功能起着重要的作用。第 13 章、第 14 章和第 16 章详细讨论了这些问题。
- *确保数据可用性*：确保所有授权用户和应用程序都能访问这些数据，即使在出现部分系统故障时也是如此。在第 13 章中，在企业存储子系统和业务连续性的背景下讨论了这一点。
- *身份验证和访问控制*：访问控制是指表示哪些用户和应用程序有哪些类型的访问的工具和格式（读取、添加、修改等）。这里的相关技术是 SQL 特权和视图，这两者都在第 7 章中讨论过，并且在 20.10.3 节中更详细地讨论了访问控制。适当的访问控制的一个重要条件是认证技术的可用性，明确地标识要建立访问权限的用户或用户类别。这里最普遍的技术仍然是用户 ID 和密码的结合，尽管其他几种方法正在取得进展，例如指纹阅读或虹膜扫描。

- 隐私保障：这是访问控制的另一方面，保证用户和其他各方不能读取或操作没有访问权限的数据。这是与隐私最紧密相关的数据安全问题。特别是在分析的上下文中，一种可能的技术是匿名化，如 20.10.3 节所述。另一个重要的工具是加密，使未授权的用户无法读取到数据，这些未经授权的用户没有适当的密钥来将数据解密为可读格式。
- 审计：特别是在银行和保险部门等受到严格监管的环境中，关键是要跟踪哪些用户对数据执行了哪些操作（以及在什么时间）。大多数 DBMS 通过日志文件以最基本的方式自动跟踪这些操作（参见第 14 章）。规定的设置需要更高级的审计形式，广泛的跟踪和报告设施，维护所有数据库访问和数据操作的详细清单，包括所涉及的用户和用户角色。
- 减少漏洞：这类问题涉及检测和解决存在于应用程序、DBMS 以及网络和存储基础设施中的缺陷或根本性错误，这些缺陷或错误使恶意方有机会规避与上述问题有关的安全措施。比如错误配置的网络组件或应用软件中的错误，它们为黑客提供了漏洞。DBMS 上下文中一个非常重要的概念是规避 SQL 注入风险，如第 15 章所述。最后，第 1 章中介绍的三层数据库架构也有助于实现这一目的。由于数据的逻辑和物理独立性和向用户和外部世界隐藏实现细节，发现和利用潜在漏洞变得更加困难。

知识关联 前几章已经讨论了关于数据安全的若干工具和技术：第一章介绍了三层架构。第 7 章解释了 SQL 特权和视图。第 13 章涉及企业存储子系统和业务连续性方面的复制和数据可用性。第 14 章和第 16 章讨论了恢复技术和日志。第 15 章涉及 SQL 注入风险。

本章的其余部分将更详细地介绍一些与数据分析上下文特别相关的隐私和安全性方面的技术。

20.10.2 RACI 矩阵

要理解隐私的影响，我们必须首先将分析模型开发中的不同角色描述为 RACI 矩阵（图 20-36）。缩写词 RACI 代表：

- 谁执行：负责开发分析模型的人。这些人是数据科学家，数据科学家必须从其他方面获得必要的数据。
- 谁负责：这个角色指的是委派工作并决定该做什么的人。他们批准手头的任务，并向数据科学家提供所需的数据。这一部分一般是由企业（如管理、政府等）完成的。
- 咨询谁：通常，需要有深刻的领域知识，以调整和完善分析模型。专家和专业概况向企业和数据科学家提供了宝贵的专业知识和见解。
- 告知谁：某些人应该始终持有最新的工作成果，因为这可能会影响他们的工作过程。例如，客户服务必须了解分析模型的结果所带来的变化。

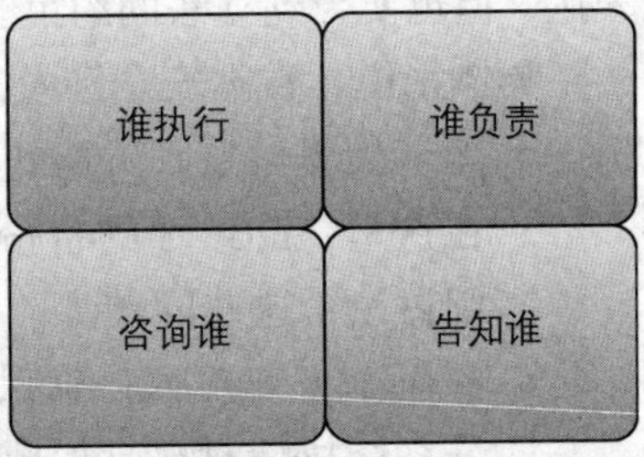

谁执行 谁负责
咨询谁 告知谁

图 20-36 RACI 矩阵

某些人的角色可以重叠（例如，也能满足咨询角色的业务人员），随着时间的推移而变化（例如，某些专家是模型开发早期阶段的顾问，仅在后期才应通知）。由于RACI矩阵是动态的，因此应该定期重新评估不同的角色。RASCI矩阵可以扩展到RASCI矩阵或CAIRO矩阵。RASCI矩阵包括支持（S）的作用，以指明帮助完成分析模型的人。CAIRO矩阵中的出环（O）明确地提到了一些人，而不是分析模型开发的一部分。

20.10.3　访问内部数据

在开始分析以开发分析模型之前，数据科学家应该提交*数据访问请求*。数据访问请求说明数据需要用于哪个目的和时间段。访问内部数据的请求由公司内部隐私委员会批准。隐私委员会核查请求是否可以被批准，并回答这些问题：

- 哪些变量是敏感的？
- 应共享哪些变量（列）和实例（行）？
- 应该授权哪个用户或用户组访问数据？

为了回答上述问题，可以采取各种措施，如数据匿名化、创建SQL视图或使用基于标签的访问控制（LBAC）。我们将在下面更详细地讨论这些问题。

1. 匿名化

匿名化是对敏感数据进行转换的过程，因此其他各方（如数据科学家）无法复原出准确的值。唯一属性或键属性类型通常转换为其他值。需要键属性类型将数据库链接到另一个数据库。例如，公司的VAT编号在各种数据库中都可以唯一地标识公司。VAT编号是许多其他数据来源（如公司网站、公司注册等）中提供的公共信息。提供VAT编号能够对公司进行匿名化和识别，将一个VAT编号转换为另一个随机数（ID）防止数据的滥用。未转换的键是*自然键*，并会显示实例的身份。**技术键**是自然键的转换，这样表可以相互连接，但保护实例的真实身份。保持不同数据库之间的一致性是极其重要的。数据库A中的自然键（例如VAT编号）与数据库B中的自然键（VAT编号）应该转换成相同的技术键。此外，转换应该是随机的，不能遵循数据库中数据出现的顺序。通常在数据库末尾插入新的数据实例。在我们的例子中，最老的公司出现在名单的顶端，而最年轻的公司则出现在名单的结尾。因此，强烈不鼓励以自增量生成ID值，因为这可以揭示公司成立的顺序。为了匿名其他变量，可以使用聚合化、离散化、价值转换和一般化等不同的技术。

如果隐私委员会批准了某一请求，他们将决定是提供原始数据还是聚合数据。聚合数据代表汇总数据的统计结果，不影响个人的数据。导出的汇总统计数据主要包括最小、平均、最大、标准差、第p个百分位数和计数。原始数据包含数据集中每个个体或实例的数据。为保护原始数据项的隐私，应进一步对数据进行匿名化。

*离散化*可以实现数值变量的匿名化。和指定变量的确切值不同，取而代之的是将其划分为一组不相交的互斥类。例如，不是提供人的确切收入，而是通过以收入所在的时间段的形式表示，从而对收入数据进行离散化。这些间隔（平均数、分位数、五分位数、十分位数等）可以使用内部映射架构或区域、国家乃至全球的汇总统计来定义[1]。或者，可以通过向敏感变量添加噪声来实现数据匿名化。*价值转换*的实现是通过返回$x_i + e$而非x_i。e的值服从一个预

[1] 欧盟统计数据：http://appsso.eurostat. ec.europa.eu/nui/show.do?dataset=ilc_di01&lang=en。美国的汇总统计数据：https://dqydj.com/income-percentile-calculator。

定义的随机分布（例如，均匀分布、高斯分布）。另一种方法是将特定值描述一般化到较不具体但语义一致的描述中。例如，使用允许识别个人或公司的地址记录数据可能会对分析模型产生积极影响。因此，可以将该地址一般化到城市、地区、国家等。

图 20-37 说明了社会保障欺诈（即公司逃税）的匿名化过程。这家企业有两个数据库可供使用。其中之一包含公司的人员统计，另一个是公司的人事记录。两个数据库通过 VAT 编号彼此链接。在数据科学家使用之前，数据库必须完成匿名化。该公司的人员统计信息转换如下：VAT 编号被转换成一个新的随机生成的标识符（ID）。数据科学家无法得知该公司的名称。公司规模被划分为从 1～5 不等的离散间隔。创建日期被转换为三个类别：年轻、青年、成熟。规模和年龄的映射是由企业定义的，但对于数据科学家来说是隐藏的。利用专家的领域知识对收入进行修整，转换了公司的收入数据。地址被一般化到区域。部门直接体现在视图中，没有任何变化。人事记录是在公司层面上汇总的，包含了每季度员工的周转率，以及他们的平均工资。请注意，匿名化表中的行是根据随机生成的 ID 排序的，而不遵循基表的顺序。

上面讨论的匿名化技术可以创建一个 *k* 匿名数据集，其中每个观测值 / 元组 / 记录与至少 *k*–1 个其他观测值 / 元组 / 记录的隐私敏感变量都是不可区分的。*k*– 匿名化的目的在于在确保数据对分析仍然有用的同时不再重新识别受试者。但是，请注意，*k*– 匿名化的数据集可能仍然容易受到隐私攻击，而且，根据应用程序的不同，可能还必须设置其他更复杂的匿名目标。

公司人员信息

VAT	名字	地址	规模	创建日期	收入	部门
532.581.34	Mony Bank	Main Street 1943, Brussels	592	09/05/1989	€ 9,900,000	banking
532.582.26	Villa Bella	Av. Elisa 66, Liege	6	12/08/1990	€ 25,000	cleaning
532.582.49	The Green Lawn	Lawnstreet 1, Ghent	63	24/02/2004	€ 185,000	agriculture
532.585.71	Salad Palace	Main Street 1472, Brussels	18	25/02/2007	€ 235,000	catering
532.586.52	Bart&Co.	Main Street 239, Brussels	37	04/02/2009	€ 1,700,000	transport
532.586.55	Elisa's Bar	Shortstreet 5, Antwerp	12	07/12/2011	€ 5,000	catering
532.590.00	Transport John	Av. Lovanias 31, Antwerp	104	18/12/2013	€ 34,000	transport
...	...	...	...	...	...	...

人事记录

VAT	名字	收入	招聘日期	辞职日期
532.586.52	Gerry Hill	€ 1,500	14/09/2012	-
532.586.52	Niel Tenson	€ 1,500	07/12/2009	-
532.586.52	Daisy Astalos	€ 1,800	26/03/2009	22/12/2009
532.586.52	William Wheately	€ 2,000	26/04/2014	-
532.586.52	Tom Book	€ 1,600	03/05/2010	14/01/2011
532.586.52	John Angeles	€ 1,750	17/05/2009	04/02/2015
...	...	...	...	...

自然键

匿名视图

ID	区域	规模	成熟度	收入	部门	Empl.Q1	Empl.Q2	Empl.Q3	Empl.Q4	Avg. wage
19649524	P7	3	A	€ 200,000	agriculture	2	4	0	0	€ 1,550
27499423	P2	4	Y	€ 30,000	transport	–5	–5	–3	–5	€ 1,650
31865139	P1	2	A	€ 2,000,000	transport	5	5	5	–5	€ 1,600
39174842	P1	2	A	€ 250,000	catering	–1	2	0	2	€ 1,500
59135796	P5	1	M	€ 30,000	cleaning	0	0	0	0	€ 1,400
73591064	P1	5	M	€ 10,000,000	banking	10	10	5	5	€ 1,800
91245975	P2	2	Y	€ 10,000	catering	0	–2	0	1	€ 1,350
...	...	...	...	...	...	...	...	...	...	...

图 20-37 匿名分析数据集

2. SQL 视图

正如在第7章中所讨论的，SQL 视图可以看作没有物理元组的虚拟表（图 20-38）。视图定义由一个公式组成，该公式确定在调用视图时将显示哪些来自基表的数据。视图的内容是在调用时生成的。视图对数据表进行部分提取，在必要时进行聚合，并共享内部隐私委员会授权的数据。

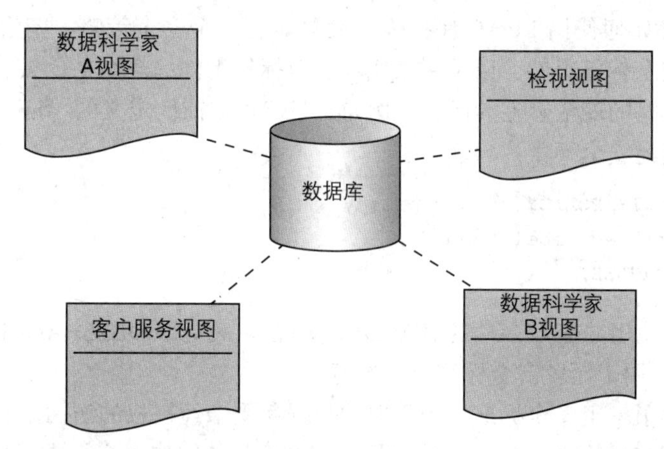

图 20-38 为数据库定义的不同 SQL 视图

请考虑将匿名信息和非匿名信息组合在一起的 SQL 视图示例：

```
CREATE VIEW FRAUD_INPUT
AS SELECT C.ANON_VAT, C.PROVINCE, C.ANON_SIZE, C.ANON_REVENUE, C.SECTOR,
C.ANON_AGE, AVG(P.WAGE), COUNT(*)
FROM COMPANIES C, PERSONNEL P
WHERE C.ANON_VAT = P.ANON_VAT
GROUP BY C.ANON_VAT;
```

此视图对 VAT 编号、规模、收入和年龄信息进行匿名，而区域、部门和工资信息则不匿名。视图不仅有助于隐私，而且通过对内部或外部用户隐藏逻辑数据库结构来提高数据安全性，因此，对数据库或数据的恶意操作变得更加困难。

3. 基于标签的访问控制

基于标签的访问控制（LBAC）是一种控制机制，用于保护数据免受未经授权的访问，并且可以区分用户的授权级别。LBAC 可以授予对特定表、行和列的读写访问权限，例如，安全级别较高的用户插入的数据项（例如，个别行）不能被安全级别较低的用户看到。当一个表上有许多视图，并且特定用户只能访问具有相同安全级别或更低级别的数据时，使用 LBAC 是一种方便的选择。LBAC 是由许多政府和公司设定的，它们使用严格的分级分类标签，如 TOP SECRET、SECRET 和 CONFIDENTIAL。

受保护的数据由负责下列工作的安全管理员指定安全级别：

- 创建安全标签组件；
- 制定安全策略；
- 创建安全标签；
- 向用户授予安全标签。

安全标签组件定义了谁可以访问数据。例如，我们可以这样创建安全标签组件：

```
CREATE SECURITY LABEL COMPONENT my_sec_label_comp
     ARRAY [confidential, unclassified];
```

数组表示一个简单的层次结构。在本例中，当用户的安全标签（例如，非机密）低于保护标签（例如机密）时，读写访问被阻塞。请注意，LBAC 还支持更复杂的基于树的层次结构。

安全策略定义如何使用 LBAC 保护表。表只能有一个安全策略，指定在其涉及的安全标签中使用哪些安全标签组件，以及用来比较安全标签组件的规则是什么。表的行和列只能受到属于其安全策略的安全标签的保护。例如，我们根据前面定义的“my_sec_label_comp”安全标签组件创建此安全策略：

```
CREATE SECURITY POLICY my_sec_policy
COMPONENTS my_sec_label_comp
WITH DB2LBACRULES;
```

请注意，我们在此使用的是 LBAC 的 IBM DB2 实现[⊖]。关键字 DB2LBACRULES 引用一组预定义的 DB2 规则，用于比较安全标签组件的值。

安全标签描述了一组安全标准，用于保护数据免受未经授权的访问。它可以授予用户或用户组。然后将用户的安全标签与保护数据的安全标签（例如，表行或列）进行比较，以决定是否可以授予访问权限。安全标签是安全策略的一部分，安全策略使用的每个安全标签组件都必须有一个安全标签。安全标签可以定义如下：

```
CREATE SECURITY LABEL my_sec_policy.confidential
COMPONENT my_sec_label_comp confidential;

CREATE SECURITY LABEL my_sec_policy.unclassified
COMPONENT my_sec_label_comp unclassified;
```

然后，安全标签可以授予用户：

```
GRANT SECURITY LABEL my_sec_policy.unclassified TO USER BartBaesens FOR ALL
ACCESS;

GRANT SECURITY LABEL my_sec_policy.unclassified TO USER SeppevandenBroucke FOR
READ ACCESS;

GRANT SECURITY LABEL my_sec_policy.confidential TO USER WilfriedLemahieu FOR
ALL ACCESS;
```

上述语句指定：用户 BartBaesens 对所有被标记为非机密的数据具有读写访问权限，用户 SeppevandenBroucke 只对所有被标记为非机密的数据进行读取访问，用户 Wilfried-Lemahieu 对所有被标记为非机密或机密标签的数据具有读写访问权限。

一旦定义了安全标签组件、安全策略和安全标签，它们就可以保护单独的行、单独的列或两者的组合。当用户试图访问受保护的数据时，将其 LBAC 与保护表的安全策略的安全标签进行比较，以确定是否可以授予访问权限。考虑下面的 EMPLOYEE 表示例：

⊖ www.ibm.com/support/knowledgecenter/SSEPGG_9.7.0/com.ibm.db2.luw.admin.sec.doc/doc/c0021114.html.

```
CREATE TABLE EMPLOYEE
    (SSN CHAR(6) NOT NULL PRIMARY KEY,
    NAME VARCHAR(40) NOT NULL,
    SALARY INT SECURED WITH confidential,
    ...
SECURITY POLICY my_sec_policy)
```

薪资列已受到机密标签保护。因此，只有用户 WilfriedLemahieu 才能访问它。

知识延伸 一种增强安全性的补充方法是加密。其思想是使用秘密密钥（加密密钥）将普通数据编码（加密）成密文，只有拥有密钥的人才能读取。两种常见的加密类型是对称加密和非对称加密。对称加密使用相同的密钥对数据进行加密和解密。这意味着密钥必须在有关各方之间事先交换，这就造成了安全风险。

非对称加密使用两个不同密钥：一把公钥和一把私钥。公钥可以公开交换（例如，使用存储库），而私有密钥仅为所有者所知。只有对应的私钥的持有者才能解密使用公钥加密的消息，从而解决了密钥分配问题。RSA（由 R. Rivest、A. Shamir 和 L. Adleman 开发，因此得名）是非对称加密算法的一个常见例子。

20.10.4 隐私条例

近年来，无论是在美国还是在欧盟，我们都看到监管机构对隐私和数据保护的关注急剧增加。大数据和分析的出现激发了许多介绍客户行为模式的新的机会，但是，对获取和存储数据的日益渴望也揭示了新的隐私问题，应当为数据科学家构建道德框架。比如白宫最近发布了一份报告，“Big Data: A Report on Algorithmic Systems, Opportunity, and Civil Rights”[⊖]，从国家视角阐述数据科学伦理学。其他作者也警告说，大数据会对少数群体和弱势群体造成伤害。最后，网络安全意识的提高也引起了人们对数据存储和分析方式的关注。

在欧洲联盟，这些关切导致了第 2016/679 号条例（“**一般数据保护条例**”或“GDPR”）的引入，2016 年 5 月发布，2018 年 5 月开始执行。GDPR 代表着在隐私保护方面的发展迈出重要的一步，立法者预测，几乎所有设在欧盟或在欧盟进行商业活动的组织都会受到影响。GDPR 提出了遵守、公开和透明的标准。该条例的一些关键条款包括：获知如何使用你的个人资料的权利；查阅和改正你的个人资料的权利；删除个人资料的权利（这取代了指令中关于被遗忘权的部分并代以更严格规定）；人类干预自动决策模型的权利，如分析预测模型。GDPR 将影响到大量的公司和数据处理器，因此在今后几年的，数据保护和隐私法方面的教育将成为影响企业成功与否的一个关键因素。

在美国，数据隐私并没有受到严格的监管。例如，在求职、就医或按信用条件购物时，第三方可能会检索信用报告（由 Experian、Equifax、TransUnion 等提供）中的个人数据。在美国，没有关于个人数据的获取、存储或使用的全面法律，虽然有部分规定，如 1974 年确立了一套规范个人数据收集的公平做法准则的“隐私法”确立了一套规范个人数据收集的公平做法准则，1996 年“健康保险运输和问责法”（HIPAA）保护健康信息隐私权，1986 年“电子通信保密法”（ECPA）规定了对拦截电子通信的制裁。

与美国的隐私保护方法不同，美国的隐私保护方法依赖于特定行业的立法和自我监管，欧盟制定了全面的隐私立法（见上述指令和 GDPR）。为了弥补这些不同的隐私保护方式，

⊖ 参见 https://obamawhitehouse.archives.gov/sites/default/files/microsites/ostp/2016_0504_data_discrimination.pdf。

美国商务部与欧盟委员会进行了磋商，开发了欧盟－美国隐私盾牌。欧盟－美国隐私盾牌是欧盟和美国跨大西洋交换个人数据的框架。然而，考虑到即将到来的 GDPR，律师们提出了这样一个问题：新的法规被认为不符合欧盟－美国隐私保护法案，因为它将不再允许美国公司处理欧盟的个人数据。这两套法律规定如何协调仍有待观察。举个例子，在美国，擦除权是比较有限的，只有在判例法中才能看到（即由以前的案件的结果所确立的法律，也称为先例），与 GDPR 不同，GDPR 保障了任何欧盟主体的这一权利。因此，很难达成协议。目前欧盟和美国当局计划联合对“隐私盾牌”进行年度审查，因此这种状况很可能会有所改变。尽管欧盟制定了广泛的规则，试图统一欧盟内部的隐私规定，但我们得出的结论是，在隐私方面仍缺乏一个明确的国际协议。因此我们迫切需要一个统一的机构来管理跨界隐私和数据保护，其重点是一体化和透明度。

总结

在这一章中，我们详细地讨论了分析。我们提供了分析过程模型的概述，回顾了示例应用程序，并讲解了数据科学家的技能集。随后对数据预处理进行了讨论。接下来，我们详细阐述了不同类型的分析：预测性分析、描述性分析和社交网络分析。我们强调了分析模型后处理过程中的各种活动。

我们列举了分析模型的各种关键成功因素，如统计性能、有效性、可解释性、操作效率、经济成本和合法性。接下来，我们从经济学的角度出发，讨论了所有权总成本、投资回报、内包与外包、本地与云解决方案、开源软件和商业软件之间的关系。

我们还建议通过考虑新的数据来源，提高数据质量，引入管理支持，适当的组织嵌入，提高分析项目的投资回报率，增强各业务部门之间的相互促进。我们总结了隐私和安全的非常重要的方面，其中包括隐私保护分析技术和相关的美国和欧盟的法规。

情景收尾　Sober 理解了分析的基本概念，从而更加相信这项技术在其业务环境中的潜力，看到了基于预测、描述和社交网络分析的各种可能的应用。

第一个例子是预测预订行为。根据客户的特点和先前预订的服务，Sober 想要建立一个预测分析模型，预测谁可能在未来三个月内预订一项服务。由于公司认为可解释性非常重要，它将使用决策树来开发这些模型。它将根据分类的准确度、敏感度、特异度和提升来评价所得到的决策树。

在描述性分析方面，该公司正在考虑根据客户的采购行为对其进行聚类。它正在考虑根据这些信息进行聚类：

- 最近（R）：距离一位顾客上次订购叫车或拼车服务已经有多长时间了？
- 频率（F）：平均每月订购叫车或拼车服务的数目是多少？
- 费用（M）：叫车或拼车服务的平均费用是多少？

Sober 将首先为其整个客户群计算这些 RFM 特性中的每一个。然后，它将对 k 设置不同的值（例如，k=5 到 k=20），并运行一个 k- 均值聚类练习。根据检测到的数据集，Sober 将看到如何针对每一个集群采取适当的营销活动。

此外，社交网络分析是 Sober 认为有趣的一项技术。它正在考虑使用它来分析它的共享服务。该公司正计划建立一个客户网络以共同预订拼车服务。然后，它可以分析这个网络，看看是否有任何社区的客户经常预订拼车服务。有了这些信息，Sober 就可以更好地为每个社区调整其营销工作。在下一步中，它可以对网络进行特征化，并将这些特征添加到决策树中，预测预订行为。

由于 Sober 在分析方面已经迈出了第一步，它更愿意在公司内部使用之前雇佣的数据科学家。

它将使用开源软件包 R 进行所有数据预处理和描述性、预测性和社交网络分析。从长远来看，它还计划探索新的数据来源，特别是天气和交通数据，这些都是公司认为非常有趣的消息来源，因为两者无疑都会影响客户的行为。

考虑到其数据库相对较小，Sober 将使用 SQL 视图来加强隐私和安全性。该公司还将密切关注与此相关的任何新规定。

关键术语表

accuracy ratio（AR，精度比）
agglomerative hierarchical clustering（聚集分层聚类）
analytics（分析）
analytics process model（分析过程模型）
anonymization（匿名化）
area under the roc curve（AUC，ROC 曲线下面积）
association rules（关联规则）
bootstrapping（自举）
centrality metrics（中心度度量）
churn prediction（流失预测）
classification（分类）
classification accuracy（分类精度）
cloud-based solutions（基于云的解决方案）
coefficient of determination（决定系数）
confidence（置信度）
cross-validation（交叉验证）
cumulative accuracy profile（CAP，累积准确性概要）
customer segmentation（客户细分）
cutoff（截断）
data pre-processing（数据预处理）
data scientist（数据科学家）
decision trees（决策树）
dendrogram（树状图）
denormalization（去规范化）
divisive hierarchical clustering（分裂层次聚类）
doubling amount（两倍数量）
edge（边）
exploratory analysis（探索性分析）
featurization（特殊性）
gain（增益）
General Data Protection Regulation（GDPR，通用数据保护条例）
hierarchical clustering（层次聚类）
impurity（杂质）
insourcing（内包）
k-means clustering（*k*- 均值聚类）
Label-Based Access Control（LBAC，基于标签的访问控制）
lift（提升）
lift curve（升力曲线）
linear decision boundary（线性决策边界）
linear regression（线性回归）
logistic regression（逻辑回归）
marketing analytics（营销分析）
mean absolute deviation（MAD，平均绝对偏差）
mean squared error（MSE，均方误差）
misclassification rate（误分类率）
missing values（缺失值）
node（结点）
odds ratio（优势比）
on-premises analytics（本地分析）
ordinary least squares（OLS，普通最小二乘）
outliers（异常值）
outsourcing（外包）
overfitting（过拟合）
Pearson correlation coefficient（Pearson 相关系数）
precision（查准率）
predictive analytics（预测性分析）
RACI matrix（RACI 矩阵）
receiver operating characteristic curve（ROC curve）（受试者工作特征曲线（ROC 曲线））
recommender systems（推荐系统）
regression（回归）
regression tree（回归树）
response modeling（响应模型）
return on investment（ROI，投资回报）
risk analytics（风险分析）
sampling（抽样）

sensitivity（敏感度）
sequence rules（序列规则）
social network（社交网络）
social network learning（社交网络学习）
sociogram（社会关系图）
specificity（特异度）
support（支持度）
technical key（技术键）
text analytics（文本分析）
total cost of ownership（TCO，总拥有成本）

思考题

20.1 联机分析处理（OLAP）可以帮助分析过程的下列哪一个步骤？
a. 数据收集　b. 数据可视化
c. 数据转换　d. 数据去规范化

20.2 GIGO原理主要涉及分析过程的哪个方面？
a. 数据选择　b. 数据转换
c. 数据清洗　d. 以上都是

20.3 下列哪个陈述是**正确的**？
a. 应始终替换或删除缺失的值。
b. 异常值应随时更换或移除。
c. 缺失值和异常值可能会提供有用的信息，应该在删除 / 替换它们之前进行分析。
d. 缺失值和异常值始终都应该被替换或删除。

20.4 以下哪种策略可以用来处理缺失值？
a. 保留　b. 删除　c. 替换 / 归责　d. 以上所有

20.5 代表错误数据的外围观测将使用______。
a. 缺失值程序　b. 截断或覆盖

20.6 检查以下决策树：

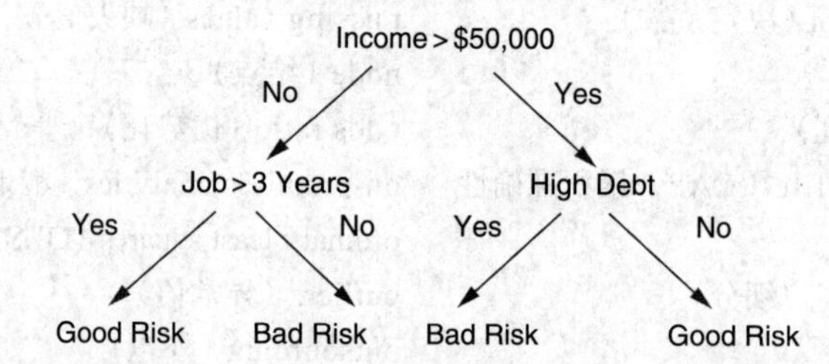

根据决策树，Income> $50 000 和 High Debt=Yes 的申请人被归类为：
a. 无风险　b. 有风险

20.7 决策树可用于下列应用程序：
a. 信用风险评分。
b. 信用风险评分和流失预测。
c. 信用风险评分、流失预测和客户资料细分。
d. 信用风险评分、流失预测、客户资料细分和购物篮分析。

20.8 考虑具有多类目标变量的数据集，如下所示：25% 的差支付者，25% 的贫穷支付者，25% 的中等支付者，25% 的好支付者。在这种情况下，熵将是______。
a. 最小的　b. 最大的

20.9 在回归树中，下列哪一种措施不能用于进行分裂决策？
a. 均方误差（MSE）　b. ANOVA/F- 测试　c. 熵

20.10 自举指的是______。
a. 替换样本　b. 不替换样本

20.11 聚类、关联规则和序列规则是______。

a. 预测性分析　　b. 描述性分析

20.12 考虑以下五项事务：

T1 {K, A, D, B}

T2 {D, A, C, E, B}

T3 {C, A, B, D}

T4 {B, A, E}

T5 {B, E, D}

考虑关联规则 R：A → BD

哪个陈述是**正确的**？

a. R 的支持度为 100%，置信度为 75%。

b. R 的支持度为 60%，置信度为 100%。

c. R 的支持度为 75%，置信度为 60%。

d. R 的支持度为 60%，置信度为 75%。

20.13 聚类的目的是聚集出簇，以便

a. 簇内的同质性最小化，簇间的异质性最大化。

b. 簇内的同质性最大化，簇间的异质性最小化。

c. 簇内的同质性最小化，簇间的异质性最小化。

d. 簇内的同质性最大化，簇间的异质性最大化。

20.14 关于表示社交网络的邻接矩阵的哪个陈述是**不正确的**？

a. 它是一个对称矩阵。

b. 它是稀疏的，因为它包含许多非零元素。

c. 它可以包括权重。

d. 它有相同数目的行和列。

20.15 哪个陈述是**正确的**？

a. 测地线表示两个结点之间的最长路径。

b. 中间度计算一个结点或边在网络的测地线中出现的次数。

c. 图论中心是与所有其他结点的最小距离最大的结点。

d. 亲密度总是高于两者之间的距离。

20.16 特征化指的是______。

a. 选择最具预测性的特性

b. 向数据集添加更多本地特性

c. 从网络特性中提取特征（= 输入）

d. 向网络中添加更多结点

20.17 以下哪些活动是后处理步骤的一部分？

a. 模式解释和验证　　b. 灵敏度分析

c. 模型表示　　d. 以上所有

20.18 下面的陈述是正确的还是错误的？“所有给定的分析模型的成功因素，即相关性、性能、可解释性、效率、经济成本和合法性，都是同等重要的。”

a. 对　　b. 错

20.19 根据 RACI 矩阵，数据库设计人员有哪些角色？

a. 负责人　　b. 管理者　　c. 支持者

d. 顾问　　e. 指导员

20.20 在所有权总成本（TCO）分析中，应包括下列哪一项成本？

a. 购置成本　　b. 所有权和运营成本
c. 所有后费用　　d. 以上所有

20.21 下列哪个陈述是**不正确的**？
a. ROI 分析提供了一种通用的全公司范围的标准来比较多个投资机会并决定选择哪一个（或多个）。
b. 对于 Facebook、Amazon、Netflix 和 Google 这样的公司来说，积极的投资回报率是显而易见的，因为它们本身在数据和分析方面发展得很好。
c. 虽然收益部分通常不是很难估计，但要精确地量化成本要困难得多。
d. 分析的负面 ROI 通常归结为缺乏高质量的数据、管理支持和全公司的数据驱动决策文化。

20.22 当外包分析时，下列哪一项不属于风险？
a. 所有分析活动都需要外包。
b. 交换机密信息。
c. 伙伴关系的连续性。
d. 由于合并和收购等原因而削弱竞争优势。

20.23 以下哪一项不是开放源码分析软件的优势？
a. 免费提供。
b. 一个全球性的开发人员网络。
c. 它经过了完备的工程设计和广泛的测试、验证和完整的记录。
d. 它可以与商业软件结合使用。

20.24 下列哪个陈述是**正确的**？
a. 当使用本地解决方案时，维护或升级项目可能被忽略。
b. 基于云的解决方案的一个重要优势在于可扩展性和提供的大规模经济，可以随时随地添加更多的容量（例如，服务器）。
c. 大量访问数据管理和分析功能是云解决方案的一个严重缺陷。
d. 本地解决方案促进改善各业务部门和地理位置之间的合作。

20.25 为了提高分析模型的性能，以下哪一个是有趣的数据来源？
a. 网络数据　　b. 外部数据
c. 非结构化数据，如文本数据和多媒体数据　　d. 以上所有

20.26 下列哪个陈述是**正确的**？
a. 数据质量是任何分析工作成功的关键，因为它对分析模型的质量及其经济价值有直接和可衡量的影响。
b. 数据预处理活动，如处理缺失值、重复数据或异常值，是处理数据质量问题的预防措施。
c. 数据所有者是负责通过执行广泛和定期的数据质量检查来评估数据质量的数据质量专家。
d. 数据管理员可以要求数据科学家检查或完善字段的值。

20.27 为保证分析的最大独立性和组织影响，重要的是______。
a. 首席数据官或首席分析官向首席信息官或首席财务官报告工作。
b. 首席信息官负责所有的分析工作。
c. 首席数据官或首席分析官加入执行委员会，直接向首席执行官报告。
d. 分析只在业务单位的本地进行监督。

20.28 以下分析应用程序在成熟度方面的正确排序是什么？
a. 营销分析（最成熟）、风险分析（中等成熟）、人力资源分析（最不成熟）。
b. 风险分析（最成熟）、营销分析（中等成熟）、人力资源分析（最不成熟）。
c. 风险分析（最成熟）、人力资源分析（中等成熟）、营销分析（最不成熟）。
d. 人力资源分析（最成熟）、营销分析（中等成熟）、风险分析（最不成熟）。

问题和练习

20.1E　讨论信用评分数据预处理时的关键活动。请记住，信用评分的目的是利用诸如年龄、收入和就业状况等应用特性来区分好的支付者和差的支付者。为什么数据预处理被认为是重要的？

20.2E　逻辑回归和决策树的主要区别是什么？举例说明什么时候更偏向哪一种而不是另一种。

20.3E　考虑以下用于预测分数和实际目标值的数据集（你可以假设较高的分数应该分配给货物）。

分数	实际 good/bad	分数	实际 good/bad	分数	实际 good/bad
100	Bad	190	Bad	280	Good
110	Bad	200	Good	290	Bad
120	Good	210	Good	300	Good
130	Bad	220	Bad	310	Bad
140	Bad	230	Good	320	Good
150	Good	240	Good	330	Good
160	Bad	250	Bad	340	Good
170	Good	260	Good		
180	Good	270	Good		

- 计算分类截断值 205 的分类精度、灵敏度和特异性。
- 绘制 ROC 曲线。你如何估计 ROC 曲线下的面积？
- 绘制 CAP 曲线并估计 AR 值。
- 绘制升力曲线。前 10% 的提升是多少？

20.4E　讨论如何使用关联和序列规则来构建推荐系统，如 Amazon、eBay 和 Netflix 采用的推荐系统。如何评估推荐系统的性能？

20.5E　使用小型（人工）数据集解释 k- 均值聚类。k 的影响是什么？需要哪些预处理步骤？

20.6E　讨论一个社交网络分析的例子。它与经典的预测或描述性分析有何不同？

20.7E　物联网（IoT）是指由电子设备、传感器、软件和 IT 基础设施等相互连接的事物组成的网络，通过与制造商、服务提供商、客户、其他设备等各种利益相关者使用万维网技术栈（例如 WiFi、IPv6）交换数据来创造和增加价值。在设备方面，你可以想到心跳监视器，运动、噪声或温度传感器，智能仪表测量公用设施（如电力、水）消耗，等等。一些应用程序的例子如下：

- 智能停车：自动监控城市免费停车位；
- 智能照明：根据天气情况自动调整路灯；
- 智能交通：在交通拥挤的基础上优化行车和步行路线；
- 智能电网：自动监测能耗；
- 智能供应链：在货物通过供应链时自动监测；
- 远程信息技术：自动监控驾驶行为，并将其与保险风险和保险费联系起来。

这本身就产生了巨大的数据量，为分析应用提供了一种看不见的潜力。

选择一种特殊类型的物联网应用程序，并讨论以下内容：

- 如何使用预测、描述和社交网络分析；
- 如何评价分析模型的性能；
- 分析模型的后处理和实施中的关键问题；
- 重要的挑战和机遇。

20.8E　现在许多公司都在投资于分析。此外，对于大学来说，有大量的机会利用分析来简化或优化流程。分析可发挥作用的应用实例如下：

- 分析学生不合格率；
- 课程时间表；
- 为毕业生找工作；
- 招收新学生；
- 学生餐厅的用餐计划。

找出分析在大学环境中的其他一些可能的应用。讨论分析如何有助于这些应用程序。在你的讨论中，确保你清楚地指出：

- 分析所考虑问题的附加值；
- 所使用的分析技术；
- 关键挑战；
- 新机遇。